Renaturierung von Ökosystemen in Mitteleuropa

Stefan Zerbe · Gerhard Wiegleb
Herausgeber

Renaturierung von Ökosystemen in Mitteleuropa

Unter Mitwirkung von René Fronczek

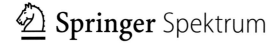 **Springer** Spektrum

Herausgeber

Stefan Zerbe
Fakultät für Naturwissenschaften und Technik
Freie Universität Bozen
Bozen, Italien

Gerhard Wiegleb
Lehrstuhl Allgemeine Ökologie
Brandenburgische Technische Universität
Cottbus, Deutschland

ISBN 978-3-662-48516-3   ISBN 978-3-662-48517-0 (eBook)
DOI 10.1007/978-3-662-48517-0

Die Deutsche Nationalbibliothek verzeichnet diese Publikation in der Deutschen Nationalbibliografie;
detaillierte bibliografische Daten sind im Internet über http://dnb.d-nb.de abrufbar.

Springer Spektrum
1. Aufl. 2009, Nachdruck 2016
© Springer-Verlag Berlin Heidelberg 2009

Planung: Kaja Rosenbaum

Gedruckt auf säurefreiem und chlorfrei gebleichtem Papier.

Springer-Verlag GmbH Berlin Heidelberg ist Teil der Fachverlagsgruppe Springer Science+Business
Media (www.springer.com)

Inhaltsverzeichnis

Vorwort

Die Renaturierung von Ökosystemen hat in den letzten Jahren sowohl in der Praxis von Naturschutz, Landschaftsgestaltung und Landschaftsmanagement als auch in der Wissenschaft an Bedeutung gewonnen. Weltweit sind sowohl natürliche, wie z. B. Moore, Wälder und Flussauen, als auch durch historische Nutzungen entstandene Ökosysteme, wie z. B. Heiden sowie Mager- und Trockenrasen, in ihrer Leistungsfähigkeit stark beeinträchtigt oder völlig zerstört worden, sodass sie nicht mehr nachhaltig genutzt werden können. Dieser negative Trend kann nur durch eine zielgerichtete Renaturierung umgekehrt werden, um für zukünftige Generationen lebenswerte Bedingungen zu erhalten. Die Renaturierungsökologie, die sich als eine eigenständige Disziplin aus der Ökologie bzw. Landschaftsökologie entwickelt hat, erarbeitet die wissenschaftlichen und konzeptionellen Grundlagen für praktische Renaturierungsprojekte.

Im englischsprachigen Raum ist die Renaturierungsökologie (*restoration ecology*) bereits seit Langem fest etabliert. Dies spiegelt sich in wissenschaftlichen Zeitschriften zur Thematik, in eigenen Studiengängen, wissenschaftlichen Vereinigungen und auch entsprechenden Lehrbüchern wider. Trotz jahrzehntelanger Erfahrung aus der Renaturierungspraxis und der einschlägigen ökologischen Renaturierungsforschung mangelt es bisher an einem umfassenden Übersichtswerk zur Renaturierung von Ökosystemen in Mitteleuropa. Diese Lücke versucht das vorliegende Lehrbuch zu schließen. Es richtet sich sowohl an Wissenschaftler als auch an den in der Renaturierungspraxis tätigen Personenkreis. Außerdem soll damit den Studierenden unterschiedlicher Fachrichtungen, wie der Biologie, Ökologie, Landschaftsökologie, Geografie, Umweltplanung, Naturschutz und Landschaftsplanung, Landespflege sowie Umwelt- und Ressourcenschutz ein Grundlagenwerk an die Hand gegeben werden,

mit dessen Hilfe sie das vorliegende Wissen reflektieren und fachgerecht anwenden können. Andererseits soll das Buch auch dazu anhalten, zukünftig die noch bestehenden Wissenslücken gezielt durch weitergehende Forschungen zu schließen.

In einem Einführungskapitel (Kapitel 1) werden die konzeptionellen Grundlagen der Renaturierungsökologie bzw. Ökosystemrenaturierung erarbeitet, einerseits mit Blick auf die historische Entwicklung und die Vielfalt der Ansätze und andererseits vor dem Hintergrund der Vernetzung mit verwandten Disziplinen wie der Landschaftsplanung und dem Naturschutz. Gleichzeitig werden die Besonderheiten der Renaturierungsökologie herausgestellt. Aufbauend auf den vielfältigen Erfahrungen der Renaturierungsökologie und der Praxis der Ökosystemrenaturierung werden die ökologischen Grundlagen zusammenfassend erläutert (Kapitel 2). Diese Grundlagen umfassen jene bodenkundlichen, hydrologischen, biologischen und ökologischen Tatbestände, ohne die eine erfolgreiche Renaturierung nicht betrieben werden kann.

Für bestimmte Ökosystemtypen wie z. B. Moore und Fließgewässer liegen bereits seit Jahrzehnten umfangreiche Erfahrungen vor. Heute richtet sich das Augenmerk auf eine breite Palette unterschiedlicher Ökosysteme, Landschaftselemente und Landschaften. Dieser Vielfalt der Ökosystemrenaturierung möchte das vorliegende Buch gerecht werden. So werden zunächst jene Ökosysteme vorgestellt, die Teil der mitteleuropäischen Naturlandschaft waren und die durch Nutzung stark abgewandelt oder gar zerstört wurden. Es sind dies die Moore (Kapitel 3), die Fließgewässer (Kapitel 4), die Seen (Kapitel 5), die Wälder (Kapitel 6), die Küstenökosysteme (Kapitel 7) und die Lebensräume der alpinen Höhenstufen (Kapitel 8). Danach folgen die überwiegend durch historische Nutzungsformen in

Mitteleuropa entstandenen Ökosysteme wie die Sandtrockenrasen des Binnenlandes (Kapitel 9), die Kalkmagerrasen (Kapitel 10), das feuchte und mesophile Grünland (Kapitel 11) sowie die Heiden (Kapitel 12). Zusammen mit den Ökosystemen der Naturlandschaft bilden diese die typische Ausstattung der seit Jahrtausenden gewachsenen mitteleuropäischen Kulturlandschaft. Mit den Flächen des Braunkohletagebaus (Kapitel 13) und den urban-industriellen Landschaften (Kapitel 14) werden schließlich auch Ökosysteme der Industrielandschaften behandelt, die Ausdruck einer durch Ausbeutung der Bodenschätze oder ein rasches Wachstum der Siedlungen in relativ kurzer Zeit veränderten heutigen Kulturlandschaft sind. In den Kapiteln zu den einzelnen Ökosystemtypen werden jeweils deren typische Ausprägungen beschrieben, die Beeinträchtigungen durch den Menschen dargestellt, die spezifischen Renaturierungsziele identifiziert, und Erfahrungen, Erfolge sowie Probleme der Renaturierung aus wissenschaftlicher und praktischer Perspektive beleuchtet. Abschließend werden Forschungsdefizite aufgezeigt.

Die Ökosystemrenaturierung wird aus ganz unterschiedlichen Motivationen heraus begründet und initiiert. So wird den umweltethischen Hintergründen notwendigerweise ein Kapitel gewidmet (Kapitel 15). Neben ökologisch limitierenden Faktoren sind es häufig auch ökonomische Faktoren, die den Ausgang einer Ökosystemrenaturierung maßgeblich beeinflussen. Diese Aspekte werden ebenfalls in einem eigenen Kapitel (Kapitel 16) behandelt. Auch die Beteiligten an Renaturierungsprojekten können sehr vielfältig sein und tragen in unterschiedlicher Weise zum Gelingen bei. Deswegen beschäftigt sich ein Kapitel mit den Akteuren in der Renaturierung (Kapitel 17). In einer Synthese (Kapitel 18) wird dann der aktuelle Sachstand zusammengefasst und kritisch reflektiert. Abschließend werden die Herausforderungen für die Zukunft der Renaturierungsökologie wie auch der Ökosystemrenaturierung hervorgehoben.

Dieses Lehrbuch zur Renaturierung von Ökosystemen in Mitteleuropa gründet auf den zahlreichen und vielfältigen Arbeiten und Ergebnissen der Experten und Expertinnen der Renaturierungsökologie. Allen Autoren und Autorinnen sei an dieser Stelle herzlich für das Engagement gedankt, ihr Wissen einem breiten Leserkreis nahezubringen. Ebenfalls danken wir den externen Gutachtern und Gutachterinnen, die wertvolle Hinweise zu den Einzelkapiteln gegeben haben, namentlich Frau Prof. Dr. B. Erschbamer (Innsbruck), Herrn Dr. L. Fähser (Lübeck), Herrn Prof. Dr. H. D. Knapp (Insel Vilm), Herrn Dr. T. Potthast (Tübingen), Herrn Prof. Dr. M. Rode (Hannover), Herrn Prof. em. Dr. Dr. h.c. H. Sukopp (Berlin), Herrn Dr. F. Wätzold (Leipzig/Cottbus), Herrn Prof. Dr. M. Wanner (Cottbus) und Herrn Dr. W. Wichtmann (Greifswald).

Neben der inhaltlichen Vorbereitung eines Lehrbuches, für welche sich die Autoren und Autorinnen verantwortlich zeichnen, liegt ein nicht unerheblicher Teil der Arbeit in der Gestaltung und formalen Vorbereitung des Buches. Vor diesem Hintergrund möchten wir ganz besonders Herrn R. Fronczek (Greifswald) und Frau J. Liebau (Heidelberg) mit ihrem Team vom Lektorat des Springer Verlags unseren Dank aussprechen. Herrn J. Peters danken wir für die Unterstützung der redaktionellen Arbeiten. Ebenfalls gedankt sei Herrn Dr. U. G. Moltmann, dem Programmleiter des Verlags für den Bereich Biologie, der auf sehr angenehme und unbürokratische Weise die Zusammenarbeit mit dem Verlag und den Herausgebern bzw. Autorinnen und Autoren in die Wege geleitet und kontinuierlich begleitet hat.

Stefan Zerbe und Gerhard Wiegleb
Greifswald und Cottbus im Mai 2008

1 Einführung in die Renaturierungsökologie

S. Zerbe, G. Wiegleb und G. Rosenthal

1.1 Einleitung

Durch die Übernutzung der Naturressourcen sind heute weltweit viele natürliche wie auch durch Kultur entstandene Ökosysteme und Landschaften in ihren Funktionen und Leistungen stark beeinträchtigt oder sogar völlig zerstört. Bereits vor mehr als einem Jahrzehnt konstatierte Daily (1995), dass ca. 45 % der terrestrischen Landoberfläche nur eine reduzierte Kapazität für die zukünftige Landnutzung haben. Als Grund hob er eine in der Vergangenheit nicht nachhaltige Landbewirtschaftung hervor. Mit einer gezielten Renaturierung der betroffenen Ökosysteme soll dieser Trend umgekehrt werden (Harris und van Diggelen 2006). Vor diesem Hintergrund ist die Ökosystemrenaturierung (*ecological restoration*) wichtiger Bestandteil der Planungs- und Naturschutzpraxis in Mitteleuropa und die Renaturierungsökologie (*restoration ecology*) zu einer eigenen wissenschaftlichen Arbeitsrichtung geworden.

Auch wenn einige Definitionen der Begriffe „Ökosystemrenaturierung" bzw. „Renaturierungsökologie" vorliegen (z. B. Jackson et al. 1995, Brux et al. 2001, SER 2004), erschwert die Vielfalt an Konzepten und Begriffen eine klare Fassung und Abgrenzung dieser Wissenschaftsdisziplin. Dies spiegelt sich auch in dem Problem einer adäquaten Übersetzung von entsprechenden englischen und deutschen Begriffen wider (vgl. z. B. Brux et al. 2001). Deshalb werden hier einleitend historische Aspekte, Konzepte und Zielstellungen der Renaturierungsökologie dargestellt. Anschließend wird eine Einordnung dieses Arbeitsgebietes in die Ökologie vorgenommen und das Verhältnis zu angewandten Disziplinen wie Landschaftsplanung und Naturschutz diskutiert. Darüber hinaus wird hervorgehoben, welche Brückenfunktion die Renaturierungsökologie zwischen Wissenschaft (Ökologie) und Praxis (Planung, Naturschutz) übernehmen kann und soll.

Wesentliche inhaltliche Grundlagen hierzu wurden auf einer Tagung des Arbeitskreises „Renaturierungsökologie" innerhalb der Gesellschaft für Ökologie (GfÖ) erarbeitet (zusammengefasst von Brux et al. 2001). Richtungsweisende Überlegungen und Vorschläge im Hinblick auf allgemein verbindliche wissenschaftliche Grundlagen liegen auf internationaler Ebene mit dem *International Primer on Ecological Restoration* (SER 2004) und den *Guidelines for Developing and Managing Ecological Restoration Projects* (Clewell et al. 2005) der *Society for Ecological Restoration* (SER) vor.

1.2 Historische Entwicklung der Renaturierungsökologie

Die Renaturierung von Ökosystemen im weitesten Sinne ist so alt wie die Landschaftsnutzung. Sie reicht also zurück bis ins Neolithikum. Das Brachfallen von kurzzeitig genutzten Ackerflächen kann hierbei als eine Art der Renaturierung verstanden werden. Die Brachestadien wurden im Laufe der Zeit immer kürzer und verschwanden mit der Intensivierung der Landwirtschaft vollständig aus der mitteleuropäischen Agrarlandschaft (zur Entwicklung der Kulturlandschaft Mitteleuropas, vgl. z. B. Küster 1995 und Ellenberg 1996). Eines der umfangreichsten historisch belegten Renaturierungsprojekte in Mitteleuropa stellt die Wiederaufforstung der durch Übernutzung von Wäldern und Waldstandorten großflächig entstandenen Blößen und Heiden im Mittelgebirge und Tiefland seit dem

Ende des 18. Jahrhunderts dar (Kapitel 6). Auch wenn mit dieser planmäßigen, konzeptionell ökonomisch geprägten Aufforstung einer der Grundsteine forstwirtschaftlicher Nachhaltigkeit gelegt wurde, gründete diese Form der Ökosystemrenaturierung noch nicht auf Konzepten und Ergebnissen der Renaturierungsökologie als Wissenschaft.

Die Renaturierungsökologie ist eine vergleichsweise junge wissenschaftliche Arbeitsrichtung. Ihre Entwicklung verlief national und international unterschiedlich. In Mitteleuropa beispielsweise dominierten seit Ende der 1980er-Jahre praktische Renaturierungsvorhaben, zunächst in der Fließgewässer- und Moorrenaturierung (z. B. Brülisauer und Klötzli 1998, Rosenthal 2001, Succow und Joosten 2001; Farbtafel 1-1). Mit dem ökologischen Waldumbau bzw. der Entwicklung naturnaher Waldökosysteme (Kapitel 6) ist seit Beginn der 1990er-Jahre einer der in Mitteleuropa flächenmäßig bedeutsamsten Landnutzungstypen ins Blickfeld der Ökosystemrenaturierung gerückt. Heute liegt ein weiterer Schwerpunkt in der Renaturierung auf stark gestörten Landschaften wie Bergbaufolgelandschaften (z. B. Blumrich und Wiegleb 2000, Schulz und Wiegleb 2000; Kapitel 13; Farbtafel 1-2), Truppenübungsplätzen (Anders et al. 2004) und urban-industriellen Ökosystemen (Kapitel 14). Die Entwicklung der Renaturierungsökologie als eigenes wissenschaftliches Arbeitsfeld wurde beispielsweise in Deutschland durch einige groß angelegte Forschungsprojekte wie z. B. der Renaturierung von Deponien (Weidemann 1985), Mooren (Kratz und Pfadenhauer 2001) und Heiden (Müller et al. 1997) beschleunigt.

Kennzeichnend für die Situation in Deutschland ist, dass die Planung von Maßnahmen, die der Renaturierungsökologie zuzuordnen sind, schon seit 1985 in die Honorarordnung der Architekten und Ingenieure (HOAI) einbezogen ist. Dort bezieht sich das entsprechende Leistungsbild auf die »*Festlegungen von Pflege- und Entwicklung (Biotopmanagement) von Schutzgebieten oder schützenswerten Landschaftsteilen*« (HOAI 1996: § 49 c (1)). Damit ist eine Situation entstanden, in der planungsorientierte Praktiker ihr Arbeitsfeld auf die Renaturierungsökologie ausgedehnt haben, bevor sich diese als eigenständige Disziplin etablieren konnte. So gesehen ist es auch konsequent, dass die Neuregelung des

BNatSchGes (2002) zwar die Landschaftsplanung stärkt und ihre eigenständige Funktion als Fachplanung des Naturschutzes und der Landschaftspflege hervorhebt, jedoch keine eigenständige Renaturierungsplanung kennt. Mit der Durchführung von Renaturierungsmaßnahmen im Rahmen der Kompensation von Eingriffen in Ökosysteme und Landschaften, wie z. B. der Wiedervernässung von Niedermooren in Mecklenburg-Vorpommern als Kompensation des Baus der Autobahn A 20 (Vegelin und Schulz 2006) und dem Spreeauenprojekt als Kompensation für den Weiterbetrieb des Tagebaus Cottbus-Nord (Vattenfall Europe Mining AG 2007; Kapitel 17), hat sich eine Praxis weitgehend unabhängig von der Wissenschaft entwickelt, wobei manche Impulse für die Forschung geliefert wurden und werden. Das ursprüngliche Konzept des *environmental impact assessment* (Barrow 1999) enthält eine starke konzeptionelle Anbindung an die Renaturierung über Kompensationsmaßnahmen.

Im Vergleich zu internationalen Aktivitäten außerhalb Mitteleuropas wurde erst 1997 innerhalb der Gesellschaft für Ökologie (GfÖ) ein Arbeitskreis „Renaturierungsökologie" gegründet, dessen Jahrestagungen und hieraus hervorgegangene Publikationen mittlerweile auch weit über den deutschsprachigen Raum hinaus Beachtung finden. Obwohl zumindest in Deutschland bisher noch keine eigenen Studiengänge zur Renaturierungsökologie etabliert wurden, ist das Arbeitsfeld heute fester Bestandteil der Lehre innerhalb der Biologie, Ökologie, Landschaftsökologie, Landschaftsplanung und des Umweltmanagements an zahlreichen Universitäten und Fachhochschulen geworden.

Im angelsächsischen Raum existieren eigene Gesellschaften wie die im Jahre 1988 gegründete, international agierende *Society for Ecological Restoration* (für Europa vgl. *SER Europe*), die auf ihren regelmäßigen Tagungen Wissenschaft und Praxis erfolgreich zusammenbringt. Verschiedene internationale wissenschaftliche Zeitschriften widmen sich überwiegend dem Thema Ökosystemrenaturierung bzw. Renaturierungsökologie, so z. B. *Ecological Engineering, Ecological Management & Restoration, Ecological Restoration, Land Degradation and Development, Landscape and Ecological Engineering* und *Restoration Ecology*, ganz abgesehen von anderen ökologischen Zeitschriften, die sich verstärkt grundlagenwissenschaftlichen wie auch angewandten Fragestellungen der Renaturierungsökologie zuwenden (vgl. z. B. die Analyse von Ormerod 2003 im Hinblick auf die zunehmende Zahl renaturierungsökologischer Studien im *Journal of Applied Ecology*). Eigenständige internationale Master-Studiengänge bereiten den wissenschaftlichen Nachwuchs auf die Renaturierungspraxis bzw. die Weiterentwicklung der wissenschaftlichen Grundlagen vor. Auch die Europäische Vereinigung der Ökologen (*European Ecological Society*) unterhält eine Arbeitsgruppe *Restoration Ecology*, die regelmäßig Tagungen veranstaltet. Im Bereich der Planung wird *restoration ecology* mit *ecosystem engineering, landscape management* und *management and intervention using ecological principles* in Verbindung gebracht (Carstens 1999, Arbogast et al. 2000).

Insgesamt besteht auf internationaler Ebene ein starker Trend zur Professionalisierung der Renaturierungsökologie. Dieses spiegelt sich z. B. auch in den zahlreichen, zum Thema Renaturierungsökologie erschienenen Übersichtswerken bzw. Lehrbüchern wider (z. B. Bradshaw und Chadwick 1980, Jordan et al. 1987, Allen 1992, Harris et al. 1996, Urbanska et al. 1997, Perrow und Davy 2002, Temperton et al. 2004, van Andel und Aronson 2006, Falk et al. 2006, Walker et al. 2007). Ein allgemeines Problem ist aber, dass es in der Regel lange dauert, bis der aktuelle Kenntnisstand der ökologischen Forschung Eingang in die Praxis (z. B. den Naturschutz, vgl. Talbot 1997) findet.

1.3 Vielfalt renaturierungsökologischer Konzepte

Ökologen und Planer haben eine Vielzahl von Konzepten entwickelt, die durch unterschiedliche Zielvorstellungen und Maßnahmen charakterisiert sind (vgl. Zusammenstellungen von Wiegleb 1991, Tränkle et al. 1992, Brülisauer und Klötzli 1998, Mitch und Mander 1997, SER 2004). Unterschiedliche Biotop- und Landschaftstypen, Planungsanforderungen und fachliche Ausrichtungen von Ökologen haben zu einer Diversifizierung der Ansätze beigetragen. Unterschei-

dungskriterien sind insbesondere Vollständigkeit, Wahrscheinlichkeit und Zeithorizont der Wiederherstellung bestimmter, nicht nur historisch begründeter Zustände sowie das Ausmaß des Einsatzes technischer Mittel. Im Folgenden wird ein kurzer Überblick über die Vielfalt der Renaturierungskonzepte (in alphabetischer Reihenfolge) mit ihren unterschiedlichen Zielvorstellungen gegeben (vgl. Tab. 1-1 zum Sprachgebrauch im Englischen):

Extensivierung = Verringerung der Nutzungsintensität zugunsten einer aufwandsschwachen, d. h. mit wenigen Mitteln betriebenen Landnutzung, womit der unmittelbare Bezug zu einer „Renaturierung" im engeren Sinne (s. u.) gegeben ist (z. B. Grünlandextensivierung).

Regeneration = Erreichen eines naturnäheren Zustandes im Sinne eines historisch begründeten Zustandes; weitestgehender Ansatz bezüglich des Zeithorizonts und des Zielerreichungsgrades (z. B. Hochmoorregeneration).

Rehabilitation = Wiederherstellung von bestimmten Ökosystemfunktionen (einschließlich bestimmter ökologischer Prozesse) bzw. Ökosystemleistungen (s. u.) gemäß eines historischen Referenzzustandes (z. B. Wiedervernässung eines degradierten Hochmoores, Wiederherstellung der Fließgewässerdynamik).

Rekonstruktion = aktive Wiederherstellung eines bestimmten Zustandes, meist mit technischen Mitteln bzw. Maßnahmen.

Rekultivierung = aktive Wiedernutzbarmachung bzw. Rückführung in einen nutzbaren Zustand (z. B. land- und forstwirtschaftlich; im weitesten Sinne auch Naturschutz als Folgenutzung) nach äußerst intensiver Nutzung oder Zerstörung (vor allem nach Gesteins- bzw. Bodenabbau). Die neuerdings diskutierten englischsprachigen Begriffe *creation* bzw. *fabrication* (SER 2004; vgl. auch *re-vegetation*) stellen ebenfalls eine Art Rekultivierung dar, bei der es nach vollständiger Zerstörung von Ökosystemen um eine Schaffung neuartiger Lebensräume geht, für die es keine unmittelbare Referenz in der Natur- und Kulturlandschaft gibt.

Tab. 1-1: Unterschiedliche Konzepte der Renaturierung im weitesten Sinne mit entsprechender Bezeichnung im englischen Sprachgebrauch (≈: ungefähre Bedeutung).

Konzepte der Renaturierung i. w. S.	entsprechende Bezeichnung im Englischen
Extensivierung	*de-intensification* (v. a. für vorher intensiv genutztes Grünland), auch *extensification*
Regeneration	*regeneration*
Rehabilitation	ursprünglich *river rehabilitation* (geomorphologisch-hydrologisch begründet), später *rehabilitation* allgemein auf Ökosystem- und Landschaftsfunktion ausgeweitet
Rekonstruktion	*reconstruction*
Rekultivierung	*reclamation, remediation,* i. w. S. auch *re-vegetation, creation* und *fabrication*
Renaturierung i. e. S.	≈ *rehabilitation, restoration*
Restauration	*restoration, remediation* (*to repair anthropogenic damage*)
Restitution	*restoration*
Revitalisierung	*rehabilitation, revitalization*
Sanierung	*remediation*
Wiederherstellung ökologischer Integrität	*recovery of ecosystem integrity*
Wiederherstellung der „Ökosystemgesundheit"	*recovery of ecosystem health*

Renaturierung im engeren Sinne = Erreichen eines naturnäheren Zustandes, d. h. eines Zustandes geringerer Nutzungs- bzw. Eingriffsintensität. Bei Aufhören der Nutzung ist dies verbunden mit dem Zulassen der natürlichen Sukzession. Der Begriff „Nutzung" ist dabei sehr weit gefasst und beinhaltet menschliche Einwirkungen aller Art (einschließlich Naturschutzmanagement), nicht nur Landnutzung in konventionellem Sinne. Dies erlaubt eine schrittweise Annäherung an ein vorher bestimmtes Umweltziel (z. B. Fließgewässerrenaturierung mit entsprechenden Entwicklungszielen, naturnaher Waldumbau).

Restauration, Restaurierung = Rückführung in den ursprünglichen, eindeutig historischen Zustand mit verschiedenen, meist technischen Maßnahmen (z. B. bei Fließ- bzw. Stillgewässern und Mooren).

Restitution = aktive Wiederherstellung eines ursprünglichen Zustandes, in jedem Fall mit technischen Mitteln bzw. Maßnahmen.

Revitalisierung = Wiederherstellung von erwünschten abiotischen Umweltbedingungen als Voraussetzung für die Ansiedlung von standorttypischen Lebensgemeinschaften (z. B. Fließgewässer- bzw. Auen- und Moorrevitalisierung).

Sanierung = aktive Wiederherstellung eines erwünschten Zustandes unter gezieltem Einsatz von Maßnahmen (Seesanierung mit „Therapiemaßnahmen" im Einzugsgebiet; Kapitel 5).

Wiederherstellung der ökologischen Integrität (*ecosystem integrity*; vgl. SER 2004) = Wiederherstellung der charakteristischen Artenzusammensetzung und Ökosystemstruktur (einschließlich

z. B. der Wiedereinbürgerung von Großsäugern) als Voraussetzung für die Funktionstüchtigkeit eines Ökosystems (die aber nicht zwangsläufig durch die Ökosystemrenaturierung gegeben sein muss).

Wiederherstellung der „Ökosystemgesundheit" (*ecosystem health*; vgl. SER 2004) = Wiederherstellung der Funktionstüchtigkeit eines Ökosystems.

Die Begriffe erfassen verschiedene Facetten und Nuancen der Renaturierung im weitesten Sinne und grenzen diese mehr oder weniger deutlich voneinander ab. In der bevorzugten Benennung der Zielnutzungs- bzw. Zielökosysteme wie beispielsweise Fließgewässerrenaturierung, Seenrestauration, Moorregeneration, Rekultivierung von Bergbaufolgelandschaften oder Grünlandextensivierung spiegelt sich die Abgrenzung eigener Traditionen wider.

Ein Problem ergibt sich daraus, dass im deutschen Sprachgebrauch „Renaturierung" meist unmittelbar mit „Naturnähe" assoziiert wird. Oft findet sich dieser Hintergrund aber nicht im konkreten Ansatz wieder. So wird z. B. unter „Renaturierung von Feuchtgrünland" nicht die Nutzungsaufgabe und das Wiederzulassen der Sukzession zur Niedermoorvegetation oder zu einem Erlenbruchwald verstanden, sondern aufwändiges Management zur Simulierung historischer Bewirtschaftungsmethoden zum Erhalt bzw. der Förderung der Wiesenvogelfauna. Dies gilt in Mitteleuropa generell auch für die Renaturierung von Offenland, welches mit entsprechenden Maßnahmen wald- bzw. gehölzfrei gehalten wird.

Eine weitere Problematik ergibt sich aus der Mehrdeutigkeit des Naturnähebegriffs, je nachdem, welcher Zeithorizont (historisch, aktualistisch) und welche Nutzungstypen bzw. -intensitäten zugrunde gelegt werden oder welches Bewertungsziel verfolgt wird (vgl. z. B. Erläuterungen von Kowarik 1988 und Wiegleb 1991; McIsaac und Brün 1999 für den englischen Sprachgebrauch). Die Bestimmung von Naturnähe muss nicht notwendigerweise mit einer historischen Analyse verknüpft sein (vgl. wilderness.net 2007), da ein Zurück zu einem historischen Zustand aufgrund irreversibler anthropogener Standortveränderungen wie direkte und auch indirekte Stickstoffeinträge häufig nicht mehr möglich ist (Beispiele für Ackerstandorte bei van Andel und Grootjans 2006, für Waldlandschaften Zerbe und Brande 2003 und für Moore Succow und Joosten 2001). Landschaftliche Entwicklungen sind zumeist einmalig und nicht umkehrbar (Brux et al. 2001, Walker et al. 2007).

1.4 Ziele der Ökosystemrenaturierung

Die *Society for Ecological Restoration* (SER 2004) definiert die Ökosystemrenaturierung als »*the process of assisting the recovery of an ecosystem that has been degraded, damaged, or destroyed*«. Aronson et al. (2006) fügen hinzu, dass mit einer Ökosystemrenaturierung bestimmte Ökosystemfunktionen wiederhergestellt bzw. optimiert werden, die durch Nutzung stark beeinträchtigt worden oder ganz verloren gegangen sind. Auf dieser Grundlage schlagen wir die in Kasten 1-1 angegebene Definition vor.

Kasten 1-1
Definition der Ökosystemrenaturierung

Die **Ökosystemrenaturierung** unterstützt die Entwicklung bzw. Wiederherstellung eines durch den Menschen mehr oder weniger stark degradierten bis völlig zerstörten Ökosystems in Richtung auf einen naturnäheren Zustand. Damit werden bestimmte Ökosystemleistungen und -strukturen vor dem Hintergrund aktueller ökologischer, sozioökonomischer und naturschutzfachlicher Rahmenbedingungen wiederhergestellt. Die **Renaturierungsökologie** liefert hierfür die wissenschaftlichen Grundlagen.

Eine Vielzahl der Ökosystemleistungen für den Menschen hat de Groot (1992; vgl. auch de Groot et al. 2002) kategorisiert (vgl. hierzu die kritische Reflexion von Wallace 2007). Diese umfassen Produktion (z. B. Produktion von pflanzlichen Rohstoffen und Nahrungsmitteln), Regulation (z. B. Selbstreinigung des Wassers durch den Abbau von Stoffen, Akkumulation von Stoffen wie beispielsweise Kohlenstoffspeicherung), Bereitstellung von Fläche (z. B. für Ackerbau oder Siedlungen) und Information (im weitesten Sinne einschließlich aller nicht materieller Ökosystemleistungen wie z. B. Biodiversität und kulturgeschichtlicher Informationen; zu den kulturellen Leistungen vgl. auch Millennium Ecosystem Assessment Report 2005). Neben einer qualitativen und quantitativen ökologischen Analyse dieser Ökosystemleistungen liegen auch zahlreiche ökonomische Bewertungsansätze auf unterschiedlichen räumlichen Ebenen vor (z. B. Chee 2004, Ott und Döring 2004).

Inspiriert durch die Darstellungen von Bradshaw (1987) und van Andel und Aronson (2006), die den Prozess der Ökosystemrenaturierung im Verhältnis zu Ökosystemfunktionen und -leistungen darstellen, haben wir die Definition in eine Grafik (Abb. 1-1) umgesetzt. Hierbei halten wir das Ziel der Wiederherstellung von durch den Menschen mehr oder weniger stark beeinträchtigten Ökosystemleistungen bei der Ökosystemrenaturierung für wesentlich. Dies ist konsequenterweise auch mit der Wiederherstellung der Funktionen des betreffenden Ökosystems verbunden.

Ausgangspunkt menschlichen Handelns bei der Renaturierung (einschließlich des „Gewährenlassens" der Natur) ist ein Zustand, der vom ehemaligen natürlichen bzw. naturnahen, halbnatürlichen oder kulturhistorisch wertvollen Zustand der Systeme (z. B. naturnahen Wäldern, Extensivweiden) unterschiedlich weit entfernt ist. Ziel von Renaturierungen ist es daher, diese „Denaturierung" teilweise oder ganz rückgängig zu machen bzw. an der Stelle zerstörter Systeme neue, sich mehr oder weniger selbst regulierende und/oder der früheren Kulturlandschaft entsprechende Systeme zu entwickeln.

Im Hinblick auf die zu entwickelnden Ökosysteme bzw. Landschaftselemente muss hervorgehoben werden, dass die Ökosystemrenaturierung unterschiedliche Ziele verfolgt (Kasten 1-2):

1. Die (Wieder-)Herstellung von Ökosystemen bzw. Landschaftselementen der Naturlandschaft (bzw. eine möglichst starke Annäherung an diese) wie z. B. Fließgewässern, Seen, Hoch- und Niedermooren, Salzrasen und Wäldern (statt Forsten). Hierzu kann auch die Wiedereinbürgerung von im Gebiet ausgestorbenen Tierarten (z. B. von Megaherbivoren) gehören. Diese Ziele werden neben eventuellen initialen Eingriffen zur Herstellung bestimmter Standortverhältnisse vor allem durch das Aufhören oder die Minimierung von Nutzungen, d. h. durch das weitestgehende Zulassen natürlicher ökologischer Prozesse erreicht (auch als Umsetzung des Naturschutzziels „Prozessschutz"; vgl. z. B. Piechocki et al. 2004).

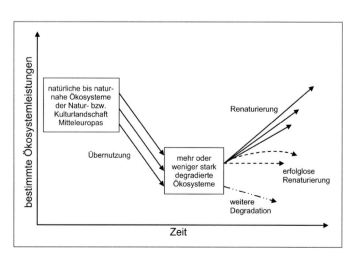

Abb. 1-1: Renaturierung von Ökosystemen in Mitteleuropa mit einer Wiederherstellung bzw. Optimierung der durch Übernutzung beeinträchtigten bzw. verloren gegangenen Ökosystemleistungen.

2. Die (Wieder-)Herstellung von Ökosystemen bzw. Landschaftselementen der (historischen) Kulturlandschaft (z. B. Feuchtgrünland, Heiden, Trockenrasen, Hecken, ggf. auch bestimmte Waldtypen historischer Bewirtschaftungsformen). Dies kann nur durch die Wiedereinführung historischer Nutzungsarten bzw. die Simulation derselben oder die Änderung der aktuellen Nutzung geschehen. Hierzu zählen auch Konzepte der Entwicklung neuer Kulturlandschaften, in die angepasste Nutzungen und Reste der Naturlandschaft integriert werden (vgl. z. B. Hobbs 2002 bzw. Moreira et al. 2006 zur Renaturierung von Kulturlandschaften und Redecker et al. 2002 zur Entwicklung von halboffenen Weidelandschaften). Die Ziele können sowohl durch eine Extensivierung (z. B. Renaturierung einer artenreichen Wiese auf einer Fläche mit artenarmem Intensivgrünland) als auch durch eine „Intensivierung" (z. B. Entfernen von Gehölzen, um Offenland zu renaturieren) erreicht werden.

3. Die Herstellung von „irgendeinem akzeptablen" Zustand von Ökosystemen bzw. Landschaftselementen in stark gestörten Landschaften bzw. Landschaftsteilen wie z. B. Bergbaufolgelandschaften, Truppenübungsplätzen, abgetorften Hochmooren, Steinbrüchen sowie Flächen im besiedelten Bereich. Hierbei geht es vor allem um die Behebung von offenkundigen Schäden über Maßnahmen zur Wiedernutzbarmachung (Rekultivierung; Abschnitt 1.3 und Kapitel 13). Hierzu gehört auch das Konzept der *creative conservation* (Landlife and the Urban Wildlife Partnership 2001), welches das Einbringen von Wildpflanzen z. B. in Industriegelände beinhaltet. Für die Neuschaffung von Ökosyste-

men auf vom Menschen sehr stark überformten Standorten haben Hobbs et al. (2006) den Begriff *emerging ecosystems* in die Diskussion eingebracht.

Ein wesentliches Merkmal der Renaturierungspraxis ist die Festlegung von **Referenzzuständen,** aus denen nicht nur die Renaturierungsziele abgeleitet werden, sondern die auch für eine Evaluierung des Renaturierungserfolgs (Abschnitt 1.8) eine wichtige Bedeutung haben. Diese Referenzzustände können hypothetisch konstruiert sein (z. B. die potenzielle natürliche Vegetation nach dem ursprünglichen Konzept von Tüxen 1956 und den späteren Modifikationen z. B. von Kowarik 1987, Härdtle 1995 und Leuschner 1997) oder finden sich real in der mitteleuropäischen Kulturlandschaft als mehr oder weniger naturnahe Biotope bzw. Landschaftselemente. Auch wenn die Bestimmung von geeigneten Referenzzuständen bzw. von Referenzkriterien bei der Ökosystemrenaturierung eines der schwierigsten Probleme darstellt (z. B. White und Walker 1997), so bieten doch die bereits zahlreich vorliegenden allgemeinen Hilfestellungen und Hinweise (z. B. Clewell und Rieger 1997, Holl und Cairns 2002, SER 2004) sowie die umfangreichen Kenntnisse der Vegetation und Biozönosen Mitteleuropas (z. B. Ellenberg 1996, Kratochwil und Schwabe 2001) wertvolle Grundlagen.

Neben den auf der Ebene von Landschaften, Ökosystemen bzw. Lebensgemeinschaften identifizierbaren Referenzzuständen (z. B. auch Ziellebensgemeinschaften/*target communities*; Kapitel 11) haben auf Artebene Leit- bzw. Zielarten für die Renaturierung eine besondere Bedeutung. Diese tragen einerseits dazu bei, die Renaturierungsziele zu spezifizieren und unterstützen andererseits die Einschätzung des Renaturie-

Kasten 1-2
Ziele der Ökosystemrenaturierung

Ziel der Ökosystemrenaturierung ist 1) die Wiederherstellung eines ursprünglichen, natürlichen oder diesem möglichst stark angenäherten, 2) die Wiederherstellung eines vom Menschen durch Nutzung geschaffenen oder 3) Schaffung eines neuen, in der ursprünglichen bzw. historischen Natur- und Kulturlandschaft noch nicht vorhandenen Ökosystems bzw. Landschaftselements.

rungserfolgs. Kratochwil und Schwabe (2001) grenzen „Leitarten" als solche, die in einem oder wenigen Lebensräumen signifikant höhere Stetigkeiten und oft auch höhere Abundanzen als in allen anderen Lebensräumen erreichen, klar von den „Zielarten" (*target species*) ab, die eindeutig von Relevanz für den Naturschutz sind (Kapitel 9). Zielarten können besonders gefährdete Arten (Rote-Liste-Arten), Arten mit einer besonderen funktionellen Bedeutung für das Ökosystem bzw. die Lebensgemeinschaft (*key species* bzw. *keystone species*), Leitarten oder *umbrella species* („Schutzschirmarten") sein, die mit ihren Habitatansprüchen und ihrem hohen Raumbedarf den gleichzeitigen Schutz von vielen anderen Arten der Lebensgemeinschaft erwarten lassen (Kratochwil und Schwabe 2001).

1.5 Abgrenzung von Ökologie, Naturschutz, Renaturierungsökologie und anderen Disziplinen

Die **Ökologie** (*ecology*) ist eine vergleichsweise junge, aber vielfältige Wissenschaft, für die in den Lehrbüchern keine einheitliche Definition zu finden ist. Haeckel (1866) definierte die Ökologie als die Wissenschaft von den Beziehungen der Organismen zueinander und zu ihrer gesamten Umwelt. Dies geschah aus der Auffassung heraus, dass es eine solche Wissenschaft damals nicht gab, sie jedoch notwendig war. Spätere Autoren haben versucht, Haeckels Definition zu präzisieren, kamen aber oft gleichfalls nur zu sehr allgemeinen Aussagen (z. B. Odum 1973: Ökologie ist »*the study of structure und function of nature*« oder »*the study of ecosystems*«). Krebs (2001) betont die Notwendigkeit der Quantifizierbarkeit von Aussagen auch in der Ökologie: Ökologie ist »*the scientific study of the interactions which determine the distribution and abundance of organisms*«. Eine weitere Einengung in dieser Richtung gibt Peters (1991), für den nur wenige Kenngrößen, zudem ausschließlich unter dem Gesichtspunkt der Vorhersagequalität erforschungswürdig sind: Ökologie »*deals with the prediction of biomass, productivity and diversity*«.

Nach Begon et al. (2005) beschäftigt sich die Ökologie mit der Beschreibung, Erklärung und Vorhersage der qualitativen und quantitativen Eigenschaften von Individuen, Populationen und Lebensgemeinschaften in Raum und Zeit. Dies trägt der Tatsache Rechnung, dass unterschiedliche Betrachtungsebenen zum Gegenstand der Ökologie gehören: Individuen, Populationen und Lebensgemeinschaften mit deren funktionalem und räumlichem Kontext im Ökosystem und in der Landschaft. Zudem müssen die beobachtbaren Prozesse auf unterschiedlichen räumlichen und zeitlichen Skalen untersucht werden, was den Gültigkeitsbereich von wissenschaftlichen Aussagen in der Ökologie bestimmt. Autökologie, Populationsökologie, Biozönologie, Geobotanik, Ökosystemforschung und Landschaftsökologie haben sich seither zu eigenständigen Teildisziplinen der Ökologie entwickelt, die auch in enger Beziehung zur Renaturierungsökologie stehen.

Naturschutz (*nature conservation*) war von seiner ursprünglichen Ausrichtung in Deutschland auf Erhaltung (Konservierung) vorindustrieller Landschaften bzw. Landschaftselemente ausgelegt. Dieses Ziel der Erhaltung spiegelt sich auch im angelsächsischen Sprachgebrauch in den Begriffen *conservation*, *preservation* und *protection* wider. Dabei waren seit dem 19. Jahrhundert sowohl Kultur- als auch Naturlandschaftselemente Schutzobjekte (Rudorff 1888, Conwentz 1904; vgl. Ott 2004 und Potthast 2006 zur Geschichte des Naturschutzes). Allerdings haben sich die Arbeitsfelder seither stark erweitert. Naturschutz im Sinne der Naturschutzgesetze kann sowohl abwehrend (z. B. Vermeidungsgebot), bewahrend (z. B. durch Schutzgebietsausweisung) als auch entwickelnd (mit einer breiten Palette von Instrumenten) betrieben werden.

Gleichwohl existiert für den Begriff Naturschutz keine gängige Definition. Die *World Conservation Union* (IUCN 2000) erklärt eine Vielzahl von Naturgütern zu möglichen Schutzgütern, insbesondere Arten, Habitate und Ökosysteme als räumliche oder funktionale Einheiten sowie ökologische Prozesse. Dabei bleibt allerdings offen, unter welchen Zielvorgaben diese Schutzgüter zu behandeln sind. Das bisher ungelöste Problem ist, dass Naturschutzziele untereinander weder logisch noch kausal verknüpft sind (vgl. Fischer-Kowalski et al. 1993, Blumrich et al. 1998, Encyclopedia of Applied Ethics 1998,

Prilipp 1998). Komplexziele (Grundmotive) wie „Prozessschutz", „Minimierung der Landnutzungsintensität", „Wildnisschutz", „Verhinderung von Umweltschäden und -belastungen", „Erhalt der Nachhaltigkeit", „Erhalt der Biodiversität" (auf Gen-, Art-, Habitat- oder Landschaftsniveau), „Erhalt der landschaftlichen Eigenart", „Erhalt der Schönheit" oder auch „Erhalt der Mitweltlichkeit" (für andere Lebewesen oder die gesamte Natur) bedürfen in jedem Fall einer auf den Einzelfall bezogenen Operationalisierung.

Trotz der unklaren Definitionen der Begriffe Ökologie und Naturschutz ist die Abgrenzung beider Disziplinen klar erkennbar. Naturschutz ist – im Gegensatz zur wissenschaftlich betriebenen Ökologie – ein Bereich, der von ehrenamtlichem Engagement entscheidend geprägt wurde und wird. Dies ist heute in Deutschland rechtlich durch die Beteiligung von Naturschutzverbänden z. B. an Eingriffsplanungen institutionalisiert. Die emotionalen Motive der Akteure spielen dabei eine große Rolle (Kapitel 17). Naturschutz ist somit zunächst ein sozial motiviertes Phänomen. Die wissenschaftliche Beschäftigung mit dem Naturschutz setzte erst wesentlich später ein und sieht sich heute im Konflikt mit einer Naturschutzpolitik und -verwaltung, die bereits ein enges Netz von Normen und Regeln entwickelt hat.

In den letzten Jahrzehnten haben sich Disziplinen entwickelt, die die Trennung zwischen Grundlagenforschung (Ökologie) und Anwendung (Naturschutz) zu durchbrechen versuchen. Hierzu gehört der Ansatz der *conservation biology* (Soulé und Wilcox 1980, Soulé 1986), der kein exaktes deutsches Äquivalent („Naturschutzbiologie") hat. *Conservation biology* hat zwei Ziele (Primack 1993): »*to investigate human impact on biological diversity and to develop practical approaches to prevent the extinction of species*«. Verschiedene Autoren verbinden *conservation biology* mit der Anwendung genetischer und ökologischer Theorien auf das Management bedrohter Populationen und Arten bzw. nehmen wiederholt Bezug auf Erhalt und Wiederherstellung der biologischen Vielfalt (Young 1999). *Conservation biology* ist also stark mit der Biodiversitätsdiskussion verbunden. Da „Biodiversität" im Gegensatz zu „Diversität" kein genuin ökologischer Fachbegriff ist (vgl. z. B. Mayer 2006), sondern ausdrücklich erfunden wurde, um die sozioöko-

nomischen Rahmenbedingungen und Konsequenzen des Erhalts der Artenvielfalt in einen übergreifenden Ansatz einbeziehen zu können (Takacs 1996), wird damit die Grenze zwischen Ökologie und Naturschutz aufgeweicht.

Ähnlich verhält es sich mit der **Renaturierungsökologie**. Darunter verstehen Cairns und Heckman (1996) nicht nur den Teil der Ökologie, der die Basis zur Schaffung, Erhaltung und Wiederherstellung von erwünschten Habitat- oder Ökosystemtypen bereitstellt. Sie beziehen zusätzlich jene planungstheoretischen, rechtlichen und sozioökonomischen Aspekte mit ein, die die Implementierung von ökologischem Fachwissen in gesellschaftliche Entscheidungsprozesse beeinflussen. Aus den übergeordneten Leitbildern „Nachhaltigkeit", „Erhaltung der Tragekapazität" und „Ressourcenschonung" kann ein moralischer Anspruch auf Wiederherstellung zerstörter Lebensräume begründet abgeleitet werden (Kapitel 15). Auch die Bezugnahme auf das Konzept der *ecosystem integrity* (SER 2004) bzw. *ecological integrity* weist diesen Weg (Cairns und Heckman 1996: »*ecological integrity includes a critical range of variability in biodiversity, ecological processes and structures, regional and historical context, and sustainable cultural practices*«). Da sich die Renaturierungsökologie mit der Gesamtheit ökologischer „Objekte" (Populationen, Arten, Lebensgemeinschaften, Habitattypen und Ökosystemfunktionen, vgl. Ehrenfeld 2000) im sozioökonomischen und historischen Kontext beschäftigt, ergibt sich eine auffällige Parallele zu den Arbeitsfeldern des Naturschutzes im Sinne der *World Conservation Union* (IUCN).

Die Abgrenzung einer wissenschaftlich betriebenen Renaturierungsökologie zum Naturschutz gewinnt dadurch noch mehr an Bedeutung. In Abbildung 1-2 sind die Hintergründe und Haupteinflussfaktoren von Ökologie, Renaturierungsökologie und Naturschutz vereinfacht dargestellt. Sie verdeutlicht die Brückenfunktion der Renaturierungsökologie, ohne die Wissenschaft (Ökologie und ihre Teildisziplinen) und Praxis (Landschaftsplanung, Naturschutz) keine funktionierende Verbindung hätten. In diesem Sinne ist Renaturierungsökologie mehr als nur „angewandte Ökologie", sie umfasst verschiedene praktische Ebenen, die auch normative Gegebenheiten zu berücksichtigen haben und den Arbeitsfeldern der Landschaftsplanung und der guten

Tab. 1-2: Arbeitsebenen der naturschutzfachlichen Praxis bei Renaturierungen und damit verbundene Aufgaben der Renaturierungsökologie (aus Brux et al. 2001, ergänzt).

Arbeitsebenen der naturschutzfachlichen Praxis bei Renaturierungen	Aufgaben der Renaturierungsökologie
Zielfestlegung/Leitbildentwicklung im Hinblick auf Naturnähe, Kulturlandschaft, Behebung von Schäden, Abgleich von Zielkonflikten usw.	Bereitstellung allgemeiner und (orts-)spezifischer Informationen zu ökosystemaren und artbezogenen Potenzialen
Bestandsaufnahme Auswahl geeigneter Methoden, Datenerhebung	Entwicklung und Bereitstellung von Messverfahren und Indikatorensystemen zur Erhebung von Rauminformationen, Skalierung und Informationsverdichtung als Bewertungsgrundlage
Bewertung Auswahl geeigneter Bewertungskriterien, -parameter, -instrumente und -verfahren, Raumbewertung	Entwicklung von Bewertungsverfahren
Entscheidungsfindung unter Berücksichtigung des Machbaren sowie Sozioökonomie, sozialer Akzeptanz, Techniken wie mehrkriterielle Optimierung	Angabe des ökologisch Machbaren, Bereitstellen von Entwicklungsszenarien aus ökosystemarer und populationsbiologischer Sicht, Risikoabschätzungen
Maßnahmenplanung unter Berücksichtigung der Rahmenbedingungen, der zeitlichen Dimensionierung und der Wahrscheinlichkeit der Zielerreichung: Prozessschutz bzw. Nichtstun, Initialisierung, technische Sanierung, Pflege usw.; ggf. Einleitung rechtlicher Genehmigungsverfahren und Planung flankierender Maßnahmen	Entwicklung von Verständnis bei den Betroffenen bzw. Landnutzern für Planungsprozesse
Maßnahmendurchführung unter Berücksichtigung der Effizienz und der Vermeidung unerwünschter Auswirkungen	Entwicklung und Bereitstellung geeigneter Verfahren unter Einbeziehung der Kenntnisse ökologischer Prozesse und Strukturen
Ablaufsteuerung Planungssystematik, Einbindung rechtlicher Grundlagen, Evaluation von Modellvorhaben usw.	Durchführung von oder Beteiligung an Evaluationsvorhaben, Begleitforschungen
Erfolgskontrolle Überprüfung des Zielerreichungsgrades bzw. des Potenzials zur Zielerreichung, Ziel- und Maßnahmenkorrektur, ggf. auch Neufestsetzung	Verbesserung der Prognosequalität, Entwicklung und Festlegung von Mindeststandards für Zielerreichungen, Datenerhebung und Probenahmen, Datenanalyse und -darstellung, Weiterentwicklung der Renaturierungsökologie

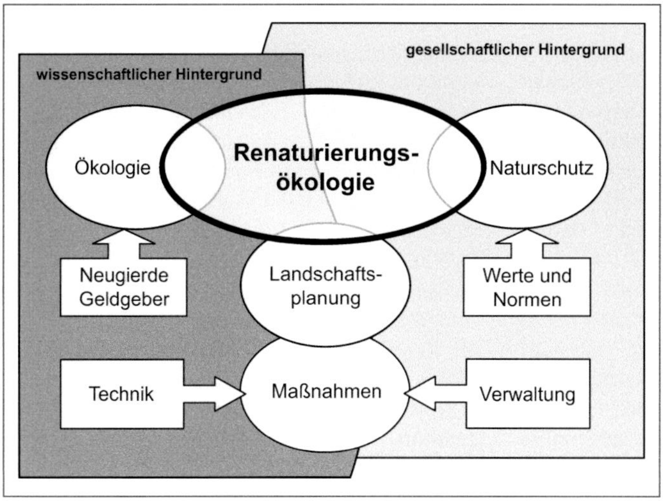

Abb. 1-2: Brückenfunktion der Renaturierungsökologie zwischen Ökologie und Naturschutz und Landschaftsplanung (aus Brux et al. 2001).

naturschutzfachlichen Praxis entsprechen. In diesem Kontext stellt die Renaturierungsökologie das zur Planung notwendige Wissen um ökologische Zusammenhänge zur Verfügung und begleitet eine konkrete Renaturierung fachlich-ökologisch (Tab. 1-2). Zu allen Schritten einer Naturschutzfachplanung, wie Leitbildentwicklung, Bestandsaufnahme, Bewertung, Entscheidungsfindung, Maßnahmenplanung und -durchführung, Ablaufsteuerung und Erfolgskontrolle, kann die Renaturierungsökologie spezifische Beiträge leisten.

Kennzeichen der Ökosystemrenaturierung ist, dass sie aus dem Wissen um ökologische Zusammenhänge heraus zielgerichtet arbeitet. Die Wiederherstellung von zerstörten bzw. die naturschutzkonforme Entwicklung von gestörten Systemen ist ohne die Kenntnis ökosystemarer Zusammenhänge bzw. Funktionen, insbesondere der systemimmanenten Dynamik, nicht oder nur ungleich schwieriger zu erreichen. Renaturierungsökologie muss daher grundlegende Zusammenhänge ökologischer Systeme und deren Steuerung zielgerichtet auf eine Renaturierungsproblematik hin erforschen (z. B. Temperton et al. 2004). Die Befunde müssen zusammen mit grundlegenden Ergebnissen anderer ökologischer Fachrichtungen wie z. B. Landschaftsökologie, Ökosystemforschung, Naturschutzbiologie und Populationsbiologie für die Landschafts- und Naturschutzplanung nutzbar gemacht werden. Damit stellt die Renaturierungsökologie ein

Bindeglied zwischen grundlagenorientierten Wissenschaften und normativen Ansprüchen der Gesellschaft an den Umgang mit anthropogen veränderten Systemen dar (Abb. 1-2).

1.6 Besonderheiten der Renaturierungsökologie im Verhältnis zu Ökologie und Naturschutz

Die Renaturierungsökologie bearbeitet verschiedene ökologische Schlüsselkonzepte unter einem bestimmten Blickwinkel. Bradshaw (1987) hat die Renaturierungsökologie treffend als den »*acid test for ecological theory in practice*« bezeichnet. Das ist historisch vergleichbar mit anderen Impulsen aus der Praxis (Fischereiwirtschaft, Epidemiologie, Forstwirtschaft usw.), die die theoretische Ökologie beflügelt haben. In Tabelle 1-3 werden einige Schlüsselkonzepte der Ökologie bezüglich ihrer Brauchbarkeit für Renaturierung und Planungspraxis analysiert. Sukzession, Störung, Stress, Strategietypen, Diversität und Standortfaktoren stehen in einem engen Ursache-Wirkungs-Verhältnis zueinander und können oft kaum voneinander getrennt betrachtet werden. Gerade Sukzession, Störung und Strategietypen werden von der Renaturierungsökologie häufig gemeinsam betrachtet. Dabei stehen die Fragen im Vordergrund: Welche Störungsparameter lösen in welchen Systemen welche Reaktionen bzw. Dynamiken aus? Welche Strategietypen reagieren darauf, und wie sind diese Reaktionen im Sinne der Zielkonzepte in der Planungspraxis einsetzbar?

Manche Fragen gehen über „normale" ökologische Forschung deutlich hinaus, was am Beispiel der Sukzession erläutert werden soll. Welche Eigenschaften von Biozönosen kann man sich zur Sukzessionsbeschleunigung nutzbar machen? Welche Faktoren verhindern bzw. verlangsamen Sukzession in Renaturierungsvorhaben (Verbiss, Ausbreitungsbarrieren, floristische Verarmung des Umlandes, abiotische limitierende Faktoren; Kapitel 2)? Hier wird der Unterschied zwischen Ökologie und Renaturierungsökologie besonders deutlich: In der Ökologie ist die Geschwindigkeit der Sukzession ein wertfreier Parameter, in der Renaturierungsökologie ist er normativ belegt, wenn das Ziel einer schnellen Entwicklung angestrebt wird. Die Geschwindigkeit hat unmittelbare Auswirkungen auf die Entscheidung für oder gegen eine bestimmte Maßnahme. Ist die Sukzessionsgeschwindigkeit auf einer primär vegetationsfreien Fläche nicht hoch genug, um Erosionsschutz zu gewährleisten, muss ggf. eine technische Begrünung vorgenommen werden. Entscheidungen über Steuerung setzen im Regelfall Kenntnisse der Sukzessionsprozesse voraus (Prach et al. 2001, Walker et al. 2007).

Die Renaturierungsökologie erforscht die genannten Schlüsselkonzepte (Tab. 1-3) im Hinblick auf eine Anwendung in Naturschutz und Landschaftsplanung. Der Kenntniszuwachs in der Renaturierungsökologie basiert auf einem experimentellen Ansatz, wobei „experimentell" hier

Tab. 1-3: Beispiele für ökologische Schlüsselkonzepte in der Renaturierung und Praxis von Naturschutz und Landschaftsplanung (aus Brux et al. 2001).

ökologisches Schlüsselkonzept	Renaturierungsökologie untersucht …	Naturschutz und Landschaftsplanung setzt um …
Sukzession	Richtung (gerichtet oder ungerichtet) und Mechanismen, Raum-Zeit-Muster, Geschwindigkeit, unterstützende Prozesse (Torfbildung, biogene Neutralisierung o. Ä.)	Lenkung oder Nicht-Lenkung (Zustand oder Prozess), Management von räumlichen Mustern, Erhaltung von Stadien, Beschleunigung oder Überspringen von Stadien
Störung	Störungsregime (Voraussehbarkeit, Frequenz usw.), Auslösung von Sukzessionsprozessen	Planbarkeit von Störungen, Ersetzbarkeit von Störungsregimen
Stress	Stressregime (auch nutzungsbezogen)	gezielter Einsatz von Stress z. B. bei Nährstoffaushagerung
Strategietypen	r- und K-Strategen, Lebensdauer u. a. funktionale Eigenschaften wie Ausbreitung, Samenbank	z. B. Auswahl geeigneter Arten für Maßnahmen
Diversität	Ursachen (Zeit, Raum, Störungen, abiotische Standortfaktoren, biotische Interaktionen), Funktionen (für Produktivität, Stabilität), Zusammenhänge zwischen genetischer, biozönotischer und ökosystemarer Diversität	Entwicklung und Aufrechterhaltung erwünschter Zustände
Standortfaktoren/ limitierende Faktoren	Prognosen auf Populationsebene (Habitatmodelle), Szenarien	Auswahl geeigneter Arten, räumliche Planung von Maßnahmen

vieldeutig ist. Die Degradation bzw. Übernutzung von Ökosystemen selbst ist ein „Experiment", wobei man die Auswirkungen durch Beobachtung verfolgt. Dies setzt sich fort bis hin zu vielen kleinen Experimenten (ein Handeln auf Probe), die dann im Rahmen der Renaturierung vorgenommen werden, um einen bestimmten erwünschten Zustand zu erreichen.

1.7 Transdisziplinäre Arbeitsweise der Renaturierungsökologie

Die Durchsetzbarkeit von ökologisch begründeten Leitbildern erscheint umso einfacher, je mehr sie mit anderen gesellschaftlich akzeptierten Zielen (Gefahrenabwehr, ökonomisches Interesse, Erhöhung der Lebensqualität etc.) konform gehen. In Tabelle 1-4 werden beispielhaft mutmaßliche Auswirkungen von Renaturierungsmaßnahmen auf Parameter des biotischen und abiotischen Ressourcenschutzes in verschiedenen Renaturierungskontexten aufgelistet. Dem werden Auswirkungen auf den sozioökonomischen Bereich gegenübergestellt. Dies entspricht dem Konzept der *ecosystem functions* (Cairns 2000), wobei es sich hier um einen bekannten Denkansatz handelt (vgl. die Diskussion um die Selbstreinigungskraft der Gewässer seit Beginn des 20. Jahrhunderts bzw. um den *„critical loads*-Ansatz" im Bodenschutz). Damit wird, wie z. B. Naveh (2005) mit Blick auf die Renaturierung von Kulturlandschaften hervorhebt, auch die transdisziplinäre Arbeitsweise der Renaturierungsökologie

im Vergleich zu anderen naturwissenschaftlichen Disziplinen unterstrichen (Kasten 1-3). Die Ökologie kennt kein „gut" oder „schlecht", dagegen spielt in der Renaturierungsökologie eine Bewertung nach einem reproduzierbaren Bewertungssystem eine ganz entscheidende Rolle (z. B. Winterhalder et al. 2004).

Bei dem Beispiel der alpinen Matten sind alle Zielfunktionen gleichsinnig ausgerichtet (Tab. 1-4). Artenzahl, Erosionssicherheit und Kostenersparnis für ingenieurbiologische Maßnahmen steigen gleichermaßen, wenn Renaturierungsmaßnahmen durchgeführt werden. Dieser Idealfall ist jedoch nicht überall gegeben. Oft weisen Zielfunktionen in verschiedene Richtungen und müssen gegeneinander abgewogen werden (Wiegleb et al. 2000). Als schwierige Fälle werden solche angesehen, in denen sich beispielsweise zwischen dem biotischen und abiotischen Ressourcenschutz Zielkonflikte auftun (z. B. in der Bergbaufolgelandschaft zwischen Artenschutz und Erosionsschutz) oder bei denen sogar innerhalb des biotischen Ressourcenschutzes Abwägungsbedarf besteht, wie z. B. bei der Renaturierung eines Salzrasens: Das Einstellen der Beweidung senkt die Pflanzenartenzahl, erhöht aber die Zahl und Bedeckung der standorttypischen Arten.

Im Falle des Niedermoorgrünlandes würde der biotische Ressourcenschutz je nach Schwerpunkt (z. B. Wiesenvögel, Niedermoorflora oder Sukzession) eine weitere extensive Nutzung, verbunden mit nicht zu hohen Wasserständen im Sommer, verlangen, während der abiotische Ressourcenschutz am besten bei vollständiger Vernässung und ungestörter Sukzession gewährleistet ist. Im ersten Fall käme es zu fortschreitender

Kasten 1-3
Transdisziplinarität der Renaturierungsökologie

Das Besondere der **Renaturierungsökologie** im Vergleich zu anderen naturwissenschaftlichen Disziplinen wie z. B. der Ökologie ist ihre **transdisziplinäre Arbeitsweise**, d. h. sie arbeitet nicht nur mit anderen Disziplinen wie z. B. der Landschaftsökonomie und Umweltethik zusammen (interdisziplinäre Arbeitsweise), sondern durchdringt diese bei der Beantwortung gemeinsamer Fragen und dem gemeinsamen Lösen von Problemen der Ökosystemrenaturierung in einer holistischen Perspektive.

Tab. 1-4: Renaturierung verschiedener Biotoptypen und Auswirkungen auf den biotischen und abiotischen Ressourcenschutz und das sozioökonomische System mit Beispielen (nach Brux et al. 2001, verändert).

Biotoptyp	Renaturierungsmaßnahme	Auswirkungen auf		
		biotischen Ressourcenschutz	abiotischen Ressourcenschutz	sozioökonomisches System
alpine Matten	Rückbau von Skipisten	Vegetationsdeckung und Artenzahl werden erhöht	Erosionsschutz	Schutz der Talbewohner vor Muren, Ersparnis von ingenieurbiologischen Maßnahmen zur Sicherung der Skipisten
erosionsgefährdete Agrarbereiche	Wiederbewaldung	Artenzahl wird (zumindest kurz- bis mittelfristig) erhöht	Erosionsschutz, Regulierung von Oberflächengewässern, Schutz des Grundwassers vor Eutrophierung	Verlust von Ackerland, höhere Ernten im unteren Hangbereich, Gewinn von Tourismuspotenzial
Fließgewässer	Wiederherstellung der Durchgängigkeit, Vermeidung von Stoffeinträgen, Zulassen der natürlichen Dynamik	Artenzahl und Durchlässigkeit für wandernde Organismen werden erhöht	Wasserqualität wird verbessert	Trinkwasserschutz versus Hochwasserschutz, Verlust einer regenerativen Energiequelle
Seen	Biomanipulation	Reduktion des Phytoplanktons, Artenzahl und Biomasse der Makrophyten werden erhöht	erhöhte Pufferung des Sediments, geringere Resuspension	aufgrund des klaren Wassers höherer Erholungswert
Bergbaufolgelandschaft	Zulassen von Sukzession, Verzicht auf Rekultivierung	Artenzahl wird erhöht oder erhalten, insbesondere von Offenlandspezialisten	keine positiven Auswirkungen, dagegen werden Boden- und Grundwasserversauerung und Winderosion zugelassen	Bergsicherheit nicht gewährleistet
Salzrasen	Nutzungsaufgabe, Öffnung von Sommerpoldern	Artenzahl wird gesenkt, Zahl der standorttypischen Arten erhöht	Änderung des Sedimentations- bzw. z. T. des Erosionsregimes	Verlust von Nutzflächen für die Landwirtschaft
Niedermoorgrünland	Wiedervernässung	Zahl der standorttypischen Arten wird erhöht	Torfbildung wird angeregt, mooreigener Wasserhaushalt entsteht, Nährstoffaustrag wird reduziert	Verlust von Intensivnutzflächen für die Landwirtschaft

Tab. 1-4: (Fortsetzung)

Biotoptyp	Renaturierungsmaßnahme	Auswirkungen auf		
		biotischen Ressourcenschutz	abiotischen Ressourcenschutz	sozioökonomisches System
Grünland	Nutzungsextensivierung	Artenzahl wird erhöht, Sukzession wird verhindert	Nährstoffaustrag wird verringert, Bodendegradation ggf. verringert oder gestoppt	Verringerung der Erträge (Menge und Qualität), ggf. Auswirkungen auf Betriebsstrukturen
Zwergstrauchheiden	Biotoppflege, insbesondere Verhinderung von Gehölzaufwuchs	Artenzahl wird erhöht oder erhalten, Sukzession verhindert (Zielartenschutz)	keine positiven Auswirkungen, dagegen Verzicht auf Wohlfahrtswirkungen des Waldes	Erhalt des offenen Landschaftsbildes, Gewinnung von Heide-Mähgut für die Produktion von Mikrofiltern möglich, Erhöhung des Tourismuspotenzials
Wälder	Umwandlung von Nadelholzforsten in naturnahe Laubmischwälder unterstützt durch Pflanzungen oder Förderung der natürlichen Sukzession	Artenzahl nimmt ab (zumindest auf oligo- bis mesotrophen Standorten), Bestandesstruktur (Schichtung) nimmt zu, Erhöhung der Bestandesstabilität (z. B. im Hinblick auf Stürme)	Erhöhung der bodenbiologischen Aktivität in der organischen Auflage, Vermeidung von Gewässerversauerung	Reduktion der forstlichen Managementkosten, Erhöhung des Baumartenspektrums in Mischbeständen, Verringerung von forstlichen Schäden durch Waldschädlinge, Stürme u. a.

Torfdegradation, im zweiten zur Ausbildung von relativ artenarmen Röhrichten und Bruchwäldern (Rosenthal 2001).

1.8 Erfolgskontrolle und Monitoring in der Ökosystemrenaturierung

Auch wenn die Renaturierungsökologie als Wissenschaftsdisziplin keinesfalls auf ein Dienstleistungsgewerbe für die Praxis reduziert werden darf, bilden doch die praktische Umsetzung und ihre Evaluation stets den Hintergrund. Die Renaturierungsökologie definiert sich auch durch ihre funktionale Komponente, die Erprobung und Weiterentwicklung von Theorien, Konzepten und Methoden, ohne die sie ihre Brückenfunktion zwischen Wissenschaft und Praxis nicht wahrnehmen könnte. Dabei ist zu unterscheiden zwischen der reinen Anwendung von Handlungsanweisungen und der systematischen Erprobung von Konzepten und Methoden.

Dennoch sind Handlungsanweisungen für Praktiker von großer Bedeutung, und die Renaturierungsökologie ist bestrebt, an deren Erarbeitung mitzuwirken. Erforderlich ist zudem eine Auseinandersetzung mit den Folgen der Umsetzung von renaturierungsökologischen Kenntnissen in der Praxis. Das bisher zu beobachtende gegenseitige Desinteresse führt dazu, dass die Wissenschaftler forschen und die Praktiker handeln, ohne dass eine konstruktive Kommunikation stattfindet. Eine der Kernfragen ist hierbei, wie die Ergebnisse der renaturierungsökologischen Forschung in die Praxis der Landschaftsplanung und des Naturschutzes einfließen können. Die Erfolgskontrolle und Evaluation von Renaturierungsmaßnahmen – über einen angemessenen Zeitraum! – bietet hier einen geeigneten Ansatz und kann gleichzeitig eines der wesentlichen Defizite verringern.

Die *Society for Ecological Restoration* empfiehlt neun Kriterien, mit deren Hilfe der Erfolg einer Renaturierung ermittelt werden kann (SER 2004). Vor dem Hintergrund der in Tabelle 1-1 dargestellten Konzepte können diese Kriterien eine unterschiedlich wichtige Bedeutung haben:

1. Die charakteristische Artenzusammensetzung und die Struktur des renaturierten Ökosystems entsprechen denjenigen eines Referenzsystems.
2. Das renaturierte Ökosystem besteht im Wesentlichen aus indigenen Arten.
3. Alle für die kontinuierliche Entwicklung bzw. die Stabilität des renaturierten Ökosystems notwendigen funktionellen Gruppen (z. B. trophische Gruppen) sind vorhanden; fehlende Gruppen können das Ökosystem auf natürlichem Wege besiedeln.
4. Die abiotischen Umweltbedingungen des renaturierten Ökosystems lassen die dauerhafte Reproduktion der Zielpopulationen (vgl. Punkt 1 bis 3) zu.
5. Die angestrebten Ökosystemfunktionen sind wiederhergestellt.
6. Das renaturierte Ökosystem ist durch biotische und abiotische Interaktionen in die umgebenden Ökosysteme bzw. die umgebende Landschaft integriert.
7. Potenzielle negative Einflüsse, die von außen auf das renaturierte Ökosystem einwirken und den Renaturierungserfolg beeinträchtigen könnten, sind eliminiert oder auf ein Minimum reduziert.
8. Das renaturierte Ökosystem wird durch natürliche Einflüsse und das zum Erhalt durchgeführte Management in seiner charakteristischen Artenzusammensetzung und Struktur nicht beeinträchtigt.
9. Die Erhaltung des renaturierten Ökosystems ist unter den gegebenen Umweltbedingungen dauerhaft gewährleistet.

Nach Ruiz-Jaen und Aide (2005a, b) wird der Renaturierungserfolg im Wesentlichen in den Kategorien (1) Diversität (v. a. Tier- und Pflanzenartenvielfalt), (2) Vegetationsstruktur (z. B. Vegetationsbedeckung, Wuchshöhe und Biomasse) und (3) ökologische Prozesse (z. B. biologische Interaktionen wie Mykorrhiza, Symbiose, Prädation, Parasitismus oder Herbivorie, Nährstoffkreisläufe und Diasporeneintrag) gemessen. Die Autoren stellen fest, dass bisher nur sehr wenige Studien, die den Renaturierungserfolg messen, mehrere der von der SER (2004) genannten Kriterien in Betracht ziehen. Hierbei wird der Mangel an Langzeitstudien hervorgehoben, die notwendig wären, um die Dauerhaftigkeit des

Renaturierungserfolgs zu beurteilen und Renaturierungsmaßnahmen zu optimieren.

Auch wenn die Berücksichtigung der Kriterien Diversität, Vegetationsstruktur und ökologische Prozesse essenziell für die Bewertung des langfristigen Erhalts eines renaturierten Ökosystems ist (Elmqvist et al. 2003, Dorren et al. 2004, Ruiz-Jaen und Aide 2005a, b), so müssen doch auch die über diese ökologischen Aspekte hinausgehenden Rahmenbedingungen evaluiert werden. Ohne eine Einbettung der Ökosystemrenaturierung in den sozioökonomischen (z. B. Kosten der Maßnahmen, die für den dauerhaften Erhalt des renaturierten Ökosystems notwendig sind, Kapitel 16) und ggf. umweltethischen Kontext (z. B. Akzeptanz der Ökosystemrenaturierung, Kapitel 15 und 17) ist ein dauerhafter Renaturierungserfolg in vielen Fällen infrage gestellt.

1.9 Schlussfolgerungen

Die Renaturierungsökologie ist aufgrund ihrer spezifischen wissenschaftlichen Schwerpunktsetzungen und ihres normativen Charakters klar gegenüber der (grundlagenorientierten) Ökologie, dem Naturschutz und der Landschaftsplanung abzugrenzen (Abb. 1-2). Zwar beschäftigt sich die Renaturierungsökologie vielfach mit Fragen, die auch Untersuchungsgegenstand anderer ökologischer Teildisziplinen sind (z. B. Ingenieurökologie; vgl. z. B. Mitsch und Jørgensen 2003). So besteht aufgrund der normativen Komponente der Renaturierung (Hierarchisierung und Priorisierung der ökologischen Prozesse, Bewertung räumlicher Muster) ein großer Überschneidungsbereich zum Naturschutz. Wichtig ist jedoch, dass die jeweiligen grundlagenorientierten und angewandten Fragestellungen unter besonderen Gesichtspunkten betrachtet werden. Diese sind insbesondere:

- Die Zielvorstellungen einer Renaturierung im weitesten Sinne sind klarer als im Allgemeinen im Naturschutz. Ausgangspunkt der Renaturierung ist ein Ökosystemzustand, der als unerwünscht oder schlecht empfunden wird. Die Ökosystemrenaturierung verfolgt die Wiederherstellung vorher definierter Ökosystemleistungen bzw. -strukturen.

- Renaturierungsökologie berücksichtigt verschiedene funktionale Ebenen (von Populationen bis zu Landschaftskomplexen), bezieht sich aber insgesamt auf die Gesamtbiozönose (Tiere, Pflanzen, Mikroorganismen) im Landschaftskontext, wobei Interaktionen zwischen räumlich definierten Prozessebenen wirksam sind (z. B. bei Mooren zwischen lokalen und regionalen Aspekten des Wasserhaushalts).

- Renaturierung ist auf Dynamik, d. h. Entwicklung bzw. Veränderung von Ökosystemen ausgerichtet, während der Status quo nur als Ausgangs- oder Referenzzustand von besonderem Interesse ist. Renaturierung ist damit sowohl mit Sukzessions- als auch mit Störungskonzepten eng verbunden.

- Prognosen und Szenarien (konstruierte Zustände der Zukunft) haben einen hohen Stellenwert in der Renaturierungsökologie wie auch in den konkreten Renaturierungsvorhaben. Das prognostische Element der Renaturierung ist hervorgehoben, ähnlich wie es auch bei der Eingriffsregelung und Umweltverträglichkeitsprüfung (UVP) wichtig ist. Der Renaturierungserfolg hängt demnach auch vom Zutreffen der Prognosen in konkreten Renaturierungsvorhaben ab.

- Monitoring und Auswertung renaturierungsökologischer Maßnahmen sind bisher vernachlässigt worden. Die Richtigkeit der Prognosen muss evaluiert werden, um letztendlich zu einer Optimierung der Maßnahmen gelangen zu können. Insbesondere für mittel- bis langfristige Effekte von Renaturierungsmaßnahmen bestehen erhebliche Kenntnisdefizite.

- Renaturierung ist notwendigerweise transdisziplinär, da z. B. Landschaftsplanung und Sozioökonomie integrale Bestandteile bilden.

- Renaturierungsökologie ist mehr als ein Servicebetrieb für die Praxis, bedarf aber des starken Praxisbezuges. Dabei geht es nicht um die Erstellung von Datenbanken für alle möglichen Anwendungsfälle als ein Nebenprodukt der wissenschaftlichen Forschung. Entscheidend sind die Entwicklung von renaturierungsökologischen Verfahren, eine kritische Aufbereitung von Informationen und der gegenseitige Austausch zwischen Wissenschaft und Praxis.

- Gerade die Vielfalt der Renaturierungsoptionen (vom Zulassen spontaner Sukzession bis zum technischen Eingriff) ermöglicht bzw. erfordert einen umfassenden „experimental-wissenschaftlichen" Ansatz.

- Gemeinsamkeiten werden Renaturierungs-ökologen dann entwickeln, wenn nachgewiesen werden kann, dass es generalisierbare oder übertragbare Ansätze gibt, die man auf verschiedenen Handlungsfeldern anwenden kann. Dies betrifft insbesondere übergreifende Konzepte der Renaturierungsökologie.
- Um nicht nur auf der konzeptionellen bzw. wissenschaftlichen Ebene der Renaturierungs-ökologie Fortschritte zu erzielen, sondern auch auf die Fragen, Probleme und Anforderungen der Renaturierungspraxis umfassend vorzubereiten, muss die Renaturierungsöko-logie in den relevanten Studiengängen (z. B. Ökologie, Landschaftsökologie, Naturschutz, Landschaftsplanung, Umweltmanagement) verstärkt integriert oder als eigener Studienzweig etabliert werden.

Die Gewinnung und Nutzbarmachung ökologischer Kenntnisse über die zielgerichtete Entwicklung natürlicher oder naturnaher Systeme mag den Eindruck erwecken, dass Natur machbar sei. Die Konsequenz dieser Fehleinschätzung kann ein sorgloser Umgang mit der Natur sein (wie ihn beispielsweise Menting und Hard 2001 propagieren) oder die Natur wird zum Objekt von „Ökosystemdesignern". Dem muss eine transdisziplinär verstandene Renaturierungsökologie entgegenwirken. Die Renaturierungsökologie kann dazu beitragen, Naturschutzperspektiven für nutzungsbedingt mehr oder weniger stark beeinträchtigte Flächen zu formulieren und eine aus Sicht des Naturschutzes, der Landschaftsplanung und anderer gesellschaftlicher Ansprüche erstrebenswerte Entwicklung solcher Flächen zielgerichtet herbeizuführen, zu lenken bzw. zu beschleunigen. Dies schließt die zukünftig vom Menschen nicht gestörte Entwicklung von Flächen mit ein.

Literaturverzeichnis

Allen EB (1992) Principles of restoration ecology, an integrated approach. Springer, Berlin

Anders K, Mrzljak J, Wallschläger D, Wiegleb G (Hrsg) (2004) Handbuch Offenlandmanagement am Beispiel ehemaliger und in Nutzung befindlicher Truppenübungsplätze. Springer, Berlin

Arbogast BF, Knepper DH Jr, Langer WH (2000) The human factor in mining reclamation. *U. S. Geological Survey Circular* 1191. Denver, Colorado

Aronson J, Clewell AF, Blignaut JN, Milton SJ (2006) Ecological restoration: A new frontier for nature conservation and economics. *Journal for Nature Conservation* 14: 135–139

Barrow CJ (1999) Environmental Management. Principles and Practice. Routledge, London

Begon M, Townsend M, Harper JL (2005) Ecology – From individuals to ecosystems. 4th ed. Blackwell Science, Oxford

Blumrich H, Bröring U, Felinks B, Fromm H, Mrzljak J, Schulz F, Vorwald J, Wiegleb G (1998) Naturschutz in der Bergbaufolgelandschaft – Leitbildentwicklung. *Studien und Tagungsberichte* 17: 1–44

Blumrich H, Wiegleb G (2000) Naturschutzfachliche Vorstellungen für die Niederlausitzer Bergbaufolgelandschaft. In: Konold W, Böcker R, Hampicke, U (Hrsg) Handbuch des Naturschutzes. ecomed, Landsberg. XIII-7.28: 1–16

BNatSchGes (2002) Bundesnaturschutzgesetz, Neufassung. Bundesmin. d. Jusitz

Bradshaw AD (1987) Restoration: the acid test for ecology. In: Jordan WR, Gilpin ME, Aber JD (Hrsg) Restoration ecology: a synthetic approach to ecological research. Cambridge Univ. Press, Cambridge. 23–29

Bradshaw AD, Chadwick MJ (1980) The restoration of land. Blackwell Publ., Oxford

Brülisauer A, Klötzli F (1998) Notes on the ecological restoration of fen meadows, ombrogenous bogs and rivers: definitions, techniques, problems. *Bulletin of the Geobotanical Institute* 64: 47–61

Brux H, Rode M, Rosenthal G, Wiegleb G, Zerbe S (2001) Was ist Renaturierungsökologie? In: Bröring U, Wiegleb G (Hrsg) *Aktuelle Reihe BTU Cottbus* 7: 5–25

Cairns J Jr (2000) Setting ecological restoration goals for technical feasibility and scientific validity. *Ecological Engineering* 15: 171–180

Cairns J Jr, Heckman JR (1996) Restoration ecology: the state of an art emerging. *Annual Review of Energy and the Environment* 21: 167–189

Carstens K (1999) What is restoration rcology? http://www.angelfire.com/biz4/kelvin/text/Restoration Ecology.html

Chee YE (2004) An ecological perspective on the valuation of ecosystem services. *Biological Conservation* 120: 549–565

Clewell A, Rieger JP (1997) What practitioners need from restoration ecologists. *Restoration Ecology* 5: 350–354

Clewell A, Rieger JP, Munro J (2005) Guidelines for developing and managing ecological restoration projects. 2nd ed. SER (Society for Ecological Restoration), www.ser.org

Conwentz H (1904) Der Gefährdung der Naturdenkmälder und Vorschläge zu ihrer Erhaltung. Denkschrift. Bornträger, Berlin

Daily G (1995) Restoring value to the world's degraded lands. *Science* 269: 350-355

De Groot RS (1992) Functions of Nature – Evaluation of nature in environmental planning, management and decision making. Wolters-Noordhoff

De Groot RS, Wilson MA, Boumans RMJ (2002) A typology for the classification, description and valuation of ecosystem functions and goods and services. *Ecological Economics* 41: 393-408

Dorren LKA, Berger F, Imeson AC, Maier B, Rey F (2004) Integrity, stability, and management of protection forests in the European Alps. *Forest Ecology and Management* 195: 165-176

Ehrenfeld JG (2000) Defining the limits of restoration: the need for realistic goals. *Restoration Ecology* 8: 2-9

Ellenberg H (1996) Vegetation Mitteleuropas mit den Alpen in ökologischer, dynamischer und historischer Sicht. 5. Aufl. Ulmer, Stuttgart

Elmqvist T, Folke C, Nystrom M, Peterson G, Bengtsson B, Walker B, Norberg J (2003) Response diversity, ecosystem change, and resilience. *Frontiers in Ecology and the Environment* 1: 488-494

Encyclopedia od Applied Ethics (1998) 4 Vols. Academic Press, San Diego. Keywords: Agriculture, Animal rights, Anthropocentrism, Biocentrism, Biodiversity, Bioethics, Biotechnology, Darwinism, Environmental economics, Environmental ethics, Evolutionary perspectives of ethics, Property rights, Speciesism, Sustainability, Wildlife conservation

Falk DA, Palmer MA, Zedler JB (Hrsg) (2006) Foundations of restoration ecology. Island Press, Washington DC

Fischer-Kowalski M, Haberl H, Player H, Steurer A, Zangerl-Weisz H (1993) Das System verursacherbezogener Umweltindikatoren. *Schriftenreihe des IÖW* 64/93: 1-73

Haeckel E (1866) Generelle Morphologie der Organismen. Reimer, Berlin

Härdtle W (1995) On the theoretical concept of the potential natural vegetation and proposals for an up-to-date modification. *Folia Geobotanica et Phytotaxonomica* 30: 263-276

Harris JA, Birch P, Palmer JP (1996) Land restoration and reclamation, principles and practise. Longman, Harlow

Harris JA, van Diggelen R (2006) Ecological restoration as a project for global society. In: van Andel J, Aronson J (Hrsg) Restoration ecology. The new frontier. Blackwell Publ., Oxford. 3-15

HOAI (1996) Honorarordnung für Architekten und Ingenieure

Hobbs RJ (2002) The ecological context: a landscape perspective. In: Perrow MR, Davy AJ (Hrsg) Handbook of ecological restoration, Vol 1: Principles of restoration. Cambridge Univ. Press, Cambidge. 24-45

Hobbs RJ, Arico S, Aronson J, Baron JS, Bridgewater P, Cramer VA, Epstein PR, Ewel JJ, Klink CA, Lugo AE, Norton D, Ojima D, Richardson D, Sanderson EW, Valladares F, Vilá M, Zamora R, Zobel M (2006) Emerging novel ecosystems: theoretical and management aspects of the new ecological world order. *Global Ecology and Biogeography* 15: 1-7

Holl KD, Cairns J (2002) Monitoring and appraisal. In: Perrow MR, Davy AJ (Hrsg) Handbook of ecological restoration, Vol 1: Principles of restoration. Cambridge Univ. Press, Cambidge. 411-432

IUCN (2000) http://www.iucn.org

Jackson LL, Lopoukhine N, Hillyard D (1995) Ecological restoration: a definition and comments. *Restoration Ecology* 3: 71-75

Jordan WR, Gilpin ME, Aber JD (1987) Restoration ecology: a synthetic approach to ecological research. Cambridge Univ. Press

Kowarik I (1987) Kritische Anmerkungen zum theoretischen Konzept der potentiellen natürlichen Vegetation mit Anregungen zu einer zeitgemäßen Modifikation. *Tuexenia* 7: 53-67

Kowarik I (1988) Zum menschlichen Einfluß auf Flora und Vegetation. Theoretische Konzepte und ein Quantifizierungsansatz am Beispiel von Berlin (West). *Schriftenreihe Landschaftsentwicklung und Umweltforschung* 56: 1-280

Kratochwil A, Schwabe A (2001) Ökologie der Lebensgemeinschaften. Ulmer, Stuttgart

Kratz R, Pfadenhauer J (Hrsg) (2001) Ökosystemmanagement für Niedermoore. Ulmer, Stuttgart

Krebs CJ (2001) Ecology. The experimental analysis of distribution and abundance. 5th ed. Harper Collins, New York

Küster H (1995) Geschichte der Landschaft in Mitteleuropa von der Eiszeit bis zur Gegenwart. CH Beck, München

Landlife and the Urban Wildlife Partnership (2001) What is creative conservation? http://www.landlife.org.uk/conservation/conservation.htm

Leuschner C (1997) Das Konzept der potentiellen natürlichen Vegetation (PNV): Schwachstellen und Entwicklungsperspektiven. *Flora* 192: 379-391

Mayer P (2006) Biodiversity – The appreciation of different thought styles and values helps to clarify the term. *Restoration Ecology* 14: 105-111

McIsaac GF, Brün M (1999) Natural environment and human culture: defining terms and understanding worldviews. *Journal of Environmental Quality* 28: 1-10

Menting G, Hard G (2001) Vom Dodo lernen. Öko-Mythen um einen Symbolvogel des Naturschutzes. *Naturschutz und Landschaftsplanung* 33: 27–34

Millennium Ecosystem Assessment Report (2005) Living beyond our means. Natural assets and human well-being. Statement from the board. Island Press, Washington DC

Mitsch WJ, Jørgensen SE (2003) Ecological engineering: A field whose time has come. *Ecological Engineering* 20: 363–377

Mitch WJ, Mander Ü (1997) Remediation of ecosystems damaged by environmental contamination: applications of ecological engineering and ecosystem restoration in central and eastern Europe. *Ecological Engineering* 8: 247–254

Moreira F, Queiroz AI, Aronson J (2006) Restoration principles applied to cultural landscapes. *Journal for Nature Conservation* 14: 217–224

Müller J, Vagts I, Frese E (1997) Pflanzliche Regenerationsstrategien und Besiedlungsdynamik in nordwestdeutschen *Calluna*-Heiden nach Brand. *NNA-Berichte* 10: 87–104

Naveh Z (2005) Epilogue: Toward a transdisciplinary science of ecological and cultural landscape restoration. *Restoration Ecology* 13: 228–234

Odum EP (1973) Fundamentals of ecology. 3rd ed. Saunders, Philadelphia

Ormerod SJ (2003) Restoration in applied ecology: editor's introduction. *Journal of Applied Ecology* 40: 44–50

Ott K (2004) Geistesgeschichtliche Ursprünge des deutschen Naturschutzes zwischen 1850 und 1914. In: Konold W, Böcker R, Hampicke U (Hrsg) Handbuch Naturschutz und Landschaftspflege. ecomed Landsberg. 12. Ergänzungslieferung

Ott K, Döring R (2004) Theorie und Praxis starker Nachhaltigkeit. Metropolis, Marburg

Perrow MR, Davy AJ (Hrsg) (2002) Handbook of ecological restoration. Vol. 1 and 2. Cambridge Univ. Press, Cambridge

Peters RH (1991) A critique for ecology. Cambridge Univ. Press, Cambridge

Piechocki R, Wiersbinski N, Potthast T, Ott K (2004) Vilmer Thesen zum „Prozessschutz". *Natur und Landschaft* 79: 53–56

Potthast T (2006) Naturschutz und Naturwissenschaft – Symbiose oder Antagonismus? Zur Beharrung und zum Wandel prägender Wissensformen vom ausgehenden 19. Jahrhundert bis zur Gegenwart. In: Frohn H-W, Schmoll F (Hrsg) Natur und Staat. Staatlicher Naturschutz in Deutschland 1906–2006. BfN, Bonn. 343–444

Prach K, Bartha S, Joyce CB, Pysek P, van Diggelen R, Wiegleb G (2001) The role of spontaneous vegetation succcession in ecosystem restoration: a perspective. *Applied Vegetation Science* 4: 111–114

Prilipp KM (1998) Problematik von Naturschutzzielen. *Naturschutz und Landschaftsplanung* 30: 115–123

Primack RB (1993) Essentials of conservation biology. Sinauer, Sunderland, Mass

Redecker B, Finck P, Härdtle W, Riecken U, Schröder E (Hrsg) (2002) Pasture landscapes and nature conservation. Springer, Heidelberg, Berlin, New York

Rosenthal G (2001) Zielkonzeptionen von Renaturierungsversuchen in nordwestdeutschen Niedermooren anhand vegetationskundlicher und ökologischer Kriterien. Habilitationsschrift, Univ. Stuttgart

Rudorff E (1888) Über das Verhältnis des modernen Lebens zur Natur. *Korrespondenzblatt des Gesamtvereins der deutschen Geschichts- und Altertumsvereine* 6/8: 86–88

Ruiz-Jaen MC, Aide TM (2005a) Restoration success: how is it being measured? *Restoration Ecology* 13: 569–577

Ruiz-Jaen MC, Aide TM (2005b) Vegetation structure, species diversity, and ecosystem processes as measures of restoration success. *Forest Ecology and Management* 218: 159–173

SER (Society for Ecological Restoration International Science & Policy Working Group) (2004) The SER international primer on ecological restoration. Version 2: Oct., 2004. Society for Ecological Restoration International, Tucson. http://www.ser.org

Schulz F, Wiegleb G (2000) Development options of natural habitats in a post mining landscape. *Land Degradation & Development* 11: 99–110

Soulé ME (Hrsg) (1986) Conservation biology. The science of scarcity and diversity. Sinauer, Sunderland MA

Soulé ME, Wilcox BA (Hrsg) (1980) Conservation biology. An evolutionary-ecological perspective. Sinauer, Sunderland MA

Succow M, Joosten H (2001) Landschaftsökologische Moorkunde. 2. Aufl. Schweizerbart'sche Verlagsbuchhandlung, Stuttgart

Takacs D (1996) The idea of biodiversity: philosophies of paradise. J. Hopkins Univ. Press, Baltimore

Talbot LM (1997) The linkages between ecology and conservation policy. In: Picket STA, Ostfeld RS, Shachak M, Likens GE (Hrsg) The ecological basis of conservation. Heterogeneity, ecosystems, and biodiversity. Chapman & Hall, New York. 368–378

Temperton VM, Hobbs RJ, Nuttle T, Halle S (2004) Assembly rules and restoration ecology. Bridging the gap between theory and practice. Island Press, Washington

Tränkle U, Poschlod P, Kohler A (1992) Steinbrüche und Naturschutz. *Veröffentlichungen Projekt Angewandte Ökologie (PAÖ)* 4: 1–133

Tüxen R (1956) Die heutige potentielle natürliche Vegetation als Gegenstand der Vegetationskartierung. *Angewandte Pflanzensoziologie* (Stolzenau) 13: 5–42

Urbanska K, Webb N, Edwards P (1997) Restoration ecology and sustainable development. Cambridge Univ. Press, Cambridge

Van Andel J, Aronson J (2006) Restoration ecology. The new frontier. Blackwell Publ., Oxford

Van Andel J, Grootjans AP (2006) Concepts in restoration ecology. In: Van Andel J, Aronson J (Hrsg) Restoration ecology. The new frontier. Blackwell Publ., Oxford. 16–28

Vattenfall Europe Mining AG (2007) Die Renaturierung der Spree. Zurück zu einem naturnahen Zustand. http://www.vattenfall.de/www/vf/vf_de/Sonderseiten

Vegelin K, Schulz K (2006) Erfolgskontrolle Polder Randow-Rustow. Vegetationskundliches und faunistisches Monitoring der Ersatzmaßnahme „Polder Randow-Rustow". Unveröff. Ber., Auftraggeber DEGES (Deutsche Einheit Fernstraßenplanungs- und -bau GmbH)

Walker LR, Walker J, Hobbs RJ (Hrsg) (2007) Linking restoration and ecological succession, Springer. New York

Wallace KJ (2007) Classification of ecosystem services: Problems and solutions. *Biological Conservation* 139: 235–246

Weidemann G (1985) Rekultivierung als ökologisches Problem: Konzept und Probeflächen. *Verhandlungen der Gesellschaft für Ökologie* 13: 751–758

White PS, Walker JL (1997) Approximating nature's variation: selecting and using reference information in restoration ecology. *Restoration Ecology* 5: 338–349

Wiegleb G (1991) Die wissenschaftlichen Grundlagen von Fließgewässer-Renaturierungskonzepten. *Verhandlungen der Gesellschaft für Ökologie* 19/3: 7–15

Wiegleb G, Bröring U, Mrzljak J, Schulz F (Hrsg) (2000) Naturschutz in Bergbaufolgelandschaften. Landschaftsanalyse und Leitbildentwicklung. Physica-Verlag, Heidelberg

Wilderness.net (2007) http://www.wilderness.net/index.cfm

Winterhalder K, Clewell A, Aronson J (2004) Values and science in ecological restoration – a response to Davis and Slobodkin. *Restoration Ecology* 12: 4–7

Young TP (1999) Restoration ecology and conservation biology. *Biological Conservation* 92: 73–83

Zerbe S, Brande A (2003) Woodland degradation and regeneration in Central Europe during the last 1,000 years – a case study in NE Germany. *Phytocoenologia* 33 (4): 683–700

2 Ökologische Grundlagen und limitierende Faktoren der Renaturierung

N. Hölzel mit Beiträgen von F. Rebele (Abschnitt 2.2.4), **G. Rosenthal und C. Eichberg** (Abschnitt 2.3.2, 2.3.3 und 2.4)

2.1 Einleitung

In den dicht besiedelten und agrarisch besonders intensiv genutzten Regionen Mittel- und Westeuropas ist seit Ende des Zweiten Weltkrieges ein fortschreitender Verlust an naturnahen Ökosystemen mit hoher biologischer Vielfalt zu verzeichnen. Spätestens seit den 1970er-Jahren ist daher die Neuschaffung und Wiederherstellung gefährdeter Lebensräume und Biozönosen zunehmend in den Mittelpunkt von Naturschutzmaßnahmen gerückt (Bakker 1989, Muller et al. 1998, Bakker und Berendse 1999). Aufgrund fehlender wissenschaftlicher Grundlagen und praktischer Erfahrungen wurden Renaturierungsmaßnahmen anfangs fast durchweg nach dem *trial and error*-Prinzip durchgeführt. Im Vordergrund standen dabei zunächst die Wiederherstellung adäquater abiotischer Standortbedingungen sowie die Reorganisation traditioneller Nutzungsmanagements. Bei Ersterem ging es neben der Wiedervernässung entwässerter Feuchtgebiete (Pfadenhauer und Grootjans 1999) vor allem darum, Eutrophierungseffekte zu beseitigen und die Produktivität des Standortes auf das Niveau der Zielgemeinschaft zurückzuführen (Gough und Marrs 1990, Oomes et al. 1996, Snow et al. 1997, Tallowin et al. 1998). Im Bereich nutzungsgeprägter Halbkulturfomationen wie Feuchtwiesen, Magerrasen und Heiden gingen diese Maßnahmen häufig einher mit einer Reduktion der Nutzungsintensität oder bei Brachen mit einer Wiederaufnahme der Nutzung. Die Wiedereinführung eines entsprechenden Managements konnte vor allem durch Ausgleichszahlungen und vertragliche Vereinbarungen mit Landwirten über Agrarumweltprogramme erzielt werden.

Zahlreiche Untersuchungen aus Mittel- und Westeuropa zeigen, dass viele dieser frühen Renaturierungsmaßnahmen nur von bescheidenem Erfolg gekrönt waren. Selbst nach erfolgreicher Wiedervernässung, Aushagerung und Installierung einer adäquaten Nutzung stellten sich die angestrebten Lebensgemeinschaften meist nicht oder nur in völlig unzureichendem Maße ein (Bakker 1989, Hutchings und Booth 1996, Pegtel et al. 1996). Zielarten konnten sich selbst nach Jahrzehnten in der Regel nur dann etablieren, wenn sie bereits im Bestand oder in dessen unmittelbarer Nähe vorhanden waren. Zu vergleichbaren Resultaten kamen Ansaatexperimente, welche belegen, dass der Artenreichtum in Vegetationsbeständen in hohem Maße durch die Verfügbarkeit von Diasporen beeinflusst wird (Tilman 1997, Stampfli und Zeiter 1999, Turnbull et al. 2000, Pywell et al. 2002, Smith et al. 2002). Durch die Vielzahl gleichlautender Befunde rückten die früher kaum beachteten populationsbiologischen Aspekte der generativen Vermehrung, Ausbreitung und Etablierung zunehmend in den Mittelpunkt des Interesses von Renaturierungsökologen. Fehlende Persistenz der Samenbank, geringes (Fern-)Ausbreitungsvermögen und der Mangel an Regenerationsnischen (*safe sites* sensu Harper 1977) in geschlossenen Grasnarben werden spätestens seit Mitte der 1990er-Jahre intensiv als zusätzlich limitierende Faktoren bei der Wiederherstellung und Neuschaffung von Lebensgemeinschaften diskutiert und analysiert (Bakker et al. 1996, Hutchings und Booth 1996, Kotorová und Lepš 1999, Stampfli und Zeiter 1999).

Insgesamt hat sich das Wissen um die ökologischen Faktoren, welche den Erfolg von Renaturierungsmaßnahmen limitieren, im vergangenen Jahrzehnt enorm vermehrt. Im Folgenden sollen die wichtigsten den Renaturierungserfolg beeinflussenden Faktoren erörtert werden. Dabei wird zunächst auf abiotische Schlüsselfaktoren wie Wasser- und Nährstoffhaushalt, Versauerung und bodenchemische Extreme eingegangen. Im zweiten Teil dieses Kapitels werden schließlich wichtige biotische Prozesse wie die Persistenz von Diasporenbanken, Ausbreitung und Etablierung hinsichtlich ihrer Bedeutung als Steuergrößen für den Verlauf von Renaturierungsmaßnahmen erörtert. Auf sozioökonomische Faktoren, welche gleichfalls von großer Bedeutung für den Erfolg oder Misserfolg von Renaturierungsmaßnahmen sind, wird ausführlich in den Kapiteln 16 und 17 Bezug genommen.

2.2 Limitierende abiotische Faktoren der Renaturierung

2.2.1 Wasserhaushalt

2.2.1.1 Landschaftsmaßstab des Wasserhaushalts

Die Wiederherstellung eines feuchtgebietstypischen Wasserhaushalts gehört zu den klassischen Renaturierungsmaßnahmen, wie sie seit Jahrzehnten in Mooren, aber auch auf mineralischen Nassböden durchgeführt werden. **Wiedervernässungsmaßnahmen** sind in der Regel dann besonders Erfolg versprechend, wenn sie in vergleichsweise schwach vorgeschädigten Systemen und/oder in kleinen Einzugsgebieten mit wenig intensiver Landnutzung durchgeführt werden (Pfadenhauer und Grootjans 1999). Unter solchen Bedingungen genügt oft bereits der Anstau oder Rückbau von Drainagegräben, um die früher herrschenden hydrologischen Bedingungen wiederherzustellen und eine Regeneration der Biozönosen einzuleiten. Grundlegend anders ist die Situation im Falle stark degradierter Moore,

insbesondere derer in dicht besiedelten Tieflagen mit intensiver Landnutzung im Einzugsgebiet (Grootjans et al. 2006b). Von den moortypischen Strukturen, Arten und Funktionen ist hier oft nur noch ein mehr oder weniger stark degradierter Torfrestkörper übrig geblieben, während moortypische Biozönosen meist bis auf kleinste Restvorkommen zurückgedrängt wurden (Kapitel 3). Unter solchen Bedingungen ist die Wiederherstellung des ursprünglichen moortypischen Wasserhaushalts häufig nahezu unmöglich. Meist erfolgt hier nur eine unvollständige Vernässung kleinerer Teilbereiche, da von großflächigeren Vernässungsmaßnahmen in der Regel auch Nutzflächen außerhalb der zu renaturierenden Flächen erfasst werden. Der Landschaftsmaßstab des Gebietswasserhaushalts, der weit über Schutzgebietsgrenzen hinausgeht, erweist sich daher oft als Kernproblem bei der Renaturierung von Feuchtgebieten, das sich mit zunehmender Einzugsgebietsgröße verschärft (Kratz und Pfadenhauer 2001). Sowohl Drainagesysteme von Agrarflächen als auch Grundwasserentnahmen zur Trinkwassergewinnung im Umfeld von wiedervernässten Flächen können zu einer nachhaltigen Veränderung des Wasserhaushalts und häufiger sommerlicher Wasserknappheit führen (Grootjans et al. 2006b).

2.2.1.2 Degradation der Torfkörper

Ähnlich gravierend sind massive Degradationserscheinungen in den Resttorfkörpern. Neben ausgeprägten Mineralisationsprozessen und Nährstoffanreicherungen an der Oberfläche infolge von Austrocknung und agrarischer Nutzung (Pfadenhauer und Heinz 2004) zählt hierzu eine stark verminderte Wasserleitfähigkeit der Torfkörper aufgrund von Sackung und Verdichtung (Grootjans et al. 2006a). Diese Dichtlagerung der Torfe führt im Winterhalbjahr meist zu einer flächenhaften Überstauung mit Niederschlagswasser, während im Sommer eine rasche Abtrocknung erfolgt (Succow und Joosten 2001, Kapitel 3). Im Falle von Durchströmungsmooren genügt bereits eine schwache Vorentwässerung und die damit einhergehende Verdichtung und verringerte **Wasserleitfähigkeit** der Torfkörper, um eine kaum reversible hydrologische Degradation einzuleiten. In der Folge verlieren die charakteristischen offenen Braunmoos-Seggenmoore (Scheuchzerio-Caricitea nigrae) dieses Moortyps ihren permanent nassen Standortcharakter und werden von Gehölzen besiedelt. So ist etwa in den ursprünglich als besonders naturnah angesehenen Seggenmooren des Bierbza-Tales in Nordostpolen nach Aussetzen der Mahdnutzung eine massive Verwaldungstendenz zu verzeichnen, die auch mit zusätzlichen Vernässungsmaßnahmen kaum aufzuhalten ist. Eine vollständige Renaturierung nicht baumfähiger offener Braunmoos-Seggenmoore ist daher praktisch ausgeschlossen (Succow und Joosten 2001, Grootjans et al. 2006b).

2.2.1.3 Vernässung von Regenmooren

Ähnlich problematisch ist die Wiedervernässung entwässerter, ehemals ausschließlich aus Niederschlägen gespeister Regenmoore. Bei kleinflächigen Regenmooren mit geringer Vorentwässerung und günstigem landschaftlichem Umfeld, wie beispielsweise Kesselmooren inmitten großer Waldgebiete, können bereits durch das Verschließen von Entwässerungsgräben rasche und nachhaltige Erfolge erzielt werden. Demgegenüber erweist sich die Renaturierung großflächiger, stark entwässerter und durch kommerziellen Torfabbau degenerierter Tieflands- und Becken-Regenmoore wie beispielsweise im Emsland oder im Alpenvorland als ein besonders schwieriges Unterfangen (Sliva und Pfadenhauer 1999). Als wesentliches Problem zeigt sich hierbei die Wiederherstellung eines regenmoortypischen Wasserhaushalts im Bereich des Acrotelms, der obersten Torfschicht mit relativ sauerstofffreichem Milieu, dessen permanente Durchfeuchtung eine Grundvoraussetzung dafür ist, ein üppiges Gedeihen von Torfmoosen wie *Sphagnum magellanicum* zu ermöglichen (Kapitel 3). Dieser Idealzustand wird in vielen Fällen bei Wiedervernässungsmaßnahmen in Hochmooren nicht erreicht: Entweder sind die Flächen (temporär) zu trocken, was zu **Verheidungstendenzen** führt und das Wachstum von Torfmoosen (*Sphagnum* spp.) unterbindet, oder aber die Flächen sind permanent zu hoch überstaut, wodurch das ehemalige Regenmoor oft den Charakter eines dystrophen Flachsees annimmt. Beeinträchtigt wird die Wiederherstellung ferner durch die chemische Qualität des Wassers, welches sich

häufig durch zu hohe Azidität, einen Mangel an CO_2 oder zu hohe N-Gehalte infolge atmosphärischer Einträge auszeichnet, um eine erfolgreiche Reetablierung von Torfmoosen zu gewährleisten (Lamers et al. 2000, Tomassen et al. 2004). Wesentlich leichter und erfolgreicher vollzieht sich demgegenüber im Bereich flach überstauter ehemaliger Torfstiche die Regeneration typischer flutender Torfmoosdecken der Schlenken (*Sphagnum cuspidatum*), sofern die physikalischen und chemischen Eigenschaften der Torfe eine ausreichende Methanproduktion (CH_4) zulassen (Smolders et al. 2002).

2.2.1.4 Abschneidung von basenreichem Grundwasser

Bei der Wiedervernässung schwach gepufferter minerotropher Niedermoore und Feuchtheiden gelingt häufig nicht die Wiederanbindung an basenreiche Grundwasserströme (*seepage*), was eine zunehmende oberflächliche Versauerung und den Ausfall basiphytischer Arten zur Folge hat (van Duren et al. 1998, Bakker und Berendse 1999). Auch diese Entkoppelung von Kalziumreichem Grundwasser ist häufig irreversibel, da sie in der Regel auf großräumige anthropogene Veränderungen des Landschaftswasserhaushalts zurückgeht (Grootjans et al. 2006a).

2.2.1.5 Interne Eutrophierung nach Wiedervernässung

Mit der Wiedervernässung von ursprünglich meso- bis schwach eutrophen Standorten sind oft unerwünschte und teils massive Eutrophierungserscheinungen verbunden. Diese resultieren zum einen aus mit Nährstoffen belasteten Einleitungen von Oberflächenwasser, zum anderen aus internen Eutrophierungsprozessen, die mit einer Wiedervernässung einhergehen (Smolders et al. 2006). Die Einleitung von mit Nährstoffen aus der Landwirtschaft und Abwässern belastetem Oberflächenwasser in Feuchtgebiete, die oft zur Kompensation von Entwässerungsmaßnahmen erfolgt, führt zu einer erheblichen Steigerung der Verfügbarkeit von Nitrat und Phosphat. Durch die Einleitung von Oberflächenwasser kommt es aber zugleich zu einer gesteigerten Alkalinität in schwach gepufferten Systemen sowie generell zu einer Anreicherung mit Sulfat, dessen Konzentrationen etwa in Flüssen durch menschliche Aktivitäten stark erhöht sind (Lamers et al. 2006). Beide Prozesse führen auch unter den anaeroben Bedingungen der Überstauung zu einer verstärkten **Mineralisation organischer Substanz** sowie zur Freisetzung von Eisen-gebundenem Phosphat (Lamers et al. 2002). Die hieraus resultierenden Eutrophierungseffekte übersteigen häufig jene der direkten Nährstoffbelastung aus Einleitungen (Smolders et al. 2006).

Ähnlich problematisch kann eine naturschutzfachlich motivierte „künstliche" Verlängerung der anaeroben Feuchtphasen sein, welche natürliche Wasserspiegelschwankungen und damit Veränderungen des Redoxpotenzials unterbindet. So kam es etwa in dem von Lucassen et al. (2005) untersuchten Beispiel durch die langfristige Überstauung eines Erlenbruchs mit stagnierendem Sulfat-reichem Grundwasser zu einer massiven Freisetzung von Eisen-gebundenem Phosphat, was eine starke Eutrophierung zur Folge hatte. In ähnlicher Weise kann eine Verlängerung der Nassphasen in Feuchtwiesen zu Veränderungen in der Vegetation und zum Ausfall von Zielarten führen. So hatten etwa rein ornithologisch motivierte Anstaumaßnahmen in großräumigen Feuchtwiesengebieten bei Bremen den raschen Umbau von vielfältigen Sumpfdotterblumen-Wiesen (Calthion) hin zu artenarmen Schlankseggenriedern (Caricion gracilis) und Flutrasen (Agropyro-Rumicion) zur Folge (Handke et al. 1999). Durch den Verzicht auf permanent hohe Überstauung und die Simulation natürlicher Wasserstandsfluktuationen können entsprechende Eutrophierungs- und Umbautendenzen korrigiert werden (Lucassen et al. 2005).

Die vielfältigen Interaktionen zwischen Wasser-, Basen- und Nährstoffhaushalt eines Feuchtgebietökosystems machen Wiedervernässungsmaßnahmen besonders problematisch und führen dazu, dass es häufig nicht oder nur in sehr eingeschränktem Maße gelingt, die angestrebten Zielsysteme wiederherzustellen. So führt eine Wiedervernässung ehemals agrarisch genutzter Flächen in Niedermooren fast generell zu extrem eutrophen Standortverhältnissen und zur Entwicklung von artenarmen Seggen- und Röhrichtbeständen. Diese hochproduktiven Systeme kön-

nen durchaus einen erheblichen naturschutzfachlichen Wert haben, etwa als Lebensraum für gefährdete Wasservogelarten, unterscheiden sich aber grundlegend von der Ursprungsvegetation (Timmermann et al. 2006, van Bodegom et al. 2006). In der Regel gelingt die Wiederherstellung nährstofflimitierter oligo- bis mesotropher Systeme nur, wenn Vernässungsmaßnahmen mit einer gezielten Verringerung der Nährstoffverfügbarkeit etwa durch Oberbodenabtrag einhergehen (Patzelt et al. 2001, Schächtele und Kiehl 2004).

2.2.2 Nährstoffhaushalt/ Trophie

2.2.2.1 Produktivität und Artenvielfalt

Gemäß dem sogenannten *hump-backed model* (Grime 2001) zeigt die pflanzliche Artenvielfalt entlang eines Produktivitätsgradienten eine schiefe unimodale Verteilung. Unter widrigen Umweltbedingungen ist die Artenzahl gering und steigt mit zunehmender Ressourcenverfügbarkeit und Produktivität zunächst steil an. Auf mittlerem Produktivitätsniveau wird aber bereits ein Maximum an Artenvielfalt erreicht und mit weiter steigender Produktivität kommt es zu einem deutlichen Abfall der Artenzahlen. Hierfür verantwortlich ist vor allem ein zunehmender Ausschluss kleinwüchsiger Arten durch die asymmetrische Lichtkonkurrenz weniger hochwüchsiger und stark schattender Arten (Lepš 1999). Eine gesteigerte Produktivität etwa durch Düngung bedeutet dementsprechend in vielen Pflanzengemeinschaften einen drastischen Verlust an Artenvielfalt, wie er sich tatsächlich in Mittel- und Westeuropa vielfach empirisch nachweisen lässt (Bakker und Berendse 1999). Wachstumslimitierend wirken in vielen terrestrischen und aquatischen Ökosystemen in erster Linie Stickstoff und Phosphor, in seltenen Fällen (organische Nassböden) auch Kalium (Olde Venterik et al. 2003).

Eutrophierungserscheinungen und dadurch erhöhte Produktivität sind heute vielfach eine Hauptursache für das Scheitern von Renaturierungsbemühungen. Dies gilt insbesondere für Renaturierungsmaßnahmen auf ehemals intensiv landwirtschaftlich genutzten Flächen, welche sich infolge von Düngungsmaßnahmen oft durch ein stark erhöhtes Trophie- und Produktivitätsniveau auszeichnen (Gough und Marrs 1990).

2.2.2.2 Nährstoffentzug über die oberirdische pflanzliche Biomasse

In vielen Renaturierungsprojekten spielt die „Aushagerung" nährstoffreicher Standorte zur Absenkung der Produktivität eine zentrale Rolle und gilt als wesentliche Voraussetzung für eine erfolgreiche Wiederansiedlung von Zielarten und -gemeinschaften (Kapfer 1988, Gough und Marrs 1990). Eine Absenkung des Trophieniveaus alleine durch den Nährstoffentzug über die oberirdische Biomasse ist häufig ein langwieriger und unsicherer Prozess (Bakker 1989). Am ehesten gelingt dies bei mesotraphenten Pflanzengemeinschaften wie etwa Feuchtwiesen (Calthion) und Glatthaferwiesen (Arrhenatherion). Durch regelmäßige Nährstoffentzüge im Rahmen einer Heumahd lässt sich hier vergleichsweise rasch eine Verringerung der Produktivität infolge von **Stickstofflimitierung** erreichen (Kapitel 11). Wesentlich langsamer und langwieriger vollzieht sich demgegenüber eine Reduktion des in Böden wenig mobilen Phosphats (Abb. 2-1), das durch landwirtschaftliche Düngungsmaßnahmen in Acker- und Grünlandböden häufig sehr stark angereichert wurde (Gough und Marrs 1990, Tallowin et al. 1998). Erstaunlicherweise ist aber gerade auf Flächen mit ackerbaulicher Vornutzung infolge Humusschwund oft vergleichsweise rasch mit einer erheblichen Einschränkung der Produktivität durch Stickstoffmangel zu rechnen. So wurde in älterem Renaturierungsgrünland am hessischen Oberrhein trotz deutlich erhöhter Phosphorverfügbarkeit bereits nach ca. 15 Jahren Aushagerungsmahd das Produktionsniveau von artenreichen Altbeständen erreicht (Donath et al. 2003, Bissels et al. 2004). Vergleichsweise hohe Phosphorniveaus werden auch toleriert, wenn die Produktivität zusätzlich durch andere Faktoren wie zeitweise starken Wassermangel eingeschränkt wird, wie dies etwa in den von Kiehl et al. (2006) untersuchten Kalkmagerrasen auf ehemaligen Ackerböden der Fall war (Kapitel 10). Im Normalfall sollte aber auch für eine erfolgreiche Renaturierung von artenreichem mesotrophem

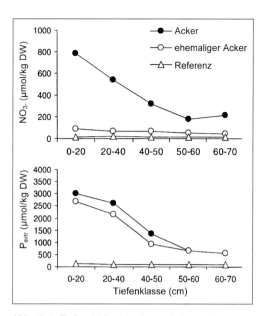

Abb. 2-1: Tiefenabhängige Konzentrationen von wasserlöslichem Nitrat (NO_3^-) und Calciumacetat-lactatlöslichem Phosphat (HPO_4^{2-}) auf einer ehemaligen Ackerfläche zehn Jahre nach Einleitung von Renaturierungsmaßnahmen und Aufgabe der Intensivnutzung (o). Die Vergleichswerte stammen von einem bestehenden Intensivacker (•) und benachbarten Naturschutzgebiet mit hoher Phytodiversität (Δ) (nach Lamers et al. 2006). Während es zu einer raschen Absenkung des Nitratgehalts (NO_3^-) bis auf das Niveau der Zielartengemeinschaft kam, bewegen sich auch nach zehn Jahren die Phosphatgehalte immer noch auf dem hohen Niveau intensiv bewirtschafteter Äcker.

Grünland ein Wert von 5 mg Calciumacetatlactat-(CAL)löslichem P pro 100 g Boden nicht überschritten werden (Janssens et al. 1998, Critchley et al. 2002). Generell besonders erfolgreich vollzieht sich der Aushagerungsprozess auf humus- und kolloidarmen Sandböden (z. B. Pegtel et al. 1996), während tiefgründige Lehmböden und stark zersetzte Niedermoortorfe besonders ungünstige Voraussetzungen bieten (z. B. Snow et al. 1997, Pfadenhauer und Heinz 2004).

2.2.2.3 Oberbodenabtrag – aufwändig, aber effektiv

Im Falle der Wiederherstellung besonders stark nährstofflimitierter Ökosysteme wie oligotro-

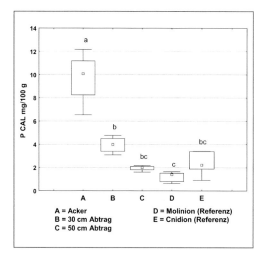

Abb. 2-2: Gehalte an pflanzenverfügbarem Phosphor (CAL-Methode) auf einer Renaturierungsfläche mit Oberbodenabtrag in zwei verschiedenen Tiefen; zum Vergleich sind Werte des ehemaligen Ackers sowie von Referenzbeständen der Zielvegetation angegeben; unterschiedliche Buchstaben kennzeichnen signifikante Unterschiede (Hölzel und Otte 2003). Durch Oberbodenabtrag konnte der P-Gehalt der ehemaligen Ackerfläche bis auf das Niveau der Zielgemeinschaften abgesenkt werden.

phen Weichwasserseen, Sandheiden, Kalkmagerrasen, Borstgrasrasen, Pfeifengraswiesen oder Kleinseggenriedern ist eine alleinige Aushagerungsmahd in aller Regel nur bei vergleichsweise schwach eutrophierten Standorten zielführend. In den allermeisten Fällen sind hier für eine Nährstoffreduktion auf das Niveau der Zielgemeinschaften innerhalb planungsrelevanter Zeiträume effektivere Maßnahmen notwendig. Als besonders wirkungsvolles Mittel zur raschen Reduktion des Nährstoffniveaus in eutrophierten Böden hat sich der Oberbodenabtrag erwiesen (Abb. 2-2, Farbtafel 2-1), der seit Beginn der 1990er-Jahre in verstärktem Maße in Renaturierungsprojekten zur Anwendung kommt (Kapitel 12). Erfolgsbeispiele finden sich für ein breites Spektrum nährstofflimitierter Ökosysteme wie Weichwasserseen (Roelofs et al. 2002), trockene und feuchte Zwergstrauchheiden (Verhagen et al. 2001), Kalkmagerrasen (Kiehl et al. 2006) sowie Pfeifengras- und Brenndoldenwiesen (Patzelt et al. 2001, Hölzel und Otte 2003, Farbtafel 2-1).

2.2.2.4 Atmosphärische Nährstoffeinträge/*critical loads*

Neben direkten Einträgen aus der Landwirtschaft führen auch atmosphärische Nährstoffeinträge zu erheblichen Problemen bei der Erhaltung und Wiederherstellung von Lebensräumen mit hoher pflanzlicher Diversität. Auf nicht agrarisch genutzten Flächen kann es alleine durch atmosphärische Stickstoffdepositionen zu erheblichen Eutrophierungserscheinungen kommen (Bobbink et al. 1998). In besonderem Maße hiervon betroffen sind wiederum nährstofflimitierte Systeme wie Weichwasserseen, Hochmoore, mesotraphente Niedermoore, Heiden und Magerrasen sowie die Bodenvegetation von Wäldern. Die *critical loads* für N-Eintrag reichen in den stark betroffenen Ökosystemen von $5-10\,kg\,ha^{-1}\,a^{-1}$ für Weichwasserseen und Hochmoore über $10-20\,kg\,ha^{-1}\,a^{-1}$ für Heiden und Kalkmagerrasen bis hin zu $20-30\,kg\,ha^{-1}\,a^{-1}$ für mesotraphente Heuwiesen (Bobbink et al. 2003). Vergleichsweise gering sind die Effekte atmosphärischer Stickstoffdepositionen in primär stark Phosphor-limitierten Systemen beispielsweise in Kalkflachmooren (Olde Venterink et al. 2003, Wassen et al 2005). Bei der Umsetzung von Renaturierungsmaßnahmen gilt es, atmosphärische Nährstoffbelastungen bereits vorab ins Kalkül zu ziehen und bei der Planung zu berücksichtigen (Verhagen und van Diggelen 2005). Zur Kompensation atmosphärischer Nährstoffeinträge müssen ggf. geeignete Maßnahmen wie der vermehrte Entzug von Nährstoffen über Mahd, Brand und Beweidung, oder aber auch Sodenstechen und Oberbodenabtrag ergriffen werden (Härdtle et al. 2006, Kapitel 12).

Ein großer Teil der aktuellen Stickstoffemissionen entstammt der landwirtschaftlichen Tierproduktion, weshalb in Regionen mit intensiver Massentierhaltung wie in Nordwestdeutschland, den Niederlanden und Belgien mit über $50\,kg\,ha^{-1}\,a^{-1}$ besonders hohe Einträge an Ammonium und Ammoniak zu verzeichnen sind (Bobbink et al. 1998). Beide reduzierten anorganischen N-Verbindungen machen in Großbritannien rund 70 % der anorganischen N-Deposition aus (Stevens et al. 2004). Unter stark sauren Bedingungen kann eine einseitige Ammoniumernährung für bestimmte Arten toxisch wirken, welche zumindest teilweise auf Nitrat als Mine-

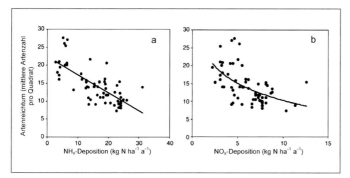

Abb. 2-3: Pflanzenartenreichtum in bodensauren Magerrasen in Großbritannien in Abhängigkeit vom atmosphärischen Eintrag an (a) NH_X und (b) NO_X (nach Stevens et al. 2006); mit zunehmender Stickstoffdeposition sinkt die Artenzahl in bodensauren Magerrasen deutlich ab. Die atmosphärischen Stickstoffeinträge führen neben der Eutrophierung auch zu einer stärkeren Versauerung der Böden.

ralstickstoff angewiesen sind. Zugleich erfolgt indirekt auch eine Verdrängung durch Arten, welche Ammonium besser verwerten können, wie z. B. Draht-Schmiele (*Deschampsia flexuosa*) oder Knoten-Binse (*Juncus bulbosus*). Besonders stark betroffen sind von dieser Entwicklung schwach gepufferte Weichwasserseen (Roelofs et al. 2002) sowie bodensaure Heiden und Magerrasen (Dorland et al. 2003, Stevens et al. 2004, 2006, van den Berg et al. 2005, Abb. 2-3). Auf die zusätzlich versauernde Wirkung von N-Depositionen wird im nachfolgenden Kapitel eingegangen.

2.2.2.5 Gewässereutrophierung

Infolge der Einleitung von ungeklärten Abwässern aus Industrie und Haushalten sowie diffuser Einträge aus der Landwirtschaft sind fast alle Typen von Gewässern in besonders starkem Umfang von Eutrophierung betroffen. Durch den Bau von Kläranlagen ist hierbei seit den 1980er-Jahren in West- und Mitteleuropa eine deutliche Verbesserung der Situation zu verzeichnen. Dies gilt insbesondere für die Belastung der Gewässer mit pflanzenverfügbarem Phosphor, das in aquatischen Systemen als der primär wachstumslimitierende Nährstoff gilt. Nach dem Verbot P-haltiger Wasch- und Reinigungsmittel geht heute der größte Anteil der P-Belastung in Fließgewässern zurück auf diffuse Einträge partikulär gebundenen Phosphats, wobei es sich meist um erodiertes nährstoffreiches Oberbodenmaterial aus intensiv gedüngten Ackerflächen handelt (Scheffer 2002). Im Gegensatz dazu gelangt ein Großteil des leicht auswaschbaren Nitrats über das Grundwasser in die Oberflächengewässer. Die ins Fließgewässer

eingetragenen Nährstoffe verursachen nicht nur im Gewässer selbst, sondern auch im gesamten funktionalen Auenbereich eine erhebliche Eutrophierung, u. a. auch durch die Sedimentation erodierten Oberbodenmaterials von Ackerflächen (rezente Auelehmbildung). Aushagerungsmaßnahmen im flussnahen Auenbereich mit starker Sedimentation sind dadurch von vorneherein enge Grenzen gesetzt (Leyer 2002).

In den Unterwasserböden von Stillgewässern werden oft große Mengen an Phosphaten angereichert. Selbst wenn es gelingt, Nährstoffbelastungen in Zuflüssen weitgehend abzubauen, besteht hier nach wie vor ein riesiges Potenzial für interne Eutrophierungsprozesse (Smolders et al. 2006). Maßnahmen zur Renaturierung stark eutrophierter Stillgewässer müssen daher auf eine Immobilisierung der in Unterwasserböden gespeicherten Phosphate abzielen oder deren Entfernung mit einschließen (Kapitel 5). Letzteres ist oft der einzige gangbare Weg zur Wiederherstellung oligo- bis mesotropher Verhältnisse (Roelofs et al. 2002).

2.2.3 Versauerung

2.2.3.1 Ursachen und Folgen der Versauerung

Der pH-Wert des Niederschlags liegt in weiten Teilen Mitteleuropas deutlich tiefer (pH < 5) als es dem Gleichgewicht mit dem in der Luft enthaltenen CO_2 entspricht (pH 5,7). Ursächlich verantwortlich hierfür sind anthropogene Luftverschmutzungen, die seit Einsetzen des Industriezeitalters zur vermehrten Freisetzung von Schwefel- (SO_2) und Stickstoffoxide (NO_X) geführt haben. Diese Verbindungen reagieren in der Atmosphäre zu Säuren (H_2SO_4 und HNO_3) und sind Hauptverursacher des sauren Regens. Seit Mitte der 1980er-Jahre ist bei den Schwefelemissionen infolge verbesserter Rauchgasentschwefelung von Großfeuerungsanlagen ein deutlicher Rückgang zu verzeichnen, während sich die Stickstoffemissionen aus Verkehr und Landwirtschaft regional nach wie vor auf hohem Niveau bewegen (Scheffer 2002). Die über den Niederschlag eingetragenen Säuren bewirken eine verstärkte Auswaschung von **Basenkationen** wie Kalzium und Magnesium, was zu einer Absenkung des pH-Wertes des Bodens und zu einer Erhöhung der Konzentration von freiem Aluminium in der Bodenlösung führen kann. Sobald das Al/Ca-Verhältnis in der Bodenlösung einen Wert von 5 übersteigt, kommt es zu einem raschen Ausfall Al-sensitiver Pflanzen (Roelofs et al. 1996, de Graaf et al. 1997). Zugleich wird Mineralstickstoff im stark sauren Bereich in zunehmendem Maße als Ammonium angeboten, was bei vielen Pflanzen im niedrigen pH-Wert-Bereich (< 4,0) zu massiven Ernährungsstörungen oder gar toxischen Reaktionen führen kann (van den Berg et al. 2005).

2.2.3.2 Versauerungsgefährdete Ökosysteme

Von dieser Entwicklung besonders stark betroffen sind vornehmlich gegenüber Säureeintrag schwach gepufferte Systeme wie Weichwasserseen, Hochmoore und saure Niedermoore sowie bodensaure Zwergstrauchheiden und Magerrasen auf armen Sandböden. Die charakteristische Flora der überwiegend durch Niederschlagswasser gespeisten Weichwasserseen ist an sehr niedrige Gehalte an im Wasser gelöstem Kohlendioxid und Stickstoff adaptiert und wird zunächst nicht direkt durch eine Absenkung des pH-Wertes geschädigt. Eine Schädigung erfolgt vielmehr indirekt über die Art des Stickstoffangebots. So wird unterhalb eines pH-Wertes von 4,5 der Mineralstickstoff überwiegend als Ammonium angeboten, woraus den auf Nitrat bei der Stickstoffernährung angewiesenen Makrophyten der

Weichwasserseen wie Strandling (*Littorella uniflora*) und Lobelie (*Lobelia dortmanna*) ein Konkurrenznachteil gegenüber Torfmoosen (*Sphagnum* spp.) und Arten wie *Juncus bulbosus* erwächst, welche Ammonium weitaus besser verwerten können (Roelofs et al. 2002). Torfmoose profitieren zudem vom erhöhten CO_2-Niveau in versauerten Seen.

In grundwassergespeisten Niedermooren kann es durch saure Niederschläge zur Ausbildung von oberflächlichen Versauerungslinsen kommen, insbesondere wenn nach vorherigen Entwässerungsmaßnahmen der Druck des basenreichen Grundwassers nicht mehr ausreicht, diese zu beseitigen (van Duren et al. 1998, Grootjans et al. 2006a). Sogar bei den primär sauren Regenmooren können auf Abtorfungsflächen an der Oberfläche von ausgetrockneten, vom Einfluss gepufferten Grundwassers vollständig isolierten Torfkörpern derart niedrige pH-Werte entstehen, dass selbst ein Wachstum von Torfmoosen (*Sphagnum* spp.) nicht mehr möglich ist (Sliva und Pfadenhauer 1999, Smolders et al. 2002).

Unter den terrestrischen Ökosystemen werden insbesondere bodensaure Zwergstrauchheiden und Magerrasen auf schwach gepufferten Substraten von Säureeinträgen nachhaltig negativ beeinflusst. So belegt eine aktuelle großräumige Studie aus Großbritannien einen eindeutigen Zusammenhang zwischen der Höhe des atmosphärischen Eintrags von Stickstoffverbindungen, der Abnahme des pH-Wertes und des Pflanzenartenreichtums in bodensauren Magerrasen (Abb. 2-3, Stevens et al. 2004, 2006). Entbasung, Versauerung und einseitige Ammoniumernährung werden maßgeblich verantwortlich gemacht für den starken Rückgang zahlreicher schwach basiphiler Pflanzenarten wie z. B. Katzenpfötchen (*Antennaria dioica*), Berg-Wohlverleih (*Arnica montana*), Lungen-Enzian (*Gentiana pneumonanthe*) und Teufelsabbiss (*Succisa pratensis*) in niederländischen Sand-Heideökosystemen (Roelofs et al. 1996, de Graaf et al. 1998). So führte eine einseitige Ammoniumernährung bei niedrigem pH-Wert (3,5–4,0) bei vielen dieser Arten zu teils dramatischen Vitalitätsverlusten, während die gleichen Pflanzen eine einseitige Ammoniumernährung bei höherem pH-Wert weitgehend tolerierten (van den Berg et al. 2005).

2.2.3.3 Kalkung als Gegen-
maßnahme

Die Ausbringung von Kalk ist eine häufig ange-
wendete Maßnahme, um die negativen Effekte
der Versauerung zu beseitigen. So konnte etwa
durch Kalkungsmaßnahmen in stark versauerten
Sandheiden in den Niederlanden die Wiederetablierung basenanpruchsvoller Arten wie *Arnica
montana* eingeleitet werden (de Graaf et al 1998;
vgl. Kapitel 5). Besonders erfolgreich verlief auch
die Sanierung versauerter Weichwasserseen durch
eine dosierte Kalkung im Einzugsgebiet der
Gewässer (Roelofs et al. 2002, Dorland et al.
2005). Demgegenüber kann eine direkte massive
Kalkung versauerter Seen zur Sedimentation von
Kalk und zu einer unerwünschten Mobilisierung
von Nährstoffen durch gesteigerte Abbauraten
organischer Substanz am Gewässergrund führen.
So hatte etwa die Kalkung versauerter, ehemals
schwach gepufferter Weichwasserseen in Süd-
skandinavien eine massive Gewässereutrophierung zur Folge (Roelofs et al. 1994).

2.2.4 Bodenchemische Extreme

Extreme bodenchemische Verhältnisse können
die Etablierung von Pflanzenarten behindern und
die Vegetationsentwicklung verzögern oder nur
besonders angepassten Pflanzenarten Lebens-
möglichkeiten bieten. An natürlichen Standorten
mit einem Übermaß an einem oder mehreren
Mineralstoffen haben sich im Laufe der Zeit oft
Sippen differenziert, die eine spezifische Toleranz
aufweisen. Dies betrifft z. B. Salzpflanzen (an der
Küste und an Binnensalzstellen), Schwermetallpflanzen oder Serpentinpflanzen (Pflanzen, die
mit einem Überangebot von Magnesium sowie
hohen Konzentrationen an Nickel und Chrom
zurechtkommen). Natürliche Ökosysteme mit
extremen edaphischen Verhältnissen und einer
häufig spezifischen Vegetation sind nach einem
Bodenabtrag oder Substrataufrag mit „norma-
len" Mineralkonzentrationen in der Regel kaum
noch renaturierbar.

Andererseits ist die Renaturierungsökologie in
urban-industriellen Landschaften mit extremen
Standortverhältnissen konfrontiert, die vom
Menschen verursacht wurden. Durch den Berg-

bau, die Verhüttung von Erzen und industrielle
Prozesse werden Rohböden aus natürlichen oder
technogenen Gesteinen geschaffen, die extreme
Eigenschaften aufweisen. Außerdem werden natürliche Böden durch Immissionen und Deposition
von Mineralstoffen in ihren bodenchemischen
Eigenschaften stark verändert. Auch Böden, die
jahrzehntelang mit Abwässern berieselt wurden,
weisen sehr unausgewogene Nährstoffverhältnisse und zum Teil hohe Belastungen mit Schwermetallen und organischen Schadstoffen auf.

2.2.4.1 Schwermetallhaltige
Standorte

Auf alten Bergwerkshalden des Erzbergbaus, aber
auch in der Umgebung von Metallhütten, können
extreme Schwermetallbelastungen auftreten
(Tab. 2-1) und die Ausbildung einer sehr spezifischen Schwermetallvegetation bedingen. Erhöhte
Schwermetallkonzentrationen wirken auf Pflanzen als Stressfaktoren, die physiologische Reaktionen und die Wuchskraft mindern oder im
Extremfall das Pflanzenwachstum verhindern.
Sensitive Pflanzen zeigen verminderte Vitalität
oder sterben ab. **Schwermetallresistenz** kann bei
Pflanzen durch zwei Strategien erreicht werden:
einer Vermeidungsstrategie (*avoidance*), bei der
Pflanzen äußerlich gegen Stress geschützt sind,
oder einer Toleranzstrategie (*tolerance*), bei der
Stresswirkungen von der Pflanze ertragen werden
(Kasten 2-1). Toleranz beruht auf dem Besitz spezifischer physiologischer Mechanismen, die es der
Pflanze ermöglichen, auch bei hohen Konzentrationen potenziell toxischer Elemente zu überleben, und sich erfolgreich zu reproduzieren. Für
diese Mechanismen gibt es eine genetische Basis,
d. h. es gibt vererbbare Merkmale von toleranten
Genotypen (Baker 1987).

Hohe Schwermetallgehalte und pflanzenwirksame Konzentrationen in Böden kommen natürlich vor, etwa in ausstreichenden Erzadern.
Infolge des Erzabbaus sind solche natürlichen
Vorkommen heute jedoch extrem selten. Anthropogene Bodenkontaminationen mit Schwermetallen traten auf, sobald der Mensch Erze förderte
und schmolz, in Europa bereits seit der Antike,
z. B. zinkhaltige Galmeierze im Aachen-Stolber-
ger Revier. Auch Flussbette außerhalb des Aktivi-
tätsbereichs des Metallbergbaus wurden mit

Tab. 2-1: Schwermetallkonzentrationen (µg/g) von Böden schwermetallhaltiger Halden und Metallhütten sowie Vergleichswerte und Beurteilungswerte für die Toxizität bei Pflanzen; angegeben sind jeweils Spannen und die Anzahl der Probeflächen.

Flächen	Blei	Cadmium	Kupfer	Zink
Halden des Zinkerzbergbaus im Raum Stolberg (0–10 cm)[1]	2 011–1 825 (n = 6)	7,4–103,7 (n = 6)	105–1 013 (n = 6)	711–61 779 (n = 6)
Halden des mittelalterlichen Kupferschieferbergbaus im Raum Eisleben[2]	120	17	16 200	8 630
Kupferhütte Legnica (Polen) (0–10 cm) 1987[3]	146–2 162 (n = 6)	0,39–3,51 (n = 6)	372–15 443 (n = 6)	113–554 (n = 6)
Berliner Kupfer-Raffinerie (0–10 cm) 1988[4]	683–2 039 (n = 5)	0,04–4,5 (n = 5)	2 231–8 442 (n = 5)	2 960–9 470 (n = 5)
normale Bodengehalte[5]	2–60	< 0,5	4–40	10–80
kritische Werte für Pflanzen in Böden[6]	100–400	3–8	60–125	70–400

Quellen: [1]Wittig und Bäumen 1992; [2]Ernst 1974; [3]Rebele et al. 1993; [4]Rebele n. p.; [5]Schachtschabel et al. 1984; [6]Alloway 1990

Schwermetallen angereichert, z. B. der Mittellauf von Innerste und Oker im nördlichen Harzvorland (Ernst und Joosse-Van Damme 1983).

Schwermetalltoleranz ist metallspezifisch, d. h. Metallophyten sind nur gegen jene Metalle tolerant, die im Substrat des natürlichen Wuchsortes in einem pflanzenverfügbaren Übermaß vorhanden sind. So sind z. B. Pflanzen kupferreicher Böden nur gegen Kupfer, Pflanzen zinkreicher Böden nur gegen Zink tolerant. Weisen mehrere Schwermetalle erhöhte pflanzenwirksame Konzentrationen auf, so kann multiple Toleranz ausgebildet sein, z. B. auf zink- und cadmiumreichen Böden gegen Zink und Cadmium.

Die Evolution von **Schwermetalltoleranz** tritt bei den verschiedenen Pflanzentaxa nicht gleichermaßen auf. Lambinon und Auquier (1964)

unterscheiden Metallophyten (absolute und lokale), die ausschließlich auf metallreichen Standorten vorkommen und Pseudometallophyten, d. h. Arten, die in der gleichen Region sowohl auf kontaminierten als auch auf nicht kontaminierten Böden wachsen. Typische Schwermetallpflanzen sind z. B. das Galmei-Veilchen (*Viola calaminaria*), das Galmei-Hellerkraut (*Thlaspi calaminare*) oder die Galmei-Frühlingsmiere (*Minuartia verna* ssp. *hercynica*), die im östlichen Harzvorland auch Kupferblume genannt wird. Aber auch bei Gräsern, z. B. der Gattungen *Festuca* und *Agrostis*, treten schwermetalltolerante Sippen auf. Auffällig ist, dass es unter den echten Metallophyten so gut wie keine Gehölzpflanzen gibt. Charakteristisch für schwermetallhaltige Standorte ist deshalb, dass Gehölzwuchs stark

---

Kasten 2-1
Strategien der Schwermetallresistenz bei Pflanzen

1. **Vermeidungsstrategie** (*avoidance*): äußerlicher Schutz gegen Stress.
2. **Toleranzstrategie** (*tolerance*): Tolerierung von Stress durch physiologische Anpassung.

Metallophyten: Arten, die ausschließlich auf metallreichen Standorten vorkommen.

Pseudometallophyten: Arten, die in der gleichen Region sowohl auf metallreichen als auch auf nicht metallreichen Böden wachsen.

Abb. 2-4: Kupferhütte Legnica in Polen. Die Vegetation ist stark degradiert. Im Vordergrund wächst in einer Erosionsrinne Landreitgras (*Calamagrostis epigejos*) (Foto: F. Rebele, Juni 1992).

behindert wird und der Charakter eines niedrigwüchsigen Rasens über lange Zeit erhalten bleibt, solange die Schwermetallkonzentrationen im Boden hoch sind (Ernst 1974).

Auch im Bereich von Metallhüttenwerken können durch **Deposition** von schwermetallhaltigen Stäuben Anreicherungen von Schwermetallen in Böden stattfinden. Zusätzlich zur Schwermetallbelastung sind jedoch in der Umgebung von Hütten in der Regel noch weitere Schadstoffe, z. B. Schwefeldioxid oder Fluorid (letzteres besonders in der Umgebung von Aluminiumhütten), wirksam. So führten etwa in der Umgebung der Kupferhütte Legnica in Polen jahrzehntelange **Immissionen** mit durchschnittlich 400 µg SO_2 pro Jahr und einer hohen Kontamination durch Schwermetalle zu einer starken Degradation der Vegetation (Rebele et al. 1993; Abb. 2-4 und Farbtafel 2-2), aber auch zur Ausbildung von Kupfertoleranz in überlebenden Pflanzenpopulationen von Landreitgras (*Calamagrostis epigejos*, Lehmann und Rebele 2004; Abb. 2-5).

Der natürliche Bodenbildungsprozess verläuft auf schwermetallhaltigen Böden sehr langsam, vor allem auch infolge der stagnierenden Entwicklung der Bodenfauna. Auf degradierten Standorten kann zudem auch Bodenerosion eine Rolle spielen und zu einer zusätzlichen Belastung der Umwelt führen (Abb. 2-4 und Farbtafel 2-2).

2.2.4.2 Eisenhüttenschlacken

Unter Eisenhüttenschlacken versteht man die bei der Produktion von Roheisen und Stahl entstehenden nicht metallischen Schmelzen. Die Hochofenschlacke entsteht als Gesteinsschmelze bei ca. 1 500 °C während des Reduktionsprozesses im Hochofen aus den Begleitmineralen des Eisenerzes und den als Zuschlag verwendeten Schlackenbildnern wie Kalkstein oder Dolomit. Die Stahlwerksschlacke entsteht ebenfalls als Gesteinsschmelze bei etwa 1 650 °C während der Verarbeitung von Roheisen, Eisenschwamm oder Schrott zum Stahl. Sie bildet sich aus den oxidierten Begleitelementen des Roheisens und anderer metallischer Einsatzstoffe sowie dem zur Schlackenbildung zugesetzten Kalk oder gebrannten Dolomit. Hochofenstückschlacke, Hüttensand, Stahlwerks- und andere Schlacken unterscheiden sich hinsichtlich ihrer chemischen Zusammensetzung. Ihre chemischen Hauptbestandteile sind CaO, SiO_2, Al_2O_3, MgO und Fe_2O_3.

Eisenhüttenschlacken werden heute vor allem im Straßen- und Wegebau verwendet. Früher wurden sie auch großflächig auf Halden geschüttet oder zur Begründung von Industrieflächen verwendet. Im Bereich von alten Eisen- und Stahlhütten finden sich deshalb besonders viele Böden aus Schlacke oder Beimengungen mit Schlacke.

Die sich aus Eisenhüttenschlacke entwickelnden Böden sind meist steinreich, kalkreich, stark

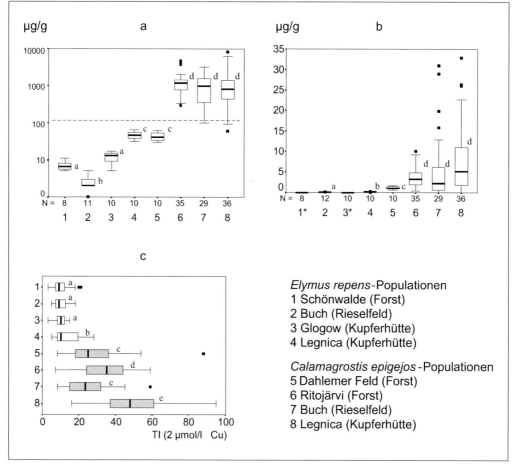

Abb. 2-5: a) HNO$_3$-extrahierbare und (b) wasserlösliche Kupferkonzentrationen (µg/g trockener Boden) von Boden-proben aus der Wurzelzone von *Calamagrostis epigejos*- und *Elymus repens*-Populationen unbelasteter und belasteter Standorte. c) Box-Plots mit der Verteilung der Toleranz-Indizes (TI) der verschiedenen Populationen. Balken mit gleichen Buchstaben unterscheiden sich nicht signifikant (Nemenyi-Test, p ≤ 0,05). Die gestrichelte Linie in (a) markiert den Bereich kritischer Konzentrationen nach Alloway (1990); * in (b): Konzentrationen unter der Nach-weisgrenze (nach Lehmann und Rebele 2004).

alkalisch, humus- und nährstoffarm und extrem trocken. Auf den extrem alkalischen Substraten mit pH-Werten > 12 (Tab. 2-2) können zunächst noch keine Pflanzen wachsen. Erst wenn der pH-Wert zumindest in den obersten Zentimetern des Bodens deutlich abgenommen hat, siedeln sich Moose, danach auch Höhere Pflanzen an. Viele Blütenpflanzen zeigen jedoch einen ausgesprochenen Kümmerwuchs oder stark verzögerten Lebenszyklus (Punz et al. 1986, Rebele 2003). Vor allem das Aufkommen und Wachstum von Gehölzen ist stark beeinträchtigt. Ein Beispiel der

Vegetationsentwicklung auf Stahlwerksschlacke wird in Kapitel 14 vorgestellt.

2.2.4.3 Bergehalden des Steinkohlenbergbaus

„Berge" ist ein Begriff aus der Bergmannssprache und bezeichnet das mit der Kohle zutage geför-derte Gesteinsmaterial. Kohle und Berge werden im Flotationsverfahren voneinander getrennt, es entstehen als Abfallprodukt die Waschberge.

Tab. 2-2: Organischer Kohlenstoff, Gesamtstickstoff- und pflanzenverfügbare (laktatlösliche) Phosphorkonzentrationen sowie pH-Werte von Eisenhüttenschlacken.

Standort	C [%]	N [%]	P [µg/g]	pH
Eisenerzschlackenhalde bei Leoben, ca. 40–55 Jahre alt[1)]	–	–	–	7,4–10,3
Stahlwerksschlacke Berlin nach der Aufschüttung[2)]	n. n.	0,006	25	12,4
Stahlwerksschlacke Berlin nach 16 Jahren (0–5 cm) [2)]	–	–	–	7,6

Quellen: [1)]Punz et al. 1986; [2)]Rebele 2003; n. n.: nicht nachweisbar

Daneben fallen Berge beim Abteufen der Schächte und beim Vortrieb der Strecken an, die unsortiert zusammen mit Kohlenresten an die Oberfläche gelangen. Diese Berge werden Schachtberge genannt. Im Ruhrbergbau, dem größten Steinkohlenrevier Mitteleuropas, handelt es sich überwiegend um Gesteine aus dem Karbon, vor allem Sand-, Silt- und Tonsteine. Das in großer Menge anfallende Bergematerial wurde überwiegend auf Halden geschüttet. Auch die Werksflächen des Bergbaus und seiner Nebenanlagen (z. B. Kokereien), sowie ehemals angeschlossener Produktionsbereiche (chemische Industrie und Raffinerien) wurden überwiegend mit diesem im Überfluss vorhandenen Material aufgeschüttet und gegründet (Rebele und Dettmar 1996).

Das aus großer Tiefe (800–1 000 m) zutage geholte Gestein weist zunächst kaum verfügbare Nährstoffe auf und enthält teilweise hohe Salzkonzentrationen. Bis in die 1980er-Jahre kam es im Ruhrgebiet zu Haldenbränden. Aufgrund der früher üblichen lockeren Schütttechnik war infolge des Zutritts von Sauerstoff ein Durchglühen der Restkohleanteile im Bergematerial möglich. Das durchgeglühte Bergematerial (gebrannte Berge) hat eine veränderte Struktur und Farbe. Die Tonminerale des Substrats wurden ähnlich wie bei einem Ziegelbrand verändert. Heute werden die Bergehalden stark verdichtet, sodass es nur noch bei älteren Halden gelegentlich zu Bränden kommt.

Die Bergehalden enthalten häufig Pyrit (FeS_2). Das Eisensulfid wird nach wenigen Jahren unter Mitwirkung von Bakterien zu Eisenoxiden und Schwefelsäure oxidiert. Das kann zu extrem sauren Böden führen, sofern die Sedimente keinen oder zu wenig Kalk zur Neutralisation der Säure enthalten. Derartige Böden aus Bergematerial sind P- und N-Mangelstandorte und können dazu für Pflanzen toxisch hohe Al- und Schwermetallkonzentrationen in der Bodenlösung aufweisen. Die Toxizität der Aluminiumionen beruht vor allem auf einer Behinderung der Phosphataufnahme. Auf extrem sauren Bergehalden können deshalb ähnlich wie auf stark versauerten Waldböden nur säuretolerante Pflanzenarten wachsen. Als Pioniere, die auch mit Phosphat- und Stickstoffmangelbedingungen gut zurechtkommen, treten vor allem Sandbirke (*Betula pendula*) oder Gräser, z. B. Rotes Straußgras (*Agrostis capillaris*) und Landreitgras (*Calamagrostis epigejos*) auf.

Allerdings zeichnen sich bei Weitem nicht alle Bergehalden durch stark saure Bodenverhältnisse aus, da die Berge oft inhomogen sind und unterschiedliche Mineralzusammensetzungen aufweisen bzw. sich in einem unterschiedlichen physikalischen und chemischen Verwitterungszustand befinden. So zeigten Untersuchungen einer Bergehalde im Raum Essen eine breite Spanne des pH-Wertes von 2,7–7,0 (Beckmann 1986). Auf vielen Bergehalden des Ruhrgebietes ist unter dem ozeanischen Klimaeinfluss eine Vegetationsentwicklung zum Wald, z. B. zum Birken-Eichenwald, möglich (Beispiele in Kapitel 14).

2.2.4.4 Rieselfelder

Das System der Verrieselung von kommunalen Abwässern wurde im 19. Jahrhundert in England entwickelt und auch in einigen mitteleuropäischen Städten über Jahrzehnte betrieben. So gab

Tab. 2-3: Organischer Kohlenstoff, Gesamtstickstoff, pflanzenverfügbare (laktatlösliche) Phosphorkonzentrationen und pH-Werte von Rieselfeldböden sowie Vergleichswerte von Waldböden in Berlin.

Flächen	Horizont	C [%]	N [%]	P [µg/g]	pH
Rieselfelder Hobrechtsfelde[1]	0–30 cm	1,2–2,6 (n = 10)	0,11–0,28 (n = 10)	221–347 (n = 10)	4,4–5,4 (n = 10)
Eichenforst Hobrechtsfelde[1]	0–30 cm	2,1–7,1 (n = 5)	0,09–0,52 (n = 5)	13–26 (n = 5)	3,1–3,4 (n = 5)
Rieselfeld Blankenfelde[2]	5–20 cm	16,1–16,7 (n = 3)	0,71–0,99 (n = 3)	207–232 (n = 3)	6,6–6,9 (n = 3)
Rieselfelder Gatow[3]	0–30 cm	1,4–7,9 (n = 46)	0,08–0,52 (n = 46)	–	4,4–5,9 (n = 46)
unberieselte Fläche Gatow[3]	0–30 cm	0,87	0,06	–	6,5
Rieselwiese Gatow[4]	A_h/A_p	2,4	–	186	5,5
Kiefern-Eichenwald Gatow[4]	A_{he}	1,4	–	16	3,3
Buchenforst Grunewald[5]	A_{he} 0–11 cm	3,4	0,07	10	3,4

Quellen: [1]Rebele 2006; [2]Rebele 2001; [3]Salt 1988; [4]Weigmann et al. 1978; [5]Blume 1996

es in Berlin die weltweit größten Rieselfelder (Kapitel 14). Durch die jahrzehntelange Abwasserverrieselung wurden die Böden vor allem in ihrem Nährstoffhaushalt verändert. Mit der starken **Akkumulation** von organischer Substanz aus Fäkalien und Pflanzenresten ging eine starke Anreicherung der Böden mit Stickstoff und Phosphat einher (Tab. 2-3). Andererseits verarmten die Böden an Eisen und Mangan, und es fand eine verstärkte Auswaschung von Magnesium, Kalium und Natrium statt. Mit zunehmender Industrialisierung und der Einleitung von Straßenabwässern erfolgte teilweise auch eine starke Anreicherung mit Schwermetallen (Tab. 2-4), Bor und organischen Schadstoffen (Auhagen et al. 1994).

Solange die Rieselfelder in Betrieb sind, müssen die Pflanzenarten folgende Eigenschaften aufweisen: Sie müssen zumindest periodische Überstauung und den damit verbundenen Sauerstoffmangel ertragen und sie müssen tolerant sein gegenüber Schadstoffen, wobei für viele Pflanzenarten auch ein Überangebot eines Makro- oder Mikronährstoffs wie ein Schadstoff wirken kann. Pflanzenarten, die erstens tolerant sind und

Tab. 2-4: Schwermetallkonzentrationen (µg/g) von Rieselfeldböden in Berlin; angegeben sind jeweils Spannen und die Anzahl der Probeflächen.

Flächen	Blei	Cadmium	Kupfer	Zink
Rieselfelder Hobrechtsfelde (0–10 cm) 1994[1]	6–452 (n = 334)	0,1–44,3 (n = 334)	3,4–876 (n = 334)	13–3 584 (n = 334)
Rieselfelder Hobrechtsfelde (0–30 cm) 2006[2]	39–99 (n = 14)	1,2–12,6 (n = 14)	37–109 (n = 14)	98–370 (n = 14)
Rieselfeld Blankenfelde (5–20 cm) 1993[2]	74–80 (n = 3)	2,9–3,7 (n = 3)	128–159 (n = 3)	330–420 (n = 3)
Rieselfeld Blankenfelde (20–30 cm) 1993[2]	63–128 (n = 3)	2,3–3,0 (n = 3)	120–127 (n = 3)	267–275 (n = 3)
Rieselfelder Gatow (0–30 cm) 1984[3]	47–640 (n = 46)	1,1–8,6 (n = 46)	13–140 (n = 46)	72–640 (n = 46)

Quellen: [1]Auhagen et al. 1994; [2]Rebele 2006; [3]Salt 1988

Abb. 2-6: Ehemaliges Rieselfeld in Berlin-Hobrechtsfelde, das von der Kriech-Quecke (*Elymus repens*) dominiert wird. Eine Aufforstung mit Hybrid-Pappeln ist fehlgeschlagen (Foto: F. Rebele, Juni 2006).

zudem ein Überangebot an Stickstoff und Phospat in hohe pflanzliche Biomasse umsetzen können, sind dagegen besonders im Vorteil.

Auch nach Aufgabe der Rieselfeldnutzung bleiben die Böden noch jahrzehntelang mit Stickstoff und Phosphat hypertrophiert. Auf ehemaligen Rieselfeldern dominieren deshalb nur einige wenige nitrophytische Arten wie die Kriech-Quecke (*Elymus repens*), die Brennnessel (*Urtica dioica*), das Kletten-Labkraut (*Galium aparine*) und der Schwarze Holunder (*Sambucus nigra*) (Abb. 2-6). Eine Aufforstung mit Pappeln ist fehlgeschlagen. Eine Rückführung ehemaliger Rieselfelder in mesotrophes Grünland ist aufgrund der starken Nährstoffanreicherung in den meisten Fällen ausgeschlossen. Aber auch hier sind weniger intensive Nutzungen realisierbar (Kapitel 14).

2.2.4.5 Extreme Toxizität

Stark mit organischen oder anorganischen Schadstoffen vergiftete Böden, bei denen eine Gefahr für die menschliche Gesundheit besteht oder toxische Stoffe ins Grundwasser gelangen, sollten in der Regel nicht renaturiert werden, auch wenn sich dort unter Umständen Pflanzen- und Tierarten ansiedeln können. Da eine Detoxifikation oft lange Zeiträume in Anspruch nimmt, werden derartige Standorte bei Gefahr im Verzug entweder eingekapselt, abgetragen oder techni-

schen Sanierungsverfahren unterzogen (Barkowski et al. 1990).

2.3 Limitierende biotische Faktoren der Renaturierung

2.3.1 Diasporenbanken

2.3.1.1 Langlebigkeit von Diasporenbanken als Schlüsselgröße

Bodendiasporenbanken werden häufig als bedeutende Quelle der Etablierung von Zielarten in Renaturierungsprojekten angesehen (Bakker et al. 1996). Diese Einschätzung beruht auf der Erwartung, dass Diasporen (= Ausbreitungseinheiten, in der Regel Samen und Früchte) einer vormals bestehenden Zielartengemeinschaft im Boden überdauert haben und nach der Beendigung degradierender Einflüsse zur Wiederherstellung des vormaligen Vegetationstyps beitragen können. Entscheidend hierfür ist vor allem die Langlebigkeit von Diasporen im Boden, die artspezifisch sehr unterschiedlich ist. So werden etwa Grünlandgesellschaften oft zu einem relativ

2

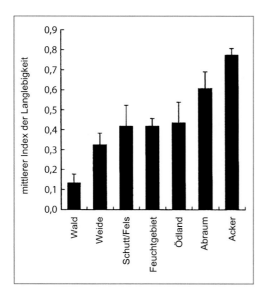

Abb. 2-7: Mittlerer Index der Langlebigkeit von Samen (*seed longevity index*) bei Spezialisten unterschiedlicher Habitate (nach Thompson et al. 1998); mit zunehmender Störungsintensität und -frequenz der Lebensräume steigt der Anteil von Arten mit langlebiger Samenbank im Boden.

hohen Prozentsatz von Arten mit lediglich transienter (temporärer; < 1 Jahr) oder kurzfristig persistenter Diasporenbank (< 5 Jahre) aufgebaut, während der Anteil an Arten mit **langfristig persistenter Diasporenbank** (> 5 Jahre) meist wesentlich geringer ist (Thompson et al. 1997, 1998). Im Rahmen von Renaturierungsmaßnahmen sind im Regelfall ausschließlich Letztere bedeutsam. Kenntnisse zur artspezifischen Langlebigkeit von Diasporen sind daher von grundlegender Bedeutung, um abschätzen zu können, welchen Beitrag die Diasporenbank des Bodens potenziell zur Artenanreicherung zu leisten vermag (Bakker et al. 1996). Eine Analyse der umfangreichen Datenbank von Thompson et al. (1997) ergibt, dass gerade für zahlreiche seltene und gefährdete Zielarten der mitteleuropäischen Flora bislang keine entsprechenden Angaben zur Langlebigkeit zur Verfügung stehen. Tendenziell steigt der Anteil der Pflanzenarten mit ausdauernder Diasporenbank mit zunehmender Bodenfeuchte und zunehmendem Störungsgrad des entsprechenden Lebensraums (Abb. 2-7, Thompson et al. 1998).

2.3.1.2 Bedeutung von Diasporenbanken für die Renaturierung

Je nach Lebensraum ist also nur bei einer begrenzten Anzahl von Zielarten mit einer Reetablierung aus der Samenbank im Zuge von Renaturierungsmaßnahmen zu rechnen (Hölzel und Otte 2004). Entsprechendes gilt aber im Wesentlichen nur für Situationen, die ein Überdauern der Diasporenbank begünstigen, wie dies insbesondere bei Brachen der Fall ist. So konnten in Auenwiesen am Oberrhein nach Entbuschungsmaßnahmen und/oder der Wiederaufnahme der Mahd in Brachen örtlich eine spontane und teils massive Entwicklung von Zielarten wie Klebriges Hornkraut (*Cerastium dubium*), Flachschotige Gänsekresse (*Arabis nemorensis*) oder Hohes Veilchen (*Viola elatior*) aus der persistenten Diasporenbank festgestellt werden (Hölzel et al. 2002). In ähnlicher Weise können bei der Renaturierung von bodensauren Feuchtheiden durch Oberbodenabtrag regelmäßig spektakuläre Erfolge bei der Reetablierung von seltenen Zielarten wie Sumpfbärlapp (*Lycopodiella inundata*), Fadenenzian (*Cicendia filiformis*) oder Mittlerer Sonnentau (*Drosera intermedia*) beobachtet werden (Verhagen et al. 2001, Jansen et al. 2004).

Dagegen führt eine zwischenzeitliche ackerbauliche Nutzung im Regelfall zu einer raschen Aufzehrung der persistenten Diasporenbank von Zielarten (z. B. Hölzel und Otte 2001, Vécrin et al. 2002). Hierfür sprechen auch Untersuchungen zum Renaturierungserfolg auf ehemaligen Ackerflächen (Donath et al. 2003, Bissels et al. 2004). Ebenso ist auf Flächen mit längerfristig intensiver Grünlandnutzung nur mit einer geringen Überdauerungschance von Zielarten in der Bodendiasporenbank zu rechnen (Schopp-Guth 1997).

2.3.2 Ausbreitungslimitierung

2.3.2.1 Bedeutung der Ausbreitung von Diasporen im Raum für Ökosystemrenaturierungen

Die „Erreichbarkeit des Wuchsortes" und die „Flora des Gebietes" wurden bereits von Ellenberg (1956) als wichtige Faktoren für die „Entstehung bestimmter Pflanzengemeinschaften" herausgestellt. Während sich das spezifische Artenpotenzial eines Lebensraumes aus den physiologisch-morphologischen Eigenschaften oder den Zeigerwerten (Ellenberg et al. 1992) von Pflanzenarten gut vorhersagen lässt, ist die konkrete Artenzusammensetzung von Pflanzengemeinschaften sehr stark auch von den Ausbreitungserfolgen der Pflanzenarten abhängig (Kasten 2-2).

Pflanzen verfolgen grundsätzlich zwei Strategien zur Erschließung von Habitaten durch Diasporen: die Ausbreitung im Raum (*dispersal in space*) und die Ausbreitung in der Zeit (*dispersal in time* = Überdauerung durch den Aufbau von Diasporenbanken; Abschnitt 2.3.1). Bei der Wiederansiedlung von Zielpflanzenarten im Sinne des Naturschutzes (Kapitel 1) sind Diasporenbanken allerdings nur lokal wirksam. Ihr Beitrag zu einer erfolgreichen Renaturierung beschränkt sich zwangsläufig auf die Wiederbesiedlung von Standorten, deren räumliche Position in der Landschaft konstant ist. Fehlen die gewünschten Zielarten in der Diasporenbank oder sind sie in zu geringer Diasporendichte vorhanden, ist die Zuwanderung aus der Umgebung notwendig. Sie wird ermöglicht durch die Ausbreitung von Diasporen aus möglicherweise weit verstreuten, in ihrer Lage nicht unbedingt konstanten Standorten und Quellpopulationen (Zobel et al. 1998).

Nur relativ wenige Pflanzenarten verfügen über **Selbstausbreitungsmechanismen** (z. B. Fortschleudern von Diasporen), die zur Überwindung größerer Distanzen, wie sie regelmäßig in fragmentierten Kulturlandschaften vorkom-

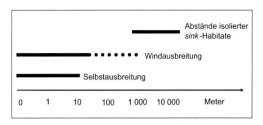

Abb. 2-8: Ausbreitungsdistanzen bei Selbst- und Windausbreitung von krautigen Pflanzen in Offenlandvegetation im Vergleich zu den regulären Abständen von (artendefizitären) *sink*-Habitaten.

men, zudem ungeeignet sind (Abb. 2-8). Über größere Entfernungen erfolgt die Ausbreitung bei Pflanzen stets passiv, indem ihre generativen oder vegetativen Diasporen durch bestimmte Ausbreitungsvektoren wie Wind, Wasser, Tiere oder den Menschen transportiert werden. Das Fehlen von effizienten Vektoren für die Fernausbreitung hat sich inzwischen in vielen Fällen als wichtige Ursache für die ausbleibende Besiedlung potenziell geeigneter Standorte herausgestellt, weshalb die hierfür verantwortlichen Rahmenbedingungen ebenfalls Gegenstand der Renaturierungsökologie sind (Primack und Miao 1992, Eriksson 1996, Donath et al. 2003).

2.3.2.2 Ausbreitungsvektoren

Ausbreitungsvektoren unterscheiden sich in räumlicher Hinsicht durch die regelmäßig erreichten Ausbreitungsdistanzen, den Dispersionsgrad und die Zielgerichtetheit, in zeitlicher Hinsicht durch

Kasten 2-2
Ausbreitungserfolg von Pflanzenarten

Der Ausbreitungserfolg resultiert im Wesentlichen aus dem Zusammenspiel von drei Faktoren:
- der Ausbreitungskapazität einer Pflanzenart in Raum und Zeit (Ausbreitungsstrategien, lokale Anwesenheit, Populationsdichte),
- der Verfügbarkeit von Ausbreitungsvektoren und

- der naturräumlichen und strukturellen Beschaffenheit der Landschaft.

Alle drei Faktoren beinhalten Ausbreitungslimitierungen, die auf der Ebene der Pflanze selbst oder ihrer Umwelt begründet sind.

2

die zeitliche Priorität (primäre/sekundäre Vektoren) und saisonale Wirksamkeit (Jenny 1994, Bonn und Poschlod 1998; Tab. 2-5).

Die von Pflanzendiasporen erreichten Ausbreitungsdistanzen sind sehr variabel, wobei besonders große Ausbreitungsdistanzen von mehreren zehn oder sogar 100 Kilometern offenbar nur selten erreicht werden, sich aber auch kaum nachweisen lassen (Jongejans und Schipper 1999; Kapitel 13). »*Like the end of the rainbow, the tail of the seed dispersal curve is impossible to reach*« (Silvertown und Lovett-Doust 1993). Für die Renaturierungsökologie wichtiger sind die regelmäßig erreichten Distanzen, wie sie in Tabelle 2-5 für die verschiedenen Ausbreitungsvektoren dargestellt sind. Der Dispersionsgrad beschreibt die räumliche Verteilung der Diasporen in der Landschaft (gleichmäßige Dispersion versus Konzentration) und ist von den konkreten Ausbreitungsbedingungen wie z. B. Windrichtung (lateral/vertikal) und -stärke, Überflutungsdauer oder Tierverhalten abhängig. Die Zielgerichtetheit betrifft die Frage, ob Diasporen gerichtet an Standorte transportiert werden, die für ihre Etablierung und das Überleben geeignet sind. Bei landschaftsspezifischen Vektoren (wie z. B. Überschwemmungen in Flussauen) ist sie in der Regel höher als bei unspezifischen Vektoren (wie dem Wind) (Salisbury 1974).

Die Ausbreitung von Diasporen durch primäre Vektoren ist notwendigerweise an eine enge zeitliche Abstimmung zwischen Diasporenfreigabe an der Mutterpflanze und Vektorenaktivität gekoppelt. Bei zeitlich nachgeschalteten (sekundären) Vektoren sind Ausstreuung und Ausbreitung zeitlich entkoppelt: So können z. B. zunächst windausgebreitete und am Boden über längere Zeit akkumulierte Diasporen danach von Wasser ausgebreitet werden (Rosenthal 2006). Die Ausbreitung durch Tiere oder den wirtschaftenden Menschen ist zu einem großen Teil stark mit der Hauptfruchtzeit in der Sommer-Herbst-Phase assoziiert (Tab. 2-5). Allerdings ist über die zoochore Ausbreitung von Diasporen speziell im Winter noch sehr wenig bekannt.

Im Folgenden wird auf die wichtigsten Ausbreitungsvektoren, die für Wiederbesiedlungsprozesse im Rahmen von Renaturierungsmaßnahmen relevant sind, genauer eingegangen.

Ausbreitung durch Wind (Anemochorie)

Die Diasporenmorphologie anemochor ausgebreiteter Pflanzenarten manifestiert sich typischerweise in einem geringen spezifischen Gewicht (z. B. Weiden, Orchideen), flügelförmigen (z. B. Erle, Birke) bzw. aus Haaren zusammengesetzten Fortsätzen (z. B. Weiden, viele Korbblütler und Süßgräser) oder luftgefüllten Hohlräumen (z. B. Erdbeer-Klee, *Trifolium fragiferum*; Orchideen). Für viele Pflanzenarten wurde trotz dieser die Fallgeschwindigkeit senkenden Diasporenmerkmale eine exponentielle bis logarithmische Abnahme der Dichte des **Diasporenregens** (*seed rain*) mit der Entfernung von der Mutterpflanze festgestellt, was eine eng an den Standort der Mutterpflanze gebundene, kleinräumige Konzentration der Diasporenverteilung hervorruft (Abb. 2-8, Willson 1993).

Neben diasporenspezifischen Unterschieden sind Windrichtung (lateral/vertikal) und -stärke sowie die Relation der Fruchtstandshöhe zur umgebenden Vegetation für die Ausbreitungsdistanzen von anemochoren Diasporen von großer Bedeutung (Luftensteiner 1982, Verkaar et al. 1983, Bakker et al. 1996, Jongejans und Schipper 1999, Jongejans und Telenius 2001). Insbesondere kleinwüchsige Kraut- und Grasarten – viele seltene und gefährdete Sippen gehören hierzu – überwinden oft nur Distanzen von wenigen Metern, auch wenn sie mit anemochoren Ausbreitungseinrichtungen ausgestattet sind (Abb. 2-8). So sind selbst Pappusflieger mit schirmförmigem Flugapparat wie der Sumpf-Pippau (*Crepis paludosa*) an historisch alte Waldstandorte mit langer Nutzungstradition (> 200 Jahre) gebunden und haben sich von dort aus nicht in benachbarte jüngere Wälder ausbreiten können (Wulf 2003). Der anemochore Diaporeneintrag erfolgte z. B. in Kalkmagerrasen nur zu 3,3 % aus einer Umgebung von mehr als 50 cm Umkreis und im (nicht überschwemmten) Feuchtgrünland (Molinietalia-Gesellschaften) nur zu 1,5 % (Fischer 1987). Während die Fremdeinträge in diesen beiden Beispielen durch vorwiegend anemochor ausgebreitete Arten erfolgten, waren sie bei Graslandbrachen bei nur geringfügig höheren Werten vorwiegend auf typischerweise zoochor ausgebreitete Arten zurückzuführen. In räumlich isolierten Trockenrasenflächen waren

Tab. 2-5: Bedeutung verschiedener Ausbreitungsvektoren für die Renaturierung von Pflanzengesellschaften des Offenlandes.

Ausbreitungs- vektor	Entfernungs- klassen[1]	Dispersion/ Konzentration	Zielge- richtet- heit	zeitliche Priorität	saisonale Wirksam- keit	Landschaften/ Ökosysteme
Wat-, Wasser- vögel	Distanz-/ Fernaus- breitung	Konzentration	hoch	sekundär/ primär	Sommer-/ Winterhalb- jahr	Feuchtgrasland, Röhrichte, Wasserpflanzen- vegetation
„Landvögel"	Distanz-/ Fernaus- breitung	Konzentration	mäßig bis hoch	primär	Sommer/ Herbst	Heiden, Trockenrasen, Gebüsche
große Weidetiere	Distanz-/ Fernaus- breitung	Konzentration	hoch	primär/ sekundär	Sommer/ Herbst	Grünland, Heiden, Trockenrasen
Wasser (insbesondere Überflutungen)	Distanz-/ Fernaus- breitung	Dispersion/ Konzentration	hoch	sekundär/ primär	Winter- halbjahr	Feuchtgrasland, Röhrichte, Wasserpflanzen- vegetation
Wind	Nah-/Distanz- ausbreitung	Konzentration/ Dispersion	gering	primär/ sekundär	immer	Pionier- vegetation
kleine Nagetiere, Insekten (Ameisen)	Nah-/Distanz- ausbreitung	Konzentration	hoch	primär/ sekundär	Sommer/ Herbst	Grasland, Äcker
Mensch (landwirt- schaftliche Geräte)	Nah-/Distanz- ausbreitung	Dispersion/ Konzentration	hoch	primär	Sommer/ Herbst	Grasland, Äcker

Die Variationsbreite der Eigenschaften ist groß, es handelt sich also nicht um Absolutangaben, sondern um Schwerpunkte, die aus den bisherigen Kenntnissen abgeleitet sind ([1] Regelmäßig erreichte Ausbreitungsdistanz. Entfernungsklassen nach Luftensteiner (1982): Nahausbreitung: < 10 m, Distanzausbreitung: 10–100 m, Fernausbreitung: > 100 m).

Pappusflieger die einzigen von außerhalb einge- tragenen Arten (Jackel 1999). Viele Autoren kom- men zu dem Ergebnis, dass der Diasporendruck aus größeren Entfernungen gering ist. Während die 90-prozentige Fangwahrscheinlichkeit für wasser- und tierausgebreitete Diasporen von Baumarten bei einer Distanz von 1 800 m festge- stellt wurde, sind für windausgebreitete Baum- Diasporen 10- bis 100-mal kleinere Werte festzu- stellen (Schneider und Sharitz 1988).

Auch wenn extreme Windereignisse den Fern- ausbreitungserfolg von Pflanzenarten theoretisch erhöhen können (Nathan 2006), stellen sie für seltene Pflanzenarten der Kulturlandschaft, die in oft weit verstreuten Resthabitaten überdauern, kaum eine Chance dar, geeignete Habitate zu erschließen. Werden größere Ausbreitungsdistan- zen erreicht, ist die anemochore Ausbreitung besonders verlustreich, weil sie nicht standort- spezifisch erfolgt (Hodgson und Grime 1990).

Die Wahrscheinlichkeit einer anemochoren Besiedlung von Restitutionsflächen, die weit von Quellpopulationen entfernt liegen, ist deshalb sehr niedrig (Soons et al. 2005).

Ausbreitung durch Wasser (Hydrochorie)

In Feuchtgebieten hat der hydrochore Diasporen- transport durch fließendes Wasser eine wichtige Vernetzungsfunktion. Diasporen mit hydrocho- ren Anpassungsmerkmalen, namentlich solche mit unbenetzbarer Samenschale (z. B. Wasser- Minze, *Mentha aquatica*; Sumpf-Vergissmein- nicht, *Myosotis palustris*), mit Schwimmgewebe (Gelbe Schwertlilie, *Iris pseudacorus*; Fieberklee, *Menyanthes trifoliata*) oder Luftblasen (Gattung *Carex*), aber auch solche mit anemochoren Anpassungen, werden effizient durch Wasser ausgebreitet (Rosenthal 2006, Farbtafel 2-3).

Flüsse sind Wanderwege für Diasporen. Dies wird einerseits durch die hohen transportieren Diasporenmengen (Vogt et al. 2006) verdeutlicht, andererseits durch die Verbreitungsmuster von Stromtalarten und der sogenannten „Alpenschwemmlinge" (Schwabe 1991).

Insbesondere Überschwemmungen sind bedeutend für die Habitaterschließung durch hydrochoren Diasporentransport. Eine Gerichtetheit des Diasporentransports von Pflanzenarten feuchter Standorte ist grundsätzlich schon dadurch gegeben, dass naturgemäß nur grundwassernahe Standorte von Überschwemmungen erreicht werden. Dabei ist die hydrochore Ausbreitung wesentlich weniger eng an bestimmte Zeitpunkte der Diasporenbereitstellung gebunden, weil das fließende Wasser diese als sekundäres Ausbreitungsagens vom Boden aufnehmen und weitertransportieren kann. Überschwemmungen wirken aber nicht nur als Transportmedium, sondern auch als Störungsagens. Durch Erosion, Überschüttung oder ein Absterben der etablierten Vegetation infolge der Sauerstoffarmut bei Überstauung erzeugen sie offene Pionierflächen, die Schlammbodenbesiedlern, Röhricht- und Feuchtwiesenarten eine erfolgreiche Etablierung ermöglichen. Voraussetzungen für das Wirksamwerden des hohen Ausbreitungspotenzials von Überschwemmungen sind Großflächigkeit, lange Dauer, Vorhandensein von Quellpopulationen und Nutzungstermine, die die Diasporenreifung zulassen sowie die Ausbreitung durch primäre Vektoren (z. B. Wind).

Im abgelagerten Driftgut von Winterüberschwemmungen in einem norddeutschen Feuchtgraslandgebiet (NSG „Borgfelder Wümmewiesen", 677 ha) lagen die Diasporendichten bei 398 Diasporen pro 1 000 cm^3 bzw. bei 226 Diasporen pro m^2 (Rosenthal 2006). Die hohe Diasporenfracht unterstützte die Neu- und Wiederbesiedlung von artdefizitären Flächen und die Regeneration zu artenreichen Zielgesellschaften. Zielarten wurden proportional zu ihrer Häufigkeit im Gebiet hydrochor transportiert. Fehlen geeignete Diasporenquellen von Zielarten oder werden sie durch die Überschwemmungen nicht ausreichend mit potenziellen Habitaten verbunden (z. B. weil Deiche die ehemalige Aue ausgrenzen), ist das Überschwemmungswasser entsprechend diasporenarm und sind Renaturierungsversuche wenig erfolgreich wie z. B. am

nördlichen Oberrhein (Donath et al. 2003). Dieses muss heute leider als Normalfall angesehen werden, weil die ursprünglich zusammenhängenden Flussauen und Überschwemmungszonen durch Eindeichung, Flussbegradigung und Staustufenbau mehr und mehr segmentiert und vom Fluss isoliert wurden (Jensen et al. 2006).

Ausbreitung durch Tiere (Zoochorie)

Insbesondere der zoochoren Diasporenausbreitung wird eine hohe Zielgerichtetheit zugeschrieben. Eine großräumige gerichtete Ausbreitung erzielen Tiere durch ihr spezifisches Verhalten, wobei sie zwischen standörtlich identischen, aber räumlich getrennten Habitatpatches wechseln und so Diasporenquellen und diasporendefizitäre Zielflächen in einem *source-sink*-System miteinander verbinden. Eine kleinräumige Gerichtetheit ergibt sich durch die Schaffung von Störstellen (z. B. Trittstellen, Diasporen-Vorratslager), die die Keimung und Etablierung transportierter Diasporen begünstigen können. Tierische Diasporenvektoren üben damit eine ähnliche Multifunktionalität aus wie das Ausbreitungsagens Wasser. Sämtliche Formen der Zoochorie, d. h. Endozoochorie (Ausbreitung während der Passage im Verdauungstrakt), Epizoochorie (Ausbreitung durch Anheftung am Tierkörper) und Dysochorie (Ausbreitung durch Verlust von zu Nahrungszwecken gesammelten Diasporen), können zu einer Konzentration von ausgebreiteten Diasporen am Zielort führen (z. B. Faeces-Akkumulationsstellen von Pferden, Malbäume von Wildschweinen, Zapfendepots von Tannenhähern (*Nucifraga caryocatactes*)). Dies kann wiederum zur Attraktion von Diasporenprädatoren und zum Verlust von Diasporen führen. Dennoch ergibt sich eine hohe Ausbreitungseffizienz, wenn die überlebenden Diasporen gute Etablierungsbedingungen vorfinden wie z. B. im Falle von Vorratslagern.

Für die Diasporen-**Fernausbreitung** in Feuchtgebieten dürfte Wasser- und Watvögeln eine große Bedeutung zukommen, die die Diasporen epizoochor im Gefieder und an den Füßen/Schnäbeln (oft vermittelt durch Schlamm) und – vermutlich eingeschränkter – auch endozoochor ausbreiten (Müller-Schneider 1986, Bonn und Poschlod 1998). Samenfresser unter den nicht wassergebundenen Vögeln breiten Diasporen vor allem dysochor (z. B. Häher-Arten) und endzoochor aus. Die konzentrierte Exkretion von endozoochor transportierten Diasporen im Bereich von Sitzwarten kann allerdings Verbuschungen von Magerrasen beschleunigen (Kollmann und Schill 1996). Kleinsäugetiere, Laufkäfer und Ameisen breiten Diasporen meist nur über geringe Distanzen aus, was für Renaturierungszwecke eher irrelevant ist (Bonn und Poschlod 1998).

Eine besonders wichtige Rolle bei der Renaturierung von Offenland spielen große domestizierte Weidetiere, auf die deshalb detaillierter eingegangen werden soll. Ihre Ausbreitungsleistung kann vor allem in extensiven Weidesystemen der Ausbreitungslimitierung in Kulturlandschaften entgegenwirken, da sie in vielen Fällen (sowohl in trockenen als auch feuchten Offenland-Ökosystemen) eine große Artenvielfalt und Menge an Diasporen ausbreiten. So wurde am Beispiel von Schafen und Rindern gezeigt, dass rund die Hälfte der sich generativ reproduzierenden Pflanzenarten eines Weidegebietes durch diese Weidetierarten ausgebreitet werden können (Poschlod und Bonn 1998). Dabei erwiesen sich die epi- und endzoochoren Artenspektren eher als komplementär denn als kongruent, sodass sie sich in ihrem Renaturierungspotenzial ergänzen (Fischer et al. 1996, Couvreur et al. 2005).

Hinsichtlich der Renaturierungseffizienz zoochorer Ausbreitung ist das Verhältnis von Ziel- zu Nicht-Zielarten in den Ausbreitungsspektren von besonderer Bedeutung. So ist bei einem hohen Anteil nährstoffreicher Weideareale gegenüber einem geringen Anteil nährstoffarmer Areale mit Einträgen von Nicht-Zielarten in Zielgemeinschaften zu rechnen (z. B. endozoochor auf Rinderweiden: Matějková et al. 2003, Mouissie et al. 2005). Am Beispiel der Schaf-Epizoochorie dagegen wurde gezeigt, dass vor allem Zielpflanzenarten ausgebreitet werden, wenn das Weideareal hauptsächlich Zielgemeinschaften enthält (Wessels et al. 2008). Durch gezielte Weideführung kann so, im Falle nur kleinflächig vorhandener (d. h. gegenüber Invasionen durch Nicht-Zielarten besonders anfälliger) Zielgemeinschaften, ein annähernd unidirektionaler Diasporentransfer von Quell- zu Restitutionsflächen erreicht werden.

Weidetiere nehmen Diasporen nicht ausschließlich direkt von fruchtenden Pflanzen auf

(primärer Transport), sondern auch von der Bodenoberfläche oder aus der Bodendiasporenbank (sekundärer Transport; Fischer et al. 1996, Neugebauer 2004). Damit erweitern sie das Spektrum der ausgebreiteten Diasporen über das aktuelle Diasporenangebot hinaus (vgl. Abschnitt „Ausbreitung durch Wasser (Hydrochorie)"). Große zoochore Ausbreitungsdistanzen können sich bei langen Verweildauern im Tierfell bzw. hohen Überlebensraten bei der Darmpassage ergeben, wenn von den Tieren währenddessen entsprechend große Entfernungen zurückgelegt werden. In Rinderfell können bei gerichteter Tierbewegung maximale Ausbreitungsdistanzen von ca. 1 km (Kiviniemi 1996), in Schaffell von fast 100 km erreicht werden (Fischer et al. 1996). Dass im Fell anhaftende Diasporen tatsächlich isolierte *sink*-Habitate erreichen, konnte exemplarisch für das Haar-Pfriemengras (*Stipa capillata*) und den Wohlriechenden Odermennig (*Agrimonia procera*) in Sandökosystemen gezeigt werden, die durch Schaftrift über eine Distanz von 3 km transportiert wurden; erst auf den Empfängerkoppeln kam es zu größeren (im Falle von *Stipa* signifikanten) Diasporenverlusten (Wessels et al. 2008). Diasporenanhängsel (z. B. Haken, Haare oder Grannen) verbessern die Anheftung und erhöhen die Verweildauer in Tierfellen (sind aber keine Voraussetzung dafür); sie können sich vor allem in dichtem, langhaarigem Fell festsetzen (z. B. in Schafwolle oder im Fell von Galloway-Rindern; Couvreur et al. 2004, Römermann et al. 2005). Auch die mittleren Retentionszeiten im Magen-Darm-Trakt von Weidetieren von 2–3 Tagen (Cosyns et al. 2005) erlauben Ferntransporte. Hohe Überlebensraten bei der Darmpassage haben insbesondere kleine Diasporen, die daher über ein vergleichsweise hohes endozoochores Ausbreitungspotenzial verfügen (Pakeman et al. 2002).

Aufgrund der Gerichtetheit des zoochoren Transports haben von Weidetieren transportierte Diasporen eine relativ hohe Chance, Mikrohabitate zu erreichen, die für die Keimung und Etablierung geeignet sind (*safe sites*). Über das tatsächliche Schicksal zoochor ausgebreiteter Diasporen ist aber noch immer relativ wenig bekannt. Untersuchungen auf Schafweiden haben gezeigt, dass in der Wolle epizoochor transportierte Diasporen nach dem Abfallen durch Schaftritt in den Boden eingearbeitet werden können, was das Prädationsrisiko senkt und die Etablierungschancen erhöht (Eichberg et al. 2005). Die Etablierung von in Weidetierfaeces eingeschlossenen keimfähigen Diasporen ist oft durch Konkurrenz oder Austrocknung stark limitiert (z. B. Welch 1985), kann aber in Extremhabitaten habitattypische Arten gegenüber Generalisten fördern (Eichberg et al. 2007).

Ausbreitung durch landwirtschaftliche Maschinen

Der Diasporentransport durch landwirtschaftliche Maschinen kann besonders in Graslandge-

sellschaften während der Heuernte erheblich sein (Bakker et al. 1996, Strykstra et al. 1997). Ein Diasporentransfer von artenreichen Habitaten in artenarme Habitate findet aber nur bei gezielter Auswahl der nacheinander bewirtschafteten Flächen statt. Als zusätzliche Einschränkung für die Ausbreitungseffizienz von Maschinen kommt hinzu, dass sie nur dann effektiv sind, wenn eine zeitliche Übereinstimmung zwischen der Fruchtphänologie und dem Nutzungsrhythmus gegeben ist (Patzelt et al. 2001). Bei der üblichen Silagemahd Mitte Mai ist die Fruchtreife höchstens bei frühblühenden Arten (z. B. Sumfdotterblume, *Caltha palustris*) erreicht (Rosenthal 1992). Bei zu

---

Kasten 2-3
Bewertung der aktuellen Ausbreitungsbedingungen für Diasporen in mitteleuropäischen Kulturlandschaften

In der intensiv genutzten Kulturlandschaft Mitteleuropas ist der Erfolg bei der Renaturierung von Ökosystemen heute sehr stark durch eine mangelnde Verfügbarkeit von Pflanzendiasporen limitiert. Diese resultiert aus:

- dem Wegfall von historischen Ausbreitungsvektoren mit einer gerichteten Fernausbreitungsfunktion (z. B. Überschwemmungen, großflächige Beweidung). Die regelmäßige Überflutung von Auen, aber auch die vielfältigen (meist extensiven) forst- und landwirtschaftlichen Nutzungsformen der historischen Kulturlandschaften Mitteleuropas, waren – teilweise bis in die Mitte des 20. Jahrhunderts – Grundlage für viele, oft naturraumgebundene Ausbreitungspfade für Diasporen (Bonn und Poschlod 1998). Mit der zunehmenden Regulierung der Flüsse und der Aufgabe der traditionellen Land- und Forstwirtschaft wurden viele dieser **Ausbreitungspfade** durch solche ersetzt, die an das überregionale (teils interkontinentale) Transportwesen und die entsprechende Transportinfrastruktur gebunden sind. Von den mit intensiver Landnutzung assoziierten Ausbreitungsvektoren profitieren vornehmlich Pflanzenarten mit ruderalen Eigenschaften und Neophyten (Kapitel 6), während die meisten Zielarten des Naturschutzes selbst bei Wiederherstellung

ihrer Habitate oft keine geeigneten Ausbreitungsvektoren mehr vorfinden (Opdam 1990). Moderne Nutzungsformen bzw. Pflegenutzungen (z. B. Streuwiesennutzung) können die Ausbreitungsfunktionen nur bedingt übernehmen, weil sie z. B. weniger standortspezifisch sind, die kombinierte Ausbreitungs- und Störungswirkung entfällt oder andere selektive Diasporenpräferenzen vorliegen. Am Beispiel von Intensivgrünland sind in Tabelle 2-6 Limitierungen der wichtigsten Ausbreitungsvektoren in der „modernen" Kulturlandschaft dargestellt.

- einer zunehmenden Habitatverkleinerung und -isolation durch den Ausbau der Siedlungs- und Verkehrsinfrastruktur und die Umnutzung der Habitate und Habitatzwischenräume (Wulf 2003, Esswein und Schwarz-von-Raumer 2006). Damit ist das Verlustrisiko für Diasporen stark gestiegen, da größere Strecken beim Transport überwunden werden müssen und geeignete Habitate mit geringerer Wahrscheinlichkeit getroffen werden.

- einem verarmten Artenpool in der Landschaft und niedrigen Populationsdichten von Zielarten in den verbliebenen Resthabitaten, was ein entsprechend geringes Diasporenangebot nach sich zieht (Zobel et al. 1998).

Tab. 2-6: Bewertung unterschiedlicher Ausbreitungsvektoren in heutigen Intensivgrünlandgebieten.

Ausbreitungsvektor	kritische Faktoren	aktuelle Situation	selektierte Ausbreitungstypen
Wind	Richtung, Stärke, Turbulenz, Vegetationshöhe	meist Nahausbreitung; wenn Fernausbreitung, dann ungerichtet	regelmäßiger Ferntransport nur bei sehr leichten Diasporen oder solchen mit speziellen Flugeinrichtungen
Wat-, Wasservögel	Verhalten	begrenzte Vorkommen	meist Wasserpflanzen-, Röhricht- und Schlammbodenarten
Weidetiere	Umtriebsrhythmus	kein gezielter Umtrieb von artenreichen in artenarme Bestände	meist großwüchsige Arten und Arten mit einer Diasporenmorphologie, die Fellanhaftung oder Darmpassage begünstigt
landwirtschaftliche Maschinen	Nutzungsrhythmus	bei früher Mahd keine reifen Diasporen erfasst	meist Frühblüher
Überschwemmungen	Ausdehnung, Dauer, Phänologie, Klima, Geländerelief	begrenzte Restflächen, wenig Quellpopulationen, mangelnde Vernetzung, Diasporenkonzentration an ungeeigneten Standorten	meist (polychore) hydro-, anemochore Spätblüher und Wintersteher

später Mahd haben die Arten der frühen phänologischen Phasen hingegen ihre Diasporen schon ausgestreut und werden daher nicht übertragen. Die reifen Diasporen werden nicht selektiv und entsprechend ihrer Häufigkeit von Maschinen aufgenommen und transportiert (Bakker et al. 1996).

2.3.3 Konkurrenz/Mangel an Regenerationsnischen

Neben der geringen Verfügbarkeit von Diasporen (*seed limitation* sensu Münzbergova und Herben 2005) wird dem Mangel an Regenerationsnischen (*micro-site limitation* sensu Münzbergova und Herben 2005) als weiterem wesentlichen limitierenden Faktor bei der Wiederherstellung und Neuschaffung von artenreichen Pflanzengemeinschaften zunehmend Beachtung geschenkt (Hutchings und Booth 1996, Kotorová und Lepš 1999, Stampfli und Zeiter 1999).

Die Keimung und Etablierung stellt ein besonders sensibles Stadium im Lebenszyklus einer Pflanze dar. Die Ansprüche von Keimlingen und Jungpflanzen können sich erheblich von denen adulter Individuen unterscheiden (*regeneration niche* sensu Grubb 1977). Die von Harper

(1977) als Schutzstellen (*safe sites*) bezeichneten Mikrostandorte beinhalten Elemente, die die Keimruhe brechen (z.B. scharfe Temperaturwechsel), verfügen über ausreichende Ressourcen für die Keimung (Wasser, Sauerstoff, Licht) und sollen den Keimling vor Risiken (Herbivore, Konkurrenten, Pathogene) schützen. Die Ansprüche an diese **Mikrostandorte** sind in hohem Maße art- und kontextabhängig (z.B. Witterung, Standort, Konkurrenz durch andere Pflanzen). Werden diese in einem Vegetationsbestand nicht erfüllt, so ist die Etablierung von Arten auch in der Anwesenheit von ausreichend Diasporen in hohem Maße beeinträchtigt oder gar zum Scheitern verurteilt. Geschlossene Narben ohne offene Störstellen setzen neu ankommenden Arten einen großen Etablierungswiderstand entgegen. Eine besonders starke Abhängigkeit von offenen konkurrenzarmen Störstellen besteht bei kleinsamigen Arten, während großsamige Arten sich auch in relativ geschlossenen Narben oder sogar unter Streudecken erfolgreich zu etablieren vermögen. Unter besonders trockenen standörtlichen Bedingungen können Streudecken und Schatten spendende Nachbarpflanzen aber auch einen positiven Effekt auf die Etablierung von Keimlingen ausüben (Jensen und Gutekunst 2003, Hölzel 2005). In geschlossenen Vegetationsbeständen hängt das Auftreten von geeigneten Regenerationsnischen in hohem Maße von der Produktivität des Standortes sowie von singulären (unvorhersagbaren) oder regelmäßig wiederkehrenden (vorhersagbaren) Störereignissen ab. Letztere sind meist an Maßnahmen des Flächenmanagements gekoppelt (z. B. Mahd, Beweidung). Auf nährstoffreichen, produktiven Standorten hat die Beschattung durch hochwachsende, dichte Vegetation einen eindeutig negativen Einfluss auf die Etablierung von Keimlingen (Lepš 1999), der bei fehlender Nutzung durch die Akkumulation mächtiger Streufilzdecken noch verstärkt werden kann (Jensen und Meyer 2001). Mahd und Beweidung führen demgegenüber zu einer Öffnung und Schwächung der umgebenden Vegetation und begünstigen dadurch die Keimlingsetablierung (Kotorová und Lepš 1999, Stammel et al. 2006). Noch stärker begünstigt wird die Keimlingsetablierung vor allem bei stresstoleranten, niederwüchsigen Arten durch eine gezielte Schaffung von Störstellen durch Sodenstechen, Fräsen oder gar flächenhaften Oberbodenabtrag (Hölzel und Otte 2003, Bissels et al. 2006, Donath et al. 2006). Generell lässt sich sagen, dass durch eine allgemeine Absenkung des Trophieniveaus und die Wiedereinführung geeigneter Störungsregime das Angebot an geeigneten Kleinstandorten für die erfolgreiche Keimung und Etablierung gezielt verbessert werden kann (Bischoff 2002, Hölzel 2005). Geschieht dies nicht, so kommt es insbesondere in höher produktiven Systemen oft nur zu einer geringfügigen Anreicherung mit Zielarten (Biewer 1997, Bosshard 1999, Hölzel et al. 2006, Donath et al. 2007).

2.4 Fazit und Ausblick

Wie einleitend bereits gesagt, ist bei der Erforschung physiochemischer Schlüsselprozesse, welche den Erfolg von Renaturierungsmaßnahmen limitieren, im letzten Jahrzehnt ein enormer Wissenszuwachs zu verzeichnen. Dies betrifft insbesondere die komplexen Prozesse der Eutrophierung und Versauerung von Ökosystemen. Für viele mitteleuropäische Ökosystemtypen liegen heute weit ausgereifte und wissenschaftlich fundierte Konzepte zur Wiederherstellung der abiotischen Standortbedingungen vor. Zur allgemeinen Verbesserung von Renaturierungsper-

spektiven hat sicherlich auch ein signifikanter Abbau allgemeiner Umweltbelastungen wie der Nährstoffbelastung von Binnengewässern oder eine deutliche Reduktion der atmosphärischen Säure- und Nährstoffeinträge seit den 1980er-Jahren beigetragen. Demgegenüber steht die ernüchternde Erkenntnis, dass anthropogene Eingriffe in den Wasser- und Nährstoffhaushalt besonders sensibler Systeme wie baumfreie Regen- und Durchströmungsmoore häufig irreversibel sind. Eine vollständige Regeneration dieser Lebensräume ist oft wohl nur innerhalb historischer oder gar geologischer Zeiträume möglich (Kapitel 3).

Positive und negative Effekte verschiedener Einflussgrößen im Hinblick auf die Renaturierungsperspektiven sind zusammenfassend in Tabelle 2-7 dargestellt. Je nach Lebensraumtyp sind jeweils andere Faktoren oder Faktorenkombinationen maßgeblich als Steuergröße für den Renaturierungserfolg (Tab. 2-8). Anhand dieser Zusammenschau wird deutlich, dass in nahezu allen Lebensraumtypen die Renaturierungschancen selbst nach Wiederherstellung geeigneter Standortbedingungen häufig allein aufgrund mangelnder **Diasporenverfügbarkeit** deutlich

Tab. 2-7: Renaturierungsperspektiven in Abhängigkeit von verschiedenen steuernden Faktoren.

Faktoren	Renaturierungs-perspektive	
	positiv	negativ
Entwicklungsdauer	kurz	lang
Trophie	eutroph	meso-oligotroph
Wasserhaushalt	trocken, mittel	feucht-nass
Einzugsgebiet	klein	groß
Minimumareal	klein	groß
Vornutzung	keine, extensiv	intensiv
Isolationsgrad	gering	hoch
Management-abhängigkeit	gering	groß
Intensität der Landnutzung	gering	hoch
Bevölkerungsdichte	gering	hoch

Tab. 2-8: Einfluss limitierender Faktoren auf die Renaturierungsperspektiven in unterschiedlichen Lebensräumen (++: sehr bedeutsam, +: bedeutsam, –: kaum bedeutsam).

	Trophie	Wasser-haushalt	Ausbreitung Etablierung	Raum[1]	Zeit[2]	Management-abhängigkeit
Acker	+	–	+	–	–	++
Sandrasen/ saure Heiden	++	–	++	–	–	++
Kalkmagerrasen	++	–	++	–	+	++
Grünland mesophil	+	–	+	–	–	++
Feuchtwiesen eutroph	+	+	+	+	–	++
Feuchtwiesen meso-oligotroph	++	+	++	+	+	++
Niedermoor eutroph	–	+	+	+	–	+
Niedermoor mesotroph	++	++	++	++	+	++
Hochmoore	++	++	+	+	++	–
Mittelwälder	–	–	+	+	+	++
Buchenwälder	–	–	+	+	++	–

[1] Flächengröße, räumlicher Verbund (Konnektivität)
[2] Entwicklungsdauer

eingeschränkt sind, z. B. in ehemaligen Tagebaugebieten (Tischew 2004), in Grasland (Stroh et al. 2002, Donath et al. 2003), in Niedermooren (Kratz und Pfadenhauer 2001) und in Wäldern (Zerbe und Kreyer 2007). In vielen Fällen können diese Renaturierungshürden nur dann überwunden werden, wenn Diasporen der Zielpflanzenarten künstlich eingebracht werden (z. B. Farbtafel 2-4). Weniger spezifisch, aber generell unterstützend für den Renaturierungserfolg wirken vernetzende Maßnahmen in Form der Anlage von Brücken- oder Trittstein-Habitaten (Smart et al. 2002), der Wiedereinführung von großflächigen Beweidungssystemen oder die Wiederherstellung großflächiger Überschwemmungsräume in den Flussauen (Rosenthal 2006). In allen durch traditionelle Nutzungen geprägten Lebensräumen ist zusätzlich die langfristige Reorganisation eines adäquaten Pflege- und Nutzungsmanagements von fundamentaler Bedeutung für eine nachhaltige Sicherung des Renaturierungserfolgs.

Trotz des im vergangenen Jahrzehnt erheblich verbesserten Kenntnisstands werden Renaturierungsmaßnahmen auch heute noch vielfach nach dem *trial and error*-Prinzip durchgeführt. Besonders gering ist dabei häufig der Erfolg von Renaturierungsbemühungen, die im Zuge zahlloser, teils sehr kostspieliger Ersatz- und Ausgleichsmaßnahmen angestellt werden. Ein Ausweg aus dieser misslichen Situation kann nur durch eine stärkere Berücksichtigung und konsequente Anwendung des existierenden renaturierungsökologischen Grundlagenwissens gefunden werden. Gleichzeitig wirft der fortschreitende Globale Wandel ständig neue Fragen und Herausforderungen für die Renaturierungsökologie als Wissenschaftsdisziplin auf.

Literaturverzeichnis

Alloway BJ (1990) Heavy metals in soils. Blackie Academic and Professional, Glasgow, London

Auhagen A, Cornelius R, Kilz E, Kohl S, Krauß M, Lakenberg K, Marschner B, Schilling W, Schlosser HJ,

Schmidt A (1994) Sanierungs- und Gestaltungskonzept für die ehemaligen Rieselfelder im Bereich des Forstamtes Buch. Phase 1 (1991-93). Senatsverwaltung für Stadtentwicklung und Umweltschutz. Berlin. Arbeitsmaterialien der Berliner Forsten 4

Baker AJM (1987) Metal tolerance. *New Phytologist* 106 (Suppl.): 93-111

Bakker JP (1989) Nature management by grazing and cutting. Kluwer Academic Publishers, Dordrecht

Bakker JP, Berendse F (1999) Constraints in the restoration of ecological diversity in grassland and heathland. *Trends in Ecology and Evolution* 14: 63-68

Bakker JP, Poschlod P, Strykstra RJ, Bekker RM, Thompson K (1996) Seed banks and seed dispersal: important topics in restoration ecology. *Acta Botanica Neerlandica* 45: 461-490

Barkowski D, Günther P, Hinz E, Röchert R (1990) Altlasten – Handbuch zur Ermittlung und Abwehr von Gefahren durch kontaminierte Standorte. Alternative Konzepte 56. 2. Aufl. Verlag C. F. Müller, Karlsruhe

Beckmann T (1986) Vegetationskundliche und bodenkundliche Standortbeurteilung einer Steinkohlenbergehalde im Essener Süden. *Decheniana* 139: 1-12

Biewer H (1997) Regeneration artenreicher Feuchtwiesen im Federseeried. Projekt Angewandte Ökologie 24. Landesanstalt für Umweltschutz Baden-Württemberg, Karlsruhe. 3-323

Bischoff A (2002) Dispersal and establishment of floodplain grassland species as limiting factors in restoration. *Biological Conservation* 104: 25-33

Bissels S, Donath TW, Hölzel N, Otte A (2006) Effects of different mowing regimes and environmental variation on seedling recruitment in alluvial meadows. *Basic and Applied Ecology* 7: 433-442

Bissels S, Hölzel N, Donath TW, Otte A (2004) Evaluation of restoration success in alluvial grasslands under contrasting flooding regimes. *Biological Conservation* 118: 641-650

Blume HP (1996) Böden städtisch-industrieller Verdichtungsräume. In: Blume HP, Felix-Henningsen P, Fischer WR, Frede H-G, Horn R, Stahr K (Hrsg) Handbuch der Bodenkunde. Ecomed Verlag, Landsberg/Lech. Kap. 3.4.4.9. 1-48

Bobbink R, Ashmore M, Braun S, Fluckiger W, van den Wyngaert IJJ (2003) Empirical nitrogen critical loads for natural and semi-natural ecosystems: 2002 update. In: Achermann B, Bobbink R (Hrsg) Empirical critical loads for nitrogen (*Environmental Documentation* No 164). Swiss Agency for the Environment, Forest and Landscape, Berhe. 43-170

Bobbink R, Hornung M, Roelofs JGM (1998) The effects of air-borne nitrogen pollutants on species diversity in natural and semi-natural European vegetation. *Journal of Ecology* 86: 717-738

Bonn S, Poschlod P (1998) Ausbreitungsbiologie der Pflanzen Mitteleuropas. Quelle & Meyer, Wiesbaden

Bosshard A (1999) Renaturierung artenreicher Wiesen auf nährstoffreichen Böden. *Dissertationes Botanicae* 303: 1-194

Cosyns E, Delporte A, Lens L, Hoffmann M (2005) Germination success of temperate grassland species after passage through ungulate and rabbit guts. *Journal of Ecology* 93: 353-361

Couvreur M, Cosyns E, Hermy M, Hoffmann M (2005) Complementarity of epi- and endozoochory of plant seeds by free ranging donkeys. *Ecography* 28: 37-48

Couvreur M, Vandenberghe B, Verheyen K, Hermy M (2004) An experimental assessment of seed adhesivity on animal furs. *Seed Science Research* 14: 147-159

Critchley CNR, Chambers BJ, Fowbert JA, Sanderson RA, Bhogal A, Rose SC (2002) Association between lowland grassland plant communities and soil properties. *Biological Conservation* 105: 199-215

De Graaf MCC, Bobbink R, Verbeek PJM, Roelofs JGM (1997) Aluminium toxicity and tolerance in three heathland species. *Water, Air and Soil Pollution* 98: 229-239

De Graaf MCC, Verbeek PJM, Bobbink R, Roelofs JGM (1998) Restoration of species-rich dry heaths: the importance of appropriate soil conditions. *Acta Botanica Neerlandica* 47 (1): 89-111

Donath TW, Bissels S, Hölzel N, Otte A (2007) Large scale application of diaspore transfer with plant material in restoration practice – impact of seed and site limitation. *Biological Conservation* 138: 224-234

Donath TW, Hölzel N, Otte A (2003) The impact of site conditions and seed dispersal on restoration success in alluvial meadows. *Applied Vegetation Science* 6: 13-22

Donath TW, Hölzel N, Otte A (2006) Influence of competition by sown grass, disturbance and litter on recruitment of rare flood-meadow species. *Biological Conservation* 130: 315-323

Dorland E, Bobbink R, Messelink JH, Verhoeven JTA (2003) Soil ammonium accumulation hampers the restoration of degraded wet heathlands. *Journal of Applied Ecology* 40: 804-814

Dorland E, van den Berg LJL, Brouwer E, Roelofs JGM, Bobbink R (2005) Catchment liming to restore degraded, acidified heathlands and moorland pools. *Restoration Ecology* 13: 302-311

Eichberg C, Storm C, Schwabe A (2005) Epizoochorous and post-dispersal processes in a rare plant species: Jurinea cyanoides (L.) Rchb. (Asteraceae). *Flora* 200: 477-489

Eichberg C, Storm C, Schwabe A (2007) Endozoochorous dispersal, seedling emergence and fruiting success in disturbed and undisturbed successional stages of sheep-grazed inland sand ecosystems. *Flora* 202: 3–26

Ellenberg H (1956) Aufgaben und Methoden der Vegetationsgliederung. Ulmer, Stuttgart

Ellenberg H, Weber HE, Düll R, Wirth V, Werner W, Paulissen D (1992) Zeigerwerte von Pflanzen in Mitteleuropa. *Scripta Geobotanica* 18: 1–258

Eriksson O (1996) Regional dynamics of plants: a review of evidence for remnant, source-sink and metapopulations. *Oikos* 77: 248–258

Ernst WHO (1974) Schwermetallvegetation der Erde. Gustav Fischer, Stuttgart

Ernst WHO, Joosse-Van Damme ENG (1983) Umweltbelastung durch Mineralstoffe. Gustav Fischer, Jena

Esswein H, Schwarz-von-Raumer H-G (2006) Landschaftszerschneidung – Bundesweiter Umweltindikator und Weiterentwicklung der Methodik. In: Kleinschmit B, Walz U (Hrsg) Landschaftsstrukturmaße in der Umweltplanung. TU Berlin Eigenverlag, Berlin

Fischer A (1987) Untersuchungen zur Populationsdynamik am Beginn von Sekundärsukzessionen. Die Bedeutung von Samenbank und Samenniederschlag für die Wiederbesiedlung vegetationsfreier Flächen in Wald- und Grünlandgesellschaften. *Dissertationes Botanicae* 110: 1–234

Fischer S, Poschlod P, Beinlich B (1996) Experimental studies on the dispersal of plants and animals by sheep in calcareous grasslands. *Journal of Applied Ecology* 33: 1206–1222

Gough MW, Marrs RH (1990) A comparison of soil fertility between semi-natural and agricultural plant communities: implications for the creation of floristically-rich grassland on abandoned agricultural land. *Biological Conservation* 51: 83–96

Grime JP (2001) Plant strategies, vegetation processes and ecosystem properties. Wiley, Chichester

Grootjans AP, Adema EB, Bleuten W, Joosten H, Madaras M, Janáková M (2006a) Hydrological landscape settings of base-rich fen mires and fen meadows: an overview. *Applied Vegetation Science* 9: 175–184

Grootjans AP, van Diggelen R, Bakker JP (2006b) Restoration of mires and wet grasslands. In: van Andel J, Aronson J (Hrsg) Restoration ecology. Blackwell Publishing, Malden, Oxford, Carlton. 111–123

Grubb PJ (1977) The maintenance of species-richness in plant communities: the importance of the regeneration niche. *Biological Reviews* 52: 107–145

Handke K, Kundel W, Müller H-U, Riesner-Kabus M, Schreiber K-F (1999) Erfolgskontrolle zu Ausgleichs- und Ersatzmaßnahmen für das Güterverkehrszentrum Bremen in der Wesermarsch – 10 Jahre Begleituntersuchungen zu Grünlandextensivierung, Vernässung und Gewässerneuanlagen. *Arbeitsberichte Lehrstuhl Landschaftsökologie Münster* 19

Härdtle W, Niemeyer M, Niemeyer T, Assmann T, Fottner S (2006) Can management compensate for atmospheric nutrient deposition in heathland ecosystems? *Journal of Applied Ecology* 43: 759–769

Harper JL (1977) Populaton biology of plants. Academic Press, London

Hodgson J, Grime JP (1990) The role of dispersal mechanisms, regenerative strategies and seed banks in the vegetation dynamic of the British landscape. In: Bunce R, Howard D (Hrsg) Species dispersal in agricultural habitats. Belhaven Press, London. 65–81

Hölzel N (2005) Seedling recruitment in flood-meadow species – effects of gaps, litter and vegetation matrix. *Applied Vegetation Science* 8: 115–124

Hölzel N, Bissels S, Donath TW, Handke K, Harnisch M, Otte A (2006) Renaturierung von Stromtalwiesen am hessischen Oberrhein – Ergebnisse aus dem E + E-Vorhaben 89211-9/00 des Bundesamtes für Naturschutz. *Naturschutz und biologische Vielfalt* 31: 1–263

Hölzel N, Donath TW, Bissels S, Otte A (2002) Auengrünlandrenaturierung am hessischen Oberrhein – Defizite und Erfolge nach 15 Jahren Laufzeit. *Schriftenreihe für Vegetationskunde* 36: 131–137

Hölzel N, Otte A (2001) The impact of flooding regime on the soil seed bank of flood-meadows. *Journal of Vegetation Science* 12: 209–218

Hölzel N, Otte A (2003) Restoration of a species-rich flood meadow by topsoil removal and diaspore transfer with plant material. *Applied Vegetation Science* 6: 131–140

Hölzel N, Otte A (2004) Assessing soil seed bank persistence in flood-meadows: which are the easiest and most reliable traits? *Journal of Vegetation Science* 15: 93–100

Hutchings MJ, Booth KD (1996) Studies on the feasibility of re-creating chalk grassland vegetation on ex-arable land. II. Germination and early survivorship of seedlings under different management regimes. *Journal of Applied Ecology* 33: 1182–1190

Jackel A (1999) Strategien der Pflanzenarten einer fragmentierten Trockenrasengesellschaft. *Dissertationes Botanicae* 1–253

Jansen AJM, Fresco LFM, Grootjans AP, Jalink MH (2004) Effects of restoration measures on plant communities of wet heathland ecosystems. *Applied Vegetation Science* 7: 243–252

Janssens F, Peeters A, Tallowin JRB, Bakker JP, Bekker RM, Fillat F, Oomes MJM (1998) Relationship between soil chemical factors and grassland diversity. *Plant and Soil* 202: 69–78

Jenny M (1994) Diasporenausbreitung in Pflanzengemeinschaften. *Beiträge zur Biologie der Pflanzen* 68: 81–104

Jensen K, Gutekunst K (2003) Effects of litter on establishment of grassland plant species: the role of seed size and successional status. *Basic and Applied Ecology* 4: 579–587

Jensen K, Meyer C (2001) Effects of light competition and litter on the performance of *Viola palustris* and on species composition and diversity of an abandoned fen meadow. *Plant Ecology* 155: 169–181

Jensen K, Trepel M, Merritt D, Rosenthal G (2006) Restoration ecology of river valleys. *Basic and Applied Ecology* 7: 383–387

Jongejans E, Schippers P (1999) Modelling seed dispersal by wind in herbaceous species. *Oikos* 87: 362–372

Jongejans E, Telenius A (2001) Field experiments on seed dispersal by wind in ten umbelliferous species (Apiaceae). *Plant Ecology* 152: 67–78

Kapfer A (1988) Versuche zur Renaturierung gedüngten Feuchtgrünlandes. Aushagerung und Vegetationsentwicklung. *Dissertationes Botanicae* 120: 1–144

Kiehl K, Thormann A, Pfadenhauer J (2006) Evaluation of initial restoration measures during the restoration of calcareous grasslands on former arable fields. *Restoration Ecology* 14: 148–156

Kiviniemi K (1996) A study of adhesive seed dispersal of three species under natural conditions. *Acta Botanica Neerlandica* 45: 73–83

Kollmann J, Schill HP (1996) Spatial patterns of dispersal, seed predation and germination during colonization of abandoned grassland by *Quercus petraea* and *Corylus avellana*. *Vegetatio* 125: 193–205

Kotorová I, Lepš J (1999) Comparative ecology of seedling recruitment in an oligotrophic wet meadow. *Journal of Vegetation Science* 10: 175–186

Kratz R, Pfadenhauer J (2001) Ökosystemmanangement für Niedermoore. Ulmer, Stuttgart

Lambinon J, Auquier P (1964) La flore et la végétation des terrains calaminaires de la Wallonie septentrionale et de la Rhénanie aixoide. *Natura Mosana* 16: 113–131

Lamers LPM, Bobbink R, Roelofs JGM (2000) Natural nitrogen filter fails in polluted raised bogs. *Global Change Biology* 6: 583–586

Lamers LPM, Loeb R, Antheunisse AM, Miletto M, Lucassen ECHET, Boxman AW, Smolders AJP, Roelofs JGM (2006) Biogeochemical constraints on the ecological rehabilitation of wetland vegetation in river floodplains. *Hydrobiologia* 565: 165–186

Lamers LPM, Smolders AJP, Roelofs JGM (2002) The restoration of fens in the Netherlands. *Hydrobiologia* 478: 107–130

Lehmann C, Rebele F (2004) Evaluation of heavy metal tolerance in *Calamagrostis epigejos* and *Elymus repens* revealed copper tolerance in a copper smelter population of *C. epigejos*. *Environmental and Experimental Botany* 51: 199–213

Lepš J (1999) Nutrient status, disturbance and competition: an experimental test of relationships in a wet

meadow canopy. *Journal of Vegetation Science* 10: 219–230

Leyer I (2002) Auengrünland der Mittelelbe-Niederung. *Dissertationes Botanicae* 363: 1–193

Lucassen ECHET, Smolders AJP, Lamers LPM, Roelofs JGM (2005) Water table fluctuations and groundwater supply are important in preventing phosphate-eutrophication in sulphate-rich fens: consequences for wetland restoration. *Plant and Soil* 269: 109–115

Luftensteiner H (1982) Untersuchungen zur Verbreitungsbiologie von Pflanzengemeinschaften an vier Standorten in Niederösterreich. *Bibliotheca Botanica* 135: 1–68

Matějková I, van Diggelen R, Prach K (2003) An attempt to restore a central European species-rich mountain grassland through grazing. *Applied Vegetation Science* 6: 161–168

Mouissie AM, Vos P, Verhagen HMC, Bakker JP (2005) Endozoochory by free-ranging, large herbivores: Ecological correlates and perspectives for restoration. *Basic and Applied Ecology* 6: 547–558

Muller S, Dutoit T, Alard D, Grevilliot F (1998) Restoration and rehabilitation of species-rich grassland ecosystems in France: a review. *Restoration Ecology* 6: 94–101

Müller-Schneider P (1986) Verbreitungsbiologie der Blütenpflanzen Graubündens. *Veröffentlichungen des Geobotanischen Institutes der ETH, Stiftung Rübel* 85

Münzbergova Z, Herben T (2005) Seed, dispersal, microsite, habitat and recruitment limitations: identification of terms and concepts in studies of limitation. *Oecologia* 145: 1–8

Nathan R (2006) Long-distance dispersal of plants. *Science* 313: 786–788

Neugebauer KR (2004) Auswirkungen der extensiven Freilandhaltung von Schweinen auf Gefäßpflanzen in Grünlandökosystemen. *Dissertiones Botanicae* 381

Olde Venterink H, Wassen MJ, Verkoost AWM, de Ruiter PC (2003) Species richness-productivity patterns differ between N-, P- and K-limited wetlands. *Ecology* 84: 2191–2199

Oomes MJM, Olff H, Altena HJ (1996) Effects of vegetation management and raising the water table on nutrient dynamics and vegetation change in a wet grassland. *Journal of Applied Ecology* 33: 576–588

Opdam P (1990) Dispersal in fragmented populations: The key to survival. In: Bunce RGH, Howard DC (Hrsg) Species dispersal in agricultural habitats. Belhaven Press, London. 3–17

Pakeman RJ, Digneffe G, Small JL (2002) Ecological correlates of endozoochory by herbivores. *Functional Ecology* 16: 296–304

Patzelt A, Wild U, Pfadenhauer J (2001) Restoration of wet fen meadows by topsoil removal: Vegetation

development and germination biology of fen species. *Restoration Ecology* 9: 127–136

Pegtel DM, Bakker JP, Verweij GL, Fresco LFM (1996) N,
K, and P deficiency in chronosequential cut summer
dry grasslands on gley podzol after the cessation of
fertilizer application. *Plant and Soil* 178: 121–131

Pfadenhauer J, Grootjans A (1999) Wetland restoration
in Central Europe: aims and methods. *Applied Vegetation Science* 2: 95–106

Pfadenhauer J, Heinz S (Hrsg) (2004) Renaturierung von
niedermoortypischen Lebensräumen – 10 Jahre
Niedermoormanagement im Donaumoos. *Naturschutz und biologische Vielfalt* 9: 1–299

Poschlod P, Bonn S (1998) Changing dispersal processes in the central European landscape since the last
ice age: an explanation for the actual decrease of
plant species richness in different habitats? *Acta
Botanica Neerlandica* 47: 27–44

Primack RB, Miao L (1992) Dispersal can limit local
plant distribution. *Conservation Biology* 6: 513–518

Punz W, Engenhart M, Schinninger R (1986) Zur Vege-
tation einer Eisenerzschlackenhalde bei Leoben/
Donawitz. *Mitteilungen des Naturwissenschaftlichen
Vereins für Steiermark* 116: 205–210

Pywell RF, Bullock JM, Hopkins A, Walker KJ, Sparks TH,
Burke MJW, Peel S (2002) Restoration of species-
rich grassland on arable land: assessing the limiting
processes using a multi-site experiment. *Journal of
Applied Ecology* 39: 294–309

Rebele F (2001) Management impacts on vegetation
dynamics of hyper-eutrophicated fields at Berlin,
Germany. *Applied Vegetation Science* 4: 147–156

Rebele F (2003) Sukzessionen auf Abgrabungen und
Aufschüttungen – Triebkräfte und Mechanismen.
*Berichte des Instituts für Landschafts- und Pflanze-
nökologie der Universität Hohenheim*, Beiheft 17:
67–92

Rebele F (2006) Projekt 4914 UEP/OÜ5 „Wiederbewässerung der Rieselfelder um Hobrechtsfelde“.
Floristische und vegetationsökologische Begleituntersuchungen. Unveröffentlichter Abschlussbericht Oktober 2006. Im Auftrag der Berliner Forsten

Rebele F, Dettmar J (1996) Industriebrachen – Ökologie
und Management. Eugen Ulmer, Stuttgart

Rebele F, Surma A, Kuznik C, Bornkamm R, Brej T
(1993) Heavy metal contamination of spontaneous
vegetation and soil around the Copper Smelter "Legnica". *Acta Societatis Botanicorum Poloniae* 62: 53–
57

Roelofs JGM, Bobbink R, Brouwer E, de Graaf MCC
(1996) Restoration ecology of aquatic and terrestrial
vegetation on non-calcareous sandy soils in The
Netherlands. *Acta Botanica Neerlandica* 45: 517–
541

Roelofs JGM, Brandrud TE, Smolders AJP (1994) Massive expansion of *Juncus bulbosus* L. after liming of
acidified SW Norwegian Lakes. *Aquatatic Botany* 48:
187–202

Roelofs JGM, Brouwer E, Bobbink R (2002) Restoration
of aquatic macrophyte vegetation in acidified and
eutrophicated shallow softwater wetlands in the
Netherlands. *Hydrobiologia* 478: 171–180

Römermann C, Tackenberg O, Poschlod P (2005) How
to predict attachment potential of seeds to sheep
and cattle coat from simple morphological traits.
Oikos 110: 219–230

Rosenthal G (1992) Erhaltung und Regeneration von
Feuchtwiesen – Vegetationsökologische Untersuchungen auf Dauerflächen. *Dissertationes Botanicae* 182

Rosenthal G (2006) Restoration of wet grasslands –
effects of seed dispersal, persistence and abundance on plant species recruitment. *Basic and Applied Ecology* 7: 409–421

Salisbury E (1974) The survival value of modes of dispersal. *Proceedings of the Royal Society* 188: 183–
188

Salt C (1988) Schwermetalle in einem Rieselfeld-Öko-
system. *Landschaftsentwicklung und Umweltforschung* 53, TU Berlin

Schachtschabel P, Blume H-P, Hartge K-H, Schwert-
mann U (1984) Scheffer/Schachtschabel: Lehrbuch
der Bodenkunde. 11. Aufl. Ferdinand Enke, Stuttgart

Schächtele M, Kiehl K (2004) Einfluss von Bodenabtrag
und Mahdgutübertragung auf die langfristige Vegetationsentwicklung neu angelegter Magerwiesen.
In: Pfadenhauer J, Heinz S (Hrsg) Renaturierung von
niedermoortypischen Lebensräumen – 10 Jahre
Niedermoormanagement im Donaumoos. *Naturschutz und biologische Vielfalt* 9: 105–126

Scheffer F (2002) Scheffer/Schachtschabel: Lehrbuch
der Bodenkunde. 15. Aufl. Spektrum-Verlag, Heidelberg

Schneider R, Sharitz R (1988) Hydrochory and regeneration in a Bald Cypress-Water Tupelo swamp forest.
Ecology 69: 1055–1063

Schopp-Guth A (1997) Diasporenpotential intensiv
genutzter Niedermoorböden Nordostdeutschlands
– Chancen für die Renaturierung? *Zeitschrift für Ökologie und Naturschutz* 6: 97–109

Schwabe A (1991) Zur Wiederbesiedlung von Auen-
Vegetationskomplexen nach Hochwasserereignissen.
Bedeutung der Diasporenverdriftung, der generativen und vegetativen Etablierung. *Phytocoenologia*
20: 65–94

Silvertown JW, Lovett-Doust L (1993) Introduction into
plant population biology. Blackwell, Oxford

Sliva J, Pfadenhauer J (1999) Restoration of cut-over raised bogs in southern Germany – a comparison of
methods. *Applied Vegetation Science* 2: 137–148

Smart SM, Bunce RGH, Firbank LG, Coward P (2002)
Do field boundaries act as refugia for grassland

plant species diversity in intensively managed agricultural landscapes in Britain? *Agriculture Ecosystems & Environment* 91: 73–87

Smith RS, Shiel RS, Millward D, Corkhill P, Sanderson RA (2002) Soil seed banks and the effect of meadow management on vegetation change in a 10-year meadow field trial. *Journal of Applied Ecology* 39: 279–293

Smolders AJP, Lamers LPM, Lucassen ECHET, van der Velde G, Roelofs JGM (2006) Internal eutrophication: How it works and what to do about it – a review. *Chemistry and Ecology* 22: 93–111

Smolders AJP, Tomassen HBM, Lamers LPM, Lomans BP, Roelofs JGM (2002) Peat bog formation by floating raft formation: the effects of groundwater and peat quality. *Journal of Applied Ecology* 39: 391–401

Snow CSR, Marrs RH, Merrick L (1997) Trends in soil chemistry and floristics associated with the establishment of a low-input meadow system on an arable clay soil in Essex. *Biological Conservation* 79: 35–41

Soons MB, Messelink JH, Jongejans E, Heil W (2005) Habitat fragmentation reduces grassland connectivity for both short-distance and long-distance wind-dispersed forbs. *Journal of Ecology* 93: 1214–1225

Stammel B, Kiehl K, Pfadenhauer J (2006) Effects of experimental and real land use on seedling recruitment of six fen species. *Basic and Applied Ecology* 7: 334–346

Stampfli A, Zeiter M (1999) Plant species decline due to abandonment of meadows cannot be easily reversed by mowing. A case study from the Southern Alps. *Journal of Vegetation Science* 10: 151–164

Stevens CJ, Dise NB, Gowing DJG, Mountford JO (2006) Loss of forb diversity in relation to nitrogen deposition in the UK: regional trends and potential controls. *Global Change Biology* 12: 1823–1833

Stevens CJ, Dise NB, Mountford JO, Gowing DJ (2004) Impact of nitrogen deposition on the species richness of grasslands. *Science* 303: 1876–1879

Stroh M, Storm C, Zehm A, Schwabe A (2002) Restorative grazing as a tool for directed succession with diaspore inoculation: the model of sand ecosystems. *Phytocoenologia* 32: 595–625

Strykstra R, Verweij GL, Bakker JP (1997) Seed dispersal by mowing machinery in a Dutch brook valley system. *Acta Botanica Neerlandic* 46: 387–401

Succow M, Joosten H (Hrsg) (2001) Landschaftsökologische Moorkunde. 2. Aufl. Schweizerbart, Stuttgart

Tallowin JRB, Kirkham FW, Smith REN, Mountford JO (1998) Residual effects of phosphorus fertilization on the restoration of floristic diversity to wet hay meadows. In: Joyce CB, Wade PM (Hrsg) European lowland wet grasslands: biodiversity, management and restoration. John Wiley & Sons Ltd, Chichester. 249–263

Thompson K, Bakker JP, Bekker RM (1997) The soil seed bank of North Western Europe: methodology, density and longevity. Cambridge University Press

Thompson K, Bakker JP, Bekker RM, Hodgson JG (1998) Ecological correlates of seed persistence in soil in the north-west European flora. *Journal of Ecology* 86: 163–169

Tilman D (1997) Community invasibility, recruitment limitation, and grassland biodiversity. *Ecology* 78: 81–92

Timmermann T, Margóczi K, Takács G, Vegelin K (2006) Restoration of peat-forming vegetation by rewetting species-poor fen grasslands. *Applied Vegetation Science* 9: 241–250

Tischew S (2004) Renaturierung nach dem Braunkohleabbau. Teubner, Stuttgart

Tomassen HBM, Smolders AJP, Lipens J, Lamers LPM, Roelofs JGM (2004) Expansion of invasive species on ombrotrophic bogs: desiccation or high N deposition? *Journal of Applied Ecology* 41: 139–150

Turnbull LA, Crawley MJ, Rees M (2000) Are plant populations seed limited? A review of seed sowing experiments. *Oikos* 88: 225–238

Van Bodegom PM, Grootjans AP, Sorrell BK, Bekker RM, Bakker C, Ozinga WA (2006) Plant traits in response to raising groundwater in wetland restoration: evidence from three case studies. *Applied Vegetation Science* 9: 251–260

Van den Berg LJL, Dorland E, Vergeer P, Hart MAC, Bobbink R, Roelofs JGM (2005) Decline of acid-sensitive plant species in heathland can be attributed to ammonium toxicity in combination with low pH. *New Phytologist* 166: 551–564

Van Duren IC, Strykstra RJ, Grootijans AP, ter Heerdt GNJ, Pegtel DM (1998) A multidisciplinary evaluation of restoration measures in a degraded *Cirsio-Molinietum* fen meadow. *Applied Vegetation Science* 1: 115–130

Vécrin MP, van Diggelen R, Grévilliot F, Muller S (2002) Restoration of species-rich flood-plain meadows from abandoned arable fields. *Applied Vegetation Science* 5: 263–270

Verhagen R, Klooker J, Bakker JP, van Diggelen R (2001) Restoration success of low-production plant communities on former agricultural soils after topsoil removal. *Applied Vegetation Science* 4: 75–82

Verhagen R, van Diggelen R (2005) Spatial variation in atmospheric nitrogen deposition on low canopy vegetation. *Environmental Pollution* 144: 826–832

Verkaar HJ, Schenkeveld AJ, van der Klashorst MP (1983) The ecology of short-lived forbs in chalk grasslands: dispersal of seeds. *New Phytologist* 95: 335–344

Vogt K, Rasran L, Jensen K (2006) Seed deposition in drift lines during an extreme flooding event – Evidence for hydrochorous dispersal? *Basic and Applied Ecology* 7: 422–432

Wassen MJ, Olde Venterink H, Lapshina ED, Tanneberger F (2005) Endangered plants persist under phosphorus limitation. *Nature* 437: 547–550

Weigmann G, Blume H-P, Sukopp H (1978) Ökologisches Großpraktikum als interdisziplinäre Lehrveranstaltung Berliner Hochschulen. *Verhandlungen der Gesellschaft für Ökologie* 7: 487–494

Welch D (1985) Studies in the grazing of heather moorland in North-East Scotland. IV. Seed dispersal and plant establishment in dung. *Journal of Applied Ecology* 22: 461–472

Wessels S, Eichberg C, Storm C, Schwabe A (2008) Do plant-community-based grazing regimes lead to epizoochorous dispersal of high proportions of target species? *Flora* 203 (4): 304–326

Willson MF (1993) Dispersal mode, seed shadows, and colonisation patterns. *Vegetatio* 108: 261–280

Wittig R, Bäumen T (1992) Schwermetallrasen (Violetum calaminariae rhenanicum Ernst 1964) im engeren Stadtgebiet von Stolberg/Rheinland. *Acta Biologica Benrodis* 4: 67–80

Wulf M (2003) Preference of plant species for woodlands with differing habitat continuities. *Flora* 198: 444–460

Zerbe S, Kreyer D (2007) Influence of different forest conversion strategies on ground vegetation and tree regeneration in pine (*Pinus sylvestris* L.) stands: a case study in NE Germany. *European Journal of Forest Research* 126: 291–301

Zobel M, van der Maarel E, Dupre C (1998) Species pool: the concept, its determination and significance for community restoration. *Applied Vegetation Science* 1: 55–66

2

3 Restaurierung von Mooren

T. Timmermann, H. Joosten und M. Succow

3.1 Einleitung

Moore haben in Mitteleuropa traditionell einen besonderen Stellenwert im Naturschutz. Die zahlreichen negativen Folgen ihrer großflächigen Entwässerung und Nutzung haben sie in den letzten Jahrzehnten zum „klassischen" Feld für Ökosystemrestaurierungen werden lassen. So liegen mittlerweile umfangreiche Erfahrungen und eine Vielfalt an wissenschaftlichen Publikationen vor. Im Folgenden wird ein Überblick dazu gegeben.

3.2 Moore als Ökosysteme – Eigenschaften und Typisierung

Die Besonderheit der Moore als Ökosysteme besteht darin, dass sie keinen geschlossenen Stoffkreislauf besitzen. In wachsenden (= „lebenden") Mooren werden die abgestorbenen Pflanzenreste langsamer abgebaut als produziert und sammeln sich in Form von **Torf** an. Die Ursache dafür ist die weitestgehende Wassersättigung des Substrats. Diese führt zu

- einem Mangel an Sauerstoff, der die Oxidation des organischen Materials bremst,
- einer gebremsten Aktivität von Organismen, die den Abbau ermöglichen bzw. vollziehen (Bodentiere, Pilze, Bakterien) und
- einem Vorherrschen niedriger Temperaturen, wodurch die Geschwindigkeit vieler physikalischer (Diffusion), chemischer (Oxidation) und biologischer Prozesse zusätzlich verringert wird.

Weil sowohl die Akkumulation als auch der Abbau von Torf mit einer kaum wahrnehmbaren Geschwindigkeit stattfinden (Größenordnung ein halber bzw. einige Millimeter pro Jahr), wird oft übersehen, dass wachsende Moore „Akkumulationsökosysteme" (*sinks*) sind, sich somit grundsätzlich von degradierenden Mooren unterscheiden, die „Freisetzungsökosysteme" (*sources*) darstellen. Die **Moorrestaurierung** ist vor allem darauf gerichtet, wachsende Moore wiederherzustellen, d. h. das Torfwachstum wiederzubeleben. Deshalb wird häufig auch von Moorrevitalisierung gesprochen (Succow und Joosten 2001).

Nicht entwässerte, naturnahe Moore sind aufgrund des ständigen Wasserüberschusses unter den klimatischen Bedingungen Mitteleuropas überwiegend gehölzfeindliche Ökosysteme und waren einst außerhalb der alpinen Bereiche die größten natürlichen Offenlandschaften des Binnenlandes. Schon schwache Entwässerungen begünstigen bereits das Aufkommen von Gehölzen. Bei einigen Moortypen geschieht dies auf natürliche Weise infolge allmählichen Herauswachsens aus dem Grundwasserniveau. Natürliche Bruchwälder sind jedoch die Ausnahme und weitgehend auf phasenhaft überstaute Moore beschränkt.

Entscheidend für die Restaurierung ist die Erkenntnis, dass in Mooren die Komponenten Wasser, Vegetation und Torf sehr eng zusammenhängen und von einander abhängig sind. Die Hydrologie bestimmt wesentlich, welche Pflanzen wachsen können, ob Torf gebildet und wie stark er zersetzt wird. Die Pflanzen bestimmen, was für Torf gebildet wird und welches seine hydraulischen Eigenschaften sein werden. Die Struktur des Torfes steuert die Strömung und die Spiegelschwankungen des Wassers.

Diese engen Wechselbeziehungen führen dazu, dass sich die Veränderung einer Komponente stets auf die anderen auswirkt, nicht unbedingt sofort, aber sicher langfristig. Das Zusammenspiel von Vegetation, Wasser und Torf führt vielfach zu sensiblen Selbstorganisations- und -regulationsmechanismen. Manche Moortypen, etwa konzentrische Hochmoore und Aapamoore (Succow und Josten 2001) bilden so weitgehend selbstregulierte Landschaften mit einer gesetzmäßigen Anordnung ihrer Oberflächenelemente (Joosten 1993, Couwenberg und Joosten 1999).

Traditionell werden in West- und Mitteleuropa zwei Haupttypen von Mooren unterschieden: **Hochmoore** (= **Regenmoore**), die »*vom Regen nur und Tau des Himmels*« gespeist werden (Dau 1823), sowie **Niedermoore**, die auch von geogenem Wasser, d.h. Oberflächen-, Boden- oder Grundwasser, gespeist werden (Dierßen und Dierßen 2001, Succow und Joosten 2001). Sinnvolle Moorklassifikationen für das landschaftsökologische Verständnis sowie Fragen des Natur- und Umweltschutzes basieren vor allem auf der Wasserqualität und -dynamik (dem Wasserregime, sensu Succow 1988) sowie ihren Auswirkungen auf die Vegetation und Torfbildung. Entsprechend werden eine ökologische, auf pH-Wert und Stickstoff-Trophie der Torfe bezogene, sowie eine hydrogenetische, auf Wasserspeisung und Wasserbewegung sowie daran gekoppelte Torf- und Moorbildungsprozesse bezogene Moortypisierung unterschieden (Succow 1988, Succow und Joosten 2001, Joosten und Clarke 2002).

Regenwasser ist in Mitteleuropa von Natur aus arm an Nährstoffen und mäßig sauer. Durch Kontakt mit der Geosphäre ändert sich seine Qualität. Abhängig von den chemischen Eigenschaften des Einzugsgebietes (bedingt durch Klima, Substrat, Boden, Pflanzendecke und Nutzung) und der Verweildauer im Einzugsgebiet (bedingt durch dessen Größe, Substrat und Relief) wird das Wasser mit Ionen angereichert. Die resultierende Wasserqualität ist die Basis für die Entwicklung verschiedener **ökologischer Moortypen**, die durch eine charakteristische Vegetation gekennzeichnet sind und entsprechende Torfe bilden (Abb. 3-1). Weil der Nährstoffeintrag in die Moore in Mitteleuropa früher sehr gering war, waren sie, mit Ausnahme der Flusstäler mit großen Einzugsgebieten, durch Nährstoffarmut (Oligo- und Mesotrophie) gekennzeichnet. Die Anpassung an diesen Nährstoffmangel zeigen die sogenannten „fleischfressenden" Pflanzenarten, wie die Wasserfalle (*Aldrovanda vesiculosa*) sowie verschiedene Wasserschlauch- (*Utricularia* spp.), Sonnentau -(*Drosera* spp.) und Fettkraut-Arten (*Pinguicula* spp.),

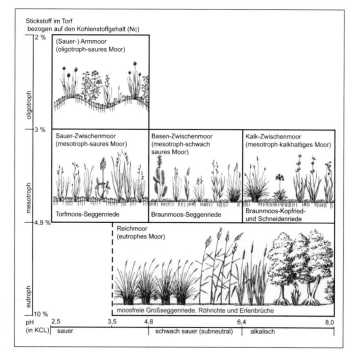

Abb. 3-1: Ökologische Moortypen Mitteleuropas und ihre natürliche Vegetation (aus Succow und Jeschke 1986).

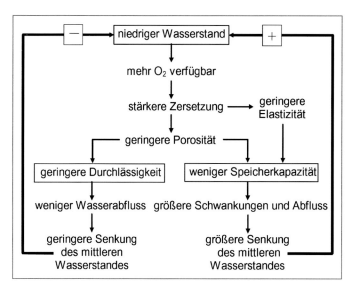

Abb. 3-2: Positive und negative Rückkopplungen zwischen Wasserständen und hydraulischen Merkmalen in einem Moor mit geneigter Oberfläche und somit Wasserströmung im oder auf dem Torfkörper (nach Couwenberg und Joosten 1999).

die auf Moor- und Gewässerstandorte spezialisiert sind.

Neben der Wasserqualität spielen für die Entwicklung der Moore auch die Wasserstandsschwankungen eine wichtige Rolle. Sie beeinflussen durch Redox-Prozesse die Umsetzung und Löslichkeit chemischer Stoffe (einschließlich der Nährstoffe und Gifte) und damit die Vegetation und Eigenschaften der neu gebildeten Torfe. Niedrige Wasserstände bedingen durch Sauerstoffzutritt eine oxidative Torfzersetzung, wobei gröbere Pflanzenreste in kleinere umgewandelt und die Torfe feinporiger werden. Damit ändern sich ihre hydraulischen Eigenschaften: die Torfe werden schlechter wasserdurchlässig und können weniger Wasser speichern, was zu stärkeren Wasserstandsschwankungen führt (Abb. 3-2). Die Art der Torfbildung ist somit das Ergebnis

- des Wasserangebots (Zuflussmenge, -dauer und -frequenz),
- des Geländereliefs, das die Wasserströmung im Moor und den Wasserabfluss aus dem Moor beeinflusst, und
- der hydrologischen Eigenschaften der Moorvegetation sowie der Torfe selbst.

Die **hydrogenetischen Moortypen** (Kasten 3-1, Abb. 3-3) werden anhand der damit verbundenen

Tab. 3-1: Die wichtigsten Kombinationen ökologischer und hydrogenetischer Moortypen in Mitteleuropa (nach Succow und Joosten 2001).

	oligotroph- sauer	mesotroph- sauer	mesotroph- subneutral	mesotroph- kalkhaltig	eutroph
Regenmoor	●				
Kesselmoor	●	●			
Versumpfungsmoor	●	●	●		●
Durchströmungsmoor		●	●	●	
Hangmoor		●	●		●
Verlandungsmoor		●	●	●	●
Quellmoor		●	●	●	●
Überflutungsmoor					●

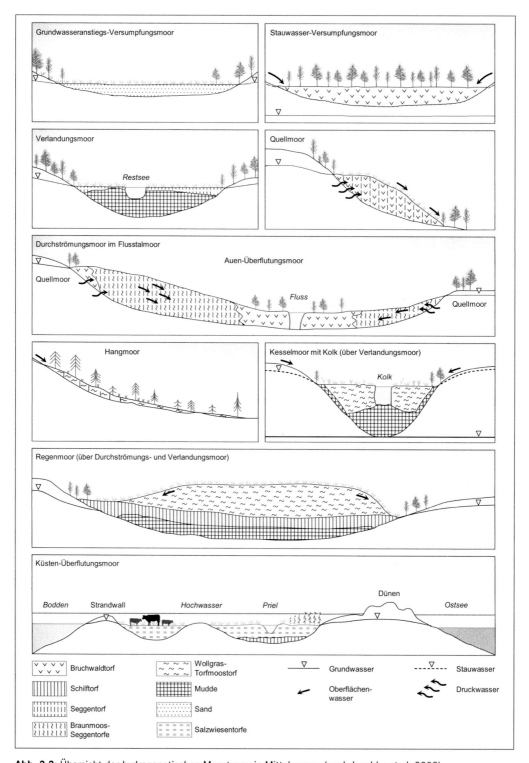

Abb. 3-3: Übersicht der hydrogenetischen Moortypen in Mitteleuropa (nach Jeschke et al. 2003).

Kasten 3-1
Hydrogenetische Moortypen

Moore mit horizontaler Oberfläche füllen ständig oder periodisch wassergefüllte Senken allmählich mit Torf auf. Beim Zuwachsen offener Gewässer bilden sich **Verlandungsmoore**. **Versumpfungsmoore** entstehen, wenn sich in Niederungen infolge eines Wasseranstiegs periodisch überstaute Gebiete (Sümpfe) bilden, jedoch keine offenen Gewässer. Einen eigenständigen Mechanismus des Wasserspiegelanstiegs zeigen die von Zulaufwasser (Zwischenabfluss, *interflow*) gespeisten **Kesselmoore**, denn sie dichten durch organische Ablagerungen im Bereich ihres Randsumpfes den Mineralboden schrittweise ab. **Überflutungsmoore** sind an phasenhaft durch Flüsse, Meere oder Seen überflutete Naturräume gebunden. Moore mit horizontaler Oberfläche beeinflussen kaum die Hydrologie ihrer Umgebung.

Dies ist anders bei den Mooren mit geneigter Oberfläche. Die Moorvegetation und die akkumulierenden Torfschichten verzögern die Wasserabströmung und stauen so langfristig das Wasser sowohl im Moor als auch im Einzugsgebiet an. **Durchströmungsmoore** finden sich in Landschaften mit einem sehr gleichmäßigen Grundwasserdargebot, wodurch kaum eine Wasserstandssenkung im Moor auftritt und nur eine schwache Torfzersetzung stattfindet. Damit bleibt der Torf weitgehend grobporig und elastisch und das Wasser durchströmt den ganzen Torfkörper. Wenn der Wasserzustrom regelmäßig von Evapotranspiration und Abströmung übertroffen wird, dringt bei sinkendem Wasserstand Sauerstoff in den Torf ein. Das organische Material wird stärker zersetzt und feinporiger (Abb. 3-2), was eine geringere Durchlässigkeit und damit eine verringerte Abströmung des Wassers durch den Torf zur Folge hat. Die gleichzeitige Verringerung der Speicherkapazität bewirkt stärkere

Wasserstandsschwankungen. Dadurch verringert sich die Durchlässigkeit der Torfe stetig, sodass das Wasser letztendlich nur die Mooroberfläche überrieselt: Es entstehen **Überrieselungsmoore**. Diese sind an kalte oder wasserreiche Naturräume gebunden, weil sonst die häufigen Wasserstandsabsenkungen zu einer vollständigen Oxidation des Torfkörpers führen würden. Durch die geringe Durchlässigkeit ihrer Torfe können sie an stark geneigten Hängen vorkommen und dabei selbst stark geneigt sein. Nach der Herkunft des Wassers werden **Deckenregenmoore** (= Regen-Überrieselungsmoore), **Hangmoore** (= Zulaufwasser-Überrieselungsmoore) und **Quellmoore** (= Grundwasser-Überrieselungsmoore) unterschieden, die von Regenwasser, oberflächennahem Bodenwasser bzw. gespanntem Grundwasser gespeist werden.

Zwischen dem Überrieseln und dem Durchströmen vermittelt das hydrogenetische Prinzip des **Akrotelms**, das für die **Hochmoore** (gewölbte Regenmoore) charakteristisch ist („Akrotelmmoore" sensu Couwenberg und Joosten 1999). Charakteristisch für ein Akrotelm ist eine schlagartig abnehmende Durchlässigkeit in den obersten Dezimetern des Moorkörpers. Dadurch wird bei mangelndem Wasserdargebot und entsprechend niedrigen Moorwasserständen der Abfluss weitgehend gestoppt. Weitere Evapotranspiration führt, infolge der großen Speicherkapazität der grobporigen Torfe, kaum zu weiterer Wasserstandsabsenkung. Auf diese Weise bleiben die Torfschichten, auch unter wechselnden Wasserspeisungsbedingungen, dauerhaft wassergesättigt (Joosten 1993). Tabelle 3-1 gibt einen Überblick über die wichtigsten Kombinationen ökologischer und hydrogenetischer Moortypen in Mitteleuropa.

Torfbildungsmechanismen (Abschnitt 3.5) und der Rolle der Moore im Landschaftswasserhaushalt definiert. Sie lassen sich unterscheiden in Moore mit horizontaler und Moore mit geneigter Oberfläche.

3.3 Nutzung und Degradation der Moore

Von allen Ökosystemtypen Mitteleuropas sind es die Moore, die am längsten als Wildnis überdauert haben. Ihre Unwegsamkeit hat sie lange Zeit vor der menschlichen Inkulturnahme geschützt. Bis ins 17. Jahrhundert wies der größte Teil noch Torfwachstum auf. Doch nachdem die Wälder großflächig zerstört waren, wurden die Moore für die landwirtschaftliche Nutzung entwässert. Das galt zunächst für die Niedermoore mit ihrem größeren Nährstoff- und Basenreichtum und später auch für die Regenmoore, die erst durch die Buchweizenbrandkultur und danach die deutsche Hochmoorkultur als torfakkumulierende Systeme weitgehend vernichtet wurden. Ausgedehnte Moorflächen, vor allem Regenmoore, wurden für die Gewinnung von Torf als Brennstoff, Torfstreu, zur Bodenverbesserung und Substratherstellung abgebaut. Nach dem Abbau wurden sie meist für die Landwirtschaft oder, seltener, die forstliche Nutzung urbar gemacht.

All dies hat dazu geführt, dass lebende Moore in Mitteleuropa in ihrer Ausdehnung stark abgenommen haben. Ganze Moorflächen sind restlos verschwunden. Wachsende, torfakkumulierende Moore beschränken sich in Deutschland auf ca. 1 % ihrer ehemaligen Fläche (Couwenberg und Joosten 2001). Es handelt sich dabei vorwiegend um kleinflächige Moore, wie z. B. Kesselmoore, Verlandungszonen in wenig eutrophierten Gewässern oder um Hang- und Regenmoore in Gebirgslagen. In den großflächigen Mooren befinden sich bestenfalls noch Teilbereiche in naturnahem Zustand, wie im Murnauer Moos, Wurzacher Ried und Federseeried in Süddeutschland oder im Peenetal in Nordostdeutschland. Selbst die meisten mitteleuropäischen Moorschutzgebiete sind aufgrund ihrer Lage inmitten einer intensiv genutzten Kulturlandschaft durch Grundwasserabsenkung, Eutrophierung und Immissionsbelastung stark beeinträchtigt. Sowohl der Zustand der Gebiete selbst als auch ihre für einen effektiven Naturschutz notwendige Geschlossenheit und Ausweitung erfordern rasche und intensive Bemühungen zur Restaurierung. Letzteres gilt auch für die riesigen Flächen landwirtschaftlich und forstwirtschaftlich genutzter Moore. Die Entwässerung führt dort zu einer Beschleunigung der Stoffkreisläufe, wodurch große Mengen der umweltschädlichen Treibhausgase Kohlendioxid und Lachgas in die Atmosphäre und eutrophierendes Nitrat ins Oberflächenwasser eingetragen werden.

Die Wiederherstellbarkeit degradierter Moore ist abhängig vom Moortyp und vom Ausmaß ihrer Degradation. Generell lassen sich Verlandungs- und Versumpfungsmoore leichter restaurieren als Durchströmungs- und Akrotelmmoore. Obwohl in einem Moor Wasser, Vegetation und Torf eng zusammenhängen (Abschnitt 3.2), reagieren diese Komponenten verschieden. Im Allgemeinen ist die Vegetation leichter zu beeinflussen als der Wasserhaushalt und dieser wieder leichter als die Torfablagerungen. Anhand der „Trägheit" der Komponenten können verschiedene **Moordegradationsstufen** (Tab. 3-2, 3-3) unterschieden werden.

Generell können Komponenten, die schwerer zu beeinträchtigen sind, auch nur mit größerem Aufwand restauriert werden. Wenn nur die Vegetation gestört ist, sich aber die sonstigen hydrologischen und hydraulischen Bedingungen noch im natürlichen Zustand befinden (Degradationsstufe 1, „gering"; Tab. 3-3), ist eine Restaurierung einfach: Sofern die zerstörenden Einwirkungen auf die Vegetation beendet sind, regeneriert sich das Moor von selbst, vorausgesetzt es sind ausreichend Diasporen der typischen Pflanzenarten vorhanden. Eine solche Regeneration kann auch nach Rücknahme von erst kurz zurückliegenden Eingriffen (Stufe 2, „mäßig") eintreten. Ein Beispiel dafür ist die spontane Regeneration von Buchweizenbrandkulturflächen (Joosten 1995a) oder aufgeforsteten Mooren (Edom 2001) durch Zerfall oder Zuwachsen der Entwässerungsgräben.

Die Wasserstände weisen sowohl infolge vermehrten Wasserabflusses als auch durch verminderte (Grund-)Wasserzuflüsse oft nicht mehr die nötige Höhe und Stabilität auf. Die Hauptursachen dafür sind Entwässerungen und Grundwasserentnahme (als Trinkwasser und zur Bewässerung) sowie eine verringerte Grundwasserversickerung im Einzugsgebiet durch erhöhte Evapotranspiration, Flächenversiegelung und Beschleunigung des Oberflächenabflusses. Torfoxidation bei niedrigeren Wasserständen und atmosphärische Nährstoffeinträge führen zu Versauerung oder Eutrophierung. Auch ohne niedrigere Wasserstände im Moor kann eine verminderte Grundwasserzufuhr weitgehende Folgen haben: Eine oberflächige Verdrängung des basenreichen Grundwassers durch ungepuffertes Regenwasser hat eine Versauerung und die Freisetzung des bisher nicht pflanzenverfügbaren

Tab. 3-2: Moordegradationsstufen (nach Schumann und Joosten 2008).

Degradationsstufe	Fauna/Flora	Vegetation	Hydrologie	Bodenhydraulik	Moorform/-relief	Torfablagerungen	Standorteigenschaften	Torfakkumulationsrate
0. minimal							nicht entwässert; ursprüngliche Vegetation; kaum menschlicher Einfluss; kaum Änderung von Flora und Fauna	> 0 (≤ 0)
1. gering							nicht oder leicht entwässert; Änderung der Vegetation durch extensive Weide, Mahd, Forstwirtschaft, Brand; keine Pedogenese	> 0 (≤ 0)
2. mäßig							jüngst tief entwässert; dadurch oder durch regelmäßige Ernte Änderung der spontanen Vegetation; noch keine Pedogenese	≤ 0
3. mittel							langzeitig leicht entwässert; geringe Pedogenese; spontane Vegetation geändert durch Langzeitnutzung	≤ 0 (> 0)
4. stark							langzeitig und tief entwässert; starke Pedogenese; Moorkörper verformt durch Moorsackung und Moorschwund	< 0–<< 0
5. maximal							intensiv entwässert; starke Pedogenese oder oberflächlich kompakte Torfe; Moorkörper stark beeinträchtigt (Erosion/Abtorfung)	<< 0–<<<0

Moorkomponente: Pflanzen Wasser Torf

zunehmende Degradation ↓ — abnehmende Wiederherstellbarkeit ↓

▨ nicht ▦ leicht ▪ schwer beeinträchtigt

Phosphats zur Folge. Vor allem die oligo- bis mesotrophen, subneutralen bis kalkhaltigen Moore sind dadurch selten geworden und heute stark bedroht.

In der Stufe 3 („mittel") wird die Situation schwieriger, weil die bodenhydraulischen Eigenschaften durch langjährige Nutzung so stark verändert sind, dass die Wiederherstellung des ursprünglichen Wasserregimes nicht ausreicht, um sie zu restaurieren. Ein Beispiel sind die Durchströmungsmoore der Biebrza (NO-Polen), wo infolge von Jahrhunderten extensiver Nutzung statt der herkömmlichen lockeren Torfe ein kompakter Torf aufgewachsen ist. Solche weniger durchlässigen Torfe fördern die Bildung von „Regenwasserlinsen" und damit die Versauerung (Schot et al. 2004) und führen zu stärkeren Wasserstandsschwankungen. Solange in den Biebrza-Mooren gemäht und beweidet wurde, wurde die Bildung von Regenwasserlinsen dadurch verhindert, dass der Tritt des Viehs und des Menschen den Wurzelhorizont regelmäßig ins gepufferte Grundwasser (hier: Moorwasser) hinunterdrückte. Die regelmäßige Biomasseabfuhr verhinderte die Ansiedlung von Bäumen und Sträuchern. Nach Einstellen der Mahd findet jetzt ein rasches Vordringen von Gehölzen und eine starke Versauerung statt, auch in Gebieten, in denen sich die hydrologischen Bedingungen nicht wesentlich geändert haben (Schipper et al. 2007). Zur Wiederherstellung der ursprünglichen, offenen Durchströmungsmoore sind dort nur noch ein langjähriges fein abgestimmtes Management oder die flächenhafte Entfernung der obersten Torfschicht vorstellbar.

Der flächenmäßig größte Teil der Moore Mitteleuropas befindet sich in den Degradationsstufen 4 („stark") oder 5 („maximal"). Bei Stufe 4

3

handelt es sich um Moore, deren Torfe durch jahrelange Entwässerung irreversibel degradiert sind oder bei denen infolge von Torfgewinnung ein stark zersetzter Torf an der Oberfläche liegt. Die geänderten Bedingungen machen eine Restaurierung von Durchströmungs- und Akrotelm-Regenmooren, deren Torfe für die Regulierung des Wasserhaushalts entscheidend sind, kurzfristig unmöglich. Die hydraulischen Bedingungen müssen neu aufgebaut werden, was wegen der Langsamkeit der Torfbildung viele Jahrzehnte bis Jahrhunderte dauern wird. Die Degradationsstufe 5 betrifft Moore, die soviel Torf durch Abtorfung, Erosion oder Oxidation verloren haben, dass ihr Höhen-Breiten-Verhältnis vollständig aus dem hydrologischen Gleichgewicht geraten ist und die Moorreste daher nicht mehr ausreichend wiedervernässbar sind. Zwar können lokal und befristet noch schützenswerte Biozönosen erhalten oder wiederhergestellt werden, die Restaurierung eines selbstregulierenden Moores ist in solchen Fällen ausgeschlossen.

Ein Wechsel der Degradationsstufe zeigt somit nicht nur eine weitere Modifizierung der gleichen Komponente an, sondern die Beeinträchtigung einer weiteren Komponente die (noch) bedeutender ist für das Funktionieren des Moores. Deshalb sind Moore einer höheren Degradationsstufe schwieriger wiederherzustellen. Im Allgemeinen muss die Restaurierung von Mooren mit der Wiederherstellung der schwerfälligsten Komponenten beginnen, d.h. mit derjenigen mit der stärksten Langzeitwirkung (in Tab. 3-2 rechts), weil diese auch den Zustand der leichter veränderbaren Komponenten (in Tab. 3-2 links) bestimmen. So ist es zwecklos, Moorpflanzen neu anzusiedeln, wenn nicht vorher ein adäquater Wasserhaushalt wiederhergestellt wurde. Die Grenze der mittelfristigen Restaurierbarkeit (Jahrhunderte) liegt bei der „mittleren" Stufe: Eingriffe in die Hydrologie sind noch verhältnismäßig einfach rückgängig zu machen. Wenn aber die hydraulischen Eigenschaften der Torfe, wie die Durchlässigkeit oder die Speicherkapazität, irreversibel verändert sind, müssen diese in langwierigen Prozessen neu aufgebaut werden. Dann ist es oft zweckmäßiger, andere Moor- oder selbst andere Ökosystemtypen anzustreben.

3.4 Bestimmung von Restaurierungszielen und -maßnahmen

3.4.1 Moorfunktionen

Moore erfüllen eine Vielzahl von Funktionen, d.h. sie bieten eine große Breite an Gütern und Leistungen. Eine ausführliche Übersicht geben Joosten und Clarke (2002), die Produktions-, Träger-, Regulations-, Informations-, Transformations- und Optionsfunktionen unterscheiden. Einige dieser Funktionen können nur von nicht degradierten Mooren erfüllt werden, andere nur von Mooren, die durch menschliche Aktivitäten degradiert sind. Manche Funktionen können nachhaltig, d.h. dauerhaft genutzt werden, andere vernichten durch Torfverzehr die eigene Moorgrundlage und stehen somit nur für eine beschränkte Zeit zur Verfügung. Tabelle 3-3 erläutert die Beziehungen zwischen den wichtigsten Funktionen und dem dafür erforderlichen oder daraus resultierenden Qualitätszustand des Moores.

3.4.2 Zielbestimmung und Restaurierungsmaßnahmen

Moorrestaurierungen intendieren die Wiederherstellung bestimmter Moorfunktionen. Hinsichtlich der wichtigsten Restaurierungsziele für Moore besteht heute in Mitteleuropa weitgehend Konsens (Pfadenhauer und Grootjans 1999, Schrautzer 2004; Tab. 3-4).

Die Begründung und Priorisierung konkreter **Ziele** basiert auf aktuellen Daten zum Moorzustand, normativen Prämissen und politischen Rahmenbedingungen (Eser und Potthast 1997, Kretschmer et al. 2001, Pedroli et al. 2002, Timmermann et al. 2006a). Eine gründliche landschaftsökologische Analyse des Moorökosystems, insbesondere seiner Hydrologie und Genese, ist die Grundvoraussetzung jeder Moorrestaurierung (de Mars und Wassen 1993, Pfadenhauer und Grootjans 1999, Schopp-Guth 1999, Dierßen

Tab. 3-3: Nachhaltigkeit der wichtigsten Moorfunktionen und die korrespondierenden (erforderlichen oder bewirkten) Degradationsstufen (nach Schumann und Joosten 2008; vgl. Tab. 3-2). Nur Funktionen, die das Torfwachstum fördern oder den Torfkörper zumindest erhalten, werden von uns als „nachhaltig" betrachtet.

Degradierung ← → Restaurierung

Moordegradationsstufen

Moorfunktionen

Degradationsstufen: 1 minimal, 2 gering, 3 mäßig, 4 mitel, 5 stark, 6 maximal

Produktionsfunktionen:

● Bereitstellung von Torf (*ex situ*-Nutzung)

○ Bereitstellung von Trinkwasser

○ Bereitstellung von spontan vorkommenden Moorpflanzen

○ Bereitstellung von wildlebenden Moortieren

○ Bereitstellung von Produkten aus nasser Land-, Forst- und Gartenwirtschaft

● Bereitstellung von Produkten aus trockener Land-, Forst- und Gartenwirtschaft

Trägerfunktion:

● Bereitstellung von Raum für menschliche Aktivitäten, Bauwerke etc.

Regulationsfunktionen:

○ Langfristige Kohlenstoffbindung und -festlegung (Weltklima)

○ Kurzfristige Kohlenstoffbindung und -festlegung (Weltklima)

○ Verdunstungskühlung in warmen und trockenen Klimaten

● Strahlungskühlung in der Borealen Zone

○ Hochwasserschutz und Sicherung des Niedrigwasserabflusses

● Austrag von C, N und P ins Oberflächenwasser

○ Grundwasserdenitrifikation

○ Verringerung von Huminstoffen, Feststoffen, P und N im Wasser

Informationsfunktionen:

○ Förderung von Gemeinschaft und Beschäftigung

○ Bereitstellung von Geschichte und Identität

○ Bereitstellung von Erholungsmöglichkeiten

○ Bereitstellung von Schönheit und Symbolik

○ Ermöglichen von Spiritualität und Existenzbewusstsein

○ Bereitstellung von Erkenntnismöglichkeiten (z. B. Wissenschaft)

○ Bereitstellung von Indikation (z. B. zur Umweltqualität)

○ **Transformationsfunktion** (Ermöglichen von Erziehung und Änderung von Präferenzen)

○ **Optionsfunktionen** (Bieten von Sicherheiten und Reserven)

Legende:
○ potenziell nachhaltig
● nicht nachhaltig
▢ vereinbar mit dieser Stufe
▣ abhängig vom Moortyp
■ nicht vereinbar mit dieser Stufe

Tab. 3-4: Wichtigste Ziele und Maßnahmen der Moorrestaurierung in Mitteleuropa (nach Pfadenhauer et al. 2000, Dierßen und Dierßen 2001, Kratz und Pfadenhauer 2001, Joosten und Clarke 2002, van Diggelen und Marrs 2003, Wichtmann 2003, Schrautzer 2004, Trepel 2004, Lucassen et al. 2005, Grootjans et al. 2006, Rosenthal 2006).

Ziele	Maßnahmen
1. Wiederherstellung der Regulationsfunktionen	
Festlegung von Nähr- und Schadstoffen sowie Kohlenstoff in Torf, Mudde und lebender Biomasse bei gleichzeitiger Filterung des Moorwassers (Senke)	Einstellung eines adäquaten Wasserregimes zur Revitalisierung des Torfwachstums (je nach intendiertem hydrogenetischen Moortyp), sofern erforderlich, Einbringung potenziell torfbildender Arten, Stoffbilanzierung unter Einbezug der lebenden Biomasse
Verbesserung der Wasserqualität durch Entfernung von Nitrat über Denitrifikation	Schaffung von anaeroben Bedingungen an den Wassereintrittspunkten sowie gebremster Austausch mit angrenzenden Gewässern
Pufferung von Hochwasserereignissen	Schaffung großflächiger überstaubarer oder zur Ausdehnung („Mooratmung") fähiger Moorgebiete als temporärer Wasserspeicher sowie Verlangsamung des Abflusses. Da auch viele entwässerte Moore große Wassermengen aufnehmen können, ist im konkreten Fall eine genaue hydrologische Analyse sinnvoll.
Kühlung der Landschaft durch Steigerung der Evapotranspiration	Vernässung mindestens bis knapp unter Flurhöhe (Wassersättigung der Böden oder Flachüberstau und Ansiedlung von verdunstender Vegetation)
2. Wiederherstellung der typischen Biodiversität[1]	
Förderung gefährdeter, oftmals lichtliebender und an Nährstoffarmut angepasster Moorpflanzen- oder -tierarten bzw. deren Populationen, Lebensgemeinschaften und Ökosystemtypen	a. Kultur-Ökosysteme: (Wieder-)Einführung von extensiver Mahd und Beweidung in Verbindung mit mäßiger Vernässung b. Natur-Ökosysteme: Förderung der Torfbildung mit den Zielen Senkung der Trophie und Stabilisierung des Wasserhaushalts. Eine Ausnahme bilden Verlandungsmoore (vgl. Abschnitt 3.5.2)
3. Ermöglichen bestimmter natürlicher Prozesse[1]	
Ermöglichen von durch den Menschen möglichst unbeeinflussten (spontanen, selbstregulierten) moortypischen Prozessen („Natürlichkeit") und Entstehung entsprechender Lebensgemeinschaften und Moorstrukturen (bis hin zu komplexen Strukturen und Regulationsmechanismen von Ökosystemen)	Minimierung menschlicher Eingriffe; bei Mooren meist verbunden mit einem Ursprünglichkeitsaspekt, d. h. der Wiederherstellung ehemaliger hydrologischer Bedingungen, z. B. durch Rückbau von Entwässerungseinrichtungen
4. Wiederherstellung bestimmter Lebensqualität[1]	
Schaffung von Möglichkeiten für moortypische Aspekte eines „guten Lebens", wie Erholung, Erlebnis, Bildung und Erkenntnis (Wissenschaft). Diese Ziele können auf sehr unterschiedliche Weise konkretisiert und umgesetzt werden.	a. Rekonstruktion historischer Landschaftsbilder, z. B. durch Förderung traditioneller Moornutzungsformen (technische Denkmäler, Beweidung, Mahd, Torfstecherei und Torfstiche) b. Minimierung oder bewusstes Unterlassen menschlicher Eingriffe (siehe 3. Natürlichkeit) c. Vernässung zum Erhalt des Torfkörpers mit den darin enthaltenen Geweberesten und in seiner chemischen Beschaffenheit als Archiv der Landschaftsgeschichte d. Touristische Infrastruktur wie Wegebau in Abstimmung mit anderen Restaurierungszielen

Tab. 3-4: (Fortsetzung)

Ziele	Maßnahmen
5. Wiederherstellung der Produktionsfunktionen	
Ermöglichen von Erträgen aus moorspezifischer, insbesondere umweltverträglicher Landnutzung zur Erzeugung pflanzlicher Biomasse, für die Tierhaltung oder als nachwachsende Rohstoffe.	Etablierung torfschonender Nutzungsverfahren, wie Paludikulturen, extensive Grünlandnutzung, Jagen und Sammeln

[1] Diese Begriffe umfassen gebräuchliche Ableitungen und Kombinationen der Funktionen laut Tabelle 3-3. Die Wiederherstellung der Moorbiodiversität kann dabei auf sehr unterschiedliche Funktionen abzielen, z. B. die Produktions- und Regulationseigenschaften und -optionen von Arten, ihre Schönheit oder ihren Symbolwert bzw. ihre wissenschaftliche Bedeutung. Sie kann außerdem aufgrund eines angenommenen intrinsischen Wertes erfolgen (Joosten und Clarke 2002).

und Dierßen 2001). Aus dem spezifischen Zustand eines Moores ergeben sich die **Restaurierungspotenziale** (Kasten 3-2), die mithilfe von Modellen konkretisiert werden können (Trepel et al. 2000, Grootjans und Verbeek 2002, Nygard 2004). Insbesondere wenn ältere Zustände rekonstruiert werden sollen, ist auch eine historische Landnutzungs- und Gebietsanalyse erforderlich (Dierßen und Dierßen 2001, Jansen und Succow 2001, Jansen 2004).

Kasten 3-2
Arbeitsschritte zur Analyse des Restaurierungspotenzials von Mooren[1]

1. Abgrenzung und Höhenvermessung des ganzen (!) Moores (oder einer Moorlandschaft) und seines Einzugsgebiets anhand von Karten, Fernerkundungsdaten oder Messungen.
2. Topische Charakterisierung:
   - Vegetationstypenkarte (möglichst als Vegetationsformen);
   - Relief- und Bodenkarte (Stratigraphie und Bodenform), d.h. einschließlich der Bodendegradation, je nach Moortyp unter Einbeziehung von Teilen des Einzugsgebietes und tieferer Mineralbodenschichten;
   - Karte des Wasserhaushalts, Wasserregime- und Wasserstufenkarte (bioindikatorische Ableitung und/oder Messung), Analyse und ggf. Bilanzierung der Wasserspeisungs- und -abflussverhältnisse sowie funktionale Analyse des Landschaftswasserhaushalts;
   - Trophie- und Säurebasenstufenkarte (bioindikatorische Ableitung und/oder Messung);
   - Nutzungsanalyse.
3. Regionale hydrologische Charakterisierung, eventuell einschließlich einer nicht stationären (dynamischen), dreidimensionalen hydrologischen Modellierung zur Einschätzung der hydrologischen Bedingungen und Potenziale.
4. Zusammenfassung der Ergebnisse zum aktuellen Zustand der wichtigsten Komponenten von Moor und Einzugsgebiet in Karten und Profilschnitten, Ableitung aktueller und ehemaliger hydrogenetischer und ökologischer Moortypen.
5. Rekonstruktion der früheren Standort- und Nutzungsbedingungen mithilfe großmaßstäbiger historischer Karten sowie der aktuellen Erfassungen zur Definition möglicher Referenzzustände.
6. Ableitung von Restaurierungsmodellen oder -szenarien und ihre Darstellung in Karten, Profilschnitten oder (interaktiven) Computermodellen.
7. Priorisierung und Konkretisierung der Ziele unter Einbeziehung normativer Prämissen sowie politischer und technischer Randbedingungen.
8. Ausarbeitung eines räumlich und zeitlich gestaffelten Maßnahmenplans.

---

[1] nach Trepel et al. 2000, Jansen und Succow 2001, Succow und Joosten 2001, Edom et al. 2007, Koska 2007

3

Als grundlegende Instrumente für solche **Zustandserfassungen** haben sich 1) die topische Standorts- und Vegetationscharakterisierung, 2) die hydrogenetische und 3) die ökologische Moorklassifikation, 4) die Analyse des Landschaftswasserhaushalts (van Beusekom et al. 1990), 5) die Erfassung der floristischen und faunistischen Artenvielfalt und -verteilung sowie 6) der Landnutzungsstrukturen bewährt (van Diggelen et al. 1994, Grootjans und van Diggelen 1995), auch wenn in der Praxis selten alle Verfahrensschritte realisiert werden. Als Referenz werden darüber hinaus Übersichten zur Menge, Verteilung und Qualität von Mooren für größere Regionen benötigt (Kaule 1974, Grünig et al. 1986, Steiner 1992, Berg et al. 2000, Drews et al. 2000, Trepel 2003, Lütt 2004, Kowatsch 2007, Landgraf et al. 2007).

Problematisch ist es, wenn unvereinbare Restaurierungsziele gesetzt werden, was bei Mooren aufgrund der Vielfalt an möglichen Zielen (Tab. 3-4) leicht geschehen kann. Ein solches Vorgehen mag pragmatisch erscheinen, es ignoriert aber die für die Planung notwendige Einsicht in ökologische und gesellschaftliche Abstimmungsmöglichkeiten und erschwert so die, gerade bei Moorrestaurierungen, oft nur mühsam zu erlangende Akzeptanz (Kapitel 15 und 17). Bei der Restaurierung von Mooren treten häufig Zielkonflikte auf, da sie meist die Einbeziehung großer angrenzender (Einzugs-)Gebiete sowie radikale Eingriffe (Vernässung) erfordert (Pfadenhauer und Zeitz 2001, Dierßen 2003).

Uneinigkeiten bis hin zu offenen Konflikten können sowohl zwischen Akteuren des Umwelt- und Naturschutzes als auch zwischen Umwelt- und Naturschutz einerseits und Land- und Forstwirtschaft, Infrastruktur (Siedlungen, Verkehr) sowie Tourismus andererseits entstehen. So ist beispielsweise die Restaurierung von artenreichen Feuchtwiesen häufig an eine Pflegenutzung und moderate Entwässerung gekoppelt und somit nicht oder nur eingeschränkt vereinbar mit der Herstellung von Regulationsfunktionen, dem Ablaufen „natürlicher", d. h. spontaner Prozesse oder einer ertragreichen Landnutzung (Kapitel 1). Um weitere Konflikte zu vermeiden, sollte vor Beginn der Projektausführung eine bewusste und transparente Entscheidung für eines bis mehrere Ziele sowie eine Zielhierarchie stehen (Pedroli et al. 2002).

3.5 Revitalisierung hydrogenetischer Moortypen

Die folgenden Darstellungen stellen die Wiederherstellung eines wachsenden, torfakkumulierenden Moores in den Mittelpunkt. Deshalb steht der hydrogenetische Moortyp im Vordergrund. Dieser Ansatz wird wegen des Bezugs auf die Wiederbelebung des Torfwachstums auch als „**Revitalisierung**" bezeichnet (Succow und Joosten 2001; Abschnitt 3.2). Die spezifische Artenausstattung ist dagegen stark an den ökologischen Moortyp sowie das Ökosystemmanagement gebunden. Sie ist in dieser Darstellung nachrangig, aber oft implizit, weil es in Mitteleuropa generell eine enge Beziehung zwischen ökologischen und hydrogenetischen Moortypen gibt (Tab. 3-1; Joosten und Clarke 2002). Keinesfalls muss ein ehemaliger hydrogenetischer Moortyp zwingend auch das Ziel der Moorrevitalisierung sein. So können eingetretene Veränderungen des Landschaftswasserhaushalts, der Bodeneigenschaften oder des Reliefs eine Wiederherstellung erschweren oder unmöglich machen und Anlass zur Initiierung anderer hydrogenetischer Moortypen sein (Abschnitt 3.2). Auch muss man sich im Klaren sein, dass die meisten Moore im Laufe ihrer natürlichen Genese verschiedene hydrogenetische wie ökologische Stadien durchlaufen haben (Succow 1999). Wenn nicht die Regulationsfunktionen im Landschaftshaushalt, sondern die Wiederherstellung von historischen, nutzungsbedingten Landschaftsbildern oder von Habitaten und Populationen bestimmter Zielarten oberste Ziele sind, ist es ebenfalls von Bedeutung, den einstigen hydrogenetischen Moortyp zu kennen und den angestrebten hydrologischen Moorzustand zu definieren (z. B. Wassen 2005). Häufig bleibt, trotz der in solchen Fällen oftmals nötigen, schwachen Entwässerungen, die Sicherung des hydrogenetischen Charakters des Moores eine wesentliche Voraussetzung für die Zielerfüllung.

Die folgende Darstellung der Moortypen Mitteleuropas und der Strategien zu ihrer Revitalisierung beschränkt sich auf die grundlegenden Verfahren der Vernässung und des Nährstoffentzugs sowie auf die wesentlichen Eigenschaften der behandelten Moortypen. Auf Verfahren zur Steuerung der Sukzession wird in den Kapiteln 9 bis 11, 13 und Abschnitt 3.6 (Paludikulturen) eingegangen. Ausführliche Darstellungen zur Moorklassifikation geben Succow und Jeschke (1986), Succow (1988), Steiner (1992), Dierßen (2000), Dierßen und Dierßen (2001), Succow und Joosten (2001), Joosten und Clarke (2002) und Tobolski (2003). Wichtige Übersichten zur Stratigraphie und Genese finden sich bei Succow (1988), Brande et al. (1991), Timmermann (1999a) sowie Succow und Joosten (2001). Aktuelle Übersichten zur Vegetation der Moore geben Steiner (1992), Schaminée et al. (1995), Clausnitzer und Succow (2001), Dierßen und Dierßen (2001), Koska et al. (2001), Koska (2004), Koska und Timmermann (2004), Timmermann (2004) und Weichhardt-Kulessa et al. (2007).

3.5.1 Prinzipien und Techniken der Revitalisierung

Aufgrund der engen Wechselbeziehungen von Pflanzen, Wasser und Torf in Mooren zieht die Veränderung einer dieser Komponenten stets Änderungen der anderen nach sich (Abschnitt 3.2). Da alle verbreiteten Moornutzungsformen heute in Mitteleuropa mit Moorentwässerungen verbunden sind, ist die **Wiedervernässung** (Kapitel 11) der wesentliche Bestandteil jeder Moorrevitalisierung. Das Grundprinzip einer Moorvernässung ist einfach: Es geht darum, durch vermehrte Wasserspeisung bzw. geringere Wasserverluste die Wasserstände anzuheben und zu stabilisieren. Hierbei muss jeweils das Moor selbst wie auch seine Einbindung in die Landschaft, sein Einzugsgebiet mit den jeweiligen raum-zeitlichen Fließmustern, berücksichtigt werden (Hashisaki 1996, Edom 2001). Für die Zu- und Abflussmengen sind bei Niedermooren das Klima, das Relief, die Eigenschaften des geologischen Untergrundes, der Boden sowie die Vegetation des Einzugsgebietes maßgeblich, da sie wesentliche Größen des Landschaftswasserhaushalts wie Evapotranspiration, Versickerung, Grundwasserströmung und *interflow* determinieren. Bestimmend sind außerdem Form und Intensität der Landnutzung, insbesondere künst-

liche Entwässerungseinrichtungen wie Gräben, Schöpfwerke, Deiche und Drainagen.

Eine Übersicht zu **Vernässungsstrategien** für verschiedene Standortverhältnisse geben Dietrich et al. (2001). Technische Anleitungen zur Umsetzung von Vernässungsmaßnahmen zeigt Tabelle 3-5.

Moorrestaurierungen zielen meist auch auf eine Reduktion des Nährstoffangebots, da diese in der Regel die Habitateignung für Schlüssel- und Zielarten erhöht. Der Nährstoffstatus kann durch Abtrag der obersten Bodenschichten (*top soil removal*, Wheeler et al. 2002, Grootjans et al. 2006), durch Phytomasseentzug (Mahd oder Weide, Kapitel 11 und 12) und durch Einleitung von bewegtem kalzium- oder eisenreichem Wasser reduziert werden. Spontan geschieht dies bei Wiedervernässung auch durch Sorption an Bodenpartikeln und Wurzeln (Wheeler et al. 2002), Festlegung in neu gebildetem Torf und Denitrifikation (Hartmann 1999, Kieckbusch und Schrautzer 2004).

3.5.2 Verlandungsmoore

3.5.2.1 Erhaltungszustand und Ausgangssituation

Zahlreiche Verlandungsmoore sind heute in intensive landwirtschaftliche Bewirtschaftung überführt und tief entwässert. Unter den noch wachsenden Verlandungsmooren (mit „Restgewässer") weist die Mehrzahl infolge von Seespiegelabsenkungen und damit meist verbundener Gewässereutrophierung und Faulschlammsedimentation aktuell einen eu- oder poly-(hyper-) trophen Status auf. Die einst dominierenden meso- (bis oligo-)trophen Klarwasserseen mit relativ geringer Produktivität, entsprechend langsamer Verlandung und hoher Biodiversität, sind stark zurückgegangen (Mauersberger und Mauersberger 1997, Blümel und Succow 1998). Das gilt vor allem für die nährstoffarm-kalkreichen Verlandungsmoore mit braunmoosreicher Vegetation. Aus faunistischer, insbesondere ornithologischer Sicht sind jedoch auch Verlandungsgesellschaften eutropher Seen, sofern sie großflächig auftreten, mit ihren Schwimmblattgesellschaften,

Tab. 3-5: Technische Maßnahmen der Vernässung und korrespondierende Vernässungseffekte.

technische Maßnahmen und Beispiele	geförderte Wasserregimetypen und Vernässungseffekte	Quelle
1. im Moor		
Rückbau von Gräben (vollständige Verfüllung), Drainagen, Deichen und Schöpfwerken (Entpolderung)	Grundwasser-, Überrieselungs- und Überflutungsregime	
Bau von Stauen zur Anhebung des Moorwasserspiegels unter Flurhöhe (Grabenanstau, Grabeneinstau) oder über Flur (Grabenüberstau)	Grundwasser-, Überflutungs- und Überrieselungsregime, bei geneigten Mooren Anordnung der Staue in Kaskaden	Edom et al. 2007, Brooks und Stoneman 1997, Dietrich et al. 2001, Schuch 1994
Bau von Dämmen oder Erhalt vorhandener Deichanlagen (Polder)	Überflutungs-, Grundwasser- und Regenwasserregime	Brooks und Stoneman 1997
Anlage von Bewässerungssystemen (Gräben, Rohrleitungen, Halbschalen)	Grundwasser-, Überrieselungs- und Überflutungsregime	Timmermann 1999b, Koska und Stegmann 2001
vertikale Perforation des Torfkörpers	Quellregime	Koska und Stegmann 2001
Flachabtorfung degradierter oberster Torfschichten (*top soil removal*)	Durchströmungs-, Quell- und Grundwasserregime	Verhagen et al. 2001
Wiederherstellung ehemaliger Flussmäander („Re-Mäandrierung"), vor allem in Überflutungs- und ehemaligen Durchströmungsmooren	Rückstau infolge verlangsamter Fließgeschwindigkeit bedingt Grundwasserspiegelanstieg und Überflutungsregime	
2. im Einzugsgebiet		
Rückbau von Entwässerungseinrichtungen, Grundwassergewinnungsanlagen und Flächenversiegelung	Reduzierung von Abflüssen, Verbesserung der Retention, Vergrößerung der Grundwasserspeisung	Blankenburg und Dietrich 2001, Landgraf und Krone 2002
am Rande geneigter Moore Anhebung des Grundwasserspiegels vor Eintritt ins Moor	Erhöhung des hydraulischen Gefälles im Moor und damit der Fließgeschwindigkeit sowie des Niveaus des Moorwassers	Grootjans und van Diggelen 1995
Auswahl von Landnutzungsverfahren, die maximale Wasserzuläufe und minimale Nährstoffeinträge zur Folge haben (u. a. Schutz- und Pufferzonen)	Maximierung von Grundwasserzuflüssen und Zwischenabfluss (*interflow*)	Succow und Joosten 2001, Succow 1998, Wheeler et al. 2002

Wasser-Großröhrichten, Großseggenrieden und Bruchgebüsch- bzw. Bruchwaldgesellschaften schützenswerte Habitate für seltene Arten, wie Kranich (*Grus grus*), Rohrdommel (*Botaurus stellaris*), diverse Sumpfhuhnarten (*Porzana* spp.), Trauerseeschwalbe (*Chlidonias niger*), Weihen (*Circus* ssp.), Rohrsänger (*Acrocephlus* spp.), Bartmeise (*Panurus biarmicus*) und Schwirle (*Locustella* spp.).

3.5.2.2 Eigenschaften und Verbreitung

Verlandungsmoore entstehen aus Gewässern, meist Seen, die sich vom Rande, vom Seeboden oder von oben her (Schwingrasen) allmählich mit organischer Substanz auffüllen („verlanden"). Entsprechend der Vielfalt der ökologischen und hydrologischen Seentypen (Succow und Kopp

1985, Mauersberger und Mauersberger 1997, Blümel und Succow 1998, Succow 2001b) ergibt sich eine Vielzahl von Möglichkeiten der Gewässerverlandung durch Wasser- und Sumpfvegetation (Succow 2001b). Verlandungsmoore treten insbesondere in den Jungmoränenlandschaften im südlichen Ostseeraum und im nördlichen Alpenvorland auf.

3.5.2.3 Ziele und Verfahren der Restaurierung

Sofern Verlandungsmoore noch mit einem offenen Gewässer in Kontakt stehen, besteht das vorrangige Ziel der Restaurierung, anders als bei den übrigen Moortypen, nicht in der Stimulation, sondern in der Verlangsamung der Torfakkumulation, um so die Verlandungsvorgänge und damit die Vielfalt der Lebensräume vom offenen Wasser über Riedvegetation bis hin zum Bruchwald möglichst langfristig zu bewahren. Um frühere Sukzessionsstadien zu erhalten, werden auch neue Torfstiche in bereits vollständig verlandeten Mooren angelegt, wie z. B. in den Niederlanden. Sofern die naturräumliche Situation es zulässt, wird meist als weiteres Ziel die Absenkung des Nährstoffstatus hinzutreten. Mögliche Verfahren sind die moderate Anhebung des Seewasserspiegels, die direkte Einflussnahme auf den Wasserkörper (z. B. durch Belüftung oder Zugabe von Stoffen zur Anregung von Fällungsreaktionen), die Steuerung des Fischbesatzes (Biomanipulation, Kapitel 5), die Entnahme von Seesedimenten und Torfen, die Entnahme pflanzlicher Biomasse sowie vor allem auch die Förderung und Qualitätsverbesserung des Zulaufwassers (z. B. durch Vorschaltung von Kläranlagen oder durch Reduzierung der Brauchwasserentnahme; Grootjans et al. 2006). Aufgrund der sehr variablen Ausbildung der Verlandungsmoore, die als einziger hydrogenetischer Moortyp in allen ökologischen Typen auftreten, ist auch die Vegetationsentwicklung nach einer Wiedervernässung höchst vielfältig. In gepolderten und infolge intensiver Nutzung besonders stark gesackten Moorgrünlandflächen vieler norddeutscher Flusstalmoore entstehen derzeit im Zuge von Wiedervernässungen Flachgewässer bis ca. 1 m Wassertiefe, die sich nach weiterer Auffüllung durch Muddesedimentation zu Verlandungsmooren entwickeln. Dies

ist überall dort der Fall, wo durch Sohlschwellen ein Wasseraustausch mit dem Vorfluter reduziert ist (Landgraf 1998, Gremer et al. 2000).

3.5.3 Versumpfungsmoore

3.5.3.1 Erhaltungszustand und Ausgangssituation

Die meist kleinflächigen **Stauwasser-Versumpfungsmoore** der Moränengebiete befinden sich heute, sofern in Wäldern gelegen, oft noch in einem naturnahen Zustand. Die leicht entwässerbaren **Grundwasser-Versumpfungsmoore** wurden hingegen meist als erste unter den Niedermooren durch intensive landwirtschaftliche Nutzung und Grundwasserabsenkungen stark verändert. Ähnlich den Durchströmungsmooren ist ihre aktuelle Pflanzendecke durch artenarmes, nährstoffreiches Moorgrünland, Ackerbau (Mais, *Zea mays*) oder entwässerte Erlen- und Eschenmoorwälder bestimmt. Größere nicht entwässerte Versumpfungsmoore sind heute in Mitteleuropa selten geworden und besitzen hohen Naturschutzwert. Letzte Vorkommen finden sich vor allem in den baltischen Ländern, Weißrussland und Polen.

3.5.3.2 Eigenschaften und Verbreitung

Mindestens ein Viertel der Moore Mitteleuropas sind Versumpfungsmoore. Sie entstanden in kleinen Senken bis hin zu großen Niederungen infolge eines Wasserspiegelanstiegs. Dieser kann durch Änderungen des Klimas oder der Landnutzung (z. B. durch Waldrodung) oder durch eine Verringerung des Wasserabflusses, z. B. durch Meeresspiegelanstieg, Biberdämme, Mühlenstaue oder Stauschichten, verursacht sein. Typisch für Versumpfungsmoore ist ein natürlicher, jahreszeitlicher Wechsel von Überstau und Austrocknung, der nur geringmächtige und meist hoch zersetzte Torfschichten (in der Regel < 1 m) entstehen ließ. Überwiegend handelt es sich bei den hohen Stoffumsetzungsraten um eutrophe Bildungen. In nährstoffarmen Sandlandschaften treten auch mesotroph- und oligotroph-saure Versumpfungsmoore auf. In Landschaften mit anstehenden Kalkgesteinsböden können mesotroph-subneutrale bis mesotroph-kalkreiche Versumpfungsmoore auftreten, so z. B. in Südostpolen und im slowakischen Tatravorland.

Je nach der Herkunft des Wassers können Grundwasser-Versumpfungsmoore (Grundwasseranstiegsmoore mit vollständigem Grundwasseranschluss) und Stauwasser-Versumpfungsmoore (ohne Grundwasseranschluss) unterschieden werden. **Grundwasser-Versumpfungsmoore** sind charakteristisch für große Niederungen, vor allem in Sandern und in Talsandgebieten der Urstromtäler. Unter den hier meist vorherrschenden nährstoffreichen Bedingungen prägten Schilfröhrichte, Seggenriede und Erlenbruchwälder diese Moore. Kleinflächige, oftmals nährstoffarm-saure Grundwasser-Versumpfungsmoore sind charakteristisch für sandgeprägte Altmoränenlandschaften, z. B. die sogenannten Schlatts in Nordwestdeutschland (Coenen 1981). Die klassischen **Stauwasser-Versumpfungsmoore** sind in Grund- und Endmoränenlandschaften des südlichen Ostseeküstenraumes sowie auf Berglehm- und Bergton-Standorten der Submontan- und Montanstufe anzutreffen. Sie werden, ähnlich den Kesselmooren, durch oberflächennahes Zulaufwasser aus der Moorumgebung gespeist (ohne wesentlichen Kontakt zum Grundwasser). Im Tiefland bilden meist bultige Erlensümpfe (*Alnus glutinosa*) ihre naturnahe Vegetation, in höheren Mittelgebirgslandschaften häufig sekundäre Fichtenbruchwälder (*Picea abies*). Waldgebiete mit einem hohen Anteil derartiger Versumpfungsmoore haben einen hohen Naturschutzwert als Siedlungsgebiete für Schwarzstorch (*Ciconia nigra*), Kranich, Waldwasserläufer (*Tringa ochropus*), Waldschnepfe (*Scolopax rusticola*) sowie Laubfrosch (*Hyla arborea*).

3.5.3.3 Ziele und Verfahren der Restaurierung

Primäres Ziel der Restaurierung von Versumpfungsmooren ist die Wiederherstellung einer phasenhaften Überstauungsdynamik durch Anhebung der Grund- bzw. Förderung der Stauwasserzuflüsse sowie das Rückgängigmachen der

künstlichen Moorentwässerung. Der Wasserspeisung dient auch die Förderung von Laubwäldern, welche eine geringere Verdunstung im Einzugsgebiet aufweisen als Nadelholzbestände. Der Zwischenabfluss ist besonders hoch in humusreichen Lehmböden. In sandigen Landschaften müssen außerdem die unterirdischen Wassereinzugsgebiete berücksichtigt werden (Landgraf und Krone 2002, Landgraf et al. 2007).

Das übliche Verfahren der Wasserrückhaltung ist der Verschluss von Entwässerungsgräben (Tab. 3-5), der meist rasch zu einem flächenhaften Überstau führt. Durch wasserbauliche Maßnahmen, wie Verwallungen oder gar Deichbauten (Dannowski et al. 1999) können auch größere Areale wieder vernässt werden. Bei Grundwasser-Versumpfungsmooren sollte jedoch ein Anschluss an den lokalen Grundwasserkörper angestrebt werden, um Fäulnisprozessen nach einem Überstau entgegenzuwirken.

Generell ist dieser sogenannte „primäre" Moortyp (Succow 1988) am leichtesten wiederherstellbar. Bei phasenhaftem Überstau des in entwässerten Versumpfungsmooren vorherrschenden Grünlandes bilden sich Überflutungsröhrichte mit Dominanz von Rohrglanzgras (*Phalaris arundinacea*), Schilf (*Phragmites australis*), Großem Wasserschwaden (*Glyceria maxima*) oder Seggen (*Carex* spp.) im Mosaik mit offenen Wasserflächen (Landgraf 1998, Timmermann et al. 2006b). Die Entwicklungen laufen in ähnlicher Form ab wie in (sekundären) Überflutungs- und Versumpfungsmooren, wie sie bei der Wiedervernässung degradierter ehemaliger Durchströmungsmoore entstehen. Sie werden im folgenden Abschnitt ausführlich dargestellt.

3.5.4 Überflutungsmoore

3.5.4.1 Erhaltungszustand und Ausgangssituation

Infolge von Flussregulierungen, Eindeichungen, Gewässereutrophierung und Wasserrückhaltebauwerken existieren intakte großflächige Auen-Überflutungsmoore in Mitteleuropa heute nicht mehr. Nur vereinzelt, insbesondere in Mündungsgebieten einiger Flüsse zu den Boddengewässern der Ostsee (z. B. Recknitz, Peene), blieben naturnahe Moorbereiche bis in die Gegenwart erhalten. Eine Regeneration erfolgt gegenwärtig in den Nationalparken an Warthe und Oder (Succow et al. 2007). Durch Nutzungsaufgabe und Wiedervernässung wurden im letzten Jahrzehnt zahlreiche ehemalige Durchströmungs- und auch Versumpfungsmoore nach Beendigung der Polderung (Rückbau von Schöpfwerken und Deichen) und damit hydrologischem Anschluss an den Flusslauf oder das Meer sekundär zu Überflutungsmooren. Genannt seien hier die Flussniederungen von Wümme, Eider, Treene, Havel, Rhin, Trebel, Recknitz, Uecker, Tollense, Peene und Warthe und die Flusstalmoore in Polen, Weißrussland und den baltischen Staaten. Allein in Mecklenburg-Vorpommern sind in den vergangenen zehn Jahren, insbesondere im Zuge des Moorschutzprogramms, ca. 10 000 ha derartiger neuer Überflutungsmoore entstanden (Kowatsch 2007). Die stark degradierten Torfböden ähneln den mineralstoffreichen, vom Wasser überflossenen Moorböden naturnaher Überflutungsmoore.

3.5.4.2 Eigenschaften und Verbreitung

Überflutungsmoore entstanden in Flussauen, Deltagebieten und an den Meeresküsten der Nord- und Ostsee. Sie sind abhängig von dem mit den regelmäßigen Überflutungen verbundenen Wasserdargebot, der Fracht an Nährstoffen und mineralischen Schwebstoffen sowie von der mechanischen Zerstörungswirkung. Kennzeichnend ist ein Profilaufbau mit mineralischen bzw. mineralreichen Zwischenschichten. Reichlich 5 % der Moorfläche Mitteleuropas entstanden als Überflutungsmoore.

Je nach der Herkunft des Fremdwassers können Auen-Überflutungsmoore und Küsten-Überflutungsmoore unterschieden werden. **Auen-Überflutungsmoore** sind charakteristisch für die Unterläufe und Mündungsgebiete der großen mitteleuropäischen Flussläufe wie Oder, Spree, Havel, Eider, Wümme, Ems, Warthe, Netze und Donau. Ferner sind sie als flussbegleitende Säume an sämtlichen Flusstalmooren (Durchströmungs- und Versumpfungsmooren) des südlichen Ostseeraumes zu finden, u. a. an Łeba, Peene, Tollen-

se, Recknitz und Warnow, wo sie im Kontakt zu Durchströmungsmooren auftreten bzw. auftraten. Entscheidend für Auen-Moorbildungen ist ein steigendes Grundwasser in flussferneren Auenbereichen, verursacht durch die stete „Selbsterhöhung" des Flussbetts infolge der sedimentationsbedingten Uferverwallung. Wenn das oberflächige Wasser abgeflossen bzw. verdunstet ist, kann es zu Austrocknung kommen, was generell zu langsamer Torfakkumulation und hoch zersetzten Torfen mit geringem Wasserrückhaltevermögen führt. Auen-Überflutungsmoore tragen zumeist eine eutraphente Vegetation aus Großseggenrieden, Röhrichten, Auen- und Bruchwäldern. Das wohl bedeutendste, noch bis in die Mitte des 20. Jahrhunderts kaum im Wasserhaushalt regulierte Auen-Überflutungsmoor Mitteleuropas war der Spreewald (Krausch 1960).

Landsenkung und eustatischer Meeresspiegelanstieg ermöglichten zusammen mit Küsten-Ausgleichsprozessen im südlichen Ostseeküstenraum die Bildung von **Küsten-Überflutungsmooren**, die durch periodische Überflutungen mit Ostseewasser und damit durch Salzwassereinfluss gekennzeichnet sind (Jeschke 1987; Kapitel 7). Ähnlich den Auen-Überflutungsmooren wechseln organische mit silikatischen Ablagerungen, Moorwachstums-Stillstandsphasen mit Phasen der Akkumulation. Hinzu kommen teilweise starke Umlagerungen, insbesondere im Bereich von Haken und Nehrungen, sodass die Moorbildungen anschließend oft unter Seesanden begraben werden.

Küsten-Überflutungsmoore liegen nur wenige Dezimeter über Meereshöhe. Die Moormächtigkeiten überschreiten selten 1 m. Neben den windabhängigen Überflutungen ist auch eine extensive Schaf- und Rinderbeweidung förderlich für diese Moore, da sie für eine Kompaktierung des abgelagerten organischen Materials sorgt. Jeschke (1987) spricht daher von anthropo-zoogenem Salzgrasland, das sich frühestens ab dem 13. Jahrhundert aus Brackwasserröhrichten durch das Beweiden und den Tritt des Viehs entwickelte.

3.5.4.3 Ziele und Verfahren der Restaurierung

Oberstes Ziel ist die Wiederherstellung einer naturnahen Überflutungsdynamik. Daneben führt eine Wiederherstellung der Grundwasserzuflüsse bzw. oberflächennahes Zulaufwasser durch Beseitigung der sogenannten Fanggräben am Talrand zu einer Wiederherstellung der ursprünglichen Diversität der Flussauenmoore.

Bei phasenhaftem Überstau der in der Regel nicht mehr gemähten Graslandstandorte entstehen Überflutungsröhrichte mit Dominanz von Rohrglanzgras, Schilf, Großem Wasserschwaden oder Großseggen (*Carex riparia, C. acutiformis, C. paniculata, C. elata, C. pseudocyperus* u. a.) (Farbtafel 3-1, 3-2). Teilweise siedeln sich trotz starken Überstaus auch Weiden an (insbesondere *Salix alba* und *S. cinerea*). Bei ständigem Flachwasserregime bilden sich innerhalb weniger Jahre Dominanzbestände des Breitblättrigen Rohrkolbens (*Typha latifolia*) und des Gemeinen Schilfs im Mosaik mit offenen Wasserflächen aus (Abb. 3-4; Landgraf 1998, Timmermann et al. 2006b, van Bodegom et al. 2006). Auf flachgründigen, höher gelegenen und nur selten überstauten Moorarealen finden sich Hochstaudenfluren, Gehölzstadien und schließlich Erlenbruchwälder ein. Diese neu geschaffenen Sümpfe bieten Lebensraum für eine große Zahl vom Aussterben bedrohter Vogelarten wie Wiesenweihe (*Circus pygargus*), Große Rohrdommel (*Botaurus stellaris*), Blaukehlchen (*Luscinia svecica*) und Bekassine (*Gallinago gallinago*) sowie zahlreicher Kleinrallen. Sie sind meist in den ersten Jahren nach der Vernässung durch hohe bis extreme Nährstoffkonzentrationen, insbesondere von Phosphorverbindungen im Poren- und Oberflächenwasser sowie im Oberboden gekennzeichnet (Kieckbusch und Schrautzer 2004, Zak et al. 2004a, b, Gelbrecht et al. 2006, Jensen et al. 2006). Das Austragsrisiko dieser Stoffe aus den Vernässungsflächen ist jedoch räumlich und zeitlich begrenzt (Augustin 2003, Gelbrecht und Zak 2004, Zak 2007, Zak und Gelbrecht 2007). Eine Besiedlung mit torfbildenden Arten wie Seggen und Schilf (Oswit et al. 1976) dauert unter günstigen Bedingungen einige Jahre bis mehrere Jahrzehnte (Timmermann et al. 2006b), kann aber durch Auspflanzung und Ansaat erheblich beschleunigt werden (Timmermann 1999b, Roth et al. 1999, 2001, Richert et al. 2000; Abschnitt 3.6). In jedem Fall ist eine deutliche Vernässung (Flachwasserregime) hinsichtlich des Gewässer- und Klimaschutzes gegenüber dem Fortbestand der Entwässerung oder einer leichten Wasserspie-

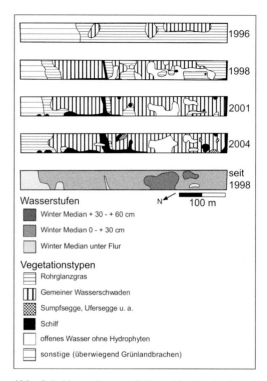

Abb. 3-4: Vegetationsentwicklung (dominante Arten) im Polder Pentin (Peenetal), einem infolge Wiedervernässung im Frühjahr 1998 über einem ehemaligen Durchströmungsmoor entstandenen ("sekundären") Überflutungsmoor. Dargestellt ist ein Transektstreifen durch das bis vor der Vernässung als Grünland genutzte Moor vom Talrand (linker Bildrand) bis zum Fluss (aus Timmermann et al. 2006b).

gelanhebung auf lange Sicht die bessere Alternative (Gelbrecht et al. 2006, Joosten und Augustin 2006, Augustin und Joosten 2007).

3.5.5 Kesselmoore

3.5.5.1 Erhaltungszustand und Ausgangssituation

Wegen ihrer Lage in stark reliefiertem und meist bewaldetem Gelände sowie ihrer geringen Größe wurden viele Kesselmoore nicht entwässert und sind weit öfter als Moore anderer hydrogenetischer Typen als naturnahe und torfbildende

Moore erhalten. Lediglich durch ein allmähliches natürliches Auffüllen der Kessel mit Torfen und dem damit verbundenen relativen Rückgang des zulaufenden Bodenwassers ihrer Kleinsteinzugsgebiete oder durch Anstieg des Moorwasserspiegels auf das Niveau eines natürlichen Überlaufs können sie in ihrem Wachstum zum Erliegen kommen.

In Nordostdeutschland sind etwas mehr als die Hälfte aller Kesselmoore durch Gräben entwässert und heute zumeist bewaldet. Auch die Vegetation nicht entwässerter nährstoffarmer Kesselmoore ist im Verlauf der letzten 100 Jahre in Mitteleuropa durch Nährstoffeinträge verändert worden (Timmermann 1999a). Die heute vorherrschenden Waldstadien mit Moorbirke (*Betula pubescens*) sowie generell minerotraphente Arten traten früher deutlich seltener auf (Timmermann 1999a). Zwar bieten die meisten Kesselmoore günstige Voraussetzungen für eine Restaurierung (Timmermann 2003b), doch lassen sich die früheren Nährstoff- und Vegetationsverhältnisse unter den heutigen Immissionsbelastungen (Bobbink und Roeloffs 1995) kaum wiederherstellen (Abschnitt 3.5.9).

3.5.5.2 Eigenschaften und Verbreitung

Dieser Moortyp ist durch Kessellage, ein Kleinsteinzugsgebiet mit Speisung durch Zwischenabfluss sowie einen abflussgehemmten Moruntergrund gekennzeichnet (Timmermann und Succow 2001). Die schrittweise Abdichtung der Hohlform im Bereich des Moorrandes durch organische Auskleidungen (Kolmation) lässt den Moorwasserkörper im primären Verlandungs- oder Versumpfungsmoor allmählich ansteigen, sodass dieser dem Einfluss des Grundwasserkörpers entwachsen kann und ein typisches Kesselmoor entsteht (Timmermann 1999a, Gaudig et al. 2006). Im Allgemeinen sind Kesselmoore klein (0,5–5 ha), erreichen aber in Mitteleuropa Moormächtigkeiten von bis zu 16 m. Größere Kesselmoore tragen im Moorzentrum meist die Vegetation von Sauer-Armmooren, kleinere Kesselmoore bzw. die Randbereiche stellen Sauer-Zwischenmoore, ganz selten auch Basen-Zwischenmoore oder Reichmoore dar (Paulson 2001). In Abhängigkeit von Klimaschwankungen,

der Moorgröße und -stratigraphie sowie der Beschaffenheit des Einzugsgebietes zeigen Kesselmoore, sofern sie nicht entwässert wurden, eine ausgeprägte natürliche Wasserstandsdynamik mit mehrjährigen Nässe- und Trockenphasen und einem korrespondierenden periodischen Aufwachsen und Absterben von Gehölzen (Frankl 1996, Timmermann 1999a, 2003b).

Verbreitungsschwerpunkt der Kesselmoore in Mitteleuropa sind die Glaziallandschaften des südbaltischen Tieflandes und des nördlichen Alpenvorlandes. In Mitteleuropa treten echte Kesselmoore nur bei einer schwach negativen bzw. ausgeglichenen klimatischen Wasserbilanz auf (Jeschke und Paulson 2001, Timmermann und Succow 2001).

3.5.5.3 Ziele und Verfahren der Restaurierung

Primäres Ziel der Restaurierung von Kesselmooren ist die Stimulation des Torfwachstums sowie die Förderung lichtliebender oligo- und mesotraphenter Arten. Dazu gehört die Förderung moosreicher Seggen- und Wollgrasriede, von Moorkolken und Randsümpfen. Diese Ziele lassen sich erreichen durch 1) Förderung des Wasserzulaufs, 2) Rückhaltung von Wasserabflüssen und Niederschlägen (unter Vermeidung dauerhaften Überstaus) sowie 3) die Minimierung von Nährstoffeinträgen (Abschnitt 3.5.3). In sandigen Einzugsgebieten, wo Kesselmoore oft Zwischenformen mit Versumpfungsmooren bilden, kann Grundwasserabsenkung in der weiteren Umgebung zum Austrocknen der Moore beitragen. Bei Wiedervernässungen solcher Zwischenformen müssen daher unterirdische Wassereinzugsgebiete berücksichtigt werden (Tab. 3-5; Timmermann 1999a, Landgraf und Notni 2003, 2004, Landgraf et al. 2007).

Kesselmoore zeigen aufgrund ihrer Abhängigkeit von der Witterung einen über die Jahre stark schwankenden Mittelwasserstand (Timmermann 1999a). Es ist somit entscheidend, Zuläufe aus nassen Jahren als Wasservorrat für Trockenphasen zurückzuhalten. Eine Entnahme von Gehölzen („Entkusseln") zum Zweck der Auflichtung und Verminderung der Transpiration erweist sich in Kesselmooren (ähnlich wie auch bei Verlandungs- und Versumpfungsmooren) als fragwür-

3

dig vor dem Hintergrund des natürlichen zyklischen Absterbens der Gehölze sowie angesichts der erreichbaren Revitalisierung durch Wiedervernässung (Jeschke und Paulson 2001, Timmermann 2003b).

In den letzten Jahren ist insbesondere in den Schutzgebieten Nordostdeutschlands eine Vielzahl von Kesselmooren erfolgreich restauriert worden. Bei ausreichender Vernässung (langzeitiger Flachüberstau) breiteten sich die in Gräben und Torfstichen noch vorhandenen Wollgras-, Seggen- und Torfmoosarten innerhalb weniger Jahre flächenhaft aus (Paulson 2000, Jeschke 2001, 2007, Jeschke und Paulson 2001; Farbtafel 3-3).

3.5.6 Hangmoore

3.5.6.1 Erhaltungszustand und Ausgangssituation

Durch Aufgabe der Mahd oder Weidewirtschaft sind heute die meisten Hangmoore bewaldet. Andere sind durch Entwässerung in intensiv nutzbare Grünlandstandorte oder Forste überführt und damit in ihrem Wasserhaushalt und ihrer Torfbildung gestört. Dennoch sind Hangmoore in den Mittelgebirgslandschaften und Altmoränengebieten oft die einzigen noch naturnah vorhandenen Moore, wenn auch meist nur kleinflächig.

3.5.6.2 Eigenschaften und Verbreitung

Hangmoore sind flächenhafte Flachhang-Vermoorungen, die vielfach nach Waldrodungen und damit einsetzender verstärkter Vernässung entstanden (Jeschke 1990, Succow 2001a). Sie werden von ungespanntem, geogenem Hangwasser ernährt (Flurabzugswasser, Zwischenabfluss), das im Moor abwärts sickert, meist als Überrieselung an der Oberfläche des Moores bzw. in kleinen Fließgewässern. Bedingt durch Stau des Hangwassers bei Eintritt ins Moor wachsen Hangmoore in der Regel hangaufwärts. Hangmoore weisen aufgrund eines phasenhaften Wasserdargebots nur ein schwaches Wachstum auf

und sind oft durch Stillstandsphasen des Moorwachstums gekennzeichnet. Die Torfe bleiben daher in der Regel geringmächtig (< 1 m) und sind stark zersetzt. Für Hangmoore kennzeichnend ist weiterhin die hangabwärts fortschreitende Nährstoffverarmung bis hin zu weitgehend oligotroph-sauren Verhältnissen im unteren Teil der Moore. Daraus entstehen bei ausreichendem Niederschlag die für den Mittelgebirgsraum charakteristischen „ombro-soligenen" Moore mit konkav zu konvex wechselndem Querschnitt (Kaule l974, Jensen 1990) und schließlich sogar rein ombrogene Moore (zur Abgrenzung der oftmals verkannten Hangmoore gegenüber Versumpfungs-, Durchströmungs- und Regenmooren vgl. Succow und Joosten 2001).

Die natürliche Vegetation der mitteleuropäischen Hangmoore bilden eu- oder mesotrophe Erlenbruchwälder bzw. unter nährstoffarmen Bedingungen torfmoosreiche sowie gelegentlich braunmoosreiche Birken- und Fichtenbruchwälder (Kästner und Flössner 1933). Offene Hangmoore sind meist eine Folge von Mahd und extensiver Weidenutzung. Naturnahe Hangmoore mit Offenvegetation treten nur bei großem Anfall von nährstoffarmem, saurem Wasser unterhalb ausgedehnter Einzugsgebiete auf.

In Mitteleuropa kommen Hangmoore vor allem in der submontanen bis subalpinen Höhenstufe im Kontakt zu silikatischen Gesteinsböden vor. Im pleistozänen Tiefland treten sie überwiegend in mesotroph-sauren bis teilweise sogar oligotrophen Ausbildungen auf (Succow 1988). Neben den grundlegenden Studien zu Hangmooren Skandinaviens von Post und Granlund (1926) und Sjörs (1948) liegen Arbeiten zu den deutschen Mittelgebirgen (Kästner und Flössner 1933, Jensen 1990) sowie den österreichischen Alpen vor (Rybniček und Rybničkova 1977).

3.5.6.3 Ziele und Verfahren der Restaurierung

Vorrangiges Ziel ist die Förderung oder Wiederherstellung eines Überrieselungs-Wasserregimes im Moor. Dafür sind ein ausreichender Hangwasserzustrom aus dem Einzugsgebiet sowie ein langzeitig wassergefüllter Randsumpf (Oberkantenlagg) die Voraussetzung. Da jede Form der Wasserregulierung und Nutzungsänderung in ihrem Einzugsgebiet die Hangmoore beeinflusst, liegt im Rückbau der Entwässerungseinrichtungen bzw. einer Nutzungsänderung ein wesentlicher Schlüssel für die erfolgreiche Restaurierung. Im Moor selbst sollten Entwässerungsgräben funktionsuntüchtig gemacht werden (Tab. 3-4, 3-5) was jedoch aufgrund der phasenhaft großen abfließenden Wassermengen, des Hanges und einhergehender Erosionsneigung aufwändig ist (Schuch 1994). Das Grundprinzip besteht darin, das abfließende Bodenwasser hangabwärts zu bremsen, indem Staue, beginnend am Grabenoberlauf (bzw. der Wasserscheide) das Wasser diffus zur Seite ableiten. Damit wird die Wassermenge zuerst im Oberlauf reduziert und der Unterlauf hydraulisch entlastet („von oben nach unten", vgl. exemplarisch Edom et al. 2007).

3.5.7 Durchströmungsmoore

3.5.7.1 Erhaltungszustand und Ausgangssituation

Aufgrund ihrer aschenarmen Torfe wurden Durchströmungsmoore in Mitteleuropa ab dem 18. Jahrhundert zunächst als Abbaugebiete für Brenntorf genutzt und später wegen ihrer relativ leichten Entwässerbarkeit, ihrer Großflächigkeit und ihres relativ hohen Nährstoffangebots als Grünland (auch im Polderbetrieb) genutzt. Nicht selten sind sie heute Brachen mit Hochstaudenfluren und spontanem Gehölzaufwuchs. Mancherorts führten Deichbrüche und die Aufgabe von Schöpfwerken zu Vernässungen mit der Bildung von Flachgewässern, Röhrichten oder Seggenrieden (Landgraf 1998, Kotowski 2002, Timmermann et al. 2006b).

Nicht beeinträchtigte Durchströmungsmoore kommen noch im Alpenvorland sowie im östlichen Teil Polens (Kotowski 2002), in den baltischen Staaten, in Weißrussland, der Ukraine (Polesien) sowie kleinflächig im südlichen Ostseeküstenraum (Peene) vor (van Diggelen und Wierda 1994, Fischer 2001, 2005).

3.5.7.2 Eigenschaften und Verbreitung

Durchströmungsmoore entstanden vorwiegend in den Talsystemen der Urstromtäler und Gletscherzungenbecken der Jungmoränenlandschaften mit permanenter Grundwasserspeisung vom Talrand bzw. von der Talsohle. Das austretende geogene Wasser durchströmt bei diesem Moortyp einen Großteil des Torfkörpers, insbesondere die oberflächennahen, lockeren Torfschichten, wobei ein Rückstaueffekt die Torfe allmählich in die Höhe wachsen lässt, sodass bis zu 10 m mächtige Torfablagerungen entstanden. Durch das gleichmäßige Wasserangebot und den elastischen, „schwammsumpfigen" Torfkörper treten an der Mooroberfläche kaum Wasserstandssenkungen auf, sodass nur eine geringe Torfzersetzung stattfindet. Unter natürlichen Bedingungen mit nährstoffarmem und meist basenreichem Grundwasser trugen sie meist mesotroph-basenreiche artenreiche Braunmoos-Seggenriede, die gering bis mäßig zersetzte Radizellentorfe (Radizellen sind Feinwurzeln, die meist von Seggen stammen) bildeten. Etwa ein Drittel der Moorstandorte Mitteleuropas dürften Durchströmungsmoore gewesen sein.

3.5.7.3 Ziele und Verfahren der Restaurierung

Durchströmungsmoore sind abhängig vom permanenten Zustrom nährstoffarmen Grundwassers, das lateral oder vertikal aufsteigend im Torfkörper strömt. Prinzipiell ist ihre Restaurierung daher nur möglich, wenn eine ausreichende Grundwasserspende (meist als Quellwasser) am Talrand oder der Talsohle wieder aktiviert werden kann (siehe Abschnitt 3.5.8). Dazu sind das Schließen der Entwässerungsgräben am Moorrand („Fanggräben") und meist das Anheben des regionalen Wasserstandes notwendig. Für die Vernässung von Durchströmungsmooren ist entscheidend, dass das Moorwasser in Bewegung bleibt (perkolierender Grundwasserstrom). Daher sind nur Staumaßnahmen am Moorrand (vor Eintritt des Wassers ins Moor; Tab. 3-5) sowie in flachen Kaskadensystemen sinnvoll, die den horizontalen Wasserstrom nicht zum Erliegen bringen. Bewegtes eisen- und kalkreiches

Grundwasser ist mit seinem Festlegungsvermögen für Phosphor eine entscheidende Bedingung für die Entstehung mesotropher Standorte mit erneuter Bildung von Radizellentorfen.

Die zweite Voraussetzung ist eine lockere obere Torfschicht mit gutem Wasserspeicher- und Wasserleitvermögen sowie geringen Nährstoffgehalten. Diese ist kurzfristig nur durch Flachabtorfungen, d.h. die Freilegung entsprechend erhaltener Torfschichten, zu schaffen. Beginnend mit einer Überrieselung können sich darauf rasch braunmoosreiche Seggenriede entwickeln (Harter und Luthardt 1997), und es wird allmählich wieder eine Torfakkumulation einsetzen. Mittelfristig bilden sich durchströmbare Torfschichten und damit wieder ein Durchströmungsmoor. Ein Problem bei der Flachabtorfung stellen allerdings die Deponierung bzw. Nachnutzung des obersten degradierten Torfkörpers und die damit verbundenen Kosten dar (Kapitel 12).

Beispiele einer gelungenen Restaurierung von Durchströmungsmooren sind rar (Koppisch et al. 2001). Zumeist ist die Wiederherstellung eines horizontalen Moorwasserstroms durch die irreversible Verringerung der Torfdurchlässigkeit oder durch die Absenkung des regionalen Wasserstandes nicht mehr realisierbar (Dietrich et al. 2001). Stattdessen wird in der Regel, etwa in den norddeutschen Flussniederungen der Peene, Eider, Recknitz und Trebel, die pragmatische Vernässungsvariante eines periodischen oder permanenten Überstaus realisiert (Gremer et al. 2000, Kieckbusch und Wiebe 2004, Schrautzer 2004, Timmermann et al. 2006b) und damit, zumindest mittelfristig, ein Versumpfungs- oder Überflutungsmoor geschaffen (Abschnitt 3.5.4). Hinsichtlich ihres Vermögens der Nährstoffbindung sind jedoch die permanent nassen, durchströmten Torfschichten eines Durchströmungsmoores weit effektiver (Kieckbusch und Schrautzer 2007). Langfristig können sich überstaute Durchströmungsmoore – analog zu ihrer ursprünglichen Genese (Succow und Joosten 2001) – infolge der Bildung von Schilf- und Seggentorfen bei entsprechender Nährstofffestlegung und ausreichender Wasserversorgung von den Talrändern wieder zu wachsenden, mesotrophen Durchströmungsmooren entwickeln (Michaelis 2002). Nährstoffentzug und Offenhaltung durch Mahd beschleunigten diesen Prozess (Grootjans et al. 2006).

3.5.8 Quellmoore

3.5.8.1 Erhaltungszustand und Ausgangssituation

Ein Großteil der Quellmoore ist heute durch verminderte Grundwasserneubildung in den Einzugsgebieten nicht ausreichend mit Wasser versorgt und zusätzlich infolge von Entwässerungen und damit einhergehender Bodendegradation irreversibel geschädigt oder bereits ganz verschwunden (Grootjans et al. 2006). Wachsende Kalk-Zwischenmoore, insbesondere die kalktuffablagernden Quellmoore mit ihrer spezialisierten Laub- und Lebermoosflora sowie Fauna, sind fast vollständig verloren gegangen. Oftmals handelt es sich heute um aufgegebene Grünlandstandorte mit aufwachsenden Hochstaudenfluren. Die letzten noch vorhandenen Quellmoorreste liegen meist in Wäldern und haben heute höchste Priorität im Naturschutz. Zahlreiche noch wachsende Quellmoore haben sich im Norden Polens erhalten (Grootjans et al. 2006).

3.5.8.2 Eigenschaften und Verbreitung

Quellmoore sind kleinflächige, punkt- oder linienförmig aufwachsende Moorbildungen an permanenten Grundwasseraustrittsstellen, deren Oberflächen geneigt bis kuppig sind. Sie treten als Hang-Quellmoore oder als Niederungs-Quellmoore in Erscheinung. Zur Moorbildung kommt es nur, wenn das Quellwasser so langsam strömt, dass organische und mineralische Ablagerungen akkumulieren und nicht wie bei offenen Quellen erodiert oder mikrobiell abgebaut werden (Wolejko 1994, Succow et al. 2001). Die auffälligsten und mächtigsten Quellmoore des Tieflandes sind generell durch (unter Druck stehendes) „artesisches" Wasser tieferer und ausgedehnter Grundwasserstockwerke mit einer gleichmäßigen Schüttung gespeist. Der Richtung des Wasserstromes folgend wächst der Torfkörper über der Austrittsstelle auf. Dabei spielt die Ablagerung von ausgefällten Karbonaten und Silikaten aus dem Grundwasser eine wichtige Rolle (Päzolt 2004). Artesische Bedingungen können auch in einem Grundwasserleiter mit ursprünglich ungespanntem Wasser entstehen, wenn seine Austrittsfläche vom Torfkörper überwachsen wird. Das Grundwasser wird dann durch den Torf zurückgestaut, sodass unter der Austrittsfläche ein Überdruck entsteht. Das scheint in Talmooren häufig der Fall zu sein, wo sich Quellkuppen über kleinflächigen unterirdischen Austrittstellen von Druckwasser bilden.

Typisch für die Torfe der Quellmoore sind ihr hoher Anteil an silikatischen Bestandteilen (überwiegend Schluff) sowie Fällungsprodukten (Kalk, Eisen- oder Schwefelverbindungen) und ihre oft großen Moormächtigkeiten von bis zu 12 m. Ausführliche Darstellungen zur Entwicklung von Quellmooren enthalten die Arbeiten von Kukla (1965), Pfadenhauer und Kaule (1972), Succow (1988), Wolejko (1994), Päzolt (1999, 2004), Koska et al. (2001) und Stegmann (2005).

Quellmoore sind in allen Landschaften Mitteleuropas vorhanden, treten aber im reliefreichen Jungpleistozän in höchster Dichte auf. Sie sind von Natur aus meist eutroph und tragen dann Erlenwälder oder Großseggenriede. Die seltenen mesotrophen Quellmoore, etwa des Alpenvorlandes, sind durch Braunmoos-, Seggen- und Kopfriede gekennzeichnet. Im Bergland mit kristallinen Gesteinen herrschen Quellmoore als Basen- und Sauer-Zwischenmoore vor. In nicht oder wenig entwässerten Quellmooren der Schichtstufenlandschaften mit Kalkgestein waren einst, bei regelmäßiger Weide- bzw. Mähnutzung und dem Fehlen einer mineralischen Düngung, Davallseggenriede (Valeriano-Caricetum davallianae) eine regelmäßige Erscheinung.

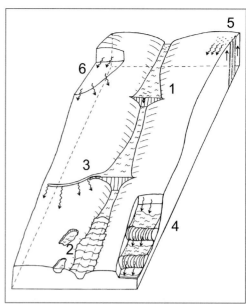

Abb. 3-5: Verfahren zur Restaurierung von Quellmooren (Koska und Stegmann 2001).
1: Grabenanstau (in mehreren Stufen am Hang, mittels abgedichteter Stauwehre oder verdichteter Torfschüttungen). 2: Grabenverfüllung (mit Torf, Materialentnahme in Grabennähe in Form kleiner Torfstiche). 3: Bewässerungs-Quergräben (höhenlinienparallel, oberhalb von Stauwehren abzweigend). 4: Querverwallungen aus Torfmaterial (bei Torfstichen und Sackungsreliefierungen, Materialentnahme von nahe gelegenen Torfrücken). 5: Torfkörper-Perforationen („Entlastungsbrunnen"). 6: Abtrag der oberen Torfschicht (*top soil removal*): Eine Möglichkeit für Flächen, die aufgrund irreversibler hydrologischer Veränderungen mit dem verfügbaren Grundwasser nicht vollständig wiedervernässt werden können.

3.5.8.3 Ziele und Verfahren der Restaurierung

Entwässerte Quellmoore stellen die Restaurierung vor besondere, teilweise kaum lösbare Aufgaben. Die Ursachen dafür sind ihre geneigten, oft reliefierten und durch Torfstiche und Gräben veränderten Oberflächen, die Speisung aus großen, schwer abschätzbaren unterirdischen Einzugsgebieten sowie ihre geringe Toleranz gegenüber Veränderungen der Porosität des Torfkörpers. Aus diesem Grund liegen nur wenige Erfahrungen mit der Restaurierung von Quellmooren vor (Koska und Stegmann 2001).

Grundvoraussetzung der Restaurierung ist das Auftreten artesischer Bedingungen mit intensiver, permanenter Quell- und Grundwasserspeisung sowie die Herausnahme auch ihrer Umgebung aus der intensiven landwirtschaftlichen Nutzung (hydrologische Schutzzonen). Daher sind ein Rückbau aller hydromeliorativen Eingriffe und eine Aktivierung der Quelltätigkeit erforderlich. Letztere kann, wenn noch ein Quelldruck vorhanden ist (Prüfung mit Piezometer), durch Abtragen der obersten, vererdeten oder vermullten Torfschicht geschehen (*top soil removal*, vgl. Grootjans et al. 2006 sowie Abb. 3-5).

3.5.9 Hochmoore (Regenmoore)

3.5.9.1 Erhaltungszustand und Ausgangssituation

Obwohl sie wegen ihrer Wölbung relativ einfach zu entwässern waren, haben von allen großflächigen Mooren die Hochmoore am längsten als Wildnis überdauert. Ihr extrem saurer und nährstoffarmer Boden war unattraktiv für die Landwirtschaft. Dagegen war ihr aschearmer Torf, vor allem der stark zersetzte Schwarztorf, gut als Brennstoff geeignet und wurde in Zeiten und Gegenden mit Holzmangel vielfach abgebaut. Durch die Brenntorfgewinnung waren die meisten Hochmoore schon im 19. Jahrhundert in vielen Bereichen Mitteleuropas „durchlöchert", fragmentiert oder ganz verschwunden.

In Nordwestdeutschland und den Niederlanden wurden die letzten lebenden Hochmoore im 19. Jahrhundert durch die Buchweizenbrandkultur vernichtet. Hierbei wurde das Moor oberflächlich entwässert, nach Trocknung angezündet und mit Buchweizen (*Fagopyrum esculentum*) bestellt. Als landwirtschaftliche Alternative wurde nach 1877 die Nutzung nicht abgetorfter Moore nach Entwässerung, Umbruch, Kalkung und Düngung entwickelt und gefördert („Deutsche Hochmoorkultur"). Gleichzeitig wurde der oberste Weißtorf abgebaut und als Streu sowie später als Rohstoff für den Erwerbsgartenbau verwendet. Derzeit wird für den mitteleuropäischen Erwerbsgartenbau in großem Maßstab Torf abgebaut. Die Torfgewinnung verlagert sich jedoch zunehmend in die baltischen Staaten (Joosten 1995a), wo wachsende Hochmoore – allerdings oft nur fragmentarisch – bis in die Gegenwart überdauern konnten.

Die Hochmoorreste Mitteleuropas werden heute von Arten wie Pfeifengras (*Molinia caerulea*), Besenheide (*Calluna vulgaris*) und Birken (*Betula* spp.) dominiert, die in wachsenden Hochmooren nur eine marginale Rolle spielen. Die hydromorphologischen Veränderungen sind fundamental: Durch intensive Grabenentwässerung verlieren diese Moore viel Wasser, durch Torfgewinnung ist ihr Höhen-Breiten-Verhältnis nicht mehr im Gleichgewicht (Wheeler und Shaw 1995), durch eine verringerte Torfmächtigkeit und die Durchbrechung undurchlässiger Schichten nimmt die Versickerung und somit die entwässernde Wirkung der Umgebung zu und durch die Entfernung der obersten Torfschichten liegen heute oft stark zersetzte „Schwarztorfe" mit einer geringen Speicherkapazität an der Oberfläche. In solchen „toten" Hochmoorresten verschwinden unaufhörlich Torfe durch Oxidation, ein Prozess der nur durch Flutung oder durch die Neuansiedlung torfbildender Vegetation angehalten werden kann.

3.5.9.2 Eigenschaften und Verbreitung

Regenmoore werden nur vom Niederschlag gespeist, da sich der Wasserstand infolge der besonderen hydraulischen Eigenschaften der Vegetation und der durch sie gebildeten Torfe über denjenigen der Moorumgebung erhebt (daher auch der gleichbedeutende Begriff „Hochmoor"). Drei hydrogenetische Varianten von Hochmooren lassen sich unterscheiden: **Regen-Akrotelmmoore** (Hochmoore im engeren Sinne), **Regen-Überrieselungsmoore** (Deckenmoore, u. a. Dierßen und Dierßen 2001, Succow und Joosten 2001) und die sehr seltenen **Regen-Durchströmungsmoore** (Haberl et al. 2006). In Mitteleuropa treten nahezu ausschließlich Regen-Akrotelmmoore auf. Nur in den Hochlagen der Vogesen und des Zentralmassivs (Frankreich) kommen auch Deckenmoore vor.

Regen-Akrotelmmoore regulieren ihren Wasserhaushalt maßgeblich mit dem Akrotelm, den obersten Dezimetern des Moorkörpers, die einen deutlichen Durchlässigkeitsgradienten für Wasser aufweisen. Dieser bildet sich, wenn organisches Material mit hoher Speicherkapazität (d. h. Reichtum an großen Poren) und geringer Zersetzbarkeit in den etwas tieferen, älteren Schichten infolge fortwährender oxidativer Zersetzung in seiner Gewebsfestigkeit geschwächt und durch die wachsende Auflast immer stärker komprimiert wird. Dieser Gradient führt dazu, dass in niederschlagsreichen Zeiten das Wasser in den oberen, besser durchlässigen Schichten diffus abgeführt wird, ohne dass es zu Erosion kommt. Bei Wassermangel sinkt dagegen der Grundwasserspiegel in Tiefen mit geringerer Durchlässigkeit ab, wodurch der laterale Abfluss weitgehend gestoppt wird. So bleiben der Wasserflurstand im

Moor auch unter Bedingungen stark wechselnder Wasserspeisung relativ stabil und die tieferen Torfschichten dauerhaft wassergesättigt (Joosten 1993). Nur wenige Torfmoosarten (*Sphagnum magellanicum, S. papillosum, S. imbricatum, S. fuscum* und *S. rubellum*) können als *ecosystem engineers* oder „Schlüssel-Arten" diese sensible Balance zwischen möglichst geringer Durchlässigkeit und möglichst hoher Speicherkapazität erzeugen und so ein funktionstüchtiges Akrotelm aufbauen.

Hochmoore finden sich nur in Gebieten mit einer positiven klimatologischen Wasserbilanz. In Europa treten sie in den kühl-humiden Gebieten der nördlichen temperaten sowie der südlichen und mittleren borealen Zone von Irland bis zum Ural auf. Aufgrund des Ozeanitätsgefälles lässt sich ein subatlantisches und ein subkontinentales Teilareal unterscheiden (Succow und Joosten 2001). Das erste umfasst NW-Mitteleuropa von den Niederlanden über Niedersachsen und Schleswig-Holstein bis nach Dänemark und West-Mecklenburg. Dieser Raum wurde einst von teils riesigen Hochmooren beherrscht, die jedoch bis auf geringe Reste entwässert und abgebaut sind. Das zweite Teilareal erstreckt sich vom Oderhaff ostwärts durch die baltischen Staaten bis Südfinnland. Hochmoore sind hier auf einen küstennahen Saum in der östlichen Umrandung der Ostsee beschränkt. Außerhalb dieses zonalen Verbreitungsgebietes kommen Hochmoore in den mitteleuropäischen Gebirgen vor. Sie treten dort relativ kleinflächig in montanen und subalpinen Lagen des Hohen Venns und der Eifel, des Harzes, Erzgebirges, Thüringer Waldes, der Rhön, des Fichtelgebirges, des Bayerischen und Böhmerwaldes, der Sudeten sowie in den Vogesen, im Schwarzwald, im Zentralmassiv, im Jura, in den nördlichen Alpen und im Alpenvorland auf (Succow und Joosten 2001).

3.5.9.3 Ziele und Verfahren der Restaurierung

Hochmoorrevitalisierung ist eine der ältesten Formen der Ökosystemrestaurierung. Schon 1658 widmete der Groninger Professor Martinus Schoockius ein ganzes Buchkapitel der Frage: »*An materia cespititia effossa, progressi temporis restaurari possit?*« (Kann ausgegrabenes Sodenmaterial

im Laufe der Zeit restauriert werden?). Seit den 1960er-Jahren werden Hochmoore zum Schutz der Biodiversität, in jüngerer Zeit auch zunehmend aus Klimaschutzgründen restauriert. Eine Vielzahl zusammenfassender Publikationen ist zu diesem Thema erschienen (z. B. Akkermann 1982, Eggelsmann 1987, Eigner und Schmatzler 1991, Joosten 1992, 1993, Wheeler und Shaw 1995, Wheeler et al. 1995, Brooks und Stoneman 1997, Sliva 1997, Malterer et al. 1998, Schopp-Guth 1999, Sliva und Pfadenhauer 1999, Nick et al. 2001, Succow und Joosten 2001, BUWAL 2002, Schouten 2002, Schouwenaars et al. 2002, Siuda 2002, Gorham und Rochefort 2003, Meade 2003, Price et al. 2003, Quinty und Rochefort 2003, Blankenburg und Tonnis 2004, Staubli 2004, Tomassen 2004, Tomassen et al. 2008).

Das oberste Ziel der Restaurierung von Hochmooren ist die Regeneration eines selbstregulierenden Hochmoors. Weil dieses Ziel oft erst nach Jahrhunderten vollständig erreichbar ist, verwendet man die permanente und flächenhafte Ansiedlung der Hochmoor-Schlüsselarten als guten Indikator für langfristige Erfolgsaussichten (Joosten 1992). Weil diese *Sphagnum*-Arten weder längere Austrocknung noch längeren Überstau ertragen, wachsen sie nur in einem sehr eingeschränkten Wasserstandsbereich, der in einem wachsenden Hochmoor weitgehend vom Akrotelm gewährleistet wird. Daher müssen Akrotelmbedingungen in stärker degradierten Hochmooren durch Abdämmung (zur Verringerung der Durchlässigkeit), Überstau (zur Erhöhung der Speicherkapazität) und Abflussvorrichtungen (gegen zu starken Überstau) zunächst nachgeahmt werden (Joosten 1993).

Nur schwach und erst seit Kurzem entwässerte Hochmoore lassen sich durch Verfüllung oder Abdämmung der Gräben einfach restaurieren. Wichtig ist dabei die Anhebung des Wasserstandes bis zur Mooroberfläche. Wurden die Moorränder durch Torfabbau entfernt, so muss der verringerte Widerstand gegen lateralen Wasserabfluss oft durch den Bau langer Dämme kompensiert werden. Die Wiedervernässung kann so zwar lokal zu einer Wiederbelebung der Hochmoorvegetation führen, eine selbstregulierte „Hochmoorlandschaft" lässt sich auf solchen isolierten Torfresten aber nicht wiederherstellen, weil die Dämme eine dauerhafte Pflege benötigen und die Torfoxidation vom Moorrand ständig zentripetal fortschreitet bis der ganze Hochmoorkörper vernichtet ist (Joosten 1993).

Wo die obersten Torfschichten eine ungenügende Speicherkapazität aufweisen, wie z. B. nach vollständigem Weißtorfabbau, ist die Wiederherstellung eines stabilen hohen Wasserstandes allein durch Grabenanstau nicht mehr möglich. Selbst wenn der Wasserstand im Winter bis zur Oberfläche angehoben wird und kein lateraler Wasserabfluss mehr stattfindet, senken ihn Verdunstungsverluste im Sommer zu tief ab. Um unter solchen Bedingungen ausreichend Speicherkapazität wiederherzustellen, ist ein Geländeüberstau notwendig. Weil aber die „Schlüssel"-Torfmoose (s. o.) keinen langfristigen Überstau ertragen, muss gleichzeitig ein passendes Substrat (z. B. **Schwingrasen** oder „**Ammenpflanzen**") bereitgestellt werden (Sliva 1997).

Schwingrasen folgen den Wasserstandsschwankungen und bieten so sehr stabile Lebensbedingungen für darauf wachsende Torfmoose. Sie bilden sich, wenn in den gefluteten Moorbereichen ausreichend Methanbildung zum Auftrieb der Torfe auftritt. Junger, grober, schwach zersetzter Torf mit niedrigem Ligningehalt, höherer Phosphor-Verfügbarkeit und höherem pH-Wert produziert viel Methan durch beschleunigten Abbau von organischem Material (Smolders et al. 2002, Tomassen et al. 2008). Kleinflächige bäuerliche Torfstiche, in die die obersten Vegetations- und Torfschichten („Bunkerde") bei der Torfgewinnung zurückgeworfen wurden, zeigen daher oft eine sehr gute Regeneration von Hochmoorvegetation (Joosten 1995b). Submerse Pioniermoose wie *Sphagnum cuspidatum* können einen Schwingrasen bilden, wenn die Kohlendioxidkonzentration im Überstauwasser ausreichend hoch ist (Paffen und Roelofs 1991, Smolders et al. 2001), etwa über jungen, unzersetzten Torfen, gepufferten, (bi-)karbonatreichen Niedermoorablagerungen oder Austrittsstellen karbonatreichen Grundwassers. In den meisten Fällen führt die Flutung von Hochmoorresten mit oberflächig anstehendem Schwarztorf jedoch zur Bildung von „Schwarzwasserseen", in denen sich aufgrund mangelnder CO_2-Verfügbarkeit, zu geringer Methanbildung im Boden und zu starkem Wellenschlag keine Schwingrasen bilden.

Als Alternative zu Schwingrasen können günstige hydrologische Bedingungen für Schlüssel-Torfmoose auch zwischen sogenannten „Am-

menpflanzen" erzeugt werden, z. B. Wollgräsern (*Eriophorum vaginatum*, *E. angustifolium*), Pfeifengras, Seggen (*Carex rostrata*, *C. canescens*), Binsen (*Juncus effusus*) oder Moosen (z. B. *Polytrichum commune*). Auf vegetationsfreien Torfabbauflächen wird dazu nach anfänglichem Überstau (zur Wassersättigung des Torfkörpers) der Wasserstand abgesenkt, um zunächst eine Neuansiedlung der Ammenpflanzen zu ermöglichen. Danach wird der Wasserstand bis maximal 20–30 cm (Winter) über die Torfoberfläche angestaut.

Trotz weitgehend optimaler hydrologischer Randbedingungen ergeben sich oft weitere Probleme: Solange die Wachstumsbedingungen für *Sphagnum* optimal und die Stickstoffdepositionsraten gering sind, wird aller Stickstoff von den üppig wachsenden Torfmoosen aufgenommen und erreicht so kaum den Wurzelbereich, sodass Gefäßpflanzen nicht dominant werden (Tomassen et al. 2008). Erst bei hohen anthropogenen Stickstoffeinträgen, wie in vielen Regionen Mitteleuropas, überschreitet der Eintrag die Aufnahmekapazität der Torfmoose und stimuliert das Wachstum von Birken und Pfeifengras. Diese Arten verschlechtern aber durch erhöhte Interzeption und Verdunstung den Wasserhaushalt und können auch durch Lichtkonkurrenz negative Auswirkungen auf das Torfmooswachstum haben. Zudem transportieren ihre Wurzeln Sauerstoff in den Torf, was zu beschleunigter Torfoxidation führt. Diese positiven Rückkopplungen lassen sich nur durch eine weitestgehende Verbesserung des Wasserhaushalts und durch Zurückdrängung dieser Arten (z. B. mittels Mahd) unterbrechen. In Fällen, wo Schlüssel-Torfmoosarten sich nach Wiederherstellung geeigneter Standortbedingungen nicht mehr spontan ansiedeln, kann erwogen werden, die Arten auszubringen (Poschlod 1990, Sliva 1997).

3.6 Alternative Landnutzung – Paludikulturen

Auf landwirtschaftlichen Flächen konkurriert der Anbau von Pflanzen zur industriellen Verwertung oder Energieerzeugung zunehmend mit der konventionellen Nahrungsmittelproduktion. Die

3

Tab. 3-6: Paludikulturen (nach Succow 2002).

	Wasserwälder	Wasserriede	Torfmoosrasen
Leitvegetation	Erlenwald, Grauweidengebüsche	Schilf, Großseggen, Rohrkolben, Wasserschwaden, Rohrglanzgras, Mischbestände	*Sphagnum magellanicum*, *S. papillosum* (*S. palustre*)
Nutzungsziel	Energieholz, Wertholz	Halmbiomasse für energetische Zwecke, Futter, Streu, Isolation, Verpackung, Formteile etc.	Substrat für Gartenbau, Dämmmaterial, Hygieneartikel
Produktivität	3–4 Tonnen Dendromasse pro ha und Jahr	5–25 Tonnen Trockenmasse pro ha und Jahr	5 Tonnen Trockenmasse pro ha und Jahr
Nutzungszeit und -zyklus	alle 60–80 Jahre (Wertholz), alle 5–20 Jahre (Energieholz)	jährlich (Winter, Sommer)	ca. 5-jähriger Zyklus

aktuelle Nachfrage nach **Biomasse** zeigt sich in steigenden Preisen sowie im Interesse an Brachland und unproduktiven Flächen. In Mitteleuropa hatten die Moore am Ende des 20. Jahrhunderts ihre landwirtschaftliche Attraktivität weitgehend verloren. Die aufgrund der fortschreitenden Degradierung zunehmend schwierigere Bewirtschaftung ließ sie gegenüber den meisten Mineralböden unattraktiv werden. Die aktuell zu beobachtende neue „Inkulturnahme" der Moore schließt auch den Anbau von „nachwachsenden Biobrennstoffen" wie Mais und Chinaschilf (*Miscanthus* spp.) ein, der zu einer enormen Vergrößerung der Emission von fossilem Kohlenstoff führt, anstatt sie zu verringern (Couwenberg 2007).

Der Anbau von Biomasse kann sich aber auch positiv auf Moor- und **Klimaschutz** auswirken, wenn er mit einer Wiedervernässung entwässerter und degradierter Moore verknüpft wird. Diese Moorflächen zählen weltweit zu den wichtigsten Quellen von Treibhausgasen aus der Landnutzung. Ihre Wiedervernässung verringert die **Emission von Treibhausgasen** (vor allem CO_2 und N_2O) substanziell (Joosten und Augustin 2006). Sie kann zusätzlich dazu beitragen, Kohlendioxidemissionen zu vermeiden, wenn die angebaute Biomasse dazu verwendet wird, fossile Roh- und Brennstoffe zu ersetzen (*avoidance*). Diese innovative Alternative zu einer auf Entwässerung basierenden Land- oder Forstwirtschaft wird „Paludikultur" (von *palus* [lat.] = Sumpf) genannt: die nachhaltige Produktion von Biomasse auf wiedervernässten Mooren.

Im Zuge der aktuellen Wiedervernässungen von Niedermooren entstehen aktuell großflächig „Sümpfe" mit zunächst (sehr) hohem Angebot an Nährstoffen und einem entsprechend hohen Austragsrisiko (Abschnitt 3.5.4). Ziele des Artenschutzes sind in diesen noch über Jahrzehnte nährstoffreichen Sümpfen nur begrenzt realisierbar (eine wichtige Ausnahme bilden die Vögel; vgl. Valkama et al. 2008). Für diese Standorte eignen sich Paludikulturen, da sie die Festlegung und den Entzug von Nährstoffen unterstützen. Derzeit sind erste Kulturverfahren in der Erprobungsphase. Auf nährstoffreichen Niedermoorstandorten geht es dabei um **Halmbiomasse** aus Röhrichten, Rieden und Nassbrachen sowie **Erlenholz**, auf nährstoffarmen Mooren, etwa abgetorften Regenmooren und Hochmoorgrünland, bietet sich der Anbau von **Torfmoosen** an (Kasten 3-3, Tab. 3-6).

3.6.1 Halmbiomasse

Die **Halmbiomasse** aus Röhrichten, Rieden und spontan entstandenen Nassbrachen bietet sich für eine umweltverträgliche stoffliche Verwertung (Herstellung von Formkörpern und Isolationsmaterial, Gewinnung von Pflanzensäften aus Grünmasse), zur Erzeugung von Energie (als Grünmasse, trockene Streu oder in Form von Pellets) sowie als Viehfutter an (Wichtmann et al. 2000, Wichtmann und Succow 2001). Es können sowohl die spontan entstehenden Bestände mit

Kasten 3-3
Das Prinzip der Paludikultur

Paludikultur ist die nachhaltige Produktion von Biomasse auf wiedervernässten Mooren.

Grundgedanke ist die Erzeugung von **erntefähigen Roh- oder Brennstoffen** in dauerhaft nassen, nach Möglichkeit wachsenden Mooren, d. h. bei gleichzeitiger **Torfbildung** (oder zumindest **Torferhaltung**) und die Wiederherstellung der damit verbundenen positiven Regulationsfunktionen (Abschnitt 3.4). Das Grundprinzip der Paludikultur ist die Nutzung jenes Teils der Nettoprimärproduktion (NPP), der nicht in die Torfbildung eingeht (80–90 % der NPP). In hochproduktiven Mooren, die von Seggenrieden, Röhrichten und Bruchwäldern dominiert werden, können die oberirdischen Teile geerntet werden, ohne der Torfbildungskapazität zu schaden, weil die Torfe unterirdisch von einwachsenden Wurzeln, Radizellen und Rhizomen gebildet werden („Verdrängungstorf", Grosse-Brauckmann 1990). Paludikultur ist somit die Kultivierung von Pflanzensippen, die 1) unter nassen Bedingungen gedeihen, 2) Biomasse von ausreichender Qualität und in ausreichenden Mengen bilden und 3) zur Torfbildung beitragen. Paludikulturen unterscheiden sich somit grundsätzlich von der herkömmlichen Moorbodennutzung, die generell auf Entwässerung beruht und so durch Torfverzehr letztlich ihre eigene Grundlage vernichtet (vgl. Teufelskreis der Moornutzung, Succow 1988). Paludikulturen schonen dagegen den Torfkörper durch Wiedervernässung und die Nutzung von Dauerkulturen. Sie können die Akzeptanz der Wiedervernässung von herkömmlich bewirtschafteten Mooren erheblich erhöhen, weil durch sie **Arbeitsplätze** im ländlichen Raum geschaffen und erhalten werden können (Wichtmann und Schäfer 2004, 2007).

Die Paludikultur schafft neue Habitate für seltene Arten wachsender Moore. Die regelmäßige Ernte erhält frühe, offene Sukzessionstadien, was eine Verbesserung der **Habitate** für lichtliebende und konkurrenzschwache, seltene Arten bedeutet. Ein gelungenes Beispiel für die Verbindung von Artenschutz und Paludikultur sind die Vorkommen der größten westlichen Population des global bedrohten Seggenrohrsängers (*Acrocephalus paludicola*) in kommerziell genutzten Schilfflächen Westpolens (Tegetmeyer et al. 2007), sowie das spontane Massenvorkommen von Sonnentau (*Drosera rotundifolia* und *D. intermedia*), Moosbeere (*Oxycoccus palustris*) und Schnabelsimse (*Rhynchospora alba*) auf Versuchsflächen zum Torfmoosanbau in Niedersachsen (Gaudig, persönliche Mitteilung). Im Sinne des Arten- und Habitatschutzes sowie einer nachhaltigen Landnutzung ist die Wiedervernässung von degradierten Mooren in Verbindung mit anschließender Biomassenutzung eine vernünftige Zukunftsoption.

Rohrkolben, Schilf, Wasserschwaden, Rohrglanzgras, Großseggen und Grauweide als auch gepflanzte „Kulturröhrichte" mit Schilf, Rohrkolben oder Rohrglanzgras genutzt werden.

Das **Schilf** ist für die umweltverträgliche Nutzung nährstoffreicher Moore prädestiniert, da es einfache, kostengünstige Kultivierbarkeit und höchste Biomasse-Erträge (Tab. 3-7) mit bester Umweltverträglichkeit durch sein hohes Torfbildungspotenzial verbindet (Bittmann 1953, Hawke und José 1996, Timmermann 1999b, Wichtmann 1999a). Nach Wiedervernässung intensiv genutzter Moore entwickelt es sich spontan, oder es kann auch künstlich etabliert werden. Selbst bei Pflanzdichten von einer Pflanze pro Quadratmeter bildet es schnell geschlossene Röhrichte (Timmermann 1999b). Unterschiedliche genetisch definierte Ökotypen können durch Selektion in unterschiedlichen Habitaten eine hohe Produktivität garantieren (Kühl et al. 1997, Koppitz et al. 1999). Eine nachhaltige Ernte von 15 t Trockenmasse pro ha kann in Kombination mit einer anhaltenden Torfakkumulation erreicht werden (Wichtmann 1999a). Traditionell findet Schilf überwiegend in der Dachdeckerei Verwendung, ist aber auch für zahlreiche weitere Nutzungen, wie die Energieerzeugung, hervorragend geeignet (Rodewald-Rudescu 1974, Wichtmann 1999a, b, Wichtmann et al. 2000, Timmermann 2003a, Barz et al. 2007).

Tab. 3-7: Trockenmasse (*standing crop*, TM) von Rieden und Röhrichten (nach Timmermann 2003a).

	(t TM ha^{-1} a^{-1})
Schilf (*Phragmites australis*)*	3,6–43,5
Breitblättriger Rohrkolben (*Typha latifolia*)	4,8–22,1
Rohrglanzgras (*Phalaris arundinacea*)	3,5–22,5
Gemeiner Wasserschwaden (*Glyceria maxima*)	4,0–14,9
Sumpfsegge (*Carex acutiformis*)	5,4–7,6
Ufersegge (*Carex riparia*)	3,3–12,0
aufgelassenes, nährstoff-reiches Feuchtgrünland	6,4–7,4
intensiv genutztes Feuchtgrünland	8,8–10,4

* Ernte im Winter

Der Anbau von **Rohrkolben-Arten** (*Typha latifolia, T. angustifolia*) kann zu Erträgen von bis zu 40 t TM (Trockenmasse) pro ha führen (Wild et al. 2001). Industriell kann Rohrkolben zur Herstellung von Isolationsmaterial und Leichtgewicht-Faserplatten verwendet werden. Die optimalen Wasserstände liegen bei 20–100 cm über Flur. Im Gegensatz zum Schilf können Rohrkolben-Arten auch im Flachwasser keimen (Coops 1996); sie bilden aber keinen Torf. Ob es möglich ist, permanente Rohrkolben-Paludikulturen zu etablieren, muss weiter untersucht werden. Auch **Seggen** können sowohl energetisch als auch industriell verwendet werden. In Nordostdeutschland wurden *Carex acuta, C. acutiformis, C. paniculata, C. elata* und *C. riparia* erfolgreich künstlich angesiedelt (Farbtafel 3-4; Roth 2000), wobei eine Trockenmasseproduktion von bis zu 12 t pro ha erzielt wurde. Dominanzbestände des

Rohrglanzgrases entwickeln sich sehr häufig großflächig in spontaner Sukzession, wo eine vollständige Wiedervernässung nicht möglich ist (Mittelwasserstand ca. 5–30 cm unter Flur). Unter solchen feuchten bis nassen Bedingungen wird die Torfoxidation stark gebremst. Rohrglanzgras ist eine ebenfalls hochproduktive Art (Barz et al. 2007). Im Gegensatz zu normaler Landwirtschaft kann die Ernte im Winter stattfinden, sodass sich, bei energetischer Nutzung durch Verbrennung, Ascherückstände mit geringeren Konzentrationen an Schwefel, Chlorid und Kalium erzielen lassen (Burvall und Hedman 1998, Mortensen 1998).

3.6.2 Erle

Eine Alternative zur jährlichen Mahd von Offenflächen stellt der nasse Anbau von Schwarzerle (*Alnus glutinosa*) dar. Die Schwarzerle produziert ein wertvolles Holz, das sowohl als Brennstoff als auch als Furnierholz sowie zur Herstellung massiver Qualitätsmöbel (Kropf 1985) geeignet ist. Ein Erlenwald liefert nach 70 Jahren etwa 550 Festmeter Holz pro ha (Lockow 1994). Entscheidend für den Erlenanbau ist, den mittleren Wasserstand gerade knapp unter Flur zu halten, sodass sowohl eine kommerzielle Holzernte als auch eine Torfbildung mit positiver Klimawirkung zu erreichen ist (Schäfer 2005, Schäfer und Joosten 2005, Dannowski und Dietrich 2006; Tab. 3-8).

3.6.3 Torfmoos

Weißtorf, schwach zersetzter Torfmoos-Torf, ist derzeit – mit einem weltweiten jährlichen Verbrauch von ca. 30 Mio. m^3 – der wichtigste Roh-

Tab. 3-8: Die Klimawirkung (GWP = *global warming potential*: CO$_2$-Äquivalente in kg ha^{-1} a^{-1}) wiedervernässster Niedermoore mit Anbau von Erlen (nach Schäfer und Joosten 2005).

mittlerer Wasserstand	N$_2$O	CH$_4$	CO$_2$ (Torfbildung)[1]	CO$_2$ (Holz)[1]	GWP total
5 cm über Flur	49	5 705	−1 683	−3 211	**860**
10 cm unter Flur	492	2 539	−1 186	−7 161	**−5 316**

[1] negative Zahlen bedeuten eine Netto-Aufnahme in Boden oder Holz und somit eine positive Klimawirkung

stoff zur Herstellung von hochwertigen Substraten für den Gartenbau. Beim Gebrauch werden fast 6 Mio. t CO_2 pro Jahr freigesetzt. Die Vorräte an abbaubarem **Weißtorf** sind in West- und Mitteleuropa nahezu erschöpft. Torf wird so langsam akkumuliert, dass er eine nicht erneuerbare Ressource darstellt und sein Abbau sich dauernd in andere Regionen der Welt verlagert. Aus diesen Gründen wird dringend eine Alternative gebraucht, die umweltgerecht ist, die lokal die Rohstoffversorgung dauerhaft und nachhaltig sichern kann und die den hohen Standards im Erwerbsgartenbau genügt. Eine solche Alternative ist die Kultivierung von Torfmoos (Gaudig 2001, 2002, Gaudig und Joosten 2002, 2003, Gaudig et al. 2008). Torfmoose (*Sphagnum* spp.) können auf abgetorften Mooren oder auf Hochmoorgrünland nach Wiedervernässung kultiviert werden (*Sphagnum farming*). Torfmoos-Frischmasse verfügt über ähnliche physikalische und chemische Eigenschaften wie Weißtorf und stellt, wie Versuche zeigen, eine Alternative zu dessen Nutzung im Gartenbau dar (Grantzau 2002, 2004, Grantzau und Gaudig 2005, Emmel und Kennet 2007, Schacht 2007).

3.7 Aktuelle und zukünftige Entwicklung der Moore in Mitteleuropa

Die gegenwärtige Situation der mitteleuropäischen Moore ist durch zwei gegenläufige Entwicklungstendenzen gekennzeichnet. Einerseits werden seit etwa 20 Jahren großräumig Moore restauriert. Auf der anderen Seite dauern die Degradationsprozesse bei der Mehrzahl der Moorflächen an, sowohl bei den intensiv als Grünland, Forst, Acker oder zur Torfgewinnung genutzten Mooren als auch bei bereits aus der Nutzung gefallenen Mooren, die aktuell Grünlandbrachen, Heide/Pfeifengrasstadien und Wälder tragen. Da eine intensive Weiternutzung mit stets wachsenden Unterhaltungskosten und volkswirtschaftlichen Kosten verbunden ist und die Freisetzung klimawirksamer Gase aus entwässerten Mooren (genutzten wie ungenutzten) ebenfalls immense Umweltprobleme und Kosten verursacht, ist die Restaurierung sowohl aus ökologischer als auch aus ökonomischer Sicht ohne Alternative.

Diese Tatsache ist vielfach erkannt und hat zur Initiierung zahlreicher Moorinventuren, Forschungsprojekte und **Moorschutzprogramme** geführt. Die traditionelle Restaurierungsstrategie verfolgt vor allem Ziele des Naturschutzes, u. a. in EU-LIFE-Projekten, in Gebieten mit (für Deutschland) gesamtstaatlich repräsentativer Bedeutung, wie Peenetal, Uckermärkische Seenlandschaft, Wümme-Niederung, Eider-Treene-Sorge-Niederung, Murnauer Moos, Wurzacher und Pfrunger Ried, in den Großschutzgebieten (Biosphärenreservaten, Nationalparks etc.) sowie im Rahmen von Ausgleichsmaßnahmen für Beeinträchtigungen von Natur und Landschaft. Das bedeutendste Revitalisierungsprojekt degradierter Moore wird derzeit in Weißrussland umgesetzt, wo über 40 000 ha durch Torfabbau und Landwirtschaft degradierte Moore zur Verringerung ihrer Klimawirkung sowie zur Verstärkung ihrer Bedeutung für den Biodiversitätsschutz wiedervernässt werden (Joosten 2007).

In jüngster Zeit sind besonders solche Konzepte erfolgreich, die Nutzer aktiv einbeziehen und ihnen verschiedene Handlungsoptionen, von extensiver Grünlandnutzung bis hin zur vollständigen Wiedervernässung, eröffnen. Dieser wegweisende, auf freiwillige Kooperation statt auf Konfrontation mit fertigen Konzepten setzende Ansatz ist u. a. verwirklicht in den Programmen der Bundesländer Schleswig-Holstein, Mecklenburg-Vorpommern und Brandenburg (Kowatsch 2007). Trotz zahlreicher Fortschritte bestehen noch große Defizite im Bereich der Moorinventur (Trepel 2003), der Zielbestimmung, der Finanzierung und technischen Umsetzung von Moorrestaurierungen, der langfristigen Betreuung der Gebiete, bei der angemessenen Einbeziehung der Öffentlichkeit sowie bei der Erfolgskontrolle. Neuere Ansätze, diese Mängel zu überwinden, bieten die Entwicklung von Internet-Datenbanken und Entscheidungsfindungssystemen (*decision support systems, wise use guidelines*; vgl. Joosten und Clarke 2002, Trepel und Kluge 2004, Hasch et al. 2007, Knieß und Trepel 2007), aber auch die Verknüpfung von Moorrestaurierungen mit neu entwickelten Paludikulturen (Abschnitt 3.6) oder einer touristischen Nutzung (Schäffer 2003).

Da manche Ziele von Moorrestaurierungen, wie Torfbildung und Stofffestlegung, schwierig und nur über längere Zeiträume erreichbar sind, kommt der nachträglichen **Erfolgskontrolle** (Monitoring) eine hohe Bedeutung zu (Klötzli und Grootjans 2001, Nienhuis et al. 2002, van Diggelen et al. 2006, Trepel 2007). Sie soll klären, ob die angestrebten positiven Entwicklungen eintreten oder ob negative Effekte, wie **Stoffausträge** in angrenzende Gewässer oder die Atmosphäre (Ammonium, Nitrat, Phosphat, Kohlendioxid, Methan und Lachgas) überwiegen. Da diese komplexen Fragen zur Stoffdynamik und -bilanzierung auf Landschaftsebene aufwändige und mehrjährige Messungen sowie eine interdisziplinäre Arbeitsweise erfordern, liegen hierzu erst wenige Erkenntnisse vor. So haben jüngere Untersuchungen (Gensior und Zeitz 1999, Augustin 2003, Gelbrecht und Zak 2004, Kieckbusch und Wiebe 2004, Kieckbusch und Schrautzer 2004, 2007, Zak et al. 2004a, Gelbrecht et al. 2006, Zak und Gelbrecht 2007) gezeigt, dass es im Zuge von Wiedervernässungen von ehemals landwirtschaftlich genutzten Niedermooren abhängig von der Vernässungsintensität und den lokalen Standorteigenschaften zur verstärkten Rücklösung oder Ausgasung von Stoffen (insbesondere Phosphor, gelöstem organischen Kohlenstoff und Methan) kommen kann. Da diese negativen Nebenwirkungen vorübergehend und flächenmäßig untergeordnet sind und sich durch gezielte Voruntersuchung und angepasstes Management weitgehend vermeiden lassen (Augustin und Joosten 2007, Zak 2007), stellen sie die grundsätzlichen Vorteile der Wiedervernässung nicht infrage.

Eine Wiederherstellung der Regulationsleistungen, die mit der Torfbildung verbunden sind, fordert eine flächenhafte **Ansiedlung potenziell torfbildender Arten**. Besonders günstige Bedingungen für eine Revitalisierung bieten nicht geneigte, nährstoffarm-saure und eutrophe Moore, die nur wenig degradiert sind (Stufe „gering" bis „mittel"); mit lokalem Auftreten der (torfbildenden) Schlüsselarten sowie einer Vernässung bis in Flurhöhe oder knapp darüber (Jahresmittel; vgl. Jeschke 2001, Timmermann et al. 2006b). Mesotrophe, basen- und kalkreiche Moore (vor allem Durchströmungs- und Quellmoore), die meist geneigt und von einem Grundwasserzustrom sowie von Durchströmung oder Überrieselung des Torfkörpers abhängig sind, sind hingegen nur schwer restaurierbar. Sie stellen eine der großen Herausforderungen für zukünftige Aktivitäten der Moorrevitalisierung in Mitteleuropa dar (Succow und Joosten 2001, Landgraf et al. 2007).

In Mitteleuropa belasten viele Millionen Hektar entwässerter Moore das Klima. Eine Wiedervernässung würde diese **Emissionen** stark verringern (Augustin und Joosten 2007), umso mehr, wenn die Moorflächen zum Anbau von Biomasse für industrielle Zwecke oder zur Energieerzeugung als Ersatz von fossilen Roh- und Brennstoffen genutzt würden. Eine weitere „Schicksalsfrage" für Moore in Mitteleuropa ist daher die Weiterentwicklung und flächenhafte **Umsetzung der Paludikulturen** als Alternative zur bisherigen, mit weiterer Degradation einhergehenden Moorbewirtschaftung (Succow 1999). Vor einer überzogenen industriemäßigen Paludikultur ist jedoch zu warnen, denn keinesfalls sollten Paludikulturen, etwa durch Einsatz von Dünger und Pestiziden, neue Umweltprobleme erzeugen. Weil sie ähnliche Standortbedingungen brauchen wie hochwertige Moor-Naturschutzgebiete, stellen die Paludikulturen auch ideale Nutzungsalternativen für deren Pufferzonen dar. Schließlich bieten Paludikulturen noch weitere Vorteile: Durch sie können offene Landschaften erhalten werden, die attraktiver für den ländlichen Tourismus sind als degradierte Moore.

Die Restaurierung sämtlicher mitteleuropäischer Moorflächen bei gleichzeitiger Nutzungsaufgabe erscheint nicht realistisch. Nur wenn es gelingt, die Wiederherstellung ökologischer Leistungen mit betrieblichen Einkünften aus der Moorbewirtschaftung zu koppeln, werden wachsende Moore langfristig, auch bei möglicherweise zukünftig wieder sinkenden Grenzerträgen, gegenüber degradierenden Nutzungsformen konkurrenzfähig bleiben können. Ein weiteres Argument für die Förderung der Paludikulturen verdeutlicht die globale Perspektive: Angesichts der erfolgreichen Bemühungen um den Schutz und die Restaurierung von Mooren in Mitteleuropa ist derzeit ein verstärktes *outsourcing* zerstörerischer Moornutzungen (vor allem in die baltischen Länder sowie nach Weißrussland und Skandinavien) zu beobachten, insbesondere beim Torfabbau für die Energieerzeugung und den Gartenbau (Joosten 1995b). Aktivitäten zur

Moorrestaurierung in Mitteleuropa bleiben unzureichend und moralisch fragwürdig, wenn mitteleuropäische Interessen weltweit mehr Moore vernichten, als vor der Haustür geschützt und restauriert werden können. Paludikulturen können helfen, den Nutzungsdruck auf Moore zu reduzieren und so die globale Bilanz der „lebenden", wachsenden Moore entscheidend zu verbessern.

Literaturverzeichnis

Akkermann R (1982) Regeneration von Hochmooren – Zielsetzung, Möglichkeiten, Erfahrungen. Berichte des Moor-Symposiums 9.–11.7.1980 in Vechta. Inf. Naturschutz und Landschaftspflege (3): 334. BSH-Verlag, Wardenburg

Augustin J (2003) Einfluss des Grundwasserstandes auf die Emission von klimarelevanten Spurengasen und die C- und N-Umsetzungsprozesse in nordostdeutschen Niedermooren. *Schriftenreihe des Landesamtes für Umwelt, Naturschutz und Geologie Mecklenburg-Vorpommern* 2: 38–66

Augustin J, Joosten H (2007) Peatland rewetting and the greenhouse effect. *IMCG Newsletter* 2007/3: 29–30

Barz M, Ahlhaus M, Wichtmann W, Timmermann T (2007) Utilisation of common reed as a renewable resource. Proceedings of the European Biomass Conference and Exhibition 7–11 May 2007 at the Technical University of Riga, Section Heat, Power and Thermal Physics, Volume 22, Riga

Berg E, Jeschke L, Lenschow U, Ratzke U, Thiel W (2000) Das Moorschutzkonzept Mecklenburg-Vorpommern. *Telma* 30: 173–220

Bittmann E (1953) Das Schilf (*Phragmites communis* TRIN.) und seine Verwendung im Wasserbau. *Angewandte Pflanzensoziologie* (Stolzenau) 7: 1–44

Blankenburg J, Dietrich O (2001) Effekte der Vernässungen und Auswirkungen auf benachbarte Gebiete. In: Kratz R, Pfadenhauer J (Hrsg) Ökosystemmanagement für Niedermoore. Strategien und Verfahren zur Renaturierung. Ulmer-Verlag, Stuttgart. 73–79

Blankenburg J, Tonnis W (Hrsg) (2004) Guidelines for wetland restoration of peat cutting areas. Results of the BRIDGE-PROJECT. Geological Survey of Lower Saxony, Hannover

Blümel C, Succow M (1998) Seen. In: Wegener U (Hrsg) Naturschutz in der Kulturlandschaft: Schutz und Pflege von Lebensräumen. G. Fischer, Jena, Stuttgart, Lübeck, Ulm. 169–185

Bobbink R, Roeloffs JGM (1995) Keynote paper – Empirical critical loads: update since Lökeberg (1992). In:

Hornung M, Sutton MA, Wilson RB (Hrsg) Mapping and modelling of critical loads – a workshop report. Proceeding of the Grange-Oversands Workshop 24.–26. October 1994, Institute of Terrestrial Ecology Edinburgh, Research Station. 9–17

Brande A, Deutschbein M, Rowinsky V (1991) Palaeoecology and rewetting of kettle hole mires in Berlin. *Telma* 21: 35–55

Brooks S, Stoneman R (Hrsg) (1997) Conserving bogs: the management handbook. Stationary Office, Edinburgh

Burvall J, Hedman B (1998) Perennial rhizomatous grass: The delayed harvest system improves fuel characteristics for reed canary grass. In: El Bassam N, Behl RK, Prochnow B (Hrsg) Sustainable agriculture for food, energy and industry. James & James, London. 916–918

BUWAL (2002) Moore und Moorschutz in der Schweiz. Bundesamt für Umwelt, Wald und Landschaft, Bern

Clausnitzer U, Succow M (2001) Vegetationsformen der Gebüsche und Wälder. In: Succow M, Joosten H (Hrsg) Landschaftsökologische Moorkunde. 2. Aufl. Schweizerbarth, Stuttgart. 161–170

Coenen H (1981) Flora und Vegetation der Heidegewässer und -moore auf den Maasterrassen im deutsch-niederländischen Grenzgebiet. *Arbeiten zur Rheinischen Landeskunde* 48

Coops H (1996) Helophyte zonation: Impact of water level and wave exposure. Dissertation Katholische Universität Nijmegen

Couwenberg J (2007) Biomass energy crops on peatlands: on emissions and perversions. *IMCG Newsletter* 2007/3: 12–14

Couwenberg J, Joosten H (1999) Pools as missing links: the role of nothing in the being of mires. In: Standen V, Tallis J, Meade R (Hrsg) Patterned mires and mire pools – Origin and development; flora and fauna. British Ecological Society, Durham. 87–102

Couwenberg J, Joosten H (2001) Bilanzen zum Moorverlust. Das Beispiel Deutschland. In: Succow M, Joosten H (Hrsg) Landschaftsökologische Moorkunde. 2. Aufl. Schweizerbarth, Stuttgart. 409–411

Dannowski R, Dietrich O (2006) Schwarzerlenbestockung in wiedervernässten Flusstalmooren Mecklenburg-Vorpommerns: Wasserverbrauch und hydrologische Standorteignung. *Telma* 36: 71–93

Dannowski R, Dietrich O, Tauschke R (1999) Wasserhaushalt einer vernässten Niedermoorfläche in Nordost-Brandenburg. *Archiv für Naturschutz und Landschaftsforschung* 38: 251–266

Dau JHC (1823) Neues Handbuch über den Torf – dessen natürliche Entstehung und Wiedererzeugung. Nutzen im Allgemeinen und für den Staat. J. C. Hinrichsche Buchhandlung, Leipzig

De Mars H, Wassen MJ (1993) The impact of landscape ecological research on local and regional preservation and restoration strategies. *Ekológia* 12: 227–238

Dierßen K (2000) Die Entstehung von Mooren – Typisierung und Prozesse. *NNA-Berichte* 2/2000: 100–109

Dierßen K (2003) Wildnis in der Kulturlandschaft – Ziel oder Widerspruch? – Reflexionen über rationale, imaginative und spirituelle Naturschutzperspektiven. *Archiv für Naturschutz und Landschaftsforschung* 42 (2): 35–41

Dierßen K, Dierßen B (2001) Moore. Ulmer-Verlag, Stuttgart

Dietrich O, Blankenburg J, Dannowski R, Hennings HH (2001) Vernässungsstrategien für verschiedene Standortverhältnisse. In: Kratz R, Pfadenhauer J (Hrsg) Ökosystemmanagement für Niedermoore. Strategien und Verfahren zur Renaturierung. Ulmer-Verlag, Stuttgart. 53–73

Drews H, Jacobsen J, Trepel M, Wolter K (2000) Moore in Schleswig-Holstein unter besonderer Berücksichtigung der Niedermoore – Verbreitung, Zustand und Bedeutung. *Telma* 30: 241–278

Edom F (2001) Moorlandschaften aus hydrologischer Sicht (chorische Betrachtung). In: Succow M, Joosten H (Hrsg) Landschaftsökologische Moorkunde. 2. Aufl. Schweizerbarth, Stuttgart. 185–228

Edom F, Dittrich I, Goldacker S, Kessler K (2007) Die hydromorphologisch begründete Planung der Moorrevitalisierung im Erzgebirge. In: Sächsische Landesstiftung Natur und Umwelt (Hrsg) Praktischer Moorschutz im Naturpark Erzgebirge/Vogtland und Beispielen aus anderen Gebirgsregionen: Methoden, Probleme, Ausblick. Lausitzer Druck- und Verlagshaus, Bautzen. 19–32

Eggelsmann R (1987) Ökotechnische Aspekte der Hochmoor-Regeneration. *Telma* 17: 59–94

Eigner J, Schmatzler E (1991) Handbuch des Hochmoorschutzes – Bedeutung, Pflege und Entwicklung. Naturschutz Aktuell Nr. 4, Kilda-Verlag, Greven

Emmel M, Kennet A-K (2007) Vermehrungssubstrate – Torfmoosarten unterschiedlich geeignet. *Deutscher Gartenbau* 13: 34–35

Eser U, Potthast T (1997) Bewertungsproblem und Normbegriff in Ökologie und Naturschutz aus wissenschaftsethischer Perspektive. *Zeitschrift für Ökologie und Naturschutz* 6: 181–189

Fischer U (2001) Peene-Flußtalmoor. In: Succow M, Joosten H (Hrsg) Landschaftsökologische Moorkunde. 2. Aufl. Schweizerbarth, Stuttgart. 438–443

Fischer U (2005) Entwicklung der Kulturlandschaft im Peene-Talmoor seit 1700. Historisch-landschaftsökologische Untersuchung eines nordostdeutschen Flußtalmoores unter besonderer Berücksichtigung des frühneuzeitlichen Zustandes. Dissertation Universität Greifswald

Frankl R (1996) Zur Vegetationsentwicklung in den Rottauer Filzen (südliche Chiemseemoore) im Zeitraum

1957 bis 1992. *Bayreuther Forum Ökologie* 37: 1–257

Gaudig G (2001) Das Forschungsprojekt: Etablierung von *Sphagnum* – Optimierung der Wuchsbedingungen. *Telma* 31: 329–334

Gaudig G (2002) Das Forschungsprojekt: „Torfmoose (*Sphagnum*) als nachwachsender Rohstoff: Etablierung von Torfmoosen – Optimierung der Wuchsbedingungen". *Telma* 32: 227–242

Gaudig G, Couwenberg J, Joosten H (2006) Peat accumulation in kettle holes: bottom up or top down? *Mires and Peat* 1: Article 06. http://www.mires-and-peat.net

Gaudig G, Joosten H (2002) Peat moss (*Sphagnum*) as a renewable resource – an alternative to *Sphagnum* peat in horticulture. In: Schmilewski G, Rochefort L (Hrsg) Peat in horticulture. Quality and environmental challenges. International Peat Society, Jyväskylä. 117–125

Gaudig G, Joosten H (2003) Kultivierung von Torfmoos als nachwachsender Rohstoff – Möglichkeiten und Erfolgsaussichten. *Greifswalder Geographische Arbeiten* 31: 75–86

Gaudig G, Kamermann D, Joosten H (2007) Growing growing media: promises of *Sphagnum* biomass. *Acta Horticulturae* 779: 165–171

Gelbrecht J, Zak D (2004) Stoffumsetzungsprozesse in Niedermooren und ihr Einfluss auf angrenzende Oberflächengewässer. *Wasserwirtschaft* 5: 15–18

Gelbrecht J, Zak D, Rossoll T (2006) Saisonale Nährstoffdynamik und Phosphorrückhalt in wiedervernässten Mooren des Peenetals (Mecklenburg-Vorpommern). *Archiv für Naturschutz und Landschaftsforschung* 45 (1): 3–21

Gensior A, Zeitz J (1999) Einfluß einer Wiedervernässungsmaßnahme auf die Dynamik chemischer und physikalischer Bodeneigenschaften eines degradierten Niedermoores. *Archiv für Naturschutz und Landschaftsforschung* 38: 267–302

Gorham E, Rochefort L (2003) Peatland restoration: A brief assessment with special reference to *Sphagnum* bogs. *Wetlands Ecology and Management* 11: 109–119

Grantzau E (2002) *Sphagnum* als Kultursubstrat. *Deutscher Gartenbau* 44/2002: 34–35

Grantzau E (2004) Torfmoos als Substrat für Zierpflanzen geeignet. *Deutscher Gartenbau* 34/2004: 14–15

Grantzau E, Gaudig G (2005) Torfmoos als Alternative. *TASPO Magazin* 3: 8–10

Gremer D, Vegelin K, Edom F (2000) Der Küstenüberflutungsbereich „Anklamer Stadtbruch" im Wandel – Zustandsbewertung und Entwicklungsperspektiven. *Naturschutzarbeit in Mecklenburg-Vorpommern* 43 (2): 19–36

Grootjans A, van Diggelen R (1995) Assessing the restoration prospects of degraded fens. In: Wheeler

BD, Shaw SC, Fojt WJ, Robertson RA (Hrsg) Restoration of temperate wetlands. John Wiley & Sons, Chichester

Grootjans AP, van Diggelen R, Bakker JP (2006) Restoration of mires and wet grasslands. In: Van Andel J, Aronson J (Hrsg) Restoration ecology. Blackwell Publishing, Malden, Oxford, Carlton. 111–123

Grootjans AP, Verbeek SK (2002) A conceptual model of european wet meadow restoration. *Ecological Restoration* 20 (1): 6–9

Grosse-Brauckmann G (1990) Ablagerungen der Moore. In: Göttlich K (Hrsg) Moor- und Torfkunde. 3. Aufl. Schweizerbart'sche Verlagsbuchhandlung, Stuttgart. 175–236

Grünig A, Vetterli L, Wildi O (1986) Die Hoch- und Übergangsmoore der Schweiz. *Berichte der Eidgenössischen Anstalt für Forstliches Versuchswesen* 281

Haberl A, Kahrmann M, Krebs M, Matchutadze I, Joosten H (2006) The Imnati mire in the Kolkheti lowland in Georgia. *Peatlands International* 2006/1: 35–38

Harter A, Luthardt V (1997) Revitalisierungsversuche in zwei degradierten Niedermooren in Brandenburg – Eine Fallstudie zur Reaktion von Boden und Vegetation auf Wiedervernässung. *Telma* 27: 147–169

Hartmann M (1999) To the roots of peat formation – production and decomposition processes in a fen. Dissertation Universität Greifswald

Hasch B, Meier R, Luthardt V, Zeitz J (2007) Renaturierung von Waldmooren in Bradenburg und erste Ergebnisse zum Aufbau eines Entscheidungsunterstützungssystems für das Management von Waldmooren. *Telma* 37: 165–183

Hashisaki S (1996) Functional wetland restoration: An ecosystem approach. *Northwest Science* 70: 348–351

Hawke CJ, José DV (1996) Reedbed management for commercial and wildlife interests. Royal Society for the Protection of Birds, London

Jansen F (2004) Ansätze zu einer quantitativen historischen Landschaftsökologie. *Dissertationes Botanicae* 394

Jansen F, Succow M (2001) Die Ziese-Niederung (Ausgewählte Beispiele der „Anthropogenese" von Mooren Nordostdeutschlands In: Succow M, Joosten H (Hrsg) Landschaftsökologische Moorkunde. 2. Aufl. Schweizerbarth, Stuttgart. 443–452

Jensen U (1990) Die Moore des Hochharzes. Spezieller Teil. *Naturschutz und Landschaftspflege in Niedersachsen* 23

Jensen K, Trepel M, Merritt D, Rosenthal G (2006) Restoration ecology of river valleys. *Basic and Applied Ecology* 7 (5): 383–387

Jeschke L (1987) Vegetationsdynamik des Salzgraslandes im Bereich der Ostseeküste der DDR unter dem Einfluß des Menschen. *Hercynia N. F.* 24: 321–328

Jeschke L (1990) Der Einfluß der Klimaschwankungen und Rodungsphasen auf die Moorentwicklung im Mittelalter. *Gleditschia* 18: 115–123

Jeschke L (2001) Revitalisierung des Kieshofer Moores bei Greifswald. In: Succow M, Joosten H (Hrsg) Landschaftsökologische Moorkunde. 2. Aufl. Schweizerbart, Stuttgart. 528–534

Jeschke L (2007) Moor. In: Nationalparamt Müritz (Hrsg) Forschung und Monitoring 1990–2006. Hohenzieritz. 25–43

Jeschke L, Lenschow U, Zimmermann H (2003) Die Naturschutzgebiete in Mecklenburg-Vorpommern. Demmler Verlag, Schwerin

Jeschke L, Paulson C (2001) Revitalisierung von Kesselmooren im Serrahner Wald (Müritz-Nationalpark) In: Succow M, Joosten H (Hrsg) Landschaftsökologische Moorkunde. 2. Aufl. Schweizerbart, Stuttgart. 523–528

Joosten H (1993) Denken wie ein Hochmoor: Hydrologische Selbstregulation von Hochmooren und deren Bedeutung für Wiedervernässung und Restauration. *Telma* 23: 95–115

Joosten H (2007) Belarus takes the lead in peatland restoration for climate! *IMCG Newsletter* 2007/3: 21–22

Joosten H, Augustin J (2006) Peatland restoration and climate: on possible fluxes of gases and money. In: Bambalov NN (Hrsg) Peat in solution of energy, agriculture and ecology problems. Tonpik, Minsk. 412–417

Joosten H, Clarke D (2002) Wise use of mires and peatlands. Backround and principles including a framework for decision making. International Mire Conservation Group and International Peat Society, Totnes

Joosten JHJ (1992) Bog regeneration in the Netherlands: a review. In: Bragg OM, Hulme PD, Ingram HAP, Robertson RA (Hrsg) Peatland ecosystems and man: An impact assessment. Departement of Biological Sciences University of Dundee, Dundee. 367–373

Joosten JHJ (1995a) Time to regenerate: long-term perspectives of raised bog regeneration with special emphasis on palaeoecological studies. In: Wheeler BD, Shaw SC, Fojt WJ, Robertson RA (Hrsg) Restoration of temperate wetlands. Wiley, Chichester. 379–404

Joosten JHJ (1995b) The golden flow: the changing world of international peat trade. *Gunneria* 70: 269–292

Kästner M, Flössner W (1933) Die Pflanzengesellschaften der erzgebirgischen Moore. II. Veröffentlichung des Landesvereins Sächsischer Heimatschutz, Dresden

Kaule G (1974) Die Übergangs- und Hochmoore Süddeutschlands und der Vogesen. (Landschaftsökologische Untersuchungen mit besonderer Berücksichtigung der Ziele der Raumordnung und des Natur-schutzes). *Dissertationes Botanicae*, Lehre 27

Kieckbusch J, Schrautzer J (2004) Nährstoffdynamik flach überstauter Niedermoorflächen am Beispiel der Pohnsdorfer Stauung (Schleswig-Holstein). *Archiv für Naturschutz und Landschaftsforschung* 43 (1): 15–29

Kieckbusch J, Schrautzer J (2007) Nitrogen and phosphorus dynamics of a re-wetted shallow-flooded peatland. *Science of the Total Environment* 380 (1–3): 3–12

Kieckbusch J, Wiebe C (2004) Das Wiedervernässungs-projekt Pohnsdorfer Stauung. *WasserWirtschaft* 94 (5): 35–39

Klötzli F, Grootjans AP (2001) Restoration of natural and seminatural wetland systems in Central Europe: Progress and predictability of developments. *Restoration Ecology* 9: 209–219

Knieß A, Trepel M (2007) A decision support system to predict long-term changes in peatland functions. In: Okruszko T, Maltby E, Szatylowicz J, Swiatek D, Kotowski W (Hrsg) Wetlands. Monitoring, modelling and management. Taylor & Francis, London. 255–262

Koppisch D, Roth S, Hartmann M (2001) Vom Saatgrasland zum torfspeichernden Niedermoor – Die Experimentalanlage Am Fleetholz/Friedländer Große Wiese In: Succow M, Joosten H (Hrsg) Landschaftsökologische Moorkunde. 2. Aufl. Schweizerbart, Stuttgart. 497–504

Koppitz H, Kühl H, Geißler K, Kohl J-G (1999) Vergleich der Entwicklung verschiedener auf einem wiedervernäßten Niedermoor etablierter Schilfklone (*Phragmites australis*). I. Saisonale Entwicklung der Bestandesstruktur, Halmmorphologie und Produktivität. *Archiv für Naturschutz und Landschaftsforschung* 38: 145–166

Koska I (2004) Phragmito-Magno-Caricetea. In: Berg C, Dengler J, Abdank A, Isermann M (Hrsg) Die Pflanzengesellschaften Mecklenburg-Vorpommerns und ihre Gefährdung – Textband. Weissdorn, Jena. 196–224

Koska I (2007) Weiterentwicklung des Vegetationsformenkonzeptes – Ausbau einer Methode für die vegetationskundliche und bioindikative Landschaftsanalyse, dargestellt am Beispiel der Feuchtgebietsvegetation Nordostdeutschlands. Dissertation Universität Greifswald

Koska I, Stegmann H (2001) Revitalisierung eines Quellmoorkomplexes am Sernitz-Oberlauf. In: Succow M, Joosten H (Hrsg) Landschaftsökologische Moorkunde. 2. Aufl. Schweizerbart, Stuttgart. 509–517

Koska I, Succow M, Timmermann T (2001) Vegetationsformen der offenen, ungenutzten Moore und des aufgelassenen Feuchtgrünlandes. In: Succow

M, Joosten H (Hrsg) Landschaftsökologische Moorkunde. 2. Aufl. Schweizerbart, Stuttgart. 144–161

Koska I, Timmermann T (2004) Parvo-Caricetea. In: Berg C, Dengler J, Abdank A, Isermann M (Hrsg) Die Pflanzengesellschaften Mecklenburg-Vorpommerns und ihre Gefährdung – Textband. Weissdorn, Jena. 163–195

Kotowski W (2002) Fen communities. Ecological mechanisms and conservation strategies. PhD Thesis, University of Groningen

Kowatsch A (2007) Moorschutzkonzepte und -programme in Deutschland. *Naturschutz und Landschaftsplanung* 39 (7): 197–204

Kratz R, Pfadenhauer J (Hrsg) (2001) Ökosystemmanagement für Niedermoore. Strategien und Verfahren zur Renaturierung. E. Ulmer, Stuttgart

Krausch HD (1960) Die Pflanzenwelt des Spreewaldes. A. Ziemsen-Verlag, Wittenberg

Kretschmer H, Pfeffer H, Hielscher K, Zeitz J (2001) Ableitung eines ökologischen Entwicklungskonzepts. In: Kratz R, Pfadenhauer J (Hrsg) Ökosystemmanagement für Niedermoore. Strategien und Verfahren zur Renaturierung. E. Ulmer, Stuttgart. 223–241

Kropf P (1985) Die Erle und die Verwendung ihres Holzes. Teil 3: Obstkisten, Bienenbeuten, Spielzeug und Tischlerei. *Holz-Zentralblatt* 111: 2146. Teil 5: Drechslerei, Uhrengehäuse und sonstige Verwendungen. *Holz-Zentralblatt* 111: 2258–2259

Kühl H, Woitke P, Kohl J-G (1997) Strategies of nitrogen cycling of *Phragmites australis* at two sites differing in nutrient availability. *International Revue of Hydrobiology* 82: 57–66

Kukla S (1965) The development of the spring bogs in the region of North-East Poland. *Zagadnienia Torfoznawcze*, P. W. R. i. l. 57: 395–483

Landgraf L (1998) Landschaftsökologische Untersuchungen an einem wiedervernässten Niedermoor in der Nuthe-Nieplitz-Niederung. *Studien und Tagungsberichte des Landesumweltamtes Brandenburg*, Band 18, Potsdam

Landgraf L, Krone A (2002) Possibilities for the improvement of the landscape water balance in Brandenburg. *GWF, Wasser-Abwasser* 143 (5): 435–444

Landgraf L, Notni P (2003) Das Moosfenn bei Potsdam – Langzeitstudie zu Genese und Wasserhaushalt eines brandenburgischen Kesselmoores. *Telma* 33: 59–83

Landgraf L, Notni P (2004) Das Moosfenn bei Potsdam – Langzeitstudie zu Vegetation und Nährstoffhaushalt eines brandenburgischen Kesselmoores. *Telma* 34: 123–153

Landgraf L, Thormann J, Sieper-Ebsen E (2007) Der Moorschutzrahmenplan – Moorschutz und Moorinventarliste mit Handlungsbedarf für Brandenburg. NaturSchutzFonds Brandenburg (Hrsg), Potsdam

Lockow K-W (1994) Ertragstafel für die Roterle (*Alnus glutinosa* [L.] Gaertn.) in Mecklenburg-Vorpommern. Forstliche Forschungsanstalt Eberswalde, Abteilung Waldwachstum, Eberswalde

Lucassen ECHET, Smolders AJP, Lamers LPM, Roelofs JGM (2005) Water table fluctuations and groundwater supply are important in preventing phosphate-eutrophication in sulphate-rich fens: Consequences for wetland restoration. *Plant and Soil* 269: 109–115

Lütt S (2004) Die Renaturierung der Moore in Schleswig-Holstein in den letzten 25 Jahren. *Archiv für Naturschutz und Landschaftsforschung* 43 (1): 91–97

Malterer T, Johnson K, Stewart J (Hsg) (1998) Peatland restoration & reclamation – techniques and regulatory considerations. Proceeding 1998 International Peat Symposium, Duluth (USA). International Peat Society, Jyväskylä

Mauersberger H, Mauersberger R (1997) Die Seen des Bioshpärenreservates Schorfheide Chorin – Eine ökologische Studie. Dissertation Universität Greifswald

Meade R (Hsg) (2003) Proceedings of the Risley Moss Bog Restoration Workshop, 26–27 February 2003. English Nature, Peterborough

Michaelis D (2002) Die spät- und nacheiszeitliche Entwicklung der natürlichen Vegetation von Durchströmungsmooren in Mecklenburg-Vorpommern am Beispiel der Recknitz. *Dissertationes Botanicae* 365

Mortensen J (1998) Yield and chemical composition of reed canary grass populations in autumn and spring. In: El Bassam N, Behl RK, Prochnow B (Hrsg) Sustainable agriculture for food, energy and industry. James & James, London. 951–954

Nick KJ, Löpmeier FJ, Schiff H, Blankenburg J, Gebhardt H, Knabke C, Weber HE, Främbs H, Mossakowski D (2001) Moorregeneration im Leegmoor/Emsland nach Schwarztorfabbau und Wiedervernässung. *Angewandte Landschaftsökologie* 38

Nienhuis PH, Bakker JP, Grootjans AP, Gulati RD, DeJonge VN (2002) The state of the art of aquatic and semi-aquatic ecological restoration projects in the netherlands. *Hydrobiologia* 478: 219–233

Nygard B (2004) Community assembly in restored wetlands. Phd These, National Environmental rsearch institute, Kalo, Denmark

Oswit J, Pacowski R, Zurek S (1976) Characteristics of more important peat species in Poland. In: Peatlands and their utilization in Poland. V. International Peat Congress Poznan. NOT, Warsaw. 51–60

Paffen BPG, Roelofs JGM (1991) Impact of carbon dioxide and ammonium on the growth of submerged *Sphagnum cuspidatum*. *Aquatic Botany* 40: 61–71

Paulson C (2000) Vegetationsentwicklung in Kesselmooren nach Revitalisierung durch Wiedervernässung: Beispiele aus dem Serrahner Teil des Müritz-Nationalparkes (Mecklenburg-Vorpommern). *Archiv für Naturschutz und Landschaftsforschung* 39: 1–21

Paulson C (2001) Die Karstmoore in der Kreidelandschaft des Nationalparks Jasmund auf der Insel Rügen. *Greifswalder Geographische Arbeiten* 21: 1–296

Päzolt J (1999) Genese eines Quellmoorkomplexes im Ückertal (Brandenburg) und der anthropogene Einfluß auf die Hydrologie des Moores. *Telma* 29: 53–64

Päzolt J (2004) Hydrologie und Phosphorhaushalt eines druckwassergespeisten Quellmoores. Dissertation Universität Greifswald

Pedroli B, van Blust G, van Looy K, van Rooij S (2002) Setting targets in strategies for river restoration. *Landscape Ecology* 17 (1): 5–18

Pfadenhauer J, Grootjans A (1999) Wetland restoration in Central Europe: aims and methods. *Applied Vegetation Science* 2: 95–106

Pfadenhauer J, Kaule G (1972) Vegetation und Ökologie eines Waldquellenkomplexes im Bayerischen Inn-Chiemsee-Vorland. *Berichte des Geobotanischen Institutes der ETH, Stiftung Rübel* 41: 74–87

Pfadenhauer J, Sliva J, Marzelli M (2000) Renaturierung von landwirtschaftlich genutzten Niedermooren und abgetorften Hochmooren. *Schriftenreihe des Bayrischen Landesamtes für Umweltschutz* 148: 3–160

Pfadenhauer J, Zeitz J (2001) Leitbilder und Ziele für die Renaturierung norddeutscher Moore In: Kratz R, Pfadenhauer J (Hrsg) Ökosystemmanagement für Niedermoore. Strategien und Verfahren zur Renaturierung. E. Ulmer, Stuttgart. 17–24

Poschlod P (1990) Vegetationsentwicklung in abgetorften Hochmooren des bayerischen Alpenvorlandes unter besonderer Berücksichtigung standortskundlicher und populationsbiologischer Faktoren. *Dissertationes Botanicae* 152

Post L v, Granlund E (1926) Södra Sveriges torvtillgängar I. Sveriges Geologiska Undersökning, Serie C, Stockholm

Price JS, Heathwaite AL, Baird AJ (2003) Hydrological processes in abandoned and restored peatlands: An overview of management approaches. *Wetlands Ecology and Management* 11: 65–85

Quinty F, Rochefort L (2003) Peatland restoration guide. 2nd edition. Canadian Peat Moss Association and New Brunswick Department of Natural Resources and Energy, Quebec

Richert M, Dietrich O, Koppisch D, Roth S (2000) The influence of rewetting on vegetation development and decomposition in a degraded fen. *Restoration Ecology* 8 (2): 186–195

Rodewald-Rudescu L (1974) Das Schilfrohr. Schweizerbart, Stuttgart

Rosenthal G (2006) Restoration of wet grasslands – effects of seed dispersal, persistence and abundance on plant species recruitment. *Basic and Applied Ecology* 7 (5): 409–421

Roth S (2000) Etablierung von Schilfröhrichten und Seggenriedern auf wiedervernässtem Niedermoor. Dissertation Universität Marburg. Shaker, Aachen

Roth S, Seeger T, Poschlod P, Pfadenhauer J, Succow M (1999) Establishment of helophytes in the course of fen restoration. *Applied Vegetation Science* 2: 131–136

Roth S, Seeger T, Poschlod P, Pfadenhauer J, Succow M (2001) Etablierung von Röhrichten und Seggenrieden. In: Kratz R, Pfadenhauer J (Hrsg) Ökosystemmanagement für Niedermoore. Strategien und Verfahren zur Renaturierung. E. Ulmer, Stuttgart. 125–134

Rybniček K, Rybničkova E (1977) Mooruntersuchungen im oberen Gurgltal, Ötztaler Alpen. *Folia Geobotanica et Phytotaxonomica* 12: 245–291

Schacht M (2007) Torfmoose – Bioaktive Inhaltstoffe bringen Zusatznutzen. *Deutscher Gartenbau* 13: 36

Schäfer A (2005) Umweltverträgliche Erlenwirtschaft auf wieder vernässten Niedermoorstandorten. *Beiträge für Forstwirtschaft und Landschaftsökologie* 39 (4): 165–171

Schäfer A, Joosten H (Hrsg) (2005) Erlenaufforstung auf wiedervernässten Niedermooren. DUENE, Greifswald

Schäffer N (2003) Chancen für den Ökotourismus in Mooren. *Greifswalder Geographische Arbeiten* 31: 107–114

Schaminée JHJ, Weeda EJ, Westhoff V (Hrsg) (1995) De Vegetatie van Nederland – Deel 2. Plantengemeenschappen van wateren, moerassen en natte heiden. Opulus, Uppsala u. a.

Schipper AM, Zeefat R, Tanneberger F, van Zuidam JP, Hahne W, Schep SA, Loos S, Bleuten W, Joosten H, Lapshina ED, Wassen MJ (2007) Vegetation characteristics and eco-hydrological processes in a pristine mire in the Ob River valley (Western Siberia). *Plant Ecology* 193: 131–145

Schoockius M (1658) Tractatus de Turffis ceu cespitibus bituminosis. Johannes Cöllenus, Groningen

Schopp-Guth A (1999) Renaturierung von Moorlandschaften. *Schriftenreihe für Landschaftspflege und Naturschutz* 57

Schot PP, Dekker SC, Poot A (2004) The dynamic form of rainwater lenses in drained fens. *Journal of Hydrology* 293: 74–84

Schouten MGC (Hrsg) (2002) Conservation and restoration of raised bogs. Geological, hydrological and ecological Studies. Geological Survey of Ireland/Staatsbosbeheer, Dublin/Driebergen

Schouwenaars JM, Esselink H, Lamers LPM, van der Molen PC (2002) Ontwikkelingen en herstel van hoogveensystemen. Bestaande kennis en benodigd onderzoek. Rapport EC-LNV nr. 2002/084 O, Experticecentrum LNV, Ministerie van Landbouw, Natuurbeheer en Visserij, Ede/Wageningen

Schrautzer J (2004) Niedermoore Schleswig-Holsteins: Charakterisierung und Beurteilung ihrer Funktion im Landschaftshaushalt. *Mitteilungen der AG Geobotanik in Schleswig-Holstein und Hamburg* 63

Schuch M (1994) Ziele der Moorrenaturierung – Die wichtigsten Maßnahmen. *Telma* 24: 245–252

Schumann M, Joosten H (2008) A global peatland restoration manual. Version February 2008. www.imcg.net/docum/prm/prm.htm

Siuda C (2002) Leitfaden der Hochmoorrenaturierung in Bayern für Fachbehörden, Naturschutzorganisationen und Planer. Bayerisches Landesamt für Umweltschutz, Augsburg

Sjörs H (1948) Myrvegetation i Bergslagen. *Acta Phytogeographica Suecica* 21: 1–299

Sliva J (1997) Renaturierung von industriell abgetorften Hochmooren am Beispiel der Kendlmühlfilzen. Herbert Utz Verlag – Wissenschaft, München

Sliva J, Pfadenhauer J (1999) Restoration of cut-over raised bogs in southern Germany – A comparison of methods. *Applied Vegetation Science* 2 (1): 137–148

Smolders AJP, Tomassen HBM, Lamers LPM, Lomans BP, Roelofs JGM (2002) Peat bog formation by floating raft formation: the effects of groundwater and peat quality. *Journal of Applied Ecology* 39: 391–401

Smolders AJP, Tomassen HBM, Pijnappel H, Lamers LPM, Roelofs JGM (2001) Substrate-derived CO_2 is important in the development of *Sphagnum* spp. *New Phytologist* 152: 325–332

Staubli P (2004) Regeneration von Hochmooren im Kanton Zug. *Vierteljahrsschrift der Naturforschenden Gesellschaft in Zürich* 148 (2–3): 75–81

Stegmann H (2005) Die Quellmoore im Sernitztal (NO-Brandenburg) – Genese und anthropogene Bodenveränderungen. Dissertation Universität Greifswald

Steiner GM (1992) Österreichischer Moorschutzkatalog. Grüne Reihe des Bundesministeriums für Umwelt, Jugend und Familie, Band 1, Wien

Succow M (1988) Landschaftsökologische Moorkunde. Gustav Fischer, Jena

Succow M (1998) Wachsende (naturnahe) Moore. In: Wegener U (Hrsg) Naturschutz in der Kulturlandschaft: Schutz und Pflege von Lebensräumen. Gustav Fischer, Jena, Stuttgart. 126–156

Succow M (1999) Lebenszeit von Ökosystemen – am Beispiel mitteleuropäischer Seen und Moore. *Nova Acta Leopoldina NF* 81 (314): 247–262

Succow M (2001a) Hangmoore. In: Succow M, Joosten H (Hrsg) Landschaftsökologische Moorkunde. 2. Aufl. Schweizerbart, Stuttgart. 350–353

Succow M (2001b) Verlandungsmoore. In: Succow M, Joosten H (Hrsg) Landschaftsökologische Moorkunde. 2. Aufl. Schweizerbart, Stuttgart. 317–338

Succow M (2002) Zur Nutzung mitteleuropäischer Moore – Rückblick und Ausblick. *Telma* 32: 255–266

Succow M, Gahlert F, Pankoke K, Jehle P, Schulz S (2007) Vegetationswandel nach 10-jähriger Nutzungsauflassung im Nationalpark „Unteres Odertal" – Erste Untersuchungsbefunde für das Totalreservat am Welsesee. *Archiv für Naturschutz und Landschaftsforschung* 46 (4): 35–44

Succow M, Jeschke L (1986) Moore in der Landschaft. Thun, Frankfurt/Main

Succow M, Joosten H (Hrsg) (2001) Landschaftsökologische Moorkunde. 2. Aufl. Schweizerbart, Stuttgart

Succow M, Kopp D (1985) Seen als Naturraumtypen. *Petermanns Geographische Mitteilungen* 3: 161–170 und 4: Kartenbeilage

Succow M, Stegmann H, Koska I (2001) Quellmoore. In: Succow M, Joosten H (Hrsg) Landschaftsökologische Moorkunde. 2. Aufl. Schweizerbart, Stuttgart. 353–365

Tegetmeyer C, Tanneberger F, Dylawerski M, Flade M, Joosten H (2007) The Aquatic Warbler – Saving Europe's most threatened songbird. Reed cutters and conservationists team up in Polish peatlands. *Peatlands International* 2007/1: 19–23

Timmermann T (1999a) *Sphagnum*-Moore in Nordostbrandenburg: Stratigraphisch-hydrodynamische Typisierung und Vegetationswandel seit 1923. *Dissertationes Botanicae* 305

Timmermann T (1999b) Anbau von Schilf (*Phragmites australis*) als ein Weg zur Sanierung von Niedermooren – Eine Fallstudie zu Etablierungsmethoden, Vegetationsentwicklung und Konsequenzen für die Praxis. *Archiv für Naturschutz und Landschaftsforschung* 38: 111–143

Timmermann T (2003a) Nutzungsmöglichkeiten der Röhrichte und Riede nährstoffreicher Moore Mecklenburg-Vorpommerns. *Greifswalder Geographische Arbeiten* 31: 31–42

Timmermann T (2003b) Hydrologische Dynamik von Kesselmooren und ihre Bedeutung für die Gehölzentwicklung. *Telma* 33: 85–107

Timmermann T (2004) Oxycocco-Sphagnetea. In: Berg C, Dengler J, Abdank A, Isermann M (Hrsg) Die Pflanzengesellschaften Mecklenburg-Vorpommerns und ihre Gefährdung – Textband. Weissdorn, Jena. 149–162

Timmermann T, Dengler J, Abdank A, Berg C (2006a) Objektivierung von Naturschutzbewertungen – Das Beispiel Roter Listen von Pflanzengesellschaften. *Naturschutz und Landschaftsplanung* 38: 133–139

Timmermann T, Margóczi K, Takács G, Vegelin K (2006b) Restoring peat forming vegetation by rewetting species-poor fen grasslands: the role of water level for early succession. *Applied Vegetation Science* 9: 241–250

Timmermann T, Succow M (2001) Kesselmoore. In: Succow M, Joosten H (Hrsg) Landschaftsökologische Moorkunde. 2. Aufl. Schweizerbart, Stuttgart. 379–390

Tobolski K (2003) Torfowiska (auf Polnisch). Towarzystwo Przyjaciół Dolnej Wisły, Swiecie

Tomassen HBM (2004) Revival of Dutch *Sphagnum* bogs: a reasonable perspective? Dissertation, Radboud Universität, Nijmegen

Tomassen HBM, Smolders AJP, van der Schaaf S, Lamers LPM, Roelofs JGM (2008, eingereicht) Restoration of raised bogs: mechanisms and case studies from the Netherlands. In: Eiseltova M, Ridgill S (Hrsg) Restoration of Lakes, Streams, Floodplains, and Bogs in Europe: principles and case studies. Springer.

Trepel M (2003) Schleswig-Holstein verabschiedet ein Programm zur Restitution von Niedermooren. *Telma* 33: 267–272

Trepel M (2004) Zur Wirkung von Niederungen im Landschaftswasser- und -stoffhaushalt. *Archiv für Naturschutz und Landschaftsforschung* 43: 53–64

Trepel M (2007) Evaluation of the implementation of a goal-oriented peatland rehabilitation plan. *Ecological Engineering* 30 (2 special issue): 167–175

Trepel M, Dall'O M, Dal Cin L, De Wit M, Opitz S, Palmieri L, Persson J, Pieterse NM, Timmermann T, Bendoricchio G, Kluge W, Joergensen S-E (2000) Models for wetland planning, design and management. *Ecosys* 8: 93–137

Trepel M, Kluge W (2004) WETTRANS: A flow-path-oriented decision-support system for the assessment of water and nitrogen exchange in riparian peatlands. *Hydrological Processes* 18 (2): 357–371

Tüxen J, Stamer R, Onken-Grüß A (1977) Beobachtungen über den Wasserhaushalt von Kleinstmooren. *Mitteilungen der floristisch-soziologischen Arbeitsgemeinschaft N. F.* 19/20: 283–296

Valkama E, Lyytinen S, Koricheva J (2008) The impact of reed management on wildlife: A meta-analytical review of European studies. *Biological Conservation* 141: 364–374

Van Beusekom CF, Farjon JMJ, Foekema F, Lammers B, de Molenaar JG, Zeeman WPC (1990) Handboek Grondwaterbeheer voor Natuur, Bos en Landschap. Studiecommissie Waterbeheer Natuur, Bos en Landschap, Driebergen

Van Bodegom PM, Grootjans AP, Sorrell BK, Bekker RM, Bakker C, Ozinga WA (2006) Plant traits in response to raising groundwater levels in wetland restoration: Evidence from three case studies. *Applied Vegetation Science* 9 (2): 251–260

Van Diggelen R, Grootjans AP, Burkunk R (1994) Assessing restoration perspectives of disturbed brook valleys: the Gorecht area. *Restoration Ecology* 2: 87–96

Van Diggelen R, Marrs RH (2003) Restoring plant communities – introduction. *Applied Vegetation Science* 6 (2): 106–110

Van Diggelen R, Middleton B, Bakker J, Grootjans A, Wassen M (2006) Fens and floodplains of the temperate zone: Present status, threats, conservation and restoration. *Applied Vegetation Science* 9 (2): 157–162

Van Diggelen R, Wierda A (1994) Hydroökologische Untersuchungen im Peenehaffmoor. Greifswald (nicht veröffentlicht)

Verhagen R, Klooker J, Bakker JP, van Diggelen R (2001) Restoration success of low-production plant communities on former agricultural soils after top-soil removal. *Applied Vegetation Science* 4 (1): 75–82

Wassen MJ (2005) The use of reference areas in the conservation and restoration or riverine wetlands. *Ecohydrology and Hydrobiology* 5 (1): 41–49

Weichhardt-Kulessa K, Brande A, Zerbe S (2007) Zwei kleine Waldmoore im Hochspessart als Archive der Landschaftsgeschichte und Objekte des Naturschutzes. *Telma* 37: 57–76

Wheeler BD, Money RP, Shaw S (2002) Freshwater wetlands. In: Perrow MR, Davy AJ (Hrsg) Handbook of ecological restoration. Vol. 2: Restoration in practice. Cambridge University Press, Cambridge

Wheeler BD, Shaw SC (1995) Restoration of damaged peatlands – With particular reference to lowland raised bogs affected by peat extraction. HMSO, London

Wheeler BD, Shaw SC, Fojt WJ, Robertson RA (1995) Restoration of temperate wetlands. John Wiley & Sons, Chichester

Wichtmann W (1999a) Schilfanbau als Alternative zur Nutzungsauflassung von Niedermooren. *Archiv für Naturschutz und Landschaftsforschung* 38: 97–110

Wichtmann W (1999b) Nutzung von Schilf (*Phragmites australis*). *Archiv für Naturschutz und Landschaftsforschung* 38: 217–231

Wichtmann W (2003) Verwertung von Biomasse von Niederungsstandorten. *Greifswalder Geographische Arbeiten* 31: 43–54

Wichtmann W, Knapp M, Joosten H (2000) Verwertung der Biomasse aus der Offenhaltung von Niedermooren. *Zeitschrift für Kulturtechnik und Landentwicklung* 41: 32–36

Wichtmann W, Schäfer A (2004) Nutzung von Niederungsstandorten in Norddeutschland. *Wasserwirtschaft* 94 (5): 45–48

Wichtmann W, Schäfer A (2007) Alternative management options for degraded fens – Utilisation of biomass from rewetted peatlands. In: Okruszko T, Maltby E, Szatylowicz J, Swiatek D, Kotowski W, (Hrsg) Wetlands: Monitoring, modelling and management. Taylor, London. 273–279

Wichtmann W, Succow M (2001) Nachwachsende Rohstoffe. In: Kratz R, Pfadenhauer J (Hrsg) Ökosystemmanagement für Niedermoore – Strategien und Verfahren zur Renaturierung. E. Ulmer, Stuttgart. 177–184

Wild U, Kamp T, Lenz A, Heinz S, Pfadenhauer J (2001) Cultivation of *Typha* spp. in constructed wetlands for peatland restoration. *Ecological Engineering* 17: 49–54

Wolejko L (1994) Conservation of spring mires in western Pommerania, Poland. In: Grüning A (Hrsg) Mires and man. Mire conservation in a densely populated country – the Swiss experience. Excursion guide and Symposium Proceedings of the 5th Field Symposium of the International Mire Conservation Group (IMCG) to Switzerland 1992. Kosmos, Birmensdorf. 332–336

Zak D (2007) Phosphormobilisierung in wiedervernässten Niedermooren – Status, Ursachen und Risiken für angrenzende Oberflächengewässer. Dissertation Humboldt Universität Berlin

Zak D, Gelbrecht J (2007) The mobilization of phosphorus, organic carbon and ammonium in the initial stage of fen rewetting (a case study from NE Germany). *Biogeochemistry* 85: 141–151

Zak D, Gelbrecht J, Lenschow U (2004a) Die Wiedervernässung von Mooren im Peenetal – Erste Ergebnisse zur Freisetzung von Nährstoffen. *WasserWirtschaft* 5/2004: 29–34

Zak D, Gelbrecht J, Steinberg CEW (2004b) Phosphorus retention at the redox interface of peatlands adjacent to surface waters in Northeast Germany. *Biogeochemistry* 70 (3): 357–368

4 Renaturierung von Fließgewässern

V. Lüderitz und R. Jüpner

4.1 Einleitung – gegenwärtiger Zustand der Fließgewässer in Deutschland und Erfordernisse der Renaturierung

Beim Umgang mit den Gewässern wurde der wasserbaulichen Durchsetzung bestimmter Nutzungsansprüche, vor allem der Landwirtschaft, dem Hochwasserschutz, der Wassergewinnung, der Schifffahrt und der Energiegewinnung über Jahrhunderte absoluter Vorrang vor den Belangen des ökologischen Zustandes der Gewässer selbst und damit auch ihrer multifunktionalen Nutzbarkeit eingeräumt. Die daraus resultierenden Umweltauswirkungen wurden oft billigend in Kauf genommen. Gezielte Verbesserungen der ökologischen Situation von Gewässern bzw. Gewässerabschnitten, wie z. B. der Einsatz ingenieurbiologischer Bauweisen oder der Einbau von Fischwanderhilfen an Mühlenstauen, blieben auf Ausnahmen beschränkt.

In den Jahrzehnten vor und vor allem nach dem Zweiten Weltkrieg wurden in Deutschland mit enormen öffentlichen Mitteln vorrangig die kleinen Fließgewässer systematisch umgestaltet. Flurbereinigungsmaßnahmen und die in der früheren DDR praktizierte „Komplexmelioration" in den 1960er- und 1970er-Jahren haben die meisten Fließgewässer auf „**Vorfluter**" – d. h. Abflusskanäle – reduziert, die in einfach zu unterhaltende Regelprofile gezwängt wurden. Oftmals wurden zudem Staubauwerke zur Regulierung der Wasserstände – meist im Interesse der Landwirtschaft – installiert.

Die negativen Folgen dieses wasserbaulichen Handelns sind heute allgegenwärtig und ursächlich für den nahezu flächendeckend unbefriedi-genden bis schlechten Zustand vieler Fließgewässer (Braukmann et al. 2001). Diese Gewässer sind heute aufgrund von Strukturschäden oftmals kaum noch einem natürlichen Gewässertyp zuzuordnen und durch Nähr- und Schadstoffeinträge in ihrer biologischen und chemischen Qualität zusätzlich beeinträchtigt. Damit können sie keine grundlegenden ökologischen Funktionen erfüllen, auch die meisten Nutzungsmöglichkeiten wie Fischerei, Trinkwasserentnahme und Erholung sind eingeschränkt bzw. gänzlich aufgehoben.

Im Hinblick auf den Hochwasserschutz sind derartige negative Erfahrungen ebenfalls sichtbar. Ausgehend von der Prämisse, Hochwasser „schadlos abzuleiten", wurden Fließgewässer über Jahrhunderte zu schnellen Transportstrecken für große Abflussmengen ausgebaut. Dabei nahm in der Regel das natürliche **Retentionsvermögen** entlang eines Flusslaufs durch Eindeichungen und Begradigungen stetig ab. So stehen beispielsweise an der Elbe heute nur noch etwa 15 % der ursprünglichen natürlichen Retentionsräume zur Verfügung – ein Verlust, der durch künstlichen Rückhalt nicht zu kompensieren ist. In der Folge stiegen und steigen die Schäden bei Hochwässern an (Jüpner 2005).

Etwa Anfang der 1980er-Jahre begann ein grundsätzliches Umdenken in der Wasserwirtschaft. Dieses ist zum einen auf die beschriebenen negativen – auch wirtschaftlichen – Folgen der Gewässerausbaumaßnahmen zurückzuführen, zum anderen nahm das gesellschaftliche Umweltbewusstsein deutlich zu. Fließ- und Standgewässer werden heute nicht mehr nur als „Vorfluter", sondern als Lebensraum für Tiere und Pflanzen gesehen. Ferner ist der Wert von Gewässern für Erholung und Tourismus in stetigem Wachstum begriffen. Diese gesellschaftliche Entwicklung beeinflusst auch die Sicht auf den Ausbau sowie die Unterhaltung von Fließgewässern und stellt neue und veränderte Anforderungen an die Was-

4

serwirtschaft, von der nicht mehr nur funktionierende technische Lösungen für Nutzungszwecke, sondern auch die Abschätzung und Bewertung der ökologischen und wirtschaftlichen Folgen ihres Handelns erwartet werden.

Das gestiegene gesellschaftliche Umweltbewusstsein sowie das Wissen um die Folgen wasserbaulicher Maßnahmen haben auch Eingang in die rechtlichen Grundlagen wasserbaulicher Aktivitäten gefunden, u. a. in das **Wasserhaushaltsgesetz** des Bundes und die Wassergesetze der einzelnen Bundesländer. Der § 1 a Abs. 1 des Wasserhaushaltsgesetzes (WHG 2002; Kasten 4-1) ist für den grundsätzlichen Umgang mit Gewässern ein herausragendes Beispiel.

Diese in der Rahmengesetzgebung verankerten Gedanken sind auch in die jeweiligen Landeswassergesetze eingeflossen und präzisiert worden. In nahezu allen Bundesländern sind darüber hinaus konkrete Umsetzungsempfehlungen in Richtlinien zum naturnahen Ausbau der Fließgewässer bzw. deren naturnaher Unterhaltung formuliert worden. Eine Vorreiterrolle nimmt dabei Nordrhein-Westfalen ein, dessen „Richtlinie für naturnahe Unterhaltung und naturnahen Ausbau der Fließgewässer in NRW" mittlerweile in der 5. Auflage vorliegt (MURL NRW 1999).

Von besonderer Bedeutung ist in diesem Zusammenhang die **Europäische Wasserrahmenrichtlinie (EG-WRRL)**, die Ende 2000 in Kraft getreten ist (EG 2000). Diese formuliert die gemeinsame europäische Wasserpolitik und verpflichtet erstmals alle Mitgliedsstaaten der Europäischen Union nicht nur dazu, die ober- und unterirdischen Gewässer detailliert zu erfassen und zu beschreiben, sondern mit der Vorgabe der flächendeckenden Herstellung ihres „guten ökologischen und chemischen Zustandes" auch anspruchsvolle Umweltziele festzulegen.

Die Renaturierung von Fließgewässern durch veränderte Unterhaltung, Zulassung einer Eigendynamik und Anwendung naturnaher Wasserbaumethoden erfährt dadurch eine wesentliche Aufwertung und wird faktisch zur Vorzugsmethode bei der Umsetzung wasserwirtschaftlicher Nutzungs- und Schutzansprüche an Gewässer. Die bisher vorliegende Bestandsaufnahme der Fließgewässer zeigt einen gewaltigen Handlungsbedarf. In Sachsen-Anhalt beispielsweise wurde ermittelt, dass nur bei einem einzigen Prozent der betrachteten Oberflächengewässer die Erreichung der geforderten Umweltziele wahrscheinlich, bei weiteren 28 % unklar und bei 71 % unwahrscheinlich ist, wenn nicht umfangreiche und komplexe Verbesserungsmaßnahmen realisiert werden (LVWA LSA 2004).

Betrachtet man die gesamte Situation der Fließgewässer in der Bundesrepublik Deutschland, so ergibt sich im Ergebnis der Bestandsaufnahme der Gewässer in Deutschland (BMU 2005) folgendes Bild:

- Von den etwa 600 000 km Fließgewässer in Deutschland wurden etwa 33 000 km entsprechend den Vorgaben der EG-WRRL vorläufig bewertet. Das entspricht ca. 5,5 % des gesamten Gewässernetzes und umfasst alle großen und mittleren Fließgewässer.
- Im Rahmen der Bewertung nach EG-WRRL wurde der (bekannte) Zustand der Fließgewässer dahingehend eingeschätzt, ob eine Erreichung der vorgegebenen Umweltziele nach Abs. 4 der EG-WRRL wahrscheinlich ist. Nur etwa 20 % der bewerteten 33 000 km Fließgewässer befinden sich demnach in einem morphologisch gesehen annähernd naturnahen Zustand (Strukturgüteklasse 1 bis 3), ca. 33 % sind den schlechtesten Strukturgüteklassen 6 und 7 zuzuordnen. Als Ergebnis wurde festge-

Kasten 4-2
Wiederherstellung bzw. Verbesserung von Gewässer-
funktionen (nach Otto 1996) als Renaturierungsziele
für Fließgewässer

- natürliche Hochwasserretention
- natürliche Niedrigwasserhaltung
- natürliche morphologische Strukturregeneration
- natürliche Feststoffrückhaltung (Sohlengleichgewicht)
- Biotopbildung (insbesondere auch seltene Biotope für seltene Arten)

- Bildung und fortlaufende Regeneration der naturraumtypischen Biotop- und Artenspektren des Gewässers und der Aue
- Biotopvernetzung
- dynamische Stabilisierung des Gewässer- und Auenökosystems

stellt, dass nur bei 14 % der betrachteten Oberflächenwasserkörper eine Zielerreichung als wahrscheinlich anzusehen ist. Als Hauptgrund für die fehlende Zielerreichung wird in allen zehn untersuchten Flussgebietseinheiten der unbefriedigende morphologische Zustand angegeben.

Aus der vorliegenden Bestandsaufnahme ergibt sich daher zwingend ein Renaturierungsgebot für den überwiegenden Teil der deutschen Fließgewässer. Nach Otto (1996) geht es dabei um die Wiederherstellung bzw. Verbesserung der im Kasten 4-2 dargestellten Gewässerfunktionen.

4.2 Fachliche Grundlagen der Fließgewässerrenaturierung

4.2.1 Definition von Referenzzuständen für Gewässertypen als Maßstab der Bewertung und Leitbild der Renaturierung

Gemäß EG-WRRL dienen **Referenzzustände** als Bewertungsgrundlage für die Beurteilung des ökologischen Zustandes der Gewässer. An ihnen werden die biotischen und abiotischen Qualitäts-

komponenten gemessen. Dazu sind für jeden Gewässertyp und jede Qualitätskomponente spezifische Referenzbedingungen zu definieren, die damit dem bekannten Begriff des Leitbildes (potenziell natürlicher Gewässerzustand) für die Entwicklung des Gewässers entsprechen. In der fünfstufigen Skala **ökologischer Qualitätsklassen** (sehr guter, guter, mäßiger, unbefriedigender und schlechter Zustand) sind die Referenzbedingungen gleich dem „sehr guten ökologischen Zustand".

Ein Gewässertyp fasst verschiedene Gewässer nach gemeinsamen Merkmalen zusammen und wird in der Regel aufgrund seiner morphologischen, physikalisch-chemischen, hydrologischen und vor allem biozönotischen Charakteristika gebildet (Pottgießer und Sommerhäuser 2004). Ein Gewässertyp stellt immer einen Idealfall dar, der in der Realität individuell ausgestaltet auftritt.

Zur Festlegung von Referenzzuständen werden Informationen über existierende naturnahe Gewässer, historische Daten sowie auch Modelle und theoretische Überlegungen genutzt. Die Grundannahme ist, dass Referenzgewässer nur eine minimale anthropogene Belastung aufweisen dürfen (Kasten 4-3).

Solche Bedingungen existieren überwiegend nur noch an kleineren Gewässern der Mittelgebirge und im Tiefland bestenfalls auf ehemals gesperrten Territorien früherer russischer Truppenübungsplätze. Für andere Gewässertypen bietet sich zur Feststellung des guten ökologischen Zustandes eine Kombination von an annähernd natürlichen Gewässern gewonnenen Daten, his-

Kasten 4-3
Konkretisierung von Referenzzuständen der mitteleuropäischen Fließgewässer nach Pottgießer und Sommerhäuser (2004)

Morphologie und Habitate
- Vorhandensein der potenziell natürlichen aquatischen und amphibischen Vegetation, keine Nutzung
- keine Querbauwerke, durch die Geschiebetrieb oder Fischwanderungen behindert werden
- keine Totholzräumung
- keine Ufer- und Sohlenbefestigungen

Auenvegetation
- natürliche Ufervegetation muss laterale Verbindungen in die Aue ermöglichen

Hydrologie und Regulation
- keine Veränderungen des natürlichen Abflussverhaltens
- keine beeinflussenden Stauhaltungen im Oberwasser
- keine Restwassersituation

Physikochemische Bedingungen
- keine punktuellen Einleitungen
- keine diffusen Einleitungen und Eutrophierung
- keine anthropogene Versauerung
- keine gravierende Veränderung des Temperaturhaushalts
- keine Versalzung
- keine Beeinflussung durch toxische Stoffe

Biologische Bedingungen
- keine Beeinträchtigung durch Neozoen und Neophyten
- keine Beeinträchtigung durch Aquakultur (z. B. Karpfenzuchtteiche)

---

torischen Unterlagen oder Daten zu „potenziell natürlichen Habitaten" sowie zu Fließgewässern vergleichbarer Ökoregionen an.

4.2.2 Fließgewässertypen in Deutschland

Die Spezifizierung der Referenzzustände für die unterschiedlichen Fließgewässertypen ist unbedingte Voraussetzung für die Entwicklung von Leitbildern bei der Fließgewässerrenaturierung. Fehlende begründete Leitbilder sind eine wesentliche Ursache für den oftmals mangelnden Erfolg solcher Maßnahmen (Gunkel 1996, Lüderitz 2004). Nach mehrjähriger Arbeit ist inzwischen eine **Fließgewässertypologie** für Deutschland erstellt worden (Pottgießer und Sommerhäuser 2004): »*Diese Typologie wurde methodisch zunächst „top down" entwickelt, d. h. ausgehend von*

den allgemeinen, u. a. geomorphologischen Grundlagen der Landschaft Deutschlands bis hinunter zu den einzelnen Typen in ihren wesentlich vorkommenden Größenklassen. Anschließend wurde „bottom up" eine Validierung der Typen anhand von Ähnlichkeitsberechnungen umfangreicher Datensätze von möglichst gering beeinträchtigten Referenzgewässern vorgenommen.«

Mit dieser Methodik wurden den drei in Deutschland vorkommenden Ökoregionen folgende Fließgewässertypen zugeordnet:

Typen der Alpen und des Alpenvorlandes
- Typ 1: Fließgewässer der Alpen
- Typ 2: Fließgewässer des Alpenvorlandes
- Typ 3: Fließgewässer der Jungmoräne des Alpenvorlandes
- Typ 4: Große Flüsse des Alpenvorlandes

Typen des Mittelgebirges
- Typ 5: Grobmaterialreiche, silikatische Mittelgebirgsbäche

- Typ 5.1: Feinmaterialreiche, silikatische Mittelgebirgsbäche
- Typ 6: Feinmaterialreiche, karbonatische Mittelgebirgsbäche
- Typ 7: Grobmaterialreiche, karbonatische Mittelgebirgsbäche
- Typ 9: Silikatische, fein- bis grobmaterialreiche Mittelgebirgsflüsse
- Typ 9.1: Karbonatische, fein- bis grobmaterialreiche Mittelgebirgsflüsse
- Typ 9.2: Große Flüsse des Mittelgebirges
- Typ 10: Kiesgeprägte Ströme

Typen des norddeutschen Tieflandes
- Typ 14: Sandgeprägte Tieflandbäche
- Typ 15: Sand- und lehmgeprägte Tieflandflüsse
- Typ 16: Kiesgeprägte Tieflandbäche
- Typ 17: Kiesgeprägte Tieflandflüsse
- Typ 18: Löss-lehmgeprägte Tieflandbäche
- Typ 20: Sandgeprägte Ströme
- Typ 22: Marschengewässer
- Typ 23: Rückstau- bzw. brackwasserbeeinflusste Ostseezuflüsse

Von der Ökoregion unabhängige Typen
- Typ 11: Organisch geprägte Bäche
- Typ 12: Organisch geprägte Flüsse der Sander und sandigen Aufschüttungen
- Typ 19: Kleine Niederungsfließgewässer in Fluss- und Stromtälern
- Typ 21: Seeausfluss-geprägte Fließgewässer

Pottgießer und Sommerhäuser (2004) haben für all diese Fließgewässertypen und Sommerhäuser und Schuhmacher (2003) speziell für Bäche und Flüsse des norddeutschen Tieflandes umfangreiche „Steckbriefe" erstellt. Hier sollen, erweitert und ergänzt durch Ergebnisse eigener Untersuchungen der Autoren (Langheinrich et al. 2002, Lüderitz et al. 2004, Lüderitz et al. 2006), zwei flächen- und streckenmäßig bedeutende Typen (Tab. 4-1 und 4-2) im Sinne von Leitbildern für Renaturierungsmaßnahmen genauer charakterisiert werden.

Der in Tabelle 4-2 beschriebene Gewässertyp kann und soll als Referenzzustand für den größten Teil der Mittelgebirgsbäche dienen. Tatsächlich sind, von den Alpengewässern abgesehen, bei keinem Fließgewässertyp in Deutschland und Mitteleuropa noch so viele Fließstrecken in einem Referenz- oder referenznahen Zustand erhalten.

4.2.3 Leitbildbezogene biologische Bewertung von Fließgewässern

Jegliche erfolgreiche Renaturierung setzt voraus, dass sich Planung und Durchführung einer Maßnahme an einem **Leitbild** orientieren und dass der Erfolg quantifiziert bewertet werden kann. Diese Bewertung kann durch direkten Vergleich mit einem regionalen Referenzgewässer oder durch standardisierte, belastungs- und teilweise auch typenspezifische Indizes erfolgen, wobei immer mehrere Organismengruppen zu berücksichtigen sind.

4.2.3.1 Verfahren des direkten Vergleichs mit dem Leitbild

Derartige Verfahren haben den Vorteil, dass sie für alle Organismengruppen anwendbar sind und eine sehr genaue Beurteilung des Gewässers bzw. des Renaturierungserfolgs ermöglichen. Andererseits setzen sie einen erheblichen Arbeitsaufwand voraus und scheitern in vielen Fällen daran, dass in der entsprechenden Region keine Referenzgewässer zur Verfügung stehen. Zwei dieser Verfahren werden im Anschluss erläutert:

Sørensen-Index

Für den direkten Vergleich von Untersuchungs- und Referenzabschnitten bietet sich die Berechnung der Faunen- und Florenähnlichkeit über die gemeinsamen Arten nach der Methode von Sørensen (Mühlenberg 1993) an:

$$I = \frac{2 \times S_G}{S_A + S_B} \times 100\,\% \quad (1)$$

mit I = Sørensen-Index

S_G = Zahl der in beiden Gewässern bzw. Abschnitten gemeinsam vorkommenden Arten

S_A, S_B = Zahl der Arten in Gewässer A bzw. B

4

Tab. 4-1: Sandgeprägte Tieflandbäche – hydrologische und ökologische Charakterisierung.

Gewässerlandschaft
glazial geprägte Landschaften, Sander, Sandbedeckung, Grundmoräne; auch in sandigen Bereichen von Flussterrassen, ältere Terrassen

Geologie/Pedologie
dominierend Sande verschiedener Korngrößen, zusätzlich oft Kies, teils Tone und Mergel; im Jungglazial häufig ausgewaschene Findlinge; organische Substrate; bei Niedermoorbildung im Umfeld auch Torfbänke

Abfluss/Hydrologie
mittlere bis hohe Abfluss-Schwankungen im Jahresverlauf bei Oberflächenwasserprägung, geringe Abfluss-Schwankungen bei Grundwasserprägung

Einzugsgebiet	10–100 km^2

Morphologie

Sohlbreite	≤ 5 m
Talform	flaches Mulden- oder breites Sohlental
Talbodengefälle	2–7 ‰
Sohlgefällestruktur	kann stark variieren

Strömungscharakteristik

Strömungsbild	Wechsel ausgedehnter ruhig fließender Abschnitte mit kurzen turbulenten Abschnitten an Totholz- und Wurzelbarrieren, Kehrstrom an Kolken
Fließgeschwindigkeit	0,2–1 m/s
Strömungsdiversität	groß

Laufentwicklung

Laufkrümmung	stark mäandrierend, bei Grundwasserprägung mehr gestreckt
Längsbänke	Kies- und Sandbänke häufig
besondere Laufstrukturen	Totholz(-verklausungen), Erlenwurzeln, Wasserpflanzen, Falllaub, Inselbildungen, Laufverengungen, -weitungen und -gabelungen

Längsprofil

Tiefenvarianz	groß, im Querprofil stark wechselnd

Querprofil

Bachbettform	in Tiefe und Breite unregelmäßig, überwiegend flach muldenförmig
Breitenvarianz	groß
Profiltiefe	flach (10–30 cm)
Querbänke	selten

Sohlenstruktur

Sohlendynamik	Transport u. a. von Sand und feinpartikulären organischem Material
Substratdiversität	sehr groß
besondere Sohlenstrukturen	Rauscheflächen, Schnellen, Stillwasserpools, durchströmte Pools, Kehrwasser, Flachwasser, Wurzelflächen, Tiefrinnen, Kolke

Uferstruktur

Uferlängsgliederung	groß
besondere Uferstrukturen	Prall- und Gleithänge, gelegentlich Uferabbrüche mit Nistwänden

Wasserbeschaffenheit und physiko-chemische Leitwerte
Typ tritt in silikatischer (im Altmoränengebiet) oder in karbonatischer Variante (kalkreichere Altmoränen sowie Jungmoränen) auf.

	silikatisch	karbonatisch
elektrische Leitfähigkeit [µS/cm]	< 350	350–650
pH-Wert	6,0–7,5	7,8–8,2
Gesamthärte [°dH]	3–8	8–15

Tab. 4-1: (Fortsetzung)

Makrozoobenthos: funktionale Gruppen
Besiedler der Feinsedimente, der Hartsubstrate, des Totholzes und der Wasserpflanzen; Ernährungstypen: Zerkleinerer, Weidegänger, Detritusfresser im Sandlückensystem; überwiegend rheophile, aber auch indifferente und limnophile Arten

typische Leitarten (Auswahl)
Bivalvia: *Unio crassus*; **Gastropoda:** *Ancylus fluviatilis*; **Coleoptera:** *Agabus guttatus, Anacaena globulus, Brychius elevatus, Elmis aenea, Haliplus fluviatilis, Orectochilus villosus, Platambus maculatus*; **Crustacea:** *Gammarus pulex*; **Diptera:** *Simulium trifasciatum*; **Ephemeroptera:** *Ephemera danica, Heptagenia flava, Paraleptophlebia submarginata, Serratella ignita*; **Odonata:** *Calopteryx virgo, Coenagrion mercuriale, Cordulegaster boltoni, Gomphus vulgatissimus, Libellula fulva, Ophiogomphus cecilia*; **Plecoptera:** *Isoperla grammatica, Leuctra fusca, L. nigra, Nemoura cinerea, Perlodes dispar, Taeniopteryx nebulosa*; **Trichoptera:** *Agapetus fuscipes, Brachycentrus subnubilus, Chaetopteryx villosa, Glossosoma conformis, Goera pilosa, Halesus digitatus, H. radiatus, Hydropsyche saxonica, H. siltalai, Lithax obscurus, Micropterna lateralis, Notidobia ciliaris, Plectrocnemia conspersa, Polycentropus flavomaculatus, Potamophylax latipennis, P. luctuosus, Rhyacophila nubila, R. fasciata, Sericostoma personatum, Silo nigricornis, S. pallipes*

Makrophyten
Durch Beschattung fehlen Makrophyten oft oder sind nur inselartig verbreitet. Hauptarten sind *Berula erecta* (Berle), *Nasturtium officinale* (Brunnenkresse) sowie *Callitriche platycarpa* und *C. hamulata* (Wasserstern). Dazu kommen stellenweise Röhrichte.

Fischfauna
Gewässertyp ist Forellenbach des Tieflandes, ferner Bachschmerle (*Barbatula barbatula*), Bachneunauge (*Lampetra planeri*), Stichling (*Gasterosteus aculeatus*) und Steinbeißer (*Cobitis taenia*)

Dieser Index liegt zwischen 0 und 100 %. Je höher der Wert, umso größer ist die Ähnlichkeit mit dem Leitbild. Die Berechnung setzt natürlich den gleichen Untersuchungsaufwand an beiden Gewässern voraus. Beim Sørensen-Index geht die Abundanz nicht in die Berechnung ein. Einzelfunde und Zufallsgrößen werden gleich bewertet wie Massenvorkommen und damit übergewichtet.

Renkonen'sche Zahl

Die Renkonen'sche Zahl ist eine Maßzahl für die Übereinstimmung in den Dominanzverhältnissen von zwei Artgemeinschaften und bewertet damit genauer und differenzierter als der Sørensen-Index (Mühlenberg 1993). Zur Ermittlung werden die jeweils geringeren Dominanzwerte aller in beiden Proben vorkommenden Arten aufsummiert. Bei 100 % gibt es eine völlige Übereinstimmung.

$$\text{Re} = \sum_{i=1}^{G} \min D_{A,B} \, [\%] \qquad (2)$$

mit

Re	=	Renkonen'sche Zahl
$\min D_{A,B}$	=	Summe der jeweils kleineren Dominanzwerte der gemeinsamen Arten von zwei Standorten A und B
D	=	nA/NA bzw. nB/NB
$n\,A,B$	=	Individuenzahl der Art i im Gebiet A bzw. B
$N\,A,B$	=	Gesamtindividuenzahl aller gemeinsamen Arten im Gebiet A bzw. B
G	=	Gesamtartenzahl

In der Praxis wird eine hundertprozentige Übereinstimmung zwischen zwei Gewässerabschnitten nicht auftreten. Ist die Renkonen'sche Zahl größer als 50 %, kann bereits von einer weitgehenden Übereinstimmung der Lebensgemeinschaften ausgegangen werden, da in dynamischen Systemen wie Fließgewässern weder eine völlige Übereinstimmung der Arten und schon gar nicht ihrer Abundanzen erwartet werden kann.

Tab. 4-2: Grobmaterialreiche, silikatische Mittelgebirgsbäche – hydrologische und ökologische Charakterisierung.

Gewässerlandschaft
dominierender Gewässertyp in den Mittelgebirgen Europas

Geologie/Pedologie
Schiefer, Gneise, Granite sowie vulkanische Gesteine; dominierende Substrate sind Schotter und Steine, lokal anstehender Fels und Blöcke

Abfluss/Hydrologie
große Abfluss-Schwankungen im Jahresverlauf, stark ausgeprägte Extremabflüsse bei Einzelereignissen

Einzugsgebiet	10–100 km^2

Morphologie

Sohlbreite	≤ 5 m
Talform	Kerb-, Mulden- oder Sohlental
Talbodengefälle	10–50 ‰
Sohlgefällestruktur	Abfolge von Strecken mit hohem und weniger hohem Sohlgefälle

Strömungscharakteristik

Strömungsbild	überwiegend turbulent, zahlreiche Schnellen, regelmäßig auch schwach durchströmte Stillen
Fließgeschwindigkeit	1–5 m/s
Strömungsdiversität	sehr groß

Laufentwicklung

Laufkrümmung	im Kerbtal Lauf eher gestreckt, im Muldental gewunden, im Sohlental (meist schwach) mäandrierend
Längsbänke	zahlreiche, oft großflächige Schotterbänke
besondere Laufstrukturen	Blöcke, Felsrippen, Totholz, Wurzelballen, Schnellen, tiefe Kolke, Laufverengungen und -weitungen, teilweise Nebengerinne

Längsprofil

Tiefenvarianz	sehr groß

Querprofil

Bachbettform	in Tiefe und Breite unregelmäßig und innerhalb des Typs stark variierend
Breitenvarianz	groß
Profiltiefe	im Kerbtal oft tief, sonst flach
Querbänke	geformt aus Blöcken und Totholz

Sohlenstruktur

Sohlendynamik	sehr groß, Transport auch von grobem Gesteinsmaterial
Substratdiversität	meist sehr groß, in den Bachoberläufen oft auch nur mäßig
besondere Sohlenstrukturen	Schnellen, Wasserfälle, durchströmte Pools, Kehrwässer, Flachwässer, Wurzelflächen, Tiefrinnen, Kolke

Uferstruktur

Uferlängsgliederung	sehr groß
besondere Uferstrukturen	Prall- und Gleithänge, häufig Uferunterspülungen und Uferabbrüche mit Nistwänden; Sturzbäume

Wasserbeschaffenheit und physiko-chemische Leitwerte

	Silikatgewässer
elektrische Leitfähigkeit [µS/cm]	50–300
pH-Wert	6,5–8,0
Gesamthärte [°dH]	1–10

4.2 Fachliche Grundlagen der Fließgewässerrenaturierung   **103**

4

Tab. 4-2: (Fortsetzung)

Makrozoobenthos: funktionale Gruppen
sehr artenreich; vorherrschend anspruchsvolle, rheophile, polyoxybionte Arten; hauptsächlich Weidegänger, weniger Zerkleinerer; längszönotisch dominieren Arten des Epi- und Metarhitrals

typische Leitarten am Beispiel von Harzbächen (Auswahl)
Coleoptera: *Agabus biguttatus, A. gutattus, Oreodytes sanmarki, Elmis aenea, E. maugetii, Esolus parallelepipedus, Limnius perrisi, Hydraena gracilis, H. riparia;* **Diptera:** *Atherix ibis, Liponeura* sp., *Prosimulium hirtipes;* **Ephemeroptera:** *Baetis alpinus, Baetis lutheri, Baetis muticus, Baetis niger, Ecdyonurus submontanus, E. venosus, Electrogena lateralis, Epeorus assimilis, Rhithrogena picteti, R. semicolorata, Torleya major;* **Odonata:** *Cordulegaster boltoni;* **Plecoptera:** *Amphinemura standfussi, A. sulcicollis, Brachyptera seticornis, Capnia vidua, Dinocras cephalotes, Diura bicaudata, Isoperla grammatica, Isoperla oxylepis, Leuctra aurita, L. braueri, L. digitata, L. hippopus, L. inermis, L. prima, L. pseudocingulata, Nemoura cambrica, Nemoura flexuosa, Perla marginata, Perlodes microcephalus, Protonemura auberti, P. intricata, P. meyeri, P. praecox, Taeniopteryx auberti;* **Trichoptera:** *Brachycentrus montanus, Chaetopteryx major, Drusus annulatus, D. discolor, Glossosoma boltoni, G. conformis, G. intermedium, Hydropsyche incognita, H. saxonica, H. tenuis, Odontocerum albicorne, Philopotamus ludificatus, P. montanus, Plectrocnemia conspersa, P. geniculata, Potamophylax nigricornis, Pseudopsilopteryx zimmeri, Rhyacophila evoluta, R. obliterata, R. tristis, Silo piceus, Stenophylax permistus, Tinodes rostocki*

Makrophyten
höhere Wasserpflanzen fehlen in der Regel, auf lagestabilen Steinen Vorkommen von Wassermoosen (z. B. *Scapania undulata, Rynchostegium riparioides, Fontinalis antipyretica*) und Rotalgen (Gattung *Lemanea*)

Fischfauna
obere Forellenregion, neben Bachforellen (*Salmo trutta*) auch Bachneunaugen (*Lampetra planeri*) und Groppen (*Cottus gobio*)

4.2.3.2 Belastungsspezifische Verfahren auf der Basis von Makroinvertebraten

Da direkte Vergleiche mit dem Referenzzustand in seiner spezifischen Ausprägung der jeweiligen Landschaft nicht immer sinnvoll oder durchführbar sind, nutzt man zur leitbildorientierten Gewässerbewertung eine Reihe von spezifischen Indizes, die jeweils eine bestimmte Belastungsform bioindikatorisch abbilden. Dadurch, dass viele dieser Indizes in den letzten Jahren eine Spezifikation für alle oder zumindest einige der unter Abschnitt 4.2.2 aufgeführten Fließgewässertypen erfuhren, eignen sie sich oft in Kombinationen zur Messung von Störungen sowie Sanierungs- und Renaturierungserfolgen. Damit dienen gewässerökologische Indikatoren als Grundlage einer kausalen **Defizitanalyse** und einer regelbasierten Maßnahmeherleitung. Im Folgenden werden wichtige Indizes vorgestellt, die insbesondere die hydromorphologische Güte bzw. den entsprechenden Grad der Degradation abbilden.

Strömungspräferenzen und Rheo-Index

Die in einem Gewässer(abschnitt) nachgewiesenen Taxa werden entsprechend ihren Anforderungen an die Strömungsverhältnisse in die folgenden drei Gruppen eingeteilt: rheotypisch, limnotypisch bzw. ubiquitär.

Der Rheo-Index RI wird wie folgt berechnet:

$$RI = \frac{2 \times \sum h(FWA)}{2 \times \sum h(FWA) + 2 \times \sum h(SWA) + \sum h(U)}$$

(3)

mit h = relative Häufigkeit der Art in den Abundanzstufen von 1–7
FWA = Fließwasserart
SWA = Stillwasserart
U = Ubiquist

Der Rheo-Index gibt das Verhältnis der rheophilen und rheobionten Taxa eines Fließgewässers zu den Stillwasserarten und Ubiquisten an. Aufgrund der Berücksichtigung der Anteile verschiedener Strömungstypen lässt sich auf die biologisch wirksamen Strömungsverhältnisse im untersuchten Gewässerabschnitt schließen. Der Rheo-Index zeigt Störungen auf, die durch die Veränderung des Strömungsmusters (z. B. durch Vertiefung, Begradigung und Aufstau) in der Biozönose hervorgerufen werden. Die Werte dieses Indexes liegen zwischen 0 und 1; je höher der Wert, desto größer ist der Anteil der Fließgewässerarten. Die Interpretation des Ergebnisses ist wieder in hohem Maße abhängig vom Fließgewässertyp:

In einem Mittelgebirgsbach (Typ 5) liegt der RI zwischen 0,8 und 1, in einem sand- oder kiesgeprägten Flachlandbach (Typ 14 bzw. 16) zwischen 0,5 und 0,8 und in einem organisch geprägten Fluss (Typ 12) meist unter 0,5. Im letztgenannten Fall und in anderen eher langsam fließenden Gewässern ist die Aussagekraft des RI aufgrund des natürlicherweise häufigen Vorkommens limnophiler Arten eingeschränkt.

Deutscher Fauna-Index

Der Deutsche Fauna-Index (*German Fauna Index*, GFI) erlaubt es, den Zustand der Wirbellosen-Biozönose objektiv mit dem strukturellen Zustand einer Untersuchungsstrecke in Zusammenhang zu bringen (Pauls et al. 2002, Lorenz et al. 2004).

Dabei werden Arten, die sich aufgrund der Fundhäufigkeit (Stetigkeit und Abundanz) in Zonen hochwertiger oder degradierter Morphologie als Indikatoren für bestimmte morphologische Strukturen erwiesen haben, mit einem Indikatorwert von +2 (stark mit dem Vorkommen „positiver" Strukturelemente korreliert) bis −2 (stark mit dem Vorkommen „negativer" Strukturelemente korreliert) belegt. Positive Indikatoren sind dabei z. B. solche, die in sandgeprägten Tieflandbächen und -flüssen eng an die Präsenz von Totholz und anderem grobpartikulären organischen Material (CPOM) sowie mit einer hohen Tiefen- und Strömungsvarianz korreliert sind, wie die Grundwanze *Aphelocheirus aestivalis* sowie die Köcherfliegen *Lype phaeopa* und *Lype reducta*.

Der GFI ist inzwischen für die meisten Fließgewässertypen definiert (Lorenz et al. 2004;

www.fliessgewaesserbewertung.de) und wird nach folgender Formel berechnet:

$$\text{GFI} = \frac{\sum_{i}^{N} sc_i \times a_i}{\sum_{i}^{N} a_i} \qquad (4)$$

mit i =   Nummer der Indikator-Taxa
      N =   Gesamtzahl der Indikator-Taxa
      sc_i =   Indikationswert des i-ten Taxons
      a_i =   Abundanzklasse des i-ten Taxons

Im Unterschied zum Saprobien-Index, der auch in seiner neuen Version (Rolauffs et al. 2004) vorwiegend ein Maß für die organische Belastung darstellt, ist der Indikationswert der Arten (sc_i) beim GFI gewässertypenspezifisch, d. h. ein und dieselbe Art zeigt in unterschiedlichen Fließgewässern verschiedene morphologische Güte- bzw. Degradationsstufen an bzw. ist als Indikator dort ungeeignet. Tabelle 4-3 stellt das am Beispiel der GFI-relevanten Libellenarten dar.

Die unterschiedliche Einstufung kann am Beispiel der eng verwandten Arten Gebänderte Prachtlibelle und Blauflügelprachtlibelle (*Calopteryx splendens* und *C. virgo*) erläutert werden. Erstere kommt natürlicherweise bevorzugt in kleineren und mittleren sand- und kiesgeprägten Flüssen vor und kann dort als positiver Indikator gelten. Ein häufiges Auftreten in kleinen sandgeprägten Bächen deutet jedoch auf eine anthropogene Veränderung (z. B. Eintiefung, teilweiser Anstau) hin. Naturnahe Bäche dieses Typs und auch kleine Mittelgebirgsbäche werden dagegen bevorzugt von *Calopteryx virgo* bewohnt, die deshalb einen entsprechend hohen Indikationswert zugewiesen bekommen.

Multimetrischer Index auf Basis der Makroinvertebraten-Besiedlung

Der GFI und weitere Parameter können zur Bestimmung der ökologischen Qualitätsklasse eines Fließgewässers und damit zur Gesamtbewertung zu multimetrischen Indizes kombiniert werden. Im Rahmen des AQEM (*the development and testing of an integrated assessment system for the ecological quality of streams and rivers using benthic invertebrates*)-Verfahrens (Lorenz et al.

Tab. 4-3: Indikationswerte (sc$_i$-Werte) von Libellenarten zur GFI-Berechnung in unterschiedlichen Fließgewässertypen (Lorenz et al. 2004).

Art	sc$_i$ für Fließgewässertyp				
	14	11	15	5	9
Aeshna sp.	0	2	0	0	0
Calopteryx splendens	−1	−1	1	0	1
Calopteryx virgo	2	0	0	2	1
Cordulegaster boltoni	2	2	0	0	0
Gomphus vulgatissimus	0	0	1	0	1
Onychogomphus forcipatus	0	0	0	0	2
Ophiogomphus caecilia	0	0	2	0	2
Pyrrhosoma nymphula	0	1	0	0	0

2004) wurde ein multimetrischer Index vorgeschlagen, der den GFI als zentralen Parameter (Metrik) enthält. Neben dem Fauna-Index gehen noch fünf weitere Metriken in die Bewertung ein. Dies sind für die sandgeprägten Tieflandbäche (Typ 14) sowie für die sand- und lehmgeprägten Tieflandflüsse (Typ 15) gemeinsam:

- der Anteil rheophiler Individuen,
- der Anteil Pelalbesiedler-Individuen,
- der Anteil Litoralbesiedler-Individuen,
- der Anteil Detritusfresser-Individuen.

Zusätzlich wird noch der Anteil der Plecoptera-Individuen für den Typ 14 bzw. der Anteil der Trichoptera-Individuen für den Typ 15 berücksichtigt. Die Verrechnung für den EQI$_M$ (*Ecological Quality Index using benthic Macroinvertebrates*) erfolgt dann so, dass nach den Klassengrenzen jeweils Punkte von 1 bis 5 vergeben werden, wobei fünf Punkte eine sehr gute, ein Punkt eine schlechte Einstufung repräsentieren. Aus allen Punkten wird ein Mittelwert berechnet, wobei der Fauna-Index mit dem Faktor n gewichtet wird:

$$\mathrm{EQI_M} = \frac{\left(\sum_{i=1}^{n} Wert\ \ Metric_i\right) + n \times Wert\ \ GFI}{2n} \quad (5)$$

mit EQI$_M$ = Multimetrischer Index
GFI = Deutscher Fauna-Index
n = Anzahl der Metrics

An dieser Berechnung ist erkennbar, dass der Multimetrische Index EQI$_M$ im Wesentlichen eine erweiterte Variante des Deutschen Fauna-Indexes GFI darstellt, denn die zusätzlich verwendeten Metrics hängen ebenfalls von der Gewässerstruktur, aber nur in geringem Maße von anderen Gewässergüteparametern wie der Saprobie, Trophie oder Versauerung ab.

4.2.3.3 Fischbasierte Bewertung von Fließgewässern

Für die fischbasierte Bewertung von Fließgewässern wird das Verfahren nach Dußling et al. (2005) verwendet. Es beruht ebenfalls auf der Quantifizierung von Abweichungen zwischen der Fischfauna im Referenzzustand (= Referenzzönose, Fischfauna im anthropogen weitgehend unbeeinflussten Zustand) und der Fischfauna im Ist-Zustand (= Istzönose, Fischfauna zum Zeitpunkt der Probenentnahme).

Die Quantifizierung der Abweichung zwischen Referenzzönose und Istzönose erfolgt anhand von sechs Teilkriterien: 1) Arten- und Gildeninventar, 2) Artenabundanz und Gildenverteilung, 3) Altersstruktur, 4) Migration, 5) Fischregion und 6) dominante Arten.

Für diese Teilkriterien wird zunächst eine kriterienspezifische Bewertung vorgenommen. In einem weiteren Bearbeitungsschritt werden die kriterienspezifischen Bewertungsergebnisse zu einem Gesamtindex für die jeweilige Probestelle aggregiert, der Zahlenwerte zwischen 5,0 (optimaler Zustand) und 1,0 (pessimaler Zustand) einnehmen kann.

4

Für die Bewertung ist u. a. das Auftreten von Leitarten von Bedeutung. Für einen sandgeprägten Tieflandbach (Gewässertyp 14) im Elbeeinzugsgebiet wurden von Ebel (2006) entsprechend den hydrographischen Differenzierungen im Längsschnitt des Gewässers beispielsweise folgende Leitarten definiert:

Bachforelle (*Salmo trutta*), Dreistachliger Stichling (*Gasterosteus aculeatus*), Elritze (*Phoxinus phoxinus*), Flussbarsch (*Perca fluviatilis*), Bachneunauge (*Lampetra planeri*), Gründling (*Gobio gobio*), Hasel (*Leuciscus leuciscus*), Hecht (*Esox lucius*), Plötze (*Rutilus rutilus*), Schmerle (*Barbatula barbatula*), Steinbeißer (*Cobitis taenia*) und Ukelei (*Alburnus alburnus*).

Kommen diese Arten regelmäßig und in einer natürlichen Altersstruktur vor, wirkt sich das sehr positiv auf den Gesamtindex aus. Treten sie hingegen nicht, nur sporadisch bzw. ohne nachgewiesene Reproduktion auf und wird die Fischzönose von Arten anderer Strömungs- bzw. Laichsubstratgilden dominiert, führt dies zu einer mäßigen, unbefriedigenden oder schlechten Bewertung.

4.2.3.4 Bewertung von Fließgewässern mit Makrophyten

Das Verfahren zur Fließgewässerbewertung mithilfe von Makrophyten (Schaumburg et al. 2005), das insbesondere eine biologische Indikation der Trophie liefert, ordnet die vorhandenen Arten gewässertypspezifisch den drei Artengruppen A, B oder C zu:

- **Artengruppe A:** typspezifische Arten, die anhand der Makrophyten an den Referenzstellen sowie anhand von Literaturbelegen für Makrophytenbiozönosen im naturnahen Zustand eingeordnet wurden.
- **Artengruppe B:** indifferente Arten mit weiter ökologischer Amplitude und damit geringem Indikationswert bzw. Arten, die nicht zu Artengruppe A gehören, aber auch nicht als extreme Störzeiger anzusehen sind.
- **Artengruppe C:** setzt sich aus Störzeigern im engeren Sinne bzw. aus Arten, die extreme Belastungen tolerieren und in deren Folge Dominanzbestände ausbilden können, zusammen.

Die Berechnung des Referenzindexes erfolgt gemäß dem Vorkommen der verschiedenen Artengruppen nach folgender Formel:

$$\text{RI} = \frac{\sum_{i=1}^{n_A} Q_{Ai} - \sum_{i=1}^{n_C} Q_{Ci}}{\sum_{i=1}^{n_g} Q_{gi}} \times 100 \qquad (6)$$

mit RI = Referenzindex
Q_{Ai} = Quantität des i-ten Taxons aus Gruppe A
Q_{Ci} = Quantität des i-ten Taxons aus Gruppe C
Q_{gi} = Quantität des i-ten Taxons aller Gruppen (A, B und C)
n_A = Gesamtzahl der Taxa aus Gruppe A
n_C = Gesamtzahl der Taxa aus Gruppe C
n_g = Gesamtzahl der Taxa aller Gruppen (A, B und C)

Der Referenzindex wird zur Einstufung in die ökologische Zustandsklasse wie folgt umgerechnet:

$$M_{MP} = \frac{(RI_{FG} + 100) \times 0{,}5}{100} \qquad (7)$$

mit M_{MP} = Modul Makrophytenbewertung
RI_{FG} = typbezogener berechneter Referenzindex-Fließgewässer

Die Ökologische Zustandsklasse wird dabei folgendermaßen klassifiziert:

1 (sehr gut):   1,00 – 0,50
2 (gut):   < 0,50 – 0,25
3 (mäßig):   < 0,25 – 0,15
4 und 5 (unbefriedigend/
   schlecht):   < 0,15 – 0,00

Zur Bewertung der Fließgewässer müssen nach Schaumburg et al. (2005) mehrere Organismengruppen betrachtet werden. Neben den Makrophyten fließen die Diatomeen und das Phytobenthos in die Bewertung mit ein. Da sich die Module Diatomeen und Phytobenthos in Niederungsfließgewässern aber oft nur schwer gesichert berechnen lassen (Hoffmann et al. 2007), kann zur Evaluation von Renaturierungsmaßnahmen

4

auch das Modul Makrophyten isoliert betrachtet werden.

4.2.4 Direkte Erfassung und Bewertung der Hydromorphologie

4.2.4.1 Gewässerstruktur und Gewässerstrukturgüte

Von den 600 000 km Fließstrecke der Bäche und Flüsse in Deutschland sind 80 % in ihrer Struktur deutlich, stark, sehr stark oder vollständig verändert bzw. geschädigt (LAWA 2002). Deshalb ist die Behebung von Strukturdefiziten heute objektiv die dringlichste Aufgabe des Gewässerschutzes (Braukmann et al. 2001).

Erst wenn die Fließgewässer wieder ökologisch funktionsfähige Strukturen besitzen, zahlen sich die in den vergangenen Jahrzehnten auf dem Gebiet der Wasserreinhaltung getätigten Milliardeninvestitionen wirklich aus.

Zur Erfassung des vorhandenen Strukturgütezustandes, zur Formulierung von diesbezüglichen Zielen und zur Kontrolle der erzielten Strukturgüteverbesserungen existiert inzwischen ein Verfahren der detaillierten Gewässerstrukturgütekartierung und -bewertung (LAWA 2000).

Die **Gewässerstruktur** bezeichnet dabei alle räumlichen und materiellen Differenzierungen des Gewässerbetts und seines Umfelds, soweit sie hydraulisch, gewässermorphologisch und hydrobiologisch wirksam und damit für die ökologischen Funktionen des Gewässers und der Aue von Bedeutung sind. Die einzelnen Strukturkomponenten können natürlich entstanden, vom Menschen geschaffen oder in ihrer Entstehung vom Menschen hervorgerufen worden sein.

Die **Gewässerstrukturgüte** bewertet die ökologische Qualität der Gewässerstrukturen und die durch diese Strukturen angezeigten dynamischen Prozesse und damit die ökologische Funktionsfähigkeit der Gewässer. Maßstab ist dabei der heutige potenzielle natürliche Gewässerzustand (hpnG), der als Leitbild definiert wird. Die Ermittlung der Gewässerstrukturgüte ist demnach ein leitbildorientierter Bewertungsvorgang, der zu-

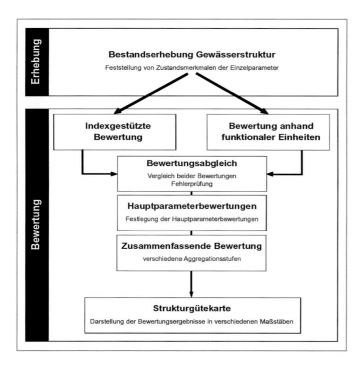

Abb. 4-1: Verfahren zur Erfassung und Bewertung der Gewässerstruktur (nach LAWA 2002).

4

Tab. 4-4: Bewertungskriterien für die Gewässerstruktur (Einzelparameter, funktionale Einheiten und Hauptparameter; nach LAWA 2002).

Bereich		Hauptparameter	funktionale Einheit	Einzelparameter
Gesamtbewertung	Sohle	Laufentwicklung	Krümmung	Laufkrümmung, Längsbänke, besondere Laufstrukturen
			Beweglichkeit	Krümmungserosion, Profiltiefe, Uferverbau
		Längsprofil	natürliche Längsprofil-elemente	Querbänke, Strömungsdiversität, Tiefenvarianz
			anthropogene Wanderbarrieren	Querbauwerke, Verrohrungen, Durchlässe, Rückstau
		Sohlenstruktur	Art und Verteilung der Substrate	Substrattyp, Substratdiversität, besondere Sohlstrukturen
			Sohlverbau	Sohlverbau
	Ufer	Querprofil	Profiltiefe	Profiltiefe
			Breitenentwicklung	Breitenerosion, Breitenvarianz
			Profilform	Profiltyp
		Uferstruktur	naturraumtypische Ausprägung	besondere Uferstrukturen
			naturraumtypischer Bewuchs	Uferbewuchs
			Uferverbau	Uferverbau
	Land	Gewässerumfeld	Gewässerrandstreifen	Gewässerrandstreifen
			Vorland	Flächennutzung, sonstige Umfeldstrukturen

nächst auf der objektiven, nachvollziehbaren Erhebung von Strukturelementen (Einzelparametern) basiert.

Die 25 Einzelparameter werden nach ihren Indikatoreigenschaften gruppiert und den sechs Hauptparametern Laufentwicklung, Längsprofil, Sohlenstruktur, Querprofil, Uferstruktur und Gewässerumfeld zugeordnet.

Für die Bewertung werden die Einzelparameter, die ein sehr differenziertes und genaues Bild der Gewässerstruktur liefern, zu funktionalen Einheiten, dann zu den sechs Hauptparametern und schließlich zu einer Gesamtbewertung zu-

sammengefasst (Abb. 4-1). In diesem Algorithmus setzt sich die Bewertung aus einer indexgestützten Haupt- und Einzelparameterbewertung und einer Bewertung anhand der funktionalen Einheiten und Hauptparameter zusammen, die schließlich im Sinne einer Plausibilitätskontrolle auf dieser Ebene zusammengefasst werden. Sowohl die Einzelparameter- als auch die aggregierte Bewertung (Tab. 4-4) führen zu sieben Strukturgüteklassen (Tab. 4-5). Zur Strukturgüteklasse 1 zählen die Gewässer, die keine oder allenfalls sehr geringe Veränderungen hinsichtlich ihrer natürlichen Struktur und Dynamik aufweisen.

Tab. 4-5: Die Strukturgüteklassen.

Strukturgüteklasse	Grad der Beeinträchtigung	farbige Kartendarstellung
1	unverändert	dunkelblau
2	gering verändert	hellblau
3	mäßig verändert	grün
4	deutlich verändert	hellgrün
5	stark verändert	gelb
6	sehr stark verändert	orange
7	vollständig verändert	rot

Nachfolgend sollen die Bedeutung der Hauptparameter für den ökologischen Zustand der Gewässer und seine Bewertung dargelegt werden:

Der Hauptparameter **Laufentwicklung** beinhaltet die Krümmung des Gewässerlaufs, das Ausmaß der Beweglichkeit bzw. Festgelegtheit des Gewässerbetts. Während sich Krümmung und Beweglichkeit in typischen Gebirgsgewässern durch anstehende Hartsubstrate meist in engen Grenzen halten, sind sie in Mäandertal-, Auetal- und Flachlandgewässern unabdingbare Voraussetzungen für die Ausprägung verschiedenartiger Gewässerstrukturelemente, die aus gewässerökologischer Sicht als Wertparameter gelten können.

Der Hauptparameter **Längsprofil** dient als Indikator für die Möglichkeit des Populationsaustausches der Wasserorganismen sowie für den Geschiebetrieb durch Unterbrechung des Gewässerzusammenhangs. Er umfasst die funktionalen Einheiten „natürliche Längsprofilelemente" als Wert- und „anthropogene Wanderbarrieren" als Schadstrukturen.

Aufgrund der Abhängigkeit des **Querprofils** vom Abflussgeschehen und der Art des Sohlensubstrats zusammen mit der Ufervegetation lässt die Querschnittsform eines Gewässers Rückschlüsse auf dessen Natürlichkeit zu. Funktionale Einheiten sind hier die Profilform und die Breitenentwicklung.

Der Hauptparameter **Sohlenstruktur** wird durch die funktionalen Einheiten „Art und Verteilung der Substrate" und „Sohlenverbau" beschrieben. Vom Typ und der Diversität des Substrats hängt die Vielfalt der benthischen Lebensformen in ganz entscheidendem Maße ab (Pauls et al. 2002, Lüderitz et al. 2004).

Mit der **Uferstruktur** wird der Uferbereich als Zone zwischen Mittelwasserlinie und Böschungsoberkante über die funktionalen Einheiten „naturraumtypischer Bewuchs", „Uferverbau" und „naturraumtypische Ausprägung" erfasst und bewertet. Das Ufer bildet einen wichtigen Lebensraum für viele amphibische Pflanzen- und Tierarten. Über den Substrateintrag bzw. über Erosions- und Sedimentationsprozesse ist es mit dem Ökosystem Fließgewässer vernetzt.

Durch die Aufnahme des Hauptparameters **Gewässerumfeld** wird berücksichtigt, dass die Struktur eines Gewässers wesentlich durch die naturräumliche Ausstattung und die Nutzung seines Einzugsgebietes geprägt wird. Insbesondere Art und Intensität der Flächennutzung haben großen Einfluss auf das Abflussverhalten eines Gewässers. Reicht die Nutzung bis unmittelbar an das Gewässer, so ist damit nicht nur seine Entwicklung eingeschränkt, ein fehlender oder zu schmaler Gewässerrandstreifen bietet auch keinen Schutz vor Stoffeinträgen. Treten zusätzlich noch schädliche Umfeldstrukturen auf, so ist eine naturnahe Entwicklung des Gewässers kaum mehr möglich.

4.2.4.2 Durchführung der Bewertung

Die Bewertung erfolgt durch die Kombination einer „indexgesteuerten Bewertung" und einer Bewertung anhand „funktionaler Einheiten". Dieser parallele Ansatz dient der gegenseitigen Plausibilisierung und Absicherung des Bewertungsergebnisses.

Bewertung anhand funktionaler Einheiten

Beim Kartieren des jeweiligen Gewässerabschnitts gewinnt man einen Eindruck vom Zustand des Gewässers. Auf Basis der naturraumspezifischen Leitbilder – also der unter Abschnitt 4.2.2 aufgeführten Fließgewässertypen in ihrer jeweiligen landschaftstypischen Ausprägung – und des ganzheitlichen Eindrucks vor Ort bewertet der Kartierer die funktionalen Einheiten entsprechend der siebenstufigen Klassifikation. Anschließend erfolgt durch Zusammenfassung der funktionalen Einheiten über Mittelwertbildung die Bewertung der Hauptparameter. Dieser leitbildorientierte Ansatz ermöglicht eine sehr spezifische Bewertung, er setzt allerdings einerseits sehr erfahrene Kartierer und andererseits das Vorhandensein von Referenzstrecken in der entsprechenden Landschaftseinheit voraus.

Indexgestützte Bewertung

Bei der indexgestützten Bewertung erfolgt die Strukturgütebestimmung mithilfe eines Indexsystems. Sie setzt bereits auf der Ebene der Einzelparameter an. Die Zuordnung der Indexziffern zwischen 1 und 7 zu bestimmten Zustandsmerkmalen erfolgt in Abhängigkeit vom jeweiligen Gewässertyp und der zugehörigen Bewertungsreferenz. Allerdings werden zurzeit nur sechs (und nicht wie im aktuellen Stand der Fließgewässertypologie 23) Typen unterschieden:

- Kerb- und Klammtalgewässer,
- Sohlenkerbtalgewässer,
- Mäandertalgewässer,
- Auen- und Muldentalgewässer allgemein,
- Auentalgewässer mit kiesigem Sediment,
- Flachlandgewässer, Niederungsgewässer.

Die sich aus der Datenerhebung ergebenden Indexziffern für einen Kartierabschnitt werden durch vorgegebene Rechenschritte von der Einzelparameterbewertung zu einer Bewertung der Hauptparameter verrechnet.

Bewertungsabgleich

Die Plausibilisierung der Ergebnisse erfolgt durch den Vergleich der Hauptparameterbewertung aus der indexgestützten Bewertung und aus der Bewertung anhand funktionaler Einheiten (Abb. 4-1). Die Ergebnisse beider Bewertungsansätze werden in der Regel weitgehend übereinstimmen, geringfügige Unterschiede können sich daraus ergeben, dass die Bewertung der funktionalen Einheiten bei Kenntnis der exakten typenspezifischen Referenzzustände genauer erfolgen kann. Steht ein solcher Referenzzustand möglichst in der gleichen Landschaftseinheit zur Verfügung, so sollte den Ergebnissen nach den funktionalen Einheiten im Falle von Differenzen in der Bewertung der Vorzug gegeben werden.

4.2.5 Methodik zur Erfolgskontrolle bei Fließgewässerrenaturierungen

Für die ökologische Bewertung von Fließgewässern ist in den letzten Jahren eine fast unüberschaubare Anzahl von Ansätzen und wertenden Indizes für Fließgewässer geschaffen worden (vgl. Feld et al. 2005). Für ein aussagekräftiges, zugleich aber in der Praxis handhabbares Bewertungsverfahren muss zwangsläufig eine Beschränkung auf relativ wenige Größen erfolgen. Diese müssen die wichtigsten Qualitätskomponenten ebenso wiedergeben wie die bedeutendsten Stressoren, sie müssen eine spezifische Indikation ebenso zulassen wie eine Einschätzung der **ökologischen Integrität** (*ecosystem integrity*, vgl. Kapitel 1).

Mithilfe von neun Indizes, die zu vier Modulen zusammengefasst werden, wurde von der Arbeitsgruppe der Autoren zu diesem Zweck ein modularisiertes System der Bewertung und Erfolgskontrolle entwickelt (Lüderitz et al. 2004, Lüderitz und Langheinrich 2006, Lüderitz et al. 2006).

Das Modul **Wassergüte** misst die organische Belastung über den vierstufigen neuen Saprobien-Index (Rolauffs et al. 2004). Die Trophie wird mithilfe des Makrophyten-Phytobenthos-Indexes (Schaumburg et al. 2005) bestimmt. Dieser Index ist ein Mittelwert, kann aber als Einzelparameter berechnet werden, wenn Makrophyten (z. B. in beschatteten kleinen Fließgewässern) oder das Phytobenthos (z. B. in sand- und organisch geprägten Bächen und Flüssen) weitgehend fehlen. Ein Index von 1 bedeutet Oligo-, ein Index von 5 Polytrophie.

In versauerungsgefährdeten silikatischen Gewässern ist das Modul um den Versauerungsindex nach Braukmann und Biss (2004) zu ergänzen, der die untersuchten Gewässer auf Grundlage der Abundanzen von Indikatororganismen aus der Gruppe der Makroinvertebraten in fünf Güteklassen von 1 (permanent unversauert) bis 5 (permanent stark versauert) einteilt.

Das Modul **Hydromorphologie** wird aus den Ergebnissen der siebenstufigen (1 = natürlich; 2 = naturnah, 7 = völlig naturfern) Gewässerstrukturkartierung (LAWA 2000) und dem Resultat der biologischen Strukturbewertung mit dem Deutschen Fauna-Index GFI (Lorenz et al. 2004) berechnet.

In das Modul **Naturnähe** gehen der ebenfalls auf der Gewässerbesiedlung mit Makroinvertebraten beruhende fünfstufige Multimetrische Index EQI_M (Pauls et al. 2002) als Maßstab der ökologischen Integrität, die Renkonen'sche Zahl (Mühlenberg 1993) als Maß der Übereinstimmung des Artenspektrums mit dem einer naturnahen Referenzstrecke und das Fischbasierte Bewertungssystem nach Dußling et al. (2005) als Grad der Naturnähe der Fischbiozönose ein.

Das Modul **Diversität/Schutzwürdigkeit** nimmt den Diversitätsindex nach Shannon und Wiener, der hier nur für die Makroinvertebraten berechnet wird und von uns zu diesem Zweck kalibriert wurde, sowie den neunstufigen Naturschutz(*Conservation*)-Index nach Kaule (1991) auf. Letzterer wichtet das Vorkommen gefährdeter Arten (z. B. bedeutet das Vorkommen einer bundesweit vom Aussterben bedrohten Art automatisch eine bundesweite Schutzwürdigkeit = Stufe 9) und schlägt damit eine Brücke zum Natur- und Artenschutz.

Die Daten für die Berechnung der Makroinvertebraten-basierten Indizes und Module werden durch Beprobung eines 100 m langen Abschnitts der Renaturierungsstrecke (erweitertes *multihabitat-sampling*, Lüderitz et al. 2004) erhoben. Die Kartierung der aquatischen und amphibischen Vegetation und der Gewässerstruktur sowie die Erfassung der Fischfauna erfolgen möglichst über die gesamte betroffene Fließstrecke.

Die Tabelle 4-6 quantifiziert die Module und Indizes für die verschiedenen ökologischen Zustandsklassen in Hinblick auf drei unterschiedliche Gewässertypen.

4.3 Praxis der Fließgewässerrenaturierung

4.3.1 Naturnaher Wasserbau

Der naturnahe Wasserbau wird als Methode innerhalb des modernen Wasserbaus wie folgt definiert: »*Unter naturnahem Wasserbau wird die umweltverträgliche und nachhaltige Umsetzung wasserwirtschaftlicher Nutzungsansprüche an Fließ- oder Standgewässer verstanden. Im naturnahen Wasserbau wird ein ökologisch orientierter Handlungsansatz unterstellt, der die natürliche Funktion des Gewässers kennt und berücksichtigt.*« (Patt et al. 2004). Der naturnahe Wasserbau wird demnach heute vor allem als eine Möglichkeit gesehen, die Nutzungen an Gewässern mit deren ökologischer Funktion in Einklang zu bringen. Das Ziel des naturnahen Wasserbaus besteht dabei vor allem in der umweltverträglichen und nachhaltigen Umsetzung von Nutzungsansprüchen, die weiterhin als unumgänglich angesehen werden.

In der wasserwirtschaftlichen Praxis ist eine sorgfältige Analyse dieses Grundkonflikts zwischen dem Nutzungsanspruch bzw. den Nutzungsansprüchen und der ökologischen Funktion eines Gewässers notwendig. Dabei kann es durchaus dazu kommen, dass nach gründlicher Beurteilung einer konkreten Situation keine Baumaßnahmen ergriffen werden. Ist beispielsweise nach einem Hochwasserereignis ein Uferabbruch beobachtet worden, so ist das zunächst nur ein Indiz für den natürlichen Prozess der geomorphologischen Veränderung des Gewässerbetts und seiner Ufer. Ein Handlungsbedarf ergibt sich nur, wenn der Uferabbruch einen Nutzungsanspruch beeinträchtigt, wie z. B. einen Fahrradweg neben dem Gewässer. Diese Beeinträchtigung ist zu bewerten und geeignete Sicherungsmaßnahmen, z. B. die Ufersicherung durch Weidenspreitlagen, sind vorzusehen. Leider steht dieser Ansatz im Konflikt mit der gängigen Praxis, nach der der planende Ingenieur in Abhängigkeit von der Bausumme bezahlt wird und daher eher zu kostenintensiven Wasserbaumaßnahmen tendiert.

Tab. 4-6: Vorschlag eines Bewertungsverfahrens (Fließgewässer(FG)-Typ 5: Grobmaterialreiche, silikatische Mittelgebirgsbäche; FG-Typ 12: Organische Flüsse; FG-Typ 14: Sandgeprägte Tieflandbäche (Lüderitz und Langheinrich 2006) (Bewertung: Index-Note 5 = sehr gut, 4 = gut, 3 = mäßig, 2 = unbefriedigend, 1 = schlecht)

Modul	Index	Note	Klassengrenzen FG-Typ 5	FG-Typ 12	FG-Typ 14
Wassergüte	Saprobienindex	5	< 1,4	< 1,75	< 1,7
		4	< 1,95	< 2,30	< 2,2
		3	< 2,65	< 2,90	< 2,8
		2	< 3,35	< 3,45	< 3,4
		1	≥ 3,35	≥ 3,45	≥ 3,4
	Trophieindex (Makrophyten/ Phytobenthos)	5	1	1	1
		4	2	2	2
		3	3	3	3
		2	4	4	4
		1	5	5	5
Gewässerstruktur	Gewässerstruktur	5	< 1,75	< 1,75	< 1,75
		4	< 2,85	< 2,85	< 2,85
		3	< 3,95	< 3,95	< 3,95
		2	< 5,35	< 5,35	< 5,35
		1	≥ 5,35	≥ 5,35	≥ 5,35
Naturnähe	Deutscher Fauna-Index (GFI)	5	1,6 bis 1	1,5 bis 1,2	1,3 bis 0,82
		4	< 1 bis 0,4	< 1,2 bis 0,75	< 0,82 bis 0,7
		3	< 0,4 bis -0,2	< 0,75 bis 0	< 0,7 bis 0,1
		2	< −0,2 bis −0,8	< 0 bis −0,9	< 0,1 bis −0,62
		1	< −0,8 bis −1,4	< −0,9 bis −1,5	< −0,62 bis −1,1
	Ecological Quality Index (EQI$_M$)	5	5	5	5
		4	4	4	4
		3	3	3	3
		2	2	2	2
		1	1	1	1
	Renkonen'sche Zahl	5	≥ 0,4	≥ 0,4	≥ 0,4
		4	> 0,3	> 0,3	> 0,3
		3	> 0,2	> 0,2	> 0,2
		2	> 0,1	> 0,1	> 0,1
		1	≤ 0,1	≤ 0,1	≤ 0,1
Diversität/Schutzwürdigkeit	Fischbasierter Index	5	> 3,75	> 3,75	> 3,75
		4	2,51 bis 3,75	2,51 bis 3,75	2,51 bis 3,75
		3	2,01 bis 2,50	2,0 bis 2,50	2,01 bis 2,50
		2	1,51 bis 2,00	1,51 bis 2,00	1,51 bis 2,00
		1	< 1,51	< 1,51	< 1,51
	Shannon-Wiener Index	5	≥ 3,5	≥ 3,5	≥ 3,5
		4	> 3	> 3	> 3
		3	> 2	> 2	> 2
		2	> 1	> 1	> 1
		1	≤ 1	≤ 1	≤ 1
	Conservation Index	5	9	9	9
		4	≥ 7	≥ 7	≥ 7
		3	6	6	6
		2	5	5	5
		1	< 5	< 5	<5

4.3.2 Ingenieurbiologische Bauweisen

Für die Umsetzung **naturnaher Wasserbaumaßnahmen** werden vorrangig ingenieurbiologische Bauweisen verwendet. Die Ingenieurbiologie wird nach Schiechtl und Stern (1994) definiert als »*eine Bautechnik, die sich biologischer Erkenntnisse bei der Errichtung von Erd- und Wasserbauten und bei der Sicherung instabiler Hänge und Ufer bedient. Kennzeichnend dafür sind Pflanzen und Pflanzenteile, die so eingesetzt werden, dass sie als lebende Baustoffe im Laufe ihrer Entwicklung für sich, aber auch in Verbindung mit unbelebten Baustoffen eine dauerhafte Sicherung der Bauwerke erreichen. Die Ingenieurbiologie ist nicht als Ersatz, sondern als notwendige und sinnvolle Ergänzung zu rein technischen Ingenieurbauweisen zu verstehen.*«

Ingenieurbiologische Bauweisen werden im Wasserbau an Fließ- und Standgewässern vorzugsweise für folgende Ziele eingesetzt:

- Schutz der Uferböschungen,
- ökologische Aufwertung des Gewässers und des Gewässerumfelds,
- landschaftsästhetische Aufwertung des Gewässers.

Sie sind in Planung und baulicher Umsetzung als technische Bauweisen zu behandeln, unterliegen den üblichen Anforderungen an Wasserbaumaßnahmen und müssen daher vor allem den geforderten Beanspruchungen (meist Schubspannungen) standhalten, langzeitbeständig wirksam sein sowie eine umweltverträgliche Alternative zu technisch orientierten Bauweisen bilden.

Eigenschaften und Anwendungen ingenieurbiologischer Bauweisen sind von verschiedenen Autoren detailliert untersucht und beschrieben worden, für die Renaturierungspraxis empfehlenswert sind u. a. Schiechtl und Stern (1994), Patt et al. (2004), MU BW (1993), MURL NRW (1999) sowie Gerstgraser (2000).

Die häufigsten im Wasserbau eingesetzten ingenieurbiologischen Bauweisen sind in Tabelle 4-7 zusammengefasst.

Ein praktisches Problem der Anwendung ingenieurbiologischer Bauweisen stellt die Bestimmung der kritischen Sohlschubspannung dar, die allgemein als Maß für die Belastbarkeit angesehen wird. Aus Feldversuchen ermittelte und mit Ergebnissen anderer Autoren verglichene Werte finden sich bei Gerstgraser (2000). Die Dauerhaftigkeit ingenieurbiologischer Bauweisen ist von verschiedenen Faktoren abhängig, u. a. von der Bauform und dem verwendeten Pflanzmaterial, den Untergrundverhältnissen, dem Alter der Pflanzen sowie den örtlichen Randbedingungen.

4.3.3 Möglichkeiten und Grenzen des naturnahen Wasserbaus

Der Grundsatz des naturnahen Wasserbaus, die Nutzungsansprüche an Gewässer umweltverträglich und nachhaltig umzusetzen, ist mittlerweile als übliche wasserwirtschaftliche Praxis anzusehen. Naturnahe Wasserbaumaßnahmen zeichnen sich durch eine Reihe von Vorteilen gegenüber herkömmlichen technisch orientierten Bauweisen aus (Kasten 4-4).

Es gibt jedoch einige Bereiche, in denen die im naturnahen Wasserbau verwendeten ingenieurbiologischen Bauweisen nicht zum Einsatz kommen, u. a. bei örtlich starken hydraulischen Belastungen und damit einhergehenden hohen Schubspannungen, z. B. im Bereich von Einengungen des Gewässerquerschnitts wie Brücken, Wehren, Schleusen und in Bereichen, in denen die Standortansprüche der verwendeten Pflanzen

Tab. 4-7: Übersicht über typische ingenieurbiologische Bauweisen in Abhängigkeit vom Anwendungszweck.

Anwendungszweck	Bauweisen (Beispiele)
Böschungssicherung	Weidenspreitlagen, Fichtenspreitlagen, Anlage von Grasflächen
Sicherung von Böschungsfüßen	Faschinen, Stangenverbau, Flechtzäune, Rauhbaum, Buhnen
Aufwertung des Gewässers bzw. des Gewässerumfelds	Röhrichtpflanzungen, Gehölzpflanzungen

4

Kasten 4-4
Vorteile von naturnahen Wasserbaumaßnahmen

- Sie sind umweltverträglich, beeinflussen das Gewässer im ökologischen Sinn positiv und sind daher im Allgemeinen nicht als Verschlechterung des ökologischen Gewässerzustandes anzusehen.
- Naturnahe Wasserbaumaßnahmen sind unterhaltungsarm bis unterhaltungsfrei und besitzen dadurch langfristige Kostenvorteile.

- Sie sind – in bestimmten Grenzen – in der Lage, sich veränderten Randbedingungen (wie z. B. steigenden oder fallenden Wasserspiegellagen) anzupassen.
- Ingenieurbiologische Bauweisen regenerieren sich teilweise selbst.

---

nicht erfüllt werden können, z. B. bei sehr steilen Uferböschungen oder starken Wasserstandsschwankungen.

4.3.4 Anwendung der naturnahen Bauweisen

Der naturnahe Wasserbau unterscheidet sich bereits im Ansatz von den Methoden und Bauweisen des konventionellen Bauens im Gewässer. Die Wahl von Baustoffen und Technologien basiert primär auf dem Grundsatz, möglichst nur **naturraumangepasste oder -typische Materialien** und Befestigungsarten bei notwendigen Verbau- oder Regulierungsarbeiten zu verwenden. Ebenso sind die im und am Wasser lebenden Pflanzen und Tiere entsprechend ihren Lebensraumansprüchen zu berücksichtigen. Somit ist mit dem naturnahen Wasserbau auch verbunden, dass unter Berücksichtigung gewässerökologischer Vorgaben nach Lösungen gesucht wird, die eine grundsätzliche Veränderung des Gewässers bzw. eines Gewässerabschnitts bedeuten können. So können beispielsweise bei notwendigen Sanierungsarbeiten an Stauanlagen Lösungen favorisiert werden, die zwar die Funktion des Bauwerks gleichwertig übernehmen, jedoch wesentlich verbesserte Bedingungen für die ökologische Durchgängigkeit oder für die lokale Strömungsdynamik erreichen. Insbesondere für diese Problematik sind in den letzten 15 Jahren auf der Grundlage diesbezüglicher Publikationen (u. a. Gebler 1991, DVWK 1996) viele Beispiele an Staubauwerken

entstanden, die in ihrer großen Mehrheit zeigen, welche gewässerökologischen Verbesserungen durch naturnahe Bauweisen möglich sind.

Im Folgenden wird darauf verzichtet, die einzelnen Möglichkeiten der Anwendung von naturnahen Bauweisen zu beschreiben, bautechnologisch zu erläutern und grafisch darzustellen. Eine Vielzahl von Publikationen (z. B. Schiechtl und Stern 1994, Patt et al. 2004) zu dieser Thematik enthalten umfassende Darstellungen der zur Verfügung stehenden Baustoffe und deren konstruktive Verwendung im naturnahen Wasserbau. Es ist vielmehr Anliegen dieses Kapitels, zu erläutern, dass die sinnvolle Verbindung von wasserbaulichem (hydraulischem) und gewässerökologischem Sachverstand die Wahl von Bauweisen begründen muss. Letztlich wird im Einzelfall zu unterscheiden sein, welches Material in welcher Art und Weise im oder am jeweiligen Gewässerabschnitt zu verwenden ist, um den gewünschten wasserbaulichen Effekt zu erzielen. Grundsätzlich bleibt aber als Entscheidungsbasis zu beachten:

- Welche hydraulischen und statischen Anforderungen werden an das Bauwerk gestellt?
- Welche Nutzung soll durch das Bauwerk geschützt oder gewährleistet werden?
- Welche biotischen und abiotischen Naturraumcharakteristiken sind zu berücksichtigen, zu schützen oder zu entwickeln?

Diese auch für den konventionellen Wasserbau zutreffenden Kriterien werden beim Ansatz naturverträglicher Bauweisen jedoch anders gewichtet. Als Planungsansatz gilt vornehmlich die Suche nach Materialien und Bautechnologien, die sowohl den Belastungs- und Standsicherheitskriterien entsprechen als auch gewässerökologische Anforderungen berücksichtigen. Unter Flachlandverhältnissen treten in der Regel geringere standsicherheitstechnische und hydraulische Belastungen an den Bauwerken auf. Die aber wegen der schwachen Entwicklungsdynamik nur langfristig beurteilbaren Erfolge oder Misserfolge einer Baumaßnahme mit naturnahen Bauweisen erschweren die Bewertung einzelner Varianten. Folgende Aspekte sollten jedoch bei der Planung des Um-, Rück- und Neubaus von Bauwerken an Gewässern nicht außer Acht gelassen werden:

- Bewertung des Fließgewässers nach seinen hydrologischen, naturräumlichen und biologischen Charakteristiken (Zusammenarbeit zwischen Wasserwirtschaftlern und Biologen).
- Ermittlung und Überprüfung der Bauwerksfunktion, vorhandener Nutzungsansprüche und -rechte in der Ausgangssituation.
- Suche nach Alternativen zum Ausgangszustand (z. B. Gewässerverlegung oder -aufweitung, Bauwerksersatz oder -aufgabe).
- Bestimmung bzw. Berechnung der zu gewährleistenden Anforderungen an das Bauwerk hinsichtlich der Standsicherheit und hydraulischen Belastung.
- Formulierung von Planungsansätzen unter Berücksichtigung konstruktiver und ökologischer Erfordernisse.
- Wahl des Baumaterials unter prioritärer Verwendung lebender Stoffe (möglichst autochthones Baum-, Strauch- und Röhrichtmaterial) und sonstiger standorttypischer Baustoffe (Totholz, Naturschotter).
- Verwendung des Baumaterials in naturraumangepassten konstruktiven Einheiten, wie Schutzpflanzungen an Prallhängen, geschüttete Rampen zur Sohlsicherung oder Leitwerke zur Böschungssicherung.
- Die Bauweisen und -formen sind dem Standort entsprechend an naturnahe Verhältnisse anzupassen (Gefälle, Linienführung, Querprofil).

Von wesentlicher Bedeutung ist, nach Abschluss einer Baumaßnahme Strukturen vorbereitet oder initialisiert zu haben, die sowohl von den Substratangeboten als auch vom Tiefen- und Strömungsmosaik her den im Gewässer lebenden Individuen bzw. den sogenannten Leitarten als Lebens- und Reproduktionsraum dienen können. Aufgrund der individuellen Charakteristik der Fließgewässer und der zu unterscheidenden Fließgewässerabschnitte bedarf es bei der Wahl der Bauweisen und der zu verwendenden Baustoffe einer Einzelentscheidung.

4.3.5 Möglichkeiten der veränderten Gewässerunterhaltung und eigendynamischen Entwicklung

Gunkel (1996) ermittelte aus einem Kostenvergleich von wasserbaulichen Fließgewässer-Renaturierungsmaßnahmen, dass 1 Mio. Euro im Durchschnitt gerade für eine Fließstrecke von 6 km ausreichend sind. Wollte man also die etwa 300 000 km, bei denen Renaturierungsbedarf besteht, auf diese Weise umgestalten, wäre eine Summe von 50 Mrd. Euro aufzubringen. Dass dies möglich und wahrscheinlich ist, darf bezweifelt werden, selbst wenn in der Wasserwirtschaft in absehbarer Zeit die erforderliche Neujustierung zwischen Abwasserentsorgung und Gewässerrenaturierung erfolgen würde (Lüderitz 2004).

Andererseits verschlingt die Aufrechterhaltung eines naturfernen Zustandes der Gewässer selbst beträchtliche Summen. Ein Gewässerunterhaltungsverband aus Sachsen-Anhalt gibt für die Mahd bzw. Entkrautung einer Strecke von knapp 1 000 km Kosten von 345 000 Euro jährlich an (Klante 2007). Sollten diese Kosten annähernd repräsentativ sein und geht man davon aus, dass etwa 80 % der Fließgewässer in Deutschland auf diese Weise „gepflegt" werden, so betragen die Gesamtkosten dafür jährlich immerhin etwa 100 Mio. Euro!

Da intensive Gewässerunterhaltung in Verbindung mit stark naturfernem Ausbauzustand zudem schwere ökologische Beeinträchtigungen und Schäden hinsichtlich des Landschaftswasserhaushalts anrichtet (Madsen und Tent 2000, Klante 2007), drängt sich eine Veränderung der Unterhaltungspraxis förmlich auf. Die dafür notwendigen rechtlichen Voraussetzungen hat der Bundesgesetzgeber ebenfalls mit der Novelle des Wasserhaushaltsgesetzes (WHG 2002) geschaffen, nach der die Gewährleistung des schadlosen

4

Kasten 4-5
Morphologische Regenerationsfaktoren nach Otto (1996)

- Krümmungserosion (wechselseitige Ufererosion, die zu zunehmender Laufkrümmung führt).
- Sturzbäume, Totholzansammlungen und Verklausungen, die die natürliche Längsprofilgliederung durch Bänke, Furten, Schnellen und Kolke induzieren.
- Breitenerosion (beidseitige Ufererosion, die das Querprofil breiter und flacher werden lässt).

- Körnungsselektion und Bänkebildung (getrennte Sedimentation von Grob- und Feingeschiebe, Bildung von regelmäßigen Querbänken).
- Natürliche Ansiedlung von Ufergehölzen, natürliches Altern und Umstürzen der Uferbäume.

Wasserabflusses nicht mehr alleiniges vorrangiges Ziel der Gewässerunterhaltung ist, sondern mit den ökologischen Funktionen des Gewässers gleichrangig behandelt werden muss.

Der Aufwand für die Gewässerunterhaltung kann vor allem durch die Schaffung funktionsfähiger **Gewässerschonstreifen** bzw. **Entwicklungskorridore** deutlich vermindert werden. Ein solcher Schonstreifen, den alle Landeswassergesetze vorschreiben, der aber nur an den wenigsten Gewässerstrecken in wirksamer Form existiert, erfüllt nach Bach (2000) u. a. Distanz-, Retentions-, Habitats- und Beschattungsfunktionen. Hinsichtlich der Retentionsfunktion stellte Correl (2005) fest, dass ein etwa 30 m breiter, gemischt bepflanzter Schonstreifen den Nitrateintrag in das Gewässer um 92–100 % verringert. Durch die Verminderung des Nährstoffeintrags und die Beschattung verringert sich der Aufwuchs von Makrophyten, sodass eine Entkrautung nicht mehr oder nur noch in geringem Umfang nötig ist. Vor allem aber dient der Gewässerschonstreifen als Korridor eigendynamischer Entwicklung, mit der das Gewässer seine morphologischen Defizite in Abhängigkeit von ihrem Umfang und von hydrologischen Faktoren wie der Fließgeschwindigkeit mehr oder weniger schnell selbst abbauen kann.

Otto (1996) führt die wichtigsten morphologischen Regenerationsfaktoren auf, mit denen speziell die kleinen und mittelgroßen Gewässer ihren natürlichen morphologischen Zustand wiederherzustellen versuchen (Kasten 4-5).

Die eigendynamische Entwicklung kann man durch einfache und kostengünstige Maßnahmen

wie die Einbringung von Totholz befördern. Mutz (2004) stellte fest, dass der Eintrag naturgemäßer Holzmengen ein geeignetes Mittel für die auf das Leitbild ausgerichtete Entwicklung degradierter Sandbäche ist. So wird die Sohlerosion verringert, während sich der Rückhalt sowohl des Wassers selbst als auch des feinpartikulären organischen Materials deutlich erhöht. Außerdem nimmt das Arteninventar der Makroinvertebraten zu (Hoffmann und Hering 2000). Im nachfolgenden Abschnitt wird gezeigt, dass dies im Verlauf weniger Jahre möglich ist.

4.4 Fallbeispiele

4.4.1 Renaturierung der Ihle bei Burg

Im Rahmen einer Ausgleichs- und Ersatzmaßnahme wurden 1 600 m des kleinen Flusses Ihle bei Burg (Sachsen-Anhalt) aus der Talrandlage in die Talaue zurückverlegt (Abb. 4-2). Ziel war die Wiederherstellung eines naturnahen Verlaufs. Dieses Vorhaben wurde im Frühjahr 2002 vorläufig fertig gestellt und kostete etwa 1,5 Mio. Euro. Ein großer Teil der aufgebrachten Summe wurde für Flächenaufkäufe aufgewandt. Kurz nach Abschluss der Baumaßnahmen mussten nicht unbedeutende Defizite in der Bauausführung (die offensichtlich auf Planungsmängeln beruh-

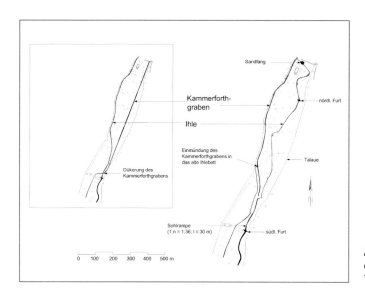

Abb. 4-2: Verlegung der Ihle aus der Talrandlage (linkes Bild) in die Talaue (rechtes Bild) im Jahr 2002.

ten), insbesondere im Längs- und Querprofil (Farbtafel 4-1), festgestellt werden. Dies waren eingeschränkte ökologische Durchgängigkeit für Fische und einige Gruppen des Makrozoobenthos, Rückstaubereiche innerhalb der Untersuchungsstrecke, monotone Linienführung/ schwach gekrümmter Verlauf, breite Ausbauquerschnitte, zu große Profiltiefen etc.

Im Rahmen mehrerer Master- und Diplomarbeiten am Institut für Wasserwirtschaft und Ökotechnologie der Hochschule Magdeburg-Stendal wurden Vorschläge zur Beseitigung dieser Defizite und zum weiteren Umgang mit dem Fluss erarbeitet:

1. Die Baumaßnahmen sollen sich auf Mindestaufwendungen beschränken und nur Voraussetzungen für eine weitere selbstständige Entwicklung des Wasserlaufs schaffen.
2. Da die Flächen am Wasserlauf ungenutzt sind, bieten sie optimale Möglichkeiten, die Renaturierungsmaßnahmen frei zu entwerfen, durchzuführen und wirken zu lassen.
3. Die Renaturierung ist vom Zustand natürlicher Gewässer abzuleiten, d. h. in diesem Fall existieren ein flaches Querprofil und eine flache Sohllage in Übereinstimmung mit dem natürlichen Geländegefälle.

Als Konsequenz dieser Untersuchungen und Vorschläge wurden im Sommer 2003 u. a. folgende Maßnahmen realisiert (Abb. 4-3):

- In mehreren Abschnitten wurde ein neues Gewässerbett unter Nutzung noch bestehender Altläufe geschaffen; die Sohle wurde dabei teilweise durch Einbringung eines kiesigen Substrats erhöht.
- Eine steile Sohlrampe (Gefälle 1:12) wurde in eine flache Sohlgleite (Gefälle 1:30) umgewandelt.
- Die zwei vorhandenen Furten wurden vertieft, um einen Rückstau zu vermeiden.
- Mehrere neu eingebaute Grundschwellen verhindern rückschreitende Tiefenerosion.
- Die Einbringung von Totholz aus der Umgebung verstärkte die Eigendynamik des Gewässers und führt seitdem zu biotopbildenden natürlichen Längs- und Querstrukturen.

Die korrigierenden Maßnahmen im Zusammenwirken mit der eigendynamischen Entwicklung bewirkten eine deutliche Aufwertung des Gewässers im Sinne der EU-WRRL, aber auch des Arten- und Biotopschutzes (Farbtafel 4-2). Ein Vergleich der Entwicklung des renaturierten Fließgewässerabschnitts 1 mit dem oberhalb der Renaturierungsstrecke gelegenen Gewässerabschnitt 4 (Tab. 4-8) über fünf Jahre macht insgesamt deutlich, dass eigendynamische Prozesse nach Renaturierungsmaßnahmen innerhalb weniger Jahre die abiotischen und biotischen Verhältnisse deutlich verbessern können. Alle Module der im Abschnitt 4.2.5 erläuterten Methode zur Erfolgskontrolle

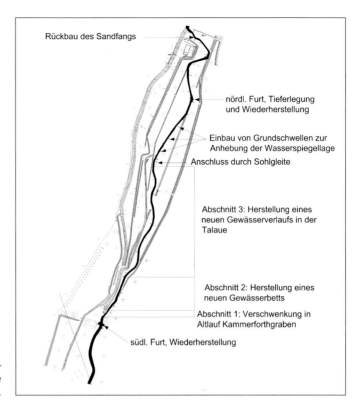

Rückbau des Sandfangs

nördl. Furt, Tieferlegung und Wiederherstellung

Einbau von Grundschwellen zur Anhebung der Wasserspiegellage

Anschluss durch Sohlgleite

Abschnitt 3: Herstellung eines neuen Gewässerverlaufs in der Talaue

Abschnitt 2: Herstellung eines neuen Gewässerbetts

Abschnitt 1: Verschwenkung in Altlauf Kammerforthgraben

südl. Furt, Wiederherstellung

Abb. 4-3: Aufwertung der Ihle-Renaturierung durch nachgelagerte Maßnahmen.

erfuhren im Gewässerabschnitt 1 in diesem Zeitraum eine Steigerung um eine ganze Einheit bzw. 1,5 Einheiten. Während der Abschnitt noch 2002 erst auf dem Weg zu einem guten Zustand war, hat er sich inzwischen weitestgehend zu einer Referenzstrecke für diesen Gewässertyp entwickelt.

4.4.2 Renaturierungsmaßnahmen an Obermain und Rodach

Das Einzugsgebiet des Obermains umfasst Teile des Fichtelgebirges und des Frankenwaldes, des Fränkischen Jura, des Obermainischen Hügellan-

Tab. 4-8: Entwicklung des ökologischen Zustandes eines renaturierten (1) und eines nicht renaturierten Ihle-Abschnitts (4) über einen Zeitraum von fünf Jahren (Lüderitz et al. 2007). (Bewertung: Index-Note 5 = sehr gut, 4 = gut, 3 = mäßig, 2 = unbefriedigend, 1 = schlecht)

Modul	Ihle-Abschnitt									
	Abschnitt 1 (renaturiert)					Abschnitt 4 (nicht renaturiert)				
	2002	2003	2004	2005	2007	2002	2003	2004	2005	2007
Wasserqualität	4,0	4,0	4,5	4,5	4,5	4,0	4,0	4,0	4,0	4,0
Hydromorphologie	3,0	3,0	3,5	4,0	4,5	2,5	2,5	2,5	2,5	2,5
Naturnähe	3,5	3,5	3,5	4,0	5,0	2,5	2,5	3,0	2,5	2,5
Diversität/ Schutzwürdigkeit	4,0	4,5	5,0	5,0	5,0	4,0	4,0	4,0	4,0	4,0
Gesamtbewertung	3,5	4,0	4,0	4,5	5,0	3,0	3,0	3,5	3,0	3,0

des und des fränkischen Keuper-Lias-Landes, das des Nebenflusses Rodach den zentralen Teil des Frankenwaldes und kleine Teile des Thüringer Waldes. Beide Gewässer wurden und werden nicht durch die Schifffahrt genutzt, allerdings bis in die 1930er-Jahre für eine intensive Flößerei, was einen nahezu trapezförmigen Längsverbau des Flussbetts zur Folge hatte. Andererseits blieben aufgrund dieser Nutzung mehr als 30 Flusskilometer ohne Querverbau (Speierl et al. 2002). Seit 1992 werden vom Wasserwirtschaftsamt Bamberg zunehmend Abschnitte beider Flüsse insbesondere durch Entfernung des Uferverbaus und abschnittsweise Uferaufweitungen renaturiert, sodass sich in diesen Bereichen eine weitestgehend natürliche Abfluss- und Auendynamik entwickeln kann (Speierl 2007). Im Einzelnen wurden bis Ende 2002 im Rahmen von 19 Einzelmaßnahmen 15 Flusskilometer renaturiert, wodurch eine Gesamtfläche von ca. 60 ha natürliche Auenlandschaft und 1,2 Mio. m^3 Retentionsraum entstanden (Heßberg 2003). In den letzten Jahren wurden diese Maßnahmen fortgeführt, sodass inzwischen insgesamt fast 40 km Fließstrecke naturnah gestaltet worden sind (Völkl, persönliche Mitteilung).

In der Folge der Redynamisierungsmaßnahmen beobachtete Heßberg (2003), dass durch die regelmäßigen Frühjahrshochwässer Haupt- und Nebenfließstrecken mit angebundenen Flachwasserzonen, Buchten und Altwässer entstehen. Durch die Aufweitung der Flussabschnitte kommt die Sedimentfracht (Kies, Sand, Ton) zum Stillstand und wird in Form von Kiesbänken (Farbtafel 4-3) oder hoch aufgewölbten Inseln abgelagert. Mitgeschlepptes Totholz bleibt in großen Mengen in den vorhandenen oder neu etablierten Weidensträuchern hängen und bildet Hindernisse in der Strömung. Der Fluss wird gezwungen, einen anderen Weg zu nehmen und die zuvor abgelagerte Kiesfracht wieder umzulagern.

Die Renaturierung von Obermain und Rodach gehört zu den wenigen Vorhaben, bei denen bisher eine umfangreiche Erfolgskontrolle durchgeführt wurde, wenngleich auch nicht bei allen relevanten Organismengruppen. Heßberg (2003) fand bei seinen vegetationsökologischen Untersuchungen, dass die Struktur- und Artendiversität auf Flächen entlang nicht renaturierter Uferabschnitte deutlich niedriger ist als auf den Renaturierungsflächen. Bei ersteren fehlen vor allem die für die Pionierstadien wichtigen Rohbodenflächen und

damit das Keimbett für viele Therophyten und Weidenarten. Tierökologische Untersuchungen in und an den renaturierten Flussabschnitten ergaben teilweise rasante Zunahmen der Arten- und Individuenzahlen, so bei den Libellen (Hilt 2001), den Vögeln (Metzner et al. 2003) und den Fischen (Speierl et al. 2002). Bei der letztgenannten Tiergruppe ergab der Vergleich der renaturierten mit den verbauten Abschnitten den äußerst positiven Einfluss der Revitalisierungsmaßnahmen. In den renaturierten Strecken wurden in allen Altersklassen (Adulte, Juvenile, Larven) mehr Arten und höhere Individuenzahlen gefunden als in den verbauten Bereichen. Besonders ausgeprägt war dieser Unterschied bei Jungtieren und Larven (Speierl et al. 2002). Die sich natürlich entwickelnden Bereiche fungieren aufgrund ihrer wiedergewonnenen Struktur- und Habitatvielfalt sowohl als Laichplätze für Arten mit unterschiedlichem Anspruch (Kieslaicher, Krautlaicher) als auch als Refugium für larvale und juvenile Stadien. Gefördert wurden durch die Renaturierung in allen Tiergruppen insbesondere Arten, die in einem mehr oder weniger hohen Grad gefährdet sind, was hier exemplarisch für die Libellen und Fische aufgeführt werden soll (Tab. 4-9).

4.4.3 Geplante Renaturierung der Unteren Havel

Das größte Fließgewässer- und Auenrevitalisierungsvorhaben wird gegenwärtig vom Naturschutzbund Deutschland (NABU) an der Unteren Havel geplant (PEP 2007). Das Projektgebiet umfasst die NATURA 2000-Flächen der Unteren Havelniederung mit einer Gesamtausdehnung von 18 770 ha und schließt mit dem Deichvorland der Havel den eigentlichen Maßnahmeraum (8 900 ha) ein. Es handelt sich um das größte und bedeutsamste Binnenfeuchtgebiet Deutschlands, das über 1 000 gefährdete Arten beherbergt und in Brandenburg und Sachsen-Anhalt jeweils zum Territorium eines Biosphärenreservats gehört.

Obwohl die Untere Havel im Vergleich zu anderen mitteleuropäischen Flüssen noch eine relative Naturnähe aufweist, sind auch hier die Folgen des Ausbaus und der Meloration sichtbar: So wurde das Überflutungsgebiet (die rezente Aue) um ca. 90 % und der Verzweigungsgrad um

Tab. 4-9: Gefährdete Arten von Fischen (Speierl et al. 2002) und Libellen (Hilt 2001), die durch die Renaturierung von Obermain und Rodach gefördert wurden (RL-Status: Rote Liste Deutschland; 2 = stark gefährdet, 3 = gefährdet, V = Vorwarnliste).

Tiergruppe	Art	RL-Status
Fische	*Aspius aspius* (Rapfen)	3
	Barbatula barbatula (Schmerle)	3
	Barbus barbus (Barbe)	2
	Chondrostoma nasus (Nase)	2
	Leucaspius delineatus (Moderlieschen)	3
	Leuciscus leuciscus (Hasel)	3
	Lota lota (Quappe)	2
	Salmo trutta (Bachforelle)	3
	Thymallus thymallus (Äsche)	3
Libellen	*Brachytron pratense* (Früher Schilfjäger)	3
	Coenagrion pulchellum (Fledermaus-Azurjungfer)	3
	Gomphus pulchellus (Westliche Keiljungfer)	V
	Gomphus vulgatissimus (Gemeine Keiljungfer)	2
	Ischnura pumilo (Kleine Pechlibelle)	3
	Onychogomphus forcipatus (Kleine Zangenlibelle)	2

ca. 65 % reduziert. Die Gewässerstruktur ist deutlich bis stark verändert (Gewässerstrukturklasse 4,5). Die Nutzung der Havel als Wasserstraße rechtfertigt den gegenwärtigen Ausbauzustand allerdings nicht mehr: Während bis 1990 jährlich noch ca. 8 Mio. Tonnen auf ihr transportiert wurden, hat sich diese Menge bis 2004 auf 0,017 Mio. Tonnen verringert. Der Elbe-Seitenkanal und der Elbe-Havelkanal werden hier als deutlich bessere Alternative wahrgenommen. Deshalb soll im Rahmen des Renaturierungsprojekts

- die Fahrrinne entsprechend der Bedürfnisse von Fahrgastschiffen verkleinert,
- der Uferverbau beseitigt,
- der Kolkverbau eingestellt,
- die Entstehung von Sandbänken zugelassen und
- die Uferwaldentwicklung gefördert werden.

Außerdem sollen mehrere Altarme an den Fluss angeschlossen (Abb. 4-4) und Fischaufstiegshilfen an drei Wehren errichtet werden. Für das Vorhaben, das im Jahr 2008 in die Phase der schrittweisen Realisierung über zehn Jahre eintritt, haben der Bund, die Länder Sachsen-Anhalt und Brandenburg sowie der NABU als Projektträger insgesamt 25 Mio. Euro bereitgestellt.

Einengung des künstlichen Durchstichs auf Fahrrinnenbreite der Schifffahrt

Öffnung des verfüllten Altarmkopfes

Abb. 4-4: Geplanter Wiederanschluss des Altarms Marqueder Lanke bei Premnitz an die Havel (Foto: NABU, A. Löbe, Juni 2007).

4.5 Ausblick

4.5.1 Praktische Probleme bei der Umsetzung der WRRL

Renaturierungs- und Sanierungsmaßnahmen an Fließgewässern werden seit den 1980er-Jahren durchgeführt, allerdings sind sie bisher selten im umfassenden Sinne erfolgreich (Gunkel 1996, Lüderitz 2004). Trotz (oder gerade wegen) des unter Abschnitt 4.3.5 bezifferten erheblichen finanziellen Aufwands konnte durch solche Maßnahmen bisher nur in wenigen Fällen der „Gute Ökologische Zustand" hergestellt werden. Ungeachtet der erheblichen Zunahme des Wissens über die Ökologie der Fließgewässer in den letzten zehn Jahren gelten die von Gunkel (1996) aufgeführten und von Lüderitz (2004) ergänzten Gründe für den äußerst mäßigen Erfolg von Renaturierungsmaßnahmen im Wesentlichen bis heute:

- Den Maßnahmen liegt kein Gesamtkonzept zugrunde, Planung und Ausführung erfolgen nicht leitbildorientiert, d. h. ohne Bezug zum konkreten Gewässertyp.
- Die Umgestaltung betrifft nur einen kleinen Teil des Gewässers; verbleiben längere Abschnitte des Ober- und Unterlaufs aber in einem geschädigten Zustand, hat eine Aufwertung der Gewässermorphologie über eine kurze Strecke kein biologisch messbares Ergebnis.
- Die Maßnahmen erfolgen meist in einem äußerst schmalen Korridor, der entscheidende Einfluss des Umlandes auf die gesamte Gewässerqualität (Feld 2004) wird weitgehend ignoriert.
- Vielfach verdient die Revitalisierung ihren Namen nicht, d. h. sie erfolgt als dekorative Umgestaltung ohne die Ermöglichung einer eigendynamischen Entwicklung des Bachs bzw. Flusses.
- Nach Durchführung der Maßnahme wird sie zumeist vergessen, der Erfolg wird allenfalls verbal beschrieben, nur in wenigen Fällen qualitativ untersucht und noch viel seltener quantifiziert. So erfolgte in Nordrhein-Westfalen nur bei sieben von insgesamt 426 Renaturie-

rungsmaßnahmen ein Erfolgsmonitoring (Feld, persönliche Mitteilung).

Die Umsetzung der WRRL, in deren Rahmen Renaturierungsmaßnahmen an Flüssen und Bächen in bisher nicht gekanntem Umfang erforderlich sind, sollte derartiges Stückwerk in die Vergangenheit verbannen. Entscheidende Voraussetzung dafür ist allerdings eine **leitbildorientierte quantifizierte Bewertung** des vorgefundenen Ausgangszustandes, eine **wissenschaftlich begründete Planung** und Begleitung sowie schließlich die **Kontrolle des Erfolgs** der Umgestaltungen. Die unter Abschnitt 4.2 vorgestellten Methoden müssen dazu sowohl im Einzelansatz als auch in ihrer Integration einer umfassenden Praxiserprobung unterzogen und aus diesen Erfahrungen heraus weiterentwickelt werden. Obwohl die WRRL zu einem bedeutenden Schub der Forschung bezüglich der Gewässerbewertung und -bewirtschaftung geführt hat (Feld 2007), sind einige der in den letzten Jahren entwickelten biologischen Verfahren noch mit deutlichen Defiziten behaftet. So sind die Leitbilder und damit Referenztaxalisten des Fischbasierten Bewertungsverfahrens nach Dußling et al. (2005) bisher nur für einzelne Wasserkörper regional definiert. Die Bewertung der Qualitätskomponente „Makrophyten und Phytobenthos" (Schaumburg et al. 2005) weist noch deutliche Schwächen vor allem im Tiefland auf (Feld 2007). Das unter Abschnitt 4.2.5 vorgestellte modularisierte Verfahren zur Erfolgskontrolle schließlich wurde bisher erst an wenigen Gewässern angewandt und zudem erst für drei Fließgewässertypen kalibriert. Für die Praxis bedeuten diese verbliebenen Probleme, dass die **WRRL-Maßnahmenprogramme** auf der Grundlage eines unzureichenden Monitorings und lückenhafter, zum Teil veralteter Daten aufgestellt und evtl. auch umgesetzt werden (Feld 2007).

4.5.2 Renaturierung, Biodiversität und Klimawandel – was kommt nach der EG-WRRL?

Fließgewässerökosysteme erfüllen im Naturhaushalt und für die menschliche Gesellschaft **bereitstellende** (Süßwasser, Fische, Energie),

regulierende (Mesoklima, Wasserregime, Sedimenttransport, Selbstreinigung), **kulturelle** (ästhetische Werte, Erholung und Ökotourismus) und **unterstützende** (Bodenbildung/Auen, Primärproduktion, Nährstoffhaushalt, Wasserhaushalt) **Funktionen** (MA 2005). Die Aufgabe der kommenden Jahre besteht darin, diese Diversität der Gewässerfunktionen aufrechtzuerhalten und für die Zukunft sicherzustellen (Feld 2007). Ihre Voraussetzung ist die **Biodiversität** in ihrer Vielschichtigkeit (Arten, Unterarten, Lebensgemeinschaften, Strukturen und Funktionen), deren Schutz die WRRL nicht abdeckt. Die strukturelle Vielfalt wird von der Fülle der funktionalen Wechselwirkungen in den Nahrungsnetzen der Gewässerökosysteme reflektiert (Benndorf et al. 2003). Dabei geht es konkret um die Beantwortung solcher Fragen wie:

- Unter welchen Bedingungen ergeben sich in Gewässerökosystemen die höchsten Biodiversitäten?
- Welche externen Störungsintensitäten und -frequenzen sind erforderlich und welche räumlichen und zeitlichen Skalen sind relevant, um Biodiversität zu verändern, d. h. wie groß ist die **Plastizität und Elastizität** der Fließgewässer und ihrer Organismengemeinschaften?
- Welche Arten in einer Lebensgemeinschaft sind diversitätsbestimmend und durch welche Einflüsse werden sie geschwächt?
- Bedeutet ein hohes Maß an Biodiversität auch ein hohes Maß an **Stabilität der Gewässerfunktionen?**
- Welches sind geeignete Indikatoren für die unterschiedlichen Komponenten und Ebenen der Biodiversität?

Eine weitere Herausforderung der gewässerbezogenen Renaturierungsökologie sind die zu erwartenden **klimatischen Veränderungen.** So muss in Nordwestdeutschland bis zum Jahr 2055 mit einem Temperaturanstieg von 1,5–2 °C und einem mittleren Anstieg der Jahresniederschläge um 50–150 mm gerechnet werden (Gerstengrabe und Werner 2005). Damit werden Winter- und Frühjahrshochwässer ebenso wahrscheinlicher wie sommerliche Trockenperioden. Extreme Niedrigwassersituationen bis hin zum (temporären) Verschwinden zahlreicher Gewässer werden für große Teile Ostdeutschlands prognostiziert

(Bronstert et al. 2003). In den Mittelgebirgen kann es durch die Erwärmung zum Verlust kaltstenothermer Arten z. B. aus den Gruppen der Stein- und der Köcherfliegen kommen, andererseits können wärmeliebende Arten, darunter zahlreiche, zum Teil invasive, Neozoen und Neophyten zunehmen. Angesichts dieser Prognosen ist ein Umdenken beim Umgang mit Gewässern und Auen dringend erforderlich. Die Auen (von der WRRL vernachlässigt) müssen mit ihren Altwässern und Flusstalmooren ihre Funktion als Retentionsräume und Stabilisatoren des Mesoklimas wiedergewinnen und deshalb in flächendeckende Renaturierungskonzepte im Sinne des Wasserrückhalts und des Schutzes der Biodiversität weit mehr als bisher einbezogen werden (Feld 2007). Dies gilt für die großen Ströme ebenso wie für mittelgroße und kleine Fließgewässer.

Literaturverzeichnis

Bach M (2000) Gewässerrandstreifen – Aufgaben und Pflege. In: Konold W, Böcker R, Hampicke U (Hrsg) Handbuch Naturschutz und Landschaftspflege XIII-7.15.1

Benndorf J, Kobus H, Roth K, Schmitz G (2003) Wasserforschung im Spannungsfeld zwischen Gegenwartsbewältigung und Zukunftssicherung. Denkschrift der Deutschen Forschungsgemeinschaft. Wiley-VCH, Weinheim

BMU (Ministerium für Umwelt, Naturschutz und Reaktorsicherheit) (2005) Umweltpolitik – Die Wasserrahmenrichtlinie. Ergebnisse der Bestandsaufnahme 2004 in Deutschland. Bonn

Braukmann U, Biss R (2004) Conceptual study – An improved method to assess acidification in German streams by using benthic macroinvertebrates. *Limnologica* 34: 433–450

Braukmann U, Biss R, Kübler P, Pinter I (2001) Ökologische Fließgewässerbewertung. Deutsche Gesellschaft für Limnologie (DGL), Tagungsbericht 2000 (Magdeburg). Eigenverlag, Tutzing. 24–53

Bronstert A, Lahmer W, Krysanova V (2003) Klimaänderungen in Brandenburg und Folgen für den Wasserhaushalt. *Naturschutz und Landschaftspflege in Brandenburg* 12: 72–79

Correl DL (2005) Principles of planning and establishment of buffer zones. *Ecological Engineering* 24: 433–439

Dußling U, Bischoff A, Haberbosch R, Hoffmann A, Klinger H, Wolter C, Wysujack K, Berg R (2005) Die fischbasierte Bewertung von Fließgewässern zur

Umsetzung der EG-Wasserrahmenrichtlinie. In: Feld CK, Rödiger S, Sommerhäuser M, Friedrich G (Hrsg) *Limnologie aktuell* 11 (Typologie, Bewertung, Management von Oberflächengewässern – Stand der Forschung zur Umsetzung der EG-Wasserrahmenrichtlinie): 91–104

DVWK (1996) Fischaufstiegsanlagen – Bemessung, Gestaltung, Funktionskontrolle. *DVWK-Merkblätter zur Wasserwirtschaft* 232

Ebel G (2006) Fischbestandliche Untersuchungen in der Nuthe – Bewertung der Fischfauna gemäß EG-Wasserrahmenrichtlinie. Unveröffentlicht. Magdeburg

EG (Europäische Gemeinschaften) (2000) Richtlinie 2000/60/EG des Europäischen Parlamentes und des Rates vom 23. Oktober 2000 zur Schaffung eines Ordnungsrahmens für Maßnahmen der Gemeinschaft im Bereich der Wasserpolitik. Amtsblatt der Europäischen Gemeinschaften L327

Feld CK (2004) Identification and measure of hydromorphological degradation in Central European lowland streams. *Hydrobiologia* 516: 69–90

Feld CK (2007) Was kommt nach der EG-Wasserrahmenrichtlinie? Offene Herausforderungen für die angewandte Fließgewässerbewertung in Europa und weltweit. *Magdeburger Wasserwirtschaftliche Hefte* 8: 5–20

Feld CK, Rödiger S, Sommerhäuser M, Friedrich G (2005) Die wissenschaftliche Begleitung der Entwicklung biologischer Bewertungsverfahren – „KoBio". Typologie, Bewertung, Management von Oberflächengewässern. *Limnologie aktuell* 11: 1–8

Gebler RJ (1991) Sohlrampen und Fischaufstiege. Verlag Wasser + Umwelt, Walzbachtal

Gerstengrabe F-W, Werner PC (2005) Das NRW-Klima im Jahr 2055. *LÖBF-Mitteilungen* 2: 15–24

Gerstgraser C (2000) Ingenieurbiologische Bauweisen an Fließgewässern. Dissertation der Universität für Bodenkultur Wien, Band 52. Österreichischer Kunst- und Kulturverlag, Wien

Gunkel G (1996) Renaturierung kleiner Fließgewässer. Gustav-Fischer-Verlag, Jena, Stuttgart

Heßberg A v (2003) Die Teil-Renaturierung der Fließgewässer Main und Rodach (Oberfranken) und die Entwicklung hin zu einer dynamischen Flusslandschaft. In: Berichte des Institus für Landschafts- und Pflanzenökologie. Eigenverlag, Hohenheim

Hilt N (2001) Die Situation der Libellen nach der Renaturierung von Uferbereichen am Obermain und der Rodach. Diplomarbeit des Lehrstuhls für Tierökologie I (unveröffentlicht). Universität Bayreuth

Hoffmann A, Hering D (2000) Wood-associated macroinvertebrate fauna in Central European streams. *International Review of Hydrobiology* 85: 25–48

Hoffmann A, Lüderitz V, Müller S, Henke V (2007) Bewertung von Tieflandbächen im Naturpark West-
fläming nach EG-WRRL – Vergleich der verschiedenen biologischen Bewertungskomponenten. *Magdeburger Wasserwirtschaftliche Hefte* 8: 73–94

Jüpner R (2005) Hochwassermanagement. *Magdeburger Wasserwirtschaftliche Hefte* 1

Kaule G (1991) Arten- und Biotopschutz. Ulmer-Verlag, Stuttgart

Klante HU (2007) Auswirkungen von Abwassereinleitungen in Gewässer am Beispiel der Uchte im Landkreis Stendal. In: Wasserwirtschaft, ein gesellschaftliches und umweltpolitisches Räderwerk. DWA-Jahresverbandstagung Nord-Ost. 111–145

LAWA (2000) Gewässerstrukturgütekartierung in der Bundesrepublik Deutschland – Verfahren für kleine und mittlere Fließgewässer. Kulturbuchverlag, Berlin

LAWA (2002) Gewässergüteatlas der Bundesrepublik Deutschland – Gewässerstruktur in der Bundesrepublik Deutschland 2001. Kulturbuchverlag, Berlin

Langheinrich U, Böhme D, Wegener U, Lüderitz V (2002) Streams in the Harz National Parks (Germany) – a hydrochemical and hydrobiological evaluation. *Limnologica* 32: 309–321

Lorenz A, Hering D, Feld C, Rolauffs P (2004) A new method for assessing the impact of hydromorphological degradation on the macroinvertebrate fauna of five German stream types. *Hydrobiologia* 516: 107–127

Lüderitz V (2004) Towards sustainable water resources management: A case study from Saxony-Anhalt, Germany. *Management of Environmental Quality* 15: 17–24

Lüderitz V, Jüpner R, Müller S, Feld CK (2004) Renaturalization of streams and rivers – the special importance of integrated ecological methods in measurement of success. An example from Saxony-Anhalt (Germany). *Limnologica* 34: 249–263

Lüderitz V, Langheinrich U (2006) Measurement of success in stream and river restoration by means of biological methods. *Magdeburger Wasserwirtschaftliche Hefte* 3: 25–34

Lüderitz V, Langheinrich U, Kunz C, Wegener U (2006) Die Ecker – Referenzgewässer für den grobmaterialreichen, silikatischen Mittelgebirgsbach. *Abhandlungen und Berichte des Museums Heineanum* 7: 95–112

Lüderitz V, Müller S, Langheinrich U, Jüpner R (2007) Erfolgskontrolluntersuchungen bei der Renaturierung von Fließgewässern am Beispiel der Ihle bei Magdeburg. *Magdeburger Wasserwirtschaftliche Hefte* 8: 55–72

LVWA LSA (Landesverwaltungsamt Sachsen-Anhalt) (2004) Bericht über die Umsetzung der Anhänge II, III und IV der Richtlinie 2000/60/EG für das Land Sachsen-Anhalt (C-Bericht). Magdeburg

MA (Millenium Ecosystem Assessment) (2005) Ecosystems and human well-being: Synthesis. Island Press, Washington DC

Madsen BL, Tent L (2000) Lebendige Bäche und Flüsse
– Praxistips zur Gewässerunterhaltung und Revitali-
sierung von Tieflandgewässern. Planungsgruppe
Ökologie + Umwelt Nord

Metzner J, Hessberg A v, Völkl W (2003) Primärhabitate
durch Flussrenaturierung? Die Situation ausgewählter Vogelarten nach dem Wiederzulassen dynamischer Prozesse am Main. *Naturschutz und Landschaftsplanung* 35: 74–82

MU BW (Ministerium für Umwelt Baden-Württemberg)
(1993) Handbuch Wasserbau – naturgemäße Bauweisen, Ufer- und Böschungssicherungen. Eigenverlag, Stuttgart

Mühlenberg M (1993) Freilandökologie. Verlag Quelle &
Meyer, Heidelberg

MURL NRW (Ministerium für Umwelt, Raumordnung
und Landwirtschaft des Landes Nordrhein-Westfalen) (1999) Richtlinie für naturnahe Unterhaltung
und naturnahen Ausbau der Fließgewässer in NRW;
5. völlig überarbeitete Aufl. Ministerialblatt NRW
1999, Nr. 39 vom 18.06.1999

Mutz M (2004) Holzeintrag in einen degradierten Sand-
bach – Auswirkungen auf Morphologie, Hydraulik
und Partikelretention. In: Rücker J, Nixdorf B (Hrsg)
Gewässerreport Nr. 8, TU Cottbus: 101–107

Otto A (1996) Renaturierung als Teil der ökologischen
Fließgewässersanierung. *Kasseler Wasserbau-Mit-
teilungen* 6: 25–34

Patt H, Jürging P, Kraus W (2004) Naturnaher Wasserbau. Springer-Verlag, Berlin, Heidelberg

Pauls S, Feld CK, Sommerhäuser M, Hering D (2002)
Neue Konzepte zur Bewertung von Tieflandbächen
und -flüssen nach Vorgaben der EU-Wasserrahmenrichtlinie. *Wasser & Boden* 54: 70–77

PEP (2007) Pflege- und Entwicklungsplan Gewässer-
randstreifenprojekt „Untere Havelniederung zwischen Pritzerbe und Gnevsdorf". Naturschutzbund
Deutschland (unveröffentlicht)

Pottgießer T, Sommerhäuser M (2004) Fließgewässertypologie Deutschlands: Die Gewässertypen und
ihre Steckbriefe als Beitrag zur Umsetzung der EU-
Wasserrahmenrichtlinie. In: Steinberg C, Calmano
W, Klapper H, Wilken WD (Hrsg) Handbuch Angewandte Limnologie, 19. Ergänzungslieferung. eco-
med-Verlag, Landsberg

Rolauffs P, Stubauer I, Zahradkova S, Brabec K, Moog
O (2004) Integration of the saprobic system into the
European Water Framework Directive. *Hydrobiologia*
516: 285–298

Schaumburg J, Schmedtje C, Schranz C (2005) Bewertungsverfahren Makrophyten und Phytobenthos.
*Informationsbericht des Bayerischen Landesamtes
für Wasserwirtschaft* Heft 1/05

Schiechtl HM, Stern R (1994) Handbuch für den naturnahen Wasserbau, Österreichischer Agrarverlag,
Wien

Sommerhäuser M, Schuhmacher H (2003) Handbuch
der Fließgewässer Norddeutschlands. ecomed-Ver-
lag, Landsberg

Speierl T (2007) Fischökologische Funktionalität von
Fließgewässerrenaturierungen im oberfränkischen
Mainsystem. Cuvillier-Verlag, Göttingen

Speierl T, Hoffmann KH, Klupp R, Schadt J, Krec R, Völkl
W (2002) Fischfauna und Habitatdiversität: Die Auswirkungen von Renaturierungsmaßnahmen an Main
und Rodach. *Natur und Landschaft* 77: 16–171

WHG (2002) Wasserhaushaltsgesetz. BGBl. I Nr. 59
vom 23.08.2002

5 Restaurierung von Seen und Renaturierung von Seeufern

B. Grüneberg, W. Ostendorp, D. Leßmann, G. Wauer und B. Nixdorf

5.1 Einleitung

Süßwasserseen haben als Ökosysteme und Lebensraum für Pflanzen und Tiere eine herausragende Bedeutung für die Artenvielfalt auf der Erde und prägen als Landschaftselemente unsere natürliche Umwelt. Seen fungieren als natürliche Stoffsenken, vor allem für Kohlenstoff und Nährstoffe, aber auch als Senken für in ihren Einzugsgebieten emittierte gelöste und feste Schadstoffe. Darüber hinaus ist Wasser eine wichtige Naturressource. Süßwasserseen stellen in den meisten Regionen der Erde lebenswichtige Quellen für die Versorgung mit Trinkwasser und tierischem Eiweiß (Fischfang) dar. Sie dienen als Wasserspeicher für die landwirtschaftliche und industrielle Nutzung. Auch für Erholungsaktivitäten des Menschen kommt ihnen eine große Bedeutung zu.

Sowohl die Sicherstellung einer langfristigen und nachhaltigen Nutzung von Seen als auch heutige ökologische Qualitätsansprüche an Gewässer können durch den Schutz vor weiteren Verunreinigungen bzw. anthropogenen Beeinträchtigungen allein nicht erreicht werden, sondern erfordern in vielen Fällen eine Renaturierung bzw. Restaurierung. Seenrestaurierung in Europa und den USA begann in den frühen 1970ern, nachdem die Ursachen der Eutrophierung und die besondere Rolle des Phosphats als limitierender Faktor ausreichend untersucht waren. Einige Jahre später wurde die Kalkung regenversauerter Seen in Nordamerika und Skandinavien gängige Praxis. Währenddessen nahm der Nutzungsdruck auf die Ufer vieler Seen zu. Erst seit den 1970er-Jahren wird dem Seeuferschutz und nachfolgend der Renaturierung der beeinträchtigten Ufer stärkere Aufmerksamkeit geschenkt.

In Europa bietet die EG-**Wasserrahmenrichtlinie** (EG-WRRL) (EG 2000) seit dem Jahr 2000 ein Leitbild für Gewässerschutz- und Renaturierungsmaßnahmen: Das Leitbild ist mit den „Referenzbedingungen" bzw. dem „sehr guten ökologischen Zustand" gleichzusetzen, der *»einem aktuellen oder früheren Zustand [entspricht], der durch sehr geringe Belastungen gekennzeichnet ist, ohne die Auswirkungen bedeutender Industrialisierung, Urbanisierung und Intensivierung der Landwirtschaft und mit nur sehr geringfügigen Veränderungen der physikalisch-chemischen, hydromorphologischen und biologischen Bedingungen«* (CIS WG 2.3 2003, S. 41). Künstliche Stillgewässer (z. B. Fischweiher, Abgrabungsseen, Regen- und Hochwasserrückhaltebecken, Schifffahrtskanäle) und hydromorphologisch erheblich veränderte Gewässer (z. B. Fließgewässer, die zu Flussstauseen oder Talsperren aufgestaut wurden) besitzen keinen naturnahen Referenzzustand. Stattdessen orientiert sich das Leitbild („gutes oder besseres ökologisches Potenzial") an dem bestmöglichen ökologischen Zustand eines vergleichbaren natürlichen Gewässers, der erreicht werden kann, ohne die dominierende Nutzung (z. B. Trinkwasserspeicherung, Stromerzeugung, Hochwasserschutz) einzuschränken. Die EG-WRRL fordert das Erreichen mindestens des guten ökologischen Zustandes bzw. Potenzials bis zum Jahr 2015, was sehr intensive Bemühungen zur Seenrestaurierung erforderlich macht.

5

5.2 Typisierung und Strukturierung von Seen

Entsprechend der Größe und Tiefe sind Seen (mittlere Tiefe > 2 m; Dokulil et al. 2001) von meist flachen Kleingewässern wie Weihern, Tümpeln und Söllen zu unterscheiden. Stehende Gewässer lassen sich zudem nach ihrem Ursprung in natürliche und künstliche Gewässer unterteilen. Zu den künstlichen Gewässern zählen vor allem Speicher, Talsperren, Tagebauseen, Baggerseen und Fischteiche. Im Rahmen der Umsetzung der Europäischen Wasserrahmenrichtlinie (EG 2000) ist eine auf die natürlichen Eigenschaften der Gewässer bezogene Typisierung vorgenommen worden. Für die einzelnen Typen ist der „sehr gute Zustand" (Referenzzustand) für die Biokomponenten Phytoplankton, Makrophyten, Mikro- und Makrophytobenthos, Makrozoobenthos und Fische zu definieren (Kapitel 4). Auf der Basis der Referenzbiozönosen ergibt sich für jeden Seetyp die Möglichkeit der Überwachung und Bewertung, woraus sich ggf. ein Handlungsbedarf zur Renaturierung bzw. Sanierung und Restaurierung ableitet.

Für die Typisierung wurden in Deutschland als die Biozönosen prägende Kriterien die Ökoregion, der geologische Hintergrund, die Hydrologie, das Schichtungsverhalten und die Verweildauer berücksichtigt, sodass zehn Haupttypen (natürliche Seen) und vier Nebentypen (Talsperren) voneinander abgegrenzt werden können (Mathes et al. 2002, Mischke und Nixdorf 2008). Diese komplexe ökologische Typisierung berücksichtigt dabei wesentliche Elemente älterer Seetypisierungen, wie z. B. die Unterscheidung in polymiktische und di- bzw. monomiktische Seen (LAWA 1999) oder die hydrologischen und ökologischen Formen und Typen der südbaltischen Seen nach Succow und Joosten (2001). Für die gesamteuropäische Umsetzung der EG-WRRL wurden für den mitteleuropäischen Raum je zwei Seetypen für die Alpen und den zentralen baltischen Raum definiert: der geschichtete Alpen- bzw. Voralpensee sowie im Tiefland der sehr flache See (mittlere Tiefe < 3 m) und der dimiktische Hartwassersee (Nixdorf et al. 2008).

Jeder See gliedert sich in Abhängigkeit von der Tiefe in verschiedene Zonen, die eine charakteristische Besiedlung durch Organismen aufweisen und in denen bestimmte ökologische Prozesse dominieren. Eine grobe Unterteilung wird in den Freiwasserbereich (Pelagial) und die Bodenzone (Benthal) vorgenommen, wobei die Bodenzone aus dem durchlichteten Flachwasserbereich (Litoral) und dem lichtlosen Profundal besteht, in dem wesentliche Sedimentumsatzprozesse ablaufen (Abb. 5-1).

Seeufer stellen Übergangslebensräume (Ökotone) dar, die zwischen den rein terrestrischen Habitaten und dem Freiwasserkörper der Seen vermitteln. Sie gelten als lokale Zentren der Biodiversität und als effiziente Pufferzonen, die den Freiwasserkörper vor landseitigen stofflichen Einträgen schützen. Die Uferzone umschließt den See gürtelförmig und erstreckt sich auf der Landseite bis zum Einflussbereich der Hochwasserstände des Sees. Ihr wasserseitiger Abschnitt reicht so weit in den See, wie Flachwasserwellen oder Strahlung auf dem Gewässergrund wirksam werden (Ostendorp 2006). Innerhalb der Uferzone werden drei Subzonen unterschieden: 1) die im Jahresverlauf permanent überschwemmte Uferzone, das Sublitoral, 2) die Wasserwechselzone zwischen dem mittleren jährlichen Niedrigwasserstand und dem mittleren Jahreshochstand, das Eulitoral, sowie 3) die landwärtige Subzone, die bis zur landseitigen Grenze der Uferzone reicht (Abb. 5-1).

5.3 Anthropogene Belastungen von Seen

Seen unterliegen besonders seit Beginn der Industrialisierung zahlreichen anthropogenen Belastungen (Abb. 5-2). Im Bericht der UNEP (2006) werden fünf Problemfelder mit globaler Relevanz herausgearbeitet: Verknappung der Wassermengen, Verunreinigung bzw. Beeinträchtigung der Wasserqualität, Veränderungen bzw. Verlust von Habitaten, nicht nachhaltige Nutzung von Ressourcen (vor allem von Fischen) und globale hydrologische und klimatische Veränderungen. Hupfer und Kleeberg (2005) sowie Guderian und Gunkel (2000) systematisieren Belastungsfaktoren und deren Folgen für Oberflächengewässer und unterscheiden physikalische (z. B. Temperatur, Wasserführung), chemische (z. B. Nährstoffe, Säuren, Xenobiotika) und biologische Belastun-

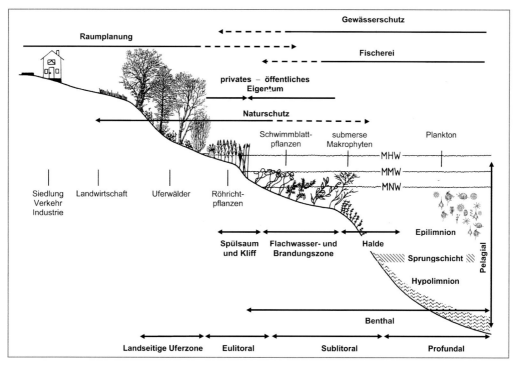

Abb. 5-1: Der See: Morphologie, Lebensräume, Interessen und Verantwortlichkeiten (schematisch, verändert nach Ostendorp et al. 2004). MHW, MMW, MNW: mittleres jährliches Hochwasser, Mittelwasser, Niedrigwasser.

gen (Parasiten, Neobiota, pathogene Bakterien und Viren).

Die Ufer vieler mitteleuropäischer Seen stehen unter einem erheblichen Nutzungsdruck durch hydrologische Manipulation ihres Wasserspiegels bzw. ihres natürlichen Wasserstandsregimes und durch landwirtschaftliche Meliorationen sowie durch strukturelle Inanspruchnahme infolge Siedlung, Verkehr, Freizeit und Tourismus (Ostendorp et al. 2004). Gerade in der Land-Wasser-Übergangszone überlappen sich die Interessen und Aufgaben des Naturschutzes und des Gewässerschutzes in starkem Maße, zumal die Seeufer Gegenstand sowohl der Fauna-Flora-Habitat (FFH)-Richtlinie mit dem Schutzgebietsnetz NATURA 2000 als auch der EG-WRRL sind (Abb. 5-1, Abschnitt 5.4). Zur Beurteilung der morphologischen Belastungen steht das HMS (Hydromorphologie der Seen)-Verfahren zur Verfügung (Ostendorp et al. 2008), das sich auf die GIS-taugliche Auswertung von Luftbildern stützt.

Die Wasserqualität von Seen in den heutigen Industrieländern wurde im 19. Jahrhundert vor

allem durch die Einleitung von Abwasser und die sich daraus ergebenden hygienischen Probleme beeinträchtigt (Abb. 5-2). Unzureichende Abwasserreinigung, intensive Landwirtschaft und Landnutzungsänderungen führten im 20. Jahrhundert zum Eintrag von Nährstoffen (vor allem Phosphor und Stickstoff) und organischen Schadstoffen in die Gewässer. Hohe Nährstoffeinträge sind Auslöser der Eutrophierung, dem Hauptproblem für Standgewässer in Europa (Abschnitt 5.5).

Ein weiteres Problem stellt die anthropogene Versauerung von Seen dar. Hierbei ist zwischen der Versauerung durch atmosphärische Deposition ("saurer Regen") und der Versauerung durch Bergbauaktivitäten (saure Tagebauseen) zu unterscheiden. Die Belastung von Gewässern durch sauren Regen, vorrangig hervorgerufen durch Schwefel- und Stickoxide aus der Verbrennung fossiler Energieträger, ist insbesondere ein Problem von Seen mit nur schwach ausgebildetem Kalk-Kohlensäure-Puffersystem vor allem in Mittelgebirgsregionen mit kalkarmen Böden im Einzugsgebiet. In den vergangenen 50 Jahren entstan-

5

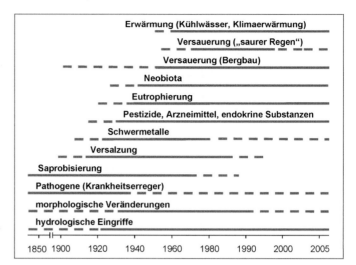

Abb. 5-2: Arten der Gewässerbelastung in der industrialisierten Welt von 1850 bis zur Gegenwart.

den europaweit zahlreiche künstliche Seen durch großflächige Bergbauaktivitäten über Tage. In Deutschland sind dies allein ca. 500 durch die Braunkohleförderung (Nixdorf et al. 2001, Nixdorf und Deneke 2004). Eine Vielzahl dieser Braunkohle-Tagebauseen unterliegt einer oft extremen geogenen Versauerung infolge der Pyritoxidation (Abschnitt 5.6).

Im Folgenden werden den Schwerpunkten Uferrenaturierung, Eutrophierung und Versauerung entsprechend Grundlagen, Ziele und Maßnahmen der Renaturierung bzw. Restaurierung vorgestellt.

5.4 Seeuferrenaturierung

W. Ostendorp

5.4.1 Grundlagen

Der Erhalt und die Wiederherstellung von naturnahen, höchstens extensiv genutzten Seeufern sind Anliegen des Naturschutzes und des Gewässerschutzes, aber auch der Fischerei und der Raumordnung. Daher sind Maßnahmen, die dem Schutz und der Renaturierung von Seeufern dienen, auch in ihren räumlichen Bezügen und in

ihren Auswirkungen auf terrestrische und semi-aquatische Biozönosen, sowie im Hinblick auf mögliche Folgenutzungen durch den Menschen zu betrachten.

Unter **Seeuferschutz** werden hier aktive Maßnahmen zur Erhaltung eines naturnahen Seeufers verstanden, die die ufertypischen Lebensräume vor anthropogenen Belastungen schützen, die geeignet sind, die räumliche Ausdehnung der Lebensräume, ihre Qualität, ihre räumliche Beziehung (Vernetzung) und ihr Potenzial zur eigendynamischen Entwicklung (Feststoffdynamik, Morphodynamik, Vegetationsdynamik) bedeutend zu beeinträchtigen. Die **Seeuferrenaturierung** ist hingegen die leitbildorientierte Rückführung eines bereits anthropogen beeinträchtigten Seeuferabschnitts in einen naturnäheren Zustand.

Nicht immer werden Renaturierungsvorhaben am Seeufer ausschließlich von dem Willen getragen, ein anthropogen stark belastetes Ufer in ein naturnahes Ufer mit entsprechenden Biozönosen und einer natürlichen eigendynamischen Entwicklung umzuwandeln. Vielfach dienen solche Maßnahmen gleichzeitig Bau- und Entwicklungsvorhaben, z. B. der Verlegung und erosionssicheren Abdeckung von Abwassersammlern, der Abstützung einsturzgefährdeter Ufermauern, der Ausweitung oder Attraktivitätssteigerung von Wohn-, Freizeit- und Erholungsflächen oder der kostengünstigen Verbringung von Hafenaushubmaterial. In derartigen Fällen handelt es sich dann

5

weniger um eine Renaturierung als vielmehr um eine – bestenfalls naturnah – ausgeführte **Seeufererschließung und -gestaltung**, bei der nach wie vor Nutzungen im Vordergrund stehen. Gleichwohl können beide Projekttypen mit ähnlichen Lösungsansätzen und Umsetzungswerkzeugen (Abschnitt 5.4.3) bedient werden.

5.4.2 Leitbilder und Ziele

Die rationelle Planung von Renaturierungsmaßnahmen an den Ufern natürlicher Stillgewässer erfordert ein **Leitbild** dessen, was ein naturnahes Seeufer ausmacht (Abschnitt 5.2). Im Hinblick auf die Seeufer ist entsprechend der Auslegung der EG-WRRL (EG 2000) für einen sehr guten ökologischen Zustand bzw. den Referenzzustand auch eine intensive Erholungsnutzung (intensive Campingplätze, Baden, Boot fahren usw.) ausgeschlossen (CIS WG 2.3 2003, *Toolbox* No. 1).

Mit der Renaturierung eines hydromorphologisch veränderten, stark anthropogen genutzten Seeuferabschnitts werden einzelne oder mehrere der im Kasten 5-1 dargestellten **Zielsetzungen** verfolgt.

Welche dieser Zielsetzungen im konkreten Fall von ausschlaggebender Bedeutung sind, hängt von den **Defiziten** (Abweichungen zwischen Ist-Zustand und Referenzzustand) an dem betreffenden Uferabschnitt ab. Die Überlagerung mit anderen Zielsetzungen, bestehenden Nutzungen oder unabänderlichen „Zwangsbedingungen" wird in der Praxis häufig dazu führen, dass nicht in jeder Hinsicht ein naturnaher Zustand erreicht werden kann.

5.4.3 Problemstellungen, Lösungsansätze und Umsetzungswerkzeuge

An vielen mitteleuropäischen Seeufern ergeben sich vielfältige **ökologische Defizite** durch
* hydrologische Eingriffe im Einzugsgebiet, in den Mündungsbereichen der Zuflüsse sowie

---

Kasten 5-1
Zielsetzungen zur Renaturierung von Seeufern

* Wiederherstellung naturnaher Wellen- und Strömungsverhältnisse sowie einer naturnahen Feststoffbilanz.
* Minderung einer anthropogen verstärkten Ufererosion bzw. Stabilisierung des Uferreliefs bei gleichzeitiger Berücksichtigung einer naturnahen Morphodynamik und Vegetationsentwicklung.
* Schaffung naturnaher Substrate vor allem im Sublitoral und im Eulitoral als Lebensraumbestandteile für Biozönosen (Unterwasserpflanzen-, Strand-, Röhrichtvegetation, Makrozoobenthos, Fisch- und Vogel-Gemeinschaften), die für die Referenzbedingungen typisch sind.
* Neugestaltung eines naturnahen Reliefs zur Verbesserung der faunistischen Durchgängigkeit in der Land-See-Übergangszone.
* Verbesserung der uferparallelen Durchgängigkeit im Sublitoral und Eulitoral, sowie in der landwärtigen Uferzone.

* Erhaltung, Förderung und Entwicklung der naturnahen oder extensiv genutzten Ufervegetation (Strandvegetation, Röhrichte, Ufergehölze, Moore, Feuchtgrünland) vor allem im Eulitoral und in der landseitigen Uferzone.
* Schaffung einer naturnahen Anbindung an das Hinterland (Grundwasser, Fließgewässer, terrestrische Wanderungskorridore).
* Bereitstellung des Raumbedarfs und der sonstigen Voraussetzungen für eine naturnahe eigendynamische Entwicklung (Feststoff- und Morphodynamik, Vegetationsdynamik).
* Verbesserung des Landschaftsbildes und Erhalt von Unterwasser- und Baudenkmalen sowie typischer historischer Ortsbilder.

im Bereich des Ausflusses, die zu einer Veränderung der Lage des Mittelwasserspiegels (zumeist Absenkung des Seespiegels) und des mittleren jährlichen Wasserstandsgangs (zumeist Verringerung der Schwankungsbreite) führen;

- morphologische Eingriffe am Ufer durch massive Uferbefestigungen (Mauern, Blocksatz, Steinschüttungen), Abfalldeponierung, Aufschüttungen (Grundstücksvergrößerung, Strandbad-Auffüllung), Versiegelung (Verkehrswege, Gebäude und Erholungsanlagen), uferquere Einbauten (Molen, Strömungs- und Wellenbrecher) und Hafen- und Steganlagen.

Während die **hydrologischen Eingriffe** selbst, zumindest an größeren mitteleuropäischen Seen, als kaum revidierbar gelten, können die **morphologischen Eingriffe** und bestimmte Folgen der hydrologischen Eingriffe (z. B. Ufererosion) lokal verringert oder sogar rückgängig gemacht werden. Die typischen Lösungsansätze bestehen fallweise aus:

- Verringerung einer unerwünschten Ufermorphodynamik (Ufererosion, Strandwallbildung) und Feststoffdynamik (z. B. Schwemmholz- und Faulschlamm-Anlandungen, Flächenerosion im Sublitoral),
- Wiederherstellung eines naturnahen uferqueren Reliefs (z. B. eines Flachufer-Reliefs) an bisher massiv befestigten Uferabschnitten,
- Förderung bestimmter Vegetationsformationen (z. B. Unterwasserpflanzenrasen, Schilfröhrichte, Ufergehölze) durch Pflanzung und Pflege.

Die **wasserbaulichen Konzepte und Verfahren** der Seeuferrenaturierung stammen teils aus dem naturnahen Wasserbau an Fließgewässern, teils sind sie den Ansätzen des technischen und integrierten Küstenschutzes und des Hafenbaus entlehnt. Viele der Einzelmaßnahmen, die bisher an Seeufern durchgeführt wurden, sind schlecht dokumentiert. Überdies sind die Auswirkungen auf die Biozönosen nur unzureichend bekannt, weil Erfolgskontrolluntersuchungen aus Geldmangel häufig unterbleiben. So können hier nur einige allgemeine Hinweise gegeben werden, Einzelheiten finden sich in der weit gestreuten Fachliteratur.

5.4.3.1 Verminderung der Wellenbelastung und der Uferlängsströmungen

Für die **Erosion** in der Uferlinie von Seen wird häufig eine zu hohe Wellenenergie und Brandungsbelastung verantwortlich gemacht, die im Zusammenwirken mit Uferlängsströmungen zu einem Abtransport von Sedimenten aus der Flachwasserzone führt. Ob diese Vorgänge ein natürliches Maß erreichen, anthropogen verstärkt sind oder auf ganz andere Ursachen zurückgehen, bleibt meist ungeklärt. Ungeachtet der genauen Ursachen würden die Seeufer langfristig mit einer Adjustierung von Relief, Sedimentkorngröße und Vegetationszonierung reagieren, wenn ihnen genügend Raum zur Verfügung stünde. Dies ist jedoch aufgrund der dichten Überlagerung von Nutzungsansprüchen nur selten der Fall, sodass gefordert wird, diese Dynamik zumindest teilweise zu unterbinden.

Eine Möglichkeit besteht darin, die auf das Ufer treffende Wellenenergie mit Wellenbrechern und die Strömungsgeschwindigkeit mithilfe von Leitwerken herabzusetzen. Als **Wellenbrecher** an Seeufern wurden bisher eingesetzt:

- Schwimmende Wellenbrecher: schwimmende, vertikal bewegliche, am Boden verankerte und untereinander verbundene Schwimmkörper, die in einiger Entfernung von der Uferlinie installiert werden. Durch die Massenträgheit der Schwimmkörper wird ein Teil der Wellenenergie in Bewegungsenergie des Schwimmkörpers umgesetzt (Farbtafel 5-1). Als Schwimmkörper kommen u. a. massive Holzbalken, durchlochte plattenartige Schwimmkörper und Container (Schwimmkampen) infrage, die mit Sumpfpflanzen bepflanzt werden oder als Brutplätze für Watvögel dienen können. Die Einrichtungen, sofern sie umfangreich genug sind, um signifikante Wirkungen zu entfalten, wirken eher als Fremdkörper in der Uferlandschaft.
- Starre undurchlässige Wellenbrecher: lang gestreckte, schmale Dämme aus groben Decksteinen, die in einiger Entfernung von der Uferlinie bis über den Hochwasserspiegel hinaus aufgeschüttet werden; die Dämme können zu Inseln erweitert werden, deren Zentralbereich dann als Nist- und Rastplatz für Vögel dient oder mit Röhrichten oder Gehölzen bepflanzt werden kann.

5

- Starre durchlässige Wellenbrecher (Palisaden, Lahnungen): Palisaden sind durchlässige (Holz-)Pfahlreihen, die in einiger Entfernung von der Uferlinie in den Seegrund geschlagen werden. Die Pfähle der dicht hintereinander liegenden Reihen sind „auf Lücke" gesetzt und sollen so einen großen Teil der Wellenenergie dissipieren. Lahnungen bestehen nur aus zwei Pfahlreihen, deren Zwischenraum an der Basis mit quer liegenden und oben mit parallel liegenden Faschinenbündeln ausgefüllt ist. Aufgrund ihrer Durchlässigkeit wird die Wellenenergie nur teilweise dissipiert. Lahnungen und Palisaden werden mit natürlichen Baustoffen errichtet und wirken daher weniger „technisch", erfordern aber einen höheren Unterhaltungsaufwand. Beide haben möglicherweise einen weiteren positiven Effekt als Unterstand und Schutzraum für Jungfische.

Zur Verminderung des **Feststofftransports** in Uferlängsrichtung werden uferquere Strömungsleitwerke eingebaut, die an ihrer Wurzel strömungsarme Räume erzeugen, in denen zumindest kein weiteres Sediment erodiert wird. Im günstigen Fall kommt es zu einer Sedimentablagerung. Dagegen muss am seeseitigen Kopf mit einer verstärkten Erosion gerechnet werden. Die Leitwerke können ähnlich wie Wellenbrecher als undurchlässige Dämme (Buhnen, ggf. bepflanzt) oder durchlässige Lahnungen bzw. Palisadenreihen ausgebildet sein.

In vielen Fällen reicht die praktische wasserbauliche Erfahrung aus, um die Bauwerke geeignet zu dimensionieren. In anderen Fällen, insbesondere an wellenexponierten Ufern größerer Seen, kann jedoch eine hydraulische Berechnung der Einbauten notwendig werden, um einerseits ein Versagen der Konstruktionen zu verhindern und andererseits die Bauwerke nicht zu groß und nicht zu „technisch" zu dimensionieren (z. B. Schleiss et al. 2006).

5.4.3.2 Sicherung der Brandungsplattform vor flächenhafter Erosion

Eine flächenhafte Erosion der Sedimente im Sublitoral bleibt lange Zeit unbemerkt, bis Uferbauwerke, z. B. die Fundamente von Hafenmolen oder vor- und frühgeschichtliche Unterwasser-

denkmale ausgespült und zerstört werden. Um die wertvolle Denkmalsubstanz zu sichern, wurden die gefährdeten Flächen im Bodensee mit **Geotextil** abgedeckt, das mit Baustahlmatten beschwert wurde. Beides wurde mit einer dünnen Kies- und Geröllauflage überschüttet und so vor weiterer Erosion gesichert. Über ihre Umweltverträglichkeit im Hinblick auf aquatische Biozönosen (submerse Makrophyten, Makrozoobenthos, Fische) liegen keine Informationen vor.

Um die flächenhafte Erosion vor einem Schilfröhricht zum Stillstand zu bekommen, wurden an einem wellenexponierten Ufer des Bodensees ca. 0,2 m hohe **Flechtzäune** aus Kokosgewebe an Holzpfählen befestigt und zu rautenförmigen Kassetten von ca. 2,5 m Größe angeordnet (Farbtafel 5-2). Obschon das Kokosgewebe nach wenigen Jahren durch den Wellengang stark beschädigt war, sammelte sich anorganisches Sediment in den Kassetten, die in der Folge rasch von Schilf überwachsen wurden.

Die Entstehung von Kliffkanten und die erosive Tieferlegung der Brandungsplattform sind häufig gleichbedeutend mit einer negativen Feststoffbilanz in der betreffenden Küstenzelle. Der ufernahe Sedimentmangel kann durch **Strandauffüllungen**, wie sie an marinen Flachküsten gebräuchlich sind, ausgeglichen werden (Dean 2003; Farbtafel 5-3). In Binnenseen wird zumeist nur im Zusammenhang mit Strandbad-Auffüllungen davon Gebrauch gemacht, wobei die Ursachen der Materialverluste hier aber andere sein können.

5.4.3.3 Sicherung des Ufers vor Klifferosion

Die Ausbildung einer Erosionskante im Mittelwasserbereich kann natürliche relief- oder substratbedingte Ursachen haben. Dann ist sie als Aspekt einer natürlichen eigendynamischen Entwicklung anzusehen. Sie kann aber auch durch menschliche Eingriffe (Wasserstandsveränderungen, Wellen reflektierende Uferbefestigungen in der Umgebung, uferquere Einbauten, Sedimentmangel in Flussdeltas) hervorgerufen oder verstärkt werden. Eine Einschätzung, ob natürliche oder anthropogene Faktoren dominieren, fällt allerdings nicht leicht. Unabhängig davon kann eine Klifferosion eine Gefährdung bzw. Ein-

5

schränkung menschlicher Nutzungsansprüche darstellen, sodass **Ufersicherungsmaßnahmen** ergriffen werden, die teils mit konventioneller „harter" Wasserbautechnik (Ufermauer, Blocksteinschüttungen, Steinsetzungen und verfugte Steinpflaster u. a.), teils in **ingenieurbiologischer Bauweise** ausgeführt werden (Patt et al. 2004, Schiechtl und Stern 2002). Hierzu zählen in der Reihenfolge steigender Erosionsbelastung u. a.:

- Röhrichtpflanzungen, vornehmlich von Schilf (*Phragmites australis*) oder Rohrglanzgras (*Phalaris arundinacea*) aus frisch geworbenen oder gärtnerisch vorgezogenen Ballen und Matten, oder mit Rhizomen bestückte Totholz-Faschinen, die in den Untergrund eingegraben oder mit Pflöcken oder Haken auf dem Untergrund befestigt werden;
- Weidenpflanzungen in Form von Steckstangen in geringer Entfernung hinter der Kliffkante oder als Lebend-Faschinen bzw. Lebend-Flechtzäune zur Sicherung des Böschungsfußes;
- Totholz-Flechtzäune oder Palisaden, die auf Höhe des Klifffußes eingebracht werden; sie werden mit geeignetem Sediment- oder Bodenmaterial hinterfüllt und zur dauerhaften Stabilisierung z. B. mit Weidensteckhölzern bepflanzt;
- Abdeckung der Kliffkante durch Stein- bzw. Geröllwurf (Schüttung) oder Steinsatz (Einzelverlegung), wobei der Untergrund durch eine Kiesfilterschicht bzw. ein Geotextil vor weiterer Ausspülung geschützt wird; die Steinsetzungen können durch austriebsfähige Weiden-Steckhölzer in Position gehalten werden.

Röhricht- und Weidenpflanzungen sind erst oberhalb des Mittelwasserspiegels sinnvoll. Die Bestände brauchen mehrere Jahre, bis sie ihre Ufer stabilisierende Wirkung entfalten können. Der Bereich unterhalb des Mittelwasserspiegels wird besser mit totem Material (Holz, Steine) gesichert. Bei der Auswahl des Pflanzmaterials sollte darauf geachtet werden, dass es von heimischen Standorten, am besten vom gleichen Gewässer stammt.

5.4.3.4 Wiederherstellung eines naturnahen Reliefs

Viele Seeufer sind durch Ufermauern oder steile Blocksteinschüttungen bewehrt, um Abfalldeponien oder Aufschüttungen zur Landgewinnung statisch zu sichern und vor Erosion zu schützen. Wenn diese Landgewinnungsmaßnahmen nicht mehr wesentlich zurückgebaut oder entfernt werden können, bleibt nur eine weitere **Vorschüttung**, um aus dem „hart" verbauten Ufer ein naturnahes Flachufer zu modellieren, wobei die Oberkante der ursprünglichen Uferbefestigung geringfügig abgetragen oder niveaugleich eingedeckt wird. Dazu wird beispielsweise ein Kern aus unbelastetem Bauschutt oder Erdaushub aufgebracht und mit einer Filterschicht aus gröberem Material abgedeckt. Aufgabe dieser Filterschicht ist es, eine Ausspülung des Materials zu verhindern. Schließlich wird eine Deckschicht aus natürlichem Material (Sand, Kies, Gerölle) aufgebracht. Korngröße (ca. 2–200 mm), Mischung (geringes oder breites Korngrößenspektrum), Böschungsneigung (ca. 1 : 30 bis 1 : 5) und Gefüge (locker geschüttet oder verdichtet) werden so gewählt, dass auch ungewöhnlich hohe Wellen nicht zu einer bedeutenden Reliefänderung oder Materialverfrachtung führen. Der neu geschaffene Uferstreifen, der typischerweise unterhalb der mittleren Niedrigwasserlinie beginnt und bis weit über die mittlere Hochwasserlinie reicht, kann mit Röhrichten (z. B. Schilf auf Feinmaterial, Rohrglanzgras auf Fein- oder Grobmaterial) oder Gehölzen (z. B. Weiden auf Grobmaterial) bepflanzt werden, um die Böschung zu stabilisieren und um auch von der **Vegetationsdecke** her für naturnahe Verhältnisse zu sorgen. Oberhalb der Hochwasserlinie sind die Aufbringung von humosem Boden und z. B. eine Rasen-Einsaat möglich. Hinsichtlich der Bemessung der Bauwerke gilt das in Abschnitt 5.4.3.1 Gesagte.

5.4.3.5 Verminderung der Treibgut und Faulschlamm-Anlandung

In vielen Alpenrandseen wird durch Hochwasser führende Zuflüsse Schwemmholz in die Seen eingetragen, das bei entsprechenden Windlagen in die Uferröhrichte gedrückt wird und dort erhebliche Schäden hervorrufen kann. Röhrichte und andere empfindliche semiaquatische Pflanzenbestände müssen dann durch robuste **Fangzäune** geschützt werden. Die Zäune müssen mit Durchlässen versehen sein, damit der eingeschlossene Uferbereich nicht zur Falle für größere Fische und Schwimmvögel wird. Wenn die Treibgutbelastung eher aus schwimmfähigem Plastikmüll oder auftreibenden Fadenalgen besteht, kann eine solide verankerte **Schwimmkampenkette**, eventuell versehen mit einem niedrigen Fangzaun, die Ufervegetation schützen.

In den wenig durchströmten Winkeln an der Wurzel von uferqueren Einbauten kann organischer Algen- oder Laubdetritus zur Ablagerung kommen und dabei die niedrigwüchsige Ufervegetation in Mitleidenschaft ziehen. Als Ursache sind die veränderten Strömungsverhältnisse anzusehen, die sich durch den Einbau ergeben haben. Da häufig eine Entfernung des Bauwerks nicht infrage kommt, muss man sich damit behelfen, die Winkel mit anorganischem Sediment aufzufüllen, sodass der organische Detritus an der neuen Wasserlinie entlang in die Tiefe transportiert werden kann.

5.4.3.6 Ansiedlung von Unterwasserpflanzen

Durch die Eutrophierung von Seen wird die Transparenz des Wassers verringert, sodass schließlich viele substratgebundene Wasserpflanzen-Arten aus dem Gewässer verschwinden. Nach erfolgter Restaurierung oder Sanierung (Abschnitt 5.5) und Verbesserung der Lichtbedingungen kann es zu einer erfolgreichen Rekrutierung aus dem **autochthonen Diasporen-Vorrat** oder zu einer spontanen Einwanderung dieser Arten kommen. Allerdings können auch unerwünschte, zur Massenentwicklung neigende oder neophytische Arten eindringen (Hilt et al. 2006). In anderen Fällen kann auch die arbeits- und kostenaufwändige Pflanzung oder künstliche Einbringung von Diasporen mittels Sedimenteinspülung erfolgreich sein. Eine reiche Unterwasservegetation ist aus verschiedenen Gründen sehr erwünscht, u. a. kann sie dazu beitragen, die Restaurierungserfolge zu stabilisieren (Abschnitt 5.5.3).

5.4.3.7 Schutz, Ansiedlung und Pflege von Röhrichten

Die Ufer vieler flachschariger Seen in Mitteleuropa sind von ausgedehnten Röhrichten gesäumt, die dort die natürliche Vegetationszone zwischen den Uferwäldern und dem Schwimmblatt- bzw. Unterwasserpflanzengürtel bilden. Am häufigsten sind Bestände des Gemeinen Schilfs (*Phragmites australis*), daneben kommen die beiden Rohrkolben-Arten (*Typha angustifolia, T. latifolia*), die Teichsimse (*Schoenoplectus lacustris*), das Rohrglanzgras (*Phalaris arundinacea*) und die Schneide (*Cladium mariscus*) bestandsbildend vor. Insbesondere die Schilf-Röhrichte besitzen eine große Bedeutung als Lebensräume für speziell an diesen Lebensraum angepasste Invertebraten und Vögel (Ostendorp 1993) sowie als ingenieurbiologisches Element zur Stabilisierung der Uferlinie infolge Verminderung der Wellenenergie. Gleichwohl kann ihre Belastbarkeit durch Wellen und Treibgut, aber auch durch andere Faktoren (vor allem Tritt, Mahd, Beweidung durch Vieh, Gänse, Bisame und Nutria, episodische Hochwässer) überschritten werden, sodass sie flächig absterben. Eine **Neubesiedlung der Standorte** findet vorwiegend durch vegetatives Wachstum (horizontale Wanderrhizome, Leghalme) statt, während Samen nur auf nicht überschwemmtem Substrat keimen und heranwachsen können. Die spontane (Wieder-)Ausbreitung geschädigter Röhrichte erfolgt meist so langsam, dass Röhrichtpflanzungen sinnvoll sind, um die Bestandslücken zu schließen. Dies gilt auch für neu geschaffene Standorte, die zumindest phasenweise überschwemmt werden, und an denen deswegen oder wegen der Lichtkonkurrenz ruderaler Arten nicht mit einer wesentlichen Rekrutierung aus Samen zu rechnen ist.

Grundsätzlich sind der gezielte **Schutz** und die **Förderung** bestehender Schilf-Restbestände effizienter als die Neuansiedlung. Bei Renaturierungs- oder anderen Baumaßnahmen am Ufer sind daher bestehende Bestände vor Beschädigung zu schützen und zu erhalten.

Neupflanzungen können auf verschiedene Weise durchgeführt werden: An großflächig neu geschaffenen Feinsubstratstandorten, die feucht genug, aber nicht überschwemmt sind, kann die Ansiedlung aus Samen (z. B. flächige Verteilung frisch geworbener Rispen im Frühjahr), aus Rhizomstücken, die in den Boden eingearbeitet werden, oder aus Stecklingen versucht werden, die mit einem Pflanzeisen in den Boden gebracht werden (Bittmann 1953, 1968). An natürlichen Standorten, die bereits von konkurrenzstarken Arten besiedelt bzw. den oben genannten Stressoren ausgesetzt sind, empfiehlt sich die Pflanzung von Rhizomballen oder die Einbringung von gärtnerisch vorgezogenem Material in Töpfen bzw. in Form von Vegetationsmatten (Farbtafel 5-4). Die Pflanzungen werden über dem Mittelwasserspiegel ausgebracht, lediglich Ballenpflanzungen können auch wenige Dezimeter unter dem Mittelwasserspiegel erfolgreich sein. Bei der Auswahl des Pflanzmaterials sollte man auf heimische Herkunft achten, am besten vom gleichen Gewässer oder aus dessen Umgebung. Die gepflanzten Bestände müssen in der Regel sorgfältig vor mechanischen Belastungen geschützt werden.

Mitunter kann es notwendig werden, bereits etablierte Schilfröhrichte zu pflegen. Die **Pflegemaßnahmen** sollten sich auf Winterschnitt mit der Sense, einem Mähboot oder mit speziellen leichten Mähraupen beschränken. Eine „Entschlammung" der Röhrichte ist praktisch kaum durchführbar und geht mit einer Schädigung der Rhizome einher. Generell sollten nur die zentralen und landwärtigen Abschnitte erfasst werden. Von der Mahd der seeseitigen Schilffront ist insbesondere dann abzuraten, wenn die Möglichkeit einer mechanischen Belastung durch Wellen, Treibgut, Boote u. a. besteht. In solchen Fällen stellen die vorjährigen Halme einen gewissen mechanischen Schutz für die nachwachsenden Junghalme dar. Die Schnitthöhe wird so gewählt, dass die Stoppeln vor dem Austrieb der Junghalme (April) nicht überschwemmt werden. Das Mähgut sollte zusammen mit grobem Schwemmholz oder Müll von der Fläche entfernt werden.

Da die gemähten Bestände oft lichter sind als mehrjährige unbehandelte Bestände und zumeist kleinere und dünnere Halme aufweisen, besitzen sie beispielsweise für Rohrsänger(*Acrocephalus*)-Arten und andere Schilf-Brutvögel, aber auch für speziell angepasste Invertebraten eine andere Habitatqualität. Vor diesem Hintergrund sollte im mehrjährigen Umtrieb nur jeweils ein Teil der Röhrichtfläche gemäht werden.

5.4.3.8 Ansiedlung und Pflege von Ufergehölzen

Die **Pflanzung** und **Pflege** von Weiden (*Salix* spp.), Schwarzerlen (*Alnus glutinosa*) und anderen Ufergehölzen kann an Stillgewässern grundsätzlich nach den gleichen Regeln vorgenommen werden wie an Fließgewässern (Patt et al. 2004). Auf ebenem Gelände oberhalb des Hochwasserspiegels wird man mit einem Erdbohrer oder Pflanzeisen Steckhölzer (nur *Salix* spp.) setzen oder in der Baumschule vorgezogene zwei- bis dreijährige Bäumchen einpflanzen. Geht es darum, Böschungen oder Kliffkanten im Bereich des Mittelwasserspiegels ingenieurbiologisch zu sichern, kommen verschiedene Weiden-Arten und Pflanztechniken infrage. Lebende Ruten und Zweige werden über feinem Substrat als Lebend-Faschinen, als Flechtzäune oder als Weidenspreitlagen eingebracht. Bei grobem Substrat z. B. geschütteten oder gesetzten Steinen, können Steckhölzer in die Zwischenräume gepflanzt werden. Die Wahl geeigneter *Salix*-Arten hängt von der Art des Substrats, der Höhe über dem Mittelwasserspiegel und den zu erwartenden jährlichen Wasserstandsschwankungen ab. Dabei sollte auf autochthon geworbenes Material geachtet werden. Sofern größere Flächen zu bepflanzen sind, wird man versuchen, das an solchen Standorten natürlich vorkommende **Artenspektrum** an Ufergehölzen in seiner natürlichen Zonierung nachzuahmen. Die Pflanzungen sollten möglichst der natürlichen Entwicklung und Auslese überlassen bleiben, auch wenn der eine oder andere Baum aus Raummangel eingeht oder wegen mangelnder Standfestigkeit umfällt. Ansonsten ist in mehrjährigen Abständen ein fachgerechter Baumschnitt durchzuführen.

5.4.3.9 Vegetationsansiedlung an Stillgewässern mit stark schwankendem Wasserspiegel

Neben den natürlichen Seen kommt in Mitteleuropa eine Vielzahl von erheblich veränderten oder künstlichen Stillgewässern vor, darunter auch solche mit stark und unregelmäßig schwankendem Wasserspiegel, z. B. Fischteiche, Regen- bzw. Hochwasserrückhaltebecken und **Talsperren**. Das Problem einer ökologischen Aufwertung liegt einerseits in den kurzfristig und unregelmäßig, sowie in den im Jahresverlauf außerordentlich stark schwankenden Wasserspiegeln, andererseits in der Tatsache, dass sich vielfach noch kein morphodynamisches Gleichgewicht zwischen Wellenangriff, Relief und Korngröße herausgebildet hat. Dies führt dazu, dass eine breite Uferzone zwischen Absenkziel und Vollstauziel erodiert und umgestaltet wird (Hacker 1997). Zwar können etliche Auegehölze, z. B. die **Silberweide** (*Salix alba*), als erwachsene Bäume hohe und lang andauernde Überschwemmungen schadlos überstehen, ihre Ansiedlung durch Steckhölzer oder junge Bäumchen gelingt jedoch nur bis zu einer Wassertiefe von ca. 1 m unter Vollstauziel. Auch die Ansiedlung von **Röhrichtpflanzen** (v. a. Schilf, Rohrglanzgras) ist auf einen schmalen Saum beiderseits des Vollstauziels beschränkt.

5.4.3.10 Ausblick

Im Zentrum der Renaturierungszielsetzungen stehen eigentlich Biozönosen und ökosystemare Funktionen. Allerdings ist diesbezüglich nur wenig über die Auswirkungen morphologischer Eingriffe am Ufer bekannt, wenn man von der allfälligen Biotopzerstörung durch Überschüttungen und Ähnlichem absieht. Über die Biozönosen und ihre Entwicklung auf Renaturierungsflächen ist wenig bekannt, ebenso wie über die maßgeblichen Einflussfaktoren, einschließlich bestimmter Folgenutzungen (z. B. Freizeitnutzungen). Diese **Wissensdefizite** auf der einen und der unbestreitbar vorhandene **Handlungsdruck** auf der anderen Seite haben dazu geführt, dass Renaturierungsmaßnahmen vorwiegend nach wasserbaulichen Aspekten geplant und nach ingenieurbiologischen Regeln durchgeführt wurden, wobei Gesichtspunkte der Uferstabilität und der Akzeptanz bei wichtigen Nutzergruppen eine wichtige Rolle spielten. Hingegen waren Aspekte der **eigendynamischen Entwicklung** des Ufers, einschließlich des dazu notwendigen **Raumbedarfs**, sowie die fischökologische und die naturschutzfachliche Bedeutung von eher untergeordneter Bedeutung.

Um hier einen Paradigmenwechsel einzuleiten, bedarf es zukünftig verstärkter Forschungsanstrengungen, die ausdrücklich die ökologischen Kernfragen besser als bisher berücksichtigen.

5.5 Sanierung und Restaurierung eutrophierter Seen

B. Grüneberg und G. Wauer

5.5.1 Ziele und Grundlagen

Eine erfolgreiche Sanierung bzw. Restaurierung von Seen erfordert eine Analyse des Problems und die Festlegung von Entwicklungszielen. Hierfür sind Voruntersuchungen notwendig, die die Ermittlung des Referenzzustandes und eine Bewertung ermöglichen. Danach kann die Auswahl bzw. die Durchführung geeigneter Sanierungs- bzw. Restaurierungsmaßnahmen erfolgen.

5.5.1.1 Eutrophierung

Unter **Trophie** versteht man die Intensität der Primärproduktion und unter **Eutrophierung** die Steigerung der Primärproduktion infolge zunehmender Verfügbarkeit und Ausnutzung von Nährstoffen. Der Nährstoff Phosphor ist hierbei von besonderer Bedeutung, da dessen Verfügbarkeit in Seen meist die Primärproduktion limitiert. Daneben können auch andere Faktoren die Biomasseproduktion beeinflussen: die Verfügbarkeit der Nährstoffe Stickstoff und Silizium, die Lichtverfügbarkeit, die Wasseraufenthaltszeit, Verlustprozesse wie Sedimentation und *grazing* durch Zooplankton, Schichtung, Strömung und Turbulenz (Dokulil et al. 2001). Als natürliche Stoffsenken in der Landschaft erhalten alle Seen eine gewisse Nährstoffzufuhr und unterliegen daher im Laufe ihrer Sukzession einem **natürlichen Eutrophierungsprozess**. Neu ist die durch den Einfluss des Menschen extrem erhöhte Nährstoffzufuhr in Gewässer, was eine **anthropogen beschleunigte Eutrophierung** zur Folge hat. Eine zu starke Eutrophierung beeinträchtigt den ökologischen, ästhetischen und ökonomischen Wert von Gewässern und ist Ursache zahlreicher Nutzungseinschränkungen.

5

Kasten 5-2
P-Bilanz von Seen

$dP_{See} = I - E - NS$ (1)

dP_{See}: Änderung des P-Inhalts des Sees [kg]; I: P-Import [kg/a]; E: P-Export [kg/a]; NS: Nettosedimentation [kg/a] (= Bruttosedimentation – Rücklösung).

Die Bruttosedimentation BS ist der P-Anteil, der in partikulärer Form (Detritus, an Teilchen adsorbiert) aus der Wassersäule zum Sediment transportiert wird. Ein großer Teil des sedimentierten P wird durch Mineralisation der organischen Substanz und reduktive Auflösung von Fe-Oxiden unter anoxischen Bedingungen wieder mobilisiert (RL). Die Differenz BS – RL ist der P-Anteil, der dauerhaft im Sediment verbleibt, und wird als Nettosedimentation oder P-Retention bezeichnet. Entsprechend der Bezeichnung „externe Belastung" für Nährstoffeinträge aus dem Einzugsgebiet wird P-Rücklösung oft als „interne Belastung" bezeichnet, obwohl die Sedimente der meisten Seen in der Jahresbilanz als P-Senke wirken.

5.5.1.2 Bewertungssysteme für den Gewässerzustand

Als Trophie-Indikatoren für eine Klassifizierung z. B. nach LAWA (1999) oder den international angewandten OECD-Kriterien (OECD 1982) dienen TP- (Gesamtphosphor; Steuerfaktor) sowie Chlorophyll-a-Konzentration und Sichttiefe (Indikatoren der Primärproduktion). Der **trophische Referenzzustand** nach LAWA (1999) bezeichnet den unbelasteten naturnahen Zustand eines Gewässers, der seinen naturräumlichen (geologischen, geographischen und klimatischen) Randbedingungen entspricht, wobei unvermeidbare anthropogene Einflüsse toleriert werden. Eine Abschätzung des trophischen Zustandes unter naturnahen Bedingungen erfolgt über paläolimnologische Untersuchungen des Sediments (Schrenk-Bergt et al. 1998), über Kenngrößen der Seebeckenmorphometrie (LAWA 1999) oder die Quantifizierung potenziell natürlicher Nährstoffeinträge, wofür Emissionsmodelle wie z. B. MONERIS (Behrendt et al. 1999) benutzt werden können.

Künftig werden diese Bewertungssysteme durch ökologische Bewertungsverfahren gemäß der EG-WRRL ersetzt (Abschnitt 5.2). Gefordert wird mindestens ein **guter ökologischer Zustand**. Das deutsche Bewertungssystem für die Teilkomponente Phytoplankton als wichtigstem Trophie-Indikator wird z. B. bei Nixdorf et al. (2008) und Mischke und Nixdorf (2008) vorgestellt. Die Bewertungsverfahren werden nach einer Abstimmungsphase (Interkalibrierung) europaweit anwendungsbereit sein.

5.5.1.3 P-Bilanz und Voruntersuchungen

Aufgrund der Bedeutung des Nährstoffs Phosphor sind Bilanzrechnungen bzw. die **Analyse der Belastungssituation** im Vorfeld von Restaurierungsmaßnahmen unerlässlich. Entsprechend der Massenbilanz eines Sees (Abb. 5-3) wird die P-Konzentration bzw. der P-Inhalt eines Sees von den Einträgen, Austrägen und seeinternen Retentionsvorgängen gesteuert (Kasten 5-2: Formel 1).

Empirische Eutrophierungsmodelle (Hupfer und Scharf 2002, Nürnberg 1998, OECD 1982) ermöglichen eine Abschätzung der Retention und somit Vorhersagen über den erreichbaren trophischen Zustand bei der vorliegenden externen Belastung. Umgekehrt kann die kritische Belastung berechnet werden, die zum Erreichen einer bestimmten P-Konzentration bzw. Trophie im See nicht überschritten werden darf, z. B. nach OECD (1982) für geschichtete Seen (Formel 2).

$$L_c = (0,645 \times cP_c)^{1,22} \times q_s(1 + \sqrt{t_R}) \quad (2)$$

L_c [mg/(m^2 × a)]: kritische Belastung; cP_c [mg/m^3]: kritische TP-Konzentration; q_s [m/a]:

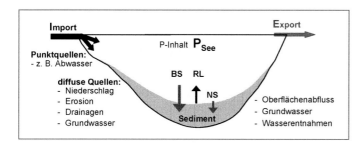

Abb. 5-3: Allgemeine P-Bilanz eines Sees mit den wichtigsten Quellen (schwarz), die zu einer Erhöhung des P-Inhalts (P_{See}) führen, und den Verlustgrößen (grau). BS: Bruttosedimentation, NS: Nettosedimentation, RL: Rücklösung (verändert nach Hupfer und Scharf 2002).

hydraulische Belastung (z_m/t_R) mit z_m = mittlere Tiefe [m] und t_R = Wasseraufenthaltszeit [a].

Zur Auswahl und Prognose der Effektivität einer Maßnahme sind intensive **Voruntersuchungen zum Einfluss des Sediments** auf den P-Haushalt nötig. Nach Lewandowski et al. (2002a, b) sollten vor allem der potenziell mobilisierbare P-Pool sowie die P-Rücklösungsrate bekannt sein. Bei einem geringen Vorrat an mobilisierbarem P im Sediment im Vergleich zur jährlichen P-Zufuhr aus dem Einzugsgebiet kann der Einfluss der internen Belastung trotz hoher (sommerlicher) P-Rücklösungsrate gering sein (Näheres auch bei Hupfer und Scharf 2002, Schauser et al. 2003).

5.5.1.4 Ziele der Seentherapie

Ziel der Seentherapie ist es, den gegenwärtigen Zustand eines Sees in Richtung auf seinen potenziell natürlichen Zustand bzw. in Richtung des guten ökologischen Zustandes im Sinne der EG-WRRL zu verändern (DWA-M 606 2006). Im Vorfeld von Therapiemaßnahmen ist es daher nötig, einerseits den aktuellen Zustand zu bewerten und andererseits den trophischen Referenzzustand bzw. das ökologische Leitbild zu definieren. **Entwicklungsziele** für Therapiemaßnahmen können **niemals höher sein als der trophische Referenzzustand.**

Bei Flachseen sind entsprechend dem Modell der Bistabilität (Scheffer 1998) bei moderater Nährstoffverfügbarkeit zwei Zustände möglich:

- der Phytoplankton-dominierte Zustand, charakterisiert durch geringe Sichttiefe, Abwesenheit von Unterwasservegetation, hohen Weißfisch- und geringen Raubfischbestand und
- der Makrophyten-dominierte Zustand, der häufig das Ziel von Restaurierungsmaßnah-

men bei polytrophen Flachseen ist (Madgwick 1999, Hilt et al. 2006).

Zur Bekämpfung von Ursachen und Folgen der Eutrophierung wurden verschiedene Strategien entwickelt. Hierfür sind die Begriffe Seentherapie bzw. Rehabilitation gebräuchlich (Hupfer und Scharf 2002, Dokulil et al. 2001), die in diesem Kapitel anstelle von Renaturierung benutzt werden (Kapitel 1). Weiterhin werden mit **Sanierung** Maßnahmen im Einzugsgebiet bezeichnet, die auf die Verminderung der externen (primären) Belastung abzielen. Dagegen werden mit **Restaurierung** alle internen Maßnahmen im Gewässer zur Verminderung der internen Belastung bzw. der Erhöhung der Nettosedimentation und des Exports (Abb. 5-3) bezeichnet. In der Seentherapie haben prinzipiell Sanierungsmaßnahmen Vorrang, da langfristige Qualitätsverbesserungen eutrophierter Seen nur bei einer Verringerung der externen Belastung möglich sind (Hupfer und Scharf 2002).

Während in Mitteleuropa die Emissionen aus Punktquellen durch den heutigen Stand der Technik (Bau von Ringkanalisationen, P-Elimination in Kläranlagen) auf ein niedriges Niveau reduziert werden konnten, sind diffuse Einträge, vor allem abhängig von Geologie und Landnutzung, im Verhältnis zum angestrebten trophischen Zustand häufig zu hoch. Außerdem reagieren Seen auf die Verminderung der externen Last meist sehr langsam mit einer Verbesserung der Wasserqualität, weil die interne Belastung über Jahrzehnte andauern kann. Restaurierungsmaßnahmen sind also notwendig und sinnvoll, um die Anpassungszeit zu verkürzen, z. B. um die für das Umschlagen in den Makrophyten-dominierten Zustand notwendigen Schwellenwerte zu unterschreiten, und bei Seen, bei denen weitere Sanierungsmaßnahmen aus ökonomischen Grün-

5

den nicht durchführbar sind. Aufgrund ihrer zunehmenden Bedeutung werden im folgenden Kapitel ausschließlich interne Maßnahmen beschrieben.

5.5.2 Maßnahmen zur Restaurierung eutrophierter Seen

Restaurierungsmaßnahmen lassen sich unterteilen in Maßnahmen 1) zur Erhöhung des P-Exports (Tiefenwasserableitung, Entschlammung), 2) zur Erhöhung der Bruttosedimentation und des P-Rückhalts im Sediment (Fällung, Belüftung, Destratifikation) und 3) zur biologischen Kontrolle des Phytoplanktonwachstums durch Nahrungskettenmanipulation.

Bei der **Tiefenwasserableitung** (TWA) wird P-reiches hypolimnisches Wasser über einen Grundablass bzw. ein Olszewski-Rohr entfernt. Dies kann durch Pumpen oder Nutzung des natürlichen Gefälles bzw. des Grundablasses bei Talsperren geschehen, was die Maßnahme preiswert macht. Ziele sind die Verminderung der P-Konzentration im See, die Entfernung toxischer bzw. reduzierter Stoffe (H_2S, Fe^{2+}, NH_4^+) und die Verbesserung der Sauerstoffverhältnisse. Tiefenwasserableitung ist nur bei geschichteten Seen möglich, wobei die Effizienz umso höher ist, je größer die Konzentrationsdifferenz zwischen Epi- und Hypolimnion ist, je kürzer die Aufenthaltszeit ist und je mehr hypolimnisches Wasser entnommen wird. Bei einer Wasseraufenthaltszeit von über fünf Jahren und Seen mit einem Volumen von über 2,5 Mio. m^3 ist eine TWA meist nicht mehr sinnvoll (Nürnberg 1987). Da die Ableitung des P-reichen anoxischen Tiefenwassers problematisch ist, wird die Tiefenwasserentnahme oft eine **externe P-Elimination** nachgeschaltet. Nach chemischer Fällung (TP_{Ablauf} < 10 µg/l) oder Reinigung in bewachsenen Bodenfiltern wird das Wasser in das Epi- oder Metalimnion zurückgeleitet. Durch diese Rezirkulation kann die Technik auch bei Seen mit langer Aufenthaltszeit angewandt werden, ist aber aufgrund der hohen Kosten (ca. 2 Euro je m^3 Rohwasser) nur für kleine Seen sinnvoll.

Mit der **Sedimententfernung (Entschlammung)** werden verschiedene Ziele verfolgt. Oft ist eine Vertiefung notwendig, um der fortschreitenden Verlandung entgegenzuwirken (Erholungsnutzung, Schifffahrt etc.) bzw. die Ausbreitung von Makrophyten zu vermindern. Künstliche Senken im Zuflussbereich oder an der tiefsten Stelle von Seen können als Sedimentfallen wirken und die P-Verfügbarkeit im Pelagial vermindern. Mit der Entfernung der oberen P-reichen Sedimentschicht wird eine Verminderung der internen Belastung angestrebt. Voraussetzungen und Kriterien für eine langfristige Wirkung auf den P-Haushalt sind: 1) die externe Belastung wurde auf ein Niveau entsprechend dem angestrebten Trophie-Status vermindert, 2) die Masse an mobilisierbarem P in den oberen Sedimentschichten ist hoch, 3) das freigelegte Altsediment hat einen niedrigen P-Gehalt bzw. ein hohes P-Bindungsvermögen, 4) die Anpassungszeit des Sees ist langsam aufgrund langer Aufenthaltszeit und hoher P-Rücklösung (van der Does et al. 1992, Hupfer und Scharf 2002).

Der Einfluss des Sediments auf den P-Haushalt wird oft überschätzt, was zu häufigen Misserfolgen bezüglich des Langzeiteffekts auf den P-Status führt. In Mecklenburg-Vorpommern waren nur zwei von 15 Maßnahmen erfolgreich, da nährstoffreiches Sickerwasser zum Teil in die Seen zurücklief (Mathes et al. 2000). In vielen Ländern Europas wurde diese Technik allerdings erfolgreich zur Restaurierung eutrophierter Flachseen eingesetzt, meist in Kombination mit der Reduzierung der externen Last und weiterer interner Maßnahmen, vor allem Biomanipulation (siehe unten). So konnte die Qualität vieler Seen der Norfolk Broads (U. K.) langfristig verbessert werden (Madgwick 1999). Der Trummen-See in Schweden ist eines der ältesten Beispiele für eine erfolgreiche Seenrestaurierung. Nach der Verminderung der externen Belastung Ende der 1950er-Jahre wurde 1970/71 die oberste P-reiche Sedimentschicht entfernt und damit die mittlere Tiefe von 1,1 auf 1,75 m erhöht. Durch diese Maßnahme und kontinuierliche Eingriffe in den Fischbestand konnte der Trophie-Status seit nunmehr über 30 Jahren auf einem niedrigeren Niveau stabilisiert werden (Björk 1994, Cooke et al. 2005). Entschlammung ist eines der teuersten Restaurierungsverfahren. Besonders die notwendige Aufbereitung des Schlamms (Entwässerung, P-Elimination im Sickerwasser), der Transport und die Verwertung bzw. die ggf. notwendige

5

Deponierung treiben die Kosten in die Höhe (5–100 Euro je m³ Frischsediment; bis zu 0,5 Mio. Euro je ha).

Der **Einsatz von Fällmitteln**, hauptsächlich Fe- und Al-Salze sowie Kalk, bewirkt die Ausfällung von P durch Bildung schwerlöslicher Hydroxide, die Sorption bzw. den Einschluss P-haltiger Partikel in die gebildeten Flocken und eine verstärkte Sedimentation. Damit wird sowohl die P-Konzentration des Freiwassers stark gesenkt (P-Fällung) als auch die Rücklösung aus dem Sediment vermindert (P-Inaktivierung) (Cooke et al. 2005). Der Vorteil von Aluminiumsalzen $(Al_2(SO_4)_3, AlCl_3, NaAl(OH)_4)$ gegenüber Eisen $(FeSO_4, FeCl_2, FeCl_3)$ ist ihre Redoxstabilität, d. h. sie bleiben auch unter reduzierenden Bedingungen im Sediment weitgehend unlöslich. Allerdings können extreme pH-Werte (< 6 bzw. > 8) sowohl P als auch toxische Al-Ionen aus den Präzipitaten freisetzen. Deshalb muss der Einsatz Al-haltiger Fällmittel vor allem in flachen und schwach gepufferten Gewässern kritisch geprüft werden. Ein in Australien erstmals angewandter mit Lanthan chemisch aktivierter Bentonit muss hinsichtlich seiner langfristigen Wirkung und eventueller Nebeneffekte noch weiter getestet werden (Robb et al. 2003). Der Einsatz von Kalzium (CaO, $Ca(OH)_2$, $CaCO_3$) unterstützt bzw. induziert den natürlichen Vorgang der Kalzitfällung, ein Selbstreinigungsmechanismus, der in eutrophen Seen durch erhöhte PO_4^{3-}-Konzentrationen inhibiert wird (Koschel et al. 1999) und eignet sich vorrangig für schwach eutrophe Hartwasserseen. In kleineren Seen mit einem hohen C-Gehalt im Sediment kann die kombinierte Zugabe von Eisen und Nitrat (Riplox-Verfahren) die Mineralisation beschleunigen und gleichzeitig die P-Retention erhöhen (Søndergaard et al. 2000). Das technisch aufwändige Applikations-Verfahren wurde mit der Entwicklung sogenannter Depotstoffe durch den Einbau von Nitrat in eine $Fe(OH)_x$-Matrix (FerroSorp®) erleichtert. Die Chemikalien werden in Form einer Suspension ins Gewässer eingebracht. Die großen rasch sedimentierenden Flocken setzen das Nitrat sukzessive frei und verlängern damit seine Verfügbarkeit an der Sedimentoberfläche (Wauer et al. 2005).

Ein Beispiel für eine erfolgreiche Anwendung von Al als Fällmittel ist der Sønderby-See in Dänemark mit einer Größe von 0,08 km² und einer mittleren Tiefe von 2,8 m (Reitzel et al.

2005). Nach der Zugabe von 31 g Al pro m² als $AlCl_3$ konnten die interne Belastung um 93 % und die mittlere TP-Konzentration um über 90 % auf 50–60 µg/l vermindert werden. Die Autoren empfehlen eine Dosierung von 4 mol Al je mol potenziell mobilem P im Sediment. Im Gegensatz dazu brachte die Anwendung von 100 g Al pro m² verteilt über 15 Jahre im Süßen See (Größe: 2,68 km², mittlere Tiefe: 4,3 m) keine Verbesserung der trophischen Situation, da die externe P-Belastung unvermindert hoch blieb (Lewandowski et al. 2003).

Der dimiktische Tiefwarensee (Größe: 1,41 km², mittlere Tiefe: 9,6 m) war trotz umfangreicher Sanierung des Einzugsgebietes und dadurch gesunkener P-Konzentrationen im Wasser am Ende der 1990er-Jahre hocheutroph. Erst die kombinierte Zugabe von Aluminat und $Ca(OH)_2$ ins Tiefenwasser (Koschel et al. 2006) konnte die hohe interne P-Rücklösung unterbinden, sodass der Tiefwarensee seinen potenziell möglichen leicht eutrophen Status erreichte (Abb. 5-4, Farbtafel 5-5).

Die Kosten für die Fällmittel variieren stark ($Ca(OH)_2$: 100 Euro/t; $NaAl(OH)_4$ 10 %: 350 Euro/t; FerroSorp®: 2 000 Euro/t), aber ebenso ihre Bedarfsmenge je Anwendung.

Bei der **Destratifikation** (Zwangszirkulation) wird die Dichteschichtung eines Gewässers durch Einblasen von Druckluft am Seeboden zerstört

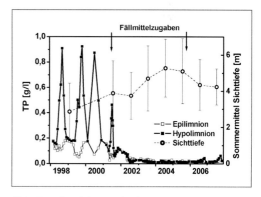

Abb. 5-4: Entwicklung der Phosphor-Konzentrationen und der Sichttiefen im Tiefwarensee (Mecklenburg-Vorpommern). Das Einzugsgebiet des Sees war seit den 1980er-Jahren saniert worden. Zwischen 2001 und 2005 wurden mithilfe einer Tiefenwasserbelüftungsanlage 137 g Al und 153 g Ca pro m² Profundalsediment-Fläche ins Hypolimnion appliziert.

5

und eine vertikale Zirkulation erzwungen. Durch **Tiefenwasserbelüftung** wird Sauerstoff ins Hypolimnion eingetragen, ohne die Schichtung zu zerstören. Beide Verfahren werden bereits sehr lange angewandt, um Sauerstoffmangel im Hypolimnion zu bekämpfen – eine der wesentlichen negativen Folgen der Eutrophierung. Dadurch sollen aerober Lebensraum für Fische und Zoobenthos erhalten bleiben, toxische bzw. reduzierte Stoffe entfernt werden, die zu Geruchsbelästigungen und Problemen bei der Trinkwasseraufbereitung führen können, und die Faulschlammbildung vermindert werden. Die Vergrößerung der durchmischten Schicht im Zuge der Destratifikation führt zu Lichtlimitation für das Phytoplankton und besonders zur Verminderung der Blaualgen-Abundanz. Dies sind Sofortmaßnahmen zur Beseitigung von Nutzungseinschränkungen, die allerdings nur temporär Symptome der Eutrophierung vermindern, ohne langfristig in den Nährstoffhaushalt des Sees einzugreifen (Wehrli und Wüst 1996). Eine Verminderung der P-Rücklösung durch Oxidation der Sedimentoberfläche wird meist nicht erreicht.

Bei den bisher beschriebenen Verfahren steht die Verminderung des Hauptnährstoffs Phosphor im Vordergrund (*bottom-up*-Steuerung). Die **Biomanipulation** hat dagegen zum Ziel, durch Eingriffe in die Nahrungskette, besonders durch Veränderung des Fischbestandes, vermindertes Algenwachstum und geringere Trübung zu erreichen. Ein niedrigerer Bestand an planktivoren Fischen soll eine Erhöhung der Filtration durch herbivores Zooplankton bewirken, um die Phytoplankton-Biomasse und damit die Trübung auf einem niedrigen Niveau zu halten (*top-down*-Steuerung) (Abb. 5-5).

Die Notwendigkeit solcher Eingriffe ergibt sich aus der verzögerten Reaktion vor allem von Flachseen auf die Verminderung der externen Belastung. Entsprechend dem Modell der Bistabilität von Flachseen (Scheffer 1998) haben eutrophierte Seen die Tendenz, im Phytoplankton-dominierten Zustand zu verharren. Biomanipulation als Restaurierungsmaßnahme für Flachseen soll ein dauerhaftes Umschlagen in den Makrophyten-dominierten Klarwasserzustand bewirken. Dazu ist eine Bestandsverminderung planktivorer Fische um 70–80 % innerhalb von ein bis zwei Jahren bzw. das Unterschreiten der kritischen Biomasse von 50 kg/ha erforderlich

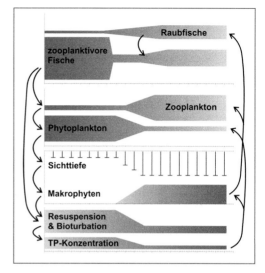

Abb. 5-5: Prinzipielle Mechanismen der Biomanipulation mit dem Ziel des Umschlagens in den Makrophyten-dominierten Klarwasserstatus.

(Jeppesen und Sammalkorpi 2002, Kasprzak et al. 2000, Meijer et al. 1999). Der Anteil von Raubfischen an der Gesamtfisch-Biomasse sollte ca. 30–40 % betragen, um den Bestand an planktivoren Fischen nachhaltig zu kontrollieren. Das verbesserte Lichtangebot ermöglicht eine Wiederbesiedlung durch Makrophyten, die wiederum den Klarwasserzustand in Flachseen langfristig stabilisieren (Hilt et al. 2006). Problematisch ist, wenn sich Makrophyten durchsetzen, die zu Massenentwicklung neigen und deren Ausdehnung starken jahreszeitlichen Schwankungen unterliegt (*Potamogeton pectinatus* und *P. crispus*, *Elodea* spp., *Ceratophyllum* spp.), da diese den Klarwasserstatus weniger gut stabilisieren und zu einer Belästigung werden können (Madgwick 1999, Hilt et al. 2006).

Der Erfolg der beschriebenen Nahrungskettenmanipulation ist zudem von verschiedenen Bedingungen abhängig: Die externe P-Belastung sollte zuvor soweit vermindert werden, dass mittlere TP-Konzentrationen unter 0,1 mg/l in Flachseen bzw. 0,02 mg/l in tiefen Seen erreichbar sind (Jeppesen und Sammalkorpi 2002). Benndorf (1987) gibt analog eine Biomanipulationseffektivitätsschwelle der P-Belastung an (BESP), die bei Seen mit kurzer Aufenthaltszeit bei 0,6–2,0 g m^{-2} a^{-1} und bei langer Aufenthaltszeit aufgrund der steigenden Relevanz der internen Belastung bei 0,5 g m^{-2} a^{-1} liegt.

In vielen Ländern Europas zählt Biomanipulation zu den am häufigsten angewandten Restaurierungsmethoden: 75 % aller Restaurierungsmaßnahmen in Dänemark (Bramm und Christensen 2006), ca. 100 Maßnahmen in Finnland (Tiilikainen 2006) und zahlreiche Fallbeispiele in den Niederlanden und Großbritannien. Dies liegt in der besonderen Eignung der Biomanipulation für die Therapie kleiner polytropher Flachseen und den vergleichsweise geringen Kosten (33–1 100 Euro pro ha) begründet. In Niederländischen Seen wurde durch Biomanipulation in 90 % der Fälle eine Verbesserung der Sichttiefe erreicht (Meijer et al. 1999). Ein sehr gut dokumentiertes Beispiel in Deutschland ist der dimiktische Feldberger Haussee mit einer Größe von 1,36 km^2 und einer mittleren Tiefe von 6 m (Kasprzak et al. 2000). Nachdem 1980 durch Beenden der Abwassereinleitung die externe Belastung um 90 % vermindert wurde, begannen 1985 das Abfischen planktivorer Fische und der Besatz mit Raubfischen. Eine Verbesserung der Wasserqualität wurde erst sechs Jahre nach Beginn der Maßnahme registriert, was auf die verbliebene hohe Abundanz von Cypriniden (130–260 kg/ha) und den noch zu geringen Anteil an Raubfischen (20 %) zurückgeführt wird. Die Autoren vermuten, dass Veränderungen des pelagischen Nahrungsnetzes zu einer Intensivierung der autochthonen Kalzitfällung mit positiven Wirkungen auf den P-Haushalt geführt haben. Trotz der Verminderung der TP-Konzentration um 90 % und der Erhöhung der Sichttiefe von 1 auf 2 m konnten sich Makrophyten nicht nennenswert etablieren. Die Autoren stellen fest, dass Biomanipulation in geschichteten Seen weniger Erfolg versprechend als in Flachseen ist.

5.5.3 Schlussfolgerungen

Ursachen für Misserfolge bei Restaurierungsmaßnahmen sind meist auf unzureichende Voruntersuchungen (Relevanz der internen Belastung), unrealistische Erwartungen zum ökologischen Potenzial (Referenzzustand, Entwicklungsziel) und die Auswahl eines ungeeigneten Verfahrens zurückzuführen. Das Entscheidungsunterstützungssystem SIMPL (Schauser et al. 2003) ermöglicht die Auswahl des am besten geeigneten Verfahrens nach objektiven Kriterien.

Trotz der Erfolge der Biomanipulation wird der Langzeiteffekt zunehmend kritisch beurteilt. In vielen dänischen Seen war fünf bis zehn Jahre nach der Maßnahme kein Effekt auf TP- und Chlorophyll-a-Konzentration mehr nachweisbar. Weiterhin wurde festgestellt, dass der Fischbestand auch ohne Biomanipulation sehr schnell auf eine Nährstoffreduzierung reagiert. Forschungsbedarf besteht zur Frage, welche Faktoren die Besiedlung durch Makrophyten beeinflussen und wie sich die Etablierung eines vorteilhaften Artenspektrums steuern lässt.

In Deutschland und auch in Dänemark setzt sich die Fällung mit Aluminium als Kernmaßnahme durch, zum Teil auch bei Flachseen. Vorteile der Fällung sind das ebenfalls gute Kosten-Nutzen-Verhältnis und vor allem die unmittelbare Erkennbarkeit von Effekten, was zu hoher Akzeptanz des Verfahrens führt. Kontrovers diskutiert und untersucht wird nach wie vor das Problem der Al-Toxizität (Wauer 2006).

Mit der deutlichen Verminderung des Nährstoffeintrags aus Punktquellen hat in den letzten Jahren die Bedeutung diffuser Einträge (vor allem aus dem Grundwasser) und der internen Belastung zugenommen. Zur Einschätzung der langfristigen Wasserqualitätsentwicklung ist daher eine möglichst genaue Quantifizierung verschiedener diffuser Eintragspfade nötig, was beispielsweise mit dem Modell MONERIS (Behrendt et al. 1999) erfolgen kann. Es ist weiterhin unzureichend geklärt, wie sich P-Rücklösung aus dem Sediment und Retention bei Seen nach Lastreduzierung (bei Flachseen im Zusammenspiel mit Resuspension) langfristig prognostizieren lassen. Zur Einschätzung der Notwendigkeit von Restaurierungsmaßnahmen und der Erfolgsprognose ist dies unerlässlich.

Mit den zu erwartenden Veränderungen besonders der Flachseen im Zuge des Umschlagens in den Makrophyten-dominierten Zustand wird zukünftig die Information der Gewässerbenutzer wichtiger. Aufgrund der langen Eutrophierungsgeschichte vieler Seen ist wenig bekannt, dass die Besiedlung mit submersen Makrophyten („Schlingpflanzen") ein Indikator guter ökologischer Gewässerqualität sein kann. Die Auswirkungen auf Freizeit- und fischereiliche Nutzung

5

sollten im Einzelfall abgeschätzt und erörtert werden. Modernes Seenmanagement muss Sanierungs- und Restaurierungsmaßnahmen mit ökologisch sinnvollen und ressourcenschonenden Bewirtschaftungsprinzipien kombinieren und auf den jeweiligen Einzelfall anpassen.

5.6 Sanierung und Restaurierung versauerter Seen

D. Leßmann und B. Nixdorf

5.6.1 Typisierung saurer Seen

Die Versauerung von Gewässern kann sowohl natürlich als auch anthropogen verursacht sein. Häufig anzutreffende Beispiele **natürlicher Versauerung** stellen Moorgewässer dar, in denen Huminsäuren und Protonen-Freisetzungen durch Sphagnum-Arten z. B. in Hoch- und Zwischenmoorgebieten zu pH-Werten bis nahe 3 führen können (Overbeck 1975, Ellenberg 1996), des Weiteren durch Vulkanismus beeinflusste Gewässer, in denen in Extremfällen pH-Werte um 0 gemessen werden können und die damit die sauersten bekannten natürlichen Gewässer sind (Pasternack und Varekamp 1994, Varekamp et al. 2000).

Bei allen **anthropogen versauerten Gewässern** steht die Versauerung im Zusammenhang mit Folgen der Industrialisierung. Die beiden wichtigsten Gruppen bilden die durch saure Depositionen („saurer Regen") versauerten Gewässer (Schnoor und Stumm 1985, Stumm 2005) sowie die durch die Oxidation von Eisensulfiden im Zusammenhang mit Bergbauaktivitäten geogen versauerten Gewässer (Evangelou 1995).

5.6.1.1 Depositionsversauerte Gewässer

Durch **sauren Regen** infolge der Emission von Luftschadstoffen (SO_2, NO_x, NH_4) versauerte Gewässer sind in kalkarmen Einzugsgebieten mit nur schwach ausgebildetem Kalk-Kohlensäure-

Puffersystem zu finden. Die Belastung verstärkt sich mit zunehmenden Niederschlagsmengen, so dass in Mitteleuropa insbesondere die Kammlagen von Mittelgebirgen (Erzgebirge, Harz, Fichtelgebirge, Schwarzwald u. a.) betroffen sind. Depositionsversauerte Gewässer finden sich aber auch im Bereich der Sanderflächen des norddeutschen Tieflandes (Umweltbundesamt 1990).

Infolge ihrer mit sinkenden pH-Werten zunehmenden Löslichkeit treten als zusätzliche Belastung erhöhte Konzentrationen umweltrelevanter Schwermetalle (Ni, Cu, Cd, Pb, Zn) sowie toxischer Aluminium-Spezies (Al^{3+}) auf (Heinrichs et al. 1994).

5.6.1.2 Geogen versauerte Tagebauseen

Von der Versauerung durch die **Oxidation von Eisensulfiden** (FeS, FeS_2) sind in Mitteleuropa vor allem Tagebauseen betroffen, die durch den Abbau von Braunkohle entstanden sind (Geller et al. 1998a, Klapper et al. 2001, Uhlmann et al. 2001). Durch Gesteins- und Sedimentumlagerungen kommen die reduzierten Schwefelverbindungen mit Sauerstoff in Kontakt. Bei den darauf folgenden Oxidationsreaktionen wird Säure freigesetzt (Evangelou 1995).

Zum gewässerchemischen Typ des sauren Tagebausees gibt es in Deutschland kein natürliches Äquivalent. Er kommt hydrochemisch sauren Vulkankraterseen am nächsten (Geller et al. 1998b). Chemisch und hinsichtlich der biologischen Besiedlungsmuster und Stoffumsätze hat er nur wenige Gemeinsamkeiten mit durch atmosphärische Deposition versauerten Weichwasserseen (Nixdorf et al. 2003a).

In Deutschland gibt es mit dem Rheinischen, dem Mitteldeutschen und dem Lausitzer drei große **Braunkohlenreviere**, in denen Braunkohle seit dem 19. Jahrhundert in Tagebauen gewonnen wird (Haselhuhn und Leßmann 2005; Kapitel 13). In ganz Deutschland werden mehr als 500 Tagebauseen gezählt, von denen 230 in ihrem Entwicklungsstatus dokumentiert sind (Nixdorf et al. 2001). Etwa 40 % weisen pH-Werte unter 6 auf (Abb. 5-6). Die großen Tagebauseen sind dabei, die Gewässerlandschaft Deutschlands stark zu verändern (Hemm und Jöhnk 2004). Die Landschaften der Lausitz und Mitteldeutschlands

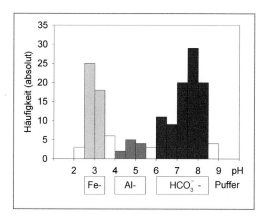

Abb. 5-6: Häufigkeitsverteilung der pH-Werte mit Pufferbereichen von 159 Tagebauseen in Deutschland (aus Uhlmann et al. 2004).

sind in besonderem Maße von diesen Veränderungen betroffen.

Viele Tagebauseen weisen eine hohe Säurebelastung, die sich am besten in den Messwerten für die Säure- bzw. Basenkapazität widerspiegelt (Hütter 1994), und eine hohe Mineralisation auf, sodass die Wasserqualität den Nutzungsansprüchen wie Badegewässer und Fischereigewässer nicht gerecht wird. Zudem ist keine unmittelbare Einbindung in bestehende Gewässersysteme möglich. Auch aus naturschutzfachlicher Sicht ist eine Begrenzung der Anzahl der stark sauren Seen wünschenswert.

5.6.2 Ökologische Auswirkungen der Versauerung

Die ökologischen Auswirkungen der Versauerung sind in einer Vielzahl von Untersuchungen an durch sauren Regen versauerten Gewässern (u. a. Steinberg und Lenhart 1985, Steinberg und Wright 1994, Leßmann 1993, Leßmann et al. 1994) und an Tagebauseen (u. a. Whitton et al. 2000, Klapper et al. 2001) untersucht worden. Zu den wichtigsten Auswirkungen zählt beim Vergleich mit neutralen Seen eine grundlegende **Umstrukturierung der Biozönosen** durch den Ausfall einer Vielzahl säuresensibler Arten, wobei die Anzahl der vorkommenden Arten mit zunehmender Versauerung beständig weiter abnimmt.

Ganze systematische Gruppen wie Crustaceen, Ephemeropteren und Fische kommen abhängig vom Grad der Versauerung nicht mehr vor. Die verbleibenden Arten sind fast immer euryöke Ubiquisten, die infolge fehlender Konkurrenz sehr hohe Abundanzen und Dominanzanteile erreichen können. Dies hat weitreichende Auswirkungen auf die Struktur der Nahrungsnetze. Eine wesentliche Auswirkung stellt auch der durch verminderte mikrobielle Aktivität verlangsamte Abbau organischer Substanzen dar, was zu verstärkten Detritus-Akkumulationen führen kann (Carpenter et al. 1983, Kimmel et al. 1985).

Extrem saure Tagebauseen weisen dem entsprechend äußerst artenarme Biozönosen mit sehr einfach strukturierten Nahrungsnetzen auf (Nixdorf et al. 1998, Pietsch 1998, Beulker et al. 2004, Wollmann und Deneke 2004). Die Primärproduktion ist sowohl durch Phosphor als auch durch anorganischen Kohlenstoff limitiert und bewegt sich meist auf oligotrophem Niveau (Nixdorf et al. 2003a).

5.6.3 Sanierungs- und Renaturierungsmaßnahmen

Während sich bei depositionsversauerten Gewässern aus dem Vergleich mit dem unbelasteten Zustand unmittelbar die Ziele für durchzuführende Maßnahmen ergeben, sind in geogen versauerten Tagebaugewässern eventuelle Maßnahmen in Hinsicht auf erreichbare Ziele und Ökosystembelastungen sorgfältig abzuwägen. Kosten-Nutzen-Analysen stellen dabei zusätzlich eine wichtige Entscheidungsgrundlage dar.

Es stehen inzwischen zahlreiche technische Verfahren zur Neutralisation saurer Gewässer zur Verfügung, die sich deutlich in Abhängigkeit vom Ursprung der Versauerung unterscheiden.

5.6.3.1 Sanierungs- und Restaurierungsstrategien für depositionsversauerte Weichwasserseen

Belastungsverminderungen

Wichtigste Maßnahme zur Sanierung der durch sauren Regen versauerten Seen ist die drastische

5

Verminderung der Emissionen von Luftschadstoffen. Für Schwefeldioxid wurden dabei in den letzten 20 Jahren in Mitteleuropa schon gute Erfolge durch die Entschwefelung der Rauchgase von Großfeuerungsanlagen sowie aufgrund von wirtschaftlichen Umstrukturierungen erzielt. Ein Problem stellen weiterhin die Stickoxid-Freisetzungen aus dem zunehmenden Autoverkehr sowie Ammonium-Freisetzungen aus der Landwirtschaft dar. Insgesamt hat die Säurebelastung des Niederschlags aber deutlich abgenommen (Umweltbundesamt 2007).

Kalkungen

Zur Anhebung des pH-Wertes der versauerten Gewässer hat sich die chemische Neutralisation mit Kalk trotz umstrittener ökologischer Nachteile durchgesetzt (Howells und Dalziel 1990, Olem 1991, Dickson und Brodin 1995). Dabei kann der Kalk direkt in das Gewässer eingebracht werden, oder es wird eine Einzugsgebietskalkung vorgenommen.

Die **direkte Kalkzufuhr** in die Gewässer ist vor allem angebracht bei sehr geringen Bodenmächtigkeiten und natürlicherweise sauren Bodentypen sowie bei Seen mit langen Wasseraufenthaltszeiten. Dabei erfolgt die kontinuierliche Kalkapplikation in die Fließgewässer der Seeeinzugsgebiete in Abhängigkeit vom Abfluss über Dosiersysteme als Kalkmilch oder feines Granulat. Sollte die Wirkung auf unterhalb gelegene Seen nicht ausreichen, so müssen diese zusätzlich gekalkt werden. Die einmalige oder wiederholte Kalkausbringung kann im Winter gleichmäßig auf der Eisfläche erfolgen, oder es kommen Schiffe oder Hubschrauber zum Einsatz (Dickson und Brodin 1995).

In Deutschland erfolgt die Sanierung versauerter Seen fast immer über die **Kalkung des Einzugsgebietes** vom Hubschrauber aus, da hierdurch auch den unmittelbar mit dem sauren Regen in Zusammenhang stehenden „neuartigen Waldschäden" bzw. dem „Waldsterben" entgegengewirkt werden kann (Meiwes 1994).

In der Regel sind die Bekalkungen nach einigen Jahren zur Verhinderung einer Wiederversauerung zu wiederholen, da der Wiederaufbau eines stabilen Kalk-Kohlensäure-Puffersystems ein langfristiger Prozess ist.

Erfolgskontrolle

Der Erfolg aller Maßnahmen stellt sich dann ein, wenn die pH-Werte konstant über 6 liegen und säuresensible Arten das Gewässer wieder besiedeln sowie insbesondere wieder Fische vorkommen, die sich auch reproduzieren können.

5.6.3.2 Sanierungsstrategien für saure Tagebauseen

Zielstellung

Gewässerbehandlungsmaßnahmen an Tagebauseen, die als künstliche Seen einzustufen sind, erfordern vorab die Festlegung von Zielvorgaben, die sich nicht wie bei den durch sauren Regen versauerten Seen aus einem Zustand vor der anthropogenen Veränderung ableiten lassen. Über „Ähnlichkeiten mit natürlichen Gewässern" ist dies ebenfalls nicht möglich, da in Mitteleuropa keine natürlichen extrem sauren Seen existieren. Die **Leitbild**findung über die „Naturnähe" ist damit sehr schwer bzw. gar nicht zu realisieren. Die Festlegung des Sanierungsziels ist bei Tagebauseen nur einzugsgebietsbezogen unter Berücksichtigung insbesondere des unterirdischen Einzugsgebietes als Quelle der Versauerung zu lösen.

Ein Leitbild für schwer zu neutralisierende Tagebauseen kann der mesotrophe, leicht saure Hartwassersee sein – ein Seentypus, der natürlicherweise in Europa nicht vorkommt. Die Pufferung dieser Seen im neutralen Bereich ist jedoch insbesondere im Anfangsstadium der Reifung nur sehr schwach ausgebildet, was sie anfällig für eine Rückversauerung macht. Für leicht zu neutralisierende Tagebauseen stellt der mesotrophe Hartwassersee, wie er z. B. in Nordbrandenburg häufig zu finden ist, ein geeignetes Leitbild dar (Nixdorf et al. 2003b).

Für viele saure Tagebauseen besteht jedoch kein Handlungsbedarf zur Neutralisation, insbesondere wenn die Seen nicht in bestehende Gewässersysteme eingebunden werden müssen, für die sie eine Gefahrenquelle darstellen würden. Saure Seen können durchaus auch ein schutzwürdiger neuer Ökosystemtyp in der mitteleuropäischen Landschaft sein.

Grundlagen

Eine Neutralisation von sauren Tagebauseen ist nur durch die Eliminierung der aus Wasserstoff-, Eisen(III)- und Aluminiumionen gebildeten Acidität möglich. Der Weg zur Neutralisation führt dabei entweder über die Zuführung von Alkalinität und/oder über die Verminderung der Acidität, sodass der pH-Wert ansteigt und eine hydrochemische Stabilisierung im neutralen Bereich erfolgt (Uhlmann et al. 2004).

Ein Hauptproblem ist die meist starke Pufferung der niedrigen pH-Werte im Eisen-Pufferbereich, die eine erhebliche Zugabe an Alkalinät bzw. Verminderung der Acidität erfordern, bevor ein pH-Anstieg einsetzt. Der Aluminium-Puffer ist meist wesentlich schwächer ausgebildet (Totsche et al. 2004).

Sanierungsverfahren

Eine grundsätzliche Maßnahme, die bereits während des Braunkohleabbaus ergriffen werden sollte, ist die Beimengung von **Kalk** unter den Pyrit-haltigen Abraum, bevor dieser verkippt wird. Auch die Einbringung von Kalk oder anderen alkalischen Substanzen in Kippenböschungen vor einem Anstieg des Wasserspiegels kann zu einer Verminderung der Versauerung beitragen.

Für saure Tagebauseen stehen heute im Wesentlichen drei Verfahren, die auch in Kombination miteinander eingesetzt werden können, für die Neutralisation zur Verfügung (Abb. 5-7; Kasten 5-3).

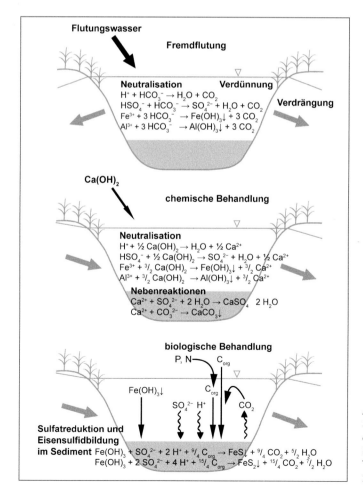

Abb. 5-7: Wirkmechanismen der Sanierungsverfahren Fremdflutung, chemische und biologische Behandlung beim Einsatz in sauren Tagebauseen (aus Uhlmann et al. 2004).

5

Kasten 5-3
Verfahren zur Sanierung von sauren Tagebauseen

- Die am häufigsten insbesondere für Tagebauseen mit großen Volumina angewandte Methode ist die **Fremdflutung** mit Wasser aus benachbarten Fließgewässern – als „Nachsorge" auch über das Erreichen des Endwasserstandes hinaus (Uhlmann et al. 2001). Hierdurch kommt es zu einer Verdünnung, einer chemischen Neutralisation und Verminderung des Grundwasserzuflusses, wenn der Seewasserspiegel über dem Grundwasserspiegel liegt. Der Einsatz und die Wirksamkeit dieser Methode werden begrenzt durch die zur Verfügung stehenden Wassermengen und deren Transportkosten sowie die Alkalinität des Flusswassers (Lessmann et al. 2003).

- Die **chemische Neutralisation** mit diversen alkalischen Substanzen ist ein Verfahren, das sich insbesondere für kleinere saure Tagebauseen als alleiniges Verfahren und für größere Seen eignet, bei denen durch Fremdflutung bereits eine starke Verminderung der Acidität erreicht wurde. Auch einer Wiederversauerung kann hierdurch vorgebeugt werden. Meist ist eine fortgesetzte oder wiederholte Zufuhr erforderlich. Um die Wirksamkeit durch Vergipsung nicht zu mindern, ist das Neutralisationsmittel meist in gelöster Form zuzugeben (Uhlmann et al. 2001).

- Als Verfahren im Rahmen einer **biogenen Alkalinisierung** bietet sich die mikrobielle Neutralisation durch Sulfatreduktion an. Hierbei wird im See in einem künstlich geschaffenen Monimolimnion oder in Reaktoren am Gewässerrand ein für Sulfat-reduzierende Bakterien günstiges Milieu mit anaeroben Bedingungen und reichlichem Angebot an organischem Kohlenstoff geschaffen, sodass eine Umkehrung und dauerhafte Entfernung bzw. Festlegung der dabei gebildeten Eisensulfide möglich ist (Klapper et al. 2001, Nixdorf und Deneke 2004). Um die Aktivität der meist neutrophilen Mikroorganismen zu steigern, wird den eingesetzten Substraten meist Kalk beigefügt. In Labor- und *enclosure*-Versuchen konnten durch diese Methode Erfolg versprechende Ergebnisse erzielt werden (Nixdorf und Deneke 2004). Auch der Einsatz von *constructed wetlands* ist auf diese Weise grundsätzlich möglich (Skousen und Ziemkiewicz 1996, Skousen et al. 1998, Hedin und Nairn 1990). Für die biogene Alkalinisierung eignen sich insbesondere kleinere Seen mit geringem Säurezustrom sowie schwach bis moderat saurem Wasser mit Werten der Basenkapazität ($K_{B4,3}$) unter 1,5 mmol/l. Des Weiteren bieten sich folgende Gewässer für biotechnologische Sanierungsverfahren an: Seen mit tiefen, meromiktischen Randschläuchen, in denen die nicht durchmischten Tiefenwasserzonen (Monimolimnion) als zusätzliche Stoffsenken genutzt werden können, Seen in windgeschützten Lagen mit langer Stratifikationsphase und geringer Durchmischungsintensität sowie Seen, in denen ausgedehnte Litoralbereiche ein intensives Makrophytenwachstum zulassen (Nixdorf und Deneke 2004).

Vergleich der Wirkung der Methoden

In Abbildung 5-8 sind beispielhaft die Wirkungen der grundlegenden Sanierungsstrategien für den Tagebausee Plessa 117 (Grünewalder Lauch) dargestellt. Es wird ersichtlich, dass die natürliche Entwicklung über Jahrzehnte nur eine geringe Entsäuerung leisten kann, während Flutung und insbesondere Kalkung zwar eine raschere Wirkung zeigen, jedoch nicht die notwendige Pufferkapazität gewährleisten und der Tagebausee damit sehr anfällig gegen Wiederversauerung bleibt. Die biologischen Prozesse schaffen eine stabile und anhaltende Alkalinisierung mit einer Pufferwirkung, die den natürlichen Hartwasserseen nahekommt und vielfältige Nutzungen gewährleistet. Erst der quantitative Vergleich der unterschiedlichen Wirkmechanismen der einzelnen Sanierungsansätze für einen Tagebausee erlaubt die Ableitung von Einzelmaßnahmen bzw. die Kombination verschiedener Ansätze.

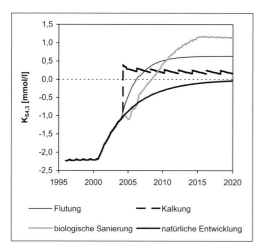

Abb. 5-8: Modellhafte Beschreibung der Wirkung unterschiedlicher Sanierungsverfahren auf die zeitliche Entwicklung der Säurekapazität im Tagebausee Plessa 117 (Grünewalder Lauch) im Vergleich mit der natürlichen Entwicklung. Seit 2001 Verminderung des Zuflusses von sauren Kippenwässern (nach Uhlmann, unveröffentlicht).

Nachhaltigkeit

Grundsätzlich sind bei allen Verfahren für eine langfristig wirksame Alkalinisierung detaillierte Kenntnisse der Morphometrie und Hydrographie (Geographie und Hydrologie), des limnologischen Zustandes (Hydrochemie und Biologie), des langfristigen Versauerungspotenzials (Hydrogeochemie) und das Vorliegen einer Typisierung nach hydrogeochemischen und limnologischen Parametern (Einzugsgebiet und See) notwendig (Nixdorf und Deneke 2004).

Ein wesentliches Problem aller Maßnahmen, die an den Seen zur Neutralisation durchgeführt werden, stellt die lang anhaltende Zufuhr von Säure mit dem meist erheblichen Grundwasserzufluss aus Kippenbereichen dar, was einen langfristigen Einsatz der angeführten Methoden und zusätzliche Maßnahmen im Einzugsgebiet erforderlich machen kann. Hierzu gehören die Verminderung der Grundwasserneubildung in den Kippen, die Behandlung des Grundwassers und die Steuerung seiner Fließrichtung über die hierauf abgestimmte Steuerung der Seewasserstände sowie durch den Einsatz von Dichtwänden (Klapper et al. 2001).

Defizite

5

Ein wesentliches Defizit besteht hinsichtlich der Möglichkeiten, die Auswirkungen der verschiedenen Verfahren auf die Gewässerökosysteme einzuschätzen. Wie groß werden die Unterschiede in der Sukzession abhängig vom gewählten Verfahren sein? Mit welchem Verfahren wird die naturnähere Entwicklung erreicht? Hier sind wissenschaftliche Begleitungen bei der Anwendung der Neutralisationsmaßnahmen über einen längeren Zeitraum erforderlich, um ein geeignetes Instrumentarium zum Management von Tagebauseen aufbauen zu können.

Literaturverzeichnis

Behrendt H, Huber P, Opitz D, Schmoll O, Scholz G, Uebe R (1999) Nährstoffbilanzierung der Flussgebiete Deutschlands. Umweltbundesamt 75/99, Berlin

Benndorf J (1987) Food-web manipulation without nutrient control: A useful strategy in lake restoration? *Schweizerische Zeitschrift für Hydrologie* 49: 237–248

Beulker C, Deneke R, Nixdorf B, Wollmann K, Leßmann D, Kamjunke N (2004) Trophische Interaktionen in einem sauren Tagebausee (Grünewalder Lauch). Deutsche Gesellschaft für Limnologie, Tagungsbericht 2003: 737–742

Bittmann E (1953) Das Schilf (*Phragmites communis* Trin.) und seine Verwendung im Wasserbau. *Angewandte Pflanzensoziologie* Heft 7, Stolzenau/Weser

Bittmann E (1968) Lebendbaumaßnahmen an Still- und Fließgewässern mit Ausnahme von Wildbächen. In: Buchwald K, Engelhardt W (Hrsg) Handbuch für Landschaftspflege und Naturschutz. Band 4. Bayerischer Landwirtschaftsverlag, München. 158–172

Björk S (1994) Restoration of lakes through sediment removal – Lake Trummen, Sweden. In: Eiseltova M (Hrsg) Restoration of lake ecosystems – a holistic approach. *IWRB Publication* 32: 130–140

Bramm M, Christensen I (2006) Management and restoration of lakes in Denmark. County of North Jutland, Aalborg

Carpenter J, Odum WE, Mills A (1983) Leaf litter decomposition in a reservoir affected by acid mine drainage. *Oikos* 41: 16–172

CIS WG 2.3 (Common Implementation Strategy, Working Group 2.3, REFCOND) (2003) Leitfaden zur Ableitung von Referenzbedingungen und zur Festlegung von Grenzen zwischen ökologischen Zustandsklassen für oberirdische Binnengewässer. Deutsche Fassung. (www.umweltbundesamt.de)

Cooke GD, Welch EB, Peterson SA, Newroth PR (2005) Restoration and management of lakes and reservoirs. CRC Press, Boca Raton

Dean RG (2003) Beach nourishment: Theory and practice. *Advanced Series on Ocean Engineering* Band 18

Dickson W, Brodin YW (1995) Strategies and methods for freshwater liming. In: Brodin YW, Henrickson L (Hrsg) Liming acidified surface waters: a Swedish synthesis. Springer, Berlin. 81–124

Dokulil M, Hamm A, Kohl JG (2001) Ökologie und Schutz von Seen. UTB für Wissenschaft, Wien

DWA-M 606 (2006) Maßnahmen der Seentherapie (Merkblatt). Deutsche Vereinigung für Wasserwirtschaft, Abwasser und Abfall e. V.

Ellenberg H (1996) Vegetation Mitteleuropas mit den Alpen in ökologischer, dynamischer und historischer Sicht. 5. Aufl. Ulmer, Stuttgart

EG (2000) Richtlinie 2000/60/EG des Europäischen Parlamentes und des Rates vom 23. Oktober 2000 zur Schaffung eines Ordnungsrahmens für Maßnahmen der Gemeinschaft im Bereich der Wasserpolitik. Amtsblatt der Europäischen Gemeinschaften L 327/1 vom 22.12.2000

Evangelou VP (1995) Pyrite oxidation and its control. CRC Press, Boca Raton

Geller W, Klapper H, Salomons W (1998a) Acidic mining lakes – acid mine drainage, limnology and reclamation. Springer, Berlin

Geller W, Klapper H, Schultze M (1998b) Natural and anthropogenic sulfuric acidification of lakes. In: Geller W, Klapper H, Salomons W (Hrsg) Acidic mining lakes, acid mine drainage, limnology and reclamation. Springer, Berlin. 3–14

Guderian R, Gunkel G (2000) Handbuch der Umweltveränderungen und Ökotoxikologe. Band 3A: Aquatische Systeme: Grundlagen, Physikalische Belastungsfaktoren, Anorganische Stoffeinträge. Springer, Heidelberg

Hacker E (Hrsg) (1997) Ingenieurbiologie und stark schwankende Wasserspiegel an Talsperren. *Jahrbuch der Gesellschaft für Ingenieurbiologie Aachen* Band 8

Haselhuhn I, Leßmann D (2005) Rahmenbedingungen der Entwicklung der Lausitzer Bergbaulandschaft, insbesondere der Entstehung und des Managements von Tagebauseen. BTU Cottbus, *Aktuelle Reihe* 2/2005

Hedin RS, Nairn RW (1990) Sizing and performance of constructed wetlands: case studies. Proc. Mining and Reclamation Conference, West Virginia University, April 23–26, 1990, Morgantown, WV. 385–392

Heinrichs H, Siewers U, Böttcher G, Matschullat J, Roostai AH, Schneider J, Ulrich B (1994) Auswirkungen von Luftverunreinigungen auf Gewässer im Einzugsgebiet der Sösetalsperre. In: Maschullat J, Heinrichs H, Schneider J, Ulrich B (Hrsg) Gefahr für Ökosysteme und Wasserqualität, Ergebnisse interdisziplinärer Forschung im Harz. Springer, Berlin. 233–259

Hemm M, Jöhnk K (2004) Datenbank stehender Gewässer in Deutschland – Beschreibung und deren Anwendungen. BTU Cottbus, *Aktuelle Reihe* 3/2004: 145–159

Hilt S, Gross EM, Hupfer M, Morscheid H, Mählmann J, Melzer A, Poltz J, Sandrock S, Scharf EM, Schneider S, de Weyer KV (2006) Restoration of submerged vegetation in shallow eutrophic lakes – A guideline and state of the art in Germany. *Limnologica* 36: 155–171

Howells G, Dalziel TRK (1990) Restoring acid waters: Loch Fleet 1984–1990. Elsevier, London

Hütter L (1994) Wasser und Wasseruntersuchung. Salle + Sauerländer, Frankfurt

Hupfer M, Kleeberg A (2005) Zustand und Belastung limnischer Ökosysteme – Warnsignale einer sich verändernden Umwelt. In: Lozán JL, Graßl H, Hupfer P, Menzel L, Schönwiese C-D (Hrsg) Warnsignal Klima: Genug Wasser für alle? Blackwell-Wissenschaftsverlag, Berlin. 115–121

Hupfer M, Scharf BW (2002) Seentherapie: Interne Maßnahmen zur Verminderung der Phosphorkonzentration. In: Steinberg C, Calmano W, Klapper H, Wilken RD (Hrsg) Handbuch angewandte Limnologie. ecomed, Landsberg. Kapitel VI-2.1

Jeppesen E, Sammalkorpi I (2002) Lakes. In: Perrow MR, Davy AJ (Hrsg) Handbook of ecological restoration. Volume 2 Restoration in practice. Cambridge University Press, Cambridge. 297–324

Kasprzak P, Schrenk-Bergt C, Koschel R, Krienitz L, Gonsiorczyk T, Wysujack K, Steinberg C (2000) Biologische Therapieverfahren (Biomanipulation). In: Steinberg CEW, Calmano W, Klapper H, Wilken RD (Hrsg) Handbuch Angewandte Limnologie. ecomed Biowissenschaften, Landsberg

Kimmel WG, Murphey DJ, Sharpe WE, Dewalle DR (1985) Macroinvertebrate community structure and detritus processing rates in two south-western Pennsylvanian streams acidified by atmospheric deposition. *Hydrobiologia* 124: 97–102

Klapper H, Boehrer B, Packroff G, Schultze M, Tittel, J, Wendt-Potthoff G (2001) V-1.3 Bergbaufolgegewässer: Limnologie – Wassergütebewirtschaftung. Handbuch Angewandte Limnologie 13. Erg.Lfg. 11/01. Ecomed, Landsberg

Koschel, R, Casper P, Gonsiorczyk T, Rossberg R, Wauer G (2006) Hypolimnetic Al- and $CaCO_3$-treatments and aeration for restoration of a stratified eutrophic hardwater lake in Germany. *Verhandlungen der internationalen Vereinigung für Limnologie* 29: 2165–2171

Koschel R, Dittrich M, Casper P, Rossberg R (1999) Ökotechnologie zur Restaurierung von geschichteten eutrophen Hartwasserseen: Induzierte hypolimnische Calcitfällung. *IGB-Berichte* 8: 63–72

LAWA (1999) Gewässerbewertung – stehende Gewässer. Vorläufige Richtlinien für eine Erstbewertung von natürlich entstandenen Seen nach trophischen Kriterien. Länderarbeitsgemeinschaft Wasser, Kulturbuch-Verlag, Berlin

Leßmann D (1993) Gewässerversauerung und Fließgewässerbiozönosen im Harz. Berichte des Forschungszentrum Waldökosysteme A97, Göttingen

Leßmann D, Avermann T, Coring E, Rüddenklau R (1994) Fließgewässerbiozönosen. In: Maschullat J, Heinrichs H, Schneider J, Ulrich B (Hrsg) Gefahr für Ökosysteme und Wasserqualität, Ergebnisse interdisziplinärer Forschung im Harz. Springer, Berlin. 317–378

Lessmann D, Uhlmann W, Nixdorf B, Grünewald U (2003) Sustainability of the flooding of lignite mining lakes as a remediation technique against acidification in the Lusatian mining district, Germany. Proceedings of 6th International Conference Acid Rock Drainage, Cairns/Australia: 521–527

Lewandowski J, Schauser I, Hupfer M (2002a) Die Bedeutung von Sedimentuntersuchungen bei der Auswahl geeigneter Sanierungs- und Restaurierungsmaßnahmen. *Hydrologie und Wasserbewirtschaftung* 46: 2–13

Lewandowski J, Schauser I, Hupfer M (2002b) Bedeutung von Vor- und Nachuntersuchungen in der Seentherapie. *Wasser & Boden* 54: 21–25

Lewandowski J, Schauser I, Hupfer M (2003) Long term effects of phosphorus precipitations with alum in hypereutrophic Lake Süsser See (Germany). *Water Research* 37: 3194–3204

Madgwick FJ (1999) Strategies for conservation management of lakes. *Hydrobiologia* 396: 309–323

Mathes J, Korczynski I, Venebrügge G (2000) Ein erstes Konzept zur Sanierung und Restaurierung der Seen in Mecklenburg-Vorpommern. Deutsche Gesellschaft für Limnologie, Tagungsbericht 1999: 626–630

Mathes J, Plambeck G, Schaumburg J (2002) Das Typisierungssystem für stehende Gewässer in Deutschland mit Wasserflächen ab 0,5 km^2 zur Umsetzung der Wasserrahmenrichtlinie. In: Deneke R, Nixdorf B (Hrsg) Implementierung der EU-Wasserrahmenrichtlinie in Deutschland: Ausgewählte Bewertungsmethoden und Defizite. *Aktuelle Reihe* BTU Cottbus 5/2002: 15–24

Meijer ML, de Boois I, Scheffer M, Portielje R, Hosper H (1999) Biomanipulation in shallow lakes in The Netherlands: an evaluation of 18 case studies. *Hydrobiologia* 409: 13–30

Meiwes KJ (1994) Kalkungen. In: Maschullat J, Heinrichs H, Schneider J, Ulrich B (Hrsg) Gefahr für Ökosysteme und Wasserqualität, Ergebnisse interdisziplinärer Forschung im Harz. Springer, Berlin. 415–431

Mischke U, Nixdorf B (Hrsg) (2008) Bewertung von Seen mittels Phytoplankton zur Umsetzung der EU-Wasserrahmenrichtlinie, *Gewässerreport* (Nr. 10). BTUC-*Aktuelle Reihe* 2/2008

Nixdorf B, Deneke R (2004) Grundlagen und Maßnahmen zur biogenen Alkalinisierung von sauren Tagebauseen. Weißensee, Berlin

Nixdorf B, Hemm M, Schmidt A, Kapfer M, Krumbeck H (2001) Tagebauseen in Deutschland – ein Überblick. Umweltbundesamt, UBA-Texte 01/35

Nixdorf B, Krumbeck H, Jander J, Beulker C (2003a) Comparison of bacterial and phytoplankton productivity in extremely acidic mining lakes and eutrophic hard water lakes. *Acta Oecologica* 24 (Suppl. 1): 281–288

Nixdorf B, Lessmannn D, Steinberg CEW (2003b) The importance of chemical buffering for pelagic and benthic colonization in acidic waters. *Water Air Soil Pollution* 3: 27–46

Nixdorf B, Mischke U, Lessmann D (1998) Chrysophytes and chlamydomonads: pioneer colonists in extremely acidic mining lakes (pH < 3) in Lusatia (Germany). *Hydrobiologia* 369/370: 315–327

Nixdorf B, Rektins A, Mischke U (2008) Standards and thresholds of the EU water framework directive (WFD) – Phytoplankton and lakes. Chapter 26. In: Schmidt M, Glasson J, Emmelin L, Helbron H (Hrsg) Standards and thresholds for impact assessment series: *Environmental protection in the European Union* Vol. 3/2008: 301–314

Nürnberg GK (1987) Hypolimnetic withdrawal as lake restoration technique. *Journal of Environmental Engineering* 113: 1006–1017

Nürnberg GK (1998) Prediction of annual and seasonal phosphorus concentrations in stratified and polymictic lakes. *Limnology and Oceanography* 43: 1544–1552

OECD (1982) Eutrophication of waters – Monitoring, assessment and control. OECD, Paris

Olem H (1991) Liming acidic surface waters. Lewis Publ., Boca Raton

Ostendorp W (1993) Schilf als Lebensraum. *Beihefte zu den Veröffentlichungen für Naturschutz und Landschaftspflege in Baden-Württemberg* 68: 173–280

Ostendorp W (2006) Entwicklung eines naturschutz- und gewässerschutzfachlichen Übersichtsverfahrens zur hydromorphologischen Zustandserfassung von Seeufern. Teil A: Übersicht des aktuellen Kenntnis- und Diskussionsstands. Bericht des Limnologischen Instituts der Universität Konstanz für die deutsche Bundesstiftung Umwelt

Ostendorp W, Ostendorp J, Dienst M (2008) Hydromorphologische Übersichtserfassung, Klassifikation und Bewertung von Seeufern. *WasserWirtschaft* Jg. 2008 (1–2): 8–12

Ostendorp W, Schmieder K, Jöhnk K (2004) Assessment of human pressures and their hydromorphological impacts on lakeshores in Europe. *Ecohydrology and Hydrobiology* 4: 379–395

Overbeck F (1975) Botanisch-geologische Moorkunde unter besonderer Berücksichtung Nordwestdeutschlands. Karl Wachholtz, Neumünster

Pasternack GB, Varekamp JC (1994) The geochemistry of the Keli-Mutu crater lakes, Flores, Indonesia. *Geochemical Journal* 28: 243–262

Patt M, Jürging P, Kraus W (2004) Naturnaher Wasserbau – Entwicklung und Gestaltung von Fließgewässern. 2. Aufl. Springer, Berlin

Pietsch W (1998) Besiedlung und Vegetationsentwicklung in Tagebaugewässern in Abhängigkeit von der Gewässergenese. In: Pflug W (Hrsg) Braunkohletagebau und Rekultivierung. Springer, Berlin, Heidelberg. 663–676

Reitzel K, Hansen H, Andersen FO, Hansen KS, Jensen HS (2005): Lake restoration by dosing aluminum relative to mobile phosphorus in the sediment. *Environmental Science & Technology* 39: 4134–4140

Robb M, Greenop B, Goss Z, Douglas G, Adeney J (2003) Application of Phoslock (TM), an innovative phosphorus binding clay, to two Western Australian waterways: preliminary findings. *Hydrobiologia* 494: 237–243

Schauser I, Lewandowski J, Hupfer M (2003) Seeinterne Maßnahmen zur Beeinflussung des Phosphor-Haushaltes eutrophierter Seen, Leitfaden zur Auswahl eines geeigneten Verfahrens. *Berichte des IGB*, Heft 16

Scheffer M (1998) Ecology of shallow lakes. Chapman & Hall, London

Schiechtl HM, Stern R (2002) Naturnaher Wasserbau. Anleitung für ingenieurbiologische Bauweisen. Ernst & Sohn, Berlin

Schleiss A, Boillat JL, Iseli C (2006) Bemessungsgrundlagen für Massnahmen zum Schutz von Flachufern an Seen. *Laboratoire des Constructions Hydrauliques École Polytechnique Fédérale de Lausanne Communication* 27: 1–166

Schnoor JL, Stumm W (1985) Acidification of aquatic and terrestrial systems. In: Stumm W (Hrsg) Chemical processes in lakes. Wiley, New York. 311–338

Schrenk-Bergt C, Zwick AM, Scharf BW, Jüttner I, Schönfelder I, Facher E, Casper P, Wilkes H, Steinberg CEW (1998) Paläolimnologie: Vorteile und Grenzen bei der angewandten Limnologie. In: Steinberg C, Calmano W (Hrsg) Handbuch angewandte Limnologie, ecomed Biowissenschaften, Landsberg

Skousen J, Rose A, Geidel G, Foreman J, Evans R, Hellier W (1998) Handbook of technologies for an avoidance and remediation of acid mine drainage. National Mine Land Reclamation Center, Morgantown

Skousen JG, Ziemkiewicz PF (1996) Acid mine drainage control and treatment. West Virginia University and National Land Reclamation Center, Morgantown

Søndergaard M, Jeppesen E, Jensen JP (2000) Hypolimnetic nitrate treatment to reduce internal phosphorus loading in a stratified kake. *Lake and Reservoir Management* 16: 195–204

Steinberg C, Lenhart B (1985) Wenn Gewässer sauer werden – Ursachen, Verlauf, Ausmaß. BLV, München

Steinberg C, Wright RW (1994) Acidification of freshwater ecosystems: implications for the future. Wiley, Chichester

Stumm W (2005) Chemical processes regulating the composition of lake waters. In: O'Sullivan PE, Reynolds CS (Hrsg) The lakes handbook, Vol 1, Limnology and limnetic ecology. Blackwell, Malden. 79–106

Succow M, Joosten H (Hrsg) (2001) Landschaftsökologische Moorkunde. Schweizerbart'sche Verlagsbuchhandlung, Stuttgart

Tiilikainen S (2006) The Lakepromo project information package on lake management and restoration practices in Finland. Savonia University of Applied Sciences, Engineering Kuopio

Totsche O, Pöthig R, Uhlmann W, Büttcher H, Steinberg CEW (2004) Buffering mechanisms in acidic mining lakes – a model-based analysis. *Aquatic Geochemistry* 9: 343–359

Uhlmann W, Büttcher H, Schultze M (2004) Grundlagen der chemischen und biologischen Alkalinisierung saurer Tagebauseen. In: Nixdorf B, Deneke R (Hrsg) Grundlagen und Maßnahmen zur biogenen Alkalinisierung von sauren Tagebauseen. Weißensee, Berlin. 13–35

Uhlmann W, Nitsche C, Neumann V, Guderitz I, Leßmann D, Nixdorf B, Hemm M (2001) Tagebauseen: Wasserbeschaffenheit und wassergütewirtschaftliche Sanierung – konzeptionelle Vorstellungen und erste Erfahrungen. Landesumweltamt Brandenburg, Studien und Tagungsberichte 35

Umweltbundesamt (1990) International co-operative programme on assessment and monitoring of acidification of rivers and lakes. Texte 22/90

Umweltbundesamt (2007) Umweltdaten Deutschland Online. www.env-it.de/umweltdaten

UNEP (2006) Challenges to International Waters – Regional Assessments in a Global Perspective. United Nations Environment Programme, Nairobi

Van der Does J, Verstraelen P, Boers P, van Roestel J, Roijackers R, Moser G (1992) Lake restoration with and without dredging of phosphorus-enriched upper sediment layers. *Hydrobiologia* 233: 197–210

Varekamp JC, Pasternack GB, Rowe GL (2000) Volcanic lake systematics II. Chemical constraints. *Journal of Volcanology and Geothermal Research* 97: 161–179

Wauer G (2006) Der Einfluss von Fällmittelkombinationen auf die P-Retention in Sedimenten geschichteter Seen. http://edoc.hu-berlin.de/dissertationen/wauer-gerlinde-2006-10-17/PDF/wauer.pdf

5

Wauer G, Gonsiorczyk T, Casper P, Kretschmer K, Koschel R (2005) Sediment treatment with a nitrate-storing compound to reduce phosphorus release. *Water Research* 39: 494–500

Wehrli B, Wüest A (1996) Zehn Jahre Seenbelüftung: Erfahrungen und Optionen. *Schriftenreihe der EAWAG* 9

Whitton BA, Albertano P, Satake K (Hrsg) (2000) Chemistry and ecology of highly acidic environments. *Hydrobiologia* 433

Wollmann K, Deneke R (2004) Nahrungsnetze in sauren Tagebauseen: Die Rolle der Konsumenten und die Entwicklung der Biodiversität im Zuge der Neutralisierung. In: Nixdorf B, Deneke R (Hrsg) Grundlagen und Maßnahmen zur biogenen Alkalinisierung von sauren Tagebauseen. Weißensee Verlag, Berlin. 199–218

6 Renaturierung von Waldökosystemen

S. Zerbe

6.1 Einleitung

Wälder sind neben der Landwirtschaft und den urban-industriellen Siedlungsflächen flächenmäßig die Hauptnutzungstypen in Mitteleuropa und stellen heute multifunktionale Ökosysteme dar. Zusätzlich zur Holzproduktion kommt ihnen eine Regulations- (z. B. Wasserhaushalt), Schutz- (z. B. von Biodiversität und gegen Erosion, Lawinen, Immissionen und Lärm) und Erholungsfunktion zu. Zudem haben Wälder als Kohlenstoffsenken auch eine besondere Bedeutung für den Klimaschutz.

Der Umbau von stark anthropogen überformten Waldbeständen in naturnahe Waldökosysteme, die den vielfältigen Ökosystemleistungen für den Menschen (*ecosystem services*; Kapitel 1) gerecht werden, wird heute nicht nur europaweit (Klimo et al. 2000, Zerbe 2002a, Fischer und Fischer 2006), sondern auch weltweit (z. B. Buckley et al. 2002, Mansourian et al. 2005) als eine herausragende Aufgabe des 21. Jahrhunderts angesehen. Dieser „Waldumbau" (Fritz 2006) ist nicht prinzipiell gleichzusetzen mit Waldrenaturierung. Während im Rahmen des Waldumbaus auch Waldbestände entwickelt werden können, die zwar bestimmte Ökosystemleistungen erbringen, aber dennoch einer kontinuierlichen und starken forstlichen Beeinflussung bedürfen und zum Teil einen hohen Anteil nicht einheimischer Baumarten enthalten (z. B. Meyerhoff et al. 2006), zielt die Renaturierung von Wäldern in der Regel auf eine dauerhafte Minimierung von anthropogenen Eingriffen ab.

Die Renaturierung von Wäldern ist weniger eine Frage der Entwicklung neuer waldbaulicher Methoden, sondern vielmehr ein Paradigmenwechsel in der Forstwirtschaft. Ausgelöst durch großflächige Schädlingskalamitäten im Wald, die zum Teil verheerenden Folgen der Stürme in den vergangenen Jahren, knapper werdende finanzielle Ressourcen in der Forstwirtschaft, aber auch durch die intensive Diskussion des Naturschutzziels „Prozessschutz" in Wissenschaft und Praxis, findet in zunehmendem Maße ein Umdenken in der Forstwirtschaft und im Waldbau statt. Hinzu kommen Verpflichtungen zu einer nachhaltigen Waldbewirtschaftung, die sich aus internationalen Vereinbarungen bzw. Programmen wie *Convention on Biological Diversity* (CBD), *United Nations Forum on Forests* (UNFF), *United Nations Framework Convention on Climate Change* (UNFCCC) und *World Heritage Convention* ergeben (Buck 2005).

Bemühungen zur Renaturierung von Wäldern gibt es seit Langem. Beispielsweise zielt der „Dauerwaldgedanke" von Möller (1922) in diese Richtung. Viele Maßnahmen zur Renaturierung von Wäldern sind demnach gängige Praxis des Waldbaus und in der modernen waldbaulichen bzw. forstwissenschaftlichen Fachliteratur beschrieben (z. B. Mayer 1992, Burschel und Huss 2003, Röhrig et al. 2006). Ebenso wie die Forstbestände durch waldbauliche Maßnahmen bzw. forstliche Eingriffe begründet worden sind (Abschnitt 6.2), kann auch die Entwicklung naturnäherer Wälder mit einer mehr oder weniger starken Einflussnahme des Försters initiiert werden (Kasten 6-1). Dazu gehören z. B. verschiedene Schlag- bzw. Erntetechniken, die Pflanzung von Zielbaumarten und der Schutz von Naturverjüngung durch Zäunung.

Kasten 6-1
Waldrenaturierung als neuer Umgang mit dem Wald

Waldrenaturierung muss als ein **neuer Umgang mit dem Wald** verstanden werden, der zwar durch die herkömmlichen waldbaulichen Maßnahmen unterstützt werden kann, doch im Wesentlichen neuen, nicht rein ertragswirtschaftlichen Zielen folgt.

6.2 Waldveränderungen in Mitteleuropa unter dem Einfluss des Menschen

6.2.1 Vom Naturwald zur großflächigen Waldzerstörung

Mitteleuropäische Landschaften sind vom Tiefland bis in die montanen Lagen der Gebirge, bis auf wenige, standörtlich bedingte Ausnahmen (z. B. Hochmoore), natürlicherweise bewaldet. Den größten Anteil an dieser natürlichen Bewaldung haben Laubmischwälder (vgl. die Karte der natürlichen Vegetation Europas von Bohn et al. 2003). In den montanen bis hochmontanen Lagen der Mittel- und Hochgebirge herrschen vielfach Nadelmisch- bzw. Nadelwälder vor. Sowohl vegetationsgeschichtliche Untersuchungen (Lang 1994) wie auch ein Vergleich der ökologischen Amplitude und der Konkurrenzkraft der einheimischen Baumarten (Leuschner et al. 1993, Ellenberg 1996) belegen, dass **Buchenwälder** auf einem breiten Spektrum unterschiedlichster Standorte als natürliche Waldgesellschaft in Mitteleuropa weit verbreitet wären. Nur im östlichen Mitteleuropa ist die Buche (*Fagus sylvatica*) aufgrund der Kontinentalität des Klimas nicht mehr konkurrenzfähig und wird von Eiche (*Quercus robur* und *Q. petraea*), Hainbuche (*Carpinus betulus*), Winterlinde (*Tilia cordata*) und Kiefer (*Pinus sylvestris*) als Wald bestimmende Baumarten abgelöst (Matuszkiewicz 1984).

Seit der Sesshaftwerdung des Menschen und dem Beginn der Landwirtschaft in Mitteleuropa im Neolithikum sind die Wälder, gewissermaßen als ein Kulturhindernis, zunehmend zurückgedrängt worden und wichen Siedlungen und landwirtschaftlichen Nutzflächen. Die noch bestehenden Wälder mussten vielfältige Bedürfnisse des Menschen erfüllen (Küster 1998). Neben der Nutzung des Holzes als Energieträger und Roh- bzw. Baustoff (Brennholz, Köhlerei, Waldglashütten, Gerberei, Schiffsbau) wurden die Wälder beweidet und deren Streu gesammelt. Mit der seit dem Hochmittelalter zunehmenden Ausdehnung der Siedlungen und wachsenden Bevölkerung ging auch ein immer stärkerer Nutzungsdruck auf die Wälder einher. So war der hohe Bedarf an Holz häufig nur durch sehr kurze Erntezeiträume zu decken. Die so entstandenen Niederwälder wurden zudem zwischen dem Auf-den-Stock-Setzen und dem Wiederaufwachsen der Bäume ackerbaulich genutzt (Pott 1993). Diese Übernutzung der Wälder und Waldstandorte führte mitteleuropaweit zu einer **großflächigen Waldzerstörung**, die im ausgehenden 18. Jahrhundert ihren Höhepunkt erreichte.

Während die Nutzung der Wälder zur Jagd in den großen herrschaftlichen Jagdrevieren zwar die Rodung und Ausbeutung der Wälder verhinderte, fand eine nicht unerhebliche anthropogene Waldveränderung durch die indirekte Förderung bestimmter Baumarten statt. Dies ist beispielsweise für den Mittelgebirgsraum Buntsandstein-Spessart sehr gut belegt, der natürlicherweise von der Buche dominiert wäre (Zerbe 1999a). Aufgrund der jahrhundertelangen Jagdnutzung erreichte dort die Eiche (*Quercus petraea*) einen bedeutenden Flächenanteil an der Waldlandschaft, da diese als Mastbaum einem besonderen Schutz unterlag, der durch Forstordnungen geregelt war. So nahmen der nördliche und der südliche Hochspessart, die geologisch, klimatisch und vegetationsgeographisch eine naturräum-

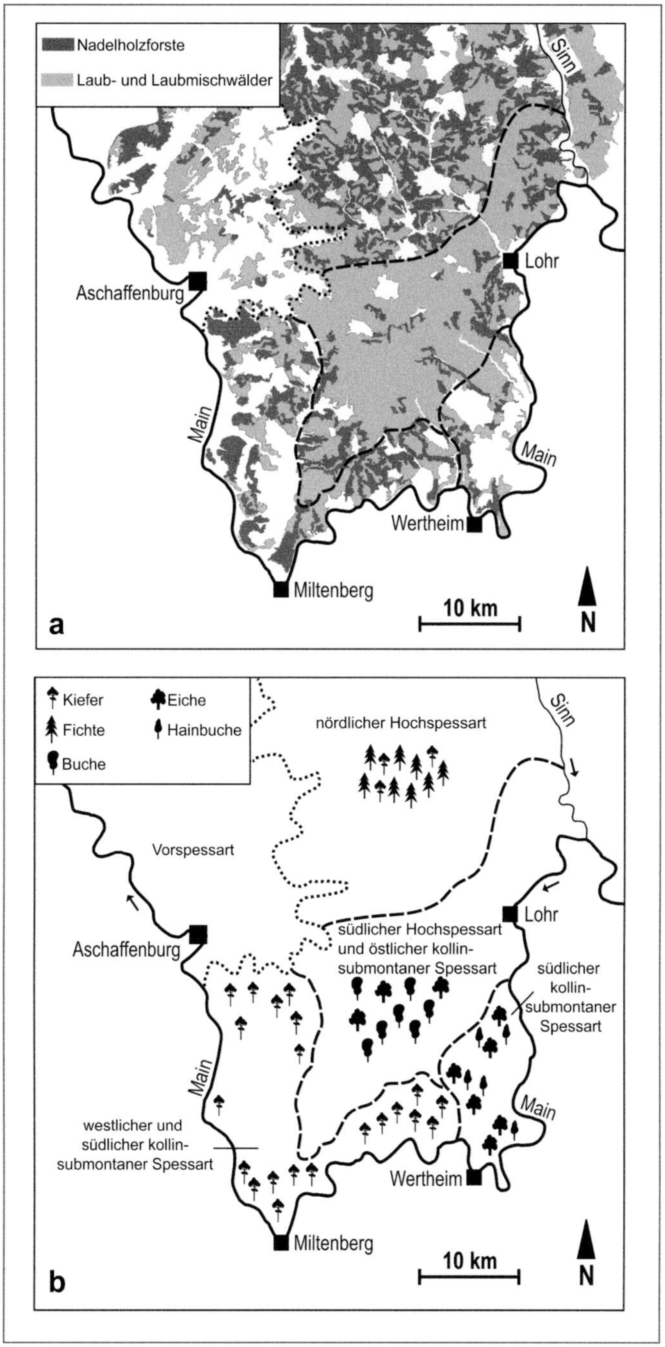

Abb. 6-1: Nutzungsgeschichtlich bedingte Differenzierung der Waldlandschaft des Buntsandstein-Spessarts (SW-Deutschland) (a) in von Nadelholz bzw. Laubholz dominierte Teillandschaften und (b) sich hieraus ergebende regionale Waldlandschaftsgliederung: von Fichte und Kiefer dominierter nördlicher Hochspessart, von Buche und Eiche dominierter südlicher Hochspessart und östlicher kollin-submontaner Spessart, von der Kiefer dominierter westlicher und südlicher kollin-submontaner Spessart und durch Waldreste mit Eichen-Hainbuchenwäldern gekennzeichneter südöstlicher Spessart (nach Zerbe 2004).

liche Einheit bilden, aufgrund verschiedener Nutzungsschwerpunkte während der vergangenen Jahrhunderte eine völlig unterschiedliche Entwicklung, die sich heute noch in einer Dominanz an Fichte und Kiefer im nördlichen und Buche und Eiche im südlichen Teil des Spessarts widerspiegelt (Abb. 6-1).

6

6.2.2 Entstehung der großflächigen Nadelholzaufforstungen in Mitteleuropa

In der großflächigen Waldzerstörung und der damit verbundenen Holzknappheit im ausgehenden 18. Jahrhundert muss der Ursprung einer geregelten Forstwirtschaft in Mitteleuropa gesehen werden. So wurden die vielfach entstandenen Heiden, Magerrasen, Strauchformationen sowie stark aufgelichteten und schlecht wüchsigen Restwälder mit anspruchslosen und schnell wachsenden Nadelgehölzen aufgeforstet. Im Tiefland entstanden somit großflächige **Kiefernaufforstungen** (Hofmann 1995 für NO-Deutschland) und im mitteleuropäischen Mittelgebirgsraum ausgedehnte **Fichtenreinbestände** (Farbtafel 6-1 und 6-2). Auch wenn diese Nadelholzaufforstungen noch nicht auf den Grundlagen und Kenntnissen einer modernen Renaturierungsökologie fußten und den Zielen einer nachhaltigen Ökosystemrenaturierung folgten, muss die Umwandlung großflächig degradierter Waldstandorte in Waldökosysteme dennoch als eines der ersten großen Renaturierungsprojekte in Mitteleuropa angesehen werden.

Im Zuge dieser Aufforstungsmaßnahmen erfuhren nicht nur einheimische Baumarten eine Ausweitung ihres natürlichen Vorkommens in Mitteleuropa (z. B. auch Lärche und Tanne), sondern auch nicht einheimische Baumarten wie z. B. die nordamerikanische Douglasie (*Pseudotsuga menziesii*) bzw. Strobe (*Pinus strobus*) und die ostasiatische Japan-Lärche (*Larix kaempferi*) erweiterten zunehmend das Baumartenspektrum in den Wirtschaftswäldern (vgl. Übersicht von Knörzer und Reif 2002). Nur vor dem Hintergrund dieser historischen Entwicklung unter dem Einfluss des Menschen ist die heutige Baumartenzusammensetzung der mitteleuropäischen Wälder zu verstehen. So haben beispielsweise in Deutschland die Nadelgehölze mit ca. 58 % einen deutlich höheren Flächenanteil in den Wirtschaftswäldern als die Laubgehölze mit rund 40 % (Abb. 6-2).

Zusammenfassend kann gesagt werden, dass diese Phase der Nadelholzdominanz bei konsequenter Umsetzung einer Waldrenaturierung im gesamten Mitteleuropa zukünftig von naturnahen Laubmischwäldern abgelöst wird (Abb. 6-3).

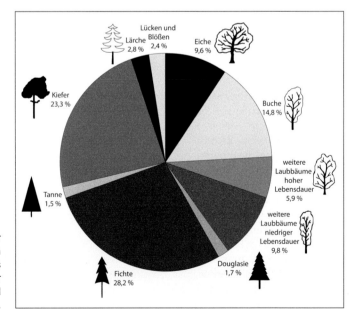

Abb. 6-2: Aktueller Anteil der Laub- und Nadelgehölze in den Wirtschaftswäldern Deutschlands (nach Bundesministerium für Ernährung, Landwirtschaft und Verbraucherschutz 2004).

Lücken und Blößen 2,4 %
Lärche 2,8 %
Eiche 9,6 %
Kiefer 23,3 %
Buche 14,8 %
weitere Laubbäume hoher Lebensdauer 5,9 %
Tanne 1,5 %
weitere Laubbäume niedriger Lebensdauer 9,8 %
Douglasie 1,7 %
Fichte 28,2 %

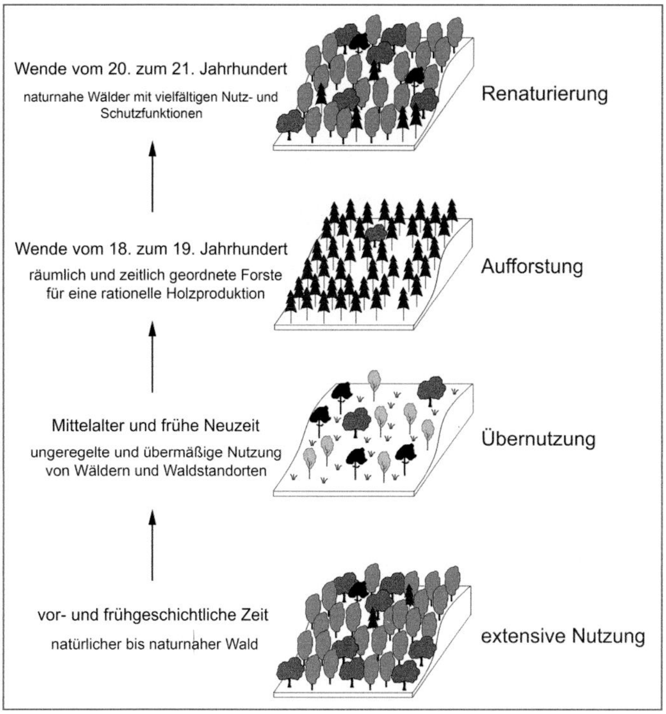

Abb. 6-3: Hauptphasen der nacheiszeitlichen Waldentwicklung Mitteleuropas unter dem wechselnden Einfluss des Menschen (nach Zerbe und Brande 2003 verändert).

6.3 Renaturierungsziele für Wälder

6.3.1 Übergeordnete Renaturierungsziele

Viele der Renaturierungsziele für Waldökosysteme in Mitteleuropa lassen sich mit Blick auf die Waldbauprogramme der deutschen Bundesländer charakterisieren. Richtungweisend können hier beispielsweise die Programme „Wald 2000" in Nordrhein-Westfalen (MURL NRW 1991) und „LÖWE" in Niedersachsen (Niedersächsische Landesregierung 1992) gelten. Das **Waldbauprogramm LÖWE** (**l**angfristige **ö**kologische **W**aldentwicklung) gründet auf den Prinzipien der Gemeinnützigkeit, Nachhaltigkeit und Wirtschaftlichkeit. Auf dieser Basis sind zahlreiche Grundsätze für die ökologische Waldentwicklung formuliert worden, wie der Bodenschutz, die »ökologische Zuträglichkeit«, die Zielstärkennut-

zung, die Gewährleistung besonderer Waldfunktionen und eine »ökosystemverträgliche« Wildbewirtschaftung. Dieses Programm eines explizit an ökologischen Grundsätzen orientierten Waldbaus will »Stabilität, Artenvielfalt, Nischenreichtum auch für seltene Arten sowie die Schönheit des Waldes« fördern (Niedersächsische Landesregierung 1992, S. 26). Eines der wichtigsten Ziele des Programms ist die »standortgemäße Baumartenwahl« und die »Laubwald- und Mischwaldvermehrung«. Damit wird strukturreichen Mischbeständen eine höhere Priorität eingeräumt als Reinbeständen. Auch die Einrichtung eines ausgedehnten Schutzgebietssystems im Wald ist ein Schwerpunkt des LÖWE-Programms. Wird demnach die nach diesem Programm ausgerichtete Waldentwicklung am Schutz der abiotischen und biotischen Naturgüter orientiert und so weit wie möglich über die Integration natürlicher ökologischer Prozesse (z. B. natürliche Baumartenverjüngung) erreicht, so kann von einer Renaturierung gesprochen werden. Die hieraus abgeleiteten übergeordneten Ziele für eine Renaturierung der Wälder Mitteleuropas sind in Kasten 6-2 dargestellt.

6

Kasten 6-2
Übergeordnete Ziele für eine Renaturierung der Wälder Mitteleuropas

- Wiederherstellung der **natürlichen Leistungskraft der Böden** einschließlich einer möglichst ungestörten Waldbodenentwicklung zum Grundwasserschutz und zur Kohlenstoffspeicherung.
- Erhalt bzw. Erhöhung der **biologischen Vielfalt** der Wirtschaftswälder auf der Ebene der lebensraum- bzw. naturraumspezifischen Waldarten (einschließlich der genetischen Vielfalt), der Waldbestände bzw. -strukturen

(z. B. Vegetationsschichtung) und der Landschaften.
- Förderung bzw. Wiederherstellung der **natürlichen Bestandesdynamik** in Richtung auf sich zukünftig selbst regenerierende Waldökosysteme.
- Förderung bzw. Erhöhung der **Stabilität** der Wälder gegenüber biotischen und abiotischen Störungseinflüssen (z. B. Schädlingskalamitäten und Sturmwurf).

Diese übergeordneten Ziele werden erreicht durch
- die Förderung der natürlichen Gehölzverjüngung,
- eine sowohl zeitliche (z. B. geringere Durchforstungshäufigkeit), räumliche (z. B. durch Abkehr von der Kahlschlagswirtschaft) als auch stoffliche Minimierung (z. B. Verzicht auf direkten Stoffeintrag wie Düngung, Kalkung, Pestizide) der waldbaulichen Eingriffe,
- eine Erhöhung des Anteils an Waldschutzgebieten (1) zum Erhalt wertvoller Arten und Lebensgemeinschaften bzw. schutzwürdiger Waldstrukturen und (2) zur Schaffung von (auch großflächigen) Waldreservaten ohne weitere direkte Eingriffe des Menschen zur Entwicklung von »*Urwäldern von morgen*« (Wolf und Bohn 1991) und
- die Regulation des Wildbestandes auf ein Maß, welches die natürliche Regeneration der Wirtschaftswälder erlaubt.

Nach Zerbe et al. (Kapitel 1 in diesem Buch) kann eine Renaturierung (im weitesten Sinne) von Waldbeständen führen zur
- Wiederherstellung von naturnahen Waldökosystemen, die sich selbst regenerieren und zumindest zum Teil den Wäldern der ursprünglichen Naturlandschaft vergleichbar sind (= Renaturierung im engeren Sinne).
- Wiederherstellung historischer Waldnutzungsformen, wie z. B. Nieder- und Mittelwäl-

der, die nur durch entsprechende Maßnahmen zu erhalten sind (Restauration).
- Entwicklung von neuen Waldökosystemen (*emerging ecosystems* nach Hobbs et al. 2006) auf anthropogen stark veränderten Standorten (z. B. in urban-industriellen Gebieten oder Bergbaufolgelandschaften), die auch aus nicht einheimischen Baumarten aufgebaut sein können (Rekultivierung, Renaturierung im engeren Sinne oder Rekonstruktion).

6.3.2 Zieltypen der Waldentwicklung

Ausgangszustand für eine Waldrenaturierung ist ein anthropogen stark überprägter Waldbestand oder Offenland, welches einer zukünftigen Waldnutzung zugeführt werden soll. Zerbe (1998a) hat im Hinblick auf unterschiedliche Zielsetzungen, Naturschutzprioritäten und verschiedene waldbauliche Eingriffsintensitäten die Waldentwicklungszieltypen Naturverjüngungs-, Umwandlungs-, Aufforstungs-, Bestandserhaltungs- und Naturwaldtyp vorgeschlagen (Abb. 6-4). Diese können alle Gegenstand von Renaturierungsbestrebungen sein.

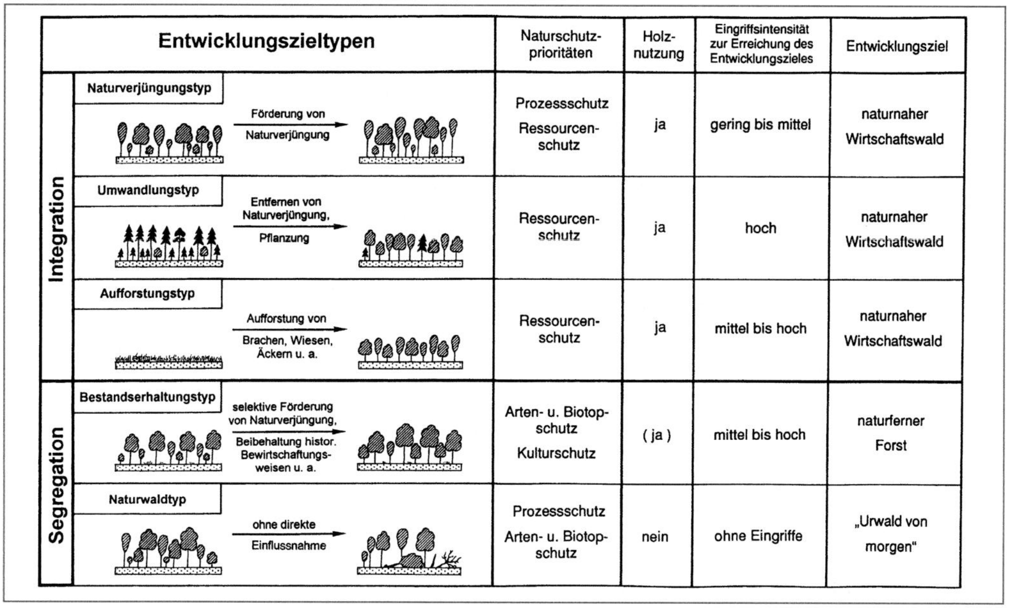

Entwicklungszieltypen			Naturschutz-prioritäten	Holz-nutzung	Eingriffsintensität zur Erreichung des Entwicklungszieles	Entwicklungsziel
Integration	Naturverjüngungstyp	Förderung von Naturverjüngung	Prozessschutz Ressourcen-schutz	ja	gering bis mittel	naturnaher Wirtschaftswald
	Umwandlungstyp	Entfernen von Naturverjüngung, Pflanzung	Ressourcen-schutz	ja	hoch	naturnaher Wirtschaftswald
	Aufforstungstyp	Aufforstung von Brachen, Wiesen, Äckern u. a.	Ressourcen-schutz	ja	mittel bis hoch	naturnaher Wirtschaftswald
Segregation	Bestandserhaltungstyp	selektive Förderung von Naturverjüngung, Beibehaltung histor. Bewirtschaftungs-weisen u. a.	Arten- u. Biotop-schutz Kulturschutz	(ja)	mittel bis hoch	naturferner Forst
	Naturwaldtyp	ohne direkte Einflussnahme	Prozessschutz Arten- u. Biotop-schutz	nein	ohne Eingriffe	„Urwald von morgen"

Abb. 6-4: Waldentwicklungszieltypen nach Zerbe (1998a), die mit unterschiedlicher Zielsetzung und mit unterschiedlichen Eingriffsintensitäten Gegenstand einer Renaturierung sein können; hierbei wird differenziert nach Naturschutzpriorität (Segregation) und der Integration von Waldnutzung und Naturschutz.

6.3.3 Erfassung und Bewertung der Naturnähe von Wäldern

Mit der Entwicklung „naturnaher" Wälder kommt der **Naturnähe** als eines der wichtigsten Ziele der Renaturierung von Wäldern eine hohe Bedeutung zu. Zur Erfassung bzw. Bewertung von Naturnähe liegen zahlreiche Konzepte vor (vgl. Übersicht von Kowarik 1988 sowie Walentowski und Winter 2007). Das wohl wichtigste und im Zusammenhang mit waldbaulichen Zielvorstellungen am häufigsten diskutierte Naturnähe-Konzept (z. B. Schmidt 1998, Zerbe 1998b, 1999b) ist die von Tüxen (1956) eingeführte, später mehrfach modifizierte (Kowarik 1987, Härdtle 1995, Leuschner 1997) **potenzielle natürliche Vegetation (PNV)**. Obwohl das PNV-Konzept auf kleiner Maßstabsebene (< 1 : 100 000) ein sinnvolles Instrument sein kann, um beispielsweise Naturräume vegetationsgeographisch zu charakterisieren und zu differenzieren (z. B. Matuszkiewicz 1984 für Polen, Bohn et al. 2003 für Europa, Hofmann und Pommer 2005 für Brandenburg und Berlin) oder großräumig

Umweltveränderungen zu modellieren (z. B. Kim 1994, Brzeziecki et al. 1995), ist es auf mittlerer und großer Maßstabsebene (> 1 : 50 000) mit großen Unsicherheiten behaftet und oft wenig praxistauglich.

Zerbe (1998b) hat in einer kritischen Analyse bezüglich der Anwendbarkeit in der Praxis darauf hingewiesen, dass (1) aufgrund der häufig nicht klar nachvollziehbaren Methode der Konstruktion einer PNV (z. B. im Hinblick auf die Berücksichtigung reversibler bzw. irreversibler Standortveränderungen durch den Menschen) die Gefahr mangelnder Reproduzierbarkeit gegeben ist, (2) der hypothetische Charakter der PNV mit zunehmenden anthropogenen Standortveränderungen (vor allem in urban-industriellen Landschaften, aber auch in historisch alten Agrarlandschaften) zunimmt und (3) die durch den Nutzungseinfluss geschaffene Landschaftsvielfalt, die z. B. im Rahmen des Arten- und Biotopschutzes eine positive Bewertung erfahren kann, durch die potenzielle natürliche Vegetation stark nivelliert wird. Letzteres wurde beispielsweise für die Vielfalt der Waldpflanzengesellschaften des Spessarts gezeigt (Zerbe 1999a). Hier stehen 23 verschiedenen,

6

Kasten 6-3
Referenzflächen für die Waldrenaturierung

Naturwaldreservate, **Naturwaldzellen** bzw. **Bannwälder** stellen aus der forstlichen Nutzung genommene Referenzflächen im Wirtschaftswald zur Beobachtung einer ungestörten Waldentwicklung dar. Ein umfangreiches Netz solcher durchschnittlich 20–30 ha großen Flächen soll alle wichtigen Wuchsgebiete, Standorte bzw. Waldge-

sellschaften repräsentativ erfassen (Scherzinger 1996).

Gerade auch mit Blick auf die Waldrenaturierung sollten zusätzlich auch stark anthropogen überprägte Gehölzbestände wie z. B. Nadelholzforste als zukünftig unbeeinflusste **Referenzflächen für die Renaturierung** ausgewiesen werden.

---

pflanzensoziologisch differenzierten Gesellschaftstypen der aktuellen realen Vegetation nur acht Waldpflanzengesellschaften einer für diesen Naturraum konstruierten potenziellen natürlichen Vegetation gegenüber.

Dennoch kann die PNV einen Hinweis auf einen zukünftig anzustrebenden naturnahen Waldzustand geben, zumal bereits sehr zahlreiche Karten der PNV auf unterschiedlichen Maßstabsebenen vorliegen (Zusammenstellung von Bohn et al. 2003). Dies sollte allerdings für die Praxis nicht überbewertet werden. Jede PNV-Kartierung muss sich an naturnahen Resten der Vegetation in einer über Jahrhunderte vom Menschen mehr oder weniger stark überprägten Kulturlandschaft orientieren (vgl. Tüxen 1956 und Dierschke 1994 zur Kartierungsmethode). So haben beispielsweise Reste sehr naturnaher Wälder („Urwälder"; Korpel 1995, Scherzinger 1996) oder solche Waldbestände, die sich nach einer Einstellung der Nutzung naturnah entwickeln (z. B. Wälder in Nationalparks, naturnahe Waldnaturschutzgebiete, Naturwaldreservate) eine wichtige Referenzfunktion für die Renaturierung von Wäldern in Mitteleuropa (Kasten 6-3).

Es gibt zahlreiche Indikatoren bzw. Kriterien, um die Naturnähe von Wäldern zu ermitteln, wobei sich nur durch eine Integration der Einzelmerkmale eine sinnvolle Bewertung der Naturnähe von Wäldern ergibt. Diese Einzelmerkmale können sein:
- Artenzusammensetzung der Baum-, Strauch-, Kraut- und Moosschicht (z. B. auch Anteil nicht einheimischer Pflanzenarten) im Vergleich zu einem naturnahen Referenzzustand;
- Bestandesstruktur bzw. vertikale Vegetationsschichtung wie z. B. das Vorhandensein von

Stockausschlägen, Altersklassen oder tief beasteten Altbäumen, die auf einen vormals geringeren Bestandesschluss hinweisen (z. B. eines ehemaligen Hudewaldes; Farbtafel 6-3);
- Zeigerorganismen wie seltene und gefährdete Arten (Pflanzen, Tiere, Pilze, Flechten), typische Waldarten (vgl. Zusammenstellung der typischen Waldgefäßpflanzenarten von Schmidt et al. 2003), Zeiger historisch alter Waldstandorte (Ssymank 1994, Zacharias 1994, Peterken 2000) und spezifische Totholzorganismen;
- Anteil von stehendem und liegendem Totholz;
- Bodenstörungen;
- Grad der Fragmentierung und Zerschneidung (z. B. durch Forstwege) bzw. Großflächigkeit von Waldgebieten.

6.3.4 Renaturierung von Sonderstandorten in Wäldern

Ein weiteres Ziel einer umfassenden Renaturierung von Wäldern ist die naturnahe Entwicklung bzw. Wiederherstellung von Sonderstandorten in Wäldern. So wurden beispielsweise kleine Waldmoore (mit Torfbildung) bzw. -sümpfe (mit mineralischem Boden) im Zuge der flächendeckenden Aufforstungen mit Nadelgehölzen forstlich zum Teil stark überprägt. Auch wenn die Baumschicht sich dann nicht mehr von den umgebenden Wirtschaftswäldern unterscheidet, ist der besondere Standortcharakter gut an der Bodenvegetation ablesbar, wie dies z. B. Zerbe (1999a) am Beispiel der „Torfmoos-Kiefernforste" für den Spessart belegt hat. Solche kleinen, häufig weniger als 1 ha großen Waldvermoorungen haben eine Funktion als Habitat für seltene Pflanzen und Tiere, als Wasserspeicher, Stoffsenke und, bei Pollenerhalt in Torfen, Archive für die Vegetations- und Landschaftsgeschichte und bieten zudem dem Waldbesucher einen ästhetischen Reiz in einer vom Menschen mehr oder weniger intensiv genutzten Waldlandschaft (Weichhardt-Kulessa et al. 2007).

Weitere Sonderstandorte, die im Rahmen der Waldrenaturierung zu berücksichtigen sind, stellen z. B. Totholzansammlungen (Jedicke 2006) und Waldinnen- wie auch Waldaußenränder (Coch 1995) dar.

6.3.5 Referenzzustände für eine Waldrenaturierung

Referenzfunktionen für eine Waldrenaturierung bezüglich der Artenzusammensetzung, Ökosystemprozesse und/oder -leistungen können die folgenden Wälder haben:

- mit vegetationsgeschichtlichen Methoden rekonstruierte Waldökosysteme der ursprünglichen Natur- bzw. historischen Kulturlandschaft (z. B. Rubin et al. 2008);
- in Vergangenheit und Gegenwart wenig vom Menschen beeinflusste Wälder der aktuellen Kulturlandschaften wie z. B. Naturwaldreservate (Kasten 6-3), Waldnaturschutzgebiete, historisch alte Wälder oder Urwälder;
- noch existierende historische Waldnutzungstypen (vgl. Pott 1993);
- über mehrere Jahrzehnte entwickelte neue Wälder auf urban-industriellen Standorten wie z. B. Robinienbestände auf durch den Zweiten Weltkrieg entstandenen Trümmerschuttflächen in Berlin (Kowarik 1992).

6.4 Konzeptionelle Überlegungen zur Renaturierung von Wäldern

6.4.1 Natürliche Regeneration degradierter Wälder und Waldstandorte

Eine der wesentlichen Konsequenzen der Übernutzung von Wäldern und Waldstandorten in historischer Zeit (Abschnitt 6.1) ist die Nährstoffverarmung und Versauerung des Waldbodens. Leuschner et al. (1993) und Leuschner (1997) stellen dies beispielhaft für die Lüneburger Heide dar, einer Landschaft, die durch Rodung, Beweidung und Plaggenwirtschaft ihren offenen Charakter erhalten hat. Ein Vergleich unterschiedlicher Entwicklungsstadien der Vegetation von der *Calluna*-Heide über einen Birken-Kiefernwald als Pionierwaldstadium bis hin zum Eichen-Buchenwald als Endstadium einer langfristigen Waldentwicklung zeigte, dass zwar der Mineralboden auch der frühen Stadien einer Waldsukzession das Nährstoffpotenzial zur Versorgung einer Buchen-Schlusswaldgesellschaft aufweist, die Stickstoffvorräte in der organischen Auflage aber sehr unterschiedlich sind (Abb. 6-5).

Seit mehreren Jahrzehnten wird mitteleuropaweit eine Veränderung der Waldbodenvegetation mit einem zunehmenden Vorkommen nitrophytischer Pflanzen beobachtet (Bürger-Arndt 1994, Ellenberg 1996). So weisen z. B. die Gefäßpflanzen Brennnessel (*Urtica dioica*), Himbeere (*Rubus idaeus*), Wald-Greiskraut (*Senecio sylvaticus*), Löwenzahn (*Taraxacum officinale* agg.) sowie Land-Reitgras (*Calamagrostis epigeios*) und Moose wie z. B. *Brachythecium rutabulum* auf eine aktuell höhere Stickstoffverfügbarkeit im Waldboden hin. Die Ursachen für eine Erhöhung der Nährstoffverfügbarkeit sind vielfältig und können nur schwer differenziert werden. Insbesondere durch die intensive interdisziplinäre Untersuchung von Waldökosystemen, wie z. B. im Rahmen des Solling-Projekts (Ellenberg et al. 1986), und durch ein überregionales bzw. internationales Monitoring (z. B. Seidling 2004 zum Level II Monitoring in Europa) konnte nachge-

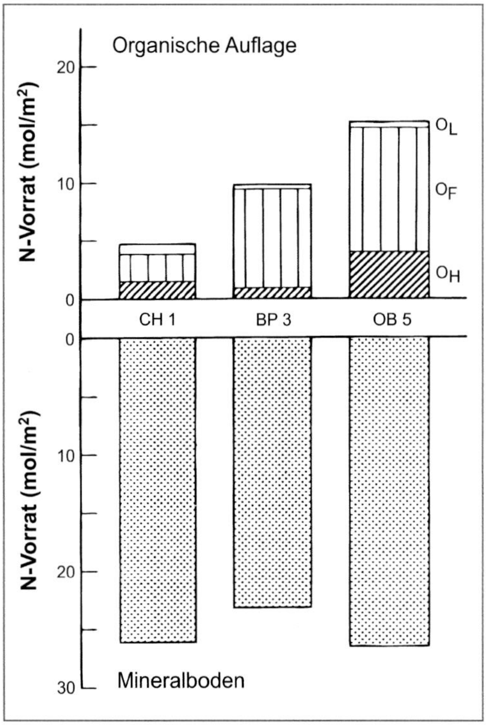

Organische Auflage

N-Vorrat (mol/m²)

20

10

0

CH 1   BP 3   OB 5

O_L

O_F

O_H

0

N-Vorrat (mol/m²)

10

20

30   Mineralboden

Abb. 6-5: Vorräte an Gesamtstickstoff in den Horizonten der organischen Auflage (oben) und in den Mineralbodenhorizonten (unten: 0–110 cm Tiefe) von drei Stadien der Sukzession von *Calluna*-Heide (CH 1) über einen Birken-Kiefern-Pionierwald (BP 3) zum Eichen-Buchen-Schlusswald (OB 5) auf nährstoffarmen saaleeiszeitlichen Sanden in der südlichen Lüneburger Heide; O_L, O_F, O_H: Auflagehorizonte (aus Leuschner 1997).

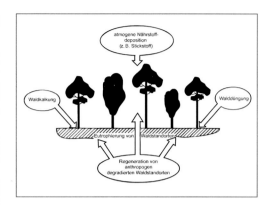

Abb. 6-6: Mögliche Ursachen für eine Zunahme der Stickstoffverfügbarkeit auf nährstoffarmen Waldstandorten Mitteleuropas (nach Zerbe und Brande 2003).

wiesen werden, dass die Wälder und Waldstandorte einem steten Eintrag atmogener Nährstoffe ausgesetzt sind (Hüttl 1998). Aber auch direkte Nährstoffeinträge wie die Düngung von Waldböden (Dieterich 1965) oder die als Gegenmaßnahme zur anthropogenen Versauerung der Waldböden in den 1990er-Jahren großflächig durchgeführte Kompensationskalkung (Rodenkirchen 1992) regen die biologische Aktivität bzw. Nährstoffumsetzung im Oberboden an und spiegeln sich in dem verstärkten Auftreten von Stickstoffzeigern wider.

Dennoch werden ähnliche Entwicklungen in der Waldbodenvegetation mit dem Auftreten nährstoffanspruchsvoller Pflanzenarten auch in solchen Gebieten beobachtet, die nur einem relativ geringen atmogenen Nährstoffeintrag ausge-

setzt sind und weder eine Waldbodendüngung noch -kalkung erfahren haben. So konnte für die Menzer Heide, einem großflächig mit Kiefern aufgeforsteten Sandergebiet im Norden Brandenburgs, gezeigt werden, dass in den letzten Jahrzehnten auch ohne Düngung und Kalkung und einem jährlichen atmogenen Stickstoffeintrag von weniger als 10 kg pro ha Nährstoff- bzw. Stickstoffzeiger wie z. B. Dreinervige Nabelmiere (*Moehringia trinervia*), Löwenzahn, Himbeere und Wald-Greiskraut statistisch signifikant zugenommen haben. Dagegen sind anspruchslose Pflanzen wie z. B. Flechten der Gattung *Cladonia* (Farbtafel 6-4) und die Moosarten *Leucobryum glaucum* und *Dicranum polysetum* in ihrer Häufigkeit stark zurückgegangen. Zerbe et al. (2000) interpretieren dies als eine Folge natürlicher Regeneration der durch Streunutzung, Waldweide und dem Betrieb von Waldglashütten in den vergangenen Jahrhunderten degradierten Oberböden der Menzer Heide. Diese natürliche Regeneration der Waldböden und -vegetation Mitteleuropas wird möglicherweise in der Diskussion über die direkten und indirekten anthropogenen Nährstoffeinträge unterschätzt, auch deshalb, da es sich um ein komplexes, sich gegenseitig beeinflussendes Wirkungsgefüge anthropogener und natürlicher Prozesse handelt (Abb. 6-6).

6.4.2 Erhalt der biologischen Vielfalt in Wäldern

Der Erhalt bzw. die Erhöhung der biologischen Vielfalt (Biodiversität) wird als eines der wesentlichen Ziele der Waldrenaturierung angesehen. Dies betrifft sowohl die lebensraum- bzw. naturraumspezifische Artenvielfalt (einschließlich der genetischen Vielfalt), wie auch die Ökosystem- bzw. Bestandes- und die Landschaftsvielfalt. So wird dem Aspekt der Biodiversität beispielsweise bei der Zertifizierung von Wäldern eine besondere Rolle beigemessen (Kasten 6-4). Nicht zuletzt ist auch die Forstwirtschaft als eine der flächenmäßig bedeutsamsten Landnutzungen in Europa an die Biodiversitätskonvention gebunden, die weltweit eine besondere Berücksichtigung der biologischen Vielfalt als Lebensressource einfordert (CBD 2004; vgl. auch MCPFE 2003).

In der Diskussion über die biologische Vielfalt in Wäldern wird häufig der positive Einfluss historischer und aktueller Nutzungen auf die Arten- und zum Teil auch Strukturvielfalt unterschätzt (Zerbe 2002b). So ist durch zahlreiche Studien nachgewiesen, dass anthropogene Gehölzbestände und insbesondere Nadelholzforste im Vergleich zu naturnahen Laubmischwäldern eine erhöhte mittlere Artenzahl aufweisen (Ellenberg et al. 1986, Zerbe 1993, Zerbe und Schmidt 2006). Beispielsweise können auf bodensauren und nährstoffarmen Standorten des Mittelgebirgsraumes in der Bodenvegetation von reinen Fichtenforsten (> 60 Jahre alt) auf Probeflächen à 400 m² im Mittel bis über 30 Arten der Höheren Pflanzen und Moose notiert werden, während die Artenzahlen in Hainsimsen-Buchenwäldern im

Allgemeinen unter 25 bleiben (Tab. 6-1). Die Erhöhung der Artenvielfalt durch eine Nadelholzbestockung auf natürlichen Laubwaldstandorten betrifft auch zahlreiche Tiergruppen, wie dies beispielsweise für die Avifauna von Steverding und Leuschner (2002) und für Arthropoden von Ellenberg et al. (1986) belegt ist.

Bei den Pflanzen sind es neben typischen Nadelwaldbegleitern, wie z. B. Harzer Labkraut (*Galium saxatile*), Heidelbeere (*Vaccinium myrtillus*), Siebenstern (*Trientalis europaea*), Wolligem Reitgras (*Calamagrostis villosa*) und zahlreichen Moosarten wie z. B. *Plagiothecium curvifolium, P. undulatum, Dicranum scoparium* und *Lepidozia reptans*, die Stickstoff- bzw. Verlichtungszeiger, wie z. B. Schmalblättriges Weidenröschen (*Epilobium angustifolium*), Himbeere und Brombeere (*Rubus fruticosus* agg.), die zu einer Erhöhung der Artenzahlen beitragen. Dies lässt sich u. a. durch den höheren Lichtgenuss am Boden der Nadelholzaltbestände und durch die Struktur der Nadelstreu (im Vergleich zur Laubstreu) erklären (Zerbe 1993). Zweifelsohne werden auch bei einer vollständigen Umwandlung von Fichtenbeständen in Laubmischwälder die meisten Arten, die zu einer Erhöhung der mittleren Artenzahlen in den Nadelholzforsten führen, nicht verschwinden. Dennoch werden bestimmte Arten, die nahezu ausschließlich in Fichtenbeständen nachgewiesen werden, wie z. B. der Siebenstern und Moose der Gattung *Plagiothecium*, tatsächlich im Zuge einer Waldrenaturierung aus den Wirtschaftswäldern weitgehend verdrängt werden.

Zudem ergab die Auswertung von umfangreichen Vegetationserhebungen in den bewirtschafteten Hauptbestandestypen des Solling, dass in Fichtenrein- und Buchen-Fichtenmischbe-

---

Kasten 6-4
Waldzertifizierung

Eine **Waldzertifizierung** bescheinigt, dass der Wald umwelt- und sozialgerecht bewirtschaftet wird. Damit ist der Nachweis der Nachhaltigkeit im weitesten Sinne erbracht. Zertifikate können z. B. auf internationaler Ebene durch das *Forest Stewardship Council* (FSC 2003) und/oder nach der Pan-Europäischen Waldzertifizierung (PEFC)

vergeben werden. Kriterien sind beispielsweise die Artenzusammensetzung der angebauten Gehölze (auch Anteil an nicht einheimischen Arten), die Art der Durchforstung und Ernte, die besondere Berücksichtigung schutzwürdiger Arten und Waldbiotope, der Einsatz von Forstmaschinen und der Pestizideinsatz.

Tab. 6-1: Pflanzensoziologisch differenzierte Vegetationseinheiten im Naturraum Buntsandstein-Spessart mit einer Einschätzung der Entstehung nach kulturhistorischen und standortökologischen Befunden (Kategorien: -wald = naturnah, -forst = anthropogen; nach Zerbe und Sukopp 1995). Angaben der mittleren Artenzahlen (Höhere Pflanzen und Moose) auf der Grundlage von jeweils n Vegetationsaufnahmen mit Probeflächen à 400 m²; Reihenfolge der Vegetationseinheiten nach steigenden mittleren Artenzahlen (aus Zerbe 1999a).

Vegetationseinheit im Buntsandstein-Spessart	n	Artenzahlen der Höheren Pflanzen und Moose	
		Mittel	Spanne
Seegras-Buchenwald	27	12,4	4–23
Heidelbeer-Eichenforst	28	15,5	5–27
Rotstengelmoos-Kiefernforst (Hochspessart)	32	16,2	11–36
Hainsimsen-Buchenwald (Hochspessart)	86	16,8	6–32
Torfmoos-Kiefernforst	4	19,3	16–21
Birken-Erlenforst	5	20,6	14–33
Dornfarn-Buchenwald	3	21,0	19–24
Schlafmoos-Lärchenforst	11	21,5	12–34
Hainsimsen-Buchenwald (kollin-submontane Form)	32	22,1	10–38
Rotstengelmoos-Kiefernforst (kollin-submontane Form)	24	22,7	14–42
Harzer-Labkraut-Fichtenforst (Hochspessart)	59	23,6	12–49
Waldmeister-Buchenwald	23	23,6	9–43
Brennessel-Pappelforst	3	24,3	21–31
Drahtschmielen-Bergahorn-Blockhangwald	5	25,2	20–30
Karpatenbirken-Ebereschen-Blockhangwald	1	26	–
Waldseggen-Buchenwald	12	26,1	20–40
Braunseggen-Erlensumpfwald	11	26,2	12–40
Seegras-Fichtenforst	9	26,8	12–48
Walzenseggen-Erlenbruchwald	3	27,0	21–38
Sauerklee-Douglasienforst	10	28,3	12–39
Sommerlinden-Spitzahorn-Blockhangwald	3	29,0	23–35
Blauseggen-Buchenwald	9	30,9	18–43
Buchen-Birken-Traubeneichenforst	34	31,0	17–52
Harzer-Labkraut-Fichtenforst (kollin-submontane Form)	18	31,2	21–49
Eschen-Ahorn-Schatthangwald	4	31,3	22–48
Hainmieren-Schwarzerlenauwald	14	33,4	17–57
Winkelseggen-Erlen-Eschenwald	10	37,1	20–53
Perlgras-Fichtenforst	10	37,9	25–50
Waldlabkraut-Eichen-Hainbuchenforst	31	39,0	24–58
Sternmieren-Eichen-Hainbuchenforst/-wald	8	44,0	30–69

ständen zahlreiche **gefährdete Arten** vorkommen. In Buchenwäldern wurde dagegen nur das gefährdete Moos *Nardia scalaris* aufgenommen (Zerbe und Schmidt 2006). In den von Nadelhölzern geprägten Beständen treten beispielsweise die gefährdeten Moosarten *Bazzania trilobata*, *Dicranum majus*, *Rhytidiadelphus loreus* und *Sphagnum girgensohnii* auf. Das Auftreten von zahlreichen gefährdeten Arten in Nadelholzaufforstungen ist auch für Fichten- und Kiefernfor-

ste Süddeutschlands nachgewiesen (Zusammenstellung von Zerbe 1999 c). Das Vorkommen lässt sich einerseits reliktisch mit der Vornutzung (z. B. Grünland- bzw. Weidenutzung) erklären und andererseits mit der durch die Nadelholzbestockung neu geschaffenen Humusbedingungen, die z. B. das Vorkommen von Wintergrün-Arten (*Orthilia* sp., *Pyrola* sp.) fördern.

Bei diesem quantitativen Vergleich der mittleren Artenzahlen muss berücksichtigt werden, dass die spezifischen Organismen der Alterungs- und Zerfallsphasen der Wälder wie bestimmte Pilze, Moose, Flechten und Arthropoden (Schäfer 2003, Jedicke 2006, Bußler et al. 2007) in den untersuchten Wirtschaftsbeständen stark unterrepräsentiert sind. Insbesondere seltene und gefährdete Arten der Roten Liste, die an Alt- und Totholz gebunden sind, können damit letztlich zu einer Erhöhung der Gesamtartenzahlen im Vergleich zum Wirtschaftswald beitragen.

Im Rahmen einer qualitativen und quantitativen Erfassung und Bewertung der biologischen Vielfalt liegt der Fokus häufig auf Artenzahlen, da diese vergleichsweise einfach zu erheben und zu kommunizieren sind (Heywood et al. 1995). Im Ökosystem Wald werden Gefäßpflanzen als eine Schlüsselartengruppe angesehen, da sie einen entscheidenden Einfluss auf die Primärproduktion haben (Mitchell und Kirby 1989, Barthlott et al. 2000) und auch eine positive Korrelation der Pflanzen- mit der Tierartenvielfalt nachgewiesen ist (Andow 1991, Gaston 1992). Zudem liegen gerade für Mitteleuropa umfangreiche biologisch-ökologische Kenntnisse über die Gefäßpflanzenflora vor (u. a. Oberdorfer 2001, Ellenberg et al. 2001).

Vor dem Hintergrund der hohen Bedeutung, die Indikatorarten für eine Bewertung und das Monitoring von Ökosystemen haben (Dufrêne und Legendre 1997, Noss 1999, Dumortier et al. 2002), schlagen Schmidt et al. (2006) und Zerbe et al. (2007) ein statistisches Verfahren vor, um mithilfe von Indikatorarten der Gefäß- und Moospflanzen die Artenvielfalt in Wäldern nach den Klassen „gering", „mittel" und „hoch" differenzie-

ren zu können. Hierbei können Indikatoren für die Artenvielfalt von verschiedenen Artengruppen wie Gräser, Moose, Gehölze, gefährdete Arten und nicht einheimische Arten sowie der verschiedenen Vegetationsschichten ermittelt werden. So wurden z. B. als Indikatoren für eine geringe Gehölzartenzahl von Waldbeständen des Mittelgebirges Solling das Moos *Atrichum undulatum* für Buchenwälder und *Dicranum polysetum* für Fichtenbestände ermittelt. Weiterhin indizieren *Galium aparine* (Klettenlabkraut) und *Impatiens noli-tangere* (Rühr-mich-nicht-an) eine geringe Zahl an gefährdeten Arten in Fichtenforsten und *Impatiens parviflora* (Kleinblütiges Springkraut) und *Carex remota* (Winkelsegge) geringe Moosartenzahlen in Buchenwäldern. Einige Arten haben eine Indikatorfunktion für verschiedene Pflanzenartengruppen. So weist z. B. das Vorkommen von *Holcus lanatus* (Wolliges Honiggras) auf hohe Artenzahlen an Gehölzen, Gräsern bzw. Moosen und den Artenreichtum der Kraut- und Moosschicht in Fichtenforsten hin. Der Vorteil des hier entwickelten Verfahrens liegt in den vielfältigen Modifikationsmöglichkeiten, z. B. was die betrachteten Artengruppen angeht.

Auf der Grundlage der mittlerweile zahlreich vorliegenden Biodiversitätsvergleiche von naturnahen und anthropogen stark überprägten Waldbeständen kann zusammenfassend gefolgert werden, dass die Erhöhung der biologischen Vielfalt nicht grundsätzlich die Motivation für eine Waldrenaturierung sein kann. Die Empfehlung einer zukünftigen Beimischung ehemals anthropogen eingebrachter Nadelgehölze wie z. B. Fichte im Zuge einer Waldrenaturierung (Kasten 6-5) ist

Kasten 6-5
Waldrenaturierung und biologische Vielfalt

Die **biologische Vielfalt** (Biodiversität) wird sich im Zuge einer Renaturierung von Wäldern erheblich verändern (Zerbe und Schmidt 2006). Während die mittlere Artenvielfalt insbesondere bei einem Umbau von Nadelholzforsten in naturnahe Buchen(misch)wälder tendenziell eher abnimmt, ist eine Erhöhung der Bestandes- (Vegetationsschichtung) und Landschaftsvielfalt durch das Zulassen natürlicher Entwicklungsstadien in Wirt-

schaftswäldern und dem damit verbundenen heterogeneren Raum-Zeit-Mosaik zu erwarten. Mit Blick auf die Arten- und Lebensraumvielfalt kann für die Renaturierung von Wäldern eine naturnahe Beimischung von sich bereits vielerorts spontan verjüngenden Nadelbäumen auch außerhalb ihres natürlichen Verbreitungsgebietes empfohlen werden.

dem Umstand geschuldet, dass sich diese Baumart auch außerhalb ihres natürlichen Verbreitungsgebietes stark verjüngt (Zerbe 1999a, Jonášová et al. 2006). So kann lokal-regional bereits von einer natürlichen Einnischung der Fichte außerhalb ihres ursprünglichen Verbreitungsgebietes in den Wäldern der Mittelgebirge und des Tieflandes ausgegangen werden (Jahn 1985).

6.4.3 Integration ökologischer Prozesse in die Waldrenaturierung

Orientiert man sich an den Zielen einer Renaturierung von Wäldern, die weit über die reine Holzproduktion hinausgehen (Abschnitt 6.3.1), so erweitert sich auch das Spektrum von Renaturierungsmaßnahmen bzw. -konzepten. Seit Anfang der 1990er-Jahre und mit der Formulierung von **Prozessschutz** als einem wichtigen Naturschutzziel (Piechocki et al. 2004) wird zunehmend darüber diskutiert, wie natürliche ökologische Prozesse in den Waldbau integriert werden können. Neben einem „segregativen Prozessschutz" (Abb. 6-4), der direkte Eingriffe in den Wald gänzlich ausschließt (z. B. in Totalreservaten), verweist Jedicke (1998) auch auf den „integrativen Prozessschutz", der seine Umsetzung in Wirtschaftswäldern erfährt (Kasten 6-6). Diese begriffliche Differenzierung versucht dem Missverständnis vorzubeugen, das „Prozessschutz" immer gleichzusetzen wäre mit völligem Nutzungsverzicht.

Die ökologischen Prozesse, die bei einer Waldrenaturierung waldbaulich integriert werden können, sind vielfältig. Sie spielen sich auf der Ebene der Populationen, des Ökosystems und der Landschaften ab. Im Einzelnen betrifft dies beispielsweise

- die natürliche Verjüngung der Baumarten (Zerbe 2002a, Hérault et al. 2004) und deren konkurrenzbedingte natürliche Durchmischung bzw. Entmischung (Farbtafel 6-5),
- die Bodenentwicklung und insbesondere die natürliche Regeneration der anthropogen stark degradierten Oberböden (Abschnitt 6.4.1) und
- die natürlichen Entwicklungsphasen eines Waldbestandes von der Verjüngung bis zum Absterben der Bäume (Farbtafel 6-6), die einerseits auf Ökosystemebene zu einer Zunahme der Strukturvielfalt und zur Schaffung von Nischen für Alt- und Totholzbewohner führen und andererseits auch auf Landschaftsebene die Heterogenität des Raum-Zeit-Mosaiks der Waldlandschaften erhöhen.

Beispielhaft für den Wirtschaftswald wird seit über einem Jahrzehnt im **Stadtwald Lübeck** das Naturschutzziel Prozessschutz konsequent umgesetzt. Begründet u. a. auf die Überlegungen von Sturm (1993) wird dort seit 1994 auf einer Fläche von ca. 4 500 ha das Konzept „Naturnahe Waldnutzung" praktiziert (Fähser 1997, 2004). Es folgt dem Leitgedanken, dass durch möglichst geringe Eingriffe in die natürliche Waldentwicklung („Minimum-Prinzip") die sozialen und ökologischen Leistungen des Waldes erbracht und auch die erwerbswirtschaftlichen, finanziellen Ziele erreicht werden. Neben einem ganz aus der forstlichen Nutzung herausgenommenen Referenzflächenanteil von mindestens 10 % und einem Anteil von 10 % aller Bäume, die ihr natürliches Alter bzw. die Absterbephase erreichen können und im Wald verbleiben, erfolgen auf der Wirt-

---

Kasten 6-6
Definition von Prozessschutz

In Anlehnung an die Definition von Jedicke (1998) wird unter „**Prozessschutz**" das Zulassen natürlicher ökologischer Prozesse auf der Ebene von Arten, Biozönosen, Ökosystemen und Landschaften verstanden. Hierbei schließt ein „segregativer Prozessschutz" direkte anthropogene Eingriffe gänzlich aus (z. B. in Kernzonen der Nationalparks bzw. Totalreservaten), und ein „integrativer Prozessschutz" zielt auf die Reduzierung bzw. Minimierung von Nutzungseingriffen auf Forstwirtschaftsflächen ab.

schaftsfläche Eingriffe (Durchforstungen, Ernte) nicht regelmäßig, sondern nur bei Bedarf, und bei der Ernte werden nur Einzelbäume entnommen.

Der Stadtwald Lübeck wurde 1997 durch Naturland und 1998 durch FSC zertifiziert (Kasten 6-4) und hat, auch aufgrund der hohen gesellschaftlichen Akzeptanz dieses Waldbauprogramms, Vorbildfunktion. Eine ähnliche Zielstellung wird im Forstamt Ebrach (Steigerwald) verfolgt, sodass sich auch dort nach einer Phase des Altersklassenwaldes nun strukturreiche Mischwälder entwickelt haben (Sperber 1983). Diese Beispiele (und Erfolge) aus der Waldbaupraxis zeigen, dass der Integration von natürlichen ökologischen Prozessen als einer Art der „passiven Renaturierung" (Buckley et al. 2002, Clewell et al. 2005) zukünftig eine stärkere Rolle in der naturnahen Waldentwicklung zukommen sollte.

6.4.4 Kurzlebige Baumarten in der natürlichen Waldregeneration

In der spontanen Verjüngung vor allem von anthropogenen Nadelholzbeständen in Mitteleuropa spielen kurzlebige Baumarten wie Eberesche (*Sorbus aucuparia*), Birke (*Betula* sp.) und Faulbaum (*Frangula alnus*) eine erhebliche Rolle (Zerbe und Meiwes 2000). Sie leiten häufig die Gehölzsukzession ein. Insbesondere der Eberesche kommt aufgrund ihres hohen Regenerationspotenzials (Raspé et al. 2000) auch eine hohe Bedeutung in anthropogen (z. B. durch Schadstoffimmissionen) bzw. stark durch Wildverbiss geschädigten Waldbeständen zu (Leder 1992, Lettl und Hýsek 1994, Hillebrand 1998).

Ein Vergleich von Vegetationsaufnahmen aus Kiefernreinbeständen in NO-Deutschland mit und ohne Vorkommen der genannten Baumarten deutet auf die Indikatorfunktion dieser Gehölze für die Artenvielfalt hin. So weisen Gehölzbestände mit einem Vorkommen von Eberesche, Birke und/oder Faulbaum statistisch signifikant höhere Zahlen an Gefäßpflanzen- und insbesondere Gehölzpflanzenarten auf. Dieser positive Zusammenhang kann einerseits an den Standortbedingungen liegen, die eine erhöhte Pflanzenartenzahl, einschließlich der kurzlebigen Baumarten, begünstigen (passiver Effekt nach Kreyer und

Zerbe 2006). Andererseits ist aber auch von einer Beeinflussung der abiotischen und biotischen Standortbedingungen durch das Vorkommen dieser Baumarten auszugehen (aktiver Effekt). Beispielsweise haben Zerbe und Meiwes (2000) in einem ca. 20 Jahre alten Birken-Eberesche-Pionierwald nach Fichtenwindwurf auf einem Buntsandsteinstandort im Solling gegenüber dem ca. 100-jährigen Fichtenrestbestand deutlich veränderte Humusbedingungen festgestellt. Unter dem Pionierwald wiesen Humusform, Humusmächtigkeit, C/N-Verhältnis und Nährelementgehalt auf eine deutlich erhöhte biologische Aktivität hin. Zu ähnlichen Ergebnissen bezüglich einer verbesserten Humusqualität kommen Carli und Drescher (2002) bei der Untersuchung des Einflusses der kurzlebigen Baumart *Populus tremula* (Espe) auf mit Fichten bestockten Standorten in der Steiermark (Österreich).

Neben den Veränderungen im Oberboden muss auch der erhebliche Unterschied in der Bestandesschichtung und der Gehölzverjüngungsstruktur hervorgehoben werden (Abb. 6-7). Aus

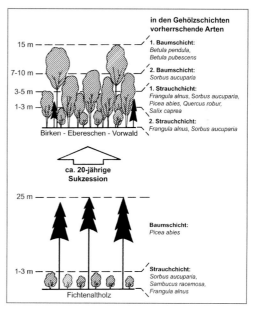

Abb. 6-7: Bestandes- bzw. Gehölzverjüngungsstruktur in einem ca. 20-jährigen, nach einem Fichtenwindwurf entstandenen Birken-Eberesche-Pionierwald auf einem Buntsandsteinstandort im Hochsolling im Vergleich zu dem unmittelbar benachbarten, ca. 100 Jahre alten Fichtenrestbestand (aus Zerbe und Meiwes 2000).

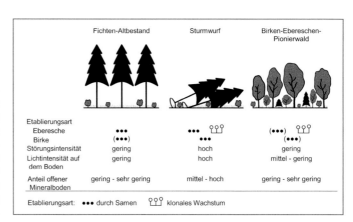

Abb. 6-8: Ökologische Differenzierung der Etablierungsbedingungen von Eberesche und Birke in Fichtenaltbeständen bzw. nach Windwurf; dargestellt sind mögliche Entwicklungsphasen bis hin zu Pionierwäldern, die aus beiden Baumarten aufgebaut werden; in Klammern = geringe Bedeutung (aus Zerbe 2001).

den im Hinblick auf eine Waldrenaturierung positiven Auswirkungen einer Bestockung mit kurzlebigen Baumarten leiten Zerbe und Meiwes (2000) die Empfehlung ab, natürliche Regenerationsprozesse in anthropogenen Nadelholzreinbeständen waldbaulich viel stärker in die Waldrenaturierung einzubinden als dies bisher der Fall ist (vgl. Abschnitt 6.4.3, passive Renaturierung).

Die günstigen Etablierungsbedingungen für die verschiedenen kurzlebigen Baumarten können sehr unterschiedlich sein. So ist für die Eberesche nachgewiesen, dass sie sich unter den relativ schattigen Bedingungen, auf Rohhumusauflagen und dichten Teppichen der Drahtschmiele (*Avenella flexuosa*) in Fichtenaltbeständen sehr zahlreich verjüngen kann (Zerbe 2001). Nach wenigen Jahren einer generativen Etablierung kann sich die Eberesche über unterirdische Ausläufer (nach Kullman 1986 bis 5 m Länge), die in der Humusauflage wachsen, sehr effektiv um den Mutterbaum herum ausbreiten. Dagegen benötigt die in ihrem gesamten Lebenszyklus lichtbedürftige Birke Störungsstellen, die z. B. aufgrund von Windwurf oder einer Durchforstung entstehen (Abb. 6-8), oft verbunden mit einer Bodenverwundung (Schmidt-Schütz und Huss 1998).

6.4.5 Renaturierung von Waldlandschaften

In großflächig entwaldeten Landschaften, in denen heute nur noch Waldfragmente zu finden sind, wird die Renaturierung von verbindenden Biotopstrukturen (Biotopvernetzung) bzw. Trittsteinen als eine effektive Strategie vorgeschlagen, um dem Verlust an Biodiversität in den Waldresten zu begegnen. In einer umfassenden Übersicht hat Bailey (2007) die durch entsprechende empirische Studien ermittelten Effekte der Waldfragmentierung auf Waldarten in Europa zusammengestellt. Die Zerschneidung von Waldlandschaften und die Flächenreduktion bzw. Isolation von Waldresten kann sich somit beispielsweise negativ auf die Besiedlungsmöglichkeiten und den Austausch von Tierpopulationen auswirken. Auch die Zunahme von Randeffekten kann zu einer Zurückdrängung von typischen Waldarten führen. Das Ergebnis der Studie von Bailey (2007) deutet allerdings darauf hin, dass sich weniger die Fragmentierung von Waldlandschaften als vielmehr der generelle Verlust an Waldhabitaten negativ auf die Artenvielfalt der Wälder auswirkt. Auch der Vernetzungseffekt von Korridoren ist umstritten (Dawson 1994).

Im Hinblick auf die Erhöhung der lebensbzw. naturraumspezifischen Biodiversität in den Waldrestflächen großräumig zerschnittener Landschaften kann daher empfohlen werden (Abb. 6-9), die vorhandenen Reste zu vergrößern und naturnah zu entwickeln, um damit (1) die Randeffekte zu minimieren, (2) die Entfernung zwischen den Teilflächen zu verringern, um einen flächenübergreifenden Populationsaustausch zu gewährleisten und (3) um minimal überlebensfähige Populationsgrößen zu fördern (vgl. Jacquemyn et al. 2003). Hovestadt et al. (1994) geben beispielhaft den minimalen Flächenanspruch von Tierpopulationen an. So werden für die Tierarten

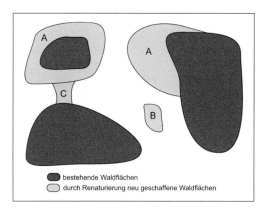

Abb. 6-9: Strategien zur Renaturierung von stark fragmentierten Waldlandschaften. A: Vergrößerung bestehender Waldrestflächen, B: Neuanlage von Waldflächen als Trittsteine, C: Anlage von Korridoren zur Vernetzung von Teilpopulationen.

Elster (*Pica pica*), Sperber (*Accipiter nisus*), Steinkauz (*Athene noctua*) und Rotfuchs (*Vulpes vulpes*) Flächengrößen von mindestens 10 000– 20 000 ha angegeben. Obwohl die Autoren solchen Zahlenangaben selbst sehr kritisch gegenüber stehen, weisen doch die Werte deutlich auf die Notwendigkeit großflächiger Waldökosysteme zum Erhalt bestimmter Tierpopulationen hin.

6.5 Fallbeispiele für die Ableitung von Renaturierungszielen für den Wald

6.5.1 Das Beispiel Menzer Heide (N-Brandenburg)

In der Waldlandschaft der Menzer Heide, einer jungeiszeitlich geprägten Moränen- und Sanderlandschaft im Norden Brandenburgs, sind die Veränderungen der Waldvegetation unter dem Einfluss des Menschen in historischer und aktueller Perspektive sehr gut beleuchtet worden (zusammenfassend bei Zerbe et al. 2000), sodass hieraus Aussagen über eine zukünftig mögliche naturnahe Waldentwicklung abgeleitet werden konnten. Ein besonderes Augenmerk wurde hierbei auf die Baumarten Kiefer, Eiche und Buche gerichtet, denen in der Übergangszone vom ozeanisch zu kontinental geprägten Klima im nordostdeutschen Tiefland eine besondere Rolle am Aufbau der Wälder in der Vergangenheit und Gegenwart zukommt (Krausch 1993).

Pollenanalytische Befunde aus den Sedimenten des Großen Stechlinsees belegen die dauerhafte nacheiszeitliche Anwesenheit der Kiefer im Gebiet, auch vor deren starker anthropogener Förderung. Dennoch muss zukünftig von einer beträchtlichen Beteiligung der Buche auf nahezu allen Standorten, die edaphisch weder zu nass (z. B. Niedermoore) noch zu trocken (z. B. Binnendünen) sind, ausgegangen werden. Hierauf weisen Häufigkeit und Artenzusammensetzung der aktuellen Baumartenverjüngung in den anthropogenen Kiefernforsten (Abb. 6-10) hin sowie die in den letzten Jahrzehnten deutlich feststellbare Regeneration der in der Vergangenheit

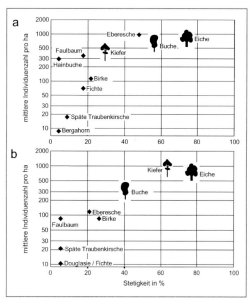

Abb. 6-10: Verjüngungshäufigkeit der Baumarten in (a) der relativ nährstoffreichen *Oxalis*- (23 Aufnahmen auf Probeflächen à 25 m²) und (b) der demgegenüber nährstoffärmeren *Dicranum polysetum*-Untergesellschaft (19 Aufnahmen) des Rotstengelmoos-Kiefernforstes in der Menzer Heide (N-Brandenburg), dargestellt in mittlerer Individuenzahl pro ha (logarithmische Skalierung zur besseren Darstellung der weiten Spanne der mittleren Individuenzahlen) und Stetigkeit in % (aus Zerbe et al. 2000).

6

Abb. 6-11: Ableitung von Waldent-
wicklungszielen für aktuell mit der
Kiefer bestockte Landschaften des
nordostdeutschen Tieflandes auf
der Grundlage von vegetationsgeschichtlichen Befunden und
Untersuchungen der aktuellen
Waldvegetation und natürlichen
Verjüngung von Baumarten, unter
besonderer Berücksichtigung von
kurzlebigen Baumarten (aus Zerbe
und Jansen 2008 nach Befunden
von Zerbe et al. 2000 und Zerbe
und Kreyer 2007).

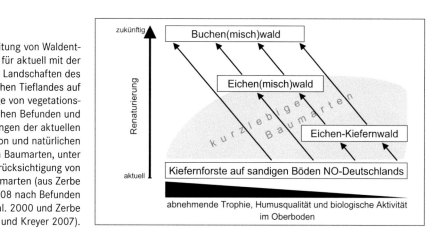

durch Übernutzung degradierten Waldstandorte
(Abschnitt 6.4.1). Für die in der Menzer Heide
derzeit noch großflächig verbreiteten Kiefern-
forste wurden die in Abbildung 6-11 dargestellten
Szenarien einer natürlichen Regeneration entwickelt, die auch auf andere oligotrophe Sandstandorte des nordostdeutschen Tieflandes übertrag-
bar sind.

6.5.2 Das Beispiel Spreewald

Seit Anfang der 1940er-Jahre und insbesondere
nach dem Zweiten Weltkrieg wurden in Deutschland aus Holznot Pappeln wegen ihrer Schnell-
wüchsigkeit in großem Stil angebaut. So wurden
auf grundwassernahen Niederungen bzw. auf
Auenstandorten vor allem Hybridpappeln (*Populus* x *canadensis*) aufgeforstet. Allerdings wird die
forstwirtschaftliche Verwendung von Hybridpappeln gerade bei der Aufforstung von Flussniederungen bzw. -ufern, entwässerten Niedermooren
oder anderen grundwassernahen Standorten aus
Gründen des Arten- und Biotopschutzes und der
Landschaftspflege als kritisch beurteilt (Lohmeyer und Krause 1975). Insbesondere in Schutzgebieten wie z. B. dem Biosphärenreservat Spreewald kommt der Renaturierung von sich selbst
regenerierenden Wäldern auf Standorten, die mit
Hybridpappeln aufgeforstet wurden, eine ganz
besondere Bedeutung zu.

Mit Blick auf das aktuelle Entwicklungspotenzial der Hybridpappelaufforstungen und eine
zukünftige naturnahe Entwicklung haben Zerbe

und Vater (2000) mögliche Zielzustände identifiziert. Hierbei konnten vegetationskundlich zwei
Pflanzengesellschaften differenziert werden, die
sich in ihrer Standortökologie deutlich unterscheiden. Für die *Salix cinerea-Populus* x *canadensis*-
Gesellschaft innerhalb des Alnion-Verbandes mit
den diagnostischen Arten *Iris pseudacorus*
(Schwertlilie), *Thelypteris palustris* (Sumpffarn)
und *Scutellaria galericulata* (Helmkraut) wurden
ein mittlerer Feuchtewert nach Ellenberg et al.
(2001) von 8,2 und ein mittlerer Zeigerwert für
die Stickstoffverfügbarkeit von 6,0 ermittelt.
Dagegen ist der entsprechende mittlere Zeigerwert für die *Calamagrostis canescens-Populus* x
canadensis-Gesellschaft innerhalb des Alno-
Ulmion-Verbandes mit den diagnostischen Arten
Galium aparine, *Impatiens noli-tangere*, *Poa trivialis* (Gewöhnlichem Rispengras), *Prunus padus*
(Traubenkirsche) und *Urtica dioica* mit 7,1 für
die Feuchte statistisch signifikant niedriger bzw.
mit 6,8 für die Stickstoffverfügbarkeit höher
(Zerbe 2003). Auch wenn die Individuenzahlen
der sich spontan verjüngenden Baumarten Esche
(*Fraxinus excelsior*), Faulbaum, Flatterulme
(*Ulmus laevis*), Schwarzerle (*Alnus glutinosa*),
Stieleiche und Traubenkirsche im Mittel kaum
400 Individuen pro ha überschreiten, weisen sie
doch auf deutlich unterschiedliche Entwicklungstendenzen der beiden Pappel-Forstgesell-
schaften hin (Abb. 6-12).

Die Untersuchungsergebnisse belegen, dass
mithilfe der Bodenvegetation als Zeiger für die
standortökologischen Bedingungen und der
Artenzusammensetzung bzw. Individuenzahlen
der spontanen Gehölzverjüngung auch in Auffor-

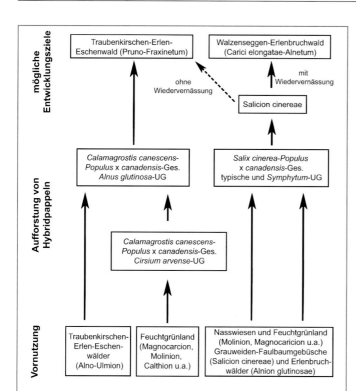

Abb. 6-12: Mögliche Entwicklungsziele von Hybridpappelaufforstungen im Spreewald mit und ohne eine Wiedervernässung, abgeleitet aus der Bodenvegetation als Indikator für die standortökologischen Bedingungen und der spontanen Baumartenverjüngung; Ges.: Gesellschaft, UG: Untergesellschaft (nach Zerbe und Vater 2000).

stungen mit nicht einheimischen Arten Entwicklungsperspektiven für eine Renaturierung von Wäldern abgeleitet werden können.

6.6 Probleme, Grenzen und offene Fragen der Waldrenaturierung

6.6.1 Zielkonflikte – Renaturierung oder Restauration?

Die von Zerbe (1998) differenzierten Waldentwicklungszieltypen (Abb. 6-4), die prinzipiell alle

Gegenstand einer Waldrenaturierung sein können, machen deutlich, dass es zu Zielkonflikten kommen kann. Dies haben Zerbe et al. (2004) am Beispiel des Colbitzer Lindenwaldes in Sachsen-Anhalt diskutiert, der aufgrund seiner floristischen und bestandesstrukturellen Besonderheit seit 1907 unter Naturschutz steht. Auf der Basis vegetationsökologischer und -geschichtlicher Untersuchungen werden hier Fragen der Naturnähe diskutiert und Perspektiven einer zukünftigen Entwicklung abgeleitet. Dabei wird im Vergleich mit angrenzenden Eichen- und Birkenbeständen die spontane Verjüngung der Baumarten als wichtiger Indikator berücksichtigt.

Pollenanalytische Untersuchungen belegen die bedeutende Rolle der Buche vor der Zeit starker Einflussnahme durch den Menschen und weisen damit zugleich auf eine anthropogene Entstehung des Lindenwaldes hin. Dennoch lässt sich durch forstliches Management, insbesondere

6

Abb. 6-13: Entwicklungsperspektiven für die untersuchten Bestandestypen aus Linde, Eiche und Birke in der Colbitz-Letzlinger Heide (Sachsen-Anhalt), abgeleitet aus den standortökologischen Bedingungen (Bodenverhältnisse bzw. Wasserhaushalt), der aktuellen Baumartenzusammensetzung (auch im Hinblick auf die Diasporenquellen) und der spontanen Verjüngung der Baumarten, unterstützt durch entsprechendes forstliches Management, d. h. Integration der natürlichen Gehölzverjüngung in die Bestandesentwicklung mit langfristiger Förderung von Winterlinde (aus Zerbe et al. 2004).

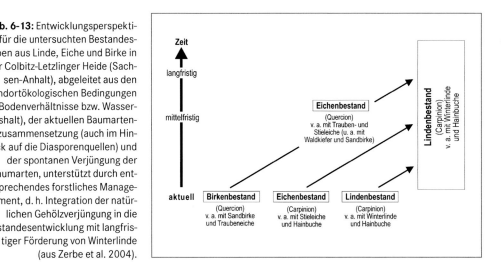

durch die Integration der natürlichen Gehölzverjüngung, der Colbitzer Lindenwald auch zukünftig als ein schutzwürdiger Laubholzbestand dauerhaft erhalten (Abb. 6-13). Damit steht das Renaturierungsziel eines zukünftig wenig vom Menschen beeinflussten naturnahen Waldes, in dem die Buche zunehmend eine dominierende Rolle übernehmen würde (Renaturierung im engeren Sinne), im Widerspruch zum Erhalt bzw. zur Wiederherstellung (Restauration) eines kulturhistorisch bedeutsamen Waldreliktes in Deutschland. Dies betrifft im Übrigen auch viele der anthropogen entstandenen Eichen- und Eichen-Hainbuchenbestände in Mitteleuropa, die im Zuge einer naturnahen Entwicklung innerhalb weniger Jahrzehnte von der Buche verdrängt würden.

6.6.2 Wildverbiss

Vor dem Hintergrund, dass die forstliche Bestandesbegründung mithilfe der natürlichen Gehölzverjüngung heute als eines der wichtigsten Ziele des naturnahen Waldbaus angesehen wird, kommt dem Einfluss des Wildes auf die Waldvegetation eine bedeutende Rolle zu. Einer der wichtigsten Gegenspieler einer Waldrenaturierung ist der in vielen Waldlandschaften Mitteleuropas zum Teil extrem hohe Verbissdruck des Wildes. Die anhaltende Aktualität der Wald-Wild-Thematik wird durch zahlreiche Untersu-

chungen in den vergangenen zehn Jahren belegt (Rüegg et al. 1999, Kriebitzsch et al. 2000). Insbesondere das Rehwild (*Capreolus capreolus*) hat hierbei einen sehr schädigenden Einfluss, da es als Konzentratselektierer gerade die gegenüber den Nadelbäumen stickstoffreichere Laubbaumverjüngung in Nadelholzbeständen bevorzugt (Präferenzlisten für den Wildverbiss z. B. von Klötzli 1965 und Prien 1997). Auch wenn andere wichtige abiotische und biotische Standortfaktoren, wie der Lichtgenuss am Waldboden, die Humusverhältnisse, der Wasserhaushalt und das Vorhandensein von Diasporenquellen, optimale Voraussetzungen für eine natürliche Entwicklung von Nadelholzforsten zu Laubmischwäldern bieten würden, so wird der Verbiss bei einem sehr hohen Wildbestand zu einem Schlüsselfaktor bei der Verzögerung bzw. Hemmung einer Waldrenaturierung (Nessing und Zerbe 2002).

Repräsentativ für viele Waldlandschaften, die heute noch von anthropogenen Nadelholzbeständen dominiert werden, können die Ergebnisse eines Verbissmonitorings im Biosphärenreservat Schorfheide-Chorin (Brandenburg) gelten (Luthardt und Beyer 1998, Nessing und Zerbe 2002). Mit 110 Weiserflächen in unterschiedlichen Bestandestypen stellt dies eines der umfangreichsten Programme in Deutschland zur Ermittlung des Wildeinflusses auf die Waldvegetation dar. Verglichen wurden hierbei gezäunte und ungezäunte Probeflächenpaare insbesondere in Buchen-, Eichen- und Kiefernbeständen in

einem Zeitraum von 1993–1999. Die aufgenom-
mene Gehölzverjüngung wurde in Wuchshöhenklassen differenziert. Hierbei kommt der Wuchshöhe von 130 cm eine besondere Bedeutung zu,
da dies die Äserhöhe des Rehwildes darstellt.
Können die Bäume über diese Höhe hinauswachsen, so kann davon ausgegangen werden,
dass ein weiteres Höhenwachstum nicht mehr
durch den Verbiss der Terminalknospen beeinträchtigt werden kann.

Die Auswertung der Daten zur Verjüngungs-
struktur in Kiefernforsten des Biosphärenreservats Schorfheide-Chorin zeigt deutlich, dass die
Zielbaumarten Eiche (*Quercus robur* und *Q.
petraea*) und Buche praktisch nicht über diese
Äserhöhe hinauswachsen können, wenn sie nicht
durch einen Zaun vor dem Verbiss geschützt
werden (Abb. 6-14). Auffällig ist zudem der
Höhenzuwachs der Eberesche auch auf den ungezäunten Flächen, was auf das hohe Regenera-
tionspotenzial dieser Baumart hinweist und
damit auch die Bedeutung der kurzlebigen
Baumarten für eine Waldrenaturierung unter-
streicht (Abschnitt 6.4.4).

Auf der Grundlage der Untersuchungen im
Biosphärenreservat Schorfheide-Chorin kann für
den Einfluss des Wildes auf die Waldvegetation
und insbesondere auf eine Waldrenaturierung
zusammenfassend hervorgehoben werden, dass
die negativen Auswirkungen des Verbisses die
positiven, wie die Schaffung von *safe sites* für die
Keimung von Bäumen (z. B. lokale Zerstörung
der Vegetationsdecke und Bodenverwundung
aufgrund der Wühltätigkeit von Wildschweinen)
oder die zoochore Verbreitung der Diasporen
(Malo und Suarez 1995, Mrotzek et al. 1999; siehe
auch Müller-Schneider 1986 und Bonn und
Poschlod 1998 zur Diasporenverbreitung), deutlich überwiegen. Die positive Entwicklung der
Gehölzartenzahlen in den Wuchshöhenklassen
> 70 cm unter Ausschluss des Wildes (Abb. 6-15)
lassen Luthardt und Beyer (1998, S. 894) zu dem
Schluss kommen, dass »*dieses breite Spektrum
[der Gehölzarten] die oft geäußerte Notwendigkeit
der Einbringung sog. Gastbaumarten oder Fremd-
länder in die Waldökosysteme zur Anhebung der
Artenvielfalt*« widerlege.

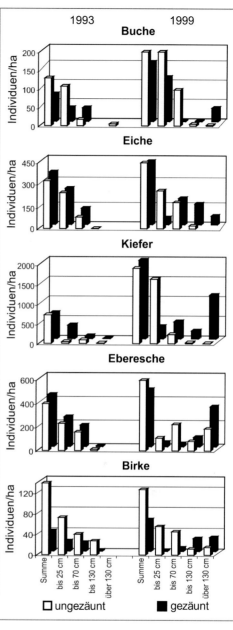

Abb. 6-14: Häufigkeitsveränderungen in Individuen pro ha der sich natürlich verjüngenden Baumarten Buche, Eiche (*Quercus petraea* und *Q. robur*), Kiefer, Eberesche und Birke auf ungezäunten und gezäunten Weiser-flächen in Kiefernforsten (insgesamt 41 Flächenpaare à 10 m × 10 m) des Biosphärenreservats Schorfheide-Chorin im Untersuchungszeitraum 1993–1999, diffe-renziert nach Wuchshöhen (aus Nessing und Zerbe 2002).

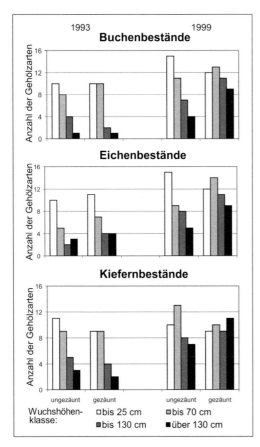

Abb. 6-15: Entwicklung der Gehölzartenzahlen in der Verjüngung von Buchen- (n = 25), Eichen- (n = 14) und Kiefernbeständen (n = 41) des Biosphärenreservats Schorfheide-Chorin auf ungezäunten und gezäunten Weiserflächen (Flächenpaare à 10 m × 10 m) in einem Beobachtungszeitraum von sechs Jahren, differenziert nach Wuchshöhen (aus Nessing und Zerbe 2002).

6.6.3 Klimawandel und mögliche Konsequenzen für die Wälder

Für die Wälder Mitteleuropas bringt ein Klimawandel »*sowohl Chancen als auch Risiken*« (Zebisch et al. 2005). Die Chancen werden in einem erhöhten Ertragspotenzial (Norby et al. 1999, Spiecker et al. 2000) und der Möglichkeit, neue Baumarten einzubringen, gesehen und die Risiken u. a. in der Langwierigkeit und Schwierigkeit bei der Umsetzung von Anpassungsmaß-

nahmen in der Forstwirtschaft. Die derzeitigen Entwicklungen bzw. Szenarien weisen in die Richtung erhöhter Jahresmittel der Lufttemperatur, häufigerer Dürreperioden während der Vegetationszeit und vermehrt auftretender Stürme. Internationale Prognosen (IPCC 2001) wie auch Vorhersagen für Europa gehen von einer Zunahme extremer Wetter- und Klimaereignisse aus (Zebisch et al. 2005). Als Folgen des Klimawandels wird auch mit der Einwanderung von bisher in Mitteleuropa nicht heimischen Schädlingen (Ulrich und Puhe 1994) und der Zunahme der Waldbrandgefährdung (Badeck et al. 2004) gerechnet.

Da sowohl hinsichtlich der Szenarien möglicher Klimaveränderungen als auch mit Blick auf die Konsequenzen für die Waldökosysteme derzeit noch keine exakten Vorhersagen getroffen werden können, ist es sinnvoll in den Wäldern soweit wie möglich ein breites Spektrum an unterschiedlichen Bestandestypen zu entwickeln (Kasten 6-7). Dies betrifft insbesondere die heute zur Renaturierung anstehenden Altbestände der Nadelholz- bzw. Laubholzforste, denn hier lassen sich die Weichen in Richtung neuer Bestandestypen kurz- bis mittelfristig stellen. Wenn z. B. unter den Hauptbaumarten die Fichte als vom Klimawandel besonders betroffen identifiziert wird (Zebisch et al. 2005; vgl. auch Kahle et al. 2005), dann weist die bereits großflächig eingeleitete Umwandlung anthropogener Fichtenreinbestände in Laubmischwälder in die richtige Richtung.

Die Veränderung von forstlichen Wuchsgebieten und der Baumartenzusammensetzung aufgrund eines Klimawandels kann derzeit nur schwer prognostiziert werden, vor allem auch deshalb, weil ein Großteil der mitteleuropäischen Wälder anthropogen ist. Hier sollten vor allem in den klimatischen Übergangszonen die Forschungsaktivitäten verstärkt werden. Beispielsweise haben Zerbe et al. (2000) und Zerbe und Kreyer (2007) im subozeanischen Klima NO-Deutschlands bemerkenswerte Naturverjüngung und Wuchsleistungen der Buche festgestellt. Auch wenn diese Beobachtungen bisher nur lokal-regional gemacht wurden, sollten sie doch dazu anregen, das Potenzial der Buche nicht nur im Hinblick auf ihre Nährstoffamplitude (Leuschner et al. 1993), sondern auch im Hinblick auf ihre klimatische Amplitude intensiver auszuleuchten (Manthey et al. 2007).

6

Kasten 6-7
Klimawandel und Waldrenaturierung

»Zur Minderung der potenziellen Risiken bzw. zur Nutzung der potenziellen Chancen des Klimawandels weisen der Umbau zu Mischwäldern und die Sicherung genetischer Vielfalt im Vergleich zu anderen Anpassungsmaßnahmen die größten Wirkspektren auf und stellen daher im Sinne der

Erhöhung einer breiten Anpassungsfähigkeit hinsichtlich verschiedener, mit Unsicherheit behafteter Risiken und Chancen des Klimawandels besonders empfehlenswerte Strategien dar«

(Zebisch et al. 2005)

6.6.4 Neophyten in Wäldern Mitteleuropas und mögliche Probleme für die Waldrenaturierung

Die absolute Zahl der Neophyten (Kasten 6-8) in mitteleuropäischen Wäldern ist bisher, im Vergleich zu Standorten der offenen Kulturlandschaft bzw. urban-industriellen Landschaften, relativ gering. Mit einer Literaturauswertung mit Schwerpunkt auf Deutschland stellt Zerbe (2007a) insgesamt 29 nicht einheimische Gehölzarten und 25 nicht einheimische krautige Arten fest, die bisher in Wäldern beobachtet wurden. Die meisten dieser Arten gehören zu den Familien Rosaceae (z. B. *Amelanchier lamarckii, Prunus serotina, Spiraea alba*), Pinaceae (z. B. *Abies grandis, Larix kaempferi, Picea pungens*) und Asteraceae (z. B. *Bidens frondosa, Helianthus tuberosus, Solidago canadensis*) und sind nordamerikanischer Herkunft. Betroffen von einem Vorkommen von Neophyten sind zahlreiche naturnahe und anthropogene Waldtypen, wie z. B. Auen-

und Moorwälder, Laub- und Nadelmischwälder auf nährstoffarmen bis -reichen Standorten und trockene Eichenwälder. Mit Blick auf ein überregionales Vorkommen, die Häufigkeit in den Waldbeständen und die Spanne der besiedelten Waldtypen kann das zentralasiatische Kleinblütige Springkraut (*Impatiens parviflora*) als eine der erfolgreichsten nicht einheimischen Pflanzen in mitteleuropäischen Wäldern gelten (Zerbe 2007b).

Um Aussagen über die ökologische Amplitude von Neophyten in Wäldern treffen zu können, haben Zerbe und Wirth (2006) ca. 2 300 Vegetationsaufnahmen aus naturnahen bis anthropogenen Kiefernreinbeständen des gesamten nordostdeutschen Tieflandes analysiert. Die meisten der in diesem Datensatz ermittelten Neophyten bevorzugen eine vergleichsweise hohe Stickstoffverfügbarkeit und schwach saure bis subneutrale Waldböden (Abb. 6-16). Nur die Spätblühende Traubenkirsche (*Prunus serotina*) und Roteiche (*Quercus rubra*) zeigen eine breitere Vorkommensamplitude, die bis auf stark saure und stickstoffarme Standorte reicht.

Kasten 6-8
Erläuterungen zu nicht einheimischen Pflanzenarten

Nicht einheimische Pflanzen (je nach Einwanderungszeit **Archaeo-** bzw. **Neophyten**) sind direkt (z. B. für die forstliche Nutzung) oder indirekt (z. B. im Zuge des Warentransports) durch den Menschen nach Mitteleuropa aus anderen Flo-

rengebieten (z. B. aus Nordamerika, Asien oder anderen Regionen Europas) eingeführte Arten, die sich zum Teil dauerhaft in naturnaher Vegetation etablieren können (sogenannte **Agriophyten**).

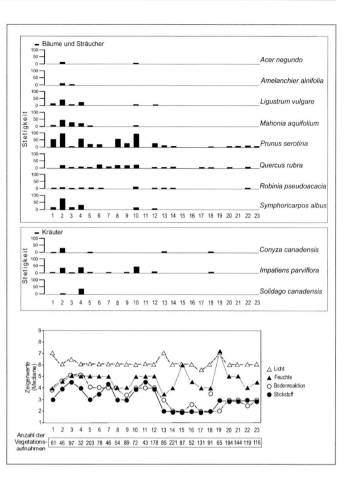

Abb. 6-16: Nicht einheimische Gefäßpflanzen (Bäume, Sträucher, krautige Arten), die in einem Datensatz von ca. 2 300 Vegetationsaufnahmen aus Kiefernbeständen im nordostdeutschen Tiefland auf einer breiten Standortamplitude ermittelt wurden, mit Angaben zu deren mittleren Häufigkeit (aus Zerbe 2007b nach Zerbe und Wirth 2006). Die Pflanzengesellschaften (Nr. 1–23) wurden mittels Clusteranalyse nach floristischer Ähnlichkeit ermittelt und die Standortbedingungen mithilfe der mittleren Zeigerwerte nach Ellenberg et al. (2001) differenziert (Medianwerte für Licht, Feuchte, Stickstoffverfügbarkeit und Bodenreaktion).

Die Auswirkungen dieser biologischen Invasionen (*biological invasions*) auf die Waldökosysteme sind vielfältig (Kowarik 2003, Zerbe 2007b). Folgende Veränderungen von Waldökosystemen bzw. Waldstandorten infolge der Ansiedlung und Ausbreitung von nicht einheimischen Pflanzenarten sind demnach bisher dokumentiert:

- Veränderungen der abiotischen Standortbedingungen, wie z. B. der Stickstoffverfügbarkeit (z. B. durch die Leguminose *Robinia pseudoacacia*) oder der Lichtverhältnisse am Waldboden (z. B. durch *Lysichiton americanus* oder *Prunus serotina*).
- Zunahme der Biomasse der Krautschicht aufgrund von Stickstoffanreicherung (z. B. durch *Lupinus polyphyllus*; Falinski 1986).
- Veränderungen der biologischen Vielfalt, wie zum einen eine Verringerung der Artenzahlen durch flächenhaftes Ausbreiten (z. B. von Spät-

blühender Traubenkirsche) oder Etablierung und Ausbreitung der Robinie und zum anderen eine Erhöhung der Biodiversität durch die Erweiterung des Artenspektrums in Wäldern wie z. B. durch das Kleinblütige Springkraut.
- Beeinflussung der Waldsukzession bzw. Waldregeneration durch die Verzögerung der natürlichen Verjüngung von einheimischen Baumarten (z. B. durch Spätblühende Traubenkirsche).
- Veränderungen der Bodenzönosen bzw. Zersetzergemeinschaften der organischen Auflage.
- Mehr oder weniger starke Veränderungen der einheimischen Vegetation (z. B. durch Douglasie und Robine).

Nach Untersuchungen von Kowarik und Schepker (1998) in NW-Deutschland über die Wahrnehmung von nicht einheimischen Pflanzen als

Problem für die Landnutzung und den Naturschutz werden insbesondere von den Naturschutz- bzw. Forstverwaltungen die Veränderungen der einheimischen Vegetation als Folge von biologischen Invasionen als sehr konfliktreich eingestuft.

Für einige der in Wäldern auftretenden Neophyten werden Probleme mit Blick auf den Naturschutz und die Forstwirtschaft hervorgehoben. Meist sind diese Probleme von nur lokalregionaler, in einigen Fällen aber auch von überregionaler Bedeutung, wie z. B. das flächenhafte Auftreten der Spätblühenden Traubenkirsche (Starfinger 1997, Closset-Kopp et al. 2007). Ähnlich wie dies auch für andere Ökosysteme bzw. Landnutzungstypen außerhalb des Waldes gilt, kann ein Management dieser Arten in den Wäldern auf der Bestandesebene vor dem Hintergrund von bestimmten Renaturierungszielen und unter Berücksichtigung sozioökonomischer Aspekte notwendig werden.

Wie das Beispiel der Spätblühenden Traubenkirsche allerdings zeigt, sind die Eingriffe in die Waldökosysteme zur Bekämpfung bzw. Zurückdrängung einer neophytischen Art häufig überzogen. Zum einen werden Beobachtungen von negativen Auswirkungen einer Ausbreitung dieses Neophyten in Wäldern (Hemmung der natürlichen Bestandesregeneration, Reduktion der Artenvielfalt) meist in anthropogenen Kieferaltbeständen gemacht. Zum anderen stellt die flächenhafte Ausbreitung von *Prunus serotina* ein vorübergehendes Entwicklungsstadium dar, ebenso wie dies auch für einheimische Pioniergehölze wie z. B. Eberesche und Birke in Nadelholzforsten belegt ist, die sich auf natürlichem Wege zu naturnahen Laubmischwäldern regenerieren (Abschnitt 6.4.4). In einer umfassenden Studie über die Einführungs-, Ausbreitungs- und Nutzungsgeschichte von *Prunus serotina* in Mitteleuropa und die sich wandelnde Einstellung gegenüber der damit verbundenen Problematik kommen Starfinger et al. (2003) zu dem Schluss, dass alleine das Auftreten dieses Neophyten in Wäldern nicht die vielfach eingeleiteten Bekämpfungsmaßnahmen rechtfertigt und dass die Wahrnehmung dieser Baumart in Wäldern als „biologische Invasion" meist die Folge vorangegangener (falscher) Waldbaupraxis ist.

Auch wenn in globaler Perspektive mögliche negative Auswirkungen von biologischen Invasionen beispielsweise auf die biologische Vielfalt (z. B. Vitousek et al. 1997, Sandlund et al. 1999) oder hinsichtlich von Problemen der Landnutzung hervorgehoben werden und die Auswirkungen eines Vorkommens von Neophyten in mitteleuropäischen Wäldern nicht unerheblich sein können, so darf dies vor dem Hintergrund einer Renaturierung von Wäldern nicht überbewertet werden. Viele der Neophyten in den Wäldern Mitteleuropas sind lichtbedürftige Pflanzenarten, die gerade in anthropogenen Waldbeständen flächendeckend auftreten können. Bei einer Renaturierung dieser Gehölzbestände in Richtung strukturreicher Mischwälder, die in ihrer Optimalphase eine geschlossene Baumschicht ausbilden, dürften viele dieser nicht einheimischen Arten kaum konkurrenzfähig sein.

Literaturverzeichnis

Andow DA (1991) Vegetational diversity and arthropod population response. *Annual Review of Entomology* 36: 561–568

Badeck F-W, Lasch P, Hauf Y, Rock J, Suckow F, Thonicke K (2004) Steigendes klimatisches Waldbrandrisiko. Eine Prognose bis 2050. *AFZ/Der Wald* 2: 2–5

Barthlott W, Mutke J, Braun G, Kier G (2000) Die ungleiche globale Verteilung pflanzlicher Artenvielfalt – Ursachen und Konsequenzen. *Berichte der Reinhold-Tüxen-Gesellschaft* 12: 67–84

Bailey S (2007) Increasing connectivity in fragmented landscapes: An investigation of evidence for biodiversity gain in woodlands. *Forest Ecology and Management* 238: 7–23

Bohn U, Neuhäusl R unter Mitarbeit von Gollub G, Hettwer C, Neuhäuslová Z, Schlüter H, Weber H (2003) Karte der natürlichen Vegetation Europas, Maßstab 1 : 2 500 000. Erläuterungsband und Karten. Landwirtschaftsverlag, Münster

Bonn S, Poschlod P (1998) Ausbreitungsbiologie der Pflanzen Mitteleuropas. Quelle & Mayer, Wiesbaden

Brzeziecki B, Kienast F, Wildi O (1995) Modelling potential impacts of climate change on the spatial distribution of zonal forest communities in Switzerland. *Journal of Vegetation Science* 6: 257–268

Buck A (2005) Forest restoration in international forest related processes and potential synergies in implementation. In: Veltheim T, Pajari B (Hrsg) Forest landscape restoration in Central and Northern Europe. *EFI Proceedings* 53: 47–67

Buckley P, Ito S, McLachlan S (2002) Temperate woodlands. In: Perrow MR, Davy AJ (Hrsg) Handbook of

178   6 Renaturierung von Waldökosystemen

Ecological Restoration. Vol. 1 and 2. Cambridge Univ. Press. 503–538

Bürger-Arndt R (1994) Zur Bedeutung von Stickstoffeinträgen für naturnahe Vegetationseinheiten in Mitteleuropa. *Dissertationes Botanicae* 220: 1–226

Bundesministerium für Ernährung, Landwirtschaft und Verbraucherschutz (Hrsg) (2004) Bundeswaldinventur. Bonn

Burschel P, Huss J (2003) Grundriss des Waldbaus. Ein Leitfaden für Studium und Praxis. 3. Aufl. Ulmer, Stuttgart

Bußler H, Blaschke M, Dorka V, Loy H, Strätz C (2007) Auswirkungen des Rothenbucher Totholz- und Biotopbaumkonzeptes auf die Struktur- und Artenvielfalt in Rot-Buchenwäldern. *Waldökologie online* 4: 5–58

Carli A, Drescher A (2002) Die Verbesserung der Humusauflage durch Laubbäume – das Beispiel sekundärer Fichtenforste in der SE-Steiermark (Österreich). *Mitteilungen des Naturwissenschaftlichen Vereins für Steiermark* 132: 153–168

CBD (2004) Convention on biological diversity. United Nations Environment Programme. http://www. biodiv.org/convention

Clewell A, Rieger JP, Munro J (2005) Guidelines for developing and managing ecological restoration projects. 2nd ed. SER (Society for Ecological Restoration), www.ser.org

Closset-Kopp D, Chabrerie O, Valentin B, Delachapelle H, Decocq G (2007) When Oskar meets Alice: Does a lack of trade-off in r/K-strategies make *Prunus serotina* a successful invader of European forests? *Forest Ecology and Management* 247: 120–130

Coch T (1995) Waldrandpflege. Grundlagen und Konzepte. Ulmer, Stuttgart

Dawson D (1994) Are habitat corridors conduits for animals and plants in fragmented landscapes? *English Nature Research Report* 94: 1–89

Dieterich H (1965) Veränderungen in der Waldbodenvegetation durch Düngungsmaßnahmen. *Mitteilungen des Vereins für Forstliche Standortskunde und Forstpflanzenzüchtung* 15: 44–46

Dierschke H (1994) Pflanzensoziologie. Ulmer, Stuttgart

Dufrêne M, Legendre P (1997) Species assemblages and indicator species: the need for a flexible asymmetrical approach. *Ecological Monographs* 67: 345–366

Dumortier M, Butaye J, Jacquemyn H, van Camp N, Lust N, Hermy M (2002) Predicting vascular plant species richness of fragmented forests in agricultural landscapes in central Belgium. *Forest Ecology and Management* 158: 85–102

Ellenberg H (1996) Vegetation Mitteleuropas mit den Alpen. 5. Aufl. Ulmer, Stuttgart

Ellenberg H, Mayer R, Schauermann J (Hrsg) (1986) Ökosystemforschung. Ergebnisse des Solling-Projektes 1966–1986. Ulmer, Stuttgart

Ellenberg H, Weber HE, Düll R, Wirth V, Werner W (2001) Zeigerwerte von Pflanzen in Mitteleuropa. 3. Aufl. *Scripta Geobotanica* 18: 1–258

Fähser L (1997) Naturnahe Waldnutzung – Das Beispiel Lübeck. *Handbuch kommunale Politik* 13: 1–17

Fähser L (2004) Naturnahe Waldnutzung im Stadtwald Lübeck. In: Altner G, Leitschuh-Fecht H, Michelsen G, Simonis UE, Weizsäcker EU v (Hrsg) Jahrbuch Ökologie 2004. Beck, München. 156–166

Falinski JB (1986) Vegetation dynamics in temperate lowland primeval forests. *Geobotany* 8: 1–537

Fischer A, Fischer H (2006) Restoration of forests. In: Van Andel J, Aronson J (Hrsg) Restoration ecology. The new frontier. Blackwell Publ., Oxford. 124–140

Fritz P (Hrsg) (2006) Ökologischer Waldumbau in Deutschland. Fragen, Antworten, Perspektiven. Oekom, München

FSC (Forest Stewardship Council) (2003) Policy & standards. FSC principles & criteria of forest stewardship. http://www.fsc.org/fsc/how_fsc_works/policy_ standards/princ_criteria

Gaston KJ (1992) Regional numbers of insects and plant species. *Functional Ecology* 6: 243–247

Härdtle W (1995) On the theoretical concept of the potential natural vegetation and proposals for an up-to-date modification. *Folia Geobotanica et Phytotaxonomica* 30: 263–276

Hérault B, Thoen D, Honnay O (2004) Assessing the potential of natural woody species regeneration for the conversion of Norway spruce plantations on alluvial soils. *Annals of Forest Science* 61: 711–719

Heywood VH, Watson RT, Baste I, Gardner KA (1995) Introduction. In: Heywood VH, Watson RT, Baste I (Hrsg) Global biodiversity assessment. Cambridge University Press, Cambridge. 1–19

Hillebrand K (1998) Vogelbeere (*Sorbus aucuparia* L.) im Westfälischen Bergland – Wachstum, Ökologie, Waldbau. *Schriftenreihe der Landesanstalt für Ökologie, Bodenordnung und Forsten* 15: 1–183

Hobbs RJ, Arico S, Aronson J, Baron JS, Bridgewater P, Cramer VA, Epstein PR, Ewel JJ, Klink CA, Lugo AE, Norton D, Ojima D, Richardson D, Sanderson EW, Valladares F, Vilá M, Zamora R, Zobel M (2006) Emerging novel ecosystems: theoretical and management aspects of the new ecological world order. *Global Ecology and Biogeography* 15: 1–7

Hofmann G (1995) Wald, Klima, Fremdstoffeintrag. Ökologischer Wandel mit Konsequenzen für Waldbau und Naturschutz dargestellt am Gebiet der neuen Bundesländer Deutschlands, *Angewandte Landschaftsökologie* 4: 165–189

Hofmann G, Pommer U (2005) Potentielle Natürliche Vegetation von Brandenburg und Berlin mit Karte im

Maßstab 1:200 000. *Eberswalder Forstliche Schriftenreihe* 24: 1–315

Hovestadt T, Roeser J, Mühlenberg M (1994) Flächenbedarf von Tierpopulationen als Kriterien für Maßnahmen des Biotopschutzes und als Datenbasis zur Beurteilung von Eingriffen in Natur und Landschaft. *Berichte aus der Ökologischen Forschung* 1: 1–277

Hüttl R (1998) Neuartige Waldschäden. *Berlin-Brandenburgische Akademie der Wissenschaften, Berichte und Abhandlungen* 5: 131–215

IPCC (2001) Houghton JT, Ding Y, Griggs DJ, Noguer M, van der Linden PJ, Dai X, Maskell K, Johnson CA (Hrsg) Climate change 2001: The scientific basis. Contribution of Working Group I to the Third Assessment Report of the Intergovernmental Panel on Climate Change. Cambridge Univ. Press, Cambridge, New York

Jacquemyn H, Butaye J, Hermy M (2003) Impacts of restored patch density and distance from natural forests on colonization success. *Restoration Ecology* 11: 417–423

Jahn G (1985) Zum Nadelbaumanteil an der potentiellen natürlichen Vegetation der Lüneburger Heide. *Tuexenia* 5: 377–389

Jedicke E (1998) Raum-Zeit-Dynamik in Ökosystemen und Landschaften – Kenntnisstand der Landschaftsökologie und Formulierung einer Prozessschutz-Definition. *Naturschutz und Landschaftsplanung* 30 (8/9): 229–236

Jedicke E (2006) Altholzinseln in Hessen. Biodiversität in totem Holz – Grundlagen für einen Alt- und Totholz-Biotopverbund. Hessische Gesellschaft für Ornithologie und Naturschutz (Hrsg), Rodenbach

Jonášová M, Hees A v, Prach K (2006) Rehabilitation of monotonous exotic coniferous plantations: A case study of spontaneous establishment of different tree species. *Ecological Engineering* 28: 141–148

Kahle H-P, Unseld R, Spiecker H (2005) Forest ecosystems in a changing environment: Growth patterns as indicators for stability of Norway Spruce within and beyond the limits of its natural range. In: Bohn U, Hettwer C, Gollub G (Hrsg) Application and Analysis of the Map of the natural Vegetation of Europe. Bundesamt für Naturschutz, Bonn. *BfN-Skripten* 156: 399–409

Kim J-W (1994) On the distribution pattern of potential natural vegetation by climate change scenarios in the Korean peninsula. *Journal of the Institute for Natural Science* 13: 73–80

Klimo E, Hager H, Kulhavý J (Hrsg) (2000) Spruce monocultures in Central Europe – problems and prospects. *EFI Proceedings* 33: 1–208

Klötzli F (1965) Qualität und Quantität der Rehäsung in Wald- und Grünlandgesellschaften des nördlichen Schweizer Mittellandes. *Veröffentlichungen des Geobotanischen Institutes der ETH, Stiftung Rübel* 38: 1–186

Knörzer D, Reif A (2002) Fremdländische Baumarten in deutschen Wäldern. Fluch oder Segen? In: Kowarik I, Starfinger U (Hrsg) Biologische Invasionen: Herausforderung zum Handeln? *Neobiota* 1: 27–35

Korpel S (1995) Die Urwälder der Westkarpaten. Fischer, Stuttgart

Kowarik I (1987) Kritische Anmerkungen zum theoretischen Konzept der potentiellen natürlichen Vegetation mit Anregungen zu einer zeitgemäßen Modifikation. *Tuexenia* 7: 53–67

Kowarik I (1988) Zum menschlichen Einfluss auf Flora und Vegetation. Theoretische Konzepte und ein Quantifizierungsansatz am Beispiel von Berlin (West). *Landschaftsentwicklung und Umweltforschung* 56: 1–280

Kowarik I (1992) Einführung und Ausbreitung nichteinheimischer Gehölzarten in Berlin und Brandenburg und ihre Folgen für Flora und Vegetation. Ein Modell für die Freisetzung gentechnisch veränderter Organismen. *Verhandlungen des Botanischen Vereins Berlin und Brandenburg*, Suppl. 3: 1–188

Kowarik I (2003) Biologische Invasionen: Neophyten und Neozoen in Mitteleuropa. Ulmer, Stuttgart

Kowarik I, Schepker H (1998) Plant invasions in Northern Germany: Human perception and response. In: Starfinger U, Edwards K, Kowarik I, Williamson M (Hrsg) Plant invasions. Ecological mechanism and human responses. Backhuys Publishers, Leiden. 109–120

Krausch H-D (1993) Grundlagen ökologischer Planung Berlin und Brandenburg: Karte der potentiellen natürlichen Vegetation, Maßstab 1 : 300 000 (G/6.01). In: MUNR Brandenburg (Hrsg) Landschaftsprogramm Brandenburg

Kreyer D, Zerbe S (2006) Short-lived tree species and their role as indicators for plant diversity in pine forests. *Restoration Ecology* 14: 137–147

Kriebitzsch W, Oheimb G v, Ellenberg jun H, Engenschall B, Heuveldop J (2000) Entwicklung der Gehölzvegetation auf gezäunten und ungezäunten Vergleichsflächen in Laubwäldern auf Jungmoränenböden in Ostholstein. *Allgemeine Forst- und Jagdzeitung* 171: 1–10

Küster H (1998) Geschichte des Waldes. Von der Urzeit bis zur Gegenwart. CH Beck, München

Kullman L (1986) Temporal and spatial aspects of subalpine populations of *Sorbus aucuparia* in Sweden. *Annales Botanici Fennici* 23: 267–275

Lang G (1994) Quartäre Vegetationsgeschichte Europas. Methoden und Ergebnisse. Spektrum Akademischer Verlag, Jena, Stuttgart

Leder B (1992) Weichlaubhölzer. Verjüngungsökologie, Jugendwachstum und Bedeutung in Jungbeständen der Hauptbaumarten Buche und Eiche. *Schriftenreihe der Landesanstalt für Forstwirtschaft NRW*, Sonderband: 1–413

Lettl A, Hýsek J (1994) Soil microflora in an area where spruce (*Picea abies*) was killed by SO₂ emissions and was succeeded by birch (*Betula pendula*) and mountain ash (*Sorbus aucuparia*). *Ecological Engineering* 3: 27–37

Leuschner C (1994) Walddynamik auf Sandböden in der Lüneburger Heide (NW-Deutschland). *Phytocoenologia* 22: 289–324

Leuschner C (1997) Das Konzept der potentiellen natürlichen Vegetation (PNV): Schwachstellen und Entwicklungsperspektiven. *Flora* 192: 379–391

Leuschner C, Rode MW, Heinken T (1993) Gibt es eine Nährstoffmangel-Grenze der Buche im nordwestdeutschen Flachland? *Flora* 188: 239–249

Lohmeyer W, Krause A (1975) Über die Auswirkungen des Gehölzbewuchses an kleinen Wasserläufen des Münsterlandes auf die Vegetation im Wasser und an den Böschungen im Hinblick auf die Unterhaltung der Gewässer. *Schriftenreihe für Vegetationskunde* 9: 1–105

Luthardt M, Beyer G (1998) Einfluss des Schalenwildes auf die Waldvegetation. *AFZ/Der Wald* 53: 890–894

Malo JE, Suarez F (1995) Herbivorous mammals as seed dispersers in a Mediterranean dehesa. *Oecologia* 104: 246–255

Mansourian S, Vallauri D, Dudley N (2005) Forest restoration in landscapes. Beond planting trees. Springer, New York

Manthey M, Leuschner C, Härdtle W (2007) Buchenwälder und Klimawandel. *Natur und Landschaft* 82 (9/10): 441–445

Matuszkiewicz W (1984) Die Karte der potentiellen natürlichen Vegetation von Polen. *Braun-Blanquetia* 1: 1–99

Mayer H (1992) Waldbau auf soziologisch-ökologischer Grundlage. 4. Aufl. Fischer, Stuttgart, Jena, New York

MCPFE (Ministerial Conference on the Protection of Forests in Europe) (2003) Improved Pan-European indicators for sustainable forest management. http://www.mcpfe.org/publications/pdf/improved_indicators.pdf

Meyerhoff J, Hartje V, Zerbe S (Hrsg) (2006) Biologische Vielfalt und deren Bewertung am Beispiel des ökologischen Waldumbaus in den Regionen Solling und Lüneburger Heide. *Berichte des Forschungszentrums Waldökosysteme, Reihe B*, Band 73: 1–240

Mitchell PL, Kirby KJ (1989) Ecological effects of forestry practices in long-established woodland and their implications for nature conservation. *Oxford Forestry Institute Occasional Papers* 39: 1–172

Mrotzek R, Halder M, Schmidt W (1999) Die Bedeutung von Wildschweinen für die Diasporenausbreitung von Phanerogamen. *Verhandlungen der Gesellschaft für Ökologie* 29: 437–443

Möller A (1922) Der Dauerwaldgedanke. Sein Sinn und seine Bedeutung. Springer, Berlin

Müller-Schneider P (1986) Verbreitungsbiologie der Blütenpflanzen Graubündens. *Veröffentlichungen des Geobotanischen Institutes der ETH, Stiftung Rübel* 85: 1–263

MURL NRW (Ministerium für Umwelt, Raumordnung und Landwirtschaft des Landes Nordrhein-Westfalen) (1991) Wald 2000. Gesamtkonzept für eine ökologische Waldbewirtschaftung des Staatswaldes in Nordrhein-Westfalen. 2. Aufl.

Nessing G, Zerbe S (2002) Wild und Waldvegetation – Ergebnisse des Monitorings im Biosphärenreservat Schorfheide-Chorin (Brandenburg) nach 6 Jahren. *Allgemeine Forst- und Jagdzeitung* 173: 177–185

Niedersächsische Landesregierung (Hrsg) (1992) Langfristige ökologische Waldentwicklung in den Landesforsten. Programm der Landesregierung Niedersachsen. 2. Aufl. Hannover

Norby RJ, Wullschleger SD, Gunderson CA, Johnson DW, Ceulemans R (1999) Tree responses to rising CO₂ in field experiments: implications for the future forest. *Plant Cell and Environment* 22: 683–714

Noss RF (1999) Assessing and monitoring forest biodiversity: A suggested framework and indicators. *Forest Ecology and Management* 115: 135–146

Oberdorfer E (2001) Pflanzensoziologische Exkursionsflora für Deutschland und angrenzende Gebiete. 8. Aufl. Ulmer, Stuttgart

Peterken GF (2000) Identifying ancient woodland using vascular plant indicators. *British Wildlife* 11: 153–158

Piechocki R, Wiersbinski N, Potthast T, Ott K (2004) Vilmer Thesen zum „Prozessschutz". *Natur und Landschaft* 79: 53–56

Prien S (1997) Die Bedeutung der Vogelbeere für freilebende Vögel und Säugetiere. *AFZ/Der Wald* 10: 551–553

Pott R (1993) Farbatlas Waldlandschaften. Ulmer, Stuttgart

Raspé O, Findlay C, Jacquemart A-L (2000) Biological flora of the British Isles: *Sorbus aucuparia* L. *The Journal of Ecology* 88: 910–930

Rodenkirchen H (1992) Effects of acidic precipitation, fertilization and liming on the ground vegetation of coniferous forests of Southern Germany. *Water, Air and Soil Pollution* 61: 279–294

Röhrig E, Bartsch N, Lüpke B v (2006) Waldbau auf ökologischer Grundlage. 7. Aufl. Uni-Taschenbücher GmbH, Stuttgart

Rubin M, Brande A, Zerbe S (2008) Ursprüngliche, anthropogene und potenzielle Vegetation bei Ferch (Gem. Schwielowsee, Lkr. Potsdam-Mittelmark). *Naturschutz und Landschaftspflege in Brandenburg* (im Druck)

Rüegg D, Baumann M, Struch M, Capt S (1999) Wald, Wild und Luchs – gemeinsam in die Zukunft! Ein Beispiel aus dem Berner Oberland. *Schweizerische Zeitschrift für Forstwesen* 150: 342–346

Sandlund OT, Schei PJ, Viken A (1999) Invasive species and biodiversity management. Kluwer, Dordrecht

Schäfer M (2003) Diversität der Fauna in Wäldern – Gibt es Gesetzmäßigkeiten? *Berichte der Reinhold-Tüxen-Gesellschaft* 15: 169–179

Scherzinger W (1996) Naturschutz im Wald. Qualitätsziele einer dynamischen Waldentwicklung. Ulmer, Stuttgart

Schmidt I, Zerbe S, Betzin J, Weckesser M (2006) An approach to the identification of indicators for forest biodiversity – the Solling mountains (NW Germany) as an example. *Restoration Ecology* 14: 123–136

Schmidt M, Ewald J, Fischer A, Oheimb G v, Kriebitzsch W-U, Ellenberg H, Schmidt W (2003) Liste der typischen Waldgefäßpflanzen Deutschlands. *Mitteilungen der Bundesforschungsanstalt für Forst- und Holzwirtschaft* 212: 1–35

Schmidt PA (1998) Potentielle natürliche Vegetation als Entwicklungsziel naturnaher Waldbewirtschaftung? *Forstwissenschaftliches Centralblatt* 117: 193–205

Schmidt W, Weckesser M (2001) Struktur und Diversität der Waldvegetation als Indikatoren für eine nachhaltige Waldnutzung. *Forst und Holz* 56 (15): 493–498

Schmidt-Schütz A, Huss J (1998) Wiederbewaldung von Fichten-Sturmwurfflächen auf vernässenden Standorten mit Hilfe von Pioniergehölzen. In: Fischer A (Hrsg) Die Entwicklung von Wald-Biozönosen nach Sturmwurf. Ecomed, Landsberg. 188–211

Seidling W (2004) Crown condition within integrated evaluations of Level II monitoring data at the German level. *European Journal of Forest Research* 123: 63–74

Spiecker H, Lindner M, Kahle H-P (2000) Germany. In: Kellomäki S, Karjalainen T, Mohren F, Lapveteläinen T (Hrsg) Expert assessment on the likely impacts of climate change on forests and forestry in Europe. European Forest Institute, Joensuu, Finland. *EFI Proceedings* 34: 65–71

Sperber G (1983) 10 Jahre naturgemäße Forstwirtschaft im Bayerischen Forstamt Ebrach. *Forstarchiv* 2/3: 90–97

Ssymank A (1994) Indikatorarten der Fauna für historisch alte Wälder. *NNA-Berichte* 7: 134–141

Starfinger U (1997) Introduction and naturalization of *Prunus serotina* in Central Europe. In: Brock JH, Wade M, Pyšek P, Green D (Hrsg) Plant invasions: studies from North America and Europe. Backhuys, Leiden. 161–171

Starfinger U, Kowarik I, Rode M, Schepker H (2003) From desirable ornamental plant to pest to accepted addition to the flora? – The perception of an alien tree species through the centuries. *Biological Invasions* 5: 323–335

Steverding M, Leuschner C (2002) Auswirkungen des Fichtenanbaus auf die Brutvogelgemeinschaften einer submontan-montanen Waldlandschaft (Kaufunger Wald, Nordhessen). *Forstwissenschaftliches Centralblatt* 121: 83–96

Sturm K (1993) Prozeßschutz – ein Konzept für naturschutzgerechte Waldwirtschaft. *Zeitschrift für Ökologie und Naturschutz* 2: 181–192

Tüxen R (1956) Die heutige potentielle natürliche Vegetation als Gegenstand der Vegetationskartierung. *Angewandte Pflanzensoziologie* 13: 5–42

Ulrich B, Puhe J (1994) Auswirkungen der zukünftigen Klimaveränderung auf mitteleuropäische Waldökosysteme und deren Rückkopplung auf den Treibhauseffekt. In: Enquete-Kommission „Schutz der Erdatmosphäre" des deutschen Bundestages (Hrsg) Studienprogramm Band 2: Wälder. Economica, Bonn

Vitousek PM, D'Antonio CM, Loope LL, Rejmanek M, Westbrooks R (1997) Introduced species: a significant component of human-caused global change. *New Zealand Journal of Ecology* 21: 1–16

Walentowski H, Winter S (2007) Naturnähe im Wirtschaftswald – was ist das? *Tuexenia* 27: 19–26

Weichhardt-Kulessa K, Brande A, Zerbe S (2007) Zwei kleine Waldmoore im Hochspessart als Archive der Landschaftsgeschichte und Objekte des Naturschutzes. *Telma* 37: 57–76

Wolf G, Bohn U (1991) Naturwaldreservate in der Bundesrepublik Deutschland und Vorschläge zu einer bundesweiten Grunddatenerfassung. *Schriftenreihe für Vegetationskunde* 21: 9–19

Zacharias D (1994) Bindung von Gefäßpflanzen an Wälder alter Waldstandorte im nördlichen Harzvorland Niedersachsens – ein Beispiel für die Bedeutung des Alters von Biotopen für den Pflanzenartenschutz. *NNA-Berichte* 3: 76–88

Zebisch M, Grothmann T, Schröter D, Hasse C, Fritsch U, Cramer W (2005) Klimawandel in Deutschland. Vulnerabilität und Anpassungsstrategien klimasensitiver Systeme. *Climate Change* 8: 1–205

Zerbe S (1993) Fichtenforste als Ersatzgesellschaften von Hainsimsen-Buchenwäldern. Vegetation, Struktur und Vegetationsveränderungen eines Forstökosystems. *Berichte des Forschungszentrums Waldökosysteme, Reihe A*, 100: 1–173

Zerbe S (1998a) Differenzierte Eingriffsintensitäten – ein Weg zur Integration und Segregation von Forstwirtschaft und Naturschutz. *Forst und Holz* 53 (17): 520–523

Zerbe S (1998b) Potential natural vegetation: Validity and applicability in landscape planning and nature conservation. *Applied Vegetation Science* 1: 165–172

Zerbe S (1999a) Die Wald- und Forstgesellschaften des Spessarts mit Vorschlägen zu deren zukünftigen Entwicklung. *Mitteilungen des Naturwissenschaftlichen Museums Aschaffenburg* 19: 1–354

Zerbe S (1999b) Bedeutung des PNV-Konzeptes für die Bewertung von Nadelholzforsten: Probleme und Konsequenzen für die Praxis. *Berichte der Norddeutschen Naturschutzakademie* 12 (2): 94–101

Zerbe S (1999c) Konzeptionelle Überlegungen zur zukünftigen Entwicklung von Nadelholzforsten aus vegetationsökologischer Sicht. *Archive of Nature Conservation and Landscape Research* 37: 285–304

Zerbe S (2001) On the ecology of *Sorbus aucuparia* (Rosaceae) with special regard to germination, establishment, and growth. *Polish Botanical Journal* 46: 229–239

Zerbe S (2002a) Restoration of natural broad-leaved woodland in Central Europe on sites with coniferous forest plantations. *Forest Ecology and Management* 167: 27–42

Zerbe S (2002b) Biologische Vielfalt durch Landnutzung am Beispiel der Waldlandschaft des Spessarts. *Natur und Museum* 132: 365–375

Zerbe S (2003) Vegetation and future natural development of plantations with the Black poplar hybrid *Populus x euramericana* Guinier introduced to Central Europe. *Forest Ecology and Management* 179: 293–309

Zerbe S (2004) Influence of historical land use on present-day forest patterns – a case study in SW Germany. *Scandinavian Journal of Forest Research* 19: 261–273

Zerbe S (2007a) Non-indigenous plant species in Central European forest ecosystems. In: Hong S-K, Nakagoshi N, Fu B, Morimoto Y (Hrsg) Landscape Ecological Applications in Man-Influenced Areas: Linking Man and Nature Systems. Springer, Dordrecht. 235–252

Zerbe S (2007b) Neophyten in mitteleuropäischen Wäldern. Eine ökologische und naturschutzfachliche Zwischenbilanz. *Naturschutz und Landschaftsplanung* 39 (12): 361–368

Zerbe S, Brande A (2003) Woodland degradation and regeneration in Central Europe during the last 1 000 years – a case study in NE Germany. *Phytocoenologia* 33: 683–700

Zerbe S, Brande A, Gladitz F (2000) Kiefer, Eiche und Buche in der Menzer Heide (N-Brandenburg). Veränderungen der Waldvegetation unter dem Einfluss des Menschen. *Verhandlungen des Botanischen Vereins Berlin und Brandenburg* 133: 45–86

Zerbe S, Brande A, Kähler B (2004) Vegetationsökologische Untersuchungen als Grundlage für die zukünftige Entwicklung anthropogener Laubholzbestände – das Beispiel des Colbitzer Lindenwaldes (Sachsen-Anhalt). *Naturschutz und Landschaftsplanung* 36 (12): 357–362

Zerbe S, Jansen F (2008) Vergleich verschiedener Managementstrategien zur Renaturierung anthropogener Kiefernbestände in Brandenburg. *Forst und Holz* 63: 13–18

Zerbe S, Kreyer D (2007) Influence of different forest conversion strategies on ground vegetation and tree regeneration in pine (*Pinus sylvestris* L.) stands: a case study in NE Germany. *European Journal of Forest Research* 126: 291–301

Zerbe S, Meiwes KJ (2000) Zum Einfluss von Weichlaubhölzern auf Vegetation und Auflagehumus von Fichtenforsten. Untersuchungen in einem zwei Jahrzehnte alten Birken-Ebereschen-Vorwald im Hoch-Solling. *Forstwissenschaftliches Centralblatt* 119: 1–19

Zerbe S, Schmidt I (2006) Forstliche Entwicklungsziele mit unterschiedlichen Baumartenzusammensetzungen und deren Auswirkungen auf die biologische Vielfalt. In: Meyerhoff J, Hartje V, Zerbe S (Hrsg) Biologische Vielfalt und deren Bewertung am Beispiel des ökologischen Waldumbaus in den Regionen Solling und Lüneburger Heide. *Berichte des Forschungszentrums Waldökosysteme, Reihe B*, Band 73: 43–60

Zerbe S, Schmidt I, Betzin J (2007) Indicators for plant species richness in pine (*Pinus sylvestris* L.) forests of Germany. *Biodiversity and Conservation* 16: 3301–3316

Zerbe S, Sukopp H (1995) Gehören Forste zur Vegetation? Definition und Abgrenzung eines vegetationskundlichen und kulturhistorischen Begriffes. *Tuexenia* 15: 11–24

Zerbe S, Vater G (2000) Vegetationskundliche und standortsökologische Untersuchungen in Pappelforsten auf Niedermoorstandorten des Oberspreewaldes (Brandenburg). *Tuexenia* 20: 55–76

Zerbe S, Wirth P (2006) Ecological range of invasive plant species in Central European pine (*Pinus sylvestris* L.) forests. *Annals of Forest Science* 63: 189–203

7 Renaturierung von Salzgrasländern bzw. Salzwiesen der Küsten

S. Seiberling und M. Stock, unter Mitarbeit von
P. P. Thapa

7.1 Einleitung

Die deutschen Meeresküsten werden im Übergang vom Land zum Meer weitgehend von zwei Ökosystemtypen geprägt. Auf die augenfälligeren, die Dünen, gehen wir hier nicht ein (siehe v. a. Grootjans et al. 2001, 2002, Rozé und Lemauviel 2004, Ketner-Oostra et al. 2006, Aptroot et al. 2007, Bossuyt et al. 2007). Gegenstand dieses Kapitels sind vielmehr die Salzwiesen, die im Wattenmeer der Nordsee als natürlicher Lebensraum auftreten und an der Ostseeküste – hier werden sie Salzgrasländer genannt – zu den ältesten Bestandteilen der Kulturlandschaft zählen. Naturnahe Küstensalzwiesen sind nicht nur Lebensraum für speziell angepasste Pflanzen- und Tierarten, sondern tragen auch zur Regulation des marinen Stoffhaushalts und zum Küstenschutz bei.

Besonders im 20. Jahrhundert haben die Eindeichung von Salzwiesen-Standorten und ihre intensive Bewirtschaftung als Weide- und Mahdflächen („**Salzwiesen**") zu einem weitgehenden Verlust naturnaher Salzwiesen geführt. Salzwiesen, die den Deichen seeseitig vorgelagert sind, werden in jüngerer Zeit durch das Ansteigen des Meeresspiegels bedroht. Die Renaturierung von Küstensalzwiesen, die in den letzten 20 Jahren verstärkt betrieben wird, lässt sich jedoch nur zum Teil auf Naturschutzanliegen zurückführen. Häufig ist vielmehr ausschlaggebend, dass sich die Bewirtschaftung der Flächen heute nicht mehr lohnt. Mit Blick auf den Küstenschutz setzt sich zudem die Erkenntnis durch, dass es sehr aufwändig und teuer wäre, dem Ansteigen des Meeresspiegels in erster Linie mit neuen und höheren Deichen begegnen zu wollen. Paradoxerweise stellt gerade der Deichrückbau eine sichere und billige Alternative dar, die sich gleichzeitig zur Renaturierung der Küstensalzwiesen nutzen lässt.

Nach einem Überblick über die Ökologie und Nutzungsgeschichte der Salzwiesen an der deutschen Nord- und Ostseeküste werden im Folgenden der Renaturierungsbedarf und mögliche Schutzziele dargestellt. Kernstück dieses Kapitels ist die Auswertung von sieben bereits verwirklichten Renaturierungsprojekten, aus denen Empfehlungen für zukünftige Vorhaben und Aussagen zum weiteren Forschungsbedarf abgeleitet werden.

7.2 Standortfaktoren und Entstehung von Küstensalzwiesen an Nord- und Ostsee

An den Meeresküsten beginnt oberhalb der Linie, bis zu der die Gezeitenflut durchschnittlich ansteigt (mittlere Tidenhochwasserlinie), eine Zone, die nur in unregelmäßigen Abständen überflutet wird. Daher sind diese Standorte nicht nur **amphibisch**, d. h. sie stehen zumindest gelegentlich unter Wasser, sondern auch **wechselhalin**, also von einer stark schwankenden Salzkonzentration (Salinität) geprägt. In den gemäßigten Klimazonen entwickelt sich auf solchen Standorten typischerweise eine Vegetationsdecke aus salztoleranten krautigen Pflanzen, vor allem Gräsern, die als Küstensalzwiese bezeichnet wird.

Salzwiesen finden sich von Natur aus vorwiegend an strömungsarmen Küstenabschnitten, wo sich Sediment ablagert und auf diese Weise niedrig gelegenes Neuland entsteht (Adam 1990). Die Besiedlung des Lebensraumes mit Pflanzen und Tieren wird wesentlich durch Entfernung und Exposition zur mittleren Hochwasserlinie, die Überflutungshäufigkeit und die Salinität des Bodens bestimmt.

7.2.1 Nordseeküste

An der Nordseeküste reicht der Salzwiesengürtel von den täglich überfluteten Wattflächen bis zu dem von Spritzwasser beeinflussten Rand der Dünen oder anderer landeinwärts anschließender Lebensräume. Die Salzwiesenvegetation ist in Abhängigkeit von den oben genannten Faktoren zoniert.

Wattenmeer-Salzwiesen entstehen, wenn der Wattboden sich durch Sedimentablagerung über die mittlere Tidenhochwasserlinie erhebt, z. B. an den windabgewandten Seiten (Leeseiten) von Inseln oder im Schutz von Strandwällen oder vorgelagerten Sandflächen. Bei ausreichender Durchlüftung des Bodens können auf diesen Flächen Pionierpflanzen wie der Queller (*Salicornia* spp.) Fuß fassen. Mit dichter werdendem Bewuchs setzt eine positive Rückkopplung ein: Der Bewuchs fördert den Verbleib und die weitere Ablagerung von Sediment, und je weiter sich der Untergrund über die mittlere Tidenhochwasserlinie erhebt, desto dichter und artenreicher wird die Vegetation. Zwischen den befestigten Bereichen bilden sich kleine Wasserläufe (Priele) aus, die zusätzlich zur Entwässerung und Bodenbelüftung beitragen (Dijkema et al. 1990).

Dabei steigt die Bodenoberfläche einer natürlichen Salzwiese von der Land- zur Seeseite hin an, weil sich bei Hochwasser der Großteil des Sediments an der Seeseite absetzt, vor allem der Sand. Weiter landeinwärts lagern sich hingegen vorwiegend Schluff und Ton ab. Die erhöhte seeseitige Kante unterliegt aber auch der stärksten Erosion, und das ausgewaschene Material trägt wiederum zum Aufwachsen des seeseitig anschließenden Untergrunds bei. Auf diese Weise kann eine mehrfach terrassierte Salzwiese entstehen (Jakobsen 1954).

Die Art des Substrats prägt auch die Pflanzengemeinschaft. Auf grobem und nährstoffarmem Sediment entstehen artenreiche Sandsalzwiesen. Auf feinerem, nährstoffreichem Sediment, wie es sich häufig in strömungsberuhigten Meeresbuchten oder zwischen Lahnungsfeldern absetzt, bildet sich eine produktive Vorlandsalzwiese aus, die als Weide und Mähwiese genutzt wurde. Die natürlich entstandenen Vorlandsalzwiesen sind durch Eindeichung allerdings fast vollständig verschwunden.

7.2.2 Ostseeküste

An der Ostseeküste nimmt das Salzgrasland einen schmaleren Höhenbereich ein als an der Nordsee, und seine Zonierung ist dementsprechend kleinflächiger. Das liegt zum einen daran, dass in der Ostsee der Unterschied zwischen dem Hoch- und Niedrigwasser der Gezeiten (Tidenamplitude) wesentlich geringer ist bzw. gänzlich fehlt und der Hochwassereinfluss daher insgesamt weniger weit ins Land hineinreicht. Zum anderen ist das Wasser der Ostsee weniger salzig, sodass sich die weniger salztoleranten Pflanzenarten des Binnenlandes bereits tiefer im Einflussbereich des Meerwassers durchsetzen können.

Natürliche Salzgraslandstandorte an der Ostseeküste sind meistens kurzlebig, und die zugehörige Vegetation ist daher vorwiegend in frühen Sukzessionsstadien anzutreffen. So entwickelt sich Salzgrasland kleinflächig an Geröll- und Blockstränden vor Steilküsten (Jeschke 1987), auf Windwatten in geschützten Buchten und in Strandwallsystemen, wo es eng mit der Strandwallvegetation verzahnt ist.

Ein Großteil des heutigen Salzgraslandes an der Ostseeküste ist vielmehr durch die Einwirkung von Nutztieren des Menschen (anthropozoogen) als Salzweide entstanden. Ursprünglich waren weite Teile der flachen Ostseeküste durch Salzröhrichte geprägt, die die Küstenüberflutungsmoore an den Sohlen der Strandwälle und den Ufern der Strandseen besiedelten (Härdtle 1984). Der Mensch begann etwa im 13. Jahrhundert, sie vorwiegend mit Rindern als Weide zu nutzen. Der Vertritt des Viehs verdichtete den Boden, förderte die Torfbildung, ließ die Moore über die mittlere Tidenhochwasserlinie hinauswachsen und schuf so die passenden Bedingungen für Salzgrasland-vegetation. Solches Salzgrasland ist oft nur durch Pflege zu erhalten (Jeschke 1987).

7.3 Ökosystemfunktionen von Salzgrasländern bzw. Salzwiesen

Im Geflecht terrestrischer und mariner Küstenlebensräume nehmen Salzgrasländer und Salzwiesen eine Schlüsselstellung ein. Die Tier- und Pflanzenarten, die es beherbergt, sind speziell an diesen amphibischen, wechselhalinen Lebensraum angepasst und deshalb auf ihn angewiesen.

7.3.1 Filter und Sedimentationsraum

Eine Salzwiese tauscht mit den Küstengewässern organisches Material, Nährstoffe, Schadstoffe und Sedimente aus und trägt auf diese Weise zur Regulation der Wasserqualität bei. Dabei variiert seine Funktion mit dem Alter. In frühen Entwicklungsstadien wirkt eine Salzwiese in der Regel als Netto-Senke für die genannten Stoffe, während es in späteren Stadien zur Netto-Quelle werden kann (Olff et al. 1997, Boorman 2003, Dausse et al. 2005).

Da Nähr- und Schadstoffe häufig an mineralische Partikel gebunden sind, beruht ein Großteil der **Filterwirkung** auf Sedimentation. Bei Überflutung hält die Vegetation der Salzwiese nämlich nicht nur den Untergrund fest, sondern kämmt zusätzliches Sediment aus dem Wasser heraus. Dabei ist eine dichte, hohe Pflanzendecke wirkungsvoller als niedrigwüchsige Vegetation (Kiehl et al. 1996). Außerdem führt die natürliche Sedimentation dazu, dass Salzwiesen an den mitteleuropäischen Küsten einen Meeresspiegelanstieg von bis zu 1 cm pro Jahr ausgleichen können (Dijkema 1994) und in dieser Hinsicht ein sich selbst erhaltendes Ökosystem darstellen.

Aus Sicht des Küstenschutzes fehlen sowohl eingedeichtes Salzgrasland als auch Sommerpolder an der Ostseeküste heute als Überflutungs-

räume. Außerdem führt die Entwässerung und Nutzung, die mit der Eindeichung in der Regel einhergeht, zu einem Anstieg des Nährstoffaustrags und zur verstärkten Emission klimarelevanter Gase. Gerade in der Ostsee kann der Deichrückbau einen langfristigen Beitrag zur Absenkung des hohen Meerwasser-Nährstoffgehalts leisten, da nach der Ausdeichung und bei fortgesetzter extensiver Beweidung wieder eine Torfakkumulation einsetzt.

7.3.2 Küstenschutz

Durch die gleichen Eigenschaften, die die Sedimentation begünstigen, tragen Salzgrasländer und Salzwiesen zum Küstenschutz bei. Bei Hochwasser funktionieren sie als **Wellenbrecher**, indem sie je nach Ausdehnung und Profil einen Teil der Wellenenergie aufnehmen und die Höhe der Wellen reduzieren (Möller 2006). Die Vegetationsdecke bremst zudem die Erosion der Uferzone. Hochstaudenfluren ohne Beweidung erhöhen die Erosionsstabilität und die Sedimentation (Stock 1998), die höchste Erosionsstabilität bewirkt extensive Schafbeweidung (Zhang und Horn 1996). Nach Succow und Joosten (2001) können gerade die Küstenüberflutungsmoore zur Stabilität der Flachküsten der Ostsee beitragen. Nach der Flut sorgen natürliche und künstliche Wasserläufe (Priele und Grüppen) für eine schnelle Entwässerung.

7.3.3 Nahrungs-, Rast- und Aufzuchtgebiet für Tiere

Den Salzwiesen kommt eine Schlüsselstellung innerhalb des Nahrungsnetzes zu. Sie und das Salzgrasland bieten verschiedenen Entwicklungsstadien von Wirbellosen und Fischen einen Lebensraum und zeitweise Schutz vor Räubern (Boesch und Turner 1984, Laffaille et al. 2000, Mathieson et al. 2000, Colclough et al. 2005, Best et al. 2007). Der Verlust dieser Küstenökosysteme wirkt sich daher negativ auf die lokale Fischerei aus (McLusky et al. 1992).

Vögeln dient die Salzwiese als Mauser-, Rast- und Brutplatz. Gänse weiden hier insbesondere im Frühjahr bei der Rückkehr aus dem Winterquartier (Hälterlein et al. 2003, Kube et al. 2005).

7.4 Veränderungen durch den Menschen und Renaturierungsbedarf

Die salzgeprägten Küstenbereiche Mitteleuropas werden schon seit mindestens 2 000 Jahren vom Menschen genutzt (Bakker et al. 1997). Die anfangs sehr extensive Nutzung wurde mit dichter werdender Besiedlung der Küstenregionen immer intensiver. Der in Abschnitt 7.2 dargestellte Naturzustand des Ökosystems Küstensalzwiese ist daher bis heute namentlich durch Deichbau, Entwässerung und landwirtschaftliche Nutzung stark überprägt worden.

7.4.1 Nutzungsgeschichte

Als der Mensch die Salzwiese – bzw. die Standorte, auf denen sie entstehen würde (Abschnitt 7.2.1) – zu nutzen begann, beschränkten sich die Eingriffe auf Beweidung und Mahd. Als Weide für Schafe und Rinder wurden vor allem die feuchten Zonen genutzt, wo sich daher eine Andel- bzw. Salzbinsenvegetation (Puccinellietum maritimi und Juncetum gerardii) einstellte. Die höher gelegenen Salzbinsenrasen wurden eher als Heuwiesen genutzt, also nicht beweidet, sondern gemäht. Prinzipiell sind diese beiden Nutzungsformen bis in die Gegenwart erhalten geblieben.

Menschliche Siedlungen entstanden ausschließlich auf Erhöhungen (Warften, Wurten), die eine gewisse Sicherheit vor Hochwasser boten. Mit dem Ziel, ihr Hab und Gut noch besser vor Sturmfluten zu schützen, begannen die Küstenbewohner ab dem Mittelalter, um ihre Siedlungen und angrenzende Viehweiden herum Ringdeiche zu errichten („**defensive Eindeichung**"). Im Laufe der Jahrhunderte wurden die Ringdeiche zu einer lückenlosen Deichlinie verbunden, die sich die gesamte Küste entlangzog. An die Stelle der niedrigeren „Sommerdeiche", die das Grünland lediglich vor kleineren Fluten schützten, traten zunehmend die höheren „Winterdeiche". Diese

hielten das Meerwasser auch bei den Sturmfluten im Herbst und Frühjahr aus den degenerierenden Salzwiesen fern. Der Bau von Deichen, von ihnen seeseitig vorgelagerten Lahnungen und seewärts ausstrahlenden Pfahlreihen oder Buhnen sowie von Entwässerungskanälen (Grüppen) diente nicht allein dem Schutz vor dem Meer, sondern wurde vor allem an der Nordsee auch zur Landgewinnung eingesetzt (**„offensive Eindeichung"**). Auf diese Weise schufen die Küstenbewohner viele Quadratkilometer Neuland (Polder, Vorland), das anschließend in die landwirtschaftliche Nutzung überging.

7.4.2 Formen menschlicher Beeinflussung von Salzwiesen bzw. Salzgrasländern

7.4.2.1 Extensivbeweidung

Aufgrund der Beweidung durch wildlebende Vögel, Nager und Großsäuger sind die salzgeprägten Küstenökosysteme von Natur aus Stör- und Stressfaktoren wie Trittbelastung und Biomasseentzug ausgesetzt. Dennoch führte erst die Viehbeweidung und Heugewinnung zu wesentlichen quantitativen und qualitativen Vegetationsveränderungen. An der Ostseeküste konnte sich Salzgraslandvegetation überhaupt erst durch die menschliche Nutzung großflächig etablieren (Abschnitt 7.2.1).

Die natürliche Salzwiese der Nordseeküste war reich an Hochstauden. Auf den heutigen Salzgraslandstandorten in Mündungsgebieten und an der Ostsee fanden sich ursprünglich Schilfröhrichte und Staudenfluren. Da Stauden und Röhrichtarten empfindlich gegen Verbiss und Vertritt sind, entstanden in der Folge der extensiven Beweidung halophytenreiche Salzwiesen mit den Leitarten *Puccinellia maritima* (Andel) und *Juncus gerardii* (Salzbinse). Die zufällige, punktuelle Verletzung der Grasnarbe durch die Hufe des weidenden Viehs führte außerdem dazu, dass sich die Zonierung der Salzwiese insgesamt nach oben verschob (Bakker 1985).

7.4.2.2 Intensivbeweidung

Einen deutlich stärkeren Einfluss auf die Struktur und Ökologie der Salzwiese hat die Intensivbeweidung, die in den Niederlanden und Niedersachsen bis in die 1970er-Jahre, in Schleswig-Holstein bis in die 1990er-Jahre andauerte. Schon bei einer Beweidung mit mehr als drei Schafen pro ha entstehen monotone Andelrasen. Charakteristische Arten wie Portulak-Keilmelde (*Atriplex portulacoides*) verschwinden gänzlich, während die Strand-Aster (*Aster tripolium*) zwar weiter vorkommt, sich aber nicht mehr bis zur Samenreife entwickeln kann (Kiehl und Bredemeier 1998). Mit dem Ausfall der Wirtspflanzen verschwinden die Insektenarten, die von ihnen abhängen. Die Strand-Aster ist z. B. in Schleswig-Holstein eine der wichtigsten Wirtspflanzen für 23 Tierarten, von denen bei intensiver Beweidung nur zwei übrig bleiben (Meyer und Reinke 1998). Von diesen Pflanzenfressern (Phytophagen) hängen wiederum Parasiten und Räuber ab (Heydemann 1998). Weiterhin vertreibt die durch die Beweidung verursachte Bodenverdichtung zahlreiche Bodenbewohner.

7.4.2.3 Eindeichung

Abgesehen von der Beweidung führt schon die Eindeichung allein zu grundlegenden hydrologischen, physikalischen und chemischen Standortveränderungen (Kasten 7-1). Mit der Reduzierung oder dem Ausbleiben von Überflutung und dem daran gebundenen Salzeintrag nehmen in erster Linie die Stressfaktoren Salinität und Sauerstoffmangel ab. Überflutungs- und salztole-

rante Pflanzenarten verlieren damit ihren Konkurrenzvorteil gegenüber Arten salzfreien Grünlandes. Je stärker der Eingriff in das natürliche Überflutungsregime ausfällt, in desto niedrigere Höhenbereiche werden die Salzwiesenarten und -vegetationseinheiten gedrängt, bis sie schließlich ganz verschwinden (de Leeuw et al. 1994).

7.4.3 Renaturierungsbedarf

Die Einwirkungen des Menschen auf das Ökosystem Küstensalzwiese führten zu einer Veränderung der Standortbedingungen und der Vegetation sowie, insbesondere in der zweiten Hälfte des letzten Jahrhunderts, zu einem beträchtlichen Arten-, Funktions- und Flächenverlust. Von ehemals etwa 451 km^2 Salzwiese entlang der Wattenmeerküste wurden 157 km^2 (35 %) eingedeicht (Abb. 7-1). Länderabhängig schwankt der Eindeichungsanteil deutlich zwischen 9 % (Dänemark) bis zu 68 % (Schleswig-Holstein). Sommerdeiche fehlen in Dänemark gänzlich.

Die verbleibenden zwei Drittel ungedeichter Salzwiese im Wattenmeer sind zum Teil stark durch Nutzung überprägt. So lag in den 1980er-Jahren der Anteil intensiv genutzter Festlandsalzwiese ungefähr zwischen 50 % (Niedersachsen) und 95 % (Schleswig-Holstein). Die Inselsalzwiesen wurden in dieser Zeit deutlich weniger intensiv genutzt (Kempf et al. 1987). Entlang der deutschen Ostseeküste ist der Flächenverlust noch drastischer. In Mecklenburg-Vorpommern blieben von ehemals etwa 300 km^2 Salzgrasland im Jahr 1850 nur 10 % erhalten (Holz und Eichstädt 1993). Verantwortlich hierfür sind in erster Linie

---

Kasten 7-1
Standortveränderungen durch Eindeichung

Mit Wegfall der Salzwasserüberflutung vollziehen sich in einer Salzwiese oder einem Salzgrasland folgende Veränderungen:

- Abnahme des überflutungsbedingten Stressfaktors Sauerstoffmangel;
- Abnahme von Nährstoffen, Sulfiden und Basensättigung, Gleichbleiben der Hauptnähr-

stoffe Stickstoff und Phosphor, Absinken des pH-Wertes, Abnahme des Stressfaktors Salinität;
- Höhenabnahme durch Kompaktierung, Mineralisierung des Sediments, Ausbleiben des Sedimenteintrags und der Akkumulation organischer Substanz.

188 7 Renaturierung von Salzgrasländern bzw. Salzwiesen der Küsten

7

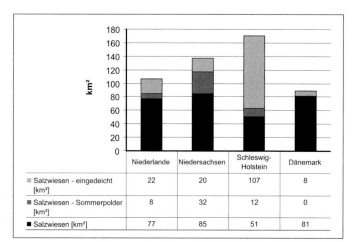

Abb. 7-1: Flächenanteile der Salzwiesen bzw. von Salzgrasländern und Sommerpolder im Jahr 1987 sowie der eingedeichten Salzwiesen in den zurückliegenden 50 Jahren vor dieser Erhebung (CWSS 1994).

	Niederlande	Niedersachsen	Schleswig-Holstein	Dänemark
Salzwiesen - eingedeicht [km²]	22	20	107	8
Salzwiesen - Sommerpolder [km²]	8	32	12	0
Salzwiesen [km²]	77	85	51	81

Eindeichung und Nutzungsaufgabe. Aus diesem Flächenverlust und dem damit einhergehenden Verlust an charakteristischen Ausprägungen und den zugehörigen Arten und Funktionen der Küstensalzwiesen ergibt sich ein großer Renaturierungsbedarf.

7.5 Renaturierungsziele für Salzgrasländer und Salzwiesen der Küsten

7.5.1 Schutzstatus

Küstensalzwiesen werden auf nationaler und europäischer Ebene von diversen Schutzkategorien erfasst. In Bundes- und Landesnaturschutzgesetzen, z. B. im Bundesnaturschutzgesetz von 2002, finden sich spezifische Schutzbestimmungen. Auch die Integration in Nationalparks (IUCN-Schutzkategorie II) mit dem Ziel der Sicherung ungestörter natürlicher Dynamik ist geregelt. Hinzu kommt der Artenschutz.

Auf europäischer Ebene fallen Salzwiesen und Salzgrasländer in Schutzkategorien der FFH-Richtlinie, der „Roten Liste der gefährdeten Biotope", von „Fauna und Flora" (Wattenmeer), des HELCOM-Abkommens (bindendes Instrument zum Schutz der Meeresumwelt der Ostsee), der „Feuchtgebiete internationaler Bedeutung"

(Ramsar-Abkommen), der Konvention zum Schutz der biologischen Vielfalt, der Bonn- und Bern-Konventionen sowie von NATURA 2000.

7.5.2 Renaturierungsziele

Die Renaturierung von Küstensalzwiesen wurde bislang oft ohne klare Zielsetzung und ohne Erfolgsindikatoren durchgeführt (Wolters et al. 2005a). Im Schwerpunktgebiet der bisherigen Ausdeichungen, im Südosten Englands, wurde damit überwiegend eine Wiederherstellung des Lebensraumtyps nach FFH-Richtlinie angestrebt (Pethick 2002).

Hinter den Renaturierungsmaßnahmen an der deutschen Nordseeküste stehen zwei wesentliche Gründe:

1. Naturschutz:
  • Schaffung naturnaher Salzwiesen (Beispiel Langeooger Sommerpolder, Abschnitt 7.6.3),
  • Renaturierung durch Aufgabe landwirtschaftlicher Nutzung einschließlich der Entwässerung (Festlandsalzwiesen im niedersächsischen und schleswig-holsteinischen Nationalpark, Abschnitt 7.6.4).

2. Forschung:
  • Untersuchung von Extensivierungsmaßnahmen und Erarbeitung von Managementkriterien (Wurster Küste, Abschnitt 7.6.2).

7.6 Beispiele für die Renaturierung von Salzwiesen bzw. Salzgrasländern **189**

7

Kasten 7-2
Renaturierungsziele für Salzwiesen der Nordsee

- Flächenzunahme der natürlich entstehenden Salzwiesen.
- Annäherung von Morphologie und Dynamik an den Naturzustand, einschließlich natürlicher Entwässerungsbedingungen für künstlich geschaffene Salzwiesen, unter der Vorausset-

zung, dass dadurch die bestehende Fläche nicht verringert wird.
- Herstellung eines naturnäheren Vegetationsgefüges bei künstlich geschaffenen Salzwiesen.
- Schaffung günstiger Voraussetzungen für Zug- und Brutvögel.

Im Fall der Vorlandsalzwiesen der Nordseeküste, die schon sehr lange vom Menschen geprägt bzw. überhaupt erst auf den heutigen Standorten angelegt wurden, ist lediglich eine größere Naturnähe und eine natürliche Entwicklung entsprechend der Nationalpark-Zielsetzung erreichbar. Dies gilt auch für das anthropozoogene Salzgrasland der Ostseeküste.

Für die Salzwiesen des Wattenmeeres der gesamten Nordseeküste sind die im Kasten 7-2 genannten gemeinsamen Ziele im Salzwiesenschutz vereinbart worden.

Die Weiterführung von Erosionsschutzmaßnahmen an den seeseitigen Kanten von Lahnungsfeldern wird dabei als erforderlich betrachtet (CWSS 1998). Auf lokaler Ebene sind die konkreten Maßnahmen im Rahmen eines Managementkonzepts festgeschrieben worden (Hofstede und Schirmacher 1996).

7.5.3 Evaluierungskriterien

Die siebte trilaterale Regierungskonferenz zum Schutz des Wattenmeers legte ökologische Qualitätsziele für alle Wattenmeer-Lebensraumtypen fest (CWSS 1995). Die über Schutzkonzepte erreichbare Umsetzung dieser Ziele kann an den Ergebnissen des trilateralen Monitoring- und Bewertungsprogramms (TMAP) gemessen werden. Die Monitoringdaten werden in regelmäßigen Abständen analysiert, bewertet und im *Quality Status Report* veröffentlicht.

Eine zweite Möglichkeit, den Erhaltungszustand von Küstensalzwiesen zu bewerten, bietet die FFH-Richtlinie. Diese berücksichtigt die Vollständigkeit des lebensraumtypischen Arten-

inventars, gemessen an Arten und/oder Pflanzengesellschaften sowie am Ausmaß anthropogener Beeinträchtigungen. Die FFH-Richtlinie berücksichtigt auch die geographischen und entstehungsgeschichtlichen Unterschiede zwischen Nord- und Ostseesalzwiesen bzw. -grasland.

Zur Bewertung eines Renaturierungserfolgs von ehemals eingedeichten Salzwiesen fehlte bislang ein geeigneter Ansatz. Wolters et al. (2005a) schlagen deshalb einen Sättigungsindex für die charakteristischen Arten des Salzgraslandes im Renaturierungsgebiet vor. Dieser Index beziffert das Vorkommen der Zielarten im Renaturierungsgebiet als prozentualen Anteil des lokalen und regionalen Artenpools.

7.6 Beispiele für die Renaturierung von Salzwiesen bzw. Salzgrasländern

Dieses Kapitel stellt sechs exemplarische Renaturierungsprojekte in Mitteleuropa vor (Abb. 7-2), die auf unterschiedlichen Maßstabsebenen angesiedelt und als unterschiedlich erfolgreich zu bewerten sind. Tabelle 7-1 gibt einen Überblick.

7.6.1 Renaturierung der Hauener Hooge (Nordsee)

Die Hauener Hooge ist Teil der Leybucht, die im Westen von Ostfriesland bei der Ortschaft Greet-

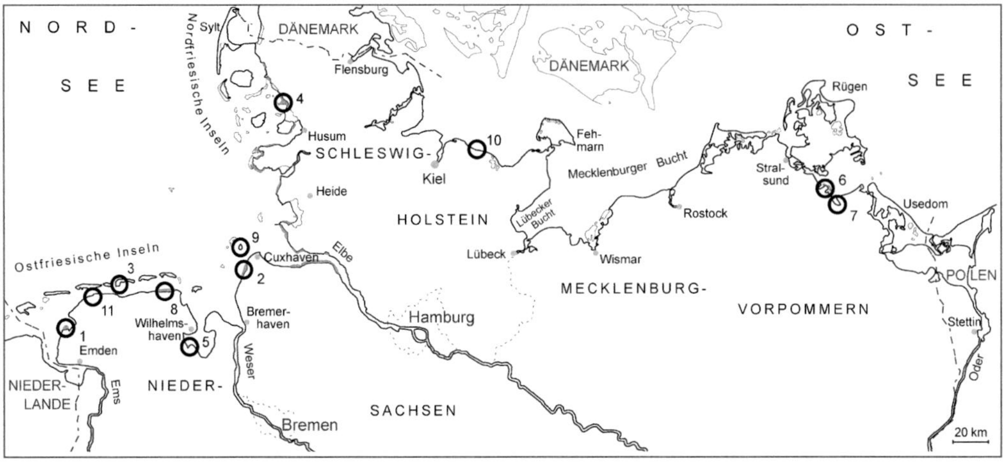

7

Abb. 7-2: Lage der Renaturierungsgebiete in Mitteleuropa. 1: Hauener Hooge; 2: Wurster Küste; 3: Langeooger Sommerpolder; 4: Hamburger Hallig, exemplarisch für die Salzwiesen der Festlandsküste in Schleswig-Holstein; 5: Kleientnahme Jadebusen; 6: Karrendorfer Wiesen; 7: Polder Ziesetal; 8: Salzwiesen der Festlandsküste in Niedersachsen; 9: Sommerpolder Neuwerk; 10: Strandseelandschaft Schmoel; 11: Lütetsburger Sommerpolder. Die Gebiete 1–5 sowie 6 und 7 werden beispielhaft vorgestellt (Kartengrundlage: B. Hälterlein 1997).

siel liegt. Es handelt sich um das erste Rückdeichungsgebiet an der deutschen Nordseeküste im Nationalpark Niedersächsisches Wattenmeer. Durch eine Küstenschutzmaßnahme waren ca. 350 ha Salzwiesen und Sommerpolder der Hauener Hooge überbaut worden. Als Ausgleich wurden die verbliebenen 80 ha Sommerpolder durch Öffnen von Teilen des Sommerdeichs wieder an

Tab. 7-1: Ausgewählte mitteleuropäische Renaturierungsvorhaben auf Salzwiesen bzw. Salzgrasländern.

Gebiet, Region, Jahr, Fläche	Ausgangszustand	Ziele	Maßnahmen	Untersuchungen
Hauener Hooge, Nordsee, 1994, 80 ha	Sommerpolder, 1956 eingedeicht, intensive Rinderweide (3 GVE/ha), dichtes Entwässerungssystem	Entwicklung natürlicher bzw. naturnaher Vorlandsalzwiesen mit Prielstrukturen und natürlichen Sukzessionsstadien	teilweiser Deichrückbau als Kompensationsmaßnahme für eine großflächige Küstenschutzmaßnahme im Nationalpark	flächendeckende Vegetationskartierungen (1995, 1998, 2000 und 2004) und Dauerflächenuntersuchungen
Wurster Küste, Nordsee, 1993, 650 ha (370 ha Salzwiese, 280 ha Sommerpolder)	Salzwiese, ca. 100 Jahre alt, intensive Weide (4–6 Schafe/ha); Sommerpolder mit Prielstrukturen, künstlich entwässerte Rinderweide, eingedeicht seit 2. Hälfte des 19. Jahrhunderts, Weidelgras-Weißklee-Weide	Erarbeitung eines Pflege- und Entwicklungskonzepts zur Renaturierung von Festlandssalzwiesen	Salzwiese: landwirtschaftliche Extensivierung, Renaturierung des Entwässerungssystems; Sommerpolder: fünf Extensivierungsvarianten: Brache, einmalige Mahd, Beweidung mit 0,4, 1 und 1,5 Rindern/ha sowie eine Kontrolle (2 Rinder/ha)	Vegetationskartierungen, Arthropoden, Vögel

Tab. 7-1: (Fortsetzung)

Gebiet, Region, Jahr, Fläche	Ausgangszustand	Ziele	Maßnahmen	Untersuchungen
Langeooger Sommerpolder, Nordsee, 2004, 218 ha	seit 1934/35 als Sommerdeich, künstliche Entwässerung, intensive Beweidung, Ausbreitung von Pflanzengesellschaften der oberen Salzwiese, Dominanz weideresistenter Arten	Wiederherstellung einer naturnahen Gewässerstruktur und einer natürlichen Zonierung der Salzwiesenvegetation	Deichrückbau als Ersatzmaßnahme für den Bau einer Gasleitung durch den Nationalpark	geobotanische und sedimentologische Untersuchungen, flächendeckende Vegetationskartierung 2002, 2005
Hamburger Hallig, Nordsee, 1991, 1 100 ha	systematisch entwässert, bis Anfang der 1990er-Jahre intensive Schafweide, 1991 Einführung eines großflächigen Beweidungsmosaiks, heute 38 % unbeweidet, 20 % extensiv beweidet, 42 % intensiv genutzt	Überführung der Salzwiese in einen naturnäheren Zustand mit standorttypischen geomorphologischen Strukturen und einer durch die natürliche Dynamik bestimmten Verteilung der Tier- und Pflanzenarten	Stilllegung bzw. Extensivierung der Nutzung und der Entwässerung	flächenhafte Kartierung (alle 5 Jahre), Erfassung der Vegetationsentwicklung und Sedimentationsrate auf Dauerflächen, Arten-Dominanzkartierung, Erfassung der Nutzung der Salzwiesen durch herbivore Vögel (jährlich)
Karrendorfer Wiesen, Ostsee, 1993, 360 ha	seit 1910 eingedeicht, zwischen 1950 und 1970er-Jahren stark intensivierte Nutzung	dauerhafte Sicherung, Erhaltung und Entwicklung eines stark gegliederten Küstenbereichs mit Anteilen von Salzwiesen, einem Strandsee und Flachwasserbereichen des Boddens als Lebensraum einer artenreichen Pflanzen- und Tierwelt	vollständiger Deichrückbau, teilweise Verfüllung der Entwässerungsgräben, Rekonstruktion des Prielsystems, finanzielle Förderung extensiver Beweidung, Integration in Naturschutzgebiet	Erhebungen zu Standort, Vegetation, Tierwelt (Laufkäfer, Vögel) und landwirtschaftlicher Nutzung
Polder Ziesetal, Ostsee, 1995, 162 ha	1925 eingedeicht, aktiv entwässert, nach Deichbruch Staunässe, dadurch Verschilfungen, Sekundärvernässung und erschwerte landwirtschaftliche Bedingungen, gegenwärtig extensive Rinderstandweide, 0,6 GV/ha (Weideperiode)	Wiederherstellung von Salzgrasländern und Brackwasser-Röhrichten mit allen charakteristischen Arten	vollständiger Deichrückbau (1999) nach Deichbruch (1995), Entfernung von wasserwirtschaftlichen Anlagen und Verfüllung von Gräben	flächendeckende Vegetationskartierung, Laufkäfer, Vögel

7

das Gezeitenregime der Leybucht angeschlossen (Arens 2005).

7.6.1.1 Vegetationsentwicklung

Zu Beginn des Renaturierungsvorhabens (1995) herrschte die Pflanzengesellschaft Weidelgrasweide (Lolio-Cynosuretum hordeetosum) vor (Abb. 7-3). Daraus entwickelten sich innerhalb von drei Jahren typische Salzwiesengesellschaften wie das Armerio-Festucetum litoralis, das Agropyretum littoralis, das A. repentis sowie das Puccinellium maritimae. Im Verlauf der weiteren

Sukzession breitete sich die Queckengesellschaft weiter aus und nahm nach der jüngsten Kartierung (2004) 43 % der Fläche ein. Der sich anfänglich ausbreitende Rotschwingelrasen (Armerio-Festucetum) nahm in den letzten Jahren wieder stark ab. Dafür bildete sich jedoch ein Salzbinsenrasen (Juncetum gerardii) aus. Die 1995 noch überwiegend unbewachsenen Kleientnahmestellen (Pütten) waren nach zehn Jahren vollständig bewachsen. In ihnen hat sich ein natürliches Prielsystem ausgebildet.

Die Dauerflächenuntersuchungen zeigten, dass nach der Öffnung des Sommerdeichs die mittlere Zahl an Pflanzenarten pro Fläche kontinuierlich abnahm, von 12,8 im Jahr 1995 auf 7,0 im Jahr 2004. Die Werte für 2004 liegen aber über den Mittelwerten für andere, langjährig brachliegende bzw. nie genutzte Salzwiesen in der Leybucht.

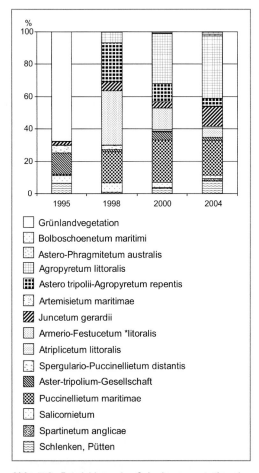

Grünlandvegetation

Bolboschoenetum maritimi

Astero-Phragmitetum australis

Agropyretum littoralis

Astero tripolii-Agropyretum repentis

Artemisietum maritimae

Juncetum gerardii

Armerio-Festucetum *litoralis

Atriplicetum littoralis

Spergulario-Puccinellietum distantis

Aster-tripolium-Gesellschaft

Puccinellietum maritimae

Salicornietum

Spartinetum anglicae

Schlenken, Pütten

Abb. 7-3: Entwicklung der Salzwiesenvegetation des Sommerpolders Hauener Hooge in der Leybucht, Niedersachsen; dargestellt sind die prozentualen Flächenanteile der Pflanzengesellschaften (Arens 2005).

7.6.1.2 Arthropoden

Die Arthropodenfauna zeigte nach Öffnung des Sommerpolders eine unmittelbare Reaktion auf den erhöhten Salzwassereinfluss (Götting 2001). Der Bestand des salzwiesentypischen Flohkrebses *Orchestria gammarellus* stieg stark an, die Spinnenfauna veränderte sich in Richtung feuchtigkeitsliebender Arten. Bei den Laufkäfern nahm der Bestand von Arten ab, die typisch für die höher gelegenen, trockeneren Bereiche der Salzwiesen sind, und die untere Salzwiese wurde von überflutungstoleranten kleinen Arten besiedelt, die für diesen Lebensraum typisch sind.

7.6.1.3 Schlussfolgerungen

Zehn Jahre nach Öffnung des Sommerpolders wird der Erfolg der Maßnahme von Arens (2005) als zielführend eingestuft. Der natürliche Flächenanwuchs erlaubt die weitere Ausbildung und Entwicklung von Gesellschaften der Pionierzone und der unteren Salzwiesenzone. Weitergehende Managementmaßnahmen sind daher nicht erforderlich.

7.6.2 Renaturierung von Salzwiesen an der Wurster Küste (Nordsee)

Südwestlich von Cuxhaven wurde ein Salzwiesengebiet im Nationalpark Niedersächsisches Wattenmeer im Rahmen eines Forschungs- und Entwicklungsvorhabens renaturiert (Kinder et al. 2003).

7.6.2.1 Auswirkung der wasserbaulichen Maßnahmen

Im Jahr 1995 wurden im Sommergroden (Fläche landseitig vom Sommerdeich) sowohl der Priel als auch einige künstliche Entwässerungsgräben auf Normalnull vertieft und mittels eines neuen Durchlasses (Siel) im Sommerdeich wieder an das Tidenregime der Nordsee angeschlossen.

Im terrestrischen Bereich des Sommergrodens konnte die gewünschte Vernässung bzw. Versalzung durch die Baumaßnahme nicht realisiert werden. Nach wie vor wird diese Fläche nur im Winterhalbjahr überflutet. Die angestrebte Ausbildung eines Brackwassergradienten konnte sich nur kleinräumig an den Gewässerrändern entwickeln. An unbeweideten Ufern bildeten sich hochwüchsige Brackwasser-Röhrichte und Strandquecken-Fluren aus, in denen niedrigwüchsige Halophyten kaum vorkamen. Auswirkungen des Tidenanschlusses auf die Arthropodenfauna wurden ebenfalls ausschließlich entlang der Gewässer beobachtet (Abb. 7-4).

Die Zahl der Vogelarten und -individuen nahm nur unmittelbar nach den wasserbaulichen Veränderungen kurzzeitig zu. Die zu geringe Feuchtigkeit des Gesamtgebietes führte nämlich auch zu einem vermehrten Auftreten von Raubsäugern, vor allem Füchsen, und erhöhte damit das Risiko für die Bodenbrüter.

7.6.2.2 Auswirkungen der Extensivierung

Stärker als die Wiedervernässung wirkte sich die Extensivierung der landwirtschaftlichen Nutzung

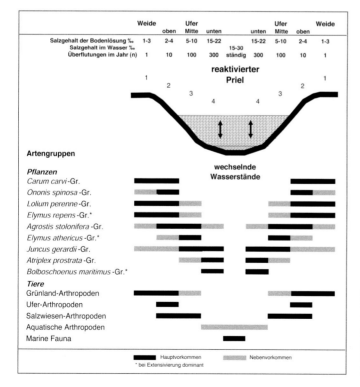

Abb. 7-4: Zonierung typischer Pflanzen- und Tierartengruppen in den beweideten Senken und an den Prielrändern des Sommergrodens nach der Renaturierung an der Wurster Küste (Kinder et al. 2003).

im Sommergroden aus. Die Beweidungsverminderung führte zu einem raschen Rückgang aller niedrigwüchsigen und beschattungsempfindlichen Arten. Es etablierten sich zumeist hochwüchsige Rhizomgeophyten aus dem bestehenden Artenpool des Grünlandes. Lediglich in den nassen Senken konnten sich Bestände von der Gewöhnlichen Strandsimse (*Bolboschoenus maritimus*) ausbreiten. Bei einer Beweidungsintensität von 1,5 Rindern pro ha bildeten sich in der Vegetation typische Beweidungsmuster aus.

Die Arthropodenfauna des Sommergrodens war zu Projektbeginn recht artenreich und spiegelte den bestehenden Feuchtegradienten wider. Die Salzwiesenarten waren am dichtesten in Vegetation mit Mosaikstruktur und ebenfalls bei Besatzdichten von ein bis zwei Rindern pro ha zu finden. Bei den Vögeln ließen sich die Auswirkungen der Extensivierung und der wasserbaulichen Maßnahmen nicht klar trennen. Rotschenkel (*Tringa totanus*) und Austernfischer (*Haematopus ostralegus*) reagierten schnell auf die Extensivierung im Vordeichland (Außengroden). Ihre Siedlungsdichte nahm zu, war kurzfristig hoch und ging nach wenigen Jahren wieder auf den Ausgangswert zurück. Die höchsten Schlupferfolge wurden in der Brache beobachtet. Insgesamt stieg die Artenzahl von vier auf neun bis elf Arten an. Schafstelze (*Motacilla flava*), Wiesenpieper (*Anthus pratensis*), Wachtelkönig (*Crex crex*), Wachtel (*Coturnix coturnix*), Rebhuhn (*Perdix perdix*) und Feldschwirl (*Locustella naevia*) profitierten von der Extensivierung.

Nach der Nutzungseinstellung entwickelte sich im Außengroden eine höherwüchsige und reicher strukturierte Vegetation. Fraß- und trittempfindliche Halophyten konnten sich ausbreiten oder wanderten neu ein. Während der Flächenanteil des Andelrasens zurückging, breiteten sich die Pflanzengesellschaften der oberen Salzwiese flächenhaft aus.

7.6.2.3 Schlussfolgerungen

Die Nutzungseinstellung und die Einstellung der Begrüppung haben sich im Außengroden insgesamt positiv auf die Regeneration der Salzwiesen ausgewirkt. Die Wiederherstellung eines naturnahen Überflutungsregimes und die Ausbildung von Brackwassergradienten sowie einer naturnahen Salzwiesenvegetation im Sommergroden konnten mit den durchgeführten Maßnahmen nicht erreicht werden. Aufgrund der ausgebliebenen Wiedervernässung des Sommergrodens wird eine extensive Weidenutzung empfohlen, wobei in Teilgebieten auch Mahd und Brache zugelassen werden können.

7.6.3 Rückdeichung des Langeooger Sommerpolders (Nordsee)

Der Sommerpolder auf der Wattenmeerinsel (Hallig) Langeoog ist Bestandteil des Nationalparks Niedersächsisches Wattenmeer. Er wurde mit dem Ziel geöffnet, eine natürliche Zonierung der Salzwiesenvegetation und eine naturnahe Gewässerstruktur neu entstehen zu lassen (Barkowski und Freund 2006).

7.6.3.1 Vegetationsentwicklung

Bereits ein Jahr nach Öffnung des Sommerpolders (2005) waren deutliche Vegetationsveränderungen zu verzeichnen (Abb. 7-5). Weidetypische Pflanzengesellschaften mit Salzbinse (*Juncus gerardii*) und Rotschwingel (*Festuca rubra*) gingen genauso stark zurück wie die weniger salztoleranten Arten Weißes Straußgras (*Agrostis stolonifera*) und Gänse-Fingerkraut (*Potentilla anserina*). Die abgestorbene Biomasse dieser Arten wurden durch einströmende Sedimente überschlickt und der Boden auf diese Weise mit Nährstoffen angereichert. Davon profitierten stickstoffliebende Halophyten wie Spieß-Melde (*Atriplex prostrata*), Strand-Sode (*Suaeda maritima*) und Strand-Beifuß (*Artemisia maritima*) (Farbtafel 7-1). Die Portulak-Keilmelde (*Atriplex portulacoides*) konnte sich an ihren bisherigen Standorten weiter ausbreiten.

Auf einer Daueruntersuchungsfläche der unteren Salzwiese zeichnete sich vor dem Deichrückbau eine Sukzession von der salzweidetypischen Pflanzengesellschaft Puccinellietum maritimae zu einer Vegetation mit weniger salztoleranten Pflanzenarten (Aussüßungszeigern) ab. Nach dem Deichrückbau änderte sich das Vegetationsbild schlagartig. In der oberen Salzwiese starben inner-

7.6 Beispiele für die Renaturierung von Salzwiesen bzw. Salzgrasländern **195**

7

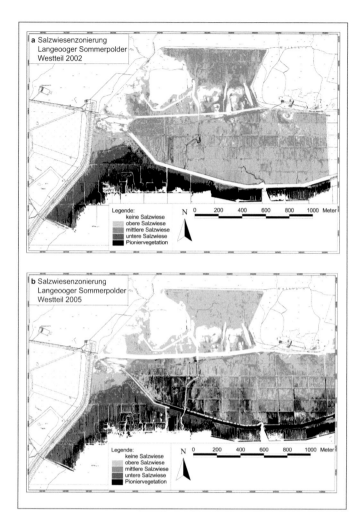

Abb. 7-5: Vegetation des Langeooger Sommerpolders 70 Jahre nach Eindeichung (a) sowie im ersten Jahr nach Öffnung des Sommerdeichs im Jahr 2005 (b) (Barkowski und Freund 2006).

halb kürzester Zeit weite Teile der Vegetation ab, und bisher vorherrschende Pflanzenarten wurden durch andere verdrängt. Erste Arten aus der unteren Salzwiese siedelten sich wieder an. Diese Sukzession spiegelte die höheren Salz- und Nährstoffgehalte des Bodens wider.

Die Wiederbesiedlung mit Pflanzenarten der naturnahen Salzwiese erfolgte zunächst über Samen und Früchte, die mit dem Hochwasser herangeführt wurden. Ausschlaggebend für die weitere Entwicklung dürften im Langeooger Sommerpolder auch die Höhenlage und damit die Überflutungshäufigkeit, die Sedimentbeschaffenheit, die Nährstoffverfügbarkeit und das Management der unterschiedlichen Flächenteile sein.

7.6.4 Renaturierung von Salzwiesen des Festlandes am Beispiel der Hamburger Hallig (Nordsee)

Der überwiegende Teil der Salzwiesen im Wattenmeer sind Vorlandsalzwiesen des Festlandes. In Niedersachsen und Schleswig-Holstein wurden in den letzten Jahren große Teile davon renaturiert. Die Renaturierungsmaßnahmen waren kleinräumig angelegt und umfassten den Salzwassereinstau im Sommerpolder, die Öffnung des Vordeichs und die Reduzierung der Vorlandentwässerung und der Beweidung. Nachfolgend werden die Ergebnisse einer Begleituntersuchung beispielhaft dargestellt. Die durch Landgewinnungsmaßnahmen entstandenen Salzwiesen der Festlandhalbinsel Hamburger Hallig im Nationalpark Schleswig-Holsteinisches Wattenmeer stellt den größten zusammenhängenden Vorlandkomplex im nördlichen Teil des Wattenmeers dar (Farbtafel 7-2).

7.6.4.1 Vegetationsentwicklung

Die Vegetationskartierung aus dem Jahr 1988 zeigt die Vegetationszusammensetzung zum Zeitpunkt intensiver Landnutzung (Abb. 7-6). Die Salzwiesen der Hamburger Hallig waren zu Beginn der Renaturierung auf 69 % der Fläche von Andelrasen dominiert.

Nach der Extensivierung der Beweidung differenzierte sich die Vegetation je nach Standort aus (Farbtafel 7-3). In den feuchten Bereichen breiteten sich Schlickgrasfluren sowie Queller- und Strandsodenfluren aus (1996). Der Andelrasen ging von 60 % auf 9 % Flächenanteil zurück. In der unteren Salzwiese legte die Keilmelden-Gesellschaft zu. Als die Beweidung gänzlich eingestellt wurde, breiteten sich zunächst Rotschwingelrasen aus, die später von Beständen anderer Gesellschaften der oberen Salzwiese abgelöst wurden. In der Gesamtfläche entwickelte sich die Anzahl der Vegetationstypen von elf (1988) über 17 (2001) zu 15 (2006).

Im extensiv beweideten Vorland der Hamburger Hallig ging die Entwicklung von der unteren zur oberen Salzwiese schneller vonstatten als auf intensiv beweideten Vergleichsflächen, aber langsamer als in den zeitgleich aufgelassenen Brachen (Gettner et al. 2003). Der Flächenanteil des Andelrasens nahm deutlich ab. Profitiert haben Salzmeldenfluren und Strand-Beifußfluren. Salzbinsenrasen scheinen sich unter extensiver Beweidung deutlich besser zu halten als in Brachen.

Zehn Jahre nach Beginn großflächiger Flächenstilllegungen sind Initialstadien der Salzmeldenfluren in Andelrasen sowie von Strand-Beifußfluren in Rotschwingelrasen und sogar Reinbestände von Strand-Beifuß mit über 20 % Deckung auch in den intensiv beweideten Flächen an der nordfriesischen Festlandküste keine Seltenheit mehr (Kiehl 1997).

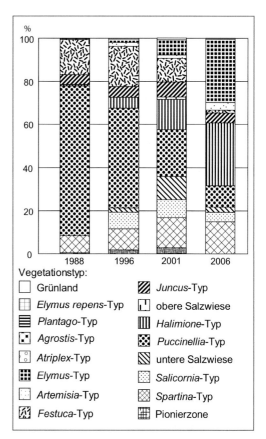

Abb. 7-6: Vegetationsentwicklung in einer Festlandsalzwiese (Hamburger Hallig, Schleswig-Holstein) nach durchgeführter Renaturierung. In dem Salzwiesenkomplex mit einer Größe von über 1 000 ha wurde 1991 ein Beweidungsmanagement eingeführt und die künstliche Entwässerung weitgehend eingestellt; dargestellt sind die jeweilige Vegetationszusammensetzung aus den Jahren 1988 (vor der Extensivierung), 1996 (5 Jahre), 2001 (10 Jahre) und 2006 (15 Jahre nach Extensivierung).

Vegetationsaufnahmen für die Untersuchungsjahre von 1989–1992 und 2003 zeigten in den ersten Jahren eine Stagnation der Artendichte in allen Beweidungsvarianten. In der unbeweideten Fläche war sie auch 2003 auf gleichem Niveau. In den extensiv und intensiv beweideten Flächen hingegen stieg sie an. Auf den hoch gelegenen unbeweideten Salzwiesen kam es zu einem leichten, aber nicht signifikanten Rückgang der Artenzahl. Im Jahr 2000 war die Artendichte der extensiv beweideten Flächen der oberen Salzwiese

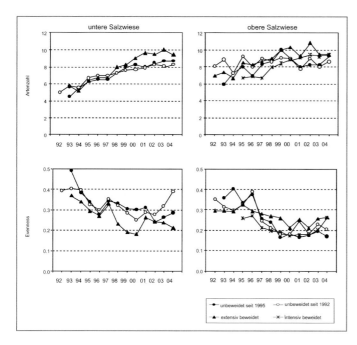

Abb. 7-7: Veränderung in der Artendichte und der Evenness E zwischen 1992 und 2004 auf 4 m² Probeflächen in unterschiedlich beweideten Bereichen der unteren (links) und oberen (rechts) Salzwiese auf der Hamburger Hallig (Kiehl et al. 2007).

signifikant am höchsten, während sich die anderen Flächen nicht voneinander unterschieden. In der unteren Salzwiese war weiterhin ein leichter Anstieg der Artendichte zu verzeichnen. In der oberen Salzwiese stieg die Artendichte nur in der intensiv beweideten Fläche leicht an, während sie in den extensiv und unbeweideten Flächen von Jahr zu Jahr um ein bis zwei Arten schwankte (Kiehl et al. 2007).

Grundsätzlich war die Artendichte in beweideten Flächen höher als auf Brachen, da sich in letzteren häufig Dominanzbestände einzelner Arten ausbildeten (Abb. 7-7). Auf Teilflächen der Hamburger Hallig hat vermutlich die Aufgabe der Entwässerung zu stärker wassergesättigten Bodenverhältnissen – teilweise in Kombination mit geringen Sedimentationsraten – geführt und diesen Effekt verhindert.

7.6.4.2 Schlussfolgerungen

Es ist kaum eine Abnahme der Artendichte auf den unbeweideten Flächen zu verzeichnen. Beweidete und unbeweidete Salzwiesen unterscheiden sich vielmehr darin, dass die Artendichte auf den extensiv und intensiv beweideten Flächen stärker angestiegen ist als auf den unbe-

weideten. Die großmaßstäbigen Landnutzungsänderungen haben sich somit nicht nur positiv auf die Flächen mit reduzierter oder eingestellter Beweidung ausgewirkt, sondern auch deutliche Effekte auf benachbarten Flächen gezeigt.

Insgesamt ist es bislang nicht zur Dominanz einzelner Pflanzenarten oder Vegetationsgesellschaften gekommen. Die Vegetation hat sich über ein Stadium mit starker Mosaikbildung ca. zehn Jahre nach der Extensivierung weiterhin ausdifferenziert und sich standortentsprechend entwickelt. Das Beweidungsmosaik hat zu einer vielfältigen Vegetationsstruktur und -ausprägung geführt.

7.6.5 Kleinflächige Renaturierung von Salzwiesen an der Nordsee durch Kleientnahme

Klei ist ein feinkörniger, oft toniger Wattboden, der sich aufgrund seiner hohen Dichte gut als Baumaterial eignet. Für die Errichtung von Küstenschutzanlagen wurde daher immer wieder Klei aus den Salzwiesen abgebaut. Die Entnahmestellen (Pütten) an der niedersächsischen Küste wurden wieder an das Tideregime angeschlossen und verlandeten. Wiederbesiedlungsdauer sowie die Vegetations- und Faunenzusammensetzung der Pütten unterscheiden sich jedoch in Abhängigkeit von regionalen und örtlichen Bedingungen (Heiber et al. 2005).

Wenn die Pütten gut an das Tideregime angeschlossen sind, füllen sie sich innerhalb von zwei bis drei Jahren wieder weitgehend mit Schlick. Das frühere Geländeniveau haben sie jedoch erst nach 30 Jahren wieder erreicht. Nach fünf Jahren kann sich auf den Standorten eine ausgedehnte Schlickwatt-Quellerflur ausbilden, die im Laufe weiterer fünf Jahre in einen Andelrasen übergeht. Nach weiteren zehn Jahren siedeln sich Arten der oberen Salzwiese an. Entlang der Priele bilden sich nach 35 Jahren große Strandqueckenbestände aus. Innerhalb der Pütten entsteht häufig eine kleinräumige Struktur von Erhebungen (Bulten) und Vertiefungen (Schlenken). Die Pütten weisen somit eine große Strukturvielfalt und Naturnähe auf.

Aufgrund der Materialentnahme gehen die Flächen über Jahrzehnte als Lebensraum für Salzwiesenpflanzen und Brutvögel verloren. Langfristig gesehen etablieren sich in Pütten mit natürlichem Prielsystem und ohne landwirtschaftliche Nutzung jedoch kleinflächige Salzwiesengemeinschaften, die andernorts fehlen können. Die sich etablierende Salzwiesenflora ist artenärmer als in nicht ausgepütteten Vergleichsflächen. Für salzwiesentypische Wirbellose bieten nur ältere Pütten einen geeigneten Lebensraum. Spinnen profitieren nicht davon.

7.6.6 Schlussfolgerungen für die Renaturierung von Salzwiesen an der Nordsee

Die Beispiele haben gezeigt, dass an der Nordseeküste die Salzwiesen-Renaturierung durch **Deichrückbau** nur dann erfolgreich ist, wenn der Deich vollständig entfernt oder zumindest große Abschnitte geöffnet werden, sodass das Salzwasser mit seiner Fracht aus Sedimenten und Diasporen frei einströmen kann. Hingegen sind kleine, punktuelle Deichöffnungen in Form von technischen Bauwerken (Sielen, Rohrdurchläs-

sen) nicht ausreichend. Daher sollen z. B. an der Wurster Küste (Abschnitt 7.6.2) nun ganze Abschnitte des Sommerdeichs geöffnet werden. Die Wiedervernässung ist für die Renaturierung von Vorlandsalzwiesen und die Ausbildung einer natürlichen Artenvielfalt entscheidend. Deshalb ist dort, wo dies nicht auf natürliche Weise geschieht, das künstliche Entwässerungssystem zurückzubauen. Die Vertiefung von Wasserläufen in den Renaturierungsflächen trägt hingegen statt zur Wiedervernässung eher zur weiteren Entwässerung bei (Beispiel Langeooger Sommerpolder, Abschnitt 7.6.3).

Die Einstellung von landwirtschaftlicher Nutzung und Entwässerung auf Festlandsalzwiesen hat sich nicht nur auf solche Flächen positiv ausgewirkt, die schwächer oder gar nicht mehr beweidet werden, sondern zeitverzögert auch deutliche Effekte auf benachbarte Flächen ohne Nutzungsänderung gezeigt. Wenn die Bestände beweidungsempfindlicher Pflanzenarten auf den extensivierten Flächen zunehmen, erreicht eine große Anzahl ihrer Diasporen über das Wasser auch Nachbarflächen, wo sich diese Arten dann trotz intensiver Beweidung ansiedeln. Unerwünschte Dominanzbestände der Quecke (*Elymus repens*) haben sich im Zuge der Renaturierung nur in den weiterhin intensiv entwässerten und höher gelegenen Flächen eingestellt.

Eine Extensivierung der Nutzung wird insbesondere auf den Halligen eingesetzt, um traditionellen Biotop- und Artenschutz zu betreiben und um eine struktur- und abwechslungsreiche Kulturlandschaft zu erhalten. Dabei führt eine extensive Beweidung von weniger als zwei Schafen pro ha oder von ca. einer Großvieheinheit mit Rindern nicht nur zu einer Zunahme von Pflanzenarten und der Vegetationsstruktur, sondern infolgedessen auch zu einem Anstieg von bestimmten Arthropoden, Brutvögeln und überwinternden Singvögeln. Die Tragekapazität für Gänse nimmt jedoch ab (Stock und Hofeditz 2002).

Extensive Nutzung ist damit zweifelsohne eine geeignete Maßnahme zur Erhöhung der Diversität. Innerhalb der Nationalparks wird jedoch der natürlichen Entwicklung, dem **Prozessschutz**, Raum gegeben. Dies beschränkt sich bei anthropogen geformten oder genutzten Ökosystemen auf die Entwicklung von „Wildnis aus zweiter Hand". Ziel ist die naturgegebene, standortentsprechende Entwicklung, die vorrangig nicht zur Steigerung der Diversität praktiziert wird. Ziel ist eine größere Naturnähe hinsichtlich Standortausprägung und davon abhängiger Besiedlung mit Tieren und Pflanzen. Der Verlauf und der Ausgang der Entwicklung sind dabei nicht oder wenig vorhersehbar. Bei der Umsetzung dieser Ziele bleiben die Erosionsfestigkeit, die Sedimentationsförderung und die Küstenschutzfunktion der Salzwiese erhalten, was insbesondere vor dem Hintergrund eines steigenden Meeresspiegels und einer Zunahme von Extremereignissen von großer Bedeutung ist.

Pütten sind folglich nur auf kleiner Maßstabsebene als Regenerationsräume anzusehen. Sie erfüllen erst nach Jahren oder Jahrzehnten einige der lebensraumtypischen Funktionen einer Salzwiese. Dort, wo Kleientnahmen aus Küstenschutzgründen unabdingbar sind, sollten sie sich ohne weitere menschliche Beeinflussung natürlich regenerieren können.

7.6.7 Karrendorfer Wiesen (Ostsee)

Die Karrendorfer Wiesen liegen am südwestlichen Rand des Greifswalder Boddens, südlich der Insel Rügen an der vorpommerschen Ostseeküste. Dort wurde 1993 das erste Deichrückbauvorhaben der deutschen Ostseeküste umgesetzt. In finanzieller Hinsicht führte die Umwidmung des Deichs I. Ordnung zu einem Deich II. Ordnung zu einer Entlastung der öffentlichen Kassen, da nun nicht mehr das Land Mecklenburg-Vorpommern, sondern der Wasser- und Bodenverband und damit der Nutzer für die Erhaltung des Deichs zuständig ist.

7.6.7.1 Standortveränderungen

Nach Rückbau des Deichs setzten folgende wesentlichen Standortveränderungen ein: Vernässung, Versalzung, Anstieg des pH-Wertes sowie Rückgang des Gehalts an Ammonium, Phosphor und Kalium.

Bereits in den ersten Jahren nach der Ausdeichung glichen sich die Salinitätskurven der überflutungsgeprägten Flächen denen von Salzgrasland an, da sich in den Sommermonaten durch die Verdunstung von Meerwasser im Oberboden eine sehr hohe Salzkonzentration einstellte.

7.6.7.2 Vegetationsentwicklung

Die Vegetationsentwicklung auf den Karrendorfer Wiesen in den ersten zehn Jahren ab der Ausdeichung ist in Abbildung 7-8 dargestellt. Die Vegetation starb unterhalb von 40 cm ü. d. M. zunächst vollständig ab (Farbtafel 7-4). Die Wiederbesiedlung dieser tiefsten Bereiche erfolgte über Salzschwadenrasen (Spergulario-Puccinelletum distantis). Im Verlauf der Sukzession wurden diese auf mittleren Höhen zwischen 40 und 80 cm ü. d. M. durch Salzbinsenrasen ersetzt. Die Andelrasen der Anfangsjahre wurden zunehmend von Straußgrasflutrasen verdrängt. In unzugänglichen Bereichen, wo die Beweidung ausblieb, breiteten sich großflächig Schilfröhrichte aus. Die ehemals vegetationsfreien Bereiche wurden innerhalb von zehn Jahren durch Pioniergesellschaften besiedelt. Der Salzbinsenrasen, der die Zielvegetation der Renaturierungsmaßnahme darstellte, hat weite Bereiche zurückerobert, und mesophiles Grünland findet sich nur noch oberhalb von 80 cm ü. d. M. Um die Mittelwasserlinie herum erwies sich Rinderbeweidung als negativ für die Herausbildung einer geschlossenen Grasnarbe (Farbtafel 7-5), allerdings drängte sie Dominanzbestände der Quecke zurück.

Untersuchungen zum Zusammenhang zwischen Hydrologie und Re-Etablierung von Salzgrasland ergaben, dass die Höhenamplituden sowohl von einzelnen Arten als auch von Vegetationseinheiten durch den Grad der Entwässerung bestimmt werden. Je rascher das Überflutungs- und Niederschlagswasser wieder abgeführt wird, desto schneller besiedeln typische Arten und Vegetationseinheiten das Deichrückbaugebiet. Zudem dringen sie schneller in niedrig gelegene Zonen vor (Farbtafel 7-6).

7.6.7.3 Bewertung der floristischen Entwicklung

Gemäß dem Sättigungsindex nach Wolters et al. (2005a) (Abschnitt 7.5.3) waren in den Renaturierungsflächen der Karrendorfer Wiesen nach

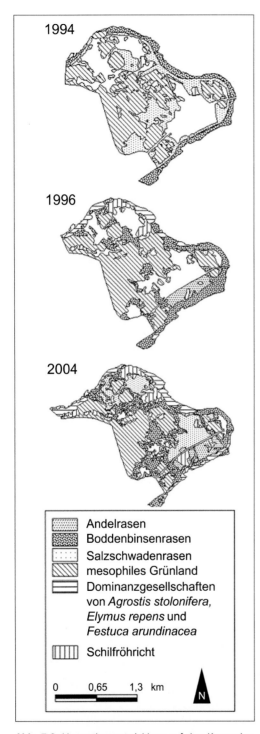

1994

1996

2004

Andelrasen
Boddenbinsenrasen
Salzschwadenrasen
mesophiles Grünland
Dominanzgesellschaften
von *Agrostis stolonifera*,
Elymus repens und
Festuca arundinacea

Schilfröhricht

0   0,65   1,3   km   N

Abb. 7-8: Vegetationsentwicklung auf den Karrendorfer Wiesen vom Deichrückbau im Jahr 1993 bis zum Jahr 2004.

einem Jahr 43 % der Zielarten zu finden, nach fünf Jahren 83 % und nach zehn Jahren 100 %, bezogen auf den lokalen Artenpool der benachbarten Salzgraslandflächen. Bezogen auf den regionalen Artenpool der Vorpommerschen Boddenlandschaft liegen die Werte für die genannten Zeitabschnitte bei 32 %, 62 % und 74 %.

7.6.7.4 Biomasse

Der Bestand an oberirdischer Biomasse ist, wie die Artenzusammensetzung der Vegetation, von der Höhenlage abhängig. Bis zu einer Höhe von 20 cm ü. d. M. brach der Biomasseertrag pro Flächeneinheit im zweiten Jahr nach Ausdeichung (1995) vollständig zusammen (Bernhardt et al. 1996). Von 40 bis 60 cm ü. d. M. kam es zu einem starken Rückgang auf weniger als die Hälfte der Werte des Polder-Grünlandes. Oberhalb von 60 cm ü. d. M. ist keine Veränderung festzustellen. Sieben Jahre nach Ausdeichung haben sich die Verhältnisse in dieser Zone denen des Polders und beweideter Salzgrasländer angeglichen. Bei 40 cm ü. d. M. liegt der Biomassebestand pro Flächeneinheit immer noch bei 50 % der Werte des Polder-Grünlandes. Folglich ist insbesondere in den ersten Jahren nach der Ausdeichung mit starken Einbußen bei den Futtererträgen zu rechnen.

7.6.7.5 Laufkäfer

Laufkäfer (Carabidae) wurden ebenfalls als Bioindikator für den Renaturierungserfolg herangezogen (Schultz 2002). Es zeigte sich, dass der Deichrückbau zu einer Abnahme von Laufkäferdichte und -aktivität führte, wohingegen die Artenzahlen zunahmen. Dies ist auf die Entstehung von Mikrohabitaten innerhalb des Überflutungsbereichs zurückzuführen. Bereits im zweiten Jahr nach der Ausdeichung stellte sich ein Bestand an Laufkäferarten ein, wie er in naturnahen Referenzflächen zu finden ist. Der Kleine Ahlenläufer (*Bembidion minimum*) ist der mit Abstand häufigste Käfer, gefolgt vom Veränderlichen Ahlenläufer (*Bembidion varium*), einem Indikator für offene Schlammflächen. Die beiden Arten *Bembidion aeneum* und *Dyschirius globosus*, die in naturnahen Referenzflächen häufig

7.6 Beispiele für die Renaturierung von Salzwiesen bzw. Salzgrasländern **201**

7

sind, treten in der ausgedeichten Fläche nur noch selten auf.

7.6.7.6 Vögel

Küstentypische Brutvögel fanden sich ebenfalls bereits im ersten Jahr nach der Ausdeichung ein (Holz 1996). Zum bisherigen Artenbestand kamen acht Watvogelarten und zwei Entenarten hinzu, darunter Austernfischer, Alpenstrandläufer (*Calidris alpina*) und Rotschenkel. Sie wanderten vorwiegend von benachbartem Salzgrasland ein. Hingegen wurden Uferschnepfe (*Limosa limosa*), Säbelschnäbler (*Recurvirostra avosetta*), Bekassine (*Gallinago gallinago*) und Kampfläufer (*Philomachus pugnax*) in diesem Gebiet erstmalig als Brutvögel beobachtet. Im Allgemeinen ziehen Vögel die Andelrasen den Salzbinsenrasen vor (eigene Beobachtungen) und lassen sich auch gern in den Senken mit absterbender Vegetation nieder. Dort lag die Besiedlungsdichte jedoch deutlich unter den Werten für Salzgrasland. Zugleich sind die Vögel in diesen trockeneren Zonen stark durch Raubsäuger gefährdet, was den Bruterfolg weit mehr limitiert als das Lebensraumangebot.

7.6.8 Polder Ziesetal (Ostsee)

Der Polder Ziesetal ist das zweite große Deichrückbauprojekt an der deutschen Ostseeküste. Er liegt am südöstlichen Ende der Greifswalder Wieck, die ihrerseits Teil des Greifswalder Boddens ist. Anlass war ein unbeabsichtigter Deichbruch im Jahr 1995, nach dem die Verwaltung sich statt für eine Reparatur für die Renaturierung entschied. Die folgende Auswertung (Fock et al. 2002, Zander 2002) bezieht sich auf ein 118 ha großes Teilstück des Polders.

7.6.8.1 Landwirtschaftliche Nutzbarkeit

Als Ergebnis der Wiederzulassung von Überflutung fiel etwa 1 % der Flächen, nämlich die Zone zwischen −0,5 und −0,1 m ü.d.M., wegen dauerhaften Überstaus aus der Nutzung, 2 % (−0,1 bis 0 m ü.d.M.) sind eingeschränkt nutzbar. Ungefähr 60 % der Fläche liegen unterhalb von 0,4 m ü.d.M. und sind daher auch während des Beweidungszeitraums (Sommerhalbjahr) von Überflutungen betroffen. Da das Hochwasser aufgrund des schüsselförmigen Flächenprofils nur langsam abfließt, liegt die Fläche oft für längere Zeit unter Wasser. Die Bereiche von 0,2 bis 0,4 m ü.d.M. werden aufgrund dieses Umstands und zu geringer Beweidungsintensität vorwiegend von Flutrasen des Weißen Straußgrases eingenommen.

7.6.8.2 Vegetationsentwicklung

Auch im Polder Ziesetal durchlief das Grünland nach der Deichöffnung tief greifende Veränderungen. Zielvegetation der Renaturierungsmaßnahme sind Salzgrasland und Brackwasserröhricht. Unter einem idealen Beweidungs- und Feuchtigkeitsregime könnten Brackwasserröhrichte die Zone unterhalb der Mittelwasserlinie (3,5 % der Fläche) und das Salzgrasland die Zone zwischen 0 und 0,7 m ü.d.M. (81 % der Fläche) einnehmen. Tatsächlich aber sind diese Vegetationseinheiten heute lediglich mit 2 % bzw. 6 % Flächenanteil vertreten. Die Vegetation bildet ein sehr heterogenes, eng verzahntes Mosaik unterschiedlichster Pflanzengemeinschaften. Fast ein Drittel zählt zu den Flutrasengesellschaften, die zusammen mit Feuchtgrünland (18 %) die Hälfte der Gesamtuntersuchungsfläche ausmachen. Seggenriede und Röhrichte bedecken zu gleichen Teilen insgesamt weitere 25 %. Hinzu kommen 2 % Pionierfluren und Spülsaumgesellschaften. Dominanzbestände aus Quecke verhindern ein Eindringen von konkurrenzschwächeren Salzgraslandarten.

7.6.8.3 Laufkäfer

Laufkäfer wurden hier ebenfalls als Indikatoren für den Renaturierungserfolg untersucht (Grünwald 2002). Ziel war die Erhöhung des Anteils der **Habitatpräferenztypen** „Salzarten" (halobiont, halophil, halotolerant) sowie „Feuchtgebietsarten" (Moor-, Ufer-, Feuchtgrünlandarten). Wie auf den Karrendorfer Wiesen kam es innerhalb weniger Jahre zu einer Anpassung der Laufkäfergemeinschaft zugunsten der genannten Zielarten. Auffällig ist in den Jahren 2000 und 2001 der geringe Anteil der Salzarten (6 %) gegenüber 51 % Feuchtgebietsarten (30 % Ufer-, 11 % Moor-, 10 % Feuchtgrünlandarten) und 22 % eurytopen (weit verbreitete Arten) sowie 14 % allgemeinen Grünlandarten. Dies spiegelt einerseits die ungünstigen hydrologischen Bedingungen, andererseits aber auch den erwarteten Mosaikcharakter der renaturierten Fläche wider. Unter den häufigsten Arten ist nur eine Salzart (*Bembidion minimum*).

7.6.8.4 Bewertung

Der Deichrückbau im Polder Ziesetal führte zu einem Umbruch im Pflanzenartenspektrum und zur Entstehung eines Vegetationsmosaiks. Gemäß dem Sättigungsindex nach Wolters et al. (2005a) erreichte der Artenbestand sieben Jahre nach Deichbruch 62 % des regionalen und 83 % des lokalen Artenpools. Die Entwicklung im Polder Ziesetal bleibt damit hinter dem Fortschritt auf den Karrendorfer Wiesen zurück. Der Naturschutzwert dieser Renaturierungsmaßnahme liegt mehr in der Schaffung einer reich strukturierten Vegetation als in der Ausbildung hochwertiger Salzgraslandbestände. Die Gesamtkosten der Renaturierung beliefen sich auf etwa 118 000 Euro und damit auf weniger als die Hälfte der Wiederaufbaukosten des gebrochenen Deichs (256 000 Euro).

7.6.9 Schlussfolgerungen für Deichrückbau an der Ostsee

Die Beispiele Karrendorfer Wiesen und Polder Ziesetal belegen, dass an der südlichen Ostseeküste ein sehr großes Potenzial zur Renaturierung von Salzgrasland vorhanden ist. Ein vollständiger Deichrückbau und die Wiederherstellung des Prielnetzes verbessern den Erfolg, da unter diesen Voraussetzungen Brackwasser und die darin enthaltenen Diasporen ungehindert in die Flächen eindringen können. Der Erfolg zeigt sich in der raschen Etablierung des vollständigen lokalen Arteninventars innerhalb von weniger als zehn Jahren. Ungünstig wirkt sich die Verfüllung bzw.

Schließung von Entwässerungsgräben aus. Das verzögerte Ablaufen des Überflutungswassers verschiebt Verbreitungsgrenzen auf Art- und Vegetationsebene nach oben oder verhindert die Etablierung von Salzgrasland gänzlich. In Zonen unterhalb von 40 cm ü. d. M. verhindert Viehtritt die Ausbildung von Salzgrasland. Daher sollten diese Zonen in den ersten Jahren geschont werden, um eine nachhaltige Wiederherstellung geschlossener Bestände und damit einen guten **Futterertrag** zu gewährleisten. Oberhalb davon sollte eine Besatzdichte von einer Großvieheinheit pro ha nicht unterschritten werden, um die großflächige Ausbreitung von Röhrichten und Flutrasen zu verhindern und die Ansiedlung charakteristischer Salzgraslandarten zu ermöglichen.

7.7 Deichrückbau – Akzeptanz in der Bevölkerung

Die Küstenbewohner haben seit vielen Jahrhunderten Deiche gebaut, um sich vor der Gewalt des Meeres zu schützen. Die Sturmfluten von 1953 und 1962 an der Nordsee und 1872 an der Ostsee, denen mehrere Hundert Menschen zum Opfer fielen, sind noch in lebendiger Erinnerung. Der Rückbau von Deichen löst daher Ängste vor Schäden an Besitz und Leben aus. An der Nordsee, wo Deiche auch der Landgewinnung dienten, kommt der Unwille hinzu, Flächen „aufzugeben“, die die Küstenbewohner über Generationen dem Meer „abgerungen“ haben.

In den Niederlanden und Großbritannien werden vermehrt seit Anfang der 1990er-Jahre Deiche zu Renaturierungszwecken zurückgebaut (*coastal retreat, managed realignment*). Die Akzeptanz dieser Maßnahmen in der Bevölkerung wurde mehrfach mittels Befragungen untersucht (z. B. Myatt-Bell et al. 2002, Myatt et al. 2003). Folgende Erkenntnisse lassen sich daraus ableiten:

- Die Küstenbewohner schätzen ihre Gefährdung durch Hochwasser höher ein, als sie ist. Dies rührt daher, dass ihnen einerseits die Schreckensszenarien vergangener Überflutungen deutlich im Bewusstsein stehen und sie andererseits kaum über aktuelle wissenschaftliche Risikoabschätzungen informiert sind.

- Dementsprechend korreliert die Zustimmung zu Deichrückbaumaßnahmen mit dem Vertrauen in die durchführende Organisation und dem Informationsgrad. Erfolgreiche Methoden der **Informationsvermittlung** sind Anwohnerversammlungen, Zeitungsberichte und Vor-Ort-Begehungen.
- Die Mehrheit der Befragten gaben an, dass bei der Bewertung von Deichrückbauprojekten für sie folgende Kriterien die Hauptrolle spielen (in der Reihenfolge abnehmender Zustimmung): Wirksamkeit der Maßnahme als Hochwasserschutz; Zugänglichkeit des Gebietes für den Menschen; Nutzen für den Naturschutz.
- Die Mehrheit der Befragten möchte über küstenschutzrelevante Maßnahmen mitentscheiden. Dem kann die Verwaltung über verbesserte Konsultations- und Partizipationsmechanismen entgegenkommen.

Die Bevölkerung an der deutschen Nordseeküste lehnt Deichrückbauprojekte deutlich stärker ab als die Befragten in England (Rupp und Nicholls 2002). Auch die Wasser- und Deichbauverbände an der Wurster Küste (Abschnitt 7.6.2) zeigen über die Beweidungsextensivierung hinaus sehr wenig Akzeptanz für das Vorhaben. Sie lehnten die Höhenverringerung des Sommerdeichs und den Einstau überschüssigen Wassers aus dem Binnenland ab, obwohl Vorversuche gute Ergebnisse geliefert hatten. Die Ergebnisse der englischen Studie legen nahe, dass bessere Information, Konsultation und Partizipation der Bevölkerung die Akzeptanz verbessern können. Ist keine freiwillige Mitarbeit der Bevölkerung zu erreichen, sollten – außer dem aufwändigen Aufkauf der betroffenen Flächen – auch Vertragsnaturschutz, zeitlich begrenzte Entschädigungszahlungen und die Verlegung des Vorhabens auf öffentliche Flächen in Betracht gezogen werden.

7.8 Empfehlungen für die Renaturierung von salzgeprägten Küstenökosystemen

7.8.1 Empfehlungen für zukünftige Renaturierungsmaßnahmen

An den mitteleuropäischen Küsten gibt es nach wie vor ein großes Flächenpotenzial zur Renaturierung von Salzwiesen bzw. Salzgrasländern. Im Folgenden leiten wir aus den Erfahrungen bisheriger Renaturierungsprojekte Empfehlungen für die Planung, Umsetzung und Bewertung zukünftiger Maßnahmen ab.

7.8.1.1 Deichrückbau – Zielbestimmung und Gebietsauswahl

Zunächst sind die **Ziele** des Naturschutzvorhabens festzulegen, und diese hängen wesentlich vom angestrebten Schutzstatus ab. An der Nordseeküste ist die Erhaltung von Salzwiesen mit **Prozess- und Wildnisschutz** vereinbar, da es sich dort als Endstadium einer natürlichen Sukzession einstellt; an der Ostseeküste hingegen führt Prozessschutz zum Verschwinden des Salzgraslandes zugunsten von Brackwasserröhrichten. Im Rahmen eines Kulturlandschaftsschutzes, wie er sich im Biosphärenreservat Südost-Rügen und teils auch im Nationalpark Vorpommersche Boddenlandschaft empfiehlt, kann die Erhaltung der **Salzweiden** selbst explizites Ziel herkömmlicher Arten- und Biotopschutzmaßnahmen sein.

Sofern es also um den Schutz naturnaher Salzwiesen geht, sollten bei der Auswahl der Fläche die im Kasten 7-3 dargestellten **ökologischen Kriterien** beachtet werden.

Kasten 7-3
Kriterien für die Auswahl von Renaturierungsflächen

- **Standörtliche Voraussetzungen:** Vor allem an der Nordsee ist vor dem Hintergrund des Meeresspiegelanstiegs die lokale Sedimentverfügbarkeit zu prüfen, denn das Mitwachsen der Salzwiesen mit dem Meeresspiegel hängt hier, anders als an der Ostsee, weitgehend vom Sedimenteintrag ab.
- **Größe und Relief der Fläche:** Die Renaturierungsgebiete sollten größer als 30 ha sein und eine weite Höhenamplitude besitzen.

- **Vorkommen von Zielarten in der Umgebung:** Um eine schnelle Besiedlung der Renaturierungsfläche mit Pflanzen- und Tierarten der natürlichen Salzwiesen zu gewährleisten, sollten innerhalb eines Radius von wenigen Kilometern entsprechende Quellhabitate vorhanden sein. Bei Sommerdeichen ist auch der vor der Ausdeichung bestehende Artenpool innerhalb des Polders von großer Bedeutung für den Renaturierungserfolg.

7.8.1.2 Deichrückbau – technische Planung und Umsetzung

Ist ein erfolgversprechendes Renaturierungsgebiet identifiziert, sollte die betroffene Bevölkerung von Anfang an in die weitere Planung einbezogen werden (Abschnitt 7.7). Der Zeitplan einer Küstensalzwiesen-Renaturierung sollte sicherstellen, dass die Deichöffnung vor der Diasporenreife, also vor dem Zeitraum September bis Dezember, abgeschlossen ist, um insbesondere die sofortige Ansiedlung von Salzwiesen-Pionierarten und von Arten der unteren Salzwiese zu begünstigen (Wolters et al. 2005b).

Welche **Deichöffnungsvariante** gewählt werden sollte, hängt von den Standortbedingungen und dem verfügbaren Budget ab. Ein kostengünstiger Kompromiss ist oftmals die Schlitzung des Deichs, idealerweise an der Mündung eines früheren Prielsystems. Bei günstigen Rahmenbedingungen kann eine ausreichend breite Schlitzung ökologische Wirkungen erzielen, die denen eines – wesentlich teureren – vollständigen Deichrückbaus vergleichbar sind. Dennoch ist grundsätzlich die vollständige Entfernung des Deichs anzustreben.

Bei der Einrichtung des **hydrologischen Systems** gelten für Nord- und Ostseeküste gegensätzliche Empfehlungen. An der Ostsee sollten künstliche Entwässerungssysteme (**Grüppen**) erhalten bzw. geschaffen werden, da sie nach Entfernung des Deichs das Eindringen des Meerwassers und damit die Wiedervernässung fördern. An der Nordsee hingegen setzen sie ihre ursprüngliche Funktion fort und sollten, um ein „Austrocknen" des Gebietes zu verhindern, verschlossen werden. Die Wiederherstellung von natürlichen Wasserläufen (**Prielen**) ist bei Flächen angezeigt, die vor der Ausdeichung bereits die Höhe ausgereifter Salzwiesen aufweisen. Ein funktionierendes Prielsystem erhöht die Sedimentationsraten im gesamten Gebiet und begünstigt die Ansiedlung erwünschter Arten.

Extensive **Beweidung** ist an der Ostsee essenziell für den Fortbestand von Salzgrasland und kommt für Küstensalzgrasland im Allgemeinen als zielgerichtete Pflegemaßnahme infrage. Mit ihrer Hilfe lässt sich etwa die Ausbreitung von Quecken (*Elymus athericus* und *E. repens*) in tieferen Salzgrasland-Zonen vermindern. Mit Blick auf den **Artenbestand** sind extensive Beweidung oder Mahd deswegen zu empfehlen, weil die auf diese Weise genutzten Flächen die höchste Artensättigung (nach dem Index von Wolters et al. 2005a) erreichen. Bei zu geringen vertikalen Wachstumsraten der Fläche sollte aber von der Beweidung abgesehen werden, da diese die Vegetationsstruktur auflockert und daher die Sedimentation verringert (Andresen et al. 1990, van Duin et al. 2003). An der Ostsee sollten, um der Erosion vorzubeugen, tiefer gelegene Zonen je nach Bodenbeschaffenheit erst dann beweidet werden, wenn sich eine belastbare Vegetationsdecke entwickelt hat.

7.8.1.3 Deichrückbau – Monitoring und Evaluation

Das Monitoring der Renaturierungsmaßnahme sollte mit einer Bestandsaufnahme schon vor der Deichöffnung einsetzen. Ab der Deichöffnung sollte die biotische und abiotische Entwicklung mindestens 10–15 Jahre lang dokumentiert werden (Kapitel 1). Arthropoden, besonders Laufkäfer, haben sich als Indikatoren für die kurzfristigen Veränderungen der ersten Jahre bewährt. Für die Beobachtung der Vegetationssukzession kommen besonders Höhentransekte und Dauerflächen infrage. Die Sättigungsindizes (Wolters et al. 2005a), die für Pflanzenarten bereits gute Dienste leisten, könnten auch bei Laufkäfern oder anderen Indikatorgruppen Anwendung finden. Komplementär zum biotischen Monitoring sollten die Standortfaktoren Feuchtigkeitsregime, Salinität und Nährstoffversorgung erfasst werden. Bei landwirtschaftlich genutzten Flächen können zudem Untersuchungen des Biomasseertrags von Interesse sein.

Das Monitoring hilft nicht zuletzt dabei, unerwünschte Entwicklungen frühzeitig zu erkennen und ggf. lenkend einzugreifen (Kapitel 1). Im Interesse der Transparenz für die Bevölkerung sollte der Verlauf der Renaturierung objektiv, sachkundig, allgemein verständlich und öffentlichkeitswirksam dargestellt werden (z. B. im Internet).

7.8.1.4 Extensivierung der Nutzung

Für die Ostseeküste, wo Küstensalzgrasland erst durch menschliche Nutzung entstand, hat das Beispiel des Polders Ziesetal gezeigt, dass zu extensive Beweidung (weniger als eine Großvieheinheit pro ha) zu monotonen *Agrostis stolonifera*-Flutrasen führt. Will man hier artenreiches Salzgrasland erhalten, sollte ein Beweidungsdruck von einer bis 1,5 Großvieheinheiten pro ha gewährleistet werden. Eine frühjährliche Mahd des vorjährigen Überstands kann das Artenspektrum weiter aufwerten. Die Nutzung sollte aber auf die Brutzeiten der Vögel abgestimmt werden.

An der Nordsee, wo Küstensalzwiesen durch natürliche Sukzession entstehen, kommt weitgehender Extensivierung bis hin zur Nutzungsaufgabe eine größere Bedeutung für die Renaturierung zu, zumal die Salzwiesen hier bis in die 1990er-Jahre jahrzehntelang teils sehr intensiv genutzt wurden. Je nach Zielsetzung wird eine Nutzungsaufgabe oder eine extensive Beweidung umgesetzt.

7.8.2 Deichrückbau und Meeresspiegelanstieg

Es wäre außerordentlich teuer, dem Ansteigen des Meeresspiegels in Fortsetzung der bisherigen Küstenschutzstrategien mit der Erhöhung vorhandener und dem Bau neuer Deiche begegnen zu wollen, die immer höhere Instandhaltungskosten verursachen. Die Aufrechterhaltung der gegenwärtigen Küstenlinie entgegen der natürlichen Dynamik kann daher nicht mehr als langfristige Option gelten. Auch wenn es widersprüchlich wirken mag: Die kostengünstige und risikoarme Alternative zu konventionellen, technischen Küstenschutzmaßnahmen ist der **Rückbau der Deiche** und die gezielte Schaffung von Überflutungsräumen – auf denen zumindest an der Nordsee spontan Salzwiesen entstehen. Seine Wellenbrecherwirkung ermöglicht es, die hinter dem Salzwiesenstreifen liegenden Küstenschutzbauwerke kleiner zu dimensionieren (King und Lester 1995).

Außer für den Küstenschutz ist der Deichrückbau auch für den Naturschutz von Bedeutung. Von allem bisher Gesagten abgesehen, muss auch auf den im Englischen als *coastal squeeze* bezeichneten Prozess hingewiesen werden: Salzwiesen folgen dem Anstieg des Meeresspiegels, indem sie sich weiter landeinwärts verlagern. Hindern ihn aber Deiche daran, wird der Salzwiesenstreifen immer schmaler und verschwindet schließlich ganz.

7.8.3 Forschungsbedarf

Deichrückbau und Nutzungsextensivierung von Salzwiesen sind vergleichsweise junge Renaturierungsmethoden. Weiterer Forschungsbedarf besteht insbesondere in folgenden Bereichen:

- langjährige Sukzessionsforschung (z. B. mit Blick auf die Entwicklung von Quecken-Dominanzbeständen im Zuge der Renaturierung),

Kasten 7-4
Einfluss des Klimawandels auf Salzwiesen

Neben den direkten Wirkungen eines veränderten Klimas werden hier auch die infolgedessen steigenden Meeresspiegel betrachtet.

- Steigender Meeresspiegel: Erosion, Flächenverluste, Verschiebung der Vegetationszonierung, Rückgang von Pionierzone und unterer Salzwiese; stärkere Sedimentation.

- Ansteigende CO_2-Konzentrationen, höhere Temperaturen – Förderung von *Spartina anglica*; Arealverschiebung; stärkere Stickstoffnettomineralisation.
- Niederschlagsveränderungen – Arealverschiebung.

- Möglichkeiten und Grenzen des Einsatzes von Samenfang, Aussaat und Transplantation in Deichrückbauprojekten,
- Veränderungen ökosystemarer Funktionen durch Klimawandel und Meeresspiegelanstieg (Kasten 7-4),
- Interaktionen biotischer und abiotischer Faktoren im Rahmen der Salzwiesenentwicklung,
- Wiedereinsetzen von Torfbildung nach Rückdeichung an der Ostsee,
- Wellenbrecherfunktion von Salzgrasland an der Ostsee,
- Erarbeitung von Informations- und Partizipationsstrategien zur Erhöhung der Akzeptanz von Renaturierungsmaßnahmen.

Danksagung

Wir danken unseren Kollegen J. Bunje, D. Hansen und P. Südbeck von den Nationalparkverwaltungen für kritische Anmerkungen sowie den Kollegen S. Arens, J. Bakker, J. Barkowski, K. Kiehl und M. Kinder für die Bereitstellung von Literatur und Abbildungen.

Literaturverzeichnis

Adam P (1990) Saltmarsh ecology. Cambridge University Press, Cambridge

Andresen H, Bakker JP, Brongers M, Heydeman B, Irmler U (1990) Long-term changes of salt marsh communities by cattle grazing. *Vegetatio* 89: 137–148

Aptroot A, Dobben HF, Slim PA, Olff H (2007) The role of cattle in maintaining plant species diversity in wet dune valleys. *Biodiversity and Conservation* 16: 1541–1550

Arens S (2005) Vegetationsentwicklung in der Leybucht 1995–2004. Bericht NLWKN, Norden

Bakker JP (1985) The impact of grazing on plant communities, plant populations, and soil conditions on salt marshes. *Vegetatio* 62: 391–398

Bakker JP, Esselink P, van der Waal R, Dijkema K (1997) Options for restoration and management of coastal salt marshes in Europe. In: Urbanska KM, Webb NR, Edwards PJ (Hrsg) Restoration ecology and sustainable development. Cambridge University Press, New York. 286–322

Barkowski J, Freund H (2006) Die Renaturierung des Langeooger Sommerpolders – eine zweite Chance für die Salzwiese? *Oldenburger Jahrbuch* 106: 257–278

Bernhardt KG, Tesmer J, Ruth C, Schurbohm H (1996) Die Vegetation der Karrendorfer Wiesen – Inventarisierung des Zustandes 1994–1995. *Natur und Naturschutz in Mecklenburg-Vorpommern* 32: 84–100

Best M, Massey A, Prior A (2007) Developing a salt-marsh classification tool for the European water framework directive. *Marine Pollution Bulletin* 57: 205–214

Boesch DF, Turner RE (1984) Dependence of fishery species on salt marshes: the role of food and refuge. *Estuaries* 7: 460–468

Boormann L (2003) Saltmarsh review. An overview of coastal saltmarshes, their dynamics and sensitivity characteristics for conservation and mangement. *JNCC Report* No 334

Bossuyt B, Cosyns E, Hoffmann M (2007) The role of soil seed banks in the restoration of dry acidic dune grassland after burning of *Ulex europaeus* scrub. *Applied Vegetation Science* 10: 131–138

Colclough S, Fonseca L, Astley T, Thomas K, Watts W (2005) Fish utilisation of managed realignments. *Fisheries Managment and Ecology* 12: 351–360

CWSS (Common Wadden Sea Secretariat) (1994) Assessment Report (Part I) The State of the Wadden Sea and the Implementation of the Esbjerg Declaration. The 7th Trilateral Governmental Conference of the Wadden Sea. Leeuwarden. http://cwss. www.de/TMAP/assessment93.html

CWSS (1995) 7th Trilateral Governmental Wadden Sea Conference. CWSS, Wilhelmshaven

CWSS (1998) Erklärung von Stade – Trilateraler Wattenmeerplan. Ministererklärung der 8. trilateralen Regierungskonferenz zum Schutz des Wattenmeeres, Stade. Zodiak Groep, Groningen

Dausse A, Merot P, Bouzille J-B, Bonis A, Lefeuvre J-C (2005) Variability of nutrient and particulate matter fluxes between the sea and a polder after partial tidal restoration, Northwestern France. *Estuarine, Coastal and Shelf Science* 64: 295–306

De Leeuw J, Apon LP, Hermann PMJ, De-Munck W, Beeftink WG (1994) The response of salt marsh vegetation to tidal reduction caused by the Oosterschelde storm-surge barrier. *Hydrobiologia* 282/283: 335–353

Dijkema KS (1994) Auswirkungen des Meeresspiegelanstieges auf die Salzwiesen. In: Lozan L, Rachor E, Reise K, v. Westernhagen H, Lenz W (1994) Warnsignale aus dem Wattenmeer. Blackwell Wissenschaftsverlag, Berlin

Dijkema KS, Bossinade JH, Bouwsema P, de Glopper JR (1990) Salt marshes in the Netherlands Wadden Sea: rising high tide levels and accretation enhancement. In: Beukema JJ, Wolff WJ, Brouns JJWM (Hrsg) Expected effects of climatic change on marine Costal ecosystems. Kluwer, Dordrecht

Fock T, Grünwald M, Hergarden K, Köhler M, Repasi D, Vetter L, Walter J, Zander B (2002) Möglichkeiten der Integration von Umweltschutz und Küstenschutz in Überschwemmungsbereichen der Ostseeküste. Endbericht, Neubrandenburg

Gettner S, Heinzel K, Dierssen K (2003) Vegetationsveränderungen in Festlands-Salzmarschen an der Westküste Schleswig-Holsteins – elf Jahre nach Änderung der Nutzungen. *Kieler Notizen zur Pflanzenkunde in Schleswig-Holstein und Hamburg* 30: 69–83

Götting E (2001) Development of salt marsh arthropod fauna after opening a summer polder. *Senckenbergiana maritima* 31: 333–340

Grootjans AP, Everts H, Bruin K, Fresco L (2001) Restoration of wet dune slacks on the Dutch Wadden Sea Islands: Recolonization after large-scale sod cutting. *Restoration Ecology* 9: 137–146

Grootjans AP, Geelen HWT, Jansen AJM, Lammerts EJ (2002) Restoration of coastal dune slacks in the Netherlands. *Hydrobiologia* 478: 181–203

Grünwald M (2002) Carabid beetles as indicators for restoration of salt grasslands: the example of the polder „Ziesetal". In: Fock T, Hergarden K, Repasi D (Hrsg) Salt grasslands and coastal meadows in the Baltic region. Proceedings of the 1st conference. FH Neubrandenburg, Neubrandenburg. 101–113

Hälterlein B, Bunje J, Potel P (2003) Zum Einfluss der Salzwiesennutzung an der Nordseeküste auf die Vogelwelt – Übersicht über die aktuellen Forschungsergebnisse. *Vogelkundliche Berichte Niedersachsen* 35: 179–186

Härdtle W (1984) Vegetationskundliche Untersuchungen in Salzwiesen der ostholsteinischen Ostseeküste. *Mitteilungen der Arbeitsgemeinschaft Geobotanik In Schleswig-Holstein und Hamburg* 34: 1–142

Heiber W, Götting E, Arens S (2005) Kleientnahmen in Salzwiesen an der niedersächsischen Küste – Merkmale, Entwicklung, Kriterien zu ihrer Bewertung. *Forschungszentrum Terramare, Berichte Nr.* 14: 1–11

Heydemann B (1998) Biologie des Wattenmeeres. In: Landesamt für das Schleswig-Holsteinische Wattenmeer und Umweltbundesamt (Hrsg) Umweltatlas Wattenmeer Band 1: Nordfriesisches und Dithmarscher Wattenmeer. Ulmer, Stuttgart. 76–79

Hofstede JLA, Schirmacher R (1996) Vorlandmanagement in Schleswig-Holstein. *Küste* 58: 61–73

Holz R (1996) Brutvogelbestände ausgedeichter Grünlandflächen am Greifswalder Bodden – eine einjährige Bilanz. *Natur und Naturschutz in Mecklenburg-Vorpommern* 32: 130–135

Holz R, Eichstädt W (1993) Die Ausdeichung der Karrendorfer Wiesen – ein Beispielprojekt zur Renaturierung von Küstenüberflutungsräumen. *Naturschutz in Mecklenburg Vorpommern* 36: 57–59

Jakobsen B (1954) The tidal area in south-western Jutland and the process of the salt marsh formation. *Geographisk Tidsskrift* 53: 49–61

Jeschke L (1987) Vegetationsdynamik des Salzgraslandes im Bereich der Ostseeküste der DDR unter dem Einfluss des Menschen. *Hercynia* N. F. 24: 312–328

Kempf N, Lamp J, Prokosch P (1987) Salzwiesen: Geformt von Küstenschutz, Landwirtschaft oder Natur? Tagungsbericht 1 der Umweltstiftung WWF-Deutschland. Hamburg

Ketner-Oostra R, van der Peijl MJ, Sýkora KV (2006) Restoration of lichen diversity in grass-dominated vegetation of coastal dunes after wildfire. *Journal of Vegetation Science* 7: 147–156

Kiehl K (1997) Vegetationsmuster in Vorlandsalzwiesen in Abhängigkeit von Beweidung und abiotischen Standortfaktoren. *Mitteilungen der Arbeitsgemeinschaft Geobotanik In Schleswig-Holstein und Hamburg* 52

Kiehl K, Bredemeier B (1998) Einfluss der Schafbeweidung auf die Vegetation der Salzmarsch. In: Landesamt für das Schleswig-Holsteinische Wattenmeer und Umweltbundesamt (Hrsg) Umweltatlas Wattenmeer Band 1: Nordfriesisches und Dithmarscher Wattenmeer. Ulmer, Stuttgart. 176–177

Kiehl K, Eischeid I, Gettner S, Walter J (1996) Impact of different sheep grazing intensities on saltmarsh vegetation in northern Germany. *Journal of Vegetation Science* 7: 99–106

Kiehl K, Schröder H, Stock M (2007) Long-term vegetation dynamics after land-use change in the Wadden Sea salt marshes. *Coastline Reports* 7: 17–24

Kinder M, Främbs H, Hielen B, Mossakowski D (2003) Regeneration von Salzwiesen in einem Sommergroden an der Nordseeküste: E + E-Vorhaben „Salzwiesenprojekt Wurster Küste". *Natur und Landschaft* 78: 343–353

King SE, Lester JN (1995) Pollution economics. The value of salt marshes as a sea defence. *Marine Pollution Bulletin* 30: 180–189

Kube J, Brenning U, Kruch W, Helb HW (2005) Bestandsentwicklung von bodenbrütenden Küstenvögeln auf Inseln in der Wismar-Bucht (südwestliche Ostsee). Lektionen aus 50 Jahren Prädatorenmanagement. *Vogelwelt* 126: 299–320

Laffaille P, Feunteun E, Lefeuvre JC (2000) Composition of fish communities in a european macrotidal salt marsh (the mont Saint-Michel Bay, France). *Estuarine, Coastal and Shelf Science* 51: 429–438

Mathieson S, Cattrijsse A, Costa MJ, Drake P, Elliott M, Gardner J, Marchand J (2000) Fish assemblages of european tidal marshes: a comparision based on species, families and functional guilds. *Marine Ecology Progress Series* 204: 225–242

McLusky DS, Bryant DM, Elliott M (1992) The impact of land-claim in macrobenthos, fish and shorebirds on the Forth estuary, eastern Scotland. Aquatic Conservation: *Marine and Freshwater Ecosystems* 2: 211–222

Meyer H, Reinke HD (1998) Nutzung von Salzpflanzen durch pflanzenverzehrende Insekten. In: Landesamt für das Schleswig-Holsteinische Wattenmeer und Umweltbundesamt (Hrsg) Umweltatlas Wattenmeer Band 1: Nordfriesisches und Dithmarscher Wattenmeer. Ulmer, Stuttgart. 102–103

Möller I (2006) Quantifying saltmarsh vegetation and its effect on wave height dissipation: Results from a UK East coast saltmarsh. *Estuarine, Coastal and Shelf Science* 69: 337–351

Myatt LB, Scrimshaw MD, Lester JN (2003) Public perceptions and attitudes towards an established managed realignment scheme: Orplands, Essex, UK. *Journal of Environmental Management* 68: 173–181

Myatt-Bell LB, Scrimshaw MD, Lester JN, Potts JS (2002) Public perception of managed realignment: Brancaster West Marsh, North Norfolk, UK. *Marine Policy* 26: 45–57

Olff H, de Leeuw J, Bakker JP, Platerink RJ, van Wijnens HJ, de Munck W (1997) Vegetation succession and herbivory in a salt marsh: changes induced by sea level rise and silt deposition along an elevational gradient. *Journal of Ecology* 85: 799–814

Pethick J (2002) Estuarine and tidal wetland restoration in the United Kingdom: Policy versus practice. *Restoration Ecology* 10: 431–437

Rozé F, Lemauviel S (2004) Sand Dune Restoration in North Brittany, France: A 10-Year Monitoring Study. *Restoration Ecology* 12: 29–35

Rupp S, Nicholls RJ (2002) Managed realignment of coastal flood defences: A comparison between England and Germany. http://www.survas.mdx.ac.uk/pdfs/delft_pa.pdf

Schultz R (2002) Ground beetles (Coleoptera: Carabidae) as bioindicators for the revitalization of saline-grasslands on the Baltic Sea coast. In: Fock T, Hergarden K, Repasi D (Hrsg) Salt grasslands and coastal meadows in the Baltic region. Proceedings of the 1st conference. FH Neubrandenburg, Neubrandenburg. 114–132

Stock M (1998) Salzwiesenschutz im Nationalpark. In: Landesamt für das Schleswig-Holsteinische Wattenmeer und Umweltbundesamt (Hrsg) Umweltatlas Wattenmeer Band 1: Nordfriesisches und Dithmarscher Wattenmeer. Ulmer, Stuttgart. 174–175

Stock M, Hofeditz F (2002) Einfluss des Salzwiesen-Managements auf Habitatnutzung und Bestandsentwicklung von Nonnengänsen *Branta leucopsis* im Wattenmeer. *Vogelwelt* 123: 265–282

Succow M, Joosten H (Hrsg) (2001) Landschaftsökologische Moorkunde. 2. Aufl. Schweizerbart, Stuttgart

Van Duin WE, Esselink P, Verweij G, Engelmoer M (2003) Monitoringsonderzoek proefverkweldering Noard Fryslân Bûtendyks. Tussenrapportage 2001–2002. Alterra, Den Burg

Wolters M, Garbutt A, Bakker JP (2005a) Salt-marsh restoration: evaluating the success of de-embankments in north-west Europe. *Biological Conservation* 123: 249–268

Wolters M, Garbutt A, Bakker JP (2005b) Plant colonization after managed realignment: the relative importance of diaspore dispersal. *Journal of Applied Ecology* 42: 770–777

Zander B (2002) Vegetation dynamics in coastal grasslands at the „Greifswalder Bodden" (Baltic Sea) after removing the dyke and reintroduction of floodings. In: Fock T, Hergarden K, Repasi D (Hrsg) Salt grasslands and coastal meadows in the Baltic region. Proceedings of the 1st conference. FH Neubrandenburg, Neubrandenburg. 155–166

Zhang HQ, Horn R (1996) Effect of sheep-grazing on the soil physical properties of a coastal salt marsh (2): Soil strength. *Zeitschrift für Kulturtechnik und Landentwicklung* 37: 214–220

8 Renaturierung von subalpinen und alpinen Ökosystemen

B. Krautzer und B. Klug

8.1 Einleitung

Die große Vielfalt an alpinen und subalpinen Ökosystemen auf waldfreien Standorten stellt besonders hohe Anforderungen an Planung und Durchführung von Renaturierungsmaßnahmen. Zunehmende Meereshöhe, starke Hangneigungen und extreme klimatische Verhältnisse im Gebirge bedingen zudem seit jeher natürliche **Erosionsprozesse**. Die zahllosen menschlichen Aktivitäten der letzten Jahrzehnte, gepaart mit unzureichenden Begrünungsmaßnahmen, erhöhen dieses Risiko noch um ein Vielfaches: Geländekorrekturen im Zuge von Skipistenbauten, Almrevitalisierungen, Forst- und Almwegebauten, Maßnahmen zur Verbesserung der touristischen Infrastruktur oder Wildbach- und Lawinenverbauungen. Nur durch Verwendung von hochwertigem, dem Standort angepasstem Pflanzen- oder Saatgutmaterial in Kombination mit der passenden Begrünungstechnik kann dieser Bedrohung dauerhaft entgegengewirkt werden. Dabei sind folgende limitierende Faktoren besonders zu beachten.

8.1.1 Meereshöhe, Relief und alpines Klima

In Hochlagen herrscht ein häufiger und teils schroffer Wechsel der klimatischen Faktoren. Der Übergang der Jahreszeiten vollzieht sich sehr schnell. Die Vegetationszeit nimmt mit zunehmender Meereshöhe um ca. eine Woche pro 100 m ab (Reisigl und Keller 1987). Das von Meereshöhe und Breitenlage abhängige Großklima unterscheidet sich oft stark vom Meso- und Mikroklima, das von Relief, Exposition und Inklination bestimmt wird. Die wichtigsten Unterschiede zu Standorten in Tallagen lassen sich wie folgt charakterisieren (Abb. 8-1).

Die Temperatur nimmt in der Luft und im Boden im Mittel um 0,6 °C pro 100 m Meereshöhe ab. Frost ist in Hochlagen zu jeder Jahreszeit möglich, zu Beginn und am Ende der Vegetationsperiode herrscht meist Frostwechselklima. Die klimatische Vegetationszeit mit Tagesmitteltemperaturen über 10 °C beträgt in 2 000 m Meereshöhe etwa 67 Tage, das ist ein Drittel der Vegetationszeit im Tal (Ellenberg 1996, Tappeiner 1996).

In 2 000 m werden etwa 100 Vegetationstage (mittlere Tagestemperatur über 5 °C), in 2 200 m noch 80 und in 2 400 m nur mehr knapp unter 70 erreicht. Nachdem Gräser durchschnittlich etwa vier Wochen brauchen, um nach Blühbeginn die Samenreife zu erreichen, macht Abbildung 8-1 auch deutlich, dass die verfügbare Zeit nach der Blüte für Gräser, die sich hauptsächlich über Samen verbreiten, in Höhen über 2 200 m meist nicht mehr ausreicht, um reife Samen auszubilden (Blaschka 2005). Die Niederschläge nehmen mit der Höhe zu, im Alpenrandstau sind sie um 800 bis 1 000 mm höher als im Alpeninneren. Die Evaporation steigt mit zunehmender Höhe. Kritische Situationen im Wasserhaushalt der Pflanzen sind aber selten, abgesehen von Sonderstandorten (starke Einstrahlung, hohe Temperatur, heftiger Wind).

Die Häufigkeit und Stärke der Winde nimmt mit der Höhe ebenfalls zu. Das beeinflusst im Verein mit Relief und Exposition sehr stark die winterliche Schneeverteilung und damit die Länge der schneefreien Periode sowie den Wasserhaushalt. An exponierten Stellen ist auch starke Ero-

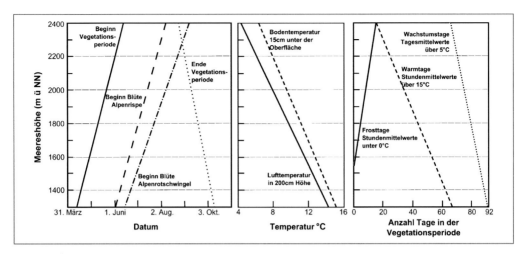

Abb. 8-1: Änderung der Temperatur und ausgesuchter Wachstumsparameter in Abhängigkeit von der Meereshöhe (nach Krautzer und Wittmann 2006).

sionswirkung möglich. Verschiedene Einstrahlungswinkel der Sonne bedingen einen unterschiedlichen Wärmegenuss.

Mit der Meereshöhe wird die Differenz zwischen Nord- und Südexposition immer größer. Das Mikroklima kann aber den Einfluss von Großklima und Meereshöhe überspielen.

8.1.2 Boden und Vegetationstyp

Hochgebirgsböden sind aufgrund immer wieder auftretender Massenbewegungen und unterschiedlichen Ausgangsmaterials nicht nur sehr unterschiedlich in Alter und Mächtigkeit, sondern auch in ihrer chemischen und physikalischen Zusammensetzung (Veit 2002). Tiefe Bodentemperaturen setzen die Aktivität von Mikroorganismen stark herab. Abbau der toten organischen Substanz und damit Nachlieferung mineralischer Grundnährstoffe sind gehemmt. Der unterirdische Lebensraum beschränkt sich somit auf die in der Vegetationszeit am stärksten erwärmten, humusreichen, intensiv durchwurzelten oberen Bodenschichten.

Häufig sind sogar ungestört gewachsene Böden nur schwach entwickelt, flachgründig und arm an Humus sowie verfügbaren Nährstoffen. Besonders bei diesen Bedingungen macht sich der Einfluss des Grundgesteins auf das Pflan-

zenwachstum bemerkbar. Entsprechend unterschiedlich ist die Artenzusammensetzung subalpin-alpiner Pflanzengesellschaften über Kalk und Silikat.

8.1.3 Kosten

Ein nicht unwesentlicher Faktor für das Machbare im Rahmen der Renaturierung oder Rekultivierung alpiner Ökosysteme ist der Kostenfaktor. Vor allem dann, wenn der zu rekultivierende Bereich nicht mehr mit entsprechenden Geräten erreichbar ist, lassen die Kosten des Materialtransports (durch Hubschrauber) und die Durchführung der Arbeiten selbst (überwiegend händische Arbeit) viele Eingriffe als nicht sinnvoll erscheinen (ÖAG 2000).

8.2 Historische Entwicklungen

Nach der Definition des Alpenraums in der Alpenkonvention (CIPRA 2001) nehmen die Alpen eine Fläche von 191 287 km^2 ein; in diesem Gebiet leben 13 Millionen Menschen. Während in den letzten 140 Jahren vor allem die West- und

8

Südalpen allmählich entvölkert wurden, kam es in einigen Gegenden zu einer massiven Konzentration der Bevölkerung. Dort erreichten immer mehr Gemeinden eine Größenordnung von über 10 000 Einwohnern (Veit 2002). Seit 1900 wuchs die Bevölkerung im Alpenraum um 3,1 Millionen Menschen (= 39 %). Um die Ballungszentren vor Katastrophen wie Hochwasser, Lawinen und Muren zu schützen, bedarf es einiger Anstrengung. Massenbewegungen und Erosion sind in einem jungen Hochgebirge wie den Alpen natürliche Prozesse. Ein entscheidender Regelmechanismus, der dieser natürlichen Labilität entgegenwirkt, ist eine intakte Vegetation, und gerade in diese greift der Mensch seit etwa 7 000 Jahren ein.

8.2.1 Land- und forstwirtschaftliche Nutzung, Bergbau, Industrie

Seit dem Sensationsfund des Ötztalmannes (Bortenschlager und Oeggl 2000) ist auch einer breiten Öffentlichkeit bewusst, dass sich die Flächen oberhalb der alpinen Waldgrenze in den wärmeren Phasen nach der Eiszeit besonders gut für die Jagd eigneten. Im Mittelalter nahm der Druck auf die obere Waldgrenze durch Beweidung noch zu. Mahd und geordnete Weidehaltung trugen in den Hochlagen eher zu einer Zunahme als zu einer Abnahme der Artenzahlen und somit der Biodiversität bei (Kapitel 6). In den letzten Jahrzehnten jedoch wurde die agrarische Nutzung stark zurückgenommen oder aufgegeben. Viele der hoch gelegenen Grünlandflächen wurden extensiviert.

Spuren von Bergbautätigkeit sind in den Alpen und Karpaten schon aus der Jungsteinzeit bekannt. Die „Himmelsscheibe von Nebra" beispielsweise enthält Kupfer vom Hochkönig im Salzburger Land (Meller 2004). Besonders rege Bergbautätigkeit im Mittelalter führte zu großflächigen Abholzungen auch an den steilsten Hängen der inneralpinen Täler. Die Plünderung der Gebirgswälder aufgrund gestiegenen Energiebedarfs führte zu Lawinen und Überschwemmungen. Alle diese Eingriffe provozierten über Jahrhunderte immer wieder Erosion (Stone 1992).

Andererseits wären viele alpine Regionen nie zu besiedeln gewesen, hätte der Mensch nicht schon sehr früh Maßnahmen ergriffen, um sich vor den Folgewirkungen zu schützen. So wurde ein mehr oder weniger stabiles Gleichgewicht geschaffen und erhalten.

8.2.2 Verkehr und Tourismus

Viele der Alpenübergänge sind seit der Römerzeit frequentierte Handels- oder Heerstraßen. Der verbesserte Anschluss der Alpenregionen ans europäische Verkehrsnetz im 19. Jahrhundert hatte allerdings auch eine massive Landflucht aus benachteiligten Regionen zur Folge (Bätzing 1997).

Die größten Umwälzungen brachte ab Mitte des 20. Jahrhunderts die Entwicklung des Skisports zum Massensport mit sich. Die ältesten weltbekannten Skiregionen wie Kitzbüheler Alpen oder Berner Oberland zeichneten sich durch ideale Geländeformen und hohe Schneesicherheit aus. Dort konnte sich in kurzer Zeit in ehemaligen Agrar- bzw. verarmten Bergbauregionen eine blühende Tourismuswirtschaft entwickeln. Die Mobilität des Menschen änderte auch sein Urlaubs- und Freizeitverhalten, das zog eine rege Bautätigkeit bis in die alpine Stufe nach sich: Kraftwerke, Straßen, Wildbach- und Lawinenverbauungen sowie Infrastruktur speziell für den Wintertourismus wurden geschaffen.

Alpenweit bestehen heute 13 000 Lifte und Seilbahnen. 40 000 Skiabfahrten mit 120 000 km Länge wurden in den letzten Jahrzehnten in den Alpen gebaut und jährlich von 20 Millionen Touristen benutzt (Veit 2002). Bereits Mitte der 1990er-Jahre betrug die Fläche für Skipisten und Aufstiegshilfen mehr als 110 000 ha, mindestens ein Drittel dieser Flächen befindet sich in Hochlagen (CIPRA 2001). Die warmen Winter der letzten Jahre haben zusätzlich einen alpenweiten Boom zur Errichtung von Beschneiungsanlagen ausgelöst, um trotz Klimawandels die Wintersaison abzusichern (Kasten 8-1). Schäden an der Landschaft und somit Risiken für Bewohner und Gäste haben dadurch erheblich zugenommen. Mit dem Verkehrsaufkommen wuchsen Müll- und Wasserprobleme, letztere auch wegen des gestiegenen Bedarfs an Beschneiungswasser. Der Sommertourismus nutzte in den letzten Jahrzehnten die Infrastruktur in den Hochlagen ebenfalls intensiv. Neue Sportarten wie Moun-

Kasten 8-1
Kunstschnee

Kunstschnee wird mithilfe von Schneekanonen erzeugt. Dies funktioniert erst effizient bei Lufttemperaturen von unter -4 °C, wobei die relative Luftfeuchtigkeit und die Temperatur des verwendeten Wassers weitere Faktoren darstellen, um eine gute Schneileistung zu erzielen.

Mit 1 m³ Wasser können durchschnittlich 2–2,5 m³ Schnee erzeugt werden. Für 1 ha Pistenfläche werden im Jahr etwa 3 000–4 000 m³ Wasser benötigt. Über 90 % aller Skigroßräume der Alpen verfügen bereits über Beschneiungsanlagen. Derzeit werden etwa 25 % der gesamten Pistenfläche der Alpen beschneit (CIPRA 2004).

Das Eidgenössische Institut für Schnee- und Lawinenforschung (SLF 2002) in Davos/Schweiz führte von 1999 bis 2001 ein Forschungsprojekt mit dem Ziel durch, Auswirkungen von Kunstschnee und Schneezusätzen auf die alpine Vegetation und den Boden zu untersuchen. Die Schneedecke auf Kunstschneepisten war im Mittel 70 cm mächtiger und enthielt doppelt soviel Wasser wie diejenige auf Naturschneepisten. Das Kunstschnee-Schmelzwasser enthielt zudem viermal mehr Mineralien und Nährstoffe als natürliches Schmelzwasser. Als Folge davon nahmen auf Kunstschneepisten Zeigerarten für höhere Nährstoff- und Wasserversorgung zu. Verholzte Pflanzen, die empfindlich auf die mechanische Störung auf Skipisten (Skikanten, Pistenarbeiten) reagieren, waren, geschützt durch die zusätzliche Schneeauflage, auf Kunstschneehäufiger als auf Naturschneepisten anzutreffen.

Der Boden unter Naturschneepisten erreichte Tiefsttemperaturen von unter -10 °C, da die relativ dünne und dichte Schneedecke schlecht isoliert und deshalb schnell auskühlt. Die Temperaturen unter Kunstschneepisten hingegen lagen, wie unter nicht präpariertem Schnee, bei ca. 0 °C. Durch die niedrigen Bodentemperaturen nahmen auf Naturschneepisten Arten zu, die an solche Bedingungen angepasst sind (Arten windgefegter Grate und Gipfel). Auf Kunstschneepisten blieb der Schnee zwei bis drei Wochen länger liegen als auf Naturschneepisten. Der Beginn des Pflanzenwachstums war dadurch verzögert. Als Folge der langen Schneebedeckung kamen Pflanzen, die typischerweise an Orten mit sehr später Ausaperung wachsen (Schneetälchenarten), auf Kunstschneepisten häufiger vor. Grundsätzlich war auf allen Pisten, also sowohl auf Natur- als auch auf Kunstschneepisten, die Diversität an Arten und die Produktivität im Vergleich zu ungestörten Kontrollflächen verringert.

In Tests zu Auswirkungen von Schneezusätzen auf alpine Pflanzen wurden bei Verwendung von Kristallisationskeimen schwache Veränderungen im Wachstum, zum Teil aber auch eine erhebliche Düngewirkung durch Schneehärter festgestellt.

Bei allen Analysen zeigte sich, dass der Faktor „Planierung" den größten Einfluss auf die Skipistenvegetation ausübt. Der Faktor „Kunstschnee" verändert die Vegetation weniger stark als der Faktor „Skipiste" allgemein.

tainbiking werden auch von der ansässigen Bevölkerung gerne betrieben und tragen bis in die Gipfelregion zur Belastung der Ökosysteme bei. Florenverlust und Bodenverdichtung, veränderte Wasserkapazität der Böden, erhöhter Oberflächenabfluss und damit steigende Erosionsgefahr drohen alpenweit (Pröbstl 1990). Auch in anderen europäischen Gebirgsregionen wie der Tatra, dem Kaukasus oder dem Balkangebirge erfolgte in den letzten Jahren ein intensiver Ausbau der touristischen Infrastruktur. Nach wie vor werden jährlich Tausende Hektar Boden in den Gebirgen planiert und stehen zur Begrünung an.

8.3 Ziele der Hochlagenbegrünung

8.3.1 Erosionskontrolle und Regulierung des Wasserregimes

Gebirge wie die Alpen oder Karpaten wurden seit ihrer Entstehung durch Erosion bis zur heutigen Gestalt ihrer Oberfläche umgeformt. Erosive Prozesse werden dabei hauptsächlich von Wasser und

8

Wind, aber auch durch Frost, Lawinen, Gletscher und Steinschlag verursacht. Die Beherrschung der Erosion mit allen ihren Folgewirkungen wie vermehrtem Oberflächenabfluss und Bodenabtrag bis hin zur Verkarstung stellt eines der wesentlichen Probleme bei Eingriffen in Hochlagen dar. Abhängig von Intensität und Dauer des Niederschlags sowie der Struktur der Bodenoberfläche kommt es nach und nach zu einer Zerstörung der Bodenaggregate. Die Bodenoberfläche verschlämmt, die Wasseraufnahmefähigkeit des Bodens sinkt und der verstärkte Oberflächenabfluss verursacht Erosion. Ein Großteil der Folgeschäden nach unzureichenden Maßnahmen zur Erosionsminderung wäre vermeidbar, wenn man Kenntnisse über Struktur und Funktion alpiner Pflanzengesellschaften bei der Wahl der Bau- und Renaturierungsmaßnahmen berücksichtigte.

Durchschnittliche Hangneigungen von 30 bis 45 % im Bereich von Skipisten und noch steilere bei natürlichen Erosionszonen machen Begrünungsverfahren mit effizientem Erosionsschutz zur Voraussetzung für eine erfolgreiche Wiederbegrünung. Erst eine ausreichende Vegetationsdecke, die im Regelfall frühestens in der zweiten Vegetationsperiode erreicht wird, stabilisiert den Oberboden und reduziert Oberflächenabfluss und Bodenerosion auf ein akzeptables Maß. Daher muss mit geeigneten Begrünungstechniken gearbeitet werden.

8.3.2 Wiederherstellung oder Erhaltung eines intakten Landschaftsbildes

Weder ein geschlossenes Waldgebiet, noch eine von Erosionsschäden durchzogene, ausgeräumte Landschaft entsprechen den Vorstellungen von authentischer Kulturlandschaft. Gerade die Vielfalt an Lebensräumen und Landschaftselementen ist es, die sowohl Einheimische als auch Gäste im Alpenraum als reizvoll empfinden. Almbrachen in den Hohen Tauern haben gezeigt, wie sehr ihre Entwicklung von den Niederschlags- und Bodenverhältnissen abhängig ist, und dass sie auch negative Entwicklungen nehmen können (Cernusca 1978). Beim Übergang von der aufwändig gepflegten Almfläche zur ursprünglichen Waldvegetation kann es zu einer schleichenden Destabi-

lisierung hoch gelegener Almregionen kommen. Sommerliche Niederschläge fließen vermehrt und oberflächlich ab. Erosionsansätze, die nicht mehr sofort saniert werden, führen zu umfangreichen Hangrutschungen und Abgleiten von Rasenflächen mitsamt dem Wurzelhorizont, einer sogenannten „Blaikenbildung" (Tasser et al. 1999). Eine Rekultivierung landschaftsökologisch wertvoller Almen erfordert also meist auch eine entsprechende Begrünung.

Häufig ist es notwendig, Bodenverwundungen nach tourismusbedingten Schäden oder Baumaßnahmen zu beheben. Klug et al. (2002) untersuchten in den Niederen Tauern Vegetationsveränderungen an Wanderwegen und stellten fest, dass durch Bodenabtrag mit der ursprünglichen Vegetationsdecke auch große Teile des Bodensamenspeichers verloren gehen. Noch gravierender, weil großflächiger, wirken sich Landschaftsbeeinträchtigungen im Zusammenhang mit dem Wintertourismus aus.

8.3.3 Naturschutz

Die Erhaltung der biologischen Vielfalt, die durch stetige Landschaftspflege entstanden war, ist ein wichtiges Anliegen. Die Anwendung standortgerechter Begrünungsverfahren verhindert das Einbringen von standortfremdem, weil billigem Saatgutmaterial oder standortangepasster, aber gebietsfremder Sippen über Saatgut oder Substrat (Kasten 8-2). Die Verwendung standortfremder oder auch standortangepasster Arten wäre nach den meisten Naturschutzgesetzen der Alpenländer eigentlich verboten, wurde aber durch die mangelnde Verfügbarkeit von standortgerechtem Saatgut jahrzehntelang toleriert. Inzwischen ist standortgerechtes Saatgut in ausreichenden Mengen auf dem Markt verfügbar (Tamegger und Krautzer 2006).

Kasten 8-2
Definitionen

Standortgerecht: Die „Richtlinie für standortgerechte Begrünungen" der ÖAG (Österreichische Arbeitsgemeinschaft für Grünland und Futterbau) aus dem Jahr 2000 legt folgende Definitionen fest:

Eine durch den Menschen erzeugte Vegetation ist dann standortgerecht im engeren Sinne, wenn sie die drei folgenden Kriterien erfüllt:
1. Die ökologischen Amplituden (die „Ansprüche") der ausgebrachten Pflanzenarten entsprechen den Eigenschaften des Standortes.
2. Die verwendeten Pflanzenarten sind als „heimisch" anzusehen, weil sie in der geographischen Region (z. B. Mölltal, Hohe Tauern), wenigstens aber im gleichen Bundesland, in dem die Begrünung stattfindet, an entsprechenden Wildstandorten von Natur aus vorkommen oder vorgekommen sind.
3. Es wird Saatgut oder Pflanzenmaterial verwendet, das einerseits aus der unmittelbaren Umgebung des Projektgebietes stammt und andererseits in Lebensräumen gewonnen wurde, die hinsichtlich ihrer wesentlichen Standortfaktoren dem herzustellenden Vegetationstyp entsprechen.

Standortangepasst: Eine standortangepasste Art ist nicht standortgerecht, aber unter den herrschenden Standortbedingungen ausdauernd.

Standortfremd: Eine standortfremde Art ist nicht standortgerecht und unter den herrschenden Standortbedingungen nicht ausdauernd.

8.4 Herausforderungen im Rahmen der Hochlagenbegrünung

8.4.1 Erhaltung des Mutterbodens und seiner Biodiversität

Eine Entfernung der obersten Bodenschicht, wie bei technischen Eingriffen üblich, bedeutet die Zerstörung des für diesen Standort spezifischen Mutterbodens (Farbtafel 8-1). Die Arten der subalpin-alpinen Rasen sind aber an die geringe Nährstoffversorgung und die kurze Vegetationszeit dieses Bodens angepasst. Auf steinigen, feinerdearmen Rohböden, wie sie bei natürlicher Erosion ebenso wie bei Rekultivierungen mit Gelände gestaltenden Maßnahmen oftmals entstehen, können sich höchstens Pioniergesellschaften entwickeln. Daher soll der Wiederverwendung des Oberbodens Priorität eingeräumt werden. In erster Linie ermöglicht sie, nach Durchführung der Bauarbeiten Bodenbedingungen zu erzielen, die den ursprünglichen möglichst ähnlich sind. Das ist eine wichtige Voraussetzung für die einheimischen Pflanzenarten, um die zu begrünenden Flächen relativ rasch wieder besiedeln zu können. Die Verwendung standortgerechter Saatgutmischungen hilft zwar, eine auf den Standort passende Vegetation aufzubauen, ist aber für die humose Bodenschicht und den darin enthaltenen, wertvollen Diasporenvorrat kein Ersatz (Peratoner 2003).

Zudem befindet sich im Oberboden die meiste organische Substanz, in der der größte Teil der pflanzenverfügbaren Nährstoffe gebunden ist. Außerdem sind im Oberboden Mikroorganismen enthalten, die die Nährstoffversorgung der Höheren Pflanzen verbessern können. Lesica und Antibus (1986) bestätigten den hohen Mykorrhizierungsgrad alpiner Arten in den Rocky Mountains; vor allem in Kalkböden kam Pilzen eine bedeutende Rolle bei der Nährstoffaufnahme zu. Pilze aus den Gattungen *Glomus* (bei Gräsern und Seggen der oberen alpinen Stufe) und *Rhizoctonia* (in der nivalen Stufe) stellen den Hauptanteil der Mykorrhizapartner bei der naturgegebenen Nährstoffknappheit in den Hochlagen (Haselwandter 1997). Dadurch können die Düngungseinträge reduziert und die biologischen Funktionen des Bodens schneller wiederhergestellt werden. Pilze bewirken auch eine bessere Bodenaggregierung und damit erhöhten Schutz vor Erosion (Graf 1997).

8

Durch die im Oberboden enthaltenen Diasporen Höherer Pflanzen ist die Erhaltung von Arten im Bestand möglich, deren Wiedereinführung auf anderem Wege unmöglich oder sehr aufwändig ist. Beispielsweise sind hauptsächlich krautige Arten in der Diasporenbank vertreten, deren Saatgut auf dem Markt schwer erhältlich bzw. sehr teuer ist. Viele Arten, die sich vorwiegend vegetativ vermehren (z. B. verschiedene Ausläufer bildende *Carex*-Arten), sind in der Lage, sich erfolgreich aus lebendigen Pflanzenteilen in der Begrünung auszubreiten.

Laut Berger et al. (1985) reagieren Protozoen (etwa Testaceen und Ciliaten) in Gebirgsböden empfindlich auf Bodenverdichtungen. Daher sollte die Renaturierungsfläche möglichst wenig komprimiert werden, um das Bodenleben naturnah zu erhalten.

8.4.2 Eigenschaften geeigneter, standortgerechter Hochlagen-Begrünungspflanzen

Anpassungen an die Wuchsbedingungen im Hochgebirge bieten ökologisch die Voraussetzungen für eine Etablierung am Standort. Die Adaptierungen sind morphologisch, anatomisch und physiologisch begründet. Erst durch naturnahe Vegetation wird auch eine daran angepasste Tiergemeinschaft den Standort als Habitat annehmen können. Die ideale Renaturierungspflanze stammt im besten Fall aus der unmittelbaren Umgebung der Baustelle (*seed provenance matters*: Bischoff et al. 2006) und etabliert sich am Einsatzort auch bei geringem Nährstoffangebot bis zum Ende der ersten Vegetationsperiode. Sowohl durch generative als auch vegetative Ausbreitung sollten Lücken rasch geschlossen werden. In diese dringen ansonsten nicht nur Erosion, sondern auch zweifelhafte Konkurrenten um Platz und Nährstoffe ein und stellen auch einen Großteil der Diasporenbank (Klug 2006).

8.4.2.1 Strategietypen

Grabherr et al. (1988) gingen bei ihrer Klassifikation der im Hochlagen-Erosionsschutz einsetzbaren Wildpflanzenarten von deren Strategietyp

(Grime 2001) aus: Eine Hochlagen-Begrünungspflanze sollte die Eigenschaften aller drei Haupttypen haben, also kompetitiv, stresstolerant und ruderal sein oder zumindest so nahe wie möglich an dieses Ideal herankommen. Den klonalen Fähigkeiten alpiner Arten zur Begrünung in Hochlagen schreibt Urbanska (1997a, b) große Bedeutung zu. Die Pflanzen sollten somit Eigenschaften von Pionieren haben, aber auch in höher entwickelten Pflanzengesellschaften des Gebietes vorkommen.

8.4.2.2 Wuchsformen, Lebensformen und Lebensdauer

Als Anpassung an tiefe Temperaturen und mechanische Belastungen sind Alpenpflanzen besonders klein und Überdauerungs- und Erneuerungsknospen in Bodennähe gut geschützt (Körner 2003). Vor allem dichte Horste, aber auch Rosetten stellen hervorragende Anpassungen an den Standort dar. Frost, Austrocknung und mechanische Belastungen werden von kompakten Wuchsformen am besten ertragen. Sie erlauben der Pflanze vielfach auch eine Vermeidung eines in der Zelle physiologisch wirksam werdenden Stressfaktors (Larcher 2003). Gleichzeitig wirken kompakte Horste oder Rosetten der Oberflächenerosion entgegen und bilden Schutzstellen für Keimlinge.

Schneetälchen-Pflanzen sind perfekt an bis zu neun Monate Schneedecke und an feuchte und nährstoffreiche Böden angepasst und finden auf Skipisten ähnliche Nischen vor wie am natürlichen Standort. Die meisten dieser Spezialisten sind jedoch besonders kleinwüchsig und erreichen selbst nach einigen Jahren kaum eine größere Bodendeckung. Daher kommen sie für einen Einsatz als Saatgut nicht infrage.

In subalpin-alpinen Sauerbodenrasen gibt es kaum Einjährige, aber viele Zwergsträucher oder am Grund verholzende Arten. Letztere sind aber bei Pistenbegrünungen unerwünscht und können somit vielfach nicht eingesetzt werden.

8.4.2.3 Ökologische Zeigerwerte

Alpenpflanzen haben zumeist niedrige Nährstoff-Zeigerwerte. Ebenso ist im Allgemeinen ihr Temperatur-Zeigerwert gering (Ellenberg et al. 2001), wobei jedoch einzelne Lebensphasen nur an besonders wärmebegünstigten Mikrostandorten zufriedenstellend ablaufen. Erstaunlich hohe Temperaturoptima weisen Alpenpflanzen etwa bei der Photosynthese auf (Reisigl und Keller 1987).

8.4.2.4 Phytomasseverteilung und Produktivität

Wegen der spärlichen Nährstoffe, weniger wegen der Wasserverhältnisse, entwickeln Alpenpflanzen mehr unterirdische Biomasse und ein entsprechend höheres Wurzel-Spross-Verhältnis als Tieflandpflanzen (Larcher 1994, Körner 2003). Wenn die Zeit des Stoffgewinns kurz ist, muss die Produktivität hoch sein. Bei Schneebodengesellschaften in den Hohen Tauern ermittelte Klug-Pümpel (1989) eine Nettoprimärproduktivität von 2,5 g organischer Trockensubstanz pro m^2 und Tag, das ist durchaus dieselbe Größenordnung wie bei Wiesen und Steppen tieferer Lagen (Larcher 2003) mit einer beinahe doppelt so langen Vegetationsperiode.

8.4.2.5 Generative Vermehrung

Ein beträchtlicher Teil der von Alpenpflanzen erwirtschafteten Assimilate fließt in die Blüten- und Samenbildung. Im Experiment konnte nachgewiesen werden, dass nicht hohe Temperaturen, sondern die Tageslänge den Blühbeginn einleiten (Körner 2003). So wird verfrühter Blühbeginn infolge hoher Temperaturen in Bodennähe verhindert. In alpinen Grasheiden sind zwar die dominanten Arten windbestäubt, es finden sich aber auch, besonders in offeneren Pflanzengemeinschaften, Pflanzen mit großen und auffälligen Blüten. Diese werden oft von Hummeln und Fliegen anstelle von Bienen und Käfern bestäubt (Franz 1979). Bedingt durch die kurze Vegetationsperiode erreichen viele Arten nicht jedes Jahr die Samenreife.

8.4.2.6 Diasporenökologie, Keimung und Keimlingsentwicklung

Diasporenvorräte im Boden können von entscheidender Bedeutung für die Erhaltung von Populationen nach Störungen sein. Erschbamer et al. (2001) stellten fest, dass in einem Gletschervorfeld in Tirol bis zu 88 % der Arten, deren Samen in Samenfallen gefunden wurden, höchstens 1 m entfernt von denselben fruchteten. Daher ist auch die Zusammensetzung von Samenregen und Samenbank im Boden äußerst inhomogen (Urbanska 1997a).

Die Form von Diasporen wirkt sich auf ihre Eindringtiefe in den Boden stärker aus als die Größe (Bekker et al. 1998). Hartschalige Samen mancher Schmetterlingsblüten- und Rosengewächse keimen erst nach oberflächlichem Zerkratzen (Skarifikation) der Samenschalen.

Die Prozesse der Keimung erfordern in ihrer Vielfalt oft überraschende Bedingungen. So konnten u. a. Wildner-Eccher (1988) und Urbanska (1997a) nachweisen, dass Besiedler alpiner Böden bei erstaunlich hohen Tagestemperaturen keimen. Wechselnde Tag- und Nachttemperaturen am Standort sind der Brechung der Keimruhe und einer Erhöhung der Keimraten förderlich. Große Unterschiede im Keimverhalten frischer und vergrabener Samen beobachteten Schwienbacher und Erschbamer (2001). Unterschiedliche Keimstrategien erfordern unterschiedliche Nischen für die Keimung einer möglichst großen Anzahl von Arten. Eine glatt planierte, strukturlose Fläche wird diesen Anforderungen ebenso wenig gerecht wie eine humusarme, aber reich strukturierte reine Schotterpiste. In anthropogen veränderten Substraten sollten Schutzstellen für die Keimlinge des Saatgutes geschaffen werden (Urbanska 1997b). Keimlinge entwickeln sich am sichersten im Schutz von bereits etablierten Pflanzen. Dort sind sie auch am zahlreichsten. Andererseits wurde in Versuchsflächen beobachtet, dass Keimlinge von gesäten Testpflanzen im subalpinen Grasland nur dort aufliefen, wo Störungen offene Stellen erzeugt hatten. Auch Huftritte von Weidetieren können solche Keimstellen schaffen (Isselin-Nondedeu 2005).

Stöcklin und Bäumler (1996) stellten an unterschiedlich feuchten Stellen eines Gletschervorfelds unterschiedliche Mortalitätsraten der Keimlinge fest. Dies mag auch auf anthropogenen Rohböden zutreffen und untermauert die Bedeutung von organischen Hilfsstoffen bei Begrünungen.

8.4.2.7 Resistenz

Kälte- und Hitzeresistenz müssen bereits bei den Keimlingen vieler Alpenpflanzen gegeben sein, um die ersten Wochen am Standort zu überleben. Mit organischem Langzeitdünger „verwöhnte", wenige Wochen alte Keimlinge von *Poa alpina* (Alpen-Rispengras) und *Trifolium badium* (Braun-Klee) wiesen eine im Schnitt um 1–2 °C verminderte TL_{50} sowohl bei Hitze als auch bei Frost auf (TL_{50} in °C: Grenztemperatur bei 50 % Schädigung). Oberflächliche Austrocknung der Böden führte bei diesen Versuchen während der Sommermonate außerdem zu gesteigerter Kälteresistenz, da tiefe Temperaturen auf das Protoplasma wie Austrocknung wirken (Larcher 2003).

8.4.3 Berücksichtigung der Nachnutzung

Sollte eine Rekultivierungsfläche später einer Beweidung oder anderen Nachnutzungen unterworfen sein, ist bei der Auswahl geeigneter Pflanzenarten und Methoden auch dieser Aspekt zu berücksichtigen. Es gilt im Hinblick auf die unterschiedlichen Strategien der Alpenpflanzen, die Vor- und Nachteile von Weidevieh im Umkreis der Renaturierungsfläche sehr sorgfältig abzuwägen.

8.5 Praktische Ausführungen von Begrünungen

8.5.1 Konservieren der obersten Bodenschicht samt natürlicher Vegetation

Der vorhandene Oberboden soll am Beginn der baulichen Aktivitäten sorgfältig mit dem Löffelbagger abgetragen, möglichst kurz unter geeigneten Bedingungen gelagert und vor der Begrünung wieder aufgetragen werden. Die fehlende fachgerechte Wiederverwendung des vorhandenen Ober-

bodens stellt eine Verschwendung autochthonen Pflanzenmaterials dar, welches sich für eine standortgerechte Begrünung vor Ort anbietet.

Bei Ausführung von Arbeiten ist daher die natürliche Schichtung der Horizonte unbedingt zu beachten und der humose Oberboden und der Unterboden getrennt abzulegen und nicht zu vermischen. Die auf dem abgetragenen Oberboden vorhandene natürliche Vegetation ist vor allem in der alpinen Stufe der beste Baustoff für dauerhafte Begrünungen. Mit ihr ist daher bei der Vorbereitung der Baumaßnahmen äußerst schonend zu verfahren, damit sie nach den Geländekorrekturen wieder eingesetzt werden kann.

8.5.2 Standortgerechte Saatgutmischungen

8.5.2.1 Fertilität

Ein wesentlicher Faktor für die Beurteilung der langjährigen Stabilität einer Begrünung liegt in der Fähigkeit, sich nach Narbenverletzungen wieder schnell zu regenerieren und entstandene Lücken zu schließen. Die Samenausbreitung aus den Nachbarflächen und das Vorhandensein von Diasporenmaterial im Boden sind daher ein wichtiger Faktor zur schnellen Regeneration der Vegetationsdecke im Falle von Narbenschäden. Soll dies ohne zusätzlichen Pflegeaufwand in Form von Düngung und Nachsaat erfolgen, müssen die Pflanzen die Fähigkeit besitzen, reife, keimfähige Samen auszubilden (Tab. 8-1). Mit zunehmender Meereshöhe verlieren Arten der Niederungen zunehmend die Fähigkeit zur Reproduktion. Arten der Hochlagen bilden bis in Meereshöhen von 2 300 m und darüber reife Samen aus. Der Einsatz von Saatgutmischungen ist daher nur in Höhenlagen sinnvoll, innerhalb derer die verwendeten Arten noch reproduzieren können (Abb. 8-1). Diese Grenze wird in den Alpen im Regelfall in Höhenlagen von 2 300–2 500 m ü NN erreicht.

8.5.2.2 Ökologische und ökonomische Eignung

Standortgerechte, subalpine und alpine Pflanzen produzieren wenig Biomasse. Ansaaten mit

Tab. 8-1: Fertilität ausgesuchter Arten in Abhängigkeit von der Meereshöhe in den Alpen (Krautzer et al. 2006).

Untersuchungsgebiet Meereshöhe (m ü NN)	Sudelfeld 1245	Piancavallo 1435	Hochwurzen 1830	Gerlos 2280	St. Anton 2350
Alpen-Rispengras (*Poa alpina*)					
Alpen-Rotschwingel (*Festuca nigrescens*)					
Braun-Klee (*Trifolium badium*)					
Schnee-Klee (*Trifolium pratense* ssp. *nivale*)					
Alpen-Lieschgras (*Phleum rhaeticum*)					
Echter Wundklee (*Anthyllis vulneraria*)					
Rot-Straußgras (*Agrostis capillaris*)					
Wiesen-Lieschgras (*Phleum pratense*)					
Englisches Raygras (*Lolium perenne*)					
Gewöhnlicher Schwedenklee (*Trifolium hybridum*)					
Gewöhnlicher Weißklee (*Trifolium repens*)					

☐ Samenreife erreicht   ☐ Samenreife nicht erreicht   ☐ Art nicht beobachtet

standortgerechtem Saatgut benötigen daher in der Regel nur geringe Nährstoffmengen und kurzfristige Pflegemaßnahmen und führen in kürzester Zeit zu naturnahen, sich weitgehend

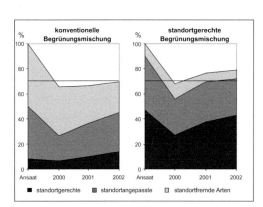

Abb. 8-2: Durchschnittliche Gesamtdeckung in Prozent und Anteil verschiedener ökologischer Gruppen im Vergleich von konventionellen mit standortgerechten Begrünungsmischungen in den Jahren 2000–2002 (Ansaat = Zusammensetzung der Saatgutmischung in Gewichts-%) auf sechs Versuchsstandorten von 1 245 bis 2 350 m (Meereshöhe), Durchschnitt aller Standorte. 70 % = Grenzwert der erforderlichen Mindestdeckung für ausreichenden Erosionsschutz (Krautzer et al. 2006).

selbst erhaltenden Rasen, die eine hohe Persistenz gegen Folgenutzungen durch Tourismus und Landwirtschaft haben (Farbtafel 8-2, 8-3 und 8-4). Für die Hochlagenbegrünung geeignete Ökotypen werden bereits großflächig vermehrt und Qualitäts-Begrünungsmischungen, abgestuft nach Höhenlage, Ausgangsgestein und Nutzung, auf den Markt gebracht (Tamegger und Krautzer 2006). In mehreren Experimenten konnten die Vorteile der Verwendung standortgerechter Saatgutmischungen nachgewiesen werden (Krautzer et al. 2003). Höhere Persistenz bei Belastung, deutlich bessere Ausdauer sowie erosionsstabile Vegetationsdeckung sind wesentliche Vorteile im Vergleich zu konventionellen Begrünungsmischungen (Abb. 8-2). Durch deutliche Reduktion der Saatmengen sowie der Kosten für Düngung, Nachsaat und Pflege zeigt die Verwendung standortgerechter Saatgutmischungen auch mittelfristig ökonomische Vorteile.

8.5.2.3 Beimischung von symbiotischen Bodenpilzen

Eine am Markt angebotene Neuentwicklung ist die Beimischung von symbiotischen Bodenpilzen (arbuskuläre Mykorrhiza) zur Saat. Nach

8

Erosion, Rutschungen oder tief greifenden Veränderungen des Bodengefüges durch bauliche Eingriffe werden diese wichtigen Pflanzenpartner dezimiert. Die notwendige Zeit für die Wiederbesiedlung des Bodens durch Mykorrhizapilze hängt stark davon ab, ob und in welchem Ausmaß sich Pilzsporen und bereits infizierte Wurzeln im zu begrünenden Substrat befinden. Eine aktive Mykorrhiza-Infektion kann im Falle der Begrünung von Rohböden sinnvoll sein. Die eingebrachten Pilze werden mit der Zeit von den autochthonen Mykorrhizapilzen abgelöst.

8.5.3 Saatzeitpunkt

Eine der **Grundregeln** einer sicheren Begrünung in Hochlagen ist die Vorgabe, die Begrünung **so früh wie möglich in der Vegetationsperiode** vorzunehmen, um die Winterfeuchte, speziell auf trockeneren Standorten, optimal auszunutzen (Abb. 8-3). In der Praxis verschiebt sich der Begrünungszeitpunkt meistens deutlich in Richtung Hochsommer bis Frühherbst, wenn die baulichen Maßnahmen weitestgehend abgeschlossen sind. Speziell in höheren Lagen ermöglichen die verbleibenden wenigen Vegetationswochen meist kein sicheres Anwachsen der Saat. Auf nicht zu exponierten und nicht zu steilen Flächen empfiehlt sich dann eine „Schlafsaat". Unter Schlafsaat versteht man eine Begrünung mit Saatgut, die so spät in der Vegetationsperiode ausgeführt wird, dass die Keimung erst im darauffolgenden Frühjahr stattfindet. Das Saatgut „schläft" sozusagen während der Winterzeit. Das Saatgut wird nach dem Ende der Vegetationsperiode, je nach Höhenlage und Witterung von Anfang Oktober bis Anfang Dezember, so knapp wie möglich vor der Einschneiphase, gemeinsam mit einem organischen Dünger ausgebracht. Auf steilen und exponierten Flächen ist ein zusätzliches Abdecken der Ansaat mit Stroh oder Heu zu empfehlen. Die Schlafsaat soll nur in Lagen ab der oberen montanen Vegetationsstufe und mit ausreichender Schneebedeckung zur Anwendung kommen. Die langjährige Erfahrung bei Begrünungen mittels Schlafsaat zeigt meist sehr befriedigende Ergebnisse. Trotzdem besteht ein witterungsbedingtes, nicht kalkulierbares Risiko, welches bei extremen Bedingungen (z. B. lang anhaltendes Fönwetter) eine neuerliche Begrünung im Folgejahr notwendig machen kann.

8.5.4 Saatstärken

Geht man nach althergebrachten Empfehlungen, so liegt die notwendige Aufwandsmenge bei Begrünungen in Hochlagen bei 300–500 kg/ha. Bei durchschnittlichen Samengewichten von etwa 1 g pro 1 000 Samen und gleichmäßiger Verteilung werden dabei zwischen 30 000 und 50 000 Samen auf dem Quadratmeter ausgebracht. Das ist deutlich zu viel und nutzt nur den Saatgutfirmen (Partl 2006). Bei Verwendung standortgerechter Saatgutmischungen lässt sich die tatsächlich notwendige Aufwandsmenge deutlich reduzieren. Wichtige Einflussfaktoren für die Saatmengen sind die verwendeten Mischungen, Standortfaktoren, die eingesetzte Saattechnik, der Saatzeitpunkt oder die eventuelle Verwendung einer Deckfrucht. Je tiefer der Standort gelegen, je besser die Bodenverhältnisse und je gleichmäßiger die Verteilung des

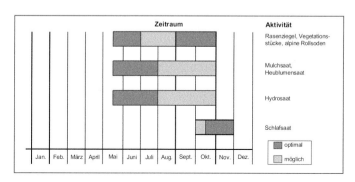

Abb. 8-3: Zeitplan für die Ausführungen von Begrünungsarbeiten in Hochlagen während des Zeitraumes eines Jahres.

Saatgutes ist (z. B. Einsatz von Hydrosaat oder Sämaschine), desto mehr können die Aufwandsmengen reduziert werden. In der Praxis können, bei Verwendung standortgerechter Saatgutmischungen, **Aufwandsmengen zwischen 8 und 12 g/m²** auf ebenen Flächen sowie **zwischen 10 und 15 g/m²** auf steilen Flächen, unter extremen Bedingungen **bis zu 18 g/m² empfohlen** werden. Zu beachten ist, dass bei händischer Aussaat, auch bei Einsatz von erfahrenem Personal, mit Aussaatmengen von mindestens 15 g/m² (das entspricht 1 500 Samen pro m²) kalkuliert werden muss.

8.5.5 Geeignete Saatmethoden

8.5.5.1 Einfache Trockensaat

Unter einfacher Trockensaat versteht man das (meist händische) Ausbringen von Saatgut alleine oder in Kombination mit Dünger oder anderen Bodenhilfsstoffen im trockenen Zustand. Diese Methode soll **in Hochlagen nur in Kombination mit einer Abdeckung des Oberbodens** mittels Mulchschicht, Netz oder Saatmatte verwendet werden. Sie eignet sich gut für ebene Stellen, kann jedoch auch auf Böschungen mit grober Bodenoberfläche angewendet werden. Die Anwendung kann von Hand oder mit diversen maschinellen Hilfsmitteln (Sä- und Streugeräte) erfolgen. In unwegsamem Gelände kann ein auf dem Rücken getragenes Gebläse hilfreich sein. Bei großflächigen nicht erschlossenen Gebieten kann sogar die Trockenansaat vom Hubschrauber aus eine wirtschaftliche Alternative bieten.

8.5.5.2 Deckfruchtansaat

Die Verwendung von Deckfrüchten (sogenannte Ammenvegetation) bringt in hohen Lagen keine nennenswerten Vorteile. Die herrschenden schlechten Boden- und Klimabedingungen hemmen, auch bei kräftiger Düngung, eine schnelle Entwicklung dieser Arten. Eine Deckfrucht kann daher nicht die Verwendung von Mulchmaterial ersetzen und soll in Hochlagen nur in Kombination mit einer Abdeckung des Oberbodens mittels Mulchschicht, Netz oder Saatmatte verwendet werden.

8.5.5.3 Nass- oder Hydrosaat

Nass- und Hydrosaat sollen in Hochlagen **nach Möglichkeit nur in Kombination mit einer Abdeckung des Oberbodens** mittels Mulchschicht, Netz oder Saatmatte verwendet werden. Bei dieser Saatmethode werden Samen, Dünger, Mulchstoffe, Bodenhilfsstoffe und Klebemittel mit Wasser in einem speziellen Spritzfass vermischt und auf die zu begrünenden Flächen gespritzt. An steilen Hängen kann das Samen-Düngergemisch auch auf ein vorher angenageltes Jute- oder Kokosnetz gesprüht werden. In Extremfällen ist diese Methodik auch vom Hubschrauber aus zu akzeptablen Kosten anwendbar.

8.5.5.4 Heublumensaat

Voraussetzung dafür ist das Vorhandensein samenreicher Reste geeigneter Flächen (Bergmähder) auf den Tennenböden von Heustadeln. Dieses Material soll von ausreichender Qualität sein und von Heu stammen, welches nicht älter als ein, maximal zwei Jahre ist. Die **Heublumen (0,5–2 kg/m²)** werden mitsamt den Halmen maximal 2 cm dick ausgestreut. Eine zusätzliche Mulchschicht ist nur bei Verwendung von gesiebtem Material notwendig. Um Verwehungen zu verhindern, soll die Aussaat nur auf feuchten Boden erfolgen bzw. müssen die Heublumen nach der Aussaat mit Wasser benetzt werden. Durch die Mulchschicht wird auch ein gewisser Schutz des Bodens gegen mechanische Angriffe erreicht, die mikroklimatischen Verhältnisse werden verbessert. Bei zu geringer Keimfähigkeit der Heublumen können wichtige Saatgutkomponenten dazugekauft und eingesät werden.

8.5.5.5 Heumulchsaat

Bei Vorhandensein entsprechender Spenderflächen kann das „Saatgut" auch durch spezielle Mahd gewonnen werden. Im Regelfall sollten die Spender-Flächen eine standortgerechte Vegetation tragen, die dem Begrünungsziel der Empfänger-Flächen entspricht. Die praktikabelste Möglichkeit besteht in der direkten Übertragung des Schnittgutes von der Spender- auf die Begrünungsfläche zum Zeitpunkt der durchschnittlichen Samenreife (in Hochlagen etwa Anfang September). Das so gewonnene Heu mit den darin enthaltenen Samen ist gleichmäßig in einer maximal 2 cm starken Schicht auf die zu begrünenden Flächen aufzubringen. Von dickeren Schichten wird abgeraten, um anaerobe Zersetzungsvorgänge im aufgebrachten Mähgut zu vermeiden.

8.5.5.6 Mulchsaat

Mulchsaaten sind mit verschiedenen organischen Materialien abgedeckte und geschützte Ansaaten. Für ein optimales Wachstum darf die Dicke der Mulchschicht nie mehr als 3–4 cm betragen und muss lichtdurchlässig sein. Die gebräuchlichsten Mulchstoffe sind Heu und Stroh. Zu dicke Mulchschichten können allerdings zum Absticken der Keimlinge führen, zu dünne erhöhen das Erosionsrisiko. Bei der einfachen **Heu- bzw. Strohdecksaat** wird über das Saatgut eine 3–4 cm hohe Heu- oder Strohdecke ausgebracht. Voraussetzung für diese Begrünungsmethode sind windgeschützte und nicht zu steile Lagen. Der **Materialaufwand beträgt 300–600 g/m²** im trockenen Zustand (Farbtafel 8-5).

An steilen Stellen und vor allem über der Waldgrenze ist die **Bitumen-Strohdecksaat** eine geeignete Methode. Dabei wird eine Strohschicht auf Samen und Dünger aufgebracht und darüber eine instabile Bitumenemulsion gespritzt (nicht in Trinkwasserschutzgebieten anzuwenden). Heu eignet sich für das Bespritzen mit Bitumen nicht so gut, weil es zusammengedrückt wird. Als Heudecksaat allein wirkt es wegen der dünneren Halme und des besseren Zusammenhalts stabiler als Stroh. Heu und Stroh können auch mit hellen organischen Klebern ausreichend gut verklebt werden (Graiss 2000).

8.5.5.7 Saattechniken unter Verwendung von Netzen und Saatmatten

Im Handel erhältliche Geotextilien aus Jute, Kokosfaser, synthetischen Fasern oder Draht können in Verbindung mit allen vorher beschriebenen Begrünungsverfahren verwendet werden. Auf die Verwendung synthetischer Fasern und Drahtgitter als Pflanzenhilfsstoff ist, wenn möglich, bei standortgerechten Begrünungen zu ver-

zichten. Verwendung finden Geotextilien vornehmlich bei deutlicher Erosionsgefahr oder extremen Standortbedingungen (z. B. sehr steilen Böschungsrändern). Sie bieten die Möglichkeit eines verstärkten Oberflächenschutzes und dienen der temporären Sicherung von Ansaaten, der Schaffung eines günstigen Mikroklimas und der Speicherung von Wasser. Sie sind je nach verwendetem Material gegen mechanische Kräfte wie Steinschlag, Schneeschub, Niederschlagsereignisse etc. mehr oder weniger stabil. Abhängig von Material, Standortbedingungen und Höhenlage verrotten die Netze innerhalb von ein bis vier Jahren rückstandsfrei. Verzinktes Eisennetz und Kunststoffnetze haben eine Lebensdauer von ca. 30 Jahren und werden nicht biologisch abgebaut. Die Gefahr von Rückständen ist vorhanden.

Matten bestehen aus Holzwolle, Kokosfasern, Hanf, Stroh oder anderen Naturfasern als Füllmaterial, welches mit einem feinen Jutenetz versteppt ist. Das Saatgut kann in die Matten bereits eingewebt sein. Solche Saatmatten brauchen einen vollkommenen Bodenkontakt, sie können nur auf flacheren und glatten Bodenoberflächen angenagelt werden. Ihre Verwendung in Hochlagen ist daher nicht zu empfehlen.

8.5.6 Begrünungen mit standortgerechtem Pflanzenmaterial

8.5.6.1 Rasenziegel

Rasenziegel (auch Rasensoden genannt) oder größere **Vegetationsstücke, die im Zuge der Planierungsarbeiten gewonnen,** gestapelt und nach Fertigstellung der Flächen gruppenweise aufgelegt werden, eignen sich sehr gut zur schnellen und standortgerechten Begrünung von aufgerissenen Stellen. An steileren Böschungen müssen Rasenziegel mit Holznägeln angenagelt werden.

Wo immer möglich sollte die Verpflanzung der Rasenziegel vor dem Austrieb oder nach dem Einsetzen der herbstlichen Vegetationsruhe erfolgen, d. h. knapp nach der Schneeschmelze oder unmittelbar vor Beginn der winterlichen Einscheiphase (Abb. 8-3). Zu diesen Zeitpunkten sind die Erfolge des Verpflanzens selbst in extremen

8

Höhenlagen außerordentlich gut (ÖAG 2000). Bei entsprechender Planung des Bauablaufs ist auch eine direkte Verwendung der Vegetationsziegel ohne Zwischenlagerung möglich. Die Erfolge dieses Vorgehens sind im Regelfall die besten.

8.5.6.2 Pflanzung einzelner Arten oder von vorkultivierten Pflanzelementen

Aufbauend auf den Erkenntnissen von Urbanska et al. (1988) wurde ein Methode entwickelt, die sich des klonalen Wachstums von Alpenpflanzenarten bedient, indem **Einzeltriebe oder Triebgruppen** in spezielle Wachstumsboxen (*rootrainer*) verpflanzt werden. Die Pflanzen werden **in Gärtnereibetrieben vorgezogen** und mit einem gut entwickelten Wurzelkörper am Begrünungsstandort ausgepflanzt. Dazu verwendet man standortgerechte Arten mit gutem vegetativem Wachstum. Dabei kann man auch auf Mutterpflanzen zurückgreifen, die direkt am Standort von Fachleuten entnommen wurden. Bei entsprechender Artenwahl können damit auf extremen Standorten gute Ergebnisse erzielt werden (Fattorini 2001). Günstig ist der unterstützende Einsatz dieser Methode als Nachbesserung von Lücken in Begrünungen. Grundsätzlich ist zu dieser Methode festzuhalten, dass sie mit einem sehr hohen Aufwand hinsichtlich Arbeitszeit und Kosten verbunden ist. Die naturschutzrechtlichen Bestimmungen sind unbedingt einzuhalten und die Durchführung der Arbeiten hat von Fachpersonal zu erfolgen.

8.5.6.3 Alpine Rollsoden

Die Verwendung von Vegetationsteilen, die klimatisch passende Gräser und Kräuter enthalten, ermöglicht eine schnelle, standortgerechte und ausdauernde Begrünung mit sofortigem Erosionsschutz. Diese Möglichkeit ergibt sich durch Verwendung alpiner Rollsoden, die in Tallagen produziert werden. Diese bestehen aus **Gräsern der subalpinen und alpinen Höhenstufe, die auch unter extremen, hochalpinen Standortbedingungen bis zu 2 500 m Meereshöhe überleben** können. Die Eigenschaften und positiven Auswirkungen von alpinen Rollsoden wurden im

Rahmen mehrerer Versuche wissenschaftlich untersucht und die Tauglichkeit auch unter extremen Klima- und Bodenbedingungen bereits erfolgreich unter Beweis gestellt (Gottschlich 2008). Rollsoden werden in Form von Rasenstücken mit $2,5 \times 0,4$ m und einer Schälstärke von ca. 1 cm in Rollen geerntet und auf Paletten geliefert. Die Bahnen werden im Regelfall quer zur Hangrichtung verlegt. Die Grasmatten müssen dabei mit Holznägeln im Untergrund fixiert werden. Bei Eingriffen auf kleineren Flächen kann so unmittelbar nach dem Bau bereits ein 100-prozentiger Erosionsschutz erreicht werden. Standortgerechte Rollsoden stellen auf stark frequentierten, steilen und erosionsgefährdeten Begrünungsflächen eine besonders gute Methode für die sofortige und nachhaltige Rekultivierung dar.

8.5.7 Kombinierte Begrünungstechniken

8.5.7.1 Saat-Soden-Kombinationsverfahren

Bei dieser speziellen Begrünungstechnik wird das Andecken von Rasensoden oder anderen Vegetationsteilen mit einer Trocken- oder Nasssaat kombiniert (Wittmann und Rücker 1995). Die verwendeten Rasensoden müssen dem angestrebten standortgerechten Vegetationstyp entsprechen und werden im Regelfall aus dem Projektbereich bei Beginn der Bauarbeiten oder aus passenden Spenderflächen in der unmittelbaren Umgebung entnommen. Es erfolgt daher fallweise ein Eingriff in Vegetationsbereiche über das unmittelbare Projektgebiet hinaus, um durch „Aufteilen" vorhandener Vegetation optimale Erfolge zu erzielen. Die zu begrünende Fläche ist daher oftmals größer als der ursprüngliche Projektbereich. Eine (zusätzliche) Verwendung alpiner Rollsoden ist bei Mangel an passender Vegetation möglich.

Die **Rasensoden (0,2–0,5 m²)** werden auf trockenen Standorten **in Gruppen** (damit sie nicht austrocknen), in niederschlagsreichen Gebieten auch **rasterartig** auf der zu begrünenden Fläche angedeckt. In die Bereiche **zwischen den Soden** wird **standortgerechtes Saatgut** eingebracht. Dieses Saatgut bewirkt eine Stabilisierung der

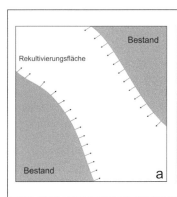 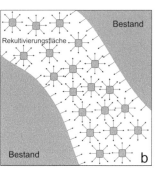

Abb. 8-4: Schematische Darstellung des Prinzips des Saat-Soden-Kombinationsverfahrens. Durch die rasterartig angedeckten Vegetationsteile kann – trotz verhältnismäßig kurzer Ausbreitungsdistanzen der alpinen Vegetation – die gesamte Fläche besiedelt werden. Durch die angebrachten Saat-Soden (b) kann die Fläche viel schneller begrünt werden als in (a), wo die Arten nur von außen einwandern können (aus Krautzer und Wittmann 2006).

Vegetationstragschicht. Durch die kurzen Distanzen zwischen den angedeckten Rasensoden ist es der bodenständigen Vegetation möglich, in die Zwischenräume einzuwandern. Dadurch werden auf natürlichem Wege diese Bereiche auch von Arten begrünt und besiedelt, die als Saatgut nicht erhältlich sind (Abb. 8-4). In steilen Bereichen (über 30 % Hangneigung) und in erosionsgefährdetem Gelände ist der Einsatz von Geotextilmatten oder Ähnlichem zur Sicherung der angedeckten Vegetation bzw. zur Erosionssicherung des Oberbodens vorzusehen.

Diese Methode ist bis in Höhenlagen von zumindest 2 400 m erprobt und Stand der Technik. Besonders geeignet sind mäßig nährstoffreiche, anthropogen wenig beeinflusste Pflanzengesellschaften wie Weiderasen (unterschiedlichsten Typs), Hochstaudenfluren oder Grünerlengebüsche. Nach derzeitigem Wissensstand ist diese Methodik bei einer Reihe von anthropogen unbeeinflussten alpinen Rasen und diversen alpinen Zwergsträuchern nicht anwendbar. Die Konzeption dieser Begrünungstechnik und vor allem die Auswahl der Rasenspenderflächen sind nur von entsprechenden Fachleuten vorzunehmen.

8.5.8 Zulassen der natürlichen Sukzession

Prinzipiell ist es auch in Hochlagen möglich, natürliche Sukzessionsabläufe zuzulassen (Kapitel 13). Aus naturschutzfachlichen Überlegungen ist diese Strategie in manchen Fällen (nur unter entsprechend günstigen Verhältnissen und bei

Beachtung der Erosionsgefahr) anderen Begrünungsmethoden vorzuziehen oder zumindest mit diesen zu kombinieren. Die Substrat- und Standortverhältnisse werden dabei die Vegetationsentwicklung bestimmen. Durch das Ausbreiten von Mulchstoffen oder Geotextilien können sogenannte Fangflächen (*safe sites*) den Verbleib und die Keimung angewehter Samen fördern (Fattorini 2001). Vor allem auf Begrünungsstandorten mit ausreichendem Feinboden- sowie Diasporenmaterial geht die Vegetationsentwicklung verhältnismäßig schnell vor sich, und blütenreiche Pionierstadien können entstehen.

8.5.9 Pflege und Erhaltung der Begrünungsflächen

8.5.9.1 Düngung

Begrünungen mit Saat- oder Pflanzgut im Bereich von **Skipisten** sind in der Regel nur im Zusammenspiel mit einer sachgemäßen Düngung erfolgreich. Planierte Flächen weisen meistens ein sehr schlechtes Nachlieferungsvermögen an pflanzenverfügbaren Mineralstoffen auf. Eine schnelle Entwicklung der Einsaaten bis hin zum Rasenschluss ist, auch bei standortgerechten Begrünungen, auf solchen Standorten für einen raschen Erosionsschutz notwendig. Im Regelfall ist eine **einmalige Düngung** solcher Flächen zur Anlage mit einem geeigneten Dünger ausreichend (Krautzer et al. 2003). Falls bis zum zweiten Vegetationsjahr keine befriedigende Vegetationsdeckung erreicht wird, sind weitere Düngemaßnahmen bis zum Erreichen eines ausreichenden Rasenschlusses notwendig. Diese Maßnahmen können auch mit der Übersaat einer standortgerechten Saatgutmischung kombiniert werden. Bei Erreichen eines teilweisen Rasenschlusses können die Maßnahmen auf mangelhafte Teilflächen beschränkt werden.

Zur Anwendung sollen **langsam und nachhaltig wirkende Dünger** kommen, welche den Humusaufbau fördern und gute Pflanzenverträglichkeit besitzen. Auf ein **ausgewogenes Nährstoffverhältnis** ist zu achten. Zu vermeiden ist der Einsatz Ballaststoffe führender oder hygienisch bedenklicher Düngemittel. Wo möglich, sollen **organische Dünger** wie gut verrotteter Stallmist, kompostierter Mist oder zertifizierter Biokompost (im Einklang mit den bestehenden gesetzlichen Vorschriften) zum Einsatz kommen. Die Verwendung von Jauche und Gülle ist zu vermeiden. Der Einsatz von organisch-mineralischen und mineralischen Düngern mit entsprechenden Eigenschaften (langsame, nachhaltige Freisetzung von Nährstoffen) ist möglich, die Verwendung soll in Hinblick auf die positiven Zusatzeffekte der organischen Dünger (Mehrfachwirkung, Depotwirkung, Kräuterverträglichkeit, Humusaufbau) auf das notwendige Maß beschränkt werden (Partl 2006).

Den subalpinen und alpinen **Leguminosen** kommt in standortgerechten Saatgutmischungen außer wegen ihrer geringeren Ansprüche an die Nährstoffversorgung eine weitere Funktion zu: Sie sind in der Lage, einen wichtigen Beitrag zum Stickstoffkreislauf zu leisten (Jacot et al. 2000a, b). Bei Bestandesanteilen über 10 % können sie den restlichen Pflanzenbestand ausreichend mit Stickstoff versorgen und damit zur Stabilität dieser Pflanzenbestände beitragen.

8.5.9.2 Pflege

Bei Verwendung standortgerechter Saatgutmischungen ist eine ständige Pflege nicht zwingend notwendig. Bei entsprechender Zusammensetzung der Saatgutmischungen bzw. der Verwendung von entsprechendem Pflanzenmaterial kann eine Begrünungsfläche **sich selbst überlassen** werden, was im Zusammenhang mit **Begrünungen von Erosionsgebieten, Wildbach- und Lawinenverbauungen** etc. auch vielfach erwünscht ist.

Eine **Pflege von Skipistenbegrünungen** ist auch auf nicht überwiegend landwirtschaftlich genutzten Flächen **in den meisten Fällen notwendig**. Die Pflege erfolgt in Form einer **extensiven Beweidung** oder eines **jährlichen Schnittes** mit oder ohne Abführen des organischen Materials (bei nur geringem Biomasseanfall). Vor allem in den ersten Jahren nach der Ansaat, bei begleitender Düngung, muss eine Entwicklungs- und Fertigstellungspflege der Pistenflächen erfolgen. Bis zum Erreichen eines ausreichenden Rasenschlusses, zumindest über die ersten zwei Vegetationsperioden, darf keine Beweidung der Flächen durchgeführt werden. Eine jährliche Mahd ist ab dem Erreichen eines entsprechend üppigen Bestandes notwendig. Diese Mahd führt Biomasse ab und verhindert dadurch ein Absticken des Bestandes im Winter. Zusätzlich wird die Bestockung der Gräser angeregt und der Rasenschluss gefördert. Auf trittempfindlichen und steilen Flächen ist die Beweidung durch **Auszäunung**, wenn notwendig zugunsten der Mahd, zu verhindern. Bei geringen Deckungsgraden (< 50 %) im Jahr nach der Begrünung sind eine Nachsaat und/oder Nachpflanzung mit einer standortgerechten Saatgutmischung (30–50 kg/ha) bzw. standortgerechtem Pflanzmaterial und allenfalls weitere festzulegende Maßnahmen notwendig. Auch kleinflächig müssen, wenn notwendig, entsprechende Ausbesserungsarbeiten vorgenommen werden.

8.5.10 Beurteilung des Begrünungserfolgs

Die Beurteilung des Begrünungserfolgs erfordert in Hochlagen spezifische Kriterien (Kapitel 1). Das vorrangige Ziel jeder Renaturierung ist ein ausreichender **Erosionsschutz**, bis sich die Vegetation soweit entwickelt hat, dass sie diese Aufgabe ausreichend erfüllen kann. Als wesentlicher Grenzwert für ausreichenden Erosionsschutz durch die sich entwickelnde Vegetation wird von Experten eine **Bodendeckung von 70–80 %** angesehen (Stocking und Elwell 1976, Mosimann 1984). Bei standortgerechter Artenwahl kann die Vegetation ab diesem Zeitpunkt als ausreichend stabil angesehen werden. Durch Ansaat hergestellte Begrünungen sollen einen möglichst

gleichmäßigen Bestand bilden, der im nicht ge-
schnittenen Zustand, falls nicht andere Begrü-
nungsziele festgelegt sind, je nach Steilheit der
Fläche mindestens 70–80 % Bodendeckung aufweisen muss. Die Gesamtdeckung durch Saatgut
und dem angestrebten Vegetationstyp entsprechende eingewanderte Arten sollte mindestens
60 % betragen. Der artspezifische jahreszeitliche
Zustand der Pflanzen ist bei der Ermittlung des
Deckungsgrades zu berücksichtigen. Nicht standortgerechte Vegetation soll nicht zum geforderten
Deckungsgrad gezählt werden. Abweichende
Deckungswerte, vor allem bei der Begrünung
schwieriger Standortbereiche, sind bei der Evaluierung zu berücksichtigen.

Die angesäte oder verpflanzte Vegetation muss
in Hochlagen vor der abschließenden Beurteilung
zwei Ruheperioden und Frostphasen überdauert
haben. Für **Spezialfälle** (z. B. Wiederansiedlungs-
projekte) sind **gesonderte Beurteilungskriterien**
notwendig. Weiterführende Informationen dazu
können der „Richtlinie für standortgerechte
Begrünungen" (ÖAG 2000) entnommen werden.

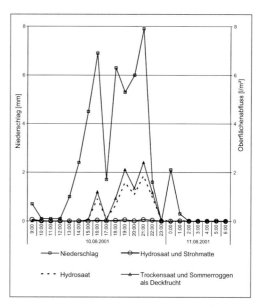

Abb. 8-5: Oberflächenabfluss verschiedener Begrünungsvarianten im Verlauf eines Niederschlagsereig-
nisses; nur Varianten mit Mulchabdeckung zeigen ausreichenden Erosionsschutz (Krautzer et al. 2003).

8.6 Mangelhafte Begrünung und ihre Folgen

Die Begrünungstechnik schützt Begrünungsflächen während der ersten zwei Vegetationsperioden vor Erosion. Die heranwachsende Vegetation
sichert die mittel- bis langfristige Stabilität einer
Begrünung ab (Krautzer et al. 2003). Mangelhafte
Begrünungen können daher einerseits auf die
Verwendung einer falschen oder mangelhaften
Begrünungstechnik und/oder auf die Verwendung des falschen, dem Standort nicht angepassten Samen- oder Pflanzenmaterials zurückgeführt werden.

8.6.1 Veränderter Oberflächen-abfluss bei mangelhafter Begrünungstechnik

Abbildung 8-5 veranschaulicht sehr gut die Beziehungen zwischen Niederschlag, Oberflächenab-

fluss und unterschiedlichem Schutz der Oberfläche durch verschiedene Begrünungstechniken. In
einer Reihe von Versuchen mit Erosionsanlagen
wurde die Beziehung zwischen Begrünungstechnik und Erosionsverhalten beobachtet (Graiss
2000, Florineth 2000, Krautzer et al. 2003). Es
konnte deutlich beobachtet werden, dass **nur
bei Verwendung von Mulchdecken** sowohl
erhöhte Oberflächenabflüsse als auch nennens-
werte **Bodenabträge vermieden** werden konnten. Der deutlich bessere Erosionsschutz bei
Abdeckung des Oberbodens durch so unterschiedliche Materialien wie Heu, Stroh, Netze
oder Matten kann durch die schützende Wirkung
des organischen Materials erklärt werden. Dabei
wird die (kinetische) Energie der Regentropfen
abgebaut und das Wasser sickert langsam in den
Boden, was die Bodenaggregate vor Zerstörung
bewahrt. Die Kapillaröffnungen des Bodens ver-
schlämmen nicht, und deutlich höhere Wassermengen können in den Boden einsickern. Ohne
Abdeckung des Oberbodens mit Mulchmaterial
haben Saatgutmischungen in den ersten vier bis
acht Wochen nach der Ansaat ein schlechtes Erosionsverhalten. Das Erosionsverhalten ist dabei

8

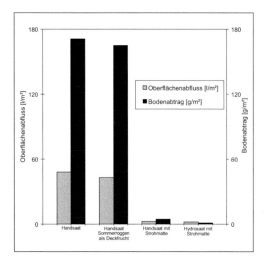

Abb. 8-6: Oberflächenabfluss und Bodenabtrag ausgesuchter Begrünungsvarianten im Verhältnis zu 500 mm Niederschlag; nur Varianten mit Mulchabdeckung zeigen ausreichenden Erosionsschutz (Krautzer et al. 2003).

unabhängig von der Zusammensetzung der Saatgutmischung (Abb. 8-6).

Neben den bereits erwähnten Risken sind hohe Kosten für ökologisch wie ökonomisch fragwürdige, wiederholte Pflege- und Düngungsmaßnahmen als Folgewirkungen zu erwarten.

8.6.2 Schlecht angepasstes Saatgut

Obwohl seit Jahrzehnten an der Produktion von Arten zur nachhaltigen Sanierung in Hochlagen gearbeitet wurde und wird (Köck 1975, Florineth 1982, Holaus und Köck 1992, Schiechtl und Stern 1992, Krautzer et al. 2004), stand lange kein Saatgut standortgerechter Arten zur Verfügung. Dieser Mangel ist weitgehend beseitigt. Dennoch wird auch heute noch in Teilen der europäischen Berggebiete, vordergründig aus Kostengründen, entweder auf eine Wiederbegrünung gänzlich verzichtet oder aber auf billige, standortfremde Saatgutmischungen zurückgegriffen.

Solche am Markt erhältlichen Begrünungsmischungen bestehen aus **standortfremden, hauptsächlich hochwüchsigen Niederungspflanzen**, die ursprünglich für die Grünlandwirtschaft in

Tallagen gezüchtet wurden. Die darin enthaltenen Arten sind an niedrigere, wärmere Lagen angepasst und eignen sich im Regelfall nicht für Begrünungen in Hochlagen (Florineth 1982). Der hohe Nährstoffbedarf dieser Arten erfordert langfristige, kostspielige und ökologisch fragwürdige Düngemaßnahmen, um den notwendigen Rasenschluss zu erhalten. Damit verbunden ist eine hohe Biomasseproduktion, die wiederum regelmäßigen Schnitt, Beweidung oder Entfernung des anfallenden Materials erfordert, da in der kurzen Vegetationsperiode keine ausreichende Zersetzung der zugewachsenen Biomasse erfolgt und ein Absticken der Vegetationsnarbe die Folge wäre. In vielen Fällen ist eine weitere Nutzung oder Pflege der begrünten Flächen auch nicht mehr erwünscht oder möglich. Darüber hinaus zeigen die Pflanzen konventioneller Mischungen **keine Reproduktion**, d. h. nach dem Absterben der Erstbegrünung kommt es zu einem Totalausfall der angesäten Vegetation.

8.6.3 Veränderungen der Artenzusammensetzung

Bei mangelhafter Begrünung unterschieden sich Artenzahlen und Artenzusammensetzung auf **Pisten** der Niederen Tauern klar von der umgebenden naturnahen Vegetation (Klug-Pümpel und Krampitz 1996). Ein Großteil der herkömmlichen billigen Saatgutarten kam in der naturnahen Umgebungsvegetation überhaupt nicht vor. Dies wurde auch von Marhold und Cunderlikova (1984) in den Hochlagen der Tatra (Slowakei) erhoben. Auffallend war die hohe Anzahl von feuchtigkeits- und nährstoffliebenden Arten, die in der näheren Umgebung gar nicht, wohl aber in frischen Fettweiden in Höhen bis etwa 1 900 m vorhanden waren. Man könnte sie als „Skipistenbegleiter" (Kasten 8-3) ansprechen.

8.6.4 Veränderungen in der Phytomasse, Unterschiede in den Wuchsformenspektren

In den Niederen Tauern auf vorwiegend basenarmem Untergrund liegt die oberirdische Phy-

Kasten 8-3
„Skipistenbegleiter"

Zu diesen Arten gehören vor allem *Poa alpina* und *Trifolium badium*, aber auch Arten der Schneetälchen und Schutthalden – letztere vor allem auf karbonatreichen Pistenplanien der Hochlagen. Die gewichteten mittleren Zeigerwerte (Ellenberg et al. 2001) dieser Begleitarten, der Saatgutarten und der Arten aus der unmittelbaren Umgebung der Pisten zeigten deutliche Unterschiede: Das bis 1995 hauptsächlich verwendete schlecht angepasste Saatgut hatte entweder eine weite ökologische Amplitude oder aber Zeigerwerte, die sich stark von denen sowohl der Begleitarten als auch der umgebenden naturnahen Vegetation unter-

schieden. Vor allem auf planierten Pisten beobachteten neuerdings Wipf et al. (2005) höhere Nährstoff- und Licht-Zeigerwerte als in den ungestörten Referenzflächen. Auch fanden sie weniger früh blühende Arten auf den Flächen, die wegen des Skibetriebs länger schneebedeckt waren.

Auf Pisten unterhalb 1 900 m, wo die Deckung noch bei 70 % liegen konnte, war die Diskrepanz zwischen Piste und naturnahen Flächen kleiner als über 2 000 m. In der Hochlage fielen auf den Pisten nicht nur die Saatgut-, sondern auch die „Begleitarten" der Tieflagen-Fettweiden zunehmend aus.

tomasse naturnaher Pflanzengesellschaften inklusive der Streuauflage zwischen 103 g/m² (Schneetälchen) und 1 300 g/m² (Zwergstrauchheide), während es verhältnismäßig gut begrünte Skipisten noch in den 1980er-Jahren selbst in niedrigeren Höhenlagen um 1 800 m nur auf ca. 70 g/m²

bis maximal 550 g/m² Phytomasse brachten (Klug-Pümpel 1992).

Die Wuchsformen von Pflanzengemeinschaften früher Hochlagen-Ansaaten zeigen ebenfalls markante Unterschiede zur naturnahen Umgebungsvegetation (Abb. 8-7). Dies hat Folgen

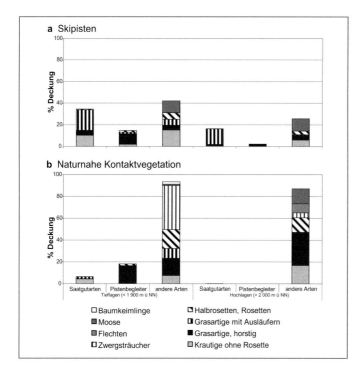

Abb. 8-7: Vergleich der Wuchsformenspektren und der Deckung durch die Wuchsformengruppen in Lagen unter 1 900 m und über 2 000 m ü NN auf Skipisten (a) sowie der angrenzenden Kontaktvegetation (b) in den Niederen Tauern 1986–1989 (Klug, unveröffentlicht).

sowohl für die Tierwelt als auch für den Erosionsschutz.

8.6.5 Ökophysiologische Unterschiede zwischen Ansaat und Umgebungsvegetation

Die sogenannten Hochlagen-Begleitarten stammen aus unterschiedlichen Pflanzengemeinschaften im Umfeld der Begrünung. Deren **ökologische Zeigerwerte** spiegeln im Wesentlichen ihre **Herkunft aus den unterschiedlichsten ökologischen Nischen und die Verhältnisse in der Renaturierungsfläche** wider. Begleitarten auf Skipisten werden daher andere sein als auf überweidungsbedingten Hangrutschungen oder in Böschungsansaaten.

An einigen Skipisten-Begleitarten wurden Keimungsversuche durchgeführt (Wildner-Eccher 1988, Florineth 2002, Peratoner 2003), dennoch beklagt Körner (2003) zu Recht nach wie vor Wissensdefizite bei Keimung und Etablierung von Alpenpflanzen.

Keimungsversuche an einzeln untersuchten Alpenpflanzen unter kühlen und warmen Bedin-

gungen in Petrischalen erbrachten sehr zufriedenstellende Ergebnisse (Tab. 8-2). In nährstoffarmem Kultursubstrat erwies sich die Konkurrenz durch mit angebaute Tieflagen-Saatgutarten (*Trifolium repens, Festuca rubra* ssp. *rubra*) als fatal für Keimungsraten und Etablierung der Alpenpflanzen, vor allem bei Düngerzugaben. Vom organischen Langzeitdünger profitierten vorerst weniger die Alpenpflanzen als deren Konkurrenten. Diejenigen Individuen unter den Alpenpflanzen, die sich etablieren konnten, entwickelten allerdings wesentlich mehr Biomasse als die ungedüngten (Klug et al. 1995). So wurde zwar das Wachstum der Jungpflanzen angeregt, ihre Temperaturresistenz jedoch teilweise negativ beeinflusst.

8.6.6 Veränderungen der Tiergemeinschaften als Folge einer mangelhaften Rekultivierung

Dass sich unzureichende Begrünung oder auch nur die Belastung einer naturnahen Pflanzendecke durch Skibetrieb negativ auf die Spinnenfauna auswirken, haben bereits Thaler et al. (1978) festgestellt. Bei den Opilioniden (Weber-

Tab. 8-2: Keimungsraten von häufig auf schlecht begrünten Skipisten auftretenden Pistenbegleitarten aus 1989. Petrischalen-Versuch mit Samenmaterial aus den Niederen Tauern; 100 Samen pro Art und Versuchsdurchgang, zwei Wiederholungen (Klug, unveröffentlicht).

Art	% der Samen mit Keimwurzel bei Kaltvariante: tags 10 °C, nachts 5 °C				
	Tag 5	Tag 10	Tag 20	Tag 50	Tag 100*
Trifolium badium	92	95	97	99	99
Poa alpina	66	91	95	98	98
Sagina saginoides	28	92	95	99	99
Silene vulgaris	5	14	15	17	99
Arabis alpina	0	0	1	1	9

Art	% der Samen mit Keimwurzel bei Kaltvariante: tags 10 °C, nachts 5 °C				
	Tag 5	Tag 10	Tag 20	Tag 50	Tag 100*
Trifolium badium	96	100	100	100	100
Poa alpina	96	98	98	98	98
Sagina saginoides	41	93	100	100	100
Silene vulgaris	80	92	96	97	97
Arabis alpina	1	2	4	7	23

Tag 100*: nach weiteren 50 Tagen im Glashaus bei tagsüber > 30 °C

knechten) nehmen Artenzahl, Diversität und *evenness* durch die Skibelastung ab (Hammelbacher und Mühlenberg 1986). Selbst auf nicht planierten, aber als Skipisten genutzten Almweiden **ändert sich** bei den Carabiden (Laufkäfern) **die Artenzusammensetzung zuungunsten der Habitat- und Nahrungsspezialisten.** Besondere Anforderungen an Habitatstruktur und Nahrungsangebot stellen auch Orthopteren (Geradflügler) und Syrphiden (Schwebfliegen) (Sänger 1977, Haslett 1991). Somit könnten auch diese Tiergruppen unter dem Skibetrieb leiden.

8.7 Schlussfolgerungen und Forschungsbedarf

In den letzten 15 Jahren kam es, zumindest im Alpenraum, zu einer rasanten Entwicklung der Technik bei der Wiederbegrünung in Hochlagen. Der Bagger hat die Planierraupe weitestgehend ersetzt, die Erhaltung und Wiederverwendung vorhandener Vegetation ist vielerorts eine Selbstverständlichkeit geworden. Zu Beginn der 1990er-Jahre war Saatgut von standortgerechten Arten nur in „homöopathischen" Mengen erhältlich. Mittlerweile werden etwa 20 verschiedene Arten großflächig vermehrt und im Handel angeboten.

In verschiedenen Arbeiten (Lichtenegger 2003, Krautzer et al. 2004, Krautzer und Wittmann 2006, Klug 2006) konnte nachgewiesen werden, dass eine **Kombination von hochwertigen Applikationstechniken und standortgerechtem Pflanzenmaterial** zu stabilen, ausdauernden und ökologisch angepassten Beständen mit hohem naturschutzfachlichem Wert führt. Dünge- und Pflegemaßnahmen können deutlich reduziert werden, was diese Methoden mittelfristig auch wirtschaftlich sinnvoll macht.

Als **standortgerecht begrünbar** sind derzeit nach dem Stand der Technik **anthropogen beeinflusste, eher nährstoffreiche Pflanzengesellschaften** wie verschiedene Weiderasen, Lägerfluren, Hochstauden- und Gebüschgesellschaften anzusehen. Für die Herstellung einer standortgerechten Vegetationsdecke auf Flächen ohne primäre landwirtschaftliche Nutzung können die vorgestellten Methoden unter Beachtung der genannten Einschränkungen in allen Höhenlagen in der subalpin-alpinen Stufe empfohlen werden (ÖAG 2000).

Derzeit nicht möglich ist die (Wieder-)Herstellung, also **Renaturierung** (*ecological restoration* sensu van Diggelen et al. 2001) **anthropogen weitgehend unbeeinflusster, exponierter alpiner Rasen, Windkantengesellschaften, Polsterpflanzen- und Schneetälchengemeinschaften.** Von den charakteristischen Arten dieser Vegetationstypen ist kein standortgerechtes Saatgut im Handel erhältlich und zum Teil auch nicht produzierbar. Darüber hinaus können diese Pflanzen zum überwiegenden Teil nicht verpflanzt werden, sie sterben im Regelfall kurz nach der Transplantation ab (Krautzer und Wittmann 2006). Naturschutzfachliches Ziel sollte daher grundsätzlich die **Vermeidung jeglicher Eingriffe in anthropogen weitgehend unbeeinflusste Ökosysteme** sein.

Allerdings ist der derzeitige Stand der Technik in den verschiedenen Alpenstaaten sehr unterschiedlich definiert und das Wissen über spezielle Begrünungsmethoden regional oft nur unzureichend bekannt. Auch der gesetzliche Rahmen, der zur Anwendung aufwändiger Renaturierungsmethoden verpflichtet, ist nicht einheitlich. Die Verwendung von standortgerechten Saatgutmischungen bei Einsaaten in Hochlagen wird, wenn verfügbar, in weiten Teilen Österreichs bereits verbindlich vorgeschrieben. In einigen Ländern ist jedoch bereits strengstens verboten, was in anderen Ländern üblich ist. Vor allem über die meistens in den Naturschutzgesetzen manifestierten Verbote der Verwendung standortfremder Vegetation wird in der Praxis, oft aus mangelndem Wissen über Alternativen, hinweggesehen. Obwohl in fast allen betroffenen Staaten naturschutzrechtliche Bewilligungen von Bauvorhaben in größeren Höhenlagen vorgeschrieben werden, wird die Umsetzung der Auflagen nicht oder zumindest nicht streng kontrolliert. Auch bei den Behörden besteht ein Mangel an Information über das technisch Machbare (Krautzer und Wittmann 2006).

Die Ausarbeitung verbindlicher, länderübergreifender Richtlinien sowie möglichst einheitliche, rechtliche Vorgaben für standortgerechte Hochlagenbegrünungen, die den neuesten Stand der Technik einfordern, wären dringend vonnöten.

Kasten 8-4
Der Klimawandel und die Zukunft des Skitourismus

Ein weltweites Phänomen wird in nächster Zukunft vor allem dem Alpenraum und seiner hoch entwickelten Tourismusindustrie schwerwiegende Probleme verursachen: der Klimawandel. Dieser betrifft in besonderem Maße auch die Hochlagen in den Gebirgen. Die Temperatur in den Alpen liegt nach neueren Messungen um etwa 2 °C über jenem im Zeitraum von 1931 bis 1960 (Fliri 1974, Krautzer und Wittmann 2006). Als Ursachen nennen Kromp-Kolb und Formayer (2005) die explosionsartige Zunahme des motorisierten Verkehrs und damit des Kohlendioxidausstoßes. Ein weiterer überdurchschnittlicher Temperaturanstieg von 2–4 °C in nächster Zukunft wird für den Alpenraum prognostiziert. Voraussichtlich werden in den nächsten 30 Jahren die heißen Sommer viel häufiger werden. Die Anzahl der Hitzetage mit über 30 °C in einem Sommer werden noch in diesem Jahrhundert von heute acht auf 40 steigen. Bereits 1994 bewiesen Grabherr et al. (1994) in einer Studie auf den höchsten Gipfeln des Alpenbogens ein Höhersteigen der alpinen Rasenvegetation und damit eine Bedrohung für die konkurrenzschwachen hochalpinen Fels- und Polsterpflanzen.

Das Auftauen der Permafrostböden in den Alpen bereitet zunehmend Probleme für den Bau und die Erhaltung infrastruktureller Einrichtungen. In einigen Bereichen der Alpen kommt es dadurch bedingt bereits zu erheblichen Massenverlagerungen, die eine nicht zu unterschätzende Gefahrenquelle für Bewohner und Touristen darstellen.

Die Veränderungen im Niederschlagsregime großer Einzugsgebiete bergen große Gefahren (Markart et al. 2004). Durch sommerliche Starkregenereignisse bedingter großflächiger Oberflächenabfluss und verstärkte Erosion in den Hochlagen führen zunehmend zu Überflutungen in Tallagen, wo begradigte Flusssysteme die Wassermassen nicht mehr ableiten können. Die Hochwässer der letzten Jahre in weiten Teilen Europas sprechen bereits eine beredte Sprache.

Generell gilt ein Skigebiet dann als schneesicher, wenn in sieben von zehn Wintern in der Zeit vom 1. Dezember bis 15. April an mindestens 100 Tagen eine für den Skisport ausreichende Schneedecke von mindestens 30–50 cm vorhanden ist (CIPRA 2004). Infolge der Klimaänderung werden schneearme Winter zunehmen. Eine Faustregel besagt, dass sich pro 1 °C Temperaturzunahme die Null-Grad-Grenze um 150 m nach oben verschiebt. Eine der auffälligsten Auswirkungen der steigenden Temperaturen sind die rapide abschmelzenden Gletscher, welche in den Medien immer wieder für Schlagzeilen sorgen. Auch die Zahl der schneesicheren Tage geht zurück. Der Druck auf den Ausbau in den sensiblen Hochgebirgsräumen wird daher zunehmen.

Der Klimawandel wird sich nicht nur auf die Schneesicherheit auswirken, sondern auch auf die Nachfrage bezüglich der Wintersportangebote. In einem wärmeren Klima mit vermehrtem Auftreten von schneearmen Perioden wird für viele Menschen die Attraktivität des Skisports abnehmen. Technische Maßnahmen (z. B. künstliche Beschneiung, Kasten 8-1) und Angebotsergänzungen können den fehlenden Schnee auf Dauer nicht ersetzen. Der Klimawandel wird vermutlich dazu führen, dass tiefer gelegene Skigebiete wirtschaftlich völlig unrentabel werden, während günstiger gelegene Regionen in größerer Höhe teilweise von dieser Entwicklung profitieren können. Mittelfristig würden jedoch auch die höher gelegenen Skigebiete negative Auswirkungen verspüren, da der Skisport wohl generell an Bedeutung einbüßen würde. Die Kosten der Beschneiungsanlagen werden das Skifahren zusehends verteuern. Das Fehlen nahe gelegener, familienfreundlicher Skigebiete könnte die Motivation nehmen, überhaupt Skifahren zu lernen. Der Wintersport wird dadurch den Charakter eines Volkssports verlieren. Die Konzentration auf Topdestinationen sowie die Förderung von alpinen Wellnesszentren und des Sommertourismus sind wahrscheinliche Entwicklungsszenarien (BUWAL 2002).

Nach dem jüngst erfolgten Beitritt etlicher aufstrebender Wintersportländer (Slowakei, Bulgarien, Rumänien) zur Europäischen Union und der Vergabe von Olympischen Winterspielen an Sotschi ist zu hoffen, dass das Wissen und die Erfahrung fortschrittlicher europäischer Wintersportzentren und deren wissenschaftlicher Begleiter in diese Staaten transferiert wird, um dort von Anfang an die Beeinträchtigungen an Landschaft und Ökosystemen so gering wie möglich zu halten. Es ist dafür Sorge zu tragen, dass die Vermehrung und Verwendung dort heimischer, standortgerechter Sippen für die Renaturierung absolute Priorität erhält. Das kann auch Anreiz für einen neuen Einkommenszweig in den jeweiligen Bergregionen werden und verhindern, dass die in den Alpen seit Langem bekannten Probleme mit Erosion, Florenverfälschung und einer nachhaltigen Beeinträchtigung des Landschaftsbildes in andere europäische Bergregionen exportiert werden (Krautzer et al. 2004).

In welchem Rahmen Populationen von Tieren und Pflanzen im betroffenen Berggebiet den durch die **geänderten Klimabedingungen** entstehenden Herausforderungen standhalten, ist bis auf wenige Ausnahmen unerforscht. Die Geschwindigkeit, mit der sich die Temperaturänderungen bisher vollzogen haben, stellen nicht nur die betroffenen Lebensformen, sondern auch die Wissenschaft vor eine schwer zu bewältigende Aufgabe. Wenn dem Klimawandel nicht sofort und global (Ozenda und Borel 1991) entgegengewirkt wird, sieht das Zukunftsszenario für die Berggebiete sehr düster aus, und viele der hier dargelegten Probleme sind möglicherweise bereits in naher Zukunft nicht mehr beherrschbar (Kasten 8-4). Auf gar keinen Fall dürfen bereits erzielte Fortschritte in der Hochlagenbegrünung als Freibrief für weitere unbedachte Eingriffe in den alpinen Naturhaushalt missverstanden werden.

Literaturverzeichnis

Bätzing W (1997) Kleines Alpen-Lexikon. Umwelt-Wirtschaft-Kultur, München

Bekker RM, Bakker JP, Grandin U, Kalamee R, Milberg P, Poschlod P, Thompson K, Willems JH (1998) Seed size, shape and vertical distribution in the soil: indicators of seed longevity. *Functional Ecology* 12: 834–842

Berger H, Foissner W, Adam H (1985) Protozoologische Untersuchungen an Almböden im Gasteiner Tal (Zentralalpen, Österreich). IV. Experimentelle Studien zur Wirkung der Bodenverdichtung auf die Struktur der Testaceen – und Ciliatentaxocoenose. *Veröffentlichung Österrreichisches MaB-Hochgebirgsprogramm* 9: 97–112. Universitätsverlag Wagner, Innsbruck

Bischoff A, Vonlanthen B, Steinger T, Müller-Schärer H (2006) Seed provenance matters – Effects on germination of four plant species used for ecological restoration. *Basic and Applied Ecology* 7: 347–359

Blaschka A (2005) Climatic limitations for the use of seed mixtures in alpine environments. International Workshop of the GfÖ Specialist Group Restoration Ecology, Giessen. 18

Bortenschlager S, Oeggl K (Hrsg) (2000) The man in the ice, Volume 4: The iceman and his natural environment: Palaeobotanical results. Springer, Wien, New York

BUWAL (2002) Das Klima in Menschenhand, neue Fakten und Perspektiven, Bundesamt für Umwelt, Wald und Landschaft. www.klima-schweiz.ch/fakten

Cernusca A (1978) Ökologische Veränderungen im Bereich aufgelassener Almen. In: *Veröffentlichung des MaB-Hochgebirgsprogrammes Hohe Tauern*, Österreichische Akademie der Wissenschaften, Innsbruck 2: 7–16

CIPRA (2001) 2. Alpenreport, Daten, Fakten, Probleme, Lösungsansätze. Internationale Alpenschutzkommission, Schaan, Fürstentum Liechtenstein

CIPRA (2004) Künstliche Beschneiung im Alpenraum. Ein Hintergrundbericht. Internationale Alpenschutzkommission, Schaan, Fürstentum Liechtenstein

Ellenberg H (1996) Vegetation Mitteleuropas mit den Alpen. 5. Auflage. Eugen Ulmer Verlag, Stuttgart

Ellenberg H, Weber HE, Düll R, Wirth V, Werner W, Paulißen D (2001) Zeigerwerte von Pflanzen in Mitteleuropa. *Scripta Geobotanica* 18: 3–262

Erschbamer B, Kneringer E, Niederfriniger Schlag R (2001) Seed rain, soil seed bank, seedling recruitment, and survival of seedlings on a glacier foreland in the Central Alps. *Flora* 196: 304–312

Fattorini M (2001) Establishment of transplants on machine-graded ski runs above timberline in the Swiss Alps. *Restoration Ecology* 9 (2): 119–126

Fliri F (1974) Niederschlag und Lufttemperatur im Alpenraum. *Wissenschaftliche Alpenvereinshefte*, Heft 24, Universitätsbibliothek Innsbruck

Florineth F (1982) Begrünungen von Erosionszonen im Bereich und über der Waldgrenze. *Zeitschrift für Vegetationstechnik* 5: 20–24

Florineth F (2000) Neue Ansaatmethoden zur Begrünung von Erosionszonen über der Waldgrenze. Interpraevent. Tagungspublikation, Band 2: 17–28

Florineth F (2002) Neue Methoden der Hochlagenbegrünung und des Erosionsschutzes. Tagungsband Boku-Kongress „Lebens- und Überlebenskonzepte für die Zukunft". Universität für Bodenkultur, Wien

Franz H (1979) Ökologie der Hochgebirge. Eugen Ulmer Verlag, Stuttgart. 116–511

Gottschlich H (2008) Einsatz und Produktion von standortgerechten Rollsoden zur Rekultivierung von Hochlagen unter besonderer Berücksichtigung von pflanzensoziologischen Erhebungen. Diplomarbeit Universität Wien

Grabherr G, Gottfried M, Gruber A, Pauli H (1994) Patterns and current changes in alpine plant diversity. In: Chapin S, Körner C (Hrsg) Arctic and alpine biodiversity. *Ecological studies* 113: 167–181. Springer Verlag, Berlin, Heidelberg

Grabherr G, Mair A, Stimpfl H (1988) Vegetationsprozesse in alpinen Rasen und die Chancen einer echten Renaturierung von Schipisten und anderen Erosionsflächen in alpinen Hochlagen. In: Gesellschaft für Ingenieurbiologie (Hrsg) Jahrbuch 3: 94–113. SEPiA, Aachen

Graf F (1997) Mykorrhizapilze im Einsatz auf alpinen Erosionsflächen. *Ingenieurbiologie* 2: 26–28

Graiss W (2000) Erosionsschutz über der Waldgrenze – Vergleich verschiedener Ansaatmethoden mit Heu und Deckfrucht. Diplomarbeit am Institut für Landschaftsplanung und Ingenieurbiologie an der Universität für Bodenkultur, Wien

Grime JP (2001) Plant strategies, vegetation processes, and ecosystem properties. 2. Aufl. Wiley, Chichester

Hammelbacher K, Mühlenberg M (1986) Laufkäfer (*Carabidae*) und Weberknechtarten (*Opiliones*) als Bioindikatoren für Skibelastung auf Almflächen. *Natur und Landschaft* 61: 463–466

Haselwandter K (1997) Soil micro-organisms, mycorrhiza and restauration ecology. In: Urbanska KM, Webb NR, Edwards PJ (Hrsg) Restoration ecology and sustainable development. University Press, Cambridge. 65–80

Haslett JR (1991) Habitat deterioration on ski slopes: Hoverfly assemblages (Diptera: Syrphidae) occurring on skied and unskied subalpine meadows in Austria. In: Ravera O (Hrsg) Terrestrial and aquatic ecosystems: perturbation and recovery. Ellis Horwood, Chichester. 366–371

Holaus K, Köck L (1992) Schipisten und Ökologie. *Der Alm- und Bergbauer* 42 (5–7): 1–23

Isselin-Nondedeu F (2005) Déterminismes géomorphologiques et fonctionnels de la distribution des plantes dans les milieux d'altitude. Implications et applications pour la restauration de la biodiversité des pistes de ski. PhD thesis. Université Joseph-Fourier, Grenoble

Jacot KA, Lüscher A, Nösberger J, Hartwig UA (2000a) Symbiotic N$_2$ fixation of various legume species along an altitudinal gradient in the Swiss Alps. *Soil Biology and Biochemistry* 32: 1043–1052

Jacot KA, Lüscher A, Nösberger J, Hartwig UA (2000b) The relative contribution of symbiotic N$_2$ fixation and other nitrogen sources to grassland ecosystems along an altitudinal gradient in the Alps. *Plant and Soil* 225: 201–211

Klug B (2006) Seed mixtures, seeding methods, and soil seed pools – major factors in erosion control on graded ski runs. *WSEAS transactions on environment and development* 4 (2): 454–459

Klug B, Scharfetter G, Zukrigl S, Fladl M (1995) Alpenpflanzen auf dem Prüfstand. *Carinthia* II/53: 80–82

Klug B, Scharfetter-Lehrl G, Scharfetter E (2002) Effects of trampling on vegetation above the timberline in the Austrian Alps. *Arctic, Antarctic, and Alpine Research* 34 (4): 377–388

Klug-Pümpel B (1989) Phytomasse und Nettoproduktion naturnaher und athropogen beeinflusster alpiner Pflanzengesellschaften in den Hohen Tauern. *Veröffentlichung Österreichisches MAB-Hochgebirgsprogramm* 13: 331–355. Universitätsverlag Wagner, Innsbruck

Klug-Pümpel B (1992) Schipistenbewuchs und seine Beziehung zur naturnahen Vegetation im Raum Obertauern (Land Salzburg). *Stapfia* 26

Klug-Pümpel B, Krampitz C (1996) Conservation in alpine ecosystems: The plant cover of ski runs reflects natural as well as anthropogenic environmental factors. *Die Bodenkultur* 47 (2): 97–117

Köck L (1975) Pflanzenbestände von Skipisten in Beziehung zu Einsaat und Kontaktvegetation. *Rasen Turf Gazon* 3: 102–106

Körner C (2003) Alpine Plant Life. 2nd Edition. Functional Plant Ecology of High Mountain Ecosystems. Springer Verlag, Berlin. 315

Krautzer B, Parente G, Spatz G, Partl C, Peratoner G, Venerus S, Graiss W, Bohner A, Lamesso M, Wild A, Meyer J (2003) Seed propagation of indigenous species and their use for restoration of eroded areas in the Alps. Final report CT98-4024, BAL Gumpenstein, Irdning

Krautzer B, Peratoner G, Bozzo F (2004) Site-Specific Grasses and Herbs, Seed production and use for restoration of mountain environments. Food and Agriculture Organization of the United Nations. FAO, Rome

Krautzer B, Wittmann H (2006) Restoration of alpine ecosystems. In: van Andel J, Aronson J (Hrsg) Restoration ecology, the new frontier. Blackwell Publishing, Oxford. 208–220

Krautzer B, Wittmann H, Peratoner G, Graiss W, Partl C, Parente G, Venerus S, Rixen C, Streit M (2006) Site-specific high zone restoration in the Alpine region, The current technological development. Federal

Research and Education Centre (HBLFA) Raumberg-Gumpenstein Irdning, no. 46

Kromp-Kolb H, Formayer H (2005) Schwarzbuch Klimawandel – Wie viel Zeit bleibt uns noch? Ecowin Verlag, Salzburg

Larcher W (1994) Hochgebirge: An den Grenzen des Wachstums. In: Morawetz W (Hrsg) Ökologische Grundwerte in Österreich. Österreichische Akademie der Wissenschaften, Wien. 304–343

Larcher W (2003) Physiological plant ecology: ecophysiology and stress physiology of functional groups. 4. Aufl. Springer Verlag, Berlin

Lesica P, Antibus RK (1986) Mycorrhizae of alpine fellfield communities on soils derived from crystalline and calcareous parent materials. *Canadian Journal of Botany* 64: 1691–1697

Lichtenegger E (2003) Hochlagenbegrünung. Eigenverlag Pflanzensoziolog. Inst. Univ.-Prof. Dr. Lore Kutschera, Klagenfurt

Marhold K, Cunderlikova B (1984) Zur Problematik der Rasenansaaten von Skipisten in hochmontanen Regionen der Slowakei. *Acta Botanica Slovaca Slovakische Akademie der Wissenschaften* A (1): 203–207

Markart G, Kohl B, Sotier B, Schauer T, Bunza G, Stern R (2004) Provisorische Geländeanleitung zur Anschätzung des Oberflächenabflusses auf alpinen Boden-/Vegetationseinheiten bei konvektiven Starkregen (Version 1.0). *BFW Dokumentation* 3: 1–83

Meller H (Hrsg) (2004) Der geschmiedete Himmel. Die weite Welt im Herzen Europas vor 3 600 Jahren. Theis, Stuttgart

Mosimann T (1984) Das Stabilitätspotential alpiner Geoökosysteme gegenüber Bodenstörungen durch Schipistenbau. *Gesellschaft für Ökologie*, Bern. Band XII: 167–176

ÖAG (2000) Richtlinien für standortgerechte Begrünungen. Österreichische Arbeitgemeinschaft für Grünland Fachgruppe Saatgut. http://www.saatbau.at/Renatura/richtlinien.html

Ozenda P, Borel JL (1991) Mögliche Auswirkungen von Klimaveränderungen in den Alpen. CIPRA (Hrsg) *Kleine Schriften* 8

Partl C (2006) Saatstärke und Düngung im Rahmen standortgerechter Hochlagenbegrünungen. ALVA Tagung 2006

Peratoner G (2003) Organic seed propagation of alpine species and their use in ecological restoration of ski runs in mountain regions. Dissertation Universität Kassel. Kassel University Press

Pröbstl U (1990) Skisport und Vegetation. DSV-Umweltreihe 2. Stöppel Verlag, Weilheim

Reisigl H, Keller R (1987) Alpenpflanzen im Lebensraum. Alpine Rasen Schutt- und Felsvegetation. Vegetationsökologische Informationen für Studien,

Exkursionen und Wanderungen, G.-Fischer-Verlag, Stuttgart

Sänger K (1977) Über die Beziehung zwischen Heuschrecken (*Orthoptera*: *Saltatoria*) und der Raumstruktur ihrer Habitate. *Zoologische Jahrbücher* 104: 433–488

Schiechtl HM, Stern R (1992) Handbuch für naturnahen Erdbau. Österr. Agrarverlag, Wien

Schwienbacher E, Erschbamer B (2001) Longevity of seeds in a glacier foreland of the Central Alps – a burial experiment. *Bulletin of the Geobotanical Institute ETH* 68

SLF (2002) Kunstschnee und Schneezusätze: Eigenschaften und Wirkung auf Vegetation und Boden in alpinen Schigebieten – Zusammenfassung eines Forschungsprojektes am Eidgenössischen Institut für Schnee- und Lawinenforschung SLF, Davos

Stocking MA, Elwell HA (1976) Vegetation and Erosion: A review. *Scottish Geographical Magazine* 92 (1): 4–16

Stöcklin J, Bäumler E (1996) Seed rain, seedling establishment and clonal growth strategies on a glacier foreland. *Journal of Vegetation Science* 7: 45–56

Stone PB (1992) The state of the World´s Mountains. Zed Books, London

Tamegger C, Krautzer B (2006) Production and use of site specific seed in Austria. Conference Proceedings. In: Krautzer B, Hacker E (Hrsg) Soil bioengineering: ecological restoration with native plant and seed material. HBLFA Raumberg-Gumpenstein, Irdning. 113–118

Tappeiner U (1996) Ökologie des alpinen Rasens, Grenzen der Begrünung. *Rasen Turf* 27 (2): 36–40

Tasser E, Newesely C, Höller P, Cernusca A, Tappeiner U (1999) Potential risks through land-use changes. In: Cernuska A, Tappeiner U, Bayfield N (Hrsg) Land-use changes in European mountain ecosystems. Blackwell Wissenschafts-Verlag, Berlin, Wien. 218–224

Thaler K, de Zordo I, Meyer E, Schatz H, Troger H (1978) Arthropoden auf Almflächen im Raum von Badgastein (Zentralalpen, Salzburg, Österreich). *Veröffentlichung Österreichisches MAB-Hochgebirgsprogramm* 2: 195–233. Universitätsverlag Wagner, Innsbruck

Urbanska K (1997a) Reproductive behaviour of arctic/alpine plants and ecological restoration. In: Crawford RMM (Hrsg) Disturbance and recovery in Arctic lands: an ecological perspective. Kluwer Acad. Publ., Dordrecht. 481–501

Urbanska K (1997b) Safe sites – interface of plant population ecology and restoration ecology. In: Urbanska KM, Webb NR, Edwards PJ (Hrsg) Restoration ecology and sustainable development. Cambridge University Press, Cambridge. 81–110

Urbanska K, Schütz M, Gasser M (1988) Revegetation trials above timberline – an exercise in experimental population ecology. *Berichte des Geobotanischen Institutes der ETH, Stiftung Rübel* 54: 85–110

Van Diggelen R, Grootjans AP, Harris JA (2001) Ecological restoration: State of the art or state of the science? *Restoration Ecology* 9 (2): 115–118

Veit H (2002) Die Alpen – Geoökologie und Landschaftsentwicklung. Ulmer, Stuttgart

Wildner-Eccher M (1988) Keimungsverhalten von Gebirgspflanzen und Temperaturresistenz von Samen und Keimpflanzen. Dissertation Universität Innsbruck

Wipf S, Rixen C, Fischer M, Schmid B, Stoeckli V (2005) Effects of ski piste preparation on alpine vegetation. *Journal of Applied Ecology* 42: 306–316

Wittmann H, Rücker T (1995) Über eine neue Methode der Hochlagenbegrünung. *Carinthia* II 53, Sonderheft Österreichisches Botanikertreffen: 134–137

9 Renaturierung von Sandökosystemen im Binnenland

A. Schwabe und A. Kratochwil

9.1 Einleitung

Das Vorkommen von Sandökosystemen im Binnenland (Flugsand- und Decksandfelder, Dünen) ist vor allem an Sand-Akkumulationen der vorletzten Eiszeit (in Nordeuropa: Saaleeiszeit und Sand-Ablagerungen an größeren Flüssen gebunden. So finden wir die Verbreitungsschwerpunkte von binnenländischen Sandökosystemen in Mitteleuropa einerseits vor allem im Bereich der flächenhaften saalezeitlichen Ablagerungen in den Niederlanden und in Norddeutschland (Castel et al. 1989), andererseits kommen Sandökosysteme des Binnenlandes linear in den Flussgebieten z. B. von Maas, Rhein, Ems, Elbe, Oder und Regnitz vor. In Niederösterreich fanden sich einst großflächige Dünen- und Flugsandgebiete im Marchfeld östlich von Wien (Wiesbauer et al. 1997). Die Flugsandbildung setzte bereits im Spätglazial ca. 11000 v. Chr. ein, als eine den Sand fixierende Vegetation noch fehlte. Es bildeten sich im norddeutschen Raum aus den leicht verwehbaren Talsanden bereits um 9000 v. Chr. die ersten Dünen entlang der großen Flüsse aus. In Nordwesteuropa bedeckten umgelagerte spätglaziale Flugsande zu Beginn des Neolithikums ein Gebiet von etwa 3 000 bis 4 000 km². Es kam im Zuge der Tätigkeit des wirtschaftenden Menschen (Rodung von Wäldern) zur Begünstigung vielfacher Umlagerungen des Substrats durch den Wind (äolische Umlagerungen), die im nordwestlichen Europa zwischen dem 8. und 12. Jahrhundert n. Chr. insbesondere durch Rodungen und Heidewirtschaft einen Höhepunkt erreichten (Castel et al. 1989). Ab der zweiten Hälfte des 19. Jahrhunderts konsolidierten sich die Sande im Zusammenhang mit Landnutzungsänderungen (großflächige Aufforstungen: siehe Kapitel 6, Intensivierungen der Landwirtschaft), und dynamische Verlagerungen der Flugsande nahmen mehr und mehr ab.

Neben heutigen inselartigen Vorkommen im Vereisungsgebiet der vorletzten Eiszeit (Saaleeiszeit) in Norddeutschland, den Niederlanden, Belgien und Dänemark gibt es weitere Binnensand-Landschaften in Süddeutschland am Oberrhein sowie im Main- und Regnitzgebiet.

Bei den saalezeitlichen Ablagerungen Norddeutschlands und in den Niederlanden, jedoch auch bei den Sanden z. B. des Regnitzgebietes, handelt es sich um saure Substrate. Die Sande des nördlichen Oberrheingebietes hingegen wurden aus den Kalkalpen durch den Rhein transportiert und seit dem Spätglazial der letzten Eiszeit (Würm in Süddeutschland) im Flussgebiet abgelagert, ausgeweht und vielfach durch den Wind wieder umgelagert. Auch hier kam es im Postglazial zu weiterer Sanddynamik, die durch den Menschen und seine Rodungen begünstigt wurde. Die Sande im Oberrheingebiet sind zumeist basen- und kalkreich (Ambos und Kandler 1987).

In der dynamischen Naturlandschaft wurden diese Sande immer wieder umgeschichtet und verlagert, und es entstanden durch Fluss- und Winddynamik stetig neue **Pionierstandorte**. Deshalb waren auch Pionierpflanzenarten der Sandrasen wie z. B. *Corynephorus canescens* (Silbergras), *Helichrysum arenarium* (Sand-Strohblume) und *Phleum arenarium* (Sand-Lieschgras) nicht seltene Elemente in der Naturlandschaft. Noch heute findet man *Phleum arenarium* auf Flusssanden des Oberrheins (Baumgärtel und Zehm 1999). Heute sind die Standorte durch Fließgewässer-Regulation und Deichbau, Überbauung,

Veränderung der agrarischen Nutzung (z. B. Umwandlung in Spargel-, Erdbeer-, Gemüse-, Tabak- und Maisäcker), Aufforstung (z. B. mit der Wald-Kiefer, *Pinus sylvestris*), Eutrophierungsprozesse und Sandabbau stark verändert und dezimiert worden.

Das **typische Vegetationsmosaik** einer solchen sandgeprägten Pionier- und Rasenvegetation lässt sich in der heutigen Landschaft in der Regel nur mit einem gezielten und spezifischen Naturschutzmanagement erhalten und fördern. Dass einige der noch bestehenden größerflächi-

gen Gebiete mit mehr als 50 ha Größe überhaupt noch vorhanden sind und der landwirtschaftlichen Nutzung entzogen wurden, hängt in vielen Fällen mit der zum Teil bis in das Mittelalter zurückreichenden militärischen Nutzung zusammen (Schwabe und Kratochwil 2004).

Einige der an Sand gebundenen Habitattypen gehören zu den gefährdeten Lebensräumen der Fauna-Flora-Habitat(FFH)-Richtlinie der Europäischen Union (europäisches Schutzgebietssystem NATURA 2000, siehe Ssymank et al. 1998). Viele Pflanzen- und Tierarten der Sandökosys-

Kasten 9-1
Prinzipielle Ansätze zur Renaturierung von Sandökosystemen – Verbesserung des naturschutzfachlichen Wertes bestehender Sandökosysteme

Sandökosysteme können in Mitteleuropa nur durch regelmäßige **dynamische Prozesse** langfristig erhalten werden (Jentsch et al. 2002, Schwabe und Kratochwil 2004). Dabei ist die Durchführung sowohl abiotischer (*environmental restoration* im Sinne von Bakker 2005) als auch biotischer Maßnahmen (*restoration management* sensu Bakker 2005) für die Erhaltung des Pioniercharakters essenziell. Neben einzelnen mechanischen Maßnahmen ist die Beweidung solcher Flächen oft eine besonders wichtige Erhaltungsmaßnahme (*maintenance management* sensu Bakker 2005).

Zu unterscheiden sind **Instandsetzungsmaßnahmen** (z. B. Zurückdrängen der Gehölze: mechanisch oder durch Ziegenbeweidung, Mahd, Abtragung von Bodenschichten) von **Erhaltungsmaßnahmen** (z. B. Entfernen einzelner Junggehölze, Pflegebeweidung mit verschiedenen Weidetieren). Das Phänomen der Erhöhung des Artenreichtums durch dynamisierende Prozesse entspricht der Hypothese der mittleren Störung (***intermediate-disturbance*-Hypothese**, Connell und Slatyer 1977). Dennoch ist zu berücksichtigen, dass für einige ebenfalls hochgradig gefährdete sandspezifische Organismengruppen (z. B. Erdflechten) längerfristig stabile Bedingungen vorausgesetzt werden müssen (Hasse und Daniëls 2006). Dies gilt auch für verschiedene Mikroarthropoden (Collembola, Springschwänze;

Acarina, Milben u. a.), bei denen ein Oberbodenabtrag oft kritisch zu sehen ist und Ruderalarten unter den Mikroarthropoden fördert (Russell 2002).

Flächenvergrößerung bestehender und Schaffung neuer Sandökosysteme
Für klassische auf reine Erhaltungsmaßnahmen abzielende Naturschutzkonzepte ist es vielfach zu spät, denn der Rückgang dieser Lebensräume ist zu weit fortgeschritten. So müssen **Leitlinien zur Wiederherstellung besonders stark zerstörter oder degradierter Sandökosysteme** (*true restoration* nach van Diggelen et al. 2001) erarbeitet werden (Bradshaw 2002). Hierbei orientiert sich dieses Vorhaben an standorttypischen Leitbildgesellschaften.

Schaffung von Verbundsystemen
Die wenigen Sandökosysteme im Binnenland, die noch das komplette standorttypische Arten- und Gesellschaftsinventar aufweisen, sind inzwischen stark fragmentiert und häufig auch von nur geringer Flächengröße. Barrieren wie Straßen, Siedlungen, Forste oder intensiv bewirtschaftete landwirtschaftliche Flächen verhindern den Genaustausch zwischen den oft nur noch sehr kleinen Pflanzen- und Tierpopulationen. Daher sollten **Verbundsysteme mit den renaturierten Flächen** geschaffen werden.

teme Deutschlands sind hochgradig gefährdet. Zu den besonders gefährdeten Arten, die im Anhang der FFH-Richtlinie gelistet sind (Petersen et al. 2003), gehören *Jurinea cyanoides* (Sand-Silberscharte, Code 1805, Anhang II, IV) und *Bufo viridis* (Wechselkröte, Code 1201, Anhang IV). Mindestens genauso gefährdet, aber noch nicht in der FFH-Einstufung erfasst, sind *Onosma arenaria* (Sand-Lotwurz) und *Bassia laniflora* (Sand-Radmelde). Zu den in Deutschland bereits ausgestorbenen Arten von Sandökosystemen gehören z. B. *Pseudapis femoralis* (Wildbienenart) und *Arcyptera microptera* (Kleine Höckerschrecke).

Der **Rückgang von Binnenland-Sandökosystemen** ist dramatisch. Von den einst 800 km^2 waren in den Niederlanden 1960 noch 60 km^2, 1980 noch 40 km^2 und 2003 nur noch 1,3 km^2 an Gebieten mit aktivem Sandtransport vorhanden (Riksen et al. 2006). So stellt sich die Frage, wie mit Renaturierungsmaßnahmen bestehende Flächen in ihrer Qualität verbessert, Flächen vergrößert, auf einst intensiv genutzten bzw. degradierten Flächen wieder Sandökosysteme mit ihrem spezifischen Arten- und Habitatinventar geschaffen und verinselte Flächen räumlich oder funktionell zusammengeführt werden können (Kasten 9-1).

Zur Renaturierung von Sandökosystemen gibt es inzwischen einige wissenschaftliche Ergebnisse, die im Folgenden dargestellt werden. Erfahrungen zur Renaturierung von Sandökosystemen stammen u. a. aus den Niederlanden (Bakker 1989, Aerts et al. 1995, Gleichman 2004, Ketner-Oostra und Jungerius 2004), dem Emsland (Kratochwil et al. 2004, Remy und Zimmermann 2004, Stroh und Kratochwil 2004, Stroh et al. 2005, Stroh 2006), dem Regnitzgebiet (Quinger und Meyer 1995, Bank et al. 1999) und aus der nördlichen Oberrheinebene (Zehm et al. 2002, Schwabe et al. 2004a, b, Stroh et al. 2002, 2007, Süss und Schwabe 2007). Auch die Ergebnisse zur Renaturierung von Sandhabitaten in Tagebauflächen (Kapitel 13) können zum Teil unter dem Gesichtspunkt der Renaturierung von Sandökosystemen gesehen werden (Tischew und Mahn 1998, Kirmer und Mahn 2001). Bei der Renaturierung von Heiden entstehen zum Teil offene Sandflächen mit *Corynephorus*, die zum Vegetationskomplex der *Calluna*-Heiden vermitteln (Kapitel 12). Auch im Bereich von Truppenübungsplätzen sind zum Teil Sandökosysteme großflächig vertreten, die während der militärischen Nutzung immer wieder Substratstörungen unterliegen und so zumindest in Teilen ihren offenen Charakter behalten. Im Zuge der Konvertierung solcher Gebiete ist es eine große Herausforderung, das Standortmosaik dieser Flächen zu erhalten oder zu entwickeln (siehe Anders et al. 2004).

9.2 Leitbilder für die Renaturierung und ihre naturschutzfachliche Bedeutung

In vielen Gebieten sind nur noch Restbestände intakter Flächen vorhanden, die nicht nur per se als europaweit bedrohte Fauna-Flora-Habitat-Gebiete eine besondere Bedeutung für den Naturschutz haben, sondern auch **Leitbilder (*target areas*) für Renaturierungen** darstellen.

Gut ausgebildete Leitbildflächen zeichnen sich durch ein Vegetationsmosaik von Pionierpflanzengesellschaften und konsolidierteren, artenreicheren Rasen aus. Die besiedelten Sande sind nährstoffarm, insbesondere arm an Stickstoff und Phosphat.

Zu den besonders gefährdeten Lebensraumtypen gehören nach der Fauna-Flora-Habitat-Richtlinie der Europäischen Union (Ssymank et al. 1998):

1) „Offene Grasflächen mit *Corynephorus* und *Agrostis* auf Binnendünen" (NATURA 2000-Code 2330; siehe Abb. 9-1)

2) „Subkontinentale Blauschillergras-Rasen (Koelerion glaucae)" (NATURA 2000-Code 6120; siehe Abb. 9-2).

Im Komplex der Binnendünen können sich im östlichen und südlichen Mitteleuropa auch

3) „Subpannonische Steppen-Trockenrasen (Festucetalia valesiacae)" (NATURA 2000-Code 6240) entwickeln (siehe Abb. 9-2).

Zu 1): Das charakteristische Vegetationsmosaik dieses Typs besteht aus Pionierfluren des Spergulo morisonii-Corynephoretum canescentis (Frühlingspark-Silbergras-Gesellschaft) und etwas

Abb. 9-1: Leitbild-Gesellschafts-komplex „Offene Grasflächen mit *Corynephorus* (Silbergras) und *Agrostis (*Straußgras) auf Binnen-dünen" mit dem Spergulo-Coryne-phoretum auf offenen Sandflächen. NSG „Borkener Paradies" bei Meppen (Emsland) (Foto: A. Schwabe, Mai 1994).

konsolidierteren Rasen des Agrostietum vinealis (Sandstraußgras-Gesellschaft). Kleinflächig tritt als weitere Pionierflur das Airetum praecocis (Gesellschaft der Frühen Haferschmiele) auf. Im Kontakt dazu kommt z. B. auf den norddeutschen Binnendünen das blumenreiche Diantho delto-idis-Armerietum elongatae (Heidenelken-Gras-nelken-Gesellschaft) vor, das frischere Standorte besiedelt als die Trockenrasen der folgenden Typen. Im Emsland wächst diese Gesellschaft im Bereich der Flutmarken der Flüsse und wird bei starken Hochwässern im Winter bzw. Frühjahr überflutet. Auf trockeneren Standorten Ost- und Süddeutschlands treten Rasen des Armerio-

Festucetum trachyphyllae (Grasnelken-Rauh-blattschwingel-Rasen) und des nahe verwandten Sileno otitae-Festucetum brevipilae (Ohrlöffel-leimkraut-Rauhblattschwingel-Rasen) auf.

Zu 2) und 3): Das Vegetationsmosaik der Blau-schillergras-Rasen ist u. a. durch subkontinental verbreitete Pflanzenarten gekennzeichnet, wie z. B. *Koeleria glauca* (Blauschillergras) und *Juri-nea cyanoides*. Sie treten ausschließlich auf basen-reichen Substraten auf. Die Pioniervegetation wird durch das Bromo tectorum-Phleetum are-narii (Dachtrespen-Sandlieschgras-Flur) und das Sileno conico-Cerastietum semidecandri (Kegel-

Abb. 9-2: Leitbild-Gesellschafts-komplex „Subpannonische Step-pen-Trockenrasen (Festucetalia valesiacae)", hier das Allio-Stipe-tum capillatae (Kopflauch-Haar-pfriemengras-Steppenrasen) mit kleinflächigen Vorkommen von „Subkontinentalen Blauschillergras-Rasen (Koelerion glaucae)". NSG „Griesheimer Düne und Eichwäldchen" bei Darmstadt (nördliche Oberrheinebene) (Foto: A. Schwabe, Juni 2007).

leimkraut-Sandhornkraut-Gesellschaft) aufgebaut. In beiden Gesellschaften kommen subatlantisch und submediterran verbreitete Pflanzenarten vor. Bei etwas Humusbildung folgt das extrem seltene Jurineo cyanoidis-Koelerietum glaucae (Sandsilberscharten-Blauschillergras-Rasen). Bei stärkerer Konsolidierung der Rasen entwickeln sich subkontinentale Trockenrasen, so z. B. das Allio sphaerocephali-Stipetum capillatae (Kopflauch-Haarfriemengras-Steppenrasen) mit vielen subkontinental verbreiteten Pflanzen- und Tierarten.

Alle diese Standorte intakter Leitbildflächen werden bei Vorkommen von Flugsanden, Nährstoffarmut, dem angespannten Bodenwasserhaushalt und geringen Humusmengen von hochgradig angepassten Sandpflanzenarten besiedelt (Lache 1976, Ritsema und Dekker 1994 u. a.), die allgemein auch sehr konkurrenzschwach sind (Weigelt et al. 2005). Aufgrund der in initialen Sandfluren herrschenden **Extremfaktoren** (hohe Temperatur und Trockenheit sowie andauernder Sandflug) ist nur die Etablierung von stenöken (ökologisch spezialisierten) Pflanzenarten aus dem vorhandenen lokalen Artenpool möglich. Bei *Corynephorus canescens* ist eine Wachstumsstimulation durch Sandauflage nachgewiesen (Marshall 1967). Arten wie das Moos *Polytrichum piliferum* zeigen eine hohe Toleranz gegenüber Übersandung (Birse et al. 1957, Martinez und Maun 1999). Bei adulten Höheren Pflanzen spielt in geschlosseneren Beständen vor allem die Wurzelkonkurrenz eine Rolle (Wilson und Tilman 1991, Belcher et al. 1995). In dem von Grime (1979) entwickelten C(*competitors*)S(*stress-tolerators*)R(*ruderals*)-Strategietypen-System, gehören die Sand-Pionierpflanzen in der Regel zu den SR-Pflanzen, die die Merkmale von Stress- und Störungstoleranz meist kurzlebiger Arten vereinen (Eichberg et al. 2007).

Gefährdete Sandökosysteme bilden häufig offene Biotopkomplexe, zum Teil auch halboffene Weidelandschaften, so z. B. im Emsland (Nordwestdeutschland). Sie stellen zum Teil gleichzeitig Beispiele für „Hudelandschaften" dar (Abb. 9-1), deren Existenz bis weit in das Mittelalter zurückreichen kann (Pott und Hüppe 1991). Alle heute noch verbliebenen Reste sind durch eine erstaunlich hohe Biodiversität charakterisiert und deshalb aus naturschutzfachlicher Sicht von großer Bedeutung (Kratochwil und Assmann 1996). Eine solche Förderung von Weidelandschaften ent-

spricht auch der derzeitigen Bestrebung, „**neue Hudelandschaften**" mit einem ökonomisch tragbaren Arten- und Biotopschutz-Konzept zu entwickeln (Finck et al. 2002, Härdtle et al. 2002, Riecken 2004). Zumeist wird in offenen Sandökosystemen eine Schafbeweidung durchgeführt, insbesondere in Flussgebieten auch Rinderbeweidung (Schwabe und Kratochwil 2004). Auch die Beweidung mit Equiden (Pferdeartigen), z. B. Esel (Süss und Schwabe 2007) oder ursprüngliche Pferderassen (z. B. Przewalski-Pferde im Sandgebiet „Tennenloher Forst" bei Erlangen), wurde erfolgreich eingesetzt.

Die angeführten Pflanzengesellschaften und Landschaftsmosaike sind Leitbilder für die Renaturierung und gleichzeitig wichtige Spenderflächen für die Übertragung von Samen und Früchten auf renaturierte Flächen (Abschnitt 9.5.2).

9.3 Voraussetzungen für eine erfolgreiche Renaturierung

9.3.1 Kenntnisse zur Vegetationsentwicklung in der Zeitachse

Bei den besonders gefährdeten Pflanzengesellschaften von Sandstandorten handelt es sich in der Regel um frühe bis mittlere Stadien in der Sukzession, die bei ausbleibender Dynamik einer weiteren Sukzession unterliegen. Kenntnisse über den **potenziellen Sukzessionsverlauf** sind deshalb für die Entwicklung von Renaturierungsmaßnahmen von großer Bedeutung. Die Entwicklung der Vegetation muss nicht gerichtet verlaufen. Sie kann durch Witterungseinflüsse in trockenen, heißen Sommern stagnieren bzw. durch feuchte Sommer stärker fortschreiten (Biermann und Daniëls 1997, Süss und Schwabe 2007).

Aus verschiedenen Regionen Mitteleuropas liegen Ergebnisse über den **Sukzessionsverlauf der Sandvegetation bei spontaner Sukzession** vor. Für die frühen Stadien der Sukzession können Cyanobakterien, Algen, Flechten und Moose eine große Rolle spielen. Insbesondere auf basenreichen Sanden in sommertrockenen Gebieten festigen „**Biologische Krusten**" (Belnap und Lange 2001), vor allem Cyanobakterien und Grünalgen, den Sand so stark, dass dies die Ansiedlung von Höheren Pflanzen behindert. Solche Krustenstadien entwickeln sich oft jahrelang nicht weiter, wenn sie nicht durch Tritt geöffnet werden (Beispiel bei Hach et al. 2005).

In einem Spergulo-Corynephoretum laufen folgende Entwicklungsprozesse ab: Zu Beginn, wenn die Sandauflage sehr locker ist, bestimmen Pionierarten wie z. B. *Corynephorus canescens*, *Spergula morisonii* (Frühlingsspark) und *Teesdalia nudicaulis* (Bauernsenf) die Vegetation. In der weiteren Entwicklung spielen Ausbildungen mit verschiedenen Flechten-Stadien (*Cladonia*, *Cetraria*) eine große Rolle; sie markieren die späten Sukzessionsstadien dieser Gesellschaft (Biermann und Daniëls 1997). Wie die Cyanobakterien, können auch Cladonien-Stadien größere Stabilität aufweisen, weil der dichte Vegetationsschluss eine Etablierung durch Höhere Pflanzen zum Teil verhindert (Biermann und Daniëls 1997, Jentsch und Beyschlag 2003). Der Fraßdruck z. B. von Rindern ist in solchen Pflanzengesellschaften eher gering (Kratochwil et al. 2002). Die Sukzession kann bei Vorkommen des neophytischen Mooses *Campylopus introflexus* modifiziert werden. Dieses Moos bildet geschlossene monodominante Teppiche. Biermann und Daniëls (2001) konnten eine erhebliche Abnahme der Deckung der Flechten im Spergulo-Corynephoretum feststellen, wenn *Campylopus introflexus* an Dominanz gewinnt (siehe auch Hasse und Daniëls 2006).

In den meisten Gebieten kommt es nach einer Reihe von Jahren zu einem Fortschreiten der Gräserdeckung (**grass-encroachment**, Kooijman und van der Meulen 1996). Konkurrenzkräftige Gräser, die zumeist klonal wachsen, verdrängen die sandspezifischen, oft niedrigwüchsigen und konkurrenzschwachen Arten.

Eine besondere Bedeutung hat die konkurrenzstarke Art *Calamagrostis epigejos* (Landreitgras), das weite Flächen in Sandökosystemen besiedelt, die nicht im Sinne des Naturschutzes oder nicht ausreichend gepflegt werden. Auf sauren Sanden entstehen oft von *Agrostis capillaris* (Rotes Straußgras) und *Deschampsia flexuosa* (Drahtschmiele) dominierte Stadien. Weitere dominante Arten können u. a. *Elymus repens* (Quecke) und in sommerwarmen Gebieten die invasive Art *Cynodon dactylon* (Hundszahn-Gras) sein.

Untersuchungen in basenreichen Sandökosystemen Südwestdeutschlands zeigen, dass die typische Sukzession vom Koelerion glaucae-Vegetationskomplex zum artenreichen Allio-Stipetum in manchen Flächen zu artenarmen Beständen von *Calamagrostis epigejos* führt. Die entscheidenden Faktoren, welcher **Sukzessionspfad** sich entwickelt, sind Bodennährstoffe und Wasserhaushalt (siehe Abb. 9-3; Süss et al. 2004).

9.3.2 Kenntnisse der Bodennährstoffgehalte

Kenntnisse über die Nährstoffversorgung und die Nährstoffflüsse in Sandökosystemen sind für die entsprechenden Renaturierungsmaßnahmen von zentraler Bedeutung (Storm und Bergmann 2004), da sie Nährstoff-limitierte Standorte darstellen (Kachi und Hirose 1983, Olff et al. 1993, Quinger und Meyer 1995, Jentsch und Beyschlag 2003, Storm und Süss 2008). Eine zentrale Rolle kommt den Nährelementen **Stickstoff** und **Phosphor** zu (z. B. Kachi und Hirose 1983, Süss et al. 2004). Nährstoffreichtum kann durch vorangegangene landwirtschaftliche Nutzung bedingt sein, aber auch durch Einträge stickstoffhaltiger Immissionen, Einwehung nährstoffreicher Partikel von benachbarten intensiv bewirtschafteten Flächen oder Überbeweidung mit Zufütterung.

Untersuchungen von Süss et al. (2004) zeigen, dass es eine signifikante positive Abhängigkeit zwischen den Bodennährstoffen N, P, K und dem *Calamagrostis epigejos*-Aufkommen gibt. Diesen Sukzessionspfad bezeichnen wir als „**Ruderalisierungspfad**". Das Sukzessionsmodell und die Schwellenwerte sind in Abbildung 9-3 dargestellt.

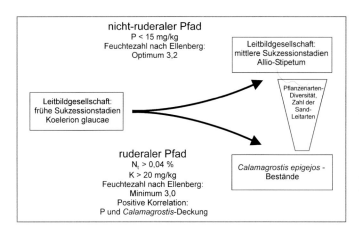

Abb. 9-3: Sukzessionsmodell von Sandvegetation basenreicher Standorte getrennt nach dem nicht-ruderalen und dem ruderalen Pfad sowie Schwellenwerte für wichtige Bodennährstoffe, entwickelt nach Daten von Süss et al. (2004); Feuchtezahl, siehe Ellenberg et al. (2001).

9.3.3 Kenntnisse über den lokalen Artenpool, die Diasporenbank auf Renaturierungsflächen und die Lage von Spenderflächen

Kenntnisse über den lokalen Artenpool sowie über die Verfügbarkeit von Diasporen (Samen, Früchte: generativ; vegetative Ausbreitungseinheiten wie Rhizomfragmente) sind für Renaturierungsvorhaben von großer Bedeutung. Nur wenn Leitbildflächen direkt angrenzen, kann über den **Diasporenregen** (*seed rain*) auch nach und nach mit einer Etablierung von Zielarten auch ohne spezielle Maßnahmen gerechnet werden. Häufig enthält der *seed rain* nur allgemein und auf vielen verschiedenen Standorten verbreitete Pflanzenarten (Ubiquisten), insbesondere Ruderalarten mit effektiver Windausbreitung (Heinken 1990, Poschlod und Jordan 1992, Krolupper und Schwabe 1998, Stroh 2006). Die Ausbreitung über mehr als einige 100 m ist für viele Standortspezialisten der Sandrasen selten (Stroh et al. 2002, Jentsch und Beyschlag 2003). So liegen die Ausbreitungsdistanzen von *Teesdalia nudicaulis* oder *Spergula morisonii* nur bei 0,5 m (Frey et al. 1999). Kurz- und mittelfristig haben bereits 100 m entfernte Vegetationsbestände als Spenderquellen oft kaum eine Bedeutung (Bakker et al. 1996), es sei denn, außergewöhnliche Ereignisse sorgen für einen Ferneintrag: So besiedelten sich im Emsland neu entstandene fluviogene Sandablagerungen in einem ruderal geprägten Vegetationskom-

plex der „Hammer Schleife" (Abschnitt 9.7) spontan mit *Corynephorus*. Für einige Arten der Steppen ist eine Besiedlung über mehrere 100 m offensichtlich möglich, so z. B. für *Stipa capillata* (Haar-Pfriemengras), die in der nördlichen Oberrheinebene mehrere fragmentierte Flächen mit über 100 m Abstand besiedelte. Auch Untersuchungen in Ungarn im Bereich eines dichteren Netzes von Leitbildflächen zeigen, dass spontane Besiedlungen möglich sind. Bei der Sekundärsukzession einstiger Flächen mit Ackernutzung in Richtung zu einem Festucetum vaginatae lag keine Limitierung durch Diasporen vor, sodass eine spontane Kolonisation erfolgen konnte. Eine große Anzahl Sandarten war bereits nach fünf Jahren etabliert (Csecserits und Rédei 2001; siehe auch Halassy 2001).

Die **generative Diasporenbank** der Pioniervegetation von Binnendünen ist relativ arten- und individuenarm und oft nur als temporär einzustufen (Jentsch et al. 2002, Eichberg et al. 2006). Rote-Liste-Arten (z. B. *Medicago minima*, Zwerg-Schneckenklee; *Vicia lathyroides*, Sand-Wicke) sind zwar vertreten, aber in den meisten Fällen nur in geringer Diasporendichte. Die Diasporenbanken mittlerer Sukzessionsstadien (z. B. Diantho-Armerietum, Armerio-Festucetum) sind artenreicher als die der Pioniergesellschaften (Eichberg et al. 2006).

9.4 Maßnahmen für die Renaturierung I – Verbesserung des naturschutzfachlichen Wertes bestehender Sandökosysteme

9.4.1 Regression fortgeschrittener Sukzessionsstadien, insbesondere durch Beweidung

9.4.1.1 Kiefernwälder

Es liegen hier Erfahrungen aus Kiefernwäldern vom Typ des Pyrolo-Pinetum (Kalksand-Kiefernwald) aus der nördlichen Oberrheinebene vor, die nach Aufgabe der Streunutzung in der Mitte des 20. Jahrhunderts und wahrscheinlich auch gefördert durch N-Immissionen stark mit *Rubus fruticosus* agg. (Brombeeren) zugewachsen sind. Die typischen, an lichten Stellen vorkommenden Steppenrasen des Allio-Stipetum capillatae und lokale Vorkommen von *Pyrola chlorantha* (Grünliches Wintergrün) und anderen Vertretern der Pyrolaceae (Wintergrüngewächse) werden so überwachsen (Schwabe et al. 2000, Zehm et al. 2002).

Als Erstmaßnahme ist die Zurückdrängung der in den meisten Gebieten stark dominanten Brombeere notwendig. Hierzu eignen sich besonders **Ziegen** (z. B. Kaschmirziegen), die auch im Winter besonders effektiv Gehölze verbeißen. In Kiefernwäldern der nördlichen Oberrheinebene befraßen die Ziegen, neben den Brombeeren, besonders die Gehölze *Euonymus europaea* (Pfaffenhütchen), *Sambucus nigra* (Schwarzer Holunder) und *Ligustrum vulgare* (Liguster). In einer von Ziegen beweideten Fläche wurde die Strauchschicht von 20 % auf 5 % reduziert. Nach der Erstpflege mit Ziegen können die Flächen von **anspruchslosen Schafrassen** (z. B. Moorschnucken, Skudden) beweidet werden. Der Einsatz von Eseln, die vor allem Gräser fressen, ist dort sehr sinnvoll, wo *Calamagrostis epigejos* oder

andere monodominante Gräser in den Kiefernwäldern große verdämmende Herden ausbilden. Um den seltenen Vegetationstyp des Pyrolo-Pinetum zu erhalten, ist die Verjüngung von *Pinus sylvestris* (Waldkiefer) erwünscht; dies ist bei **Eselbeweidung** gewährleistet, da diese den Jungwuchs nicht fressen (im Gegensatz zu den meisten Schaf- und allen Ziegenrassen). Eine geschickte Weideführung kann jedoch den Schaf- bzw. Ziegenverbiss an *Pinus* minimieren (Zehm et al. 2004). Im Bereich der Wälzkuhlen von Eseln konnten punktuell Gruppen von Sämlingen dieses Mineralbodenkeimers festgestellt werden (Zehm et al. 2002).

9.4.1.2 Ruderalisierte Sandrasen mit Vorkommen von monodominanten Gräsern

Unter **extensiver Beweidung** nehmen dominante Pflanzenarten in der Regel ab (Sala 1987, Titlyanova et al. 1988) und kleinwüchsigere zu. Parallel dazu erhöht sich die Artenzahl, wenn es sich beispielsweise um Arten handelt, die aus der Diasporenbank des Bodens keimen (Schwabe et al. 2004a, b). Dieses Phänomen steht in Einklang mit der Körpergrößen-Hypothese (*size hypothesis*), die davon ausgeht, dass bei zunehmender Artenzahl je Flächeneinheit sich die Zahl der Arten mit geringer Größe erhöht (Schaefer 1999). So haben nach Noy-Meir et al. (1989) durch Beweidung geförderte Arten oft eine signifikant geringere Wuchshöhe, oder es handelt sich um Rosettenpflanzen (siehe auch Dupré und Diekmann 2001). Eine Ausnahme bilden „Weideunkräuter" („verschmähte" Arten), die zur Dominanz kommen können. In Sandrasen sind das z. B. Bestände von *Thymus serpyllum* und *T. pulegioides* (Sand- und Arznei-Thymian), *Helichrysum arenarium* und *Hypericum perforatum* (Tüpfel-Johanniskraut).

Eine Reduktion der Gräser-Dominanz (*grass-encroachment*) durch Beweidung konnte von Kooijman und van der Meulen (1996) innerhalb von sechs Jahren in Küstendünen in den Niederlanden nachgewiesen werden. Die Abnahme der Streudeckung führt im Frühjahr zu neuen Wuchsplätzen, und es verbessern sich die Lichtverhältnisse am Boden (Bakker 2003). Auch in den Binnendünen-Gebieten am nördlichen Ober-

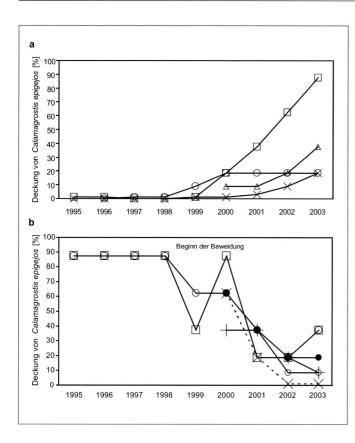

Abb. 9-4: a) Deckungszunahme von *Calamagrostis epigejos* (Landreitgras) bei ungestörter Sukzession (fünf Dauerflächen im Landkreis Darmstadt-Dieburg; nach Schwabe et al. 2004b).
b) Deckungsabnahme von *Calamagrostis epigejos* (Landreitgras) unter Beweidung seit 1998 (sechs Dauerflächen im Landkreis Darmstadt-Dieburg; nach Schwabe et al. 2004b).

rhein kam es bei Schafbeweidung bereits in den ersten drei Jahren zu einer signifikanten Abnahme der Streudeckung (Bergmann 2004, Schwabe et al. 2004b).

Ein besonderes **Problemgras** ist *Calamagrostis epigejos*. Über eine Zeitspanne von bis zu neun Vegetationsperioden (Abb. 9-4a) kann für trocken-heiße Sandstandorte am nördlichen Oberrhein belegt werden, dass nach Etablierung von *Calamagrostis epigejos* zunächst eine Phase der Verzögerung (Lag-Phase) mit geringer Deckung auftritt, die dann innerhalb von fünf Vegetationsperioden zum Teil von unter 5 % auf über 80 % ansteigt. Bei einsetzender Schafbeweidung dauert es mehrere Jahre (Abb. 9-4b), bis eine Deckungsabnahme zu verzeichnen ist. Erst nach drei bis vier Vegetationsperioden reduzierte sich die Deckung auf unter 20 % (Schwabe et al. 2004b). In feuchten Jahren kann es wiederum Rückschläge geben. Bei einem optimalen Beweidungsmanagement kann bei einer „Instandsetzungsbeweidung" (bis zu dreimaliges Beweiden pro Jahr

von *Calamagrostis* über mehrere Jahre) sogar der „ruderale Pfad" in den „nicht-ruderalen Pfad" umgelenkt werden (Süss et al. 2004, Schwabe et al. 2004b; siehe Abb. 9-3). Die Weidetiere fressen zunächst die höherwüchsigen Ruderalpflanzen und erst später die oft behaarten, weniger schmackhaften Sand-Standortspezialisten; dies korreliert mit einer Selektion N-reicherer Pflanzen (Stroh et al. 2002; siehe Abb. 9-5). Bei der in Farbtafel 9-1 gezeigten Fläche, die von einer ziehenden Skudden- und Moorschnuckenherde beweidet wird, handelt es sich um ein noch zwei Jahre zuvor dominant mit *Calamagrostis* bewachsenes Gebiet, das mehrfach im Jahr beweidet wurde (ehemaliger Acker).

Nicht alle Gräser sind jedoch ausgeprägte Dominanzbildner mit Effekten der Bildung sich stetig vergrößernder Teppiche (*grass-encroachment*) und damit verbundener Artenverarmung. Vergleichende Untersuchungen des Hochgras-Artenpaares *Calamagrostis epigejos* und *Stipa capillata* zeigen auch, dass der Guerilla-Stratege

9

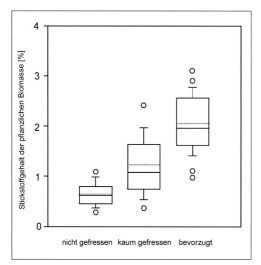

Abb. 9-5: Beziehung zwischen dem Stickstoffgehalt der oberirdischen Pflanzen-Biomasse und der Präferenz weidender Schafe. Tukey Box Plot Diagramm: Box = 25-te, 75-te Perzentile, Linie innen: Median, gepunktete Linie: Mittelwert, Fehlerbalken: 10-te, 90-te Perzentile, Kreise: stark abweichende Daten (nach Stroh et al. 2002).

(mit Rhizomen unterwandernd) *Calamagrostis* diese Eigenschaften hat, wohingegen der Phalanx-Stratege (als Horst wachsend) *Stipa capillata* mit kleinwüchsigen Arten koexistiert (Schwabe et al. 2004b).

Beweidungsexperimente von de Bonte et al. (1999) in niederländischen Küstendünen-Bereichen (insbesondere Graudünen) belegen nach

Wiedereinsetzen der Beweidung mit Rindern und Pferden einen deutlichen Rückgang der „Teppichbildner" *Calamagrostis epigejos* und *Carex arenaria* (Sand-Segge) nach fünf Jahren. Zu einem signifikanten Unterschied der Artenzahlen zwischen den beweideten und unbeweideten Flächen kam es jedoch nicht (nur tendenziell höhere Artenzahlen in den beweideten Flächen). Im Allio-Stipetum-Komplex der nördlichen Oberrheinebene erhöhten sich dagegen innerhalb von zwei Jahren nach der Erstbeweidung die Artenzahlen. Dies gründet sich vor allem auf die Förderung von einjährigen Arten, die zum Teil zu den Rote-Liste-Arten gehören (Abb. 9-6).

Teilweise kann es durch Beweidung zu **kompensatorischem Wachstum** kommen (d. h. einer stärkeren Produktion von Biomasse, die den Beweidungseffekt ausgleicht), z. B. bei Leguminosen und anderen Kräutern (McNaughton 1983). Außer Beweidung wird in geringerem Umfang auch Mahd als Pflegemaßnahme eingesetzt. Diese ist allenfalls in geschlosseneren, konsolidierteren Rasen sinnvoll (Quinger 1999). So können *Calamagrostis epigejos* und *Solidago canadensis* (Kanadische Goldrute) durch Mahd zurückgedrängt werden (Quinger und Meyer 1995). Bei militärischer Nutzung wurden über Jahrzehnte Flächen des Armerio-Festucetum in der nördlichen Oberrheinebene durch Mahd erhalten. Bei stark verfilzten Flächen ist zum Teil eine Erstpflege durch Mahd vorteilhaft, um die Fläche dann beweiden zu können. Mulchen (Mahd mit anschließendem Verbleiben des Mahdgutes auf der Fläche) ist zwar bezüglich der Ausmagerung der Flächen

Abb. 9-6: Artenzahlentwicklung bei einzelnen Lebensformen im Untersuchungsgebiet „Griesheimer Düne" bei Darmstadt im Vergleich beweidet (n = 30, à 80 m^2) und unbeweidet (n = 10, à 80 m^2) 2000–2002. 2000: Status quo, ab 2001: Einfluss der Erstbeweidung mit Schafen. Interaktion Beweidung*Jahr, Therophyten (Einjährige) p = < 0,0001, Hemikryptophyten (ohne RH) p = 0,0063, Rosetten-Hemikryptophyten (RH) p = 0,0111 nach *mixed linear model*, SAS (nach Schwabe et al. 2004b).

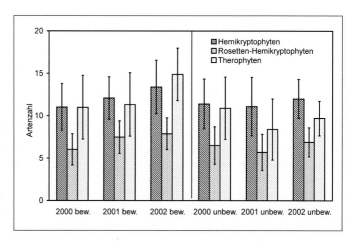

ungünstiger, oft aber aus arbeitstechnischen, ökonomischen und Umweltschutzgründen (problematisches Entsorgen des Mähgutes mit weiten Fahrtstrecken oder gar durch Verbrennen) akzeptabel.

Regressionsprozesse können auch durch direkte mechanische Entnahme der Vegetation erfolgen, neben Gehölzentfernung z. B. durch Entnahme von Grasbüscheln unter Rückführung des Sandes (Bakker et al. 2003) oder durch Sodenentnahme (Stroh et al. 2002). Beides sind sehr arbeitsintensive Verfahren, die in Sandökosystemen nur punktuell angewendet werden.

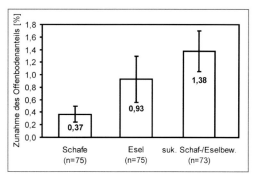

Abb. 9-7: Zunahme des Offenbodenanteils in konsolidierten Sandrasen des NSG „Ehemaliger August-Euler-Flugplatz" bei Darmstadt ca. fünf Wochen nach Beweidung (September 2003); n (Flächen Schaf-beweidet) = 75, n (Flächen Esel-beweidet) = 75, n (Flächen sukzessiv Schaf-, dann Esel-beweidet) = 73; Fehlerbalken: Standardfehler. Hoher Fehler bei Eselbeweidung und sukzessiver Schaf-Eselbeweidung aufgrund der heterogen verteilten Wälzkuhlen der Esel (nach Süss 2004).

9.4.2 Wiedereinführung dynamischer Prozesse durch Beweidung und Aktivierung der Diasporenbank im Boden

Noy-Meir et al. (1989) betonen, dass nicht nur der vertikale Phytomasse-Entzug, sondern vor allem die horizontale Öffnung der Vegetation (*gaps*) ein entscheidender Faktor der Beweidung ist. Durch die Schaffung eines kleinflächigen Musters (*micropattern*) wird besonders die Etablierung von kurzlebigen Pionierarten gefördert (Bakker et al. 1983, Adler et al. 2001). An solchen offenen Mikro-Standorten finden in einem Spergulo-Corynephoretum Arten wie z. B. *Corynephorus canescens* bessere Keimungsbedingungen als in Beständen mit höherer Vegetationsdeckung (Gross und Werner 1982, Klinkhamer und de Jong 1988, Rusch und Fernández-Palacios 1995). Eine solche durch Weidetiere induzierte „Lückendynamik" ist für die Etablierung zahlreicher Pflanzenarten essenziell (Troumbis 2001, Schwabe et al. 2004a, b). Eine ebenfalls große Bedeutung haben beweidungsbedingte lineare Strukturen (**Weidepfade**) und – je nach Weidetierart – Sonderstrukturen wie **Wälzkuhlen** (bei Pferdeartigen, z. B. Eseln) und freigescharrte **Schlafplätze** (z. B. bei der Schafrasse Skudde). Die Prozentsätze der offenen Stellen liegen bei Eselbeweidung höher als bei Schafbeweidung (siehe Abb. 9-7); zum Teil sind diese Effekte jedoch nur für eine relativ kurze Periode nach der Beweidung festzustellen (Süss und Schwabe 2007).

Solche Lücken können zur Etablierung von Arten aus der **Diasporenbank** führen, die im Spergulo-Corynephoretum des Emslandes (in der Bodenschicht 1–6 cm) im Mittel 12 Arten und 683 Diasporen pro m^2 aufweist, im Diantho-Armerietum 18 Arten und 2 127 Diasporen pro m^2. Im Koelerion glaucae der nördlichen Oberrheinebene sind es 20 Arten und 1 965 Diasporen pro m^2 und im Armerio-Festucetum 31 Arten und 12 217 Diasporen pro m^2. Die untere Bodenschicht (untersucht wurde die Tiefe 11–16 cm) ist durchweg viel arten- und individuenärmer. Die häufigsten Arten in der Diasporenbank sind im Untersuchungsgebiet Emsland (Biener Busch, Hammer Schleife): *Rumex acetosella* (Kleiner Sauerampfer, annuell), *Carex arenaria* (Sand-Segge) und *Corynephorus canescens*; in der nördlichen Oberrheinebene (bei Darmstadt): *Potentilla argentea* (Silber-Fingerkraut, annuell), *Rumex acetosella* und *Vicia lathyroides* (Sand-Wicke, annuell). Auch gefährdete Arten wie *Medicago minima* (annuell), *Vicia lathyroides* und *Silene conica* (Kegelfrüchtiges Leimkraut, annuell) sind präsent, zum Teil allerdings nur mit geringen Diasporendichten (Eichberg et al. 2006). Insbesondere viele der annuellen Sandarten der Diasporenbank werden bei Beweidung gefördert und bedingen eine Erhöhung der Artenzahlen, wenn die Gebiete nicht schon länger brachliegen

(Abb. 9-6). Die meisten habitattypischen Arten weisen nur eine kurzlebige Diasporenbank im Sinne von Thompson et al. (1997) auf, die ein bis maximal fünf Jahre überdauert.

9.4.3 Förderung des Diasporentransfers und der Diasporenetablierung durch Weidetiere

Ein funktioneller Ansatz der Renaturierung ist der Transfer von Diasporen über **Epi-** und **Endo-**zoochorie durch Weidetiere, die im Laufe ihrer Weideroute verschiedene, räumlich getrennte Flächen aufsuchen (Fischer et al. 1995, Wessels et al. 2008). Traditionell wurde dieses Weideregime im Mittelalter und in der frühen Neuzeit durchgeführt (siehe Karte bei Bonn und Poschlod 1998) und gebietsweise noch heute (z. B. Jura-Kalkgebiete in Süddeutschland, im Mediterrangebiet, punktuell auch in der nördlichen Oberrheinebene). Dies führt zum stetigen Genaustausch räumlich separierter Populationen (Poschlod et al. 1998).

Kasten 9-2
Funktionelle Verbindung zwischen Flächen durch Epi- und Endozoochorie – Diasporenquellen (*source*) und Senken (*sink*)

Die Untersuchungen von Fischer et al. (1995, 1996) in Kalktrockenrasen der Schwäbischen Alb haben gezeigt, dass durch **Epizoochorie** auch viele Arten ausgebreitet werden, die für den Arten- und Habitatschutz keinerlei Bedeutung haben. Dieses Problem wird auch von Mouissie et al. (2005) als gravierend angeführt. Es wurde daher ein Verbundsystem zwischen Flächen vorgeschlagen, das den Ausbreitungspfad für wirkliche Leitbildarten erhöht, indem die Schafherde sich innerhalb größerer Leitbildflächen bewegt (*intra-area*) bzw. von einer Leitbildfläche (*source area*) zu einer zu restituierenden Fläche (*sink area*) zieht (*inter-area*), ohne dazwischen andersartige Vegetationstypen zu beweiden (Wessels et al. 2008). Bei diesem Verfahren konnten auf Sandstandorten in der nördlichen Oberrheinebene bisher Diasporen von 56 Arten im Schaffell nachgewiesen werden, die Hälfte davon Zielarten, darunter sieben Rote-Liste-Arten. Dabei waren die Diasporenverluste während des Weges von 3 km von Fläche zu Fläche gering. Beträchtliche „Verluste" und damit Potenzial für eine erfolgreiche Etablierung konnten aber bei den Tieren während der Weidezeit festgestellt werden; u. a. führt Fellpflege mit Maul und Klauen dazu, dass sich Diasporen aus dem Fell lösen und ausgebreitet werden (Wessels et al. 2008). An der gefährdeten FFH-Art *Jurinea cyanoides* konn-

ten Eichberg et al. (2005) in einem Feldexperiment zeigen, dass es nach epizoochorem Transport in geringen Prozentsätzen zur Etablierung kommt und letztere insbesondere gefördert wird, wenn die Schafe die großen Diasporen dieser Art in das Substrat eintrampeln (Schutz vor Diasporenräubern).

Durch **Endozoochorie** sind bei einem Pflanzengesellschafts-spezifischen Transfer der Schafherde in der nördlichen Oberrheinebene bei Darmstadt bisher insgesamt 28 Arten nachgewiesen worden, die nach Magen-Darm-Passage ausgebreitet werden. Die Untersuchungen zeigen jedoch das Paradoxon auf, dass unter kontrollierten Bedingungen mit kontinuierlicher Bewässerung im Botanischen Garten (*Common Garden*-Experiment) aus dem Faeces-Material auch „unerwünschte" Arten wie z. B. *Carex hirta* (Behaarte Segge) keimten. Im Freiland konnten sich bei den extremen Bedingungen (Trockenheit, Hitze) nur wenige Individuen etablieren; dieses waren Stress-Ruderal-Strategen im Sinne des CSR-Modells (Abschnitt 9.2): *Medicago minima*, *Phleum arenarium*, *Silene conica*, *Vicia lathyroides*, *Vulpia myuros* (Mäuseschwanz-Federschwingel), die im Falle der erstgenannten vier Arten erstaunlicherweise als gefährdete Nährstoff-Flieher auf dem nährstoffreicheren Faeces-Material keimten (Eichberg et al. 2007).

9.4.4 Förderung dynamischer Prozesse durch Wind- und Wasserdynamik

In unserer dicht besiedelten Kulturlandschaft haben offene Sandflächen mit Sandverlagerungen keinen Platz mehr. Über die letzten Flugsandgebiete im westeuropäischen Binnenland gibt es eine Zusammenstellung von Riksen et al. (2006), die den hohen Flächenverlust in den letzten 50 Jahren und die Besonderheiten dieses Lebensraumtyps beschreibt. Insbesondere für die gesamte Systemdynamik und für Pionierpflanzenarten und Sandspezialisten unter den Tierarten stellen Flugsande einen essenziellen Lebensraum dar. Zu letzteren gehören der Brachpieper (*Anthus campestris*, inzwischen ausgestorben im niederländischen Untersuchungsgebiet), der Eisenfarbige Samtfalter (*Hipparchia statilinus*), der auch auf den ehemaligen Truppenübungsplätzen Ostdeutschlands vorkommt (Settele et al. 1999), viele Stechimmen (aculeate Hymenopteren) und thermobionte Käferarten (Riksen et al. 2006). Ein **Prozessschutz** dieses Systems ist sicherlich nur in Großschutzgebieten möglich. Eine Erhöhung des Windeinflusses wäre punktuell durch Entfernung umliegender Baumbestände und durch das Anlegen von Windschneisen möglich (Hasse et al. 2002).

Eine Begünstigung größerflächiger Sandablagerungen kann bei flussnahen Sandökosystemen durch Wiedereinführung der Fließgewässerdynamik mit Hochwässern erreicht werden (Remy und Zimmermann 2004; siehe auch Farbtafel 9-6 und Kapitel 1).

9.5 Maßnahmen für die Renaturierung II – Flächenvergrößerung, Bildung von Trittsteinen und Korridoren (Neuentwicklung von Sandökosystemen)

9

9.5.1 Schaffung von nährstoffarmen Standortbedingungen

Auf Flächen mit höheren Nährstoffgehalten müssen die Nährstoffe zunächst reduziert werden, da Renaturierungsflächen nur relativ geringe Phosphat- und Stickstoffwerte im Boden aufweisen dürfen. Anderenfalls entwickelt sich die Vegetation über den „**Ruderalisierungspfad**" zu monodominanten Grasbeständen z. B. mit *Calamagrostis epigejos* (vgl. Abschnitt 9.4.1.2). Insbesondere das im Boden fest gebundene Phosphat lässt sich kaum ausmagern. Eine komplette **Oberbodenentfernung** (*top soil removal*) kann erfolgreich sein und wurde z. B. von Aerts et al. (1995) für *Calluna*-Heiden und von Verhagen et al. (2001) für sandige Ackerböden eingesetzt. Es entsteht hier jedoch das Problem der Entsorgung des Oberbodens. In lockeren Sanden hat sich als kostengünstige Alternative der Auftrag von nährstoffarmem Tiefensand in einer Schichtdicke von mindestens 1 m bewährt (Farbtafel 9-2). Vielfach fällt bei größeren Bauvorhaben bei Aushubarbeiten nährstofffreier Tiefensand an, der oft entsorgt werden muss. Dieser kann zur Neueinrichtung von Sandökosystemen verwendet werden.

Als teurere Alternative kann die **Oberbodeninversion** (*top soil inversion*) eingesetzt werden. Hier wird nährstoffarmer Unterboden an die Oberfläche verlagert und umgekehrt (Remy und Zimmermann 2004, Stroh 2006). Die Tiefe ist abhängig von der Vornutzung (z. B. Lage der Pflugsohle bei vorheriger Ackernutzung) und dem jeweiligen Bodenprofil.

Wenn es nicht möglich ist, solche Substratverbessernden Maßnahmen durchzuführen (z. B. oft bei ehemaligen Äckern), sollte möglichst die gesamte Phytomasse abgeräumt werden. Auch bietet sich vor einer Renaturierung ein **Nährstoffentzug** durch die Ansaat und Ernte von Getreide und anderen Nutzpflanzen an (Marrs 1993, Bakker und van Diggelen 2006). In Sandökosystemen ist dieses Verfahren aber oft nicht erfolgreich, da infolge der Wasserlimitierung ein nur geringes Wachstum erfolgt. So konnten während einer Vegetationsperiode mit einer Lein-Ansaat (*Linum usitatissimum*) in einem Binnendünengebiet am Oberrhein nur 1,66 kg Phosphat pro ha entzogen werden (Stroh 2006 und unpublizierte Daten).

9.5.2 Beimpfung mit diasporenreichem Material (Inokulation) und Diasporenausbreitung durch Weidetiere

Den Flächen, die für Renaturierungsmaßnahmen zur Verfügung stehen, fehlen in der Regel praktisch alle Arten aus schützenswerten Sandökosystemen. Viele gefährdete Arten der Sandökosysteme bauen keine dauerhaften Diasporenbanken auf (Eichberg et al. 2006), die *seed bank* ist leer (wie z. B. bei Verwendung von Tiefensand) oder baut sich – je nach vorhergehender Nutzung der Flächen – aus Ackerwildkräutern oder Ruderalarten auf.

Über den Diasporenregen (*seed rain*) können Diasporen von Zielarten der Sandökosysteme oft wegen der großen Entfernung der Spenderquellen ein neu eingerichtetes Renaturierungsgebiet nicht erreichen. Eine Aufgabe bei der Renaturierung ist daher, diese Diasporenlimitierung durch verschiedene Verfahren zu überbrücken.

- **Soden-Transplantation** (z. B. Müller 1990, Bank et al. 2002, Kirmer et al. 2002): Dieses Verfahren ist sehr aufwändig, kostenintensiv und auch aus naturschutzfachlicher Sicht nicht immer vorteilhaft, da in die Spenderflächen destruktiv eingegriffen werden muss. Bank et al. (2002) empfehlen als optimalen Zeitpunkt des Sodenabtrags den Winter bei gefrorenem Boden, wobei die 10–15 cm dicken Soden abgestochen und auf Paletten geladen werden können. Auf diese Weise können 30–50 m² große „Inseln" verpflanzt werden. Bei der Soden-Transplantation einer Corynephoreta-

lia-Gesellschaft in einem Renaturierungsexperiment in der nördlichen Oberrheinebene hatten zwar die Sodenflächen zunächst einen Entwicklungsvorsprung (Zahl der übertragenen Arten) gegenüber einem Mahdgut-Auftrag, dies glich sich aber bereits in der zweiten Vegetationsperiode an (Stroh et al. 2007).

- **Sodenschüttung, Oberbodenschüttung, Diasporenbank-Übertragung** (Bank et al. 2002, Kirmer et al. 2002, Kirmer und Tischew 2006): Der Oberboden der Leitbildgesellschaft wird auf etwa 10 cm Oberboden manuell (mit Spaten) oder maschinell (mit Raupen) abgetragen und auf die Renaturierungsflächen aufgebracht. So kommt es auch zu einer Übertragung einer Vielzahl an Bodenorganismen. Bei einer solchen Maßnahme sollte die Diasporenbank der Spenderfläche bekannt sein, da die Gefahr besteht, auch Diasporen anderer Sukzessionsstadien oder Nutzungen einzubringen. Bei einer Sodenschüttung kann es durch die Substratumlagerung des Oberbodens zu einer verstärkten, nicht erwünschten Mineralisation kommen. Kirmer et al. (2002) geben für eine Sodenschüttung 10 kg/m² mit einer Schichtdicke von 1 cm an. Bank et al. (2002) nennen als günstigsten Entnahmezeitpunkt den Oktober. Der Oberboden wird bei trockenem Wetter 10–15 cm tief abgeschoben. Das Material kann per Hand oder mit einem Miststreuer auf der Fläche verteilt werden. Mit Spendermaterial einer 10 m²-Fläche lässt sich eine Fläche von 150–200 m² beimpfen. Auch hier wird in die Spenderflächen destruktiv eingegriffen.

- **Transfer von Diasporen (Inokulation) mit Mahdgut aus Leitbildflächen:** Renaturierungsmaßnahmen durch Mahdgutaufbringung wurden bereits in vielen verschiedenen Lebensraumtypen durchgeführt (Kapitel 2, 10, 11); inzwischen liegen auch für Sandrasen Ergebnisse vor (Kirmer et al. 2002, Stroh et al. 2002, 2005, 2007, Schwabe et al. 2004b, Stroh 2006). Der Auftrag von Mahdgut erweist sich als sehr effektive und kostengünstige Maßnahme, mit der auch sehr große Flächen mit relativ geringem Aufwand behandelt werden können. Erfahrungen liegen zu Corynephoretalia-Gesellschaften, dem Spergulo-Corynephoretum (Farbtafel 9-3), Diantho-Armerietum, Allio-Stipetum und anderen Gesellschaften vor. Eine Voraussetzung ist die vorhergehende

Schaffung günstiger abiotischer Standortbedingungen (vgl. Abschnitt 9.5.1). Das aufgetragene Mahd- und Streugut enthält eine Vielzahl an Diasporen und bietet **„Schutzstellen" für die Keimung (*safe sites*)** im Sinne von Harper et al. (1965) (siehe auch Kapitel 2). In zwei bis drei Jahren ist nach den Erfahrungen von Kirmer et al. (2002) die Streu abgebaut. Man rechnet mit 1 kg/m² Material/Schichtdicke 3–5 cm (siehe Kirmer et al. 2002, Stroh et al. 2005). Für den optimalen Transfer der Diasporen ist der Zeitpunkt der Mahd von großer Bedeutung. Für Sandrasen sollte er nach dem Fruchten der Leitarten Ende Juli bis Mitte August liegen (Kirmer et al. 2002). Ein späterer Schnitt erhöht die Gefahr des Eintrags von *Calamagrostis epigejos*. Als optimale Erntezeit geben Bank et al. (2002) Ende Juli bis Mitte August, als optimalen Aussaat-Zeitpunkt den Oktober an. Sehr bewährt hat sich auch die Entnahme von Rechgut mit Traktor und Heuschwader. Dies führt gleichzeitig zu einer Öffnung der Spenderflächen und begünstigt das Aufkommen von Lückenzeigern wie z. B. *Phleum arenarium*. Diese Maßnahme wird außerhalb der Vegetationsperiode durchgeführt (Zehm 2004: Foto 2). Die Entnahme von Inokulationsmaterial im weiteren Gebiet sichert auch die erforderliche **lokale Provenienz** (lokale Genotypen) der Diasporen.

Ein Problem kann bei der Etablierung von Zielarten darin bestehen, dass **essenzielle Mykorrhiza-Pilze** oft fehlen (van der Heijden et al. 1998). Dass eine Korrelation zwischen erfolgreicher Kolonisa-

tion und Anwesenheit von Mykorrhiza-Pilzen besteht, wurde an vielen Beispielen mittlerer Standorte gezeigt (Danielson 1985, Miller 1987).

9.5.3 Pflegebeweidung als Erhaltungsmaßnahme nach Inokulation

Die konkurrenzschwachen Leitarten der gefährdeten Sandvegetation werden besonders bei höheren Phosphat- und Stickstoffwerten oft von wuchskräftigen Ruderalstauden überwachsen. Die Auswirkung der Inokulation und der Beweidung konnte an einer Langzeitstudie über sieben Vegetationsperioden im Darmstadt-Dieburger Sandgebiet studiert werden (Stroh et al. 2002, 2007). In einem Versuch wurden beweidete Flächen (inokuliert) bzw. nicht inokulierte beweidete und unbeweidete Flächen mit pflanzensoziologischen Aufnahmen dokumentiert. Dieses Gebiet wies mit 87 mg Phosphat-P/kg trockener Boden relativ ungünstige abiotische Ausgangsbedingungen auf. Auf den beweideten inokulierten Flächen stellten sich in den ersten drei Jahren 70–76 % der Arten der Leitbildflächen ein (Pionierfluren der Corynephoretalia und Bestände des Allio-Stipetum). Der selektive Fraß von Schafen und Eseln (Farbtafel 9-4), insbesondere an höherwüchsigen Arten, konnte den Grad der Ruderalisierung entscheidend senken und förderte die Zielarten. Dies lässt sich anhand von Ruderalisierungs-Indices, die die Anzahl (qualitativ) bzw. die

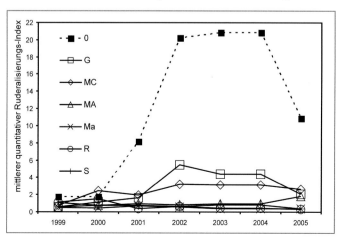

Abb. 9-8: Quantitativer Ruderalisierungs-Index der verschiedenen Behandlungen im Renaturierungsexperiment in Seeheim-Jugenheim bei Darmstadt. Ausgedrückt ist das Verhältnis von Ruderal- zu Sandleitarten; je niedriger der Index, desto geringer ist der proportionale Anteil an Ruderalarten. 0: unbeweidete, nicht inokulierte Flächen; G: beweidete, nicht inokulierte Flächen; M: verschiedene beweidete Ansätze mit Mahdgut-Inokulationsmaterial; R: Rechgut-Auftrag, beweidet; S: Sodenversetzung, beweidet (nach Stroh et al. 2007).

9

Abb. 9-9: Esel-Erstbeweidung im aufgeschütteten Tiefensand-Korridor in Seeheim-Jugenheim bei Darmstadt (siehe Farbtafel 9-2), 1,5 Jahre nach der Maßnahme. Im Hintergrund (Schild) die Leitbildfläche „ND Seeheimer Düne", die durch die Maßnahme mit anderen Sandflächen verbunden wird. Es erfolgte durch die Beweidung eine Auslichtung der üppigen *Artemisa campestris* (Feld-Beifuß)-Bestände und ein Fraß an Ruderalarten (Foto: A. Schwabe, Oktober 2006).

Deckung (quantitativ) von Ruderalarten im Vergleich zu Zielarten in Beziehung setzen, zeigen (Abb. 9-8). „Beweidung ohne Inokulation" führte nicht zur Entwicklung von Beständen mit einer höheren Anzahl von Leitarten, die Dominanz von *Calamagrostis epigejos* wurde hier jedoch gemindert (Stroh et al. 2007).

Bei einem unmittelbar räumlich anschließenden aufgeschütteten Tiefensand-Korridor (Farbtafel 9-2), der nach 16 Monaten mit Eseln beweidet wurde, und nur geringe Phosphat-P-Werte von maximal 13 mg/kg Trockenboden enthält, etablierte sich bereits in der zweiten Vegetationsperiode eine Koelerion glaucae-Pioniervegetation mit einer Fülle von Leitarten, darunter stark gefährdete Rote-Liste-Arten wie *Fumana procum-*

bens (Nadelröschen) und *Koeleria glauca* (Tab. 9-1). Die erste Eselbeweidung (Abb. 9-9) führte zu starkem Fraß an der häufigen Steppenpflanze *Artemisia campestris* (Feld-Beifuß), einem Halbstrauch, dessen Bestände etwas aufgelichtet wurden und zu starkem Fraß an verschiedenen Ruderalpflanzen.

9.5.4 Schaffung von Verbundsystemen

Verbundsysteme können eine räumliche oder eine funktionelle Verknüpfung von Habitaten bzw. eine Kombination umfassen (Kasten 9-3).

Kasten 9-3
Biotopverbund

Nach dem deutschen Bundesnaturschutzgesetz müssen die einzelnen Bundesländer mindestens 10 % ihrer Landesfläche als **Bestandteile eines länderübergreifenden Biotopverbundes** zum Schutz der heimischen Pflanzen- und Tierwelt ausweisen (Burkhardt et al. 2003). Ein Verbund bietet sich auch für Sandökosysteme an und wird z. B. im größten bayerischen Naturschutzprojekt „Sandlebensräume in der Regnitzachse" (Bank et al. 1999) und in den Sandgebieten der hessischen Oberreinebene (Schwabe und Kratochwil

2004) gefördert. Insbesondere in Bezug auf Beweidungsstrategien müssen wieder großflächige **funktionelle Verbundsysteme**, wie z. B. Wanderschäferei (Fischer et al. 1995, Wessels et al. 2008, Zehm et al. 2002), geschaffen werden. Für diese Verbundsysteme ist es wichtig, dass in den Sandgebieten z. B. Leitbildflächen und Renaturierungsflächen miteinander funktionell vernetzt werden können, um den Austausch von Diasporen durch Epi- und Endozoochorie zu gewährleisten, auch wenn räumliche Lücken in dem Verbund bestehen.

Tab. 9-1: Entwicklung des Tiefensand-Korridors Seeheim-Jugenheim (Abb. 9-9 und Farbtafel 9-2) nach dem Auftrag von Tiefensand aus einer Baumaßnahme und der Inokulation mit Mahdgut einer Leitbildfläche im Frühjahr 2005; Etablierung von Sandleitarten auf sechs systematisch verteilten Aufnahmeflächen (à 80 m²) im Laufe von drei Vegetationsperioden (nach Daten der Arbeitsgruppe Vegetationsökologie TU Darmstadt, n. p.). Die Zahlen geben die Stetigkeit der Arten in Prozent bezogen auf die sechs Flächen wieder.

	2005	2006	2007
Mittlere Vegetationsdeckung (%)	1	2	7
Zahl der 80 m²-Plots	6	6	6
Zahl der Leitarten	14	34	34
Hieracium pilosella (Kleines Habichtskraut)	17	17	17
Thymus serpyllum (Sand-Thymian)	17	33	50
Asperula cynanchica (Hügel-Meister)	17	50	67
Bromus tectorum (Dach-Trespe)	17	50	83
Arenaria serpyllifolia (Quendel-Sandkraut)	17	83	6
Centaurea stoebe (Rispen-Flockenblume)	50	50	50
Echium vulgare (Gewöhnlicher Natternkopf)	50	50	50
Euphorbia cyparissias (Zypressen-Wolfsmilch)	67	50	50
Artemisia campestris (Feld-Beifuß)	67	67	67
Cladonia furcata agg. (Becherflechte)	67	83	100
Sedum acre (Scharfer Mauerpfeffer)	83	67	50
Tortula ruraliformis (Dünen-Drehzahn)	83	83	100
Acinos arvensis (Gewöhnlicher Steinquendel)	17		17
Medicago lupulina (Hopfenklee)	67	17	
Dianthus carthusianorum (Kartäuser-Nelke)		17	17
Stipa capillata (Haar-Pfriemengras)		17	17
Trifolium arvense (Hasen-Klee)		17	33
Silene otites (Ohrlöffel-Leimkraut)		17	50
Myosotis ramosissima (Hügel-Vergissmeinnicht)		33	17
Fumana procumbens (Nadelröschen)		33	33
Phleum arenarium (Sand-Lieschgras)		33	33
Sedum sexangulare (Milder Mauerpfeffer)		33	33
Cerastium semidecandrum (Sand-Hornkraut)		33	50
Poa badensis (Badener Rispengras)		33	50
Euphorbia seguieriana (Steppen-Wolfsmilch)		33	67
Helianthemum nummularium (Sonnenröschen)		33	67
Silene conica (Kegelfrüchtiges Leimkraut)		50	67
Holosteum umbellatum (Doldige Spurre)		67	50
Alyssum montanum subsp. *gmelinii* (Berg-Steinkraut)		67	67
Medicago minima (Zwerg-Schneckenklee)		67	83
Peltigera rufescens (Schildflechte)		17	
Potentilla verna (Frühlings-Fingerkraut)		17	
Saxifraga tridactylites (Dreifinger-Steinbrech)		17	
Securigera varia (Bunte Kronwicke)		33	
Erophila verna (Frühlings-Hungerblümchen)		50	
Kochia laniflora (Sand-Radmelde)			17
Koeleria glauca (Blaugraue Kammschmiele)			33
Festuca ovina agg. (Schaf-Schwingel)			50
Hippocrepis comosa (Hufeisenklee)			50
Phleum phleoides (Steppen-Lieschgras)			50

Untersuchungen zur **Tierernährung** zeigen, dass es bei Sandökosystemen Ernährungsengpässe gibt, weil die Sandrasen oft in den Sommermonaten zu wenig Pflanzenmasse produzieren und insbesondere für die Lämmeraufzucht zu geringe Mengen an Rohprotein in der Nahrung vorhanden sind (Mährlein 2004). Daher wurde ein Konzept entwickelt, das wüchsige Riedstandorte (Frisch- und Feuchtwiesen) zeitweilig im Jahresverlauf einschließt, wobei ein Nährstoff- und Diasporentransfer durch längere Wegstrecken und bei den Sandstandorten durch die „Filterwirkung" der trocken-heißen Standorte (*environmental filter*) verhindert wird (Erprobungs- und Entwicklungsvorhaben „Ried und Sand" in der hessischen Oberrheinebene, gefördert durch Bundesamt für Naturschutz und Bundesministerium für Umwelt, Naturschutz und Reaktorsicherheit).

9.6 Neubesiedlung renaturierter Flächen durch Tierarten (Beispiele)

Offene Sandökosysteme sind Lebensräume zahlreicher gefährdeter Tierarten. Unter den Vogelarten zählen der inzwischen extrem selten gewordene Brachpieper (*Anthus campestris*) und der Steinschmätzer (*Oenanthe oenanthe*) zu den Charakterarten. Besonders artenreich und spezifisch ist die Entomofauna (Käfer, Heuschrecken, Hautflügler), wobei in beweideten Sandökosystemen zusätzlich eine spezifische Dungkäfer-Gilde anzutreffen ist. Weitere sehr spezifische Sandbewohner finden sich auch unter den Spinnen.

Untersuchungen über den Einfluss z. B. von **Schaf- und Ziegenbeweidung** als Pflegemaßnahme in Sandlandschaften auf bestimmte Tiergruppen (Laufkäfer, Heuschrecken, Wildbienen, Vögel) zeigen unterschiedliche Ergebnisse (Brunk et al. 2004). Größe der Flächen, Beweidungsintensität und Zeitraum spielen eine entscheidende Rolle. Blütenbesucher, Bodennister und monophage Arten können durch Beweidung gefährdet werden, wenn die Beweidungstermine zu früh liegen. So kommt für solche Tiergruppen eine Beweidung oft nur im Hoch-/Spätsommer infrage. Andererseits wird auch z. B. das Blüten-

angebot für Wildbienen längerfristig gesichert, da Beweidung die Dominanz von monodominanten Gräsern mindert.

Spezifische Untersuchungen über den Erfolg von Renaturierungsmaßnahmen (Neuanlage von Sandökosystemen, Beweidung: *restorative grazing*) sind selten. Sie liegen u. a. über Laufkäfer und Wildbienen vor. Einige Ergebnisse seien im Folgenden dargestellt.

Laufkäfer (Coleoptera, Carabidae): In den Sandrasen des Emslandes konnten 137 Laufkäferarten nachgewiesen werden (Lehmann et al. 2004). Mehr als die Hälfte sind nach der Roten Liste Deutschlands bzw. der Roten Liste Niedersachsens als bedroht eingestuft. Ihr **Ausbreitungspotenzial** ist allgemein als gering einzuschätzen, zumal 20 % der Arten flugunfähig sind. Zu diesen gehören auch einige in Niedersachsen vom Aussterben bedrohte Arten (*Cymindis macularis, C. humeralis*). Auch die stark gefährdeten Arten *Harpalus autumnalis* und *H. neglectus* besitzen ein schwaches Ausbreitungspotenzial. Eine Neugründung von Populationen ist deshalb sehr unwahrscheinlich. Hinzu kommt die starke Fragmentierung der Lebensräume. Je kleiner die Sandrasen-Lebensräume sind, umso größer ist die Aussterbewahrscheinlichkeit stenotoper Laufkäferarten, d. h. solcher, die auf Sandhabitate beschränkt sind (Assmann und Falke 1997). Darüber hinaus nimmt mit zunehmender Distanz zwischen den Habitatresten die Besiedlungswahrscheinlichkeit ab (Hanski und Gilpin 1997). Dies gilt auch für flugfähige Arten. Persigehl et al. (2004) untersuchten u. a. im Emsland auf einer 24 ha großen Renaturierungsfläche (Abschnitt 9.7) Kolonisationsprozesse durch Laufkäfer mittels Boden- und Fensterfallen. Eine Detailanalyse des Besiedlungsprozesses wurde mit markierten Individuen der für Sandtrockenrasen und Heiden typischen Laufkäferart *Poecilus lepidus* durchgeführt, Populationsgrößen berechnet, die Ausbreitungsprozesse auf der Renaturierungsfläche mit dem Programm DISPERS (Vermeulen und Opsteeg 1994) simuliert und die genetische Variabilität dieser Art in Abhängigkeit unterschiedlicher Habitatflächen-Größen analysiert. Die Populationsgröße von *Poecilus lepidus*, die auf der 24 ha großen Renaturierungsfläche nach zwei Jahren aufgebaut werden konnte, lag bei 6 000 bis 10 000 Individuen. Durch Markierungsversuche konnten Wegstrecken von 250 m in Zeiträumen zwischen 18 und 34 Tagen belegt werden. Die mit dem Programm DISPERS simulierten Ausbreitungsmuster stimmten sehr gut mit den Gegebenheiten in der Natur überein (Persigehl et al. 2004). Bereits nach zwei Jahren hatten ca. 50 % der spezifischen Sandarten (im Wesentlichen flugfähige Arten) die restituierten Flächen besiedelt. Wahrscheinlich wurden über die Inokulation mit Rech- und Mahdgut (Spergulo-Corynephoretum, Diantho-Armerietum) ebenfalls sandspezifische Laufkäferarten (*Harpalus neglectus, Poecilus lepidus*) eingeführt. Die populationsgenetischen Untersuchungen an *Poecilus lepidus* zeigen, dass ein langfristiger Schutz der Art nur in Flächen mit deutlich mehr als 10 ha Größe möglich ist.

Wildbienen (Hymenoptera, Apidae): Von den in Deutschland vorkommenden Wildbienenarten (N = 385) haben etwa 70 % spezifische Lebensraum-Schwerpunkte. 126 Arten können dabei mit Sandstandorten in Verbindung gebracht werden (23 % der Gesamtartenzahl; Kratochwil 2003). Im Jahr 2001 wurde an der Hase (Emsland) auf einst intensiv bewirtschafteten Grünland- und Ackerstandorten ein flussnaher Binnendünen-Flutmulden-Vegetationskomplex auf einer Fläche von 49 ha wiederhergestellt (Abschnitt 9.7). Folgende Untersuchungen wurden durchgeführt: Vergleich der Wildbienengemeinschaften von Leitbild- und Renaturierungsflächen, Prüfung des bevorzugten Nahrungsangebots (Nektar, Pollen) sowie der Nistplatzsituation und Analyse der Wiederbesiedlungsfähigkeit der renaturierten Flächen durch Wildbienen. Bei der Leitbildfläche handelt es sich um ein über Jahrhunderte als extensives Weideland genutztes Gebiet, das sich durch typische Sandvegetation sowie zeitweise überflutete Auenbereiche auszeichnet. Bereits vier Jahre nach Abschluss der Renaturierungsmaßnahme ähneln sich Leitbild- und Renaturierungsflächen im Leitartenspektrum der Wildbienen. Besonders charakteristisch sind Arten, die einen Vorkommensschwerpunkt in Pflanzengesellschaften der Sandrasen (Koelerio-Corynephoretea) haben sowie solche, die durch *Salix*-Arten dominiert werden. Genetische Untersuchungen an dem *Salix*-Spezialisten *Andrena vaga*, einer Sandbiene, belegen, dass diese Art offenbar größere Strecken zurücklegen kann,

wodurch es immer wieder zu Genfluss zwischen den Populationen kommt. Alle untersuchten Populationen des Emslandes zeigten nur geringe genetische Unterschiede (Exeler et al. 2008). In den Leitbild- und Renaturierungsflächen korreliert eine hohe **Wildbienen-Diversität** mit geringer Vegetationsdeckung und trockenen, offenen Bodenverhältnissen. Bevorzugte Pollenquellen sind *Hieracium pilosella, Leontodon saxatilis* (Nickender Löwenzahn) und *Hypochaeris radicata* (Gewöhnliches Ferkelkraut). Die meisten im Blütenbesuch spezialisierten Wildbienenarten finden sich an trockenen, offenen Standorten, wo Pollenquellen und Nistplätze kleinräumig verzahnt sind. Die Wildbienen-Diversität nimmt mit zunehmender Vegetationsdichte ab. Die größte Diversität spezialisierter Wildbienenarten wurde an den trockenen Standorten der Leitbildfläche sowie auf den Sanddünen-Komplexen der Renaturierungsflächen beobachtet. Die Untersuchungen zeigen, dass charakteristische Wildbienenarten nach einer Renaturierung flussnahe, extensiv beweidete Binnendünen-Flutmulden-Vegetationskomplexe schnell wiederbesiedeln können, wenn Flächen in der Umgebung vorhanden sind, die als „Quellgebiete" dienen können. Die Artenzusammensetzung und -diversität der Wildbienengemeinschaften der erst seit vier Jahren bestehenden Renaturierungsflächen entsprechen einer mehr als 100 Jahre alten Leitbildfläche. Besonders diejenigen Wildbienenarten, die trockene und sandige Habitate bevorzugen, profitieren von den Renaturierungsmaßnahmen und haben in kurzer Zeit sehr artenreiche Gemeinschaften aufgebaut. Winter- und Frühjahrsüberflutungen sowie extensive Rinderbeweidung garantieren als dynamisierende Prozesse den Erhalt von Pionierpflanzengesellschaften trockener und sandiger Standorte. Sie gewährleisten damit gleichzeitig die Existenz einer artenreichen und hochgradig spezialisierten Wildbienengemeinschaft mit wichtiger Bestäuberfunktion (Exeler und Kratochwil 2006).

Untersuchungen von Beil und Kratochwil (2004) zeigen, dass spät im Jahr beweidete Allio-Stipetum-Komplexe der nördlichen Oberrheinebene (Mitte August bis Ende August, Stoßbeweidung für je ein bis zwei Tage durch eine gemischte Skudden- und Moorschnuckenherde bestehend aus etwa 400 Tieren) eine Vielzahl von blütenbesuchenden Wildbienenarten aufweisen. Die beweideten Flächen besitzen mit 47,1 Arten eine signifikant höhere mittlere Artenzahl an Pflanzen als die unbeweideten Flächen (36,2 Arten). Insbesondere die Zunahme krautiger Pflanzenarten, wie z. B. *Helichrysum arenarium*, belegt die sich positiv auf die Wildbienenressourcen auswirkenden **Beweidungseffekte**. Auf den beweideten Flächen wurde darüber hinaus ca. ein Drittel mehr Wildbienenindividuen nachgewiesen (620 gegenüber 442; März bis September), ebenso mehr Wildbienenarten (64 Arten auf beweideten und 48 Arten auf unbeweideten Rasterflächen). Der Verlauf der **Blühphänologie** der untersuchten Pflanzenarten belegt, dass durch eine kurzzeitige, mosaikartige und kleinräumige Stoßbeweidung keine wesentlichen Einbrüche der Ressourcen zu verzeichnen sind. Außerdem liegt der späte Beweidungszeitpunkt günstig für viele Wildbienenarten, die ihren Lebenszyklus schon abgeschlossen haben, z. B. viele *Andrena*-Arten (Sandbienen). Der vollständige Verlust des Blütenangebots durch intensive, großflächige Beweidung führt jedoch zu einer massiven Beeinträchtigung der Wildbienen (Mauss und Schindler 2002).

9.7 Beispiel aus der Praxis – ein Projekt zur Renaturierung (Restitution) von Sandökosystemen im Flussgebiet der Hase (Emsland)

Ziele des Projekts

- Wiederherstellung eines Binnendünen- Flutmulden-Komplexes von 49 ha in einer flussnahen, einst eingedeichten und eingeebneten, stark gedüngten, intensiv genutzten Agrarlandschaft (Farbtafel 9-5, 9-6).
- Etablierung von **Zielarten-Gemeinschaften** der Sandökosysteme (Spergulo vernalis-Corynephoretum canescentis typicum und cladonietosum und Diantho deltoidis-Armerietum elongatae) nach Wiederherstellung nährstoff-

armer Standortbedingungen und nach Aufmodellierung von künstlichen Binnendünen.
- Mangels spontaner Ansiedlungsmöglichkeiten **Inokulation** mit standorttypischem Pflanzenmaterial aus Spenderflächen (Methode nach Stroh et al. 2002).
- **Einführung dynamisierender Faktoren**: Zulassung winterlicher Hochwasserfluten nach zuvor erfolgter Rückverlegung der Deiche zur Akkumulation von Sand und erodierenden Wirkungen; Beweidungsregime durch Rinder (sechs Monate Tritt- und Fraßwirkung, Besatz von ca. 0,7 Großvieheinheiten pro ha).

Untersuchungsgebiete

Das Renaturierungsgebiet umfasst zwei Mäanderschleifen des Flusses „Hase" bei Haselünne (Emsland), die „Hammer Schleife" und die „Wester Schleife", die seit Jahrzehnten unter intensiver landwirtschaftlicher Bewirtschaftung standen. Als Leitbildflächen dienten ein Naturschutzgebiet bei Lingen/Ems sowie Flächen nördlich des Renaturierungsgebietes an der Hase.

Planungsphase (Frühjahr bis Herbst 2000)

- Erstellung eines **Landschaftsmodells** auf der Basis historischer Karten (1773, 1805, 1858, 1900) und alter Luftbilder (1956).
- **Nährstoffanalysen des Bodens** (Acker, Intensivgrünland, Altdünenrest, Deiche) zeigen, dass die Kerne der alten Deiche die geringsten Stickstoff- und Phosphatwerte (0,027 mg N/kg; 21,1 mg P/kg Trockenboden) hatten, die oberen Bodenschichten der Äcker die höchsten Werte (0,054 mg N/kg; 94,3 mg P/kg). Die Korngrößenverteilung zeigt sandige und schluffige Bereiche.
- Berechnung der für die Landschaftsmodellierung notwendigen Substratmengen über eine Computersimulation unter Berücksichtigung einer **Bodeninversion** (nährstoffreicheres Material: Verlagerung in die Kerne der neuen künstlichen Dünen, nährstoffarmes Substrat: Verlagerung an die Oberfläche; Schwabe et al. 2002).

Initialphase der Renaturierung (Sommer/Herbst 2001)

- Modellierung des Reliefs, Rückverlegung der flussnahen Deiche, Anlage von Dünenstrukturen und Vertiefungen unter Berücksichtigung der durchschnittlichen und extremen Pegelstände der Hase (56 000 m³ Boden/Sand-Bewegung, davon 23 000 m³ zur Dünenmodellierung) mittels Raupenbaggern, Dumpern und Muldenkippern.
- Einbau der N- und P-reichen oberen Bodenschichten (20–30 cm) in die Kerne der neuen Dünen; Auflage mit einer 30–40 cm starken Schicht von nährstoffarmem, diasporenfreiem Material.
- Diasporenbank-Analyse des neu entstandenen Dünenreliefs belegt einen nur geringen Diasporengehalt im Boden (Stroh 2006).
- Nach Abschluss der Deichrückverlegung und Bodenrelief-Gestaltung Aufbringen von 860 kg (Frischgewicht) von diasporenhaltigem Mahd- und Rechgut des Spergulo-Corynephoretum (Farbtafel 9-3) und Diantho-Armerietum auf 960 m² Fläche der neu geschaffenen Dünenzüge, Auftrag von 1 465 kg Material des Diantho-Armerietum auf 1 060 m².
- Um genügend Phytomasse für die Rinderbeweidung zu sichern, Einbringen einer Saatmischung in den tiefer gelegenen Bereichen (13,7 ha; 480 g Diasporenmaterial von Pflanzenarten magerer Standorte). Es wurde die Saatmischung N1 der Landesanstalt für Ökologie, Bodenordnung und Forsten Nordrhein-Westfalen für magere Standorte mit hohen Anteilen von *Festuca pratensis* (Wiesenschwingel) sowie mit Schmetterlingsblütlern wie *Lotus corniculatus* (Gewöhnlicher Hornklee) und *Medicago lupulina* (Hopfen-Schneckenklee) verwendet.

Methoden zur Prüfung des Renaturierungserfolgs und des Beweidungseinflusses in Leitbild- und Renaturierungsflächen

- Anlage eines rasterbezogenen, georeferenzierten Systems von kreisförmigen **Dauerflächen** (Abstand: 50 m, Flächengröße: 80 m²) zur Analyse der Vegetationsdynamik und zur

Bestimmung der Fraßintensität unter Rinderbeweidung.
- Infrarot-Luftbildaufnahmen zur Kartierung der abiotischen Strukturdynamik und der Vegetation (Pixel-Größe: 7 cm).
- Anlage von elf Weideausschluss-Flächen (Größe: je ca. 140 m²) zur Überprüfung des Weideeinflusses (z. B. Unterschiede in der Vegetationszusammensetzung).
- Vegetationsstruktur-Analysen mittels Digitalfotografie (Bildauswertung mit dem Programm VESTA (= **Ve**rtical Vegetation **Str**ucture **A**nalysis); Methode nach Zehm et al. (2003), siehe z. B. Stroh et al. (2004: Abb. 3).
- Analysen der Bodennährstoffe (Nitrat, Ammonium, Kalium u. a.), Nährstoffeinträge aus der Luft, Bodenwasser-Qualität, Phytomasse, Bodentemperatur (Remy und Menzel 2004).
- Diasporenbank-Untersuchungen und Überprüfung des Diasporenregens (Stroh 2006, Eichberg et al. 2006).
- Untersuchung der Besiedlung der Renaturierungsflächen durch ausgewählte Insektengruppen (z. B. Laufkäfer, Heuschrecken, Wildbienen) mit Handfängen, Barberfallen, Fensterfallen, Farbschalen (Abschnitt 9.6).
- Anlage von Referenzflächen zur Feststellung der Vegetationsentwicklung ohne Managementmaßnahmen.

Entwicklung – Ende 2001 bis 2006

- Die mit Pflanzenmaterial der Leitbildflächen inokulierten „Neodünen" haben sich mit Sandvegetation besiedelt; eine extensive Weidelandschaft entstand.
- Winter- und Frühjahrshochwässer haben das Gebiet beeinflusst. Die Abbildung 9-10 zeigt die neuen Dünenzüge (10 % der Fläche), wassergefüllte Mulden (9 %), Flutmulden (2 %), Sandfächer (9 %) und extensives Frisch-/Feuchtgrünland (55 %).
- Nach Inokulation mit Material des Spergulo-Corynephoretum und Diantho-Armerietum haben sich die Renaturierungsflächen in Richtung auf die Leitbildflächen entwickelt. Dies zeigt die Korrespondenzanalyse, die die Vegetationsentwicklung in den Leitbildflächen und im Renaturierungsgebiet (2000–2003) in Abbildung 9-11 darstellt. Die Ordination be-

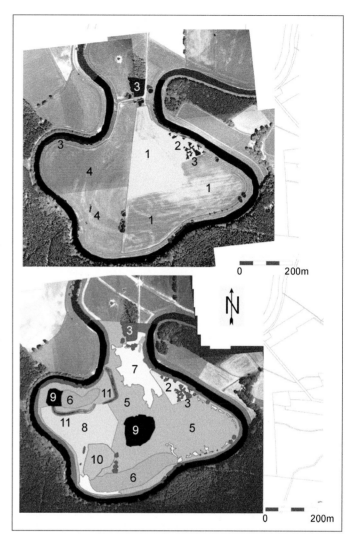

Abb. 9-10: Schwarz-Weiß-Darstellung einer Color-Infrarot-Aufnahme der „Hammer Schleife" (Emsland) vor der Renaturierung (oben) und nach Abschluss der Maßnahmen (unten). Vor der Renaturierung beherrschten Mais-/Getreidefelder (1) und konventionell bewirtschaftete Frisch- und Feuchtweiden (4) das Landschaftsbild; kleinflächig: Vorkommen von einer Altdüne (2) und einem Gehölz (3). Danach entwickelte sich ein Mosaik aus frischfeuchtem (5) und trockenem (8) Extensiv-Weideland, „Neodünen" (6), natürlichen Sandfächern (7), und permanent (9) und periodisch (10) wassergefüllten Senken; nach der Rückverlegung der Deiche und Überflutungen entstand eine Erosionsrinne (11) (nach Stroh et al. 2005).

legt eine größere Ähnlichkeit zwischen den mit dem jeweiligen Pflanzenmaterial inokulierten Flächen und ihren Leitbildflächen. Nicht inokulierte Flächen zeigen einen größeren Abstand von den Leitbildflächen als die inokulierten.

• Nicht-Inokulation führt nicht zur Entwicklung von Leitbildgesellschaften.

• Die Rinder fressen bevorzugt Pflanzenarten der Frischwiesen und Zweizahn(Bidention)-Gesellschaften. Alle Bereiche des Renaturierungsgebietes wurden durch Rinder begangen. Der extensive Einfluss der Rinderbeweidung, z. B. über selektiven Fraß oder über Tritt, hat

eine Bedeutung zur Aktivierung der Diasporenbank und für die Schaffung von offenen Bodenstellen für Keimlinge. Hinzu kommt auch eine sukzessionsretardierende Wirkung.

• Tierarten typischer Sandstandorte (bestimmte Laufkäfer-, Heuschrecken-, Wildbienenarten) haben in kürzester Zeit die restituierten Flächen besiedelt (Abschnitt 9.6).

Synopsis

• In einer nivellierten, stark gedüngten Agrarlandschaft ist eine Renaturierung zu einem

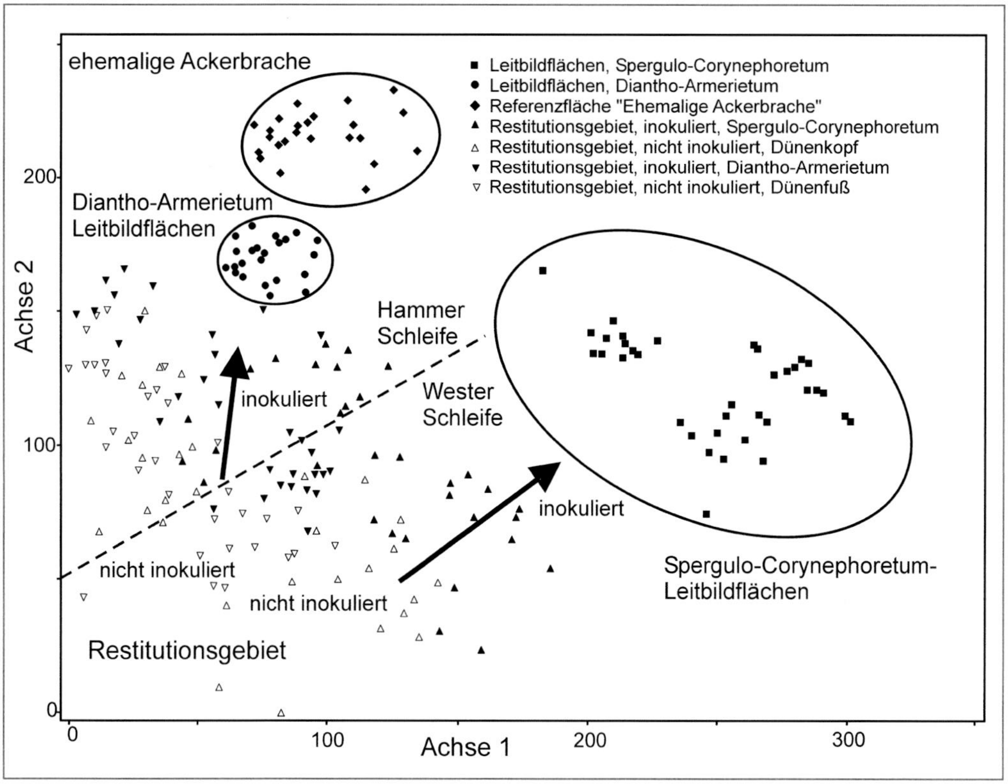

Abb. 9-11: Ordination (*Detrended Correspondence Analysis*, *downweighting selected*, Eigenwerte Achse 1: 0,402; Achse 2: 0,179) von inokulierten und nicht inokulierten Flächen (à 25 m²) in Leitbild- und Renaturierungs-(Restitutions-)Gebieten des Emslandes in den Jahren 2002–2005 (nach Stroh (2006).

extensiv beweideten Vegetationskomplex aus Binnendünen und temporär überfluteten Feuchtstandorten möglich mithilfe von **mechanischer Landschaftsmodellierung und Diasporeninokulation aus Leitbildflächen.**

- Im Vergleich zur vorhergehenden Situation hat sich in einem relativ kurzen Zeitraum eine hohe Diversität an Habitattypen und Pflanzenarten in den restituierten Gebieten entwickelt, die der Situation der Leitbildflächen entspricht.

- Das **Inokulationskonzep**t ist die einzige Möglichkeit, um Pflanzenarten der Binnendünen, die in ihrem Ausbreitungspotenzial eingeschränkt sind und die durch die Fragmentierung ihrer Lebensräume auf natürliche Weise das Renaturierungsgebiet nicht mehr erreichen können, wieder erfolgreich etablieren zu

können. Für eine langzeitige Erhaltung der Sandtrockenrasen im Gebiet sind jedoch dynamisierende Faktoren essenziell wichtig (neu entstehende fluviatile Sandfächer und Dünenbildungen nach Überflutungsereignissen, Schaffung von kleinräumiger Dynamik durch Weidetiere).

Literatur zum Projekt, Projektträger: Kratochwil et al. (2004), Remy und Zimmermann (2004), Stroh und Kratochwil (2004), Stroh et al. (2004, 2005), Stroh (2006). Projektträger waren: Bundesamt für Naturschutz, Bundesministerium für Umwelt, Naturschutz und Nuklearsicherheit, Bundesministerium für Bildung und Forschung, Landkreis Emsland. Wissenschaftliche Begleitung: Universität Osnabrück und Technische Universität Darmstadt.

9

9.8 Offene Fragen und Forschungsbedarf

Die Renaturierung von Sandökosystemen des Binnenlandes hat in den letzten fünf Jahren große Fortschritte gemacht, dennoch gründen sich viele der bisherigen wissenschaftlichen Erkenntnisse eben auf diesen sehr kurzen Zeitraum. Über die längerfristigen Entwicklungen, insbesondere unter verschiedenen **Managementmethoden** (z. B. *restorative grazing*), und auch über die längerfristige Entwicklung der Nährstoffverhältnisse ist bisher wenig bekannt. Eng mit dem Management verbunden ist die Frage der Sicherung von verschiedensten Stadien der Sandvegetation in einem dynamischen Kleinmosaik, das nicht räumlich, aber zeitlich Bestand hat. Auch interessiert besonders die Frage nach der Verknüpfung von Renaturierung und ökonomisch tragbaren Bewirtschaftungsmethoden, d. h. die **Verbindung zur Sozioökonomie**. Auf der Ebene der Pflanzenpopulationen gibt es bisher sehr wenige Kenntnisse zur Bedeutung der Mykorrhiza, zur Bedeutung „biologischer Krusten" (Cyanobakterien, Algen, Moose, Flechten) und verschiedenster Interaktionen mit tierischen Organismen (z. B. Nematoden, die bei Küstendünen eine sehr große Rolle spielen). Zoologische Untersuchungen wurden bisher nur in sehr geringem Umfang für ausgewählte Tiergruppen durchgeführt. Zum Beitrag von Nutztieren und anderen Herbivoren (z. B. Kaninchen) für den Diasporentransfer von Fläche zu Fläche und zur Etablierung liegen bisher nur wenige Fallstudien vor. Insgesamt stellt sich die Frage nach den minimal nötigen und den wünschenswerten Flächen- und Populationsgrößen sowie nach der Bedeutung von Vernetzungskorridoren. Letztere könnten mithilfe von Renaturierungsmaßnahmen nach wissenschaftlichen Kriterien konzipiert werden und einen bedeutenden Beitrag zur Flächenvergrößerung bestehender Schutzgebiete leisten.

Im technischen Bereich sollten Methoden zur Aufbringung von Mahdgut (ohne Verdichtungen) und zur Optimierung von Bodenarbeiten weiter erprobt werden.

Literaturverzeichnis

Adler PB, Raff DA, Lauenroth WK (2001) The effect of grazing on the spatial heterogeneity of vegetation. *Oecologia* 128: 465–479

Aerts R, Huiszoon A, van Oostrum JHA, van de Vijver CADM, Willems JH (1995) The potential for heathland restoration on formerly arable land at a site in Drenthe, the Netherlands. *Journal of Applied Ecology* 32 (4): 827–835

Ambos R, Kandler O (1987) Einführung in die Naturlandschaft. *Mainzer Naturwissenschaftliches Archiv* 25: 1–28

Anders K, Mrzljak J, Wllschläger D, Wiegleb, G (Hrsg) (2004) Handbuch Offenlandmanagement am Beispiel ehemaliger und in Nutzung befindlicher Truppenübungsplätze. Springer, Berlin

Assmann T, Falke B (1997) Bedeutung von Hudelandschaften aus tierökologischer und naturschutzfachlicher Sicht. *Schriftenreihe für Landschaftspflege und Naturschutz* 54: 129–144

Bakker E (2003) Herbivores as mediators of their environment – the impact of large and small species on vegetation dynamics. Thesis Wageningen

Bakker JP (1989) Nature management by grazing and cutting. Kluwer, Dordrecht

Bakker JP (2005) Vegetation conservation, management and restoration. In: Van der Maarel E (Hrsg) Vegetation ecology: Blackwell Publ, Oxford. 309–331

Bakker JP, de Leeuw J, van Wieren SE (1983) Micro-patterns in grassland vegetation created and sustained by sheep-grazing. *Vegetatio* 55: 153–161

Bakker JP, Poschlod P, Strykstra RJ, Bekker RM, Thompson K (1996) Seed banks and seed dispersal: important topics in restoration ecology. *Acta Botanica Neerlandica* 45 (4): 461–490

Bakker JP, van Diggelen R (2006) Restoration of dry grasslands and heathlands. In: Van Andel J, Aronson J (2006) Restoration ecology. Blackwell, Oxford. 95–110

Bakker T, Everts H, Jungerius P, Ketner-Oostra R, Kooijman A, van Turnhout C, Esselink H (2003) Preadvies Stuifzanden-Expertisecentrum LNV, Ede/Wageningen. Report 2003/22-O

Bank P, Bemmerlein-Lux F, Böhmer HJ (2002) Übertragung von Sandmagerrasen durch Soden, Diasporenbank oder Heuauftrag? *Naturschutz und Landschaftsplanung* 34 (2/3): 60–66

Bank P, Bemmerlein-Lux F, Liepelt S, Müller B, Roth K (1999) Rahmenkonzept „Schutz und Entwicklung von Sandlebensräumen in der Regnitzachse". Auftraggeber: Deutscher Verband für Landschaftspflege, Bund Naturschutz in Bayern. Ansbach, Nürnberg

Baumgärtel R, Zehm A (1999) Zur Bedeutung der Fließgewässer-Dynamik für naturnahe Rheinufer unter besonderer Betrachtung der Schwarzpappel (*Populus nigra*) und Sandrasen. *Natur und Landschaft* 74 (12): 530–535

Beil M, Kratochwil A (2004) Zur Ressourcennutzung von Wildbienen (Hymenoptera, Apoidea) in beweideten und unbeweideten Sand-Ökosystemen. In: Beweidung und Restitution als Chancen für den Naturschutz? *NNA-Berichte* 17 (1): 179–189

Belcher JW, Keddy PA, Twolan-Strutt L (1995) Root and shoot competition intensity along a soil depth gradient. *Journal of Ecology* 83: 673–682

Belnap J, Lange OL (2001) Biological soil crusts: structure, function and management. *Ecological Studies* 150. Springer, Berlin, Heidelberg, New York

Bergmann S (2004) Zum Nährstoffhaushalt in Sandökosystemen der nördlichen Oberrheinebene: Sukzession, Ruderalisierungsprozesse und Effekte von Schafbeweidung. Dissertation, TU Darmstadt

Biermann R, Daniëls FJA (1997) Changes in lichen-rich dry sand grassland vegetation with special reference to Lichen synusiae and Campylopus introflexus. *Phytocoenologia* 27 (2): 257–273

Biermann R, Daniëls FJA (2001) Vegetationsdynamik im Spergulo-Corynephoretum unter besonderer Berücksichtigung des neophytischen Laubmooses *Campylopus introflexus*. *Braunschweiger Geobotanische Arbeiten* 8: 27–37

Birse EM, Landsberg SY, Gimingham CH (1957) The effect of burial by sand on dune mosses. *Transactions of the British Bryological Society* 3: 285–301

Bonn S, Poschlod P (1998) Ausbreitungsbiologie der Pflanzen Mitteleuropas – Grundlagen und kulturhistorische Aspekte. Quelle, Meyer Verlag, Wiesbaden

Bradshaw A (2002) Introduction and Philosophy. In: Perrow M, Davy A (Hrsg) Handbook of ecological restoration. Cambridge University Press, Cambridge. 3–9

Brunk I, Beier W, Burkart B, Hinrichsen A, Oehlschläger S, Prochnow A, Saure C, Vorwald J, Wallschläger D, Zierke I (2004) Beweidung mit Haustieren. In: Anders K, Mrzljak J, Wallschläger D, Wiegleb G (Hrsg) Handbuch Offenlandmanagement. Am Beispiel ehemaliger und in Nutzung befindlicher Truppenübungsplätze. Springer, Berlin, Heidelberg, New York. 105–120

Burkhardt R, Baier H, Benzko U, Bierhals E, Finck P, Jenemann K, Liegl A, Mast R, Mirbach E, Nagler A, Pardey A, Riecken U, Sachteleben J, Schneider A, Szekely S, Ullrich K, van Hengel U, Zeltner U (2003) Naturschutzfachliche Kriterien zur Umsetzung des § 3 BNatSchG „Biotopverbund". *Natur und Landschaft* 78 (9/10): 418–426

Castel I, Koster E, Slotboom R (1989) Morphogenetic aspects and age of Late Holocene eolian drift sands in Northwest Europe. *Zeitschrift für Geomorphologie* 33: 1–26

Connell JH, Slatyer RO (1977) Mechanisms of succession in natural communities and their role in community stability and organization. *American Naturalist* 111: 1119–1144

Csecserits A, Rédei T (2001) Secondary succession on sandy old-fields in Hungary. *Applied Vegetation Science* 4: 63–74

Danielson RM (1985) Mycorrhizae and reclamation of stressed terrestrial environments. In: Tate RL, Klein DA (Hrsg) Soil reclamation processes. Marcel Dekker, New York. 173–201

De Bonte AJ, Boosten A, van der Hagen HGJM, Sykora KV (1999) Vegetation development influenced by grazing in the coastal dunes near The Hague, The Netherlands. *Journal of Coastal Conservation* 5: 59–68

Dupré C, Diekmann M (2001) Differences in species richness and life-history traits between grazed and abandoned grasslands in southern Sweden. *Ecography* 24: 275–286

Eichberg C, Storm C, Kratochwil A, Schwabe A (2006) A differentiating method for seed bank analysis: validation and application to successional stages of Koelerio-Corynephoretea inland sand vegetation. *Phytocoenologia* 14: 161–189

Eichberg C, Storm C, Schwabe A (2005) Epizoochorous and post-dispersal processes in a rare plant species: *Jurinea cyanoides* (L.) Rchb. (Asteraceae). *Flora* 200: 477–489

Eichberg C, Storm C, Schwabe A (2007) Endozoochorous dispersal, seedling emergence and fruiting success in disturbed and undisturbed successional stages of sheep-grazed inland sand ecosystems. *Flora* 202: 3–26

Ellenberg H, Weber HE, Düll R, Wirth V, Werner W, Paulissen D (2001) Zeigerwerte von Pflanzen in Mitteleuropa. 3. Aufl. *Scripta Geobotanica* 18

Exeler N, Kratochwil A (2006) Biodiversity of wild bees and entomophilous plant species in restored alluvial pasture landscapes. 5th European Conference of Ecological Restoration Greifswald. Abstracts: 84

Exeler N, Kratochwil A, Hochkirch A (2008) Strong genetic exchange among populations of a specialist bee, *Andrena vaga* (Hymenoptera: Andrenidae). *Conservation Genetics* (im Druck)

Finck P, Riecken U, Schroeder E (2002) Pasture landscapes and nature Conservation – new strategies for preservation of open landscapes in Europe. In: Redecker B, Finck P, Härdtle W, Riecken U, Schröder E (Hrsg) Pasture landscapes and nature conservation. Springer, Heidelberg, Berlin, New York. 1–13

Fischer S, Poschlod P, Beinlich B (1995) Die Bedeutung der Wanderschäferei für den Artenaustausch zwischen isolierten Schaftriften. *Beihefte zu den Veröf-*

fentlichungen für Naturschutz und _Landschaftspflege in Baden-Württemberg_ 83: 229–256

Fischer SF, Poschlod P, Beinlich B (1996) Experimental studies on the dispersal of plants and animals by sheep in calcareous grasslands. _Journal of Applied Ecology_ 33: 1206–1222

Frey W, Henz S, Hensen I, Pfeiffer T (1999) Nahausbreitung bei Pflanzen – Ermittlung der Ausbreitungsweiten von Diasporen mittels Klebeplatten. _Botanisches Jahrbuch Systematik_ 121: 75–84

Gleichman M (2004) Heathlands, dry grasslands and grazing management – experiences and experiments in the Netherlands. In: Westfälischer Naturwissenschaftlicher Verein (Hrsg) Dünen und Sandlandschaften – Gefährdung und Schutz. Wolf & Kreuels, Münster/Westf. 39–47

Grime JP (1979) Plant strategies and vegetation processes. John Wiley, London

Gross KL, Werner PA (1982) Colonizing abilities of 'biennial' plant species in relation to ground cover: implications for their distributions in a successional serie. _Ecology_ 63: 921–931

Hach T, Büdel B, Schwabe A (2005) Biologische Krusten in basenreichen Sand-Ökosystemen des Koelerion glaucae-Vegetationskomplexes: taxonomische Struktur und Empfindlichkeit gegenüber mechanischen Störungen. _Tuexenia_ 25: 357–372

Halassy M (2001) Possible role of the seed bank in the restoration of open sand grassland in old fields. _Community Ecology_ 2 (1): 101–108

Hanski I, Gilpin ME (1997) Metapopulation biology: ecology, genetics and evolution. Academic Press, San Diego

Härdtle W, Mierwald U, Behrends T, Eischeid I, Garniel A, Grell H, Haese D, Schneider-Frenske S, Voigt N (2002) Pasture landscapes in Germany – progress towards sustainable use of agricultural land. In: Redecker B, Finck P, Härdtle W, Riecken U, Schröder E (Hrsg) Pasture landscapes and nature conservation. Springer, Heidelberg, Berlin, New York. 147–160

Harper JL, Williams JT, Sagar GR (1965) The behaviour of seeds in soil Part 1 The heterogeneity of soil surfaces and its role in determing the establishment of plants from seed. _Journal of Ecology_ 53: 273–286

Hasse T, Daniëls FJA (2006) Kleinräumige Vegetationsdynamik in Silbergrasfluren und ihre Bedeutung für ein Pflegemanagement auf Landschaftsebene. In: Bültmann H, Farthmann T, Hasse T (Hrsg) Trockenrasen auf unterschiedlichen Betrachtungsebenen. _Arbeiten aus dem Institut für Landschaftsökologie, Münster_ 15: 15–26

Hasse T, Daniëls FJA, Vogel A (2002) Komplexkartierung der Vegetation zur Bewertung einer mosaikartig strukturierten Binnendünenlandschaft. _Natur und Landschaft_ 77 (8): 340–348

Heinken T (1990) Pflanzensoziologische und ökologische Untersuchungen offener Standorte im östlichen Aller-Flachland (Ost-Niedersachsen). _Tuexenia_ 10: 223–257

Jentsch A, Beyschlag W (2003) Vegetation ecology of dry acidic grasslands in the lowland area of central Europe. _Flora_ 198: 3–25

Jentsch A, Beyschlag W, Nezadal W, Steinlein T, Welss W (2002) Bodenstörung – treibende Kraft für die Vegetationsdynamik in Sandlebensräumen. Konsequenzen für Pflegemaßnahmen im Naturschutz. _Naturschutz und Landschaftsplanung_ 34 (2/3): 37–44

Kachi N, Hirose T (1983) Limiting nutrients for plant growth in coastal sand dune soils. _Journal of Ecology_ 71: 937–944

Ketner-Oostra R, Jungerius PD (2004) Strategies and management measures for conservation and restoration of inland sand dunes (drift sands), with emphasis on the eastern part of The Netherlands. In: Westfälischer Naturwissenschaftlicher Verein (Hrsg) Dünen und Sandlandschaften – Gefährdung und Schutz. Wolf & Kreuels, Münster/Westf. 27–38

Kirmer A, Jünger G, Tischew S (2002) Initiierung von Sandtrockenrasen auf Böschungen im Braunkohletagebau Goitsche. Kriterien und Empfehlungen für Strategien der Renaturierung. _Naturschutz und Landschaftsplanung_ 34 (2/3): 52–59

Kirmer A, Mahn E-G (2001) Spontaneous and initiated succession on unvegetated slopes in the abandoned lignite-mining area of Goitsche, Germany. _Applied Vegetation Science_ 4: 19–27

Kirmer A, Tischew S (Hrsg) (2006) Handbuch naturnahe Begrünung von Rohböden. Teubner, Wiesbaden

Klinkhamer PGL, de Jong TJ (1988) The importance of small-scale disturbance for seedling establishment in _Cirsium vulgare_ and _Cynoglossum officinale_. _Journal of Ecology_ 76: 383–392

Kooijman AM, van der Meulen F (1996) Grazing as a control against "grass-encroachment" in dry dune grasslands in the Netherlands. _Landscape and Urban Planning_ 34: 323–333

Kratochwil A (2003) Bees (Hymenoptera: Apoidea) as key-stone species: specifics of resource and requisite utilisation in different habitat types. _Berichte der Reinhold-Tüxen-Gesellschaft_ 15: 59–77

Kratochwil A, Assmann T (1996) Biozönotische Konnexe im Vegetationsmosaik nordwestdeutscher Hudelandschaften. _Berichte der Reinhold-Tüxen-Gesellschaft_ 8: 237–282

Kratochwil A, Fock S, Remy D, Schwabe A (2002) Responses of flower phenology and seed production under cattle grazing impact in sandy grasslands. _Phytocoenologia_ 32 (4): 531–552

Kratochwil A, Stroh M, Remy D, Schwabe A (2004) Restitution alluvialer Weidelandschaften: Binnendünen-

Feuchtgebietskomplexe im Emsland (Nordwestdeutschland). *Schriftenreihe für Landschaftspflege und Naturschutz* 78: 93–101

Krolupper N, Schwabe A (1998) Ökologische Untersuchungen im Darmstadt-Dieburger Sandgebiet (Südhessen): Allgemeines und Ergebnisse zum Diasporen-Reservoir und -Niederschlag. *Botanik und Naturschutz in Hessen* 10: 9–39

Lache D-W (1976) Umweltbedingungen von Binnendünen- und Heidegesellschaften im Nordwesten Mitteleuropas. *Scripta Geobotanica* 11: 1–93

Lehmann S, Persigehl M, Rosenkranz B, Falke B, Günther J, Assmann T (2004) Laufkäfer-Gemeinschaften xerothermer Sandrasen des Emslandes (Coleoptera, Carabidae). In: Beweidung und Restitution als Chancen für den Naturschutz? *NNA-Berichte* 17 (1): 147–153

Mährlein A (2004) Agrarwirtschaftliche Untersuchungen in „neuen Hudelandschaften" bei naturschutzkonformer Extensivbeweidung mit Rindern und Schafen. In: Beweidung und Restitution als Chancen für den Naturschutz? *NNA-Berichte* 17 (1): 191–203

Marrs RH (1993) Soil fertility and nature conservation in Europe: theoretical considerations and practical management solutions. *Advances in Ecological Research* 24: 241–300

Marshall JK (1967) *Corynephorus canescens* (L.) Beauv. *Journal of Ecology* 55: 207–220

Martinez ML, Maun MA (1999) Responses of dune mosses to experimental burial by sand under natural and greenhouse conditions. *Plant Ecology* 145: 209–219

Mauss V, Schindler M (2002) Hummeln (Hymenoptera, Apidae, *Bombus*) auf Magerrasen (Mesobromion) der Kalkeifel: Diversität, Schutzwürdigkeit und Hinweise zur Biotoppflege. *Natur und Landschaft* 12: 485–492

McNaughton SJ (1983) Compensatory plant growth as a response to herbivory. *Oikos* 40: 329–336

Miller RM (1987) The ecology of vesicular-arbuscular mycorrhizae in grass- and shrublands. In: Safir GR (Hrsg) The ecophysiology of vesicular-arbuscular mycorrhizal plants. CRC Press, Boca Raton

Mouissie AM, Lengkeek W, van Diggelen R (2005) Estimating adhesive seed-dispersal distances: field experiments and correlated random walks. *Functional Ecology* 19: 478–86

Müller N (1990) Die Entwicklung eines verpflanzten Kalkmagerrasens – erste Ergebnisse von Dauerbeobachtungsflächen in einer Lechfeldheide. *Natur und Landschaft* 65 (1): 21–27

Noy-Meir I, Gutman M, Kaplan Y (1989) Responses of Mediterranean grassland plants to grazing and protection. *Journal of Ecology* 77: 290–310

Olff H, Huisman J, van Tooren BF (1993) Species dynamics and nutrient accumulation during early primary succession in coastal sand dunes. *Journal of Ecology* 81: 693–706

Persigehl M, Lehmann S, Vermeulen HJW, Rosenkranz B, Falke B, Assmann T (2004) Kolonisation restituierter Sandrasen und Dünenkomplexe durch Laufkäfer. Zusammenfassung der faunistisch-ökologischen und populationsbiologischen Ergebnisse sowie der Vorstellung eines Computerprogramms zur Simulation und Planung von Korridoren. In: Beweidung und Restitution als Chancen für den Naturschutz? *NNA-Berichte* 17 (1): 161–177

Petersen B, Ellwanger G, Biewald G, Hauke U, Ludwig G, Pretscher P, Schröder E, Ssymank A (Bearb) (2003) Das europäische Schutzgebietssystem Natura 2000 Ökologie und Verbreitung von Arten der FFH-Richtlinie in Deutschland Band 1: Pflanzen und Wirbellose. *Schriftenreihe für Landschaftspflege und Naturschutz* 69 (1): 1–743

Poschlod P, Jordan S (1992) Wiederbesiedlung eines aufgeforsteten Kalkmagerrasenstandortes nach Rodung. *Zeitschrift für Ökologie und Naturschutz* 1: 119–139

Poschlod P Kiefer, S, Tränkle U, Fischer S, Bonn S (1998) Plant species richness in calcareous grasslands as affected by dispersibility in space and time. *Applied Vegetation Science* 1: 75–90

Pott R, Hüppe J (1991) Die Hudelandschaften Nordwestdeutschlands. *Abhandlungen Landesmuseum Naturkunde Münster* 53: 1–313

Quinger B (1999) Sandmagerrasen, offene Sandfluren und Binnendünen. In: Konold W, Böcker R, Hampicke U (Hrsg) Handbuch Naturschutz und Landschaftspflege. Ecomed, Landsberg: XIII-7.5

Quinger B, Meyer N (1995) Lebensraumtyp Sandrasen. Landschaftspflegekonzept Bayern, Band II 4. Bayerisches Staatsministerium für Landesentwicklung und Umweltfragen und Bayerische Akademie für Naturschutz und Landschaftspflege, München. 1–252

Remy D, Menzel U (2004) Nährstoffstatus und Phytomasse beweideter und unbeweideter Sand-Ökosysteme in den Flussauen von Ems und Hase (Emsland, Niedersachsen). In: Beweidung und Restitution als Chancen für den Naturschutz? *NNA-Berichte* 17 (1): 91–109

Remy D, Zimmermann K (2004) Restitution einer extensiven Weidelandschaft im Emsland: Untersuchungsgebiete im BMBF-Projekt „Sand-Ökosysteme im Binnenland". In: Beweidung und Restitution als Chancen für den Naturschutz? *NNA-Berichte* 17 (1): 27–38

Riecken, U (2004) Wissenschaftliche Untersuchungen zur extensiven Beweidung – Naturschutzfachliche Relevanz und Perspektiven. In: Schwabe A, Kratochwil A (Hrsg) Beweidung und Restitution als Chancen für den Naturschutz? *NNA Berichte* 17 (1): 7–24

Riksen M, Ketner-Oostra R, van Turnhout C, Nijssen M, Goossens D, Jungerius PD, Spaan W (2006) Will we lose the last active inland drift sands of Western Europe? The origin and development of the inland drift-sand ecotype in the Netherlands. *Landscape Ecology* 21: 431–447

Ritsema CJ, Dekker LW (1994) Soil moisture and dry bulk patterns in bare dune sands. *Journal of Hydrology* 154: 107–131

Rusch G, Fernández-Palacios JM (1995) The influence of spatial heterogeneity on regeneration by seed in a limestone grassland. *Journal of Vegetation Science* 6: 417–426

Russell DJ (2002) Endogäische Mikroarthropoden als Reaktionsindikatoren. Bewertung von Pflegemaßnahmen in geschützten Sandfluren. *Naturschutz und Landschaftsplanung* 34 (2/3): 74–81

Sala OE (1987) The effect of herbivory on vegetation structure. In: Werger MJA, van der Aart PJM, During HJ, Verhoeven GW (Hrsg) Plant form and vegetation structure. SPB Academic Publishing, The Hague. 317–330

Schaefer M (1999) The diversity of the fauna of two beech forests: some thoughts about possible mechanisms causing the observed patterns. In: Kratochwil, A (Hrsg) Biodiversity in ecosystems: principles and case studies of different complexity levels. Kluwer, Dordrecht. 39–57

Schwabe A, Kratochwil A (Hrsg) (2004) Beweidung und Restitution als Chancen für den Naturschutz? *NNA Berichte* 17 (1): 1–237

Schwabe A, Remy D, Assmann T, Kratochwil A, Mährlein A, Nobis M, Storm C, Zehm A, Schlemmer H, Seuss R, Bergmann S, Eichberg C, Menzel U, Persigehl M, Zimmermann K, Weinert M (2002) Inland sand ecosystems: dynamics and restitution as a consequence of the use of different grazing systems. In: Redecker B, Finck P, Härdtle W, Riecken U, Schröder E (Hrsg) Pasture landscapes and nature conservation: Springer, Heidelberg, Berlin, New York. 239–252

Schwabe A, Storm C, Zeuch M, Kleine-Weischede H, Krolupper N (2000) Sand-Ökosysteme in Südhessen: Status quo, jüngste Veränderungen und Folgerungen für Naturschutzmaßnahmen. *Geobotanische Kolloquien* 15: 25–45

Schwabe A, Zehm A, Eichberg C, Stroh M, Storm C, Kratochwil A (2004a) Extensive Beweidungssysteme als Mittel zur Erhaltung und Restitution von Sand-Ökosystemen und ihre naturschutzfachliche Bedeutung. *Schriftenreihe für Landschaftspflege und Naturschutz* 78: 63–92

Schwabe A, Zehm A, Nobis M, Storm S, Süss K (2004b) Auswirkungen von Schaf-Erstbeweidung auf die Vegetation primär basenreicher Sand-Ökosysteme. In: Beweidung und Restitution als Chancen für den Naturschutz? *NNA-Berichte* 17 (1): 39–53

Settele J, Feldmann R, Reinhardt R (1999) Die Tagfalter Deutschlands. Ulmer, Stuttgart

Ssymank A, Hauke U, Rückriem C, Schröder E (1998) Das europäische Schutzgebietssystem Natura 2000. *Schriftenreihe für Landschaftspflege und Naturschutz* 53: 1–560

Storm C, Bergmann S (2004) Auswirkungen von Schaf-Beweidung auf die Nährstoffdynamik von Offenland-Sand-Ökosystemen in der nördlichen Oberrheinebene. In: Beweidung und Restitution als Chancen für den Naturschutz? *NNA-Berichte* 17 (1): 79–90

Storm C, Süss K (2008) Are low-productive plant communities responsive to nutrient addition? Evidence from sand pioneer grassland. *Journal of Vegetation Science*: 343–354

Stroh M (2006) Vegetationsökologische Untersuchungen zur Restitution von Sandökosystemen. Dissertation, TU Darmstadt

Stroh M, Kratochwil A (2004) Vegetationsentwicklung von restituierten flussnahen Sand-Ökosystemen und Feuchtgrünland im Vergleich zu Leitbildflächen (Emsland, Niedersachsen). In: Beweidung und Restitution als Chancen für den Naturschutz? *NNA-Berichte* 17 (1): 55–68

Stroh M, Kratochwil A, Remy D, Zimmermann K, Schwabe A (2005) Rehabilitation of alluvial landscapes along the River Hase (Ems river basin, Germany). *Archiv für Hydrobiologie* 155 (1–4): 243–260

Stroh M, Kratochwil A, Schwabe, A (2004) Fraß- und Raumnutzungseffekte bei Rinderbeweidung in halboffenen Weidelandschaften: Leitbildflächen und Restitutionsgebiete im Emsland. In: Beweidung und Restitution als Chancen für den Naturschutz? *NNA-Berichte* 17 (1): 133–146

Stroh M, Storm C, Schwabe A (2007) Untersuchungen zur Restitution von Sandtrockenrasen: Das Seeheim-Jugenheim-Experiment in Südhessen (1999–2005). *Tuexenia* 27: 287–305

Stroh M, Storm C, Zehm A, Schwabe A (2002) Restorative grazing as a tool for directed succession with diaspore inoculation: the model of sand ecosystems. *Phytocoenologia* 32: 595–625

Süss K (2004) Fraß- und Raumnutzungsverhalten bei sukzessiver Multispecies-Beweidung mit Wiederkäuern (Schafe) und Nicht-Wiederkäuern (Esel) in Sand-Ökosystemen. In: Beweidung und Restitution als Chancen für den Naturschutz? *NNA-Berichte* 17 (1): 127–132.

Süss K, Schwabe A (2007) Sheep versus donkey grazing or mixed treatment: results from a 4-year field experiment in Armerio-Festucetum trachyphyllae sand vegetation. *Phytocoenologia* 37 (1): 135–160

Süss K, Storm C, Zehm A, Schwabe A (2004) Successional traits in inland sand ecosystems: which factors determine the occurrence of the tall grass species *Calamagrostis epigejos* (L) Roth and *Stipa capillata* L. *Plant Biology* 6: 465–476

Thompson K, Bakker J, Bekker R (1997) The soil seed banks of North West Europe: methodology, density and longevity. Cambridge University Press, Cambridge

Tischew S, Mahn EG (1998) Ursachen räumlicher und zeitlicher Differenzierungsprozesse von Silbergrasfluren und Sandtrockenrasen auf Flächen des mitteldeutschen Braunkohletagebaus. Grundlagen für Renaturierungskonzepte. *Verhandlungen der Gesellschaft für Ökologie* 28: 307–317

Titlyanova A, Rusch G, van der Maarel E (1988) Biomass structure of limestone grasslands on Öland in relation to grazing intensity. *Acta Phytogeographica Suecica* 76: 125–134

Troumbis A (2001) Ecological role of cattle, sheep, and goats. *Encyclopaedia Biodiversity* 1: 651–663

Van der Heijden MGA, Boller T, Wiemken A, Sanders IS (1998) Different arbuscular mycorrhizal fungal species are potential determinants of plant community structure. *Ecology* 79: 2082–2091

Van Diggelen R, Grootjans AP, Harris JA (2001) Ecological restoration: state of the art or state of the science? *Restoration Ecology* 9 (2): 115–118

Verhagen R, Klooker J, Bakker JP, van Diggelen R (2001) Restoration success of low production plant communities on former agricultural soils after top soil remova. *Applied Vegetation Science* 4: 75–82

Vermeulen HJW, Opsteeg TJ (1994) Movements of some carabid beetles in road-side verges Dispersal in a simulation programme. In: Desender K, Dufree M, Loreau M, Mealfait JP (Hrsg) Carabid beetles, ecology and evolution. Kluwer, Dordrecht. 393–398

Weigelt A, Steinlein T, Beyschlag W (2005) Competition among three dune species: The impact of water availability on below-ground processes. *Plant Ecology* 176: 57–68

Wessels S, Eichberg C, Storm C, Schwabe A (2008) Do plant community-based grazing regimes lead to epizoochorous dispersal of high proportions of target species? *Flora* 203 (5): 304–326

Wiesbauer H, Mazzucco K, Schratt-Ehrendorfer L (1997) Dünen in Niederösterreich. Ökologie und Kulturgeschichte eines bemerkenswerten Lebensraumes. *Fachberichte Niederösterreichischer Landschaftsfonds* 6/97: 1–90. St. Pölten

Wilson SD, Tilman D (1991) Components of plant competition along an experimental gradient of nitrogen availability. *Ecology* 72 (3): 1050–1065

Zehm A (2004) Praktische Erfahrungen zur Pflege von Sand-Ökosystemen durch Beweidung und ergänzende Maßnahmen. In: Beweidung und Restitution als Chancen für den Naturschutz? *NNA-Berichte* 17 (1): 221–232

Zehm A, Nobis M, Schwabe A (2003) Multiparameter analysis of vertical vegetation structure based on digital image processing. *Flora* 198: 142–160

Zehm A, Storm C, Nobis M, Gebhardt S, Schwabe A (2002) Beweidung in Sandökosystemen. Konzept eines Forschungsprojektes und erste Ergebnisse aus der nördlichen Oberrheinebene. *Naturschutz und Landschaftsplanung* 34 (2/3): 67–73

Zehm A, Süss K, Eichberg C, Häfele S (2004) Effekte der Beweidung mit Schafen, Eseln und Wollschweinen auf die Vegetation von Sand-Ökosystemen. In: Beweidung und Restitution als Chancen für den Naturschutz? *NNA-Berichte* 17 (1): 111–125

9

10 Renaturierung von Kalkmagerrasen

K. Kiehl

10.1 Einleitung

Mitteleuropäische Kalkmagerrasen sind überwiegend durch jahrhundertelange extensive Nutzung auf trockenen kalkreichen Böden im Bereich der Mittelgebirge und der Flussschottergebiete der großen Alpenflüsse entstanden (Wilmanns 1997, Poschlod und WallisDeVries 2002). Außerhalb der Alpen kommen natürliche Kalkmagerrasen nur kleinräumig an wenigen Standorten vor. Bei den Böden natürlicher und nutzungsbedingter Kalkmagerrasen handelt es sich meistens um flachgründige Rendzinen oder Pararendzinen, die sich durch hohe pH-Werte, ein geringes Wasserspeichervermögen und eine schlechte Nährstoffverfügbarkeit auszeichnen (Scheffer und Schachtschabel 2002). Phosphat ist aufgrund des hohen Kalziumkarbonat-Gehalts großenteils als Kalziumphosphat festgelegt. Die für die Stickstoffversorgung notwendige Stickstoffmineralisation wird bei günstigen C/N-Verhältnissen häufig durch **Trockenheit** limitiert, da die mineralisierenden Bodenbakterien Wasser benötigen (Leuschner 1989, Neitzke 1998). Typisch für mitteleuropäische Kalkmagerrasen ist ein hoher Anteil an Trockenheit angepasster (xerobionter) und wärmeliebender Pflanzen- und Tierarten, von denen viele ihren Verbreitungsschwerpunkt in den kontinentalen Steppenregionen oder im submediterranen Raum haben. Unter den Pflanzenarten finden sich besonders viele „**Hungerkünstler**" die sich durch niedrige Wachstumsraten, ein umfangreiches Wurzelsystem oder auch durch Ausbildung von Mykorrhiza an die geringe Nährstoffverfügbarkeit der Böden angepasst haben (Ellenberg 1996). Aufgrund ihrer niedrigen Produktivität wurden Kalkmagerrasen traditionell vor allem durch Beweidung genutzt. Nutzung durch Mahd gab es in größerem Umfang erst ab dem 19. Jahrhundert (Holzner und Sänger 1997, Köhler 2001, Poschlod und WallisDeVries 2002).

Europäische Kalkmagerrasen, die sich pflanzensoziologisch in die Klassen Festuco-Brometea (Trocken- und Halbtrockenrasen) und Seslerietea albicantis (alpigene Kalkmagerrasen) einordnen lassen (Oberdorfer 2001), gehören auf der Maßstabsebene $\leq 1\,m^2$ zu den artenreichsten Vegetationstypen der Welt (Peet et al. 1983, Dengler 2005). Der hohe **Artenreichtum** der Vegetation kommt primär durch den besonders umfangreichen Artenpool zustande, der in Europa auf Kalkböden wesentlich größer ist als auf sauren Böden (Pärtel 2002). Da die Primärproduktion in nie gedüngten Kalkmagerrasen durch Trockenheit und Nährstoffmangel limitiert wird, bleibt die Vegetation meist niedrigwüchsig, sodass Lichtkonkurrenz im Vergleich zu anderen Lebensräumen eine untergeordnete Rolle spielt (Marti 1994, Dengler 2005). Regelmäßige Störungen durch Mahd oder Beweidung, aber auch durch die Aktivität von Kleinsäugern, verhindern die großflächige Dominanz einzelner Arten und sorgen für das Entstehen kleiner Vegetationslücken, die für die Etablierung von Keimlingen und Jungpflanzen von Bedeutung sind (Gigon und Leutert 1996, Schläpfer et al. 1998, Kalamees und Zobel 2002). Bei ausbleibender Nutzung führen die Dominanz konkurrenzkräftiger Gräser, Streuakkumulation und langfristig auch zunehmende Verbuschung zum **Rückgang** niedrigwüchsiger konkurrenzschwacher Arten und damit zur Abnahme der Artendichte (z. B. Wilmanns und Sendtko 1995, Köhler et al. 2005, Dierschke 2006). Im Verlauf des 20. Jahrhunderts kam es auf einem großen Teil der Kalkmagerrasen Mitteleuropas zur Nutzungsaufgabe mit nachfolgender **Verbuschung** und Wiederbewaldung oder zur Aufforstung, z. B. mit Waldkiefern (Quinger et al. 1994, Poschlod und WallisDeVries 2002, Bender et al. 2005).

10

Tab. 10-1: Übersicht über extensiv genutzte Kalkmagerrasen in Mitteleuropa, die im Anhang I der FFH-Richtlinie aufgeführt sind (nach Balzer und Ssymank 2005, Europäische Union 2006).

NATURA 2000-Code	FFH-Lebensraumtyp	Gründe für Gefährdung und Renaturierungsbedarf
62	**naturnahes trockenes Grasland und Verbuschungsstadien**	
6210	**naturnahe Kalk-Trockenrasen und deren Verbuschungsstadien (Festuco-Brometalia):** basiphytische Trocken- und Halbtrockenrasen submediterraner bis subkontinentaler Prägung; schließt primäre Trespen-Trockenrasen (Xerobromion) und sekundäre, durch extensive Beweidung oder Mahd entstandene Halbtrockenrasen (Mesobromion, Koelerio-Phleion phleoides) ein	Umbruch, Nutzungsintensivierung, Nutzungsaufgabe, Aufforstung, Eutrophierung
6240	**subpannonische Steppen-Trockenrasen:** subkontinentale Steppenrasen mit Vegetation des Verbands Festucion valesiacae und verwandter Syntaxa (z. B. Cirsio-Brachypodion); die Bestände können primär oder sekundär entstanden sein	Umbruch, Nutzungsintensivierung, Nutzungsaufgabe, Aufforstung, Eutrophierung
weitere verwandte Lebensraumtypen		
5130	**Formationen von *Juniperus communis* auf Kalkheiden und -rasen:** beweidete oder inzwischen brachgefallene Halbtrockenrasen und trockene Magerrasen auf Kalk mit Wacholdergebüschen, z. B. „Wacholderheiden" Süddeutschlands	Nutzungsaufgabe, Aufforstung, Eutrophierung

Dort, wo Bodeneigenschaften (vor allem Tiefgründigkeit), Topographie und Klima eine Nutzungsintensivierung zuließen, wurden Kalkmagerrasen nach der Erfindung des Kunstdüngers durch **Umbruch** in Ackerland oder durch **Düngung** in produktives Grünland umgewandelt (Gibson und Brown 1991, Quinger et al. 1994). So waren um 1850 im Norden von München noch etwa 15 000 ha Grasheiden zu finden (Pfadenhauer et al. 2000). Mit der dortigen Aufteilung der Allmendegebiete an Privateigentümer seit dem Ende des 19. Jahrhunderts und der Intensivierung der Landwirtschaft im Verlauf des 20. Jahrhunderts wurde jedoch der größte Teil dieser Flächen umgebrochen und mit Klärschlamm und Kunstdünger aufgedüngt. Lediglich kleine Bereiche wurden vor dem Umbruch bewahrt (Farbtafel 10-1). Heute liegen die verbliebenen Kalkmagerrasenreste im Münchner Norden ebenso wie in vielen anderen Gebieten Mitteleuropas fragmentiert und oftmals isoliert in einer ansonsten überwiegend intensiv genutzten Kulturlandschaft.

In der Europäischen Union zählen Kalkmagerrasen in verschiedenen Ausprägungen zu den Lebensraumtypen des europäischen **Schutzge-**bietssystems **NATURA 2000** (Tab. 10-1). Die Pflanzengesellschaften der Klasse Festuco-Brometea werden z. B. in Deutschland ohne Ausnahme in der Roten Liste der Pflanzengesellschaften als gefährdet aufgeführt (Rennwald 2000). Daher sind nicht nur der Schutz und die Entwicklung der verbliebenen Kalkmagerrasenreste, sondern auch die Wiederherstellung degradierter oder zerstörter Kalkmagerrasen von großer Bedeutung.

10.2 Renaturierungsziele für Kalkmagerrasen

Aufgrund der durch den Menschen geprägten Nutzungsgeschichte der Kalkmagerrasen ist das Ziel der Kalkmagerrasen-Renaturierung im Sinne von Zerbe et al. (Kapitel 1) »*die Wiederherstellung eines vom Menschen durch Nutzung geschaffenen Ökosystems bzw. Landschaftselements*« (Kasten 10-1).

Kasten 10-1
Ziele und Leitbilder

Das primäre Ziel der Kalkmagerrasen-Renaturierung ist die Wiederherstellung extensiv genutzter Trocken- und Halbtrockenrasen mit einem hohen Anteil lebensraumtypischer Arten auf kalkreichen, nährstoffarmen Böden mit geringer Wasserhaltefähigkeit. Um die Biozönosen lebensraumtypischer Arten sowohl in bestehenden Magerrasen als auch auf Renaturierungsflächen langfristig zu sichern, ist ein weiteres wichtiges Ziel, die Fragmentierung bestehender Habitate durch Biotopverbundmaßnahmen zu vermindern, z. B. durch

Neuanlage von Verbindungskorridoren oder Triebwegen für Weidetiere. Kalkmagerrasen, die als Referenzökosysteme dem Leitbild **„Vielfältige und vernetzte Kalkmagerrasen mit hohem Anteil lebensraumtypischer Arten"** zumindest teilweise noch entsprechen, finden sich in den Kalkgebieten der Mittelgebirge (z. B. Beinlich und Plachter 1995, Holzner und Sänger 1997, Wilmanns et al. 1997, Lange 2002) oder im Bereich der Schotterplatten des Alpenvorlandes (Hiemeyer 2002, Röder et al. 2006, Riegel et al. 2007).

Zur Bewertung des Renaturierungserfolgs ist es notwendig, **Zielarten** zu definieren, weil die Renaturierungsflächen nach vorheriger Nutzungsintensivierung oder kompletter Zerstörung der Ausgangsvegetation nicht nur von kalkmagerrasentypischen Arten, sondern auch von verbreiteten Ruderal- oder Grünlandarten besiedelt werden können. Für die Gefäßpflanzen der Kalkmagerrasen wird die Zielartengruppe „Magerrasenarten" definiert, die vor allem aus Arten der Klasse Festuco-Brometea (Trocken- und Halbtrockenrasen, Oberdorfer 2001) besteht (Tränkle 2002, Braun 2006, Kiehl und Pfadenhauer 2007). Je nach Gebiet können kalkmagerrasentypische Arten anderer Klassen hinzutreten, wie z. B. einzelne Trifolio-Geranietea-Arten sowie Arten der Seslerietea albicantis oder Koelerio-Corynephoretea. Zielarten der Moose sind Arten, die ihren Schwerpunkt in Kalkmagerrasen haben (Jeschke und Kiehl 2006a). Für manche Fragestellungen ist eine strengere Definition der Zielarten der Moose sinnvoll, die nur die Arten des Verbandes Abietinellion Giac. ex. Neum. 1971 und der Assoziation Tortelletum inclinatae Stod. 1937 einschließt (Dierßen 2001, Jeschke und Kiehl 2006a, b). Die Zielarten der Flechten sind trockenrasentypische bodenbewohnende Strauch- und Erdflechten, sowie Krustenflechten, sofern Gesteine anstehen (Jeschke und Kiehl 2006a, b). Bei Insekten stellen trockenheitstolerante Arten, die an eine niedrigwüchsige, lückige Vegetationsstruktur und warmes Mikroklima angepasst sind, sowie mono-

oder oligophage Spezialisten, welche von kalkmagerrasentypischen Pflanzenarten abhängen, die Zielarten der Renaturierung dar (Fischer et al. 1997, Steffan-Dewenter und Tscharntke 2002, van Sway 2002, Kiehl und Wagner 2006). Tierarten mit hohem Raumbedarf, wie z. B. die Schlingnatter (*Coronella austriaca*), sind Zielarten für die Erhaltung und den Aufbau von Biotopverbundsystemen, die verschiedene Magerrasenkomplexe miteinander verknüpfen (Riegel et al. 2007).

Sowohl für Pflanzen als auch für Tiere müssen Zielarten im Detail jeweils naturraumspezifisch für die zu renaturierende Fläche definiert werden (Kriechbaum et al. 1999, Pfadenhauer und Kiehl 2003). Dafür können historische Daten und Angaben aus nahe gelegenen Referenzgebieten (artenreiche ursprüngliche Kalkmagerrasen) im selben Naturraum herangezogen werden (Kapitel 9). Arten der oben genannten Gruppen, die im Naturraum nie vorgekommen sind, können also keine Zielarten sein.

Die verschiedenen Ansätze zur Kalkmagerrasen-Renaturierung sind im Überblick in Kasten 10-2 dargestellt. Konkrete Maßnahmen werden in Abschnitt 10.4 näher erläutert.

Kasten 10-2
Prinzipielle Ansätze zur Renaturierung von Kalkmagerrasen

Verbesserung des naturschutzfachlichen Wertes degradierter Kalkmagerrasen

Die meisten mitteleuropäischen Kalkmagerrasen können nur auf trockenen nährstoffarmen Böden und durch extensive Nutzung dauerhaft erhalten werden (Abschnitt 10.1). Daher geht es bei der Renaturierung degradierter Kalkmagerrasen darum, in bestehenden Magerrasen, die durch Eutrophierung, Nutzungsintensivierung oder -aufgabe an Arten verarmt sind, die Bedingungen für lebensraumtypische Zielarten zu verbessern. Dies kann z. B. durch Entbuschungs- oder Rodungsmaßnahmen geschehen, aber auch durch Wiedereinführung oder Optimierung eines Beweidungs- oder Mahdregimes (Abschnitt 10.4.1). Wichtig sind die Verbesserung der Licht- und Temperaturbedingungen für licht- und wärmeliebende Pflanzen- und Tierarten, die Schaffung offener Bodenstellen und – falls notwendig – Aushagerungsmaßnahmen zur Wiederherstellung nährstoffarmer Standortbedingungen (Abschnitt 10.4.2).

Wiederherstellung zerstörter Kalkmagerrasen

Dort wo Kalkmagerrasen durch Umbruch oder Baumaßnahmen völlig zerstört wurden, ist es notwendig, zur Vergrößerung bestehender Kalkmagerrasenreste oder im Rahmen von Ausgleichs- und Ersatzmaßnahmen neue Lebensräume für die magerrasentypische Vegetation und Fauna zu schaffen. Die Neuanlage ist auf nährstoffarmen Rohböden, die in Steinbrüchen, Sand- und Kiesgruben oder auch nach Baumaßnahmen anstehen bzw. durch Oberbodenabtrag freigelegt werden können, besonders erfolgreich (Abschnitt 10.4.2). Auf nährstoffreichen Böden kann die Neuanlage von Magerrasen bei hohen Sand- und Kiesgehalten und niedrigem Wasserhaltevermögen erfolgreich sein, wenn dabei Aushagerungsmaßnahmen durchgeführt werden. Da die Ausbreitung der meisten Kalkmagerrasenarten in fragmentierten Landschaften stark erschwert ist, ist es in der Regel notwendig, mithilfe von Artentransfermaßnahmen Zielarten von artenreichen Spenderflächen in die neu zu schaffenden Kalkmagerrasen einzubringen (Abschnitt 10.4.3). Um neu angelegte Kalkmagerrasen dauerhaft zu erhalten, muss ein langfristiges Management gewährleistet werden (Abschnitt 10.5).

Schaffung von Biotopverbundsystemen

Da viele Kalkmagerrasenreste fragmentiert inmitten intensiv genutzter Agrarlandschaften liegen oder von Gebüschen und Wäldern umgeben sind, ist die natürliche Ausbreitung der in ihnen lebenden Arten häufig nicht mehr möglich. Um den Austausch zwischen Populationen zu verbessern und Inzuchteffekten in kleinen Populationen entgegenzuwirken, ist es sinnvoll, Biotopverbundsysteme zu erhalten bzw. neu zu schaffen. Dies kann durch Neuanlage von Kalkmagerrasen geschehen, aber auch im Sinne eines funktionalen Biotopverbunds durch die Einrichtung von Triebwegen für Weidetiere (Pfadenhauer et al. 2000, Riegel et al. 2007, Kapitel 9).

10.3 Bedeutung der Ausgangsbedingungen für den Renaturierungserfolg

10.3.1 Bodennährstoffgehalte und Phytomasseproduktion

Hohe Bodennährstoffgehalte aufgrund von Einträgen aus der Luft oder durch jahrzehntelange Düngung können sich negativ auf die Artenvielfalt von Magerrasen auswirken, wenn sie zur Steigerung der Primärproduktion und zur Ausbreitung hochwüchsiger Pflanzenarten führen, die niedrigwüchsige Arten verdrängen (Kapitel 2). So kann es nach Neuansiedlung von Kalkmagerrasenarten auf nährstoffreichen Böden bei ausreichender Wasserverfügbarkeit innerhalb weniger Jahre zur Dominanz raschwüchsiger Ruderal- oder Grünlandarten und zur Verdrängung konkurrenzschwacher Zielarten kommen (Hilbig 2000, Tränkle 2002). Gute Wasserverfügbarkeit fördert die Stickstoffmineralisation und damit die Dominanz konkurrenzkräftiger Gräser wie etwa Land-Reitgras (*Calamagrostis epigejos*) und Fieder-Zwenke (*Brachypodium pinnatum*) (bzw. die nahe verwandte Art *B. rupestre*), die durch ein erhöhtes Stickstoffangebot gefördert werden (Bobbink 1991, Hurst und John 1999). Auch Stickstoffeinträge aus der Luft begünstigen diese Gräser, vor allem im niederschlagsreicheren ozeanischen Klima (Bobbink et al. 1998). Hohe Gehalte an austauschbarem Phosphat im Boden können in den ersten Jahren nach Beginn der Renaturierungsmaßnahmen zur Förderung konkurrenzkräftiger Leguminosenarten wie Bunte Kronwicke (*Securigera varia*) oder Färber-Ginster (*Genista tinctoria*) führen (Thormann et al. 2003, Kiehl 2005). Da die Leguminosen aber nach einigen Jahren wieder abnehmen, wirkt sich dies jedoch offenbar langfristig nicht negativ auf die Artenzahlen und die Persistenz von Zielarten aus (Hummitzsch 2007).

Zahlreiche Kalkmagerrasenarten leben in **Symbiose mit Mykorrhizapilzen**, die ihnen auf trockenen, nährstoffarmen Böden durch ihr ausgedehntes Myzel eine bessere Wasser- und Nährstoffaufnahme ermöglichen und bestimmte Nährstoffe sogar erst verfügbar machen (van der Heijden et al. 1998, Scheffer und Schachtschabel 2002). Bei der Renaturierung von Rohböden, z. B. auf Abbauflächen, kann die Ansiedlung von Pflanzen anfänglich durch fehlende Mykorrhizapilze limitiert werden (Haselwandter 1997). Da viele Kalkmagerrasenpflanzen jedoch die verbreitete VA-Mykorrhiza ausbilden (= vesikulär-arbuskuläre Mykorrhiza) und Sporen der notwendigen Pilzpartner in den meisten Böden verbreitet sind (Helfer 2000), stellt fehlende Mykorrhizierung in der Regel kein dauerhaftes Problem dar. Bei Artentransfermaßnahmen, die die Übertragung von Boden oder Pflanzenmaterial beinhalten (Abschnitt 10.4.3), werden Mykorrhizapilze mit übertragen (Helfer 2000).

10.3.2 Verfügbarkeit von Diasporen

Da die meisten Kalkmagerrasenarten keine langzeitig persistente Samenbank aufbauen, ist die Samenbank nach jahrzehntelanger Nutzungsintensivierung oder -aufgabe in der Regel stark verarmt und enthält oftmals kaum noch Zielarten (Hutchings und Booth 1996a, Davies und Waite 1998). Daher stellt die **Ausbreitung der Zielarten** einen der wichtigsten Faktoren für eine erfolgreiche Wiederherstellung lebensraumtypischer Vegetation dar (Bakker und Berendse 1999, Kapitel 2). Die Fernausbreitung von Diasporen ist in fragmentierten Landschaften aufgrund der großflächigen Änderungen der Landnutzung – z. B. durch Aufgabe der Wanderschäferei – stark eingeschränkt (Bakker et al. 1996, Poschlod und Bonn 1998). Bereits Verkaar et al. (1983) wiesen nach, dass die Ausbreitungsdistanzen von Kalkmagerrasenarten gering sind. Auch Untersuchungen auf ehemaligen Ackerflächen in England zeigten, dass die Ausbreitung von Arten der Kalkmagerrasen, die auf benachbarten Flächen noch vorhanden waren, ohne den Einsatz von Weidetieren nur wenige Meter pro Jahr beträgt (Hutchings und Booth 1996a). Bei Renaturierungsversuchen im Norden von München konnten sich auf ehemaligen Äckern, die direkt an ursprüngliche Magerrasen angrenzen und nur durch einen unbefestigten Feldweg von diesen getrennt sind, ohne Artentransfermaßnahmen innerhalb von

10

neun Jahren kaum Zielarten ansiedeln (Thormann et al. 2003, Kiehl und Pfadenhauer 2007).

10.4 Maßnahmen zur Renaturierung von Kalkmagerrasen

In Abhängigkeit vom Zustand der Flächen müssen unterschiedliche Maßnahmen ergriffen werden, um degradierte oder zerstörte Kalkmagerrasen erfolgreich zu renaturieren.

10.4.1 Wiederherstellung von Kalkmagerrasen nach Verbrachung, Verbuschung oder Aufforstung

Der Erfolg von Pflegemaßnahmen zur Wiederherstellung von Kalkmagerrasen nach Verbrachung hängt von der Brachedauer ab. Dabei

kommt es – ebenso wie in anderen Lebensräumen – darauf an, wie viele Zielarten noch in der aktuellen Vegetation oder in der **Samenbank** vorhanden sind und ob fehlende Arten in der Lage sind, von benachbarten Flächen wieder einzuwandern (Bakker et al. 1996, Pärtel et al. 1998). Nur etwa ein Viertel der Kalkmagerrasenarten weist eine langzeitig persistente Samenbank auf (Poschlod et al. 1998, Blanckenhagen und Poschlod 2005). Nach Rodung eines 20 Jahre alten Fichtenforstes konnten Poschlod und Jordan (1992) die Keimung und Etablierung von Kalkmagerrasenarten mit langzeitig persistenter Samenbank beobachten. Blanckenhagen und Poschlod (2005) konnten zeigen, dass kalkmagerrasentypische Arten nach Rodung von Gehölzen innerhalb von sieben bis acht Jahren deutlich zunahmen (Abb. 10-1a). Dennoch unterschieden sich die gerodeten Flächen hinsichtlich der Artenzusammensetzung noch deutlich von kontinuierlich gemähten oder beweideten Kalkmagerrasen. So dominierten auf den Rodungsflächen hinsichtlich der Deckung Arten mit langzeitig persistenter Samenbank (Lebensdauer der Samen > 5 Jahre), während in den kontinuierlich genutzten Vergleichsflächen Arten mit transienter

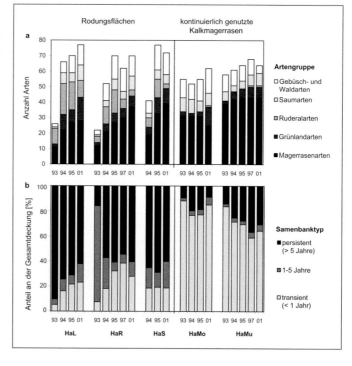

Abb. 10-1: Einfluss der Rodung einer Fichtenaufforstung auf ehemaligen Kalkmagerrasen im Jahr 1992 auf die Vegetationsentwicklung (nach Blanckenhagen 2002 und Blanckenhagen und Poschlod 2005, verändert). Dargestellt sind Zeitreihen (1993–2001) für Rodungsflächen (HaL, HaR, HaS) und kontinuierlich genutzte Kalkmagerrasen (HaMo, HaMu) als Vergleichsflächen (alle Varianten im Gebiet „Haarberg", Schwäbische Alb). a) Entwicklung der Artenzahlen unterschiedlicher Artengruppen. Kalkmagerrasenarten als Zielarten sind in der Gruppe Magerrasenarten zusammengefasst. b) Deckungsanteil von Pflanzenarten mit unterschiedlichen Samenbanktypen in der aktuellen Vegetation der Rodungsflächen und der kontinuierlich genutzten Referenzflächen.

Samenbank (Lebensdauer < 1 Jahr) den höchsten Anteil hatten (Abb. 10-1b).

Wenn Zielarten in der aktuellen Vegetation verbuschter Flächen noch vorhanden sind, was vor allem auf nährstoffarmen, flachgründigen Böden häufig der Fall ist, ist die lokale Ausbreitung eines breiteren Spektrums an Zielarten auf entbuschten und wieder beweideten Flächen dagegen innerhalb weniger Jahre möglich (Pärtel et al. 1998, Riegel et al. 2007). Versuche zur Wiedereinführung der **Schafbeweidung** auf Kalkmagerrasen, auf denen *Brachypodium rupestre* (Stein-Zwenke) nach zehn Jahren Brache einen dichten „Grasfilz" aufgebaut hatte, zeigten ebenfalls, dass sich Zielarten, die noch vereinzelt im Gebiet vorkamen, schnell wieder ausbreiten konnten und dies zum Anstieg der Anzahl der Magerrasenarten auf Dauerflächen führte (Abb. 10-2). Eine hohe Beweidungsintensität, die auf solchen Flächen anfangs notwendig sein kann, um unerwünschte Gräser wie *Brachypodium* spp. zurückzudrängen, kann langfristig auch zur Förderung von Grünlandarten mit gutem Regenerationsvermögen nach Biomasseverlust führen. Die Beweidung muss also genau überwacht werden und von Jahr zu Jahr angepasst werden, um unerwünschte Arten zurückzudrängen und gleichzei-

tig möglichst viele Zielarten zu fördern bzw. eine Schädigung verbissempfindlicher Arten zu vermeiden (Rieger 1996). Mit **Extensivrassen** wie Moor- oder Heidschnucken (Farbtafel 10-2), Rhönschafen, Skudden oder Waldschafen ist bei faserreichem Futter ein besserer Erfolg zu erzielen als mit den verbreiteteren Merino-Landschafen (Kapitel 9). Nach Riegel et al. (2007) können auch Rinder oder Pferde für die Beweidung von Kalkmagerrasen eingesetzt werden. Mit Eselbeweidung wurden in Sandmagerrasen große Erfolge bei der Zurückdrängung von Problemarten wie *Calamagrostis epigejos* erzielt (Kapitel 9). Esel würden sich vermutlich auch für die Beweidung von Kalkmagerrasen eignen. Für die Beweidung stark verbuschter Flächen sollten am besten Ziegen eingesetzt werden, die allerdings eine aufwändige Zäunung und einen hohen Betreuungsaufwand benötigen (Rahmann 2000). Weitere praxisorientierte Hinweise zu unterschiedlichen Tierarten und -rassen sowie zur Weideführung finden sich bei Riegel et al. (2007).

10.4.2 Reduktion der Nährstoffverfügbarkeit

10.4.2.1 Aushagerung aufgedüngter Böden durch Phytomasseaustrag

Nach jahrzehntelanger Nutzung als Acker oder Intensivgrünland können vor allem die Phosphat- und Kaliumgehalte der Böden von Renaturierungsflächen im Vergleich zu ursprünglichen Kalkmagerrasen stark erhöht sein. So lagen die Gehalte an CAL-austauschbarem P_2O_5 auf Renaturierungsflächen ohne Bodenabtrag neun Jahre nach Ende der Ackernutzung etwa um das 30-fache und die K_2O-Gehalte um das 35-fache höher als in den nie gedüngten Böden des Naturschutzgebietes (NSG) „Garchinger Heide" (Abb. 10-3). Um Magerrasenarten zu fördern, ist es bei der Durchführung von Renaturierungsmaßnahmen auf nährstoffreichen Böden notwendig, die Nährstoffverfügbarkeit zu reduzieren. Ein Nährstoffaustrag kann dabei durch **Mahd** der oberirdischen Phytomasse und Abtransport des Mähgutes erzielt werden (Schiefer 1984, Willems und van Nieuwstadt 1996). Eine Aushagerung durch

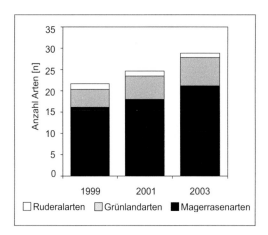

Abb. 10-2: Entwicklung der Anzahl der Magerrasen-, Grünland- und Ruderalarten auf 4 m² großen Dauerflächen nach Wiedereinführung der Schafbeweidung im NSG „Mallertshofer Holz mit Heiden" bei München von 1999 bis 2003 (Mittelwerte, n = 10). Bei der Artenzahl und der Anzahl der Magerrasenarten sind die Unterschiede zwischen 1999 und 2003 signifikant (p < 0,05; Daten aus Niedermeier und Kiehl 2003).

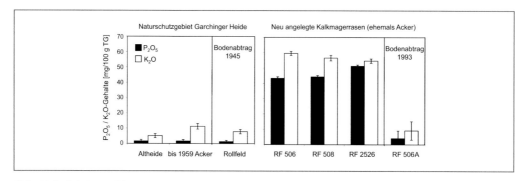

Abb. 10-3: Gehalte an CAL-austauschbarem P_2O_5 und K_2O in den Böden neu angelegter Kalkmagerrasen (RF) mit und ohne Bodenabtrag auf ehemaligen Äckern neun Jahre nach Beginn der Renaturierung im Vergleich zu Referenzflächen mit und ohne Bodenabtrag im NSG „Garchinger Heide". Bei der Altheide handelt es sich um artenreiche, nie umgebrochene Magerrasen. Der bis 1959 bewirtschaftete Acker im NSG wurde durch jährliche Mahd bis 2000 deutlich ausgehagert.

Beweidung ist vor allem dann erfolgreich, wenn die Weidetiere über Mittag und nachts außerhalb der Weideflächen gepfercht werden (Brenner et al. 2004). Die Aushagerungsdauer hängt von der im Boden zur Verfügung stehenden Menge der Makronährstoffe, der Art der Nährstofflimitierung, dem jährlichen Nährstoffaustrag über die Phytomasse und andere Wege (z. B. Wasser, Luft) sowie der Nährstoffnachlieferung ab. Die bereits von Schiefer (1984) formulierte Phytomasse-Ertragsgrenze von 350 g/m² für die erfolgreiche Etablierung und Erhaltung von Magerrasen hat sich dabei für die Beurteilung des Erfolgs von Aushagerungsmaßnahmen bewährt (Briemle et al. 1991, Quinger 2002, Kiehl 2005). Dagegen zeigen die Gehalte an extrahierbaren Bodennährstoffen oftmals noch Schwankungen (Schiefer 1984, Kiehl et al. 2003).

Bei der Neuanlage von Magerrasen auf Ackerflächen kann die Ansiedlung magerrasentypischer Zielarten gefördert werden, wenn eine Aushagerung etwa durch den **Anbau von Getreide** oder anderen Feldfrüchten **ohne Düngung** bereits vor Beginn der Renaturierungsmaßnahmen erfolgt (Marrs 1985, Kiehl et al. 2003). Nach zwei bis drei Jahren Roggenanbau ohne Düngung war auf skelettreichen Acker-Pararendzinen der Münchner Schotterebene bereits ein deutlicher Ertragsrückgang zu beobachten, der vermutlich auf den Entzug schnell verfügbarer Stickstoffverbindungen zurückzuführen war.

Auf flachgründigen Böden mit geringem Wasserhaltevermögen kann der Phytomasseertrag

neu angelegter Kalkmagerrasen auch bei hohen Phosphat- und Kaliumgehalten des Bodens unter der von Schiefer (1984) postulierten Grenze für Magerrasen von 350 g/m² bleiben (Abb. 10-4). Das Pflanzenwachstum wird auf solchen Böden nämlich in den meisten Jahren durch Wasserknappheit und die ebenfalls wasserabhängige Stickstoffmineralisation limitiert (Abschnitt 10.1). Eine weitere Aushagerung durch Mahd ist nach der Neuanlage von Magerrasen auf nährstoffreichen Böden dennoch erforderlich, da die Phytomasseproduktion in Jahren mit hohen Niederschlagsraten oder geringer Verdunstung im Frühjahr und Frühsommer die Grenze von 350 g/m² deutlich übersteigen kann (Abb. 10-4). Wenn mehrere Jahre mit guter Wasserverfügbarkeit während der Hauptmineralisations- und Wachstumsperiode (April–Juni) aufeinander folgen, würden ohne Aushagerungsmaßnahmen produktive Grünlandarten gefördert und Magerrasenarten verdrängt. Aufgrund der Stickstoffeinträge aus der Luft würde es zudem zu einer Stickstoffanreicherung kommen, die konkurrenzkräftige Gräser fördert (Abschnitt 10.3.1).

10.4.2.2 Oberbodenabtrag und Bodeninversion

Im Gegensatz zur allmählichen Aushagerung stellt der Abtrag des nährstoffreichen Oberbodens eine sofort wirksame, aber wesentlich kos-

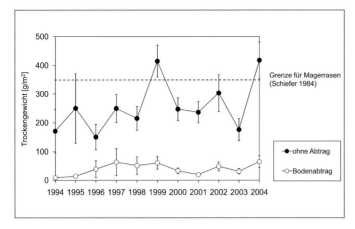

Abb. 10-4: Schwankung des Trockengewichts der oberirdischen Phytomasse von 1994 bis 2004 in Kalkmagerrasen, die durch Mähgutübertragung 1993 auf ehemaligen Äckern mit und ohne Bodenabtrag neu angelegt wurden. Dargestellt sind Mittelwerte und 95 %-Konfidenzintervalle. 1999 und 2004 waren Jahre mit guter Wasserverfügbarkeit im April/Mai aufgrund hoher Niederschläge oder niedriger Verdunstungsraten (Kiehl 2005).

tenintensivere Maßnahme dar (Pfadenhauer et al. 2000, Marrs 2002). Der Abtrag des Oberbodens führte in neu angelegten Kalkmagerrasen im Norden von München zu einer starken **Reduktion der Bodennährstoffgehalte** (Abb. 10-3), die auch in anderen Untersuchungen nachgewiesen wurde (Marrs 1985, Verhagen et al. 2001). Aufgrund des geringen Anteils organischer Substanz, der nur eine geringe Wasserspeicherung erlaubt, und der sehr niedrigen Nährstoffgehalte stellen Bodenabtragsflächen auf Kalkschotter oder kalkhaltigen Sanden Extremstandorte dar, auf denen der Phytomasseertrag meist unter 100 g/m² bleibt (Abb. 10-4).

Mit dem Abtrag der oberen Bodenhorizonte (meist 30–40 cm) werden nicht nur Nährstoffe ausgetragen, sondern es wird auch die Samenbank entfernt, die in der Regel aus unerwünschten Ackerwildkräutern und Ruderalarten besteht. Bodenabtrag optimiert die Bedingungen nicht nur für konkurrenzschwache Pflanzenarten, sondern auch für wärmeliebende Invertebraten als Zielarten (Pfadenhauer und Kiehl 2003, Wagner und Kiehl 2004). Auf Bodenabtragsflächen ist die Neuansiedlung artenreicher Kalkmagerrasen besonders erfolgreich, wenn direkt im Anschluss **Artentransfermaßnahmen** durchgeführt werden (Abschnitt 10.4.3). Generell steht hier den hohen Kosten ein hoher Zielerreichungsgrad gegenüber (Riegel et al. 2007). Wegen der hohen Kosten und aus Gründen des Bodenschutzes kann Bodenabtrag in Renaturierungsprojekten jedoch in der Regel nur auf einem Teil der zur Verfügung stehenden Renaturierungsflächen

durchgeführt werden. Dafür sollten am besten Flächen von mindestens 1 ha Größe in der Nähe schon bestehender Magerrasen ausgewählt werden, um möglichst vielen Zielarten die Möglichkeit zu bieten, diese Flächen zu besiedeln und ausreichend große Populationen aufzubauen.

Auch durch **Bodeninversion** kann eine schnelle Reduktion der Nährstoffgehalte erreicht werden, wenn der nährstoffreiche Oberboden dabei in Bodentiefen gelangt, die von Pflanzenwurzeln nicht mehr erreicht werden (Dolman und Sutherland 1994, Pywell et al. 2002). Ob diese Reduktion der Nährstoffverfügbarkeit dauerhaft gelingt, ist jedoch fraglich, da viele Pflanzenarten auf trockenen Böden ein sehr tief gehendes Wurzelsystem ausbilden können.

Wo aufgrund von Bau- oder Abbaumaßnahmen **nährstoffarme Rohböden** zur Verfügung stehen, können bei einer Begrünung mit Magerrasenarten sogar Kosten eingespart werden, da Maßnahmen zur Bodenverbesserung wie Düngung oder Auftrag von Mutterboden nicht notwendig sind und auch vermieden werden sollten (Kirmer und Tischew 2006; Kapitel 13). Nördlich von München konnten nach dem Bau eines mehrere Kilometer langen unterirdischen Abwassersammelkanals mithilfe einer Mähgutübertragung (Abschnitt 10.4.3.3) erfolgreich artenreiche Kalkmagerrasen auf der entstandenen Schottertrasse angesiedelt werden, auf der Tiefenschotter an die Oberfläche gelangt war (Jeschke und Kiehl 2006a).

10

10.4.3 Einbringen von Zielarten

10.4.3.1 Bodenbearbeitung als Vorbereitung für das Einbringen von Zielarten

Die meisten Kalkmagerrasenarten benötigen gute Lichtbedingungen zur Keimung und Etablierung und sind nicht in der Lage, sich in dichter Vegetation anzusiedeln (Ryser 1990, Hutchings und Booth 1996b, Röder und Kiehl 2007). Daher ist es von großer Bedeutung, dass sich auf Renaturierungsflächen, auf denen ein Kalkmagerrasen durch Artentransfermaßnahmen neu angelegt werden soll, noch keine geschlossene Pflanzendecke gebildet hat. Auf ehemaligen Ackerflächen ohne Bodenabtrag sollte eine **Bodenbearbeitung** mit Pflügen und Eggen (Saatbettbereitung) durchgeführt werden (Pfadenhauer und Miller 2000). Auf Rohböden in Steinbrüchen, Sand- und Kiesgruben oder anderen Abbau- bzw. Bodenabtragsflächen ist dagegen meistens keine Bodenbearbeitung notwendig (Tränkle 2002, Kirmer 2004). Auf Maßnahmen zur Bodenverbesserung, z. B. durch Aufbringen von Mutterboden oder Düngung, sollte dort unbedingt verzichtet werden, um nährstoffarme Standortbedingungen zu erhalten.

10.4.3.2 Ansaat

In England werden Zielarten bei der Renaturierung von Kalkmagerrasen meistens durch Ansaat eingebracht (Pywell et al. 2002, Walker et al. 2004). Entscheidend für den Erfolg von Ansaaten sind die Menge und Qualität des ausgebrachten Saatgutes, der Aussaatzeitpunkt und die Vorbereitung der Ansaatflächen hinsichtlich des Angebots geeigneter Nischen für die Keimung und Etablierung von Zielarten, z. B. durch Bodenbearbeitung oder Schaffung von Lücken (Walker et al. 2004). Von besonderer Bedeutung ist der Einsatz **regionalen Saatgutes**, um lokal angepasste Ökotypen anzusiedeln und zu erhalten und eine Florenverfälschung zu vermeiden (Kirmer und Tischew 2006, Joas et al. 2007). Auch in Deutschland wurde die Neuanlage von Kalkmagerrasen durch Ansaatmischungen erprobt. Sie war aber

im Vergleich zur nachfolgend beschriebenen Mähgutübertragung weniger erfolgreich (Thormann et al. 2003). Bewährt hat sich dagegen die Durchführung von Ansaaten als ergänzende Maßnahme zur Mähgutübertragung, um sonst schwer zu übertragende Arten wie etwa besonders früh oder spät blühende Zielarten anzusiedeln (Riegel et al. 2007, Röder und Kiehl 2007). Auf Renaturierungsflächen in der nördlichen Münchner Schotterebene konnten bereits mehr als 30 000 Individuen der in Anhang II der FFH-Richtline aufgeführten Pflanzenart *Pulsatilla patens* (Finger-Küchenschelle), die in Deutschland nur noch im Naturschutzgebiet „Garchinger Heide" vorkam, durch Ansaat mit regional vermehrtem Saatgut kurz vor der Mähgutübertragung erfolgreich angesiedelt werden (Farbtafel 10-3). Ein großer Anteil der neu etablierten Individuen wies im vierten Jahr nach der Ansaat bereits mehrere Blüten auf und produzierte keimfähige Samen (Röder und Kiehl 2008).

10.4.3.3 Übertragung von Mähgut und Druschgut

Die Übertragung diasporenhaltigen Mähgutes oder samentragender Pflanzenteile stellt eine günstige Alternative zur Ansaat dar, da das übertragene Pflanzenmaterial häufig sowieso bei der Pflege artenreicher Magerrasen anfällt und im Gegensatz zu handelsüblichem Saatgut die lokale Herkunft geeigneter Ökotypen gewährleistet ist (Kirmer und Tischew 2006). Bei der Neuanlage von Kalkmagerrasen wird frisch geerntetes Mähgut von artenreichen **Spenderflächen** direkt nach der Gewinnung auf Empfängerflächen mit offenem Boden aufgebracht, z. B. auf ehemalige Äcker nach Bodenbearbeitung (Farbtafel 10-4) oder nicht begrünte Rohböden von Baustellen oder Abbauflächen (Pfadenhauer und Miller 2000, Tränkle 2002, Kiehl et al. 2006). Das Mähgut liefert nicht nur die benötigten Diasporen, sondern bietet den auflaufenden Keimlingen auf dem sonst kahlen Boden auch Schutz vor Austrocknung, Hitze und Frost. Da es wie eine Mulchdecke wirkt, gewährleistet es auch einen sehr guten Erosionsschutz an Hängen (Kirmer 2004, Kirmer und Tischew 2006). Zudem werden mit dem Mähgut Sporen von Mykorrhizapilzen eingetragen, die die Ansiedlung von Zielarten auf nicht mykorrhizierten Rohböden fördert (Helfer 2000). Da die meisten Kalkmagerrasenarten Licht für die Keimung benötigen, dürfen die Schichten allerdings nicht zu dick sein (3–5 cm, etwas lückig, Farbtafel 10-4). Flächenverhältnisse von 2:1 bis 3:1 zwischen Spender- und Empfängerfläche haben sich bewährt (Kiehl et al. 2006). Die Empfängerflächen dürfen dabei nicht zu klein sein (mindestens 1 ha), damit die übertragenen Arten ausreichend große Populationen aufbauen können, um langfristig zu überleben.

Die Artenzusammensetzung und der Samengehalt des Mähgutes werden durch die Artenzusammensetzung der Vegetation und den Zeitpunkt der Ernte beeinflusst. Trotz geringerer Samengehalte konnten im Bereich der Münchner Ebene auch mit spät geerntetem Mähgut (Ende August/Anfang September) gute Erfolge erzielt werden (Braun 2006, Kiehl et al. 2006). Frühjahrsblüher wie *Pulsatilla patens* oder *P. vulgaris* (Gemeine Küchenschelle) werden nicht mit dem Mähgut übertragen, da ihre Samen zum Zeitpunkt der Übertragung schon ausgefallen sind. Wenn diese Arten das Artenspektrum neu angelegter Kalkmagerrasen vervollständigen sollen, ist eine zusätzliche Einbringung durch Ansaat oder Pflanzung notwendig (Röder und Kiehl 2007).

Der Erfolg der Mähgutübertragung hängt vor allem vom Zustand der Renaturierungsflächen (z. B. Bodennährstoffgehalte, Wasserhaltevermögen) und der Flächenvorbereitung ab. Der höchste Anteil an **Zielarten** und die niedrigsten Anteile unerwünschter Grünland- und Ruderalarten finden sich auf Bodenabtragsflächen (Abb. 10-5). Dennoch bieten auch Renaturierungsflächen ohne Bodenabtrag bei geringer Produktivität aufgrund von Wassermangel zahlreichen seltenen und gefährdeten Arten einen Lebensraum (Kiehl und Wagner 2006, Kiehl und Pfadenhauer 2007). Eine Erfolgskontrolle im Jahr 2006 zeigte, dass insgesamt 102 Pflanzenarten (darunter 73 Festuco-Brometea-Arten und 16 Rote-Liste-Arten) durch Mähgutübertragung auf ehemaligen Äckern in der Umgebung des NSG „Garchinger Heide" nördlich von München angesiedelt werden konnten (Hummitzsch 2007).

Faunistische Untersuchungen im Umfeld der Garchinger Heide ergaben, dass auch wirbellose Tiere erfolgreich mit dem Mähgut übertragen und durch die Pflanzenarten des Mähgutes gefördert werden können (Wagner und Kiehl 2004).

Wagner (2004) konnte lebende Individuen der Zweifarbigen Beißschrecke (*Metrioptera bicolor*) im frisch geernteten Mähgut nachweisen. Der Transport im frischen Mähgut ist vor allem für wenig mobile Arten von Bedeutung. Der Übertragungserfolg dürfte für **phytophage Wirbellose** am größten sein, wenn das Mähgut in mehreren aufeinanderfolgenden Jahren auf benachbarten Flächen aufgebracht wird. Durch die erste Übertragung kann sich dann bereits eine als Habitat geeignete Struktur und Artenzusammensetzung der Vegetation etablieren, welche die Tiere bei späteren Übertragungen nutzen können (Pfadenhauer et al. 2003).

Ein Nachteil der Mähgutübertragung ist, dass das verwendete Pflanzenmaterial ein großes Volumen hat und direkt nach der Gewinnung ausgebracht werden muss (dies gewährleistet allerdings auch die erwünschte lokale Verwendung). Das Trocknen des Pflanzenmaterials und die Lagerung als Heu führen zu einem hohen Verlust an Samen (Smith et al. 1996). Dagegen stellt die Gewinnung von **Druschgut**, das getrocknet und gelagert werden kann, eine teurere, aber brauchbare Alternative dar, wenn z. B. Empfängerflächen aus logistischen Gründen nicht zum

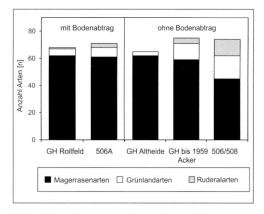

Abb. 10-5: Aufsummierte Artenzahlen der Magerrasenarten als Zielarten (Klasse Festuco-Brometea), der Grünland- (Klasse Molinio-Arrhenatheretea) und Ruderalarten (Artemisietea, Stellarietea, u. a.) auf vier 100 m²-Flächen pro Untersuchungsvariante, dargestellt für Flächen mit und ohne Bodenabtrag im NSG „Garchinger Heide" (GH) im Vergleich zu den Renaturierungsflächen 506/508 (kein Bodenabtrag, Mähgut 1993) und 506A (Bodenabtrag, Mähgut 1993) im Jahr 2003 (aus Kiehl und Jeschke 2005).

10

Mahdzeitpunkt zur Verfügung stehen, aber später im Jahr ein Artentransfer stattfinden soll (Schwab et al. 2002). Die Verwendung von Druschgut ermöglichte bei Nassansaat und bei Flächenverhältnissen von 1:1 zwischen Spender- und Empfängerfläche die Übertragung zahlreicher Kalkmagerrasenarten einschließlich seltener und gefährdeter Arten (Engelhardt 2006).

10.4.3.4 Weitere Verfahren zum Artentransfer

Besonders niedrigwüchsige Arten wie *Globularia cordifolia* (Herzblättrige Kugelblume) oder *Teucrium montanum* (Berg-Gamander) werden aufgrund ihrer Wuchsform bei der Mähgutgewinnung kaum erfasst. Die Gewinnung von **Rechgut** auf artenreichen Spenderflächen ist daher für die erfolgreiche Übertragung niedrigwüchsiger Gefäßpflanzenarten und Kryptogamen besser geeignet als die Mähgutübertragung (Stroh et al. 2002, 2007). Mit artenreichem Rechgut aus Naturschutzgebieten können zudem Kryptogamengesellschaften mit seltenen und gefährdeten Moos- und Flechtenarten etabliert werden (Jeschke und Kiehl 2007).

Niedrigwüchsige Gefäßpflanzen können – ebenso wie früh blühende Arten, deren Samen bereits ausgefallen sind – mithilfe handelsüblicher tragbarer **Laubsauger** übertragen werden (Stevenson et al. 1997, Thormann et al. 2003, Riley et al. 2004). Das Aufsaugen von Diasporen und Invertebraten, die sich in der bodennahen Vegetation und Streuschicht befinden, sollte allerdings nur in geringem Umfang als zusätzliche Maßnahme zur Mähgutübertragung durchgeführt werden, um eine Artenverarmung im Spenderbiotop zu vermeiden. Vom Einsatz großer Saugmäher, die in der Straßenrandpflege eingesetzt werden und das Mähgut zerkleinern, muss wegen ihres negativen Einflusses auf Tiere abgeraten werden.

Die **Übertragung von Soden** aus alten Kalkmagerrasen auf Renaturierungsflächen ist zwar sowohl in Form der Sodenschüttung als auch bei Übertragung intakter Soden ebenfalls Erfolg versprechend (Müller 1990, Pärtel et al. 1998, Kirmer 2004); sie ist aufgrund des höheren maschinellen Aufwands und des höheren Gewichts des übertragenen Materials jedoch deutlich aufwändiger.

Zudem stehen Soden aus artenreichen Kalkmagerrasen, die als FFH-Lebensräume geschützt sind und häufig auch in Naturschutzgebieten liegen, in der Regel nicht zur Verfügung. Wenn aufgrund absolut unvermeidbarer Baumaßnahmen Soden in Kalkmagerrasen abgetragen werden, sollten sie jedoch nicht entsorgt, sondern für Renaturierungsmaßnahmen genutzt werden.

Die **Pflanzung** ist aufgrund der hohen Kosten für die Vermehrung und Anzucht von Pflanzgut autochthoner Herkunft (Tab. 10-2, siehe auch Kapitel 16) ein Renaturierungsverfahren, das nur für ausgewählte Zielarten, die nicht durch Mähgutübertragung oder Ansaat angesiedelt werden können, zu empfehlen ist (Walker et al. 2004, Röder und Kiehl 2007). Für einzelne Zielarten, die sich durch Samen nur schwer ansiedeln lassen, hat sich eine Herbstpflanzung in kleine bis mittelgroße Vegetationslücken bestehender oder neu angelegter Kalkmagerrasen, in denen Streu, Moose und ein Teil der konkurrierenden Vegetation entfernt wurden, bewährt (Röder und Kiehl 2007). Bei einer Frühjahrspflanzung ist dagegen das Mortalitätsrisiko durch Vertrocknen im Sommer wesentlich höher.

10.5 Langfristiges Management neu angelegter Kalkmagerrasen

In langjährig bestehenden Kalkmagerrasen ist eine regelmäßige extensive Nutzung oder Pflege durch **Mahd oder Beweidung** entscheidend für die Erhaltung der Artenvielfalt und der lebensraumtypischen Artenzusammensetzung (Wilmanns und Sendtko 1995, Moog et al. 2002, Köhler et al. 2005). Die Vegetationsentwicklung in neu angelegten Kalkmagerrasen zeigt dagegen, dass Mähgutübertragung und Bodenabtrag in den ersten 10–15 Jahren einen wesentlich größeren Einfluss auf Artenzahlen und Artenzusammensetzung haben als das Management (Thormann et al. 2003, Kiehl und Pfadenhauer 2007). Die Bedeutung des Managements nimmt jedoch auf Renaturierungsflächen ohne Bodenabtrag mit zunehmender Sukzessionsdauer zu, da sich ohne Mahd oder Beweidung Ruderalarten wie

Tab. 10-2: Kostenkalkulation für die Ansaat (1) oder Pflanzung (2) von Individuen ausgewählter Zielarten (*Pulsatilla patens, Anthericum ramosum, Scabiosa canescens, Globularia cordifolia*) zur Einbringung in neu angelegte Kalkmagerrasen im Norden von München (aus Röder und Kiehl 2007).

1. Ansaat		Preisspanne	mittlerer Preis pro 1 m^2	mittlerer Preis pro 1 000 m^2
Saatgut	1 m^2 (0,5–1 kg/ha)	0,04–0,10 €	0,07 €	70,00 €
Ansaat	1 m^2	0,06–0,10 €	0,08 €	80,00 €
Summe				**150,00 €**
2. Pflanzung		**Preisspanne**	**mittlerer Preis pro 1 m^2**	**mittlerer Preis pro 1 000 m^2**
Pflanze inklusive Pflanzung	1 Stück/m^2 4 Stück/m^2	1,00–2,50 € 4,00–10,00 €	1,75 € 7,00 €	1 750 € 7 000 €
Bewässerung 10 Tage	1 m^2	3,00–5,00 €	4,00 €	4 000 €
Vogelschutznetz	1 m^2	0,60 €	0,60 €	600 €
Summe bei Pflanzung von 1 Stück/m^2				**6 350,00 €**
Summe bei Pflanzung von 4 Stück/m^2				**11 600,00 €**

Solidago canadensis (Kanadische Goldrute), *S. gigantea* (Riesen-Goldrute), *Artemisia vulgaris* (Gemeiner Beifuß) oder *Calamagrostis epigejos* ausbreiten können. Auf Bodenabtragsflächen mit Mähgut ist ein Management – außer der gelegentlichen Entfernung von Gehölzen – aufgrund der geringen Phytomasseproduktion in der Regel nicht notwendig.

Ob einschürige Mahd oder Schafbeweidung sich langfristig günstiger auf die Persistenz neu etablierter Magerrasenarten und die weitere Ansiedlung nicht mit dem Mähgut übertragener Zielarten auswirken, lässt sich anhand der momentan vorliegenden Kenntnisse noch nicht abschließend beurteilen. Eine einschürige Mahd kann ab Mitte/Ende Juli bis September durchgeführt werden. Oktobermahd hat sich dagegen in langjährig etablierten Kalkmagerrasen eher negativ auf niedrigwüchsige Magerrasenarten ausgewirkt (Köhler 2001). Zweischürige Mahd führt zwar zu schnellerer Aushagerung als einschürige, fördert aber vermutlich schnitttolerante Grünlandarten (Quinger 2002, Thormann et al. 2003). Sie hat tendenziell einen negativen Einfluss auf die etablierten Magerrasenarten, da die meisten der Arten, die zum Zeitpunkt der Mähgutübertragung im Juli/August mit reifen Samen im Mähgut enthalten waren, im Frühsommer blühen und durch den ersten Schnitt beeinträchtigt werden. Auch für Heuschrecken, die durch Mähfahrzeuge geschädigt werden, sollte die Störungsintensität durch Mahd nicht zu hoch sein (Wagner und Fischer 2003). Um den Tieren Rückzugsräume zu bieten, sollten bei einschüriger Mahd jährlich wechselnde Streifen, die etwa ein Zehntel bis ein Fünftel der Fläche einnehmen, stehen gelassen werden. Nach Möglichkeit sollte ein Balkenmäher verwendet werden, der Tiere weniger schädigt als ein Kreiselmäher. Beweidung mit genügsamen Schafrassen würde vermutlich vor allem dann, wenn neu angelegte Magerrasen, die beweidet werden, an beweidete ursprüngliche Magerrasen mit hoher Artenvielfalt angrenzen, sowohl bei Pflanzen als auch bei Heuschrecken die Ausbreitung von Zielarten fördern (Gibson und Brown 1992, Fischer et al. 1996). Die Literaturauswertung von Walker et al. (2004) zeigt, dass sich bei der Wiederherstellung artenreicher Graslandvegetation auf ehemaligen Äckern in Großbritannien vor allem eine Kombination aus **Mahd** zur Aushagerung und nachfolgender **Beweidung** zur Schaffung von Etablierungsnischen für Zielarten bewährt hat.

10

10.6 Forschungsbedarf

Die **langfristige Entwicklung** neu angelegter Kalkmagerrasen muss weiter beobachtet werden. Da die Sukzession auf trockenen nährstoffarmen Böden sehr langsam verläuft, ist die Vegetationsentwicklung neu etablierter Kalkmagerrasen nach 10–15 Jahren immer noch am Anfang. Im Verlauf ihrer Entwicklungsgeschichte hat es Kalkmagerrasen auf Böden mit extrem hohen Gehalten an Bodennährstoffen – die aber bei Wassermangel nicht verfügbar sind (Abschnitt 10.4.2) – noch nie gegeben. Daher ist noch unklar, ob Magerrasenarten hier dauerhaft bestehen können oder ob sie langfristig möglicherweise doch durch Grünlandarten zurückgedrängt werden. Bisher sind solche Tendenzen auf flachgründigen Böden jedoch nicht zu beobachten. Im Hinblick auf den derzeitigen **Klimawandel** dürften sich höhere Temperaturen positiv auf einige wärmeliebende Kalkmagerrasenarten auswirken. Die Bedeutung veränderter Niederschlagssummen und -verteilungen für die Konkurrenzverhältnisse innerhalb der Vegetation sind jedoch noch nicht geklärt.

Weiterer Forschungsbedarf besteht hinsichtlich des Einsatzes unterschiedlicher Tierarten und -rassen für die Pflege langjährig bestehender, verbrachter und neu angelegter Kalkmagerrasen. Hier liegen zwar zahlreiche Berichte von Naturschutzpraktikern vor, aber bislang wenige wissenschaftlich belegte Forschungsergebnisse aus Kalkmagerrasen, die es ermöglichen, auf kausale Zusammenhänge zu schließen.

Literaturverzeichnis

Bakker JP, Berendse F (1999) Constraints in the restoration of ecological diversity in grassland and heathland communities. *Trends in Ecology and Evolution* 14: 63–68

Bakker JP, Poschlod P, Strykstra RJ, Bekker RM, Thompson K (1996) Seed banks and seed dispersal: Important topics in restoration ecology. *Acta Botanica Neerlandica* 45: 461–490

Balzer S, Ssymank A (2005) Natura 2000 in Deutschland. *Naturschutz und Biologische Vielfalt* 14

Beinlich B, Plachter H (Hrsg) (1995) Ein Naturschutzkonzept für die Kalkmagerrasen der Mittleren Schwäbischen Alb (Baden-Württemberg): Schutz, Nutzung und Entwicklung. *Beihefte zu den Veröffentlichungen für Naturschutz und Landschaftspflege in Baden-Württemberg* 83: 1–520

Bender O, Böhmer H-J, Jens D, Schumacher KP (2005) Analysis of land-use change in a sector of Upper Franconia (Bavaria, Germany) since 1850 using land register records. *Landscape Ecology* 20: 149–163

Blanckenhagen B v (2002) Funktionale Analyse der Wiederbesiedlung von Kalkmagerrasenstandorten nach Rodung. Diplomarbeit, Universität Marburg

Blanckenhagen B v, Poschlod P (2005) Restoration of calcareous grasslands: the role of the soil seed bank and seed dispersal for recolonisation processes. *Biotechnology, Agronomy, Society and Environment* 9: 143–149

Bobbink R (1991) Effects of nutrient enrichment in Dutch chalk grassland. *Journal of Applied Ecology* 28: 28–41

Bobbink R, Hornung M, Roelofs JGM (1998) The effects of air-borne nitrogen pollutants on species diversity in natural and seminatural European vegetation. *Journal of Ecology* 86: 717–738

Braun W (2006) Die Vegetationsentwicklung auf künstlich geschaffenen Kiesflächen im Dachauer Moos nach Mähgutausbringungen (Teil 2). *Berichte der Bayerischen Botanischen Gesellschaft* 76: 235–266

Brenner S, Pfeffer E, Schumacher W (2004) Extensive Schafbeweidung von Magerrasen im Hinblick auf Nährstoffentzug und Futterselektion. *Natur und Landschaft* 79: 167–174

Briemle G, Eickhoff D, Wolf R (1991) Mindestpflege und Mindestnutzung unterschiedlicher Grünlandtypen aus landschaftsökologischer und landeskultureller Sicht. Praktische Anleitung zur Erkennung, Nutzung und Pflege von Grünlandgesellschaften. *Beihefte zu den Veröffentlichungen für Naturschutz und Landschaftspflege in Baden-Württemberg* 60: 1–160

Davies A, Waite S (1998) The persistence of calcareous grassland species in soil seed bank under developing and established scrub. *Plant Ecology* 136: 27–39

Dengler J (2005) Zwischen Estland und Portugal – Gemeinsamkeiten und Unterschiede in den Phytodiversitätsmustern europäischer Trockenrasen. *Tuexenia* 25: 387–405

Dierschke H (2006) Sekundär-progressive Sukzession eines aufgelassenen Kalkmagerrasens – Dauerflächenuntersuchungen 1987–2002. *Hercynia* 39: 223–245

Dierßen K (2001) Distribution, ecological amplitude and phytosociological characterization of European bryophytes. *Bryophytorum Bibliotheca* 56. J Cramer, Berlin

Dolman PM, Sutherland WJ (1994) The use of soil disturbance in the management of Breckland grass heaths for nature conservation. *Journal of Environmental Management* 41: 123–140

10

Ellenberg H (1996) Vegetation Mitteleuropas mit den Alpen. Ulmer, Stuttgart

Engelhardt J (2006) Das Heudrusch-Verfahren im ingenieurbiologischen Sicherungsbau. In: Kirmer A, Tischew S (Hrsg) Handbuch naturnahe Begrünung von Rohböden. Teubner, Stuttgart. 83–91

Europäische Union (2006) Richtlinie 2006/105/EG des Rates vom 20. November 2006. Anhang I: Natürliche Lebensraumtypen von Gemeinschaftlichem Interesse, für deren Erhaltung besondere Schutzgebiete ausgewiesen werden müssen. Amtsblatt der Europäischen Union vom 20.12.2006: 368–384

Fischer G, Poschlod P, Beinlich B (1996) Experimental studies on the dispersal of plants and animals on sheep in calcareous grasslands. *Journal of Applied Ecology* 33:1206–1222

Fischer F-P, Schulz U, Schubert H, Knapp P, Schmöger M (1997) Quantitative assessment of grassland quality: Acoustic determination of population sizes of orthopteran indicator species. *Ecological Applications* 7: 909–920

Gibson CWD, Brown VK (1991) The nature and rate of development of calcareous grassland in southern Britain. *Biological Conservation* 58: 297–316

Gibson CWD, Brown VK (1992) Grazing and vegetation change: deflected or modified succession? *Journal of Applied Ecology* 29: 120–131

Gigon A, Leutert A (1996) The dynamic keyhole model of coexistence to explain diversity of plants in limestone and other grasslands. *Journal of Vegetation Science* 7: 29–40

Haselwandter K (1997) Soil micro-organisms, mycorrhiza, and restoration ecology. In: Urbanska KM, Webb NR, Edwards PJ (Hrsg) Restoration ecology and sustainable development. Cambridge University Press, Cambridge. 65–80

Helfer W (2000) Die VA-Mykorrhiza und ihre Bedeutung für die Heidevegetation. In: Pfadenhauer J, Fischer F-P, Helfer W, Joas C, Lösch R, Miller U, Miltz C, Schmid H, Sieren E, Wiesinger K (Hrsg) Sicherung und Entwicklung der Heiden im Norden von München. *Angewandte Landschaftsökologie* 32: 255–279

Hiemeyer F (2002) Königsbrunner und Kissinger Heide. Juwelen vor den Toren Augsburgs. Wißner, Augsburg

Hilbig W (2000) die Vegetationsentwicklung auf künstlich geschaffenen Kalkschotterflächen. *Berichte der Bayerischen Botanischen Gesellschaft* 69/70: 31–42

Holzner W, Sänger K (1997) Steppe am Stadtrand. *Grüne Reihe des Bundesministeriums für Umwelt, Jugend und Familie, Wien.* Band 9

Hummitzsch U (2007) Langfristige Vegetationsentwicklung auf neu angelegten Kalkmagerrasen unter besonderer Berücksichtigung der Leguminosen und der Kryptogamen. Masterarbeit am Lehrstuhl für Vegetationsökologie der TU München, Freising

Hurst A, John E (1999) The biotic and abiotic changes associated with *Brachypodium pinnatum* dominance in chalk grassland in south-east England. *Biological Conservation* 88: 75–84

Hutchings MJ, Booth KD (1996a) Studies on the feasibility of re-creating chalk grassland vegetation on ex-arable land. I. The potential roles of the seed bank and the seed rain. *Journal of Applied Ecology* 33: 1171–1181

Hutchings MJ, Booth KD (1996b) Studies on the feasibility of re-creating chalk grassland vegetation on ex-arable land. II. Germination and early survivorship of seedlings under different management regimes. *Journal of Applied Ecology* 33: 1182–1190

Jeschke M, Kiehl K (2006a) Auswirkung von Renaturierungs- und Pflegemaßnahmen auf die Artendiversität von Gefäßpflanzen und Kryptogamen in neu angelegten Kalkmagerrasen. *Tuexenia* 26: 223–242

Jeschke M, Kiehl K (2006b) Vergleich der Kryptogamenvegetation alter und junger Kalkmagerrasen im Naturschutzgebiet „Garchinger Heide". *Berichte der Bayerischen Botanischen Gesellschaft* 75: 221–234

Jeschke M, Kiehl K (2007) Restoration of xerophytic cryptogam vegetation in calcareous grasslands by cryptogam transfer. *Verhandlungen der Gesellschaft für Ökologie* 37: 311

Joas C, Kiehl K, Wiesinger K (2007) Konzept für naturraumbezogene Ansaaten am Beispiel der Münchner Ebene. Heideflächenverein Münchener Norden e. V. Eching.   http://www.heideflaechenverein.de/service/info.html

Kalamees R, Zobel M (2002) The role of the seed bank in gap regeneration in a calcareous grassland community. *Ecology* 83: 1017–1025

Kiehl K (2005) Einfluss von Renaturierungsmaßnahmen auf die Phytodiversität von Grasländern. Habilitationsschrift, TU München

Kiehl K, Jeschke M (2005) Erfassung und Bewertung der Phytodiversität ursprünglicher und neu angelegter Kalkmagerrasen der nördlichen Münchner Schotterebene. *Tuexenia* 25: 445–461

Kiehl K, Pfadenhauer J (2007) Establishment and long-term persistence of target species in newly created calcareous grasslands on former arable fields. *Plant Ecology* 189: 31–48

Kiehl K, Thormann A, Pfadenhauer J (2003) Nährstoffdynamik und Phytomasseproduktion in neu angelegten Kalkmagerrasen auf ehemaligen Ackerflächen. In: Pfadenhauer J, Kiehl K (Hrsg) Renaturierung von Kalkmagerrasen. *Angewandte Landschaftsökologie* 55: 39–71

Kiehl K, Thormann A, Pfadenhauer J (2006) Evaluation of initial restoration measures during the restora-

10

tion of calcareous grasslands on former arable fields. *Restoration Ecology* 14: 148–156

Kiehl K, Wagner C (2006) Effect of hay transfer on long-term establishment of vegetation and grasshoppers on former arable fields. *Restoration Ecology* 14: 157–166

Kirmer A (2004) Methodische Grundlagen und Ergebnisse initiierter Vegetationsentwicklung auf xerothermen Extremstandorten des ehemaligen Braunkohlentagebaus in Sachsen-Anhalt. *Dissertationes Botanicae* 385

Kirmer A, Tischew S (Hrsg) (2006) Handbuch naturnahe Begrünung von Rohböden. Teubner, Wiesbaden

Köhler B (2001) Mechanisms and extent of vegetation changes in differently managed limestone grasslands. Dissertation, ETH Zürich No 14227

Köhler B, Gigon A, Edwards PJ, Krüsi B, Langenauer R, Lüscher A, Ryser P (2005) Changes in the species composition and conservation value of limestone grasslands in Northern Switzerland after 22 years of contrasting managements. *Perspectives in Plant Ecology, Evolution and Systematics* 7: 51–67

Kriechbaum M, Holzner W, Thaler F (1999) Eichkogel und Perchtoldsdorfer Heide – naturnahe Kulturlandschaft oder Naturschutzlandschaft – Konflikte und Lösungsansätze am Beispiel zweier Trockenrasengebiete am Alpenostrand in Niederöstereich. In: Hochegger K, Holzner W (Hrsg) Kulturlandschaft – Natur in Menschenhand. *Grüne Reihe des Bundesministeriums für Umwelt, Jugend und Familie, Wien*: 295–316

Lange U (2002) Die Kalkmagerrasen der Rhön. *Jahrbuch Naturschutz Hessen* 7: 41–57

Leuschner C (1989) Zur Rolle von Wasserverfügbarkeit und Stickstoffangebot als limitierende Standortsfaktoren in verschiedenen basiphytischen Trockenrasen-Gesellschaften des Oberelsass, Frankreich. *Phytocoenologia* 18: 1–54

Marrs RH (1985) Techniques for reducing soil fertility for nature conservation purposes: a review in relation to research at Roper´s Heath, Suffolk, England. *Biological Conservation* 34: 307–332

Marrs RH (2002) Manipulating the chemical environment of the soil. In: Perrow MR, Davy AJ (Hrsg) Handbook of ecological restoration. Vol 1: Principles of restoration. Cambridge University Press, Cambridge. 155–183

Marti R (1994) Einfluss der Wurzelkonkurrenz auf die Koexistenz von seltenen mit häufigen Pflanzenarten in Trespen-Halbtrockenrasen. *Veröffentlichungen des Geobotanischen Institutes der ETH, Stiftung Rübel* 123

Moog D, Poschlod P, Kahmen S, Schreiber K-F (2002) Comparison of species composition between different grassland management treatments after 25 years. *Applied Vegetation Science* 5: 99–106

Mortimer SR, Hollier JA, Brown VK (1998) Interactions between plant and insect diversity in the restoration of lowland calcareous grasslands in southern Britain. *Applied Vegetation Science* 1: 101–114

Müller N (1990) Die Entwicklung eines verpflanzten Kalkmagerrasens. *Natur und Landschaft* 65: 21–27

Neitzke M (1998) Changes in nitrogen supply along transects from farmland to calcareous grassland. *Zeitschrift für Pflanzenernährung und Bodenkunde* 161: 639–646

Niedermeier A, Kiehl K (2003) Monitoring-Programm für die beweideten Flächen im Naturschutzgebiet „Mallertshofer Holz mit Heiden". Abschlussbericht 1999 bis 2003. Unveröffentlichtes Gutachten im Auftrag der Regierung von Oberbayern, Freising

Oberdorfer E (2001) Pflanzensoziologische Exkursionsflora. 8. Aufl. Ulmer, Stuttgart

Pärtel M (2002) Local plant diversity patterns and evolutionary history at the regional scale. *Ecology* 83: 2361–2366

Pärtel M, Kalamees R, Zobel M, Rosén E (1998) Restoration of species-rich limestone grassland communities from overgrown land: the importance of propagule availability. *Ecological Engineering* 10: 275–286

Peet RK, Glenn-Lewin DC, Walker Wolf J (1983) Prediction of man's impact on plant diversity: a challenge for vegetation science. In: Holzner W, Werger MJ, Ikusima I (Hrsg) Man's impact on vegetation. Dr W Junk, The Hague. 41–54

Pfadenhauer J, Kiehl K (2003) Renaturierung von Kalkmagerrasen – ein Überblick. In: Pfadenhauer J, Kiehl K (Hrsg) Renaturierung von Kalkmagerrasen. *Angewandte Landschaftsökologie* 55: 25–38

Pfadenhauer J, Kiehl K, Fischer F-P, Schmid H, Thormann A, Wagner C, Wiesinger K (2003) Empfehlungen zur Neuschaffung und Wiederherstellung von Kalkmagerrasen. In: Pfadenhauer J, Kiehl K (Hrsg) Renaturierung von Kalkmagerrasen. *Angewandte Landschaftsökologie* 55: 253–260

Pfadenhauer J, Lösch R, Joas C (2000) Ziele, Organisation und Durchführung des Erprobungs- und Entwicklungsvorhabens. In: Pfadenhauer J, Fischer F-P, Helfer W, Joas C, Lösch R, Miller U, Miltz C, Schmid H, Sieren E, Wiesinger KK (Hrsg) Sicherung und Entwicklung der Heiden im Norden von München. *Angewandte Landschaftsökologie* 32: 19–35

Pfadenhauer J, Miller U (2000) Verfahren zur Ansiedlung von Kalkmagerrasen auf Ackerflächen. In: Pfadenhauer J, Fischer F-P, Helfer W, Joas C, Lösch R, Miller U, Miltz C, Schmid H, Sieren E, Wiesinger KK (Hrsg) Sicherung und Entwicklung der Heiden im Norden von München. *Angewandte Landschaftsökologie* 32: 37–87

Poschlod P, Bonn S (1998) Changing dispersal processes in the Central European landscape since the last ice age: an explanation for the actual decrease of plant species richness in different habitats? *Acta Botanica Neerlandica* 47: 27-44

Poschlod P, Jordan S (1992) Wiederbesiedlung eines aufgeforsteten Kalkmagerrasenstandortes nach Rodung. *Zeitschrift für Ökologie und Naturschutz* 1: 119-139

Poschlod P, Kiefer S, Tränkle U, Fischer S, Bonnn S (1998) Plant species richness in calcareous grasslands as affected by dispersability in space and time. *Applied Vegetation Science* 1: 75-90

Poschlod P, WallisDeVries MF (2002) The historical and socio-economic perspective of calcareous grasslands – lessons from the distant and recent past. *Biological Conservation* 104: 361-376

Pywell RF, Bullock JM, Hopkins A, Walker KJ, Sparks TH, Burkes MJW, Peel S (2002) Restoration of species-rich grassland on arable land: assessing the limiting processes using a multi-site experiment. *Journal of Applied Ecology* 39: 294-309

Quinger B (2002) Wiederherstellung von artenreichem Magergrünland (Arrhenatherion) und Magerrasen (Mesobromion) auf Grünlandstandorten durch Mahd im Bayerischen Alpenvorland. *Schriftenreihe des Bayerischen Landesamts für Umweltschutz* 167: 37-52

Quinger B, Bräu M, Kornprobst M (1994) Lebensraumtyp Kalkmagerrasen. In: Bayerisches Staatsministerium für Landesentwicklung und Umweltfragen (Hrsg) Landschaftspflegekonzept Bayern – Band II.1. München

Rahmann G (2000) Biotoppflege als neue Funktion und Leistung der Tierhaltung: dargestellt am Beispiel der Entbuschung von Kalkmagerrasen durch Ziegenbeweidung. *Schriftenreihe Agraria* 28: 1-384

Rennwald E (Bearb) (2000) Verzeichnis und Rote Liste der Pflanzengesellschaften Deutschlands. *Schriftenreihe für Vegetationskunde* 35

Riedel B, Haslach HJ (2007) Landschaftskonzept Münchner Norden. Unveröffentlichtes Gutachten im Auftrag des Heideflächenverein Münchener Norden e. V., Eching

Riegel G, Luding H, unter Mitarbeit von Haase R, Hartmann P, Jeschke M, Joas C, Kiehl K, Müller N, Preiß H, Wagner C, Wiesinger K (2007) Erhaltung und Entwicklung von Flussschotterheiden. Arbeitshilfe Landschaftspflege, Bayerisches Landesamt für Umwelt, Augsburg. Online-Veröffentlichung: http://www.bestellen.bayern.de/shoplink/lfu_nat_00118.htm

Rieger W (1996) Ergebnisse elfjähriger Pflegebeweidung von Halbtrockenrasen. *Natur und Landschaft* 71: 19-25

Riley JD, Craft IW, Rimmer DL, Smith RS (2004) Restoration of magnesian limestone grassland: Optimizing the time for seed collection by vacuum harvesting. *Restoration Ecology* 12: 311-317

Röder D, Jeschke M, Kiehl K (2006) Vegetation und Böden alter und junger Kalkmagerrasen des Naturschutzgebiets „Garchinger Heide" im Norden von München. *Forum Geobotanicum* 2: 24-44

Röder D, Kiehl K (2007) Ansiedlung von lebensraumtypischen Pflanzenarten in neu angelegten Kalkmagerrasen durch Ansaat und Pflanzung. *Naturschutz und Landschaftsplanung* 39: 304-310

Röder D, Kiehl K (2008) Vergleich des Zustandes junger und historisch alter Populationen von *Pulsatilla patens* (L) Mill in der Münchner Schotterebene. *Tuexenia* 28: 121-132

Ryser P (1990) Influence of gaps and neighbouring plants on seedling establishment in limestone grassland. *Veröffentlichungen des Geobotanischen Institutes der ETH, Stiftung Rübel* 104

Scheffer F, Schachtschabel P (2002) Lehrbuch der Bodenkunde. 15. Aufl. Spektrum, Heidelberg

Schiefer J (1984) Möglichkeiten der Aushagerung von nährstoffreichen Grünlandflächen. *Veröffentlichungen für Naturschutz und Landschaftspflege in Baden-Württemberg* 57/58: 33-62

Schläpfer M, Zoller H, Körner C (1998) Influence of mowing and grazing on plant species composition in calcareous grassland. *Botanica Helvetica* 108: 57-67

Schwab U, Engelhardt J, Bursch P (2002) Begrünungen mit autochthonem Saatgut. *Naturschutz und Landschaftsplanung* 34: 346-351

Smith RS, Pullan S, Shiel RS (1996) Seed shed in the making of hay from mesotrophic grassland in a field in Northern England: effects of hay cut date, grazing and fertilizer in a split-split-plot experiment. *Journal of Ecology* 33: 833-841

Steffan-Dewenter I, Tscharntke T (2002) Insect communities and biotic interactions on fragmented calcareous grasslands – a mini review. *Biological Conservation* 104: 275-284

Stevenson MJ, Ward LK, Pywell RF (1997) Re-creating semi-natural communities: vacuum harvesting and hand collection of seed on calcareous grassland. *Restoration Ecology* 5: 66-76

Stroh M, Storm C, Schwabe A (2007) Untersuchungen zur Restitution von Sandtrockenrasen: das Seeheim-Jugenheim-Experiment in Südhessen (1999-2005). *Tuexenia* 27: 287-305

Stroh M, Storm C, Zehm A, Schwabe-Kratochwil A (2002) Restorative grazing as a tool for directed succession with diaspore inoculation: the model of sand ecosystems. *Phytocoenologia* 32: 595-625

Thormann A, Kiehl K, Pfadenhauer J (2003) Einfluss unterschiedlicher Renaturierungsmaßnahmen auf die langfristige Vegetationsentwicklung neu angelegter Kalkmagerrasen. In: Pfadenhauer J, Kiehl K (Hrsg) *Angewandte Landschaftsökologie* 55: 73-106

10

Tränkle U (2002) Sieben Jahre Mähgutflächen. Sukzessionsuntersuchungen zur standorts- und naturschutzrechtlichen Renaturierung von Steinbrüchen durch Mähgut 1992–1998. *Themenhefte der Umweltberatung im ISTE Baden-Württemberg e. V.* 1: 1–56. Ostfildern

Van der Heijden MGA, Klironomos JN, Ursic M, Moutoglis P, Streitwolf-Engel R, Boller T, Wiemken A, Sanders IR (1998) Mycorrhizal fungal diversity determines plant biodiversity, ecosystem variability and productivity. *Nature* 396: 69–72

Van Sway CAM (2002) The importance of calcareous grasslands for butterflies in Europe. *Biological Conservation* 104: 315–318

Verhagen R, Klooker J, Bakker JP, van Diggelen R (2001) Restoration success of low-production plant communities on former agricultural soils after top-soil removal. *Applied Vegetation Science* 4: 75–82

Verkaar HJ, Schenkeveld AJ, van den Klashorst MP (1983) The ecology of short-lived forbs in chalk grasslands: dispersal of seeds. *New Phytologist* 95: 335–344

Wagner C (2004) Passive dispersal of *Metrioptera bicolor* (Phillipi 1830) (Orthopteroidea: Ensifera: Tettigoniidae) by transfer of hay. *Journal of Insect Conservation* 8: 287–296

Wagner C, Fischer F-P (2003) Einfluss unterschiedlicher Renaturierungs- und Pflegemaßnahmen auf die Entwicklung der Heuschreckenfauna neu angelegter Kalkmagerrasen. In: Pfadenhauer J, Kiehl K (Hrsg) Renaturierung von Kalkmagerrasen. *Angewandte Landschaftsökologie* 55: 165–200

Wagner C, Kiehl K (2004) Einfluss unterschiedlicher Renaturierungsverfahren auf Vegetationsstruktur und Heuschreckenfauna neu angelegter Kalkmagerrasen nördlich von München. *Articulata* 19: 183–193

Walker KJ, Stevens PA, Stevens DP, Mountford JO, Manchester SJ, Pywell RF (2004) The restoration and recreation of species-rich lowland grassland on land formerly managed for intensive agriculture in the UK. *Biological Conservation* 119: 1–18

Willems JH, van Nieuwstadt MGL (1996) Long-term after effects of fertilization on aboveground phytomass and species diversity in calcareous grassland. *Journal of Vegetation Science* 7: 177–184

Wilmanns O (1997) Zur Geschichte der mitteleuropäischen Trockenrasen seit dem Spätglazial – Methoden, Tatsachen, Hypothesen. *Phytocoenologia* 27: 213–233

Wilmanns O, Sendtko A (1995) Sukzessionslinien in Kalkmagerrasen unter besonderer Berücksichtigung der Schwäbischen Alb. *Beihefte zu den Veröffentlichungen für Naturschutz und Landschaftspflege in Baden-Württemberg* 83: 257–282

Wilmanns O, Wimmenauer W, Rasbach H (1997) Der Kaiserstuhl. Gesteine und Pflanzenwelt. Ulmer, Stuttgart

11 Renaturierung von Feuchtgrünland, Auengrünland und mesophilem Grünland

G. Rosenthal und N. Hölzel

11.1 Einleitung

Grünland stellt in Mitteleuropa fast ausschließlich eine **Kulturformation** dar, die in der Naturlandschaft abgesehen von extremen Trocken- und Nassstandorten sowie klimatisch ungünstigen Gebieten oberhalb der alpinen Waldgrenze nur kleinflächig vertreten war. Die natürlichen Standorte der heutigen Grünlandarten waren in Mitteleuropa bis in das Atlantikum hinein Wälder oder natürlicherweise waldfreie Ökosysteme, wie z. B. Röhricht- und Ufervegetation sowie Biberwiesen in Flussauen, Niedermoore, Randlaggs von Regenmooren, Waldlichtungen oder Lawinenbahnen (Ellenberg 1952, 1996). Die Naturlandschaft der heutigen Grünlandstandorte war durch die natürliche Dynamik der vorherrschenden Waldökosysteme mit ihren Entwicklungsstadien und natürlichen Störungsereignissen (Stürme, Überschwemmungen etc.) geprägt. Der Flächenanteil des Grünlandes vergrößerte sich erst durch **Beweidung und Heumahd** durch den Menschen und seine Haustiere. Die Weidenutzung ist die älteste für die Grünlandentstehung relevante Nutzungsform, die im Zuge der Sesshaftwerdung des Menschen und der Domestizierung von Nutztieren im Atlantikum zur Auflichtung der Wälder führte (Küster 1996). Die Wiesenmahd erforderte geeignete Werkzeuge wie Sicheln und Sensen und begann daher erst in der Eisenzeit. Durch diese anthropozoogene Landnutzung wurde der Wald nicht nur aufgelichtet, sondern die natürliche **Rückentwicklung zum Wald gebremst**, was diesen zunehmend durch gehölzarmes Grasland ersetzte. Gegenüber den natürlichen Waldstandorten überlagerte die Nutzungsform als neuer Standortfaktor die geomorphologisch vorgegebenen Standortbedingungen. Dabei entstanden neue Standorte und die Tier- und Pflanzenarten fanden sich zu neuen Lebensgemeinschaften zusammen.

Bis ins 20. Jahrhundert war die düngerlose Grünlandwirtschaft Grundlage des Ackerbaus (»*Grünland ist die Mutter des Ackerlandes*«, Klapp 1971). Neben der Versorgung der Tiere bestand ihre Funktion in der Bereitstellung von organischem Dünger (über den Dung der Tiere und den Misthaufen) für die Ackerflächen. Der einseitige Nährstofftransfer führte zur Nährstoff- und Humusakkumulation auf den Ackerstandorten (Eschböden) und zur **Nährstoffaushagerung** auf den Grünlandstandorten, sofern der Nährstoffentzug nicht, wie in den Auen, durch eine natürliche Düngung über Hochwassersedimente ausgeglichen wurde. Dieses Prinzip wurde seit dem Mittelalter durch aufwändige künstliche Überstauungs- und **Bewässerungssysteme**, sogenannte Wässerwiesen, nachvollzogen, die in Deutschland bis in die 1950er-Jahre Bestand hatten. Die vor allem im Voralpenraum verbreitete **Streuwiesennutzung** entwickelte sich erst im 19. Jahrhundert. Sie ergab sich aus der Notwendigkeit, nach der Umstellung der ehemaligen Mischbetriebe auf reine Grünlandwirtschaft Stalleinstreu in ausreichender Menge zu erzeugen (Dierschke und Briemle 2002).

Standörtlich waren die besseren Böden einer Gemarkung dem Ackerbau vorbehalten, während sich das Grünland auf den ackerbaulich schlecht nutzbaren, zu trockenen, zu nassen, überschwemmungsgefährdeten oder nährstoffarmen Standorten befand. Neben diesen standörtlich vorgegebenen Verteilungsmustern war der Abstand zur Siedlung und die Erreichbarkeit ein wesentliches Kriterium für die Lage der Grünlandflächen in

Tab. 11-1: Grünlandanteile in verschiedenen Naturraumtypen in Niedersachsen vor und nach der landwirtschaftlichen Intensivierungsphase (nach Rosenthal et al. 1998, verändert).

Naturraumtyp	Grünlandanteil 1945 (% der Naturraumfläche)	Grünlandverlust 1945–1985 (in %)
Marschen	62	9
Hochmoore	52	29
Niedermoore	32	27
Lehmauen	26	79
Sandauen	16	51
feuchte Geestgebiete	15	39
trockene Geestgebiete	6	40
Lössböden	2	33

der bäuerlichen Gemeinde. In konzentrischen Ringen um das Dorf folgten entsprechend eines Gradienten der Nutzungsintensität die Äcker, die Wiesen, die Allmendweiden und der Wald (Thünen'sche Ringe). Während die Wiesen privatwirtschaftlich bearbeitet wurden, waren die großen Weideflächen in Mitteleuropa bis in die Mitte des 19. Jahrhunderts Gemeingut, sogenannte Allmendweiden, die mit großen Herden gemeinschaftlich beweidet wurden (Küster 1996).

Überregionale **Verteilungsmuster von grünlandgeprägten Landschaften** ergeben sich (auch heute noch) durch die eingeschränkte Ackertauglichkeit von bestimmten Standorten einerseits und die Bindung ertragreicher Grünlandnutzung an eine gute Wasserversorgung andererseits. So sind atlantische Klimaregionen der Pleistozän-Landschaften des nördlichen und des gebirgsnahen Mitteleuropas ausgesprochene Grünland-Landschaften. Insbesondere sind hier die Marschen, die Lehm- und Sandauen, die Niedermoore, Regenmoore und Küstenüberflutungsmoore, die Moränen mit einem hohen Anteil organischer Böden und die montanen regenreichen Höhenstufen in den Gebirgen und im Voralpenland zu nennen. Regenarme Regionen und Lösslandschaften hingegen haben nur geringe Grünlandanteile aufzuweisen (Klapp 1971, Rosenthal et al. 1998; Tab. 11-1).

11.2 Vegetation, Nutzung, Standort

Im Folgenden wird die Standortökologie der wichtigsten Zielpflanzengesellschaften für die Renaturierung von Feuchtgrünland (Sumpfdotterblumenwiesen, Pfeifengraswiesen, Kleinseggenriede), Auengrünland i. e. S. (Brenndoldenwiesen), mesophilem Grünland (Tieflagenfrischwiesen, Gebirgsfrischwiesen) und extensiv beweideten Weidegrasweiden und Flutrasen dargestellt (Ellenberg 1996, Dierschke 1997, Dierschke und Briemle 2002, Burkart et al. 2004; Tab. 11-2). Die unterschiedlichen Standortbedingungen werden im Feucht- und Auengrünlandbereich durch die PNV (Vegetationseinheiten der Potenziellen Natürlichen Vegetation) der Birkenbruchwälder (Betulion pubescentis), Erlenbruchwälder (Alnion glutinosae), Eichen-Hainbuchen- und Hartholzauenwäldern (Carpinion, Alno-Ulmion) und im Bereich des mesophilen Grünlandes durch die der Buchen- und bodensauren Eichenmischwälder (Fagion, Quercion roboripetraeae) repräsentiert.

Der Verband der **Sumpfdotterblumenwiesen** (Calthion) umfasst zweischürige Heuwiesen auf Feuchtstandorten. Seine häufigsten Pflanzengesellschaften sind die Wassergreiskrautwiese (Bromo-Senecionetum aquatici) auf mäßig nährstoffreichen, sauren bis subneutralen, häufig überschwemmten Anmoor- und Niedermoorböden und die Kohldistelwiese (Angelico-Cirsietum oleracei), die erstere auf nährstoffreicheren, sub-

Tab. 11-2: Übersicht von Grünlandpflanzengesellschaften der ein- bis zweischürigen Wiesen und extensiven Weiden in Mitteleuropa (Auswahl). Nomenklatur nach Pott (1995), Dierschke (1997), Dierschke und Briemle (2002), Burkart et al. (2004).

Verband/Assoziation		Nässestufe	Säure-Basenstufe	Trophie
Cn	Hundsstraußgras-Grauseggensumpf (Carici canescentis-Agrostietum caninae)	nass	sauer	oligo-mesotraphent
Cn	Sumpfläusekraut-Fadenbinsensumpf (Pedicularia palustris-Juncetum filiformis)	nass	sauer-subneutral	oligo-mesotraphent
Cd	Davallseggensumpf (Caricetum davallianae)	nass	kalkhaltig	oligo-mesotraphent
Cp	Silikat-Binsenwiese (Crepido-Juncetum acutiflori)	staunass	sauer-subneutral	meso-eutraphent
Cp	Waldsimsenwiese (Scirpetum sylvatici)	staunass	subneutral-sauer	eutraphent
Cp	Knotenbinsen-Sumpfwiese (Juncetum subnodulosi)	staunass	subneutral-kalkhaltig	meso-eutraphent
Cp	Wassergreiskrautwiese (Bromo-Senecionetum aquatici)	feucht bis nass	subneutral-sauer	meso-eutraphent
Cp	Sumpfplatterbsen-Gesellschaft (Lathyrus palustris-Gesellschaft)	feucht bis nass	subneutral	eutraphent
Cp	Kohldistelwiese (Angelico-Cirsietum oleracei)	feucht bis nass	subneutral-kalkhaltig	eutraphent
Cp	Wiesenknopf-Silgenwiese (Sanguisorbo-Silaetum pratensis)	frisch-feucht	subneutral	eutraphent
Mc	Borstgras-Pfeifengraswiese (Junco-Molinietum caeruleae)	feucht	sauer	mesotraphent
Mc	Schwalbenwurz-Enzian-Pfeifengraswiese (Gentiano asclepiadeae-Molinietum)	feucht	subneutral-kalkhaltig	mesotraphent
Cc	Weidelgras-Weißkleeweide (Lolio-Cynosuretum lotetosum)	feucht	subneutral	eutraphent
Cc	Magerweide (Luzulo-Cynosuretum cristati)	frisch	sauer	mesotraphent
Cd	Brenndoldenwiese (Cnidio-Violetum persicifoliae)	frisch-feucht	subneutral	meso-eutraphent
Ae	Straußblütiger Ampferwiese (Chrysanthemo-Rumicetum thyrsiflori)	frisch-feucht	subneutral-kalkhaltig	eutraphent
Ae	Tiefland-Glatthaferwiese (Dauco-Arrhenantheretum elatioris)	frisch	subneutral-kalkhaltig	eutraphent
PT	Goldhaferwiese (Geranio-Trisetetum flavescentis)	frisch	subneutral-kalkhaltig	eutraphent

Pflanzensoziologische Verbände: Cn: Caricion nigrae (Braunseggensumpf), Cd: Caricion davallianae (Kalkkleinseggensumpf), Cp: Calthion palustris (Sumpfdotterblumenwiesen), Mc: Molinion caeruleae (Pfeifengraswiesen), Cc: Cynosurion cristati (Weidelgrasweiden), Cd: Cnidion dubii (Brenndoldenwiesen), Ae: Arrhenatherion elatioris (Tieflagenfrischwiesen), PT: Polygono-Trisetion (Gebirgsfrischwiesen).
Die Klassifizierung der Trophie- und Säure-Basenstufen folgt Succow und Joosten (2001): oligotroph (C/N > 33), mesotroph (C/N > 20–33), eutroph (C/N > 10–20); sauer (pH < 4,8), subneutral (pH 4,8–6,4), kalkhaltig (pH > 6,4).

neutralen bis kalkhaltigen Standorten ablöst. Die Sumpfplatterbsen-Gesellschaft (*Lathyrus palustris*-Gesellschaft) kommt auf basenreichen Standorten in den östlichen Flusstälern (Elbe, Oder) vor. Die Waldsimsen- (Scirpetum sylvatici) und die Binsenwiesen (Juncetum acutflori, Juncetum subnodulosi) besiedeln quellige Standorte. Die Wiesenknopfsilgenwiese (Sanguisorbo-Silaetum) wächst auf tonigen, wechselfeuchten Substraten der großen Flusstäler, namentlich Rhein, Weser und Elbe.

Pflanzengesellschaften der **Pfeifengraswiesen** (Molinion) kommen auf nährstoffarmen, wechselfeuchten bis nassen Standorten vor und werden als einschürige Streuwiesen genutzt. Die Borstgras-Pfeifengraswiese (Junco-Molinietum) besiedelt nährstoffarme, saure, die im Wesentlichen süd-mitteleuropäisch verbreitete basiphile Pfeifengraswiese (Gentiano asclepiadeae-Molinietum) dagegen subneutrale bis kalkreiche Niedermoorböden. **Brenndoldenwiesen** (Cnidion) sind typische Grünlandgesellschaften auf wechselfeuchten, gelegentlich überschwemmten lehmigen Sandböden der kontinental geprägten großen Flusstäler. Auf dauernassen, nährstoffarmen Nieder- und Übergangsmoorböden gedeihen meist einschürig genutzte **Kleinseggenriede**, wobei die Braunseggensümpfe (Caricion nigrae) saure und die Davallseggenriede (Caricion davallianae) basen- und kalkreiche Standorte besiedeln. Letztgenannter Verband hat seinen Verbreitungsschwerpunkt flächenmäßig und hinsichtlich der Artenvielfalt im Alpenraum. Im nördlichen Mitteleuropa finden sich als Vertreter das Mehlprimel-Kopfbinsenried (Primulo-Schoenetum ferruginei) und der Flohseggensumpf (Parnassio-Caricetum pulicaris) kleinflächig am Rande der Mittelgebirge und in den Jungmoränengebieten.

Auf Standweiden entwickeln sich je nach Nutzungsintensität und Standortbedingungen verschiedene **Weidegesellschaften** (Cynosurion). Die Weidelgras-Weißkleeweide (Lolio-Cynosuretum cristati) ist bei mittlerer Beweidungsintensität und mäßiger Düngung am weitesten verbreitet, während die Magerweide (Luzulo-Cynosuretum) auf nährstoffarmen Böden gedeiht. **Glatthaferwiesen** (Arrhenatherion) entstehen als Gegenstück der oben genannten Fettweiden bei Heuwiesennutzung. Floristisch ist die Glatthaferwiese (Dauco-Arrhenatheretum) in seiner vollen Vielfalt im südwestlichen Mitteleuropa ausgebildet, im nördlichen Mitteleuropa dagegen auf Auelehmböden in artenverarmter Ausbildung vorhanden. **Goldhaferwiesen** (Polygono-Trisetion) ersetzen die Glatthaferwiesen in der montanen Stufe.

11.3 Flächenverluste und Veränderungen des extensiven Grünlandes in der zweiten Hälfte des 20. Jahrhunderts

Für die extensiv genutzten Grünlandgesellschaften, als wichtige Leitbilder der Grünlandrenaturierung, ergaben sich in der zweiten Hälfte des 20. Jahrhunderts erhebliche Flächenverluste, die allerdings regional und standörtlich unterschiedlich stark ausfielen. So zeigt die Flächenbilanz für das Bundesland Niedersachsen (Nordwestdeutschland) von 1945 bis 1985 die **größten Verluste in den Flussauen** zugunsten von Ackerland, namentlich in den Sandauen Südwestniedersachsens (z. B. im Emstal) und in den Lehmauen von Weser und Aller (Tab. 11-1). Regionale Unterschiede ergaben sich durch landwirtschaftliche Sonderentwicklungen, z. B. in den südwestniedersächsischen Niedermoorgebieten und im Drömling, wo Massentierhaltung den Grünlandumbruch in großem Umfang erforderte und heute mit hohen Stickstoffüberschüssen korreliert (Kratz und Pfadenhauer 2001).

In der westfälischen Bucht (Nordrhein-Westfalen) mit armen, feuchten Talsand- und Podsolböden über fluviatilen Ablagerungen (PNV: Buchen- und Birken-Eichenwälder, Eichen-Hainbuchenwälder) ist der Grünlandanteil um die Hälfte zurückgegangen (Abb. 11-1). Die starke Parzellierung der ehemals geschlossenen Grünlandflächen erhöhte die Randeinflüsse von den Ackerflächen (Düngerverwehung, Biozide), der Störungsintensität (z. B. für Wiesenvögel) und die räumliche Isolation der verbliebenen Grünlandflächen mit negativen Effekten für die Wiederbesiedlung durch Pflanzen und nicht flugfähige Tiere.

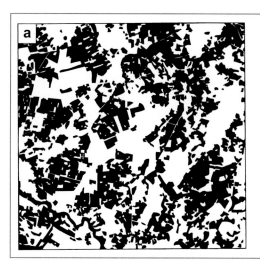 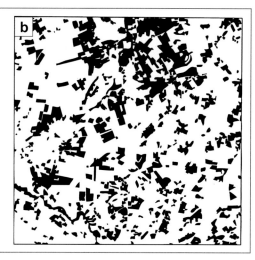

Abb. 11-1: Flächenhafte Verluste des Grünlandes (schwarz) in der Westfälischen Bucht (Kartenblatt Ottenstein TK 25/3907) zwischen 1954 (a) und 1992 (b); andere Nutzungen (weiß). Kantenlänge des Kartenblatts: 11,269 km. Die Grünlandfläche betrug im Jahre 1954 55 km², im Jahre 1992 31 km², die mittlere Flächengröße 26 ha bzw. 9 ha und die Flächenanzahl 209 bzw. 348.

Flächengewinne für Grünland ergaben sich in den Pleistozän-Landschaften des nördlichen Mitteleuropa nur in unbedeutendem Umfang, z. B. durch die Überführung von Moorheiden und von entkalkten Ackerböden der Seemarschen in Grünland. Im Mittelgebirgsbereich sind hingegen regional erhebliche Grünlandzuwächse auf Kosten von Ackerflächen zu verzeichnen, sodass man etwa im Lahn-Dill-Bergland regelrecht von einer „Vergrünlandung" spricht.

Vergleichskartierungen aus den 1950er- und 1990er-Jahren dokumentieren die qualitativen ökologischen Veränderungen, die mit der Intensivierung bzw. Aufgabe der Landnutzung und der Verbrachung einhergingen. In Intensivierungsgebieten hat der Anteil von Äckern, Grasäckern und kennartenarmen Grünlandgesellschaften auf entwässerten, stark gedüngten und beweideten Standorten zugenommen, in landwirtschaftlichen Rückzugsgebieten mit großen Brachflächen hingegen nitrophile Hochstaudengesellschaften (Filipendulion, Artemisietea), Röhrichte (Phragmition) und Großseggenriede (Magnocaricion). Die flächenmäßig stärksten Einbußen betrafen in Norddeutschland die ehemals vorherrschenden Sumpfdotterblumen- (Calthion) und Pfeifengraswiesen (Molinion). So blieben im mittleren Ostetal (Elbe-Weser-Dreieck) zwischen 1964 und 1992 nur ein Drittel der Wassergreiskrautwiesen, der ehemals häufigsten Calthion-Gesellschaft, erhalten.

Damit ging ein starker **Artenrückgang** einher, der insbesondere stenöke Tier- und Pflanzenarten betraf und deren aktuellen Gefährdungsgrad und Rote-Liste-Status begründet. Überregional zeichnen sich aufgrund der vorgenannten Veränderungen der landwirtschaftlichen Bewirtschaftung unterschiedliche ökologische Artengruppen im Feucht- und Auengrünland ab (Tab. 11-3).

Besonders gefährdet sind **Offenlandarten oligo- und mesotropher Standorte**, die sich erst mit der bäuerlichen Tätigkeit des Menschen von ihren eng umgrenzten natürlichen Lebensräumen in die unter Kultur genommenen Flächen ausgebreitet hatten und die heute zu ihrer Erhaltung unbedingt der weiteren extensiven Nutzung bedürfen (Kasten 11-1).

Andere Pflanzenarten finden in grünlandverwandten Offenlandlebensräumen, wie z. B. Heiden (Bleiche Segge, *Carex pallescens*; Zittergras, *Briza media*), Quellfluren (Sumpf-Stendelwurz, *Epipactis palustris*; Sumpf-Herzblatt, *Parnassia palustris*), Flussufern (Langblättriger Ehrenpreis, *Pseudolysimachion longifolium*; Wald-Engelwurz, *Angelica sylvestris*) oder in Wäldern (Sumpf-Dot-

Tab. 11-3: Ökologische Artengruppen unterschiedlichen dynamischen Verhaltens im Grünland. Ursachen der Veränderungen: 1) Entwässerung, 2) Düngung, 3) frühe Mahd, 4) Beweidung, 5) Verdichtung, 6) Brache.

ökologische Gruppen	Beispielarten	Ursachen
Rückgang		
Nährstoffmangelzeiger feuchter und nasser Standorte	*Valeriana dioica, Menyanthes trifoliata, Potentilla palustris, Eriophorum angustifolium, Taraxacum palustre*	1, 2, 6
Nährstoffmangelzeiger frischer Standorte	*Succisa pratensis, Helictotrichon pratense, Luzula campestris, Nardus stricta, Carex pallescens, Briza media, Leontodon hispidus*	2, 6
Frischezeiger mittlerer Standorte	*Anthoxanthum odoratum, Agrostis capillaris, Festuca rubra, Cynosurus cristatus, Bellis perennis, Ranunculus acris*	2, 3, 4, 6
beweidungsempfindliche Mähwiesenarten feuchter bis nasser, eutropher Standorte	*Caltha palustris, Myosotis palustris, Juncus filiformis, Carex* sp., *Crepis paludosa, Geum rivale, Cirsium oleraceum, Cnidium dubium*	1, 2, 4, 6
kurzlebige Grünlandarten	*Pedicularis palustris, Bromus racemosus, Senecio aquaticus, Rhinanthus angustifolius, Rh. minor, Trifolium dubium*	2, 3, 6
Zunahme		
Nährstoffzeiger der Mähwiesen	*Elymus repens, Alopecurus pratensis, Taraxacum officinale* agg., *Festuca pratensis, Dactylis glomerata, Phleum pratense, Poa pratensis, Lolium multiflorum*	1, 2, 3
Nährstoffzeiger der Weiden	*Lolium perenne, Poa trivialis*	1, 2, 4
kurzlebige Ackerwildkräuter und Pionierarten	*Poa annua, Stellaria media, Capsella bursa-pastoris, Chenopodium album, Rorippa islandica, Plantago major*	4, 5
vegetativ regenerations starke Beweidungs- und Wechselfeuchtezeiger	*Agrostis stolonifera, Alopecurus geniculatus, Rorippa sylvestris*	4, 5
Weideunkräuter bei Unterbeweidung oder mangelnder Pflege	*Deschampsia cespitosa, Juncus effusus, J. inflexus, Rumex obtusifolius, Mentha longifolia*	4, 5, 6
Brachearten der Feucht- und Nasswiesen	*Glyceria maxima, Phalaris arundinacea, Filipendula ulmaria, Lysimachia vulgaris, Stachys palustris*	6
mahdempfindliche Röhricht- und Riedarten	*Lysimachia thyrsiflora, Calystegia sepium, Rumex hydrolapathum, Carex aquatilis*	6
Brachearten der Frischwiesen	*Urtica dioica, Anthriscus sylvestris, Heracleum sphondylium, Glechoma hederacea*	6

terblume, *Caltha palustris*; Sumpf-Pippau, *Crepis paludosa*) Rückzugsräume.

Die Pflanzenarten, die die aktuellen Intensivgrünland- bzw. Brachegesellschaften aufbauen, waren entweder auch in den Ausgangsgesellschaften schon vorhanden oder wanderten aus Nachbarökosystemen, wie Feuchtwäldern, Röhrichten, Großseggenrieden, Ruderalvegetation oder Äckern ein. Es handelt sich um euryöke

Arten mit hohen Stickstoffzeigerwerten (Tab. 11-3). Für ihre Dominanz sorgt natürlich auch die künstliche Einsaat zur landwirtschaftlichen Grünlandverbesserung, wie z. B. von Wiesen-Knäuelgras (*Dactylis glomerata*), Vielblütigem Weidelgras (*Lolium multiflorum*), Wiesen-Lieschgras (*Phleum pratense*), Wiesen-Rispengras (*Poa pratensis*) und Wiesen-Schwingel (*Festuca pratensis*).

Kasten 11-1
Pflanzenarten des Feucht- und Auengrünlandes, die zu ihrer Erhaltung unbedingt der weiteren extensiven Nutzung bedürfen

Trauben-Trespe	*Bromus racemosus*	Großer Wiesenknopf	*Sanguisorba officinalis*
Brenndolde	*Cnidium dubium*	Knöllchen-Steinbrech	*Saxifraga granulata*
Lungen-Enzian	*Gentiana pneumonanthe*	Wasser-Greiskraut	*Senecio aquaticus*
Faden-Binse	*Juncus filiformis*	Sumpf-Löwenzahn	*Taraxacum palustre*
Sumpf-Läusekraut	*Pedicularis palustris*		

11.4 Rückgangsursachen

11.4.1 Veränderungen des Wasserhaushalts

Hauptursache der oben genannten Veränderungen von Feucht- und Auengrünland ist die Flächenentwässerung durch Dränung und Absenkung des Grundwasserstands, teilweise um mehr als einen Meter (Nienhuis et al. 2002). Die damit einhergehenden bodenphysikalischen Veränderungen wie Torfsackung, -schrumpfung und -mineralisierung (Vererdung, Vermullung; Kapitel 3) verstärken die ökologischen Wirkungen der Grundwasserabsenkung. Sie manifestieren sich in einer Abnahme der nutzbaren Feldkapazität, der Leitfähigkeit, der Kapillarität und der Benetzbarkeit sowie einer Zunahme der **Grundwasserstandsschwankungen** und der **Wechselfeuchtigkeit** (Hennings 1996). Stärkere Niederschläge werden nicht mehr so rasch vom Boden aufgenommen, sondern sammeln sich als Stauwasser in Flutmulden. Bei Trockenheit hingegen trocknet der Oberboden schnell aus, ohne dass Wasser aus dem Unterboden kapillar nachströmen kann. Mit der Grundwasserabsenkung gingen vielfach hydrochemische Veränderungen mit erheblichen ökologischen Wirkungen auf die Grünlandvegetation einher, z. B. wenn mineralreiches Grundwasser durch nährstoff- oder sulfatreiches Oberflächenwasser oder oligotrophes Regenwasser ersetzt wurde (Grootjans et al. 2002).

Mit dem Verlust von Überschwemmungsgebieten entfiel auch ein entscheidender Störungsmechanismus als *trigger* der hohen räumlichen und zeitlichen Diversität des Auengrünlandes und ein Transportmittel für hydrochor ausgebreitete Pflanzendiasporen.

11.4.2 Düngung und Torfmineralisierung

Unter natürlichen Bedingungen sind organische Nassböden Stoffsenken (Kapitel 3). Entwässerte Niedermoore entwickeln sich zu **Nährstoffquellen**, die das Grundwasser und die Atmosphäre mit zunehmender Nutzungsintensität (z. B. Ackerbau) und Düngung stärker belasten (Kratz und Pfadenhauer 2001). Dabei trägt die Mineralisierung der organischen Substanz (interne Eutrophierung) stärker zur Gesamtnährstoffaufnahme der Pflanzendecke bei als externe Einträge über die Düngung und diffuse Einträge (Aerts et al. 1999). Unter intensiver Grünlandnutzung können jährlich 700–1 100 kg N/ha freigesetzt werden (Scheffer 1994). Durch Absenkung des Grundwassers wurde die N-Mineralisation in Sumpfdotterblumenwiesen um das 5–10-fache gesteigert (Grootjans et al. 1985). Die **Nivellierung der Trophieverhältnisse** manifestiert sich in der Verschiebung der Konkurrenzbedingungen zugunsten nitrophiler Pflanzenarten und im Rückgang der Nährstoffmangelzeiger mit N-Zeigerwerten < 6 (Tab. 11-4). Bei einer N-Düngung von mehr als 50 kg ha^{-1} a^{-1} verschwinden nach

Tab. 11-4: Wirkungen der Düngung auf Standort, Habitat und Biozönose im Feuchtgrünland.

Wirkungen auf Standort und Habitat	Wirkungen auf die Biozönose
Zunahme	
externe/interne Eutrophierung	Gräser/Kräuterverhältnis
Bodenzehrung (organische Böden)	nitrophile, hochwüchsige Pflanzenarten
Beschattung	Produktivität
strukturelle Verarmung	frühere phänologische Entwicklung
Wasserverbrauch durch die Vegetation	Lichtkonkurrenz
Bodenverdichtung frühe/häufige Mahd	Stickstoffgehalt der Pflanzen
Abnahme	
strukturelle Diversität der Vegetation (horizontal wie vertikal)	Artenzahl Tiere/Pflanzen, insbesondere stenöke Arten
Lückigkeit der Vegetationsnarbe	niedrigwüchsige, oligo-, mesotraphente Pflanzenarten
trophische Diversität des Bodens	Wiesenlimikolen düngungsempfindliche Phytophage zoophage Spinnen und Laufkäfer lückiger Vegetation

Jeckel (1987) z. B. die Trennarten der mageren Ausprägungen der Feuchtwiesen (z. B. Hunds-Straußgras, *Agrostis canina*), bei mehr als 100 kg ha^{-1} a^{-1} auch die Kennarten der Sumpfdotterblumenwiesen (z. B. *Caltha palustris*), die sonst über den gesamten Standortbereich des zweischürigen Feuchtgrünlandes vorkommen.

11.4.3 Steigerung der Nutzungsintensität

Die Steigerung der Nutzungsintensität im Grünland bezieht sich auf die Nutzungshäufigkeit, die Vorverlagerung der ersten Nutzung in das Frühjahr, die Mahdtechnik (Kreiselmäher statt Sense) und die Beweidungsdichte. Je nach Witterung und geographischer Lage werden Grünlandflächen heute von Anfang März bis Ende April mehrmals befahren, bevor ab Anfang Mai der Weideauftrieb oder der erste Schnitt erfolgt. Bei intensiver Nutzung wird eine Wiese von März bis Juni bis zu sechsmal bearbeitet. Die Beweidung erfolgt in der Regel als intensive Portionsweide, d. h. durch periodische Kurzzeitbeweidung mit hoher Beweidungsdichte. Charakteristisch ist heute auch eine **Wechselnutzung durch Mähen**

und Beweidung (sogenannte Mähweide: erster Wiesenschnitt Mitte Mai, dann Beweidung), bei der vor allem die früher typischen Wiesenarten ausfallen.

Die intensive Nutzung wirkt auf die Pflanzenartenzusammensetzung durch die Schädigung regenerationsschwacher Pflanzenarten (z. B. Zwergsträucher) und die Förderung störungstoleranter, regenerationsstarker Pflanzenarten (Bullock et al. 2001). Bei **Portions- und Umtriebsweide** mit hohem Tierbesatz wird die Tritt- und Verbisswirkung maximiert. Der Tritt des Weideviehs führt zur Zerstörung empfindlicher, insbesondere aerenchymreicher pflanzlicher Gewebe und gleichzeitig zur oberflächlichen Verletzung der Vegetationsnarbe (Störung): Die eigentlichen Sumpfpflanzen werden ausgeschaltet und regenerationsstarke Arten mit guter vegetativer Reproduktion (z. B. Stolonenarten) oder langlebiger Samenbank im Boden breiten sich aus (z. B. Ackerwildkräuter). Bei Intensivbeweidung fällt der selektive Verbiss des Weideviehs zugunsten ungern gefressener Arten weg, sodass allgemein die Nischen- und Artenvielfalt reduziert wird. Der Tritt verursacht Bodenverdichtungen, die durch schwere Erntemaschinen verstärkt werden. Landschaftsweite Vereinheitlichung der Bewirtschaftungsformen und die

Steigerung der Bewirtschaftungsintensität trugen neben Düngung und Entwässerung maßgeblich zur Nivellierung der Standort- und Artenvielfalt bei.

11.4.4 Verbrachung

Auf schwer zugänglichen (z. B. montanen) oder zu nassen Standorten wurde die **Nutzung** im Zuge der Umstrukturierung der Landwirtschaft häufig **aufgegeben**. Im Verlauf progressiver sekundärer Sukzession entwickelten sich verschiedene Folgegesellschaften in Form von (häufig) artenarmen Hochgras- und Hochstaudengesellschaften bzw. Pionierwäldern. Im Feuchtgrünland geht das Brachfallen mit der Verlandung des Grabensystems, der Vernässung und Verminderung der bodenbiologischen Umsetzungsprozesse (z. B. N-Mineralisation) einher (Tab. 11-5). Trotzdem nimmt die Bestandesbiomasse zu, weil sich hochwüchsige Pflanzenarten mit einem effizienten **internen Nährstoffkreislauf** ausbreiten. Auf eutrophen Standorten sind es vorwiegend spätblühende Rhizompflanzenarten (z. B. Rohr-Glanzgras, *Phalaris arundinacea*; Sumpf-Reitgras, *Calamagrostis canescens*; Wasserschwaden, *Glyceria maxima*), deren Fähigkeit zur Polykormonausbreitung zu einer starken Mosaikbildung innerhalb der Bracheflächen führt. Auf mesotrophen Standorten sind es eher Horstgräser wie z. B. Pfeifengras (*Molinia caerulea*) (Müller et al. 1992, Hellberg et al. 2003, Schreiber 2006). Streuakkumulation und ungünstiges Mikroklima unter den hochwüchsigen Beständen bewirken einen starken **Rückgang von kleinwüchsigen Arten** und damit insgesamt der Artenzahlen, sodass Brachen trotz geringerer anthropogener Einflüsse keine Rückzugsorte für seltene Grünlandpflanzenarten liefern (Kasten 11-2). Gleichzeitig wird die Neueinwanderung von späteren Sukzessionsarten, insbesondere Waldbäumen gebremst. Auf eutrophen, frischen Grünlandstandorten sind die Brachestadien von anderen Pflanzenarten dominiert (z. B. Echtes Johanniskraut, *Hypericum perforatum*; Wiesen-Labkraut, *Galium mollugo*; Berg-Kälberkropf, *Chaerophyllum hirsutum*), verlaufen oft weniger stetig und sind durch temporäre Rückentwicklungen zu grünlandähnlichen Stadien unterbrochen (Schreiber 2006). Sie bewalden sich selbst bei erheblicher Streubildung leichter als die Feuchtbrachen.

Die **Bewaldung** setzt einen entsprechenden Sameneintrag voraus und findet am ehesten dann statt, wenn die Produktion der Wiesenvegetation gering ist (wenig Streu) und Mikrostrukturen (z. B. Maulwurfshügel, Grabenaushub, ausgeprägte Bulte) Keimungsmöglichkeiten für Sträucher und Bäume schaffen. Bei den einwandernden Baumarten handelt es sich meist um Schwarzerle (*Alnus glutinosa*), Stieleiche (*Quercus robur*), Faulbaum (*Frangula alnus*), Moorbirke (*Betula pubescens*), Esche (*Fraxinus excelsior*) sowie Pappel- (*Populus* sp.) und Weidenarten (*Salix* sp.). Zum Teil wurden Grenzertragsstandorte aber auch aufgeforstet und damit langfristig einer landwirtschaftlichen Nutzung entzogen.

Tab. 11-5: Wirkungen von Verbrachung auf Feuchtgrünlandstandorten.

Wirkungen auf den Standort
Vernässung durch Grabenverlandung und abnehmende Evapotranspiration
Abnahme der N-Mineralisation und Nitrifikation
Beschattung, gepufferte Temperaturverläufe
keine Störung durch Bewirtschaftung

Wirkungen auf die Vegetation
Zunahme von hochwüchsigen Rhizom- und Horstpflanzenarten mit interner Nährstoffverlagerung, vegetativer Vermehrung und spätem phänologischen Höhepunkt (Röhricht-, Hochstauden-, Streuwiesen-, Ruderalarten)
hohe Phytomasseproduktion, Streubildung: Unterdrückung niedrigwüchsiger Wiesenarten, Abnahme der Artenzahlen, Hemmung der weiteren Sukzession zum Wald

11

11.4.5 Folgenutzung Ackerbau

Entwässerung und nachfolgender **Umbruch von Grünland** und Ackerbau haben Standorte und Vegetation besonders nachhaltig verändert. Die Mineralisierung und Vererdung der organischen Substanz wird durch die regelmäßige Durchmischung und Durchlüftung des Bodens verstärkt. Dies gilt auch bei Saatgrasbau (mit Umbruchrhythmen von ca. 3–7 Jahren), wie er für die Niedermoorgebiete der ehemaligen DDR typisch war (Succow und Joosten 2001). Vollkommen veränderte Standortbedingungen wurden durch Tiefumbruch geschaffen, wobei die Dränung des Bodens verbessert und der mineralische Anteil erhöht wurde. Die Bodenbearbeitung führt zum **Verlust des Samenpotenzials im Boden**, sodass die Regeneration artenreicher Feuchtwiesen auf solchen Standorten zusätzlich zu den zum Teil irreversiblen Veränderungen des Bodens erschwert ist (Rosenthal 2001).

11.4.6 Isolation und Verlust von Ausbreitungsvektoren

Die **Verkleinerung und Isolation von Grünlandflächen** durch Umnutzung haben populationsgenetische und -demografische Effekte. Mit der Reduktion der Populationsgrößen erhöht sich die Aussterbewahrscheinlichkeit durch Extremereignisse, weil Ausweichhabitate fehlen. Nach lokalem Aussterben solcher Restpopulationen erfolgt die **Rekolonisierung in der Bilanz zu langsam**, weil Ausbreitungsvektoren für Diasporen von Grünlandarten in der modernen Agrarlandschaft entweder ganz fehlen (z. B. Überschwemmungen) oder nicht ausreichend effizient sind (Kapitel 2). In kleinen voneinander isolierten Restpopulationen wirken sich populationsgenetische Prozesse, wie genetische Drift und Inzucht, nachteilig auf die genetische Variabilität und die Fitness der Nachkommenschaft aus, weil kein genetischer Austausch über Bestäubung oder Diasporen mehr stattfindet (Fischer et al. 2000). Mit der Zersplitterung und Verkleinerung der Grünlandflächen (Abb. 11-1) nehmen auch Randeinflüsse auf diese zu, wie Düngereinträge durch Verwehung oder ins Grundwasser sowie Störungen.

Nutzungsunabhängige Prozesse führen unter den gegebenen landeskulturellen und landschaftlichen Rahmenbedingungen nicht automatisch zu hoher Artenvielfalt (Jensen und Schrautzer 1999). Der Sachverständigenrat für Umweltfragen (1987) betont sogar, dass »alle Versuche, die Bestimmung von Umweltqualitätszielen an einer Vorstellung dessen zu orientieren, was „natürlich" sei, scheitern müssen« (in Kiemstedt 1991). **Natürliche Störungen** fehlen in den „modernen" Kulturlandschaften ebenso wie **natürliche Ausbreitungs- und Wiederbesiedlungsprozesse**. Das muss zumindest vorübergehend (außerhalb großflächiger Schutzgebiete) durch anthro-

---

Kasten 11-2
Begründung der Grünlandrenaturierung

Durch Maßnahmen der Grünlandrenaturierung soll die Bedeutung sekundärer, nutzungsabhängiger Biozönosen auf frischen und feuchten Standorten hervorgehoben werden: Sie haben sich für viele Arten als **Ersatzlebensräume** erwiesen, die ihre Primärhabitate in natürlichen Mooren oder dynamischen Pionierökosystemen, etwa in Auen, verloren haben. Unter veränderten Bedingungen (Klimaveränderungen, landschaftsweite Eutrophierung, nutzungsgeschichtliche Einflüsse) muss es als zweifelhaft gelten, ob ihre Primärbiotope, insbesondere oligo- und mesotrophe Nieder-

moore entsprechend der natürlichen Vorbilder in planungsrelevanten Zeiträumen wiederherzustellen sind (Dierssen 1998, Grootjans et al. 2002; Kapitel 3). Sekundärbiotope wie z. B. Feuchtgrünland müssen daher zumindest übergangsweise Ersatzlebensräume für ahemerobe und oligohemerobe Arten (= Arten natürlicher bis naturnaher Standorte) bereitstellen. Darunter befinden sich zahlreiche Rote-Liste-Pflanzenarten, die wie Abbildung 11-2 zeigt, im extensiv genutzten Grünland ihren Verbreitungsschwerpunkt haben.

pogene Einwirkungen und Landnutzung sub-
stituiert werden. So bedürfen derzeit unter
den gefährdeten Grünlandgesellschaften Norddeutschlands flächenmäßig 79 % einer ein- bis
zweischürigen Wiesenmahd bzw. einer extensiven
Beweidung und nur 21 % wären durch Brache zu
erhalten (Abb. 11-3).

11.5 Renaturierungsziele

Übergeordnete Renaturierungsziele wurden in
Kapitel 1 beschrieben. Das wichtigste Leitbild für
die Grünlandrenaturierung liefert die **historische Kulturlandschaft** mit ihren extensiv genutzten Grünlandökosystemen (Abschnitt 11.2). Die
räumliche Differenzierung dieser Leitbilder kann
z. B. über die Abgrenzung von Naturraumtypen
vorgenommen werden (Rosenthal et al. 1998).
Jeder Naturraumtyp ist durch ein Sortiment von
Pflanzengesellschaften der PNV (als Repräsen-
tanten der herrschenden standortökologischen
Bedingungen) und ihrer Ersatzgesellschaften
unterschiedlichen Hemerobiegrades (also auch
Grünlandgesellschaften) gekennzeichnet (Gesell-
schaftsringe, Dierschke 1974). Nicht in jedem
Landschaftsausschnitt ist alles (auch nicht potenziell) erreichbar, weil arealgeographische, standörtliche und klimatische Bedingungen jeweils
nur bestimmte Pflanzengesellschaften zulassen.
   Durch die Festlegung der Leitbilder ergeben
sich auch die Zielgrößen für die abiotischen
Parameter (z. B. Grundwasserstände), Zielpflan-
zengesellschaften und Zielarten (Kapitel 1).
Pflanzengesellschaften haben dabei eine zentrale
Funktion, denn sie repräsentieren sowohl das
angestrebte, ökologische Faktorenset als auch
die Artenpotenziale, woraus **Indikatorarten** zur
Maßnahmenkontrolle und **Zielarten** für die
Bewertung der Zielerreichung zu extrahieren sind
(Tab. 11-6; Bakker et al. 2000, Rosenthal 2001).
Als überregional gültige Zielarten können z. B.
Rote-Liste-Arten herangezogen werden. Oberste
Priorität sollten Arten genießen, die keine ungefährdeten Refugialstandorte außerhalb des extensiven Grünlandes oder anderer gefährdeter Kul-
turökosysteme besitzen (Kasten 11-1). Leider
sind viele Rote-Liste-Arten inzwischen so selten,
dass ihre Reetablierung selbst nach Wiederherstellung der abiotischen Bedingungen kaum zu

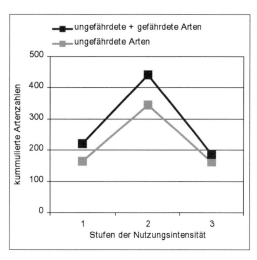

Abb. 11-2: Kummulierte Artenzahlen (Gefäßpflanzen) in
Grünlandgesellschaften Norddeutschlands bei unterschiedlicher Nutzungsintensität (1: Brache, 2: Extensivnutzung, 3: Intensivnutzung).

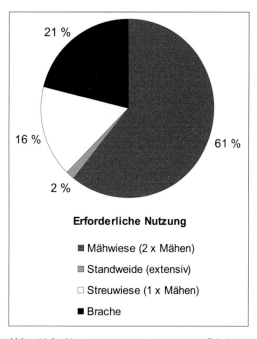

Abb. 11-3: Nutzungsvoraussetzungen zur Erhaltung
gefährdeter Grünlandpflanzengesellschaften in Norddeutschland. Sie haben einen Anteil von 23 % an den in
160 Gebieten untersuchten 34 000 ha Grünland (Datenbasis: Rosenthal et al. 1998).

Tab. 11-6: Soziologisch-ökologische Artengruppen als Indikatoren für die Maßnahmenkontrolle und die Bewertung der Zielerfüllung bei der Renaturierung von Feuchtgrünland in einem Niedermoorgebiet an der mittleren Wümme (Nordwest-Deutschland).

Bedeutung als Zielart*	soziologisch-ökologische Artengruppen** (Indikatoren für Maßnahmenkontrolle)	Standortamplitude										
		Hydrologie					Nährstoffe			Nutzung		
		frisch	wechselfeucht	feucht	nass	Überflutung	polymorph	eutroph	mesotroph	intensiv	mittel	extensiv
–	*Lolium perenne*											
–	*Alopecurus pratensis*											
+	*Agrostis stolonifera*											
+	*Phalaris arundinacea*											
++	*Silene flos-cuculi*											
++	*Plantago lanceolata*											
+++	*Caltha palustris*											
+++	*Carex nigra*											
++	*Carex acuta*											
Indikatoren für Vernässung Aushagerung Extensivierung		↓	↓	↓ →			mögliche Zielerfüllungsgrade ↓ ↓ →			↓	↓	

* Bedeutung als Zielart: – keine, + vorhanden, ++ hoch, +++ sehr hoch.

** Zusammensetzung der soziologisch-ökologischen Artengruppen (Artenauswahl): ***Lolium perenne, Alopecurus pratensis:*** *Festuca pratensis, Taraxacum officinale* agg.; ***Agrostis stolonifera:*** *Glyceria fluitans, Alopecurus geniculatus;* ***Phalaris arundinacea:*** *Glyceria maxima, Poa palustris;* ***Silene flos-cuculi:*** *Senecio aquaticus;* ***Plantago lanceolata:*** *Trifolium pratense, Ajuga reptans, Bellis perennis;* ***Caltha palustris:*** *Cirsium oleraceum, Angelica sylvestris;* ***Carex nigra:*** *Agrostis canina, Ranunculus flammula;* ***Carex acuta:*** *Filipendula ulmaria, Calamagrostis canescens.*
Unterschiedliche Strichstärken symbolisieren unterschiedliche Bedeutung und Häufigkeiten der Arten im jeweiligen ökologischen Standortbereich.

erwarten ist. Ein umfassendes Mess- und Bewertungssystem mit Zielarten muss daher Arten unterschiedlicher Standortamplitude und Etablierungswahrscheinlichkeit als Indikatoren der Zielerreichung enthalten (Rosenthal 2003). Hierfür eignen sich z. B. soziologisch-ökologische Pflanzenartengruppen, deren Reetablierung die durch Renaturierungsmaßnahmen erreichten abiotischen Standortbedingungen indiziert und gleichzeitig die Bewertung des Zielerfüllungsgrades ermöglicht (Tab. 11-6). Dabei kann die Bedeutung einer Art als Standortindikator hoch (Flecht-Straußgras, *Agrostis stolonifera* zeigt z. B. stark wechselfeuchte Bedingungen an), als Zielindikator aber gering sein (*A. stolonifera* ist ungefährdet).

Zielprozesse für die Renaturierung ergeben sich aus der Umkehrung der Degenerationsprozesse und unterscheiden sich je nach Vornutzung Ackerbau, Intensivgrünland oder Brache (Tab. 11-7). Abiotische Zielvorgaben leiten sich aus den Standortamplituden der Grünlandgesellschaften hinsichtlich Nutzungsintensität, Grundwasserstand, Hydrochemie und Trophie ab (Tab. 11-2).

Bei der **Wiedervernässung** von organischen Böden muss der Entwicklungszustand des Torfes berücksichtigt werden (Succow und Joosten 2001). So müssen in vererdeten Torfen (bei gleicher Zielvernässung) höhere Wasserstände gehalten werden als in unvererdeten, weil die kapillare Nachlieferung aus dem Grundwasser (zur Kompensation des Wasseranspruchs der Evapotranspiration) reduziert ist (Hennings 1996). Zielwasserstände von 20 cm unter Flur sind sowohl in vererdeten wie unvererdeten Torfen für Feuchtwiesenarten diesbezüglich als unproblematisch anzusehen. Um die Befahrbarkeit mit landwirtschaftlichen Maschinen zu

Tab. 11-7: Degenerations- und angestrebte Regenerations- bzw. Zielprozesse bei der Renaturierung von Grünland nach unterschiedlicher Vornutzung.

Degenerationsprozesse durch Vornutzung	Vornutzung			notwendige Regenerations-/ Zielprozesse
	Acker-bau	Intensiv-grünland	Brache	
Umbruch	○			natürliche Begrünung/Einsaat
Entwässerung	○	○		Wiedervernässung
Hydrochemische Veränderungen	○	○		Wiederherstellung der hydro-chemischen Bedingungen
Düngung	○	○		Aushagerung
Vererdung/Vermullung	○	○		Torfbildung
intensive Grünlandnutzung		○		Extensivierung
sekundäre Dominanzbildung		○	○	Dominanzbrechung
Aufgabe der trad. Nutzung			○	Wiedermahd/-beweidung
Verlust von Ausbreitungsvektoren	○	○	○	Aktivierung von Ausbreitungs-vektoren
Verlust von Samenbanken	○	○	○	Aktivierung von Samenbanken
Fragmentierung	○	○	○	Vernetzung
Artenverluste	○	○	○	Rekolonisierung/Artentransfer

gewährleisten, dürfen während der Heuernte Wassergehalte des Oberbodens von ca. 70 Volumen-% bzw. mittlere Grundwasserstände von 30 bis 60 cm (unter Flur) nicht überschritten werden (Hennings 1996, Zeitz 2000).

Für die **Nährstoffaushagerung** (Verringerung der Nährstoffverfügbarkeit mit dem Ziel der Produktionsminderung) ist die Reduzierung der primär ertragslimitierenden Nährstoffe entscheidend. Je nachdem, welche Pflanzengesellschaft wiederhergestellt werden soll, liegen die zu erreichenden Ertragswerte unterschiedlich hoch (Tab. 11-8). Insgesamt entspricht die Abhängigkeit zwischen Artenzahl und Ertrag in Grünlandsystemen einer Optimumverteilung zwischen Lichtkonkurrenz und Stress, wo die höchsten Arten-

Tab. 11-8: Ertragszielwerte des Grünlandes, bei denen die höchsten Pflanzenartenzahlen zu erwarten sind (*maximum standing crop*).

Vegetationstyp	maximum standing crop (dt/ha)	Quelle
Weidelgrasweiden, Pfeifengraswiesen (Niederlande)	46–60	Oomes 1992
Hochstaudenfluren, Grünlandbrachen, Kalkmagerrasen (England)	43–65	Al-Mufti et al. 1977
diverse Grünlandtypen (Niederlande)	40–50	Vermeer und Berendse 1983
Röhrichte (England)	< 60–70	Wheeler und Giller 1982
diverse Grünlandtypen (Niederlande)	20–40	Bakker 1989
Pfeifengraswiesen (nördliches Alpenvorland)	< 35	Kapfer 1988
Feuchtwiesen, Seggenriede, Röhrichte (England)	6–50	Moore und Keddy 1989
diverse Grünlandtypen (Baden-Württemberg)	< 35	Schiefer 1984

11

Tab. 11-9: Nutzungsregime zur Erhaltung von Grünlandgesellschaften (Verbände).

Pflanzengesellschaften	Schnitt-frequenz	Schnittzeitpunkte (Monat)	Beweidung
eutraphente Feuchtwiesen (Calthion, Cnidion)	2–3	(Juni, September oder Juni, August, September)	Nachweide*
mesotraphente Feuchtwiesen (Calthion, Cnidion)	1–2	(August oder Juni, September)	Nachweide*
Pfeifengraswiesen (Molinion)	1–2	(August oder September oder Juni, September)	–
Kleinseggenriede (Caricion nigrae, Caricion davallianae)	1	(August oder September)	extensiv*
eutraphente Frischwiesen (Arrhenatherion, Trisetion)	2–3	(Juni, September oder Juni, August, September)	Nachweide*
Weidelgrasweiden (Cynosurion)	–	–	extensiv

* Beweidung optional statt eines Mähschnitts

zahlen bei mittleren Ertragswerten erreicht werden (Grime 2001).

Grünlandrenaturierung umfasst auch die **mechanische Extensivierung** und Reduzierung der Störungsintensität mit dem Ziel, sich langfristig an der traditionellen Nutzung zu orientieren (Tab. 11-9). Pflanzengemeinschaften reicher Standorte (z. B. Sumpfdotterblumenwiesen auf Überschwemmungsstandorten) werden bereits relativ früh, Anfang bis Mitte Juni, gemäht, solche ärmerer Standorte (z. B. Kleinseggenriede, Pfeifengraswiesen) später und seltener.

11.6 Voraussetzungen und Maßnahmen für die Grünlandrenaturierung

11.6.1 Wiedervernässung

Bei den Verfahren der Wiedervernässung ist zwischen Stauverfahren, Staurieselung und Rieselverfahren zu unterscheiden, die je nach hydrologischem Moortyp, Oberflächengefälle, Wasserdurchlässigkeit und verfügbarer Wassermenge zum Einsatz kommen (Kapitel 3). Die **Überschwemmung** ist dagegen die durch „natürliches" Hochwasser eintretende Überflutung mit

fließendem Wasser, bei der keine vollständige Sauerstoffzehrung eintritt. Dies wäre die anzustrebende Vernässungsmaßnahme in großen Talniederungen, erfordert aber den häufig schwierig umzusetzenden Wiederanschluss der Talaue an das Fließgewässer. Alternativ eignen sich kleinflächig umsetzbare **Stauverfahren**, insbesondere für leicht durchlässige Böden. In dichten Böden (wie Marschböden, Auenlehmen oder verdichteten Niedermoorböden) ist (im Sommer) keine echte Vernässungswirkung zu erzielen, weil die Evapotranspiration die laterale Wassersickerung aus dem Vorfluter in den Boden übersteigt (Hellberg 1995, Hennings 1996). Durch die Rückhaltung von Winterniederschlägen aus dem natürlichen Einzugsgebiet eines Moores können bodennahe Grundwasserstände nur bis maximal Ende Mai/Mitte Juni gehalten werden. Aufgrund der geringen Wasserbewegung kommt es bei Stauverfahren im Frühsommer leicht zu Fäulnisprozessen und zum Absterben der Pflanzen (Hellberg et al. 2003). Der **Flächenüberstau** hat einen hohen Wasserbedarf und bietet sich daher nur für kleinere Bereiche innerhalb von schwach reliefierten Überflutungs- und Verlandungsmooren an und wird z. B. im Spreewald in relativ kleinen Überstauungspoldern getestet. Bei stark bewegtem Relief, wie im Oberen Rhinluch, ergeben sich durch Ein- und Überstau unterschiedlich stark vernässte, zum Teil auch überstaute Bereiche (Kratz und Pfadenhauer 2001). **Rieselverfahren** setzen ein Geländegefälle von mindestens 2 %

voraus, eignen sich also nur für kleinere Flusstälchen mit Hang- und Quellmooren und für Kesselmoore. Ansonsten müssten entsprechend historischer Vorbilder wieder Rieselwiesen mit einer Beet-/Grüppenstruktur angelegt werden (Rosenthal und Müller 1988). In schwach geneigten Durchströmungsmooren bietet sich die **Staurieselung** an.

Zur Wiederherstellung der hydrochemischen Bedingungen von Pflanzengesellschaften, die auf mineralreiches Grundwasser angewiesen sind (z. B. viele Pflanzengesellschaften des Calthion, Sumpfdotterblumenwiesen), muss die Dränwirkung tiefer Entwässerungsgräben durch deren Verschluss verhindert werden (Grootjans et al. 2002). Die Verwendung von eutrophiertem Oberflächenwasser oder Regenwasser führt dagegen zur Entstehung eutraphenter Röhrichtgesellschaften bzw. Kleinseggenrieden saurer Standorte.

11.6.2 Nährstoffaushagerung

Bei **Flachabtorfung** oder **Plaggen** (Kapitel 12) werden die Pflanzendecke und die obersten (möglicherweise versauerten) Bodenschichten mit den höchsten Nährstoffkonzentrationen (einmalig) komplett entfernt. Die P- und K-Vorräte werden dadurch insbesondere in Niedermooren mit einer stark kopflastigen Verteilung dieser Nährstoffe (extreme Anreicherung in den oberen Bodenhorizonten) stark reduziert. Durch die Entfernung des Humuspuffers kann es allerdings zu einer sehr raschen weiteren Versauerung kommen, sofern der pH-Wert nicht durch basenreiches Grundwasser abgepuffert wird (Grootjans et al. 2002). Obwohl Plaggen in niederländischen Feuchtgebieten teilweise großflächig eingesetzt wurden, lassen sich Aufwand und Kosten für größere Flächen aus übergeordneter ökologischer Sicht (Transport und Lagerung einhergehend mit der Mineralisierung und CO_2-Ausgasung großer Bodenmengen) kaum vertreten. Es sollte daher als „Initialzündung" nur auf kleine Flächen beschränkt bleiben.

Praxistauglicher ist **Mahd ohne Ersatzdüngung**, womit die nährstoffbedürftigen Pflanzen (Tab. 11-3) selektiv besonders stark geschädigt werden: Aufgrund selektiver Nährstoffallokation in das Blattwerk entzieht eine frühe und häufige Mahd diesen Pflanzenarten überproportional viele Nährstoffe, womit sich ihre Konkurrenzkraft gegenüber Pflanzenarten verschlechtert, die Nährstoffe in Wurzeln und Rhizomen speichern (s-Strategien sensu Grime 2001). Durch ein intensives Mahdregime können über mehrere Jahre standortspezifische Ertragswerte erreicht werden, obwohl sich der Nährstoffpool im Boden praktisch nicht verringert. Die jährliche Nährstoffentnahme durch Mähgutexport kann die diffusen Einträge über die Atmosphäre und das Grund- und Überschwemmungswasser nämlich kaum ausgleichen (Kapitel 12). Sie machen nach einer Zusammenstellung von Bakker (1989) bei Stickstoff 1,1–2,7 %, bei Phosphat 0,3–4,9 % und bei Kalium nur 0,03–3,5 % bezogen auf den Nährstoffpool bis maximal 30 cm Bodentiefe aus. Durch **Vernässung** kann die Stickstoffmineralisation in organischen Böden reduziert werden, während sich die Phosphatverfügbarkeit erhöht, wenn unter reduzierenden Bedingungen u. a. Mangan und Eisen in Lösung gehen (Koerselman und Verhoeven 1995). Die Erträge können bei Wiedervernässung also, entgegen der erwünschten Ertragsreduktion steigen, wenn Phosphat der primär ertragslimitierende Nährstoff ist. Bei Kalium ist zu beachten, dass durch Grundwasseranhebung die Auswaschung verringert wird und in Kombination mit einer verringerten Schnittzahl die Erträge ebenfalls eher ansteigen können (Oomes et al. 1996). Vor Wiedervernässungsmaßnahmen sollte deshalb der primär ertragslimitierende Nährstoff festgestellt werden, z. B. über Düngungsversuche oder die Feststellung der Elementgehalte in Pflanzen (N:P-Verhältnis, Guesewell und Koerselman 2002). Eine **mechanische Extensivierung** mit den gesellschaftstypischen Nutzungsregimen (Tab. 11-9) ergibt sich bei vorangegangener Vernässung und Produktionsminderung von selbst. Umgekehrt führen Extensivierungsmaßnahmen, die mechanische Eingriffe ohne Berücksichtigung der aktuellen Ertragswerte vermindern, selten zum Erfolg.

11.6.3 Aktivierung der Samenbank

Der potenzielle Beitrag der Samenbank im Boden für die Grünlandrenaturierung hängt vom Über-

11

dauerungsvermögen der Samen der Zielpflanzenarten ab. Dies ist eine artspezifische Eigenschaft, die allerdings durch die spezifischen Lagerungsbedingungen im Boden und die Nutzung modifiziert wird. Grünlandarten mit einer persistenten (mehrjährigen) Samenbank liefern potenziell einen größeren Beitrag zur Grünlandregeneration als solche mit kurzlebigen (transienten) Samenbanken (weniger als ein Jahr), wozu leider viele der erwünschten Grünlandzielarten gehören, wie z. B. Sumpf-Läusekraut (*Pedicularis palustris*), Großer Klappertopf (*Rhinanthus angustifolius*), Wasser-Greiskraut (*Senecio aquaticus*), Trauben-Trespe (*Bromus racemosus*) etc. (Bekker et al. 1998, Rosenthal 2006). Häufige Bodenstörungen und **intensive Grünlandnutzung reduzieren die Lebensdauer** der Samen, während ungestörte Bodenbedingungen in Feuchtbrachen die Konservierung selbst von Arten unterstützt, deren Samen gemeinhin als kurzlebig eingestuft werden. Lebensverlängernde Wirkungen haben Sauerstoffmangel, geringe Temperaturschwankungen und Lichtarmut unter streubedeckten, von hochwüchsigen Arten überschatteten Böden. Der mögliche Beitrag der Samenbank zur Regeneration von Feuchtgrünland verbessert sich also mit abnehmender Intensität und Dauer der Vornutzung. Während nach Grünlandumbruch und nachfolgender Ackernutzung nur 5 % aller Samen im Boden gefährdeten Arten angehören (bezogen auf die ausschließlich in der Samenbank und nicht im aktuellen Bestand vorhandenen Arten), sind es unter Saatgrünland (mit periodischem Umbruch) 18 %, unter nicht umgebrochenem Intensivgrünland 37 % und unter Feuchtbrachen 57 % mit im Mittel fast neun Zielarten pro Probefläche (Rosenthal 2001; Abb. 11-4).

Feuchtgrünlandregeneration nach Ackerbau hat daher ohne Einbringung von Diasporen geringe Erfolgschancen. Die floristische Zusammensetzung der ersten Sukzessionsstadien ist nach der Umnutzung zu Grünland durch Pionierarten der Getreidewildkrautfluren, Ruderalfluren und Flutrasen geprägt. Die Vornutzung durch eine intensive, aber umbruchlose Grünlandbewirtschaftung bietet etwas günstigere Voraussetzungen, wobei der Beitrag der Samenbank zu einer floristischen Aufwertung der Bestände auch hier eher gering ist (Thompson et al. 1998, Rosenthal 2001, Vécrin et al. 2002, Hölzel und

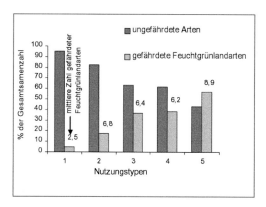

Abb. 11-4: Samenzahlen von gefährdeten Feuchtgrünlandarten und ungefährdeten Pflanzenarten, die ausschließlich in der Samenbank des Bodens vorkommen, bei unterschiedlicher Nutzung (bezogen auf die insgesamt pro Nutzungstyp ausgezählten Samen) sowie mittlere Artenzahlen gefährdeter Feuchtgrünlandarten. Die Nutzungstypen stellen die aktuelle Nutzung der Grünlandstandorte dar: 1: Acker (ehemals Grünland), 2: Saatgrünland (Intensivgrünland mit periodischem Umbruch), 3: Intensivgrünland, 4: Extensivgrünland, 5: Brache. Es wurden (n = 55) kombinierte Vegetations- und Samenbankerhebungen auf (zum Teil ehemaligen) Standorten von Sumpfdotterblumenwiesen, Pfeifengraswiesen und Kalkkleinseggenrieden in Mitteleuropa ausgewertet (Rosenthal 2001).

Otte 2004). Eine Vornutzung als Grünlandbrache bietet aufgrund des reichhaltigen Samenpotenzials im Boden die erfolgversprechendsten Bedingungen für die Regeneration von Feuchtgrünland (Abschnitt 11.7).

11.6.4 Ausbreitung von Diasporen

Fehlen die gewünschten Zielpflanzenarten in der Samenbank muss eine Zuwanderung von andernorts noch vorhandenen Restpopulationen erfolgen (Farbtafel 11-1). Die grundsätzlich auch hier vorhandenen Limitierungen des Renaturierungserfolgs hinsichtlich der regionalen Artenpools und verschiedener Ausbreitungsvektoren wurden bereits eingehend in Kapitel 2 erörtert. Für eine gerichtete (d. h. standortspezifische) Fernausbreitung von Pflanzendiasporen können in Grünlandökosystemen einerseits natürliche Ausbreitungsvektoren, wie z. B. Überschwemmungen, und andererseits der Mensch und seine Weidetiere beitragen (Bonn und Poschlod 1998).

Die Bedeutung von **Weidetieren** für die Diasporenausbreitung ist bei den heute üblichen Weideverfahren (Portionsweide) gering, weil der Umtrieb in der Regel nicht gezielt zwischen artenreichen und artenarmen (zu renaturierenden) Flächen erfolgt. Auf großen Weideflächen, die artenreiche Restflächen und artendefizitäre Renaturierungsflächen enthalten (z. B. auf ehemaligen Allmendweiden oder Truppenübungsplätzen) hängt der Renaturierungserfolg von den jeweiligen Flächenanteilen und dem Diasporenangebot der Zielarten ab. Herrschen artenarme Renaturierungsflächen z. B. in Form ehemaliger Ackerstandorte vor, überwiegt der unerwünschte Eintrag von Ruderalarten und konkurrenzstarken Nährstoffzeigern in die artenreichen Restflächen gegenüber der Anreicherung von Zielarten in den Renaturierungsflächen (Mouissie et al. 2005). Durch Schaftrift auf Trockenrasenstandorten dagegen können Flächen unterschiedlicher floristischer Ausstattung gezielt vernetzt und so die Wiederansiedlung von Arten gefördert werden (Wessels et al. 2008; Abschnitt 2.3.2). Bisher wurde dieses Verfahren jedoch noch nicht auf Feuchtgrünland übertragen. Der Diasporentransport durch **landwirtschaftliche Maschinen** kann besonders während der Heuernte erheblich sein (Bakker et al. 1996, Strykstra et al. 1997). Ein Diasporentransfer von artenreichen in artenarme Habitate findet aber nur bei gezielter Auswahl der nacheinander bewirtschafteten Flächen statt. Infolge der zunehmenden Fragmentierung und Verkleinerung der Habitate von Populationen der Zielarten in der modernen Kulturlandschaft verliert auch der **Wind** als weiterer potenzieller Fernausbreitungsvektor zunehmend an Bedeutung (Soons und Heil 2002, Soons et al. 2005) bzw. ist von vornherein auf bestimmte Artengruppen beschränkt.

Der Diasporentransport durch **Überschwemmungswasser** liefert ebenfalls nur dann einen effektiven Beitrag zur Grünlandrenaturierung, wenn die Renaturierungsflächen mit Habitaten der Zielarten durch die Überschwemmungen vernetzt werden (Rosenthal 2003). Gut wasserverbreitete Zielpflanzenarten, wie z. B. Sumpf-Labkraut (*Galium palustre*), Wiesen-Schaumkraut (*Cardamine pratensis*) und Acker-Minze (*Mentha arvensis*) waren in einem Überschwemmungspolder in der Wümmeniederung für einen vergleichsweise hohen Anteil der Neuetablierungen in Renaturierungsflächen verantwortlich, während die im aktuellen Vegetationsbestand viel zahlreicheren, nicht wasserverbreiteten Arten nur für einen relativ kleinen Anteil an Neuetablierungen sorgten (Tab. 11-10). Ist diese Vernetzung nicht gegeben oder ist der regionale Artenpool selbst artenarm (und damit auch das die Diasporen enthaltende Treibgut des Überschwemmungswassers), sind Renaturierungsversuche wenig erfolgreich, wie z. B. in den mittleren Rheinauen (Donath et al. 2003). Dieses muss heute leider als Normalfall angesehen werden, weil die ursprünglich zusammenhängenden Flussauen und Überschwemmungszonen durch Eindeichung, Flussbegradigung und Staustufenbau mehr und mehr segmentiert und vom Fluss isoliert wurden (Jensen et al. 2006).

Tab. 11-10: Bedeutung hydrochorer Ausbreitungseffizienz durch Winterüberschwemmungen für die Feuchtgrünlandregeneration (Borgfelder Wümmewiesen, 677 ha, Nordwest-Deutschland). In die Auswertung wurden 46 Arten einbezogen, die mit einer Stetigkeit von > 5 % in der Vegetation vorhanden waren und keine ausdauernde Samenbank besitzen (beim Chi^2-test wurde Gleichverteilung der Etablierungshäufigkeiten als Erwartungswert zugrunde gelegt). Neuetablierungsraten als absolute Summenwerte in 58 Dauerflächen über 8−15 Jahre.

Effizienz hydrochorer Ausbreitung	Artenzahl	Neuetablierungsraten		Signifikanz
		beobachtet	erwartet	
sehr stark dispersiv	3	42	22	< 0,001
stark dispersiv	6	57	44	−
mäßig, schwach dispersiv	18	146	132	−
nicht dispersiv	19	93	140	< 0,01

Die begrenzte Ausbreitung von Diasporen in der Landschaft kann durch die Förderung „natürlicher" und anthropozoogener Ausbreitungsvektoren verbessert werden. So kann die hydrochore Ausbreitung durch das Wiederzulassen von Überschwemmungen ermöglicht bzw. durch die Verlängerung und Ausdehnung der winterlichen Überflutungsphasen verbessert werden. Die zoochore Ausbreitung wird durch einen geeigneten Weideumtrieb von artenreichen in artenarme Flächen unterstützt.

11.6.5 Einbringen von Samen

Um eine erfolgreiche Reetablierung der erwünschten Zielartengemeinschaften innerhalb überschaubarer Zeiträume zu gewährleisten, bleibt in Ermangelung ausreichender Samenbankpotenziale und Diasporenausbreitung (Kapitel 9 und 10) heute meist nur die gezielte Einbringung von Arten. Neben der klassischen Ansaat mit handelsüblichem Saatgut gewinnt hierbei die Verwendung von autochthonem **Heudrusch** (Engelhardt 2000, Bursch et al. 2002) oder **Mahdgut** (Biewer 1997, Patzelt 1998, Hölzel et al. 2006, Kirmer und Tischew 2006, Donath et al. 2007) zunehmend an Bedeutung (Abschnitt 10.4.3). Vereinzelt findet sogar, wie beispielsweise in der Schweiz, ausschließlich autochthones Mahdgut bei der naturschutzfachlich motivierten Neuanlage von Frisch- und Feuchtgrünland Verwendung, das von lizenzierten Saatzuchtbetrieben erzeugt und vertrieben wird.

Im Vergleich zu handelsüblichem Saatgut hat die **Mahdgutübertragung** wesentliche Vorteile (Farbtafel 11-2): 1) Theoretisch lässt sich fast der gesamte Artenpool der Zielartengemeinschaft übertragen, inklusive extrem seltener Arten, für die im Fachhandel in der Regel kein Saatgut zur Verfügung steht. 2) Die genetische Diversität lokal adaptierter Ökotypen wird gewahrt, es findet keine Veränderung der lokalen Genpools durch fremdes Saatgut aus anderen Regionen (z. B. Süd- und Osteuropa) statt. 3) Durch die Übertragung von Rhizom- und Sprossteilen können teilweise auch Arten mit geringem Samenansatz und vorrangig vegetativer Ausbreitungsstrategie übertragen werden. 4) Durch das übertragene Mahdgut entstehen Schutzstellen

(*safe sites*), die Keimlinge z. B. gegenüber Austrocknung schützen. Zugleich gewährleistet der sukzessive Abbau der Mahdgutschicht ein zeitlich gestaffeltes Auflaufen (*bet-hedging*), wodurch das Risiko eines vollständigen Misserfolgs der Keimlingsetablierung reduziert wird. 5) Im Vergleich zu artenreichen Saatgutmischungen, für die entsprechende Zielarten oft vorab erst gezielt vermehrt werden müssen, ist die Übertragung von Mahdgut eine vergleichsweise kostengünstige Maßnahme. Gleichzeitig können landwirtschaftlich nicht verwertbare Aufwüchse aus spät gemähten Pflegeflächen einer sinnvollen Verwertung zugeführt werden.

Der Erfolg der Übertragung von autochthonem Mahdgut oder Heudrusch wird wesentlich von seiner Qualität hinsichtlich Artenzusammensetzung und Samendichte, der standörtlichen Eignung und Vegetationsstruktur der Auftragsfläche, den Witterungs- und Überflutungsbedingungen in den ersten Jahren nach Mahdgutauftrag und dem Flächenmanagement nach Auftrag bestimmt. Es sollte nur qualitativ hochwertiges Mahdgut verwendet werden, das die Samen möglichst vieler Zielarten in hoher Dichte enthält. Pflanzenarten, die sich vorwiegend vegetativ ausbreiten, wie z. B. Mädesüß (*Filipendula ulmaria*) und Schlank-Segge (*Carex acuta*), sind dabei häufig deutlich unterrepräsentiert (Patzelt 1998). Die Gewinnung des Mahdguts sollte während der Samenreife der (meisten) Zielarten und ggf. mehrfach im Jahr erfolgen. Die standörtlichen Bedingungen (Wasser-, Nährstoff- und Basenhaushalt) von **Spender- und Empfängerfläche** müssen möglichst ähnlich sein bzw. dem ökologischen Profil der zu übertragenden Zielarten entsprechen. Für die Etablierung der Zielarten ist es vorteilhaft, wenn auf der Auftragsfläche möglichst offene, konkurrenzarme Bedingungen herrschen, welche ggf. durch entsprechende Störungen (Eggen, Fräsen, Pflügen) des Oberbodens und der Grasnarbe erst hergestellt werden müssen (Hölzel et al. 2006).

Auf eutrophen Standorten genügen rasch reversible Bodenstörung (wie z. B. Vertikutieren = oberflächliches Anritzen der Grasnarbe) oder selbst mehrmaliges flaches Fräsen nicht, um die Grasnarbe in ausreichendem Maße zu schädigen und vorzubereiten (Donath et al. 2007). In solchen Fällen empfiehlt sich eine vorherige Aushagerung oder ein Vollumbruch der Grasnarbe durch Pflügen (Biewer 1997, Bosshard 1999, Hölzel et al. 2006). Besonders nachhaltige Etablierungserfolge werden durch eine **Kombination von Oberbodenabtrag und Mahdgutauftrag** erzielt, weil die erfolgreiche Diasporenausbreitung mit der Herstellung geeigneter Keimungsbedingungen (offener Boden), der nachhaltigen Reduzierung der Erträge und der Verbesserung des Wasserhaushalts erfolgreich kombiniert wird. In den von Hölzel und Otte (2003) beschriebenen Oberbodenabtragsflächen auf Auenstandorten am nördlichen Oberrhein etablierten sich innerhalb von sechs Jahren mehr als 100 Grünlandarten aus dem aufgebrachten Mahdgut, darunter nicht weniger als 32 Arten der Roten Liste. Weitere Positivbeispiele finden sich bei Patzelt (1998), Pfadenhauer (1999), Hölzel et al. (2006) sowie Kirmer und Tischew (2006).

Witterungs- und Überflutungsereignisse haben einen variablen, kaum vorhersagbaren Einfluss auf den Etablierungserfolg (Hölzel 2005, Bissels et al. 2006, Donath et al. 2006). Bei besonders ungünstigen Konstellationen kann sich ggf. die Notwendigkeit einer Wiederholung der Maßnahme ergeben (Bosshard 1999). Das Flächenmanagement sollte auf besonders sensible Phasen der Keimlingsentwicklung Rücksicht nehmen und zugleich für möglichst offene Bedingungen mit geringer Lichtkonkurrenz durch die umgebende Vegetation sorgen (Bissels et al. 2006).

11.7 Erfolge der Grünlandrenaturierung

11.7.1 Renaturierung von Intensivgrünland durch Nährstoffaushagerung

Aushagerungsgeschwindigkeit und Ertragsrückgang hängen vom natürlichen Ertragspotenzial des Standortes, von der Düngungsintensität vor Beginn des Aushagerungsmanagements, dem primär ertragslimitierenden Nährstoff und dem Aushagerungsverfahren ab. Schiefer (1984) unterscheidet drei Verlaufstypen bei der Aushagerung von Fettwiesen:

A) Fettwiesen **ohne** Aushagerungsmöglichkeit.
B) Fettwiesen **mit verzögerter** Aushagerung. Erträge ca. zehn Jahre nach Einstellen der Düngung noch hoch, dann Abfall.
C) Fettwiesen **mit rascher** Aushagerung.

In Tabelle 11-11 sind die Nährstoffvorräte im Boden, ihre Nachlieferung und die Aushagerungsgeschwindigkeiten für verschiedene potenziell ertragslimitierende Bodennährstoffe dargestellt. In Kalium-limitierten Kohldistelwiesen auf nicht durchschlickten Niedermoorböden erfolgt bereits nach zwei Jahren ein Ertragsrückgang auf das Niveau von Kleinseggenrieden (Kapfer 1994). Auch auf Sandböden, mit Kalium-limitierten Erträgen ging der Ertrag von 110 dt ha^{-1} a^{-1} innerhalb von sieben Jahren auf 40–50 dt ha^{-1} a^{-1} zurück (Oomes und van der Werf 1996). Auf durchschlickten Niedermoorstandorten hingegen erfolgte der Ertragsrückgang erst nach acht Jahren (Kapfer 1994). Auch in Untersuchungsflächen von Pegtel et al. (1996) erfolgte der Ertragsrückgang auf sandigen Gley-Podsolen schneller als auf Niedermoorböden. Auf den Niedermoor- und Anmoorstandorten, die von Schwartze (1992) untersucht wurden, war die Ertragsschwelle zu Magerrasen (35–40 dt ha^{-1} a^{-1}) bereits nach drei Jahren auf 50 % der Parzellen erreicht. Signifikante Abnahmen ergaben sich bei Bakker (1989) innerhalb von zehn Jahren nur in wenigen Fällen durch die intensivste Nutzungsvariante, einer zweimaligen Mahd. Sumpfdotterblumenwiesen auf durchschlicktem Niedermoor im Überschwemmungsbereich der Wümme (Nordwestdeutschland) konnten selbst durch dreimalige Mahd über 25 Jahre in ihrem Ertrag kaum reduziert werden (Rosenthal 2001).

Entscheidend für die Aushagerungsgeschwindigkeit ist neben **Nährstoffvorrat** und **Nährstoffnachlieferung** das **Mahdregime**. Die meisten Renaturierungsversuche im Grünland bestätigen, dass durch zweimalige Mahd mehr Trockenmasse und mehr Nährstoffe entnommen werden als durch einmalige Mahd und die Erträge dadurch rascher reduziert werden können (Bakker 1989, Hand 1991, Oomes und van der Werf 1996). Nach Schwartze (1992) lagen die Aufwuchsmengen und die Nährstoffentzüge in Feuchtgrünland bei zweimaliger Mahd um 20–40 % über denen bei einmaliger Mahd. Auf nährstoffreichen Standorten von Glatthaferwiesen in Südwestdeutschland

Tab. 11-11: Vorrat, Nachlieferung im Boden und Aushagerungsgeschwindigkeit für die Makronährstoffe N, P und K auf unterschiedlichen Standorten.

Vorrat/Nachlieferung im Boden: 1 = gering 2 = mittel 3 = hoch	Aushagerung: A = nicht aushagerbar B = verzögert C = rasch	N			P			K		
		Vorrat	Nachlieferung	Aushagerung	Vorrat	Nachlieferung	Aushagerung	Vorrat	Nachlieferung	Aushagerung
Marschböden		2	2	A	3	3	A	3	2	A
Lehmauenböden, Gleye (tonig)		2	2	A	3	3	A	3	2	A
Niedermoore, sauer-/subneutral, eutroph, durchschlickt		2	2	A	3	3	A	3	2	A
Niedermoore, subneutral/kalkreich, eutroph		3	3	A	2	1	B	1	1	B
Niedermoore, sauer/subneutral, eutroph		3	3	B	2	3	A	1	1	B
Niedermoore, subneutral/kalkreich, mesotroph		3	2	B	2	1	B	1	1	B
Niedermoore, sauer, oligo-/mesotroph		3	2	C	2	3	B	1	1	B
Gleye (sandig) = Sandauen, Gley-Podsole		1	1	C	2	1	C	1	1	C
Hochmoore		2	2	C	1	1	C	1	1	C

fiel der Ertragsrückgang ebenfalls umso stärker aus, je häufiger gemäht wurde: Bei fünfmaliger Mahd (ohne Düngung) gingen die Erträge innerhalb weniger Jahre von 98 auf 37 dt ha^{-1} a^{-1} zurück (Briemle 1999). Aushagerung kann also durch frühe und häufige Mahd ohne Düngung beschleunigt werden (Kasten 11-3). Untersuchungen auf Feuchtwiesenstandorten in Nordwestdeutschland von Hand (1991) zeigten allerdings, dass durch häufigere als zweimalige Mahd pro Jahr die Jahreserträge fast immer geringer ausfielen; bei viermaliger Mahd gingen die Erträge trotz der Entnahme nährstoffreichen jungen Aufwuchses (erste Mahd Ende Mai) nur auf leicht aushagerbaren Sand- und Hochmoorböden schneller zurück, nicht jedoch auf Niedermoor- und Auengleyen. Der Ertrag steigt offenbar nur solange mit zunehmender Schnittzahl bis das natürliche Nachlieferungspotenzial des Bodens erreicht ist. Bei **Flachabtorfung** von Niedermoorgrünland kann in den meisten Fällen eine rasche Aushagerung und Ertragsreduktion auf unter 40 dt ha^{-1} a^{-1} erzielt werden (Wild 1997, Patzelt 1998).

Die Nährstoffaushagerung durch Mahd ohne Düngung wirkt sich auf die Vegetation entsprechend der in Kasten 11-3 dargestellten Prozesskette folgendermaßen aus:

1. Die **dominanten Nährstoffzeiger** und **Ertragsbildner**, wie *Lolium perenne* (Deutsches Weidelgras), *L. multiflorum*, *Dactylis glomerata*, *Alopecurus pratensis* (Wiesen-Fuchsschwanz) und *Festuca pratensis*, sowie die sie begleitenden, auf die häufigen Störungen im Intensivgrünland angewiesenen Lückenbesiedler und Ackerwildkrautarten, wie *Poa annua* (Einjähriges Rispengras), *Polygonum aviculare* (Vogel-Knöterich), *Plantago major* (Breit-Wegerich) und *Stellaria media* (Vogelmiere) gehen zurück. Auf Sandböden erfolgt dieser Rückgang besonders schnell und ist dort für den raschen Ertragsabfall verantwortlich.

2. Mit der Reduzierung der Wuchskraft der dominanten Nährstoffzeiger werden die Bedingungen für die Etablierung und Ausbreitung neuer, darunter auch niedrigwüchsiger, mesotrapenter Arten verbessert. Zunächst werden aber bereits im Ausgangsbestand vorhandene **Arten mittlerer Wuchskraft** dominant. Im frischen bis mäßig feuchten Standortbereich sind dies *Holcus lanatus* (Wolliges Honiggras), *Festuca rubra* (Rot-Schwingel), *Rumex acetosa* (Wiesen-Sauerampfer) und *Agrostis capillaris* (Rotes Straußgras), im feuchten hingegen *Deschampsia cespitosa* (Rasen-Schmiele), *Agrostis*

Kasten 11-3
Prozesskette der Aushagerungssukzession in Grünland

Die treibende Kraft für die Abfolge der Vegetationsstadien und Arten in Aushagerungssukzessionen ist die abnehmende Nährstoffverfügbarkeit. Sie manifestiert sich in abnehmenden Nährstoffkonzentrationen in den einander ablösenden, wie auch in sukzessional durchgängig vorhandenen Pflanzenarten, wie z. B. Wolliges Honiggras (*Holcus lanatus*). Ein **Ursache-Wirkungskreislauf** (mit positiver Rückkopplung) zwischen Pflanzen und Bodenorganismen vermindert die Nährstoffbereitstellung durch die Mineralisierung der organischen Substanz im Boden. Mit dem Aufhören der externen Nährstoffbereitstellung (Aufgabe der Düngung) gewinnen Pflanzenarten in der Konkurrenz um Nährstoffe die Oberhand, die ökonomischer mit den knappen Nährstoffen umgehen, was wiederum auf den Mineralisierungsprozess zurückwirkt. Anpassungen an Nährstoffmangel bestehen neben der Verringerung der Nährstoffverluste durch Blattauswaschung und Streu und einer

Erhöhung der Nährstoffgebrauchseffizienz (Aerts et al. 1999) in einer höheren Langlebigkeit der Pflanzenorgane. Damit wird weniger (und oft auch qualitativ schlechtere) Streu für den Mineralisierungsprozess angeliefert, was diesen drosselt (Aerts 1997). Der externe Nährstoffkreislauf verliert zunehmend an Bedeutung zugunsten der pflanzeninternen Nährstoffökonomie. Die Fähigkeit von Nährstoffzeigern, in produktiven Grünlandbeständen einen höheren Anteil der Blattfläche in obere Vegetationsschichten zu verlagern und die Blattfläche zu vergrößern, verkehrt sich bei einem ersatzlosen Entzug der in der Biomasse gespeicherten Nährstoffe in einen Nachteil gegenüber Pflanzenarten, die an Nährstoffmangel angepasst sind. Zunehmende Bedeutung gewinnt die Vermeidung von Blattverlusten durch eine entsprechende Wuchsform, z. B. bei kleinwüchsigen Rosettenarten, die in der bodennahen Vegetationsschicht überdauern.

---

stolonifera, *Juncus conglomeratus* (Knäuel-Binse) und *J. effusus* (Flatter-Binse). Sie bilden Übergangsstadien, denen bei weiterer Aushagerung auf frischen Standorten als neuer Dominanzbildner *Anthoxanthum odoratum* (Gewöhnliches Ruchgras) und weitere Nährstoffmangelzeiger, wie *Luzula campestris* (Feld-Hainsimse), *Rumex acetosella* (Kleiner Sauerampfer), *Cerastium semidecandrum* (Sand-Hornkraut) und *Carex leporina* (Hasen-Segge) folgen. Auf feuchten Standorten werden durch weitere Aushagerung Arten der Kleinseggenriede, namentlich *Carex nigra* (Braune Segge) und *Agrostis canina* dominant. Begleitend tauchen weitere Kleinseggenried- und Feuchtwiesenarten auf, wie z. B. *Carex canescens* (Grau-Segge), *Stellaria palustris* (Sumpf-Sternmiere), *Viola palustris* (Sumpf-Veilchen), *Potentilla erecta* (Blutwurz), *Juncus filiformis* (Faden-Binse), *Succisa pratensis* (Teufelsabbiss) und *Veronica scutellata* (Schild-Ehrenpreis) (Rosenthal 2001). Neue Chancen eröffnen sich aber auch immer wie-

der für die Etablierung von Nährstoffzeigern, wie *Alopecurus geniculatus* (Knick-Fuchsschwanz), *Poa trivialis* (Gemeines Rispengras), *Ranunculus repens* (Kriechender Hahnenfuß), *Phragmites australis* (Gemeines Schilf) und *Capsella bursa-pastoris* (Hirtentäschel).

3. Geringere Erträge und eine aufgelockerte Vegetationsstruktur ermöglichen auch die Keimung und Etablierung von **kurzlebigen Grünlandarten**, wie *Rhinanthus angustifolius* (Großer Klappertopf) und *Bromus racemosus*, da die Lichtlimitierung dieser Arten, wie sie im Intensivgrünland vorliegt, vermindert ist.

4. Trotz der durchweg positiven Entwicklungen (Zunahme der Artenzahlen, von Nährstoffmangelzeigern und gefährdeten Arten) bleibt das Konkurrenzgefüge in ausgehagerten Grünlandbeständen gegenüber stets extensiv genutztem Grünland verändert. Es entstehen häufig wiederum **Dominanzbestände**, die zwar aus weniger produktiven Arten aufgebaut sind, aber erneut eine dichte Vegetationsstruktur aufweisen. Ihr Potenzial für höhere Arten-

zahlen kann nur durch Nutzung (Mahd und/oder Beweidung), die offene Bodenflächen schafft, erhalten bzw. erschlossen werden. Insbesondere bilden „Weideunkräuter", wie *Deschampsia cespitosa* bei einer Verringerung der Nutzungsintensität oder der Umnutzung von Weide- auf Mahdnutzung dichte Dominanzstrukturen, die nur durch jahrelang fortgesetzte (am besten sehr häufige) Mahd gebrochen werden können (Rosenthal 1992).

Bei **Flachabtorfung** und **Plaggen** manifestieren sich die vegetationskundlichen Erfolge durch die starke Artenzunahme von mehrjährigen Pflanzenarten, die in den freigelegten Bodenhorizonten mit ausdauernden Samenbanken vertreten sind. Während sich in den Wümmewiesen (Nordwestdeutschland) nach dem Plaggen *Deschampsia cespitosa*-reicher Flutrasen Kleinseggenriede mit *Agrostis canina*-Dominanz entwickelten (Rosenthal 1992), waren es in Niedermooren des Donaumoos (Süddeutschland) Grünlandarten, wie *Holcus lanatus* und *Poa pratensis* (Patzelt 1998). In Kalkflachmooren und in Fettwiesen konnte die Aushagerungssukzession durch Plaggen kaum beschleunigt werden (Kapfer 1988, Oomes 1991). In einem niederländischen Feuchtgebiet führte Grundwasseranhebung und Flachabtorfung zur Ansiedlung zahlreicher Zielarten, u. a. *Carex aquatilis* (Wasser-Segge), *C. oederi* (Oeders Segge) und *C. diandra* (Draht-Segge), in anderen Gebieten war das Verfahren weniger erfolgreich (Grootjans et al. 2002).

11.7.2 Renaturierung von Intensivgrünland durch Wiedervernässung

Je stärker und schneller die Grundwasseranhebung, desto vollständiger gehen die Arten des Ausgangsbestandes verloren. Hochwüchsige Nährstoffzeiger des frischen Intensivgrünlandes werden verdrängt und die Artenzahlen gehen zurück. Bei schwacher Vernässung erfolgt hingegen ein langsamer Vegetationsumbau, in dessen Verlauf durch sukzessive Verschiebungen des Konkurrenzgleichgewichts die Bedingungen für die Ausbreitung und **Ansiedlung neuer Pflanzenarten günstiger** sind. Bei schwacher Vernäs-

sung können gleichzeitig auch Aushagerungsprozesse ihre Wirkung entfalten: Auf anfänglich frischen Standorten nehmen Nährstoffmangelzeiger, wie *Anthoxanthum odoratum*, *Festuca rubra*, *Plantago lanceolata* (Spitz-Wegerich) und *Deschampsia cespitosa*, und kurzlebige Wiesenarten, wie *Rhinanthus angustifolius*, *R. minor* (Kleiner Klappertopf), *Bromus racemosus* und *Trifolium dubium* (Faden-Klee), zu. Auf Flussmarschstandorten entstehen kennartenreiche Weidelgrasweiden. Unter feuchten Ausgangsbedingungen werden Arten der Kleinseggenriede, namentlich *Carex nigra*, *Agrostis canina* und *Ranunculus flammula* (Flammender Hahnenfuß) dominant. Langlebige Samenbanken dieser Arten tragen zu ihrer Wiederetablierung bei. Die Bedingungen für die Etablierung und Ausbreitung von Feuchtwiesenarten sind am ehesten bei mäßiger Überstauung (bis Ende April) gegeben, wenn eine auf die Ertragsleistung des Standortes abgestimmte Nutzungsfrequenz hochwüchsige, nässetolerante Konkurrenten (vor allem Röhrichtarten) klein hält.

Bei Vernässungsmaßnahmen müssen also bestimmte Rahmenbedingungen beachtet werden, um die Ziele der Grünlandrenaturierung nicht zu gefährden. So bestehen z. B. negative Korrelationen zwischen der Vernässungsintensität und der Artenzahlentwicklung: Plötzliche Veränderungen des hydrologischen Regimes, insbesondere lange Überstauungen von nicht an Nässe angepassten Vegetationsbeständen (bis Ende Mai) führen zu katastrophalen Vegetationszusammenbrüchen (Hellberg et al. 2003) und einer Abnahme der Artenzahlen, worin auch gefährdete Arten eingeschlossen sind. Artenverluste sind zunehmend dann zu erwarten, wenn sich die mittleren F-Zeigerwerte (nach Ellenberg et al. 1992) innerhalb weniger Jahre um mehr als eine Einheit nach oben verschieben, was einer Erhöhung des mittleren Grundwasserstandes im Sommer um ca. 20 cm entspricht (also z. B. von 70 auf 50 cm unter Flur). In langsam vernässten Flächen mit Zeigerwertänderungen < 1 sind hingegen fast ausschließlich Artenzahlzunahmen festzustellen (Rosenthal 2001).

Wiedervernässung durch **lange Überstauung fördert die Entwicklung von Flutrasen**, bei ausbleibender Nutzung auch von Großseggenrieden und Röhrichten (Abb. 11-5). Die Hydrologie von Flutrasen ist durch stark schwankende Grundwasserstände und den ausgeprägten saisonalen Wechsel von langen Überstauungen und Sommertrockenheit ausgezeichnet (Abschnitt 11.2). Bei starker zeitlicher Überschneidung von langanhaltenden Überstauungen und der frühjährlichen Erwärmungsphase sterben selbst an Feuchte angepasste Grünlandpflanzen ab. Es entstehen offene Flächen, die der Wiederbesiedlung durch überlebende Sprossindividuen, durch Arten der Samenbank im Boden und der Neubesiedlung (Zuwanderung) durch Arten der näheren oder weiteren Umgebung offenstehen. Dabei kommen verschiedene Strategietypen zum Zuge:

1. **Stolonenarten der Flutrasen** wie z. B. *Agrostis stolonifera*, *Glyceria fluitans* (Flutender Schwaden), *Alopecurus geniculatus*, *Potentilla anserina* (Gänse-Fingerkraut) und *Ranunculus repens* werden bei langer Überstauung dominant. Sie bilden ein durch Nutzung stabilisiertes erstes Sukzessionsstadium. Selbst sehr lange Überstauungsphasen bis Juni können überlebt werden, sodass Restpopulationen für die Wiederbesiedlung zur Verfügung stehen, die durch oberirdische Ausläufer begünstigt wird.

2. **Nässetolerante, hochwüchsige Rhizomarten** können die Sukzession zum Großseggenried oder Röhricht einleiten; sie profitieren von der kombinierten Wirkung starker Vernässung (Überstau länger als Mitte April) und Aufgabe, Verzögerung (ab Mitte Juli) und/oder Reduzierung der Nutzungshäufigkeit. Zu nennen sind hier z. B. *Carex acuta*, *Glyceria maxima*, *Acorus calamus* (Kalmus) und *Phalaris arundinacea*, die sich auf Überstauungsflächen herdenartig ausbreiten.

3. **Kurzlebige Schlammbodenbesiedler** mit einer ausdauernden Samenbank im Boden, wie *Persicaria hydropiper* (Wasserpfeffer), *Juncus bufonius* (Kröten-Binse), *Gnaphalium uliginosum* (Sumpf-Ruhrkraut) und *Bidens* (Zweizahn)-Arten profitieren von den Keimungs- und Etablierungsnischen, die periodisch immer wieder neu geschaffen werden. Es handelt sich um Sommer-Annuelle, die die winterliche Überschwemmungszeit als Samen im Boden überdauern.

4. **Wasserschweber**, wie *Spirodela polyrhiza* (Teichlinse) und *Lemna* (Wasserlinsen)-Arten sind zwar nicht grünlandtypisch, profitieren aber von der langen Wasserüberdeckung und werden bei den winterlichen Überflutungsperioden immer wieder neu eingeschwemmt.

5. **Sporadische, nicht nässetolerante Arten**, die von außen über Diasporen zuwandernd, nur die sommerliche Trockenphase nutzen und während der winterlichen Überflutung absterben, sind häufig ruderale Arten mit anemochoren Diasporen, wie *Urtica dioica* (Große Brennnessel), *Cirsium arvense* (Acker-Kratzdistel), *Tussilago farfara* (Huflattich), *Tanacetum vulgare* (Rainfarn) sowie Baumarten, wie *Fraxinus excelsior* (Gemeine Esche) und *Salix*-Arten.

Trotz der Schaffung offener Bedingungen durch lange Überflutungen und des Zusammenbruchs der bisher konkurrenzstarken, dominanten Pflanzenarten können sich Feuchtwiesenarten nicht etablieren, wenn ihre Überstauungstoleranzen überschritten sind (Abb. 11-5; Hellberg 1995). Lange Überstauung bis in den Frühsommer wirkt keimungshemmend auf Feucht-

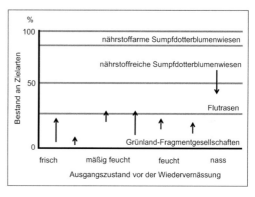

Abb. 11-5: Veränderung der Zielartenanteile bei der Wiedervernässung von Grünland auf Flussmarsch-, Gley- und Niedermoorstandorten in Norddeutschland und den Niederlanden bei unterschiedlichen Ausgangsbedingungen. Die Pfeile kennzeichnen die zeitlichen Veränderungen der Zielartenanteile zwischen Versuchsbeginn und Versuchsende. Es wurden 36 Dauerflächen mit einer Versuchslaufzeit zwischen zwei und neun Jahren ausgewertet (Rosenthal 2001). Das vorher intensiv genutzte und gedüngte, meist kennartenarme Grünland wurde mit Versuchsbeginn in eine extensivere Nutzung übernommen und gleichzeitig durch Grabeneinstau, Flächenüberstau oder Grabenanstau vernässt. Die Folgenutzung bestand in extensiver Mäh- oder Standweide oder in reiner Wiesennutzung ohne Düngung.

11

wiesenarten, wie *Caltha palustris*, *Lotus uliginosus* (Sumpf-Hornklee), *Silene flos-cuculi* (Kuckucks-Lichtnelke) und *Senecio aquaticus* (Wasser-Greiskraut) (Hellberg 1995, Patzelt 1998, Roth et al. 1999). Die Keimung und Etablierung der Frühjahrskeimer *Rhinanthus angustifolius* und *R. minor* wird durch die zeitliche Überlappung mit frühjährlichen Überschwemmungen sogar ganz unterbunden.

Die Entwicklung von Flutrasen mit oberirdischen Stolonengeflechten vermindert die Tragfähigkeit der Böden und gefährdet die Bewirtschaftbarkeit. Stets extensiv genutzte Feuchtwiesen weisen höhere Tragfähigkeiten auf als wiedervernässte ehemals intensiv genutzte Standorte (Biewer und Poschlod 1997, Knieper 2000).

11.7.3 Renaturierung durch Reduzierung der Mahdfrequenz

Der langfristige Erfolg von Regenerationsmaßnahmen ist entscheidend von der Schnelligkeit einer **sekundären Dominanzbildung** durch hochwüchsige, stark beschattende Arten abhängig (Schrautzer und Jensen 2006). Verringerte Nutzungsintensität oder periodische Brache aufgrund nicht abgestimmter Überflutungszeiten oder mangelnden Nutzungsinteresses können zur Ausbreitung neuer Dominanzbildner führen. Es handelt sich um die bekannten Bracharten, die durch Ungestörtheit und einen effizienten internen Nährstoffkreislauf begünstigt, selbst auf ausgehagerten Standorten hochproduktive Pflanzenbestände aufbauen können (Abschnitt 11.4). Durch „gewaltsame Extensivierungen" (Ellenberg 1996) von den Limitierungen häufiger Mahd befreit, können sie ihre vegetative Ausbreitungskraft entfalten. Während auf ehemaligen Wiesen vor allem hochwüchsige Rhizomarten zum Zuge kommen, sind auf Weiden Horstgräser, wie *Deschampsia cespitosa*, *Juncus effusus*, *J. conglomeratus* und *Holcus lanatus* die kritischen Arten, die es durch entsprechende Nutzungsintensität zurückzudrängen gilt. Dieses gestaltet sich umso schwieriger, je mahdverträglicher die Arten sind. Während *Filipendula ulmaria* und *Glyceria maxima* bereits durch zweimalige Mahd pro Jahr zurückgehen, erweisen sich *Scirpus sylvaticus* (Wald-Simse), *Phalaris arundinacea*, *Deschampsia cespi-*

tosa, *Holcus lanatus* und *Alopecurus pratensis* als zunehmend mahdverträglicher, was ihre Verdrängung und die Ansiedlung neuer Arten erschwert.

Am Beispiel eines Feuchtgrünlandgebietes in Nordwestdeutschland (Borgfelder Wümmewiesen) konnte die flächenhafte Zunahme von Bracharten, namentlich *Carex acuta*, *C. vesicaria* (Blasen-Segge), *Glyceria maxima*, *Calamagrostis canescens* und *Phalaris arundinacea* nach Rückverlegung der Mahdtermine dokumentiert werden (Hellberg et al. 2003). Dies ging mit dem Verlust niedrigwüchsiger Feuchtwiesenarten, wie *Senecio aquaticus*, *Silene flos-cuculi*, *Juncus filiformis*, *Ranunculus flammula* und *Agrostis canina* einher. Der Feuchtwiesencharakter der Landschaft wich damit mehr und mehr dem einer Ried- und Röhrichtlandschaft, obwohl die Naturschutzziele dieses so nicht vorsahen. Hier könnte frühere und häufigere Mahd (Tab. 11-9), die an die aktuelle Produktivität angepasst ist, Abhilfe schaffen.

Die Bedeutung der Mahdfrequenz für den Erfolg von Grünlandrenaturierungen wird durch Mahdversuche zur Grünlandrenaturierung bestätigt: Bei zwei- bis dreimaliger Mahd pro Jahr ergaben sich die höchsten Artengewinne durch die Neuetablierung von Zielarten (Abb. 11-6). Im

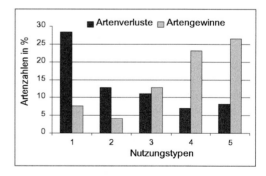

Abb. 11-6: Artenverluste und Artengewinne von Grünlandzielarten in unterschiedlich bewirtschafteten Dauerflächen (in % der über die jeweilige Versuchsdauer kummulierten Artenzahlen) verschiedener Grünlandgesellschaften in Norddeutschland (zehn Standorte) und in den Niederlanden (vier Standorte) (Rosenthal 2001). Nutzungstypen: 1: Brache, 2: Mähen alle zwei Jahre (Juli oder September), 3: einmal Mähen pro Jahr (Juli oder September), 4: zweimal Mähen pro Jahr (Juli und September), 5: drei- bis viermal Mähen pro Jahr.

Durchschnitt traten bei diesem Mahdregime 25 % aller auf den jeweiligen Versuchsflächen im Laufe der Versuchszeit vorhandenen Arten als Neuetablierer in Erscheinung. Bei einmaliger Mahd pro Jahr hielten sich Artengewinne und -verluste die Waage. Bei einer nur alle zwei Jahre erfolgenden Mahd und bei Brache überwogen die Artenverluste. Dies zeigt, dass zumindest in eutraphenten Vegetationstypen erst eine häufige Mahd Keimungs- und Etablierungsnischen in ausreichender Zahl, Größe und zeitlicher Dauer liefert, um Keimlingen die Etablierung zu ermöglichen. Häufige Mahd (ca. dreimal pro Jahr) ist hier eher als seltene Mahd in der Lage, den Artenreichtum zu fördern.

11.7.4 Renaturierung durch Mulchen

Als Alternativnutzung zum Mähen wird das Mulchen (Mähen, Zerkleinern und Liegenlassen des Mähguts auf der Fläche) als Renaturierungsmaßnahme diskutiert, weil der kostenintensive Abtransport des Mähguts entfällt (Schreiber 2006). Der Effekt hängt von den Abbaubedingungen für das Mulchgut, dem Mulchtermin und der Ertragsleistung des Standortes ab. Auf **trockenen bis frischen Standorten** erfolgt unter günstigen Klimabedingungen ein rascher Abbau des Mulchguts, sofern der erste Schnitt im Frühsommer (Juni) erfolgt. Bei zweimaligem Mulchen pro Jahr findet sogar eine Aushagerung und ein Rückgang der Erträge statt: Nährstoffarme Grünlandgesellschaften der Kalkhalbtrockenrasen, mageren Bergfettwiesen und Flügelginsterheiden werden stabilisiert, niedrigwüchsige Stolonen- und Rosettenarten und Nährstoffmangelzeiger werden gefördert und die Artenzahlen nehmen zu (Schreiber 2006). Nährstoffverluste durch Auswaschung oder Denitrifizierung erfolgen offenbar schneller als die Wiederaufnahme durch die Wurzeln. Einmaliges Mulchen pro Jahr und ein späterer erster Mulchtermin wirken sich ungünstiger auf die Aushagerungsleistung, die Artenzahlentwicklung und die Entwicklung lichtbedürftiger, niedrigwüchsiger Arten aus. Die Tendenz zur Zunahme von Hochstauden und Gehölzen wächst mit abnehmender Mulchfrequenz, sodass beim Mulchen alle zwei Jahre in den mulchfreien Jahren bracheähnliche Zustände entstehen.

In ertragreichen Pflanzengesellschaften und bei schlechten Abbaubedingungen bleibt das Mulchmaterial länger liegen und behindert die Entwicklung kleinwüchsiger, lichtbedürftiger Pflanzenarten (Rosenthal 2001). In Flutrasengesellschaften führte einmaliges Mulchen pro Jahr (Juli) zu einer starken Zunahme von *Deschampsia cespitosa* und dem drastischen Rückgang von niedrigwüchsigen *Agrostis*- und *Poa*-Arten. Das Mulchmaterial wurde bis zum nächsten Frühjahr nicht abgebaut, was die Zunahme von *Cirsium arvense* unterstützte. Für ertragreiche Grünlandgesellschaften **auf feuchten oder nassen Standorten** eignet sich das Mulchen, zumindest unter feucht-humiden Klimabedingungen weniger als in den klimatisch begünstigten südwestdeutschen Regionen, wenn es um die Erhaltung oder Regeneration artenreicher Grünlandgesellschaften geht. Für die bloße Offenhaltung der Landschaft kann dieses Verfahren jedoch z. B. auch in Niedermooren der atlantischen Klimazone eingesetzt werden.

11.7.5 Renaturierung durch extensive Beweidung

Portionsweide auf kleinen, standörtlich homogenen Flächen ist für die Renaturierung artenreichen Grünlandes wenig geeignet, weil keine Nutzungsgradienten entstehen und kaum Nährstoffe ausgetragen werden. Solche Weideflächen haben deutlich geringere Artenzahlen als vergleichbare Wiesen, zumal einige beweidungsempfindliche Arten ausgeschaltet werden (Lederbogen et al. 2004). Erfolg versprechend wird extensive Beweidung mit großen Weidetieren (z. B. Rindern) erst auf großen zusammenhängenden Weideflächen oder auf z. B. durch Schaftrift vernetzten Weidekoppeln (Farbtafel 11-3). Die **Weidetiere selektieren** hier räumlich und zeitlich zwischen den jeweils besten Weidegründen und erzeugen durch ihre vielfältigen ökologischen Wirkungen eine große Vielfalt an unterschiedlichen Standorten und Strukturen und **sorgen damit für eine hohe Artenvielfalt**, namentlich von Tierarten mit komplexen Lebensraumansprüchen. Das unterschiedliche Fraßverhalten der Weidetiere erlaubt den **Einsatz für bestimmte Naturschutzziele**, z. B. von Ziegen für die Eindämmung der Gehölz-sukzession. In Feuchtgebieten werden durch den Tritt Bodenmikrostrukturen gebildet (Bult-Rin-nen-Komplexe), die die Artendiversität kleinräu-mig erhöhen. Große Weidetiere unterstützen da-rüber hinaus die Ausbreitung von Diasporen zwischen Resthabitaten der Zielarten (Spender-flächen) und zu renaturierenden Defizitflächen, wo sie überdies vielfach auch geeignete Mikroha-bitate für die Keimung und Etablierung schaffen (Kapitel 2). Beim Management von großen Wei-deflächen für die Renaturierung von arten-reichem Grünland ist auf ein ausgewogenes Ver-hältnis von Spender- und Defizitflächen, von ertragreichen (bzw. in Feuchtgebieten trockene-ren Ausweichstandorten) und ertragsarmen Standorten, außerdem auf geeignete Tierarten, Herdengrößen und Beweidungsdichten sowie die Beweidungsdauer (z. B. Sommer- versus Ganz-jahresbeweidung) zu achten (Lederbogen et al. 2004).

11.7.6 Renaturierung von artenreichem Grünland auf Ackerstandorten

Bei der Wiederherstellung von artenreichem Grünland auf ehemaligen Ackerstandorten sind neben den zum Teil irreversiblen edaphischen Veränderungen auch der Verlust von Samenban-

ken der Zielarten zu berücksichtigen (Farbtafel 11-4 und 11-5). Auf eutrophem Niedermoor im Donaumoos (Süddeutschland) blieben die Erträge selbst nach Flachabtorfung hoch (Patzelt 1998). Die Erprobung alternativer Verfahren z. B. durch die Voransaat und Mahd von Nährstoff-sammlern, wie z. B. Ackersenf (*Sinapis arvensis*), erbrachte keinen Erfolg im Hinblick auf eine beschleunigte Aushagerung (Luick und Kapfer 1994). Allerdings konnte die initiale Verunkrau-tungsphase so umgangen und eine rasche Eta-blierung von Grünlandarten, wie *Holcus lanatus*, *Poa trivialis* und *Trifolium repens* (Weiß-Klee), erreicht werden.

Auf ehemaligen Ackerstandorten in der hessi-schen Rheinaue allerdings konnte bei ein- bis zweischüriger Mahd nach 10–15 Jahren eine deutliche Stickstofflimitierung (bei weiterhin hohen Gehalten an pflanzenverfügbarem Phos-phor) registriert werden, die zu einer Absenkung der Biomasseproduktion auf das Niveau der Ziel-artengemeinschaften führte (Donath et al. 2003, Bissels et al. 2004). Eine Ursache hierfür war die vorangegangene Ackernutzung, die die Humus-gehalte der lehmigen Auenböden reduziert hatte. Die ausschließlich durch Selbstbegrünung ent-standenen Auenwiesen bestanden aber trotz erfolgreicher Nährstoffaushagerung fast aus-schließlich aus häufigen Grünlandarten: Im Ver-gleich mit altem (d. h. stets extensiv bewirtschaf-tetem) Auengrünland fehlten neben seltenen Zielarten, wie z. B. *Cnidium dubium* (Brenn-dolde), auch viele im Naturraum relativ häufige

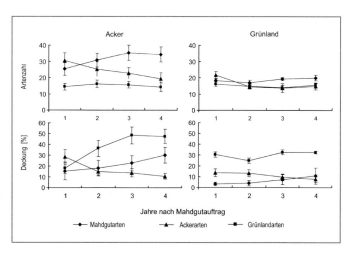

Abb. 11-7: Vegetationsentwicklung nach Mahdgutauftrag auf ehema-ligen Äckern und in bestehendem Grünland; dargestellt sind Mittel-werte und Standardfehler der Artenzahl und des Deckungsgrades während der ersten vier Jahre nach Mahdgutauftrag (nach Donath et al. 2007, verändert).

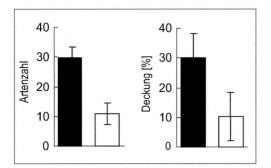

Abb. 11-8: Anzahl und Deckung (%) von Mahdgutarten auf Renaturierungsflächen in Abhängigkeit von der Vornutzung im vierten Jahr nach Auftrag. Die Balken zeigen Mittelwert und Standardfehler: schwarz: ehemaliger Acker (n = 43); weiß: Grünland (n = 19). Die Unterschiede zwischen Acker und Grünland sind signifikant nach t-Test (P < 0,05) (nach Donath et al. 2007, verändert).

Grünlandarten noch fast vollständig (Donath et al. 2003, Bissels et al. 2004). Die Hauptursache lag ganz offensichtlich in der Ausbreitungslimitierung der Arten der Zielvegetation. Erst nach Einbringung von samenhaltigem **Mahdgut aus historisch altem Auengrünland** stellte sich der gewünschte Renaturierungserfolg ein (Hölzel et al. 2006). Dabei funktionierte die Etablierung von Pflanzenarten aus dem aufgetragenen Mahdgut auf den ehemaligen Ackerflächen wesentlich erfolgreicher als in Grünlandbeständen (Donath et al. 2007, Abb. 11-7 bis 11-9). Hauptursache hierfür ist offenbar die vergleichsweise schüttere und instabile Vegetationsstruktur der Äcker aus

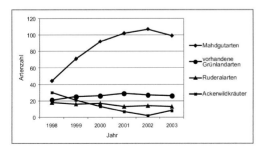

Abb. 11-9: Entwicklung der Artenzahlen verschiedener Artengruppen auf einer Oberbodenabtragsfläche am hessischen Oberrhein in den ersten sechs Jahren nach der Übertragung von Mahdgut aus artenreichen Pfeifengras- (Molinion) und Brenndoldenwiesen (Cnidion) (nach Hölzel und Otte 2003, verändert).

einjährigen und kurzlebigen Ruderalarten, die den neu ankommenden Grünlandarten einen weitaus geringeren Etablierungswiderstand entgegensetzt als bereits dicht geschlossene Grünlandnarben. Insofern bestehen für die Einbringung von Arten auf Äckern sogar besonders günstige Voraussetzungen.

11.7.7 Regeneration von artenreichem Grünland auf Brachestandorten

Grünlandbrachen sind nach längerer Brachedauer zwar ähnlich artenarm wie eutrophes, intensiv genutztes Grünland, weisen aber eine ganz andere Artenzusammensetzung auf. Zudem sind die in Tabelle 11-5 dargestellten Standortveränderungen weitgehend reversibel, wenn die Flächen aus der Extensivnutzung ohne zwischengeschobene Intensivierungsphase direkt brachgefallen sind. Solche Grünlandbrachen bringen auch günstige biotische Ausgangsbedingungen für eine Regeneration mit, weil die Samen in den streüüberdeckten und mikroklimatisch abgepufferten Böden über lange Zeiten konserviert werden und eine langlebige Samenbank im Boden aufbauen (Farbtafel 11-6). Mit fortschreitender Brachedauer nehmen die Diasporendichten von Arten, die in der aktuellen Brachevegetation nicht mehr vorhanden sind, zwar ab, dennoch können auch 20- bis 30-jährige Brachen wieder **in artenreiche Feuchtwiesenbestände** überführt werden, wenn durch die Wiederaufnahme der Mahd (z. B. zweimal Mähen pro Jahr) günstige Lichtbedingungen für die Keimung der im Boden vorhandenen, dormanten Samen geschaffen werden (Abb. 11-10; Rosenthal 2001, Straskrabova und Prach 1998). Aufgrund der „biologischen Aushagerung", der mehrmaligen Unterbrechung des pflanzeninternen Nährstofftransports in den dominanten, hochwüchsigen Rhizompflanzenarten (z. B. *Filipendula ulmaria*) durch die Mahd, gehen diese zurück. Das ermöglichte in Feuchtbrachen auf Hangvermoorungen kleiner Flusstäler Nordwestdeutschlands die dauerhafte Etablierung von niedrigwüchsigen Rosettenpflanzen und eine Zunahme der Artenzahlen um das zwei- bis dreifache. Häufige Feuchtwiesenarten, die in diesen Feuchtgrünlandbrachen ausdauernde Samen-

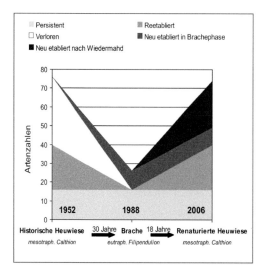

Abb. 11-10: Artenzahlen verschiedener Artengruppen (siehe Legende) bei der sekundären Sukzession nach Nutzungsaufgabe und Regeneration von Feuchtgrünland nach Wiederaufnahme der Bewirtschaftung durch zweimalige Mahd pro Jahr. Erste vegetationskundliche Aufnahme 1952, Nutzungsaufgabe ca. 1958, Wiederaufnahme der Mahd 1988.

banken aufbauen, sind u. a. *Silene flos-cuculi*, *Lotus uliginosus*, *Myosotis palustris* (Sumpf-Vergissmeinnicht), *Stellaria palustris*, *Cardamine pratensis* und *Galium palustre*. Viele der eigentlichen Kennarten, wie *Bromus racemosus*, *Caltha palustris*, *Pedicularis palustris* und *Juncus filiformis* fehlen allerdings oder sind, wie *Senecio aquaticus* und *Crepis paludosa*, sehr selten. Der Regeneration sind also auch in Feuchtwiesenbrachen Grenzen gesetzt, denn diese Pflanzenarten müssen mithilfe ihrer Diasporen erst einwandern.

Regenerationserfolge nach Wiederaufnahme der Grünlandnutzung in Brachen sind aus verschiedenen Grünlandökosystemen und aus verschiedenen Regionen Mitteleuropas, z.B. aus Polen, Dänemark und Tschechien belegt (z.B. Straskrabova und Prach 1998, Falinska 1999, Hald und Vinther 2000). So kam es beispielsweise in völlig verschilften Auewiesen am nördlichen Oberrhein nach Entbuschung und Wiederaufnahme der Mahd zur spontanen Reetablierung seltener Stromtalarten wie *Cerastium dubium* (Klebriges Hornkraut), *Arabis nemorensis* (Raue Gänsekresse) und *Viola pumila* (Niedriges Veilchen), im Auengrünland des Flusses Luznice in

Tschechien zur Reetablierung von artenreichen Rasenschmielen- und Fuchsschwanzwiesen. Brachen, die aus Intensivgrünland hervorgegangen sind, **dürften allerdings schwieriger in artenreiche Feuchtwiesen zurückzuverwandeln sein**: Die Intensivierungsphase brachte nicht nur die oben beschriebenen Bodenveränderungen, sondern auch die Reduzierung der Samenbank mit sich.

11.7.8 Synoptische Betrachtung der Renaturierungschancen im Grünland

Allgemeingültige Aussagen zur Regenerationsfähigkeit von Grünlandpflanzengesellschaften und zu den hierfür erforderlichen Zeiträumen können aufgrund der Vielzahl von Randfaktoren kaum getroffen werden. Auch für den Praktiker gibt es keine Patentrezepte! Die limitierenden Faktoren können aber benannt werden (Tab. 11-12). **Welcher einzelne Regenerationsprozess den Fortgang des Gesamtprozesses limitiert, hängt davon ab, welcher den höchsten Zeitbedarf hat.** So ist die Wiederherstellung der abiotischen Rahmenbedingungen durch Wiedervernässung, Aushagerung und Nutzungsextensivierung zwar notwendige, aber nicht hinreichende Bedingung für die Grünlandregeneration. Die wenigen Beispiele für eine (fast) vollständige Wiederherstellung der floristischen Inventare von Zielgesellschaften zeigen, dass nicht nur ungeeignete abiotische Bedingungen den Regenerationserfolg begrenzen. Regenerationsdefizite sind ebenso oft auf ein fehlendes floristisches Potenzial zurückzuführen. Diasporenfänge und Samenbankuntersuchungen bestätigen die geringen floristischen Potenziale, die in „modernen" Kulturlandschaften nach langer Intensivnutzung erhalten geblieben sind (Smith et al. 2002, Bekker et al. 1998). Nach (Teil-)Wiederherstellung der abiotischen Standortbedingungen sind somit biotische Faktoren zumindest kolimitierend wirksam.

Abbildung 11-11 soll den Bedingungsrahmen für Regenerationsmaßnahmen im Feucht- und Auengrünland deutlich machen. Danach ist die Regeneration umso schwieriger, **je mehr Restriktionen bodenkundlicher, hydrologischer und biotischer Art** vorliegen. Die Regenerations-

Tab. 11-12: Zusammenstellung von Faktoren, die die Regeneration artenreichen naturnahen Grünlandes limitieren. In Spalte 3 sind betroffene Artengruppen dargestellt, deren Ansiedlung und erfolgreiche Etablierung durch kritische Ausprägungen dieser Faktoren (z. B. irreversible Bodenveränderungen) eingeschränkt sind.

limitierende Faktoren	kritische Ausprägungen	negativ selektierte Pflanzenarten
Vernässung	- lange Überstauung - Sommertrockenheit - ungünstiges Bodenrelief (Polderung) - Kleinflächigkeit - Wassereinstau statt -fluten - Wasserverfügbarkeit, -verteilbarkeit - Wasserqualität	- gegen lange Überstauung empfindliche Arten - gegen Sommertrockenheit empfindliche Arten - an bestimmte Wasserqualitäten gebundene Arten
Aushagerung	- vererdete, durchschlickte Torfe - interne, externe Eutrophierung - Wechselfeuchtigkeit - Nährstofffrachten aus Vornutzung - Auteutrophierung (Brachen)	- Nährstoffmangelzeiger - kleinwüchsige Arten
Nutzung	- Nutzungsart (Mahd versus Weide) - fehlende Nutzungsoptionen (Verbrachung) - Befahrbarkeit	- bracheempfindliche Arten - beweidungs-, verdichtungsempfindliche Arten
Diasporendargebot in der Landschaft	- homogene Nutzungsmuster in der Landschaft - keine ungenutzten oder extensiv genutzten Randstrukturen - fehlende Refugialräume für Restpopulationen - fehlendes Diasporendargebot	- Arten mit eingeschränkter Persistenz und Standorts amplitude, z. B. kurzlebige Arten mit kurzlebiger Samenbank
Samenbank	- Intensivnutzung - Umbruch - lange Brache (> 30 Jahre) - lokale, kleinflächige Vorkommen - sekundäre Dominanz hochwüchsiger Arten	- Arten mit kurzlebiger Samenbank
Ausbreitung	- fehlende oder nicht landschaftstypische, standortunspezifische Ausbreitungsvektoren - fehlende oder nur kleinflächige, kurze Überschwemmungen - ungeeigneter Weideumtrieb - fehlende Vernetzung mit Quellpopulationen - fehlende zeitliche Abstimmung zwischen Diasporendarbietung und Aktivität des Ausbreitungsvektors	- Arten mit schlechter anemochorer Ausbreitung - Arten, die nur in Metapopulationen überlebensfähig sind

chancen nehmen bei gleicher Zielvegetation mit zunehmender Hemerobie (anthropogener Überformung) des Ausgangsbestandes ab. Auf den meisten Flächen unserer ehemaligen Feuchtgrünlandgebiete ist demnach die Regeneration artenreichen Grünlandes nur über lange Zeiträume (Jahrzehnte) möglich (Grootjans et al. 2002, Woodcock et al. 2006). **Meist erfüllen nur kleine, bisher noch nicht so stark intensivierte Restflä-** chen die Bedingungen für eine rasche Regeneration dieser Feuchtwiesentypen. Für die meisten Flächen ist in absehbaren Zeiträumen (bis 10–20 Jahre) eine Renaturierung im Sinne einer Annäherung an naturnähere Zustände mit den in Abbildung 11-11 aufgeführten Pflanzengesellschaften, wie zumeist Flutrasen, Röhrichten oder Feuchtgrünland-Fragmentgesellschaften zu erwarten.

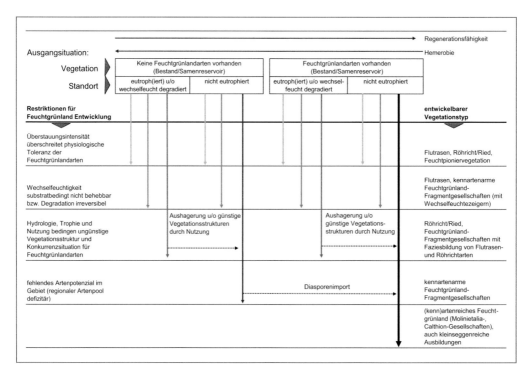

Abb. 11-11: Bedingungsrahmen und Möglichkeiten der Entwicklung überflutungsgeprägter Feuchtgrünlandgesell-schaften in Abhängigkeit von Ausgangsbestand, Standort und Management (aus Hellberg 1995).

11.8 Forschungsdefizite

Die ökologische Forschung für die Renaturierung von Grünland birgt teilweise noch erheblichen Forschungsbedarf. Dies betrifft insbesondere die Beurteilung von Renaturierungserfolgen unter veränderten klimatischen Rahmenbedingungen. Die Frage ist z. B., ob Zielarten trotz Habitatfragmentierung und Ausbreitungslimitierung mit dem **Klimawandel** Schritt halten können. Weitere Forschungsschwerpunkte sollten sich der Frage widmen, wie Renaturierungs- und Naturschutzbelange im Grünland in **ökonomisch tragfähige agrarische Nutzungssysteme** oder auch in **nicht agrarische Verfahren** des Landschaftsmanagement integriert werden können. Dies betrifft beispielsweise die naturschutzgerechte Nutzung von Grünlandbiomasse als nachwachsendem Rohstoff und die Ausgestaltung von extensiven Beweidungssystemen auf großen Weideflächen. Dabei ist es notwendig, unterschiedliche Szenarien der EU-Agrarpolitik zu berücksichtigen und

ihre möglichen ökologischen Auswirkungen zu simulieren und zu bewerten. In der renaturierungsbezogenen ökologischen Grundlagenforschung fehlen insbesondere Kenntnisse über die **Raum-Zeitdynamik** (z. B. zur Bewaldungsgeschwindigkeit von Grünland bei Auflassung in verschiedenen Landschaften) und zur **langfristigen Entwicklung von Ökosystemen** unter verschiedenen Rahmenbedingungen.

Literaturverzeichnis

Aerts R (1997) Nitrogen partitioning between resorption and decomposition pathways: a trade-off between nitrogen use efficiency and litter decomposibility? *Oikos* 3: 603–606

Aerts R, Verhoeven JTA, Whigham DF (1999) Plant-mediated controls on nutrient cycling in temperate fens and bogs. *Ecology* 80 (7): 2170–2181

Al-Mufti MM, Sydes CL, Furness SB, Grime JP, Band SR (1977) A quantitative analysis of shoot phenology and dominance in herbaceous vegetation. *Journal of Ecology* 65: 759-792

Bakker JP (1989) Nature management by grazing and cutting. *Geobotany* 14. Kluwer, Dordrecht

Bakker JP, Grootjans AP, Hermy M, Poschlod P (2000) How to define targets for ecological restoration? Introduction. *Applied Vegetation Science* 3 (1): 1-6

Bakker JP, Poschlod P, Strykstra RJ, Bekker RM, Thompson K (1996) Seed banks and seed dispersal: important topics in restoration ecology. *Acta Botanica Neerlandica* 45: 461-490

Bekker RM, Schaminee JHJ, Bakker JP, Thompson K (1998) Seed bank characteristics of Dutch plant communities. *Acta Botanica Neerlandica* 47: 15-26

Biewer H (1997) Regeneration artenreicher Feuchtwiesen im Federseeried. Projekt Angewandte Ökologie 24. Landesanstalt für Umweltschutz Baden-Württemberg, Karlsruhe. 3-323

Biewer H, Poschlod P (1997) Regeneration artenreicher Feuchtwiesen im Federseeried. In: Landesanstalt für Umweltschutz Baden-Württemberg (Hrsg) Berichte Umweltforschung Baden-Württemberg

Bissels S, Donath TW, Hölzel N, Otte A (2006) Effects of different mowing regimes and environmental variation on seedling recruitment in alluvial meadows. *Basic and Applied Ecology* 7: 433-442

Bissels S, Hölzel N, Donath TW, Otte A (2004) Evaluation of restoration success in alluvial grasslands under contrasting flooding regimes. *Biological Conservation* 118: 641-650

Bonn S, Poschlod P (1998) Ausbreitungsbiologie der Pflanzen Mitteleuropas. Quelle & Meyer, Wiesbaden

Bosshard A (1999) Renaturierung artenreicher Wiesen auf nährstoffreichen Böden. *Dissertationes Botanicae* 303: 1-194

Briemle G (1999) Auswirkungen zehnjähriger Grünlandausmagerung – Vegetation, Boden, Biomasseproduktion und Verwertbarkeit der Aufwüchse. *Naturschutz und Landschaftsplanung* 31 (8): 229-237

Bullock JM, Franklin J, Stevenson M J, Silvertown J, Coulson SJ, Gregory SJ, Tofts R (2001) A plant trait analysis of responses to grazing in a long-term experiment. *Journal of Applied Ecology* 38: 253-267

Burkart M, Dierschke H, Hölzel N, Nowak B (2004) Molinio-Arrhenatheretea (E1). Kulturgrasland und verwandte Vegetationstypen, Teil 1: Molinietalia. Futter- und Streuwiesen feucht-nasser Standorte. In: Dierschke H (Hrsg) Synopsis der Pflanzengesellschaften Deutschlands. Göttingen

Bursch P, Engelhardt J, Schwab U (2002) Begrünungen mit autochthonem Saatgut. *Naturschutz und Landschaftsplanung* 11: 346-357

Dierschke H (1974) Zur Abgrenzung von Einheiten der heutigen potentiellen Vegetation in waldarmen Gebieten Nordwest-Deutschlands. In: Tüxen R (Hrsg)

Berichte der Interantionalen Symposien IVV, Rinteln: 305-325

Dierschke H (1997) Molinio-Arrhenatheretea (E1). Kulturgrasland und verwandte Vegetationstypen, Teil 1: Arrhenatheretalia. Wiesen und Weiden frischer Standorte. In: Dierschke H (Hrsg) Synopsis der Pflanzengesellschaften Deutschlands. Göttingen

Dierschke H, Briemle G (2002) Kulturgrasland. Ulmer, Stuttgart

Dierssen K (1998) Zerstörung von Mooren und Rückgang von Moorpflanzen. In: Bundesamt für Naturschutz (Hrsg) Ursache des Artenrückgangs von Wildpflanzen und Möglichkeiten zur Erhaltung der Artenvielfalt. *Schriftenreihe für Vegetationskunde* 29: 229-240

Donath TW, Bissels S, Hölzel N, Otte A (2007) Large scale application of diaspore transfer with plant material in restoration practice – impact of seed and site limitation. *Biological Conservation* 138: 224-234

Donath TW, Hölzel N, Otte A (2003) The impact of site conditions and seed dispersal on restoration success in alluvial meadows. *Applied Vegetation Science* 6: 13-22

Donath TW, Hölzel N, Otte A (2006) Influence of competition by sown grass, disturbance and litter on recruitment of rare flood-meadow species. *Biological Conservation* 130: 315-323

Ellenberg H (1952) Wiesen und Weiden und ihre standörtliche Bewertung. Ulmer, Stuttgart

Ellenberg H (1996) Vegetation Mitteleuropas mit den Alpen. Ulmer, Stuttgart

Ellenberg H, Weber HE, Düll R, Wirth V, Werner W, Paulissen D (1992) Zeigerwerte von Pflanzen in Mitteleuropa. *Scripta Geobotanica* 18

Engelhardt J (2000) Das Heudrusch®-Verfahren im ingenieurbiologischen Sicherungsbau. *Jahrbuch der Gesellschaft für Ingenieurbiologie e. V.* 9: 165-174

Falinska K (1999) Seedbank dynamics in abandoned meadows during a 20-year period in the Bialowieza National Park. *Journal of Ecology* 87: 461-475

Fischer M, Husi R, Prati D, Peintinger M, van Kleunen M, Schmid B (2000) RAPD Variation among and within small and large populations of the rare clonal plant *Ranunculus reptans* (Ranunculaceae). *Amercian Journal of Botany* 87: 1128-1137

Grime JP (2001) Plant strategies, vegetation processes, and ecosystem properties. Wiley & Sons, Chichester

Grootjans AP, Bakker JP, Jansen AJM, Kemmers RH (2002) Restoration of brook valley meadows in the Netherlands. *Hydrobiologia* 478: 149-170

Grootjans AP, Schipper PC, van der Windt HJ (1985) Influence of drainage on N-Mineralization and vegetation response in wet meadows. I. Calthion palustris stands. *Oecologia Plantarum* 6 (4): 75-91

11

Guesewell S, Koerselman W (2002) Variation in nitrogen and phosphorus concentrations of wetland plants, Perspectives in Plant Ecology, *Evolution and Systematics* 5 (1): 37-61

Hald AB, Vinther E (2000) Restoration of a species-rich fen-meadow after abandonment: response of 64 plant species to management. *Journal of Applied Vegetation Science* 3: 15-24

Hand KD (1991) Mittelfristige Auswirkungen einer extensiven Grünlandbewirtschaftung auf Ertrags- und Futterqualitätsparameter sowie den Pflanzenbestand. Dissertation Universität Kiel

Hellberg F (1995) Entwicklung der Grünlandvegetation bei Wiedervernässung und periodischer Überflutung. *Dissertationes Botanicae* 243

Hellberg F, Müller J, Frese E, Janhoff D, Rosenthal G (2003) Vegetationsentwicklung in Feuchtwiesen bei Brache und Vernässung – Erfahrungen aus nordwestdeutschen Flussniederungen. *Natur und Landschaft* 78 (6): 245-255

Hennings H (1996) Zur Wiedervernässbarkeit von Niedermoorböden. Dissertation Universität Bremen

Hölzel N (2005) Seedling recruitment in flood-meadow species – effects of gaps, litter and vegetation matrix. *Applied Vegetation Science* 8: 115-124

Hölzel N, Bissels S, Donath TW, Handke K, Harnisch M, Otte A (2006) Renaturierung von Stromtalwiesen am hessischen Oberrhein – Ergebnisse aus dem E + E-Vorhaben 89211-9/00 des Bundesamtes für Naturschutz. *Naturschutz und biologische Vielfalt* 31: 1-263

Hölzel N, Otte A (2003) Restoration of a species-rich flood meadow by topsoil removal and diaspore transfer with plant material. *Applied Vegetation Science* 6: 131-140

Hölzel N, Otte A (2004) Assessing soil seed bank persistence in flood-meadows: which are the easiest and most reliable traits? *Journal of Vegetation Science* 15: 93-100

Jeckel G (1987) Einschränkung der Düngung – ökologische Begründung. Feuchtwiesenschutzprogramm – Modell Heubachwiesen. Seminarbericht (Naturschutzzentrum Nordrhein-Westfalen). 15-18

Jensen K, Schrautzer J (1999) Consequences of abandonment for a regional fen flora and mechanism of succession change. *Applied Vegetation Science* 2: 79-88

Jensen K, Trepel M, Merritt D, Rosenthal G (2006) Restoration ecology of river valleys. *Basic and Applied Ecology* 7: 383-387

Kapfer A (1988) Versuche zur Renaturierung gedüngten Feuchtgrünlandes – Aushagerung und Vegetationsentwicklung. *Dissertationes Botanicae* 120

Kapfer A (1994) Erfolgskontrolle bei Renaturierungsmaßnahmen im Feuchtgrünland. *Schriftenreihe für Landschaftspflege und Naturschutz* 40: 125-142

Kiemstedt H (1991) Leitlinien und Qualitätsziele für Naturschutz und Landschaftspflege. *Berichte aus der ökologischen Forschung* 4, Arten- und Biotopschutzforschung für Deutschland (Forschungszentrum Jülich): 338-342

Kirmer A, Tischew S (2006) Handbuch naturnahe Begrünung von Rohböden. Teubner, Wiesbaden

Klapp E (1971) Wiesen und Weiden. Parey, Berlin

Knieper M (2000) Tragfähigkeit der Niedermoore in der Nuthe-Nieplitz-Niederung. www.agrar.hu-berlin.de/pflanzenbau/tip/pages/h3online

Koerselman W, Verhoeven JTA (1995) Eutrophication of fen ecosystems; external and internal nutrient sources and restoration strategies. In: Wheeler B, Shaw S, Fojt W, Robertson R (Hrsg) Restoration of temperate wetlands. Wiley & Sons, Chichester. 91-119

Kratz R, Pfadenhauer J (2001) Ökosystemmanangement für Niedermoore. Ulmer, Stuttgart

Küster H (1996) Geschichte der Landschaft in Mitteleuropa. Beck, München

Lederbogen D, Rosenthal G, Scholle D, Trautner J, Zimmermann B, Kaule G (2004) Allmendweiden in Südbayern: Naturschutz durch landwirtschaftliche Nutzung. *Angewandte Landschaftsökologie* 62: 469

Luick R, Kapfer A (1994) Möglichkeiten der Renaturierung von Maisäckern. *Hohenheimer Umwelttagung* 26: 321-324

Moore D, Keddy P (1989) The relationship between species richness and standing crop in wetlands: the importance of scale. *Vegetatio* 79: 99-106

Mouissie AM, Vos P, Verhagen HMC, Bakker JP (2005) Endozoochory by free-ranging, large herbivores: Ecological correlates and perspectives for restoration. *Basic and Applied Ecology* 6: 547-558

Müller J, Rosenthal G, Uchtmann H (1992) Vegetationsveränderungen und Ökologie nordwestdeutscher Grünlandbrachen. *Tuexenia* 12: 223-244

Nienhuis PH, Bakker JP, Grootjans AP, Gulati RD, de Jonge VN (2002) The state of the art of aquatic and semi-aquatic ecological restoration projects in the Netherlands. *Hydrobiologica* 478: 219-233

Oomes MJM (1991) Effects of groundwater level and the removal of nutrients on the yield of non-fertilized grassland. *Acta Ecologica* 12 (4): 461-469

Oomes MJM (1992) Yield and species density of grasslands during restoration management. *Journal of Vegetation Science* 3: 1-4

Oomes MJM, Olff H, Altena H (1996) Effects of vegetation management and raising the water table on nutrient dynamics and vegetation change in a wet grassland. *Journal of Ecology* 33: 575-588

Oomes MJM, van der Werf A (1996) Restoration of species diversity in grasslands: The effect of grassland management and changes in ground water level. *Acta Botanica Gallica* 143: 451-461

Patzelt A (1998) Vegetationsökologische Grundlagen für die Etablierung von Magerwiesen in Niedermooren. *Dissertationes Botanicae* 297

Pegtel DM, Bakker JP, Verweij GL, Fresco LFM (1996) N, K and P deficiency in chronosequential cut summer-dry grasslands on gley podzol after the cessation of fertilizer application. *Plant and Soil* 178: 121–131

Pfadenhauer J (1999) Leitlinien für die Renaturierung süddeutscher Moore. *Natur und Landschaft* 74 (1): 18–29

Pott R (1995) Die Pflanzengesellschaften Deutschlands. Ulmer, Stuttgart

Rosenthal G (1992) Erhaltung und Regeneration von Feuchtwiesen – Vegetationsökologische Untersuchungen auf Dauerflächen. *Dissertationes Botanicae* 182

Rosenthal G (2001) Zielkonzeptionen und Erfolgsbewertung von Renaturierungsversuchen in nordwestdeutschen Niedermooren anhand vegetationskundlicher und ökologischer Kriterien. Habilitationsschrift Universität Stuttgart. http://elib.uni-stuttgart.de/opus/volltexte/2006/2574/

Rosenthal G (2003) Selecting target species to evaluate the success of wet grassland restoration. *Agriculture, Ecosystems & Environment* 98: 227–246

Rosenthal G (2006) Restoration of wet grasslands: effects of seed dispersal, persistence and abundance on plant species recruitment. *Basic and Applied Ecology* 7: 409–421

Rosenthal G, Hildebrandt J, Zöckler C, Hengstenberg M, Mossakowski D, Lakomy W, Burfeindt I (1998) Feuchtgrünland in Norddeutschland – Ökologie, Zustand, Schutzkonzepte. Erarbeitung von Biotopschutzkonzepten der Bundesrepublik Deutschland für ausgewählte Biotoptypen: Feuchtgrünland. *Angewandte Landschaftsökologie* 15. Landwirtschaftsverlag. Bonn

Rosenthal G, Müller J (1988) Wandel der Grünlandvegetation im mittleren Ostetal – Ein Vergleich 1952–1987. *Tuexenia* 8: 79–99

Roth S, Seeger T, Poschlod P, Pfadenhauer J, Succow M (1999) Establishment of helophytes in the course of fen restoration. *Applied Vegetation Science* 2: 131–136

Scheffer F (1994) Der Boden – ein dynamisches System. *Abhandlungen der Akademie der Wissenschaften Göttingen* 116: 7–22

Schiefer J (1984) Möglichkeiten der Aushagerung von nährstoffreichen Grünlandflächen. *Veröffentlichungen für Naturschutz und Landschaftspflege in Baden-Württemberg* 57/58: 33–62

Schrautzer J, Jensen K (2006) Relationship between light availability and species richness during fen grassland succession. *Nordic Journal of Botany* 24: 341–353

Schreiber KF (2006) Langjährige Entwicklung brachgefallener Grasländer in Südwestdeutschland bei verschiedenem Management. In: Bayerische Akademie der Wissenschaften (Hrsg) Rundgespräche der Kommision für Ökologie: Gräser und Grasland. Pfeil, München. 111–134

Schwartze P (1992) Nordwestdeutsche Feuchtgrünlandgesellschaften unter kontrollierten Nutzungsbedingungen. *Dissertationes Botanicae* 183

Smith RS, Shiel RS, Millward D, Corkhill P, Sanderson RA (2002) Soil seed banks and the effects of meadow management on vegetation change in a 10-year meadow field trial. *Journal of Applied Ecology* 39 (2): 279–293

Soons MB, Heil GW (2002) Reduced colonization capacity in fragmented populations of wind-dispersed grassland forbs. *Journal of Ecology* 90: 1033–1043

Soons MB, Messelink JH, Jongejans E, Heil GW (2005) Habitat fragmentation reduces grassland connectivity for both short-distance and long-distance wind-dispersed forbs. *Journal of Ecology 93:* 1214–1225

Straskrabova J, Prach K (1998) Five years of restoration of alluvial meadows – a case study from Central Europe. In: Joyce CB, Wade PM (Hrsg) European wet grasslands: biodiversity, management and restoration. Wiley, Chichester. 295–303

Strykstra R, Verweij GL, Bakker JP (1997) Seed dispersal by mowing machinery in a Dutch brook valley system. *Acta Botanica Neerlandica* 46: 387–401

Succow M, Joosten H (Hrsg) (2001) Landschaftsökologische Moorkunde. 2. Aufl. Schweizerbart'sche Verlagsbuchhandlung, Stuttgart

Thompson K, Bakker JP, Bekker RM, Hodgson JG (1998) Ecological correlates of seed persistence in soil in the north-west European flora. *Journal of Ecology* 86: 163–169

Vécrin MP, van Diggelen R, Grévilliot F, Muller S (2002) Restoration of species-rich flood-plain meadows from abandoned arable fields. *Applied Vegetation Science* 5: 263–270

Vermeer JG, Berendse F (1983) The relationships between nutrient availability, shoot biomass and species richness in grassland and wetland communities. *Vegetatio* 53: 121–126

Wessels S, Eichberg C, Storm C, Schwabe A (2008) Do plant-community-based grazing regimes lead to epizoochorous dispersal of high proportions of target species? *Flora* 203 (4): 304–326

Wheeler BD, Giller KE (1982) Species richness of herbaceous fen vegetation in broadland, Norfolk, in relation to the quantity of above-ground plant material. *Journal of Ecology* 70: 179–200

Wild U (1997) Renaturierung entwässerter Niedermoore am Beispiel des Donaumooses bei Ingolstadt: Vegetationsentwicklung und Stoffhaushalt. Utz-Verlag, München

Woodcock BA, Lawson CS, Mann DJ, McDonald AW (2006) Effects of grazing management on beetle and plant assemblages during the re-creation of a flood-plain meadow. *Agriculture, Ecosystems & Environment* 116 (3–4): 225–234

Zeitz J (2000) Befahrbarkeit von Niedermooren in Abhängigkeit von der Nutzungsintensität. www.agrar.hu-berlin.de/pflanzenbau/tip/pages/h3online

12 Renaturierung und Management von Heiden

W. Härdtle, T. Assmann, R. van Diggelen
und G. von Oheimb

12.1 Einleitung

Heiden zählen zu den ältesten und besonders
reizvollen Kulturlandschaften Nordwesteuropas.
Sie sind bezeichnend für nährstoffarme Böden in
wintermilden Gebieten mit hohen Sommernie-
derschlägen. Während Heiden vor wenigen Jahrhunderten noch weit verbreitet und für manche
Landschaften sogar prägend waren, hat sich ihr
Areal heute auf wenige, meist in Naturschutzgebieten gelegene Restbestände verkleinert. Zu diesem Rückgang haben maßgeblich Änderungen
der Landnutzung, aber auch Nährstoffeinträge
aus umgebenden Agrarflächen und atmogene
Depositionen beigetragen. In den meisten Ländern der Europäischen Union sind Heiden heute
gesetzlich geschützte Ökosysteme, da diese, neben
ihrem Erholungswert für den Menschen, Pflan-
zen- und Tierarten beherbergen, die außerhalb
von Heiden nicht oder kaum überlebensfähig
sind.

Die Erhaltung und Renaturierung von Heidelandschaften haben sich während der vergangenen zwei Jahrzehnte zu einer zentralen Aufgabe im Naturschutz entwickelt. Ziel dieses
Kapitels ist, tradierte wie auch in jüngerer Zeit
entwickelte Verfahren der Heidepflege und Heiderenaturierung vorzustellen und in ihrer ökologischen Wirkungsweise zu beschreiben. Neben
der Nutzungsgeschichte und den heute für Heidelandschaften bestehenden Gefährdungsfakto-
ren wird erläutert, welche Pflege- und Renaturierungsverfahren in Bezug auf einen gegebenen
Ausgangszustand eingesetzt werden können, um
formulierte Entwicklungsziele bestmöglich zu
erreichen.

12.2 Charakteristika mitteleuropäischer Heide-Ökosysteme

12.2.1 Entstehung, Nutzungsgeschichte und Verbreitung der Heiden in Mitteleuropa

Im vegetationskundlichen Sinne beschreibt der
Begriff „Heide" eine von Zwergsträuchern der
Familie der Ericaceae dominierte Vegetationsformation, in der Bäume oder Sträucher fehlen oder
allenfalls vereinzelt auftreten, niemals aber ausgedehnte, geschlossene Bestände bilden (Abb. 12-1;
Hüppe 1993). Heiden sind in Mitteleuropa überwiegend anthropozoogen, kommen kleinräumig
aber auch natürlich (als Dauergesellschaften oder
Sukzessionsstadien) beispielsweise im Randbe-
reich von Mooren, auf extrem sauren Anmoor-
oder Torfböden mit stagnierendem Grundwasser,
an Felsstandorten oder im Bereich von Küstendünen vor (Wilmanns 1993, Hüppe 1993). Pol-
lenanalytisch lässt sich zeigen, dass Heiden in
Mitteleuropa bereits im Neolithikum entstanden,
eine besondere Förderung und Ausdehnung aber
durch das Wirtschaften des Menschen im Mittelalter (ab etwa 900–1100 n. Chr.) erfuhren (Ellenberg 1996, Pott 1999).

Vier verschiedene, zeitlich oder räumlich ver-
zahnte Wirtschaftsweisen des „historischen Heidebauerntums" haben die Ausdehnung und
Erhaltung der Heidelandschaften in Mitteleuropa
über etwa neun Jahrhunderte begünstigt: Plaggen, Mahd, Beweidung und Brand. An vielen
Orten wurden als Stalleinstreu Heideplaggen ver-

Abb. 12-1: Typische Heideland-
schaft im nordwestdeutschen
Altmoränengebiet NSG Lüneburger
Heide/Totengrund
(Foto: J. Prüter, Juli 2007).

wendet, die in Hofnähe mitsamt der organischen
Auflage und einem Teil des durchwurzelten, oberen Mineralbodens mittels Plaggenhieb (und im
Bereich von Feuchtheiden mittels Plaggenste-
chen) gewonnen wurden (Keienburg und Prüter
2004). Diese Einstreu wurde dann, angereichert
mit dem Dung der Tiere, zur Düngung von
Ackerflächen genutzt. Die im Zuge der Plaggenwirtschaft benötigte Fläche war erheblich und
konnte – beispielsweise zur Ernährung einer
zweiköpfigen Bauernfamilie – 40–200 ha betragen (Hüppe 1993).

Auch die mit Sicheln oder Sensen gemähte
Heide wurde als Stalleinstreu, zum Dachdecken
oder zur Wegeausbesserung verwendet. Heuman-
gel, bedingt durch den Mangel an Grünlandflächen, machte es zudem erforderlich, einen Teil
der gemähten Heide als Tierfutter vorzuhalten.

Zentraler Bestandteil der historischen Heidebauernwirtschaft war die großflächige Beweidung der Heideflächen, im Tiefland vielfach
durch die „Graue gehörnte Heidschnucke", einer
wahrscheinlich vom Mufflon abstammenden
Schafrasse. Ihr entscheidender Vorteil lag in ihrer
außerordentlichen Genügsamkeit und in ihrer
Fähigkeit, Besenheide (*Calluna vulgaris*) als Futter zu verwerten. Zur Beweidung von Heiden
wurden ferner Rinder oder Ziegen eingesetzt
(Ellenberg 1996).

Zur Verbesserung der Futterqualität, zur Regeneration überalterter Heideflächen und zur
Bekämpfung sich ausbreitender Wachholderbe-
stände wurden ausgewählte Heideflächen abge-

brannt. Eine Regeneration der Besenheide verlief
besonders günstig, wenn Bestände bereits zum
Ende der Aufbauphase abgebrannt wurden. In
älteren Beständen (Reife- und Degenerationsphase) lässt die Regenerationsfähigkeit der Besenheide deutlich nach (Keienburg und Prüter 2004).

Die mit Stallstreu gedüngten Ackerflächen
unterlagen einem etwa zehnjährigen Bewirtschaf-
tungszyklus. Die Fruchtfolge begann in der Regel
mit dem Anbau von Roggen (*Secale cereale*), der
in bis zu vier aufeinanderfolgenden Jahren ausge-
sät wurde. Im Anbau folgten dann der anspruchs-
losere Sand- oder Rauhafer (*Avena strigosa*) sowie
der auf sauren und nährstoffarmen Böden gedei-
hende Buchweizen (*Fagopyrum esculetum*). Nach
etwa sechs Jahren folgte eine vierjährige Brache-
phase, um die Bodenfruchtbarkeit wiederherzustellen (Keienburg und Prüter 2004).

Heidelandschaften sind bezeichnend für den
atlantisch-subatlantischen Raum Nordwesteuropas (Farbtafel 12-1). Obgleich viele Heidestand-
orte, besonders auf sandigen Böden, als edaphisch trocken bezeichnet werden können,
bevorzugt *Calluna vulgaris* ein feuchtes, sommer-
kühles und wintermildes Großklima. Dies wird
besonders daran deutlich, dass die Besenheide in
trockenen Sommern empfindlich geschädigt wird
und im Herbst dann auf bis zu über 50 % der
Wuchsfläche absterben kann (Ellenberg 1996).

12.2.2 Entwicklungszyklen von Heiden

Im Zuge ihres Bewirtschaftungsrhythmus durchlaufen *Calluna*-dominierte Bestände strukturell und vom Artenbestand her unterschiedliche **Entwicklungsphasen**, die Gimingham (1972), de Smidt (1979) und später Kvamme et al. (2004) als Pionier- (0–6 Jahre), Aufbau- (6–15 Jahre), Reife- (15–25 Jahre) und Degenerationsphase beschrieben haben (Dierssen 1996). Die Artenzusammensetzung der einzelnen Entwicklungsphasen wird maßgeblich vom angewandten Verjüngungsverfahren (z. B. Brand, Schoppern, Plaggen) und dem in der Degenerationsphase bestehenden Artenbestand sowie der Samenbank beeinflusst. Wird eine Verjüngung der Besenheide durch eine Brandmaßnahme eingeleitet, so können Gräser (insbesondere die Draht-Schmiele, *Deschampsia flexuosa*) für kurze Zeit (1–2 Jahre) von einem verbesserten Nährstoffangebot profitieren. In der **Pionierphase** leidet *Deschampsia* allerdings unter einer starken Transpirationsbeanspruchung, die durch die Öffnung des zuvor schattenden Kronendaches von *Calluna* verursacht wird und häufig zu einer Mangelversorgung mit Phosphor (P) führt (Mohamed et al. 2007). In durch Winterbrand gepflegten Flächen verjüngt sich *Calluna* überwiegend durch Stockausschläge, während sich in geplaggten Flächen eine Wiederetablierung aus Samen vollzieht. In der Pionierphase kann sich der Oberboden im Sommer auf bis zu 60 °C erwärmen (Niemeyer et al. 2005), da *Calluna* stets weniger als 10 % der Fläche beschattet. Ihr jährlicher Biomassenzuwachs in dieser Phase beträgt bis zu 1 000 kg/ha (Gimingham und Miller 1968). In der **Aufbauphase** ist der jährliche Zuwachs am größten (ca. 1 000–3 000 kg/ha) und nach zehn Jahren kann die oberirdische Biomasse bereits bis zu 14 t/ha betragen. *Calluna* bedeckt dann 80–90 % der Bodenoberfläche und die maximale Oberbodentemperatur im Sommer erreicht nur noch Werte bis zu 25 °C (Niemeyer et al. 2005). In der **Reife-** wie auch der **Degenerationsphase** nimmt der durchschnittliche jährliche Zuwachs wieder ab (um 1 000 kg/ha). Während in der Reifephase die oberirdische Biomasse Maximalwerte erreicht (max. 18–20 t/ha), setzt in der Degenerationsphase eine Öffnung und nachfolgend ein Zerfall des Kronendaches ein

(Deckung 40–50 %, oberirdische Biomasse um 10 t/ha; Gimingham und Miller 1968).

12.2.3 Vegetation

Abhängig von großklimatischen und edaphischen Verhältnissen ändern sich die Dominanzverhältnisse der in Heiden vorherrschenden Ericaceen sowie die Häufigkeiten einiger ihrer Begleitarten. Innerhalb von Mitteleuropa lassen sich vier wichtige Vegetationstypen (Verbände) unterscheiden, die zum einen klimatische Gradienten (orographisch bzw. Nord-Süd-Klimagradienten) und zum anderen edaphische (vorwiegend Bodennässe-Stufen) repräsentieren (Pott 1995, Dierssen 1996).

12.2.3.1 Trockene Tieflandsheiden (Genistion pilosae)

In Mitteleuropa sind Tieflandsheiden besonders charakteristisch für die nordwestdeutsche Tiefebene mit ihren aus vorwiegend saaleeiszeitlichen Ablagerungen entstandenen podsoligen und Podsol-Böden. Vorherrschender Zwergstrauch ist *Calluna vulgaris*, neben dem verschiedene Ginsterarten (Haar-Ginster, *Genista pilosa*; Englischer Ginster, *G. anglica*; Deutscher Ginster, *G. germanica*) und bei stärkerer Bodennässe oder instabileren Substratverhältnissen (Übersandung) auch die Glockenheide (*Erica tetralix*) bzw. die Krähenbeere (*Empetrum nigrum*) vorkommen können (Pott 1995). Für lokalklimatisch kühlere Stellen, z. B. Nordhänge, sind die Heidelbeere (*Vaccinium myrtillus*), die Preiselbeere (*V. vitis-idaea*), der Siebenstern (*Trientalis europaea*) und der Keulen-Bärlapp (*Lycopodium clavatum*) bezeichnend. Den auf stärker bis rein sandigen und stets podsolierten Böden vorkommenden „Sandheiden" lassen sich die sogenannten „Lehmheiden" gegenüberstellen, deren Böden meist wenig oder nicht podsoliert sind und bei denen die oberen Mineralhorizonte eine bessere Wasser- und Nährstoffversorgung aufweisen. In Lehmheiden kommen daher anspruchsvollere Arten vor, die den Sandheiden fehlen, beispielsweise die Arnika (*Arnica montana*), die Schwarzwurzel (*Scorzonera humilis*), Kreuzblume (*Polygala* serpyllifolia und *P. vulgaris*) oder Waldhyazinthe (*Platanthera bifolia*). Da in der Geestlandschaft anlehmige Böden bevorzugte Ackerstandorte waren und sind, werden solche Flächen, die ehemals von Lehmheiden eingenommen wurden, heute überwiegend ackerbaulich genutzt. Lehmheiden sind daher, ebenso wie viele der sie kennzeichnenden Pflanzenarten, stark gefährdet (Ellenberg 1996).

Tieflandsheiden wurden, wie eingangs dargestellt, regelmäßig geplaggt, gemäht, beweidet und gebrannt. In Nordwestdeutschland erreichten Heiden ihre maximale Flächenausdehnung etwa zur Mitte des 18. Jahrhunderts und waren zu dieser Zeit weithin landschaftsprägend. Tieflandsheiden sind heute nur noch als Relikte mit geringer Flächenausdehnung erhalten (Abschnitt 12.3), spielen im Landschaftsbild also eine nur noch untergeordnete Rolle. Große Bestände gut erhaltener Sandheiden finden sich heute u. a. noch im etwa 230 km² großen Naturschutzgebiet Lüneburger Heide. Hier nehmen Sandheiden eine Gesamtfläche von etwa 5 000 ha ein (Keienburg und Prüter 2004).

12.2.3.2 Trockene Heiden der montanen Stufe (Vaccinion myrtilli)

Auch in der montanen Stufe war eine Ausdehnung der Heideflächen, vorwiegend im Mittelalter, anthropozoogen. Heiden waren dort aber nie – wie im Tiefland – landschaftsprägend. Aufgrund einer im Vergleich zum Tiefland kürzeren Vegetationsperiode und eines kühl-humiden Klimas haben Heiden der Montanstufe mit den überwiegend boreal-ozeanisch verbreiteten Küstenheiden des skandinavischen Raumes (Abschnitt 12.2.3.3) einige floristische Gemeinsamkeiten. Bezeichnend ist ein hoher Anteil an Beersträuchern der Gattung *Vaccinium* (*V. myrtillus*, *V. vitis-idaea* oder *V. uliginosum*), die bei zunehmend kürzerer Vegetationsperiode der Besenheide konkurrenzüberlegen sind. Im Vergleich zu Tieflandsheiden sind zudem Wiesen-Wachtelweizen (*Melampyrum pratense*) und Borstgras (*Nardus stricta*) stete Begleiter.

Im Gegensatz zu Tieflandsheiden wurden Heiden der Montanstufe nicht (oder allenfalls in Ausnahmefällen) geplaggt, wohl aber gemäht, gebrannt und mit Ziegen, Schafen oder Rindern beweidet. Mittelgebirgsheiden sind meist eng mit Borstgrasrasen (dominiert von *Nardus stricta*) verzahnt, wobei eine intensive Beweidung die Entwicklung von Borstgrasrasen begünstigt. Vorkommensschwerpunkte montaner Heiden sind Mittelgebirgsregionen mit vorwiegend sauer verwitternden Gesteinen (Sandsteine, Tonschiefer), so z. B. Harz, Eifel, Rhön, Schwarzwald und Bayerischer Wald, aber auch Kalksteingebiete, sofern der basische Untergrund von sauren Lehmen überdeckt ist (Schwäbische Alb, Fränkisches Mittelgebirge).

12.2.3.3 Küstenheiden (Empetrion nigri)

Wie viele andere Heidegesellschaften sind auch Küstenheiden mit einer hohen Deckung an *Empetrum nigrum* auf atlantische Gebiete Nordwesteuropas begrenzt. Sie kommen vor an den Küsten der Nordsee, in den Niederlanden, Deutschland, Dänemark und Schottland, in Südschweden sowie an der deutschen Ostseeküste. Gesellschaften des Empetrion nigri sind besonders an Standorte mit hoher Luftfeuchtigkeit gebunden. Küstenheiden gedeihen auf kalkarmen Sanden und sind, besonders an ihrer südlichen Verbreitungsgrenze, an nord- und nordwestexponierten Hangseiten häufig. Pflanzensoziologisch wird der Verband derzeit in vier Assoziationen gegliedert, von denen zwei für trockenere und zwei für feuchtere Bodenbedingungen typisch sind (Schaminée et al. 1996). de Smidt und Barendregt (1991) konnten zeigen, dass sich die Artenzusammensetzung dieser Gesellschaften während der letzten 50 Jahre deutlich verändert hat. Besonders Arten auf basenreichen Böden sind seltener geworden, wohingegen Arten der Binnenheiden zunahmen. Küsten- und Binnenheiden sind demzufolge floristisch ähnlicher geworden. Die Autoren führen diesen Wandel auf eine zunehmende Bodenversauerung zurück.

Unter natürlichen Bedingungen sind Gesellschaften des Empetrion nigri in Dünenlandschaften zu finden, wo Standorte einer regelmäßigen Übersandung unterliegen. Küstenheiden werden vielfach als Endstadien der Sukzession betrachtet, und es ist unklar, inwieweit sich Küstenheiden zu Wäldern weiterentwickeln, da dynamische Prozesse wie auch die Nährstoffarmut der Böden eine Waldentwicklung zumindest deutlich verlangsamen (Schaminee et al. 1996).

In der Vergangenheit wurden Küstenheiden regelmäßig gemäht und das Material als Brennstoff oder Tierfutter verwendet. Zudem wurden Heiden kleinräumig geplaggt. Demgegenüber wurden Küstenheiden nicht gebrannt, da dies zum Absterben von *Empetrum nigrum* führt (Schaminee et al. 1996).

12.2.3.4 Feuchtheiden (Ericion tetralicis)

An nassen Standorten führte eine Rodung von Bäumen verbunden mit anderen Managementmaßnahmen zur Entwicklung von Feuchtheiden, in denen die Glockenheide (*Erica tetralix*) hohe Deckung erlangt. Feuchtheiden sind auf atlantische Gebiete begrenzt und kommen von Nordfrankreich bis Süddänemark vor, mit einem Schwerpunkt in den Niederlanden (Schaminee et al. 1996). Feuchtheiden treten ausschließlich an nassen und sauren Standorten auf. Sie sind einerseits auf kalkarmen Decksandschichten entwickelt, wo sie im Mosaik mit trockenen Heiden vorkommen. In diesen, teils trockenen Landschaften konzentrieren sich Feuchtheiden in Geländemulden, in denen infolge einer Podsolierung wasserundurchlässige Bodenschichten und demzufolge feuchte Bodenbedingungen im Winter bestehen. Auch während der Sommermonate können diese Standorte feucht sein und bis in die oberen Bodenhorizonte hinein reduzierte Bodenverhältnisse aufweisen. Der höchste Grundwasserstand schwankt zwischen 25 und 60 cm unterhalb der Bodenoberfläche, während niedrigste Wasserstände zwischen 30 und 120 cm unterhalb der Bodenoberfläche liegen (Verhagen et al. 2003). Zum anderen können Feuchtheiden auf entwässerten (ehemaligen) Hochmooren entwickelt sein, die vielfach seit dem Mittelalter bis zum Beginn des 20. Jahrhunderts zum Anbau von Buchweizen in Kultur genommen wurden. Wie man erwarten kann, haben an sehr nassen Standorten Torfmoose (Gattung *Sphagnum*) einen höheren Deckungsanteil (Pott 1995). Schließlich existieren feuchte Küstenheiden, in denen *Erica tetralix* und *Empetrum nigrum* gemeinsam vorkommen. Diese Gesellschaft ist typisch für ältere

Dünenschlenken, in denen infolge einer Stagnation von Regenwasser die pH-Werte abgesenkt sind (Grootjans et al. 1988).

Mit Ausnahme der Feuchtheiden auf ehemaligen Hochmooren entstanden diese nach Waldrodungen und nachfolgendem Management. Da *Erica tetralix* von Schafen kaum gefressen wird, war Sodenstechen die häufigste Managementmaßnahme in Feuchtheiden. Bodensoden, besonders solche mit einer hohen Deckung an Pfeifengras (*Molinia caerulea*), wurden als Brennmaterial verwendet. *Erica*-Heiden können nur durch regelmäßiges Management offen gehalten werden, insbesondere durch Plaggen. Feuchtheiden wurden in der Vergangenheit wenig oder gar nicht gebrannt (Ellenberg 1996). Jüngere Untersuchungen zeigen, dass bei Brand-Management akkumulierte Nährstoffe rasch freigesetzt werden, die wiederum eine Entwicklung Gras-dominierter Systeme begünstigen, in denen besonders *Molinia caerulea* einen hohen Deckungsanteil hat. Sofern diese Systeme nicht gepflegt werden, können Nährstoffe akkumulieren und eine Sukzession in Richtung Wald stattfinden (dominiert von verschiedenen Birkenarten). Diese Entwicklung verläuft jedoch langsamer als in trockenen Heiden (Schaminee et al. 1996).

12.2.4 Fauna

Wie viele andere terrestrische Ökosysteme Mitteleuropas werden auch Heiden von zahlreichen Wirbeltieren und Wirbellosen besiedelt. Im Gegensatz zur Vegetation weisen einige Tiergruppen in den Sand- und Feuchtheiden jedoch hohe Artenzahlen auf, während andere Tiergruppen nur durch wenige Arten vertreten sind.

12.2.4.1 Wirbeltiere

Zwar nutzen zahlreiche Tierarten der heutigen Agrarlandschaften auch Heiden, indigene Bestände weisen jedoch nur wenige Säugetierarten auf. Einen Schwerpunkt des Vorkommens in Heiden weist kein mitteleuropäisches Säugetier auf. Unter den Kleinsäugetieren kommen in Heiden regelmäßig die Zwergspitzmaus (*Sorex minutus*) und die Erdmaus (*Microtus agrestis*) vor. Beide

Arten besiedeln regelmäßig auch andere Lebensräume wie Moore, Wiesen und Wälder.

Zu den bekanntesten Tierarten der Heiden gehört das Birkhuhn (*Tetrao tetrix*), das auch in leicht entwässerten, mit kleinen Büschen und einzelnen Bäumen bestandenen Hochmoorresten vorkommt. In den Heidelandschaften benötigt dieses Rauhfußhuhn ein Mosaik aus unterschiedlich strukturierten Teillebensräumen: Die Balz erfolgt auf offenen, niederwüchsigen Heiden; verbuschte Flächen mit älterer Heide und Wacholdern werden zur Nestanlage und die etwas nährstoffreicheren Lehmheiden zur Kükenaufzucht genutzt. Lichte Wälder und auch Moore haben zudem für die Äsung Bedeutung. Noch vor wenigen Jahrzehnten war das Birkhuhn im norddeutschen Tiefland weit verbreitet. Durch die Zerstörung der meisten Hochmoorreste und den starken Rückgang der Heiden ist die Art inzwischen sehr selten geworden. Mitteleuropäische Bestände mit einer höheren Überlebenswahrscheinlichkeit bei entsprechendem Management der Lebensräume finden sich nur noch in der Lüneburger Heide und in Mittelgebirgslagen (Lütkepohl 1997).

Charakteristisch für offene Heiden sind Feldlerche (*Alauda arvensis*) und Wiesenpieper (*Anthus pratensis*). Sind einzelne Sträucher und Bäume vorhanden, tritt regelmäßig der Raubwürger (*Lanius excubitor*) auf. In Heidebeständen mit älterer Besenheide kommen auch Schwarzkehlchen und Braunkehlchen (*Saxicola torquata* und *S. rubreta*) vor. Heidelerche (*Lullula arborea*) und Steinschmätzer (*Oenanthe oenanthe*) präferieren frühe Entwicklungsstadien der Heiden und angrenzende Sandrasen. In Feuchtheiden brüten auch Großer Brachvogel (*Numenius arquata*) und Bekassine (*Gallinago gallinago*). Alle diese Vögel leben auch in anderen Lebensräumen und sind nicht auf Sand- oder Feuchtheiden angewiesen (Lütkepohl 1997).

Vier Reptilienarten kommen regelmäßig in Sandheiden vor. Während die Waldeidechse (*Lacerta vivipara*) auch in lichten Wäldern und Mooren vorkommt, ist die Zauneidechse (*Lacerta agilis*) als thermophilere Art im norddeutschen Tiefland weitgehend auf Heiden und magere Sandrasen begrenzt. Außerhalb Norddeutschlands werden auch Kalktriften und weitere Lebensräume besiedelt. Eidechsen sind oft die wesentliche Nahrung der Schlingnatter (*Coronella austriaca*, Farbtafel 12-2), die rasch gebrannte

Heideflächen besiedelt. Regelmäßig lebt in Heiden die Kreuzotter (*Vipera berus*), die ebenso wie die Schlingnatter in Norddeutschland auch Hochmoorreste bewohnt (Lemmel 1997a).

Amphibien nutzen aufgrund ihrer überwiegend an Gewässer gebundenen Larvalentwicklung Sandheiden nur als ausgewachsene Tiere und kommen in Feuchtheiden regelmäßiger vor. Sandige Rohböden und damit nicht nur Heiden, sondern auch Dünen und Sandgruben besiedeln Kreuz- und Knoblauchkröte (*Bufo calamita* und *Pelobates fuscus*). In Heideweihern laicht manchmal der Moorfrosch (*Rana arvalis*), der in manchen Teilen seines Verbreitungsgebietes auch eutrophe Gewässer im Überschwemmungsbereich von Flüssen als Lebensraum nutzt (Lemmel 1997b).

12.2.4.2 Wirbellose

Während die angeführten Wirbeltierarten auch außerhalb von Heiden vorkommen, sind unter den Insekten eindeutig einige streng an Sand- und Feuchtheiden gebunden. Zu diesen gehören auch Arten, die aus trophischen Gründen auf Zwergsträucher beschränkt sind. Dies sind einerseits phytophage Arten, zu denen einige Käfer (z. B. der Flohkäfer *Altica longicollis*) und Schmetterlinge (z. B. der Heide-Bürstenspinner *Orgyia ericae*) gehören, die überwiegend an *Calluna vulgaris*, *Empetrum nigrum* oder *Erica tetralix* fressen (Habel et al. 2007). In manchen Gebieten ernähren sich die Larven des Geißklee-Bläulings (*Plebejus argus*) von der Besenheide. Manche Arten haben sich auf die Samen von *Calluna vulgaris* spezialisiert (z. B. der Laufkäfer *Bradycellus ruficollis*) und sind nach der Samenreife, insbesondere im Winter aktiv (Melber 1983).

Massenvermehrungen können beim Heideblattkäfer (*Lochmaea suturalis*) auftreten, der als Larve und Käfer ausschließlich die Blätter von *Calluna vulgaris* frisst. In älteren Beständen der Besenheide und insbesondere, wenn erhöhte atmogene Stickstoffdepositionen ein günstigeres C/N-Verhältnis in den Blättern bedingen, können die Entwicklungsstadien des Chrysomeliden so häufig auftreten, dass ganze Bestände kahl gefressen werden. Die betroffene Besenheide stirbt in der Regel dann ab (Melber 1989). Damit gehört *Lochmaea suturalis* zu den Tierarten mit großem

Einfluss auf Sandheide-Ökosysteme. Weitere Arten, die sich ausschließlich oder überwiegend von der Besenheide oder anderen Ericaceen ernähren, sind aus zahlreichen Gruppen der Insekten bekannt (z. B. Curculioniden, Cicadelliden, Psallinen).

Andere Arten sind aus trophischen Gründen nicht an Zwergsträucher, sondern an Pflanzenarten gebunden, die einen Vorkommensschwerpunkt in Heiden aufweisen. So entwickelt sich der Bläuling *Maculinea alcon* in norddeutschen Feuchtheiden an dem Lungen-Enzian (*Gentiana pneumonanthe*). Nach dem vierten Larvenstadium werden die Raupen von der Wirtsameise *Myrmica ruginodis* in deren Nester eingetragen, wo die Schmetterlinge ihre Entwicklung abschließen. Dieser Bläuling ist sehr stenotop, da er eine Abhängigkeit von der räumlichen Strukturierung des Lungen-Enzian-Vorkommens und eine Metapopulationsdynamik mit Extinktions- und Wiederbesiedlungsereignissen aufweist (z. B. Habel et al. 2007). Pflanzenarten, die regelmäßig in Heiden auftreten, können damit eine sehr spezifische Fauna aufweisen. Dies gilt auch für Ginsterarten, an denen mehrere Curculioniden (Rüsselkäfer) und Chrysomeliden (Blattkäfer) fressen.

Unter den Blütenbesuchern sind zwei Bienenarten zum Sammeln von Pollen auf die Besenheide beschränkt (*Andrena fuscipes* und *Colletes succinctus*). Nur diese beiden Arten werden von den Kuckucksbienen *Epeolus cruciger* (Farbtafel 12-2) und *Nomada rufipes* parasitiert. Alle vier Arten sind in ihrem Vorkommen damit eng an Sandheiden gebunden (Stuke 1997).

Erstaunlich ist, dass einige Arten nicht aus trophischen Gründen an einzelne Arten der Heiden gebunden sind, aber dennoch ganz überwiegend oder ausschließlich in den Heiden vorkommen. Als Beispiele für Norddeutschland seien angeführt:

- die Heideschrecke (*Gampsocleis glabra*), die strukturreiche Heiden mit einer etwas artenreicheren Vegetation (z. B. Feld-Thymian, *Thymus serpyllum*; Dreizahn, *Danthonia decumbens*) und Rohbodenstellen besiedelt (Clausnitzer 1994);
- der Heide-Sandlaufkäfer (*Cicindela sylvatica*, Farbtafel 12-2), der gerne im Halbschatten der Besenheide lauert und als optischer Jäger Ameisen, insbesondere der Gattung *Formica*, nachstellt (Rabeler 1947);

- der Smaragdgrüne Puppenräuber (*Callisthenes* [*Callisphaena*] *reticulatus*) ist in Mitteleuropa ausschließlich aus *Calluna*-Heiden bekannt, in denen er Raupen der Gattung *Eupithecia* nachstellt (Pütz 1995);
- die Zinnoberrote Röhrenspinne (*Eresus cinnaberinus*), deren Weibchen in Röhren den größten Teil ihres Lebens verbringen und ein geringes Ausbreitungspotenzial aufweisen (Schikora und Fründ 1997).

Die meisten hier angeführten Arten weisen in Mitteleuropa einen Schwerpunkt in der Norddeutschen Tiefebene auf. Die Fauna der montanen Heiden unterscheidet sich auffällig von derjenigen der Tieflandsheiden. Während einige stenophage Pflanzenfresser auch in montanen Lagen vorkommen, fehlen dort viele epigäisch aktive Insekten. Die Fauna mancher Montanheiden hat eine Zusammensetzung, die derjenigen von Wäldern auffällig ähnelt (Grosseschallau 1981).

Aufgrund des großräumigen Flächenverlustes von Heiden ist auch die spezifische Fauna der Heiden stark zurückgegangen und viele Arten werden in Roten Listen geführt. Die besondere Bedeutung der Heiden für den Erhalt der Wirbellosenfauna wird auch durch das Vorkommen zahlreicher, zum Teil stark bedrohter Arten belegt, die nicht auf Heiden in ihrem Vorkommen begrenzt sind. So ist der nach der Bundesartenschutzverordnung geschützte Heidelaufkäfer *Carabus nitens* (Farbtafel 12-2) auch in entwässerten Hochmooren anzutreffen, viele Populationen leben jedoch in großen Sand- und Feuchtheiden (Assmann und Janssen 1999).

Einige Tiergruppen, die in vielen anderen Lebensräumen zahlreich vertreten sind, fehlen oder sind nur durch wenige Arten in den Heiden vertreten. Dazu gehören die Gastropoden (Schnecken), die auf den Böden mit niedrigen pH-Werten keine für sie günstigen Bedingungen vorfinden.

12.2.5 Böden

Für eine erfolgreiche Renaturierung von Heiden ist der Zustand des Bodens von ganz zentraler Bedeutung. Nachfolgend werden daher einige

12

bodenchemische Charakteristika von Heidestandorten beschrieben, die besonders in der Praxis der Heiderenaturierung als wichtige Bezugsdaten dienen können. Für alle Heiden Mitteleuropas sind saure bis stark saure **Podsole** oder podsolierte Böden typisch (z. B. podsolierte Braunerden, Parabraunerden, Pseudo- oder Anmoorgleye). Ihre pH-Werte in der organischen Auflage, in der sich die Hauptmasse der Fein- und Grobwurzeln der Ericaceen konzentriert (Genney et al. 2002), liegen überwiegend im Aluminium-, teils auch im Eisen-Pufferbereich und schwanken häufig zwischen 3,5 und 4,4 (in H_2O gemessen; Pywell et al. 1994, Klooker et al. 1999, Allison und Ausden 2004, Niemeyer et al. 2005). Bei solchen pH-Werten bilden sich im oberen Mineralboden Metall-Humus-Komplexe, die mit dem Sickerwasserstrom abwärts verlagert werden und eine für Podsole typische Profildifferenzierung in einen Auswaschungs- ($A_{(h)e}$) und einen Einwaschungshorizont ($B_{h/s}$) bewirken. Als Humusform ist fast immer ein Rohhumus entwickelt (Niemeyer et al. 2005).

Nach Untersuchungen von Bobbink et al. (1998) ist die Biomasseproduktion bei etwa 70 % aller mitteleuropäischen Heiden durch die Verfügbarkeit von anorganischem Stickstoff (N) limitiert. In allen anderen Fällen ist eine P-Limitierung oder N-P-Kolimitierung anzunehmen (Härdtle et al. 2006; Kasten 12-1). Im Vergleich zu den Gesamtvorräten ist die in einem Heidepodsol pflanzenverfügbare Menge an anorganischem N und P stets vernachlässigbar gering (d. h. unter 1 %). Der Hauptvorrat dieser Elemente findet sich, anders als man vielleicht erwarten würde, nicht in den organischen Auflagen, sondern in

Tab. 12-1: Stickstoffvorräte, Phosphorvorräte und N:P-Verhältnisse in verschiedenen Kompartimenten eines ca. 15-jährigen Besenheide-Bestandes (NSG Lüneburger Heide; Mittelwerte aus n = 4 Messungen, Standardabweichung in Klammern; nach Angaben aus Härdtle et al. 2006; n. b. = nicht bestimmt).

		Vorräte (kg/ha)	
Biomasse	N	196,9	(28,3)
	P	12,9	(1,4)
	N:P-Quotient	15,3	(1,8)
organische Auflagen (O-Horizont)	N	736,1	(95,4)
	P	23,5	(5,1)
	N:P-Quotient	31,3	(2,6)
A-Horizont	N	1782,3	(196,0)
	P	114,0	(12,0)
	N:P-Quotient	15,6	(2,4)
B-Horizont	N	2 008,5	(713,9)
	P	194,6	(67,0)
	N:P-Quotient	10,3	(1,7)
Gesamtvorräte (Biomasse + O + A + B)	N	4 723,8	(n. b.)
	P	345,0	(n. b.)
	N:P-Quotient	13,7	(n. b.)

den A- und B-Horizonten (Tab. 12-1; Härdtle et al. 2006). Ein mechanisches Entfernen der oberirdischen Biomasse oder auch der organischen Auflagen (beispielsweise im Zuge oder zur Vorbereitung der Renaturierung) hat demzufolge verhältnismäßig geringe Effekte auf die Gesamt-N- und P-Vorräte des Systems. Dies erklärt, warum selbst nach maschinellem Entfernen der Biomasse und der organischen Auflagen aufkommender *Calluna*-Jungwuchs eine noch ausreichende N- und P-Versorgung genießt.

Kasten 12-1
Limitierende Nährelemente in Heide-Ökosystemen

Bei etwa 70 % aller mitteleuropäischen Heiden ist die **Biomasseproduktion** durch die Verfügbarkeit von anorganischem Stickstoff (N) **limitiert**. In allen anderen Fällen ist eine P-Limitierung oder N-P-Kolimitierung anzunehmen. Standorte, an denen infolge einer agrarischen Nutzung und Düngung Stickstoff- und Phosphatgehalte im

Vergleich zu nicht gestörten Heideböden erhöht sind, können nicht oder allenfalls nur sehr eingeschränkt als Renaturierungsflächen dienen. Einer Heiderenaturierung sollte somit auf jeden Fall eine Analyse der **Nutzungsgeschichte** eines betrachteten Standortes vorausgehen.

Standorte, an denen infolge einer agrarischen Nutzung und Düngung Stickstoff- und Phosphatgehalte im Vergleich zu nicht gestörten Heideböden deutlich erhöht sind, können nicht oder allenfalls nur sehr eingeschränkt als Renaturierungsflächen dienen (Pywell et al. 1994, Verhagen et al. 2001, Bossuyt et al. 2001). Zur Vorbereitung von Böden für eine Renaturierung von Heiden kann es, je nach vorausgehender Nutzung, erforderlich sein, organische Auflagen abzuschieben und den Mineralboden freizulegen (Verhagen et al. 2001, Pywell et al. 2002). Dadurch verbessert sich einerseits das Keimbett für Mineralbodenkeimer wie *Calluna vulgaris* (Wilmanns 1993), andererseits werden durch ehemalige Düngergaben eutrophierte Oberbodenhorizonte entfernt. Einer Heiderenaturierung sollte daher eine Analyse der Nutzungsgeschichte eines betrachteten Standortes vorausgehen. Zugleich sind Kenntnisse der Bodenchemie (insbesondere zur Nährstoffverfügbarkeit) wichtig, will man die Chancen einer Renaturierung im Voraus verlässlich einschätzen können.

12.3 Ursachen des Wandels und der Gefährdung von Heide-Ökosystemen

12.3.1 Flächenverlust von Heide-Ökosystemen in den letzten 200 Jahren

Im Mittelalter etablierte sich in der Norddeutschen Tiefebene die Heidebauernwirtschaft mit der für sie typischen Nutzung der Sand- und Feuchtheiden (z. B. Imkerei, Weidenutzung, Mahd, Plaggenwirtschaft). Zur Verbesserung der Futterqualität wurden Heiden auch immer wieder von den Hirten gebrannt. Wälder dienten der Mast (insbesondere der Schweine), Streugewinnung und zur Bau- und Brennholzgewinnung. Vielerorts war die Nutzung der Wälder so intensiv, dass sie dadurch in Heiden überführt wurden. Großflächig entstanden durch die intensive Nut-

zung der Heiden auch Wehsanddünen, die nur zögerlich eine spärliche Vegetation aufkommen ließen.

Durch Veränderungen in den landwirtschaftlichen Produktionsverfahren und damit auch der Aufgabe des historischen **Heidebauerntums** wurden die meisten Heideflächen in andere Nutzungsformen überführt: Anstelle der Heiden entstanden Forsten (Kapitel 6), mancherorts auch Äcker. Während noch vor ca. 200 Jahren die durch Besen- und Glockenheide dominierten Heiden ungefähr 50 % des norddeutschen Tieflandes bedeckten, ging diese Vegetationsformation auf weniger als 1 % zur Jahrtausendwende zurück (Abb. 12-2). Die landschaftlichen Veränderungen, die den Rückgang der Heideflächen betrafen, sind in den Niederlanden und Dänemark sehr ähnlich und treffen auch auf Belgien zu.

Der Flächenverlust ging zudem mit einer starken Fragmentierung einher. Während im Mittelalter und in der frühen Neuzeit Heiden weitgehend ununterbrochen zwischen Hamburg und Hannover sowie zwischen der Westfälischen Tieflandsbucht und Ostfriesland verbreitet waren, stellen diese Lebensräume durch moderne landwirtschaftliche Nutzflächen, Wälder und Verkehrswege voneinander völlig separierte Reste dar, deren Tier- und Pflanzenbestände keinen oder nur einen sehr eingeschränkten Individuenaustausch (und damit Genfluss) aufweisen (Abb. 12-2).

12.3.2 Änderung historischer Nutzungsformen

Es ist verständlich, dass die eingangs beschriebenen historischen Nutzungsformen in Heiden heute vor allem aus ökonomischen Gründen nicht mehr tragfähig sind. Als Folge wurden noch vor 70 Jahren manuell durchgeführte Verfahren wie das Plaggen oder Mähen mittlerweile durch maschinelle Verfahren ersetzt. Bei diesen werden – ähnlich wie bei den manuellen Verfahren – Bodensoden und oberirdische Biomasse aus den Systemen entfernt und so ein Neubeginn eines Heide-Entwicklungszyklus eingeleitet (siehe Beschreibung in Abschnitt 12.5). Allerdings unterlagen viele Heideflächen in Mitteleuropa bis zur Entwicklung und zum Einsatz solcher Verfahren

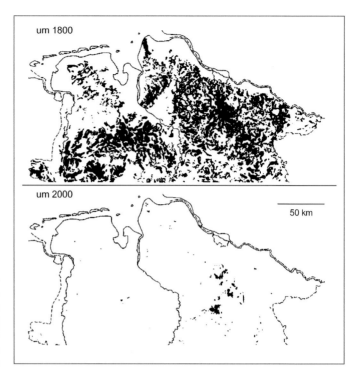

Abb. 12-2: Die Tiefebene Niedersachsens als Beispiel für den Rückgang von Heidelandschaften in den letzten beiden Jahrhunderten; oben: um 1800, unten: um 2000 (nach Assmann und Janssen 1999, verändert).

einer natürlichen Sukzession, in deren Folge Gehölze in vormalige Heideflächen eindrangen und über Lichtkonkurrenz heidetypische Arten verdrängten (Ellenberg 1996). Viele Heideflächen haben sich so in Gehölz-dominierte Strukturen oder gar zu Wäldern weiterentwickelt.

Durch die in der zweiten Hälfte des 18. Jahrhunderts einsetzenden Übersee-Wollimporte wurde die Wollproduktion mit Heidschnucken in vielen Tieflandsheiden unrentabel. Im 19. Jahrhundert brach demzufolge die Zahl der in Heidelandschaften gehaltenen Schafe vielerorts drastisch ein (Ellenberg 1996, Keienburg und Prüter 2004). Auch die Zuchtziele bei Heideschafen (von Woll- zu Fleischproduktion) hin zu schwereren und – als Folge – hinsichtlich ihres Futterbedarfs anspruchsvolleren Heidschnucken-Rassen haben sich verändert. Wog ein ausgewachsener Heidebock zur Mitte des 18. Jahrhunderts noch etwa 18 kg, so beträgt das Schlachtgewicht eines Bockes heute etwa 80 kg (Härdtle und Frischmuth 1998). In vielen Gebieten wird dadurch der Einsatz heutiger Schafrassen zur effizienten Erhaltung und Pflege von Heidegebieten relativiert.

12.3.3 Aufforstung

Ein weiterer Grund für die Umwandlung von Heiden ist auch ökonomisch motiviert. Die industrielle Entwicklung in der zweiten Hälfte des 19. Jahrhunderts vergrößerte den Bedarf an Holz, besonders für den Eisenbahnbau und die Nutzung von Kohlelagerstätten. Die Aufforstung von Heiden und binnenländischen Sanddünen (die sich meist infolge von Überweidung von Heiden entwickelt hatten) nahm in dem Maße zu, wie eine vormals profitable Nutzung von Heiden abnahm. Die meisten Aufforstungen wurden mit der Wald-Kiefer (*Pinus sylvestris*) vorgenommen, weil diese auf nährstoffärmeren Standorten am schnellsten wuchs. In Deutschland wurden Heideaufforstungen besonders seit der Mitte des 19. Jahrhunderts durchgeführt. Zunächst wurden diese Aufforstungen ohne wesentliche Bodenbearbeitung vorgenommen. Solche Aufforstungen können auch heute noch eine reiche Bodenvegetation aufweisen, wenn sich die Nährstoffarmut ihrer Standorte nicht wesentlich verändert hat. So können viele Heidearten im Unterwuchs entsprechender Kiefernwälder oder in deren Samenbank präsent sein (Klooker et al. 1999). Später wurden Böden vor ihrer Aufforstung geplaggt, gedüngt und gekalkt, um den Wuchs der Bäume zu unterstützen. Diese Wälder sind deutlich artenärmer, zumal auch wesentlich höhere Stammzahlen pro Fläche gepflanzt wurden. Daher ist die Nutzungsgeschichte eines Standortes für die Renaturierbarkeit von Heiden ganz entscheidend (Kasten 12-1). Während sich im ersten Fall Heiden durch eine alleinige Fällung der Hölzer wieder etablieren ließen, ist eine Renaturierung von Heiden an vormals gedüngten Standorten deutlich schwieriger. Eine flächenscharfe Rekonstruktion der Aufforstungen von Heideflächen ist schwierig, aber für die Niederlande lässt sich zeigen, dass sich die Waldflächenzunahme zwischen 1833 und 2000 (um etwa 30 %) mit der Abnahme von Heidefläche deckt (Verhagen et al. 2001).

12.3.4 Atmogene Stickstoffeinträge

Atmogene Stickstoffeinträge werden heute als wesentliche Ursache für den Wandel im Artengefüge in mitteleuropäischen Heiden diskutiert (Power et al. 1995). Die von Bobbink et al. (2003) für trockene Heiden angegebenen critical load-Werte (10–20 kg ha^{-1} a^{-1}) werden in vielen Heidelandschaften Mitteleuropas seit einigen Jahrzehnten überschritten (Matzner 1980, Härdtle et al. 2006). Im nordwestdeutschen Tiefland (z. B. in der Lüneburger Heide) wie auch in den nördlichen Niederlanden liegen die Depositionsraten zwischen 22–30 kg ha^{-1} a^{-1} (Steubing 1993, Niemeyer et al. 2005, Verhagen und van Diggelen 2006). In den südlichen Niederlanden und manchen Gebieten Westdeutschlands werden sogar Werte von 50 kg ha^{-1} a^{-1} überschritten (Schmidt et al. 2004).

Verschiedene Untersuchungen zeigen, dass die gedüngten Zwergsträucher empfindlicher gegenüber Frost und Dürre sind und in erhöhtem Umfang vom Heidekäfer (Lochmaea suturalis) befallen werden (Power et al. 1995). Wenn durch solche natürlichen „Katastrophen" ein Absterben der Calluna-Sprosse oder weitgehender Verlust der Assimilationsfläche eintritt, kommt es meist zu einer Regeneration, die aber an den Energiere-

serven der Pflanzen zehrt (Steubing 1993). Die Folge ist eine verfrühte Seneszenz, die besonders unter Immissionseinfluss vielfach beobachtet wird (Power et al. 1998).

Stickstoffdepositionen in primär N-limitierten Systemen verschieben Konkurrenzbedingungen zudem zugunsten von Arten, die auf N-armen Standorten ansonsten nicht konkurrenzfähig wären. In Heiden profitieren in erster Linie Gräser wie Deschampsia flexuosa oder Molinia caerulea von erhöhten N-Einträgen, da ihre arbuskuläre Mykorrhiza in der Regel die P-Versorgung der Wirtspflanze und damit deren Konkurrenzfähigkeit in P-limitierten Systemen verbessert. Demgegenüber ist die ericoide Mykorrhiza in der Lage, organische N-Verbindungen zu verwerten, ein Vorteil für entsprechende Wirtspflanzen (d. h. Ericaceen) in N-limitierten Systemen. Der bei einer Wirtspflanze durch ericoide Mykorrhiza bestehende Konkurrenzvorteil schwindet also in dem Maße, mit dem sich die N-Versorgung eines Standortes (z. B. durch atmogene Einträge) verbessert (van der Heijden und Sanders 2003).

12.3.5 Entwässerung

Neben der Umwandlung von Heiden hat sich deren Artengefüge auch durch Entwässerung verändert (Kasten 12-2), die einerseits Heideflächen direkt, aber auch deren Umgebung betraf. Heiden wurden direkt entwässert, wenn diese in Agraroder Waldflächen umgewandelt werden sollten. Entwässerung trat zugleich aber als Nebeneffekt anderer Maßnahmen auf, z. B. wenn Entwässerungsgräben aus Agrarflächen durch angrenzende Heidegebiete führten. Der Flächenverlust von Feuchtheiden durch Entwässerungen ist schwer quantifizierbar, aber sehr wahrscheinlich von großem Einfluss. Fallstudien zufolge hat die Anlage von Entwässerungsgräben entlang der Deutsch-Belgischen Grenze zu einem Verlust von etwa 60 % der dort vormals vorhandenen Feuchtheiden zwischen 1960 und 2001 geführt. Zugleich hat sich der Grundwasserspiegel dieser Region um etwa 40 cm gesenkt (Kremers und van Geer 2000). Diese Absenkung des Grundwasserspiegels hat zur Folge, dass Feuchtheiden (und auch andere Gesellschaften nasser Standorte) nicht überlebensfähig sind. Entwässerung führt meis-

12

tens zu einer Erhöhung der Grundwasserspiegelamplituden. Betroffene Gebiete können während nasser Perioden nach wie vor hohe Grundwasserstände aufweisen, der Grundwasserspiegel fällt dann aber innerhalb kürzerer Zeit schnell ab. Eine Erklärungsmöglichkeit ist, dass der an ungestörten Standorten für Wasser impermeable Podsolhorizont nicht durchnässt bleibt, infolgedessen oxidiert und nachfolgend für Wasser leichter permeabel wird (van Duinen et al. 2004).

Entwässerung führt zugleich zu einer Verbesserung der Bodenbelüftung und damit zum Abbau organischer Substanz. Dies führt zu einer erhöhten Freisetzung an Ammonium, das bei niedrigen pH-Werten nicht in Nitrat umgewandelt wird. In Stickstoff-limitierten Heiden begünstigt dies eine Ausbreitung von Gräsern, die in der Lage sind, Ammonium zu nutzen. In Feuchtheiden wird in erster Linie *Molinia caerulea* begünstigt. In Phosphor-limitierten Heiden ist die Auswirkung auf die Nährstoffverfügbarkeit deutlich geringer, aber in schwach gepufferten Systemen führt ein hohes Ammoniumangebot zu verstärkter Versauerung und nachfolgend einem Absterben von Pflanzen mit schwachen Protonenpumpen (Dorland et al. 2003). In der Regel sind dies die heute seltenen, auf der Roten Liste geführten Pflanzenarten.

12.4 Voraussetzungen, Bedarf und Ziele der Heiderenaturierung

12.4.1 Naturschutzpolitische und -rechtliche Situation

Heiden sind in Nordwesteuropa besonders schutzbedürftige Lebensräume. Sie beherbergen eine Vielzahl heute seltener Tier- und Pflanzenarten, die außerhalb der Heiden langfristig nicht überlebensfähig wären (vgl. Ssymank et al. 1998). Dem Schutzwert und der Schutzbedürftigkeit von Heiden tragen verschiedene Rechtsvorgaben und Richtlinien Rechnung. Zum einen gehören Heiden zum „europäischen Schutzgebietssystem

NATURA 2000". Länder der EU verpflichten sich danach, die ökologische Wertigkeit von Heiden durch geeignete Maßnahmen langfristig zu sichern (Ssymank et al. 1998). Innerhalb des Gebietes der Bundesrepublik Deutschland gehören Heiden gemäß § 30, Absatz 3 des Bundesnaturschutzgesetztes zu den „gesetzlich geschützten Biotopen" (Fassung vom März 2002). Überdies wird der Schutz von Heiden in den verschiedenen Landesnaturschutzgesetzen der Länder festgeschrieben. Vergleichbar zum gesetzlichen Schutz verbliebener Heideflächen in der Bundesrepublik genießen Heiden auch in vielen anderen Staaten der EU heute gesetzlichen Schutz (Webb 1998). Mit diesen sowie den oben genannten Bestimmungen wird EU- bzw. BRD-bezogen der politische und rechtliche Rahmen für eine langfristige Erhaltung von Heidelandschaften vorgegeben (Kasten 12-3).

12.4.2 Ökologische Bedeutung der Heiden und ihr Schutzwert

Während im 18. und 19. Jahrhundert Heiden überwiegend negativ, die Lebensbedingungen sogar als lebensfeindlich und bedrohlich empfunden wurden, entstanden ab Mitte des 19. Jahrhunderts positive Einschätzungen der Heidelandschaft, die eindeutig von der Romantik beeinflusst waren. Besondere Bedeutung erhielt dieser Landschaftstyp in der Bevölkerung durch den Rückgang aufgrund von Aufforstungen und Ackerbau, sodass Heiden als schützenswert empfunden wurden (Töniessen 1993). An dieser Einschätzung hat sich seitdem nur wenig geändert.

Heide-Ökosysteme in Mitteleuropa haben als Erholungsgebiete für viele Menschen eine wichtige Funktion, die zu einer starken Steigerung der Attraktivität der betreffenden Regionen führt und damit für ihre wirtschaftliche Entwicklung entscheidend sein kann. Im Kreis Soltau-Fallingbostel steht über die Hälfte des erwirtschafteten Brutto-Sozialprodukts im direkten oder indirekten Zusammenhang mit dem Naturschutzgebiet Lüneburger Heide, das jährlich bis zu ca. vier Millionen Besucher zählt (von der Lancken 1997). Auch andere Heidegebiete in Mitteleuropa weisen ausgesprochen hohe Besucherzahlen und sich daraus ergebende wirtschaftliche Wohl-

Kasten 12-2
Ursachen für den Rückgang mitteleuropäischer Heiden

Wesentliche Ursachen für den drastischen **Flächenrückgang** der Heiden in Mitteleuropa während der vergangenen 200 Jahre sind eine Aufgabe der historischen Nutzungsformen (vorwiegend aus ökonomischen Gründen), ihre Auf- forstung (vorwiegend mit Nadelbäumen), die Düngung von Heideflächen (unmittelbar oder mittelbar durch atmogene Einträge) sowie die Entwässerung von feuchten bis nassen Standorten (hiervon waren nur Feuchtheiden betroffen).

fahrtswirkungen auf (z. B. Nationalpark Hohe Veluwe in den Niederlanden).

Darüber hinaus können Heiden (oft in Verbindung mit Wäldern) als nährstoffarme, extensiv genutzte Ökosysteme Leistungen erbringen, die neben dem Tourismus für die Bevölkerung ebenfalls von Bedeutung sein können. Die Qualität des Grundwassers, das unter solchen Ökosystemkomplexen entsteht, zeichnet sich durch Nitratarmut und allgemein hohe Qualität aus. Insbesondere Metropolregionen nutzen deshalb das Grundwasser aus solchen Landschaften (oft aus unterschiedlichen hydrogeologischen Einheiten wie am Nordwestrand des Naturschutzgebietes Lüneburger Heide). Aufgrund der Nährstoffarmut stellen Heide-Ökosysteme sensible Indikatoren für Änderungen der Umwelt dar. Insbesondere ein Anstieg in den atmogenen Nährstoffdepositionen wirkt sich rasch auf die Lebensgemeinschaften in den Heiden aus. Andere Ökosysteme sind von diesen wesentlichen Veränderungen ebenfalls betroffen, allerdings sind sie nicht so deutlich (z. B. in Wäldern; Evans et al. 2006).

Heiden beherbergen zahlreiche Arten und Lebensgemeinschaften, die in den letzten Jahrzehnten stark zurückgegangen sind, und zumindest teilweise nur in diesen Ökosystemen vorkommen (Riecken et al. 2006). Für den Erhalt der in Mitteleuropa vorkommenden Biodiversität haben Heide-Ökosysteme damit eine wesentliche Bedeutung. Somit sind Heide-Lebensräume nach der Fauna-Flora-Habitat(FFH)-Richtlinie geschützt (Abschnitt 12.4.1). Für den Erhalt von Heiden werden Fördermittel der Europäischen Union bereitgestellt.

12.4.3 Biotopvernetzung und Anlage von Korridoren

Fragmentierung gilt als einer der Hauptgründe für den Rückgang von zahlreichen Arten. Dabei ist die Bedeutung für Tierarten vielleicht größer als für Pflanzenarten (allerdings belegen botanische Untersuchungen aus offenen Triften auch die Bedeutung für einige Pflanzenarten; Schooley und Branch 2007). Die Auswirkungen der **Habitatfragmentierung** sind sowohl für die Diversität von Laufkäfergemeinschaften (de Vries et al. 1996) als auch für die genetische Variabilität einer Heiden und Sandmagerrasen bewohnenden Art belegt (Persigehl et al. 2004). Die Zahl stenotoper Heidearten mit geringem **Ausbreitungspotenzial** ist in kleinen Lebensräumen geringer als in großen. Für ausbreitungsstarke Arten trifft dies nur teilweise zu (de Vries et al. 1996). Als ausbreitungsschwach sind nicht nur ungeflügelte Laufkäfer einzustufen, sondern auch manche geflügelte Arten (z. B. der Bläuling *Maculinea alcon*; Abschnitt 12.2). In mehreren Untersuchungen konnte nachgewiesen werden, dass die maximale nachgewiesene Ausbreitungsdistanz dieses Schmetterlings bis zu 14 km beträgt (Maes et al. 2004, Habel et al. 2007).

Da viele heute fragmentierte Heiden mit reduzierter Biodiversität noch vor wenigen Jahrzehnten weitgehend miteinander verbunden waren, erfolgten diese negativen Veränderungen bereits in wenigen Jahrzehnten. Für ausbreitungsschwache Arten müssen langfristig Maßnahmen ergriffen werden, um die Fauna (und Flora) in den verbliebenen Heideresten zu erhalten. Durch Lebensraumvergrößerung und/oder bessere Kohärenz, also einen Lebensraumverbund mit Heidekorridoren, lässt sich eine solche Entwicklung stoppen bzw. rückgängig machen (Schooley und Branch 2007). Korridore können einen Individuenaustausch (und damit auch Genfluss) zwischen den Populationen bzw. den Gebieten ermöglichen. Allerdings fehlen Untersuchungen zur Annahme von Heidekorridoren durch stenotope Heidearten weitgehend (Abschnitt 12.6). Eine Ausnahme stellen die Untersuchungen von Vermeulen (1994) dar, der Sandheiden in einem Komplex mit Sandtrockenrasen untersuchte. Bedacht werden muss zudem, dass manche stenotope Arten in schmale Korridore hineinlaufen, dort jedoch nicht reproduzieren können. Damit vernetzen Korridore in solchen Fällen keine Lebensräume, sondern fungieren als „Senke" für die betreffenden Arten.

12.4.4 Auswirkungen des Landschaftsreliefs auf die Heiderenaturierung

Heidelandschaften bestehen aus einem Mosaik typischer Pflanzengesellschaften, für die jeweils eine spezifische Lage im landschaftlichen Relief charakteristisch ist (Abb. 12-3). Durch die jeweilige topographische Situation wird in erster Linie die Hydrologie des Standortes beeinflusst (van Duinen et al. 2004). Die in der Abbildung 12-3 beschriebene Situation betrifft Küsten- und Tieflandsheiden auf kalkfreiem, sandigem Untergrund. Höher gelegene Bereiche sind durch bodensaure und nährstoffarme Bedingungen gekennzeichnet. Der Grundwasserstrom ist abwärts gerichtet und eintretendes Regenwasser bewirkt eine Verlagerung von Basenkationen in

tiefere Bodenschichten. Im Zuge der **Pedogenese** nimmt die Menge austauschbarer Basen ab, beispielsweise durch *leaching* (Auswaschung von Basen mit dem Sickerwasserstrom), durch Wurzelatmung oder durch saure Depositionen. Sinken die Boden-pH-Werte unter 4,5, so steigt die Konzentration der Aluminiumionen in der Bodenlösung drastisch an, und es können für empfindliche Pflanzenarten toxische Aluminiumkonzentrationen entstehen (Bruggenwert et al. 1991). Zugleich verlangsamt sich der Abbau an organischer Substanz, und nur der erste Schritt der Ammonifikation findet statt, bei dem NH_4^+ als dominierende Stickstoffform entsteht (van Breemen und van Dijk 1988). Ammonium ist eine schwache Säure und bewirkt einen weiteren Versauerungsschub. Infolgedessen können sich nur Pflanzen entwickeln, die Ammonium als N-Quelle nutzen und höhere Aluminiumkonzentrationen im Wurzelraum tolerieren. Zu diesen gehören *Calluna vulgaris*, *Empetrum nigrum* und die Grauheide (*Erica cinerea*; Troelstra et al. 1995, de Graaf et al. 1998a). Bezeichnenderweise haben sich gerade die heute gefährdeten und eher für Lehmheiden spezifischen Arten als Aluminiumempfindlich erwiesen. Diese treten vorzugsweise an Standorten auf, wo Nitrat die vorherrschende Stickstoffquelle ist (Falkengren-Grerup 1995, de Graaf et al. 1998a). Zu diesen gehören Arnika (*Arnica montana*), Beinbrech (*Narthecium ossifragum*), Läusekraut (*Pedicularis sylvatica*), Lungen-Enzian (*Gentiana pneumonanthe*) und die Englische Kratzdistel (*Cirsium dissectum*).

In topographisch niedriger gelegenen Landschaften ist diese Situation anders. Hochanstehende Grundwasserschichten oder Lehmschichten verbessern die Pufferkapazität des Bodens. Der pH-Wert ist grundsätzlich höher und durch

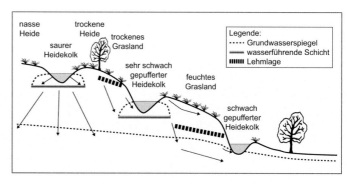

Abb. 12-3: Topographische Lage verschiedener Vegetationstypen im Relief einer Heidelandschaft (Zeichnung: H. Meyer und J. Peters nach van Duinen et al. 2004; weitere Erläuterungen siehe Text).

Ionenaustausch zwischen der Bodenmatrix und der Bodenlösung gepuffert. Dieser Prozess findet meist bei pH-Werten zwischen 5 und 6 statt. Innerhalb dieser pH-Spanne sind Aluminiumsalze praktisch unlöslich. Nitrifikation findet statt, sodass Stickstoff überwiegend in Form von Nitrat nachgeliefert wird. Bei insgesamt mäßiger Nährstoffverfügbarkeit werden solche Bedingungen von ericoiden Zwergsträuchern, aber auch von den oben genannten, seltenen Pflanzenarten toleriert. Diese Standorte nehmen bis zu maximal 10 % der gesamten landschaftlichen Fläche ein, sind aber bei Weitem am artenreichsten in Bezug auf ihre Pflanzen- und Tierwelt (de Smidt 1981).

12.4.5 Auswirkungen der Degradationsdauer auf die Heiderenaturierung

Nicht nur die landschaftliche Lage, sondern auch die Dauer der Degradationszeit beeinflusst die Erfolgsaussichten einer Heiderenaturierung. Liegt die Degradation eines Standortes wenige Jahre zurück, so ist das Überleben einiger Restpopulationen heidetypischer Arten in einem betrachteten Gebiet sehr wahrscheinlich (Bossuyt und Hermy 2003). Liegt eine Degradationsphase demgegenüber mehrere Jahrzehnte zurück, dann sind alle Populationen ehemals vorhandener Heidearten ausgestorben und ihre Wiederetablierung kann entweder durch eine Regeneration aus der Samenbank tieferer Bodenschichten oder durch aktives Einbringen von Diasporen in ein bestimmtes Gebiet stattfinden (Kapitel 2). In der Renaturierungspraxis wird häufig angenommen, dass ausgestorbene Arten auch noch nach Jahrzehnten in der Samenbank vorhanden sind. Dies mag zutreffen für Arten wie *Calluna vulgaris* (Bossuyt und Hermy 2003), *Erica tetralix* und die Sparrige Binse (*Juncus squarrosus*). Demgegenüber haben Bekker et al. (2002, zitiert in Bakker und van Diggelen 2006) herausgefunden, dass die Mehrheit typischer Heidearten nur sehr kurzlebige Samen produziert (vgl. auch Thompson et al. 1997). Diese Untersuchungsergebnisse zeigen, dass die Wahrscheinlichkeit einer Re-Etablierung vieler Heidearten aus der in tieferen Bodenhorizonten liegenden Samenbank sehr unwahrscheinlich ist. Verhagen et al. (2001) haben die Renaturierung typischer Pflanzengesellschaften in Heidelandschaften an neun verschiedenen Standorten untersucht, die über mehrere Jahrzehnte landwirtschaftlich genutzt wurden. Die Autoren fanden, dass bis zur Wiederetablierung von Heidearten mehrere Jahre vergingen und selbst nach neun Jahren noch viele Heidearten fehlten (Tab. 12-2). Verhagen et al. (2001) folgerten, dass das Ausbreitungspotenzial eine entschei-

Tab. 12-2: Entwicklung der Anzahl schutzwürdiger Pflanzenarten (zugeordnet zu verschiedenen Verbänden) in Untersuchungsflächen nach Oberbodenabtrag (sogenanntes *top soil removal* in „Dauerflächen", die anschließend über neun Jahre beobachtet wurden) und korrespondierenden Referenzflächen. Für die Untersuchungsflächen ist die Anzahl schutzwürdiger Arten insgesamt und die Entwicklung der Artenzahlen innerhalb der ersten neun Jahre (dargestellt für jedes einzelne Untersuchungsjahr) nach Abtrag des Oberbodens angegeben (nach Verhagen et al. 2001).

Verband	Gesamtzahl an schutzwürdigen Arten in den Referenzflächen	Gesamtzahl an schutzwürdigen Arten pro Dauerfläche	Jahre nach *top soil removal*								
			1	2	3	4	5	6	7	8	9
Calluno-Genistion pilosae	6	0	0	0	0	0	0	0	0	0	0
Caricion nigrae	14	7	0	1	1	4	5	5	4	6	6
Ericion tetralicis	8	4	0	2	2	2	4	4	4	4	4
Hydrocotylo-Baldellion	11	2	0	0	1	1	1	1	1	2	0
Junco-Molinion	11	4	0	1	0	4	4	4	4	4	1
Nardo-Galion saxatilis	13	4	3	4	4	4	4	4	3	3	3
Thero-Airion	12	2	0	1	1	1	2	2	0	0	0

12

dende Rolle bei der Zunahme der Artenzahlen in renaturierten Heidelandschaften spielt.

12.4.6 Bedeutung des Ausbreitungspotenzials von Arten für die Heiderenaturierung

Die Ausbreitung typischer Heidearten durch Wind ist meist sehr begrenzt (Tackenberg 2001, Soons 2006). Basierend auf einer Synthese von Soons (2006) lässt sich abschätzen, dass nur wenige Heidearten durch Wind über mehr als 10–20 m ausgebreitet werden können. Nur Arten mit sehr kleinen und leichten Samen (meistens Sporen) werden mit Wind einige Meter transportiert. Dadurch erklärt sich, dass vor allem Compositen sowie Sporenpflanzen wie der Pillenfarn (*Pilularia globulifera*) als häufigste Arten nach einer Renaturierung von trockenen und feuchten Heidestandorten auftraten.

Wasser ist ein wichtiges Ausbreitungsmedium für Arten nasser Standorte und könnte auch für die Ausbreitung von Arten aus Feuchtheiden eine wichtige Rolle spielen. Bislang liegen hierzu aber keine Untersuchungen vor. Es ist anzunehmen, dass Wasser als nicht gerichteter Ausbreitungsvektor auch für die meisten Feuchtheide-Arten von begrenzter Bedeutung ist. Wasser als Ausbreitungsvektor ist besonders dann vernachlässigbar, wenn Feuchtheiden als isolierte Inseln in Agrarlandschaften eingebettet sind.

Weidetiere werden als wichtiger Ausbreitungsvektor für Arten in Heidelandschaften erachtet. Besonders Schafe können in ihrem Fell Samen ausbreiten und so für eine gleichmäßige Verbreitung verschiedener Pflanzenarten im Gelände sorgen. Allerdings werden durch sie auch Samen von Arten ausgebreitet, die nicht als Zielarten gelten. Mouissie et al. (2005) konnten zeigen, dass weidende Herbivoren Pflanzen nährstoffreicher Standorte präferieren. Dies bedeutet, dass nitrophytische Arten besser und effektiver ausgebreitet werden können als Arten nährstoffarmer Standorte. Demzufolge sollte eine Beweidung nährstoffreicher Bereiche vermieden werden. Couvreur et al. (2004) konnten nachweisen, dass Weidetiere sogar einen Austausch von Samen isolierter Pflanzenpopulationen bewirken, wenn diese gezielt zur Überbrückung der die betreffenden Gebiete zerschneidenden Zwischenflächen eingesetzt werden.

12.5 Praxis der Heiderenaturierung und Heidepflege

In Heide-Ökosystemen sind die Verfahren der Renaturierung und der Pflege weitgehend identisch (Kasten 12-4). Deshalb werden nachfolgend Verfahren zur Heiderenaturierung und -pflege nicht getrennt erörtert, sondern die mit den ein-

Kasten 12-3
Voraussetzungen einer Heiderenaturierung

Für den Erhalt der in Mitteleuropa vorkommenden Biodiversität haben Heide-Ökosysteme eine wesentliche Bedeutung. Heiden genießen heute dementsprechend in den meisten Ländern Europas gesetzlichen Schutz. Auf EU-Ebene sind Heiden gemäß der Fauna-Flora-Habitat(FFH)-Richtlinie vorrangig schutzwürdige Lebensräume.

Einer Renaturierung von Heiden muss eine sorgfältige Standortsanalyse vorausgehen. Not-

wenig sind eine Analyse des Landschaftsreliefs, des Degradationszustandes (**Samenbank** im Boden, **Trophieverhältnisse**) und des Isolationsgrades einer Heidefläche, da dieser die Chancen einer Neuansiedlung von Arten aus benachbarten Heideflächen mitbestimmt. Die meisten Heidearten haben ein nur geringes Ausbreitungspotenzial.

zelnen Verfahren spezifisch erreichbaren Renaturierungs- bzw. Pflegeziele herausgestellt.

12.5.1 Beweidung

In der Renaturierung und insbesondere in der Erhaltung von Heiden kommt der Beweidung ein ganz zentraler Stellenwert zu (Farbtafel 12-3). Zum einen begünstigt ein mäßiger Verbiss der Zweige eine kontinuierliche Verjüngung der Zwergsträucher, zum anderen verzögert Beweidung ein Aufkommen von Gehölzjungwuchs (Armstrong et al. 1997). Allerdings ist Beweidung als alleinige Maßnahme nicht geeignet, Heiden zu erhalten oder zu renaturieren.

Eine für die Heideerhaltung günstige **Beweidungsdichte** liegt bei etwa 0,8–1,5 Schafen pro ha, bei Rindern sollte diese nicht über 0,5 Großvieheinheiten (GV) pro ha betragen (Grant und Armstrong 1993, Fottner et al. 2007). Damit wird ein wünschenswerter Verbiss der Zwergsträucher erzielt, ohne sie jedoch langfristig zu schädigen. Um die Vitalität der Besenheide langfristig zu erhalten, sollte auf keinen Fall der durch Beweidung bewirkte **Biomasseentzug** 70 % der jährlichen Biomasseproduktion überschreiten (Grant und Armstrong 1993). Zur Heiderenaturierung (z. B. Zurückdrängung von Gräsern) können diese Werte kurzfristig (1–2 Jahre) verdoppelt oder verdreifacht werden. Eine **Hutehaltung**, wie sie beispielsweise in der Lüneburger Heide praktiziert wird und bei der die Schafe die Nächte in einem Stall verbringen, ist günstiger als ein ganztägiger Verbleib der Tiere auf der Weidefläche, da aufgrund des Abkotungsverhaltens bei Schafen (meist während der Nacht und morgens) ein deutlicher Netto-Stickstoffaustrag aus den Beweidungsflächen erzielt werden kann (um $1,5\,\text{kg ha}^{-1}\,\text{a}^{-1}$). Demgegenüber ist bei ganztägiger Beweidung kein Netto-Austrag möglich (Fottner et al. 2007). Robustrassen erlauben eine ganzjährige Beweidung und damit einen kontinuierlichen Verbiss der Vegetation im Jahresverlauf. In vielen Heidegebieten wird auch mit Rindern eine erfolgreiche Heidepflege erzielt (Lake et al. 2001). Rinder verbeißen selektiver als Schafe und können besonders während der Sommermonate durchwachsende Gräser zurückdrängen (z. B. in der Hohen Veluwe, Niederlande).

Bei der Beweidung von Heidegebieten ist zu beachten, dass sich Ericaceen-Arten hinsichtlich ihrer Verbiss- und Trittfestigkeit unterscheiden. Besonders tritt- und verbissfest ist *Calluna vulgaris*, während *Empetrum nigrum* und *Vaccinium myrtillus* bereits bei niedrigen Besatzdichten geschädigt werden (Wilmanns 1993). Im Einzelfall muss daher die Beweidungsdichte gebietsspezifisch erprobt und justiert werden. Zugleich kann es der Schutz von Brutvögeln in Heidegebieten erfordern, dass Weideruhezonen eingerichtet werden oder bestimmte Gebiete während der Brutzeiten nicht beweidet werden (Lütkepohl 1997).

Wie noch in Abschnitt 12.6 gezeigt wird, ist es notwendig, die Beweidung zur Pflege von Heiden durch zusätzliche Maßnahmen zu ergänzen, sofern dies ein gegebenes Geländerelief erlaubt. Ausschließlich durch Beweidung gepflegte Flächen werden langfristig strukturarm und durchlaufen nicht einen Entwicklungszyklus, wie er eingangs beschrieben wurde (Abschnitt 12.2.2). Zudem bewirkt Beweidung vergleichsweise hohe P-Austräge, sodass bei hohen N-Depositionen ein *shift* hin zu einer P-(Ko-)Limitierung beschleunigt werden kann (Abschnitt 12.6).

12.5.2 Mahd

In der historischen Heidebauernwirtschaft war die manuelle Heidemahd ein wichtiger Bestandteil der Heidebewirtschaftung. Heute wird Heidemahd maschinell betrieben und ist in vielen Heidegebieten die flächenbezogene vorherrschende Pflegeform (Farbtafel 12-3, Keienburg und Prüter 2004). Gemäht werden vorwiegend vitale Heidebestände, die sich leicht vegetativ regenerieren. Allerdings ist die maschinelle Mahd auf sehr skelettreichen Böden schlecht einsetzbar. Bei guter Qualität (d. h. hoher Mengenanteil an *Calluna*) ist das Mahdgut leicht zu vermarkten und wird vor allem in der Biofilterindustrie für Fabriken mit hohen organischen Anteilen in der Abluft, für Stallanlagen (Geflügel- und Schweinehaltung) und in der traditionellen Reetdachdeckerei verwendet. Aufgrund der Veräußerbarkeit des Mahdgutes ist Heidemahd von allen heute angewandten Verfahren am kostengünstigsten (Müller 2004). Ähnlich wie beim kontrollierten Feuer-

12

einsatz ändert sich das Mikroklima auf der Fläche nach Beseitigung der Vegetation, d. h. die Bodenoberfläche erwärmt sich stärker und wird trockener. So kann sich auch auf gemähten Flächen die Ernährungssituation der Drahtschmiele verschlechtern, vermutlich verursacht durch Wasserstress (Mohamed et al. 2007).

Während Mahd zur Pflege von *Calluna*-Heiden sehr gut geeignet ist, ist eine Heiderenaturierung mittels Mahd nicht oder allenfalls eingeschränkt möglich. Auf vergrasten Flächen wird, aufgrund der Dichte des Vegetationsschlusses, *Calluna* – selbst bei hohem Samendruck – nicht keimen können, da Mahd den mineralischen Oberboden nicht öffnet, *Calluna*-Samen zum Keimen aber den Kontakt zum Mineralboden benötigt (Mineralbodenkeimer; Wilmanns 1993).

12.5.3 Kontrolliertes Brennen

Traditionell wurde Feuer eingesetzt, um die Heide zu verjüngen, die Futterqualität der Heide zu verbessern und das „Weideunkraut" Wacholder zu bekämpfen. Als Landschaftspflegemaßnahme war das kontrollierte Brennen über lange Zeit in Deutschland nicht zugelassen. In den vergangenen 15 Jahren hat sich jedoch gezeigt, dass das kontrollierte Brennen im Winterhalbjahr – richtig eingesetzt – eine wichtige Ergänzung zu den übrigen Heidepflegeverfahren darstellt (Farbtafel 12-3; Kaiser 2004, Mertens et al. 2007). Geeignete Brandflächen sind vitale Heidebestände mit mäßigem Grasanteil sowie vertrocknete oder nach Befall durch den Heidekäfer geschädigte Bestände (Keienburg und Prüter 2004). Zudem kann das kontrollierte Brennen auf Flächen, wo ein Maschineneinsatz nicht möglich ist (z. B. skelettreiche Böden, steile Hanglagen, Flächen mit ausgeprägtem Mikrorelief oder Bodendenkmälern), ein zusätzliches Pflegeinstrument neben Beweidung und manueller Mahd sein. Bei der Pflege wird das Feuer in aller Regel nur kleinflächig (maximal 1–2 ha) und abschnittsweise angewendet (Keienburg und Prüter 2004).

Wesentliche Faktoren, welche die ökologischen Auswirkungen des Feuereinsatzes steuern, sind die Brandtemperatur und das Alter der Heide. Günstige klimatische Bedingungen für den Einsatz von Winterbränden mit relativ geringer Feuerintensität herrschen bei kalten Hochdrucklagen nach einigen Tagen Trockenheit und mit leichtem Wind. Dabei werden Maximaltemperaturen von 500 bis 800 °C über dem Erdboden nur für kurze Zeit (< 30 s) erreicht und innerhalb der organischen Auflage ist bereits in 1–2 cm Tiefe keine Temperaturerhöhung festzustellen (Niemeyer et al. 2004). Bei dem Einsatz solcher Winterfeuer verbrennt der größte Teil der oberirdischen Biomasse, die organische Auflage bleibt jedoch weitgehend erhalten. Die Wurzelstöcke von *Calluna* werden nur wenig beeinträchtigt und treiben in der dem Feuer folgenden Vegetationsperiode wieder aus. Mit zunehmendem Alter der Besenheide steigt die Temperatur während des Brennens an und lässt die Regenerationsfähigkeit deutlich nach. Da sich beide Faktoren ungünstig auf die Regeneration der Heide auswirken, sollten Bestände während der Aufbauphase (6–15 Jahre) abgebrannt werden.

Ähnlich wie die Mahd ist das kontrollierte Brennen ein wichtiges Instrument in der Heidepflege, der Einsatz in der Heiderenaturierung dürfte sich jedoch weitgehend auf die Vorbereitung der Flächen beschränken.

12.5.4 Schoppern

„Schoppern" bezeichnet ein seit etwa zehn Jahren angewandtes maschinelles Pflegeverfahren, mit dem die oberirdische Biomasse und der größte Teil der organischen Auflagen des **Humuskörpers** (sogenannter O-Horizont) abgetragen werden. Im Gegensatz zum Plaggen (Abschnitt 12.5.5) wird beim Schoppern der Mineralboden (A-Horizont) nicht angegriffen (Farbtafel 12-3; Keienburg und Prüter 2004). Im Durchschnitt verbleibt eine wenige Millimeter dicke organische Auflage auf der Fläche, wobei an einigen Stellen aber der **Mineralboden** freigelegt sein kann (Niemeyer et al. 2007). Das Schoppern vermittelt in der Bearbeitungsintensität einer zu renaturierenden oder zu pflegenden Fläche somit zwischen der Mahd und dem Plaggen. Da die Wurzelstöcke der Heide nicht komplett beseitigt werden, können sich aus diesen bereits in der ersten Vegetationsperiode nach der Maßnahme neue, teils sogar blühende Triebe entwickeln. Auf geschopperten Flächen kann *Calluna* teils auch aus der

12

Samenbank auflaufen und somit eine Regeneration einer entsprechenden Heidefläche verbessern. Typische Schopperflächen sind mäßig stark vergraste Heiden oder solche mit organischen Auflagen unter 3 cm Dicke. In Überalterung begriffene, grasarme Bestände können auch bei organischen Auflagen von ca. 4 cm Dicke geschoppert werden, wenn eine Mahd vorgeschaltet wird. Sofern Flächen die oben beschriebenen Voraussetzungen erfüllen, kann Schoppern als Verfahren der Heiderenaturierung eingesetzt werden. Im Einzelfall muss geprüft werden, ob das Ausbringen von Zweigen mit Samenansatz, die auf gemähten Flächen gewonnen wurden, eine Regeneration bzw. Wiederetablierung einer *Calluna*-Population verbessert. Häufig reichen weniger als 0,6 kg/m^2 ausgebrachte *Calluna*-Zweige mit Samen, um eine Wiederetablierung auf Mineralboden zu erreichen (Pywell et al. 1996). Pro Quadratmeter gemähter Heidefläche lassen sich mit diesem Verfahren 2–5 m^2 Heidefläche wiederherstellen. Dabei dienen die Zweige nicht nur als Samenquelle, sondern die Streu scheint zugleich die Keimfähigkeit der Samen zu verbessern (Pywell et al. 1996). Wird auf ein aktives Ausbringen von Samen verzichtet, so hängt die Regenerationsfähigkeit einer Heide nach dem Schoppern stark von der Größe der Samenbank und der Keimfähigkeit der Samen in dieser ab (Bossuyt et al. 2001). Um einen Renaturierungserfolg im Voraus abschätzen zu können, sind demzufolge Kenntnisse über die Artenzusammensetzung in der Samenbank notwendig. Sind auf einer zur Renaturierung vorgesehenen Fläche Heidearten seit über 50 Jahren nicht mehr vorhanden, so ist eine Wiederetablierung dieser Arten aus der Samenbank unwahrscheinlich (Pywell et al. 1997, ter Heerdt et al. 1997, Bossuyt et al. 2001).

Wurden bis vor wenigen Jahren noch verschiedene Maschinen zum Schoppern und Plaggen eingesetzt, so stehen heute Maschinen zur Verfügung, mit denen beide Verfahren durchgeführt werden können (Keienburg und Prüter 2004). Zwischen Schoppern und Plaggen lässt sich dann nur noch anhand der Bearbeitungstiefe unterscheiden. Auf sehr skelettreichen Böden ist Schoppern als Maßnahme nicht geeignet.

Die beim Schoppern gewonnene organische Auflage kann – bodenkundlichen Analysen und Pflanzversuchen zufolge – als Torfersatz verwendet werden (Keienburg und Prüter 2004). Allerdings bedarf es hierzu weiterer Praxiserfahrungen und der Weiterentwicklung von hierfür erforderlichen Kompostierungsanlagen. Sofern noch Reste intakter Heiden auf den geschopperten Flächen vorhanden waren, kann das Bodenmaterial dieser Bereiche auch zur „Beimpfung" solcher Flächen genutzt werden, auf denen eine Wiederansiedlung von Heiden vorgesehen ist. Während das Ausbringen von Mahdgut (siehe oben) lediglich die Wiederansiedlung einiger Heidearten verbessert (z. B. von *Calluna*), kann durch die Übertragung von Bodenmaterial eine maximale Zahl von Heidearten auf eine Regenerationsfläche gebracht werden (Pywell et al. 1995, 1996). Sind auf den geschopperten Flächen keine intakten oder hinsichtlich ihrer Artenzahl nur verarmte Bestände vorhanden, so muss für eine Wiederansiedlung der Arten Bodenmaterial oder Samen von artenreichen und intakten Heidebeständen gewonnen werden.

12.5.5 Plaggen und Oberbodenabtrag (*top soil removal*)

Plaggen ist eine klassische Technik bei der Bewirtschaftung und Renaturierung von Heiden und zielt auf eine Entfernung von im Oberboden akkumulierten Nährstoffen, um so die Produktivität von Gräsern wie *Molinia caerulea* und *Deschampsia flexuosa* zu minimieren (Werger und Prentice 1985, Diemont und Linthorst Homan 1989, Diemont 1994). Hierbei werden Vegetation und oberer Mineralboden abgetragen, und die Vegetation muss sich aus der Samenbank in unteren Bodenschichten regenerieren. Diemont und Linthorst Homan (1989) stellten fest, dass Plaggen unter allen Managementmaßnahmen den so behandelten Systemen die größten Nährstoffmengen entzieht und werten Plaggen deshalb als die am besten geeignete Methode für das Heidemanagement. Im Gegensatz zu Werger und Prentice (1985) fanden sie heraus, dass die Geschwindigkeit der Vegetationsregeneration von der Plaggentiefe abhängt: Je tiefer geplaggt wurde, desto langsamer verlief die Regeneration der ericoiden Zwergsträucher und umso mehr Gräser konnten sich entwickeln. In den letzten Jahrzehnten wurde Plaggen nicht nur für die Erhaltung

12

bestehender Heiden, sondern auch für die Renaturierung degradierter Heiden eingesetzt, die komplett von Gräsern bedeckt waren (Jansen et al. 1996, 2004). Allerdings kann Plaggen eine starke Akkumulation von Ammonium im Oberboden bewirken, sowohl in trockenen (de Graaf et al. 1998b) als auch in Feuchtheiden (Dorland et al. 2003), ausgelöst durch den schnellen Abbau von organischer Substanz unmittelbar nach Durchführung der Maßnahme. Die Nitrifikation ist gehemmt, wahrscheinlich durch die Entfernung nitrifizierender Bakterien, die hauptsächlich im Oberboden lokalisiert sind.

Top soil removal wird nicht nur genutzt, stark vergraste Heiden zu renaturieren, sondern auch neue Heideflächen auf solchen Standorten zu schaffen, die vormals intensiv ackerbaulich genutzt wurden (Klooker et al. 1999, Verhagen et al. 2001, 2003, Verhagen 2007, Pywell et al. 2002). Hierbei wird der meist sehr nährstoffreiche Oberboden teilweise oder ganz entfernt und anschließend sich selbst überlassen oder zur Beimpfung mit Samen von Zielarten durch frisch gemähtes Material von gut entwickelten Standorten bedeckt. Die Tiefe, bis zu der Oberboden entfernt wird, überschreitet meist jene der Plaggentiefe zum Heidemanagement. In Vergleichsstudien in neun verschiedenen Gebieten ließ sich zeigen, dass diese Technik sowohl bei einem teilweisen wie auch einem vollständigen Oberbodenabtrag zu sehr niedrigen Nährstoffgehalten führt (van Diggelen et al., zur Veröffentlichung eingereicht). Die gesamten Stickstoffvorräte lagen signifikant unter jenen der Zielgemeinschaften, aber die Gesamtvorräte an Phosphor waren erhöht. Dieses Bild hat sich nach einem Jahrzehnt der Bodenentwicklung verändert. Die Bodenfruchtbarkeit nahm zu, besonders an Standorten, wo der Oberboden nur teilweise entfernt wurde. An diesen Standorten war zugleich die Vegetationsbedeckung am größten. In Flächen, auf denen die organische Substanz weitgehend entfernt wurde, war die Vegetationsbedeckung auch noch nach zehn Jahren unter 80 % und die Anzahl an Zielarten am größten.

12.5.6 Auswirkungen der Heiderenaturierung und -pflege auf Tiere

Die für den Erhalt von Heiden notwendigen Pflegemaßnahmen wirken sich auf die Tierarten in Heiden sehr unterschiedlich aus. Dies ist überwiegend eine Folge der Einnischung vieler Arten in den Entwicklungszyklus von *Calluna vulgaris*. Zahlreiche Carabiden-Arten präferieren die ersten Entwicklungsphasen (z. B. *Amara infima*, *Cymindis macularis* und *Carabus nitens*; Gardner 1991, Assmann und Janssen 1999). Andere Arten bevorzugen die älteren, oft von Moosen geprägten Stadien. In jedem Fall ist ein erheblicher Teil der stenotopen, an Heiden gebundenen Tierarten auf eine oder wenige Phasen im Entwicklungszyklus der Besenheide beschränkt. Die spezifische Fauna lässt sich innerhalb eines Gebietes nur dann erhalten, wenn die unterschiedlichen Entwicklungsstadien von *Calluna vulgaris* zeitgleich nebeneinander existieren.

Der Einfluss der Pflegemaßnahmen auf die Laufkäferfauna ist gut dokumentiert (den Boer und van Dijk 1994): Positiv auf Abplaggen reagieren u. a. die stenotopen Heide-Arten *Bembidion nigricorne* und *Cymindis macularis*. Durch Mahd werden *Carabus nitens* und *Nebria salina* gefördert, und für *Carabus arvensis* deutet sich eine Bevorzugung abgebrannter Flächen an. Einige Tierarten profitieren von den durch Pflegemaßnahmen hervorgerufenen Veränderungen in den Lebensraumstrukturen. Frisch gebrannte Flächen werden gerne von der Schlingnatter angenommen (Lemmel 1997a).

Für das mittelfristige Überleben einer charakteristischen Invertebratenfauna sind erhebliche Lebensraumgrößen notwendig (Abschnitt 12.4). Als Richtwert für die Praxis sollten mindestens 100 ha Heidefläche angestrebt werden. Unterhalb dieses Wertes ist ein Verlust von spezifischen Arten belegt (de Vries et al. 1996). Für einige Wirbeltiere sind noch größere Flächen erforderlich. Arten mit einer Metapopulationsdynamik haben in vielen Fällen ebenfalls einen erheblichen Flächenbedarf.

Bei der Neuanlage von Heiden in Gebieten, die zuvor bewaldet waren, muss bedacht werden, dass zahlreiche Arten, die für Heiden charakteristisch sind, ein eingeschränktes Ausbreitungspotenzial haben. Sie erreichen deshalb die neu geschaffenen Lebensräume nur mit sehr geringer Wahrscheinlichkeit. Dies betrifft insbesondere flugunfähige Insekten (den Boer und van Dijk 1994). Das Ausbreitungspotenzial einiger Reptilien ist im nördlichen Mitteleuropa ebenfalls gering (z. B. Schlingnatter und Zauneidechse). Um die charakteristischen Zönosen in neu geschaffenen Heiden wiederherzustellen, sollten sowohl Wiedereinbürgerungen als auch Vernetzungen zu bereits bestehenden Heidegebieten in Erwägung gezogen werden. Bei Wiedereinbürgerungen sollten einige Individuen eingeführt werden, um starken Verlust genetischer Variabilität zu vermeiden. Bei Korridoren sollte darauf geachtet werden, dass sie eine ausreichende Breite aufweisen. In jedem Fall müssen sie wesentlich breiter sein als Hecken oder Waldstreifen für viele Waldarten. Nach Freilanduntersuchungen und Computer-Simulationen sind für flugunfähige, stenotope Laufkäferarten eine Breite von ca. 25 m und eine maximale Länge von wahrscheinlich weniger als einem Kilometer notwendig (Vermeulen und Opdam 1995). Für manche Arten, deren Bewegungsmuster und populationsdynamische Parameter gut bekannt sind, ergibt sich die Möglichkeit, Ausbreitungsprozesse zu simulieren. Auf diesem Weg können begründete Abschätzungen erfolgen, die den (Re-)Kolonisationserfolg stenotoper Tierarten betreffen (Vermeulen und Opdam 1995).

Arten mit einer komplexen Entwicklungsbiologie und ausgeprägter Stenotopie sind besonders gefährdet. Bei Managementmaßnahmen müssen diese Aspekte berücksichtigt werden, wie das Beispiel des Lungenenzian-Bläulings zeigt, der für individuenreiche Vorkommen eine möglichst großräumige Verteilung der Futterpflanzen im Habitat benötigt (Habel et al. 2007). In diesem Fall können die Raupen in zahlreichen Ameisennestern überwintern. Bei geklumpten Enzianbeständen können die Ameisennester übernutzt werden, da nur maximal 20 Raupen pro Nest ihre Entwicklung durchführen können (Thomas und Elmes 1998). Dies kann auch zum Zusammenbruch von individuenreichen Beständen führen. Plaggen wirkt sich positiv auf die Reproduktion der Pionierart *Gentiana pneumonanthe* und damit die Größe der Samenbank dieser Art, aber negativ auf die Dichte der Wirtsameisen aus (Oostermeijer et al. 1994, WallisDeVries 2004). Eine Wiederbesiedlung abgeplaggter Flächen durch die Wirtsameise kann bis zu 15 Jahre dauern. Zum langfristigen Erhalt des „Schmetterling-Pflanze-Ameise-Systems" ist deshalb eine kleinräumige Anordnung der unterschiedlichen Sukzessionsstadien der Feuchtheiden mit reproduktiven Beständen des Lungen-Enzians auf frisch geplaggten Flächen und Bereiche mit weitgehend geschlossener, zum Teil durch Pfeifengras-Bulte geprägter Struktur, die eine Voraussetzung für zahlreiche Wirtsameisennester ist, unerlässlich. Die langen Entwicklungszeiten mancher Sukzessionsstadien bedingen damit sehr langfristige Planungen.

Kasten 12-4
Verfahren der Heiderenaturierung

In Heide-Ökosystemen sind die Verfahren der **Renaturierung** und der **Pflege** weitgehend identisch. Je stärker eine zu renaturierende Fläche degradiert ist, umso intensiver müssen die entsprechenden Renaturierungseingriffe sein. Bei schwach vergrasten Flächen kann eine zeitweilige intensivere **Beweidung** mit Rindern die vorhandenen Gräser zurückdrängen. Wurden Böden im Zuge einer vorausgegangenen Flächennutzung stark gedüngt, so ist zur Renaturierung von Heiden ein **Oberbodenabtrag** notwendig. Die Mächtigkeit der abzutragenden Bodenschichten (d. h.

ob Flächen geschoppert oder geplaggt werden oder ob ein *top soil removal* notwendig ist) hängt davon ab, bis zu welcher Bodentiefe ein betrachteter Standort aufgedüngt wurde. Werden im Zuge einer Renaturierungsmaßnahme die Humushorizonte teils oder ganz entfernt, so ist für die Wiederansiedlung der Heidearten ein **Beimpfen** (d. h. ein Ausbringung von Samen, Streu oder organischen Auflagen aus intakten Heiden) notwendig, da in tieferen Bodenschichten keine oder eine nicht ausreichend große Samenbank der zu etablierenden Heidearten vorhanden ist.

12

12.6 Schlussfolgerungen und Forschungsbedarf für Wissenschaft und Praxis

12.6.1 Sind Heiden N- oder P-limitierte Systeme?

Heiden wurden bislang als überwiegend N-limitierte Systeme angesehen. Feststellen lässt sich die Art der **Nährstofflimitierung** von Ökosystemen am besten durch langjährige Düngeexperimente. Solche Untersuchungen mit einer experimentellen Zugabe von N wurden in der Vergangenheit in zahlreichen Heidegebieten Europas durchgeführt. Dabei hat sich gezeigt, dass ein großer Teil der Heiden auf die zusätzliche Verfügbarkeit von N mit einer verstärkten Biomasseproduktion reagiert und somit als N-limitiert zu betrachten ist (Bobbink et al. 2003). Vor dem Hintergrund anhaltend hoher N- und sehr geringer P-Depositionsraten sowie einer differenzierten Wirkung der einzelnen Heidepflegeverfahren auf die N- und P-Bilanzen wird in jüngerer Zeit jedoch verstärkt auch eine Verschiebung hin zu einer N-P-Kolimitierung oder P-Limitierung diskutiert (siehe unten). Überprüfen lassen sich diese Annahmen nur anhand von **Düngeexperimenten**, bei denen mit einem voll-faktoriellen Versuchsdesign (getrennte Zugabe von N und P sowie deren Kombination) gearbeitet wird. Trotz der bekanntermaßen wichtigen Rolle, die dem Nährelement P bei der Pflanzenernährung zukommt, sind solche Experimente bislang lediglich in sehr geringer Zahl in Heiden durchgeführt worden. Für die trockenen Tieflandsheiden Mitteleuropas fehlen sie vollständig.

Als Alternative zu den zeit- und arbeitsaufwändigen Düngeexperimenten wurde vorgeschlagen, die N:P-Verhältnisse in der lebenden Biomasse der Vegetation als Indikator für die Art der Nährstofflimitierung heranzuziehen (Koerselman und Meuleman 1996). Eine Auswertung der Ergebnisse von 40 Düngeexperimenten aus europäischen *wetland ecosystems* (u. a. auch Feuchtheiden) zeigte, dass die Systeme bei N:P-Verhältnissen < 14 N-limitiert und bei N:P-Verhältnissen > 16 P-limitiert waren. Bei N:P-Verhältnissen zwischen 14 und 16 war eine N-P-Kolimitierung gegeben. Neuere Studien belegen jedoch, dass diese Schwellenwerte nicht ohne Weiteres auf andere Ökosysteme übertragen werden können, sondern jeweils überprüft und ggf. angepasst werden müssen (Tessier und Raynal 2003). Grundsätzlich ist nach Güsewell (2004) nur bei N:P-Verhältnissen < 10 bzw. > 20 von einer eindeutigen N- bzw. P-Limitierung der Biomasseproduktion auszugehen. Ältere und aktuelle Studien aus der Lüneburger Heide, in deren Rahmen die N- und P-Gehalte der oberirdischen Biomasse von *Calluna*-Dominanzbeständen ermittelt wurden, ergeben N:P-Verhältnisse im Bereich von 13,3 bis 16,5 und lassen über die Zeit keinen gerichteten Trend erkennen (Muhle und Röhrig 1979, Matzner 1980, Härdtle et al. 2006).

Die Kenntnis des **N:P-Quotienten** der oberirdischen Biomasse oder vorherrschender Heidearten kann für die Einschätzung des Renaturierungs- und Pflegeerfolgs in Heiden eine wichtige Hilfe sein. Da Ericaceen aufgrund ihrer ericoiden Mykorrhiza grundsätzlich Konkurrenzvorteile in N-limitierten Systemen haben (Abschnitt 12.3), kann der N:P-Quotient Hinweise auf die langfristige Konkurrenzfähigkeit von *Calluna vulgaris* in einer betrachteten Heidefläche geben. Überschreiten die N:P-Quotienten der oberirdischen Biomasse Werte von 20 ist die langfristige Erhaltung oder Renaturierbarkeit einer Heidefläche fraglich, da Gräser mit ihrer arbuskulären Mykorrhiza dann starke Konkurrenzvorteile erlangen (van der Heijden und Sanders 2003) und mittel- bis langfristig von einer Vergrasung entsprechender Heideflächen auszugehen ist.

12.6.2 Nährstoffeinträge und -bilanzen in Heide-Ökosystemen

Obwohl Management in Heiden primär darauf zielt, die Ausbreitung von Gehölzen in Heideflächen zu vermeiden, kommt den eingesetzten Pflege- und Renaturierungsverfahren heute zusätzlich die Bedeutung zu, atmogene Nährstoffeinträge (insbesondere von Stickstoff) durch Biomasse- und Bodenentnahme zu kompensieren. Bereits in Abschnitt 12.3 wurden die gegenwärtig auf atmogenem Wege eingetragenen N-Mengen beziffert. Langfristig lassen sich nährstoffarme

Systeme wie Heiden nur dann erhalten, wenn durch ein geeignetes Managementsystem Ein- und Austragsraten ausgeglichen sind, mithin keine Stickstoffakkumulation in Biomasse und Humuskörper stattfindet.

Am Beispiel von Tieflandsheiden (im NSG Lüneburger Heide) wurden erstmalig atmogene Eintragsraten quantifiziert und diese zu den durch Management möglichen Austragsraten in Beziehung gesetzt (Niemeyer et al. 2005, 2007, Härdtle et al. 2006). Dazu wurde als Bezugs- und Vergleichsgröße die sogenannte „Theoretische Wirkungsdauer" definiert und diese für jedes Managementverfahren ermittelt. Die Theoretische Wirkungsdauer (Einheit: Jahre) beschreibt, wie lange es dauert, bis der durch die einmalige Durchführung einer Pflegemaßnahme bewirkte Nährstoffentzug durch atmogene Einträge wieder kompensiert wird.

Die Ergebnisse zeigen, dass sich Maßnahmen wie Plaggen, Schoppern, Mahd, Beweidung und kontrolliertes Brennen nicht nur hinsichtlich ihres Potenzials zum **Entzug von Nährstoffen** unterscheiden, sondern einzelne Nährelemente auch in sehr verschiedenen Verhältnissen ausgetragen werden. Bezogen auf heutige Depositionsraten und das Nährelement Stickstoff beträgt die Theoretische Wirkungsdauer für Mahd und kontrolliertes Brennen etwa fünf Jahre, d. h. dass diese Maßnahmen den betreffenden Flächen soviel Stickstoff entziehen, wie in fünf Jahren atmogen eingetragen wird (diese Zahl schwankt allerdings in Abhängigkeit von Alter und der Deckung der Bestände). Da die genannten Maßnahmen aber nur in Zyklen von etwa fünf bis zehn Jahren anwendbar sind (aufgrund der Zeitdauer, welche zur Regeneration der Heide benötigt wird), lassen sich mittels Mahd und Brennen gegenwärtige N-Einträge nicht kompensieren. Im Vergleich dazu werden beim Plaggen aufgrund der massiven Entnahme von Biomasse und Bodenmaterial die größten Nährstoffmengen entzogen (ca. 1 700 kg Stickstoff pro ha; bei *top soil removal* sogar zwischen 7 500–32 500 kg). Dementsprechend ergibt sich für das Plaggen in Bezug auf Stickstoff eine Theoretische Wirkungsdauer von etwa 90 Jahren. Diese Überlegungen zeigen, dass extensive Pflegeverfahren wie Mahd und Brennen durch intensive wie Plaggen ergänzt werden müssen, will man langfristig ausgeglichene **Nährstoffbilanzen** in Heiden erzielen.

Auch durch Beweidung kann man atmogene Stickstoffeinträge ausgleichen, vorausgesetzt, dass Besatzdichten von etwa 1,1 Schafen pro ha nicht unterschritten und die Tiere nachts von den Weideflächen getrieben werden (d. h. nächtliche Stallhaltung). Verbleiben die Schafe demgegenüber ganztägig in der Weidefläche oder unterschreitet die Besatzdichte etwa ein Tier pro ha, so sind – gegenwärtige Depositionsraten zugrunde gelegt – die Bilanzen für Stickstoff positiv (Fottner et al. 2007). Die oben genannten Untersuchungen zeigen des Weiteren, dass unter Beweidung die Phosphoraustträge mit etwa 1,6 kg ha^{-1} a^{-1} erheblich sind. Dieser Befund ist darauf zurückzuführen, dass Schafe überwiegend ein- bis zweijährige *Calluna*-Triebe verbeißen, die sich durch besonders hohe Phosphorgehalte auszeichnen. Beweidung führt damit zu stark negativen P-Bilanzen, ein Umstand, der angesichts hoher N- und vernachlässigbar geringer P-Depositionsraten einen Wechsel von einer N- hin zu einer P-Limitierung beschleunigen kann (Härdtle et al. 2006). Eine Folge kann sein, dass Arten wie *Molinia caerulea*, die mithilfe ihrer arbuskulären Mykorrhiza an Standorte mit geringer P-Versorgung hervorragend angepasst sind, gegenüber *Calluna* Konkurrenzvorteile erlangen. Dies bestätigen Untersuchungen, denen zufolge *Molinia* trotz hoher N:P-Verhältnisse ihrer Blätter (um 40) N-limitiert ist (Kirkham 2001). P-Mangel und atmogene N-Einträge begünstigen somit eine Ausbreitung von *Molinia caerulea*, ein experimenteller Befund, der sich mit dem heutigen Ausbreitungsverhalten von *Molinia* in vielen (selbst trockenen) Tieflandsheiden deckt (Härdtle et al. 2006). Neben Beweidung führt auch Mahd zu hohen P-Verlusten. Management kann so – durch eine Verschlechterung der relativen P-Versorgung – die Wirkung atmogener Stickstoffeinträge verstärken.

12.6.3 Auswirkungen des Managements auf die Verjüngung und die Ernährungssituation von *Calluna vulgaris*

Als Folge der extensiven Pflegemaßnahmen Mahd und kontrollierter Winterbrand in vitalen

12

Heidebeständen verjüngt sich *Calluna* kräftig vegetativ über Stockausschlag. Während darüber hinaus eine Etablierung aus der Samenbank nach einer Mahd nur selten erfolgreich ist, spielt die generative Verjüngung auf Brandflächen eine wichtige Rolle (Fottner et al. 2004). Eine kurzzeitige mäßige Erhitzung der *Calluna*-Samen wirkt sich positiv auf die Keimungsrate aus. Erst bei Temperaturen über 200 °C werden die Samen des „Brandkeimers" *Calluna* nachhaltig geschädigt. Zu beachten ist allerdings, dass der Erfolg einer Regeneration über Samen deutlich anfälliger gegenüber ungünstigen Witterungsbedingungen (insbesondere trockene Sommer, aber auch Spätfröste) ist als derjenige einer vegetativen Regeneration. Da auf geschopperten Flächen die Regeneration sowohl vegetativ als auch generativ erfolgt, wird hier schneller ein höherer Deckungsgrad von *Calluna* erreicht als auf geplaggten Flächen (Fottner et al. 2004).

Maßnahmen wie Mahd, Brand, Schoppern und Plaggen verursachen auf den Heideflächen starke Änderungen des **Mikroklimas** und der Nährstoffverhältnisse. So führt das Entfernen der schattenden Zwergstrauchschicht während der Sommermonate zu deutlich höheren Tagestemperaturen an der Bodenoberfläche (Mohamed et al. 2007). Dies wiederum hat eine höhere Mineralisierungsrate organischen Materials zur Folge, die sich beispielsweise in einer erhöhten Verfügbarkeit von Ammonium in der organischen Auflage in den Frühjahrs- und Sommermonaten nach einem Winterbrand bemerkbar macht (Mohamed et al. 2007). Während der Ernährungszustand von *Calluna* 1,5 Jahre nach einem Winterbrand in der Lüneburger Heide keine eindeutigen Veränderungen aufwies, konnten Mohamed et al. (2007) eine deutliche Verschlechterung in der Nährstoffversorgung bei *Deschampsia flexuosa* feststellen. Die Ursache hierfür dürfte ein erhöhter Wasserstress während der Sommermonate sein.

12.6.4 Auswirkungen von Managementmaßnahmen auf die Fauna von Heiden

Der Einsatz von Maschinen führt dazu, dass Managementmaßnahmen auf immer größeren Flächen durchgeführt werden. Wie groß dürfen die Flächen sein, damit die Tierarten aus den angrenzenden Heiden einwandern können? Dieser Aspekt ist nicht nur für das Brennen wichtig, sondern auch für andere Managementmaßnahmen, da ein erheblicher Teil der heidespezifischen Fauna über ein geringes Ausbreitungspotenzial verfügt.

Korridore, die offene oder bewaldete Lebensräume miteinander vernetzen, zerschneiden zugleich den jeweils anderen Lebensraumtyp (Kasten 12-5). Korridore für waldbewohnende Arten fragmentieren damit Heiden, und „Heidekorridore" führen zu einer Isolation von Wäldern. Vielleicht kann ein Konzept in Anlehnung an die „halboffenen Weidelandschaften" eine Lösung darstellen: Halboffene Korridore bestehend aus Heiden, Einzelbäumen, Baumgruppen und Gebüschen in einer räumlichen und zeitlichen Dynamik zueinander können vielleicht den Arten beider Lebensraumtypen zur Ausbreitung dienen. Dieses Konzept macht nur dann Sinn, wenn nicht nur eurytope Arten, sondern auch stenotope Arten, sowohl der Heiden als auch der Wälder, den Korridor annehmen. Für unterschiedliche Tiergruppen sollten deshalb solche halboffene Korridore untersucht werden. Zudem ist dringend zu klären, ob Tiere nicht nur in die Korridore hineinlaufen, sondern ob sie diese auch wirklich zur Durchquerung nutzen und damit einen Genfluss zwischen den Heiden realisieren.

Trotz bestehender Kenntnisse über die Auswirkungen der Pflegemaßnahmen auf die epigäische Fauna ist noch völlig unverstanden, warum manche Arten, die sogar als Charakterarten der Heiden bezeichnet wurden, auch aus großen (und unterschiedlich gepflegten) Heidegebieten verschwinden (z. B. *Cicindela sylvatica*; Assmann et al. 2003). Vielleicht stellen detaillierte Habitateignungsmodellierungen, wie sie für andere Arten mit ausgesprochener Stenotopie bereits erfolgreich erstellt wurden (z. B. Buse et al. 2007, Matern et al. 2007), ein Instrument dar, den Rückgang kausal zu verstehen und entsprechende Pflegemaßnahmen vorzuschlagen, um die betreffenden Arten zu erhalten.

Die meisten Heiden Mitteleuropas werden durch domestizierte Weidegänger gefördert, die je nach Region sehr unterschiedlich sein können: Während in der Lüneburger Heide überwiegend

Schafe zur Weide auf die Heide getrieben wurden, sind bzw. waren dies in anderen Gebieten Rinder (z. B. lokal im westlichen Niedersachsen und in den Niederlanden). Auch Pferde können als Weidegänger in Heiden eingesetzt werden. Trotz der Unterschiede im Fraßverhalten als auch bei Kot und Vertritt sind die Auswirkungen auf die übrige Fauna der Heiden unerforscht.

12.6.5 Ökonomie des Heidemanagements und der Heiderenaturierung

Wie jüngere Untersuchungen zeigen, ist ein großer Teil der Gesamtkosten, die für eine Erhaltung oder Renaturierung von Heiden aufgebracht werden müssen, auf Personalkosten zurückzuführen (Keienburg und Prüter 2004, Müller 2004). Zugleich entstehen Kosten für die Anschaffung und Unterhaltung der bei der Heidepflege eingesetzten Maschinen und die Entsorgung bzw. Kompostierung des bei Renaturierungs- und Pflegemaßnahmen anfallenden mineralischen/ organischen Materials. Vom Verein Naturschutzpark, der in Nordwestdeutschland für die Erhaltung und die Pflege von etwa 5 000 ha Heidefläche zuständig ist, wurden diese Kosten für verschiedene Verfahren flächenbezogen ermittelt. Diese Kostenkalkulationen können – in Näherung – auch für die Renaturierung und Pflege übriger Heideflächen in Mitteleuropa als grobe Orientierungshilfe dienen (Keienburg und Prüter 2004).

Für die **Beweidung** von Heideflächen mit Heidschnucken fallen jährlich Kosten von 138 bis 171 Euro pro ha an. Kostenintensiv ist im Gebiet der Lüneburger Heide vor allem die Unterhaltung der Schafställe.

Mit etwa 300 bis 380 Euro pro ha ist das **kontrollierte Brennen** von Heiden wider Erwarten kostenintensiv. Diese Kosten sind auf den hohen Personalaufwand (in der Regel werden pro Hektar mehrere Arbeitskräfte zum Mähen eines Brandschutzstreifens, zur praktischen Durchführung des Brennens und zur Kontrolle des Brandes benötigt) und auf Bereitschaftskosten für Feuerwehren zurückzuführen, welche aus Sicherheitsgründen beim Brand von Heiden präsent sein müssen.

Für die **Heidemahd** entsteht ein Kostenaufwand zwischen 50 und 500 Euro pro ha. Die erhebliche Spannweite der Kosten steht im Zusammenhang mit der unterschiedlichen Verwendbarkeit und damit Absetzbarkeit des Mahdgutes. Je höher der Anteil an *Calluna*-Biomasse und je geringer der Gräseranteil, desto besser ist das Mahdgut u. a. für Biofilteranlagen vermarktbar.

Plaggen kostet zwischen 2 800 und 3 500 Euro pro ha (in den Niederlanden: 1 800 Euro ohne und 2 800 Euro mit Abtransport). Hier sind die hohen Kosten vor allem auf den Transport und (ggf.) die Deponierung des anfallenden organischen und mineralischen Materials (Oberboden) zurückzuführen. Alternative Verwendungen des beim Plaggen anfallenden Materials für Kulturen von Nutzpflanzen könnten zukünftig diese Kosten erheblich reduzieren (Keienburg und Prüter 2004).

Beim **Schoppern**, das Kosten zwischen 1 500 und 2 000 Euro pro ha verursacht, ist neben dem Abtransport ebenfalls die Deponierung des anfallenden Bodenmaterials kostenintensiv. Zu erprobende Kompostierungsverfahren und damit eine mögliche Verwertbarkeit des Materials als Torfersatzstoff könnte auch hier die Kosten deutlich senken (Keienburg und Prüter 2004).

Beim sogenannten *top soil removal* sind die Kosten variabler, abhängig von der Mächtigkeit der abgetragenen Bodenschichten, und die Transportkosten haben, aufgrund der größeren Materialmengen, einen höheren Anteil. Je nach Qualität des abgetragenen Bodens und seiner Veräußerbarkeit schwanken die Kosten für *top soil removal* in weiteren Grenzen. Die Kosten für den Abtrag von 50 cm Oberboden betragen ohne Abtransport etwa 2 500 Euro pro ha. Die Transportkosten hierfür betragen ebenfalls etwa 2 500 Euro pro ha und km.

Im Hinblick auf die durch einzelne Pflegeverfahren bewirkten Nährstoffausträge ist ein Vergleich ihrer Kosten-Nutzen-Effizienz aufschlussreich. Hier erweist sich das Schoppern als besonders wirkungsvolles Verfahren, da Heidesystemen pro eingesetztem Euro 0,63 kg N entzogen werden kann (Müller 2004, Niemeyer et al. 2007). Auch *top soil removal* kann sich in dieser Hinsicht als äußerst effizient erweisen, da aus den Systemen 3–13 kg N pro Euro entfernt werden kann. Dies setzt allerdings voraus, dass der abge-

12

tragene Oberboden in der Nähe des Abtragsortes Verwendung findet (z. B. als Gartenerde). Ansonsten verringert sich dieser Effizienzwert mit der Entfernung, über die der abgetragene Oberboden transportiert werden muss. Besonders ungünstig ist die Kostenwirksamkeit bei der Beweidung, mit der nur 0,15 kg N pro Euro ausgetragen werden (übrige Verfahren: Plaggen: 0,55 kg N pro Euro, Brennen: 0,27 kg N pro Euro, Mähen: 0,25 kg N pro Euro; Müller 2004; vgl. Kapitel 16).

12.6.6 Voraussetzungen und Perspektiven für einen langfristigen Schutz von Heiden

Die langfristige Sicherung der heute noch vorhandenen oder auch durch Renaturierung neu entstehenden Heideflächen ist nur durch andauerndes menschliches Eingreifen in Form von Bewirtschaftungs- oder Pflegemaßnahmen möglich. Unter den aktuellen sozioökonomischen Rahmenbedingen in Mitteleuropa spielen Heidelandschaften aber als finanziell Ertrag bringende Grundflächen nur eine untergeordnete Bedeutung. Mittelbar können derzeit nur wenige Wirtschaftsbereiche von einer Heideerhaltung profitieren (z. B. Tourismussektor, Grundwassergewinnung, Regionalvermarktung von Produkten). Die Erhaltung von Heidelandschaften liegt demnach insbesondere in der öffentlichen Hand, welche in maßgeblicher Weise auf regionaler

wie EU-Ebene die erforderlichen Pflege- und Entwicklungsmaßnahmen finanziert. Somit unterliegt – wie alle Bereiche in öffentlicher Verantwortung – auch die Erhaltung von Heidelandschaften einem politischen Prozess, der wiederum wesentlich durch die vorherrschende öffentliche Meinung mitgesteuert und mitgetragen wird (Keienburg und Prüter 2004). Es ist daher wichtig, für die Erhaltung von Heidelandschaften eine breite Akzeptanz in der Bevölkerung zu schaffen (Kapitel 17). Eine Sondersituation stellen Heidelandschaften dar, die derzeit aufgrund des in ihnen durchgeführten militärischen Übungsbetriebs erhalten werden.

Aus dem Gesagten folgt, dass es eine dauerhafte Garantie für die Erhaltung von Heiden als Kulturlandschaften in Mitteleuropa nicht geben kann. Vielmehr sollte kontinuierlich über neue angepasste Nutzungsformen der Heiden nachgedacht, ihre in Ansätzen vorhandene Bedeutung für betriebs- und volkswirtschaftliche Prozesse vergrößert und diese auf breiter Basis auch der Öffentlichkeit vermittelt werden. Ein dienstleistungsorientierter Ansatz kann hierbei behilflich sein. Heide als Ökosysteme erbringen mit ihren biotischen und abiotischen Komponenten eine Reihe von Dienstleistungen auf den Gebieten der Produktion, des Stoffrecyclings und -transports, der Regulation und Filtrierung, des Natur- und Heimatschutzes, der Erhaltung genetischer Ressourcen, der Bioindikation sowie der Innovation und der Erholung. Zwischen vielen dieser oftmals schwer monetarisierbaren Dienstleistungen bestehen enge Wechselwirkungen. Für die

Kasten 12-5
Forschungsbedarf zu Heide-Ökosystemen

Bezüglich einer Beurteilung bzw. Verbesserung von Renaturierungsmaßnahmen besteht in Heide-Ökosystemen folgender Forschungsbedarf:

- Auswirkungen von Renaturierungsmaßnahmen auf die Ernährungssituation der Ericaceen.
- Auswirkungen von Renaturierungsmaßnahmen auf die Populationsstruktur heute in Heiden seltener Pflanzen- und Tierarten.
- Wie müssen Korridore zwischen isoliert liegenden Heideflächen beschaffen sein, um die

Ausbreitungschancen für Pflanzen- und Tierarten zwischen diesen Flächen zu optimieren und wie groß ist das Ausbreitungspotenzial typischer Heidearten?

- Da Heiderenaturierung und -pflege kostenintensiv sind, muss künftig untersucht werden, wie sich Managementmaßnahmen ökonomisch optimieren lassen (z. B. durch verbesserte Nutzung des Mahd-, Schopper- oder Plaggengutes).

Zukunft der Heidelandschaften in Mitteleuropa ist von entscheidender Bedeutung, die agrarstrukturellen Entwicklungen in Europa zu beobachten und Entscheidungen, die sich positiv für die Erhaltung und Renaturierung von Heiden auswirken können, zu erfassen und an jene Landnutzer und -eigentümer zu vermitteln, die in ihrer jeweiligen Region von einer Existenz von Heideflächen profitieren könnten. In diesem Zusammenhang erscheint es wichtig, dass auch Grenzertragsstandorte für die Produktion bestimmter ökologischer Leistungen an Bedeutung gewinnen und dass die gesellschaftliche Nachfrage nach diesen Produkten und Leistungen steigt. Die vor Kurzem beschlossenen, weitergehenden Möglichkeiten zur Modulation innerhalb der europäischen Agrarpolitik, d.h. zur Umschichtung von einer rein auf die Produktion ausgerichteten landwirtschaftlichen Förderung hin zur Honorierung ökologischer und sozialer Leistungen der Landwirtschaft, deuten eine entsprechende Entwicklung bereits an. Diese Entwicklung wäre nicht nur wichtig für die Entwicklung von Heidelandschaften, sondern allgemein für die Bewahrung von offenen oder halboffenen Lebensräumen auf mageren Standorten, die einen Großteil der in Europa vorkommenden Biodiversität beherbergen.

Literaturverzeichnis

Allison M, Ausden M (2004) Successful use of topsoil removal and soil amelioration to create heathland vegetation. *Biological Conservation* 120: 221–228

Armstrong HM, Gordon IJ, Grant SA, Hutchings NJ, Milne JA, Sibbald AR (1997) A model of the grazing of hill vegetation by sheep in the UK. I. The prediction of vegetation biomass. *Journal of Applied Ecology* 34: 166–185

Assmann T, Dormann W, Främbs H, Gürlich S, Handke K, Huk T, Sprick T, Terlutter H (2003) Rote Liste der in Niedersachsen und Bremen gefährdeten Sandlaufkäfer und Laufkäfer (Coleoptera: Cicindelidae et Carabidae) mit Gesamtartenverzeichnis. *Informationsdienst Naturschutz Niedersachsen* 23: 70–95

Assmann T, Janssen J (1999) The effects of habitat changes on the endangered ground beetle *Carabus nitens* (Coleoptera: Carabidae). *Journal of Insect Conservation* 3: 107–116

Bakker JP, van Diggelen R (2006) Restoration of dry grasslands and heathlands. In: Van Andel J, Aronson J (Hrsg) Restoration ecology. Blackwell Publ., Oxford. 95–110

Bobbink R, Ashmore M, Braun S, Flückiger W, van den Wyngaert IJJ (2003) Empirical nitrogen critical loads for natural and semi-natural ecosystems: 2002 update. In: Achermann B, Bobbink R (Hrsg) Empirical critical loads for nitrogen. Environmental Documentation No. 164. Swiss Agency for the Environment, Forest and Landscape. Switzerland. 43–170

Bobbink R, Hornung M, Roelofs JGM (1998) The effects of air-borne nitrogen pollutants on species diversity in natural and semi-natural European vegetation. *Journal of Ecology* 86: 717–738

Bossuyt B, Hermy M (2003) The potential of soil seedbanks in the ecological restoration of grassland and heathland communities. *Belgium Journal of Botany* 136: 23–34

Bossuyt B, Honnay O, van Stichelen K, Hermy M, van Assche J (2001) The effect of complex land use history on the restoration possibilities of heathland in central Belgium. *Belgium Journal of Botany* 134: 29–40

Bruggenwert MGM, Hiemstra T, Bolt GH (1991) Proton sinks in soil controlling soil acidification. In: Ulrich B, Sumner ME (Hrsg) Soil acidity. Springer, New York

Buse J, Schroder B, Assmann T (2007) Modelling habitat and spatial distribution of an endangered longhorn beetle – A case study for saproxylic insect conservation. *Biological Conservation* 137: 372–381

Clausnitzer H-J (1994) Zur Ökologie der Heideschrecke *Gampsocleis glabra* (Herbst 1786) in der Heide. *Beiträge zur Naturkunde Niedersachsens* 47: 7–21

Couvreur M, Christiaen B, Verheyen K, Hermy M (2004) Large herbivores as mobile links between isolated nature reserves through adhesive seed dispersal. *Applied Vegetation Science* 7: 229–236

De Graaf MCC, Bobbink R, Roelofs JGM, Verbeek PJM (1998a) Differential effects of ammonium and nitrate on three heathland species. *Plant Ecology* 135: 185–196

De Graaf MCC, Verbeek PJM, Bobbink R, Roelofs JGM (1998b) Restoration of species-rich dry heaths: the importance of appropriate soil conditions. *Acta Botanica Neerlandica* 47: 89–111

De Smidt JT (1979) Origin and destruction of northwest European heath vegetation. In: Wilmanns O, Tüxen R (Hrsg) Werden und Vergehen von Pflanzengesellschaften. Cramer, Vaduz. 411–435

De Smidt JT (1981) De Nederlandse heidevegetaties. *Wetenschappelijke Mededelingen Koninklijke Nederlandse Natuurhistorische Vereniging* 144

De Smidt JT, Barendregt A (1991) Species change in coastal heathland in the Netherlands. *Berichte der Reinhold-Tüxen-Gesellschaft* 2: 233–239

De Vries HH, den Boer PJ, van Dijk TS (1996) Ground beetle species in heathland fragments in relation to survival, dispersal, and habitat preference. *Oecologia* 107: 332–342

Den Boer PJ, van Dijk TS (1994) Carabid beetles in a changing environment. *Wageningen Agricultural University Papers* 94-6: 1–30

Diemont WH (1994) Effects of removal of organic matter on the productivity of heathlands. *Journal of Vegetation Science* 5: 409–414

Diemont WH, Linthorst Homan HDM (1989) Re-establishment of dominance by dwarf shrubs on grass heaths. *Plant Ecology* 85: 13–19

Dierssen K (1996) Vegetation Nordeuropas. Ulmer, Stuttgart

Dorland E, Bobbink R, Messelink JH, Verhoeven JTA (2003) Soil ammonium accumulation after sod-cutting hampers the restoration of degraded wet heathlands. *Journal of Applied Ecology* 40: 804–814

Ellenberg H (1996) Vegetation Mitteleuropas mit den Alpen. 5. Aufl. Ulmer, Stuttgart

Evans CD, Reynolds B, Jenkins A, Helliwell RC, Curtis CJ, Goodale CL, Ferrier RC, Emmett BA, Pilkington MG, Caporn SJM, Carroll JA, Norris D, Davies J, Coull MC (2006) Evidence that soil carbon pool determines susceptibility of semi-natural ecosystems to elevated nitrogen leaching. *Ecosystems* 9: 453–462

Falkengren-Grerup U (1995) Interspecies differences in the preference of ammonium and nitrate in vascular plants. *Oecologia* 102: 305–311

Fottner S, Härdtle W, Niemeyer M, Niemeyer T, Oheimb G v, Meyer H, Mockenhaupt M (2007) Impact of sheep grazing on nutrient budgets of dry heathlands. *Applied Vegetation Science* 10: 391–398

Fottner S, Niemeyer T, Sieber M, Härdtle W (2004) Zur kurzfristigen Vegetationsentwicklung auf Pflegeflächen in Sand- und Moorheiden. *NNA-Berichte* 17: 126–136

Gardner SM (1991) Ground beetle (Coleoptera, Carabidae) communities on upland heath and their association with heathland flora. *Journal of Biogeography* 18: 281–289

Genney DR, Alexander IJ, Hartley SE (2002) Soil organic matter distribution and below ground competition between *Calluna vulgaris* and *Nardus stricta*. *Functional Ecology* 16: 664–670

Gimingham C (1972) Ecology of heathlands. Chapman and Hall, London

Gimingham C, Miller GR (1968) Methods for the measurement of the primary production of dwarf shrub heaths. Methods for the measurement of the primary production of grassland. IBP Handbook No 6, UK

Grant SA, Armstrong HM (1993) Grazing ecology and the conservation of heather moorland: the development of models as aids to management. *Biodiversity and Conservation* 2: 79–94

Grootjans AP, Hendriksma P, Engelmoer M, Westhoff V (1988) Vegetation dynamics in a wet dune slack. I.

Rare species decline on the Wadden island of Schiermonnikoog in the Netherlands. *Acta Botanica Neerlandica* 37: 265–278

Grosseschallau H (1981) Ökologische Valenzen der Carabiden (Ins., Coleoptera) in hochmontanen, naturnahen Habitaten des Sauerlandes (Westfalen). *Abhandlungen aus dem Landesmuseum für Naturkunde zu Münster in Westfalen* 43: 3–33

Güsewell S (2004) N:P ratios in terrestrial plants: variation and functional significance. *New Phytologist* 164: 243–266

Habel JC, Schmitt J, Härdtle W, Lütkepohl M, Assmann T (2007) Dynamics in a butterfly – plant – ant system: influence of habitat characteristics on turnover rates of the endangered lycaenid *Maculinea alcon*. *Ecological Entomology* 32: 536–543

Härdtle W, Frischmuth M (1998) Zur Stickstoffbilanz von Zwergstrauchheiden Nordwestdeutschlands und ihre Störung durch atmogene Einträge. *Jahrbuch des Naturwissenschaftlichen Vereins für das Fürstentum Lüneburg* 41: 197–204

Härdtle W, Niemeyer M, Niemeyer T, Assmann T, Fottner S (2006) Can management compensate for atmospheric nutrient deposition in heathland ecosystems? *Journal of Applied Ecology* 43: 759–769

Hüppe J (1993) Entwicklung der Tieflands-Heidelandschaften Mitteleuropas in geobotanisch-vegetationsgeschichtlicher Sicht. *Berichte der Reinhold-Tüxen-Gesellschaft* 5: 49–75

Jansen A, Fresco L, Grootjans A, Jalink J (2004) Effects of restoration measures on plant communities of wet heathland ecosystems. *Applied Vegetation Science* 7: 243–252

Jansen AJM, de Graaf MCC, Roelofs JGM (1996) The restoration of species-rich heathland communities in the Netherlands. *Plant Ecology* 126: 73–88

Kaiser T (2004) Feuer und Beweidung als Instrumente zur Erhaltung magerer Offenlandschaften in Nordwestdeutschland – Operationalisierung der Forschungsergebnisse für die naturschutzfachliche Planung. *NNA-Berichte* 17: 213–221

Keienburg T, Prüter J (2004) Naturschutzgebiet Lüneburger Heide. *Mitteilungen aus der NNA* 17, Sonderheft 1: 1–65

Kirkham FW (2001) Nitrogen uptake and nutrient limitation in six hill moorland species in relation to atmospheric nitrogen deposition in England and Wales. *Journal of Ecology* 89: 1041–1053

Klooker J, van Diggelen R, Bakker JP (1999) Natuurontwikkeling op minerale gronden. Ontgronden: nieuwe kansen voor bedreigde plantensoorten? Bericht Rijksuniversiteit Groningen, Laboratorium voor Plantenoecologie

Koerselman W, Meuleman AFM (1996) The vegetation N:P ratio: A new tool to detect the nature of nutrient limitation. *Journal of Applied Ecology* 33: 1441–1450

Kremers AHM, van Geer FC (2000) Trendontwikkeling Grondwater 2000. Analyseperiode 1955–2000. TNO-rapport, NITG

Kvamme M, Kaland PE, Brekke NG (2004) Conservation and management of north European coastal heathlands. Heathguard, The Heathland Centre, Norway

Lake S, Bullock JM, Hartley S (2001) Impacts of livestock grazing on lowland heathland in the UK. *English Nature Research Reports* No 422

Lemmel G (1997a) Kriechtiere. In: Cordes H, Kaiser T, von der Lancken H, Lütkepohl M, Prüter J (Hrsg) Naturschutzgebiet Lüneburger Heide: Geschichte – Ökologie – Naturschutz. Hauschild, Bremen. 231–236

Lemmel G (1997b) Lurche. In: Cordes H, Kaiser T, von der Lancken H, Lütkepohl M, Prüter J (Hrsg) Naturschutzgebiet Lüneburger Heide: Geschichte – Ökologie – Naturschutz. Hauschild, Bremen. 237–244

Lütkepohl M (1997) Vögel. In: Cordes H, Kaiser T, von der Lancken H, Lütkepohl M, Prüter J (Hrsg) Naturschutzgebiet Lüneburger Heide: Geschichte – Ökologie – Naturschutz. Hauschild, Bremen. 223–230

Maes D, Vanreusel W, Talloen W, van Dyck H (2004) Functional conservation units for the endangered Alcon Blue butterfly *Maculinea alcon* in Belgium (Lepidoptera: Lycaenidae). *Biological Conservation* 120: 229–241

Matern A, Drees C, Kleinwächter M, Assmann T (2007) Habitat modelling for the conservation of the rare ground beetle species *Carabus variolosus* (Coleoptera, Carabidae) in the riparian zones of headwaters. *Biological Conservation* 136: 618–627

Matzner E (1980) Untersuchungen zum Elementhaushalt eines Heide-Ökosystems (*Calluna vulgaris*) in Nordwestdeutschland. *Göttinger Bodenkundliche Berichte* 63: 1–120

Melber A (1983) *Calluna*-Samen als Nahrungsquelle für Laufkäfer in einer nordwestdeutschen Sandheide (Col.: Carabidae). *Zoologisches Jahrbuch für Systematik* 110: 87–95

Melber A (1989) Der Heideblattkäfer (*Lochmaea suturalis*) in nordwestdeutschen Calluna-Heiden. *Informationsdienst Naturschutz Niedersachsen* 9: 101–124

Mertens D, Meyer T, Wormanns S, Zimmermann M (2007) 14 Jahre Naturschutzgroßprojekt Lüneburger Heide. *VNP-Schriften* 1, Niederhaverbeck

Mohamed A, Härdtle W, Jirjahn B, Niemeyer T, Oheimb G v (2007) Effects of prescribed burning on plant available nutrients in dry heathland ecosystems. *Plant Ecology* 189: 279–289

Mouissie AM, Vos P, Verhagen HMC, Bakker JP (2005) Endozoochory by free-ranging, large herbivores: Ecological correlates and perspectives for restoration. *Basic Applied Ecology* 6: 547–558

Muhle O, Röhrig E (1979) Untersuchungen über die Wirkungen von Brand, Mahd und Beweidung auf die Entwicklung von Heide-Gesellschaften. *Schriftenreihe der Forstwissenschaftlichen Fakultät der Universität Göttingen und der Niedersächsischen Forstlichen Versuchsanstalt* 61: 1–72

Müller J (2004) Cost-benefit ratio and empirical examination of the acceptance of heathland maintenance in the Lüneburg Heath Nature Reserve. *Jounal of Environmental Planning and Management* 47: 757–771

Niemeyer T, Fottner S, Mohamed A, Sieber M, Härdtle W (2004) Einfluss kontrollierten Brennens auf die Nährstoffdynamik von Sand- und Moorheiden. *NNA-Berichte* 17: 65–79

Niemeyer T, Niemeyer M, Mohamed A, Fottner S, Härdtle W (2005) Impact of prescribed burning on the nutrient balance of heathlands with particular reference to nitrogen and phosphorus. *Applied Vegetation Science* 8: 183–192

Niemeyer M, Niemeyer T, Fottner S, Härdtle W, Mohamed A (2007) Impact of sod-cutting and choppering on nutrient budgets of dry heathlands. *Biological Conservation* 134: 344–353

Oostermeijer JGB, Vantveer R, Dennijs JCM (1994) Population-structure of the rare, long-lived perennial *Gentiana pneumonanthe* in relation to vegetation and management in the Netherlands. *Journal of Applied Ecology* 31: 428–438

Persigehl M, Lehmann S, Vermeulen HJW, Rosenkranz B, Falke B, Assmann T (2004) Kolonisation restituierter Sandrasen im Darmstädter Flugsandgebiet und im mittleren Emsland durch Laufkäfer. *NNA-Berichte* 1/2004: 161–178

Pott R (1995) Die Pflanzengesellschaften Deutschlands. 2. Aufl. Ulmer, Stuttgart

Pott R (1999) Lüneburger Heide. Ulmer, Stuttgart

Power SA, Ashmore MR, Cousins DA (1998) Impacts and fate of experimentally enhanced nitrogen deposition on a British lowland heath. *Environmental Pollution* 102: 27–34

Power SA, Ashmore MR, Cousins DA, Ainsworth N (1995) Long term effects of enhanced nitrogen deposition on a lowland dry heath in southern Britain. *Water, Air and Soil Pollution* 85: 1701–1706

Pütz A (1995) Zum gegenwärtigen Vorkommen von *Callisthenes* (*Callisphaena*) *reticulatum* (Fabricius, 1787) in Deutschland (Col., Carabidae). *Entomologische Nachrichten und Berichte* 39: 151–152

Pywell RF, Pakeman RJ, Allchin EA, Bourn NAD, Warman EA, Kalker KJ (2002) The potential for lowland heath regeneration following plantation removal. *Biological Conservation* 108: 247–258

Pywell RF, Putwain PD, Webb NR (1997) The decline of heathland seed populations following the conversion to agriculture. *Journal of Applied Ecology* 34: 949–960

Pywell RF, Webb NR, Putwain PD (1994) Soil fertility and its implications for the restoration of heathland on farmland in southern Britain. *Biological Conservation* 70: 169–181

Pywell RF, Webb NR, Putwain PD (1995) A comparison of techniques for restoring heathland or abandoned farmland. *Journal of Applied Ecology* 32: 400–411

Pywell RF, Webb NR, Putwain PD (1996) Harvested heather shoots as a resource for heathland restoration. *Biological Conservation* 75: 247–254

Rabeler W (1947) Die Tiergesellschaft der trockenen *Calluna*-Heiden in Nordwestdeutschland. *Jahresbericht der Naturhistorischen Gesellschaft Hannover* 94/98: 357–375

Riecken U, Finck P, Raths U, Schröder E, Ssymank A (2006) Rote Liste der gefährdeten Biotoptypen Deutschlands. *Naturschutz und Biologische Vielfalt* 34

Schaminee JHJ, Stortelder AHF, Weeda EJ (1996) De vegetatie van Nederland. Deel 2. Plantengemeenschappen van graslanden, zomen en droge heiden. Opulus Press, Uppsala

Schikora H-B, Fründ H-C (1997) Spinnen. In: Cordes H, Kaiser T, von der Lancken H, Lütkepohl M, Prüter J (Hrsg) Naturschutzgebiet Lüneburger Heide: Geschichte – Ökologie – Naturschutz. Hauschild, Bremen 297–306

Schmidt IK, Tietema A, Williams D, Gundersen P, Beier C, Emmett BA, Estiarte M (2004) Soil solution chemistry and element fluxes in three European heathlands and their responses to warming and drought. *Ecosystems* 7: 638–649

Schooley LR, Branch LC (2007) Spatial heterogeneity in habitat quality and cross-scale interactions in metapopulations. *Ecosystems* 10: 846–853

Soons MB (2006) Wind dispersal in freshwater wetlands: knowledge for conservation and restoration. *Applied Vegetation Science* 9: 271–278

Ssymank A, Hauke U, Rückriem C, Schröder E (1998) Das europäische Schutzgebietssystem NATURA 2000. *Schriftenreihe für Landschaftspflege und Naturschutz* 53: 1–560

Steubing L (1993) Der Eintrag von Schad- und Nährstoffen und deren Wirkung auf die Vergrasung der Heide. *Berichte der Reinhold-Tüxen-Gesellschaft* 5: 113–133

Stuke J-H (1997) Stechimmen. In: Cordes H, Kaiser T, von der Lancken H, Lütkepohl M, Prüter J (Hrsg) Naturschutzgebiet Lüneburger Heide: Geschichte – Ökologie – Naturschutz. Hauschild, Bremen. 287–290

Tackenberg O (2001) Methoden zur Bewertung gradueller Unterschiede des Ausbreitungspotentials von Pflanzenarten. PhD Thesis Philips Universität Marburg

Ter Heerdt GNJ, Schutter A, Bakker JP (1997) Kiemkrachtig heidezaad in de bodem van ontgonnen heidevelden. *De Levende Natuur* 98: 142–146

Tessier JT, Raynal DJ (2003) Use of nitrogen to phosphorus ratios in plant tissue as an indicator of nutrient limitation and nitrogen saturation. *Journal of Applied Ecology* 40: 523–534

Thomas JA, Elmes GW (1998) Higher productivity at the cost of increased host-specificity when *Maculinea* butterfly larvae exploit ant colonies through trophallaxis rather than by predation. *Ecological Entomology* 23: 457–464

Thompson K, Bakker JP, Bekker RM (1997) The soil seed banks of North West Europe: methodology, density and longevity. Cambridge University Press, Cambridge

Töniessen J (1993) Wie entwickelt sich ein „ästhetisches" Landschaftsbild? *NNA-Berichte* 1: 15–18

Troelstra SR, Wagenaar R, Smant W (1995) Nitrogen utilization by plant species from acid heathland soils: I. Comparison between nitrate and ammonium nutrition at constant low pH 1. *Journal of Experimental Botany* 46: 1103–1112

Van Breemen N, van Dijk HFG (1988) Ecosystem effects of atmospheric deposition of nitrogen in The Netherlands. *Environmental Pollution* 54: 249–274

Van der Heijden MAG, Sanders IR (2003) Mycorrhizal Ecology. *Ecological Studies* 157. Springer

Van Diggelen R, Verhagen HMC, Klooker J, Bakker JP (zur Veröffentlichung eingereicht) Top soil removal as a technique to speed up the restoration of low-production plant communities on former agricultural fields

Van Duinen GJ, Bobbink R, van Dam C, Esselink H, Hendriks R, Klein M, Kooijman A, Roelofs J, Siebel H (2004) Duurzaam natuurherstel voor behoud van biodiversiteit. Report Katholieke Universiteit Nijmegen en de Stichting Bargerveen

Verhagen HMC (2007) Changing land use: restoration perspectives of low production communities on agricultural fields after top soil removal. PhD Thesis University of Groningen

Verhagen R, Klooker J, Bakker JP, van Diggelen R (2001) Restoration success of low-production plant communities on former agricultural soils after top-soil removal. *Applied Vegetation Science* 4: 75–82

Verhagen R, van Diggelen R (2006) Spatial variation in atmospheric nitrogen deposition on low canopy vegetation. *Environmental Pollution* 144: 826–832

Verhagen R, van Diggelen R, Bakker JP (2003) Natuurontwikkeling op minerale gronden. Report Rijksuniversiteit Groningen & It Fryske Gea

Vermeulen HJW (1994) Corridor function of a road verge for dispersal of stenotopic heathland ground beetles (Carabidae). *Biological Conservation* 69: 331–350

Vermeulen HJW, Opdam PFM (1995) Effectiveness of roadside verges as dispersal corridors for small ground dwelling animals: A simulation study. *Landscape and Urban Planning* 31: 233–248

Von der Lancken H (1997) Landschaftsbild und Landschaftserleben. In: Cordes H, Kaiser T, von der Lancken H, Lütkepohl M, Prüter J (Hrsg) Naturschutzgebiet Lüneburger Heide: Geschichte – Ökologie – Naturschutz. Hauschild, Bremen. 35–44

WallisDeVries MF (2004) A quantitative conservation approach for the endangered butterfly *Maculinea alcon*. *Conservation Biology* 18: 489–499

Webb NR (1998) The traditional management of European heathland. *Journal of Applied Ecology* 35: 987–990

Werger MJA, Prentice IC (1985) The effect of sod-cutting to different depths on *Calluna* heathland regeneration. *Journal of Environmental Management* 20: 181–188

Wilmanns O (1993) Ericaceen-Zwergsträucher als Schlüsselarten. *Berichte der Reinhold-Tüxen-Gesellschaft* 5: 91–112

13 Renaturierung von Tagebaufolgeflächen

S. Tischew unter Mitarbeit von G. Wiegleb (Abschnitt 13.3.2), A. Kirmer (Abschnitt 13.4), H.-M.Oelerich (Abschnitt 13.4, 13.5) und A. Lorenz (Abschnitt 13.9) sowie einem Beitrag von A. Kirmer, A. Lorenz und S. Tischew (Abschnitt 13.7)

13.1 Einleitung

Der Abbau von Rohstoffen im Tagebauverfahren bedingt einen tief greifenden Landschafts- und Strukturwandel in den betroffenen Regionen. In der Abbauphase hat vor allem der Braunkohleabbau mit den tagebauübergreifenden Grundwasserabsenkungstrichtern, der Zerstörung oder Beeinträchtigung von ausgedehnten naturnahen Auenökosystemen sowie Wäldern und Elementen der Kulturlandschaft aus der Sicht des Naturschutzes überwiegend negative landschaftsökologische Folgen. Vor allem der Eingriff in Ökosysteme mit langen Entwicklungszeiten (alte Wälder, Moore) oder in die Dynamik von Auensystemen ist nicht oder nur in sehr langen Zeiträumen wieder ausgleichbar. Für letztere ist auch langfristig die Durchgängigkeit für viele Tierarten (Arten der Fließgewässer) nicht wieder vollständig herstellbar. Oft ist es zudem schwierig, traditionelle Landnutzungen (z. B. Wanderschäferei, Nutzung von Streuobstwiesen) nach der langen Abbauphase wieder aufzugreifen. Es ist deshalb eine wichtige Aufgabe, nach dem Abbauprozess auf der Grundlage der vorhandenen Potenziale eine nachhaltige Entwicklung der Bergbaufolgelandschaft zu unterstützen und von den Betreibern des Abbaus und von den Sanierungsgesellschaften auch einzufordern (z. B. Bauer 1998).

Dieses Kapitel behandelt ausschließlich die Renaturierung von ehemaligen Braunkohletagebauen. In Bezug auf die Renaturierung von anderen Abbaustätten (z. B. Steinbrüche, Sand- und Kiesgruben) wird auf Gilcher und Bruns (1999) verwiesen. Im Folgenden werden vor allem Ergebnisse aus dem Mitteldeutschen und Niederlausitzer Revier zusammengefasst, da vor dem Hintergrund der Stilllegung zahlreicher Tagebaue in diesen Revieren durch umfangreiche Forschungsvorhaben in den Jahren 1995 bis 2003 neue Renaturierungskonzepte entwickelt wurden. Einen umfassenden Überblick über den Wissensstand bis 1998 gibt Pflug (1998). Hier werden die Ergebnisse aus den Bereichen Landschaftsökologie, Folgenutzungen und Naturschutz für alle deutschen Reviere zusammengefasst. Außerdem liegen umfangreiche Arbeiten für die tschechischen Braunkohlereviere in Most (z. B. Hodačová und Prach 2003, Prach und Pyšek 1994, Prach 1987) und Sokolov (Hüttl und Bradshaw 2001, Nováková 2001) sowie das ungarische Revier Visonta (Bartha 1992, Szegi et al. 1988) vor.

13.2 Kurzvorstellung des Ökosystem- und Landnutzungstyps

13.2.1 Allgemeine Charakterisierung der Ökosysteme

Die Folgeflächen des Braunkohletagebaus sind in der Regel großflächig, unzerschnitten, störungsarm und nährstoffarm. Durch die betriebstechnisch bedingten groß- und kleinflächigen Struk-

13

Tagebau Mücheln, ca. 15 Jahre   Tagebau Roßbach, ca. 25 Jahre

Tagebau Kayna, ca. 25 Jahre   Tagebau Muldenstein, ca. 40 Jahre

Abb. 13-1: Strukturvielfalt in der Bergbaufolgelandschaft (Fotos: A. Kirmer, 1999–2002).

turen weisen die Flächen nach dem Abbauende mit ihren heterogenen Landschaftselementen ein hohes **Entwicklungspotenzial** für eine eigenständige biologische Vielfalt und bizarre Schönheit auf (Abb. 13-1).

Naturschutzfachlich wertvolle Biotope der Bergbaufolgelandschaft (z. B. Steilufer, Abbrüche, Rohbodenbereiche oder weiherartige Kleingewässer) gehen auf die besonderen **geomorphologischen Bedingungen** zurück und sind oft Gratisprodukte der Abbautätigkeit (Kasten 13-1). Ihre räumliche Nähe bedingt **vielfältige Standortgradienten**, z. B. von trockenen zu nassen Standorten oder von sandigen zu bindigen Substraten. Weitere wesentliche Einflussfaktoren in Bezug auf die räumliche Heterogenität der Vegetations- und Biotopmuster sind die Mischungsverhältnisse der Substrate aus den unterschiedlichen geologischen Schichten und der Wasserhaushalt (Abschnitt 13.4).

Da für die Kohlegewinnung die geologischen Schichten bis zu einer Tiefe von 110 m abgebaut und als Abraum wieder verkippt werden, kommen sowohl Substrate aus dem Quartär als auch aus dem Tertiär als oberste besiedlungsrelevante Deckschicht infrage. Die **Abbau- und Verkippungstechnik** hat einen großen Einfluss auf die Mischungsverhältnisse der **Kippsubstrate**. Beim Zugbetrieb (= Transport des Abraums mit Waggons) ist prinzipiell ein Aushalten der geologischen Schichten möglich, während der Bandbetrieb (= Transport des Abraums über eine Förderbrücke) zumeist eine Vermischung der geologischen Schichten bedingt. Quartärsubstrate stehen im Vorfeld der Tagebaue (= zukünftige Abbauflächen) häufig als Geschiebemergel/ -lehm, Schmelzwasser- und Talsande, Löss, Sandlöss sowie Geschiebedecksand an. Sandige Quartärsubstrate sind zwar nährstoffärmer als bindige Quartärsubstrate, sind aber auch weniger verdichtungsgefährdet. Sie gelten generell als besiedlungsfreundlicher, da sie keine Pyrit- und Markasitanteile aufweisen, deren Verwitterung bei den Tertiärsubstraten zu einer extremen Versauerung

> ## Kasten 13-1
> ## Reliefformen in der Bergbaufolgelandschaft
>
> Die verschiedenen Relieformen sind das unmittelbare Ergebnis bergbaulicher Betriebsabläufe, wobei sich folgende grundlegende Zuordnungen treffen lassen (nach Besch-Frotscher 2004):
>
> Aufschluss- und Gewinnungsarbeiten → Randböschungssysteme, Bermen, Steilwände, Abbrüche, Restlöcher
>
> Verkippung, insbesondere Sturzverkippung → Kipprippenkomplexe (Brückenkippen), Halden
>
> Verkippung, Verdichtung und Planierung → Kippen und Halden (Böschungen und Plateaus)
>
> Spülverkippung (Wasser-Abraum-Gemisch) → Spülkippen
>
> Erdmassenbewegungen, Planierungen → Hohl- und Vollformen verschiedenster Art und Größe
>
> Flutung → Restseen

führen kann. Tertiärsubstrate kommen im Vorfeld häufig als feinkohle- und schwefelhaltige Sande, Schluffe oder Tone vor. Trotz der vielfach diskutierten positiven Wirkung der Restkohle auf die Bodenbildungsprozesse wirkt ein hoher oberflächennaher Anteil an schluffigen Kohleresten durch seine hydrophoben Eigenschaften eher besiedlungsverzögernd (Tischew und Mann 2004, Rosche und Altermann 2004).

Durch die Umlagerung des Abraums und die Verkippung des Oberbodens in tiefere Schichten bzw. dessen Vermengung mit humusfreien Substraten aus tieferen Schichten sind die entstehenden Kipp-Substrate zumeist sehr nährstoffarm (Wünsche et al. 1998, Haubold-Rosar 1998; Kapitel 14). Die so entstehenden Rohböden sind generell durch Gefügelabilität und eine geringe biologische Aktivität gekennzeichnet. Die Entwicklung von Kipp-Rohböden (Lockersyrosemen) zu flachgründigen Kipp-Böden (Regosolen bzw. Pararendzinen) vollzieht sich in einem Zeitraum von 20–40 Jahren. Bei unterschiedlichen Substraten gleichen Alters weisen innerhalb eines Kippenstandortes Flächen mit lehmigen Substraten im Allgemeinen eine fortgeschrittenere **Bodenentwicklung** auf als Flächen mit sandigen oder tonigen Substraten. Im Zuge der Flutungen und dem damit verbundenen Anstieg des Grundwassers wird sich in den betroffenen Bereichen der Flächenanteil an semiterrestrischen Böden (Gleye) deutlich erhöhen und die damit verbundene Oxidations- und Reduktionsdynamik verstärken (Rosche und Altermann 2004).

Eine umfassende Darstellung der geologischen Vorfeldbedingungen und der Bodenbildungsprozesse ist in Pflug (1998), Wiegleb et al. (2000), Rosche und Altermann (2004) sowie Wöllecke et al. (2007) zu finden.

Für einen Großteil der Bergbaufolgeflächen kann davon ausgegangen werden, dass keine Pflanzensamen oder Dormanzstadien von Tieren in den Rohböden vorhanden sind. Alle Arten müssen deshalb aus der Umgebung einwandern (Abschnitt 13.4.2). In jungen Kippenökosystemen wirken zudem insbesondere Grundwasserabsenkung und/oder die zum Teil extrem niedrigen pH-Werte von Tertiärsubstraten selektierend auf die **Artenzusammensetzung**. Aufgrund dieser eigenständigen Standortfaktoren stellen die Kippen und Halden in den ersten **Besiedlungsphasen** Ökosysteme mit geringem Konkurrenzdruck dar, die vorrangig durch Spezialisten besiedelt werden. Die jungen Ökosysteme unterliegen in ihrer Entwicklung einer hohen Dynamik, die durch geomorphologische Prozesse (Erosionen, Abbrüche) gefördert über längere Zeiträume erhalten bleiben kann. Auch der Wiederanstieg des Grundwassers nach der Abbauphase trägt zu einem permanenten Artenwechsel bei. Durch den fortschreitenden Abbau der Tagebaubereiche über mehrere Jahrzehnte kommen außerdem unterschiedlich reife Entwicklungsstadien räumlich nebeneinander vor. Dadurch können die Arten der frühen Besiedlungsstadien (Pionierarten, konkurrenzschwache ausdauernde Spezialisten der Extremstandorte) für den Zeitraum des

13

Tab. 13-1: Stadien der Landschaftsentwicklung in ehemaligen Braunkohleabbaugebieten.

Entwicklungsstadium	Initialstadium (Rohbodenstadium)	frühes Entwicklungsstadium (Rohboden- und Offenlandstadium)	mittleres Entwicklungsstadium (Offenland-Vorwald-Mosaikstadium)	spätes Entwicklungsstadium (Vorwald- und Intermediärwaldstadium)	Reifestadium, Endzustand (Waldstadium)
Alter (ca.)	0–5 Jahre	> 5–15 Jahre	> 15–45 Jahre	> 45–100 Jahre	> 100 Jahre
abiotische Charakteristik	intensive und relativ großflächig vorhandene Morphodynamik, initiale Bodenbildungsprozesse	nachlassende Morphodynamik, Frühstadium der Bodenentwicklung, Flachgewässer im Bereich der Tagebausohle	Flutung und Grundwasserwiederanstieg, Reduzierung morphodynamischer Prozesse auf kleine Flächen und Einzelobjekte, fortschreitende Bodenentwicklung	Reduzierung morphodynamischer Prozesse auf kleine Flächen und Einzelobjekte, fortschreitende Bodenentwicklung	relativ stabile Gleichgewichtszustände abiotischer ökosystemarer Parameter mit Ausnahme der Extremstandorte
Biotoptypencharakteristik	Rohboden, Pioniervegetation, initiale Röhrichtentwicklung	Mosaike aus Rohböden, Pionierfluren und diversen mehr oder weniger lichten, zum Teil leicht verbuschten Gras-Kraut-Fluren mit einzelnen höheren Kiefern und Birken; lichte, oft (pflanzen-)artenreiche Röhrichte	Biotopmosaike mit Offenlandstrukturen, Gebüschgruppen und Vorwäldern; differenziertere, dichtere, mäßig (pflanzen-)artenreiche Röhrichte und Niedermoorinitiale; vegetationsarme Bereiche vor allem auf Extremstandorten	zumeist dichte Vorwaldbereiche mit einzelnen, überwiegend verbuschten Offenlandbereichen; dichte, (pflanzen-)artenarme Röhrichte und junge, differenziertere Niedermoore; vegetationsarme Bereiche auf Extremstandorten	vorrangig Wälder, Röhrichte und persistierende Feuchtvegetation, Niedermoore, wenige Offenland- und Extremstandorte: tertiäre Rohböden, Abbrüche, Erosionsrinnen
dominante ökologische Artengruppen	Pionierarten (R- und SR-Strategen), sehr gute Fernausbreitungsfähigkeiten, kurzlebig, hohe Vermehrungsraten, zum Teil stresstolerant	Pionierarten (R- und SR-Strategen), ausdauernde Spezialisten auf Extremstandorten (S-, CS-Strategen)	(ausdauernde) Spezialisten auf Extremstandorten (S-, CS-Strategen), Zunahme von Arten mesotropher und reifer Standorte, (CSR-, CR-, C-Strategen)	Arten mesotropher und reifer Standorte (CSR-, CR-, C-Strategen), auf Extremstandorten S- und CS-Strategen	C-Strategen; nur auf relativ kleinflächigen Extremstandorten SR-, S-, CS-Strategen

(Strategietypen nach Grime (1979): R – Ruderalstrategen, C – Konkurrenzstrategen, S – Stressstrategen; Übergangstypen: CR – Konkurrenz-Ruderalstrategen, CS – Konkurrenz-Stressstrategen, SR – Stress-Ruderalstrategen, CSR – Intermediärer Typ)

Tab. 13-2: Besiedlungsstand der Bergbaufolgelandschaft (= BFL) Sachsen-Anhalts und Brandenburgs für ausgewählte Tier- und Pflanzenartengruppen (AZ = Artenzahl).

Artengruppe	AZ in der BFL Sachsen-Anhalts	Anteil an der Gesamtartenzahl Sachsen-Anhalts	AZ Rote-Liste-Arten (Sachsen-Anhalt) in der BFL Sachsen-Anhalts	AZ in der BFL Brandenburgs	Anteil an der Gesamtartenzahl Brandenburgs	AZ Rote-Liste-Arten (Brandenburg) in der BFL Brandenburgs
Höhere Pflanzen	828	36 %	100	723[6–12),16]	37 %	148
Reptilien	5	83 %	3	5[4),8),9),14]	63 %	5
Amphibien	11	61 %	6	11[6),10),11),15),16]	73 %	6
(Sand-)Laufkäfer	216[1]	65 %	48	203[4),12),14]	58 %	16[4),5]
Heuschrecken	35	58 %	13	35[6),10),11),16),17]	62 %	8
Zikaden	164[2]	42 %	57	k. A.	k. A.	k. A.
Libellen	47	75 %	23	43[6),10),15),16]	65 %	13
Webspinnen	301[1]	ca. 60 %	54	289[6),10–13]	45 %	47
Landasseln	7[3]	14 %	0	k. A.	k. A.	k. A.

Quellen: FLB (2003), außer: [1]Al Hussein et al. (1999), [2]Funke und Witsack (2002), [3]Bergmann und Witsack (2002), [4]Brunk (2007), [5]Landeck unpubliziert, [6]Wiedemann et al. (1994), [7]Böcker et al. (1999), [8]Gunschera et al. (1999), [9]Felinks (2000), [10]Müller et al. (2001a), [11]Müller et al. (2001b), [12]Ertle et al. (2003), [13]Wiedemann et al. (2005), [14]Barndt et al. (2006), [15]Donath (2007), [16]Landeck et al. (2007), [17]Heinz-Sielmann-Stiftung unpubliziert

Abbaus immer wieder auf die neu verkippten Rohbodenstandorte ausweichen, wenn allmählich konkurrenzstärkere Arten auf den älteren Flächen einwandern. Im Verlauf der Sukzession können sich auf geeigneten Standorten und bei Vorhandensein von Lieferbiotopen in der Umgebung sehr schnell Silbergras-Pionierfluren und Sandtrockenrasen, Kalkmagerraseninitiale, Röhrichte, Weidengebüsche, Heiden und Vorwälder mit Hänge-Birke (*Betula pendula*) oder Wald-Kiefer (*Pinus sylvestris*) bilden. Mittel- bis langfristig ist eine Entwicklung von Sümpfen und Niedermooren sowie Seggenrieden und Laubmischwäldern möglich.

Auf Sonderstandorten (z. B. wechselnde Wasserstände) können sich Zwergbinsen-Gesellschaften oder Binnensalzstellen entwickeln. Makrophytenreiche Gewässer, zum Teil mit ausgeprägten Armleuchteralgenrasen, sind ebenfalls keine Seltenheit. Tabelle 13-1 gibt am Beispiel des Mitteldeutschen Reviers einen Überblick zu den dominierenden **Biotoptypengruppen** in den einzelnen Stadien der Landschaftsentwicklung. Den Besonderheiten der Biotopentwicklung wird ein eigens für die Bergbaufolgelandschaft entwickelter Biotoptypenschlüssel gerecht (Heyde et al. 1998, Huth et al. 2004). Farbtafel 13-1 zeigt ausgewählte Beispiele.

Obwohl die Folgelandschaft des Braunkohletagebaus für eine ganze Reihe von Arten aufgrund der naturräumlichen Bedingungen keine Lebensräume bieten kann (z. B. keine montanen Regionen, kaum Fließgewässer und Felsfluren), ist der **Besiedlungsstand** beeindruckend hoch. In der Bergbaufolgelandschaft Sachsen-Anhalts konnten ca. 14–83 % der Tierarten sowie 36 % der Höheren Pflanzen nachgewiesen werden (Tab. 13-2), unter ihnen auch ein hoher Anteil an Arten der Roten Listen. Für Brandenburg geben die in Tabelle 13-2 genannten Autoren ähnliche Größenordnungen an. Arbeiten aus dem Oberlausitzer Braunkohlenrevier (Tagebau Berzdorf) wei-

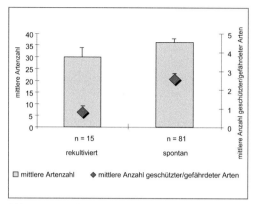

Tagebau Kayna-Süd (Foto: A. Kirmer, Mai 2002)

Abb. 13-2: Vergleich der mittleren Pflanzenartenzahlen und der Anzahl geschützter/gefährdeter Arten auf rekultivierten und spontan besiedelten Flächen des ehemaligen Tagebaus Kayna-Süd (Größe untersuchter Einzelflächen: 25 m², alle Unterschiede nach Tukey-Test signifikant).

sen vor allem auf die große Bedeutung der frühen Sukzessionsstadien für naturschutzfachlich wertvolle Arten aus den Gruppen der Libellen und Laufkäfer hin (u. a. Xylander et al. 1998, Xylander und Bender 2004).

Für viele Arten stellt die Bergbaufolgelandschaft inzwischen das Hauptverbreitungsgebiet in den entsprechenden Landschaftsräumen dar (in Sachsen-Anhalt z. B. für Sumpf-Sitter, *Epipactis palustris*; Steifblättriges Knabenkraut, *Dactylorhiza incarnata*; Natterzungengewächse, Ophioglossaceae; Brachpieper, *Anthus campestris*; Sand-Ohrwurm, *Labidura riparia* oder Blauflügelige Sandschrecke, *Sphingonotus caerulans*). Die Arten können aufgrund des geringen Konkurrenzdrucks oft außergewöhnlich große Populationen aufbauen (FBM 1999, Tischew et al. 2004 c).

Abbildung 13-2 zeigt beispielhaft für den Tagebau Kayna-Süd, dass sich auch ohne weitere aktive Renaturierungsmaßnahmen eine beeindruckend hohe Biodiversität entwickeln kann. Nach nur ca. 30-jähriger spontaner Besiedlung mit Pflanzen und Tieren ergaben Kartierungen im Südteil dieses Tagebaus auf einer Fläche von ca. 2 km² folgendes Ergebnis:

- 52 spontan entstandene Haupt-Biotoptypen, davon 29 % (= 65 ha) geschützt;
- 284 Höhere Pflanzen, davon 19 Arten der Roten Liste Sachsen-Anhalts;
- 49 Brutvögel, davon 10 Arten der Roten Liste Sachsen-Anhalts;
- 27 Libellen, davon 12 Arten der Roten Liste Sachsen-Anhalts.

Ein Vergleich der mittleren Pflanzenartenzahl aller Arten mit angrenzenden rekultivierten Flächen zeigt, dass sich trotz des Einbringens von Arten in rekultivierte Bereiche (Aufforstungen, Ansaaten) auf den spontan besiedelten Flächen eine höhere Artenvielfalt entwickeln konnte. Noch eindrucksvoller ist der Unterschied in Bezug auf die geschützten und gefährdeten Pflanzenarten (Abb. 13-2).

Der Tagebau Kayna-Süd ist keine Ausnahme. Deshalb wurde in vielen Forschungsprojekten großer Wert auf die Analyse der spontanen Besiedlungsprozesse gelegt, da erst dann optimal die Entwicklungspotenziale der Bergbaufolgelandschaft in die Planungen zur Renaturierung integriert werden können, wenn die Einflussgrößen auf die Differenzierungs- und Entwicklungsprozesse bekannt sind und die ungefähre zeitliche Abfolge der Entwicklungsstadien bestimmt werden kann.

13.2.2 Planerische Vorgaben und Folgenutzungen

Es bestehen eine Reihe gesetzlicher Grundlagen und planerischer Möglichkeiten, die Renaturierung als einen integralen Bestandteil in die bergbaulichen Betriebs- und Wiedernutzbarmachungsprozesse einzubinden. Die Renaturierung ist dabei eine mögliche Form der Wiedernutzbarmachung, die die Entwicklung eines naturnäheren Zustands durch Zulassen oder Unterstützen von ökologischen Prozessen zum Ziel hat (Pflug 1998). Grundsätzlich ist zwischen dem Sanierungstagebau der stillgelegten oder ausgekohlten Tagebaue in den ostdeutschen Bundesländern (hervorgegangen aus dem sogenannten Volkseigentum der ehemaligen DDR) und dem aktiven Tagebau zu unterscheiden. Während im aktiven Tagebau länderspezifisch die Kategorien „Folgenutzung Natur und Landschaft" bzw. „Vorbehaltsflächen für den Naturschutz" einen eindeutigen Bezug zur Renaturierung aufweisen, wurde im Sanierungstagebau in den verschiedensten bergbaulichen Planungen dieses Nutzungsziel nicht immer so eindeutig aufgenommen. In vielen Fällen wurden Renaturierungsflächen als potenzielle Naturschutzflächen (z. B. Biotopverbundflächen, Sukzessionsbereiche) innerhalb anderer Flächenkategorien integriert. Leider wurden zumeist erst im Rahmen der Regionalplanung mit der Trennung der verschiedenen Vorrangnutzungen eindeutige Prioritäten gesetzt. Bei Renaturierungen im Rahmen des aktiven Tagebaus ist unbedingt eine rechtzeitige Abstimmung von Leitbildern und Renaturierungszielen sowie konkreten Renaturierungsstrategien bzw. -maßnahmen im Braunkohleplan sowie den weiteren Fachplanungen der Wiedernutzbarmachung (vor allem Rahmenbetriebsplan und Abschlussbetriebsplan) notwendig.

13.3 Entwicklungspotenziale, Leitbildentwicklung und Renaturierungsstrategien

13.3.1 Entwicklungspotenziale

Die Entwicklungspotenziale von Bergbaufolgelandschaften sind vor allem durch **Kopplungseffekte auf verschiedenen Maßstabsebenen** bedingt. Die Entwicklungspotenziale für Arten sind beispielsweise nicht nur an die Entwicklung der entsprechenden Lebensräume im engeren Sinne (Habitate) gebunden, sondern auch an die Aus-

prägung der Potenziale auf landschaftsökologischer Ebene. Erst die **Großflächigkeit und die Unzerschnittenheit** der neu entstandenen Kippenökosysteme gewährleisten eine **Störungsarmut**, die viele Tierarten für ihre Reproduktion benötigen (z. B. Röhrichtbrüter). Nährstoffarme Niedermoore und Sümpfe bieten vor allem deshalb den Orchideenarten und anderen Moorspezialisten über längere Zeit Lebensräume, weil die angrenzenden Flächen ebenfalls sehr **nährstoffarm** sind und damit wie ein effektiver natürlicher Puffer zum Umland wirken. Diese und andere konkurrenzschwache Arten reagieren vor allem empfindlich auf Lichtkonkurrenz. Aufgrund der geringeren Biomasseproduktion der Kippenvegetation und dem damit verbundenen Lichtreichtum werden für Arten, deren Samen oder Sporen kein oder wenig Nährgewebe besitzen, die Keimungs- und Etablierungsmöglichkeiten verbessert. Auch die Einwanderung dieser Arten wird durch die landschaftlichen Besonderheiten erleichtert (Abschnitt 13.4.2). Da sie zumeist kleine Wuchsformen aufweisen, finden sie auch in der adulten Phase bessere Entwicklungsmöglichkeiten als in der umgebenden, oft durch Eutrophierung gekennzeichneten Landschaft.

Durch geomorphologische Prozesse (Abbrüche, Erosion, Setzungsfließen) können über lange Zeiträume **Rohbodenstandorte für Spezialisten** wie den Sandohrwurm (*Labidura riparia*) oder die Ödlandschrecken (*Oedipoda* sp.) immer wieder neu entstehen. In perfekt planierten, komplett gestalteten und infrastrukturell intensiv erschlossenen Folgelandschaften sind diese Potenziale jedoch zerstört (Abb. 13-3).

Viele Tierarten benötigen für ihren vollen Reproduktionszyklus **vielfältig strukturierte Lebensräume**, die im Verlauf der natürlichen Sukzession auf Kippenstandorten durch die Substrat- und Standortheterogenität sowie zusätzlich durch die stochastischen Elemente der Besiedlung bedingt entstehen. Sind diese Biotopmosaike aus Offenland-, Gebüsch- und Vorwaldstadien oder vielfältig strukturierten Uferbreichen mit Abbrüchen in entsprechender Ausdehnung ausgeprägt, können zahlreiche Tierarten, die in der umgebenden Kulturlandschaft selten geworden sind, hier in Abhängigkeit von der Geschwindigkeit der Sukzessionsprozesse mittel- oder sogar langfristig stabile Populationen aufbauen. Das betrifft beispielsweise Libellen, Vögel (z. B.

13

Abb. 13-3: Tagebaugebiet Goitzsche bei Bitterfeld – Restloch Holzweißig-West vor, während und nach der Rekultivierung im Jahr 1994 (von links nach rechts; Fotos: A. Kirmer).

diverse Röhrichtbrüter, Raubwürger, Braunkehlchen), aber auch Hautflügler (z. B. Wildbienen).

Aufbauend auf den ökologischen Entwicklungspotenzialen können zahlreiche **Synergieeffekte in Bezug auf weitere Folgenutzungen** gefördert werden. Dazu zählt der sanfte Tourismus, für den die Eigenart der Bergbaufolgelandschaft und ihre attraktiven Tier- und Pflanzenarten ein wichtiges Alleinstellungsmerkmal darstellt. Auch im naturnahen Waldbau können spontane Besiedlungsprozesse integriert werden und führen, gekoppelt mit naturnahen Begrünungsmethoden, zu nachhaltig nutzbaren Waldökosystemen (Abschnitt 13.7.2).

13.3.2 Leitbildentwicklung und Renaturierungsstrategien

In diesem Abschnitt soll bewusst auf die immer noch bestehende Kluft zwischen traditioneller Denkweise in der Wiedernutzbarmachung von Bergbaufolgeflächen und neuen naturschutzfachlich bestimmten Ansätzen hingewiesen werden (Tischew 1998, Wiegleb 2000). Tabelle 13-3 zeigt anhand ausgewählter Schutzgüter diese differierende und oft gegensätzliche Bewertung auf. Eine Mindestforderung für zukünftige Planungen muss sein, dass in Vorranggebieten für den Naturschutz auch tatsächlich **naturschutzfachliche Bewertungsansätze** angewendet werden. Im Sinne einer nachhaltigen Entwicklung von Bergbaufolgelandschaften wäre es aber auch im Hinblick auf andere Folgenutzungen (z. B. Erholungsnutzung, Forstwirtschaft) sinnvoll, die Bewertung der Schutzgüter und Entwicklungspotenziale zumindest differenzierter vorzunehmen (Abschnitt 13.9). Leider wird beispielsweise bei konventionellen Begrünungsverfahren immer

noch nicht mit den **Standortpotenzialen** gearbeitet, sondern häufig gegen sie, d. h. die Standortparameter werden entsprechend der Ansprüche gewünschter Arten oft mit großem Aufwand verändert (vor allem in der Forstwirtschaft und bei der Böschungsbegrünung).

Insbesondere für den Lausitzer Raum wurde die **Leitbildmethode** als Planungsgrundlage in der Bergbaufolgelandschaft entscheidend weiterentwickelt (LENAB 1998, Wiegleb 2000). Fachlich konkretisiert werden müssen dabei folgende Grundmotive: **Naturnähe** (u. a. Gewährleistung unbeeinflusster Prozesse und Entwicklungen, Minimierung der Nutzungsintensität) und **Biodiversität** (u. a. Artendiversitätsschutz, funktionaler Diversitätsschutz, Biotop- und Geotopschutz und Habitatverbund).

Im Hinblick auf die Besonderheiten der Bergbaufolgelandschaft sollten dabei Artendiversitätsschutz und Biotop- und Geotopschutz auf keinen Fall in einem statischen Kontext verstanden werden. Vielmehr sollten die Möglichkeiten einer hochdynamischen Landschaft durch den Erhalt geomorphologischer und relief- sowie standortbedingter Besonderheiten (z. B. Geländeabbrüche, Substratheterogenität, Extremstandorte) sowie das bewusste Gewährenlassen von zeitlich sehr differenzierten Besiedlungsprozessen besser als bisher genutzt werden (Mahn und Tischew 1995, Wiegleb 2000). In solchen Landschaften können konkurrenzschwache Arten oft über mehrere Jahrzehnte immer wieder neue Rückzugsstandorte finden und Maßnahmen des gezielten Biotopmanagements müssen in weitaus geringerem Umfang als in der Kulturlandschaft zur Offenhaltung angewendet werden. Aufgrund der besonderen Potenziale der Bergbaufolgelandschaft wurde deshalb als übergeordnete Strategie für die naturschutzfachlich wertvollen Bereiche in der Bergbaufolgelandschaft der Prozessschutz

Tab. 13-3: Ausgewählte Beispiele für die unterschiedliche Bewertung von Schutzgütern in der Bergbaufolgeland-schaft nach Wiegleb (2000).

Schutzgut	spezieller Aspekt	konventionelle Bewertung	neue Bewertungsaspekte naturschutzfachlicher Sicht
Boden	Relief und Beweglich-keit	gefährliche Böschungen, Erosionsgefahr, Abschrägung und Festlegung durch Begrünung notwendig	geomorphologische Dynamik erhalten (Prozessschutz!), Steilwände als Habitate spezialisierter Tiere
Oberflächen-gewässer	Güte	saure Oberflächengewässer als Gefahrenpotenzial, zwingend Neutralisierung notwendig	saure Gewässer als Lebensraum spezialisierter Arten, biogene Neutralisation nutzen
Tiere	Habitatansprüche	kaum Objekt des Interesses	Lebensraum für Spezialisten vegetationsarmer Bereiche
	Flächengröße	kaum Objekt des Interesses	große ungestörte Gebiete, Refu-gien für Arten mit großen Raumansprüchen
Pflanzen	Standortansprüche der Arten	Standortveränderung entsprechend gewünschter Arten	Lebensraum für Spezialisten nährstoffarme Standorte
	Vegetation	kaum Objekt des Interesses, Pioniervegetation, Mager-rasen, Pionierwälder als abwertende Begriffe	Entwicklung von Vegetations-mosaiken aus unterschiedlichen Sukzessionsstadien als Voraus-setzung für hohe Biodiversität fördern
Landschaft	Landschaftsbild	Mondlandschaft, Wüste, Unland, Heilung durch Rekultivierung notwendig	Strukturvielfalt, Wildnis, bizarre Formen, landschaftsästhetisches Potenzial für Naturtourismus nutzen

abgeleitet (weitere Erläuterungen zum Thema Prozessschutz im Kapitel 6). Nach Durka et al. (1999) und Tischew (2004) kann für diese Strate-gie folgendes allgemeines Leitbild formuliert werden: Ausprägung eines standort- und ent-wicklungsstadienspezifischen Spektrums an ge-bietsheimischen Arten, Lebensgemeinschaften und Biotopen. Damit wird bewusst nicht aus-schließlich auf artenreiche Zönosen und generelle Strukturvielfalt fokussiert, sondern ebenfalls die sukzessionsbedingte Dynamik integriert. Eine Relativierung des oft zu allgemeinen Anspruchs einer hohen Artenvielfalt auf allen Flächen nehmen u. a. Jakob et al. (2003) vor. Ein Beispiel aus dieser Arbeit soll dies verdeutlichen: Die re-lativ artenarmen, aber in vielen Naturräumen außerhalb der Bergbaufolgelandschaft seltenen Spezialistengesellschaften wie Silbergras-Pionier-fluren und Sandtrockenrasen (Kapitel 9) tragen in nicht unerheblichem Maße zur Biodiversität der Tagebaufolgeflächen bei und sind wertvolle

Habitate für spezialisierte Tierarten (Altmoos und Durka 1998, Al Hussein et al. 1999). Die bis-lang häufig gestellte allgemeine Forderung nach der Gestaltung einer „strukturreichen Bergbau-folgelandschaft" unterbindet durch eine voreilige „Landschaftsmöblierung" spontane Besiedlungs-prozesse, in deren Ergebnis zumeist weitaus abwechslungsreichere Landschaften entstehen könnten.

Flächenkonkrete Handlungskonzepte können auf drei Renaturierungsstrategien zurückgreifen, die in Abhängigkeit von den spezifischen Rah-menbedingungen der Renaturierungsflächen ge-trennt oder auch gekoppelt zur Erreichung der Renaturierungsziele angewendet werden (Abb. 13-4):

1. **Am Prozessschutz orientierte Renaturierung durch spontane Sukzession** als vorrangig anzu-wendende Strategie, die keine aktive Renaturie-rung im Sinne der Umsetzung entsprechender

13

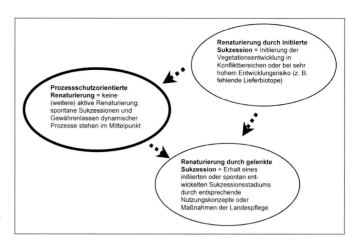

Abb. 13-4: Kopplungsmöglichkeiten von Renaturierungsstrategien.

Maßnahmen darstellt. Vielmehr sollen günstige Rahmenbedingungen für vielfältige und dynamische spontane Entwicklungsprozesse geschaffen werden:

- Auswahl geeigneter Sukzessionsflächen bezüglich Größe, Lage, Substrat- und Reliefheterogenität sowie räumlichem und/oder funktionalem Verbund zu Lieferbiotopen und dadurch in bestimmtem Umfang Einflussnahme auf Entwicklungsrichtung und -geschwindigkeit, Konfliktminimierung durch Lage in siedlungsferneren Bereichen.
- Einflussnahme auf endgültige Substratverkippung und Reliefgestaltung, z. B. in der Endphase des Abbaus bereits bewusstes Belassen bzw. Herstellen geeigneter Strukturen (u. a. Mulden, Schütttrippen, Flachwasserbereiche).
- Zulassen spontaner Besiedlungsprozesse und geomorphologischer Prozesse.

2. **Renaturierung durch initiierte Sukzession** nach dem Vorbild der spontanen Sukzession mit dem Ziel einer Beschleunigung und/oder Lenkung der Vegetationsentwicklung:

- Naturnahe Methoden zum Erosionsschutz und zur Böschungssicherung in der Nähe zu Ortslagen oder auf sonstigen Standorten, die ohne derartige Maßnahmen nicht gefahrlos für die geplante Folgenutzung geeignet sind oder bei nicht akzeptablen Staubbelastungen infolge von Substratverwehungen.
- Zielgerichtete Entwicklung von Vegetations- und Biotopstrukturen als Ausgleich für durch den Abbau zerstörte Biotope (nur bei hohem

Entwicklungsrisiko, beispielsweise aufgrund fehlender Lieferbiotope, sonst Spontansukzession).

- Zielgerichtete Initiierung von Vegetationsstrukturen zur Entwicklung von Erholungslandschaften (auch hier nach Abwägung, ob Spontansukzession in akzeptablen Zeiträumen zu einem vergleichbaren Ergebnis führt).

3. **Renaturierung durch gelenkte Sukzession** als Strategie eines Zielartenschutzes im konventionellen Sinn zum Erhalt von naturschutzfachlich wertvollen Sukzessionsstadien:

- Initiierung der Vegetationsentwicklung oder Spontansukzession bis zu einem bestimmten Entwicklungsstadium.
- Erhalt dieses Sukzessionsstadiums (z. B. Sandtrockenrasen oder Offenland/Gehölzmosaike) durch Management.

Im Gegensatz zum Sanierungsbergbau in den ostdeutschen Bundesländern, wo nach der politischen Wende schlagartig große Tagebauflächen für eine Renaturierung zur Verfügung standen, wird die **Wiedernutzbarmachungspraxis des aktiven Tagebaus** in allen deutschen Bundesländern viel stärker durch starke Flächenkonkurrenz um die Folgeflächen und die Umsetzung von Kompensationsmaßnahmen auf den Folgeflächen geprägt. Bei der Kompensation von Eingriffen auf den Tagebaufolgeflächen wird oft auf aktive, gestaltende Maßnahmen zurückgegriffen, um sukzessionsbedingte Unsicherheiten in den Entwicklungswegen auszuschließen. Durch eine fachkundige Prognose auf der Basis der Standortbedingungen und der Kenntnis der Lieferbiotope (Abschnitt 13.4.3) ist es aber inzwischen möglich, zumindest die generellen Entwicklungswege aufzuzeigen. Wenn entsprechende Rahmenbedingungen beachtet oder gezielt geschaffen werden, können spontane Besiedlungsprozesse viel stärker integriert werden oder eine Vegetationsentwicklung durch naturnahe Methoden nur eingeleitet werden, um dann die weitere natürliche Entwicklung abzuwarten. Auch im Hinblick auf die wesentlich kleineren Flächengrößen, die allmählich aus dem aktiven Tagebau zur Wiedernutzbarmachung übergeben werden, müssen vorausschauende Planungen für einen jahrzehntelangen Renaturierungsprozess durchgesetzt werden, um entsprechend wirksame, große Prozessschutzflächen entwickeln zu können.

an vergleichbare Standorte angepasst sind, ebenfalls zu prüfen.

Als zusätzliche Filter im Einwanderungsprozess können extreme abiotische Standortfaktoren wirken, die lediglich angepassten Arten eine erfolgreiche Etablierung ermöglichen (Abschnitt 13.4.3). Infolge fortschreitender Bodengenese, der Veränderung mikroklimatischer Bedingungen und durch die Entstehung neuer Biotopstrukturen (Vorwälder, Seen) ist mit einer Verschiebung des Artenspektrums und veränderten Konkurrenzbeziehungen zu rechnen. Besiedlungsprozesse werden damit auch in Abhängigkeit vom erreichten Entwicklungsstadium (Alter) durch unterschiedliche Attraktoren (z. B. Wälder für Vögel) und Vektoren (z. B. Wasservögel für Pflanzensamen) beeinflusst. Neben diesen Fragestellungen soll in den folgenden Kapiteln letztlich auch geklärt werden, durch welche Standortfaktoren die Entwicklung der verschiedenen Biotop- und Vegetationsstrukturen wesentlich beeinflusst wird. Zur Analyse von Sukzessionsprozessen können unterschiedliche Methoden angewendet werden (Kasten 13-2).

13.4 Analyse der spontanen Besiedlungsprozesse

13.4.1 Einflussfaktoren und Untersuchungsmethoden

Die entscheidenden Einflussfaktoren initialer Besiedlungsprozesse sind in Abbildung 13-5 dargestellt. Das Vorkommen älterer Tagebaue oder Abgrabungen in der Umgebung ist im Hinblick auf ihre Funktion als Lieferbiotop für Arten, die

13.4.2 Spontane Einwanderung von Pflanzen und Tieren

Da die Kipp-Substrate nach der Schüttung steril sind, also keine Samen oder Bodenorganismen enthalten, kommt den **Vernetzungs- und Austauschbeziehungen** mit dem Umland eine große Bedeutung zu. Untersuchungen zum Einwanderungsverhalten ausgewählter Tiergruppen und

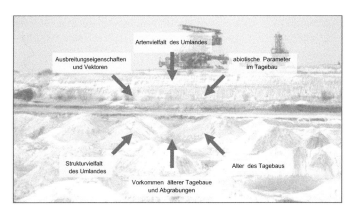

Abb. 13-5: Übersicht der Einflussfaktoren auf die Besiedlung von Bergbaufolgelandschaften bei natürlicher Sukzession.

Kasten 13-2
Welche Methoden sind geeignet, Besiedlungs- und Differenzierungsprozesse zu analysieren?

Großräumige Landschaftsanalysen sind zeit- und personaleffizient mit Methoden der **Fernerkundung** möglich.

Bei der **Chronosequenzanalyse** (*space-for-time substitution*) wird aus dem räumlichen Nebeneinander verschieden alter Biozönosen bei ähnlichen Standortbedingungen auf das zeitliche Nacheinander geschlossen (Pickett 1989). Vorteilhaft ist diese Methode insbesondere für Analysen langfristiger Besiedlungsprozesse und Prognosen.

Der hohen Individualität von Flächen in der Bergbaufolgelandschaft wird die Methode der

Dauerbeobachtungsflächen gerecht. Auf vermarkten Flächen werden in zeitlichen Intervallen die Entwicklungsprozesse direkt verfolgt. Zum Teil werden diese mit Samen- und Tierfallen gekoppelt.

Durch die Einsaat oder Verpflanzung von Arten oder durch kontrollierte Gefäßversuche mit Tagebausubstraten in Klimakammern oder Gewächshäusern sowie populationsgenetische Analysen wird **experimentell** die Wirkung von Ausbreitungs- oder Standortfiltern untersucht.

Pflanzenarten lassen übereinstimmende Tendenzen erkennen (Dunger 1998, Tischew und Kirmer 2003, Huth et al. 2004). Für die ersten Besiedlungsphasen sind neben offenen Lebensräumen mit Störeinflüssen (z. B. Ruderalfluren, Abbrüche) vor allem auch benachbarte Abbauflächen der unmittelbaren Umgebung wichtige **Lieferbiotope** (Prach 1987, Tischew et al. 2004a; Abb. 13-6).

Für einen hohen Prozentsatz der **über weite Distanzen eingewanderten Pflanzenarten** der Tagebaue ist anhand der Verbreitungszentren im Umland und der landschaftsökologischen Situation neben der Ausbreitung über Vögel eine Ausbreitung über Starkwinde und/oder Thermik anzunehmen. In einem Akkumulationsprozess können in mittelfristigen Zeiträumen neben weit-

verbreiteten Arten auch seltene Arten aus der Umgebung die wie riesige Samenfallen wirkenden Restlöcher besiedeln. Viele dieser im Tagebauumland seltenen Arten (vor allem der Familien Knabenkrautgewächse – Orchidaceae, Wintergrüngewächse – Pyrolaceae, Natternzungengewächse – Ophioglossaceae) zählen nach Bonn und Poschlod (1998) zu den Pflanzenarten mit „winzigen" Samen, die sich durch extrem langsame Fallgeschwindigkeiten auszeichnen. Bei den Orchideen ist die Kleinsamigkeit zusätzlich mit einem ballonähnlichen Aufbau verknüpft, sodass sie bei vertikalen Luftbewegungen leicht in höhere Luftschichten gelangen und große Distanzen zurücklegen können (Burrows 1975). Auch populationsgenetische Untersuchungen weisen darauf hin, dass die Einwanderung von Orchideen in Tage-

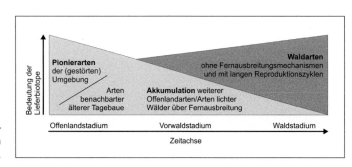

Abb. 13-6: Einfluss von Lieferbiotopen bei der Besiedlung von Bergbaufolgeflächen.

Tab. 13-4: Nächstes Umlandvorkommen der in die Tagebaubereiche eingewanderten Arten.

	< 3 km	3–10 km	10–17 km	>17 km
Geiseltal/Profener Revier (n = 5)				
nächstes Vorkommen der Arten (%)	64,7	29,8	3,9	1,6
± Standardabweichung	5,4	3,5	2,1	0,6
Bitterfeld/Gräfenhainicher Revier (n = 5)				
nächstes Vorkommen der Arten (%)	88,9	8,8	1,0	1,3
± Standardabweichung	2,7	2,3	0,6	0,7

baue aus Lieferbiotopen in weiterer Entfernung keine Einzelereignisse darstellen (z. B. Stark et al. 2007).

Tabelle 13-4 zeigt für zwei Tagebauregionen **landschaftsstrukturell bedingte Unterschiede in den Besiedlungsprozessen.** Die Tagebauregionen Geiseltal und Profen zeichnen sich aufgrund der intensiven ackerbaulichen Nutzung (ca. 70 % der Fläche) und dem hohen Anteil an Siedlungs- und Industrieflächen durch eine geringe Artenvielfalt im Umland aus. In Hauptwindrichtung (SW) besteht aber infolge der offenen Ackerlandschaft eine gute Durchgängigkeit bis zum arten- und strukturreichen Saale-Unstrut-Triasland, das aufgrund der vielen Hanglagen zusätzlich günstige thermische Verhältnisse für die Verwirbelung von Samen in höhere Luftschichten bietet.

Die Tagebauregionen Bitterfeld und Gräfenhainichen sind dagegen durch eine geringe ackerbauliche Nutzung (ca. 25 %) und einen sehr viel höheren Anteil an besiedlungsrelevanten Strukturen (z. B. Wald, Wiesen) gekennzeichnet. Entsprechend dieser unterschiedlichen Landschaftsstrukturen des Umlandes sind unterschiedliche

Trends bei den Einwanderungsprozessen zu verzeichnen (Tab. 13-4). Im arten- und strukturarmen Geiseltal/Profener Revier haben ca. 35 % der Tagebauarten ihre nächsten Vorkommen in mehr als 3 km Entfernung. Für die Tagebaue im Bitterfelder/Gräfenhainicher Revier waren für viele Arten die Lieferbiotope bereits in der unmittelbaren strukturreichen Umgebung vorhanden.

Ingesamt gesehen sind fast die Hälfte der Pflanzenarten des regionalen Artenpools in durchschnittlich 36 Jahren (Mittelwert des Alters aller untersuchten Flächen) bereits in die Tagebaue eingewandert (Tab. 13-5). Dieser hohe Artenreichtum an Pflanzen auf den Sukzessionsflächen der frühen und vor allem mittleren Stadien (Tab. 13-1) im Vergleich zur Diversität des regionalen Artenpools stellt ein unerwartetes Ergebnis dar. Das Vorhandensein großflächig offener, konkurrenzarmer Standorte in der Bergbaufolgelandschaft ist als wesentlicher Unterschied zu den Renaturierungsversuchen in bereits etablierten, dicht geschlossenen Pflanzengesellschaften, wie beispielsweise Auenwiesen (Bischoff 2002) und Magerrasen (Graham und Hutchings

Tab. 13-5: Vergleich von jeweils fünf Tagebauen im Geiseltal/Profener und im Bitterfelder/Gräfenhainicher Revier mit den zugehörigen Messtischblattquadranten aus der Floristischen Kartierung (5,5 km × 5,5 km) hinsichtlich der Artenzahl Höherer Pflanzen und der Flächengröße.

	Geiseltal/Profener Revier (n = 5)	Bitterfeld/Gräfenhainicher Revier (n = 5)
prozentualer Anteil eingewanderter Arten aus dem Messtischblattquadranten, der den Tagebau enthält	54,2	39,8
± Standardabweichung	12,3	5,8
prozentualer Anteil der verfügbaren Fläche im untersuchten Tagebau im Vergleich zum Messtischblattquadranten (= 30,25 km²)	5,8	4,4
± Standardabweichung	2,2	2,3

13

1988), herauszustellen und kann als primäre Ursache für die hohen Etablierungsraten auf den Tagebaufolgeflächen angesehen werden.

Bei der Besiedlung aktiver oder sanierter, vegetationsfreier Tagebaustandorte wandern **Tierarten** zielgerichtet oder zufällig aus dem Umland oder aus anderen Tagebaubereichen in die Flächen ein. Kleinere Wirbellose werden auch passiv und zufällig, vor allem durch Wind, seltener durch Wasser (Restlochflutung) oder durch Vögel in die Tagebaugebiete eingetragen. Häufigkeit und Intensität der Besiedlung hängen von der Mobilität der Arten (insbesondere vom Flugvermögen) und deren Populationsstärken im Umland ab. Die durch die offene Bergbaufolgelandschaft verstärkten Luftbewegungen und Turbulenzen sind insbesondere bei der passiven Windausbreitung von Wirbellosen von großer Bedeutung. Hierbei sind Tiergröße, Ausbildung von Flügeln oder Nutzung von Flughilfsmitteln (z. B. Fadenflöße bei Spinnen) ganz entscheidend (Landeck 1996). Da eingewanderte oder eingedriftete pflanzenfressende Tierarten auf den vegetationsarmen Flächen kaum Nahrungsgrundlagen vorfinden, überwiegt während der initialen Besiedlungsprozesse zunächst die carnivore Lebensweise (z. B. Spinnentiere, Sandohrwurm – *Labidura riparia*, Steinschmätzer – *Oenanthe oenanthe*). Das Ökosystem ist in diesem Zustand von einem permanenten Input von außen abhängig. Für die Artenzusammensetzung spielen in diesem Entwicklungsstadium deshalb Zufallsereignisse eine große Rolle. Mit zunehmender Ausprägung der Vegetation werden die Zoozönosen stabiler, komplexer und immer autarker vom Umland. Für Tiere sind im Vergleich zu den Pflanzen stärkere Distanzeffekte im Hinblick auf fehlende Lieferbiotope und Vernetzungsstrukturen im Umland zu verzeichnen. Insbesondere bei wenig mobilen Tierartengruppen zeigen die Tagebaue deshalb mittelfristig häufig nur ein Teilartenspektrum der umgebenden Landschaft (Huth et al. 2004). Bei Molchen sind beispielsweise nur geringe Wanderungsdistanzen von wenigen Hundert Metern (bis ca. 1 km) zwischen Laichhabitat und Sommerlebensraum bekannt. Für viele Froschlurche, insbesondere Jungtiere, wurden Wanderungen von bis zu maximal 2 km nachgewiesen – nur in Ausnahmefällen, wie beispielsweise bei der Wechselkröte (*Bufo viridis*), auch deutlich darüber (Günther und Podloucky

1996). Bei der langfristigen Besiedlung neuer Lebensräume, beispielsweise durch Amphibien, spielen deshalb Trittsteinbiotope oder Ausbreitungskorridore wie Bachauen, Gräben oder linienhafte Säume innerhalb von Ackerflächen im Tagebauumland eine große Rolle, weil durch sie auch größere Entfernungen aktiv überwunden werden können (Reh und Seitz 1993).

Die Libellen gehören zu den mobilsten Insektengruppen. Deshalb ist die Besiedlung der Bergbaurestgewässer vergleichsweise wenig vom Umland abhängig (Huth 2004). Bei Kleinlibellen ist die Überwindung großer Distanzen vor allem über eine passive Ausbreitung (z. B. über Windströmungen) möglich. Neu entstehende Gewässer können bei schneller Vegetationsentwicklung binnen kürzester Zeit durch eine Vielzahl von Arten besiedelt werden.

13.4.3 Rolle der Standortfaktoren für die Ausprägung von Vegetationstypen und Ableitung von Sukzessionsnetzen

Auf der Grundlage von Chronosequenzanalysen (Kasten 13-2) können durch den Einsatz von Ordinationsverfahren Standort-Vegetations-Beziehungen aufgezeigt werden (z. B. Wiegleb und Felinks 2001, Tischew et al. 2004d). Der relativ geringe Erklärungswert der Umweltfaktoren ist offensichtlich auf das Wirken von *first comer*- und stochastischen Effekten zurückzuführen: In Abhängigkeit von den Lieferbiotopen der unmittelbaren Umgebung können sich vor allem auf den besiedlungsfreundlichen Substraten die Arten etablieren, die als erste die Flächen erreichen (Abb. 13-7). Das sind häufig Arten, die zu einer hohen Diasporenproduktion neigen (z. B. Hänge-Birke). Auf Extremstandorten (z. B. extrem niedrige pH-Werte, sehr nass bzw. sehr trocken) ist durch die Selektion der Arten, die diese Standortfaktoren tolerieren können, der Einfluss stochastischer Effekte prinzipiell geringer (Filter-Effekt nach Houle 1996). Nur wenige Arten sind generell in der Lage, die extremen Standorte zu besiedeln. Wenn Lieferbiotope geeigneter Arten fehlen, verlaufen Besiedlungsprozesse dann zumeist stark

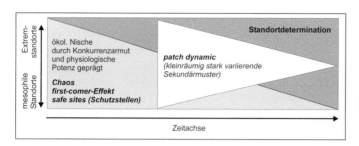

Abb. 13-7: Einfluss von Standortfaktoren und kleinräumiger Musterbildung bei der Besiedlung von Bergbaufolgeflächen.

verzögert (Tischew und Mahn 1998). Wolf (1998) beschreibt eine Stagnation der Entwicklungsprozesse für sandige, saure Tertiär-Substrate im Rheinischen Braunkohlerevier.

Initiale Besiedlungsmuster sind darüber hinaus vor allem durch die räumliche Verteilung von Schutzstellen (*safe sites*) für Keimung und Etablierung geprägt. Mechanismen der Förderung (*facilitation*), z. B. durch sogenannte Ammenpflanzen wie das Silbergras (*Corynephorus canescens*), bzw. der Hemmung (*inhibition*), z. B. durch Pflanzen mit starker Tendenz zur kompakten Bestandsbildung wie das Land-Reitgras (*Calamagrostis epigejos*), führen anschließend zu Sekundärmustern, die kleinräumig stark variieren können (*patch dynamic-concept*, u. a. Felinks 2000 für Besiedlungsprozesse in der Bergbaufolgelandschaft). In Abhängigkeit von den Standortfaktoren in den älteren Sukzessionsstadien setzt ein deutlicher **Differenzierungsprozess der Artengemeinschaften** ein. In Auswertungen von Lorenz (2004) zur Waldentwicklung auf Kippenflächen wurde der Einfluss lokaler Lieferbiotope auf die Vegetationsentwicklung durch eine Aggregierung von Arten mit ähnlichen biologisch-ökologischen Merkmalen zu ökologischen Artengruppen vermindert, ein Verfahren das generell für Analysen von Standort-Vegetations-Beziehungen in Sukzessionsstadien empfohlen wird.

Ein wesentliches Ergebnis bei der **Bestimmung kausal wirkender Umweltfaktoren** auf die Vegetationsentwicklung ist die Ableitung von Schaltstellen, die in den verschiedenen Phasen des Sukzessionsverlaufs die jeweilige Entwicklungsrichtung beeinflussen. Von Tischew et al. (2004b) wird für den grundwasserfernen Bereich der Lausitzer und Mitteldeutschen Bergbaufolgelandschaft ein komplexes Modell für die möglichen Entwicklungswege und die dafür ungefähr benö-

tigten Zeiträume vorgestellt. Derartige Modelle bieten die Möglichkeit, unter Einbeziehung weiterer landschaftsökologischer Rahmenbedingungen, flächenhafte Prognosen für die Landschaftsentwicklung von Tagebaubereichen zu formulieren. Abbildung 13-8 zeigt dazu eine stark vereinfachte Darstellung.

Extrembereiche im Standortspektrum (extrem sauer und/oder hoher Kohlegehalt sowie trocken) werden über einen längeren Zeitraum lediglich von wenigen Spezialistengesellschaften wie Silbergras-Pionierfluren oder anderen Pioniergesellschaften besiedelt. Auf weniger extremen Standorten erfolgt der Übergang zu initialen Offenlandgebüschen oder Heiden bei entsprechenden Lieferbiotopen in der Umgebung schneller.

Auf mesophilen bis reichen Standorten entwickeln sich langfristig gesehen je nach Entfernung und Artenausstattung der Lieferbiotope sowie in Abhängigkeit vom Nährstoffpotenzial der Substrate eichen- und rotbuchenreiche Laubmischwälder. Eichenreiche Laubmischwälder sind insbesondere im Mitteldeutschen Trockengebiet sowie auf Substraten mit geringerer Wasserspeicherfähigkeit zu erwarten. Bei sehr großer Entfernung zu natürlichen Rotbuchenwäldern des Tagebauumlandes ist anzunehmen, dass sich Rotbuchenwälder in Abhängigkeit von den Lieferbiotopen auf geeigneten Standorten erst über ahorn-, eschen-, linden- oder hainbuchenreiche Waldstadien entwickeln werden. Für Standorte mit extrem bis sehr stark kohlehaltigen Tertiär-Substraten wird langfristig ein Birken- bzw. Birken-Kiefernwald prognostiziert. Diese Standorte scheinen für anspruchsvollere Laubgehölze eine nur ungenügende Bodenentwicklung (biogene Nährstoff- und Humusakkumulation) aufzuweisen und sind daher lediglich für anspruchslose Pioniergehölze besiedelbar (Lorenz 2004).

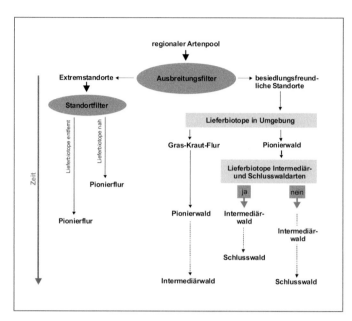

Abb. 13-8: Schaltstellen bei Sukzessionsprozessen in Bergbaufolgelandschaften. Zur Definition von Pionier-, Intermediär- und Schlusswaldstadium siehe Kasten 13-6, Abschnitt 13.7.2.

13.4.4 Habitatpräferenzen und Sukzessionsfolgen von Tierarten am Beispiel der Heuschrecken- und Ohrwurmarten

Die Bergbaufolgelandschaft bietet für einige seltene Heuschrecken- und Ohrwurmarten großflächig (Sekundär-)Lebensräume, die in der umgebenden Landschaft immer seltener, kleinflächiger und isolierter werden (Oelerich 2004, Güth et al. 2007). In Tabelle 13-6 werden diese Arten aufgelistet und ihr Auftreten in den unterschiedlichen Entwicklungsstadien der Tagebaue dargestellt. Sandohrwurm und Blauflügelige Sandschrecke beispielsweise besiedeln vegetationsarme Bereiche, die vor allem in frühen Entwicklungsstadien auftreten. Die Blauflügelige Ödlandschrecke tritt zwar häufig zusammen mit der Blauflügeligen Sandschrecke auf, sie gehört jedoch u. a. zusammen mit der Gefleckten Keulenschrecke (*Myrmeleotettix maculatus*) zu den charakteristischen Arten der Magerrasen, die vorrangig in den nachfolgenden Stadien auftreten. Die Westliche Dornschrecke bevorzugt dagegen feuchte Biotope. Diese findet sie in der Bergbaufolgelandschaft u. a. auf Rohbodenflächen der Spülkippen oder an vegetationsfreien bzw. -armen Ufern junger Tagebaugewässer.

Feuchte, gehölzfreie Biotope stellen Lebensräume weiterer gefährdeter Heuschreckenarten wie der Kurzflügeligen Schwertschrecke oder der Sumpfschrecke dar. Diese Arten könnten von dem zu erwartenden (Grund-)Wasseranstieg und dem damit potenziell verbundenen Entstehen neuer Feuchtgebiete späterer Entwicklungsstadien profitieren.

Bei den in Sachsen-Anhalt ermittelten Häufigkeiten und Bindungen an bestimmte Biotoptypen (Oelerich 2000, FLB 2003) zeigen sich große Übereinstimmungen mit den Verhältnissen in der Niederlausitzer Bergbaufolgelandschaft (Landeck und Wiedemann 1998), wobei dort vor allem tertiäre Sande als Substrate auftreten und dementsprechend häufiger Trockenrasen und Heiden mit ihren charakteristischen Heuschreckenarten zu finden sind.

13.4.5 Vom Punkt zur Fläche – regionalspezifische Entwicklungsprognosen

Für konkrete Entwicklungsprognosen einzelner Gebiete ist es notwendig, neben dem Sukzessionsfortschritt auch Veränderungen, die durch

Tab. 13-6: Auftreten naturschutzfachlich besonders bedeutender Heuschrecken- und Ohrwurmarten der Braunkohlefolgelandschaft in den unterschiedlichen Entwicklungsstadien der Tagebaue (aus Oelerich 2004).

Legende: ● = Art hat in diesen Entwicklungsstadien ihren Verbreitungsschwerpunkt, ○ = Art kann bei entsprechender Ausprägung in diesem Entwicklungsstadium auftreten, * neben charakteristischen Wald- bzw. Pionierwaldflächen kommt es auch zur Ausbildung von Röhrichten und Niedermoorbereichen sowie vegetationsarmen Bereichen auf Extremstandorten; ! = die gefährdete Art findet in der BFL zum Teil großflächig geeignete Habitate; !! = die gefährdete Art findet in der BFL zum Teil großflächig geeignete Habitate und zeigt hier höhere Stetigkeiten als in der umgebenden Landschaft; !!! = die BFL ist landesweit einer von wenigen Konzentrationspunkten dieser stark gefährdeten Art

Initialstadium (Rohbodenstadium)
　Pionierflur-/Offenlandstadium
　　Offenland-Pionierwald-Mosaik
　　　Pionierwaldstadium*
　　　　Waldstadium*

deutscher Name	wissenschaftlicher Name	Habitat	0–5	5–15	15–45	45–100	>100	Bedeutung der BFL für diese Art
			Alter in Jahren (ca.)					
Sandohrwurm	*Labidura riparia*	vegetationsarme bis -freie Habitate, Pionierfluren, Dünen, Ufer	●	●	○	?		!!!
Blauflügelige Sandschrecke	*Sphingonotus caerulans*	vegetationsarme bis -freie Habitate, Pionierfluren	●	●	○	?		!!!
Westliche Dornschrecke	*Tetrix ceperoi*	offene, wechselfeuchte Habitate; u. a. vegetationsarme Ufer von Tagebaurestseen		●	○	?		!!
Blauflügelige Ödlandschrecke	*Oedipoda caerulescens*	vegetationsarme Flächen, Pionierfluren, Trockenrasen		○	●	○		!
Feldgrille	*Gryllus campestris*	trockene Habitate mit grabbaren Substraten, u. a. an Böschungen		○	●	○	?	!
Ameisengrille	*Myrmecophilus acervorum*	unterschiedliche Lebensraumtypen, von Abbruchkanten bis zu Pionierwäldern			○	○	?	!
Sumpfschrecke	*Stethophyma grossum*	zeitweise überstaute Feuchtwiesen, Seggenrieder und lockere Röhrichte			○	●	?	!
Kurzflügelige Schwertschrecke	*Conocephalus dorsalis*	Röhrichte und Seggenrieder			○	●	?	!

den zukünftigen Grundwasseranstieg bedingt werden, zu integrieren. Dazu können Angaben aus hydrologischen Modellen verwendet werden. Für flächenkonkrete Prognosen werden, basierend auf aktuellen Biotopkartierungen und unter Einbeziehung der Standorteigenschaften (z. B. prognostizierter Grundwasserstand, Substratparameter, Relief), Flächengruppen gebildet, für die ein bestimmter Sukzessionsfortschritt angenommen wird. Anschließend können GIS-gestützte Abfragen für spezielle Fragestellungen und Verschneidungen mit Punktdaten wie beispielsweise aktuelle Vorkommen von Arten vorgenommen werden.

Abbildung 13-9 zeigt als Beispiel eine Verschneidung dieser oben genannten Parameter für eine Prognose zukünftiger Habitate der naturschutzfachlich bedeutsamen Sandschrecke

13

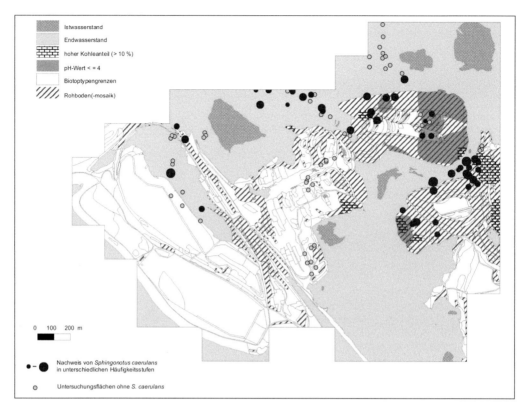

Abb. 13-9: Zukünftige Rohbodenbereiche im Untersuchungsgebiet Mücheln-Innenkippe (Prognose 2020 bis 2030, Flächen mit Kohleanteil > 10 % und pH-Wert < 4) im Vergleich zu Rohbodenmosaiken im Jahr 2000 (schraffierte Flächen) und Nachweisen der Blauflügeligen Sandschrecke (*Sphingonotus caerulans*) in neun Häufigkeitsstufen (von 1 bis über 400 Individuen pro 400 m²) (aus Oelerich 2004).

(*Sphingonotus caerulans*) im Tagebaubereich „Mücheln-Innenkippe" (Abschnitt 13.4.4). Auf einem relativ großen Anteil der aktuellen Rohboden(-mosaike) wird die natürliche Sukzession aufgrund niedriger pH-Werte (< 4,0) oder hoher Kohleanteile (> 10 %) verzögert ablaufen. Diese Bereiche werden auch nach der Flutung der Tagebaue in 20–30 Jahren vegetationsarm bleiben und stellen damit potenzielle Lebensräume für typische Rohbodenarten dar. Die Prognose der zukünftig zur Verfügung stehenden geeigneten Habitate für die Sandschrecke zeigt, dass trotz des Habitatverlustes durch Flutung und Sukzession vermutlich noch über zwei bis drei Jahrzehnte ausreichend große Habitate vorhanden sind. Voraussetzung dafür ist, dass derartige Potenzialflächen für langfristig vegetationsarme Biotopausprägungen im Rahmen der Sanierung von allen standortverbessernden Maßnahmen und/oder

Einsaaten bzw. Aufforstungen ausgenommen werden.

13.5 Bindung von Zielarten des Naturschutzes an die Entwicklungsstadien der Tagebaufolgelandschaften und Ableitung von dynamischen Zielartensystemen

Als Grundlage für Fachplanungen des Naturschutzes im Rahmen der Wiedernutzbarmachung oder für die Erstellung von Pflege- und Entwicklungsplänen wurden in Erweiterung zu den grundlegenden Arbeiten von Henle et al. (2001) Zielartenkonzepte entwickelt, die der hohen Dynamik von Bergbaufolgelandschaften gerecht werden (Tischew et al. 2004 c).

Es sollten vorrangig **Zielartenkollektive** zum Einsatz kommen, um eine möglichst breite Anwendbarkeit zu garantieren und den vielfältigen Entwicklungswegen in Bergbaufolgelandschaften zu entsprechen. Für konkrete Planungen müssen die Zielarten (Kapitel 1) an die spezifischen Standortbedingungen/Habitatstrukturen sowie die lokalen/regionalen Besonderheiten (Lieferbiotope, Verbreitungsgebiete, Arealgrenzen) angepasst werden. Bei der Auswahl der faunistischen Zielarten werden nach Möglichkeit Arten für unterschiedliche Raumebenen integriert, d. h. es werden sowohl der Raumanspruch als auch die Komplexität benötigter Reproduktions- und Nahrungsgebiete beachtet.

In Tabelle 13-7 sind beispielhaft für die einzelnen Entwicklungsstadien Zielarten der Pflanzen und Vögel aufgeführt. Unter den Pflanzen sind die Zielarten der frühen Sukzessionsstadien zumeist kurzlebige Pionierarten, die in den späteren Sukzessionsstadien von ausdauernden, aber konkurrenzschwachen Arten abgelöst werden. Aus der Gruppe der Vögel sind in den großflächig vegetationsarmen frühen Sukzessionsstadien vor allem Brachpieper (*Anthus campestris*) und Steinschmätzer (*Oenanthe oenanthe*) zu nennen. Sie kommen in späteren Sukzessionsstadien nur auf Extremstandorten mit verzögerter Vegetationsentwicklung vor. Naturschutzfachlich wertvolle Offenlandarten wie Braunkehlchen (*Saxicola rubetra*), Schwarzkehlchen (*Saxicola torquata*), Raubwürger (*Lanius excubitor*) und Grauammer (*Emberiza calandra*) finden geeignete Ersatzhabitate in den ausgedehnten offenen und halboffenen Lebensräumen der mittleren Sukzessionsstadien. In den entstehenden Feuchtgebieten nach Grundwasseranstieg sind in den späten Sukzessionsstadien (zumindest lokal) Brutvorkommen von Kranich (*Grus grus*) und Bekassine (*Gallinago gallinago*) zu erwarten.

Für Amphibien ist es sinnvoll, detaillierte **habitatspezifische Zielartenkonzepte** zu entwickeln, da bei dieser Artengruppe die individuelle Entwicklung der verschiedenen Lebensräume in Bergbaufolgelandschaften eine höhere Bedeutung besitzt als allgemeine landschaftliche Entwicklungsprozesse (Tab. 13-8).

Die Kreuzkröte (*Bufo calamita*) als typische Pionierart jüngster Sukzessionsstadien bevorzugt in der Bergbaufolgelandschaft temporäre Kleinstgewässer, z. B. in kleinen Senken, Fahrspuren u. Ä. auf zumeist bindigen bzw. stark verdichteten Böden, sowie Flachgewässer, die sich durch leichte Erwärmbarkeit und vor allem Prädatorenfreiheit auszeichnen (FBM 1999). Die Wechselkröte (*Bufo viridis*) ist eine weniger typische Pionierart als die Kreuzkröte. Temporäre Kleinstgewässer sowie vegetationsfreie, sehr junge Gewässer werden eher selten als Laichgewässer angenommen (FLB 2003). Bevorzugt werden vielmehr vegetationsarme, ausdauernde Flachgewässer bzw. ausgedehnte Flachwasserzonen junger Seen im Anfangsstadium der Flutung. Laichplätze an größeren Seen liegen hauptsächlich in wind- und somit wellenschlaggeschützten Buchten. Die Knoblauchkröte (*Pelobates fuscus*) als typische Art der mittleren (bis älteren) Sukzessionsstadien bevorzugt kleinere bis mittelgroße ausdauernde Gewässer. Zu beachten ist allerdings, dass Amphibien zu einer vergleichsweise wenig mobilen Tierartengruppe gehören und eine Besiedlung der Bergbaufolgelandschaft ganz entscheidend vom Vorkommen im Umland abhängt.

Negativindikatoren in der Entwicklung von Bergbaufolgelandschaften

Langfristig gesehen können durch konventionelle Rekultivierung eingebrachte neophytische Arten problematisch werden (Kapitel 6). Vor allem zwar standortgerechte, aber gebietsfremde Gehölze wie beispielsweise Rot-Eiche (*Quercus rubra*), Robinie (*Robinia pseudoacacia*), Schmalblättrige Ölweide (*Elaeagnus angustifolia*) und Gemeiner Bastardindigo (*Amorpha fruticosa*) breiten sich zum Teil unkontrolliert von den rekultivierten Bereichen in die Sukzessionsflächen aus. Davon sind weniger die bereits geschlossenen Birken- und Kiefern-Pionierwälder als vielmehr Offenlandbereiche und Biotopmosaike betroffen. Auch Zuchtsorten und gebietsfremde Arten der Regelansaatmischungen (z. B. Schwingel-Arten, *Festuca* ssp.; Läger-Rispe, *Poa supina*; Höckerfrüchtiger Wiesenknopf, *Sanguisorba muricata*) stellen ein Problem dar, dessen Folgen wie die Einengung der genetischen Diversität oder Auskreuzungseffekte bisher nur unzureichend in der Renaturie-

Tab. 13-7: Dynamisches Leitbild- und Zielartenkonzept für Bergbaufolgeflächen (Beispiel Mitteldeutsche Reviere; fett gedruckte Arten = Vorkommensschwerpunkt, stark gekürzt nach Tischew et al. 2004c).

Stadium	Initialstadium	frühes Entwicklungsstadium	mittleres Entwicklungsstadium	spätes Entwicklungsstadium	Reifestadium
Alter	0–5 Jahre	> 5–15 Jahre	> 15–45 Jahre	> 45–100 Jahre	> 100 Jahre
Leitbild Biotopausstattung	Rohboden, Pioniervegetation, initiale Röhrichte	Mosaike: Rohboden, Pioniervegetation, lückige Gras-Krautfluren, artenreiche Röhrichte	Mosaike: Offenland, Gebüschgruppen, Pionierwälder, Röhrichte, Niedermoorinitiale, vegetationsarme Bereiche auf Extremstandorten	zumeist dichte Vorwaldbereiche durchsetzt mit überwiegend verbuschten Offenlandbereichen, junge Niedermoore, vegetationsarme Bereiche auf Extremstandorten	vorrangig Wälder, Röhrichte, Feuchtvegetation, Niedermoore, wenig Offenland- und Extremstandorte: tertiäre Rohböden, Erosionsrinnen
Zielarten Pflanzen (sandige und trockene Standorte)	*Filago arvensis, Scleranthus polycarpos*	***Filago arvensis**, Scleranthus polycarpos, Dianthus deltoides, Helichrysum arenarium*	*Filago arvensis,* ***Helichrysum arenarium**, Dianthus deltoides,* ***Botrychium matricariifolium**,* ***Botrychium lunaria***	*Filago arvensis, Helichrysum arenarium, Botrychium matricariifolium, Botrychium lunaria, Pyrola rotundifolia*	*Pyrola rotundifolia, Chimaphila umbellata*
Zielarten Pflanzen (nasse und wechselfeuchte Standorte)	**Nanocyperion-Arten:** *Limosella aquatica, Centaurium pulchellum*	*Epipactis palustris, Equisetum palustre, Eriophorum angustifolium, Limosella aquatica, Centaurium pulchellum, Pulicaria dysenterica*	***Epipactis palustris, Dactylorhiza incarnata**, D. maculata, Equisetum palustre, Eriophorum angustifolium,* ***Ophioglossum vulgatum**, Utricularia australis*	*Eriophorum angustifolium, Equisetum palustre, Epipactis palustris, Dactylorhiza incarnata, D. maculata, Salix repens, Utricularia australis*	*Salix repens, Eriophorum angustifolium, Epipactis palustris, Equisetum palustre, Dactylorhiza incarnata, D. maculata, Utricularia australis*
Zielarten Vögel	Brachpieper, Steinschmätzer	Brachpieper, Steinschmätzer	Offenland(-Mosaike): Raubwürger, Grauammer, Braunkehlchen, Schwarzkehlchen, Sperbergrasmücke Röhrichte: Rohrdommel, Blaukehlchen	Vorwälder: keine großflächige Röhrichte: Rohrdommel großflächige Feuchtgebiete: lokal Kranich, Bekassine	Wälder: arten- und individuenreiche Greifvogel- und Höhlenbrüterzönose Röhrichte: Rohrdommel großflächige Feuchtgebiete: lokal Kranich, Bekassine

Tab. 13-8: Habitatspezifisches Zielartenkonzept für Amphibien in der Bergbaufolgelandschaft Sachsen-Anhalts; fett gedruckte Arten = Vorkommensschwerpunkt; * nur lokal verbreitet oder selten (nach Tischew et al. 2004c).

landschaftliches Entwicklungsstadium	0–5 Jahre	> 5–15 Jahre	> 15–45 Jahre	> 45 Jahre
temporäre Kleinstgewässer	**Kreuzkröte***	Kreuzkröte*		
ausdauernde Kleingewässer		Knoblauchkröte	Kammmolch* **Knoblauchkröte**	Kammmolch* Knoblauchkröte
Flachgewässer	Kreuzkröte* Wechselkröte	Knoblauchkröte **Wechselkröte** Kreuzkröte* Laubfrosch* Moorfrosch*	**Knoblauchkröte** Wechselkröte Laubfrosch* **Moorfrosch***	Knoblauchkröte Moorfrosch*
Weiher	Wechselkröte	Knoblauchkröte Wechselkröte Laubfrosch* Seefrosch	Knoblauchkröte Wechselkröte Laubfrosch* Seefrosch	Kammmolch* Knoblauchkröte Seefrosch
See	Wechselkröte	Wechselkröte Seefrosch	Wechselkröte Seefrosch	Seefrosch

rungspraxis beachtet wurden (Bischoff und Müller-Schärer 2005). Außerdem verzögern sie auf vielen Flächen die Einwanderung von gebietseigenen Arten. Es ist anzuraten, die Populationsentwicklung von besonders invasiven Arten wie beispielsweise Rot-Eiche, Sanddorn (*Hippophaë rhamnoides*), Gemeinem Bastardindigo oder Schmalblättriger Ölweide zu beobachten, um ggf. rechtzeitig eingreifen zu können. In zukünftigen Rekultivierungsplanungen sollte generell auf den Einsatz von invasiven Neophyten verzichtet und bei allen Arten auf gebietseigene Herkünfte geachtet werden.

13.6 Renaturierung durch gezielte Förderung wertvoller Habitat- und Vernetzungsstrukturen

Vor allem bei der **Planung und Gestaltung von Restseen** kann durch die gezielte Schaffung von Biotopstrukturen der naturschutzfachliche Wert ganz maßgeblich erhöht werden. Nach Wiedemann (1998) und Reuter und Oelerich (2004) sind folgende Aspekte zu berücksichtigen:

- Entwicklung von Naturschutzseen in räumlichem Verbund zu Auen oder naturschutzfachlich wertvollen (Rest-)Seen (zur Rolle der Lieferbiotope siehe Abschnitt 13.4.3).
- Planung/Gestaltung von potenziellen Flachwasserzonen, möglichst innerhalb von Buchten und in einer von der Hauptwindrichtung abgewandten Lage; eine Alternative zum letztgenannten Punkt können auch dem Ufer vorgeschobene Dämme oder Inseln darstellen (Schutz vor Wellenschlag).
- Integration von Steilufern, die ohnehin häufig betriebsbedingt entstehen.
- Planung/Anlage von vom Hauptsee separierten Flach- oder Kleingewässern in Ufernähe des Restsees, insbesondere als Lebensräume für Amphibien und Libellen.
- Förderung der Entwicklung von Röhrichten im Bereich der zukünftigen Uferlinie durch Anlage von wasserführenden Geländemulden, vor allem bei zu erwartendem starken Wellenschlag oder steiler Uferböschung (Stolle und Sonntag 2004).

Vor allem die Kombination von strukturreichen Seen mit weiherartigen Nebengewässern zeigt in der Bergbaufolgelandschaft einen zumeist hohen naturschutzfachlichen Wert. Wertgebende Aspekte sind dabei:

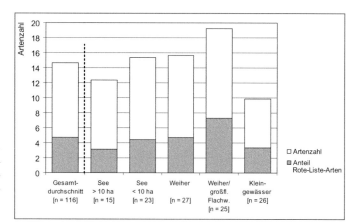

Abb. 13-10: Durchschnittliche Artenzahlen von Libellen in untersuchten Stillgewässern der Bergbaufolgelandschaft Sachsen-Anhalts in Bezug auf den Gewässertyp (aus Huth 2004).

- geringerer Wellenschlag,
- breitere Röhrichtbildung in Flachwasserbereichen,
- bessere Erwärmbarkeit des Wasserkörpers,
- ein zumeist geringerer Einfluss von Fischen als Prädatoren von Libellen- oder Amphibienlarven (Reuter und Oelerich 2004).

Am Beispiel der Libellen und Amphibien sollen diese Aussagen belegt werden. Der naturschutzfachliche Wert eines Gewässers für Libellen wird am stärksten durch den Gewässertyp sowie die Ausbildung der Röhricht- und Wasservegetation bestimmt. Aus naturschutzfachlicher Sicht ist die besondere Bedeutung des Gewässertyps „Weiher mit großen Flachwasserbereichen/große Flachgewässer" herauszustellen, in dem die meisten gefährdeten Libellenarten Stetigkeiten erreichen, die deutlich über denen der anderen Gewässertypen liegen (Abb. 13-10).

Wertvolle Libellen-Lebensräume können in Abhängigkeit von der Wasserqualität und der Vegetationsausbildung auch Weiher und kleine Seen bieten. Große Seen weisen dagegen in der Regel eine unterdurchschnittliche Artenausstattung auf. Großflächige Flachwasserbereiche als Grundlage für eine breite Röhrichtentwicklung und eine hohe Grenzlinienlänge (Gliederung des Röhrichts durch kleine Wasserflächen) erhöhen die Habitatqualität für Libellen maßgeblich (Huth 2004).

Auch die naturschutzfachliche Bedeutung der Restgewässer als Brutvogelhabitat ist in entscheidendem Maße vom Vorhandensein flacher Gewässerbereiche mit Verlandungsröhrichten ab-

hängig. In großflächigen und strukturreichen Schilfgebieten brüten Rohrdommel (*Botaurus stellaris*), Tüpfelralle (*Porzana porzana*), Blaukehlchen (*Luscinia svecica*), Drosselrohrsänger (*Acrocephalus arundinaceus*), Bartmeise (*Panurus biarmicus*) und Rohrschwirl (*Locustella luscinioides*). Rohrweihe (*Circus aeruginosus*), Wasserralle (*Rallus aquaticus*) und Teichrohrsänger (*Acrocephalus scirpaceus*) erreichen lokal hohe Siedlungsdichten. Sporadisch und lokal wurden sehr seltene Röhrichtbrüter mit hohem Gefährdungsstatus nachgewiesen, so z. B. Zwergrohrdommel (*Ixobrychus minutus*) und Kleinralle (*Porzana parva*) (Huth und Oelerich 2004).

In der Bergbaufolgelandschaft Mitteldeutschlands sind Gewässer mit extremem Wasserchemismus eher selten. Entscheidend für deren Eignung als Amphibienlaichgewässer sind vor allem:
- der Gewässer-Biotoptyp und damit verbunden die Wasserführung sowie die Gewässergröße und -morphologie,
- das Vorhandensein bestimmter Habitatstrukturen am eigentlichen Laichplatz, einschließlich der Vegetationsstrukturen (abhängig vom Sukzessionsstadium),
- der Anteil an Prädatoren (Fischbesatz!).

In nicht rekultivierten Innenkippenbereichen kann sich im Gegensatz zu den oft sehr monoton gestalteten Restseen nach dem späteren Grundwasseranstieg eine einzigartige Vielfalt an Biotopstrukturen entwickeln (Abb. 13-11).

Im **terrestrischen Bereich** sollten betriebsbedingte Geländeformen (Abschnitt 13.2.1) möglichst erhalten bleiben. Als besondere Brutstand-

Abb. 13-11: Biotopvielfalt in Bergbaufolgelandschaften. a) Abbruchkanten im Tagebau Mücheln vor der Sanierung (Foto: A. Kirmer, 1996). b) Tagebau Muldenstein, NSG Tiefkippe Schlaiz (Foto: J. Huth, 2002).

orte sind Steilwände und -abbrüche für erdhöhlen- oder nischenbrütende Vogelarten von Bedeutung. Bemerkenswert ist beispielsweise das Brutvorkommen des Bienenfressers (*Merops apiaster*) in einigen Tagebaurestlöchern im westlichen Teil der Tagebaufolgelandschaft Mitteldeutschlands (Abb. 13-11).

Besiedlungsprozesse auf Extremstandorten können oft schon dadurch gefördert werden, dass Oberflächenstrukturierungen entweder als Folge der Substratschüttung belassen oder bewusst in der Abschlussphase der Kippengestaltung hergestellt werden. Das können mehr oder weniger große Schüttrippen, aber auch kleinere Pflugstreifen sein (Lorenz 2004). Ähnliche Effekte bezüglich der Schaffung von Schutzstellen für die Keimung und Etablierung von Pflanzen haben lückige Mulchauflagen (kein Klärschlamm oder Kompost!), die einerseits die Verdunstung herabsetzen und andererseits eine schwache, aber wirkungsvolle Startdüngung bewirken (Abschnitt 13.7).

Bei rechtzeitiger Einbringung von konkreten Renaturierungszielen in die Wiedernutzbarmachungsplanungen ist es prinzipiell auch möglich, dass durch die gezielte Verkippung der obersten Substratschichten spätere Vegetationsmuster und Unterschiede in der Besiedlungsgeschwindigkeit vorbestimmt werden.

Da für die frühen Besiedlungsphasen vor allem Lieferbiotope benachbarter, älterer Abbauflächen mit ihren Pionierarten von Bedeutung sind, ist die schrittweise Ausweisung von Sukzessionsflächen im Abbauprozess prinzipiell von Vorteil.

Ältere Sukzessionsflächen stellen zugleich auch Akkumulationsräume für Pflanzenarten dar, die über Fernausbreitung und außergewöhnliche Ereignisse aus weiterer Entfernung allmählich in die Abbaugebiete eingetragen werden (Gilcher und Bruns 1999, Tränkle und Beißwenger 1999, Tischew und Kirmer 2003). Ausgehend von älteren Sukzessionsflächen können benachbarte, jüngere Flächen schneller besiedelt werden. Der Prozess der sukzessiven Besiedlung wird durch ein Mosaik von Standorten unterschiedlicher Besiedlungsfähigkeit gefördert, z. B. durch Verkippen von Substratgemischen aus unterschiedlichen geologischen Zeiträumen. Leicht besiedelbare Standorte, wie beispielsweise Geländemulden oder Quartär-Substrate, wirken als Akkumulationsräume und Lieferbiotope für weitere Besiedlungsprozesse auf Grenzstandorten, wie sie u. a. sehr trockene Standorte (z. B. Südböschungen) oder sehr saure Tertiär-Substrate darstellen. Farbtafel 13-2 zeigt ein Beispiel für sandbestimmte Lebensräume. Für die Einwanderung von Waldbodenarten ist insbesondere der Erhalt von Altwaldresten in den Abbaugebieten von größter Bedeutung, da viele Waldarten nur über sehr ineffektive Ausbreitungsmechanismen verfügen (Benkwitz et al. 2002).

13

13.7 Renaturierung über Initialensetzungen – naturnahe Methoden zur Beschleunigung der Vegetationsentwicklung

Im Abschnitt 13.3.2 wurde auf Situationen hingewiesen, in denen es notwendig ist, die Vegetationsentwicklung naturnah zu beschleunigen. Auf der Grundlage von Standortanalysen und Prognosen der spontanen Vegetationsentwicklung werden dabei Arten und Zielgesellschaften ausgewählt (z. B. Trockenrasen, Wiesen, Heiden, Vorwälder, Ufergesellschaften), die sich im Verlauf einer natürlichen Sukzession auf dem Standort einstellen würden (Tischew et al. 2006). Bei der Wahl der naturnahen Methode müssen Verfügbarkeit, Praktikabilität, Kosten, eventuelle Folgenutzungen und ein möglicher Nachsorgeaufwand (Pflege) berücksichtigt werden. Das verwendete Material sollte aus demselben Naturraum stammen. Aufgrund spezifischer Anpassungen an die jeweiligen Standortverhältnisse sind dabei Herkünfte aus vergleichbaren Biotoptypen zu bevorzugen, da die Arten so optimal an den zu begrünenden Standort angepasst sind. Eine praxisorientierte Beschreibung von Möglichkeiten und Grenzen naturnaher Begrünungsmethoden auf Rohbodenstandorten ist bei Kirmer und Tischew (2006) zu finden.

13.7.1 Entwicklung von Offenlandgesellschaften

In zahlreichen Praxisversuchen haben sich bei **Ansaaten mit gebietseigenen Herkünften** 2 000 – 3 000 Samen pro m² (= 2–5 g/m²) als ausreichende Ansaatmenge erwiesen (Stolle 1998). Auch bei schwierigen Boden- oder Substratbedingungen erreicht man damit rasch Dichten von 200–400 Pflanzen pro m², die sehr schnell ausgedehnte Wurzelsysteme entwickeln. Zu dichte Pflanzenbestände sind wesentlich anfälliger für Trockenstress und konkurrieren um vorhandene Ressourcen (Wasser, Nährstoffe). Mulchdecksaaten eignen sich besonders gut auf stärker ero-

sionsgefährdeten Flächen sowie bei schwierigen mikroklimatischen oder edaphischen Standortbedingungen, da sie

- durch die Reduktion der Aufprallenergie von Regentropfen einen effektiven Erosionsschutz bieten,
- den Boden beschatten und damit Temperaturschwankungen mildern (vor allem bei dunklen Oberflächen),
- als Verdunstungsschutz bzw. Wasserspeicher dienen,
- bei der Zersetzung eine geringe Menge an Nährstoffen freisetzen (Startdüngung),
- Mikroorganismen und Kleintiere übertragen,
- Keimung und Etablierung erleichtern (Schutzstelleneffekt).

Auf die Notwendigkeit einer Mulchauflage bei extremen Standortbedingungen auf Kippenflächen weisen auch Bauriegel et al. (2000) hin. In Kasten 13-3 werden die Ergebnisse einer sechs Jahre alten Mulchdecksaat vorgestellt.

Zur Gewinnung von frischem **samenreichen Mahdgut oder Heu** wird eine geeignete Spenderfläche zu einem Zeitpunkt gemäht, zu dem möglichst viele Zielarten fruchten. In der Regel führt ein Mahdtermin zwischen Juli und August zur Übertragung einer breiten Palette von Arten. Die Übertragung des gesamten Artenspektrums kann auch mehrere Mahdzeitpunkte erforderlich machen. Wird das Mahdgut getrocknet als samenreiches Heu ausgebracht, so spricht man von Heumulchsaat. Bei der Heublumensaat wird das feine, bei der Lagerung in Scheunen ausgefallene, samenreiche Material verwendet. Beim Heudrusch® wird das auf Ballen gerollte Mahdgut getrocknet und ausgedroschen, um die darin enthaltenen Samen zu gewinnen (markenrechtlich geschütztes Verfahren, Engelhardt 2000). Wird das Mahdgut in frischem Zustand aufgetragen, verklebt es durch den Trocknungsprozess mit dem Untergrund und kann nicht verweht werden. Heu muss dagegen mindestens eine Nacht bei windstillen Bedingungen auf der Fläche liegen bleiben, damit es durch die Aufnahme von Tau und die anschließende Trocknung ebenfalls am Untergrund haftet. Auf geneigten, stark erosionsgefährdeten Flächen sollten 1–2 kg Frischgewicht pro m² (= Auflagenhöhe 5–10 cm) ausgebracht werden. Da das Samenpotenzial im Mahdgut in der Regel sehr hoch ist, kann die Auftragsmenge

13

Kasten 13-3
Beispiel Mulchdecksaat – Zielgesellschaft Trockene Glatthaferwiese

Tagebau Roßbach: vegetationsfreie Böschung aus geschüttetem Löss; mittlerer pH-Wert 7,5; Neigung ca. 7°; Exposition West. Drillsaat von sechs Gräsern mit 496 Samen/m^2 und 15 Kräutern mit

364 Samen/m^2 (= 2 g/m^2) im September 2000; Abdeckung mit ca. 1 kg/m^2 frischem Mulchmaterial (zweiter Schnitt aus Pflegemaßnahmen von Saaledämmen) (verändert nach Kirmer 2004b).

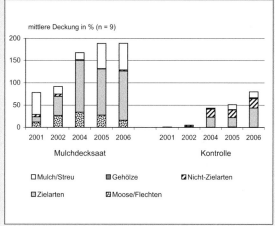

Fläche mit Mulchdecksaat nach sieben Jahren (Foto: A. Kirmer, Juni 2007).

Entwicklung der mittleren Deckung auf den Flächen mit Mulchdecksaat und auf den unbehandelten Kontrollflächen im Beobachtungszeitraum Sommer 2001 bis 2006 (Zielarten: Magerrasen- und Grünlandarten).

auf ebenen Flächen auf 0,5 – 1 kg Frischgewicht pro m^2 reduziert werden. Das Verhältnis von Auftrags- zu Entnahmefläche hängt stark von der Spenderfläche ab und schwankt zwischen 2 : 1 und 1 : 10 (Kirmer 2006a). Durch die Verwendung von gebietseigenen Herkünften werden naturraumtypische Artenkombinationen übertragen. In Kasten 13-4 wird beispielhaft eine Mahdgutübertragung vorgestellt.

Die vollständige Versetzung einer Pflanzengesellschaft an einen neuen Ort, mit dem Ziel diese weitgehend unverändert zu erhalten, wird als Habitatverpflanzung bezeichnet (Bullock 1998). Soll durch die Maßnahme nur eine Vegetationsentwicklung eingeleitet werden, können sowohl kleine Soden mit geringen Pflanzdichten pro Quadratmeter verwendet (**Sodenversetzung**) als auch der Oberboden ungeordnet aufgebracht

werden (**Sodenschüttung**). Als zwar sehr arbeitsaufwändig, aber insgesamt erfolgreich haben sich die im Mitteldeutschen und Lausitzer Raum erprobten Sodenversetzungen erwiesen (z. B. Bauriegel et al. 2000). Dabei konnten vor allem ausläuferbildende Arten die Flächen zwischen den Soden schnell besiedeln. Bei der Sodenschüttung ist zu beachten, dass mit zunehmender Tiefe die Menge an keimfähigen Samen in der Samenbank abnimmt. In der Regel wird deshalb nur die samenreiche Oberschicht bis zu einer maximalen Tiefe von 20 cm verwendet und mit einer Schichtstärke von maximal 3 – 5 cm ausgebracht (Kirmer 2006b). Blumrich (2000) konnte durch die Übertragung einer 10 cm mächtigen Oberbodenschicht aus einer etablierten Heide bereits in der ersten Vegetationsperiode ein breites Artenspektrum von Arten der Heidegesellschaften ansie-

13

Kasten 13-4
Beispiel samenreiches Mahdgut – Zielgesellschaft Magerrasen

Tagebau Mücheln, Innenkippe: vegetationsfreie Böschung aus stark kohlehaltigem, sandig-tonigem Schluff tertiären Ursprungs; mittlerer pH-Wert 5,5; 0,82 Masse-% Schwefelgehalt (Elementaranalyse); Neigung 15°; Exposition Süd. Auf-

trag von ca. 1 kg/m² frischem, samenreichen Mahdgut aus einem artenreichen Halbtrockenrasen im FND Igelsberg im August 1999 mit 83 potenziell übertragbaren Arten (verändert nach Kirmer 2004b).

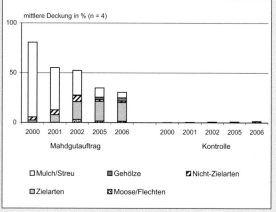

Blick auf die Fläche mit Mahdgutauftrag auf ansonsten vegetationsfreier, von starker Rinnenerosion geprägter Böschung (Foto: A. Kirmer, Juni 2002).

Entwicklung der mittleren Deckung auf den Flächen mit Mahdgutauftrag und auf den unbehandelten Kontrollflächen im Beobachtungszeitraum Sommer 2000 bis 2006 (Zielarten: Magerrasenarten, Saumarten).

deln. Der Auftrag von Oberboden wirkt durch die Erzeugung eines Mikroreliefs erosionsmindernd. Zusammen mit Mikroorganismen und Kleintieren wird besiedlungsfähiges Substrat eingebracht und die Diasporenbank aktiviert (Sodenschüttung) bzw. werden Ausbreitungsinseln geschaffen (Sodenversetzung). Kasten 13-5 zeigt das Beispiel einer Sodenschüttung.

13.7.2 Naturnahe Beschleunigung der Waldentwicklung

Wird als Renaturierungsziel eine möglichst schnelle Waldentwicklung angestrebt, so sollte

dennoch nach dem Vorbild natürlicher Entwicklungsprozesse vorgegangen werden. Auf der Basis der Ergebnisse von Tischew et al. (2004b) und Lorenz (2004) zur natürlichen Waldentwicklung in der Bergbaufolgelandschaft wurde daher in Relation zum Standort ein dynamisches **Zielwaldkonzept** entwickelt (Abb. 13-12). Die Extremstandorte (pH < 3, hydrophobe, tertiäre Sande) wurden der Vollständigkeit halber in das Schema einbezogen, obwohl sie nicht oder nur bedingt waldfähig sind. Sie sollten deshalb dem Prozessschutz vorbehalten werden. Erfolg versprechend ist eine Förderung der Waldentwicklung auf den Rohböden der Bergbaufolgelandschaft in einem relativ weiten Standortspektrum.

Grundsätzlich sollten nur dann gezielt Arten ausgebracht werden, wenn eine verzögerte

Kasten 13-5
Beispiel Sodenschüttung – Zielgesellschaft Silbergras-Pionierflur

Tagebau Goitzsche, Restloch Holzweißig-West: vegetationsfreie Böschung aus sandigem Lehm (Mischsubstrat tertiären und quartären Ursprungs); mittlerer pH-Wert 3,3; Neigung 20°; Exposition Nordwest. Auftrag von ca. 10 kg/m²

Oberboden mit Vegetationsresten und Samenbank aus einem nahe gelegenen, artenreichen Sandtrockenrasen im Juni 1995 mit 43 potenziell übertragbaren Arten (inklusive Diasporenbank) (verändert nach Kirmer 2004a).

Sodenschüttung   Kontrolle

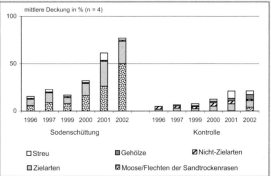

Böschungsabschnitt mit Sodenschüttung und Kontrolle nach zwei Jahren. Starke Rinnenerosion auf der unbehandelten Kontrolle (Foto: A. Kirmer, Oktober 1997).

Entwicklung der mittleren Deckung auf den Flächen mit Sodenschüttung und auf den unbehandelten Kontrollflächen im Beobachtungszeitraum Sommer 1995 bis 2002 (Zielarten: Sandtrockenrasenarten).

Besiedlung mit Pioniergehölzen aufgrund einer zu großen Entfernung oder ungünstigen Lage (Hauptwindrichtung) zu Lieferbiotopen erwartet werden kann. Ebenso ist das Einbringen von Arten reiferer Waldstadien mit fehlenden Fernausbreitungsmechanismen wie beispielsweise der Rotbuche oder anspruchsvolle, krautige Waldarten mit Selbst- oder Ameisenausbreitung sinnvoll, wenn Lieferbiotope in unmittelbarer Nachbarschaft der Pionierwälder fehlen. Abbildung 13-13 gibt einen Überblick, in welchen Zeiträumen eine Beschleunigung der Waldentwicklung möglich und sinnvoll ist. Je nach Entwicklungsstadium können dabei unterschiedliche Methoden der Initialensetzung zum Einsatz gelangen (zur Definition von Pionier-, Intermediär- und Schlusswaldstadium siehe Kasten 13-6). Vor allem auf erosionsgefährdeten Böschungen sowie bei einer Gefahr von Staubstürmen (z. B. bei Lockersanden) in der Nähe von Ortschaften sind naturnahe Methoden besonders geeignet, eine schnelle Waldentwicklung zu initiieren. Um dem Ziel einer ungestörten Entwicklung zu entsprechen, sollten Initialensetzungsmaßnahmen in Prozessschutzgebieten grundsätzlich nicht durchgeführt werden.

Zur Initiierung einer naturnahen Waldentwicklung auf Rohböden in der Bergbaufolgelandschaft haben sich **Saaten mit Hängebirke und Waldkiefer** (*Pinus sylvestris*) als sehr erfolgreich erwiesen (Lorenz 2006). Die Waldkiefer ist dabei auf sehr trockenen, sauren und sandigen Böden die charakteristische, pionierwaldbildende Baumart. Die Saat mit Pioniergehölzen besitzt

13

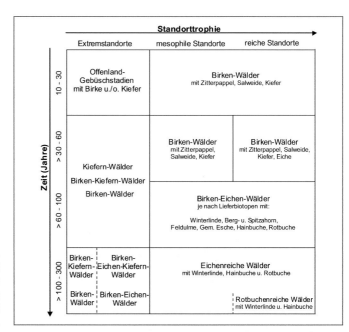

Abb. 13-12: Dynamisches Zielwaldkonzept: nach Standort und
zeitlichem Entwicklungsstadium
differenzierte Zielwaldtypen
(Tischew et al. 2004b, Lorenz und
Tischew 2004).

Kasten 13-6
Stadien der Waldentwicklung auf großflächigen, sterilen Rohböden

1. **Pionierwaldstadium:** Wälder im Pioniersta-
dium sind geprägt durch kurzlebige, anspruchslose, an Fernausbreitung angepasste
Baumarten wie beispielsweise Birke, Kiefer,
Pappel- und Weidenarten (Pionierbaumarten).
Bedingt durch den hohen Lichteinfall und die
Nährstoffarmut treten in der Krautschicht primär lichtliebende, konkurrenzschwache Arten
auf.

2. **Intermediärwaldstadium:** Mäßig lichtrei-
ches Übergangsstadium zwischen Pionier-
und Schlusswaldstadium mit fortgeschrittener
Bodenentwicklung. In diesen Wäldern können
sowohl Pionier- als auch Schlusswaldarten in
der Kraut-, Strauch- und Baumschicht sowie
speziell an dieses Übergangsstadium angepasste Arten vorkommen (z. B. Ahorn-Arten,
Acer spp.).

3. **Schlusswaldstadium:** Durch natürliche Sukzession entwickeln sich aus Pionierwäldern
über ein Intermediärwaldstadium Schlusswälder. Diese weisen gegenüber früheren
Waldentwicklungsstadien einen geringeren
Lichteinfall, eine höhere Nährstoff- und Humusakkumulation und einen ausgegliche-ne-
ren Wasserhaushalt auf. In der Krautschicht
treten typische, anspruchsvolle Waldbodenarten auf, die oftmals keine Mechanismen der
Fernausbreitung besitzen. Charakteristische
Baumarten der Schlusswälder sind je nach
Standortbedingungen Stiel- und Traubenei-
che, Winterlinde, Hainbuche sowie Rotbuche.
Auf Extremstandorten können typische Pionierbaumarten ebenfalls an der Schlusswald-
gesellschaft beteiligt sein.

13

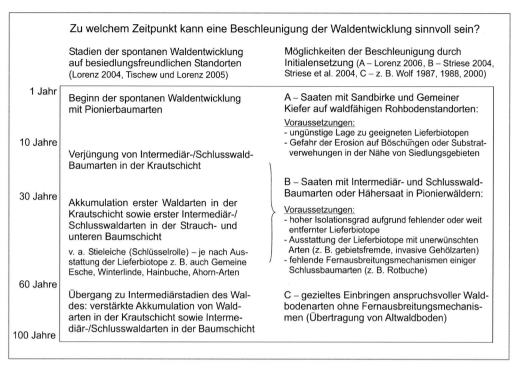

Abb. 13-13: Zeiträume für die Anwendung verschiedener Verfahren zur Beschleunigung der Waldentwicklung auf Folgeflächen des Braunkohlebergbaus unter Berücksichtigung natürlicher Besiedlungsfolgen.

gegenüber der zumeist konventionell durchgeführten Pflanzung mit anspruchsvollen, spätsukzessionalen Baumarten eine Reihe von Vorteilen. So kann beispielsweise aufgrund des schnellen Jugendwachstums der Pioniergehölze in kurzen Zeiträumen sehr schnell ein Begrünungseffekt erzielt werden. Außerdem sind Saaten gegenüber Pflanzungen, insbesondere auf den Extremstandorten der Bergbaufolgelandschaft kostengünstiger, da teure Nachpflanzungen für Ausfälle – wie sie bei konventionellen Pflanzungen mit anspruchsvollen Baumarten oft auftreten – nicht notwendig sind. Zudem kann auf bodenverbessernde Maßnahmen wie Düngung oder Kalkung verzichtet und das natürliche Standortpotenzial (v. a. Nährstoffarmut) erhalten werden.

Zur Entwicklung von Birken- oder Birken-Kiefernwäldern eignen sich je nach Standortbedingungen sowohl ansaatlose Verfahren, bei denen vor allem auf eine Verbesserung des Keimbetts gesetzt wird, als auch Verfahren der direkten Saat (Abb. 13-14). Je günstiger die Standortbedingungen im Hinblick auf das Keimbett und die

Lage zu Lieferbiotopen sind, umso geringer muss der Aufwand für die Initialensetzungsmaßnahme betrieben werden. Oberste Maxime sollte sein, das Renaturierungsziel „Waldentwicklung" mit möglichst geringem Aufwand zu erreichen (Kapitel 6).

Saaten mit Birke oder Kiefer können als Winter- oder Schneesaat im Zeitraum Februar bis März durchgeführt werden. Eine Saat auf verharschtem Schnee führt jedoch zur Verwehung des Saatgutes und sollte vermieden werden. Auf überwehungs- und erosionsgefährdeten Standorten erhöht sich die Anzahl erfolgreich etablierter Individuen durch eine flächige Mulchauflage. Bei weniger erosionsgefährdeten Standorten kann die Saat auch als Streifensaat durchgeführt werden (Abb. 13-15). Die Anlage der Saatstreifen erfolgt dabei mit einem Waldmeisterpflug. Bei besonders guten Standortbedingungen hinsichtlich Bodenfeuchtigkeit und Nährstoffversorgung ist auch eine Saat von Intermediär- und Schlusswald-Baumarten wie beispielsweise Winterlinde (*Tilia cordata*), Hainbuche (*Carpinus betulus*) oder

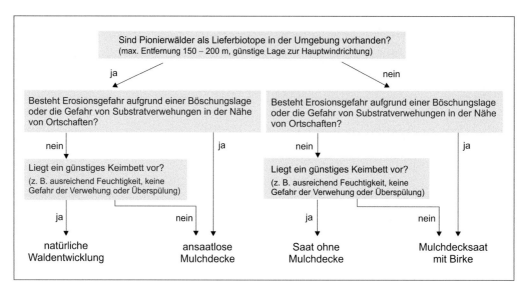

Abb. 13-14: Verfahren zur Entwicklung von Pionierwäldern auf Rohböden in Abhängigkeit von der Lage zu Lieferbiotopen, des Keimbetts und des Grades der Erosionsgefährdung durch Wind oder Wasser.

Gemeine Esche (*Fraxinus excelsior*) erfolgreich, wenn sie zusammen mit der Birke in eine Mulchauflage gesät werden. Die anspruchsvolleren Baumarten entwickeln sich unter dem Schirm der deutlich schneller wachsenden Birken, der Schutz vor klimatischen Extrembedingungen bietet. Detaillierte Empfehlungen zur Umsetzung solcher Saatverfahren können Lorenz (2006) entnommen werden.

In bereits entwickelte Pionierwälder können bei fehlenden Lieferbiotopen in der Umgebung der Tagebaugebiete gezielt **Intermediär- und Schlusswald-Baumarten** eingesät werden (Abb. 13-13; Striese 2004, Tischew et al. 2004b). Da diese **Saaten** wiederholt vorgenommen werden können, lassen sich so mit geringem finanziellem Aufwand in den Wäldern differenzierte Raum- und Altersstrukturen erzeugen. Als unerwartet erfolgreich hat sich dabei neben den Eichenarten (*Quercus robur, Q. petraea*), der Winterlinde und der Gemeinen Esche vor allem auch die allgemein als anspruchsvoll geltende Rotbuche erwiesen

Abb. 13-15: a) Manuelle Saat in Streifen im ehemaligen Braunkohletagebau Roßbach bei Weißenfels im Februar 2001. b) Aus Birken-Kiefern-Saat hervorgegangener initialer Pionierwald im ehemaligen Braunkohletagebaugebiet Bärwalde im Jahr 2005 (Lausitz). Entwicklungszustand nach fünf Jahren (Fotos: A. Lorenz).

13

Abb. 13-16: Über manuelle Saat eingebrachte Intermediär- und Schlusswald-Baumarten in Birkenpionierwäldern auf der Halde Neukieritzsch, Mitteldeutsches Braunkohlerevier: a) Stieleiche (*Quercus robur*), b) Rotbuche (*Fagus sylvatica*), c) Hainbuche (*Carpinus betulus*) nach einem Entwicklungszeitraum von sechs Jahren (Fotos: M. Boronczyk, 2006).

(Abb. 13-16, Abb. 13-17). Das ist auch auf die frühe Adaption an den Standort und die Vermeidung eines „Pflanzschocks" zurückzuführen, wie er in der Regel bei der Aufzucht unter Baumschulbedingungen zu erwarten ist. Die Eichenarten lassen sich außerdem auch mittels **Häher-saat** erfolgreich ausbringen. Dabei werden vom Eichelhäher die Früchte aus aufgehängten Kästen entnommen und ausgebreitet (Striese et al. 2004). Eine Übertragung von humosem Oberboden aus Altwäldern in die oft isoliert liegenden Kippenwälder ist eine sinnvolle Möglichkeit, um die sich sehr langsam ausbreitenden Waldbodenarten einzubringen (Abb. 13-13). Damit können neben

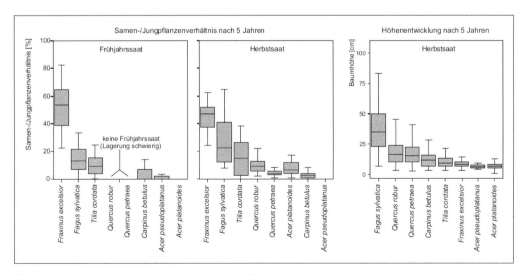

Abb. 13-17: Samen-/Jungpflanzenverhältnisse und Höhenentwicklung ausgewählter, in Pionierwäldern der Bergbaufolgelandschaft gesäter Baumarten nach einem Entwicklungszeitraum von fünf Jahren. Für die Samen-/Jungpflanzenverhältnisse wurde die potenzielle Keimfähigkeit berücksichtigt.

13

den Samen der Waldbodenpflanzen auch Pilze und Bodentiere übertragen werden (z. B. Wolf 1987, 1998, 2000).

13.8 Monitoring der Entwicklungsprozesse

Ein Monitoring soll dazu beitragen, Entwicklungen der Renaturierungsflächen zu erkennen und Konflikten oder Gefährdungen durch die **Ableitung problem- und regionalspezifischer Managementmodelle** frühzeitig zu begegnen (Kapitel 1). Es stellt eine **Erfolgskontrolle** der durchgeführten Renaturierungsmaßnahmen dar und setzt klare Ziele und Leitbilder des Naturschutzes voraus, für die entsprechende Indikatoren für die Zielerreichung (und deren Grenzwerte) festgelegt werden müssen. Folgende Besonderheiten sind bei einem Monitoring von Renaturierungsflächen in Bergbaufolgelandschaften besonders zu beachten:

- Aufgrund der hohen Dynamik in Bergbaufolgelandschaften muss eine Erfolgskontrolle der Ausprägung naturschutzfachlicher Potenziale, die für ein bestimmtes Entwicklungsstadium der Bergbaufolgelandschaft zu erwarten sind, durchgeführt werden. Damit müssen aufgrund der fortschreitenden Sukzession die Monitoringobjekte (z. B. Ziel- und Indikatorarten, Biotoptypen) fortlaufend angepasst werden. Das dynamische Leitbild- und Zielartenkonzept für Bergbaufolgeflächen in Abschnitt 13.5 bietet dafür eine Grundlage.
- Die in den nächsten Jahren stattfindende Flutung der Tagebaue bzw. der Grundwasserwiederanstieg wird zu einer komplexen Reaktion der semiaquatischen und terrestrischen Ökosysteme ganzer Regionen der Bergbaufolgelandschaft und des angrenzenden Umlandes führen. Dadurch müssen ggf Renaturierungsziele modifiziert oder andere Flächen in die Gebietskulisse aufgenommen werden (z. B. Vernässungsflächen ehemaliger Aufforstungsgebiete).
- Handlungsoptionen im Sinne eines nachhaltigen Managements von Bergbaufolgeflächen müssen in regionale und überregionale Planungen eingebunden werden (Biotopverbund-

planungen, Planung von Kompensations- oder Renaturierungsmaßnahmen, Tagebaufolgeflächen als Lieferbiotope und Trittsteine für naturschutzfachlich wertvolle Arten).

Monitoringflächen sollten darüber hinaus in ein länderübergreifendes Netz eingebunden werden, um Schutzgebietssysteme über Ländergrenzen hinweg zu entwickeln.

Zur Analyse und Bewertung der ökosystemaren Entwicklungsprozesse in der Bergbaufolgelandschaft wird ein **hierarchisch aufgebautes Monitoring** vorgeschlagen, das verschiedene Organisationsniveaus und Maßstabebenen der Landschaft integriert (Tischew und Oelerich 2004, Nocker et al. 2007b). Die Analysen und Bewertungen auf der Ebene von Zönosen und Biotopen werden aufgrund ihrer Komplexität nur für ausgewählte repräsentative Bereiche der Bergbaufolgelandschaft möglich sein. Aufgrund des höheren Aggregierungsgrades sind sie aber in ihrer Ausprägung weniger als Einzelarten durch witterungsbedingte Fluktuationen geprägt und für Monitoringaufgaben in größeren Zeitintervallen gut geeignet (Tischew und Baasch 2004). Langfristig ist vor allem auf der Ebene der Biotope (Verteilung, Ausprägung, Diversität) aufgrund der Größe vieler Renaturierungsgebiete eine stärkere Integration von kostengünstigen routinemäßigen Methoden der Fernerkundung sinnvoll (Birger 2002, Nocker et al. 2007a). Vor allem hochauflösende Satellitendaten sind geeignet, multiskalare Auswertungsansätze anzuwenden. Nocker et al. (2007a, b) konnten dazu Strukturparameter ermitteln, die als Indikatoren zur Überwachung der Landschafts- und Biodiversitätsdynamik auf unterschiedlichen Hierarchieebenen anwendbar sind. Die Entwicklung eines länderübergreifenden Monitoringkonzepts für Bergbaufolgelandschaften steht bisher noch aus.

13.9 Schlussfolgerungen und Forschungsbedarf für Wissenschaft und Praxis

Derzeit sind in den aktuellen Braunkohleplänen für deutsche Abbaugebiete zwischen 15 % und 20 % der in Anspruch genommenen Fläche für

Vorranggebiete des Naturschutzes (Planungskategorie „Natur und Landschaft" oder „Renaturierungsfläche") vorgesehen. Diese können bei einer zielgerichteten Besucherlenkung auch durch sanften Tourismus genutzt werden. Renaturierungsflächen sollten vor allem einen möglichst hohen Anteil an Sukzessionsflächen mit ausgeprägter bergbautypischer Strukturvielfalt aufweisen. Die dynamischen Prozesse auf diesen Standorten bieten vielen gefährdeten Arten räumliche und zeitliche Etablierungsnischen, deshalb weisen Sukzessionsflächen einen überdurchschnittlich hohen Artenreichtum auf (u. a. Wiegleb et al. 2000, Tischew und Kirmer 2003, Hodačvá und Prach 2003).

Für die Auswahl und naturnahe Gestaltung der Vorranggebiete „Natur und Landschaft/Erholung" und „Forstwirtschaft" wurde für den Sanierungstagebau ein Konzept erarbeitet (Abb. 13-18), das die optimale Nutzung der Entwicklungspotenziale der Bergbaufolgelandschaft ermöglicht.

Im aktiven Tagebau sollte darüber hinaus zukünftig stärker auf die Qualität der Flächen im Sinne vielfältiger Entwicklungspotenziale für den Naturschutz geachtet werden. Dazu sind Entwicklungsziele frühzeitig zu definieren und geeignete Maßnahmen zur Flächengestaltung, wie z. B. Substratauswahl, Reliefgestaltung, Lage und Flächengröße, sehr zeitig in die Sanierungs- und Wiedernutzbarmachungsplanung zu integrieren. Unter Berücksichtigung naturschutzfachlicher Aspekte kann schon bei der Verkippung der Materialien auf einen entsprechenden Anteil an Tertiär- und Mischsubstraten geachtet werden.

Auf Flächen mit Vorrangnutzung Naturschutz ist auf Ansaaten mit Regelsaatgutmischungen und Aufforstungen zu verzichten, da Offenlandbiotope oder spontan entwickelte Gebüschstadien und Pionierwälder meist einen deutlich höheren naturschutzfachlichen Wert besitzen und im Sukzessionsverlauf ohnehin entstehen. Auf Rohbodenflächen mit einer bergbautechnisch nicht tolerierbaren Erosionsgefahr oder in der Nähe von Ortschaften, bei denen eine Staubbelastungsgefahr infolge Substratverwehung besteht, stehen in Abhängigkeit von den Standortbedingungen und den gewünschten Zielbiotopen verschiedene Methoden der naturnahen Einleitung oder Beschleunigung einer Vegetationsentwicklung zur Verfügung (Abb. 13-18, Abschnitt 13.7). Ggf. können aber auch Absperrungen,

Schutzpflanzungen oder natürliche Barrieren errichtet werden (z. B. durch Insellagen, Planung der Wegeführung), um solche Flächen trotzdem als Prozessschutzflächen auszuweisen.

Ein **Management der Entwicklungsprozesse** wird vor allem dann notwendig, wenn Populationen, die im Landschaftsraum inzwischen ihren eindeutigen Verbreitungsschwerpunkt in der Bergbaufolgelandschaft besitzen, in ihrer weiteren Entwicklung gefährdet sind. Neben den im Naturschutz allgemein etablierten Maßnahmen bieten sich Kippenflächen dazu an, in großen zeitlichen Intervallen erneut Rohbodenflächen durch Abschieben zu schaffen.

Die naturschutzfachlichen Entwicklungspotenziale von Abbaugebieten werden für viele Arten erst dann wirksam, wenn die landschaftsökologischen Besonderheiten „Unzerschnittenheit", „Störungsarmut" und „Nährstoffarmut" langfristig gesichert werden können (Abschnitt 13.2; Köck 1999, Tischew und Kirmer 2007). Dazu bedarf es ausreichend großer, zusammenhängender Vorranggebiete für den Naturschutz (mindestens 400 ha, möglichst 2 000 ha), um **Randeffekte** zu **minimieren**. Außerdem können nur bei ausreichend großen Flächen mit unterschiedlich besiedelbaren Standorten kontinuierlich Rückzugsräume für konkurrenzschwache Arten erhalten bleiben, da sonst die Habitate durch fortschreitende Sukzession relativ schnell verloren gehen. Diese großflächigen Biotopmosaike sind zudem wichtige Habitate für viele Tierarten mit größeren Aktionsräumen und differenzierten Ansprüchen an Habitatstrukturen (z. B. strukturell differenzierte Nahrungs- und Bruthabitate).

In der gewachsenen Landschaft verhindern Nährstoffreichtum und Konkurrenzdruck häufig die Etablierung von Zielarten. Dies steht im Gegensatz zu den Ergebnissen der Einwanderungsanalysen und der Initialensetzungen in Bergbaufolgelandschaften. Bergbauflächen sind für prozessorientierte Renaturierung oft besser geeignet als Flächen in der Kulturlandschaft, da spontane Sukzessionsprozesse häufiger zu naturschutzfachlich wertvollen Lebensgemeinschaften und Ökosystemen führen. Auf nährstoffreichen Standorten in der Kulturlandschaft (z. B. Acker- und Grünlandbrachen) entstehen dagegen Ökosysteme, die ohnehin häufig sind. Werden die Kippenflächen jedoch im Zuge bodenverbessern-

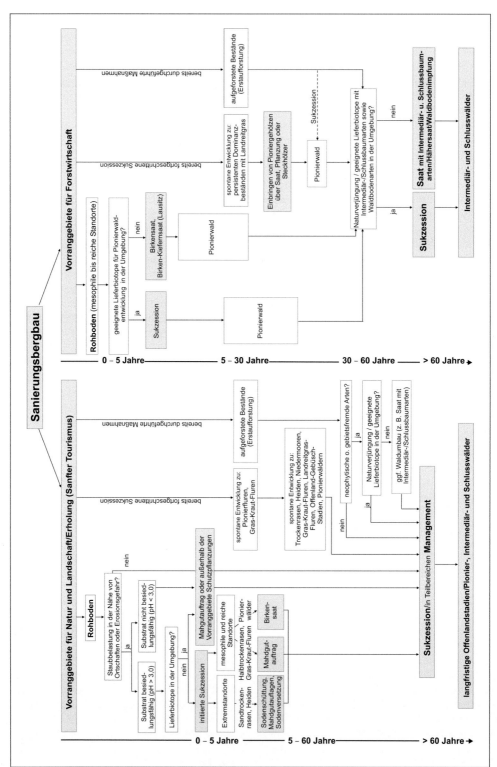

Abb. 13-18: Zusammenfassendes Entscheidungsschema für den Sanierungstagebau (Tischew et al. 2004b, Lorenz und Tischew 2004).

der Maßnahmen gedüngt oder grundmelioriert, gehen die naturschutzfachlichen Entwicklungspotenziale der Flächen verloren.

Abresch et al. (2000) weisen in einem vom Bundesamt für Naturschutz geförderten Vorhaben darauf hin, dass sich die ökologische Wirksamkeit von Sanierungsmaßnahmen durch den Einsatz einer Vielzahl von Instrumenten auch in rechtlicher Hinsicht verbessern lässt. Der Handlungsspielraum für eine Entscheidung zugunsten eines stark minimierten Sanierungsaufwands und für ein verstärktes Zulassen natürlicher Entwicklungsprozesse ist dabei größer als angenommen und stellt ein bedeutendes volkswirtschaftliches Potenzial für Einsparungen dar.

Neben den Anforderungen an Vorrangflächen für Naturschutz sollte aber auch dringend darauf hingewiesen werden, dass auch auf **Bergbauflächen mit anderen Folgenutzungen Mindeststandards im Hinblick auf die Entwicklung ökologischer Verbundstrukturen** beachtet werden. Hecken und Säume sowie Feldgehölze sollten die bislang häufig sehr eintönigen landwirtschaftlichen Flächen auf Kippen bereichern.

Die gewonnenen Erkenntnisse zur spontanen Waldentwicklung in der Bergbaufolgelandschaft sind in hohem Maße für die **forstwirtschaftliche Rekultivierung** relevant, da sie Möglichkeiten bieten, die Waldentwicklung an natürlichen Entwicklungsprozessen zu orientieren ("Ökologische Automation", Thomasius und Schmidt 2003, Lorenz 2004). Das bedeutet, dass neben Standortpotenzialen sowie lokalen und regionalen Besonderheiten auch zeitliche Entwicklungsstadien berücksichtigt werden (Kapitel 6). Bei der Waldentwicklung in der Bergbaufolgelandschaft müssen künftig stärker Sukzessionsprozesse integriert werden. Dies ist sowohl zu Beginn, bei der Entwicklung von Pionierwäldern als auch bei der Entwicklung von Intermediär- oder Schlusswäldern möglich.

Die Untersuchungen zur natürlichen Waldentwicklung auf Kippenflächen haben gezeigt, dass für initiale Besiedlungsprozesse weniger die Standortgüte entscheidend ist, sondern vielmehr Kriterien wie das Vorhandensein eines bewegten, heterogenen Mikroreliefs oder die Nähe zu Samenquellen. Bei günstigen Voraussetzungen liegt der Besiedlungsbeginn im Zeitraum von 1–7 (10) Jahren (Lorenz 2004). Erste Bestrebungen, auf diese Weise Wald zu entwickeln, gibt es bereits in Sachsen-Anhalt. Dort wurden durch die LMBV mbH auf 442 ha forstlicher Rekultivierungsfläche Pionierwälder über natürliche Sukzession begründet und in die entsprechende forstliche Nutzung integriert (Mette et al. 2003).

Zukünftig sollte bei einer naturschutzorientierten Sanierungs- bzw. Wiedernutzbarmachungsplanung bereits zu einem sehr frühen Zeitpunkt, begleitend zu den Forschungs- und Planungsvorhaben, eine intensivere **Öffentlichkeitsarbeit** erfolgen (Kapitel 17). Die Fachkompetenz und die finanziellen Ressourcen, die für eine erfolgreiche Begleitung des Umsetzungsprozesses notwendig sind, werden oft unterschätzt (Wiegleb 2000). Dass eine **„Wildnisentwicklung"** im urban-industriellen Raum sehr wohl von den meisten Bevölkerungsgruppen akzeptiert und auch für Erholungszwecke genutzt wird, belegen empirische soziologische Studien aus dem Ruhrgebiet (Keil 2003). Sich selbst überlassene und dynamisch entwickelnde „Wildnisgebiete" können daher nicht nur zum Erhalt von Biodiversität beitragen, sondern großflächig interessante und sich dynamisch verändernde attraktive Erholungsräume für die in der Region lebende Bevölkerung bereitstellen (Tischew und Lorenz 2005).

Die Entwicklung von Biotopstrukturen und Lebensgemeinschaften sind im Gegensatz zu denen gewachsener Landschaften durch stärkere **Prognoseunsicherheiten** bezüglich der Sukzessionsrichtung und -geschwindigkeit gekennzeichnet. Eine wesentliche Aufgabe für die **Renaturierungsforschung** ist es deshalb, weitere Fallstudien zu spontanen Entwicklungsprozessen zu initiieren und im Rahmen eines Monitorings über mehrere Jahrzehnte fortzuführen. Hier kann im Gegensatz zu den Chronosequenzserien die Gefahr der Generalisierung von „Pseudo-Trends", die allein auf die Individualität der Flächen bezüglich des Vorkommens und der Artenausstattung der Lieferbiotope oder der spezifischen Standortfaktoren zurückgehen, ausgeschlossen werden. Neben diesen grundlagenorientierten Forschungsansätzen ist die Entwicklung eines länderübergreifenden Monitorings bei Beachtung der spezifischen Bedingungen von Bergbaufolgelandschaften eine wichtige Aufgabe der Renaturierungsökologie. Schwerpunkte der Forschungsarbeiten sollten dabei Aspekte wie belastbare Trendanalysen, Bewertungsansätze der

13

Monitoringergebnisse und Ableitung von Handlungsoptionen darstellen (Abschnitt 13.8). Vor allem die Steuerung negativer Entwicklungstendenzen, wie die in einigen Regionen massive Einwanderung von Neophyten aus Anpflanzungen in Sukzessionsbereiche oder die kaum untersuchte Massenvermehrung von Neozoen in den großen Restseen stellt die Wissenschaftler vor große Herausforderungen. Ein weiterer Schwerpunkt ist die Fragestellung, wie in Zukunft mit Bergbaufolgeflächen umgegangen wird, die als Prozessschutzflächen ausgewiesen wurden und sich zu FFH-relevanten Habitaten für Arten der Offenland- bzw. Halboffenlandschaften entwickelt haben. Hier müssen für Teilbereiche der Bergbaufolgelandschaft angepasste und tragfähige Strategien zur Offenhaltung entwickelt werden.

Danksagung

Die Untersuchungen, denen die Ergebnisse zugrunde liegen, wurden durch das Bundesministerium für Bildung und Forschung (BMBF), die Deutsche Bundesstiftung Umwelt, das Land Sachsen-Anhalt, die Lausitzer und Mitteldeutsche Bergbau-Verwaltungsgesellschaft (LMBV) und die Europäische Union finanziert.

Wir danken allen Mitstreitern für eine naturnähere Gestaltung und Entwicklung von Bergbaufolgelandschaften, für ihr Engagement und die zahlreichen Anregungen, die eine wesentliche Grundlage für die in diesem Kapitel dargestellten Ergebnisse sind. Ganz besonders möchten wir Herrn Prof. Dr. Gerhard Wiegleb (BTU Cottbus) für die konstruktive und kritische Durchsicht des Kapitels danken.

Literaturverzeichnis

Abresch J-P, Gassner E, Korff J v (2000) Naturschutz und Braunkohlensanierung. *Angewandte Landschaftsökologie* 27. Bundesamt für Naturschutz, Bonn Bad Godesberg

Al Hussein IA, Bergmann S, Funke T, Huth J, Oelerich H-M, Reuter M, Tietze F, Witsack W (1999) Die Tierwelt der Bergbaufolgelandschaften. Naturschutz im Land Sachsen-Anhalt. Sonderheft Braunkohlenbergbau-Folgelandschaften. 23–40

Altmoos M, Durka W (1998) Prozessschutz in Bergbaufolgelandschaften. *Naturschutz und Landschaftsplanung* 30: 291–297

Barndt D, Landeck I, Wiedemann D (2006) Sukzession der Laufkäferfauna (Coleoptera, Carabidae) in der Bergbaufolgelandschaft Grünhaus (Brandenburg: Niederlausitz). *Märkische Entomologische Nachrichten* 8 (1): 81–112

Bartha S (1992) Preliminary scaling for multi-species coalitions in primary succession. *Abstracta Botanica* 16: 31–41

Bauer HJ (1998) Naturschutz und Landschaftspflege. In: Pflug W (Hrsg) Braunkohlentagebau und Rekultivierung – Landschaftsökologie, Folgenutzung, Naturschutz. Springer Verlag, Berlin, Heidelberg, New York. 171–178

Bauriegel E, Krause M, Wiegleb G (2000) Experimentelle Untersuchungen zur Initialensetzung von Trockenrasen in der Niederlausitzer Bergbaufolgelandschaft. In: Wiegleb D, Bröring U, Mrzljak J, Schulz F (Hrsg) Naturschutz in Bergbaufolgelandschaften – Landschaftsanalyse und Leitbildentwicklung. Physica Verlag, Heidelberg. 177–201

Benkwitz S, Tischew S, Lebender A (2002) „Arche Noah" für Pflanzen? Zur Bedeutung von Altwaldresten für die Wiederbesiedlungsprozesse im Tagebaugebiet Goitzsche. *Hercynia N. F.* 35: 181–214

Bergmann S, Witsack W (2002) Zur Arthropodenfauna von Tagebaufolgelandschaften Sachsen-Anhalts. I. Landasseln (Oniscoidea, Isopoda, Crustacea). *Hercynia N. F.* 34: 261–283

Besch-Frotscher W (2004) Rahmenbedingungen der Renaturierung von Braunkohlen-Bergbaufolgelandschaften. In: Tischew S (Hrsg) Renaturierung nach dem Braunkohleabbau. Teubner-Verlag, Wiesbaden. 17–30

Birger J (2002) Multisensorale und multitemporale Fernerkundungsdaten zur Erfassung, Differenzierung und Veränderungsanalyse ausgewählter Vegetationsstrukturen der Bergbaufolgelandschaft Mitteldeutschlands. Dissertation Martin-Luther-Universität Halle-Wittenberg

Bischoff A (2002) Dispersal and establishment of floodplain grassland species as limiting factors in restoration. *Biological Conservation* 104: 25–33

Bischoff A, Müller-Schärer H (2005) Ökologische Ausgleichsflächen: die Bedeutung der Saatherkünfte. *Hotspot* 11: 17

Blumrich H (2000) Potentiale der Renaturierung und Initialensetzung von Zwergstrauchheiden in der Niederlausitzer Bergbaufolgelandschaft. In: Wiegleb D, Bröring U, Mrzljak J, Schulz F (Hrsg) Naturschutz in Bergbaufolgelandschaften – Landschaftsanalyse und Leitbildentwicklung. Physica Verlag, Heidelberg. 202–216

Böcker L, Stähr F, Landeck I (1999) Zustand, Entwicklung und Behandlung von Waldökosystemen auf Kippenstandorten des Lausitzer Braunkohlenreviers als Beitrag zur Gestaltung ökologisch stabiler, multifunktional nutzbarer Bergbaufolgelandschaften. Abschlussbericht Projekt-Nr. 06733. Deutsche Bundesstiftung Umwelt, Osnabrück

Bonn S, Poschlod P (1998) Ausbreitungsbiologie der Pflanzen Mitteleuropas: Gundlagen und kulturhistorische Aspekte. Quelle und Meyer, Wiesbaden

Brunk I (2007) Diversität und Sukzession von Laufkäferzönosen in gestörten Landschaften Südbrandenburgs. Dissertation BTU Cottbus

Bullock JM (1998) Community translocation in Britain: setting objectives and measuring consequences. *Biological Conservation* 84: 199–214

Burrows FM (1975) Wind-borne seed and fruit movement. *New Phytologist* 75: 647–664

Donath H (2007) Die Entwicklung der Odonatenfauna im Gebiet des früheren Braunkohlentagebaus Schlabendoirf-Süd (Land Brandenburg, Niederlausitz über drei Jahrzehnte (Odonata). *Entomologische Nachrichten Berlin* 51: 7–13

Dunger W (1998) Immigration, Ansiedlung und Primärsukzession der Bodenfauna auf jungen Kippböden. In: Pflug W (Hrsg) Braunkohlentagebau und Rekultivierung. Springer-Verlag, Berlin, Heidelberg, New York. 635–644

Durka W, Altmoos M, Henle K (1999) Naturschutz und Landschaftspflege in Bergbaufolgelandschaften. Konzepte zur Optimierung eines Netzes von Vorrangflächen. *Schriftenreihe des Deutschen Rates für Landespflege* 70: 81–92

Engelhardt J (2000) Das Heudrusch – Verfahren im ingenieurbiologischen Sicherungsbau. *Jahrbuch der Gesellschaft für Ingenieurbiologie e. V.* 9: 165–174

Ertle C, Landeck I, Knoche D, Böcker L (2003) Umbau nichtstandortgerechter, junger Kiefern- sowie älterer Birken- und Kiefernerstaufforstungen auf Kippen und Halden der Niederlausitz in horizontal und vertikal strukturierte Mischbestände mit hoher funktionaler Wertigkeit. Abschlussbericht Teilprojekt 1 im Forschungsverbund Waldumbau zur Nachhaltssicherung der forstlichen Nutzung (FKZ 0339770), FIB Finsterwalde

FBM (Forschungsverbund Braunkohlenfolgelandschaften Mitteldeutschlands) (1999) Konzepte für die Erhaltung, Gestaltung und Vernetzung wertvoller Biotope und Sukzessionsflächen in ausgewählten Tagebausystemen. unveröff. Abschlussbericht. Auftraggeber: BMBF, LMBV, Land Sachsen Anhalt; Projektlaufzeit: 1995–1998

Felinks B (2000) Primärsukzession von Phytozönosen in der Bergbaufolgelandschaft. Dissertation BTU Cottbus

FLB (Forschungsverbund Landschaftsentwicklung Mitteldeutsches Braunkohlenrevier) (2003) Analyse, Bewertung und Prognose der Landschaftsentwicklung in Tagebauregionen des Mitteldeutschen Braunkohlenreviers. BMBF-FKZ: 0339747. Abschlussbericht

Funke T, Witsack W (2002) Zur Arthropodenfauna von Tagebaufolgelandschaften Sachsen-Anhalts. II. Zikaden (Auchenorrhyncha, Hemiptera, Insecta) von Offenlandhabitaten. *Hercynia N. F.* 35: 91–122

Gilcher S, Bruns D (1999) Renaturierung von Abbaustellen. Reihe Praktischer Naturschutz. Eugen Ulmer Verlag, Stuttgart

Graham DJ, Hutchings MJ (1988) Estimation of the seed bank of a chalk grassland ley established on former arable land. *Journal of Applied Ecology* 25: 253–263

Grime JP (1979) Plant strategies and vegetation processes. Wiley, Chichester

Gunschera G, Großmann K, Landeck I, Liebner C (1999) Lösungen zur extensiven und alternativen landwirtschaftlichen Nutzung sowie zur Landschaftspflege gehölzfreier Kippenareale im Lausitzer Braunkohlenrevier. Forschungsbericht zum BMBF-Forschungsvorhaben 0339634, Finsterwalde

Günther R, Podloucky R (1996) Wechselkröte – *Bufo viridis*. In: Günther R (Hrsg) Die Amphibien und Reptilien Deutschlands. Gustav Fischer Verlag, Jena. 322–343

Güth M, Wiegleb G, Durka W (2007) Untersuchungen zur Populationsgenetik und Besiedlung der Niederlausitz am Beispiel des Sandohrwurmes *Labidura riparia*. In: Wöllecke J, Anders K, Durka W, Elmer M, Wanner M, Wiegleb G (2007) Landschaft im Wandel – Natürliche und anthropogene Besiedlung der Niederlausitzer Bergbaufolgelandschaft. Shaker Verlag, Aachen. 145–160

Hodačová D, Prach K (2003) Spoil heaps from brown coal mining: Technical reclamation versus spontaneous revegetation. *Restoration Ecology* 11: 385–391

Haubold-Rosar M (1998) Das Niederlausitzer Braunkohlenrevier: Bodensubstrate, landwirtschaftliche und forstwirtschaftliche Rekultivierung – Bodenentwicklung. In: Pflug W (Hrsg) Braunkohlenbergbau und Rekultivierung – Landschaftsökologie, Folgenutzung, Naturschutz. Springer Verlag, Berlin, Heidelberg, New York. 573–588

Henle K, Altmoos M, Dziock F, Felinks B (2001) Vorrangflächen für Naturschutz in der Bergbaufolgelandschaft Westsachsens und Nordthüringens. Umweltforschungszentrum Leipzig-Halle GmbH. Abschlussbericht

Heyde K, Jakob S, Köck U-V, Oelerich H-M (1998) Biotoptypen der Braunkohlen-Bergbaufolgelandschaften Mitteldeutschlands. Forschungsverbund Braunkohlentagebaulandschaften Mitteldeutschlands (FBM)

Houle G (1996) Environmental filters and seedling recruitment on a coastal dune in subarctic Quebec (Canada). *Canadian Journal of Botany* 74: 1507–1513

Huth J (2004) Libellen. In: Tischew S (Hrsg) Renaturierung nach dem Braunkohleabbau. Teubner-Verlag, Wiesbaden. 161–163

Huth J, Oelerich H-M (2004) Vögel. In: Tischew S (Hrsg) Renaturierung nach dem Braunkohleabbau. Teubner-Verlag, Wiesbaden. 96–103

Huth J, Oelerich H-M, Reuter M (2004) Einwanderungsverhalten von Tieren: Ein Exkurs über Libellen und Amphibien. In: Tischew S (Hrsg) Renaturierung nach dem Braunkohleabbau. Teubner-Verlag, Wiesbaden. 161–163

Hüttl RR, Bradshaw A (2001) Ecology of post-mining landscapes. *Restoration Ecology* 9: 339–340

Jakob S, Kirmer A, Tischew S (2003) Sind Standortfaktoren ein „Filter" für die Biodiversität? – Eine Studie am Beispiel der Bergbaufolgelandschaft. *Nova Acta Leopoldina N. F.* 87 (328): 351–359

Keil A (2003) Industriebrachen – innerstädtische Nutzungs-, Wahrnehmungs- und Erholungsräume. In: Vorträge zur internationalen Fachtagung „Urwald in der Stadt" – Postindustrielle Stadtlandschaften von morgen". Institut für Ökologie der TU Berlin & Projekt Industriewald Ruhrgebiet, Dortmund

Kirmer A (2004a) Methodische Grundlagen und Ergebnisse initiierter Vegetationsentwicklung auf xerothermen Extremstandorten des ehemaligen Braunkohlentagebaus in Sachsen-Anhalt. *Dissertationes Botanicae* 385

Kirmer A (2004b) Beschleunigte Entwicklung von Offenlandbiotopen auf erosionsgefährdeten Böschungsstandorten. In: Tischew S (Hrsg) Renaturierung nach dem Braunkohleabbau, Teubner-Verlag, Wiesbaden. 234–248

Kirmer A (2006a) Praktische Umsetzung der Methoden – Samenreiches Mahdgut und Heumulch. In: Kirmer A, Tischew S (Hrsg) Handbuch naturnahe Begrünung von Rohböden. Teubner Verlag, Wiesbaden. 39–41

Kirmer A (2006b) Praktische Umsetzung der Methoden – Übertragung von Oberboden (Offenland). In: Kirmer A, Tischew S (Hrsg) Handbuch naturnahe Begrünung von Rohböden. Teubner Verlag, Wiesbaden. 132–133

Kirmer A, Tischew S (2006) Handbuch naturnahe Begrünung von Rohböden. Teubner-Verlag, Wiesbaden

Köck U-V (1999) Naturschutzaspekte im Rahmen der Bergbauverbundforschung des BMBF. *Schriftenreihe des Deutschen Rates für Landespflege* 70: 41–45

Landeck I (1996) Diasporenangebot im Umland der Tagebaue des Untersuchungsgebietes und die

Wiederbesiedlung der Kippen und Halden durch Flora und Wirbellose (Käfer, Ameisen, Spinnen, Libellen, Heuschrecken). – Tagungsband (Ergebnispräsentation) des BMBF-Förderprojektes „Schaffung ökologischer Vorrangflächen bei der Gestaltung der Bergbaufolgelandschaft". Forschungsinstitut für Bergbaufolgelandschaften e. V. Finsterwalde. 93–127

Landeck I, Knoche D, Leiberg C (2007) Monitoringkonzepte am Beispiel der Bergbaufolgelandschaft „Naturparadies Grünhaus". Arbeitsbericht 2007. Deutsche Bundesstiftung Umwelt, Osnabrück

Landeck I, Wiedemann D (1998) Die Geradflüglerfauna (Dermaptera, Orthoptera) der Niederlausitzer Bergbaufolgelandschaft. Ein Beitrag zur Ökologie und Verbreitung der Arten. *Articulata* 13: 81–100

LENAB (Forschungsverbund Leitbilder für naturnahe Bereiche) (1998) Erfassung und Bewertung des Entwicklungspotenzials naturnaher terrestrischer, semiaquatischer und aquatischer Bereiche der Niederlausitz und Erarbeitung von Leitbildern und Handlungskonzepten für die verantwortliche Gestaltung und nachhaltige Entwicklung. Abschlussbericht 1998 (im Auftrag des Bundesministeriums für Bildung und Forschung)

Lorenz A (2004) Waldentwicklung auf Kippenflächen: Ein Überblick über das gesamte ost-deutsche Braunkohlenrevier. In: Tischew S (Hrsg) Renaturierung nach dem Braunkohleabbau. Teubner Verlag, Wiesbaden. 188–201

Lorenz A (2006) Praktische Umsetzung der Methoden – Ansaaten (Gehölze). In: Kirmer A, Tischew S (Hrsg) Handbuch naturnahe Begrünung von Rohböden. Teubner Verlag, Wiesbaden. 118–131

Lorenz A, Tischew S (2004) Strategien einer naturnahen Entwicklung von Bergbaufolgelandschaften. In: Tischew S (Hrsg) Renaturierung nach dem Braunkohleabbau. Teubner Verlag, Wiesbaden. 283–294

Mahn E-G, Tischew S (1995) Spontane und gelenkte Sukzession in Braunkohlentagebauen – Eine Alternative zu traditionellen Rekultivierungsmaßnahmen? *Verhandlungen der Gesellschaft für Ökologie* 24: 585–592

Mette U, Häfker U, Berge R (2003) Waldmehrung im Regierungsbezirk Halle 1991–2001. *Wald in Sachsen-Anhalt* 13

Müller L, Wiedemann D, Landeck I (2001a) Schutzwürdigkeitsgutachten für das geplante Naturschutzgebiet „Bergbaufolgelandschaft Grünhaus". Lausitzer und Mitteldeutsche Bergbau-Verwaltungsgesellschaft mbH, Brieske

Müller L, Wiedemann D, Landeck I (2001b) Schutzwürdigkeitsgutachten NSG „Westteich Tröbitz" (Überarbeitung der vorhandenen Schutzwürdigkeitsgutachten für das NSG). Lausitzer und Mitteldeutsche Bergbau-Verwaltungsgesellschaft mbH, Brieske

Nocker U, Pilarski M, Siedschlag Y, Donat R, Antwi EK, Wiegleb G (2007a) Die regelmäßige Aktualisierung der Biotoptypenkartierung mittels hochauflösender Satellitendaten in den Schlabendorfern Feldern. In: Wöllecke J, Anders K, Durka W, Elmer M, Wanner M, Wiegleb G (2007) Landschaft im Wandel – Natürliche und anthropogene Besiedlung der Niederlausitzer Bergbaufolgelandschaft. Shaker Verlag, Aachen. 205–216

Nocker U, Pilarski M, Wiegleb G (2007b) Der Beitrag von GIS und Fernerkundung für die Biodiversitätsforschung – Aufbau eines dauerhaften Monitoringsystems für die Bergbaufolgelandschaft Schlabendorfer Felder. In: Bröring U, Wanner M (Hrsg) Entwicklung der Biodiversität im Gefüge von Ökologie und Sozioökonomie. *BTUC-AR* 2/2007, Cottbus. 47–63

Nováková A (2001) Soil microfungi in two post-mining chronosequences with different vegetation types. *Restoration Ecology* 9: 351–358

Oelerich H-M (2000) Zur Geradflüglerfauna der Braunkohlen-Bergbaufolgelandschaften Sachsen-Anhalts (Dermaptera, Blattoptera, Ensifera, Caelifera). *Hercynia N. F.* 33: 117–154

Oelerich H-M (2004) Heuschrecken. In: Tischew S (Hrsg) Renaturierung nach dem Braunkohleabbau. Teubner-Verlag, Wiesbaden. 108–115

Pflug W (1998) Braunkohlenbergbau und Rekultivierung – Landschaftsökologie, Folgenutzung, Naturschutz. Springer Verlag, Berlin, Heidelberg, New York

Pickett STA (1989) Space for time substitution as an alternative to long term studies. In: Likens GE (Hrsg) Long-term studies in ecology. Springer Verlag, Berlin, Heidelberg, New York. 110–135

Prach K (1987) Succession of vegetation on dumps from strip coal mining. *Folia Geobotanica and Phytotaxonomia* 22: 339–354

Prach K, Pyšek P (1994) Spontaneous establishment of woody plants in central eruropean derelict sites and their potential for reclamation. *Restoration Ecology* 2: 190–197

Reh W, Seitz A (1993) Populationsstudien beim Grasfrosch – Ein Beitrag der Populationsbiologie zu Landschaftsplanung und Biotopverbund. *Naturschutz und Landschaftsplanung* 1: 10–16

Reuter M, Oelerich M (2004) Auswirkungen von Flutungsprozessen auf die Entwicklung von Röhrichten. In: Tischew S (Hrsg) Renaturierung nach dem Braunkohleabbau. Teubner-Verlag, Wiesbaden. 225–227

Rosche O, Altermann M (2004) Charakterisierung der Kippböden. In: Tischew S (Hrsg) Renaturierung nach dem Braunkohleabbau. Teubner-Verlag, Wiesbaden. 135–141

Stark C, Güth M, Durka W (2007) Der Beitrag von anthropogenen Habitaten zur Erhaltung der genetischen Vielfalt von wildlebenden Tier- und Pflanzenpopulationen am Beispiel der Bergbaufolgelandschaft. In: Bröring U, Wanner M (Hrsg) Entwicklung der Biodi-

versität im Gefüge von Ökologie und Sozioökonomie. *BTUC-AR* 2/2007, Cottbus. 138–153

Stolle M (1998) Böschungssicherung, Erosions- und Deflationsschutz in Bergbaufolgelandschaften – Zur Anwendung von Mulchdecksaaten. In: Pflug W (Hrsg) Braunkohlenbergbau und Rekultivierung – Landschaftsökologie, Folgenutzung, Naturschutz. Springer Verlag, Berlin, Heidelberg, New York. 873–881

Stolle M, Sonntag H-W (2004) Ufersicherung im Vorfeld der Flutung. In: Tischew S (Hrsg) Renaturierung nach dem Braunkohleabbau. Teubner-Verlag, Wiesbaden. 248–263

Striese G (2004) Förderung von Intermediär- und Klimaxstadien des Waldes über Saat. In: Tischew S (Hrsg) Renaturierung nach dem Braunkohleabbau. Teubner Verlag, Wiesbaden. 273–278

Striese G, Spinn H, Lorenz A (2004) Etablierung von Eichen mittels Hähersaat. In: Tischew S (Hrsg) Renaturierung nach dem Braunkohleabbau. Teubner Verlag, Wiesbaden. 278–280

Szegi J, Olah J, Fekete G, Halasz T, Varallyay G, Bartha S (1988) Recultivation of the spoil banks created by open-cut mining activities in Hungary. *AMBIO* 17 (2): 137–143

Thomasius H, Schmidt PA (2003) Waldbau und Naturschutz. In: Konold W, Böcker R, Hampicke R (Hrsg) Handbuch Naturschutz und Landschaftspflege – Kompendium zu Schutz und Entwicklung von Lebensräumen und Landschaften. 10. Erg.-Lfg. 8/03. 1–44

Tischew S (1998) Sukzession als mögliche Folgenutzung in sanierten Braunkohlentagebauen. *Berichte des Landesamtes für Umweltschutz Sachsen-Anhalt* 1: 42–54

Tischew S (2004) Konzeptionelle Grundlagen für ein naturschutzfachliches Monitoring. In: Tischew S (Hrsg) Renaturierung nach dem Braunkohleabbau. Teubner-Verlag, Wiesbaden. 304–306

Tischew S, Baasch B (2004) Trendanalysen auf unterschiedlichen Organisationsebenen: Fallbeispiele Sandtrockenrasen bei Petersroda im Tagebau Goitzsche. In: Tischew S (Hrsg) Renaturierung nach dem Braunkohleabbau. Teubner-Verlag, Wiesbaden. 314–329

Tischew S, Grüttner A, Kirmer A, Mann S, Stolle M, Lorenz A (2006) Übersicht über Standorttypen, möglichen Zielvegetationstypen und geeignete Begrünungsmethoden. In: Kirmer A, Tischew S (Hrsg) Handbuch naturnahe Begrünung von Rohböden. Teubner-Verlag, Wiesbaden. 27–38

Tischew S, Kirmer A (2003) Entwicklung der Biodiversität in Tagebaufolgelandschaften: Spontane und initiierte Besiedlungsprozesse. *Nova Acta Leopoldina N. F.* 87 (328): 249–286

Tischew S, Kirmer A (2007) Implementation of basic studies in the ecological restoration of surface-mined land. *Restoration Ecology* 15: 321–325

13

Tischew S, Kirmer A, Benkwitz, S (2004a) Besiedlungs-prozesse durch Pflanzen. In: Tischew S (Hrsg) Rena-turierung nach dem Braunkohleabbau. Teubner-Ver-lag, Wiesbaden. 147–161

Tischew S, Lorenz A (2005) Spontaneous develope-ment of peri-urban woodlands in lignite mining areas of Eastern Germany. In: Kowarik I, Körner S (Hrsg) Wild urban woodlands. Springer Verlag, Ber-lin, Heidelberg, New York. 163–180

Tischew S, Lorenz A, Striese G, Benker J (2004b) Ana-lyse, Prognose und Lenkung der Waldentwicklung auf Sukzessionsflächen der Mitteldeutschen und Lausitzer Braunkohlereviere. unveröff. Abschlussbe-richt des Forschungsvorhabens (im Auftrag des BMBF und der LMBV mbH, FKZ 0339770)

Tischew S, Mahn E-G (1998) Ursachen räumlicher und zeitlicher Differenzierungsprozesse von Silbergras-fluren und Sandtrockenrasen auf Flächen des Mitteldeutschen Braunkohlentagebaus – Grundla-gen für Renaturierungskonzepte. *Verhandlungen der Gesellschaft für Ökologie* 28: 307–317

Tischew S, Mann S (2004) Substratabhängige zeitliche und räumliche Differenzierung der Entwicklung von Rohboden-Pioniergesellschaften. In: Tischew S (Hrsg) Renaturierung nach dem Braunkohleabbau. Teubner-Verlag, Wiesbaden. 173–176

Tischew S, Oelerich H-M (2004) Monitoring von öko-systemaren Entwicklungsprozessen – Vorschlag für ein hierarchisches Monitoringkonzept. In: Tischew S (Hrsg) Renaturierung nach dem Braunkohleabbau. Teubner-Verlag, Wiesbaden. 311–313

Tischew S, Oelerich H-M, Huth J, Reuter M (2004c) Monitoring auf der Ebene von Arten: Dynamisches Ziel- und Indikatorartenkonzept für die Bergbaufol-gelandschaft Sachsen-Anhalts. In: Tischew S (Hrsg) Renaturierung nach dem Braunkohleabbau. Teub-ner-Verlag, Wiesbaden. 307–331

Tischew S, Perner J, Kirmer A (2004d) Statistische Ableitung eines Sukzessionsmodells. In: Tischew S (Hrsg) Renaturierung nach dem Braunkohleabbau. Teubner-Verlag, Wiesbaden. 164–169

Tränkle U, Beißwenger T (1999) Naturschutz in Stein-brüchen. *Schriftenreihe der Umweltberatung im ISTE Baden-Würtemberg* 1

Wiedemann D (1998) Gestaltung eines Kippenstandor-tes für den Naturschutz. In: Pflug W (Hrsg) Braun-kohlentagebau und Rekultivierung – Landschafts-ökologie, Folgenutzung, Naturschutz. Springer Verlag, Berlin, Heidelberg, New York. 697–705

Wiedemann D, Haubold-Rosar M, Katzur J, Kleinschmidt L, Landeck I, Müller L, Ziegler H-D (1994) Schaffung ökologischer Vorrangflächen bei der Gestaltung der Bergbaufolgelandschaft. Forschungsinstitut für Bergbaufolgelandschaften in Finsterwalde e. V., Abschlussbericht des BMBF-Förderprojektes. (FKZ: 0339393)

Wiedemann D, Landeck I, Platen R (2005) Sukzession der Spinnenfauna (Arach.: Araneae) in der Bergbau-folgelandschaft Grünhaus (Niederlausitz). *Natur-schutz und Landschaftspflege* 14: 52–59

Wiegleb G (2000) Leitbildentwicklung in der Bergbau-folgelandschaft als Beispiel für das Konzept der „guten naturschutzfachlichen Praxis". In: Wiegleb D, Bröring U, Mrzljak J, Schulz F (2000) Naturschutz in Bergbaufolgelandschaften – Landschaftsanalyse und Leitbildentwicklung. Physica Verlag, Heidel-berg. 24–47

Wiegleb D, Bröring U, Mrzljak J, Schulz F (2000) Natur-schutz in Bergbaufolgelandschaften – Landschafts-analyse und Leitbildentwicklung. Physica Verlag, Heidelberg

Wiegleb G, Felinks B (2001) Predictability of early sta-ges of primary succession in post-mining land-scapes of Lower Lusatia, Germany. *Applied Vegeta-tion Science* 4: 5–18

Wolf G (1987) Untersuchungen zur Verbesserung der forstlichen Rekultivierung mit Altwaldboden im Rheinischen Braunkohlenrevier. *Natur und Land-schaft* 62: 364–368

Wolf G (1998) Freie Sukzession und forstliche Rekulti-vierung. In: Pflug W (Hrsg) Braunkohlentagebau und Rekultivierung. Springer Verlag, Berlin, Heidelberg, New York. 289–301

Wolf G (2000) Der Einfluss des Diasporengehaltes im Boden auf die Vegetationsentwicklung forstlicher Rekultivierungsflächen. In: Bönecke G, Seiffert P (Hrsg) Spontane Vegetationsentwicklung und Rekul-tivierung von Auskiesungsflächen. *Culterra* 26: 77–92

Wöllecke J, Anders K, Durka W, Elmer M, Wanner M, Wiegleb G (2007) Landschaft im Wandel – Natürli-che und anthropogene Besiedlung der Niederlausit-zer Bergbaufolgelandschaft. Shaker Verlag, Aachen

Wünsche M, Vogler E, Knauf C (1998) Bodenkundliche Kennzeichnung der Abraumsubstrate und Bewer-tung der Kippenböden für die Rekultivierung im Mitteldeutschen Braunkohlenrevier. In: Pflug W (Hrsg) Braunkohlentagebau und Rekultivierung – Landschaftsökologie, Folgenutzung, Naturschutz. Springer Verlag, Berlin, Heidelberg, New York. 780–796

Xylander WER, Bender J (2004) Animal species and zoo-coenoses of former open cast lignite mines in Eas-tern Germany – Aspects of mining, reclamation and conservation. *Peckiana* 3: 155–165

Xylander WER, Stephan R, Franke R (1998) Erstnach-weise und Wiedernachweise von Libellen (Odonata) für den Freistaat Sachsen und für die Oberlausitz. *Abhandlungen und Berichte des Naturkundemu-seums Görlitz* 70: 33–42

14 Renaturierung von Ökosystemen in urban-industriellen Landschaften

F. Rebele

14.1 Einleitung

Die Urbanisierung ist ein weltweit stattfindender Prozess mit weitreichenden Auswirkungen auf Mensch und Natur. In Mitteleuropa leben heute etwa 80 % aller Bewohner in Städten. Urban-industrielle Landschaften gehören deshalb zur unmittelbaren Lebensumwelt der meisten Menschen. Allein in Deutschland wird heute täglich eine Fläche von 120 ha neu für Siedlungs- und Verkehrszwecke in Anspruch genommen. Zu den Siedlungs- und Verkehrsflächen zählen Gebäude- und gebäudebezogene Freiflächen, Verkehrsflächen, Erholungsflächen und Friedhöfe sowie Betriebsflächen für Industrie und Gewerbe. Nicht enthalten sind Tagebauflächen zum Abbau von Bodenschätzen (Kapitel 13). In Deutschland liegt der Anteil der Siedlungs- und Verkehrsflächen an der Gesamtfläche derzeit bei ca. 13 %, in Österreich bei 5 % und in der Schweiz bei knapp 7 %. Charakteristisch für die heutige Entwicklung in Mitteleuropa ist, dass die Prozesse der Urbanisierung und der Flächeninanspruchnahme für Siedlung und Verkehr nicht ursächlich mit einem Bevölkerungswachstum verbunden sind, d. h. dass Freiflächen auch bei stagnierender oder in manchen Regionen sogar bei sinkender Einwohnerzahl bebaut werden. So notwendig es einerseits ist, dass der Flächen„verbrauch" reduziert wird, so dringend geboten wird es zunehmend sein, dass auch urban-industrielle Ökosysteme renaturiert werden.

14.2 Besonderheiten urban-industrieller Ökosysteme

14.2.1 Nutzungsvielfalt

Betrachtet man urban-industrielle Landschaften, so sieht man ein Mosaik verschiedener, oft deutlich voneinander abgrenzbarer Biotope, denen eine unterschiedliche Nutzung und Nutzungsgeschichte zugrunde liegt, z. B. Wohnbebauung verschiedener Epochen, Parkanlagen, Industrieflächen, Deponien, Brachflächen (Gilbert 1994, Wittig et al. 1998). Charakteristisch für viele urban-industrielle Ökosysteme ist, dass sie nicht nur durch den Menschen verändert, sondern auch vom Menschen geschaffen wurden.

14.2.2 Böden und Substrate

Böden natürlicher Entwicklung sind in urban-industriellen Ballungsräumen häufig verändert. Anthropogene Veränderungen erfolgten durch Grundwasserabsenkung, Störung der Horizontierung, Verdichtung und Oberflächenverkrustung, Eutrophierung und Alkalisierung sowie durch diverse Schadstoffbelastungen. Städtische Böden sind daher oft dichter, trockener, wärmer, weniger sauer, nährstoffreicher, aber auch schadstoffreicher als natürliche Waldböden. Andererseits sind Böden alter Gärten oder Parkanlagen häufig durch tiefgründige Bodenbearbeitung, intensive organische Düngung und zusätzliche

14

Bewässerung besonders tiefgründig humos und locker (Blume 1996).

Auf Industrieflächen hat man es meist mit Auftragsböden oder freigelegten Gesteinen zu tun. Durch Aufschüttungen im Zuge der industriellen Tätigkeit wird ein neues Gestein geschaffen, das dann einer Bodenentwicklung unterliegt. Grundsätzlich wird dabei unterschieden zwischen Böden aus umgelagerten natürlichen Bodensubstraten, Böden aus technogenen Substraten oder aus Gemengen natürlicher und technogener Substrate (Tab. 14-1).

Bei Aufschüttungen natürlicher Substrate bestimmt vor allem die Körnung die ökologischen Eigenschaften der daraus entstehenden Böden. Schotter, Kiese und Sande lassen luftreiche, aber trockene Standorte mit geringem Nährstoffbindungsvermögen erwarten. Bei Lehmen, Tonen und Mergel entstehen nährstoffreichere, frische bis feuchte, teilweise allerdings auch luftarme Standorte.

Als künstliche bzw. technogene Substrate werden Aufträge bezeichnet, die vom Menschen geschaffen bzw. stark verändert wurden, wie z. B.

Tab. 14-1: Anthropogene Aufträge (nach Blume 1998).

Substrat	Symbol	Eigenschaft
a) natürliche Substrate (j)		
Sand	jS	geschichtet, überwiegend Sand
Lehm	jL	geschichtet, Sand + Schluff + Ton
Ton	jT	geschichtet, überwiegend Ton
Mergel	jM	geschichtet, kalkhaltig
Kies	jG	geschichtet, überwiegend Kies
Schotter	jX	gebrochenes Festgestein (z. B. Granit)
bei > 1 % organische Substanz; humoser Sand (jS), Lehm (jL) usw.		
Mudde	jF	geschichtet, feinkörnig, humushaltig, schwarz-grau
Kohle (-Sand, -Lehm, -Schluff, -Ton)	jK	geschichtet, C-reich, grau-schwarz, sulfidhaltig
b) künstliche bzw. technogene Substrate (Y)		
Asche	Ya	alkalisch, salzhaltig, feinkörnig, grau-braunrot
Bauschutt	Yb	> 30 % X (Ziegel, Mörtel), 5–10 % Kalk
Müll	Ym	> 30 % organische Substanz, Skelett (Glas, Keramik, Leder, Holz, Plaste), schwarz, methan- und sulfidhaltig
Schlacke	Ys	> 30 % gesinterte Brocken, alkalisch, grau-braunrot
Industrieschlamm	Yi	> 30 % organische Substanz, alkalisch, feinkörnig, grau-schwarz
Klärschlamm	Yh	> 30 % organische Substanz, alkalisch, feinkörnig, grau-schwarz
thermisch gereinigte Bodensubstrate	Yt	alkalisch, braunrote, poröse Pellets
c) Gemenge (Beispiele)		
lehmarmes Bauschutt-Gemenge	< 10 % Lehm	
lehmhaltiges Bauschutt-Gemenge	10–30 % Lehm	
Lehm-Bauschutt-Gemenge	30–70 % Lehm	
bauschutthaltiges Lehm-Gemenge	70–90 % Lehm	
bauschuttarmes Lehm-Gemenge	> 90 % Lehm	

Ziegel, Mörtel, Beton, Schlacke, Industrieschlämme und Aschen (Kasten 14-1). Die technogenen Substrate unterscheiden sich in ihren Standorteigenschaften und Charakteristika für die Bodenbildung sehr stark (Meuser 1993, Blume 1998).

Böden auf Industrieflächen bestehen oft aus Aufträgen verschiedener Substrate. Abbildung

Kasten 14-1
Technogene Substrate

Siedlungsbauschutt stellt ein Gemenge aus Ziegel- und Mörtelschutt mit 20–75 % porösen Steinen und 5–10 % Kalk dar. Mittelalterlicher Ziegelschutt kann hingegen völlig karbonatfrei sein. Als Nebenbestandteile treten Asche, Kohle, Beton, Bleche, Glas- und Porzellanscherben, Leder und Knochen auf. Häufig ist lokales, natürliches Bodenmaterial in unterschiedlichen Mengen beigemischt. Als Trümmerschutt des Zweiten Weltkrieges tritt Bauschutt großflächig in vielen Städten Mitteleuropas auf. Es wurden Hohlformen damit verfüllt, Deponien als „Trümmerberge" angelegt, teils wurde er beim Wegebau verwendet (Blume 1996).

Beim **Straßenbauschutt** unterscheidet man zwischen den Baustoffgruppen Naturgestein, industriellen Nebenprodukten und Recyclingbaustoffen, bituminösen Stoffen (Bitumen, Pech, Teer) und hydraulischen Bindemitteln (Kalke, Zemente). Asphaltaufbrüche auf Teerbasis fallen durch ihre Schwarzfärbung auf, sie weisen höhere Anteile an polyzyklischen aromatischen Kohlenwasserstoffen auf. Erhärtete Bitumenemulsionen sind von zäh-plastischer Struktur.

Aschen treten als feinkörnige Flugaschen oder grobkörnige Kesselaschen von Kohlenkraftwerken oder Müllverbrennungsanlagen auf. Aschen reagieren in der Regel stark alkalisch (pH-Werte 8–12). Aschen der Kohlenverbrennung sind karbonatarm (< 0,5 %), Aschen der Müllverbrennung hingegen karbonatreich (> 10 %). Sie wurden großflächig oder als Halden verkippt, Flugasche auch großflächig aufgespült (Blume 1996).

Schlacken werden differenziert in Metallhüttenschlacken (z. B. Bleischlacken, Zinkschlacken, Kupferschlacken) und Eisenhüttenschlacken. Eisenhüttenschlacken umfassen die Hochofen- und Stahlwerksschlacken. Diese fallen bei der Eisen- und Stahlproduktion im großen Umfang an. Während sie früher vor allem auf oder nahe den Werksflächen abgelagert wurden, werden die Schlacken heute überwiegend als Baustoffe (z. B. für den Straßenbau) weiterverwendet (Abschnitt 2.2.4).

Müll tritt als Hausmüll, Sperrmüll oder Straßenkehricht auf. Hausmüll besteht aus Asche, Metallen, Glas- und Keramikscherben, Gummi, Papier, Pappe, Leder, Knochen, Kunststoffen, Holz und vor allem aus Vegetabilien. Letztere sind oft eiweißreich und damit von Mikroorganismen leicht zersetzbar. Müll ist fein- bis grobkörnig und reagiert alkalisch. Sein Kalkgehalt schwankt (vor allem in Abhängigkeit vom Bauschuttanteil) stark. Müll wurde früher breitflächig entsorgt bzw. zum Verfüllen von Hohlräumen benutzt und wird heute in Form verdichteter, geordneter Deponien gelagert (Blume 1996). Mülldeponien werden heute in der Regel mit einer 1–2 m mächtigen Deckschicht abgedeckt. Die Bodenart des Decksubstrats sowie die Mächtigkeit der Deckschicht sind wesentliche Faktoren für die Vegetationsentwicklung auf den Deponien. Durch chemische Prozesse im Müll (beim mikrobiellen Abbau von organischer Substanz entsteht Kohlendioxid und Methan unter Verbrauch von Sauerstoff) kann es zur Beeinträchtigung des Pflanzenwachstums kommen. Mit dem Sickerwasser können aus der Deponie giftige Substanzen ausgewaschen werden.

Klärschlämme sind Rückstände der Abwasserreinigung. Frischschlämme der mechanischen Reinigung sind inhomogen, Faulschlämme hingegen feinkörnig und homogen. Klärschlämme sind reich an mikrobiell leicht abbaubarer Substanz, enthalten aber je nach Art der Konditionierung auch höhere Gehalte an Karbonaten und Metallsulfiden. Sie reagieren stark alkalisch und werden in der Regel als Spülgut deponiert, sofern sie nicht auf ackerbaulich genutzte Flächen ausgebracht wurden (Blume 1996).

14-1 zeigt ein Beispiel der Bodenschichtung auf einer Industriebrache. Über dem natürlichen Substrat Sand befindet sich eine ca. 70–90 cm mächtige schlackenhaltige Schicht und darüber ca. 50 cm ruderaler sandiger Auftragsboden.

Bei Rekultivierungsmaßnahmen werden Halden oder Deponien oft mit nährstoffreichen Substraten, z. B. Oberboden oder Klärschlamm, abgedeckt, wodurch Substratschichtungen mit extremen Unterschieden im Humus- und Nährstoffgehalt, der Wasserkapazität sowie der Durchwurzelbarkeit entstehen.

Bodenstörungen treten in urban-industriellen Ökosystemen besonders häufig auf, vor allem im Zusammenhang mit Baumaßnahmen, aber auch durch gärtnerische Pflege und verschiedene Formen der Freizeitnutzung. Häufig betretene und befahrene Flächen weisen verdichtete Böden auf.

Von besonderer Bedeutung sind Abgrabungen und Aufschüttungen auf Bergbau- und Industrieflächen, da hier in der Regel sehr große Flächen betroffen sind, z. B. Bergehalden des Steinkohlenbergbaus (Abschnitt 14.6.2) oder Braunkohlentagebaue (Kapitel 13).

14.2.3 Klima

Im Allgemeinen ist das Klima in großen Städten im Durchschnitt wärmer als im Umland (Kuttler 1998). Von großer Bedeutung sind für die Organismen jedoch nicht nur die Jahresmitteltemperaturen, sondern kleinklimatische Unterschiede der verschiedenen Habitate. Offene, besonnte Flächen und Waldbestände unterscheiden sich hierbei sehr stark. So heizen sich z. B. Substrate mit dunklen Oberflächen wie Schlacken und Kohlen bei starker Sonneneinstrahlung extrem auf (bis 70 °C), während es auf Waldböden im Vergleich zu der im Freiland gemessenen Lufttemperatur kühler ist. Für die Etablierung und die Entwicklung von Pflanzen sind auch besondere Klimaereignisse, wie z. B. ein feuchtes Frühjahr, ein sehr trockener Sommer oder starker Frost, von ausschlaggebender Bedeutung.

Für die Vegetationsentwicklung und die Besiedlung durch Tiere spielt die andauernde Klimaerwärmung eine Rolle. Abbildung 14-2 zeigt die Jahresmitteltemperaturen von Berlin-Dahlem für die Jahre 1986–2006. Das langjährige Mittel in Dahlem für den Zeitraum von 1909–1969 beträgt 8,8 °C. Im Durchschnitt waren die letzten beiden Jahrzehnte mit einer Mitteltemperatur von 9,6 °C um 0,8 °C wärmer im Vergleich zum

Abb. 14-1: Auftragsboden über Sand auf einer Industriebrache in Berlin-Wilhelmsruh (Foto: F. Rebele, Juli 1985).

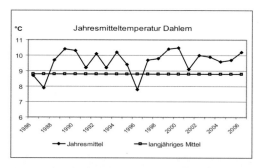

Abb. 14-2: Jahresmitteltemperaturen 1986–2006 und langjähriges Jahresmittel (1909–1969) (Quelle: Beilage zur Berliner Wetterkarte, Klimatologische Werte von Berlin-Dahlem).

Zeitraum von 1909–1969. Gleichzeitig hat die Niederschlagshöhe, vor allem in den Sommermonaten, abgenommen. Während im Zeitraum von 1951–1980 während der Vegetationsperiode von Mai bis September in Dahlem im Mittel 308 mm Niederschlag fielen, waren dies im Zeitraum von 1986–2006 im Mittel nur noch 286,3 mm. Vor allem die Sommer 1989, 1999 und 2003 waren extrem trocken mit Niederschlagshöhen < 150 mm während der Vegetationsperiode.

14.2.4 Biodiversität

Zahlreiche Untersuchungen der Flora und Fauna von Städten sowie der Lebensgemeinschaften urban-industrieller Ökosysteme zeigten eine hohe Biodiversität (z. B. Reichholf 1989, Rebele und Dettmar 1996, Wittig 2002, Zerbe et al. 2003). Dies bedeutet, dass in urban-industriellen Ballungsräumen häufig auch ein großer Artenpool für die Besiedlung offener Flächen zur Verfügung steht. Die Anzahl der Gefäßpflanzenarten nimmt mit der Flächengröße von Städten, der Einwohnerzahl und der Einwohnerdichte zu. Die Ursache hierfür ist, dass mit zunehmender Flächengröße in der Regel die Habitatvielfalt zunimmt (Pyšek 1993, Sukopp und Starfinger 1999). Daneben sind auch naturräumliche und historische Faktoren sowie damit verbundene Einwanderungs-, Ausbreitungs- und Aussterbeprozesse von Bedeutung (Rebele 1994).

14.3 Renaturierungsbedarf und spezifische Renaturierungsziele

In urban-industriellen Landschaften gibt es insgesamt einen großen Renaturierungsbedarf. Zurzeit lassen sich in Mitteleuropa zwei gegensätzliche Prozesse beobachten, zum einen die „Schrumpfung", die vor allem altindustrielle Regionen betrifft und mit Abwanderung und einem Brachfallen von Flächen verbunden ist (*shrinking cities*), zum anderen die weiterhin zunehmende Flächenversiegelung, die vor allem

die Zentren von Großstädten (z. B. in Berlin oder München) betrifft. Um den nach wie vor anhaltend hohen Flächenverbrauch tatsächlich zu minimieren, sind Maßnahmen zum Flächenrecycling und zur Renaturierung im großen Umfang notwendig.

Im Unterschied zur naturnahen und agrarisch geprägten Kulturlandschaft geht es in urban-industriellen Ballungsräumen in den meisten Fällen nicht um eine Wiederherstellung (Regeneration) von Ökosystemen, sondern um eine Überführung stark gestörter Ökosysteme in einen naturnäheren Zustand oder um eine Neuschaffung von Habitaten mit anschließender natürlicher oder naturnaher Entwicklung (Kapitel 1). Gerade in urban-industriellen Landschaften gibt es Ökosysteme, die nicht wiederhergestellt werden können, weil die ursprünglich vorhandenen Ökosysteme zu stark verändert worden sind, z. B. Sandtrockenrasen oder mesotrophes Grünland durch jahrzehntelange Rieselfeldnutzung. Bei einigen anderen Ökosystemen ist eine Wiederherstellung des ursprünglichen Zustandes nicht sinnvoll, da die vom Menschen geschaffenen Habitate selbst von besonderer Bedeutung für die Erhaltung der Biodiversität sind, z. B. mittelalterliche Schwermetallhalden.

Fasst man den Begriff der Renaturierung jedoch sehr breit (Kapitel 1), so lassen sich im Prinzip alle urban-industriellen Ökosysteme renaturieren, z. B. auch wohnungsnahe Grünflächen und Parkanlagen, Kleingärten, Straßenränder und Hausdächer. Hierzu gibt es bereits eine Reihe von Ansätzen im Stadtnaturschutz, z. B. Entsiegelung, Hofbegrünung, Fassaden- und Dachbegrünung (Kasten 14-2), naturnahes Gärtnern, Tolerierung von Wildnis in Parkanlagen, Umwandlung von Zierrasen in Wiesen. Ein besonderes Beispiel der Renaturierung ehemaliger Industrieanlagen ist die Entwicklung der Eisenhütte Thyssen in Duisburg-Meiderich zum Landschaftspark Duisburg-Nord (Rebele und Dettmar 1996; Abb. 14-3).

Im Folgenden sollen vor allem Ökosysteme behandelt werden, die flächenmäßig bedeutsam sind und als problematisch gelten, z. B. Halden des Bergbaus und der Industrie, Deponien und Rieselfelder. Bei diesen Ökosystemen steht in der Regel als Renaturierungsziel der Bodenschutz sowie der Grundwasser- und Gewässerschutz im Vordergrund. Diese Renaturierungsziele lassen

14

Kasten 14-2
Positive Wirkungen einer Hausbegrünung aus klimatischer und lufthygienischer Sicht (nach Kuttler 1998)

- Reduzierung von Luftverunreinigungen in Hausnähe durch Erhöhung der schadstoffspezifischen Depositionsgeschwindigkeiten partikel- und gasförmiger Spurenstoffe.
- Senkung der Oberflächentemperatur durch hohe Wärmespeicherfähigkeit des Pflanzenkörpers und seines Zellwassers, durch die pflanzliche Transpiration sowie durch Dämpfung der Extremwerte der Oberflächentemperaturen und eines Ausgleichs der relativen Luftfeuchtigkeit in der Umgebung.

- Verringerung des Wärmeflusses durch die Wände aufgrund der Reduzierung der oberflächennahen Windgeschwindigkeit und durch Einschluss von meist nicht zirkulierenden, kaum Wärme leitenden Luftpolstern zwischen Pflanze und Dach bzw. Hausfläche.
- Erhöhung der Wasserrückhaltefähigkeit nach Starkregen mit der dadurch bedingten Vermeidung von Abflussspitzen in der Kanalisation.

sich je nach den örtlichen Gegebenheiten auch mit dem Klimaschutz, der Entwicklung abwechslungsreicher Kulturlandschaften sowie der Erhaltung oder Förderung der Biodiversität vereinbaren.

14.3.1 Bodenschutz, Grundwasser- und Gewässerschutz, Klimaschutz

Zur Verhinderung der Bodenerosion und der Auswaschung von Nährstoffen und/oder toxischen Substanzen ist zunächst die Entwicklung einer Pflanzendecke erwünscht. Zahlreiche Beispiele zeigen, dass dies bereits durch die natürliche Besiedlung durch Pflanzen und Tiere sowie die spontane **Sukzession** geschehen kann (Konold 1983, Rebele und Dettmar 1996, Prach und Pyšek 2001). Je nach den Substratverhältnissen entwickelt sich unter den Klimabedingungen Mitteleuropas mehr oder weniger schnell ein Wald (Abb. 14-4, Farbtafel 14-1, Abschnitt 14.4.3, 14.6.1 und 14.6.2). Nur bei sehr extremen Standortverhältnissen, z. B. auf Buntmetall- oder Eisenhüttenschlackehalden ist die Waldentwicklung stark behindert (Abschnitt 2.2.4 und 14.3.3).

Abb. 14-3: Landschaftspark Duisburg-Nord. Birkenaufwuchs auf dem Gelände einer ehemaligen Eisenhütte (Foto: F. Rebele, Mai 1996).

Abb. 14-4: Ökologischer Versuchs-garten „Kehler Weg" in Berlin-Dah-lem. Waldentwicklung auf Auftrags-böden (Foto: F. Rebele, September 2007).

Wald ist in Bezug auf den Boden- und Grund-wasserschutz die optimale Vegetationsform, da hier die Bodenerosion und Auswaschung toxi-scher Stoffe am geringsten ist. Durch die Inter-zeption der Waldvegetation und die Wasserspei-cherung im Waldboden wird der Abfluss auch nach Starkregenereignissen vermindert. Durch CO_2-Bindung in den sich aufbauenden Wäldern kann zudem ein Beitrag zum globalen Klima-schutz geleistet werden (Kapitel 6).

Das Regionalklima wird vor allem in Bal-lungsräumen durch die aufwachsenden Wälder ebenfalls günstig beeinflusst. Temperaturextreme werden abgemildert und horizontale Luftbewe-gungen gebremst. Eine hohe Evapotranspiration sorgt im Sommer für Abkühlung. So betragen an heißen Sommertagen die Temperaturunter-schiede zwischen den stark versiegelten Quartie-ren und bewaldeten Flächen z. B. in Berlin > 5 °C. In Städten spielt auch die Filterung und Bindung von Stäuben eine große Rolle. Hierzu können auch schon kleinere Waldbestände im Stadtgebiet und Straßenbäume einen Beitrag leisten.

14.3.2 Entwicklung abwechslungsreicher Erholungslandschaften

Steht als Renaturierungsziel die Entwicklung abwechslungsreicher Erholungslandschaften im Vordergrund, so kann als Zielvegetation ein Mosaik aus Wald, Halboffenland und Offenland erwünscht sein. So sieht z. B. der Pflege- und Ent-wicklungsplan für ein ca. 1 370 ha großes Gebiet der ehemaligen Rieselfelder Hobrechtsfelde im Norden Berlins als Zielvorgabe die Entwicklung von Wald bzw. Forst, Halboffenland und Offen-land mit Extensivbeweidung vor (Backhaus et al. 2006). Neu errichtete Teiche sollen zudem den Gebietswasserhaushalt stabilisieren und Wasser-vögeln einen Lebensraum bieten (Abb. 14-5). Das Gebiet wird von Wander- und Reitwegen durch-zogen und dient neben seinen landschaftsökolo-gischen Funktionen vor allem der Naherholung (Kasten 14-3).

Angeregt durch die Internationale Bauausstel-lung „Emscher-Park" sind in altindustriellen Regionen auf Industriebrachen und Bergbauhal-den neue Wildnisgebiete im Entstehen, z. B. der „Industriewald Ruhrgebiet" (Abschnitt 14.6.2) oder der „Saar-Urwald", ein ca. 1 000 ha großes Schutzgebiet im Saarland. Ziel dieser Projekte ist nicht der Naturschutz im herkömmlichen Sinne (Arten- und Biotopschutz), sondern vor allem das Erleben „wilder Natur" in urban-industriel-len Ballungsräumen (Kowarik und Körner 2005).

14.3.3 Erhaltung und Förderung von Biodiversität

Einige urban-industrielle Ökosysteme zeichnen sich durch einen großen Artenreichtum und

14

Kasten 14-3
Das Projekt „Wiederbewässerung der Rieselfelder um Hobrechtsfelde" (nach UBB 2005)

Das vom Europäischen Fond für Regionale Entwicklung (EFRE) und dem Umweltentlastungsprogramm der Berliner Senatsverwaltung für Stadtentwicklung (UEP) geförderte Projekt sieht folgende Maßnahmen für die auf Berliner Gebiet gelegenen Bereiche der ehemaligen Rieselfelder Hobrechtsfelde vor:

- **Überlehmung** von belasteten Rieselfeldböden durch den Auftrag und das Einfräsen von unbelastetem Geschiebelehm bzw. -mergel aus Berliner Baumaßnahmen mittels des „Bucher-Verfahrens". Hierbei werden ca. 35 cm Lehm aufgetragen und mit einer Fräse 80 cm tief eingearbeitet. Durch dieses Verfahren sollen Schwermetalle aufgrund des höheren Ton-, Schluff- und Kalkgehalts immobilisiert und die Wasserspeicherkapazität erhöht werden (Grundwasserschutz).
- **Wasserbauliche Maßnahmen** zur Aufleitung von 6 000 m³/d gereinigten Abwassers aus

dem Klärwerk Schönerlinde auf Reinigungsbiotope und weiter in das vorhandene Grabensystem zur Stützung des Landschaftswasserhaushalts vor allem in der südlich gelegenen Bogenseekette und den Karower Teichen.
- **Landschaftsplanerische Maßnahmen** zur Gestaltung und Entwicklung der ehemaligen Rieselfeldflächen unter folgenden Aspekten: (1) Landschaftsstrukturierung in Form von Offen- (30 %), Halboffen- (40 %) und Waldflächen (30 %), Erhalt und Schaffung eines vielfältig entwickelten Lebensraumes für Tiere und Pflanzen; (2) Stärkung der Erholungsfunktion des stadtnahen Landschaftsraumes durch die Verbesserung der Orientierung, des Wanderwegenetzes, die Gestaltung von Aufenthaltsbereichen und Aussichtspunkten und (3) Ausweisung von Aufforstungsflächen.

einen hohen Anteil seltener und gefährdeter Arten aus (Rebele und Dettmar 1996, Schulz und Rebele 2003). Als Renaturierungsziele können deshalb auch die Erhaltung und die Förderung der Biodiversität im Vordergrund stehen. Dies geschieht durch die Erhaltung und Schaffung spezifischer Habitate für Tiere und Pflanzen bzw.

Vegetationstypen, z. B. von Fledermausquartieren in Bergwerksstollen oder alten Industriebauten, offenen Sand- und Schotterfluren für den Flussregenpfeifer, Erhaltung von Kalktrockenrasen in Kalksteinbrüchen oder die Etablierung von artenreichen Mähwiesen auf Ruderalflächen.

Abb. 14-5: Ehemalige Rieselfelder Hobrechtsfelde im Norden Berlins. Neu angelegte Teichlandschaft (Foto: F. Rebele, September 2007).

14.3.3.1 Schwermetallhalden

Standorte ganz besonderer Art sind die schwermetallreichen Halden des **Zink- und Kupfererzbergbaus**, z. B. im Aachener Raum bei Stolberg oder im östlichen Harzvorland. Bei Stolberg wurden Zinkerze bereits seit 3 000 Jahren abgebaut, zuerst von den Kelten, dann 1 000 Jahre später von den Römern und weitere 300 Jahre später von den Franken. Auf zinkreichen Halden hat sich in diesem Gebiet eine Schwermetallvegetation entwickelt, die als „Galmeivegetation" beschrieben wurde. Den Grundstock der Zinkveilchen-Gesellschaft (Violetum calaminariae Schwickerath 1931) auf schwermetall-, insbesondere zinkreichen Böden bilden das Galmei-Veilchen (*Viola calaminaria*), das Galmei-Hellerkraut (*Thlaspi calaminare*), die Galmei-Frühlingsmiere (*Minuartia verna* subsp. *hercynica*), das Galmei-Leimkraut (*Silene vulgaris* subsp. *vulgaris* var. *humilis*) und Hallers Grasnelke (*Armeria maritima* subsp. *halleri*).

Im östlichen Harzvorland gibt es im Bereich des Ausstreichens des Kupferschieferflözes oder auf Halden des Kupferschieferbergbaus Böden, die reich an Kupfer-, Zink- und Bleiverbindungen sind (Abb. 14-6). Auf diesen Standorten wachsen Kupfer-Grasnelkenfluren (Armerietum halleri Libb. 1930). Charakteristische Arten sind Hallers Grasnelke (*Armeria maritima* subsp. *halleri*), *Minuartia verna* subsp. *hercynica*, die im östlichen Harzvorland Kupferblume genannt wird, Galmei-Leimkraut (*Silene vulgaris* subsp. *vulgaris* var. *humilis*), Echtes Labkraut (*Galium verum*),

Schafschwingel (*Festuca ovina*), Kleine Pimpinelle (*Pimpinella saxifraga*), Graue Skabiose (*Scabiosa canescens*) und Gelbe Skabiose (*Scabiosa ochroleuca*).

Charakteristisch für schwermetallhaltige Standorte ist, dass Gehölzwuchs stark behindert wird und der Charakter eines niedrigwüchsigen Rasens über lange Zeit erhalten bleibt, solange die Schwermetallkonzentrationen im Boden hoch sind (Ernst 1974).

14.3.3.2 Binnensalzstellen

Am Fuß von Bergehalden und im Bereich von Bergsenkungen, Klärteichen und auf **Zechengelände** existieren gelegentlich salzhaltige Gewässer und Schlammböden, auf denen salztolerante Pflanzen wachsen, die im Binnenland selten anzutreffen sind. So kommen z. B. am Fuße einer Bergehalde in Gelsenkirchen Strand-Aster (*Aster tripolium*), Gewöhnlicher Salzschwaden (*Puccinellia distans*), Spieß-Melde (*Atriplex hastata*), Gemeine Strandsimse (*Bolboschoenus maritimus*), Zierliches Tausendgüldenkraut (*Centaurium pulchellum*) und Sumpf-Teichfaden (*Zannichellia palustris*) vor. In nicht austrocknenden Kleingewässern lebt der Dreistachelige Stichling (*Gasterosteus aculeatus*). An Amphibienarten kommen die Kreuzkröte (*Bufo calamita*), der Wasserfrosch (*Rana* sp.) und der Teichmolch (*Triturus vulgaris*) vor. Im Gebiet rasten außerdem regelmäßig Vögel, u. a. Graureiher (*Ardea cinerea*), Bekassinen (*Gallinago gallinago*), Fluss-

Abb. 14-6: Kupferschieferhalde mit Schwermetallvegetation bei Eisleben (Foto: F. Rebele, Mai 1994).

uferläufer (*Actitis hypoleucos*), Waldwasserläufer (*Tringa ochropus*), Lachmöwen (*Larus ridibundus*), Stockenten (*Anas platyrhynchos*), Flussregenpfeifer (*Charadrius dubius*) und Kiebitze (*Vanellus vanellus*) (Hamann und Koslowski 1988).

Auch auf Abraumhalden der **Kali-Industrie** finden sich anthropogene Binnensalzstellen mit Halophytenvegetation. Van Elsen (1997) berichtet über die Flora und Vegetation von Binnensalzstellen der Rückstandshalden der Kali-Industrie in Thüringen. Der von 1893 bis zum Anfang der 1990er-Jahre betriebene Kalisalz-Bergbau hinterließ zahlreiche Rückstandshalden im Werra-Kalirevier und im Südharz-Kalirevier. Die größten Halden erreichen über 100 m Höhe und bedecken eine Grundfläche bis zu 65 ha. Daneben existieren weitere, oft seit Jahrzehnten ungenutzte Kleinhalden. Die sechs Großhalden des Südharz-Kalireviers bei den Orten Bischofferode, Bleicherode, Menteroda, Rossleben, Sollstedt und Sondershausen bestehen zu rund 75 % aus Steinsalz. An ihrer Oberfläche hat sich durch niederschlagsbedingte Auswaschung des Salzes nach 20 Jahren eine etwa 30 cm mächtige Schicht gebildet, die zu 90 % aus Gips und Anhydrit sowie Tonmineralen besteht.

An Wasseraustrittsstellen am Haldenfuß konzentrieren sich Vorkommen der Salzsoden-Queller-Flur (Salicornietum ramosissimae Christ. 1955), deren Arten die hohen Salzgehalte dieser Bereiche vertragen. Auch Böschungsränder von Abflussgräben und frisch geschobene Wege im Vorfeld des Haldenfußes werden bei ausreichen-

der Feuchte besiedelt. Die gegenwärtig stark gefährdete Gesellschaft konzentriert sich auf Pionierstandorte mit hohen Salzgehalten und tritt vor allem an den sechs Großhalden auf. Mit dem Gemeinen Queller (*Salicornia europaea*) als vorherrschender Art ist die Strandsode (*Suaeda maritima*) vergesellschaftet. Als weitere Salzpflanzen-Gesellschaften treten meist artenreich ausgebildete Schuppenmieren-Salzschwaden-Rasen (Spergulario salinae-Puccinellietum distantis Feekes [1934] 1943) und Strandaster-Salzschwadenrasen (Aster tripoli-Puccinellietum distantis Weinert [1956] 1989) auf.

14.3.3.3 Kalksteintagebaue

Ökologische Untersuchungen über Kalksteinbrüche mit Folgenutzung Naturschutz sind bisher vor allem aus dem süddeutschen Raum bekannt (Poschlod et al. 1997). Dabei zeigte sich die große Bedeutung renaturierter Steinbrüche mit Refugialhabitaten für die Pflanzen- und Tierwelt (Beispiele in Gilcher und Bruns 1999).

Östlich von Berlin befindet sich mit dem Rüdersdorfer Kalksteinvorkommen das einzige übertägig abbaubare Vorkommen in der norddeutschen Tiefebene (Abb. 14-7). Bevor der Kalkabbau begann, erreichten die Rüdersdorfer Kalkberge eine stattliche Höhe von ca. 80 m. Im Laufe der Jahrhunderte wurden die Kalkberge nach und nach abgetragen, sodass man heute eine Art Negativabdruck der ehemaligen Erhebung vor sich hat. Der Großtagebau ist heute ca. 4 km lang

Abb. 14-7: Kalksteintagebau Rüdersdorf (Foto: F. Rebele, Mai 2000).

Abb. 14-8: Schachtofenbatterie im Museumspark Rüdersdorf (Foto: F. Rebele, Juni 1996).

und im Durchschnitt 1 km breit. Viele Flächen am Rande des Kalksteinbruchs wurden durch die Entwicklung des Tagebaus und anschließenden Rekultivierungsmaßnahmen immer wieder verändert. Ein großer Teil liegt aber schon seit Jahrzehnten brach oder unterliegt nur noch einem geringen gestaltenden Einfluss. Auf dem Gelände rund um die Abbruchkanten des stillgelegten westlichen Teils des Tagebaus befindet sich seit 1994 der Museumspark Baustoffindustrie Rüdersdorf, der sich die Sicherung der Industriedenkmäler und die Präsentation der geologischen und ökologischen Besonderheiten des Geländes zur Aufgabe gemacht hat (Abb. 14-8). Die Rüdersdorfer Muschelkalksteinbrüche weisen auch heute noch eine artenreiche Flora mit einer Reihe von wärme- und kalkliebenden Pflanzen auf. Zu den botanischen Besonderheiten der Rüdersdorfer Flora zählen z. B. der Aufrechte Ziest (*Stachys recta*) und die Große Anemone (*Anemone sylvestris*; Farbtafel 14-2; Schulz und Rebele 2003).

Neben der Rüdersdorfer Kalkflora, die bereits im 19. Jahrhundert viele Botaniker der Region anzog, ist der Rüdersdorfer Tagebau vor allem für seine artenreiche Schnecken- und Muschelfauna bekannt, wobei allerdings auch hier viele Arten dem Kalksteinabbau zum Opfer gefallen sind (Haldemann 1993). Bedeutsam ist das Kalkabbaugelände auch für Fledermäuse. In den Stollen der Kalkfelsen von Rüdersdorf, die eine konstant hohe Luftfeuchtigkeit und eine geringe Luftbewegung aufweisen, überwintern bis zu zwölf Fledermausarten. Der gegenwärtige Winterbestand

beläuft sich auf etwa 2 000 Fledermäuse (Haensel 2007).

14.4 Ökologische Prozesse

14.4.1 Spontane Besiedlung durch Pflanzen, Tiere, Bakterien und Pilze

Nahezu alle Substrate können durch Pflanzen besiedelt werden. Die Ausbreitung der Pflanzen erfolgt durch Wind, Wasser, Tiere oder den Menschen (Kapitel 2). Auch die aufgeschütteten Substrate können bereits Diasporen enthalten. Bei der Erstbesiedlung von Rohböden wurde bisher hauptsächlich die Besiedlung durch Pflanzen untersucht (Kapitel 13). Eine Literaturstudie von Hodkinson et al. (2002) zeigte, dass bei Primärsukzessionen noch vor der Etablierung autotropher Pflanzen heterotrophe Organismen auftreten. Durch den atmosphärischen Eintrag von Detritus und von hochdispersen Invertebraten kommt es zu einem Input von Energie und Nährstoffen, die erste Prozesse der Organisation von Lebensgemeinschaften initiieren. Der Abbau organischer Substanz erfordert die Besiedlung durch Bakterien und Pilze, die entweder mit dem aufgeschütteten Substrat ankommen oder rasch einwandern.

14.4.2 Etablierung und Wachstum von Pflanzen in Abhängigkeit vom Substrat

Die Möglichkeit der Keimung und Etablierung von Pflanzen ist sehr vom jeweiligen Substrat und der vorhandenen Vegetation abhängig. Auch auf sehr nährstoffarmen und extremen Substraten siedeln sich die Arten an, die diese Verhältnisse tolerieren und sehr sparsam mit den vorhandenen Ressourcen umgehen können, z. B. Sandbirke (*Betula pendula*), Waldkiefer (*Pinus sylvestris*), Silbergras (*Corynephorus canescens*) und Landreitgras (*Calamagrostis epigejos*) auf nährstoffarmen offenen Sandböden. Voraussetzung ist, dass die Arten im Artenpool der Umgebung vorhanden sind.

Selbst wenn in einem Gebiet ein großer Artenpool existiert, kommt es auf die für die jeweiligen Habitate geeigneten Arten an. So zeigt beispielsweise die 20-jährige Vegetationsentwicklung auf **Stahlwerksschlacke** im Versuchsgarten des Instituts für Ökologie in Berlin-Dahlem (Farbtafel 14-3 und 14-4), dass zwar zahlreiche Arten aller Lebensformen ankommen, ihre Etablierung jedoch scheitert. Als Erstbesiedler traten auf der extrem alkalischen, humusfreien und nährstoffarmen Schlacke Moose auf, vor allem das Hornzahnmoos (*Ceratodon purpureus*), gefolgt von monokarp perennen Samenpflanzen. Einjährige Pflanzenarten waren gelegentlich vorhanden, zeigten jedoch starken Kümmerwuchs und wurden nur wenige Zentimeter groß, z. B. *Atriplex sagittata* (Glanz-Melde) und *Papaver dubium* (Saat-Mohn). Andere Arten starben wieder ab, ehe sie überhaupt zur Blüte kamen oder verblieben über Jahre im Rosettenstadium wie *Verbascum lychnitis* (Mehlige Königskerze) und *Oenothera biennis* agg. (Gemeine Nachtkerze). Diese

Tab. 14-2: Gehölze auf unterschiedlich humus- und nährstoffreichen Böden im Verlauf einer 20-jährigen Sukzession. Die Substrate wurden im Oktober 1986 im Versuchsgarten des Instituts für Ökologie in Berlin-Dahlem aufgeschüttet. In Klammern: Jahr des ersten Auftretens nach dem Start in der jeweiligen Schicht.

	Sand Bodenart: Feinsand; pH (CaCl$_2$) beim Start: 7,5; C$_{org}$: 0,12 %; N$_{org}$: 0,008 %	Füllboden Bodenart: schwach schluffiger Sand; pH (CaCl$_2$) beim Start: 7,5; C$_{org}$: 0,94 %; N$_{org}$: 0,027 %	Oberboden Bodenart: schwach schluffiger Sand; pH (CaCl$_2$) beim Start: 7,6; C$_{org}$: 2,00 %; N$_{org}$: 0,102 %
Baumschicht > 5 m	*Betula pendula* (17) *Populus nigra* (13)	*Acer platanoides* (20) *Pinus sylvestris* (19) *Clematis vitalba* (20)	–
Strauchschicht > 1–5 m	*Acer campestre* (18) *Betula pendula* (7) *Pinus sylvestris* (19) *Populus nigra* (6) *Quercus rubra* (20) *Cytisus scoparius* (11) *Clematis vitalba* (18)	*Acer campestre* (20) *Acer platanoides* (11) *Acer pseudoplatanus* (13) *Acer negundo* (15) *Quercus robur* (12) *Pinus sylvestris* (10) *Pyracantha coccinea* (17) *Clematis vitalba* (16)	*Acer campestre* (19) *Acer pseudoplatanus* (19)
Krautschicht	*Acer campestre* (2) *Acer negundo* (20) *Acer pseudoplatanus* (10) *Betula pendula* (1) *Fraxinus excelsior* (18) *Juglans regia* (15) *Pinus sylvestris* (11) *Populus nigra* (1) *Prunus serotina* (18) *Cytisus scoparius* (6) *Rosa canina* (13) *Clematis vitalba* (1)	*Acer campestre* (2) *Acer negundo* (1) *Acer platanoides* (1) *Acer pseudoplatanus* (1) *Pinus sylvestris* (2) *Quercus robur* (1) *Quercus rubra* (18) *Mahonia aquifolium* (19) *Pyracantha coccinea* (2) *Rosa canina* (19) *Clematis vitalba* (1)	*Acer campestre* (2) *Acer pseudoplatanus* (9) *Quercus rubra* (20) *Clematis vitalba* (1)

14

beiden Arten blühten und fruchteten erst fünf bzw. sechs Jahre nach dem Auftreten der ersten Rosetten. Die monokarp perennen Arten herrschten auf Schlacke vom fünften bis zum 17. Jahr der Sukzession vor (Farbtafel 14-4). Die ersten Gehölze traten ab dem fünften Jahr auf, gingen jedoch wieder ein (z. B. *Betula pendula*). Erst die Gehölze der zweiten Besiedlungswelle im zweiten Jahrzehnt konnten sich halten, vor allem Weißdorn (*Crataegus monogyna*) und Feldahorn (*Acer campestre*). Allerdings war auch 20 Jahre nach der Initiierung der Sukzession noch keine Strauchschicht auf diesem Extremstandort ausgebildet.

Auch bei weniger extremen Böden ist eine deutliche Abhängigkeit der Etablierung von Pflanzenarten vom Nährstoffreichtum des Substrats festzustellen. Dies betrifft sowohl krautige Arten als auch Gehölze. In Tabelle 14-2 sind die Gehölzarten aufgelistet, die im Verlauf einer 20-jährigen Sukzession auf unterschiedlich humus- und nährstoffreichen Böden wuchsen. Auffällig ist, dass z. B. *Pinus sylvestris* im nährstoffreichen Oberboden nie keimte, auf benachbarten nähr-stoffärmeren Böden jedoch reichlich vertreten war.

14.4.3 Vegetationsentwicklung

Es gibt verschiedene Prozesse der **Vegetationsdynamik**, die sich gegenseitig überlagern: saisonale Änderungen, klimabedingte und andere Fluktuationen, Sukzessionen und langfristige (durch die Änderungen des Großklimas bedingte) Vegetationsveränderungen. Für die Renaturierungsökologie ist das Wissen über Sukzessionen (Kasten 14-4 und 14-5) von besonderer Bedeutung, da bei Nichtbeachtung der ökologischen Prozesse keine erfolgreiche Renaturierung erreicht werden kann, andererseits ein Verständnis ökologischer Sukzessionen viele Gestaltungsmöglichkeiten eröffnet (Kapitel 1).

Für die Renaturierung urban-industrieller Ökosysteme ist die Kenntnis der Substratverhältnisse ein ganz wesentlicher Ausgangspunkt, um die Entwicklungsmöglichkeiten der Vegetation

Kasten 14-4
Primäre und sekundäre Sukzession – Definition

Sukzessionen sind gerichtete Veränderungen, die durch Störungen initiiert werden. Durch grobskalige Störungen werden offene Standorte geschaffen, die von Pflanzen besiedelt werden können. Vom Ausmaß und der Schwere der Störung hängt es ab, ob primäre oder sekundäre Sukzessionen ausgelöst werden (McCook 1994).

Durch besonders schwere Störungen, bei denen jedes organische Material und alle Diasporen beseitigt werden, werden **Primärsukzessionen** initiiert. Es entstehen Rohböden, die von außen durch Pflanzen und Tiere neu besiedelt werden.

Sekundärsukzessionen werden durch minder schwere Störungen verursacht, bei denen nur ein Teil der pflanzlichen Biomasse und der organischen Substanz des Bodens beseitigt wird. Es verbleiben noch Diasporen oder lebende vegetative Pflanzenteile, die einen Neuaufwuchs ermöglichen.

Neben natürlichen Störungsereignissen, wie z. B. durch Blitzschlag entfachte Waldbrände, Windwurf oder Überschwemmungen, spielen heute anthropogene Störungen eine große Rolle, etwa durch Abgrabung, Aufschüttung, Aufspülung oder Kahlschlag. Man kann sowohl bei den Primär- als auch bei den Sekundärsukzessionen jeweils zwischen natürlich und anthropogen initiierten Sukzessionen unterscheiden (Kasten 14-5).

Das Störungsregime hat nicht nur einen Einfluss auf die Standortverfügbarkeit durch die Schaffung offener Stellen, die zur Neu- oder Wiederbesiedlung zur Verfügung stehen, sondern auch auf die Artenverfügbarkeit. Je nach der Schwere der Störung bleibt ein Teil des Diasporenvorrats im Boden zurück oder wird vollständig beseitigt. Bei oberflächennahen Störungen wird häufig die im Boden noch vorhandene Diasporenbank aktiviert.

Kasten 14-5
Primäre und sekundäre Sukzessionen, die durch natürliche sowie anthropogene Prozesse ausgelöst werden (aus Rebele 2003)

primäre Sukzessionen		sekundäre Sukzessionen	
Initiierung durch schwere Störungen		Initiierung durch oberflächennahe Störungen	
Beseitigung sämtlichen organischen Materials oder Aufschüttung humusfreier Substrate		Vernichtung von Biomasse	
Entstehung von Rohböden		entwickelte Böden bleiben ganz oder teilweise erhalten	
Neubesiedlung		Wiederbesiedlung oder Regeneration	
natürliche Prozesse	**anthropogene Prozesse**	**natürliche Prozesse**	**anthropogene Prozesse**
Vulkanismus	Abgrabung	Wind	Kahlschlag
Gletscher	Aufschüttung	Feuer	Rodung
Wind	Aufspülung	Wasser	Brache
Wasser (Erosion, Sedimentation)	Wasserspiegelabsenkung	Lawinen	Aufspülung
Schwerkraft (Erdrutsch, Lawinen)	Eindeichung	Tiere	Abschieben

beurteilen zu können. Dauerversuche im Versuchsgarten des Instituts für Ökologie der TU Berlin (Abb. 14-4) zur Vegetationsentwicklung auf unterschiedlich humus- und nährstoffreichen Aufschüttungen zeigten, dass entlang eines Nährstoffgradienten Sand – Füllboden – Oberboden die Gehölzentwicklung mit zunehmendem Nährstoffreichtum des Bodens verzögert oder gehemmt wurde. Dies lässt sich deutlich an der Anzahl der mit Gehölzen besetzten Parzellen, der Entwicklung des Deckungsgrades der Strauch- und Baumschicht sowie der maximalen Höhe der Gehölze erkennen. In Abbildung 14-9 ist dies für eine im Herbst 1991 gestartete Sekundärsukzession dargestellt. Die Artenzusammensetzung der Gehölze unterscheidet sich ebenfalls, ähnlich wie auf den bereits fünf Jahre zuvor frisch aufgeschütteten Parzellen (Tab. 14-2). Aus diesen und anderen Dauerversuchen zur Vegetationsentwicklung auf Aufschüttungsböden lassen sich im

Wesentlichen vier Entwicklungstypen ableiten (Kasten 14-6).

1. Sukzession mit rascher Gehölzdominanz auf nährstoffarmen Substraten
   Bei nicht allzu extremen, aber nährstoffarmen Verhältnissen treten unter mitteleuropäischen Klimabedingungen neben krautigen Arten auch Pioniergehölze als Erstbesiedler auf, die innerhalb weniger Jahre zur Dominanz kommen und bereits nach 10–15 Jahren eine Baumschicht ausbilden. Arten anderer Lebensformen kommen im Verlauf der Sukzession ebenfalls vor, spielen aber eine untergeordnete Rolle. Typisches Beispiel ist die Entwicklung auf nährstoffarmem Sand. Vorherrschende Gehölze auf Sand und den anderen nährstoffarmen Substraten sind Arten, die lichtbedürftig, aber anspruchslos in Bezug auf Nährstoffe sind, wie vor allem *Pinus sylvestris* und *Betula pendula*.

14

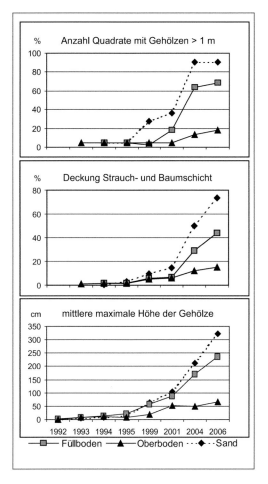

Abb. 14-9: Anzahl der Dauerquadrate (n = 22) mit Gehölzen > 1 m, der mittleren Deckung sowie der mittleren maximalen Höhe der Gehölze auf Sand, Füllboden und Oberboden in den Jahren 1992–2006. Start einer Sekundärsukzession im Oktober 1991 im Versuchsgarten des Instituts für Ökologie der TU in Berlin-Dahlem.

2. Sukzession mit rascher sequenzieller Sukzession auf mäßig nährstoffreichen Substraten mit der Abfolge: Annuelle → krautige ausdauernde Arten → Gehölze
Bei etwas nährstoffreicheren Verhältnissen und begünstigt durch einen gewissen Diasporenvorrat an kurzlebigen Arten können bei Beginn der Sukzession zunächst annuelle und ausdauernde krautige Arten dominieren. Gehölze sind bereits seit Beginn der Sukzession beteiligt und lösen in deren Verlauf die ausdauernden krautigen Arten ab. Unter den Gehölzen sind Arten, die eine Beschattung durch krautige Arten tolerieren (z. B. *Acer*-Arten, *Quercus*-Arten) und meist erst gegen Ende des ersten Jahrzehntes der Vegetationsentwicklung zur Vorherrschaft kommen.
3. Sukzession mit behinderter Gehölzentwicklung auf nährstoffreichen Substraten
Bei sehr nährstoffreichen Substraten wie z. B. vielen handelsüblichen Oberböden oder stark eutrophierten Böden (z. B. auf ehemaligen

Kasten 14-6
Vegetationsentwicklung auf Aufschüttungsböden

nährstoffarme Substrate	mäßig nährstoffreiche Substrate	nährstoffreiche Substrate	nährstoffarme Extremstandorte
z. B. Sand, kiesiger Sand	z. B. Füllboden, Ruderalboden	z. B. Oberboden, Rieselfeldboden	z. B. Schlacken, Schwermetallhalden
rasche Gehölzdominanz	sequenzielle Sukzession mit der Abfolge: Annuelle → krautige ausdauernde Arten → Gehölze	verzögerte Gehölzentwicklung	gehemmte Gehölzentwicklung und verzögerte Lebenszyklen

Rieselfeldern) ist das Gehölzwachstum über einen längeren Zeitraum behindert. Nach einer kurzen Annuellen-Phase kommt es zu einer lang anhaltenden Dominanz ausdauernder krautiger Pflanzen. Gehölze sind zwar vorhanden, das Gehölzartenspektrum ist jedoch deutlich geringer im Vergleich zu nährstoffärmeren Aufschüttungsböden. Deutlich niedriger sind auch die Individuenzahl und die durchschnittliche maximale Wuchshöhe der Gehölze im Verlauf der Sukzession.

4. Sukzession mit gehemmter Gehölzentwicklung auf nährstoffarmen Extremstandorten
Die Besiedlung von technogenen Extremsubstraten wie Schlacke erfolgt wesentlich langsamer als bei allen anderen Substraten. Aufgrund der extremen Standortbedingungen (hoher pH-Wert, N- und P-Mangel, große Trockenheit) ist das Wachstum der Gehölze über einen längeren Zeitraum stark gehemmt (Abschnitt 14.4.2). Andere Lebensformen, z. B. Annuelle, zeigen zunächst ebenfalls Kümmerwuchs. Am besten gedeihen monokarp perenne Arten, bei denen allerdings ein verzögerter Lebenszyklus festzustellen ist.

14.4.4 Bodenentwicklung

Boden ist der belebte und unter Mitwirkung von Organismen entstandene Teil der Erdkruste. Die Prozesse der Bodenbildung erfolgen in Zeiträumen von Jahrhunderten bis Jahrtausenden. Allerdings sind auch bei Aufschüttungsböden bereits in den ersten Jahrzehnten messbare Veränderungen wesentlicher Bodenparameter, z. B. der Lagerungsdichte, des pH-Wertes, der organischen Substanz und der Nährstoffgehalte, festzustellen (Rebele 1996, Koehler und Müller 2003).

Die Bodenentwicklung ist vor allem in primären Sukzessionen von großer Bedeutung für den Verlauf der Vegetationsentwicklung. Mit der Aufschüttung der Substrate, der Besiedlung der Rohböden durch Tiere, Bakterien, Pilze und Pflanzen setzt auch eine Bodenentwicklung ein. Im Verlauf der Vegetationsentwicklung wird organische Substanz gebildet und im Boden als Humus angereichert. Hinzu kommt der Eintrag organischer Substanz von außen, z. B. durch Laubfall, eingewehten Detritus oder Tiere. Mit der Bildung von Humus verbunden ist auch eine Nährstoff-, vor allem Stickstoffanreicherung.

Stickstoff ist für die Pflanzen ein besonderer Nährstoff, da der N-Bedarf für Pflanzen im Vergleich zu anderen Nährstoffen am höchsten ist und die Produktivität am stärksten bestimmt. Stickstoff liegt im Boden etwa zu 95 % in organischer Form vor. Der Bedarf an anorganischem Stickstoff für die Pflanzen in Form von Ammonium (NH_4^+) und Nitrat (NO_3^-) wird in erster Linie durch die Mineralisierung der organischen Substanz im Boden zur Verfügung gestellt. Mit der Akkumulation von organischer Substanz wird somit auch die Stickstoffversorgung verbessert. Eine weitere Stickstoffquelle sind atmosphärische N-Depositionen (Kapitel 12), die in Mitteleuropa je nach Region etwa 12–30 (im Extremfall in der Nähe von starken Emittenten bis zu 85) kg/ha im Jahr betragen (z. B. Staatliches Umweltamt Münster 2005).

Mit zunehmender Humusanreichung und Feinerdebildung in skelettreichen Rohböden nimmt auch das Wasserhaltevermögen des Bodens im Verlauf der Sukzession zu. In verdichteten Böden ist eine biogene Bodenlockerung durch das Pflanzenwachstum und die Aktivität der Bodenorganismen festzustellen. Dadurch werden wiederum die Durchwurzelbarkeit und die Luftkapazität des Bodens günstig beeinflusst.

Durch saure Niederschläge und Säuren der Bodenorganismen wird bei kalkreichen Substraten Kalk gelöst und ausgewaschen und dadurch der pH-Wert gesenkt. So sank z. B. auf einer Sandaufschüttung der pH-Wert (gemessen in $CaCl_2$) in den oberen 5 cm innerhalb von 16 Jahren von pH 7,5 auf 6,2 ab. Bei den Substraten, die Trümmerschutt enthielten, war die pH-Abnahme geringer (0,5 Stufen beim Füllboden und 0,7 Stufen beim Oberboden). Am stärksten war die pH-Abnahme bei Stahlwerksschlacke. In den oberen 10 cm nahm mit der Ausbildung eines Ah-Horizonts der pH-Wert von 12,4 im Jahr der Aufschüttung auf 8,1 nach 21 Jahren ab. In 50 cm Tiefe war der pH-Wert mit 12,2 hingegen nahezu unverändert.

14.5 Möglichkeiten der Förderung natürlicher Prozesse und Sukzessionslenkung

Häufig lässt sich bereits durch die geeignete **Substratwahl** und die Art der Aufschüttung allein durch die natürliche Sukzession ein gewünschter Renaturierungserfolg erreichen (vgl. Beispiel in Abschnitt 14.6.1). Herkömmliche Rekultivierungen mit Oberbodenauftrag, Grasansaaten und Gehölzpflanzungen können die Entwicklung naturnaher Ökosysteme, z. B. die Sukzession zur zonalen Waldvegetation, behindern. Unter Umständen kann es jedoch sinnvoll sein, durch gezielte fördernde Eingriffe die Entwicklung zu beschleunigen (Bradshaw 2000) oder die Sukzession in eine bestimmte Richtung zu lenken (Luken 1990).

So kann die Besiedlung von isolierten Habitaten mit einem geringen **Artenpool** durch verschiedene Maßnahmen mit geringem Aufwand beschleunigt werden, z. B. durch die Schaffung von Ansaatinseln, das Einbringen von samenhaltigem Heu oder einen fleckenweisen Einbau von Oberboden mit einer Diasporenbank. Durch die Etablierung von Sitz- und Singwarten für Vögel können Pflanzenarten in ein Gebiet gelangen, die durch Vögel ausgebreitet werden (z. B. *Quercus*-Arten).

Die Bodenoberfläche sollte zur Etablierung der Pflanzen rau und nicht glatt und zu stark verdichtet sein. Bei starker Bodenverdichtung ist deshalb eine Lockerung des Bodens angebracht. Auch der Auftrag von etwas Mulch kann die Etablierung von Arten fördern. Bei sehr skelettreichen Substraten kann das Einbringen von feinerdereichem Substrat auf kleinen Teilflächen förderlich sein.

Viele **Rohböden** sind extrem stickstoffarm. Eine Düngung mit mineralischem Stickstoffdünger ist trotzdem nicht angebracht, da dieser leicht ausgewaschen wird. Ggf. können bei fehlendem Diasporenangebot der Umgebung N-fixierende Pflanzen angesät werden. In vielen Sukzessionen treten diese ohnehin auf, z. B. krautige Arten der Gattungen *Melilotus* (Steinklee), *Trifolium* (Klee), *Medicago* (Hopfenklee), *Lotus* (Hornklee) und *Vicia* (Wicke) und Gehölzarten wie *Cytisus scoparius* (Besen-Ginster), *Robinia pseudoacacia* (Robinie), *Alnus glutinosa* (Schwarz-Erle) und *Hippophae rhamnoides* (Sanddorn). Die Stickstoffanreicherung in Böden mit starkem Bewuchs von N-fixierenden Arten kann über 100 kg N/ha im Jahr betragen (Bradshaw 2000), wodurch in der Folge wiederum Arten mit einem höheren N-Bedarf gefördert werden. So zeigten beispielsweise Robinienwälder auf sandigen Böden in Berlin schon nach ein bis zwei Jahrzehnten eine nitrophytische Bodenvegetation (Kohler und Sukopp 1964).

Die Etablierung von Bodenorganismen und Mykorrhizapilzen kann durch Impfen mit normalem Boden beschleunigt werden. Eine wesentliche Funktion der **Mykorrhiza** ist die Förderung der Phosphataufnahme in phosphatarmen Böden (Harley und Harley 1987). In nicht zu sauren Böden tragen Regenwürmer wesentlich zur Bodenentwicklung bei. Die nicht sehr mobilen Regenwürmer müssen jedoch meist direkt eingebracht werden (Bradshaw 2000).

Möglichkeiten der Sukzessionslenkung ergeben sich durch Mahd (Abschnitt 14.6.1), Beweidung (Abschnitt 14.6.3) oder ein Zurücksetzen der Sukzession durch erneute Störung. Eine Rücksetzung der Sukzession durch erneute Störung mit Bodenverwundung kann angebracht sein, wenn das Entwicklungsziel die Schaffung oder Erhaltung von Pionierstandorten ist. Dabei sollten jedoch in jedem Fall die Substrat- und Vegetationsverhältnisse berücksichtigt werden. Oberflächennahe Bodenstörung mit Beseitigung der oberirdischen Vegetation (z. B. Tiefeggen, Abschälen) führt bei nährstoffreichen Substraten (z. B. den meisten Oberböden oder Rieselfeldböden) zu einem sehr raschen Schluss der Vegetationsdecke innerhalb weniger Wochen. Auf weniger nährstoffreichen Substraten (z. B. Unterböden als Abdeckmaterial von Deponien) können klonal wachsende krautige Arten (z. B. Landreitgras, Goldruten) oder Gehölze (z. B. Robinien, Pappel- und Weidenarten) innerhalb von ein bis zwei Jahren bereits wieder einen dichten Bewuchs bilden (Rebele und Lehmann 2007).

14

14.6 Renaturierungs-beispiele

14.6.1 Renaturierung einer Deponie durch spontane und gelenkte Sukzession in Berlin-Malchow

Im Nordosten Berlins wurde am östlichen Rand der Malchower Aue, einer vermoorten Niederung, in den Jahren 1985–1990 auf einer ca. 6 ha großen Ackerfläche eine Erdstoffdeponie errichtet, die sogenannte „Mutterbodendeponie am Wartenberger Weg". Neben „Mutterboden" (Oberboden) wurden auf der Deponie auch Unterboden und Bauschutt abgelagert. 1994/1995 wurde die Deponie mit ca. 0,5–2 m Bodenaushub einer nahe gelegenen Großbaustelle abgedeckt (Abb. 14-10). Der Westhügel der Deponie wurde zum Bestandteil des Naturschutzgebietes (NSG) „Malchower Aue" erklärt. Die Erdstoffdeponie wurde weitgehend einer spontanen Besiedlung und ungelenkten Sukzession überlassen. In Teilbereichen des Deponiehügels sollten durch lenkende Maßnahmen Offenflächen erhalten bleiben.

Im April 1996 wurden auf dem nördlichen Plateau des Deponiehügels Dauerflächen zum Studium der spontanen und gelenkten Sukzession eingerichtet. Für die gelenkte Sukzession wurden zwei Behandlungen gewählt: zweischürige Mahd beginnend 1996 und Mahd alle fünf

Jahre (erste Mahd im Spätsommer 2000, zweite Mahd im Spätsommer 2005).

Die Bodenkennwerte des aufgeschütteten Decksubstrats sind in Tabelle 14-3 dargestellt. Der Grobbodenanteil (> 2 mm) lag zwischen 4,1 und 8,4 %. Bei der Bodenart des Feinbodens handelt es sich um einen schwach schluffigen Sand. Die pH-Werte lagen im Bereich von 8,0–8,2; die Bodenreaktion ist demnach mäßig alkalisch. Die organischen C- und N-Gehalte sind mit 0,45–0,82 % C und 0,009–0,025 % N gering und zeigen Eigenschaften eines Rohbodens an. Die verfügbaren P-Gehalte sind mit 38–69 ppm als mittel, die K-Gehalte mit 72–148 ppm als mittel bis hoch, die Mg-Gehalte (186–404 ppm) und Ca-Gehalte (0,59–1,90 %) als hoch einzustufen.

Eine floristische Erfassung des gesamten Westhügels der Deponie im Jahr 2001 (im sechsten Jahr nach der Aufschüttung) ergab einen Artenpool von 207 Arten der Farn- und Blütenpflanzen. Ein Vergleich des Artenspektrums mit der Berliner Flora zeigte einen in etwa gleich hohen prozentualen Anteil an einheimischen Arten, jedoch einen höheren Anteil an Archäophyten und einen geringeren Anteil an Neophyten (Tab. 14-4).

Für die Dauerflächen (drei Behandlungen mit je fünf Wiederholungen) zeigte sich folgender Verlauf der Vegetationsentwicklung. Das aufgeschüttete Substrat wurde bereits im ersten Jahr der Sukzession von insgesamt 68 Arten der Farn- und Blütenpflanzen besiedelt. Im Gesamtzeitraum von zehn Jahren wurden auf den 15 Dauerflächen insgesamt 134 Arten der Farn- und Blütenpflanzen sowie fünf Moosarten festgestellt.

Abb. 14-10: Blick über die Erdstoffdeponie in Berlin-Malchow. a) Im ersten Jahr nach der Aufschüttung von schluffigem Sand. b) Im zwölften Jahr der Sukzession (Fotos: F. Rebele, April 1996 und Juni 2007).

Tab. 14-3: Grobbodenanteil, Korngrößenverteilung (in % des Feinbodens), pH-Werte, organische C- und N- sowie pflanzenverfügbare Ca-, K-, Mg- und P-Konzentrationen auf den Dauerflächen einer Erdstoffdeponie in Berlin-Malchow beim Start der Sukzession (aus Rebele und Lehmann 2007).

Bodenparameter	Spanne (n = 15)
Grobboden (> 2 mm) in %	4,1–8,4
Grobsand in %	5,5–8,9
Mittelsand in %	27,2–40,6
Feinsand in %	27,1–36,6
Grobschluff in %	2,0–13,9
Mittelschluff in %	2,5–12,1
Feinschluff in %	5,6–11,9
Ton in %	2,2–9,1
pH (CaCl$_2$)	8,0–8,2
C$_{org}$ in %	0,45–0,82
N$_{org}$ in %	0,009–0,025
Ca in %	0,59–1,90
K in ppm	66–148
Mg in ppm	186–404
P in ppm	38–69

Das Gesamtartenspektrum bestand vor allem aus Arten des Grünlandes frischer bis mäßig trockener Standorte, Arten der wärmeliebenden, mehrjährigen Ruderalfluren und Halbtrockenrasen sowie Arten ruderal beeinflusster Hochstaudengesellschaften. Zu Beginn der Besiedlung traten noch Arten des Feuchtgrünlandes, z. B. *Deschampsia cespitosa* (Rasen-Schmiele) häufiger auf, während in den späteren Jahren einige Arten der Sandtrockenrasen hinzukamen, z. B. *Festuca brevipila* (Rauhblatt-Schafschwingel) und *Sedum acre* (Scharfer Mauerpfeffer). Gehölze waren von Beginn der Sukzession an beteiligt, vor allem *Salix*- und *Populus*-Arten; neben den vorherrschenden Hybrid-Arten *Salix* x *rubens* (Fahl-Weide) und *Populus* x *nigra* (Schwarzpappel-Hybride) z. B. auch *Salix caprea* (Sal-Weide), *S. purpurea* (Purpur-Weide), *S. viminalis* (Korb-Weide) und *Populus alba* (Silber-Pappel).

Bereits ab dem vierten Jahr der Vegetationsentwicklung waren die Flächen mit zweischüriger Mahd artenreicher als die anderen Flächen (Abb. 14-11). Die mittlere Artenzahl nahm auf den Flächen mit zweischüriger Mahd (M2-Flächen) von knapp unter 20 Arten pro 4 m^2 bei Beginn auf etwa 30 Arten pro 4 m^2 im Verlauf der zehn Jahre zu. Die Flächen mit ungelenkter Sukzession (B-Flächen) und die alle fünf Jahre gemähten Flächen (M5-Flächen) unterschieden sich hingegen nicht signifikant im Artenreichtum. Bei diesen beiden Behandlungen spielten ziemlich rasch Gehölze eine dominierende Rolle, woran auch die Mahd im fünfjährigen Turnus nichts änderte.

Insgesamt waren 15 Arten mit einer Deckung > 10 % zu wenigstens einem Aufnahmezeitpunkt vertreten (Tab. 14-5). Auf den Flächen mit ungestörter Sukzession gab es im Verlauf der zehnjährigen Entwicklung nur vier dominante Arten, auf den alle fünf Jahre gemähten Flächen acht und auf den Flächen mit zweischüriger Mahd neun Arten. Auffällig ist, dass die Dominanz einzelner

Tab. 14-4: Status (Einwanderungszeit) der im Jahr 2001 auf der Erdstoffdeponie in Berlin-Malchow gefundenen Farn- und Blütenpflanzen (Rebele 2001a).

Status	Anteil Arten absolut	Anteil Arten %	Anteil Arten Berlin %[1]
Einheimische	125	60,4	60,5
Archäophyten	38	18,4	12,4
eingebürgerte Neophyten	35	16,9	–
Ephemerophyten (unbeständige Neophyten)	9	4,3	–
Neophyten gesamt	44	21,2	27,1
Gesamt	**207**	**100,0**	**100,0**

[1] nach Böcker et al. (1991)

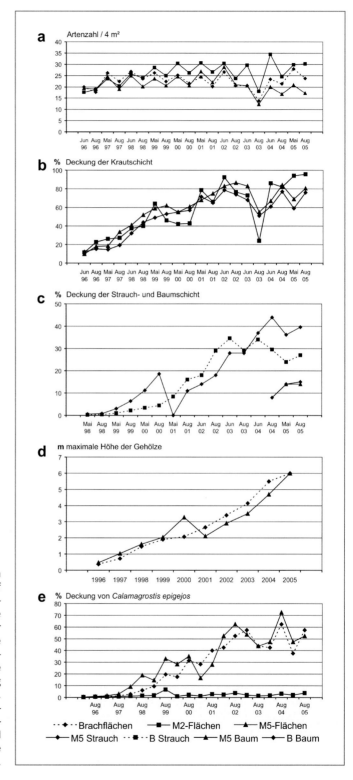

Abb. 14-11: Verlauf der ersten zehn Jahre der Sukzession auf einer Erdstoffdeponie in Berlin-Malchow. a) Mittlere Artendichte (n = 5). b) Mittlere Deckung der Krautschicht (n = 5). c) Mittlere Deckung der Strauch- und Baumschicht (n = 5). d) Maximale Höhe der Gehölze. e) Mittlere Deckung von *Calamagrostis epigejos* (n = 5). B: Flächen mit ungestörter Sukzession; M2: Flächen mit zweischüriger Mahd; M5: Flächen mit Mahd im fünfjährigen Turnus (aus Rebele und Lehmann 2007).

Tab. 14-5: Dominante Arten in den ersten zehn Jahren der Sukzession auf den Dauerflächen einer Erdstoffdeponie in Berlin-Malchow (aus Rebele und Lehmann 2007).

	1996	1997	1998	1999	2000	2001	2002	2003	2004	2005
B-Flächen										
Calamagrostis epigejos				+	++	++	+++	+++	+++	+++
Medicago lupulina						+				
Salix x rubens						+	+	++	++	++
Populus x nigra						+	+	+		
M5-Flächen										
Melilotus albus		+				+				
Artemisia vulgaris			+							
Calamagrostis epigejos			+	++	++	++	+++	+++	+++	+++
Solidago canadensis				+						+
Medicago lupulina				+		+				
Plantago lanceolata							+			
Salix x rubens					+	+	+	+	++	++
Populus x nigra					+	+	+	+	+	+
M2-Flächen										
Trifolium repens		+		+		+	+			
Trifolium campestre							+		+	
Medicago lupulina				+		++	+	++	+++	+++
Vicia hirsuta						+			+	
Plantago lanceolata					+	+	++			+
Daucus carota							+	+		+
Poa angustifolia									+	
Festuca brevipila										+
Tanacetum vulgare										+

B-Flächen: Flächen mit spontaner Sukzession; **M5-Flächen**: Flächen, die alle fünf Jahre gemäht wurden; **M2-Flächen**: Flächen, die jährlich zweimal gemäht wurden
+: Deckung > 10 %; ++: Deckung > 25 %; +++: Deckung > 50 %

Arten im Verlauf der Vegetationsentwicklung zunimmt. Auf den B- und M5-Flächen ist dies bei *Calamagrostis epigejos* und *Salix* x *rubens*, auf den M2-Flächen ist dies bei *Medicago lupulina* (Hopfen-Klee) der Fall.

Bei der Entwicklung der Gesamtdeckung der Krautschicht gab es zwischen den Behandlungen keine signifikanten Unterschiede. Das mittlere Deckungsprozent lag bei der ersten Aufnahme im Juni 1996 bei ca. 10 und nahm dann im Verlauf der Jahre mehr oder weniger kontinuierlich auf ca. 80 bei den B- und M5-Flächen und auf über 90 bei den M2-Flächen zu (Abb. 14-11). Allerdings traten Fluktuationen des Deckungsgrades auf, die sich am stärksten auf den Flächen mit zweischüriger Mahd zeigten. Die Krautschicht der B- und M5-Flächen waren von der extremen

Trockenheit des Jahres 2003 weniger stark betroffen als die M2-Flächen, da auf den Flächen mit längerer Brachentwicklung das relativ trockentolerante Landreitgras dominierte.

Jeweils ab dem dritten Jahr war auf den B- und M5-Flächen die Entwicklung einer Strauchschicht festzustellen (Abb. 14-11). Nach zehnjähriger Vegetationsentwicklung wiesen vier von fünf B- und M5-Flächen eine Strauchschicht auf. Auf jeweils einer Dauerfläche der B-Flächen und M5-Flächen entwickelte sich im neunten bzw. zehnten Jahr eine Baumschicht (> 5 m). Die maximale Höhe der Gehölze lag in beiden Fällen im zehnten Jahr bei ca. 6 m (Abb. 14-11).

Die Mahd im fünfjährigen Turnus bewirkte somit kein Offenhalten der Flächen. Die Verbuschung war infolge der starken vegetativen Rege-

14

Kasten 14-7
Carabiden-Fauna des Deponiehügels im NSG „Malchower Aue"

Im Jahr 1999 (im vierten Jahr nach dem Start der Sukzession) wurden im Gebiet der Deponie 108 Laufkäferarten (42 % der in Berlin vorkommenden Carabiden-Arten) nachgewiesen (Kielhorn 1999). Mit 57 Arten überwogen dabei die Laufkäfer unbewaldeter, trockener bis frischer Habitate. Einige Arten sind in der Region gefährdet oder selten, z. B. die Buntschnellläufer *Acupalpus du-*

bius und *A. exiguus*, der Handläufer *Dyschirius angustatus*, der Prunkläufer *Lebia chlorocephala* und der Buntgrabläufer *Poecilus punctulatus*. Außerdem wurden drei Arten der Großlaufkäfer-Gattung *Carabus* (*C. auratus*, *C. granulatus* und *C. nemoralis*) sowie eine Sandlaufkäferart (*Cicindela hybrida*) gefunden.

neration der Weiden- und Pappelarten sogar noch stärker als auf den Flächen ohne Eingriff. Die Mahd im fünfjährigen Turnus hatte auch keinen signifikanten Einfluss auf die Dominanz von *Calamagrostis epigejos*. Zweischürige Mahd bewirkte dagegen einen starken Rückgang der Deckung des Landreitgrases (Abb. 14-11).

Die vorliegende Dauerbeobachtung zeigt, dass sich auch bei stickstoffarmen Verhältnissen ohne Ansaat oder Bepflanzung eine Vegetation ausbildet, die an die Standortverhältnisse der Erdstoffdeponie angepasst ist und die auch auf extreme Klimafluktuationen flexibel reagiert. Gehölze sind von Beginn der Sukzession an beteiligt. Ohne Sukzessionslenkung kann sich bei unseren Klimabedingungen innerhalb von fünf Jahren eine Strauchschicht, innerhalb von zehn Jahren eine Baumschicht entwickeln. Zweischürige Mahd erwies sich als geeignet, Flächen offen zu halten und eine „Trockenwiese" zu etablieren. Ein Offenhalten von Teilbereichen der Deponie war vor allem zur Förderung von Offenlandbewohnern bestimmter Tiergruppen, z. B. der Carabidenfauna, erwünscht (Kasten 14-7).

Fazit

Die Renaturierung von Deponien durch spontane Sukzession stellt eher eine Ausnahme dar. In der Regel werden Deponien mit großem finanziellen und technischen Aufwand rekultiviert. Die Notwendigkeit von Rekultivierungsmaßnahmen auf Deponien wird in der Regel damit begründet,

dass natürliche Prozesse zu langsam ablaufen, um in akzeptablen Zeiträumen eine Vegetationsdecke zu etablieren und dass deshalb durch bodenverbessernde Maßnahmen (z. B. durch Humusanreicherung und Düngung) sowie Anpflanzungen und Ansaaten nachgeholfen werden müsse. Die Sukzessionsstudien auf Dauerflächen zeigen jedoch, dass auf abgedeckten Deponien und anderen Aufschüttungsböden relativ rasch eine mehr oder weniger geschlossene Vegetationsdecke ausgebildet wird. Auch Gehölze etablieren sich häufig bereits zu Beginn der Sukzession, und es können auf nährstoffarmen bis mäßig nährstoffreichen Substraten in Zeiträumen von weniger als 10 bis 20 Jahren junge Waldstadien entstehen (Abb. 14-10). Auf humus- und stickstoffreichen Substraten wird hingegen die Sukzession zum Wald behindert. Deshalb ist in der Regel eine Deponieabdeckung mit nährstoffreichem Oberboden hinderlich, wenn eine rasche Gehölzentwicklung das Ziel der Rekultivierung bzw. Renaturierung ist.

Die durch spontane Sukzession etablierte Vegetation erfüllt bestimmte Funktionen der Rekultivierung wie z. B. Erosionsschutz genauso gut, wenn nicht sogar besser als gepflanzte, da die sich entwickelnde Vegetation in jedem Falle standortgemäß ist und auch nicht mit starken Ausfällen wie bei gepflanzter Vegetation zu rechnen ist. Aus landschaftsästhetischer Sicht ist eine Begrünung durch spontane Sukzession einer Aufforstung vorzuziehen, da spontan bewachsene Deponien einen höheren Natürlichkeitsgrad aufweisen (Kapitel 13).

Wenn das Entwicklungsziel ein weitgehendes Offenhalten der Deponie ist, bieten sich regelmäßige Mahd oder ggf. auch Mahd in Kombination mit Beweidung als Möglichkeiten zur Offenhaltung an. Von einer gelegentlichen Rodung gehölzdominierter Entwicklungsstadien sollte jedoch abgesehen werden, wenn Gehölzarten am Vegetationsaufbau beteiligt sind, die bei Schnitt oder Bodenstörung sehr regenerationsfreudig reagieren. Sollten Rodungen von Gehölzbeständen trotzdem erfolgen, so ist es in jedem Falle erforderlich, die Flächen in den folgenden Jahren permanent offen zu halten (z. B. durch regelmäßige Mahd), da sonst mit einer noch stärkeren Verbuschung zu rechnen ist.

14.6.2 Industriewald Ruhrgebiet – Waldentwicklung auf Industriebrachen und Bergehalden

Im Ruhrgebiet, dem größten deutschen Industrierevier, gibt es derzeit etwa 10 000 ha Industriebrachen, von denen nicht alle in absehbarer Zeit wieder neu genutzt werden. Bei einem Großteil der Brachen handelt es sich um Zechenbrachen mit Bergehalden, ein Terrain, das sich ohnehin nur mit hohem Aufwand wieder landwirtschaftlich oder baulich nutzen lässt. Im Rahmen der Internationalen Bauausstellung „Emscher-Park" wurde deshalb mit dem Projekt „Restflächen in der Industrielandschaft" die Idee geboren, die natürliche Waldentwicklung auf Industriebrachen zu tolerieren und diese neu aufwachsenden Wälder der Bevölkerung weitgehend zugänglich zu machen (Rebele und Dettmar 1996).

Das im Jahr 1996 gestartete Projekt wurde nach einer fünfjährigen Testphase unter dem Titel „Industriewald Ruhrgebiet" dauerhaft etabliert. Träger ist die Landesforstverwaltung Nordrhein-Westfalen. Die Geschäftsführung und Koordination des Projekts wird durch das **Forstamt Recklinghausen** wahrgenommen, das auf der ehemaligen Zeche Rheinelbe in Gelsenkirchen in der früheren Stromverteilungszentrale auch eine Forststation betreibt (Dettmar 2005). Das Projekt verfügt zurzeit (Stand Juni 2007) über elf Teilflächen (Kasten 14-8) mit insgesamt 223 ha, die überwiegend noch private Eigentümer haben (Tab. 14-6).

Auf drei Flächen des Industriewald-Projekts (Zollverein, Rheinelbe und Alma) wurden im Jahr 1999 je zwei 0,1 ha große Forschungsflächen eingerichtet. In einem Monitoringprogramm werden jeweils zwei Flächen mit Pioniervegeta-

Tab. 14-6: Flächenübersicht Projekt „Industriewald Ruhrgebiet" (Stand: 04.06.2007).

Projektfläche	Ort	ha
Zeche Zollverein Schacht I, II, VIII, XII und Kokerei	Essen	41
Zeche Rheinelbe	Gelsenkirchen	42
Zeche Alma	Gelsenkirchen	26
Zeche Graf Bismarck	Gelsenkirchen	20
Chemische Schalke	Gelsenkirchen	13
Zeche Waltrop	Waltrop	26
Bergehalde Emscher-Lippe 3/4	Datteln	13
Schacht Constantin 10	Bochum und Herne	8
Kokerei Hansa	Dortmund	20
Schacht und Kokerei König Ludwig 1/2	Recklinghausen	2
Zeche Viktor 3/4	Castrop Rauxel	12
Fläche gesamt		223

Quelle: http://www.industriewald-ruhrgebiet.nrw.de/industriewaldruhr/content/de

14

Kasten 14-8
Die elf Teilflächen des Projekts „Industriewald Ruhrgebiet" (nach Rebele und Dettmar 1996, Börth et al. 2005)

Die **Zeche Zollverein** in Essen-Katernberg war mit einem Gesamtareal von ca. 100 ha eine der größten Zechen des Ruhrgebietes. Die industrielle Nutzung begann Mitte des 19. Jahrhunderts mit dem Bau des Schachtes I. Ende der 1920er-Jahre wurde Schacht XII in Bauhaus-Architektur errichtet. 1986 wurde diese ehemals größte Schachtanlage des Ruhrgebietes stillgelegt. Gewaltige Dimensionen sind auch kennzeichnend für die in den 1950er-Jahren im gleichen Stil erbaute Kokerei. Mit der Stilllegung der Kokerei erloschen 1993 die großindustriellen Prozesse auf Zollverein. Heute ist die Zeche Zollverein aufgrund ihrer einzigartigen Architektur UNESCO-Weltkulturerbe. Auf einer Teilfläche (41 ha) des ehemaligen Zechen- und Kokereigeländes wächst heute der „Industriewald" auf Bergehalden, aber auch zwischen Fördertürmen, Hallen und Schienensträngen. Die ältesten Waldbestände sind ca. 100 Jahre alt, z. B. ein Robinienwald auf einer Bergehalde (Abb. 14-12).

Die **Zeche Rheinelbe** war bis 1930 ebenfalls eine der großen Zechen des Ruhrgebietes. Das Gelände liegt direkt am Stadtzentrum Gelsenkirchens. In den letzten 70 Jahren entwickelte sich hier allmählich eine wilde, abwechslungsreiche Waldlandschaft mit Hügeln und Tälern, immer wieder aufgelockert durch kleinere und größere Lichtungen. Im Rahmen der Internationalen Bauausstellung „Emscher-Park" wurden auf dem Gelände Skulpturen errichtet, um einen Natur- und Kunst-Erlebnisraum zu schaffen.

Das Gelände der ehemaligen **Zeche und Kokerei Alma** in Gelsenkirchen zeichnet sich durch eine große Biotopvielfalt und durch zahlreiche seltene Tier- und Pflanzenarten aus. So gibt es auf Alma z. B. eine der größten Populationen der Kreuzkröte (*Bufo calamita*) in der Region. Junge Waldbereiche wechseln mit Offenflächen, die bisher wenig bewachsen sind oder von Hochstauden beherrscht werden. Zahlreiche Tümpel finden sich insbesondere in den offenen Teilen des Geländes. Der östliche Teil des Gebietes wurde als Naturschutzgebiet ausgewiesen. Alma ist über den Emscher-Park-Radweg an die Gelsenkirchener Innenstadt angebunden.

Bei der Fläche „**Chemische Schalke**" handelt es sich um eine ehemalige Chemiefabrik. Das Gelände ist bislang unzugänglich. Ungestört entwickelt sich hier seit Jahren ein Birkenpionierwald.

Der **Schacht Constantin 10** in Bochum und Herne wurde bereits 1931 stillgelegt. Einige Gebäude sind noch erhalten und werden gewerblich genutzt. Auf Teilflächen hat sich ein Birken-Salweiden-Wald entwickelt.

Die **Schachtanlage und Kokerei „Emscher-Lippe"** wurde in den 1970er-Jahren stillgelegt und abgerissen. Auf einer kleinen Bergehalde wächst inzwischen ein Birkenwald. Partienweise verhindert starker Kaninchenfraß das Aufkommen des Unterwuchses, sodass durchlichtete und dicht bewachsene Waldbereiche einander abwechseln.

Auf der **Zeche „Graf Bismarck"** endete 1966 der Bergbau. Auf dem weitläufigen Gelände am Rhein-Herne-Kanal finden sich verschiedene Stadien der Vegetationsentwicklung, von unbewachsenen Gesteinsflächen über junge, lichte Birkenhaine bis hin zu großflächigen Pionierwäldern.

Im Bereich der 1965 stillgelegten **Schacht- und Kokereianlage „König Ludwig 1/2"** wuchs ein kleiner, dicht bewachsener Wald auf, der heute Teil des Industriewaldprojekts ist.

Die **Kokerei Hansa** entstand 1927/1928 und wurde 1992 stillgelegt. Die Anlage steht heute unter Denkmalschutz. In kürzester Zeit begann die Eroberung von Flächen und Gebäuden durch die Natur. Das Besondere bei dieser Fläche ist, dass die Kombination von Industriedenkmal und Industrienatur explizit zum Programm erhoben wurde.

Die 1973 stillgelegte **Schachtanlage der Zeche Viktor** ist heute mit einem jungen Birkenwald bewachsen. Vorgesehen ist, das Gelände künftig gewerblich neu zu nutzen. Bis dahin darf sich der Wald auf dem Standort weiterentwickeln.

Die ehemalige **Zeche Waltrop** liegt am Rande des dicht besiedelten Ruhrgebietes. Auf dieser Zechenbrache wachsen neben Birkenpionierwald auch Waldbestände mit Eichen und Buchen.

Abb. 14-12: Robinienwald auf einer Bergehalde der Zeche Zollverein in Essen (Foto: F. Rebele, Oktober 1997).

tion, zwei Gebüsch- und zwei Waldbestände untersucht. Die Waldbestände sind ca. 40–50 Jahre (Rheinelbe) und ca. 80–100 Jahre (Zollverein) alt (Weiss 2003, Weiss et al. 2005). Auf den insgesamt sechs Flächen werden bodenkundliche, floristisch-vegetationskundliche, forstliche und faunistische Daten erhoben (Weiss et al. 2005). Das Ausgangssubstrat für die ökologische Sukzession ist in fünf Fällen Bergematerial, in einem Fall Bauschutt.

Bei den Böden handelt es sich um Skeletthumusböden aus frisch geschüttetem Bergematerial mit Pioniervegetation, Regosole aus Bergematerial unter Birkenwald sowie einem Lockersyrosem/Regosol aus Bergematerial unter einem alten Robinienwald, der aus einer Pflanzung hervorgegangen ist. Die Untersuchungsfläche mit Bauschutt weist eine Pararendzina aus Bauschutt auf. Die Böden sind stark steinhaltig. Bis in eine Tiefe von > 1 m enthalten die Standorte mehr als 80 Vol.-% Steine. Im Vergleich zu Waldböden der Region, die sich in Fließerden aus den natürlichen Ausgangssubstraten entwickelt haben, weisen die Rohböden der Bergehalden eine stark eingeschränkte Qualität des Wurzelraumes auf. So können aufgrund des Feinerdemangels in deutlich geringerem Maße Nährstoffe und Wasser pflanzenverfügbar gespeichert werden. Der Nährstoffstatus ist bis auf den Lockersyrosem/Regosol unter dem alten Robinienwald für Phosphat, Magnesium und Kalium als arm einzustufen. Auch die Kationenaustauschkapazität ist meist sehr gering. Die pH-Werte sind auf den alten Bergematerialhalden zumeist sehr stark sauer (pH

($CaCl_2$) < 4,0), auf der jüngsten Bergematerialaufschüttung mäßig alkalisch. Salzauswaschungen sind auf der frischen Bergematerialschüttung bereits nach einem Jahr durch den Rückgang der elektrischen Leitfähigkeit eines Bodenwasserauszugs festzustellen. Die Schwermetallkonzentrationen des Feinbodens waren häufig etwas erhöht (Burghardt et al. 2003).

Die Untersuchungsfläche mit Bauschutt war von Hochstauden wie *Solidago gigantea* (Riesen-Goldrute) und Gehölzen (z. B. *Populus alba* und *Salix alba*) bewachsen, die zweite Gebüschfläche auf Bergematerial mit *Betula pendula* und *Salix caprea*. Die Waldbestände waren auf der Untersuchungsfläche Rheinelbe von *Betula pendula*, auf der Fläche Zollverein von *Robinia pseudoacacia* dominiert. Die spontan aufgewachsenen Birken auf Rheinelbe waren im Mittel 10,1 m (maximal 17,5 m) hoch. Als weitere Baum- und Straucharten waren vor allem *Acer pseudoplatanus* (Berg-Ahorn) und *Sambucus nigra* (Schwarzer Holunder) am Aufbau des jungen Waldes beteiligt.

Der Robinienwald auf Zollverein befindet sich schon in der Altersphase (Abb. 14-12). Die Robinien der Untersuchungsfläche waren im Mittel 7,9 m (maximal 21,5 m) hoch. Einige ältere Robinien waren bereits am Absterben. Als weitere Gehölzarten kamen in der Strauchschicht *Acer pseudoplatanus* und *Sambucus nigra* vor. In der Krautschicht waren im Birkenwald weitere Gehölzarten vertreten: *Acer campestre* (Feld-Ahorn), *A. platanoides* (Spitz-Ahorn), *Carpinus betulus* (Hainbuche), *Crataegus* x *macrocarpa* (Großfrüchtiger Weißdorn), *Prunus serotina* (Spätblü-

14

hende Traubenkirsche) und *Quercus robur* (Stieleiche), daneben auch bereits einige krautige Waldarten wie *Dryopteris filix-mas* (Gewöhnlicher Wurmfarn), *D. carthusiana* (Gewöhnlicher Dornfarn) und *Deschampsia flexuosa* (Draht-Schmiele). Die Krautschicht des Robinienbestandes bestand vor allem aus Brombeeren (*Rubus elegantispinosus, R. nemorosoides*) und den Farnarten *Dryopteris dilatata* (Breitblättriger Dornfarn) und *Athyrium filix-femina* (Wald-Frauenfarn). Charakteristisch für den Waldboden im Robinienbestand war eine dicke Rohhumusschicht (Weiss et al. 2005).

Im Rahmen des Monitorings wurden auch die Tiergruppen Ameisen, Laufkäfer, Nachtfalter, Schwebfliegen, Wildbienen und Grabwespen erfasst. Alle Artengruppen zeigen analog der Vegetations- bzw. Waldentwicklung einen Wechsel des Artenspektrums von Offenland- zu Waldarten. Die Entwicklung der Artenzahlen war jedoch uneinheitlich und vom jeweiligen Besiedlungspotenzial der Artengruppe abhängig. So spiegeln die bisher auffallend geringen Artenzahlen bei den Laufkäfern und Schwebfliegen auf den Walduntersuchungsflächen deren deutliche Isolierung innerhalb der nahezu waldfreien Stadtlandschaft wider. Die geringe Artenzahl bei den Ameisen auf dem Waldstandort Zeche Zollverein ist dagegen maßgeblich auf die dominierende Baumart Robinie zurückzuführen.

Die Zusammensetzung der Artenspektren ist nicht nur vom jeweiligen Sukzessionsstadium abhängig, sondern auch von der industriellen Vornutzung und der unterschiedlichen Bodengenese. So stellt starke Bodenverdichtung und die damit einhergehende Staunässe bei den Pionierstandorten ein erhebliches Besiedlungshemmnis für bodennistende Ameisen, Wildbienen und Grabwespen dar (Schulte und Hamann 2003). Frisch geschüttetes Bergematerial weist noch keine Regenwurmfauna auf. Im Waldstadium wurden jedoch auf einer Bergehalde ca. 140 Individuen pro m² festgestellt, in einer Pararendzina aus Bauschutt mit einer verbuschten Hochstaudenflur ca. 150 Individuen pro m² (Burghardt et al. 2003).

Insgesamt gibt es nur wenige Beispiele für die natürliche Waldentwicklung auf Bergehalden, da in den letzten Jahrzehnten Bergehalden als sogenannte Landschaftsbauwerke fast ausschließlich rekultiviert wurden. Nur einige wenige ältere Hal-

den wurden nicht oder nur teilweise rekultiviert. Ein schönes Beispiel mit einem gut entwickelten, inzwischen ca. 70-jährigen Birkenwald gibt es auf der Bergehalde Hugo Ost bei Gelsenkirchen (Farbtafel 14-1). Weitere Untersuchungen der spontanen Besiedlung und Vegetationsentwicklung auf Bergehalden zeigen, dass unter dem atlantischen Klimaeinfluss des Ruhrgebietes sogar eine Entwicklung zum Buchen-Eichenwald möglich erscheint (Jochimsen 1991).

Fazit

Auch bei der Halden-Rekultivierung wurde immer wieder argumentiert, dass die natürliche Sukzession zu langsam ablaufe und deshalb eine kulturtechnische Begrünung erfolgen müsse. Die wenigen Beispiele, wo man die spontane Sukzession toleriert, zeigen, dass sich selbst auf dem nährstoffarmen Bergesubstrat unter mitteleuropäischen Klimabedingungen ein Wald entwickeln kann. Mit Projekten wie dem „Industriewald"-Projekt im Ruhrgebiet oder dem Schutzgebiet „Saar-Urwald" manifestiert sich ein Umdenken. Der Begriff „Urwald" im Zusammenhang mit Bergbauhalden wirkt vielleicht befremdlich. Er hat dennoch seine Berechtigung, da hier tatsächlich im Verlauf einer primären Sukzession ein Wald aufwächst, der sich ohne anthropogene Eingriffe und Nutzungen entwickelt.

14.6.3 Renaturierung ehemaliger Rieselfelder durch extensive Beweidung (NSG „Falkenberger Rieselfelder" in Berlin-Falkenberg)

In Berlin gibt es verschiedene Renaturierungsprojekte auf ehemaligen Rieselfeldern (Kasten 14-9), von denen hier das Projekt „Beweidung des NSG Falkenberger Rieselfelder mit Heckrindern und Wildpferden" vorgestellt werden soll. Das Projektgebiet umfasst das NSG „Falkenberger Rieselfelder" mit einer Gesamtfläche von 86,26 ha. Das NSG „Falkenberger Rieselfelder" ist als FFH-Gebiet (Fauna-Flora-Habitat) gemeldet (Senatsverwaltung für Stadtentwicklung, Der Landesbe-

Kasten 14-9
Berliner Rieselfelder

Um das Problem der zunehmenden Abwassermengen in Berlin zu lösen, wurde Ende des 19. Jahrhunderts mit der Einrichtung von Rieselfeldern begonnen. Über zwölf radiale, getrennte Kanalsysteme wurde Abwasser auf Rieseltafeln in der Peripherie und im Umland der Stadt geleitet. Durch die Bodenpassage sollte das Abwasser gereinigt und über die Vorflut in das Gewässernetz eingeleitet werden. Mit dem Abwasser wurden die Felder gleichzeitig gedüngt. Angebaut wurde vor allem Gemüse, aber auch Getreide und Grünfutter. In den 1920er-Jahren besaß Berlin mit einer Fläche von 110 km^2 weltweit die größten Rieselfelder.

Einige Flächen wurden ca. 100 Jahre lang mit Abwässern berieselt. Mit dem Bau von Klärwerken wurde der Rieselbetrieb gegen Ende des 20. Jahrhunderts zunehmend eingestellt. Einige Rieselfelder wurden schon in den 1970er-Jahren nicht mehr regulär bewirtschaftet, sondern auf „Intensiv-Filterbetrieb" umgestellt. Statt 100–500 mm Abwasser bei Getreideanbau und 2 000–4 000 mm Abwasser bei Grünlandnutzung wurden auf den Intensivfilterflächen bis zu 10 000 mm verrieselt. Es handelte sich faktisch um reine Deponieflächen.

Durch die jahrzehntelange Abwasserverrieselung wurden die Böden vor allem mit Stickstoff und Phosphat eutrophiert und teilweise (vor allem auf den Intensivfilterflächen) auch mit Schwermetallen belastet (Tabelle 2-3 und 2-4). Auch nach Einstellung des Rieselfeldbetriebs ist die starke Nährstoffanreicherung durch die Art des Bewuchses als landschaftsprägendes Merkmal erkennbar, selbst wenn die alten Rieselfeldstrukturen mit Rieselbecken, Dämmen und Gräben häufig beseitigt wurden.

Bei Aufgabe der Rieselfeldnutzung setzt eine Bracheentwicklung ein, bei der im Allgemeinen zunächst nitrophytische ausdauernde Hochstauden zur Dominanz kommen, vor allem die Brennnessel (*Urtica dioica*) und die Acker-Kratzdistel (*Cirsium arvense*). Aber auch zwei Grasarten spielen auf den Berliner Rieselfeldern eine große Rolle: die Kriech-Quecke (*Elymus repens*) und das Landreitgras (*Calamagrostis epigejos*). Rieselfelder, die schon länger brachliegen, werden vom Schwarzen Holunder (*Sambucus nigra*) besiedelt. Das Aufkommen anderer Gehölzarten ist dagegen auf den hypertrophierten Böden stark behindert (Rebele 2001b, 2006).

Ein charakteristisches Merkmal der noch in Betrieb befindlichen Rieselfelder war ihr Wasserreichtum, der vor allem für Vögel und Amphibien Habitate bot. Durch die Einstellung der Abwasserverrieselung gingen jedoch die Wasserflächen vielerorts zurück und auch der Grundwasserspiegel sank ab.

auftragte für Naturschutz und Landschaftspflege 2007). Das Naturschutzgebiet ist von überregionaler Bedeutung als Brut-, Rast- und Nahrungsgebiet für seltene Vogelarten und dient gefährdeten sowie vom Aussterben bedrohten Amphibienarten als Lebensraum. So gab es hier in früheren Jahren die größte Population der Rotbauch-Unke (*Bombina bombina*) im Berliner Raum.

Der größte Teil des Naturschutzgebietes wird extensiv beweidet. Außerhalb der umzäunten Weideflächen gibt es Brachflächen, Hecken und Baumreihen sowie eine ackerbaulich genutzte Fläche, die ein natürliches Feldsoll, den Berlipfuhl, einschließt. Die Beweidung der ca. 50 ha großen Kernflächen erfolgt seit 1998 mit Heckrindern (Abb. 14-13a, Farbtafel 14-5) und seit 2005 zusätzlich mit robusten Pferden (Liebenthaler Wildlinge; Abb. 14-13b). Derzeit (2007) sind ca. 20 Rinder und drei Pferde auf der Weide. Zwei Teilflächen werden seit 1997 bzw. 1998 mit Schottischen Hochlandrindern, zwei weitere Teilflächen seit etwa 1990 mit Reitpferden beweidet. Im extensiv beweideten Kerngebiet befindet sich eine Reihe von angelegten Kleingewässern, die von den Tieren auch als Tränke genutzt werden.

Das Konzept der extensiven Ganzjahresweide (Kasten 14-10) mit robusten Rinder- und Pferderassen geht davon aus, dass die Landschaft offen gehalten wird und sich zwischen Weidetieren, der Vegetation und der übrigen Tierwelt ein Wirkungsgefüge einstellt, dem eine große Bedeu-

14

Kasten 14-10
Rinder und Pferde zur extensiven Beweidung

- Bei den **Heckrindern** handelt es sich um eine Rückzüchtung von Hausrindern durch die Gebrüder Heck. Das Heckrind weist Wildtiermerkmale des ausgerotteten Auerochsen auf.
- **Schottische Hochlandrinder** werden heute häufig zur extensiven Ganzjahresbeweidung genutzt.

- Die „**Liebenthaler Wildlinge**" sind robuste Pferde, die seit den 1970er-Jahren ursprünglich im Bayerischen Wald bei Buchenau durch eine Kreuzung zwischen Fjordpferden und Koniks gezüchtet wurden und seit Mitte der 1990er-Jahre bei Liebenthal in der Schorfheide gehalten werden.

---

tung für die natürliche Struktur- und Artenvielfalt (Kasten 14-11) zukommt. Kennzeichnend für die Extensivweide ist eine auf den winterlichen Nahrungsengpass ausgerichtete Bestandesdichte. Im Sommer steht den Tieren dagegen ein Nahrungsüberangebot zur Verfügung, sodass die Tiere zwischen verschiedenen Nahrungspflanzen wählen können. Durch das selektive Befressen der Nahrungspflanzen werden die Konkurrenzverhältnisse zwischen den Pflanzen beeinflusst und durch Bodenstörungen werden offene Stellen geschaffen, die lichtbedürftige Arten begünstigen.

Im Unterschied zu anderen Extensivweideprojekten ist beim Projekt „Falkenberger Rieselfelder" zu berücksichtigen, dass es sich bei ehemaligen Rieselfeldern um sehr produktive Systeme handelt. Da Wald auf den Rieselfeldern ohnehin

nur sehr schwer aufwachsen kann, bietet sich vor allem Grünlandnutzung an.

Bei einer vegetationskundlichen Erhebung im Juni und Juli 2005 wurden in erster Linie flächenmäßig bedeutsame und repräsentative Vegetationstypen des Grünlandes sowie ausgewählte Bereiche der Kleingewässer berücksichtigt. Der Schwerpunkt der Aufnahmen lag bei den Pflanzengesellschaften der Frischwiesen und Frischweiden sowie Vegetationsbeständen, die von Landreitgras dominiert werden. Hierbei sollte vor allem der Einfluss der extensiven Beweidung auf die Vegetationsentwicklung untersucht werden.

Frischwiesen-Gesellschaften nahmen im Untersuchungsgebiet einen großen Teil der Fläche ein. Sie fanden sich auf den gemähten oder gemulchten, bisher nicht oder in unterschiedlicher

Abb. 14-13: NSG „Falkenberger Rieselfelder" im Nordosten Berlins. a) Im Vordergrund sieht man eine Glatthafer-Wiese (Dauco-Arrhenatheretum), im Hintergrund eine Frischweide mit Heckrindern. b) Beweidung der ehemaligen Rieselfelder mit robusten Pferden (Liebenthaler Wildlinge) (Fotos: F. Rebele, Juli 2005 und Juni 2005).

Kasten 14-11
Die Flora des NSG „Falkenberger Rieselfelder"

Bei einer floristischen Erfassung von Juni bis September 2005 wurden im NSG „Falkenberger Rieselfelder" insgesamt 335 Gefäßpflanzenarten festgestellt (Rebele 2005). Die Gesamtartenzahl lag etwa in der gleichen Größenordnung wie bei den letzten Untersuchungen vor dem Beginn der Beweidung und zu einer Zeit mit höheren Wasserständen. Es hat jedoch ein deutlicher Wandel im Artenbestand im Gebiet stattgefunden. Im Vergleich zur letzten Erhebung im Jahr 1998 waren 277 Gefäßpflanzenarten gemeinsam (ca. 82,7 % des aktuellen Artenbestandes), 58 Arten waren im Jahr 2005 neu hinzugekommen, 64 Arten wurden nicht mehr gefunden. Bei den Arten, die 2005 nicht mehr notiert wurden, handelt es sich zum Großteil um Arten von Feuchtstandorten, Arten von Acker- und Gartenwildkrautgesellschaften sowie verwilderte Nutz- und Zierpflanzen. Neu hinzugekommen waren vor allem Arten der Sandtrockenrasen, der Frischwiesen und Frischweiden. Der Verlust bei den

Arten der Feuchtstandorte und der gleichzeitige Gewinn bei den Arten der Sandtrockenrasen sowie der Frischwiesen und -weiden charakterisiert einen spezifischen Florenwandel im Gebiet. Die Ursachen für den Florenwandel sind zum einen die gravierenden Veränderungen des Wasserhaushalts (gegenüber den Höchstständen Mitte der 1990er-Jahre sind die Gewässerflächen im Gebiet heute auf etwa 1 % der damaligen Wasserfläche zurückgegangen), zum anderen die Einflüsse von Mahd und Beweidung im Naturschutzgebiet.

Es wurden 17 Pflanzenarten gefunden, die nach der Roten Liste in Berlin gefährdet sind. Besonders hervorzuheben sind *Centaurium erythraea* (Echtes Tausendgüldenkraut), *Filago arvensis* (Acker-Filzkraut) und *Ranunculus sardous* (Rauher Hahnenfuß), da diese Arten im Naturschutzgebiet große Populationen besitzen. Vor allem die beiden letztgenannten Arten werden durch die Beweidung begünstigt.

Weise extensiv beweideten Flächen sowie auf den zumindest gelegentlich gemähten Dämmen der alten Rieseltafeln und an Wegrändern. Die flächenmäßig bedeutsamste Gesellschaft war die Glatthaferwiese (Dauco carotae-Arrhenatheretum elatioris), in der neben den dominanten Arten Glatthafer (*Arrhenatherum elatius*), Wiesen-Margerite (*Leucanthemum vulgare*) und Sauer-Ampfer (*Rumex acetosa*) fleckenweise auch Arten der Sandtrockenrasen, z. B. Heidenelke (*Dianthus deltoides*), vorkamen. Auf den Dämmen und an Wegrändern wuchs die ruderale Rainfarn-Glatthaferwiese (Tanaceto vulgaris-Arrhenatheretum elatioris). Je nach dem Grad der Ruderalisierung gibt es Übergänge vom Dauco-Arrhenatheretum zum Tanaceto-Arrhenatheretum.

Frischweiden sind kurzwüchsig-rasenartig aufgebaut und von Arten wie dem Weiß-Klee (*Trifolium repens*) und dem Deutschen Weidelgras (*Lolium perenne*) dominiert. Bei intensiver Bewirtschaftung sind sie in der Regel großflächig ausgebildet und von anderen Vegetationsein-

heiten, z. B. Wiesen oder Brachen, gut abgrenzbar. Bei extensiver Beweidung ergibt sich jedoch ein anderes Bild. Hier sind Frischweiden eher insel- oder streifenartig, seltener großflächig ausgebildet. Es ergibt sich ein Mosaik von stärker beweideten Flächen mit einer typischen Frischweide-Gesellschaft (Lolio-Cynosuretum), Vegetationsbeständen, die kaum beweidet werden und eher Wiesen- oder Brachecharakter haben (je nachdem, ob zusätzlich gemäht wird oder nicht) und allen möglichen Übergängen zwischen Weide und Brache bzw. Weide und Wiese, Weide und Ufervegetation. Im Naturschutzgebiet sind Frischweiden auf allen stärker beweideten Flächen ausgebildet. Besonders charakteristisch sind Frischweiden, die aus Rohrglanzgras-Röhrichten hervorgegangen sind. Hier dürfte vor allem die Beweidung mit Wildpferden eine Rolle spielen, da das Rohrglanzgras (*Phalaris arundinacea*) gerne von Pferden gefressen wird.

Sandtrockenrasen, vor allem Heidenelken-Grasnelkenfluren (Diantho deltoides-Armerietum elongatae), sind im Naturschutzgebiet insel-

14

artig in einer sandigen Schmelzwasserrinne vorhanden. Die Heidenelken-Grasnelkenflur ist ein lückiger, teils aber auch mehr geschlossener und wiesenartiger Sandtrockenrasen mit den Gräsern *Festuca ovina* agg. (meist *Festuca brevipila*, Rauhblatt-Schafschwingel) und *Agrostis capillaris* (Rotes Straußgras), von denen bald die eine, bald die andere Art dominiert. Eingestreut in diesen Grasteppich sind niedrige Rosetten- und Polsterpflanzen sowie verschiedene einjährige Arten. Neben *Dianthus deltoides* (Heidenelke) und *Armeria maritima* ssp. *elongata* (Grasnelke) kommen als weitere Arten häufig *Helichrysum arenarium* (Sand-Strohblume), *Hieracium pilosella* (Mausohr-Habichtskraut), *Rumex acetosella* (Kleiner Sauerampfer) und *Jasione montana* (Berg-Jasione) vor. Im Gebiet relativ häufig war auch *Filago arvensis* (Acker-Filzkraut), eine einjährige Art, die vor allem an Störstellen der sandigen Erdwälle wuchs.

Auf etwa der Hälfte der Fläche im Naturschutzgebiet wuchsen Vegetationsbestände, die von Landreitgras (*Calamagrostis epigejos*) dominiert werden. Das Landreitgras wächst vor allem auf frischen und nährstoffreichen, aber auch auf ausgesprochen nassen sowie auf eher trockenen und nährstoffärmeren Standorten. Flächenmäßig am bedeutsamsten sind im NSG „Falkenberger Rieselfelder" Vegetationseinheiten mit Dominanz von Landreitgras auf frischen, nährstoffreichen Standorten, die pflanzensoziologisch den nitrophilen Saumgesellschaften (Galio-Urticetea dioicae) nahestehen. Infolge der langjährigen Verrieselung von nährstoffreichen Abwässern ist in weiten Teilen des Naturschutzgebietes trotz der Beweidung der Charakter einer Rieselfeldbrache mit dem Landreitgras als beherrschende Art erhalten geblieben. Daneben spielen vor allem Brennnessel (*Urtica dioica*) und Acker-Kratzdistel (*Cirsium arvense*) eine Rolle. An trockeneren und nährstoffärmeren Standorten wächst das Landreitgras etwas lückiger (ca. 50 % Deckung und wenig Streu). Hier treten die Arten von Standorten mit frischen nährstoffreichen Verhältnissen in den Hintergrund oder fehlen ganz. Stattdessen kommen zahlreiche Trockenrasenarten vor, z. B. *Helichrysum arenarium* und *Jasione montana*. In den weniger dichten Landreitgras-Beständen war auch das Echte Tausendgüldenkraut (*Centaurium erythraea*) relativ häufig vertreten (Farbtafel 14-6).

Insgesamt lässt sich feststellen, dass die Vegetationsentwicklung von extensiv beweideten Rieselfeldflächen einige Besonderheiten aufweist. Bei extensiver Beweidung von Rieselfeldbrachen entsteht ein Mosaik von zum Teil sehr intensiv beweideten Flecken oder Streifen, kaum genutzten Bereichen mit Brachecharakter und vielfältigen Übergängen zwischen den beiden Extremen.

Neben der starken räumlichen Musterbildung tritt auch eine zeitliche Verschiebung der Vegetationsmuster im Jahresverlauf auf. So hatten extensiv mit Reitpferden beweidete Flächen, die im Spätsommer gemulcht wurden, im darauffolgenden Frühjahr vor dem Auftrieb der Pferde den Charakter einer Frischwiese. Im August hatte sich ein Großteil der Vegetation auf der Pferdekoppel dann zur Frischweide entwickelt.

Von besonderer Bedeutung für den Arten- und Biotopschutz sind auch die Kleingewässer im Gebiet. Es handelt sich dabei um ein Feldsoll, ehemalige Rieselbecken und angelegte Weiher. In den eutrophen Gewässern wachsen Wasserlinsen-, Hornblatt- und Wasserhahnenfuß-Gesellschaften (u. a. Lemnetum gibbae, Ceratophylletum submersi und Ranunculetum aquatilis). An den Ufern sind Röhricht-Gesellschaften ausgebildet, die bei häufigerer Frequentierung durch die weidenden, trinkenden und badenden Tiere aufgelichtet werden.

Bis zum Ende der Abwasserverrieselung Mitte der 1980er-Jahre wurden die damals noch ausgedehnten Feuchtflächen von verschiedensten Wasservögeln und vor allem Limikolen wie Schnepfen, Strand- und Wasserläufern vorwiegend während der Zugzeiten als Rast- und Nahrungsplätze aufgesucht (vgl. Kasten 14-12). Seit der Aufgabe der Rieselfeldnutzung hat sich das Artenspektrum sowohl bei den Brutvögeln als auch bei den Durchzüglern verändert, da die Wasserflächen insgesamt stark zurückgegangen sind.

Fazit

Das Projekt der Renaturierung ehemaliger Rieselfelder mit Heckrindern und robusten Pferden ist ein Beispiel, bei dem das Renaturierungsziel Erhaltung und Förderung der Biodiversität mit dem Ziel der Entwicklung einer abwechslungsreichen Erholungslandschaft vereinbar wurde.

Kasten 14-12
Die Fauna des NSG „Falkenberger Rieselfelder"

Im Jahr 2005 wurden 63 Vogelarten festgestellt, davon 35 Brutvogelarten mit insgesamt 246 Brutrevieren sowie 28 Arten Nahrungsgäste und Durchzügler (Kitzmann und Schonert 2006). Die häufigsten Brutvögel waren Rohrammer (*Emberiza schoeniclus*) und Sumpfrohrsänger (*Acrocephalus palustris*). Als weitere gebietstypische Arten kamen Neuntöter (*Lanius collurio*), Feldschwirl (*Locustella naevia*), Grauammer (*Miliaria calandra*), Goldammer (*Emberiza citrinella*), Dorngrasmücke (*Sylvia communis*), Feldlerche (*Alauda arvensis*), Braunkehlchen (*Saxicola rubetra*) und Schwarzkehlchen (*Saxicola torquata*) vor. Häufige Nahrungsgäste sind Graureiher (*Ardea cinerea*), Mäusebussard (*Buteo buteo*) und Turmfalke (*Falco tinnunculus*), der im Gebiet auch in Nistkästen auf Hochspannungsmasten brütet. Eine Zunahme der Brutreviere gegenüber der letzten Erhebung 1998 gab es vor allem bei Grauammer, Feldschwirl und Schwarzkehlchen, eine Abnahme bei der Feldlerche.

Bei der Bestandserfassung der Herpetofauna im Jahr 2005 (Kitzmann und Schonert 2006) wurden sieben Amphibienarten und eine Reptilienart nachgewiesen: die Knoblauchkröte (*Pelobates*

fuscus), die Erdkröte (*Bufo bufo*), die Wechselkröte (*Bufo viridis*), der Moorfrosch (*Rana arvalis*), der Teichfrosch (*Rana* kl. *esculenta*), der Teichmolch (*Triturus vulgaris*), der Kammmolch (*Triturus cristatus*) und die Ringelnatter (*Natrix natrix*). Im Jahr 2006 wurde auch die Rotbauchunke wieder festgestellt.

Im Naturschutzgebiet wurden 211 Schmetterlingsarten (29 Tagfalter, 163 Nachtfalter sowie 19 Zünsler) erfasst. Häufige Tagfalter sind z. B. Tagpfauenauge (*Inachis io*), Kleiner Fuchs (*Aglais urticae*) und Großes Ochsenauge (*Maniola jurtina*). Zu den gefährdeten Arten zählen u. a. der Violettsilber-Feuerfalter (*Lycaena alciphron*), der Kleine Magerrasen-Perlmuttfalter (*Boloria dia*) und der Schmalflügel-Weißling (*Leptidea sinapis*), dessen Raupen an Leguminosen-Arten fressen.

Im Rahmen des Monitorings im Sommer 2005 wurden auch 19 Heuschreckenarten nachgewiesen, darunter die Kurzflügelige Schwertschrecke (*Conocephalus dorsalis*) an Feuchtstandorten und der Rotleibige Grashüpfer (*Omocestus haemorrhoidalis*) im Bereich der Sandtrockenrasen und Wiesen (Kitzmann und Schonert 2006).

Durch die Haltung von wehrhaft wirkenden Tieren wird ein Großteil der Flächen vor dem Betreten geschützt. Gleichzeitig wurde das Gebiet für Erholungssuchende attraktiver, da die Tierherden von den Wanderwegen aus beobachtet werden können. Durch die Beweidung und Mahd von Teilflächen wurde die Landschaft der ehemaligen Rieselfelder stärker strukturiert und damit abwechslungsreicher für Besucher. Weitere Landschaftselemente sind die vorhandenen Gewässer und Feldgehölze, die auch für die extensive Tierhaltung günstig sind (Tränke, Schattenbäume).

14.7 Schlussfolgerungen und Forschungsbedarf für Wissenschaft und Praxis

Bisher gibt es nur wenige Renaturierungsprojekte in urban-industriellen Landschaften. Großflächig sind vor allem die neu aufwachsenden Wälder auf Bergehalden und Industriebrachen bedeutsam. So überwiegt in Nordrhein-Westfalen heute die passive Waldvermehrung durch Sukzession auf Industrie- und Bahnbrachen die aktive Waldvermehrung durch Wiederaufforstung (Gausmann et al. 2007).

Eine wesentliche Voraussetzung für die Realisierung von Renaturierungsprojekten ist eine langfristige Sicherung der Flächen. Nicht zufällig wurden zwei der in diesem Kapitel vorgestellten

Beispiele in Naturschutzgebieten realisiert, wobei Deponien bisher nicht unbedingt im Fokus der Naturschutzarbeit standen. Die Ausweisung von Brachflächen als Waldflächen ist eine weitere Möglichkeit, eine naturnahe Entwicklung einzuleiten oder weiterhin zuzulassen, wie dies beim Projekt „Industriewald Ruhrgebiet" geschah. Dies gilt insbesondere dann, wenn als Naturschutzziel vor allem der Klima- und Gewässerschutz im Vordergrund steht oder in waldarmen urbanen Räumen „Wildnis" als Erlebnis für die Stadtbewohner erwünscht ist.

Ein Problem der Akteure (Stadtplaner, Naturschutzbehörden) ist es, in langen Zeiträumen zu denken und zu verstehen, dass Prozesse in der Natur in verschiedenen zeitlichen und räumlichen Skalen ablaufen und zu beobachten sind (Kapitel 17). So ist z. B. die Vegetationsdynamik sehr vielfältig, und es braucht längere Zeit, um langfristige Trends von Fluktuationen und Abundanzschwankungen einzelner Arten zu unterscheiden. Ähnliches gilt auch für viele Tiergruppen.

Eine besondere Herausforderung wird in diesem Jahrhundert der Klimaschutz sein. Urbanindustrielle Ballungsräume sind hier besonders betroffen, da die Prozesse der globalen Klimaveränderung und lokale Einflüsse (Stadtklima) zusammen wirken. Die Potenziale für die Renaturierung sollten deshalb für eine künftige Planung der Stadtentwicklung eine stärkere Berücksichtigung finden.

Für die Renaturierung der meisten urbanindustriellen Ökosysteme besteht nach wie vor großer Forschungsbedarf. So ist z. B. über die Vegetationsdynamik auf stark eutrophierten Böden noch sehr wenig bekannt und auch über die Ursachen, warum beispielsweise Aufforstungsmaßnahmen hier häufig scheitern. Bei Primärsukzessionen auf anthropogenen Rohböden sind die Prozesse der Besiedlung durch Tiere, die Destruenten-Nahrungsketten und die Bodenentwicklung bisher kaum untersucht.

Zum Verständnis ökologischer Prozesse ist es auch notwendig, räumliche Zusammenhänge stärker zu beachten, z. B. die Rolle lokaler Artenpools und Ausbreitungsvektoren, die besondere Geschichte des Ortes oder „zufällige" extreme Klimaereignisse (*local events*). Von wissenschaftlichem Interesse sind auch Fragen der Sippendifferenzierung, der Evolution lokal angepasster Populationen an extreme Umweltfaktoren (z. B. Hitzestress, Nährstoffmangel oder Überschuss an Mineralstoffen) sowie der Entwicklung neuer Lebensgemeinschaften durch das Zusammentreffen neuer Artenkombinationen.

Literaturverzeichnis

Backhaus A, Bauermeister T, Kuhtz P (2006) Landschaftsplanerische Gesamtkonzeption – Pflege- und Entwicklungsplan. Im Rahmen des Projektes 4914 UEP/OÜ5 „Wiederbewässerung der Rieselfelder um Hobrechtsfelde". Im Auftrag des Landes Berlin, vertreten durch die Berliner Forsten

Blume H-P (1996) Böden städtisch-industrieller Verdichtungsräume. In: Blume H-P, Felix-Henningsen P, Fischer WR, Frede H-G, Horn R, Stahr K (Hrsg) Handbuch der Bodenkunde. Ecomed, Landsberg/Lech. 1–48

Blume H-P (1998) Böden. In: Sukopp H, Wittig R (Hrsg) Stadtökologie. 2. Aufl. Gustav Fischer, Stuttgart. 168–185

Böcker R, Auhagen A, Brockmann H, Heinze K, Kowarik I, Scholz H, Sukopp H, Zimmermann F (1991) Liste der wildwachsenden Farn- und Blütenpflanzen von Berlin (West) mit Angaben zur Gefährdung der Sippen, zum Zeitpunkt ihres ersten spontanen Auftretens und zu ihrer Etablierung im Gebiet sowie zur Bewertung der Gefährdung. In: Auhagen A, Platen R, Sukopp H (Hrsg) Rote Listen der gefährdeten Pflanzen und Tiere in Berlin. *Landschaftsentwicklung und Umweltforschung* S6: 57–88

Börth M, Balke O, Stell M (2005) Projekt „Industriewald Ruhrgebiet". Landesbetrieb Wald und Holz NRW, Forstamt Recklinghausen (Hrsg). Rehmsdruck, Borken

Bradshaw AD (2000) The use of natural processes in reclamation – advantages and difficulties. *Landscape and Urban Planning* 51: 89–100

Burghardt W, Hiller DA, Stempelmann I, Tüselmann J (2003) Industriewald Ruhrgebiet – Bodenkundliche Untersuchungen. In: Arlt G, Kowarik I, Mathey J, Rebele F (Hrsg) Urbane Innenentwicklung in Ökologie und Planung. *IÖR-Schriften*, Band 39. Institut für ökologische Raumentwicklung e. V., Dresden. 149–158

Dettmar J (2005) Forests for shrinking cities? The project "Industrial forests of the Ruhr" In: Kowarik I, Körner S (Hrsg) Wild urban woodlands. New perspectives for urban forestry. Springer, Berlin. 263–276

Ernst WHO (1974) Schwermetallvegetation der Erde. Gustav Fischer, Stuttgart

Gausmann P, Weiss J, Keil P, Loos GH (2007) Wildnis kehrt zurück in den Ballungsraum. *Praxis der Naturwissenschaften - Biologie in der Schule* 56 (2): 27–32

Gilbert OL (1994) Städtische Ökosysteme. Eugen Ulmer, Stuttgart

Gilcher S, Bruns D (1999) Renaturierung von Abbaustellen. Eugen Ulmer, Stuttgart

Haensel J (2007) Fledermaus-Detektorführung in Rüdersdorf. http://Nyctalus.com/content/view/57/41

Haldemann R (1993) Schnecken im Bereich des Tagebaus. In: Schroeder JH (Hrsg) Führer zur Geologie von Berlin und Brandenburg No. 1: Die Struktur Rüdersdorf. 2. Aufl. Geowissenschaftler in Berlin und Brandenburg e. V. Selbstverlag, Berlin. 132–136

Hamann M, Koslowski I (1988) Vegetation, Flora und Fauna eines salzbelasteten Feuchtgebietes an einer Bergehalde in Gelsenkirchen. *Natur und Heimat* 48: 9–14

Harley JL, Harley EL (1987) A check-list of mycorrhiza in the British flora. *New Phytologist* (Suppl.) 105: 1–102

Hodkinson ID, Webb NR, Coulson SJ (2002) Primary community assembly on land – the missing stages: why are the heteroreophic organisms always there first? *Journal of Ecology* 90: 569–577

Jochimsen M (1991) Ökologische Gesichtspunkte zur Vegetationsentwicklung auf Bergehalden. In: Wiggering H, Kerth M (Hrsg) Bergehalden des Steinkohlenbergbaus. Verlag Vieweg, Wiesbaden. 155–162

Kielhorn K-H (1999) Faunistisch-ökologisches Gutachten zur Carabidenfauna ausgewählter Probeflächen auf dem Gelände der ehemaligen Deponie am Wartenberger Weg (Teil des NSG „Malchower Aue"). Gutachten im Auftrag des Bezirksamts Hohenschönhausen von Berlin

Kitzmann B, Schonert B (2006) Gesamtbewertung der Ergebnisse des Monitorings im NSG Falkenberger Rieselfelder im Jahr 2005. Im Auftrag der Senatsverwaltung für Stadtentwicklung, Berlin

Koehler H, Müller J (2003) Entwicklung der Biodiversität während einer 20-jährigen Sukzession als Grundlage für Managementmaßnahmen. Abschlussbericht des Forschungsvorhabens (FKZ 01 LC 0005) im Rahmen von BIOLOG im Auftrag des Bundesministeriums für Bildung und Forschung (BMBF). http://www.uft.uni-bremen.de/oekologie/hartm BMBFFKZ01LC0005.pdf

Kohler A, Sukopp H (1964) Über die soziologische Struktur einiger Robinienbestände im Stadtgebiet von Berlin. *Sitzungsberichte der Gesellschaft Naturforschender Freunde zu Berlin (NF)* 4 (2): 74–88

Konold W (1983) Die Pflanzenwelt auf abgedeckten Mülldeponien und die Problematik der Rekultivierung. *Landschaft + Stadt* 15 (4): 162–171

Kowarik I, Körner S (Hrsg) (2005) Wild urban woodlands. New perspectives for urban forestry. Springer, Berlin

Kuttler W (1998) Stadtklima. In: Sukopp H, Wittig R (Hrsg) Stadtökologie. 2. Aufl. Gustav Fischer, Stuttgart. 125–167

Luken JL (1990) Directing ecological succession. Chapman & Hall, New York

McCook LJ (1994) Understanding ecological community succession: Causal models and theories, a review. *Vegetatio* 110: 115–147

Meuser H (1993) Technogene Substrate in Stadtböden des Ruhrgebietes. *Zeitschrift für Pflanzenernährung und Bodenkunde* 156: 137–142

Poschlod P, Tränkle U, Böhmer J, Rahmann H (1997) Steinbrüche und Naturschutz. Ecomed, Landsberg/Lech

Prach K, Pyšek P (2001) Using spontaneous succession for restoration of human-disturbed habitats: Experience from Central Europe. *Restoration Ecology* 17: 55–62

Pyšek P (1993) Factors affecting the diversity of flora and vegetation in central European settlements. *Vegetatio* 106: 89–100

Rebele F (1994) Urban ecology and special features of urban ecosystems. *Global ecology and biogeography letters* 4: 173–187

Rebele F (1996) Konkurrenz und Koexistenz bei ausdauernden Ruderalpflanzen. Verlag Dr. Kovač, Hamburg

Rebele F (2001a) Dokumentation der Vegetationsentwicklung im 6. Jahr der Sukzession auf Dauerversuchsflächen auf dem Westhügel der ehemaligen Mutterbodendeponie am Wartenberger Weg (Bestandteil des Naturschutzgebietes Malchower Aue). Gutachten im Auftrag des Bezirksamts Lichtenberg von Berlin, Amt für Umwelt und Natur

Rebele F (2001b) Management impacts on vegetation dynamics of hyper-eutrophicated fields at Berlin, Germany. *Applied Vegetation Science* 4: 147–156

Rebele F (2003) Sukzessionen auf Abgrabungen und Aufschüttungen – Triebkräfte und Mechanismen. *Berichte des Instituts für Landschafts- und Pflanzenökologie Universität Hohenheim*, Beiheft 17: 67–92

Rebele F (2005) Floristische und vegetationskundliche Bestandsaufnahme des NSG Falkenberger Rieselfelder mit Biotopkartierung im Maßstab 1 : 2 000. Bewertung des Einflusses der Beweidung auf die Vegetationsentwicklung. Gutachten im Auftrag des Fördervereins Naturschutzstation Malchow e. V.

Rebele F (2006) Projekt 4914 UEP/OÜ5 „Wiederbewässerung der Rieselfelder um Hobrechtsfelde". Floristische und vegetationsökologische Begleituntersuchungen. Abschlussbericht Oktober 2006. Im Auftrag der Berliner Forsten

14

Rebele F, Dettmar J (1996) Industriebrachen – Ökologie und Management. Eugen Ulmer, Stuttgart

Rebele F, Lehmann C (2007) Renaturierung einer Erdstoffdeponie durch spontane und gelenkte Sukzession – Ergebnisse aus 10 Jahren Dauerbeobachtung. *Naturschutz und Landschaftsplanung* 39 (4): 119–126

Reichholf J (1989) Siedlungsraum. Zur Ökologie von Dorf, Stadt und Straße. Mosaik Verlag, München

Schulz A, Rebele F (2003) Zum Wandel der Flora auf dem Gelände des Kalksteintagebaus und Museumsparks Rüdersdorf. *Naturschutz und Landschaftspflege in Brandenburg* 12 (1): 4–12

Schulte A, Hamann M (2003) Industriewald Ruhrgebiet – Faunistische Untersuchungen. In: Arlt G, Kowarik I, Mathey J, Rebele F (Hrsg) Urbane Innenentwicklung in Ökologie und Planung. IÖR-Schriften, Band 39. Institut für ökologische Raumentwicklung e. V., Dresden. 179–187

Senatsverwaltung für Stadtentwicklung, Der Landesbeauftragte für Naturschutz und Landschaftspflege (2007) natürlich Berlin! Naturschutz- und NATURA 2000-Gebiete in Berlin. Verlag Natur und Text, Rangsdorf

Staatliches Umweltamt Münster (Hrsg) (2005) Stickstoffdeposition im Münsterland. Münster

Sukopp H, Starfinger U (1999) Disturbance in urban ecosystems. In: Walker LR (Hrsg) Ecosystems of disturbed ground. Ecosystems of the world 16. Elsevier, Amsterdam. 397–412

UBB (Umweltvorhaben Berlin Brandenburg) (2005) Wiederbewässerung der Rieselfelder um Hobrechts-felde. Ein Projekt zur Wiederinwertsetzung eines Rieselfeldgebietes. http://www.stadtentwicklung.berlin.de/forsten/rieselfelder_hobrechtsfelde

Van Elsen T (1997) Binnensalzstellen an Rückstandhalten der Kali-Industrie. In: Westhus W, Fritzlar F, Pusch J, van Elsen T, Andres C (Hrsg) Binnensalzstellen in Thüringen – Situation, Gefährdung und Schutz. *Naturschutzreport (Jena)* 12/1997. 63–117

Weiss J (2003) Industriewald Ruhrgebiet – Daueruntersuchungen zur Sukzession auf Industriebrachen. In: Arlt G, Kowarik I, Mathey J, Rebele F (Hrsg) Urbane Innenentwicklung in Ökologie und Planung. IÖR-Schriften, Band 39. Institut für ökologische Raumentwicklung e. V., Dresden. 139–147

Weiss J, Burghardt W, Gausmann P, Haag R, Haeupler H, Hamann M, Leder B, Schulte A, Stempelmann I (2005) Nature returns to abandoned industrial land: monitoring succession in urban-industrial woodlands in the German Ruhr. In: Kowarik I, Körner S (Hrsg) Wild urban woodlands. New perspectives for urban forestry. Springer, Berlin. 143–162

Wittig R (2002) Siedlungsvegetation. Eugen Ulmer, Stuttgart

Wittig R, Sukopp H, Klausnitzer B (1998) Die ökologische Gliederung der Stadt. In: Sukopp H, Wittig R (Hrsg) Stadtökologie. 2. Aufl. Gustav Fischer, Stuttgart

Zerbe S, Maurer U, Schmitz S, Sukopp H (2003) Biodiversity in Berlin and its potential for nature conservation. *Landscape and Urban Planning* 62: 139–148

15 Zur ethischen Dimension von Renaturierungsökologie und Ökosystemrenaturierung

K. Ott

15.1 Einleitung

Die wissenschaftlich angeleitete Ökosystemrenaturierung kann mittlerweile als eine etablierte Praxis im Bereich des Naturschutzes gelten. Diese Praxis bezieht sich notwendigerweise auf Ziele und Werte und weist damit auch eine naturethische Dimension auf. Daher hat diese Praxis die Aufmerksamkeit auch von Sozialwissenschaftlern und Ethikern auf sich gezogen. Dieses Kapitel geht der Frage nach, wie sich die naturethische Dimension der Ökosystemrenaturierung analysieren und inhaltlich bestimmen lässt. Hierzu erweist sich auch die Auseinandersetzung mit Philosophen als hilfreich, die der Ökosystemrenaturierung ein technizistisches Naturverständnis vorgeworfen haben. Am Ende des Kapitels wird ein in sich gestuftes mögliches naturethisches Selbstverständnis der Ökosystemrenaturierung diskutiert, das den an dieser Praxis Beteiligten Freiheitsgrade der Positionierung belässt.

15.2 Wissenschaftsethische Grundlagen

Auf wissenschaftsethischer Ebene wurde dargelegt, warum die Ökologie immer dann, wenn sie Naturschutzfragen thematisiert, in ein immanentes Verhältnis zur Umwelt- bzw. Naturethik tritt (Ott 1997: Kapitel 7). Die **Naturethik** ist ein Teilgebiet der anwendungsorientierten Ethik, in der die Werte und Normen, in denen die Praxis des Naturschutzes gründet, analysiert, reflektiert und begründet werden. Dies trifft *mutatis mutandis* auch auf die ethische Dimension des Verbundes aus Renaturierungsökologie und Ökosystemrenaturierung zu (Kapitel 1). Es beeinträchtigt die Wissenschaftlichkeit von praktisch ausgerichteten Disziplinen nicht, die, wie Max Weber sagte, an Werte »*gekettet*« sind (Weber 1968, S. 38), wenn die jeweilige disziplinimmanente Dimension der Werte und Normen ethisch, d. h. moralphilosophisch expliziert und reflektiert wird. Praktische Disziplinen sollten vielmehr auf kritisch-reflektierte Weise „wertbewusst" sein. Dies gilt auch für die Renaturierungsökologie. Zwar mögen bei der Durchführung einzelner Renaturierungsprojekte technische, finanzielle und sonstige pragmatische Fragen im Vordergrund des Interesses stehen, sodass die Wertbezüge für die Beteiligten in den Hintergrund rücken oder als selbstverständlich vorausgesetzt werden. Die Existenz dieses wertbesetzten Hintergrundes wird jedoch weithin anerkannt. Ökosystemrenaturierung ist teilweise emphatisch als Reifungsprozess des Naturschutzes gesehen worden, der dadurch eine statische („museale") Grundkonzeption überwinde. Der enge Verbund von Renaturierungsökologie und Ökosystemrenaturierung sei ein Beleg dafür, dass positive Beziehungen zwischen Menschen und ihrer natürlichen Mitwelt oder sogar eine Koevolution zwischen Mensch und Natur möglich seien (Jordan 1986, 1989, Spencer 2007). Renaturierungsökologie erscheint als eine praktisch orientierte Disziplin, die Schäden zu reparieren und Wunden zu heilen versucht, die der Prozess der Intensivierung der Landnutzung der Natur zugefügt hat. Aufgabe der

Naturethik ist es, diesen naturethischen Hintergrund auszuleuchten. Hierdurch sollen die Akteure, die in dem Verbund aus Renaturierungsökologie und Ökosystemrenaturierung tätig sind (Kapitel 17), in die Lage versetzt werden, über ein mögliches „Ethos" dieses Verbundes zu diskutieren. Die Naturethik schreibt den Beteiligten ein Ethos nicht „von außen" vor, sondern möchte einen Diskurs über die naturethische Sinndimension der Renaturierungspraxis ermöglichen.

15.3 Entstehung und epistemologischer Status der Renaturierungsökologie

15.3.1 Zum Entstehungskontext

Die Entstehung von Ökosystemrenaturierung und Renaturierungsökologie lässt sich ohne Bezugnahme auf Werte und Normen nicht verstehen (Gross 2002). **Vorformen von Renaturierungen** gibt es, wenn man den Begriff weit fasst, viele. So kann man beispielsweise die Idee der Landespfleger der Weimarer Republik zu einer ökologischen Aufwertung von Industrieregionen (Lekan 2006, S. 8f) oder auch die Vorstellungen der nationalsozialistischen „Landschaftsanwälte", die Randstreifen der Autobahnen mit standortgerechter Vegetation zu bepflanzen (Seifert 1934), als derartige Vorformen betrachten. Für Seifert dient die Bepflanzung der Autobahnen der »Erhaltung und Wiederherstellung echter Natur« (1934, S. 20). Die Frühgeschichte der Renaturierungsökologie und der Ökosystemrenaturierung in Deutschland ist allerdings nur in Ansätzen erforscht.

Vielfach wird, in Unkenntnis europäischer Traditionen, der Beginn von Renaturierungsökologie und Ökosystemrenaturierung im Arboretum-Projekt in Madison/Wisconsin gesehen, dessen Ziel es war, ein Stück Prärie des Mittleren Westens der USA in einen Zustand zu bringen, der dem Zustand vor dem Eintreffen der weißen Siedler um 1840 entsprach. Inspiriert wurde dieses Projekt von den Ideen Aldo Leopolds, in dessen Schriften eine „Landethik" entworfen wird (Kasten 15-1), in der auch – teilweise mit kulturell-ästhetischer, teilweise mit ethischer Begründung – die Erhaltung von Wildnisgebieten gefordert wird (Leopold 1949).

Durchgeführt wurde dieses Projekt in enger Zusammenarbeit von Wissenschaftlern und Laien. Auch spätere Projekte wurden maßgeblich von engagierten Nicht-Wissenschaftlern vorangetrieben. Dieses Engagement wurde eher von naturschützerischen Motiven als von wissenschaftlichen Zielsetzungen getragen. So war Stephen Packard, der seit 1977 mehrere Projekte durchführte, von dem Motiv bewegt »that nature needed some help« (zitiert in Gross 2002, S. 23). Andere brachten die Motive der Beteiligten auf die prägnante Formel: »Their passion is to get those prairies back« (zitiert in Gross 2002, S. 25). Die Handlungsgründe der Beteiligten speisen sich also aus der US-amerikanischen Naturschutzgeschichte und aus moralischen Intuitionen („Wiedergutmachung", „der Natur zu Hilfe kommen", „Beistand leisten bei der Erholung" u.a.). Dabei kann man sich auch auf Henry David Thoreau beziehen, der den Wunsch geäußert hatte, die Natur Nordamerikas so zu sehen, wie sie vor der Ankunft der ersten Kolonisten gewesen sein muss. Die Forderungen, partizipative Elemente in Renaturierungsprojekte zu integrieren, sind demnach auch eine Rückbesinnung auf die naturschützerisch motivierten Anfänge der Renaturierungspraxis (Gross 2002).

15.3.2 Zum wissenschaftlichen Status der Renaturierungsökologie

In der zeitlichen Abfolge folgt die Renaturierungsökologie der Ökosystemrenaturierung nach. Die Verwissenschaftlichung der Renaturierungsökologie mitsamt der Gründung von Fachgesellschaften und -zeitschriften setzt in den 1980er-Jahren ein. In dieser Phase dominierte das Bestreben, der Renaturierungsökologie den Status einer Wissenschaft zu verleihen, die im Kreise der biologischen Disziplinen Anerkennung verdient. Die berühmte Formulierung von Bradshaw (1987), wonach Renaturierungsökologie ein »acid

Kasten 15-1
Die Landethik Aldo Leopolds

Die Landethik Aldo Leopolds wurde von Baird Callicott als eine ökozentrische Ethik gedeutet, die ökosystemaren Gefügen einen moralischen Selbstwert zuerkennt und den Wert einzelner Lebewesen auf die „Integrität" solcher Gefüge hin relativiert. Callicott (1980, S. 320) verstand den berühmten Satz von Aldo Leopold: »*A thing is right when it tends to preserve the integrity, stability, and beauty of the biotic community. It is wrong when it tends otherwise*« als oberstes Moralprinzip. Diese Deutung führt aber dazu, dass die Interessen und Ansprüche von Einzelwesen dem Gedeihen bzw. der Integrität ökosystemarer Ganzheiten untergeordnet und damit stark relativiert werden dürfen. In der Literatur werden diese Konsequenzen unter dem Schlagwort *ecofascism* diskutiert (Crook 2002). Callicott (1997) hat seine ursprüngliche Position später stark modifiziert, um diese Konsequenzen zu vermeiden. Diese Modifikation führt nun allerdings dazu, dass moralische Verpflichtungen gegenüber ökologischen Systemen nur noch am äußersten Rand eines sogenannten *concentric-circle*-Modells auftauchen und übrigen Verpflichtungen untergeordnet werden, sodass von einer Öko„zentrik" streng genommen nicht mehr die Rede sein kann.

Andere Versuche, die Ökozentrik zu verteidigen, indem Ökosystemen eigene Interessen zugeschrieben werden (Johnson 1991), sind stark umstritten. Auch trifft es nicht zu, dass die Ökozentrik diejenige naturethische Grundkonzeption ist, die der modernen Ökologie am nächsten steht. Leopold selbst war stark vom Superorganismus-Konzept von Frederic Clements (siehe Golley 1993, S. 23ff) beeinflusst, das in der heutigen Ökologie allgemein abgelehnt wird. In der neueren Literatur wird die These vertreten, dass der Grundsatz von Aldo Leopold nur zur Orientierung in Kontexten der Landnutzung, nicht aber als Moralprinzip gemeint war (Meine 2006). So hat Leopold seinen Grundsatz in einer Rede aus dem Jahre 1947 „*The Ecological Conscience*" eindeutig auf die Naturschutzpraxis bezogen. Eine praktische Landethik im Geiste Leopolds, die in der Epoche einer zunehmend intensiven Landnutzung und des Klimawandels immer dringlicher wird und die Renaturierungsökologie umfassen sollte, muss daher keinen ethischen Ökozentrismus zugrunde legen. Es ist deshalb sinnvoll, den ethischen Ökozentrismus abzulehnen und das Projekt einer Landethik weiterzuverfolgen.

test for ecology« sei, bezieht sich auf diesen **Anspruch der Wissenschaftlichkeit**, da Ökosystemrenaturierungs-Projekte als Experimente verstanden werden sollten, mit deren Hilfe man zwischen konkurrierenden ökologischen Theorien entscheiden kann (Clewell und Aronson 2006, S. 422). Die praktische Ökosystemrenaturierung wird dadurch im Sinne des Ideals der Naturwissenschaften interpretiert, Experimente durchzuführen (Kapitel 1). Dadurch werden die ursprünglichen moralischen Motive der Beteiligten neutralisiert. Der praktische Charakter der Renaturierungsökologie, d. h. die enge Beziehung zur Ökosystemrenaturierung und zum Naturschutz wurde in dieser szientifischen Perspektive vielfach als Defizit interpretiert. In dieser Perspektive erscheinen praktisch ausgerichtete Disziplinen als minderwertig, weil „angewandt". Allerdings

beruht diese Perspektive auf einem fragwürdigen positivistischen Grundmodell von Naturwissenschaft als einer werturteilsfreien, nomothetisch orientierten, objektivierend-experimentellen Beobachtung natürlicher Entitäten. Zudem ist die Gleichsetzung von „praktisch orientiert" mit „angewandt" falsch. In praktisch orientierten Disziplinen kann sehr wohl Grundlagenforschung betrieben werden.

Das positivistische Grundmodell ist in der Wissenschaftsphilosophie seit den 1930er-Jahren als eine stilisierende Engführung wissenschaftlicher Praxis kritisiert worden, die sich einseitig an der Physik als einer Musterwissenschaft orientiert. Dieses Modell sollte das epistemologische Verständnis der Renaturierungsökologie nicht bestimmen und ihr auch nicht von außen als Maßstab auferlegt werden. Viele wissenschaftli-

15

che Disziplinen stehen aufgrund basaler Erkenntnisinteressen in einer internen Beziehung zu Formen menschlicher Praxis (Medizin, Pädagogik, Jurisprudenz, Ökonomik, Agrar- und Forstwissenschaft usw.). Daher kann auch die Renaturierungsökologie sich selbstbewusst als eine dem Naturschutz verbundene Praxis verstehen, in der Ökologen, Naturschützer und Laien gemeinsam überlegen, wie sie überformte Natur an bestimmten Orten unter konkreten Standortbedingungen renaturieren wollen. Die Nähe zu Disziplinen wie der Landschaftsplanung braucht nicht gescheut zu werden (Aronson und van Andel 2006); die Beteiligung engagierter Laien bei Ökosystemrenaturierungs-Projekten ist nicht als Defizit oder notwendiges Übel aufzufassen (Kapitel 17).

Einige Renaturierungsökologie-Theoretiker vertreten die Auffassung, dass wissenschaftliche Ökologie nur bei der Implementation von Ökosystemrenaturierung erforderlich sei, und setzen die Ökosystemrenaturierung in eine Analogie zur Architektur: »*Perhaps, ‚ecological architecture‘ might be a more apt characterization of the work of ecological restoration, because the term acknowledges the central role played by both values and science*« (Davis und Slobodkin 2004, S. 1). Dagegen wurde geltend gemacht, dass Ökologie nicht lediglich implementiert werde, sondern von Anbeginn bis Ende in Ökosystemrenaturierungs-Projekten erforderlich sei (Winterhalder et al. 2004). Stimmt man dem zu, so drängt sich eher eine Analogie von Renaturierungsökologie zur medizinischen Praxis auf, wo von Anamnese über Diagnose bis zu Therapie und zur kurativen Nachbehandlung medizinisches Wissen erforderlich ist. Diese Analogie zur Medizin trägt dem praktischen Sinn der Renaturierungsökologie angemessen Rechnung, ohne deren Besonderheiten zu bestreiten, da die Renaturierungsökologie es nicht mit kranken Organismen, sondern mit „degradierten" bzw. „überformten" biozönotischen Gefügen zu tun hat. Die Analogie verdeutlicht daher lediglich den praktischen Sinn der Renaturierungsökologie, verpflichtet aber nicht, Konzepte wie etwa *ecosystem health* wörtlich zu nehmen (s. u.).

15.4 Begriffliche Analyse und normatives Selbstverständnis

15.4.1 Der ursprünglich retrospektive Zeitbezug

Der **Zeitbezug** von Ökosystemrenaturierung ist nur dann rückwärtsgewandt, wenn das mehrdeutige „Re-" temporal verstanden wird. Ein Status quo ante (Z-1) ist dann gegenüber dem Status quo (Z-2) aufgrund bestimmter Wertannahmen vorzugswürdig (Z-1 > Z-2). Sofern der angestrebte Zielzustand Z-3 dem Zustand Z-1 gleichkommt, ähnelt oder „entspricht" (Z-3 ≈ Z-1*), ist Z-3 aufgrund der Transitivitätsregel auch gegenüber Z-2 vorzugswürdig (Z-3 > Z-2). In diesem temporalen Grundschema muss einer von mehreren früheren Zuständen ausgezeichnet werden. Dabei mag es beispielsweise für den nordamerikanischen Kontext sinnvoll sein, den Zeitpunkt vor der Landnahme durch die Weißen als *baseline* zu wählen. Zwar ist auch dies eine Wertung, aber die Veränderungen von Natur und Landschaft durch die Kolonisation sind so einschneidend, dass diese Wertung gleichsam „auf der Hand liegt". In Europa und Teilen Asiens mit ihren langen durchgängigen Siedlungsgeschichten stellt sich dieses Problem anders dar. Hier muss begründet werden, warum man einen Zustand von, sagen wir, 1850 einem Zustand von 1750 oder 1250 n. Chr. vorziehen sollte. Das Konzept der potenziellen natürlichen Vegetation scheint hier einen Ausweg zu bieten (Kasten 15-2).

Freilich lässt sich zwischen Z-1 und Z-3 keine Identität (Ununterscheidbarkeit) herstellen. Zwischen beiden Zuständen kann immer nur die Beziehung einer Ähnlichkeit bzw. Entsprechung vorliegen. Entsprechungsverhältnisse sind logisch vage und müssen daher präzisiert werden. Ökologisch naheliegend sind Präzisierungen im Sinne von funktionalen Entsprechungen oder bezüglich des Artenspektrums. Möglich sind aber auch Entsprechungsverhältnisse ästhetischer oder kultureller Art. Je weiter man das Konzept der Entsprechung fasst, umso uneindeutiger wird die Orientierung an früheren Zuständen. Das Pro-

Kasten 15-2
Renaturierung, „Urlandschaft" und potenzielle Vegetation

In der deutschen Naturschutzgeschichte wurde seit den späten 1920er-Jahren das Konzept der „Urlandschaft" vertreten, das mit dem Konstrukt der Potenziell Natürlichen Vegetation (PNV) eng verbunden ist. Schwenkel hat diesen Zusammenhang 1931 folgendermaßen hergestellt: *»Denken wir uns den Menschen weg, so bricht die von ihm geschaffene Ordnung zusammen, und die Pflanzen der Umgebung stürzen sich in die Kulturlandschaft wie in einen leeren Raum, aber die Urlandschaften bleiben bestehen«* (1931, S. 10f). Dieses Fortdenken des Menschen und das plötzliche Hineinstürzen von Pflanzen in einen leeren Raum sind die Elemente des gedanklichen Konzepts der PNV, wie es Tüxen später entwickelte (Tüxen 1956). Für Tüxen ist die PNV ein *»gedachter natürlicher Zustand«*, der sich *»entwerfen«* lässt, wenn

die menschliche Wirkung auf die Vegetation beseitigt und natürliche Vegetation *»schlagartig in das neue Gleichgewicht eingeschaltet gedacht würde«* (1956, S. 5). Dieser gedachte Zustand wurde konzeptionell vielfach modifiziert, hat aber im Naturschutz häufig dadurch einen präskriptiven Status erhalten, dass man die PNV als biologisches oder ökologisches Potenzial eines Gebietes interpretiert, das es zu realisieren gilt (Härdtle 1995). Insofern ist es durchaus möglich, aber keineswegs zwingend, sich im Rahmen der Renaturierungsökologie auf dieses Konstrukt der PNV zu beziehen. Ob eine Potenzialanalyse den Rekurs auf dieses wie immer gedeutete PNV-Konzept bedarf, wäre in Fachkreisen genauer zu erörtern.

blem der Differenz zwischen Z-1 und Z-3 verschärft sich, wenn sich Standortbedingungen (durch Klimawandel, Bodenerosion, Neobiota und dergleichen) so verändert haben, dass die Differenz zwischen dem Ursprungszustand und erreichbaren zukünftigen Zuständen so groß geworden ist, dass eine Orientierung an Z-1 kaum noch sinnvoll scheint. In solchen Fällen von Irreversibilität darf man einen anderen „naturnäheren" Zustand vorziehen. Hierbei ist zu bedenken, dass sich die natürlichen Systeme von Z-1 aus ohne den menschlichen Eingriff in andere Zustände entwickelt haben würden (Z-4), die sich sowohl von Z-2 als auch von Z-3 spezifisch unterschieden hätten. Daher ist offen, ob es „besser" ist, Z-2 durch die Einstellung menschlicher Aktivität und durch Zulassen von Sukzession in einen neuen Zustand übergehen zu lassen oder durch gezielte Eingriffe einen Prozess einzuleiten, der zu einem erwünschten Zustand Z-5 führen soll, anstatt zu versuchen, Z-3 wiederherzustellen, etwa indem man historische Nutzungen dauerhaft simuliert. Daher stößt eine an historischen Referenzzuständen orientierte Ökosystemrenaturierung häufig an Grenzen, wohingegen eine Renaturierung im weitesten Sinne unter günstigen ökologischen Randbedingungen immer

möglich bleibt. Das retrospektive Grundschema der Renaturierungsökologie wird somit mit innerer Notwendigkeit fragwürdig; und es wird daher zu Recht von anderen Schemata abgelöst, die der zukunftsgerichteten Dynamik ökologischer Gefüge besser entsprechen (wie das Konzept der *emerging ecosystems* nach Hobbs und Norton 1996).

15.4.2 Der allgemeine Richtungssinn der Renaturierungsökologie

Es ist daher sachgemäß, einen weiten Begriff der Renaturierung als Oberbegriff einzuführen (Kapitel 1). Hierdurch wird begrifflich der allgemeine Richtungssinn des Verbundes aus Renaturierungsökologie und Ökosystemrenaturierung festgelegt, nämlich Zustände zu generieren, die in einem ökologisch präzisierbaren (und insofern wissenschaftlichen) Sinne als „naturnäher" gelten können. Die elementare und konstitutive Wertung von Ökosystemrenaturierung und Renaturierungsökologie ist die Ablehnung des Status quo und die Betrachtung, den Status quo in einen

15

naturnäheren Zustand zu überführen. Ökosystemrenaturierung zu betreiben, bedeutet *ipso facto*, anzustrebende „naturnähere" Zustände dem Status quo zu entwickeln. Dieser Richtungssinn liegt begrifflich fest und ist daher situationsinvariant. Er definiert, was als „Verbesserung" gilt. Das hierbei investierte Konzept der Naturnähe ähnelt anderen Konzepten, weist ihnen gegenüber aber Vorteile auf, was im folgenden Abschnitt verdeutlicht werden soll.

15.4.3 Zur Bedeutung von Hybridkonzepten

Im Kontext der US-amerikanischen Renaturierungsökologie tauchen häufig Hybridbegriffe wie *ecological integrity* oder *ecosystem health* auf. Diese Hybridbegriffe umfassen ökologische und naturethische Vorstellungen (ähnlich wie das Konzept der Biodiversität). Sie sind in ihrem Status sowohl in Ökologie als auch Naturethik stark umstritten (Potthast 2005). Hybridbegriffe machen die Wertbezüge der Renaturierungsökologie unkenntlich, wenn sie den Eindruck erwecken, als handele es sich um wissenschaftliche Konzepte. Weiterhin ist fraglich, ob die Begrifflichkeit von *health* auf transorganismischen Ebenen sinnvoll oder nur metaphorisch ist, und ob sie das (unhaltbare) Superorganismus-Konzept voraussetzt, wie es Clements im frühen 20. Jahrhundert vertrat (Golley 1993, S. 22–29). Ähnliches gilt für die Konzeption ökosystemarer Integrität, die für den naturethischen Ökozentrismus zentral ist (Westra 1994), aber eine Reihe von schwerwiegenden ethischen Problemen mit sich bringt (Ott 2003, S. 136–140). Derartige Hybridbegriffe können bestenfalls als Chiffren gelten, die es in wissenschaftlicher Hinsicht zu präzisieren („operationalisieren") gilt. Tut man dies, so gelangt man zu Listen von Indikatoren von *ecosystem health* wie etwa die Artenzusammensetzung und biozönotische Strukturbildung (aus der Fülle der Literatur siehe Rapport 1995). Ökosystemare Integrität wird zumeist im Sinne einer Konzeption von Resilienz interpretiert. Daher sind diese Hybridbegriffe vielleicht heuristisch sinnvoll, systematisch aber letztlich wohl überflüssig und entbehrlich. Zumindest bieten sie gegenüber einer Grundkonzeption von Naturnähe, die

sich zwanglos mit naturschutzfachlichen Bewertungs- und Einstufungsschemata verknüpfen lässt (z. B. Plachter 1994), keine wesentlichen Vorteile. Sie sollten in epistemischer Hinsicht durch Systemmodelle und in normativer Hinsicht durch ein Set von Zielen ersetzt werden, die man durch Ökosystemrenaturierungs-Projekte erreichen möchte. Diese Ziele können sich auf historische Referenzzustände, Artenspektren, Resilienzfaktoren, Landschaftsbilder, Hemerobiegradienten und ökologische Funktionen beziehen. Vertreter der Renaturierungsökologie nehmen hierbei die Rolle von Experten ein, die mit ihrem ökologischen Fachwissen die Realisierungsaussichten von Zielen beurteilen und auch selbst wünschenswerte Ziele vorschlagen können. Die Ziele können und dürfen auf unterschiedlichen räumlichen und zeitlichen Skalen liegen und ökologisch unterschiedlich ambitioniert sein. Sie müssen naturethisch begründet, partizipativ verhandelt und diskursiv festgelegt werden (Eser und Potthast 1997).

Begründen lassen sich Ziele mit einer höheren Artenvielfalt, mit verlorenen oder „beeinträchtigten" ökosystemaren Funktionen, mit kulturell und/oder ästhetisch ansprechenden Landschaftsbildern, mit der Wiederansiedlung verdrängter Arten usw. Argumentiert man beispielsweise mit einer höheren Biodiversität, so muss man erläutern, welchen ethischen Status „Biodiversität" besitzt (Ott 2007). Auch die Schönheit einer Freisetzung natürlicher Dynamik kann eine überzeugende Begründung sein (Wörler 2006). Ästhetische Gründe sind bedeutsame naturethische Gründe, derer man sich auch in der Renaturierungsökologie nicht zu schämen braucht (Seel 1991, Ott 1998). Diese und andere Begründungsmuster sind im **Argumentationsraum der Naturethik** enthalten (Ott 1993: Kapitel IV; Krebs 1999; siehe auch Scherer 1995, S. 379 und Clewell und Aronson 2006 zur Vielfalt der Begründungen für Ökosystemrenaturierung).

15.4.4 Arten von Rechtfertigungsgründen

Rechtfertigungsgründe sind kategorial unterschiedlich „stark", je nachdem, ob sie sich auf kulturelle Werte oder auf moralische Verpflichtungen beziehen. „Schwach" sind Gründe, die ein Renaturierungsvorhaben landschaftsästhetisch, kulturhistorisch, ökologisch-funktionell, also letztlich wertbezogen (axiologisch) rechtfertigen. „Stark" sind Gründe, mit denen geltend gemacht wird, dass eine moralische Verpflichtung besteht, den Status quo zu verändern. Der Status quo wäre dann moralisch unannehmbar (und nicht nur unansehnlich, verarmt, öde usw.). Diese kategoriale Unterscheidung sagt nichts über die Überzeugungskraft einzelner Begründungen, weshalb Begründungen vorgelegt werden können, die zwar kategorial stark, aber inhaltlich wenig überzeugend sind.

Mindestens unterstellt Renaturierungsökologie die Annahme, dass im Prozess voranschreitender Naturbeherrschung auch Fehler gemacht wurden, die es nunmehr zu korrigieren gilt. Dass die Praxis der Naturnutzung fehleranfällig und korrekturbedürftig ist und dass die Phase der land- und forstwirtschaftlichen Intensivnutzung seit dem 18. und 19. Jahrhundert faktisch in vielen Fällen erhebliche Naturschäden („ökologische Schäden") mit sich gebracht hat, dürfte weitgehend außer Frage stehen (zur Entstehung ökologischer Schäden im Gefolge der Landnutzungsänderungen vom 18. bis 20. Jahrhundert siehe Blackbourn 2007; zum heutigen Konzept des ökologischen Schadens siehe Kowarik et al. 2006 und Potthast et al. 2007). Korrekturen vergangener Fehler erscheinen als Ergebnisse von Lernprozessen und insofern als Teil einer lernfähigen und reflexiven Fortsetzung des „Projekts der Moderne". Insofern kann man Ökosystemrenaturierung in erster Näherung als durch Renaturierungsökologie wissenschaftlich angeleitetes „**Fehlerkorrekturprogramm**" und „**Verlustkompensationsstrategie**" bezeichnen (z. B. Cowell 1993, S. 31). Dieses ethisch moderate Verständnis hat mindestens folgende Implikationen: (1) aus Fehlern kann und soll man lernen und (2) Fehler sollten nicht wiederholt werden. Insofern lässt dieses Verständnis von Renaturierungsökologie bzw. Ökosystemrenaturierung auch die Entscheidungen nicht unberührt, ob heute bestimmte Eingriffe in Natur und Landschaft (nicht) durchgeführt werden sollten. Wenn ein früherer Eingriff in die Natur heute als ein Fehler angesehen wird, den es zu korrigieren gilt, so spricht dies *prima facie* gegen heutige Eingriffe ähnlicher Art. (In der Philosophie gelten Positio-

nen als inkonsistent, wenn sie zu Äußerungen führen wie etwa: „Lasst uns fortfahren, die Fehler der Vergangenheit zu wiederholen.")

Ob die für Renaturierungsökologie konstitutive Ablehnung des Status quo eine genuin moralische Komponente hat, ist weniger klar. Es macht einen ethischen Unterschied, ob Renaturierungsökologie sich als Disziplin versteht, die dazu beiträgt, Fehler zu korrigieren oder aber vergangenes Unrecht wiedergutzumachen. **Vergangenes Unrecht** nimmt moralisch strikter in die Pflicht als vergangene Fehler. Die Wiedergutmachung vergangenen Unrechts (beispielsweise das Unrecht, das Zwangsarbeitern angetan wurde) hat den moralischen Status, dass sie nicht unterbleiben darf. Wenn Menschen „der" Natur selbst eine Wiedergutmachung schuldig wären, so fiele Ökosystemrenaturierung in die Dimension der wiedergutmachenden (sogenannten retributiven, kompensatorischen) Gerechtigkeit, deren Empfänger die Natur selbst wäre. Ob jedoch Menschen zur Natur in der Beziehung einer retributiven Gerechtigkeit stehen, kann nicht vorausgesetzt werden. Selbst wenn manche Naturschützer eine entsprechende Intuition empfänden, so steht deren Überführung in ein Argument noch aus. Ein solches Argument müsste ja zeigen, dass die Natur selbst gerechtigkeitsrelevante Ansprüche gegenüber Menschen „hat", obwohl sie diese nicht selbst geltend machen kann. Versuche, mit einer Wiedergutmachungspflicht gegenüber „der" Natur zu argumentieren, stehen vor dem Problem, Natur als eine Art von Subjekt konzipieren zu müssen. Eine Wiedergutmachung ist man immer irgendjemandem schuldig (und sei es ein Nachfahre einer Person, die Unrecht erlitt), die Natur aber ist kein bestimmter Jemand, sodass der intuitiv sympathische Gedanke, der Natur selbst eine Wiedergutmachung schuldig zu sein, direkt in komplexe naturphilosophische und -ethische Probleme führt. Plausibler als unter Rekurs auf „die" Natur kann man dafür argumentieren, dass moralische Verpflichtungen gegenüber empfindungsfähigen Mitgeschöpfen (Störchen, Fischottern, Eulen, Wölfen, Luchsen usw.) in Ansehung ihrer natürlichen Lebensräume anzuerkennen sind (Ott 2003, S. 147). Damit kann Ökosystemrenaturierung, die zu Habitatverbesserungen führt, gerechtfertigt werden.

Die Frage, wie vergangenes Handeln mit heutigen Auswirkungen auf Natur und Umwelt, das sich „damals" an anderen Zwecken orientiert, auf einer anderen Informationsgrundlage und in anderen kulturellen Bezügen stattgefunden hat, aus heutiger Sicht zu bewerten ist, führt, wie an Fragen der Verantwortung für die vergangenen CO_2-Emissionen verdeutlicht werden könnte, in diffizile ethische Fragen (siehe Caney 2006). Möchte man diese Fragen vertiefen, so ist zu unterscheiden, ob man annimmt, dass (1) uns Heutigen die damaligen Handlungen als Unrecht erscheinen oder (2) ob diese Handlungen bereits in früherer Zeit Unrecht waren. Zudem müssen die früheren Gründe für die Konversion von Natur (Rodung, Bergbau, Flussbegradigung, Torfgewinnung usw.) bewertet werden. Bei einer bewertenden Stellungnahme zu den damaligen Handlungsgründen stellen sich somit Fragen, die denen ähneln, ob die Sklaverei bereits in der Antike moralisch falsch war. Wenn beispielsweise die Menschen im 18. Jahrhundert fest davon überzeugt waren, dass der sogenannte Unterwerfungsauftrag von Genesis 1: 26ff nicht nur eine Erlaubnis, sondern ein Gebot enthält, sich »*die Erde untertan zu machen*«, so können wir Heutigen gewiss zu der Einsicht gelangen, dass diese Bibelstelle anders zu interpretieren ist. Aber wir können die früheren Interpretationen nicht einfach verurteilen. Man ist aufgrund dieser Problematik in der heutigen Renaturierungsökologie gut beraten, frühere Handlungsgründe nur verstehend zur Kenntnis zu nehmen.

Auch bei dem anspruchslosen Verständnis von Renaturierungsökologie und Ökosystemrenaturierung als Fehlerkorrektur ist es möglich, vergangene Fehler und die dadurch eingetretenen Schäden und Verluste für so gravierend zu halten, dass aufwändige Maßnahmen zur Korrektur als gerechtfertigt gelten können. Die Korrektur folgenreicher Fehler kann mehr Aufwand erfordern als die Wiedergutmachung eines geringfügigen Unrechts. Annahmen über das richtige Ausmaß von Ökosystemrenaturierung sind insofern logisch unabhängig von der ethischen Frage, ob es sich um vergangene Fehler oder um vergangenes Unrecht gehandelt haben mag. In manchen Fällen ziehen wir es allerdings vor, mit Fehlern der Vergangenheit zu leben, als sie mit hohem Aufwand zu korrigieren (etwa bei „Bausünden"). Wird eingewendet, dass Opportunitätskosten von Ökosystemrenaturierung unvertretbar hoch seien, so geht es nicht darum, ob uns die Über-

führung in einen naturnäheren Zustand etwas wert sein sollte, sondern um das „Wieviel". Diese Frage ist auch in der Umweltökonomik zu erörtern (Kapitel 16), ist aber letztlich naturschutzpolitischer Natur.

15.4.5 Zwei unterschiedliche Falltypen

Es ist aus mehreren Gründen sinnvoll, zwei Falltypen A und B zu unterscheiden, die unterschiedliche Bewertungsfragen enthalten und zu dem aufgewiesenen Richtungssinn von Ökosystemrenaturierung und Renaturierungsökologie in unterschiedlichem Verhältnis stehen. Im Falltyp A geht es um Korrekturen vergangener Eingriffe, im Falltyp B hingegen um die Frage, ob die Möglichkeiten, einen beabsichtigten Eingriff in die Natur nachträglich durch Renaturierungsökologie (teilweise) rückgängig machen bzw. ausgleichen zu können, diesen Eingriff heute rechtfertigen können.

Im **Falltyp A** befindet sich das Gebiet, das renaturiert werden soll, nicht mehr in seinem früheren Zustand (Z-1). Z-1 wurde im Laufe der Zeit durch menschliche Eingriffe in Z-2 überführt. Die Überführung von Z-1 in Z-2 hat den Hemerobiegradienten erhöht, sodass gesagt werden kann, Z-1 sei „naturnäher" gewesen. Z-2 soll nun in einen Zustand Z-3 $\approx$ Z-1* (historische Restoration) oder in einen anderen „naturnäheren" Zustand Z-4 (Renaturierung) gebracht werden. Im Falltyp A wird der Richtungssinn von Ökosystemrenaturierung nicht infrage gestellt.

Im **Falltyp B** muss hingegen gegenwärtig entschieden werden, ob ein beabsichtigter Eingriff in die Natur durchgeführt werden soll, durch den sich der Hemerobiegradient gegenüber dem Status quo erhöhen würde. Dieser beabsichtigte Eingriff sei, so wollen wir zur Verdeutlichung des Unterschieds annehmen, zwischen Naturschützern und Befürwortern hinreichend kontrovers, um eine Debatte über das Für und Wider auszulösen. Auf der Pro-Seite kommen dann üblicherweise die zumeist wirtschaftlichen, auf der Kontra-Seite die naturschutzfachlichen Gründe zu stehen. Die Beteiligten können nun nicht, wie im Falltyp A, die Pro-Gründe aus historischer

Distanz betrachten, sondern müssen sie in ihrer Gegenwart mit den Gegengründen „abwägen".

Im Rahmen derartiger Debatten können nun die Möglichkeiten geltend gemacht werden, dass der geplante Eingriff durch Renaturierungsmaßnahmen an gleicher Stelle rückgängig gemacht oder an anderer Stelle ausgeglichen werden könne. Soll eine kompensatorische Renaturierung an anderer Stelle stattfinden, so rückt Ökosystemrenaturierung in den rechtlichen Kontext der Eingriffsregelung nach Bundesnaturschutzgesetz (BNatSchG). Diese Möglichkeiten werden zumeist mit einem *qualifier* ergänzt: „größtenteils", „weitgehend", „im Wesentlichen", „überwiegend" usw. Die Möglichkeit der Renaturierung taucht also auf der Pro-Seite der Kontroverse auf. Die Rolle der Ökosystemrenaturierung wird für Naturschützer, die den Eingriff ablehnen, dadurch ambivalent.

Falltyp B ist nun eine Option, die für eine durch ökonomische Denkformen geprägte Zivilisation wie die unsrige, in der gleichwohl Naturschutzbelange nicht mehr ignoriert werden können, attraktiv ist. Kompensatorische Ökosystemrenaturierung ermöglicht die Durchführung von Projekten, die andernfalls unterlassen werden müssten. Für Betriebe, die sich auf die Durchführung von Ökosystemrenaturierung spezialisieren, ist der Falltyp B womöglich sogar lukrativer als Falltyp A, sofern aus dem Budget strittiger Projekte die notwendigen Mittel für die Durchführung von Ökosystemrenaturierungs-Projekten zur Verfügung gestellt werden.

Viele Kritiker der Ökosystemrenaturierung haben sich auf Falltyp B bezogen (Abschnitt 15.5), während manche den Falltyp B nicht zur „eigentlichen" Ökosystemrenaturierungs-Praxis zählen möchten. Die im Falltyp B enthaltenen Ambivalenzen lassen sich nicht auflösen, indem man entweder Falltyp B von „wirklicher" Ökosystemrenaturierung definitorisch abgrenzt, oder indem man sagt, man müsse immer den Einzelfall betrachten und pragmatisch vorgehen. Eher wird man von einer „Janusköpfigkeit" bzw. Ambivalenz von Ökosystemrenaturierung in Gesellschaften ausgehen müssen, deren Grundstruktur auf einem hohen Naturverbrauch beruht.

15.5 Ethische Kritik an der Renaturierungsökologie

Die Debatte um den ethischen Sinn der Renaturierungsökologie bzw. Ökosystemrenaturierung sind aus historisch erklärbaren Gründen stark von der US-amerikanischen Naturethik geprägt worden. Kritisiert wurden Renaturierungsökologie und Ökosystemrenaturierung im US-Kontext von Eric Katz, Thomas Birch, Robert Elliot, Eugene Hargrove u. a. Diese Kritik wird teilweise ohne nähere Begründung als fundamentalistisch abgewiesen (so etwa Harris und van Diggelen 2006, S. 5). Renaturierungsökologie sollte diese Kritik nicht abwehren, sondern ernst nehmen und kritisch in ihr Selbstverständnis integrieren. Diese Integration sollte aber auch dazu führen, dass die Ethik des Verbundes aus Renaturierungsökologie und Ökosystemrenaturierung nicht an den US-amerikanischen Kontext gebunden bleibt, sondern ihn transzendiert.

15.5.1 Elliots „*Faking Nature*"

Robert Elliot hat in seinem „klassischen" Aufsatz „*Faking Nature*" (1982 bzw. 1995) argumentiert, dass im Falltyp B mehr Naturwerte eingebüßt werden als dies von den Befürwortern geglaubt wird. Später hat Elliot klar gemacht, dass ein *restored environment* (R) mehr Wert besitze als ein *degraded environment* (D), aber weniger Wert als ein weitgehend unbeeinflusste *original environment* (O) (Elliot 1994, S. 141). Daher bezieht sich die Debatte um Elliots Argument nur auf Falltyp B (Cowell 1993, S. 25). Die ethische Werthierarchie ist für Elliot immer: O > R > D, während die Vertreter der sogenannten *restoration thesis* von der (annähernden) Gleichwertigkeit von O und R ausgehen (O ≈ R). Diese These wird von Elliot (1995, S. 76) folgendermaßen formuliert: »*Any loss of value is merely temporary and (…) full value will in fact be restored. (…) The destruction of what has value is compensated for by the later creation (re-creation) of something of equal value*«. Die strukturelle Abfolge O → D → R ist somit anders zu bewerten, wenn man die *restoration thesis* teilt als wenn man sie ablehnt. Elliot hat betont, dass sein Argument zwar die Werthierarchie zwischen

15

O und R begründen kann (O > R), aber keine moralische Verpflichtung impliziert, einen geplanten Eingriff, also die Abfolge O → D → R, zu unterlassen. Elliot macht somit „nur" geltend, dass mehr Werte „auf dem Spiel stehen" als Vertreter der *restoration thesis* glauben. Sein entscheidender Grund für O > R liegt für ihn darin, dass ein natürliches Ökosystem einem Original in der Kunst entspräche, während ein renaturiertes System nur einer Kopie entspräche (*fake*). »*What the environmental engineers are proposing is that we accept a fake or a forgery instead of the real thing*« (Elliot 1995, S. 79). Und: »*Faked nature is inferior*« (1995, S. 86). Der Wertverlust ist von einer Täuschungsabsicht unabhängig, die bei Falltyp B nicht vorliegt. Elliots Beispiele sollen zeigen, dass es eine Menge von Objekten gibt, deren Wert teilweise von ihrer Entstehung und vor allem von einer ungebrochenen Verbindung mit den Ursprüngen abhängt. Originale Kunstwerke fallen in diese Menge, Kopien nicht. Einer „täuschend echten" **Kopie**, die für (fast) alle vom Original ununterscheidbar wäre, fehlt das, was an Originalen besonders geschätzt wird, nämlich die unmittelbare Verbindung mit der Kreativität des Künstlers. Auch naturnahe Gebiete und besonders Wildnisgebiete sind für Elliot Elemente dieser Menge von Objekten. »*What is significant about wilderness is its causal continuity with the past*« (Elliot 1995, S. 83). Es geht Elliot somit um »*the right kind of continuity*« mit den Ursprüngen. Der menschliche Eingriff ist eine Zäsur in der Geschichte eines Wildnisgebietes. Elliots Argument beruht somit erstens auf Analogien zwischen Ökosystemrenaturierung und dem Kopieren von Kunstwerken und zweitens auf dieser Kontinuitäts-Prämisse. Drittens beruht sie auf der Prämisse, dass absolute Wildnis durch menschliches Handeln *ex definitione* nur eingebüßt, nicht aber wiederhergestellt werden kann.

Die anschließende Debatte hat sich vor allem auf die Plausibilität der Analogie kapriziert. Kritiker haben geltend gemacht, dass Kunstwerke im Unterschied zu ökologischen Gefügen etwas wesentlich Statisches seien und ein genauer Vergleich zwischen Natur und Kunst eine weitaus größere Ähnlichkeit zwischen dynamischen und autopoietischen ökosystemaren Gefügen und kreativen Inszenierungen („Aufführungen") aufdeckt. Wenn dem so sei, sei gegen Ökosystemrenaturierung weniger einzuwenden, da Ökosystemrenaturierung in Bezug auf ein Stück Natur eher eine „Variation über ein Thema" als die Herstellung einer möglichst exakten Kopie sei. Gunn (1991) hat vorgeschlagen, Falltyp A in Analogie zur Restauration von beschädigten Kunstwerken zu betrachten. Es ist fraglich, was diese Analogien zur Kunst mitsamt den ästhetischen Prämissen zum ethischen Selbstverständnis der Renaturierungsökologie beitragen können. Elliots Analogie macht das Selbstverständnis von Ökosystemrenaturierung von ästhetischen Annahmen abhängig, die selbst innerhalb der Kunstphilosophie strittig sind. Diese fragwürdige Analogie sollte das Selbstverständnis der Renaturierungsökologie nicht bestimmen. Angemessener scheint die Analogie zur Medizin (s. o.): Ökosystemrenaturierung ist eher eine „heilende" als eine „kopierende" Tätigkeit.

15.5.2 Renaturierung in physiozentrischer Perspektive

Vertreter physiozentrischer Konzeptionen der Naturethik, die einigen oder allen Naturwesen **moralischen Selbstwert** zuerkennen (zum sogenannten Inklusionsproblem siehe Warren 1997, Ott 2008), können und müssen die Kritik an der obigen Abfolge O → D → R grundlegender fassen. Wenn nämlich die Handlung O → D als solche moralisch falsch ist, da Selbstwerte von Naturwesen nicht respektiert werden, so ist die Handlungssequenz D → R allenfalls der nachträgliche Versuch einer Wiedergutmachung von Unrecht, das zu unterlassen ist. Der zukünftige Zustand R rechtfertigt den Eingriff O → D dann ebenso wenig wie nachträglicher Schadensersatz beispielsweise eine Körperverletzung rechtfertigen kann. Unterlassungspflichten sind in einer physiozentrischen Ethik vorrangig gegenüber Wiedergutmachungspflichten (Taylor 1986). Falltyp B ist daher für biozentrische, ökozentrische und holistische Konzeptionen von Naturethik (Taylor 1986, Westra 1994, Gorke 1999) generell nicht zu rechtfertigen. Ein physiozentrischer Naturschützer darf sich daher aus moralischen Gründen an Falltyp B nicht beteiligen.

Selbst Falltyp A ist von einem **holistischen Standpunkt** (Gorke 2007) moralisch dann unzulässig, wenn der falsche frühere Eingriff Z-1 > Z-

2 bereits längere Zeit zurückliegt und sich eine neue *biotic community* am betreffenden Ort etabliert hat. Die jetzt dort existierenden Wesen haben ja auch moralischen Selbstwert und würden durch Ökosystemrenaturierung zerstört, lädiert oder beeinträchtigt. Korrekturversuche vergangener Fehler häufen, sofern sie mit Eingriffen verbunden sind, nur neue moralische Übel auf alte. *»Als Faustregel gilt: Je länger ein als falsch erkannter Eingriff zurückliegt, desto weniger ist der Versuch seiner ,Rücknahme' durch einen zweiten Eingriff angezeigt«* (Gorke 2007, S. 247). In holistischer Perspektive kann zudem nicht erklärt werden, warum von den unzähligen falschen vergangenen Eingriffen nur einige wenige und warum gerade diese rückgängig gemacht werden sollen. Renaturierung im Sinne des Holismus besteht darin, menschliche Naturnutzung, wo immer möglich, einzustellen und natürliche Systeme „laufen zu lassen", also in einem strikten Prozessschutz ohne vorgegebene Zielsetzung. Es darf im Holismus bei der Ökosystemrenaturierung nicht darum gehen, bestimmte Zustände herbeizuführen, die für Menschen ansprechend, schön oder interessant sind, sondern auch in der Ökosystemrenaturierung muss die grundlegende Verpflichtung befolgt werden, nur möglichst minimal in das Naturgeschehen einzugreifen. Durch die Befolgung dieser Pflicht würde sich die Renaturierungsökologie interessanterweise dem szientifischen Ideal reiner Beobachtung eines natürlichen Sukzessionsgeschehens annähern.

15.5.3 Eric Katz

Der vehementeste Kritiker der Renaturierungsökologie ist Eric Katz (1996, 1997). Dem Verbund aus Renaturierungsökologie und Ökosystemrenaturierung wird von Katz vorgehalten, ihr positives Selbstbild beruhe (bestenfalls) auf einer Selbsttäuschung. Katz (1996, S. 222): *»The practice of ecological restoration can only represent a misguided faith in the hegemony and infallibility of the human power to control the natural world«.* Für Katz beruht das gesamte Renaturierungsökologie- und Ökosystemrenaturierungs-Paradigma auf einem *»technological fix«* und sei getragen von der Einstellung, Naturzustände nach Belieben planen und produzieren zu wollen. Katz (1997, S.

101): *»Nature restoration projects are the creation of human technologies, and as such, are artefacts. But artefacts are essentially the constructs of an anthropocentric world view«.* Die angesichts der Naturkrise dringliche Einsicht in die Notwendigkeit tief greifender Veränderungen in den Mensch-Natur-Beziehungen werde durch „kosmetische" Ökosystemrenaturierung eher verhindert. Es werden stattdessen Vorstellungen begünstigt, wonach Naturschäden leicht „repariert" werden können. Durch diese Art von Ökosystemrenaturierung tritt, um die berühmte Formel von Walter Benjamin auszuborgen, Natur ins Zeitalter ihrer (öko)technischen Reproduzierbarkeit.

An Katz' Thesen ist vieles problematisch (kritisch zu Katz vgl. Lo 1999, Light 2000, Ladkin 2005): Erstens legt Katz durch das *»can only«* im ersten Zitat (1996, S. 222) Ökosystemrenaturierung auf eine Grundeinstellung fest, die deren Richtungssinn widerspricht, und die dem Selbstverständnis vieler Akteure zuwiderläuft. Die harsche Formulierung schließt die Möglichkeit, Ökosystemrenaturierung mit einer anderen Einstellung zu betreiben, von vornherein aus. Solche Thesen werden in der Philosophie als „Irrtums"-Thesen bezeichnet, da sie geltend machen, dass die Akteure, die eine Praxis ausüben, in grundlegenden Selbsttäuschungen über diese Praxis befangen sind. Derartige „Irrtums"-Thesen übernehmen eine Begründungslast, die Katz schuldig bleibt. Zweitens ist Katz blind für die Unterscheidung der Falltypen A und B. Katz' Kritik wendet sich gegen Ökosystemrenaturierung und Renaturierungsökologie insgesamt, während sich seine Ausführungen primär auf Falltyp B beziehen. Daher argumentiert Katz einseitig. In Bezug auf Falltyp A sind Katz' Ausführungen entweder unplausibel oder irrelevant. Drittens stützt sich Katz auf ein Konzept einer *authentic ontological identity* natürlicher Systeme. Hier liegt eine der vielen wertgeladenen Naturphilosophien vor, die in der Naturethik kursieren. Diese muss man nicht übernehmen. Viertens setzt Katz Natur mit Wildnis gleich. Alles, was nicht Wildnis ist, ist für ihn *ex definitione* ein Artefakt. Also sind auch renaturierte Ökosysteme nur Artefakte: *»Once human intervention occurs, there is no longer a natural system to be preserved, there is only an artifactual system«* (1997, S. 125). Demnach würden die Landschaften Mitteleuropas und anderer Erdteile nur noch aus Artefakten bestehen.

15

Die (modische) Gleichsetzung von Natur mit **Wildnis**, wie man sie bei etlichen US-amerikanischen Autoren findet (so etwa bei McKibben 1990, S. 59ff), ist vor dem Hintergrund der naturphilosophischen Tradition von der Antike bis in die Moderne abwegig. Schränkt man den Begriff der Natur auf den biosphärischen Mesokosmos ein und konzipiert ihn als einen Skalen- bzw. Intervallbegriff, dessen ideale Pole „Wildnis" und „Kultur" sind, so nehmen renaturierte Ökosysteme unterschiedliche Punkte auf dieser *scala naturae* ein. Im Falltyp A verschiebt man *ipso facto* Gebiete in Richtung des Wildnispols. Unterscheidet man zwischen „absoluter" und „relativer" Wildnis, so können renaturierte Ökosysteme bei entsprechend langen Zeiträumen bis in den (unscharfen) Bereich relativer sekundärer Wildnis gelangen. Unterscheidet man zudem im Anschluss an Thoreau zwischen *wilderness* und *wildness*, wobei *wildness* die selbsttätige Aktivität lebendiger Systeme bezeichnet und *wilderness* die vom Menschen unbeeinflusste Natur (Chapman 2006), so befördert und unterstützt Ökosystemrenaturierung die selbsttätige Aktivität lebendiger Systeme, d.h. *the wild*. Fünftens unterstellt Katz, dass menschliche Eingriffe „anthropozentrisch" sein müssen. Dies ist falsch, da es menschliche Handlungen geben kann und faktisch auch gibt, die anderen Lebewesen zugute kommen (z.B. Tiermedizin).

Lo (1999) hält Katz' Position auf philosophischer Ebene für gescheitert; Light (2000) zufolge beruht sie auf einer Engführung des naturethischen Sinnes von Renaturierungsökologie und Ökosystemrenaturierung. Ladkin (2005) hat in Auseinandersetzung mit Katz gezeigt, dass Ökosystemrenaturierung in einer nicht an Beherrschung und Manipulation orientierten Grundeinstellung betrieben werden kann. Ich schließe mich diesen Auffassungen an. Damit sind die Bedenken, die Katz artikuliert, keineswegs als gegenstandslos abzutun. Die Motive hinter Katz' Kritik richten sich gegen **Instrumentalisierungen von Renaturierungsökologie** und Ökosystemrenaturierung zu punktuellen Bemäntelungen einer insgesamt naturzerstörerischen Praxis. Gleichsam „Wasser auf die Mühlen" von Katz sind die Darlegungen von Light und Higgs (1996) und Perry (1994) zum Vorgehen international agierender US-amerikanischer Wirtschaftsunternehmen, ihre Firmensitze mit renaturierter „ein-

heimischer" Natur zu umgeben. So hat beispielsweise IBM ein *prairie dreamscape* produzieren lassen, deren Besucher eine positive Auffassung von der Naturverbundenheit von IBM erhalten sollen (»(...) get an indoctrination into the relationship between IBM and nature« (Light und Higgs 1996, S. 241)). Mit Blick auf solche suggestiven Inszenierungen sind die Befürchtungen nicht von der Hand zu weisen, dass Renaturierungsökologie und Ökosystemrenaturierung zu einem technokratischen und kommerzialisierten Betrieb werden könnten, der der Fortsetzung naturverbrauchender Praktiken nur zum Alibi dient. Derartige Befürchtungen, wie berechtigt sie immer sein mögen, sprechen jedoch nicht gegen Renaturierungsökologie und Ökosystemrenaturierung an sich; denn es wäre ein Denkfehler, die Gefährdungen einer Praxis für die „Sache selbst" zu nehmen.

15.6 Für ein gestuftes Ethos der Renaturierungsökologie

15.6.1 Renaturierung und Nachhaltigkeit

Es liegt nahe, Ökosystemrenaturierung auf die Idee der **Nachhaltigkeit** zu beziehen (Aronson und van Andel 2006). Bekanntlich existieren unterschiedliche Grundkonzeptionen von Nachhaltigkeit (Neumayer 1999). Entscheidet man sich diskursrational für das Grundkonzept „starker" Nachhaltigkeit mitsamt der in diesem Konzept enthaltenen Verpflichtung, aus Verantwortung gegenüber zukünftigen Generationen die Naturkapitalien dauerhaft zu erhalten und ggf. in Naturkapitalien zu investieren (SRU 2002: Kapitel 1, Ott und Döring 2004: Kapitel 3 und 4, Döring et al. 2007), so erscheint die Ökosystemrenaturierung als eine wichtige, in ihrer Bedeutsamkeit noch nicht vollauf erkannte Handlungsoption im Kontext der verschiedenen Strategien, in die Naturkapitalien einer Gesellschaft zu investieren und dadurch auch die Resilienz natürlicher Systeme zu erhöhen.

Würden sich Ökosystemrenaturierung und Renaturierungsökologie in diesem Konzept starker Nachhaltigkeit verorten, so könnten viele der von Katz und anderen Kritikern geäußerten Bedenken entkräftet werden. Diese Verortung ist konsistent mit dem allgemeinen Richtungssinn von Ökosystemrenaturierung. Sie schließt die Durchführung von Projekten, die dem Falltyp B zuzuordnen sind, gewiss nicht kategorisch aus, fragt aber, ob die institutionelle Ausgestaltung und der Vollzug von Eingriff-Ausgleich-Regelungen der Grundregel „starker" Nachhaltigkeit, Naturkapitalien mindestens konstant zu halten, gemäß sind oder ob sie zu einem allmählichen Abbau von Naturkapital führen. Die Beurteilung von Typ-B-Projekten ist hier nicht unabhängig von dem zahlenmäßigen Verhältnis, in dem eine Gesellschaft Typ-A- und Typ-B-Projekte durchführt. Falls in einer Gesellschaft die Anzahl von Typ-A-Projekten sehr hoch wäre, so können einzelne Typ-B-Projekte eher akzeptiert werden als in einer Gesellschaft, in der Typ-B-Projekte zahlenmäßig dominieren.

Renaturierungsökologie kann als ein integraler Bestandteil transdisziplinärer *sustainability science* betrachtet werden. Das „Re-" verliert durch diese Einbettung in einen umfassenderen Kontext nunmehr (endgültig) seinen primär retrospektiven Sinn und nimmt den Sinn einer Wieder- bzw. Neugewinnung von **Naturkapitalien** an. Dies ist in der anbrechenden Epoche des Klimawandels von besonderer Dringlichkeit. Angesichts des Klimawandels darf sich die Umweltpolitik nicht nur auf Energie- und Klimapolitik im engeren Sinne konzentrieren, sondern muss anderen Handlungsfeldern wie dem Boden-, Gewässer- und Naturschutz und nicht zuletzt der Waldwirtschaft verstärkte Aufmerksamkeit zuwenden. Renaturierungsökologie und Ökosystemrenaturierung sollen auf diesen Handlungsfeldern unter der Zielsetzung ausgeübt werden, Naturkapitalien unter sich verändernden klimatischen Bedingungen zu sichern und zu vermehren. Der Aspekt, vergangene Fehler korrigieren zu wollen, kann in dieses Verständnis von Renaturierungsökologie und Ökosystemrenaturierung zwanglos integriert werden. Dieses Verständnis von Renaturierungsökologie und Ökosystemrenaturierung bewegt sich noch im Paradigma zweckrationalen bzw. teleologischen Handelns in dem Sinne, dass Renaturierungsöko-logie und Ökosystemrenaturierung unter Einsatz von bestimmten Mitteln und unter Ausnutzung der Regenerationspotenziale der belebten Natur bestimmte Endziele avisiert. Dieses Verständnis ist sicherlich nicht falsch, kann aber um andere Aspekte erweitert werden.

15.6.2 Renaturierung als *focal practice*

Von den vier Konzepten für gute Renaturierungsökologie, die Higgs (2003) unterscheidet, (*focal practice, ecological integrity, historical fidelity, design*) ist vornehmlich das Konzept **focal practice** bei der Bestimmung von Aspekten weiterführend, die über ein zweckrationales Verständnis hinausgehen. Dieses Konzept enthält mehrere Aspekte. Erstens kann die gemeinsame Durchführung von Renaturierungsprojekten das gegenseitige Verständnis von Ökologen, Naturschützern, Landnutzern und der lokalen Einwohnerschaft fördern. Die Auffassungen über Sinn und Zweck der Praxis von Ökosystemrenaturierung dürfen zwischen Experten und der breiten Bevölkerung nicht auseinanderklaffen, da sich andernfalls die (leidigen) Akzeptanzprobleme des Naturschutzes (Stoll 1999, SRU 2002) wiederholen dürften. Darin liegt ein Grund für eine aktive Einbeziehung der betroffenen Bevölkerung in Ökosystemrenaturierungs-Projekte. Ökosystemrenaturierung sollte in der Bevölkerung nicht als eine „Spielwiese für Ökologen" wahrgenommen werden. Der erste Aspekt des Konzepts einer *focal practice* kann als „partizipativ" bezeichnet werden. Die Betonung des partizipativen Moments von Ökosystemrenaturierung kann auf die ursprünglichen *grassroots*-Ansätze zurückgreifen und an neue Konzepte von Dialogen im Naturschutz anknüpfen (siehe die Fallstudien in Stoll-Kleemann und Welp 2006). Partizipative Renaturierungsökologie könnte daher auch eine neue Option im Repertoire des verbandlichen Naturschutzes werden.

Einen zweiten Aspekt dieses Konzepts versteht man nur, wenn man Higgs' Bezug auf Albert Borgmann betrachtet. Für Borgmann (1984: Kapitel 23) sind *focal practices* solche, die auch um ihrer selbst willen betrieben werden und denen konzentrierte und ernsthafte Aufmerksamkeit zugewendet werden muss (wie etwa das Musizieren, die Pflege von Freundschaften usw.). Das Ausüben dieser und verwandter Aktivitäten gilt schon für Aristoteles als intrinsisch wertvoll. Wenn diese beiden Aspekte (partizipativ und intrinsisch wertvoll) zusammentreffen, wird Ökosystemrenaturierung eine Form des Gemeinschaftshandelns im Sinne Max Webers (1980, S. 188f), d. h. eine Praxis, die auf vorgängigen Einverständnissen beruht, der man um ihrer selbst willen Aufmerksamkeit widmet und in deren Ausübung sich Wertgemeinschaften bilden und festigen.

Wird Ökosystemrenaturierung als derartige *focal practice* aufgefasst und ausgeübt, so verändert Ökosystemrenaturierung womöglich nicht nur die äußere Natur, sondern auch die Wertvorstellungen und Einstellungen der beteiligten Personen. Als *focal practice* wäre Renaturierungsökologie womöglich sogar transformativ. Norton (1987) hat die Kategorie transformativer Werte in die naturethische Werttheorie eingeführt. **Transformative Werte** sind solche, deren Erfahrung das gesamte übrige Wertsystem von Personen oder Gruppen auf eine moralisch begrüßenswerte Weise verändert. Dieses Verständnis von Renaturierungsökologie ist keineswegs unwissenschaftlich, da die ökologische Wissensbasis durch die transformative Grundeinstellung weder erweitert noch verändert wird.

Im Vollzug von Ökosystemrenaturierung könnten *uno actu* naturnähere Zustände herbeigeführt (*ad partem objecti*) und naturethische Haltungen (*ad partem subjecti*) eingeübt werden (wie beispielsweise Demut, Behutsamkeit, Ehrfurcht, Schonung usw.). Ladkin (2005) betont die Bereitschaft, im Rahmen von Renaturierungsökologie von der Natur zu lernen. Damit tritt Ökosystemrenaturierung in ein enges Verhältnis zur Umwelttugendethik (Cafaro 2003). Jordan (2003) hat Renaturierungsökologie in diesem Sinne als eine nicht nur technische, sondern auch als eine expressive und symbolische Handlungsform verstanden. Gelingende Ökosystemrenaturierungen wären sowohl im Vollzug als auch im Ergebnis Realsymbole dafür, dass „andere" Mensch-Natur-Beziehungen wirklich werden können und dass Gruppen von Menschen für solche Beziehungen tätig einstehen. Renaturierungsökologie »*links engagement in nature with respect for nature*« (Spencer 2007, S. 422). Spencer (2007) treibt die-

sen Gedanken bis zu Punkten, wo Renaturierungsökologie und Religion sich berühren und Ökosystemrenaturierung zu einer Art von kultischer und liturgischer Praxis wird.

Innerhalb transformativer Praktiken sind selbst **deontische Erfahrungen** (Birch 1993), d. h. solche, die uns für moralische Belange in unseren Naturverhältnissen empfänglich werden lassen, nicht *a priori* ausgeschlossen. Solche Erfahrungen würden die (im Abschnitt 15.4.4 skeptisch betrachtete) Auffassung stützen, Renaturierungsökologie sei auch ein Versuch, vergangenes Unrecht an der Natur oder an bestimmten Naturwesen wiedergutzumachen, d. h. „tätige Reue". Ob Personen entsprechende Geltungsansprüche erheben, wie sie sie argumentativ stützen und ob diese Begründungen diskursiv anerkannt werden, lässt sich nicht vorhersagen. Die ethische Frage ist, ob wir die diskursive Anerkennung solcher Geltungsansprüche von vornherein für ausgeschlossen halten sollen oder nicht. Diskursethisch betrachtet, können wir die Ergebnisse zukünftiger Diskurse nicht vorwegnehmen. Selbst wenn man die Idee einer Wiedergutmachung an „der" Natur moralphilosophisch ablehnt, so wird man zugeben, dass Personen aufgrund ihrer Konzeption von existenzieller Selbstachtung annehmen dürfen, der Natur etwas schuldig zu sein.

Erkennt man Ökosystemrenaturierung als aspektreiche *focal practice* an, so drängt sich reflexiv die Frage auf, welche **Analogien** der Ökosystemrenaturierung zu anderen Disziplinen und Praktiken den Akteuren plausibler erscheinen mögen. Die Plausibilität solcher Analogien ist vom ethischen Selbstverständnis von Renaturierungsökologie und Ökosystemrenaturierung abhängig und steht daher nicht von vornherein fest. In Betracht kommen:

- Ingenieurswissenschaft,
- Architektur,
- Design,
- Medizin,
- Kopieren von Kunstwerken,
- künstlerische Inszenierungen,
- Liturgie.

15.6.3 Für ein gestuftes Ethos der Ökosystemrenaturierung

Clewell und Aronson (2006, S. 426) plädieren für eine Verbindung der eher technokratischen mit den eher idealistischen Begründungen von Ökosystemrenaturierung. Die begrifflichen und ethischen Details dieser Verbindung, die die Autoren metaphorisch als *marriage* bezeichnen, bleiben bei Clewell und Aronson unklar. Wir können nunmehr unter der Voraussetzung des allgemeinen Richtungssinns **die wesentlichen Bestimmungen von Renaturierungsökologie bzw. Ökosystemrenaturierung** aneinanderreihen:

- Korrektur von Fehlern (technologisch);
- Sicherung und Neugewinnung von Naturkapitalien im Rahmen starker Nachhaltigkeit (politisch, deontologisch);
- *focal practice* (partizipativ, eudaimonistisch);
- transformative, realsymbolische Praxis (eudaimonistisch, spirituell);
- Wiedergutmachung vergangenen Unrechts, tätige Reue (deontologisch).

Die jeweils nachfolgende Bestimmung widerlegt die jeweils vorhergehenden Bestimmungen nicht, sondern fügt ihnen ein neues Moment hinzu und ist insofern komplexer und reichhaltiger als jene. Wir haben es hier also mit einer Abfolge im Sinne zunehmender Komplexität zu tun. Komplexe Positionen sind notwendigerweise dissensträchtiger, weil voraussetzungsvoller als simple. Die Rechtfertigungen, warum eine vernünftige Person eine komplexere Position wählen sollte, nehmen an intersubjektiver Verbindlichkeit ab. Wer es vorzieht, Ökosystemrenaturierung und Renaturierungsökologie unter möglichst schwachen Voraussetzungen zu definieren, wird sich mit den ersten beiden Bestimmungen zufriedengeben (dürfen). Diese beiden ersten Bestimmungen stellen eine ökologisch, naturschutzfachlich und auch ethisch solide Legitimationsgrundlage für Renaturierungsökologie und Ökosystemrenaturierung dar. Daraus folgt keineswegs, dass ein anspruchs- und entsprechend voraussetzungsvolleres Selbstverständnis von Renaturierungsökologie und Ökosystemrenaturierung unvernünftig oder überflüssig wäre, denn das (denkökonomische) Kriterium sparsamer Voraussetzungen ist kein Kriterium philosophischer und ethischer

Einsicht oder gar ein Wahrheitskriterium (sonst wären Solipsismus und Egoismus „wahr"). Ein Problem, den ethischen Sinn bestimmter Praxisfelder wie der Ökosystemrenaturierung darzulegen, liegt darin, dass die anspruchslosen Sinnbestimmungen dem Sparsamkeitskriterium besser entsprechen und daher als „kleinster gemeinsamer Nenner" die Zweckbestimmungen der Praxis prägen. Insofern schneidet das Sparsamkeitsprinzip in Bezug auf die Praxis der Renaturierung womöglich (zu) viele naturethische Intuitionen vorschnell ab.

Die genannten fünf Bestimmungen lassen sich nicht deduktiv voneinander ableiten. Dies impliziert nicht, dass ihre Abfolge keinerlei Logik folgt. So fragt sich, ob die jeweils nächste Stufe nicht immanent in der früheren angelegt sein könnte. So könnte bereits die Einsicht, dass bei Ökosystemrenaturierung auch ästhetische Gesichtspunkte eine Rolle spielen dürfen, über ein rein ökologisch-funktional ausgerichtetes Verständnis hinausweisen. Die Frage nach der Logik solcher gestufter Verhältnisse kann hier nur aufgeworfen, nicht jedoch beantwortet werden. Sie wäre Gegenstand tieferer Überlegungen etwa zu einer Sozialphilosophie starker Nachhaltigkeit, die neue „konviviale" und transformative Formen kollektiver Praxis ins Auge fasst. Die Schwellen und Brüche zwischen den fünf Positionen können beim derzeitigen Stand der (natur)ethischen Reflexion nicht durch logische Ableitungen oder durch zwingende Argumente überbrückt, sondern nur existenziell übersprungen werden. Dies führt in philosophische Debatten, in denen es darum geht, ob die Übergänge zwischen unterschiedlichen Positionen einer dialektischen Logik folgen (so Hegel) oder durch existenzielle Entscheidungen vollzogen werden müssen (so Kierkegaard). Auf diese Debatten kann im Rahmen dieses Beitrags nicht mehr eingegangen werden. Daher bietet sich bis auf Weiteres die Lösung an, es jeder vernünftigen Person, die in Renaturierungsökologie involviert ist oder die sich ernsthaft auf diese Praxis einlassen möchte, anheimzustellen, sich im Durchgang durch die ethische Dimension von Renaturierungsökologie und Ökosystemrenaturierung zu diesen unterschiedlichen Möglichkeiten autonom zu positionieren, wobei „autonom" besagt, sich mit Gründen an Gründen zu orientieren. Letztlich können die Beteiligten nur in der Ausübung von Ökosystemrenaturierung herausfinden, ob diese Praxis etwas für sie bedeutet, das über Fehlerkorrekturen und die Sicherung der Naturkapitalien hinausgeht, und, wenn ja, was.

Literaturverzeichnis

Aronson J, van Andel J (2006) Challenges for ecological theory. In: Van Andel J, Aronson J (Hrsg) Restoration ecology. Blackwell, Malden, Oxford. 223–233

Birch T (1993) Moral considerability and universal consideration. *Environmental Ethics* 15: 313–332

Blackbourn D (2007) Die Eroberung der Natur. München

Borgmann A (1984) Technology and the character of contemporary Life. University of Chicago Press, Chicago, London

Bradshaw AD (1987) Restoration: an acid test for ecology. In: Jordan WR, Gilpin ME, Aber JD (Hrsg) Restoration ecology. Cambridge University Press, Cambridge. 23–29

Cafaro P (2003) Naturkunde und Umwelt-Tugendethik. *Natur und Kultur* 4 (1): 73–99

Callicott B (1980) Animal liberation: A triangular affair. *Environmental Ethics* 2: 311–338

Callicott B (1997) Die begrifflichen Grundlagen der *land ethic*. In: Krebs A (Hrsg) Naturethik. Suhrkamp, Frankfurt. 211–246

Caney S (2006) Environmental degradation, reparations, and the moral significance of history. *Journal of Social Philosophy* 37 (3): 464–482

Chapman R (2006) Ecological restoration restored. *Environmental Values* 15: 463–478

Clewell AF, Aronson J (2006) Motivations for the restoration of ecosystems. *Conservation Biology* 20: 420–428

Cowell M (1993) Ecological restoration and environmental ethics. *Environmental Ethics* 15: 19–32

Crook S (2002) Callicott's land communitarism. *Journal of Applied Philosophy* 19: 175–184

Davis MA, Slobodkin LB (2004) The science and values of restoration ecology. *Restoration Ecology* 12: 1–3

Döring R, Egan-Krieger T v, Ott K (2007) Eine Naturkapitaldefinition oder: 'Natur' in der Kapitaltheorie. Wirtschaftswissenschaftliche Diskussionspapiere der Ernst-Moritz-Arndt-Universität Greifswald

Elliot R (1994) Extinction, restoration, naturalness. *Environmental Ethics* 16: 135–144

Elliot R (1995) Faking nature. In: Elliot R (Hrsg) Environmental ethics. Oxford. 76–88 (ursprünglich 1982)

Eser U, Potthast T (1997) Bewertungsproblem und Normbegriff in Ökologie und Naturschutz aus wissenschaftsethischer Perspektive. *Zeitschrift für Ökologie und Naturschutz* 6: 181–189

Golley FB (1993) A history of the ecosystem concept in ecology. University Press, Yale

Gorke M (1999) Artensterben. Klett Cotta, Stuttgart

Gorke M (2007) Eigenwert der Natur. Habilitationsschrift Universität Greifswald

Gross M (2002) New nature and old science. *Science Studies* 15: 17–35

Gunn A (1991) The restoration of species and natural environments. *Environmental Ethics* 13: 291–310

Härdtle W (1995) On the theoretical concept of the potential natural vegetation and proposals for an up-to-date-modification. *Folia Geobotanica et Phytotaxonomica* 30: 263–276

Harris JA, van Diggelen R (2006) Ecological restoration as a project for global society. In: Van Andel J, Aronson J (Hrsg) Restoration ecology. Blackwell, Malden, Oxford. 3–15

Higgs E (2003) Nature by design: people, natural process, and ecological restoration. MIT Press, Cambridge, Mass

Hobbs J, Norton DA (1996) Towards a conceptual framework for restoration ecology. *Restoration Ecology* 4: 93–110

Johnson LE (1991) A morally deep world. Cambridge University Press, Cambridge

Jordan WR (1986) Restoration and the reentry of nature. *Restoration and Management Notes* 4: 2

Jordan WR (1989) Restoring the restorationist. *Restoration and Management Notes* 7: 55

Jordan WR (2003) The sunflower forest. Ecological restoration and the new communion with nature. University of California Press, Berkeley

Katz E (1996) The problem of ecological restoration. *Environmental Ethics* 18: 222–224

Katz E (1997) Nature as subject: Human obligation and natural community. Rowman & Littlefield, Lanham

Kowarik I, Heink U, Bartz R (2006) ,Ökologische Schäden' in Folge der Ausbringung gentechnisch veränderter Organismen im Freiland. *BfN-Skripten* 166. Bonn

Krebs A (1999) Ethics of nature. DeGruyter, Berlin

Ladkin D (2005) Does 'restoration' necessarily imply the domination of nature? *Environmental Values* 14: 204–219

Lekan T (2006) Naturschutz und Landschaftspflege in der Weimarer Republik. In: Handbuch Naturschutz und Landschaftspflege, Landsberg. Teil II-4.2: 1–17

Leopold A (1949) A sand county almanac. University Press, Oxford

Light A, Higgs E (1996) The politics of ecological restoration. *Environmental Ethics* 18: 227–247

Light A (2000) Ecological restoration and the culture of nature: A pragmatic perspective. In: Gobster P, Hull B (Hrsg) Restoring nature: Perspectives from the social sciences and humanities. Island Press, Washington. 49–70

Lo YS (1999) Natural and artifactual: Restored nature as subject. *Environmental Ethics* 21: 247–266

McKibben B (1990) Das Ende der Natur. List, München

Meine C (2006) Aldo Leopold über die Werte der Natur – To change ideas about what land is for. *Natur und Kultur* 7 (1): 63–87

Neumayer E (1999) Weak versus strong sustainability. Edgar Elgar, Cheltenham

Norton B (1987) Why preserve natural variety. University Press, Princeton

Ott K (1993) Ökologie und Ethik. Attempto, Tübingen

Ott K (1997) Ipso Facto. Suhrkamp, Frankfurt/M.

Ott K (1998) Naturästhetik, Umweltethik, Ökologie und Landschaftsbewertung. Überlegungen zu einem spannungsreichen Verhältnis. In: Theobald W (Hrsg) Integrative Umweltbewertung. Springer, Berlin, Heidelberg. 221–246

Ott K (2003) Zum Verhältnis von Tier- und Naturschutz. In: Brenner A (Hrsg) Tiere beschreiben. Harald Fischer, Erlangen. 124–152

Ott K (2007) Zur ethischen Begründung des Schutzes von Biodiversität. In: Potthast T (Hrsg) Biodiversität – Schlüsselbegriff des Naturschutzes im 21. Jahrhundert. Bundesamt für Naturschutz. Bonn. 89–124

Ott K (2008) A modest proposal of how to solve the problem of inherent moral value in nature. In: Westra L, Bosselmann K (Hrsg) Reconciling human existence with ecological integrity. Earthscan, London. 39–59

Ott K, Döring R (2004) Theorie und Praxis starker Nachhaltigkeit. Metropolis, Marburg

Perry J (1994) Greening corporate environments: Authorship and politics in restoration. *Restoration and Management Notes* 12 (2): 145–147

Plachter H (1994) Methodische Rahmenbedingungen für synoptische Bewertungsverfahren im Naturschutz. *Zeitschrift für Ökologie und Naturschutz* 3: 87–106

Potthast T (2005) Umweltforschung und das Problem epistemisch-moralischer Hybride. In: Baumgärtner S, Becker C (Hrsg) Wissenschaftsphilosophie interdisziplinärer Umweltforschung. Metropolis, Marburg. 87–100

Potthast T, Piechocki R, Ott K, Wiersbinski N (2007) Vilmer Thesen zu 'ökologischen Schäden'. *Natur und Landschaft* 82: 253–261

Rapport D (1995) Ecosystem health: More than a metaphor? *Environmental Values* 4 (4): 287–309

Sachverständigenrat für Umweltfragen (SRU) (2002) Für eine neue Vorreiterrolle. Umweltgutachten. Metzler-Poeschel, Stuttgart

Scherer D (1995) Evolution, human living, and the practice of ecological restoration. *Environmental Ethics* 17: 359–380

Schwenkel H (1931) Das Verhältnis der Kulturlandschaft zur Urlandschaft. *Beiträge zur Naturdenkmalpflege* 14: 9–20

Seel M (1991) Eine Ästhethik der Natur. Suhrkamp, Frankfurt/M.

Seifert A (1934) Natur und Technik im deutschen Straßenbau. In: Seifert A (1941) Im Zeitalter des Lebendigen. Müllersche Verlagshandlung, Dresden. 14–23

Spencer D (2007) Restoring earth, restored to earth: Towards an ethics for inhabiting place. In: Kearns L, Keller C (Hrsg) Ecospirit. Fordham University Press, New York. 415–432

Stoll S (1999) Akzeptanzprobleme bei der Ausweisung von Schutzgebieten. Peter Lang, Frankfurt

Stoll-Kleemann S, Welp M (Hrsg) (2006) Stakeholder dialogues in natural resource management. Springer, Berlin

Taylor P (1986) Respect for nature. University Press, Princeton

Tüxen R (1956) Die heutige potentielle natürliche Vegetation als Gegenstand der Vegetationskartierung. In: Tüxen R (Hrsg) *Angewandte Pflanzensoziologie*. Stolzenau: 5–22

Warren MA (1997) Moral Status. Clarendon Press, Oxford

Weber M (1968) Die 'Objektivität' sozialwissenschaftlicher und sozialpolitischer Erkenntnis. In: Weber M. Methodologische Schriften. Fischer, Frankfurt. 1–64

Weber M (1980) Wirtschaft und Gesellschaft. 5. rev. Ausgabe. Mohr, Tübingen

Westra L (1994) The Principle of Integrity. Rowman & Littlefield, Lanham

Winterhalder K, Clewell AF, Aronson J (2004) Values and science in ecological restoration - A response to Davis and Slobodkin. *Restoration Ecology* 12: 4–7

Wörler K (2006) Der Schutz natürlicher Dynamik im Spannungsfeld von Naturästhetik und ökologischer Theorie. Diplomarbeit Universität Greifswald

15

16 Kosten der Renaturierung

U. Hampicke

16.1 Einleitung

Die Kapitel 3 bis 14 dieses Buches verdeutlichen die Verschiedenartigkeit der Renaturierungsprozesse in unterschiedlichen Ökosystemen und lassen keinen Zweifel daran, dass deren Kosten auch sehr weit auseinanderklaffen können. Die Kosten können gering sein, wenn die Renaturierung nur darin besteht, ein Biotop, das niemand braucht, sich selbst zu überlassen. Sie können aber auch sehr hoch sein, wenn etwa Sedimente eines Sees ausgebaggert und als Sondermüll entsorgt und aufwändige Klärkapazitäten installiert werden müssen.

Um nicht in der Fülle der Einzelfälle die Orientierung zu verlieren, bedarf es zunächst eines Gerüstes, welches unterschiedliche Kostenbegriffe ordnet. Dies erfolgt im ersten Abschnitt. Im zweiten Abschnitt wird dann erörtert, wie empirisch ermittelte Kostengrößen für die Entscheidungsfindung – etwa ob eine Renaturierung zu empfehlen ist oder nicht – aufbereitet und interpretiert werden müssen. Diese analytische Durchdringung kann wichtiger als die Zahlenerhebung sein, wird aber oft arg vernachlässigt. Der dritte Abschnitt präsentiert drei praktische Fallbeispiele und der vierte zieht ein kurzes Fazit.

Dem ökonomisch noch unkundigen Leser seien einige Einführungen in das ökonomische Denken besonders empfohlen, in denen Inhalte, die im vorliegenden Beitrag sehr knapp behandelt werden müssen, ausführlicher erläutert sind: Gowdy und O'Hara (1995), Asafu-Adjaye (2000), Weise et al. (2005), Dabbert und Braun (2006) sowie Endres und Martiensen (2007).

16.2 Der Kostenbegriff

Die Betriebswirtschaftslehre lehrt: »*Kosten stellen den mit Preisen bewerteten Verzehr von Produktionsfaktoren dar*« (Wöhe und Döring 2000, S. 376). Kosten entstehen also, wenn knappe Ressourcen, die auch woanders Nutzen stiften würden, einem Zweck zugeführt werden, womit sie den möglichen Alternativverwendungen entzogen werden. Dies führt zum allgemeinen Kostenbegriff: Kosten sind Verzichte auf Alternativen. Einer Gesellschaft entstehen Kosten, wenn sie für die Renaturierung von Ökosystemen Produktivkräfte einsetzt, die auch alternative Verwendungen zuließen, oder wenn sie auf ökonomische Leistungen, die ein nicht renaturiertes Ökosystem erbringen würde, verzichtet.

Will der Ökonom das Wesen des Kostenbegriffs als Verzicht auf Alternativen auch sprachlich akzentuieren, so spricht er von **Opportunitätskosten**. Alle Kosten sind letztlich Opportunitätskosten. Für praktische Zwecke ist jedoch die nachfolgende Einteilung in Faktoraufwand und Nutzungsverzicht sinnvoll.

16.2.1 Faktoraufwand

Üblicherweise werden die Produktionsfaktoren Arbeit, Kapital und Fläche unterschieden. Ferner ist zu unterscheiden zwischen meist hohen, aber nur selten anfallenden Investitionskosten und laufenden Kosten, die in jeder Periode (Jahr, Monat, Tag) auftreten. Bei den Investitionen handelt es sich um Fixkosten, die von der Auslastung unabhängig sind: Ein neu gebauter Stall verursacht Kosten, selbst wenn er leer steht. Im Gegensatz dazu treten variable oder proportionale Kosten (für Kraftfutter, tierärztliche Leistungen,

16

Kasten 16-1
Verrentung

Notation: Investition K, Unendliche Rente R, Annuität A, Periodenzahlung P, Laufzeit T, Zinssatz i

Beispiel 1: Ein Grundstück wird für € 1 000 000 erworben. Wie viel betragen die jährlichen Kosten bei einem Zinssatz von 3 % (i = 0,03) pro Jahr (p. a.)?

$$R = Ki \tag{1}$$

Die jährlichen Kosten (Unendliche Rente) betragen € 30 000.

Beispiel 2: Ein Bauwerk kostet € 5 000 000. Wie viel betragen die jährlichen Kosten (ohne Unterhalt usw.) bei einer Lebensdauer von T = 30 Jahren und einem Zinssatz von i = 0,05 p. a.?

$$A = \frac{Ki\left(1+i\right)^{T}}{\left(1+i\right)^{T}-1} \tag{2}$$

Die jährlichen Kosten der Investition betragen € 325 257,18.

Saatgut, Dünger usw.) nur auf, wenn produziert wird.

Punktuelle und laufende Kosten werden vergleichbar gemacht, wenn entweder die ersten in Periodenkosten umgewandelt (verrentet) oder wenn die zweiten auf einen Barwert gebracht (kapitalisiert) werden. Im ersten Fall wird die Investition in einen praktisch unvernichtbaren Gegenstand (besonders bei Flächenkäufen) in eine Unendliche **Rente** und die Investition in einen Gegenstand mit begrenzter Lebensdauer (Gebäude, Maschine) in eine **Annuität** umgewandelt; Beispiele finden sich im Kasten 16-1. Im zweiten Fall wird umgekehrt verfahren; der Kas-

ten 16-2 zeigt ein Beispiel und berechnet den ebenfalls auftretenden Fall einer periodischen Zahlung (etwa alle zehn Jahre).

Alle Zahlungen, die zu unterschiedlichen Zeitpunkten geleistet werden, müssen durch **Diskontierung** mit einem geeigneten Zinssatz vergleichbar gemacht werden. 1 000 Euro heute auszugeben oder in einem Jahr ist nicht dasselbe, denn im zweiten Fall kann der Betrag ein Jahr lang zu Zinsen angelegt werden, womit er bei einem Jahreszins von z. B. 3 % auf 1 030 Euro anwächst. Die Berücksichtigung dieses Phänomens wird Diskontierung genannt. Aussagen wie „die Landesregierung gibt in den kommenden

Kasten 16-2
Kapitalisierung

Notation wie in Kasten 16-1.

Beispiel 3: Es sind 20 Jahre lang Unterhaltskosten von € 150 000 pro Jahr zu zahlen. Welchem Barwert entspricht dies bei i = 0,05 p. a.?

$$K = \frac{A\left\{\left(1+i\right)^{T}-1\right\}}{i\left(1+i\right)} \tag{3}$$

Der Barwert beträgt € 1 869 331,55.

Beispiel 4: Von jetzt ab muss ein Gewässer alle zehn Jahre für € 100 000 ausgebaggert werden (erstmalig in zehn Jahren). Wie groß ist der Barwert bei i = 0,05 p. a.?

$$K = \frac{P}{\left(1+i\right)^{T}-1} \tag{4}$$

Der Barwert beträgt € 159 009,15; die Unendliche Rente nach (1) beträgt € 7 950,46.

Kasten 16-3
Richtig zählen

Notation wie in Kasten 16-1.

Der Barwert einer zehnjährigen Zahlungsserie von je € 5 000 000 beträgt nach Formel (3) aus Kasten 16-2 bei einem Zinssatz von i = 0,05 € 38 608 674,65. Die Formel gilt für nachschüssige Zahlung (zum 31.12. jeden Jahres). Vorschüssigkeit (Fälligkeit zum 1.1. jeden Jahres) erhöht den Barwert um den Faktor 1,05 auf € 40 539 108,38.

Zu diesem Ergebnis kommt man auch mit $K = 5\,000\,000 + 5\,000\,000/1{,}05 + 5\,000\,000/1{,}05^2 + \ldots + 5\,000\,000/1{,}05^9$. Die Regierung sollte also ihren Wählern sagen, dass sie zum Zeitpunkt der Maßnahme 40,5 Millionen, nicht aber 50 Millionen Euro zur Verfügung stellt.

zehn Jahren je fünf Millionen, also zusammen 50 Millionen Euro aus", sind irreführend. Der korrekte Gesamtwert ist im Kasten 16-3 errechnet.

Als Zinssatz ist in der Praxis entweder derjenige zu wählen, der zur Durchführung des Vorhabens an Finanzdienstleister gezahlt werden muss, oder derjenige, den die durchführende Institution beim Verzicht auf die Maßnahme und alternativer Geldanlage erzielen würde. So ist im Beispiel 1 (Kasten 16-1) unterstellt, dass die Institution das Grundstück aus ihrem Vermögen erwirbt und damit auf eine Verzinsung von 3 % pro Jahr verzichtet.

Im Allgemeinen enthalten Geschäftszinssätze einen Zuschlag für die vorausgeschätzte Geldentwertung, bestehen also aus einer Real- und einer Inflationskomponente. In bestimmten Fällen, wie in **Kosten-Nutzen-Analysen** über lange Zeiträume, kann es geboten sein, diese beiden Komponenten zu trennen. Näheres ist jedem Lehrbuch der Finanzmathematik sowie Brandes und Odening (1992) zu entnehmen.

16.2.2 Nutzenentgang

Kosten müssen nicht Geldausgaben beinhalten. Nehmen sie die Form entgangener Nutzen oder Gewinne an, so wird ihr Charakter als Opportunitätskosten besonders deutlich. Solche Kosten spielen eine große Rolle im Problemfeld der Extensivierung landwirtschaftlicher Nutzung. Diese – etwa die Extensivierung von Grünlandflächen – scheitert kaum an den Ausführungskosten der Extensivierung. Abgesehen von den hohen Unterhaltskosten extensiver Landnutzung (vgl. Abschnitt 16.4.1) kommt es in Biotopen, die eine rentable Intensivnutzung zulassen würden – etwa die Milcherzeugung –, zu deren Verdrängung und damit zum Verzicht auf deren Gewinne. Derselbe Effekt tritt auf, wenn nutzungsfähige Flächen ganz stillgelegt werden, etwa um in einer Ackerbörde Begleitbiotope zu schaffen.

Opportunitätskosten treten also bei Renaturierungsvorhaben auf, wenn damit einträgliche Nutzungen der nicht renaturierten Ökosysteme beendet werden oder wenn ihre Aufnahme unterbunden wird. Neben den erwähnten Extensivierungen und Stilllegungen sind der Verzicht auf Torfgewinnung in Mooren, auf Holznutzung in Wäldern, auf nutzungsfähige eingedeichte Flächen an der Küste und in Stromtälern, auf Bebauung im Siedlungsbereich sowie auf Transportkapazität durch Binnenschifffahrt zu nennen. Die Einschränkung oder Unterbindung von Erholungs- und Freizeitnutzungen ist ebenfalls ein Kostenfaktor. In zahlreichen Fällen ist die Erhebung der Opportunitätskosten wesentlich schwieriger als die Berechnung von Ausführungskosten für konkrete Maßnahmen.

16

16.2.3 Grenzkosten – das Marginalprinzip

Im Zentrum aller volks- und betriebswirtschaftlichen Entscheidungen stehen die **Grenzkosten**, also die Kosten, die durch eine zusätzliche Einheit eines erzeugten Gutes zusätzlich anfallen. Wird unterstellt, dass die Effektivität (Grenzproduktivität) des Düngers mit zunehmendem Einsatz nachlässt, so düngt jeder Landwirt bis zu dem Punkt, an dem die Grenzkosten (Preis pro Kilogramm Dünger) den hervorgerufenen Grenzerlös (zusätzlich erzeugte Menge Getreide multipliziert mit seinem Preis) noch decken. Das Grenzkosten- oder Marginalprinzip ist in der Ökonomie von überragender Bedeutung. Theoretisch müsste in einem ökonomischen Optimum der Aufwand auch für die Renaturierung genau so weit getrieben werden, bis der letzte Euro einen Gegenwert von ebenfalls einem Euro erbrächte. Zwar scheitert diese Regel oft daran, dass der „Gegenwert" schwer oder gar nicht in Geld auszudrücken (zu monetarisieren) ist, dennoch legen zahlreiche Beobachtungen nahe, dass die Gesellschaft in Mitteleuropa von einem optimalen Renaturierungsaufwand entfernt ist (vgl. Abschnitt 16.3.3 und 16.3.4).

16.3 Interpretation und Relativierung

16.3.1 Volkswirtschaftliche Kosten, Tarife und Effizienzpreise

Führt eine Institution oder Behörde eine Renaturierung durch, so muss sie ohne Zweifel die ihr zukommenden Rechnungen begleichen, d. h. die Marktpreise oder Tarife akzeptieren, wie sie sind. Zumindest in belangreichen Fällen muss allerdings der Wissenschaftler den Fall eingehender untersuchen. Ihn interessieren die „wahren" **volkswirtschaftlichen Kosten**, also der tatsächliche Faktorverzehr, die realen Verzichte, welche die

Gesellschaft leisten muss. Diese können vom Rechnungsbetrag stark abweichen.

Ein banales, in der Praxis vielfach lästiges Beispiel verdeutlicht das Problem: Für ein Renaturierungsprojekt ist die Summe von € 119 000 zu zahlen. Die Zahlungspflichtigen nennen das ihre „Kosten". € 19 000 des Betrags sind aber Mehrwertsteuer. Aus der Sicht der ausführenden Firmen betragen die Kosten der Maßnahme nur € 100 000; sie sind verpflichtet, den zusätzlichen Betrag dem Auftraggeber in Rechnung zu stellen und an das Finanzamt abzuführen. Der Wert der erbrachten Leistung beträgt in der Tat nur € 100 000. Das Problem wird durch unterschiedliche Mehrwertsteuersätze für unterschiedliche Leistungen noch verkompliziert.

Ein zweites Beispiel ist drastischer: Die Bahn möge für ein Renaturierungsprojekt einen Güterzug mit Material transportieren. Sie stellt mit ihrem Tarif die Durchschnittskosten des Transports in Rechnung. In diesen Durchschnittskosten nehmen die Fixkosten einen sehr erheblichen Anteil (80–90 %) ein, d. h. die Kosten für Schienennetz, Oberleitungen, Waggonpark usw. (vgl. Abschnitt 16.2.1 zur Definition). Diese Fixkosten hat aber das Renaturierungsprojekt nicht verursacht, sie würden ohne das Projekt ebenso anfallen. Sie sind die Voraussetzung dafür, dass überhaupt Züge fahren können. Korrekterweise dürften nur die Grenzkosten berechnet werden, die das Renaturierungsprojekt hervorgerufen hat, also die Kosten der einen Fahrt des Güterzugs, die ohne das Projekt nicht stattgefunden hätte. Sie bestehen aus Stromverbrauch, Abnutzung, Schmierstoffen und Ähnlichem, insgesamt einem Bruchteil des Tarifs.

An dem Beispiel ist zu erkennen, dass eine wissenschaftliche Durchdringung zwei getrennte Rechnungen verlangt. Man verübelt der Bahn nicht, wenn sie ihre Fixkosten durch die Tarife erwirtschaftet, auch wenn die volkswirtschaftliche Theorie weiß, dass allein ein grenzkostenorientierter Tarif effizient wäre. Die Bahn muss Rücklagen bilden, um abgeschriebene Gleise irgendwann zu erneuern. In einem Finanzierungsplan für das Renaturierungsvorhaben müssen die Zahlungsströme so berücksichtigt werden, wie sie sind. Die grenzkostenorientierte Rechnung einer wissenschaftlichen Kosten-Nutzen-Analyse erbringt dagegen ein völlig anderes Ergebnis. Hier wird mit **Effizienzpreisen** oder auch Schattenpreisen gerechnet, also Preisen, die im Idealfall den Grenzkosten gleichen.

Mag die volkswirtschaftliche Rechnung zu Effizienzpreisen dem ökonomischen Laien auch „weltfremd" erscheinen, so gibt sie doch die tatsächlichen Kosten einer Maßnahme korrekter wieder als der in dieser Hinsicht vordergründige Finanzierungsplan und ist insofern langfristig aussagekräftiger. Bezahlt das Renaturierungsprojekt die Bahn zu ihrem Tarif, so deckt es damit seine (kleinen) wirklichen Transportkosten ab und leistet einen (großen) Beitrag zur Fixkostendeckung der Bahn, den ohne das Projekt andere leisten müssten. Hier liegt also ein Problem der Kostenzuschreibung, nicht der Kostenhervorrufung vor. Ganz analoge Probleme gibt es bei allen leitungsgebundenen Versorgungsleistungen, wie Strom-, Gas- und Wasserversorgung und der Abwasserentsorgung.

Ein politisch heikles Thema ist bekanntlich die Entlohnung der Arbeitskraft. Der Finanzierungsplan für ein Renaturierungsprojekt muss wie beim Frachttarif der Bahn Lohntarife kalkulieren. Ist der Tarif aufgeweicht oder gibt es ihn nicht (wie zunehmend in den neuen Bundesländern), so stellen sich Fragen von Gerechtigkeit und Zumutung, die hier nicht behandelt werden können. Wichtig ist aber der Blick auf den oben definierten allgemeinen Kostenbegriff: In einer Situation hoher Beschäftigungslosigkeit muss gering qualifizierte Arbeitskraft in einer Kosten-Nutzen-Analyse mit volkswirtschaftlichen Opportunitätskosten von Null kalkuliert werden, weil eine Neueinstellung nicht zu Arbeitsausfällen an anderer Stelle führt.

Auch Marktpreise für Grundstücke können von Effizienzpreisen stark abweichen. Das folgende Beispiel verwendet fiktive Zahlen, die in konkreten Situationen selbstverständlich auch anders lauten können. Die Problemstruktur ist jedoch regelmäßig zu finden. Für Renaturierungszwecke werde 1 ha Ackerland benötigt, etwa für eine Pufferzone um ein Moor. Der objektive Ertragswert des Ackers, berechnet analog Beispiel 1 (Kasten 16-1), möge € 10 000 pro ha betragen. Er ergibt sich aus den kapitalisierten jährlichen Nettoerträgen zu Effizienzpreisen, unbeeinflusst von Steuern und Subventionen. So hoch sind die volkswirtschaftlichen Kosten, die das Renaturierungsprojekt an dieser Stelle hervorruft. Der Landwirt als Eigentümer verlangt indessen

€ 25 000, aus drei Gründen: Erstens erzielt er auf dem Acker neben den Erlösen aus der Produkterzeugung ein Einkommen aus staatlichen Subventionen, etwa eine Flächenprämie von etwa € 300 pro ha und Jahr, die ihm beim Verkauf entgeht. Zweitens weiß er um seine Monopolstellung, denn das Renaturierungsprojekt benötigt diesen Hektar und kann nicht auf andere ausweichen. Drittens gibt ein traditionsbewusster Landwirt nur ungern Flächen ab, die der Familie unter Umständen seit Jahrhunderten gehören, er kalkuliert also auch einen persönlichen ideellen Wert. Wenn die Betreiber des Projekts € 25 000 zahlen, so sind im vorliegenden Beispiel 40 % davon Renaturierungskosten. Mit den übrigen 60 % finanzieren sie die Agrarpolitik sowie die Monopolstellung und das Traditionsbewusstsein des Landwirts. Dass die Agrarprotektion jeden Naturschutz in der Kulturlandschaft enorm künstlich verteuert, ist bereits in einer immer noch lesenswerten Pionierveröffentlichung von 1983 festgestellt worden (Bowers und Cheshire 1983). In Deutschland hat insbesondere das Förderprogramm für „Vorhaben von gesamtstaatlicher Bedeutung" des Bundesamtes für Naturschutz (Scherfose 2002) bei umfangreichen Landkäufen in Dutzenden von Projekten Millionenbeträge des Steuerzahlers verausgabt und damit Wohltaten für vorteilhaft gelegene Landeigentümer ausgestreut. Es hätte sich schon seit Langem angeboten, ggf. andere Formen der Flächensicherung zu erwägen, wie Pachten, Extensivierungsverträge usw.

Gelegentlich kommt es zu absurden Kostenbelastungen, die die Forderung nach einer Änderung des institutionellen Umfelds erheben lassen. So müssen Eigentümer von renaturierten Flächen Grundsteuer bezahlen, was bei großen Objekten erhebliche Summen erzeugt. Diesen Summen steht weder eine Kostenverursachung auf Seiten der Betreiber noch eine Gegenleistung des Staates gegenüber (die nach der Finanzverfassung freilich auch nicht erforderlich ist). Ebenso wenig zu rechtfertigen ist die Heranziehung zu Beiträgen für Wasser- und Bodenverbände. Nicht nur werden mit diesen Beiträgen Aktivitäten finanziert, die der Renaturierung keinen Nutzen stiften, vielfach stehen die Ziele der Verbände dieser sogar entgegen.

Die bisherigen Beispiele legen nahe, dass aufgrund eines bestehenden Geflechts von Steuern,

16

Tarifen, Subventionen, Rechten und Institutionen Renaturierungskosten (wie auch Naturschutzkosten allgemein) künstlich überhöht sind. Der Eindruck täuscht nicht, jedoch ist auch der entgegengesetzte Fall zu beobachten, bei dem die Renaturierung billig oder „umsonst" erscheint, die Kosten jedoch versteckt werden. Überhaupt rät der Ökonom zu äußerster Vorsicht gegenüber dem Phänomen „umsonst": Fast immer handelt es sich darum, dass andere die Kosten tragen.

Ein Naturschutzverband in den neuen Bundesländern erhält von der BVVG (Bodenverwertungs- und -verwaltungs-GmbH) unentgeltlich einen Wald zur naturschutzgerechten Entwicklung überlassen. Der Verband mag sogar an diesem Geschenk noch verdienen, indem unerwünschte Bäume, wie Fichten und Douglasien geschlagen und vermarktet werden. Tatsächlich ruft auch dieser Fall volkswirtschaftliche Opportunitätskosten nach der oben gegebenen Definition hervor, wenn seine naturschutzabträgliche, holzwirtschaftlich orientierte Nutzung profitabel wäre. Diese Profite entgehen, nur bemerkt es niemand.

Die Beispiele dürften davon überzeugen, dass unabhängig von der Verbindlichkeit des real gegebenen Preis-, Steuer-, Tarif- und Subventionsgefüges ein Blick in die Welt der Effizienzpreise tiefere Einsichten vermittelt. Es wird deutlich, dass die Finanzierung eines Projekts keineswegs vollständig, in nicht seltenen Fällen sogar nur zum geringen Teil durch die Kosten des materiellen Faktorverzehrs bzw. Produktverzichts determiniert ist. Oft enthält sie eine bedeutende Transferkomponente: Zahlungen müssen geleistet werden, nicht weil sie Kosten decken, sondern weil Gesetze, Ansprüche und Regelungen dies verlangen.

Nicht zu vergessen sind schließlich die **Transaktionskosten**, die zur Abwicklung eines Renaturierungsprojekts gehören. Sie umfassen Planungs-, Genehmigungs- und Verhandlungsvorgänge bis hin zu Notariatsgebühren und ggf. Kosten von Rechtsstreitigkeiten. Bis zu einem gewissen Grade sind derartige Kosten, etwa für sorgfältige Planung, unvermeidlich und daher als sachnotwendiger Ressourceneinsatz anzusehen. Die Grenzen zu künstlich aufgebauschten Kosten, vor allem im Bereich der Bürokratie oder gar bei Rechtsstreitigkeiten, sind jedoch fließend.

16.3.2 Verlagerungskosten und Sekundäreffekte

Renaturierungen führen nicht notwendigerweise zur vollständigen Einstellung der zuvor im betreffenden Biotop ausgeübten Nutzung, sondern oft zu deren räumlicher **Verlagerung**. Die Kosten der Verlagerung sind sehr schwer oder gar nicht exakt zu ermitteln, allerdings gibt es auch kaum diesbezügliche wissenschaftliche Arbeiten.

Betrachten wir ein hypothetisches Beispiel: Ein großflächiges Renaturierungsvorhaben in einem Skigebiet verlange, den Skibetrieb einzustellen. Ihm würde der Widerstand all derjenigen entgegentreten, die darin investiert haben und an ihm verdienen. Schnell würden Nachrichten verbreitet, dass „Hunderte" oder „Tausende" von Arbeitsplätzen vernichtet würden und Ähnliches. Die wichtigste Rolle der wissenschaftlichen Ökonomie besteht in diesen Fällen darin, solche interessengeleitete Äußerungen als das zu identifizieren, was sie sind.

Der ökonomische Wert einer Skistation besteht in der summierten Zahlungsbereitschaft der Skiläufer (über ihre Aufwendungen für Sportgeräte, Anfahrt, Unterbringung, Lifte usw. hinaus, also einschließlich ihrer Konsumentenrente) abzüglich sämtlicher Kosten der Betreiber; die Abbildung 16-1 gibt einen stark schematisierten Überblick. Der ökonomische Wert besteht in der Summe aus Konsumenten- und Produzentenrente C und R.

Kann eine Skistation mit identischem ökonomischen Wert an anderer Stelle errichtet werden, so ist das Renaturierungsprojekt mit den Verlagerungskosten („Umzugskosten") zu belasten. Hier ist die Bewertung des investierten Kapitals ein Problem. Sind z. B. Lifte noch nicht abgeschrieben, so erfolgt eine vorzeitige Erneuerung, deren Kosten ermittelbar sind. Bei Immobilien ist die Folgenutzung ohne Skibetrieb zu ermitteln und deren Rendite mit der zuvor zu vergleichen.

Bei Vollbeschäftigung der Arbeit und hypothetisch gleichem Lohnniveau in allen Berufen hat der „Umzug" für die Beschäftigten überhaupt keine ökonomische Bedeutung. Sind die Löhne im Skibetrieb höher als in anderen Berufen, so erfolgt ein Umverteilungseffekt – was die Beschäftigten am ursprünglichen Standort weniger verdienen, verdienen die am neuen Standort

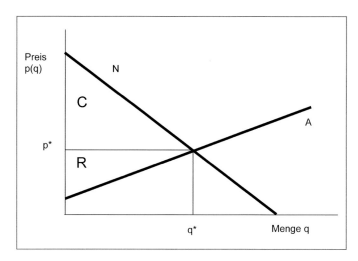

Abb. 16-1: Marktgleichgewicht und wohlfahrtsökonomischer Wert des Produktquantums q*. N: Nachfragekurve = maximale marginale Zahlungsbereitschaft; A: Angebotskurve = Grenzkosten; C: Konsumentenrente; R: Produzenten- (Ricardianische) Rente.

mehr. Verteilungseffekte sind von Kosten streng zu trennen.

Das heikelste Problem ist selbstverständlich die Beschäftigung. Gibt es nur im Skibetrieb Beschäftigung und sonst keine, so erfolgt entweder auch eine Umverteilung – am neuen Standort entsteht die Beschäftigung, die am alten verloren geht – oder es treten Mobilitätskosten auf, wenn die alten Beschäftigten zum neuen Standort wandern. Diese Mobilitätskosten sind der Renaturierung anzurechnen.

Der Alternativstandort dürfte in der Regel weniger geschätzt sein als der ursprüngliche, sonst hätte sich der Skibetrieb nicht am letzteren angesiedelt. Erfolgt ein „Umzug" an einen schlechteren Standort, so sind die Verluste an Konsumenten- und Produzentenrenten der Renaturierung als Kosten anzulasten. Eine Ermittlung ist sehr schwierig.

Wird der Skibetrieb im Umfang des alten Standortes ganz eingestellt, d. h. erfolgt keine Verlagerung an einen anderen Standort, so wird sich das investierte Kapital wegen seiner hohen Mobilität eine Verwendung in einem anderen Sektor suchen. Theoretisch müsste der Verlust an Rendite, der zu erwarten ist (sonst wäre das Kapital nicht zuvor in den Skibetrieb geflossen), der Renaturierung als Kostenbestandteil zugeschrieben werden, was in der Praxis kaum möglich sein dürfte.

Im Prinzip gilt Ähnliches für den Faktor Arbeit, nur dass hier die geringere Mobilität, die weitaus höhere persönliche Betroffenheit sowie die Tatsache zu beachten ist, dass in vielen Skigebieten alternative Beschäftigung in der Tat rar ist. Die meisten Alpendörfer waren vor der Ära des Massentourismus arm. Sinken Lohnsumme und Beschäftigung aufgrund des Renaturierungsprojekts, ohne dass dies durch Alternativen kompensiert wird, so entstehen reale Kosten, die nicht verkannt werden dürfen. Es kann sein, dass ein Renaturierungsprojekt Arbeitsplätze vernichtet, dieses Urteil ist aber erst nach sorgfältiger Prüfung aller hier genannten Aspekte zu fällen. Minderbeschäftigung in einer Region kann auch kumulative Folgewirkungen erzeugen: Gibt es im Skibetrieb keine Arbeit mehr, so gibt es auch weniger Verdienst und Arbeit im Einzelhandel usw. Unter Vermeidung von Doppelzählungen sind auch diese Effekte zu erfassen.

16.3.3 Monetarisierung

Kosten müssen nicht immer in Geldeinheiten ausgedrückt sein – auch im Alltagssprachgebrauch heißt es, dass ein Geschäft „einen ganzen Nachmittag koste". Alle nicht monetär gemessenen Verzichte, die ein Renaturierungsprojekt mit sich bringt, können zunächst erfasst und aufgelistet werden. Oft stehen hier Verzichte auf Erholungsnutzungen oder Freizeittätigkeiten im Vordergrund, etwa wenn Gewässer der Sportfischereinutzung entzogen, Betretungsverbote für Moore ausgesprochen werden und Ähnliches.

Ökonomen eint das Bestreben, auch solche *prima facie* nicht in Geld ausgedrückten Größen dem Geldmaßstab zuzuführen, zu monetarisieren, was in der Öffentlichkeit nicht immer begrüßt wird („die Ökonomen wissen von allem dem Preis und von nichts den wahren Wert"). Solche Reserven sind zwar nachzuvollziehen. Trotz jahrzehntelanger Praxis und umfangreichem Forschungsaufwand sind die Methoden der **Monetarisierung** nicht immer treffsicher. Auch gibt es Grenzen der Monetarisierung aus ethischen Gründen. Diese dürfen jedoch nicht, wie es oft geschieht, einfach durch Behauptung aufgestellt werden, sondern bedürfen eines gesellschaftlichen Begründungsdiskurses (vgl. Kapitel 15; Hampicke 1998).

Eine gelungene Monetarisierung führt zumindest zu einer Objektivierung des betreffenden Wertes. Er wird damit einem Vergleich mit anderen Werten zugänglich. Dies ist deshalb bedeutsam, weil diejenigen Gruppen, die durch Renaturierungsmaßnahmen eingeschränkt werden, erfahrungsgemäß ihre Verluste aufbauschen und, wenn sie über Einfluss verfügen, die Renaturierung bzw. den Naturschutz im Allgemeinen verhindern können.

Ein ungelöstes methodisches Problem besteht darin, dass Nutzer, die aus Renaturierungsgründen aus einem Ökosystem verdrängt werden, streng genommen nach der Geldsumme gefragt werden müssten, die sie als Ausgleich für den Verlust mindestens fordern würden. Alle Ergebnisse derartiger Studien nach der *willingness to accept* (anstatt der *willingness to pay*) haben bisher zu instabilen Ergebnissen geführt, weil die Befragten bei dieser Fragestellung anscheinend nicht kooperationswillig sind. Als Näherungswert könnten die objektiven Kosten ermittelt werden, die ein Nutzer etwa für die Fahrt zur nächsten gleichwertigen Nutzungsmöglichkeit aufwenden müsste. Derartige Studien sind nicht bekannt.

16.3.4 Bewertung des Nutzens der Renaturierung

Fast immer liegt der Nutzen einer Renaturierung in nicht monetärer Form vor. Ist ein renaturierter Biotop erlebbar, so stiftet er Nutzen für Freizeit, Erholung, Naturgenuss usw. Dieser Nutzen ist

den Renaturierungskosten gegenzurechnen. Ist er höher als die Kosten, so entstehen sogar „negative Kosten" der Renaturierung, d.h. das Vorhaben stiftet unter dem Strich einen Nettonutzen. Es leuchtet ein, dass die Monetarisierung des Renaturierungsnutzens zu einer völlig anderen Beurteilung solcher Vorhaben führt, als wenn allein die finanziell auf der Hand liegenden Kosten betrachtet werden. Vieles spricht für die These, dass die Renaturierung oder auch allgemein der Erhalt Naturgenuss stiftender Biotope in zu geringem Maße erfolgt, weil der nicht monetäre Nutzen übersehen oder zumindest unterschätzt wird.

Die Farbtafel 16-1 zeigt eine attraktive Erholungslandschaft im Biosphärenreservat Südost-Rügen, nahe dem Dorf Groß-Zicker, mit Sandmagerrasen im Hintergrund und schütterem, reich mit Wildkräutern durchsetzten Ackerbau im Vordergrund. Eine Befragung dort wandernder Touristen aus ganz Deutschland im Juni 2003 erbrachte eine begeisterte Wertschätzung sowie die Versicherung der Befragten, zahlungsbereit dafür zu sein, in der näheren Wohnumgebung ähnlich attraktive Biotope für Spaziergänge zu besitzen (Näheres in Karkow und Gronemann 2005). Hier liegt ein klares Beispiel dafür vor, dass der Nutzen attraktiver traditioneller Landschaften ihren möglichen Kosten gegengerechnet werden muss.

Die Erhebung der Zahlungsbereitschaft, der *willingness to pay*, für Natur- und Landschaftsgenuss kann auf umfangreiche Erfahrung und einen entwickelten Methodenstand blicken. Darstellungen der deutschsprachigen und landschaftsbezogenen Literatur zur hier einschlägigen **Contingent Valuation Method** (CVM) finden sich in Endres und Holm-Müller (1998), Elsasser und Meyerhoff (2001), Beckenbach et al. (2001), Hampicke (2003), Marggraf et al. (2005) sowie Meyerhoff et al. (2007). Aus der überaus umfangreichen internationalen Literatur sei Bateman und Willis (1999) genannt.

16.4 Fallbeispiele

Die nachfolgenden Fallbeispiele beziehen sich zwar auf deutsche Landschaften, jedoch sind die Folgerungen aus ihnen zumindest europaweit, im

Falle des Waldes *cum grano salis* sogar weltweit verallgemeinerbar.

16.4.1 Erhalt oder Neuerrichtung naturschutzgerechter („extensiver") Landnutzung

Maßnahmen dieser Art stellen nicht „reine Natur" wieder her, sondern die traditionelle **Kulturlandschaft**. Da aber diese bekanntlich der Artenvielfalt in Mitteleuropa außerordentlich förderlich ist, ist es auch im vorliegenden Beitrag sinnvoll, nach den Kosten ihres Erhalts oder ihrer Wiederherstellung zu fragen. Mehrere Kapitel in diesem Buch (u. a. Kapitel 10 bis 12) widmen sich den diesbezüglichen naturwissenschaftlichen Grundlagen. Im weltweiten Kontext stellt die traditionelle Kulturlandschaft einen der wichtigsten Beiträge Mitteleuropas zum Biodiversitätserhalt dar.

Hier ist zunächst artenreiches **Grünland** aller Art zu nennen. Die einschlägige Literatur stellt bei nährstoffarmen Weiden auf Silikat- und Kalkuntergrund die höchste Vielfalt von Pflanzen- und Tierarten aller Offenlandbiotope fest, hinzu kommen trockene Sandmagerrasen. Beim Schnittgrünland sind auch feuchte Ausprägungen

wertvoll (vgl. Dierschke und Briemle 2002, Oppermann und Gujer 2003).

In landwirtschaftlichen Maßstäben sind alle diese Biotope wenig ertragreich, entsprechend gering muss die Besatzstärke mit Vieh sein. Typische Formen sind die Standweide mit Mutterkühen mit etwa einer Mutterkuh und Kalb (1,3 Großvieheinheiten (GV)) oder die Schafhutung insbesondere auf Kalkmagerrasen mit etwa 2,5 bis 5 Mutterschafen plus Lämmern (0,37 bis 0,75 GV) pro ha.

Derartige Biotope sind in Deutschland in größerem Umfang nur noch auf Standorten zu finden, die eine Intensivierung der Nutzung entweder aus physischen Gründen verbieten oder wo aus wirtschaftlichen Gründen kein Interesse an ihr besteht. Unter diesen Umständen fallen keine Opportunitätskosten wegen unterlassener landwirtschaftlicher Intensivierung an. Wie die Tabelle 16-1 zeigt, sind die jährlichen Kosten der traditionellen Nutzung jedoch erheblich. Landschaftspflege mit Schafen oder Mutterkühen ist volkswirtschaftlich nicht billig. Allein Förderungen erlauben die Durchführung derartiger Betriebszweige.

Ein Grund für das Problem liegt in niedrigen Produktpreisen (Rind- und Schaffleisch); nur eine Minderheit von Betreibern kann Premiumpreise etwa durch Direktvermarktung erzielen.

Tab. 16-1: Kostenunterdeckung der die traditionelle Kulturlandschaft pflegenden Tierhaltungen, in Euro pro ha und Jahr.

	1 Schafhutung Schwäbische Alb	2 Schafhutung Thüringen	3 Mutterkuhhaltung Rhön[c]	4 Mutterkuhhaltung Thüringen	5 Mutterkuhhaltung Brandenburg[c], [d]	6 Heckrindhaltung Schleswig-Holstein
Markterlös	397,44	174,50	378,26	376,31	386	0,00
variable Kosten[a]	335,20	201,00	609,32	323,65	516	78,46
Arbeitskosten	251,56	288,50	173,25	251,56	160	119,71
Fixkosten[b]	321,09	192,00	101,52	233,15	13	40,69
Gesamtkosten	908,85	681,50	884,09	806,36	689	238,86
Verfahrensleistung	**−510,41**	**−507,00**	**−505,83**	**−432,05**	**−303**	**−238,86**

Nur den Verfahren zurechenbare Kosten, ohne Gemein- und Flächennutzungskosten, ohne Förderungen.
[a] Kosten für Grund-, Kraft- und Mineralfutter, Tierarzt, Besamung, Energie, Wasser und Sonstiges
[b] überwiegend Stallkosten, bei Verfahren 1 auch Erstinstandsetzung verbuschter Hutungen
[c] Winteraußenhaltung
[d] Euro pro Kuh, entspricht Euro pro ha bei einer Kuh pro ha
(Quellen: 1, Tampe und Hampicke 1995; 2, Berger in Hampicke und Roth 2000; 3, Rühs et al. 2005; 4, Roth und Berger 1999; 5, LVLF 2005; 6, Kaphengst et al. 2005.)

16

Ein ebenso wichtiger Grund ist der relativ hohe Arbeitseinsatz wegen des Betreuungsaufwands für die Tiere. Für die landwirtschaftliche Tierhaltung gelten strenge Veterinär- und Tierschutzvorschriften, die den Arbeitseinsatz selten auf unter 15–25 Arbeitskraftstunden (Akh) pro ha und Jahr herabzusetzen gestatten. Vor diesem Hintergrund ist die umgangssprachliche Bezeichnung „extensive Landnutzung" fragwürdig, da unter dieser korrekterweise ein geringer Faktoreinsatz pro Fläche zu verstehen ist.

Die Verfahren 5 und 6 in der Tabelle 16-1 fallen wegen ihrer relativ geringen Defizite auf. Das Verfahren 5 bezieht sich auf optimale ökonomische Verhältnisse im norddeutschen Flachland und große Herden. Hier werden alle Rationalisierungsreserven ausgeschöpft. Das Verfahren 6 verzichtet gänzlich auf Markterlöse. Es ist deshalb relativ wirtschaftlich, weil die Besatzstärke mit 0,5 Großvieheinheiten pro ha extrem niedrig ist und somit die Arbeitskosten – die weitgehend tiergebunden sind – stark reduziert werden können. Es kann freilich zu keiner vollständigen Verwertung des Aufwuchses kommen; die langfristige Entwicklung des Biotops bleibt abzuwarten. Ausführliche Informationen zu allen ökonomischen Problemen der landschaftspflegenden Tierhaltung findet der Leser in den Literaturquellen zur Tabelle 16-1.

Von ertragreichen Standorten ist die traditionelle Nutzung weitestgehend verdrängt worden. Beim Grünland bestehen erhebliche physische Probleme der Wiederherstellung artenreicher Biotope, da auch bei Herbeiführung geeigneter Bedingungen, wie insbesondere der Nährstoffaushagerung, die Wiedereinwanderung der typischen Arten meist sehr zögerlich verläuft (vgl. Briemle et al. 1991). Ökonomisch entstehen Opportunitätskosten durch die Verdrängung der hier möglichen Hochertragsnutzung.

Vermutlich wegen der meist für aussichtslos gehaltenen Umsetzung auf dem Grünland gibt es in der agrarökonomischen Literatur kaum Untersuchungen über diese Art von Opportunitätskosten. Auch ist der geringe Wille sowohl auf Seiten der Landwirtschaft als auch des Naturschutzes, in Regionen mit ausgedehntem artenarmen Vielschnittgrünland oder mit Weißkleeweiden wenigstens ein Netz von artenreichem Grünland wieder anzustreben, zu bedauern. Das Argument, Aufwuchs vom Traditionsgrünland ließe sich im modernen Milchviehbetrieb nicht verwerten, trifft nicht zu. Zwar können laktierende Milchkühe heutiger Leistung damit nicht gefüttert werden, wohl aber zweijährige Färsen. Diese verwerten Traditionsgrünland zumindest anteilig hervorragend. Allein aus diesem Grund wäre es technisch möglich, auch in Milch-Hochleistungsregionen deutlich über 10 %, nach anderen Schätzungen noch erheblich mehr, an artenreichem Grünland einzuschalten (vgl. Schumacher 2007). Diesbezügliche Förderprogramme wären sehr sinnvoll.

Traditionelle **Ackernutzungen** sind in Mitteleuropa noch weitaus stärker verdrängt worden als ebensolche Grünlandnutzungen. Wenngleich der Ökologische Landbau einen kleinen Ausgleich schafft, ist doch die Situation der Ackerbegleitvegetation katastrophal. Von wenigen vorbildlichen Aktivitäten abgesehen, wie seit Langem in Nordrhein-Westfalen (Schumacher 1980) und neuerlich auch in Thüringen (Reisinger et al. 2005), fristen etwa 150–250 betroffene Pflanzenarten ein kümmerliches Dasein. In keiner Formation ist der Anteil der ausgestorbenen Arten so hoch wie hier.

Bekanntlich finden sich die reichhaltigsten und interessantesten Vorkommen von **Ackerwildkräutern** auf kalkhaltigen und sandigen Standorten mit geringem Ertragspotenzial. Dort ist die Aufgabe der Ackernutzung oft eine noch größere Gefahr als ihre Intensivierung, insbesondere der Herbizideinsatz. In einem vierjährigen, vom Bundesministerium für Bildung und Forschung geförderten Projekt wurden die Kosten eines relativ großflächigen Extensiv-Winterroggenanbaus auf leichtem Boden in Vorpommern untersucht. Weil das Diasporenpotenzial auf dem Standort noch intakt war, stellte sich die standorttypische Sandmohn-Gesellschaft (Papaveretum argemone) mit der Extensivierung augenblicklich wieder ein. Die ökonomischen Ergebnisse finden sich in der Tabelle 16-2. Ein Vergleich mit der Tabelle 16-1 zeigt, dass der Extensiv-Acker (hier ist die Bezeichnung korrekt) ein wesentlich billigerer Naturschutzbiotop ist als die Schafweide oder ähnliche Betriebsformen, weil die hohen Tierbetreuungskosten wegfallen. Selbstverständlich werden andere Arten geschützt. Auf Standorten, die eine Intensivierung zulassen, wird der Extensiv-Acker seit dem außerordentlichen Anstieg der Getreidepreise im Jahre

Tab. 16-2: Kosten des naturschutzförderlichen extensiven Roggenanbaus auf ertragsschwachem Standort in Vorpommern, in Euro pro ha und Jahr.

	extensiver Anbau mit Wildkräuterförderung[c)]	integrierter Standardanbau[d)]
Markterlös	142,37	609,00
variable Kosten[a)]	101,85	335,95
Arbeitskosten	44,00	65,23
Fixkosten[b)]	140,94	154,27
Gesamtkosten	286,79	555,45
Verfahrensleistung	**−144,42**	**53,33**

Nur den Verfahren zurechenbare Kosten, ohne Gemein- und Flächennutzungskosten, ohne Förderungen.
[a)] Kosten für Saatgut, Dünger, ggf. Pflanzenschutz, variable Maschinenkosten und Sonstiges
[b)] überwiegend fixe Maschinenkosten
[c)] Mittelwert aus zwei Jahren (2002–2003)
[d)] Mittelwert aus drei Jahren (2001–2003)
(Quelle: Hampicke et al. 2004, vgl. auch Hampicke et al. 2005.)

2007 allerdings durch wesentlich höhere Opportunitätskosten als in Tabelle 16-2 ausgewiesen belastet.

Es ist vorzuschlagen, in Gebieten ausgedehnter **Kalkmagerrasen** (Schwäbische Alb, Fränkische Alb, Muschelkalklandschaften u. a.) verstärkt Kalkscherbenäcker wieder anzulegen und durch örtliche Landwirte naturschutzgerecht bewirtschaften zu lassen. Kosten und Förderbedarf mögen bei kleinteiliger Struktur und entsprechender Maschinerie die im hocheffizienten Vorpommern übersteigen, dennoch werden sie unter denen der Schafweide liegen. Infrage kommen kleine, randliche und für die Herden schwer erreichbare Flächen, die gegenwärtig ohnehin unzureichend beweidet werden und der Gehölzinvasion unterliegen. Je weiter diese schon vorangeschritten ist, umso höher sind freilich die Kosten der Erstinstandsetzung, die sich auf mehrere Tausend Euro pro ha belaufen können.

16.4.2 Verzicht auf Holznutzung in Wäldern

Es ist unstrittig, dass auch der Erhalt des meist von der **Rotbuche** (*Fagus sylvatica*) dominierten **Laubwaldes** zur weltweiten Verantwortung Mitteleuropas im Naturschutz gehört (Natur und Landschaft 2007). Deutschland kommt dieser Verantwortung in Gestalt umfangreicher natur-

nah bewirtschafteter Wälder besonders in Thüringen, Hessen und Rheinland-Pfalz zwar nach. Obwohl diese Wälder mit in der Regel 120–140 Jahren ein bedeutend höheres Alter erreichen als die meisten Nutzforsten der Welt, wird jedoch auch mit ihnen die natürliche Waldgesellschaft nur teilweise und naturschutzfachlich unzureichend erhalten, weil höhere Altersklassen und Zerfallsstadien fehlen (Kapitel 6). Ein Mindestbestand gar nicht genutzter Wälder mit Zerfallsstadien ist also unabdingbar. Dabei stellt sich die Frage nach dessen Kosten. Diese bestehen zum geringsten Teil in Aufwendungen und zum größten in den Opportunitätskosten des Nutzungsverzichts.

Die **Forstökonomie** gehört zu den theoretisch anspruchsvollsten Richtungen der Wirtschaftswissenschaft, weil der Faktor „Zeit" von außerordentlichem Einfluss ist (vgl. Bergen et al. 2002). Damit wirkt sich die eingangs dieses Beitrags erwähnte Zinsdynamik so aus, dass sie langfristig alle anderen Einflussgrößen in den Schatten stellt. Im Kasten 16-4 findet der Leser hierzu eine Illustration. Wird in 100 Jahren ein Buchenbestand im Wert von dann € 25 000 geerntet, so ist diese Ernte heute nur etwa € 1 300 wert. Die Logik ist klar: Man könnte heute etwa € 1 300 zu 3 % Zinsen anlegen und würde in 100 Jahren € 25 000 zurückerhalten. Analog wie die im Kasten 16-4 behandelte Endnutzung müssen auch Erlöse aus Zwischennutzungen sowie alle laufenden und periodischen Kosten diskontiert werden.

16

Kasten 16-4
Forstökonomie und Zins

Der „erntekostenfreie Abtriebswert" eines Hektars 140-jährigen Buchenbestandes ist der Verkaufswert des Holzes abzüglich der Erntekosten. Er betrage € 25 000. Die Tabelle gibt den „auf heute" abdiskontierten Barwert des in x Jahren geernteten Bestandes bei einem Zinssatz von 3 % pro Jahr an. Er errechnet sich nach 25 000 / 1,03^x.

Ernte in x Jahren	Barwert (€)
0 („heute")	25 000
20	13 842
40	7 664
60	4 243
80	2 349
100	1 301
120	720
140	399

Wird entschieden, dass ein hiebreifer Buchenbestand nicht geerntet wird, sondern für unbeschränkte Zeit erhalten bleibt, um nach vielen weiteren Jahrzehnten in die Zerfallsphase überzugehen, dann dem Heer der Holzzersetzer Lebensraum zu geben und schließlich erneut heranzuwachsen, so ist der Verzicht auf den erntekostenfreien Abtriebswert in vollem Umfang als Kosten der Renaturierung zu verbuchen. Bei sehr hochwertigem Holz, etwa Eichen mit Furnierqualität, kann der Betrag auch doppelt so hoch wie im Kasten 16-4 angenommen sein. Wird nun davon ausgegangen, dass ein entwicklungswürdiger Bestand einen Flächenumfang von mehreren Hundert Hektaren haben sollte, so erscheinen die Kosten der Renaturierung zunächst außerordentlich hoch.

Hier ist jedoch zu beachten, dass die so erhaltene Summe eine Einmalzahlung darstellt. Die Kosten des Ernteverzichts pro Jahr errechnen sich durch Transformation der Einmalzahlung in eine Unendliche Rente wie im Kasten 16-1 (Ziffer 1). Bei einem Zinssatz von 3 % pro Jahr entspricht die Einmalzahlung von € 25 000 einer jährlichen Zahlung von € 750. Das liegt im Bereich der im voranstehenden Abschnitt gezeigten Summen, die die Gesellschaft in genutzten Offenlandbiotopen als Verfahrensdefizit bzw. Förderung zu akzeptieren bereit ist. Notwendige Verfeinerungen dieser Rechnung, betreffend den Einbezug von Zwischennutzungen, die laufenden und periodischen Kosten und anderes mehr, ändern nichts an der Größenordnung des Ergebnisses.

Die interessanten Fragen tauchen auf, wenn Wälder unter Schutz und damit Nutzungsverzicht gestellt werden, die noch nicht hiebreif sind. Entsprechend dem Kasten 16-4 ist die finanzmathematische Beurteilung klar: Wird ein Buchenwald heute aus der Nutzung genommen, der in 40 Jahren hiebreif ist und dann einen erntekostenfreien Erlös von € 25 000 verspricht, so betragen die Kosten des Nutzungsverzichts heute nur € 7 664 oder mit 3 % pro Jahr verrentet € 230 pro Jahr. Damit besteht ein in der Öffentlichkeit und auch in Naturschutz-Fachkreisen häufig übersehenes Problem: Naturschützer sehen lieber alte als junge Wälder aus der Nutzung genommen, der Ökonom muss sie aber darüber aufklären, dass die Renaturierung umso teurer wird, je näher der betreffende Wald der Hiebreife ist. Wird nun angenommen, dass der naturschutzfachliche Wert eines zerfallenden Buchenbestandes erst im Alter von rund 250 Jahren kulminiert, dann relativiert sich manches. Bei einem hiebreifen Bestand muss auf dieses Stadium 100 bis 130 Jahre gewartet werden, bei einem Bestand, der 40 Jahre vor der Hiebreife liegt, 140 bis 170 Jahre. Im letzteren Fall, der nur unwesentlich größere „Geduld" erfordert, liegen die Kosten des Ernteverzichts bei weniger als einem Drittel des hiebreifen Bestandes.

In der Praxis werden die geschilderten Fälle in Deutschland nicht, wie erstmals in der berühmten Arbeit von Faustmann (1849), exaktfinanzmathematisch behandelt, sondern mittels rechentechnisch einfacherer Konventionen, die vom Bundesministerium der Finanzen erlassen und in den Bundesländern teils modifiziert werden. Dabei wird im Prinzip ebenfalls eine Abdiskontierung künftiger Erlöse vorgenommen, allerdings ohne den angenommenen Zinssatz explizit zu machen. Eine ausführliche Darstellung und Kritik dieser **Waldwertermittlungsrichtlinien** (WaldR 2000, vgl. auch Haub und Weimann 2000) findet sich bei Moog (2003).

16.4.3 Bachentrohrung in Vorpommern

Im Kapitel 4 dieses Buches werden **Fließgewässer** und deren Renaturierung behandelt. Hier treten komplexe ökonomische Fragen auf, vor allem deshalb, weil auch nicht renaturierte, d. h. technisch gestaltete Fließgewässer Kosten hervorrufen. Dies sei im Folgenden an einem recht extremen Beispiel gezeigt, welches von Krämer (2005/2006) ausführlich untersucht wurde.

In der Ackerlandschaft Vorpommerns wurden im Zuge der **Großmeliorationen** zur DDR-Zeit kleine Fließgewässer verrohrt und unter die Erde gelegt. So sieht man in weiten Landstrichen keine Bäche, dafür aber lange Reihen von Gullydeckeln, die an Straßenrändern oder auch mitten auf Feldern auffallen (Farbtafel 16-2). Die Maßnahmen wurden durchgeführt, um sehr große zusammenhängende Ackerflächen zu erhalten und den Flächenbedarf der Bäche zu tilgen. Zusätzlich konnte Vorflut für zuvor abflusslose und damit vernässte Flächen geschaffen werden.

Fließgewässer in Form verrohrter Bäche sind mit den Anforderungen der **Wasserrahmenrichtlinie** (WRRL) der EU im Prinzip unvereinbar, wenn das Regelwerk auch Schlupflöcher vorsieht. Der Naturschützer kann diese stärkste Form der hydromorphologischen Beeinträchtigung nicht akzeptieren, besonders weil das Kleingewässernetz in der teils sehr eintönigen Ackerlandschaft Vorpommerns ein wichtiges strukturierendes Element ist bzw. sein könnte. Weiterer Handlungsbedarf ergibt sich daraus, dass die in den 1970er-Jahren durchgeführten Verrohrungen nunmehr verschleißen und ständige Reparaturen zur Behebung von Vernässungen erfordern. Technisch besteht die Wahl, entweder die Rohre zu erneuern oder die Fließgewässer wieder zu öffnen. Dabei kann wiederum zwischen Gräben und

renaturierten Bächen gewählt werden. Die WRRL favorisiert unmissverständlich das Letztere. Erwähnenswert ist, dass derzeit (2007) für keine der Alternativen finanzielle Mittel verfügbar sind, wohl aber für Reparaturen.

In Mecklenburg-Vorpommern sind 5 628 km Gewässer oder 14 % des Gewässernetzes verrohrt (diese und alle folgenden Angaben aus Krämer 2005/2006). Die Autorin wählte als Untersuchungsgebiet das Teileinzugsgebiet „Untere Peene" mit einer Fläche von 1 045 km². Die landwirtschaftliche Nutzfläche umfasst dort 83 %, der Ackerbau 66 % der Gesamtfläche, dazu kommen 18 % Grünland und 10 % Wald.

Im Untersuchungsgebiet befinden sich Fließgewässer mit einer Gesamtlänge von 1 754 km. Solche mit einem Einzugsgebiet von je mindestens 10 km² besitzen eine Länge von 504 km (29 %). Von den deutschen Behörden werden nur die letzteren als WRRL-relevant angesehen, was freilich nicht unumstritten ist. Gleichwohl beschränkt sich die Autorin auf diese. Mit Ausnahme der Peene (68 km) handelt es sich bei allen Fließgewässern um Bäche. Der verrohrte Anteil aller Fließgewässer beträgt 280 km oder fast 16 %. Unter ihnen befinden sich 46 verrohrte Abschnitte von „WRRL-relevanten" Fließgewässern mit einer Gesamtlänge von 37,6 km.

In minutiöser Arbeit erhob die Autorin sämtliche Abschnitte, die in landwirtschaftlich genutzten Flächen liegen, und führte sie einer Szenarienrechnung zu. Sie berechnete vergleichend die Kosten einer kompletten Neuverrohrung (obwohl nicht WRRL-konform), einer Umwandlung in offene Gräben und einer Renaturierung in Bäche. Bei diesen Szenarien mussten realistische Annahmen getroffen werden. Die wichtigste war, dass eine Sohlhöhenveränderung nicht zu erwägen war, da insbesondere Anhebungen großflächige hydrologische Veränderungen und entsprechende Konflikte mit der Landwirtschaft hervorgerufen hätten. Die derzeitigen **Verrohrungen** liegen bis zu 5 m tief; für die Berechnungen wurde eine durchschnittliche Tiefe von 2 m angenommen. Auf der Ebene der Landschaft betrachtet, beinhalten die Szenarien somit nur eine eingeschränkte Renaturierung, gleichwohl im Falle der Bäche eine durchgreifende Hebung der Gewässerqualität.

Für die **Gräben** wurde eine Sohlbreite von 1 m, eine Breite des Einschnitts an der Oberkante von

Tab. 16-3: Kostenbarwerte und jährliche Kosten der Gewässerrenaturierung im Projektgebiet Untere Peene (nach Krämer 2005/2006). Angaben in Euro (Barwert) bzw. Euro pro Jahr (jährliche Kosten); in Klammern Kosten pro Meter.

| | Barwerte | | | jährliche Kosten | | |
	Rohr	Graben	Bach	Rohr	Graben	Bach
Investitionen	7 899 570 (210,00)	4 541 445 (120,73)	5 781 546 (153,70)	277 637 (7,38)	136 243 (3,62)	173 446 (4,61)
Reinvestitionen	1 156 602 (30,75)	0	0	40 650 (1,08)	0	0
Unterhalt	0	500 856 (13,31)	0	0	15 026 (0,40)	0
Einkommensverlust der Landwirtschaft	0	466 314 (12,40)	276 448 (7,35)	0	13 989 (0,37)	8 293 (0,22)
Gesamtkosten	**9 056 172 (240,75)**	**5 508 615 (146,44)**	**6 057 994 (161,05)**	**318 287 (8,46)**	**165 258 (4,39)**	**181 739 (4,83)**

7 m und gemäß bestehender Rechtslage beidseitig ein Uferschutzstreifen von je 7 m mit eingeschränkter Nutzung unterstellt. Dem Bach wird eine Sohlbreite von 4 m eingeräumt, worin er frei mäandrieren kann. Die flacheren Böschungen erzeugen eine Breite des Einschnitts an der Oberfläche von 14 m, der beidseitig durch einen Randstreifen von je 2 m flankiert ist. Ökologische und technische Einzelheiten, etwa bezüglich der zu erwartenden Geschiebedynamik der **Bäche**, werden von der Autorin ausführlich und differenziert behandelt; der Leser muss an sie verwiesen werden.

Die Kosten der Maßnahmen gliedern sich in Planungs-, Investitions-, Reinvestitions- und Unterhaltskosten, hinzu kommen Einkommensverluste der Landwirtschaft. Hinsichtlich der Planungs- und Investitionskosten orientierte sich die Autorin an gesicherten Erfahrungen von Ingenieurbüros. Reinvestitionskosten treten nur bei der Verrohrung auf, welche regelmäßig erneuert werden muss. Unterhaltskosten wurden allein für die Pflege der Gräben und Grabenböschungen kalkuliert; bei den Bächen wurde eine Selbstetablierung von Erlen mit folgender Beschattung unterstellt. Einkommensverluste der Landwirtschaft resultieren aus dem Flächenbedarf der offenen Gewässer sowie der eingeschränkten Nutzungsintensität der Graben-Randstreifen. Im Gelände wurde geprüft, dass die Umwandlung der 46 untersuchten Abschnitte in offene Gewässer über den erfassten Flächenanspruch hinaus

kaum Erschwernisse der Landbewirtschaftung hervorrufen würde, weil Form und Größe der Flurstücke auch dann noch meist betriebswirtschaftlich optimal blieben. In Ausnahmefällen wurden Erschwernisse in die Berechnungen einbezogen.

Die Tabelle 16-3 fasst die Ergebnisse der Kostenberechnung zusammen. Es steht außer Zweifel, dass in allen drei Szenarien die Investitionskosten die weitaus größte Bedeutung besitzen; Unterhaltskosten bei Gräben und Einkommensverluste der Landwirtschaft treten stark zurück. Die Einkommensverluste der Landwirtschaft sind durch das Regime der Agrarförderung mitbestimmt; hieraus resultiert auch der zunächst unplausible Umstand, dass sie im Szenario Graben höher sind als im Szenario Bach. Die Autorin weicht an dieser Stelle vom Prinzip der Kosten-Nutzen-Analyse ab, volkswirtschaftliche Kosten zu Effizienzpreisen zu betrachten (vgl. Abschnitt 16.3), was jedoch für das Gesamtbild unwesentlich ist.

Entscheidend sind zwei Ergebnisse: Zum einen ist der Fortbestand der Verrohrung klar die teuerste Variante. Damit ist sie nicht nur landschaftsökologisch, sondern auch ökonomisch abzulehnen; ein Ersatz der in Verschleiß befindlichen Rohre ist nicht zu rechtfertigen. Zweitens wird deutlich, dass der Ersatz der Verrohrungen durch offene Gräben zwar die kostengünstigste Lösung ist, sich die Mehrkosten der zu favorisierenden Bäche jedoch in Grenzen halten, sie betra-

16

gen nur etwa 10 %. Daraus ergibt sich die eindeutige Empfehlung, die verrohrten Fließgewässer schrittweise zu Bächen zu renaturieren.

16.5 Fazit

Als Fazit unseres kurzen Streifzugs durch die Ökonomik der Renaturierung darf vielleicht Folgendes festgehalten werden. Auf methodischem Gebiet kann jedem Akteur, der nicht ökonomisch versiert ist, nur geraten werden, alle ihm zugetragenen Kostenangaben mit kritischem Blick aufzunehmen. Es ist in der Öffentlichkeit nicht unbekannt, dass es bei jeder Projektevaluation sehr darauf ankommt, „wie" gerechnet wird. Dass durch Variation oder Manipulation von Annahmen jedes beliebige Ergebnis zugunsten oder zuungunsten eines Projekts erzielbar ist, wie oft mit gewisser Resignation behauptet wird, dürfte freilich für den, der über methodischen „Durchblick" verfügt, eine Übertreibung sein. Die einfachen Grundlagen der Finanzmathematik sind unbestechlich, man muss jedoch mit ihnen umgehen können. Auf den zuweilen großen Unterschied zwischen einer Finanzierungsrechnung und einer tiefer schürfenden Kosten-Nutzen-Analyse auf der Basis von Effizienzpreisen ist oben eingegangen worden, leider findet das zweite Instrument in Politik und Öffentlichkeit weniger Gehör, als ihm zukäme.

Die diskutierten Fallstudien stellen eine winzige Stichprobe aus der großen Fülle praktischer Fragestellungen dar. Trotzdem erlauben sie einige Schlüsse. Wie überhaupt im Naturschutz, zeichnet sich auch bei ihnen ab, dass Renaturierungsvorhaben für den einzelnen Akteur teuer sein können – so teuer, dass er ohne Hilfe vor ihnen kapitulieren muss. Kein Schäfer ist in der Lage, einen Kalkmagerrasen aus eigenen Kräften und ohne öffentliche Hilfe zu pflegen. Dies zeigt die große Bedeutung einer gerechten und akzeptierten **Kostenverteilung** innerhalb der Gesellschaft. Wenige weiterführende Gedankenschritte würden zeigen, dass die Kosten – so hoch sie für den einzelnen Akteur sind – auf gesamtwirtschaftlicher Ebene auf eine sehr bescheidene Größe zusammenschrumpfen, wenn man sie mit den Lasten auf den Gebieten der Beschäftigung, der Alterssicherung und Gesundheitsfinanzierung

vergleicht, unter denen die Gesellschaft tatsächlich ächzt (Hampicke 2005).

Jede der drei ausgewählten Fallstudien erzählt eine eigene Geschichte: Die traditionelle mitteleuropäische Kulturlandschaft in ihren Facetten entstand in Jahrhunderten, während derer die Produkte der Landschaft relativ teuer und die Arbeitskraft relativ billig waren. Unser Problem besteht darin, dass es heute umgekehrt ist. Diese Landschaft wird es heute nur geben, wenn Mittel in sie geleitet werden, weil sie politisch explizit gewünscht wird, in Analogie zu historisch-ästhetisch ansprechenden urbanen Umwelten. Beim Wald handelt es sich schlicht darum, dass die Menschheit nicht alles ohne Ausnahme nutzen sollte, was ihr die Natur anbietet. Sie muss einen gewissen Verzicht leisten, einen Teil des anwachsenden Holzes den Destruenten „schenken" und die Opportunitätskosten dafür tragen. Das Beispiel der verrohrten Bäche ist wiederum deshalb so instruktiv, weil es zeigt, dass nicht zu wenig, sondern auch zu viel Geld ein Problem für die Natur darstellen kann. Es darf getrost behauptet werden, dass im Wasserbau bis in seine größten Dimensionen (Laufwasserkraftwerke, Kanalbauten) mit sehr viel Geld sehr viel „entnaturiert" wurde, ohne Kosten und Nutzen korrekt zu vergleichen. Zur Strafe muss dann bei der Renaturierung nochmals in die Tasche (des Steuerzahlers) gegriffen werden.

Danksagung

Inga Krämer sei herzlich für ihre Einwilligung zur ausführlichen Wiedergabe ihrer Diplomarbeit im Abschnitt 16.4.3 gedankt.

Literaturverzeichnis

Asafu-Adjaye J (2000) Environmental economics for non-economists. World Scientific, Singapore

Bateman IJ, Willis KG (1999) Valuing environmental preferences. Oxford University Press, Oxford, New York

Beckenbach F, Hampicke U, Leipert C, Meran G, Minsch J, Nutzinger HG, Pfriem R, Weimann J, Wirl F, Witt U (Hrsg) (2001) Ökonomische Naturbewertung. Jahrbuch Ökologische Ökonomik, Band 2. Metropolis, Marburg

16

Bergen V, Löwenstein W, Olschewski R (2002) Forstökonomie. Vahlen, München

Bowers JK, Cheshire P (1983) Agriculture, the country-
side and land use. Methuen, London, New York

Brandes W, Odening M (1992) Investition, Finanzierung
und Wachstum in der Landwirtschaft. Ulmer, Stuttgart

Briemle G, Eickhoff D, Wolf R (1991) Mindestpflege und
Mindestnutzung unterschiedlicher Grünlandtypen
aus landschaftsökologischer und landeskultureller
Sicht. *Beiheft zu den Veröffentlichungen der Landes-
stelle für Naturschutz und Landschaftspflege Baden-
Württemberg* 60

Dabbert S, Braun J (2006) Landwirtschaftliche Betriebs-
lehre. Grundwissen Bachelor. UTB 2792. Ulmer,
Stuttgart

Dierschke H, Briemle G (2002) Kulturgrasland. Ulmer,
Stuttgart

Elsasser P, Meyerhoff J (Hrsg) (2001) Ökonomische
Bewertung von Umweltgütern. Metropolis, Marburg

Endres A, Holm-Müller K (1998) Die Bewertung von
Umweltschäden. Kohlhammer, Stuttgart

Endres A, Martiensen J (2007) Mikroökonomik. Kohlhammer, Stuttgart

Faustmann M (1849) Berechnung des Werthes, welchen Waldboden, sowie noch nicht haubare Holzbe-
stände für die Waldwirthschaft besitzen. *Allgemeine
Forst- und Jagd-Zeitung* 25: 441–455

Gowdy J, O'Hara S (1995) Economic theory for envi-
ronmentalists. St. Lucie Press, Delray Beach

Hampicke U (1998) Ökonomische Bewertungsgrundla-
gen und die Grenzen einer „Monetarisierung" der
Natur. In: Theobald W (Hrsg) Integrative Umweltbewertung. Springer, Berlin Heidelberg. 95–117

Hampicke U (2003) Die monetäre Bewertung von Naturgütern zwischen ökonomischer Theorie und politischer Umsetzung. *Agrarwirtschaft* 52: 408–418

Hampicke U (2005) Naturschutzpolitik. In: Hansjürgens
B, Wätzold F (Hrsg) Umweltpolitik und umweltöko-
nomische Politikberatung in Deutschland. *Zeitschrift für Angewandte Umweltforschung*, Sonderheft 15: 162–177

Hampicke U, Roth D (2000) Costs of land use for conservation in Central Europe and future agricultural
policy. *International Journal of Agricultural Resources, Governance and Ecology* 1: 95–108

Hampicke U, Holzhausen J, Litterski B, Wichtmann W
(2004) Kosten des Naturschutzes in offenen Ackerlandschaften Nordost-Deutschlands. *Berichte über
Landwirtschaft* 81: 225–254

Hampicke U, Litterski B, Wichtmann W (Hrsg) (2005)
Ackerlandschaften. Nachhaltigkeit und Naturschutz
auf ertragsschwachen Standorten. Springer, Berlin,
Heidelberg

Haub H, Weimann H-J (2000) Neue Alterswertfaktoren
der Bewertungsrichtlinien. *Allgemeine Forst-Zeit-
schrift/Der Wald* 22: 1194–1198

Kaphengst T, Prochnow A, Hampicke U (2005) Ökonomische Analyse der Rinderhaltung in halboffenen
Weidelandschaften. *Naturschutz und Landschaftsplanung* 37: 369–375

Karkow K, Gronemann S (2005) Akzeptanz und Zah-
lungsbereitschaft bei den Besuchern der Ackerland-
schaft. In: Hampicke U, Litterski B, Wichtmann W
(Hrsg) Ackerlandschaften. Nachhaltigkeit und
Naturschutz auf ertragsschwachen Standorten.
Springer, Berlin, Heidelberg. 115–128

Krämer I (2005/2006) Verrohrte Fließgewässer bei der
Umsetzung der EU-Wasserrahmenrichtlinie – mögliche Lösungen und deren ökonomische Auswirkungen im Peeneeinzugsgebiet. Diplomarbeit Studien-
gang Landschaftsökologie und Naturschutz,
Universität Greifswald 2005. Norderstedt 2006
(Books on Demand, hrsgg. von der Edmund-Sie-
mers-Stiftung)

LVLF (Landesamt für Verbraucherschutz, Landwirtschaft und Flurneuordnung des Landes Brandenburg) (2005) Datensammlung für die Betriebspla-
nung und die betriebswirtschaftliche Bewertung
landwirtschaftlicher Produktionsverfahren im Land
Brandenburg. 4. Aufl. Frankfurt/O.

Marggraf R, Bräuer I, Fischer A, Menzel S, Stratmann U,
Suhr A (2005) Ökonomische Bewertung bei umwelt-
relevanten Entscheidungen. Metropolis, Marburg

Meyerhoff J, Lienhoop N, Elsasser P (Hrsg) (2007) Sta-
ted preferences in Germany and Austria. Metropolis, Marburg

Moog M (2003) Waldbewertung. In: Konold W, Böcker
R, Hampicke U (Hrsg) Handbuch Naturschutz und
Landschaftspflege. Loseblattsammlung, Landsberg,
9. Ergänzungslieferung, Kapitel VIII-7.4

Natur und Landschaft (2007) Schwerpunktheft Buchenwälder. Jahrgang 82 (9/10)

Oppermann R, Gujer HU (Hrsg) (2003) Artenreiches
Grünland bewerten und fördern. MEKA und ÖQV in
der Praxis. Ulmer, Stuttgart

Reisinger E, Pusch J, van Elsen T (2005) Schutz der
Ackerwildkräuter in Thüringen – eine Erfolgsge-
schichte des Naturschutzes. *Landschaftspflege und
Naturschutz in Thüringen* 42: 130–136 (Sonderheft
„Vertragsnaturschutz in Thüringen")

Roth D, Berger W (1999) Kosten der Landschaftspflege
im Agrarraum. In: Konold W, Böcker R, Hampicke U
(Hrsg) Handbuch Naturschutz und Landschaftspflege. Loseblattsammlung, Landsberg, Kapitel
VIII-6

Rühs M, Hampicke U, Schlauderer R (2005) Die Ökonomie tiergebundener Verfahren der Offenhaltung.
Naturschutz und Landschaftsplanung 37: 325–335

Scherfose V (2002) Naturschutzgroßprojekte und
Gewässerrandstreifenprogramm des Bundes. In:
Konold W, Böcker R, Hampicke U (Hrsg) Handbuch
Naturschutz und Landschaftspflege. Loseblatt-

sammlung, Landsberg, 8. Ergänzungslieferung, Kapitel XI-3.3

Schumacher W (1980) Schutz und Erhaltung gefährdeter Ackerwildkräuter durch Integration von landwirtschaftlicher Nutzung und Naturschutz. *Natur und Landschaft* 55: 447–453

Schumacher W (2007) Bilanz – 20 Jahre Vertragsnaturschutz. Vom Pilotprojekt zum Kulturlandschaftsprogramm NRW. *Naturschutz-Mitteilungen* 1/07: 21–28

Tampe K, Hampicke U (1995) Ökonomik der Erhaltung bzw. Restitution der Kalkmagerrasen und des mageren Wirtschaftsgrünlandes durch naturschutzkonforme Nutzung. In: Beinlich B, Plachter H (Hrsg)

Schutz und Entwicklung der Kalkmagerrasen der Schwäbischen Alb. *Beiheft zu den Veröffentlichungen der Landesstelle für Naturschutz und Landschaftspflege Baden-Württemberg* 83: 361–389

WaldR (Waldwertermittlungsrichtlinien) (2000) Bekanntmachung der Richtlinien für die Ermittlung und Prüfung des Verkehrswerts von Waldflächen und für Nebenentschädigungen. *Bundesanzeiger* 52, Nr. 168a vom 6.9.2000: 10 S.

Weise P, Brandes W, Eger T, Kraft M (2005) Neue Mikroökonomie. 5. Aufl. Physica, Heidelberg

Wöhe G, Döring U (2000) Einführung in die allgemeine Betriebswirtschaftslehre. Vahlen, München

16

17 Akteure in der Renaturierung

G. Wiegleb und V. Lüderitz

17.1 Einleitung

Dieses Kapitel behandelt die Bedeutung von Akteuren in Renaturierungsprojekten. Renaturierung ist die absichtliche Veränderung der Umwelt in Richtung auf einen von den Akteuren als „naturnäher" erachteten Zustand (Kapitel 1). Betroffen davon ist nicht nur die Umwelt der Akteure, sondern auch die Umwelt anderer. Daraus ergeben sich sowohl aktive wie passive Bezüge zur Renaturierung. Aktive und passive Rollen sind je nach Ausdehnung, Zeithorizont und Trägerschaft nicht immer trennbar, sodass die Unterscheidung in Akteure und Betroffene nur begrenzte Gültigkeit hat. Methodisch basiert die Untersuchung der Teilhabe an Renaturierung auf Akteurs- und Akzeptanzanalysen (vgl. Segert und Zierke 2004, Newig 2004). Die vorliegenden Ausführungen befassen sich schwerpunktmäßig mit dem Aspekt der Akteursanalyse. Die Frage der Akzeptanz wird kurz angesprochen (Kapitel 15, Umweltethische Aspekte). Anhand der Analyse zweier Fallstudien werden dann einige Schlussfolgerungen gezogen. Die Darstellung soll im Wesentlichen das Feld für zukünftig nötige Forschungsarbeiten strukturieren.

17.2 Akteure in Renaturierungsprojekten

Renaturierung ist von Motiven, Absichten, Interessen, Zielen und Werthaltungen individueller und kollektiver Akteure geprägt, deren Verhalten empirisch beobachtet werden kann. So erfährt man jedoch nichts über die Motive und Interessen. Allerdings können die Motive durch Befragungen ermittelt werden, wobei das Verhalten nicht unbedingt aus den Einstellungen folgen muss. Im Folgenden wird vier Fragen nachgegangen: Welche Arten von Akteuren gibt es? Aus welchen Anlässen werden Akteure aktiv? Welches sind ihre Motivationen und Interessen? Welche Rolle spielen die Akteure in konkreten Renaturierungsprojekten?

17.2.1 Arten von Akteuren

Die Ermittlung und Klassifikation aller Beteiligten ist die Grundlage der **Akteursanalyse**. Vier Arten von Akteuren lassen sich in Renaturierungsprojekten unterscheiden (Schulz und Wiegleb 2000: Tab. 1.4; Segert und Zierke 2004: Tab. 2.5.2):

- **Behördliche Akteure**: Ministerien, Gebietskörperschaften, Körperschaften der Landesplanung, Bergbau-, Forst-, Agrarstruktur- und Naturschutzbehörden, Unterhaltungsverbände.
- **Ehrenamtliche Akteure**: Naturschutzvereine und -verbände, lokale Naturliebhaber, Stiftungen.
- **Wissenschaftler**: forschungsorientierte Wissenschaftler in Modellprojekten, wissenschaftlich ausgebildete Mitarbeiter von Planungsbüros und Verwaltungen.
- **Unternehmer** und **Landbesitzer**: Gebietskörperschaften, Fachverwaltungen (z. B. Forst), Landwirte, Tourismusunternehmer, Bergbauunternehmen, Sanierungsgesellschaften, Planungsbüros, Ingenieurbüros.

Die Zuordnung ist nicht immer eindeutig. Individuelle Akteure können gleichzeitig behördlich, ehrenamtlich oder wissenschaftlich tätig sein. Kollektive Akteure wie Gebietskörperschaften können Planungsträger und Landbesitzer sein.

17

17.2.2 Anlass und Ziel der Renaturierung

Ob der Anlass der Renaturierung die Akteure festlegt oder ob die Akteure die Renaturierung veranlassen, hängt davon ab, inwieweit bestimmte Renaturierungsfelder planungsrechtlich formalisiert sind. Im Falle der Bergbausanierung werden durch das Bundesberggesetz bestimmte Akteure festgelegt. Erst in einer zweiten Planungsphase können weitere Akteure hinzukommen. Auch im Bereich der Gewässerrenaturierung ist durch die verstärkte Anwendung der EG-Wasserrahmenrichtlinie die Ausstattung an Akteuren sowie deren Rolle weitgehend vorgegeben.

Wo sich ein Renaturierungsbedarf oder eine Renaturierungsmöglichkeit durch plötzliche Nutzungsänderungen aufgrund politischer Rahmenbedingungen ergibt (Truppenübungsplätze in Ostdeutschland, Grünes Band an der ehemaligen innerdeutschen Grenze), ist diese Rollenverteilung nicht klar festgelegt. Hier besteht für verschiedene Interessengruppen eher die Möglichkeit, sich selbst zum Akteur zu erklären und seine Interessen von Beginn an geltend zu machen. Auch spielt eine wesentliche Rolle, welche Umweltziele bestimmte Akteure vertreten.

Die konkreten Ziele von Renaturierungsprojekten können vielfältig sein (Tab. 17-1). Renaturierung schließt in der Praxis die Wiedereinbürgerung von Arten ebenso ein wie die Rehabilitation von Ökosystem- und Landschaftstypen durch Eigendynamik, den Erhalt von Sukzessionsstadien ehemals gestörter Gebiete, den Erhalt von Elementen der Kulturlandschaft sowie naturnaher Landschaften und sogar die Neuschaffung von

Ökosystemen im Rahmen von Ausgleichmaßnahmen (Kapitel 1).

17.2.3 Motiv, Interesse und Verpflichtung

Als Grundmotiv der Renaturierung wird häufig die „restitutive Kompensation" (Taylor 1981) bzw. das schlechte Gewissen gegenüber „der Natur" vermutet. Renaturierung als Wiedergutmachung der Sünden der Vergangenheit wird in Form der Wiederherstellung der „Funktionsfähigkeit des Naturhaushalts", von „Ökosystemleistungen und -funktionen" oder des „Naturkapitals" rationalisiert. Diese Vermutung ist empirisch wenig belegt. Was genau die Akteure bewegt, lässt sich nur indirekt aus Programmen und Berichten erschließen. In Wirklichkeit wird meist eine Mischung allgemeiner Werthaltungen vorliegen (Tab. 17-2). Ich-, gesellschafts- und naturbezogene Argumente können unterschieden werden. Nutzenorientierte Motive spielen bei Akteursgruppen wie Anglern oder Forstwirten sicher eine größere Rolle als in der akademischen Diskussion.

Über die in Tabelle 17-2 genannten **Grundmotive** hinaus bestimmen Verpflichtungen, Rechte als Betroffener oder einfach Interesse die Teilnahme an einem konkreten Renaturierungsprojekt. Für viele Behörden erwächst die Verpflichtung der Beteiligung aus einschlägigen Gesetzen und Planungsrichtlinien des Bundes und der Länder (Kasten 17-1). Die Gesetzgebung ist auf die Umweltvorsorge sowie den Ausgleich und die Verminderung von Schädigungen ausgerichtet. Die Entwicklung von ökologischen Systemen im Sinne gesellschaftlich akzeptierter Ziele

Tab. 17-1: Konkrete Ziele aktueller Renaturierungsprojekte mit Beispielen.

Ziel	Projekt	Quelle
Wiedereinbürgerung	Rettungsnetz Wildkatze	BUND Thüringen (2007)
Flussrehabilitation	Lebendige Werra	NABU et al. (2007)
Offenhaltung gestörter Gebiete	Höltigbaum	Verein Jordsand (2007)
Kulturlandschaft	Heideprojekt Münchner Norden	Wiesinger et al. (2003)
Flusslandschaft	Untere Havel-Projekt	NABU (2007)
Ausgleichmaßnahme	Spreeauenprojekt Vattenfall	Vattenfall Europe Mining AG (2007)

Tab. 17-2: Begründung von Renaturierungsmaßnahmen.

Reichweite	Begründungstyp	Argumente
ichbezogene Argumente	verantwortungsethisch	Stewardship, Verpflichtung bzw. Verantwortung für die Natur
	eudämonistisch	Selbstverwirklichung, Das gute Leben
gesellschaftsbezogene Argumente	kulturell	Teilhabe an kulturellen und sozialen Prozessen
	utilitaristisch	direkte Nutzwerte, Vorsorge für zukünftige Generationen (Optionswerte)
	rechtlich	Renaturierungsgebot
naturbezogene Argumente	naturalistisch-ökologistisch	Ökosystemfunktionen und -leistungen erhalten
	deontologisch-extensionalistisch	intrinsische Werte, Eigenrechte der Natur, Wiedergutmachung

des Naturschutzes und der Landschaftsplanung sollen gelenkt, beschleunigt bzw. zielgerichtet herbeigeführt werden. Den Behörden obliegt also in erster Linie die pflichtgemäße Umsetzung von Rechtsnormen.

Inwieweit Personen bereit sind, sich in „offene" Vorhaben einzubringen, hängt von verschiedenen Faktoren ab. Bei größeren Projekten haben Eigentümer und Nutzer, d.h. Interessenvertreter, wie auch Naturschutzverbände ein Mitwirkungsrecht. Dies gilt sowohl bei der Braunkohlentagebausanierung wie der Einzugsgebietssanierung größerer Flüsse. Mitwirkungsrechte leiten sich vielfach aus der einschlägigen Umweltgesetzgebung ab (UVP-Gesetz, Bundesnaturschutzgesetz, Bundesberggesetz, Wasserhaushaltsgesetz).

Darüber hinaus bestimmen konkrete Interessen von Betroffenen die Teilhabe. Betroffene setzen sich für die Verbesserung der eigenen Lebensumwelt ein, sie streben soziale Kontakte an, haben Freude an der Natur bzw. Spaß an Kontakten mit

der Natur, sind vom Verantwortungs-, Mitwelt- und Stewardshipgedanken (Kapitel 15) geprägt oder sehen in der Teilhabe die Erfüllung eines Lebenswerkes (Anders und Fischer 2007b). Weitere Motive, die insbesondere für die spätere Akzeptanz der Maßnahme von Bedeutung sind, können sein:

- persönliches Verhältnis zur Landschaft, insbesondere zur Landschaft vor einem Eingriff (Serbser 2000, Anders und Fischer 2007a, b);
- Möglichkeit des Betretens der neu entstehenden Landschaften („Kolonisierung", Anders und Fischer 2007b);
- persönliche Kommunikation mit Bekannten, Mitwirkungsmöglichkeiten, Informationsmöglichkeiten über das Projekt (Stierand 2000, Segert und Zierke 2004, Gailing et al. 2007);
- Präferenzen und Werthaltungen in Bezug auf die Natur oder bestimmte Ökosystemtypen (McIsaac und Brün 1999, Swart et al. 2001);
- erwartete Nutzenstiftung des neu Entstehenden (Arbogast et al. 2000, Walker et al. 2007).

Kasten 17-1
§ 2, Abs. 1 (7) BNatSchG

Beim Aufsuchen und bei der Gewinnung von Bodenschätzen, bei Abgrabungen und Aufschüttungen sind dauernde Schäden des Naturhaushalts und Zerstörungen wertvoller Landschaftsteile zu vermeiden. Unvermeidbare Beeinträchtigungen von Natur und Landschaft sind insbesondere durch Förderung natürlicher Sukzession, Renaturierung, naturnahe Gestaltung, Wiedernutzbarmachung oder Rekultivierung auszugleichen oder zu mindern.

Daneben können unmittelbare finanzielle Interessen mitbestimmend sein. Dies gilt für Planungs- und Ingenieurbüros ebenso wie für Wissenschaftler, die in großen Modellprojekten mitarbeiten, sowie auch für Naturschutzverbände. Sowohl Renaturierungsforschung wie Naturschutz durch Renaturierung müssen finanziert werden. Für den Wissenschaftler kann sich dabei eine Einschränkung ergeben, wenn das Renaturierungsprojekt nur eine „wissenschaftliche Begleitung" (Monitoring) ermöglicht und keine eigenständige wissenschaftliche Fragestellung im Mittelpunkt steht.

17.2.4 Konkrete Durchführung von Projekten

Unterschiedliche Modelle von Renaturierungsprojekten sind in Tabelle 17-3 dargestellt. Fast alle in Abschnitt 17.2.1 genannten Akteurstypen können dominant auftreten. Hierbei sind zwei Aspekte hervorzuheben:

1. **Maßnahmenträger** können staatliche Instanzen, Verbände oder sogar Privatpersonen sein. Im Falle des Niedersächsischen Fließgewässerprogramms waren die für die Gewässerpflege zuständigen Unterhaltungsverbände in 60 %, die Kommunen in 20 % sowie das Land und die Umweltverbände in jeweils 10 % der Fälle federführend. Die Trägerschaft liegt eher auf der unteren Verwaltungsebene, was die Akzeptanz erleichtert (Bürgernähe). Im Falle der Braunkohlentagebausanierung und anderer

Großprojekte ist das nicht so; diese entsprechen dem technokratischen Ansatz von Clewell und Aronson (2006).

2. Die **konkrete Durchführung** von Renaturierungsmaßnahmen liegt in Mitteleuropa in der Regel in den Händen von Landschaftsarchitekten (terrestrische Ökosysteme) oder Wasserbauingenieuren bzw. Ingenieurökologen (aquatische Ökosysteme und Feuchtgebiete).

Die Leitungs- wie die Durchführungsebene sind sowohl auf Behörden- wie Verbandsebene in der Regel expertengeprägt. Welche Bedeutung verbleibt dann den Akteuren, die nicht von Amts wegen verpflichtet sind, an der Renaturierung mitzuwirken, bzw. ihres Fachwissens wegen hinzugezogen werden? Akteure, die freiwillig mitwirken (das idealistische Modell im Sinne von Clewell und Aronson 2006), werden beim Anschub von Projekten (insbesondere kleinräumigen, kurzfristigen Maßnahmen), bei der Durchführung von Projekten und auch bei der Erfolgskontrolle eine Rolle spielen. Dieser Punkt ist jedoch wenig untersucht.

17.3 Zur Akzeptanz von Renaturierungsprojekten

Renaturierung ist insofern „akzeptiert", als unzählige Renaturierungsprojekte durchgeführt werden. Allein in Niedersachsen wurden von 1989 bis 2004 750 Renaturierungsmaßnahmen an

Tab. 17-3: Modelle für Renaturierungsprojekte (über lokale Initiativen hinausgehend).

Modelltyp	Kennzeichen	Beispiele/Quelle
Staatsdominanz	unter hoheitlicher Trägerschaft durchgeführte Komplexmaßnahme	Braunkohlentagebausanierung (Schulz und Wiegleb 2000)
Trägerverein	Zweckverband von hoheitlichen und privaten Akteuren	Dreisamrenaturierung (Dreisam IG 2007)
Modellprojekt	ausgeprägtes wissenschaftliches Monitoring	Sandökosystem im Emsland (in diesem Band, Kapitel 9) Ise-Projekt (Aktion Fischotterschutz 2007)
Verbandssteuerung	Flächenkauf durch überregionale Akteure	Grünes Band (s. o.)
Stiftungsinitiative	wie vorige, nach Rekultivierung	Schlabendorfer Feld (Anders und Fischer 2007c)

Fließgewässern mit einem Finanzvolumen von 80 Mio. Euro (NU 2007) durchgeführt. Kritische Stimmen zur Renaturierung basieren im akademischen Milieu auf umweltethischen Argumenten, die keine Basis in der Renaturierungspraxis haben. Elliot (1997) sieht die Renaturierung von Ökosystemen sehr kritisch und vergleicht sie sogar mit der Fälschung von Kunstwerken. Wegen seiner Einmaligkeit sei der „intrinsische Wert eines Naturobjekts (Ökosystems)" nicht wiederherstellbar. Nach dieser Sichtweise ist Renaturierung sogar ein Indikator für die Entfremdung von der Natur (Kapitel 15, Umweltethische Aspekte). Im konkreten Fall dürften eher nutzungsorientierte Argumente (Nutzungseinschränkung, Opportunitätskosten; Kapitel 16, Kosten der Renaturierung) eine Rolle spielen.

Akzeptanz ist mithilfe sozialwissenschaftlicher und ökonomischer Methoden messbar. Sie reicht in Bezug auf Umweltprojekte von der Mitgestaltung über Ignoranz bis zu offener Ablehnung (Segert und Zierke 2004). Der Akteur bzw. Träger der Maßnahme ist gehalten, sich Gedanken über die Akzeptanz zu machen. Er kann nicht davon ausgehen, dass eine Leitbilddiskussion (Kapitel 1) überflüssig ist. Konkrete Maßnahmen ergeben sich nicht zwingend aus einer festgestellten Renaturierungsnotwendigkeit. **Akzeptanz** von Renaturierungsmaßnahmen erstreckt sich auf drei Ebenen (vgl. Segert und Zierke 2004):

- Ebene 1: Akzeptanz des **Renaturierungsvorrangs** einer bestimmten Fläche. Grundsätzlich mag man der Renaturierung von Flüssen zustimmen, aber nicht der eines bestimmten Gewässers in der Nähe (das NIMBY(*not in my backyard*)-Syndrom). Dies kann der Fall sein, wenn unmittelbare Interessen direkt durch eine Maßnahme betroffen sind.
- Ebene 2: Akzeptanz eines bestimmten **Renaturierungskonzepts**. Man mag z. B. der Remäandrierung eines Fließgewässers zustimmen, weil man dies für historisch gut begründet hält.
- Ebene 3: Akzeptanz einer konkreten **Renaturierungsmaßnahme**. Man mag z. B. sanfte Methoden der Renaturierung („Entfesselung") technisch orientierten Methoden („Rückbau") vorziehen.

Während auf der Ebene 1 die eigene Betroffenheit dominiert, gewinnt auf den Ebenen 2 und 3

neben bestimmten Wertvorstellungen ökologisches Fachwissen die Oberhand. Insbesondere auf den Ebenen 1 und 2 kollidiert die Akzeptanzfrage mit der konkreten Landnutzung und auch der Ziel- und Leitbilddiskussion. Auf allen Ebenen müssen von den Durchführenden Begründungen geliefert werden. Akzeptanz kann also nicht verordnet werden. Sie kann sich im Laufe einer Renaturierungsmaßnahme bilden oder nicht. Bildet sich keine Akzeptanz, wird das Vorhaben nicht nachhaltig sein, d. h. nach der Projektphase enden und unter Umständen keine dauerhaften Erfolge vorweisen.

Jede Renaturierungsmaßnahme ist ein Experiment mit nicht vollständig vorhersehbarem Ausgang. Deswegen spielt der Umgang mit Unsicherheit (des Gelingens, des Lohnens des eigenen Einsatzes) eine Rolle. Sicher wäre von Seiten der Betroffenen die Akzeptanz am größten, wenn konkrete Angaben über die ökonomische Nutzenstiftung einer Maßnahme vorliegen. Dies belegen Meyerhoff et al. (2007) am Beispiel des ökologischen Waldumbaus und dessen Auswirkungen auf die biologische Vielfalt von Wirtschaftswäldern. Wissenschaftler sind dagegen weniger an Akzeptanz einer Maßnahme interessiert als am tatsächlichen Erfolg, nachgewiesen durch Erfolgskontrolle bzw. Monitoring.

17.4 Fallbeispiele – Umweltverbände als Akteure der Renaturierung

Insbesondere die großen Umweltverbände BUND (Bund für Umwelt und Naturschutz Deutschland) und NABU (Naturschutzbund) mit bundesweit 350 000 bzw. 420 000 Mitgliedern sehen sich neben ihrer Rolle in der umweltpolitischen Diskussion in der Pflicht zur Realisierung von konkreten Projekten des Umwelt- und Naturschutzes, die nicht selten Renaturierungscharakter tragen. An dieser Stelle sollen einige dieser Vorhaben von überregionaler Bedeutung kurz vorgestellt und analysiert werden.

17

17.4.1 Das Grüne Band

Das wohl bekannteste verbandliche Renaturierungsprojekt ist das sogenannte „Grüne Band". Mitten durch Deutschland zieht es sich von der Ostsee bis zum Vogtland mit einer Länge von 1 393 km, mal nur 50 m, mal 200 m breit. Es handelt sich um eine Perlenkette wertvoller Biotope sowie einzigartige Rückzugsräume für bedrohte Tier- und Pflanzenarten. Die Brachflächen der ehemaligen innerdeutschen Grenzanlagen gaben der Natur eine 30-jährige Atempause. Es entwickelte sich dort etwas, was in unserer intensiv genutzten Landschaft selten geworden ist: ein Stück Wildnis mit großartigen Grasfluren, Busch- und Waldformationen, naturnahen Bächen, Mooren und blühenden Heiden – ein buntes Mosaik vielfältiger Lebensräume.

Das Grüne Band durchquert von den Jungmoränen Mecklenburg-Vorpommerns bis zu den bayerisch-thüringisch-sächsischen Mittelgebirgen 17 Landschaftseinheiten und verbindet so über neun Bundesländer hinweg Lebensräume, die sonst in unserer Kulturlandschaft nicht mehr verbunden sind, wie z. B. Altgrasbrachen mit Feuchtgebieten oder Trockenrasen mit Altholzbeständen. Gerade die enge Verzahnung unterschiedlicher Pflanzengesellschaften und Biotoptypen führt zu einem besonders großen Reichtum (BUND 2007).

Seit 1990 fand das vom BUND initiierte Projekt zur vollständigen Erhaltung des Grünen Bandes breite Unterstützung bei allen führenden Umweltpolitikern Deutschlands. Im Europäischen Naturschutzjahr 1995 wurde es vom Bundespräsidenten als modellhaft ausgezeichnet, und eine Konferenz aller deutschen Umweltminister stellte sich einstimmig hinter die Schutzidee: Es sei »*die Grundlage für einen länderübergreifenden, großräumigen Biotopverbund und ökologisch besonders bedeutsam*«. Der Einsatz für die Erhaltung des Grünen Bandes lohnt sich auch heute noch. Auf immerhin 85 % seiner Länge waren Anfang 1997 die Biotopflächen noch völlig intakt. 11 % sind, meist illegal, in Acker und Grünland umgewandelt. Das Grüne Band ist hier nur noch wenige Meter schmal. 4 % bzw. mehr als 50 km Gesamtlänge sind der landwirtschaftlichen Nutzung schon völlig zum Opfer gefallen (BUND 2007).

Kauf durch Privatleute, Verbände oder Stiftungen ist in einer eigentumsorientierten Gesellschaft ein wichtiges Instrument und oft Voraussetzung für einen nachhaltigen Schutz. Dies gilt insbesondere, wenn staatliche Institutionen ihrer verfassungsmäßigen Verantwortung für den Naturschutz nicht nachkommen. Bisher haben die Landesverbände des BUND 120 ha Grund am Grünen Band erworben, im Altmarkkreis Salzwedel (Sachsen-Anhalt), im Eichsfeld (Thüringen), bei Sonneberg (Thüringen) und im Steinachtal (Bayern). Geholfen haben dabei private Spender aus ganz Deutschland, mehrere Bundesländer, Naturschutzbehörden, Gemeinden und Flurneuordnungsämter. An einigen Stellen des Grünen Bandes sind länderübergreifende Schutzprojekte entstanden, z. B. das bayerisch-thüringische Arten- und Biotopschutzprogramm Steinachtal/Linder Ebene, initiiert vom Bund Naturschutz in Bayern, dem bayerischen Landesverband des BUND.

17.4.2 Die Goitzsche

In der Goitzsche bei Bitterfeld, einer ursprünglichen Auwaldlandschaft am Muldelauf, wurde fast ein ganzes Jahrhundert lang Braunkohle abgebaut. Nach der Wiedervereinigung Deutschlands war der Abbau nicht mehr profitabel, und die Tagebaue wurden stillgelegt. Zurück blieb eine 62 km^2 große Tagebaufolgelandschaft.

Der Bund für Umwelt und Naturschutz Deutschland (BUND) leistet in der Goitzsche mit seiner Kampagne „Wildnis in Deutschland" einen Beitrag zum Erhalt der „wilden" Natur. Der BUND-Landesverband Sachsen-Anhalt e.V. kaufte mittels Spendengeldern und Fördermitteln vom Land zwischen 2001 und 2004 insgesamt ca. 1 300 ha Fläche im Kern des ehemaligen Tagebaus. Durch Kauf ausgewählter Flächen in seinem südlichen Bereich wird hier Prozessschutz betrieben, für den sonst in unserer Kulturlandschaft kaum Raum mehr ist (zum Prozessschutz vgl. Kapitel 6). Da der bloße Erwerb zur Sicherung und Entwicklung des Gebietes nicht ausreicht, wurden der Kauf und die Entwicklung der Flächen von der Hochschule Anhalt und dem BUND-nahen Institut für Nachhaltige Entwicklung e.V. mit folgenden Schwerpunkten wissenschaftlich begleitet:

- Analyse und Prognose von Entwicklungspotenzialen und -risiken der Wildnisgebiete,

- Konfliktbewältigung mit verschiedenen konkurrierenden Nutzungen,
- Besucherlenkung und -information/Öffentlichkeitsarbeit,
- Analyse von Wechselwirkungen der Prozessschutzgebiete mit der umgebenden Kulturlandschaft, Identifizierung von Konfliktpotenzialen und Erarbeitung von Lösungsansätzen.

Heute sind „BUND-Ranger" in den Projektgebieten unterwegs und achten darauf, dass die natürlichen Prozesse ungestört bleiben. Ein Solarboot kontrolliert auf den Seen, dass die Grenzen zu den geschützten Wasserflächen und Inseln von Wassersportlern eingehalten werden. Der BUND hat außerdem erreicht, dass auf den BUND-eigenen Flächen der Goitzsche sowohl Jagd- als auch Angelruhe besteht.

17.4.3 Zusammenfassende Bewertung

Naturschutzverbände als Akteure können Renaturierungsvorhaben wesentlich befördern und zudem wichtige Ressourcen in den Renaturierungsprozess einbringen. Dies sind insbesondere:
- harte Ressourcen wie Finanzmittel sowie Eigentums- und Nutzungsrechte;
- weiche Ressourcen wie Fachwissen, Naturschutzkonzepte, Nutzungskonzepte, politische Verbindungen sowie persönliche Anliegen.

Verbände verfügen nicht über die Planungshoheit. Hoheitliche Rechte (s. BUND-Ranger) werden ihnen nur bedingt eingeräumt. Von ihnen kann jedoch die Initiative für ein Großvorhaben ausgehen, das sonst nicht entstanden wäre (vgl. Grünes Band).

Verbände können sich aber auch in einer zweiten Phase der Sanierung einschalten (vgl. Goitzsche). Dies wird belegt durch den Vergleich der Bergbaurenaturierung in den 1990er-Jahren (Schulz und Wiegleb 2000, Stierand 2000) und nach 2005 (Anders und Fischer 2007a, b). Während in den 1990er-Jahren der Gedanke der Rekultivierung der Bergbauhinterlassenschaften unhinterfragt dominierte (Umwandlung in Produktionsflächen für Land- und Forstwirtschaft), wurde durch das Auftreten externer Akteure mit

Finanzkraft (BUND: Goitzsche; NABU: NSG Grünhaus; Heinz-Sielmann-Stiftung: Schlabendorfer Felder) die reine Rekultivierung in den Hintergrund gedrängt. Ideen wie Renaturierung im engeren Sinne mit Einrichtung von Naturschutzgebieten und Ökotourismusangeboten sowie „Rekolonisierung" (im Sinne eines selbstorganisierten Prozesses) konnten Raum greifen.

17.5 Schlussfolgerungen

Eine breite und langfristig gesicherte Mitwirkung von Akteuren ist essenziell für den nachhaltigen Erfolg der Renaturierung. Letztlich endet das Renaturierungsprojekt mit dem Ende des Einsatzes der Akteure (Walker et al. 2007). Das vorab gesetzte Ziel wird nicht notwendigerweise erreicht sein. Vielmehr sind mangelndes öffentliches Interesse oder auslaufende Förderung wichtige Einflussgrößen. Die Überführung in einen selbsterhaltenden Zustand oder einen Zustand, den Akteure auch mit geringem Finanz- oder Arbeitsaufwand aufrechterhalten können, wäre ein anzustrebender Idealzustand.

Renaturierung schafft also nicht nur ökologische „Werte". Renaturierung schafft soziale und kulturelle Werte im Sinne von *meaningful action*, Faszination an der Natur, Naturerlebnis, gemeinsames Handeln im ökologischen Kontext, Identifikation und ggf. auch Erfolgserlebnisse. Renaturierung schafft auch individuelle Werte im Sinne der Persönlichkeitsbildung und der Wissensvermehrung über ökologische Prozesse. Dies kann der Ausgangspunkt für soziale Prozesse (Weitergabe des Wissens an nachfolgende Generationen, Milderung der Entfremdung von der Natur) sein (Light 2006). Insgesamt sind diese Zusammenhänge zu wenig erforscht und verdienen verstärkte Aufmerksamkeit in der Zukunft, um die Glaubwürdigkeit und Effektivität von Renaturierungsprojekten zu erhöhen. Bisher wurden Akteursanalysen nicht von externen Wissenschaftlern durchgeführt, sondern von den beteiligten Ökologen selbst (Schulz und Wiegleb 2000) oder von Soziologen im Rahmen von „sozioökonomischer Begleitforschung" bei Modellprojekten (Serbser 2000, Stierand 2000, Segert und Zicrke 2004, Anders und Fischer 2007a, b).

17

Danksagung

Wir danken Kathrin Kiehl (Osnabrück), Angelika Schwabe (Darmstadt), Christiane Margraf (Nürnberg), Kenneth Anders (Bad Freienwalde) und Burkhard Vogel (Erfurt) für den Hinweis auf Materialien zum Thema. Udo Bröring und René Krawczynski (Cottbus) gaben wertvolle Anregungen zum Manuskript.

Literaturverzeichnis

Aktion Fischotterschutz e. V. (2007) Das Ise-Projekt. http://cms.otterzentrum.de/cms/front_content.php?idcat=104

Anders K, Fischer L (2007a) Inwertsetzung einer devastierten Landschaft? Die Schlabendorfer Felder im Spannungsfeld von Sanierung, Planung und Wiederaneignung durch Nutzer und Anwohner. In: Bröring U, Wanner M (Hrsg) Entwicklung der Biodiversität in der Bergbaufolgelandschaft im Gefüge von Ökonomie und Soziokonomie. *Aktuelle Reihe BTU* 2007/2: 17–46

Anders K, Fischer L (2007b) Kolonisierung schafft Landschaft. Spielräume für Politik und Planung bei der Gestaltung großflächigen Nutzungswandels. In: Wöllecke J, Anders K, Durka W, Elmer M, Wanner W, Wiegleb G (Hrsg) Landschaft im Wandel – Natürliche und anthropogene Besiedlung der Niederlausitzer Bergbaufolgelandschaft. Shaker, Aachen. 249–282

Anders K, Fischer L (2007c) Schlabendorfer Felder. http://www.schlabendorfer-felder.de

Arbogast BF, Knepper DH Jr, Langer WH (2000) The human factor in mining reclamation. U. S. Geological Survey Circular 1191. Denver, Colorado

BUND (2007) Das Grüne Band. http://www.bund.net/aktionen/gruenesband/index.html

BUND Thüringen (2007) Rettungsnetz Wildkatze. http://www.wildkatze.info

Clewell AF, Aronson J (2006) Motivations for the restoration of ecosystems. *Conservation Biology* 20: 420–428

Dreisam IG (2007) Aspekte der Dreisamrenaturierung. http://www.ig-dreisam.de/aspekteinfo.html

Elliot R (1997) Faking nature. The ethics of environmental restoration. Routledge, London

Gailing L, Röhring A, Vetter A (2007) Kulturlandschaft als integrativer Ansatz für eine nachhaltige Regionalentwicklung. In: Wöllecke J, Anders K, Durka W, Elmer M, Wanner W, Wiegleb G (Hrsg) Landschaft im Wandel – Natürliche und anthropogene Besiedlung

der Niederlausitzer Bergbaufolgelandschaft. Shaker, Aachen. 233–248

Light A (2006) Ethics and ecological restoration. In: France R (Hrsg) Healing natures, repairing relationships: landscape architecture and the restoration of ecological spaces. http://www.crrc.unh.edu/human_dimensions/reading_materials/light_restoration_excerpt.pdf

McIsaac GF, Brün M (1999) Natural environment and human culture: defining terms and understanding worldviews. *Journal of Environmental Quality* 28: 1–10

Meyerhoff J, Hartje V, Zerbe S (2007) Biologische Vielfalt und deren Bewertung am Beispiel des ökologischen Waldumbaues in den Regionen Solling und Lüneburger Heide. *Berichte des Forschungszentrums Waldökosysteme, Reihe B*, 73: 1–240. Göttingen

NABU (2007) Ausstellung Renaturierung Untere Havel. http://www.nabu.de/m01/m01_14

NABU, Deutsche Umwelthilfe, BUND (2007) Lebendige Werra. http://living-rivers.de/werra

Newig J (2004) Akteursanalyse im umweltpolitischen Kontext. http://www.usf.uni-osnabrueck.de/~jnewig/Akteursanalyse%20Zusammenfassung.ppt

NU (Niedersächsiches Umweltministerium) (2007) Niedersächsisches Fließgewässerprogramm. http://www.umwelt.niedersachsen.de/master/C787922_N11356_L20_D0_I598.html

Schulz F, Wiegleb G (2000) Die Niederlausitzer Bergbaufolgelandschaft – Probleme und Chancen. In: Wiegleb G, Bröring U, Mrzljak J, Schulz F (Hrsg) Naturschutz in Bergbaufolgelandschaften. Landschaftsanalyse und Leitbildentwicklung. Physica-Verlag, Heidelberg. 3–23

Segert A, Zierke I (2004) Methodische Grundlagen der soziologischen Bewertung. In: Anders K, Mrzljak J, Wallschläger D, Wiegleb G (Hrsg) Handbuch Offenlandmanagement am Beispiel ehemaliger und in Nutzung befindlicher Truppenübungsplätze. Springer, Berlin. 87–96

Serbser W (2000) Lebenswelt und Dorfentwicklung am Rande des Sanierungsbergbaues. In: Wiegleb G, Bröring U, Mrzljak J, Schulz F (Hrsg) Naturschutz in Bergbaufolgelandschaften. Landschaftsanalyse und Leitbildentwicklung. Physica-Verlag, Heidelberg. 70–81

Stierand R (2000) Sozioökonomische Beiträge zur Gestaltung der Bergbaufolgelandschaft in der Niederlausitz. In: Wiegleb G, Bröring U, Mrzljak J, Schulz F (Hrsg) Naturschutz in Bergbaufolgelandschaften. Landschaftsanalyse und Leitbildentwicklung. Physica-Verlag, Heidelberg. 48–69

Swart JAA, van der Windt HJ, Keulartz J (2001) Valuation of nature in conservation and restoration. *Restoration Ecology* 9: 230–238

Taylor PW (1981) Ethics of the respect for nature. *Environmental Ethics* 3: 197–218

Vattenfall Europe Mining AG (2007) Die Renaturierung der Spree. Zurück zu einem naturnahen Zustand. http://www.vattenfall.de/www/vf/vf_de/Sonderseiten

Verein Jordsand (2007) Höltigbaum. http://www.jordsand.de/hoeltigbaum/index.htm

Walker LR, Walker J, del Moral R (2007) Forging a new alliance between succession and restoration. In: Walker LR, Walker J, Hobbs RJ (Hrsg) Linking restoration and ecological succession. Springer, New York. 1–18

Wiesinger K, Joas C, Burckhardt I (2003) Zehn Jahre Heideprojekt Münchner Norden – Umsetzung und Praxiserfahrung. In: Pfadenhauer J, Kiehl K (Hrsg) Renaturierung von Kalkmagerrasen. *Angewandte Landschaftsökologie* 55: 261–288

17

18 Renaturierungsökologie und Ökosystemrenaturierung – Synthese und Herausforderungen für die Zukunft

S. Zerbe und G. Wiegleb

18.1 Einleitung

Sowohl die breite Palette der dargestellten Ökosysteme Mitteleuropas als auch die unterschiedlichen Ziele, Methoden und Maßnahmen der Ökosystemrenaturierung spiegeln die **inhaltliche Breite der Renaturierungsökologie** wider. Auf dieser Grundlage werden im Folgenden einige wesentliche Sachverhalte zusammenfassend herausgehoben, die die Renaturierungsökologie als eigenständige Disziplin auszeichnen. Zudem wird der zukünftige Forschungsbedarf in der Renaturierungsökologie spezifiziert.

18.2 Renaturierung – Wiederherstellen von bestimmten Ökosystemleistungen

Ökosystemrenaturierung im weitesten Sinne bedeutet die Wiederherstellung von durch anthropogene Eingriffe bzw. Übernutzung stark eingeschränkten bis verloren gegangenen Ökosystemleistungen (*ecosystem services*; Kapitel 1, Kasten 1-1 und Abb. 1-1). Dies setzt **funktionstüchtige Ökosysteme** mit erwünschten Eigenschaften voraus, die jeweils entsprechend den Gegebenheiten anhand von Referenzzuständen

zu definieren sind. Damit hebt sich der scheinbare Widerspruch auf, dass eine Ökosystemrenaturierung prinzipiell zu einem naturnäheren Zustand als dem gegebenen führen muss. Auch darf hierbei der Zeitbezug einer Ökosystemrenaturierung nicht zwangsläufig rückwärtsgewandt verstanden werden; das mehrdeutige Präfix „Re-" hat keine unmittelbare temporale Bedeutung (Kapitel 15). So kann die Wiederherstellung von naturnahen Fließgewässern, Niedermooren und Wäldern ebenso im Fokus einer Ökosystemrenaturierung stehen wie die eines möglicherweise aufgrund von spontaner Gehölzsukzession bereits verbuschten artenreichen Offenlandes, das eine durch historische Landnutzungen entstandene Kulturformation darstellt.

Häufiges Ziel einer Ökosystemrenaturierung ist die Wiederherstellung der biologischen Vielfalt, die keineswegs nur durch eine Erhöhung der Artenzahlen definiert werden darf. Deswegen spricht man besser von Wiederherstellung der **„biotischen Integrität"**. In der Regel sind es Zielorganismen (Kapitel 1), die als Zeigerarten (*indicator species*), Schlüsselarten (*keystone species*) oder Schirmarten (*umbrella species*) als Surrogate für erwünschte Ökosystemfunktionen stehen. Dies können spezifische Trocken- oder Magerrasen- (Kapitel 9 und 10), Salzgrasland- (Kapitel 7), Heide- (Kapitel 12) bzw. Auengrünlandarten (Kapitel 11), gefährdete Arten der Roten Liste (Kapitel 13), Zeigerarten für die Gewässerqualität (Kapitel 4) oder typische Arten bestimmter Phasen der Waldentwicklung sein (Kapitel 6).

Die Ökosystemleistungen, die im Zuge einer Renaturierung wiederhergestellt werden sollen, reichen allerdings weiter und betreffen neben der biotischen auch die **„abiotische Integrität"**, basierend auf Funktionen und Prozessen, in denen Stoffflüsse involviert sind. Diese umfassen die Produktivität (Holzproduktion in Wäldern), die Torfbildung mit einer kontinuierlichen Akkumulation von Kohlenstoff und Stickstoff in Moorökosystemen, die Regulation des Landschaftswasserhaushalts durch funktionstüchtige Moore und intakte Gewässer einschließlich deren Einzugsgebiete, die Selbstreinigung der Gewässer, den Erosions- bzw. Lawinenschutz (Hänge in der alpinen Stufe, Tagebauflächen) und die Schadstofffestlegung auf Bergbau- bzw. Abraumhalden.

Abiotische Integrität kann zeitweise auf biologischen Komponenten beruhen, die aus der Sicht der biotischen Integrität eher unerwünscht sind, z. B. invasiven oder nicht standortgerechten Arten. Dies gilt etwa für Roteichen(*Quercus rubra*)-Forsten in Bergbaufolgelandschaften, die wohl die Funktion der Holzproduktion und des Erosionsschutzes erfüllen, aber arm an naturschutzfachlich bedeutenden Arten sind (Denkinger et al. 2003, Brunk et al. 2007; Kapitel 12). Während in Abbildung 1-1 (Kapitel 1) die Ökosystemleistungen undifferenziert in der Zeit variieren, wird in Abbildung 18-1 gezeigt, dass biotische Integrität

und abiotische Integrität unabhängig variieren und je nach Prioritätensetzung zuerst verbessert werden können. Für den Erfolg ist wichtig, dass sich dass System insgesamt in die richtige Richtung bewegt, ohne notwendigerweise den Idealzustand wieder zu erreichen.

Biotische bzw. abiotische Integrität in diesem Modell ersetzen Parameter wie „Artenzusammensetzung" bzw. „Biomasse/Nährstoffe" im Sinne von Bradshaw (1987), da beide mit Blick auf einen Renaturierungserfolg nicht als linear steigend anzusehen sind. „Mehr Arten" kann in einer Salzwiese eine geringere biotische Integrität bedeuten, das Gleiche gilt für „mehr Nährstoffe/Biomasse" in einem Trockenrasen in Bezug auf die abiotische Integrität. Die oft zitierten Modelle von Bradshaw sind verdienstvoll, aber einseitig aus der Sicht der Erstbegrünung von völlig zerstörten Habitaten gedacht.

18.3 Renaturierungsökologie – mehr als nur Anwendung technischer Verfahren

Sowohl bei der Renaturierung von Ökosystemen der Naturlandschaft wie Fließgewässern (Kapitel 4), Seen (Kapitel 5), alpinen Rasen und Matten (Kapitel 8) als auch von Kulturformationen wie Mager- bzw. Trockenrasen (Kapitel 9 und 10) und Heiden (Kapitel 12) wird die Nähe der Renaturierungsökologie zur **Ingenieurökologie** deutlich. Eine Vielzahl von aus der Ingenieurbiologie/-ökologie bekannten Methoden wie Mulchen, Sodenübertragung, Oberbodenabtrag und Fixierung des Oberbodens durch Textilmatten fördert bzw. beschleunigt die Renaturierung von degradierten Flächen in Richtung Zielökosystem. So mag der Eindruck entstehen, Ökosystemrenaturierung sei reine Anwendung von Technik und die Renaturierungsökologie liefere die Grundlagen für diese Technik.

Eine umfassend verstandene Renaturierungsökologie reicht allerdings wesentlich weiter. Dies betrifft die Umsetzung ökologischen Grundlagenwissens, wie z. B. den Einfluss der Diasporenbank auf die Vegetationsentwicklung, das Vor-

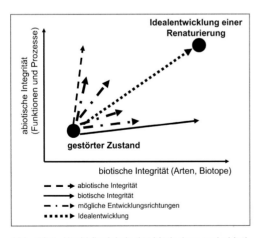

Abb. 18-1: Unabhängigkeit der biotischen und abiotischen Integrität in der Renaturierung. Die Renaturierung ist erfolgreich, wenn zuerst die abiotische Integrität erreicht wird oder die biotische oder sich beide in die richtige Richtung entwickeln. Die Idealentwicklung ist nicht immer erreichbar.

handensein von *safe sites* für die Keimung und Etablierung von Samen sowie die Zielgerichtetheit von Ausbreitungsvektoren für Diasporen (Kapitel 2). Ist das renaturierungsökologische Grundlagenwissen optimal umgesetzt, so gehört auch die wissenschaftliche Begleitung der Maßnahmen und eine langfristige Erfolgskontrolle (Kapitel 1) zu den Aufgaben der Renaturierungsökologie. Für die Renaturierung von naturnahen Waldökosystemen bedeutet dies nicht nur „das Pflanzen von Bäumen" wie dies Mansourian et al. (2005) mit ihrem Buchtitel *Forest Restoration in Landscapes: Beyond Planting Trees* pointieren.

18.4 Entwicklung neuer Maßnahmen und Methoden in der Ökosystemrenaturierung

Das Beispiel der Renaturierung von Magerrasen und Heiden in Mitteleuropa (Kapitel 9 und 12) zeigt, dass die traditionellen Bewirtschaftungsweisen, die einst die heute als wertvoll geltenden Offenlandstrukturen geschaffen haben, unter den **heutigen Umweltbedingungen** nicht mehr den gewünschten Erfolg bringen können. So stellt der überregionale atmogene Stickstoffeintrag aus Quellen der Landwirtschaft, der Industrie, des Verkehrs und der Siedlungsflächen einen limitierenden Faktor für die Wiederherstellung nährstoffarmer Ökosysteme wie Magerrasen und atlantische Heiden dar. Bakker und Berendse (1999) geben für Heiden einen Schwellenwert (*critical load*; Kapitel 2) von ca. 20 kg Stickstoffeintrag pro ha und Jahr an, über dem mit einer deutlichen Veränderung des Ökosystems Heide zu rechnen ist, d. h. beispielsweise mit einer Zunahme der Grasdecke mit der Drahtschmiele (*Deschampsia flexuosa*). Die traditionellen Bewirtschaftungsweisen wie Mahd und Beweidung können diesem hohen Stickstoffeintrag (in manchen Regionen Mitteleuropas bis über 100 kg N pro ha und Jahr; Hüttl 1998) nicht mehr entgegenwirken. Die Renaturierungsökologie kann hier neue Denk- und Handlungsansätze liefern, wie der Vergleich unterschiedlicher Maßnahmen zum Erhalt eines wertvollen Offenlandes und zur

Kompensation der atmogenen Stoffeinträge in der Lüneburger Heide zeigt. So kommen Härdtle et al. (Kapitel 12) zu dem Schluss, dass extensive Pflegeverfahren wie Mahd und Brennen durch intensive wie Plaggen ergänzt werden müssen, will man langfristig ausgeglichene Nährstoffbilanzen in Heiden erzielen.

18.5 Priorität des Erhalts funktionstüchtiger Ökosysteme – die Kosten

Renaturierbarkeit kann den Schutz des Bestehenden nicht ersetzen. Der Schutz der bestehenden Naturgüter ist gesetzlich gefordert. Renaturierbarkeit kann auch keine Entschuldigung für (vorübergehende) Zerstörung sein, wie Ott (Kapitel 15) unter Bezugnahme auf die Kritik von Elliot (1995) und vor allem Katz (1996, 1997) klarstellt. Allein ein Blick auf die Kosten der Renaturierung zeigt (Kapitel 16; auch Kapitel 10 und 12), dass ein **Erhalt funktionstüchtiger und damit leistungsfähiger Ökosysteme** Priorität bezüglich der Nutzung und nachhaltigen Entwicklung der Landschaften Mitteleuropas haben muss. Grundsätzlich bedeutet dies die Vermeidung jeglicher Eingriffe in anthropogen noch weitgehend unbeeinflusste Ökosysteme.

Edwards und Abivardi (1997) quantifizieren die Renaturierungskosten für verschiedene Landnutzungstypen und geben auf der Grundlage von verschiedenen ausgewerteten Quellen, z. B. für eine Renaturierung von mit Altlasten kontaminiertem Gelände in Großbritannien, bis über 100 000 US-Dollar pro ha an. Diese zum Teil erheblichen Kosten sind u. a. abhängig von der Art der **Folgenutzung**. Offensichtlich liegen die Kosten der Wiederherstellung bestimmter Ökosystemleistungen im Stadtbereich besonders hoch.

Neben den in Kapitel 16 vorgestellten Beispielen verdeutlicht in exemplarischer Weise das groß angelegte **Renaturierungsprojekt im Flussgebiet des Skjern** auf dem dänischen Festland die Priorität eines Erhalts funktionstüchtiger Ökosysteme. Noch in den 1950er-Jahren breitete sich entlang dieses Flussgebietes eine mehrere 1 000 ha große Auenlandschaft aus. Mit dem Ziel einer

18

landwirtschaftlichen Nutzung wurde die Aue in den 1960er-Jahren trockengelegt und der Fluss begradigt (Pedersen et al. 2007). Diese Maßnahmen hatten einen Kostenumfang von ca. 30 Mio. Euro. Damit wurden nicht nur naturnahe Lebensräume mit hoher Biodiversität in erheblichem Maße, sondern auch die Funktionstüchtigkeit einer Auenlandschaft und das Mündungsgebiet des Flusses (Ringkøbing Fjord) stark beeinträchtigt. Aufgrund der negativen Einflüsse auf das Ökosystem Aue und das Mündungsgebiet und die Folgekosten für eine Aufrechterhaltung der landwirtschaftlichen Nutzung (z. B. dauerhaftes Auspumpen des Wassers von den Flächen als Folge von Torfsackung), begann man bereits ca. 30 Jahre später mit einem groß angelegten Renaturierungsprojekt (Mant und Janes 2006). Ziele waren 1) die Wiederherstellung eines im internationalen Vergleich wertvollen Auengebietes, 2) die Steigerung des Erholungs- und Tourismuspotenzials der Landschaft und 3) eine Qualitätsverbesserung des Mündungsgebietes als Feuchtbiotop. Die Kosten dieser Renaturierung waren ähnlich hoch wie die der „Melioration" (Danish Ministry of the Environment and Energy 2007).

Hampicke (Kapitel 16) belegt zudem mit einer ökonomischen Beispielrechnung für im Zuge der landwirtschaftlichen Melioration verrohrte Bäche, dass eine Renaturierung durchaus kostengünstiger sein kann als eine weitere degradierende Nutzung von Ökosystemen. Generell muss konstatiert werden, dass auch bei einer fundierten Umsetzung ökologischen Wissens bei Renaturierungsprojekten der sozioökonomische Hintergrund oftmals nur unzureichend beleuchtet wird. Dies betrifft auch die Maßnahmen, die zu einer Degradation der Nutzflächen führen und deren Folgekosten nicht bedacht werden.

18.6 Kenntnisdefizite bei langfristigen ökologischen Prozessen

Gerade mit Blick auf die Kosten von aufwändigen Renaturierungsmaßnamen, wie beispielsweise der Oberbodenabtrag und die entsprechende Materialentsorgung (z. B. Kapitel 12), gewinnt die Integration von natürlichen Regenerationspro-

zessen in der Ökosystemrenaturierung eine besondere Bedeutung. Dies wurde exemplarisch sowohl für relativ naturnahe Formationen wir Wälder (Kapitel 6) als auch für vom Menschen künstlich geschaffene Landschaften wie Braunkohletagebaue (Kapitel 13) dargestellt. Es konnte gezeigt werden, dass bei der Renaturierung von Ökosystemen vielfach natürliche, kurz- bis langfristige Prozesse eine herausragende Rolle spielen, die hinsichtlich der Ereichung der Zielzustände gewinnbringend integriert werden können. So konnte für Tagebauflächen in Sachsen-Anhalt nachgewiesen werden, dass sich auch ohne aktive Renaturierungsmaßnahmen, d. h. nur durch eine spontane Sukzession, eine beeindruckend hohe Biodiversität entwickeln kann (Kapitel 13; vgl. auch Prach et al. 2001). Dies betrifft sowohl die Vielfalt an Biotoptypen, Pflanzen- und Tierarten als auch die Anzahl von Rote-Liste-Arten. Ein Vergleich mit angrenzenden, durch Aufforstungen und Ansaaten rekultivierten Flächen zeigte, dass sich auf den spontan besiedelten Flächen eine höhere Artenvielfalt entwickelt hatte. Ähnliches konnte auch für die Tagebaue der Niederlausitz gezeigt werden (Blaschke et al. 2000, Rathke et al. 2003, Schulz und Wiegleb 2000, Bröring und Wiegleb 2005, 2006, Bröring et al. 2007, Wöllecke et al. 2007).

Ähnliche Befunde einer natürlichen Regeneration und damit einer „passiven Renaturierung" sind von Forstwirtschaftsflächen bekannt (Zerbe 2002, Zerbe und Kreyer 2007). Beispielsweise belegen Untersuchungen in anthropogenen Kiefern- und Pappelreinbeständen des mitteleuropäischen Tieflandes eine spontane Entwicklung zu naturnahen Laubmischwäldern nur aufgrund der natürlichen Baumartenverjüngung (Kapitel 6). Sind hierbei kurzlebige Baumarten wie Eberesche (*Sorbus aucuparia*) oder Birke (*Betula* sp.) beteiligt, so wirkt sich dies sowohl positiv auf die bodenbiologische Aktivität als auch auf die Bestandesvielfalt aus.

Allerdings ist gerade über die langfristigen Prozesse wie z. B. die natürlichen Regenerations- und Zerfallsphasen von Wäldern und die Torfbildung bei Mooren bisher noch wenig bekannt. Langfristigkeit bedeutet hier, vor dem Hintergrund nur kurzzeitig angelegter bzw. finanzierter wissenschaftlicher Begleituntersuchungen, ein Zeitraum von mehr als zehn Jahren. Mit der Ausweisung von Großschutzgebieten wie den

Nationalparken (z. B. Bayerischer Wald, Hainich, Vorpommersche Boddenlandschaft, Unteres Odertal) hat man diesem Kenntnisdefizit Rechnung getragen. Nicht selten wird aber auch in diesen Schutzgebieten weiter Nutzung betrieben oder eingegriffen, um vermeintlich „natürliche" Entwicklungsprozesse zu beschleunigen oder eine als „naturnah" angesehene Ausgangssituation in vom Menschen in Vergangenheit und Gegenwart stark veränderten Ökosystemen herzustellen.

18.7 Bewertungssysteme als Grundlage für die Erfolgskontrolle und das Monitoring

In Bezug auf die Renaturierung von Fließgewässern stellen Lüderitz und Jüpner (Kapitel 4) ein detailliertes ökologisch orientiertes Bewertungssystem zur Qualitätserfassung dar. Auch wenn diese Bewertungsverfahren anhand der abiotischen und biotischen Faktoren sowie mithilfe entsprechender Leitarten sehr aufwändig sein können, gewährleisten sie doch reproduzierbare Ergebnisse.

Die Erfolgskontrolle im Rahmen von Renaturierungsprojekten ist unabdingbar, vor allem auch im Hinblick auf die Feststellung von Handlungsdefiziten, die dann ausgeglichen werden können. Im Falle der Fließgewässer bewahrheitet sich die Vermutung von Brux et al. (2001; vgl. auch Kapitel 1, Abb. 1-4), dass Zielkongruenz zwischen verschiedenen Nutzerinteressen und systematische, wissenschaftlich orientierte Bewertungsverfahren zu größerer Akzeptanz führen. Mit dem Beispiel von Fließgewässern wird auch deutlich, dass durch die EU-Wasserrahmenrichtlinie zusätzlicher politischer Druck ausgeübt wurde.

18.8 Offene Forschungsfragen in der Renaturierungsökologie

Vor dem Hintergrund der drängenden globalen Probleme, wie dem zunehmenden Nutzungsdruck auf die Landschaften, dem Klimawandel, der Wasserverknappung, der Eutrophierung und der Veränderungen von Ökosystemen durch die Einführung und Etablierung nicht einheimischer Organismen (*biological invasions*; Nentwig 2006), kommt der Renaturierung und damit der Wiederherstellung der Funktionstüchtigkeit und Leistungsfähigkeit der Ökosysteme eine herausragende Bedeutung zu. Auch wenn durch die aktuell vorliegenden Kenntnisse der Renaturierungsökologie bzw. Erfahrungen aus der Ökosystemrenaturierung eine umfassende Grundlage erarbeitet worden ist, die in diesem Buch zusammengeführt wird, so besteht doch in vielen Fragen noch erheblicher Forschungsbedarf.

Aus den Einzelbetrachtungen der in Mitteleuropa zu renaturierenden Ökosysteme, die in den Kapiteln 3 bis 14 dargestellt werden, lässt sich der aktuelle Forschungsbedarf zusammenfassend ableiten:

- Um die Kenntnislücken bezüglich langfristiger ökologischer Prozesse schließen zu können, müssen Dauerflächen eingerichtet werden, die ohne eine anthropogene Beeinflussung auch langfristig (d. h. mindestens zehn Jahre) beobachtet werden. Dies ist im Bereich der Forstwirtschaftsflächen bereits in vorbildlicher Weise mit der Ausweisung von Referenzflächen (Kapitel 6, Kasten 6-3) geschehen. Nur die langfristige Beobachtung ermöglicht eine Absicherung von Prognosen, eine der wichtigsten Voraussetzungen für die erfolgreiche Entwicklung von Renaturierungsprojekten und einen gezielten Einsatz von Maßnahmen.
- Ein erhebliches Kenntnisdefizit besteht bezüglich der Interaktion von verschiedenen Organismengruppen und wie diese die Ökosystemrenaturierung beeinflussen. So heben Schwabe und Kratochwil (Kapitel 9) den Mangel an publizierten zoologischen Untersuchungen und insbesondere den Beitrag von Tieren zum Diasporentransfer von Fläche zu Fläche und zur Etablierung hervor. Möglicherweise exis-

tieren solche Informationen in Fachgutachten zu Planungsverfahren, sind aber öffentlich nicht verfügbar.

- Mit Blick auf den sozioökonomischen Kontext besteht Forschungsbedarf zu den Auswirkungen von Renaturierungsprojekten auf die Gesellschaft (z. B. Akzeptanz). Erst wenn die Akteure, einschließlich deren Nutzungsansprüche, klar identifiziert sind, können diese in Renaturierungsprojekte mit einbezogen und so die Erfolgsaussichten verbessert werden (Kapitel 17).
- Ein Kostenvergleich verschiedener Managementmaßnahmen hinsichtlich des Zielerreichungsgrades, wie dies beispielsweise für Heiden (Kapitel 12) dargestellt wird, wurde bisher im Rahmen von Renaturierungsprojekten nur selten durchgeführt (siehe jedoch Anders et al. 2004). Hier besteht der Bedarf, in interdisziplinären Forscherteams aus Ökologen und Ökonomen Renaturierungsvorhaben zu entwickeln, zu begleiten und mit Blick auf einen langfristigen Erfolg zu bewerten.
- Häufig werden Renaturierungsmaßnahmen trotz des umfangreichen Wissens nach dem *trial and error*-Prinzip durchgeführt. Die Frage, wie viel Wissenschaft in Renaturierungsprojekten möglich ist und wie viel nötig, ist heftig umstritten. Cabin (2007a, b) bezweifelt in provokativer Form, dass Renaturierung durch Wissenschaft (Ökologie) wesentlich verbessert werden kann. Während andere Autoren die sozioökonomischen Rahmenbedingungen eher für Störfaktoren in der Renaturierung halten (Choi 2004, Giardina et al. 2007), sind sie nach Cabin nicht nur konstitutiv, sondern letztlich ausschlaggebend für Erfolg oder Misserfolg einer Renaturierungsmaßnahme. Wir folgen jedoch eher der Ansicht von Simberloff (1999), Giardina et al. (2007) und Walker et al. (2007) dass die Ökologie, sowohl als faktische Kenntnis der Natur als auch als Theoriegebäude dem Schutz der natürlichen Ressourcen und der praktischen Renaturierung wesentliche Impulse geben kann.

Literaturverzeichnis

Anders K, Mrzljak J, Wiegleb G, Wallschläger D (Hrsg) (2004) Handbuch Offenlandmanagement am Beispiel ehemaliger und in Nutzung befindlicher Truppenübungsplätze. Springer, Berlin

Bakker JP, Berendse F (1999) Constraints in the restoration of ecological diversity in grassland and heathland communities. *Trends in Ecology and Evolution 14: 63-68*

Blaschke W, Donath H, Fromm H, Wiegleb G (2000) Landscape characteristics and nature conservation in former brown-coal mining areas. *Die Vogelwelt 120, Suppl.: 79-88*

Bradshaw AD (1987) Restoration: the acid test for ecology. In: Jordan WR, Gilpin ME, Aber JD (Hrsg) Restoration ecology: a synthetic approach to ecological research. Cambridge University Press, Cambridge. 23-29

Bröring U, Wiegleb G (2005) Colonization, distribution and abundance of terrestrial Heteroptera in open landscapes of former brown coal mining areas. *Ecological Engineering 24: 135-147*

Bröring U, Wiegleb G (Hrsg) (2006) Biodiversität und Sukzession in der Bergbaufolgelandschaft. BoD, Norderstedt

Bröring U, Wanner M, Wiegleb G (2007) Biodiversität und Sukzession in der Bergbaufolgelandschaft. In: Bröring U, Wanner M (Hrsg) Entwicklung der Biodiversität in der Bergbaufolgelandschaft im Gefüge von Ökologie und Sozioökonomie, *BTU-Aktuelle Reihe* 2/2007: 5-16.

Brunk I, Balkenhol B, Wiegleb G (2007) Sukzession von Laufkäferzönosen in Roteichenforsten in der Niederlausitzer Bergbaufolgelandschaft. In: Wöllecke J, Anders K, Durka W, Elmer M, Wanner M, Wiegleb G (Hrsg) Landschaft im Wandel – Natürliche und anthropogene Besiedlung der Niederlausitzer Bergbaufolgelandschaft. Shaker, Aachen. 129-144

Brux H, Rode M, Rosenthal G, Wiegleb G, Zerbe S (2001) Was ist Renaturierungsökologie? In: Bröring U, Wiegleb G (Hrsg) *Aktuelle Reihe BTU Cottbus* 7: 5-25

Cabin RJ (2007a) Science-driven restoration: A square grid on a round earth? *Restoration Ecology* 15: 1-7

Cabin RJ (2007b) Science and restoration under a big, demon haunted tent: Reply to Giardina et al. (2007). *Restoration Ecology* 15: 377-381

Choi YD (2004) Theories for restoration in changing environment: Toward ,futuristic' restoration. *Ecological Research* 19: 75-81

Danish Ministry of the Environment and Energy, National Forest and Nature Agency (2007) The Skjern River restoration project. http://www.sns.dk/natur/netpub/skjernaa/foldereng.htm

Denkinger P, Mrzljak J, Wiegleb G (2003) Experimentelle Untersuchungen zur Sekundärsukzession nach Bodenstörung in der Niederlausitzer Bergbaufolgelandschaft. *Berichte des Institutes für Landschafts- und Pflanzenökologie der Universität Hohenheim, Beiheft* 17: 5–12

Edwards PJ, Abivardi C (1997) Ecological engineering and sustainable development. In: Urbanska KM, Webb NR, Edwards PJ (Hrsg) Restoration ecology and sustainable development. Cambridge University Press, Cambridge. 325–352

Elliot R (1995) Faking nature. In: Elliot R (Hrsg) Environmental ethics. Oxford. 76–88 (ursprünglich 1982)

Giardina CP, Creigthon ML, Thaxton JM, Cordell S, Hadway LJ, Sandquist DR (2007) Science driven restoration: A cabdle in a demon haunted world – response to Cabin (2009). *Restoration Ecology* 15: 171–176

Hüttl R (1998) Neuartige Waldschäden. *Berichte und Abhandlungen der Berlin-Brandenburgischen Akademie der Wissenschaften* 5: 131–215

Katz E (1996) The problem of ecological restoration. *Environmental Ethics* 18: 222–224

Katz E (1997) Nature as subject: Human obligation and natural community. Rowman & Littlefield, Lanham

Mansourian S, Vallauri D, Dudley N (2005) Forest restoration in landscapes: Beyond planting trees. Springer, Berlin

Mant J, Janes M (2006) Restoration of rivers and floodplains. In: Van Andel J, Aronson J (Hrsg) Restoration ecology. The new frontier. Blackwell Publ., Oxford. 141–157

Nentwig W (Hrsg) (2006) Biological invasions. *Ecological Studies* 193: 1–466

Pedersen ML, Andersen JM, Nielsen K, Linnemann M (2007) Restoration of Skjern River and its valley: Project description and general ecological changes in the project area. *Ecological Engineering* 30: 131–144

Prach K, Bartha S, Joyce CB, Pysek P, van Diggelen R, Wiegleb G (2001) The role of spontaneous vegetation succcession in ecosystem restoration: a perspective. *Applied Vegetation Science* 4: 111–114

Rathke D, Steinwarz D, Wiegleb G (2003) Die Kleinsäugerfauna terrestrischer Bereiche der Niederlausitzer Bergbaufolgelandschaft. *Forum der Forschung* 15: 26–30

Schulz F, Wiegleb G (2000) Development options of natural habitats in a post mining landscape. *Land Degradation and Development* 11: 99–110

Simberloff D (1999) The role of science in the preservation of forest biodiversity. *Forest Ecology and Management* 115: 101–111

Walker LR, Walker J, Hobbs RJ (Hrsg) (2007) Linking restoration and ecological Succession. Springer, New York

Wöllecke J, Anders K, Durka W, Elmer M, Wanner M, Wiegleb G (2007) Landschaft im Wandel – Natürliche und anthropogene Besiedlung der Niederlausitzer Bergbaufolgelandschaft. Shaker, Aachen

Zerbe S (2002) Restoration of natural broad-leaved woodland in Central Europe on sites with coniferous forest plantations. *Forest Ecology and Management* 167: 27–42

Zerbe S, Kreyer D (2007) Influence of different forest conversion strategies on ground vegetation and tree regeneration in pine (*Pinus sylvestris* L.) stands: a case study in NE Germany. *European Journal of Forest Research* 126: 291–301

Pflanzenartenverzeichnis

Tierartenverzeichnis

Schlagwortverzeichnis

Autorenverzeichnis

Prof. Dr. Thorsten Assmann
Universität Lüneburg
Institut für Ökologie und Umweltchemie
Scharnhorststr. 1
21335 Lüneburg
assmann@uni.leuphana.de

Dr. Carsten Eichberg
Technische Universität Darmstadt
Institut für Botanik
AG Geobotanik/Vegetationsökologie
Schnittspahnstraße 4
64287 Darmstadt
eichberg@bio.tu-darmstadt.de

Dr. Björn Grüneberg
Brandenburgische Technische Universität
Cottbus
Fakultät für Umweltwissenschaften und
Verfahrenstechnik
Lehrstuhl Gewässerschutz
Forschungsstelle Bad Saarow
Seestraße 45
15526 Bad Saarow
grueneberg@limno-tu-cottbus.de

Prof. Dr. Werner Härdtle
Universität Lüneburg
Institut für Ökologie und Umweltchemie
Scharnhorststr. 1
21335 Lüneburg
haerdtle@uni-lueneburg.de

Prof. Dr. Ulrich Hampicke
Universität Greifswald
Institut für Botanik und Landschaftsökologie
Lehrstuhl für Landschaftsökonomie
Grimmer Str. 88
17487 Greifswald
hampicke@uni-greifswald.de

Prof. Dr. Norbert Hölzel
Universität Münster
Institut für Landschaftsökologie
AG Ökosystemforschung
Robert-Koch-Str. 26
48149 Münster
nhoelzel@uni-muenster.de

Prof. Dr. Hans Joosten
Universität Greifswald
Institut für Botanik und Landschaftsökologie
AG Paläoökologie
Grimmer Str. 88
17487 Greifswald
joosten@uni-greifswald.de

Prof. Dr. Robert Jüpner
Technische Universität Kaiserslautern
Fachgebiet Wasserbau und Wasserwirtschaft
Paul-Ehrlich-Str. 14
67663 Kaiserslautern
juepner@rhrk. uni-kl.de

Prof. Dr. Kathrin Kiehl
Fachhochschule Osnabrück
Vegetationsökologie und Botanik
Oldenburger Landstraße 24
49090 Osnabrück
k.kiehl@fh-osnabrueck.de

Dr. Anita Kirmer
Hochschule Anhalt (FH)
Fachbereich 1
Vegetationskunde und Landschaftsökologie
Strenzfelder Allee 28
06406 Bernburg
kirmer@loel. hs-anhalt.de

Ao. Prof. Dr. Brigitte Klug
Universität für Bodenkultur Wien
Department für Integrative Biologie und
Biodiversitätsforschung
Institut für Botanik
Gregor-Mendel-Straße 33
A-1180 Wien
Österreich
brigitte.klug@boku. ac. at

Prof. Dr. Anselm Kratochwil
Universität Osnabrück
Fachbereich Biologie/Chemie
Fachgebiet Ökologie
Barbarastraße 11
49076 Osnabrück
kratochwil@biologie. uni-osnabrueck.de

Dr. Bernhard Krautzer
HBLFA Raumberg-Gumpenstein – Agricultural
Research and Education Centre
Institut für Pflanzenbau und Kulturlandschaft
Abteilung Vegetationsmanagement im
Alpenraum
Altirdning 11
A-8952 Irding
Österreich
bernhard.krautzer@raumberg-gumpenstein. at

Dr. Dieter Leßmann
Brandenburgische Technische Universität
Cottbus
Lehrstuhl Gewässerschutz
Postfach 101344
03013 Cottbus
lessmann@tu-cottbus.de

Antje Lorenz
Hochschule Anhalt (FH)
Fachbereich 1
Vegetationskunde und Landschaftsökologie
Strenzfelder Allee 28
06406 Bernburg
alorenz@loel. hs-anhalt.de

Prof. Dr. Volker Lüderitz
Hochschule Magdeburg-Stendal (FH)
Fachbereich Wasser- und Kreislaufwirtschaft
Breitscheidstr. 2
39114 Magdeburg
volker.luederitz@hs-magdeburg.de

Prof. Dr. Brigitte Nixdorf
Brandenburgische Technische Universität
Cottbus
Fakultät für Umweltwissenschaften und
Verfahrenstechnik
Lehrstuhl Gewässerschutz
Forschungsstelle Bad Saarow
Seestraße 45
15526 Bad Saarow
b.nixdorf@t-online.de

Hans-Markus Oelerich
MILAN Halle (Saale)
Mitteldeutsche Bürogemeinschaft für
Landschafts- und Naturschutzplanung
Georg-Cantor-Straße 31
06108 Halle (Saale)
info@milan-halle.de

PD Dr. Goddert von Oheimb
Universität Lüneburg
Institut für Ökologie und Umweltchemie
Scharnhorststr. 1
21335 Lüneburg
vonoheimb@uni.leuphana.de

PD Dr. Wolfgang Ostendorp
Universität Konstanz
Limnologisches Institut
78457 Konstanz
wolfgang. ostendorp@uni-konstanz.de

Prof. Dr. Konrad Ott
Universität Greifswald
Institut für Botanik und Landschaftsökologie
AG Umweltethik
Grimmer Str. 88
17487 Greifswald
ott@uni-greifswald.de

PD Dr. Franz Rebele
Technische Universität Berlin
Institut für Ökologie
Rothenburgstr. 12
12165 Berlin
Rebele@tu-berlin.de

Prof. Dr. Gert Rosenthal
Universität Kassel
Fachgebiet Vegetations- und
Landschaftsökologie
Gottschalkstr. 26a
34127 Kassel
rosenthal@asl. uni-kassel.de

Prof. Dr. Angelika Schwabe-Kratochwil
Technische Universität Darmstadt
Institut für Botanik
AG Geobotanik/Vegetationsökologie
Schnittspahnstraße 4
64287 Darmstadt
schwabe@bio.tu-darmstadt.de

Dr. Stefan Seiberling
Universität Greifswald
Zentrum für Forschungsförderung
Domstr. 11
17487 Greifswald
Stefan. Seiberling@uni-greifswald.de

Dr. Martin Stock
Landesbetrieb für Küstenschutz,
Nationalpark und Meeresschutz
Nationalparkverwaltung
Schloßgarten 1
25832 Tönning
martin.stock@lkn.landsh.de

Prof. em. Dr. Michael Succow
Michael Succow Stiftung zum Schutz der Natur
Grimmer Str. 88
17487 Greifswald
michael.succow@t-online.de

Philipp Pratap Thapa
Universität Greifswald
Institut für Botanik und Landschaftsökologie
Lehrstuhl für Geobotanik und
Landschaftsökologie
Grimmer Str. 88
17487 Greifswald
thapa@uni-greifswald.de

Dr. Tiemo Timmermann
Universität Greifswald
Institut für Botanik und Landschaftsökologie
Lehrstuhl für Geobotanik und
Landschaftsökologie
Grimmer Str. 88
17487 Greifswald
tiemo@uni-greifswald.de

Prof. Dr. Sabine Tischew
Hochschule Anhalt (FH)
Fachbereich 1
Vegetationskunde und Landschaftsökologie
Strenzfelder Allee 28
06406 Bernburg
tischew@loel. hs-anhalt.de

Prof. Dr. Rudy van Diggelen
University of Groningen
Department of Spatial Sciences
P.O. Box 800
NL-9700 AV Groningen
The Netherlands
R.van.Diggelen@rug.nl

University of Antwerp
Department of Biology
Ecosystem management research group
Universiteitsplein 1 c
B-2610 Antwerpen
Belgium
Ruurd.vanDiggelen@ua. ac.be

Dr. Gerlinde Wauer
Leibniz-Institut für Gewässerökologie und
Binnenfischerei
Abteilung 3, Limnologie Geschichteter Seen
Alte Fischerhütte 2
16775 Stechlin-Neuglobsow
gerlinde@igb-berlin.de

Prof. Dr. Gerhard Wiegleb
Brandenburgische Technische Universität
Cottbus
Lehrstuhl Allgemeine Ökologie
Postfach 101344
03013 Cottbus
wiegleb@tu-cottbus.de

Prof. Dr. Stefan Zerbe
Freie Universität Bozen
Fakultät für Naturwissenschaften und Technik
Universitätsplatz 5
I-39100 Bozen
Italien
Stefan.Zerbe@unibz.it

Farbtafel 1-1: Wiedervernässtes Flusstal der Peene bei Demmin, Polder Randow-Rustow (Foto: K. Schulz, Juni 2004).

Farbtafel 1-2: Renaturierte Tagebaufolgelandschaft Goitzsche, Gebiet um die Tonhalde (Foto: A. Lorenz, Juli 2002).

Farbtafel 2-1: Oberbodenabtrag auf einer Renaturierungsfläche zur Restitution von Stromtalpfeifengraswiesen in der hessischen Oberrheinaue. Durch Oberbodenabtrag können sehr rasch und effektiv Standortbedingungen für Lebensgemeinschaften nährstoffarmer Standorte geschaffen werden; infolge der fortschreitenden Eutrophierung der Landschaft gewinnt diese Technik zunehmend an Bedeutung (Foto: N. Hölzel, August 1997).

Farbtafel 2-2: Kupferhütte Legnica in Polen. Degradierte Vegetation und Bodenerosion (Foto: F. Rebele, Juni 1989).

Farbtafel 2-3: Entlang von Fließ-
gewässerkorridoren können bei
Überflutungen große Mengen an
Diasporen verfrachtet werden.
Infolge wasserbaulicher Maßnahmen in der modernen Kulturlandschaft hat diese sehr effektive
Form der Fernausbreitung zunehmend an Bedeutung verloren
(Foto: Gert Rosenthal, Januar
1994).

Farbtafel 2-4: Oben: Auftrag von
Mahdgut aus artenreichen Spen-
derbeständen auf einer Oberbodenabtragsfläche am nördlichen
Oberrhein. Die Übertragung von
diasporenhaltigem Mahdgut hat
sich bei vielen jüngeren Renaturierungsprojekten als sehr effektive
Maßnahme zur Überwindung der
Ausbreitungslimitierung von Zielarten bewährt (Foto: N. Hölzel,
September 1997).
Unten: derselbe Standort acht
Jahre später; aus dem aufgebrachten Mahdgut hat sich eine sehr
artenreiche Stromtalwiese entwickelt, die über 30 Arten der
Roten Liste enthält (Foto:
N. Hölzel, Juni 2005).

Farbtafel 3-1: Ehemalige artenarme Moorgrünlandflächen im Peenetal bei Murchin (Mecklenburg-Vorpommern, Deutschland). Im ersten Jahr nach der Wiedervernässung entwickelten sich auf langzeitig überstauten Flächen Bestände mit Dominanz von Rohrglanzgras (*Phalaris arundinacea*) (Foto: K. Schulz, Juli 2003).

Farbtafel 3-2: Ehemalige artenarme Moorgrünlandflächen im Peenetal bei Rosenhagen (Mecklenburg-Vorpommern, Deutschland). Fünf Jahre nach der Wiedervernässung dominierten auf dauerhaft flach überstauten Flächen Sumpf- und Ufersegge (*Carex acutiformis*, *C. riparia*) (Foto: K. Schulz, Juli 2003).

Farbtafel 3-3: Wiedervernässung des Kieshofer Moores bei Greifswald (Mecklenburg-Vorpommern). Innerhalb weniger Jahre starben nach einer Anhebung des Wasserspiegels bis knapp über die Mooroberfläche große Teile des Baumbestandes ab und eine flächenhafte Regeneration von zunächst Seggen (*Carex canescens, C. rostrata* u. a.) und später Wollgräsern (*Eriophorum vaginatum, E. angustifolium*) sowie Torfmoosen (überwiegend *Sphagnum fallax, S. palustre, S. fimbriatum*) setzte ein (Foto: L. Jeschke, Mai 1995).

Farbtafel 3-4: Paludikultur-Versuchsfläche im Tal der Sernitz bei Biesenbrow (Brandenburg): Pflanzung von Sumpf-segge (*Carex acutiformis*). Auf artenarmen Moorgrünlandflächen bildeten sich bereits im ersten Jahr nach der Pflanzung und Wiedervernässung durch Flachüberstau robuste Dominanzbestände (Foto: T. Timmermann, August 1997).

Farbtafel 4-1: Fehlerhafte Renaturierung der Ihle bei Magdeburg mit naturfernem Längs- und Querprofil sowie Substrat (Foto: S. Müller, April 2002).

Farbtafel 4-2: Verbesserung des Gewässerzustandes und des Gewässerbildes der Ihle durch nachgelagerte Maßnahmen wie Totholzeinbau, vor allem aber durch eigendynamische Entwicklung (Foto: U. Langheinrich, Juni 2007).

Farbtafel 4-3: Renaturierter Abschnitt des Obermains bei Unterleiterbach mit Kiesbänken, Rohbodenflächen und Elementen der Weichholzaue (Foto: W. Völkl, Mai 2002).

Farbtafel 5-1: Die Schwimmkampenkette soll das Schilf vor Wellen und Treibgut schützen (Foto: W. Ostendorp, August 1989).

Farbtafel 5-2: Schutz eines Schilfbestandes am Bodensee durch Sedimentationskassetten aus Kokosmaterial und durch einen Treibgutfangzaun. Das Bild wurde im Winter bei Niedrigwasser aufgenommen (Foto: W. Ostendorp, März 1988).

Farbtafel 5-3: Großflächige Sandaufspülungen vermindern die Wellenenergie und stabilisieren erosionsgefährdete Schilfbestände. Dieser Schilfbestand am nördlichen Bodensee-Ufer dehnt sich bereits in Richtung See aus. Das Bild wurde im Frühling vor der sommerlichen Hochwasserphase aufgenommen (Foto: W. Ostendorp, Mai 1989).

Farbtafel 5-4: Schilfpflanzung aus Rhizomballen am Bodensee vor dem sommerlichen Hochwasser. Die Pflanzung wird mit einem Zaun vor Treibgut und Wasservögeln geschützt (Foto: W. Ostendorp, Mai 1989).

Farbtafel 5-5: Tiefenwasserbelüftungsanlage mit angedocktem Ponton für den Fällmitteltransport auf dem Tiefwarensee (Mecklenburg-Vorpommern, Deutschland). Mithilfe der Anlage wurden zwischen 2001 und 2005 die Fällmittel Na-Aluminat und Kalziumhydroxid direkt ins Tiefenwasser zugegeben. Dadurch erreichte der vormals hocheutrophe See seinen schwach eutrophen Referenzzustand (Foto: G. Wauer, September 2005).

Farbtafel 6-1: Ein ca. 50 Jahre alter Kiefernforst auf einem bodensauren nährstoffarmen Sandstandort in Brandenburg; auffällig ist die Altersklassenstruktur ohne das Vorhandensein von einer oder mehreren Verjüngungsschichten zwischen der Kraut- und Baumschicht (Foto: S. Zerbe, Juli 2004).

Farbtafel 6-2: Das Landschaftsbild bestimmende Fichtenaufforstungen mit unterschiedlichen Entwicklungsphasen von der Pflanzung (im Vordergrund) über das Dickungsstadium bis hin zum lichten Altbestand (Hangrücken) im Mittleren Thüringer Wald (Foto: S. Zerbe, August 1991).

Farbtafel 6-3: Tief beastete Alteiche als Zeugin eines ehemaligen Hudewaldes im Biosphärenreservat Schorf-heide-Chorin, Brandenburg (Foto: S. Zerbe, Juli 2002).

Farbtafel 6-4: Die durch ehemalige Streunutzung entstandenen Vegetationsstrukturen auf im Oberboden stark an Nährstoffen verarmten Waldstandorten mit Heidekraut (*Calluna vulgaris*) und Flechten der Gattung *Cladonia* sind aufgrund atmogener Stickstoffeinträge und einer autogenen Waldbodenregeneration im Rückgang begriffen. Ein Erhalt der sowohl unter Arten- und Biotop- wie auch unter Kulturschutzgesichtspunkten (als Relikt historischer Waldnutzungsformen) wertvollen Bestände wäre nur durch entsprechende Maßnahmen wie z. B. Wiedereinführung der Streunutzung möglich (Foto: S. Zerbe, September 1998).

Farbtafel 6-5: Natürliche Verjüngung von Buchen im Naturschutzgebiet „Heilige Hallen" im Süden Mecklenburg-Vorpommerns, nachdem die Altbäume abgestorben sind und eine kleinflächige Lichtung entstanden ist (Foto: S. Zerbe, Juni 1996).

Farbtafel 6-6: Natürliche Walddynamik im Naturschutzgebiet Serrahn (Müritz-Nationalpark, Mecklenburg-Vorpommern) vom Kiefernforst zum naturnahen Laubmischwald (Foto: L. Jeschke, Juni 1992).

Farbtafel 7-1: Nach Deichrückbau des Langeooger Sommerpolders kann die Flut wieder ungehindert in das Rena-turierungsgebiet einströmen; schon im ersten Jahr haben sich großflächig *Suaeda maritima*-Bestände ausgebildet (Foto: J. Barkowski, August 2005).

Farbtafel 7-2: Die Hamburger Hallig ist mit über 1 000 ha ein großes zusammenhängendes Salzwiesengebiet an der Festlandsküste von Nordfriesland/Schleswig-Holstein; 1991 wurden auf einem Drittel der Fläche die Bewei-dung und die künstliche Entwässerung ganz eingestellt, ein Drittel ist extensiv und ein Drittel intensiv beweidet (Foto: M. Stock, Juli 2007).

Farbtafel 7-3: Aufgelassene Vorlandsalzwiese: Die Vegetation hat sich entsprechend der Standortbedingungen ausgebildet und das ehemalige Entwässerungssystem bildet sich zurück (Foto: M. Stock, Juli 2006).

Farbtafel 7-4: Abgestorbenes mesophiles Poldergrünland nach Rückbau des Deichs auf den Karrendorfer Wiesen durch periodische Überflutung der Senken (Foto: S. Seiberling, Juni 2000).

Farbtafel 7-5: Verzögernder Einfluss der Beweidung auf die Wiederbesiedlung von Salzgrasländern 10 cm oberhalb der Mittelwasserlinie; deutlich zu sehen ist die rasche Etablierung einer Grasnarbe bei Ausbleiben trittbedingter Störungen innerhalb einer quadratischen Umzäunung (Karrendorfer Wiesen) (Foto: S. Seiberling, Juni 2000).

Farbtafel 7-6: Salzgrasland breitet sich vom ehemaligen Vordeichland in den ausgedeichten Polder aus; bevorzugt sind gut entwässerte Bereiche entlang von Gräben und wiederhergestellten Prielen (Karrendorfer Wiesen) (Foto: S. Seiberling, Juni 2000).

Farbtafel 8-1: Almfläche vor (links) und nach (rechts) der Durchführung baulicher Maßnahmen zur Errichtung einer Liftanlage. Der Verlust des Mutterbodens verhindert eine schnelle, zufriedenstellende Begrünung (Tauplitzalm, Österreich, 1700 m) (Fotos: B. Krautzer, Juni 1992).

Farbtafel 8-2: Vergleich einer herkömmlichen (links) mit einer standortgerechten (rechts) Saatgutmischung, zwei Jahre nach der Begrünung (Planai, Österreich, 1600 m) (Fotos: B. Krautzer, Juli 2001).

Farbtafel 8-3: Vergleich einer herkömmlichen (links) mit einer standortgerechten (rechts) Saatgutmischung, zwei Jahre nach der Begrünung (Hochwurzen, Österreich, 1 830 m) (Foto: B. Krautzer, Juli 2001).

Farbtafel 8-4: Vergleich einer herkömmlichen (links im Bild) mit einer standortgerechten (rechts im Bild) Saatgutmischung, zwei Jahre nach der Begrünung (Großglockner-Hochalpenstraße, Österreich, 2 400 m) (Fotos: B. Krautzer, Juli 2001).

Farbtafel 8-5: Heu- (links) bzw. Strohmulchsaat (rechts) auf Skipisten in Hochlagen. Die Mulchschicht schützt während der ersten zwei Vegetationsperioden ausreichend vor Erosion (Foto: B. Krautzer, links: Juli 1999, rechts: Juli 2004).

Farbtafel 9-1: Teil einer gemischten Skudden- und Moorschnuckenherde, die im Darmstädter Raum von Sandfläche zu Sandfläche zieht, dabei im Fell und über den Magen-Darm-Trakt Samen und Früchte ausbreitet und zur Sicherung der Tierernährung zeitweilig produktivere Riedstandorte beweidet. Die hier gezeigte Fläche an der Griesheimer Düne war noch zwei Jahre zuvor mit monodominanten *Calamagrostis epigejos*(Landreitgras)-Fazies bedeckt (ehemaliger Acker) (Foto: A. Schwabe, Juli 2001).

Farbtafel 9-2: Aufgeschütteter Tiefensand-Korridor zum Biotopverbund von fragmentierten Flächen in Seeheim-Jugenheim bei Darmstadt, fotografiert ein halbes Jahr nach der Maßnahme (Durchführung: Frühjahr 2005). Als Substrat diente der Bauaushub für ein Schulgebäude (Tiefensand mit geringem Nährstoffgehalt), das dann mit Mäh- und Rechgut einer Leitbildfläche beimpft (inokuliert) wurde. Die Maßnahme wurde im Rahmen eines Erprobungs- und Entwicklungsvorhabens durchgeführt, finanziert durch BfN/BMU und den Landkreis Darmstadt-Dieburg (Foto: M. Stroh, mit freundlicher Unterstützung des Fachgebietes Aerodynamik der Technischen Universität Darmstadt).

Farbtafel 9-3: Mit Pflanzenmaterial des Spergulo-Corynephoretum beimpfte „Neodüne" an der „Hammer Schleife" (Emsland) knapp zwei Jahre nach der Renaturierung der „Neodünen"; rechte Seite inokuliert (mit *Corynephorus*-Dominanz: Silbergras), linke Seite nicht inokuliert (mit *Rumex acetosella*-Dominanz: Kleiner Ampfer) (Foto: M. Stroh, August 2003).

Farbtafel 9-4: Mit Eseln beweidete, inokulierte Fläche im Vergleich zur unbeweideten, nicht inokulierten Nullfläche; Restitutionsexperiment Seeheim-Jugenheim (Stroh et al. 2002, 2007). Die Nullfläche ist durch einen Aspekt der nicht einheimischen Ruderalart *Erigeron annuus* (Einjähriger Feinstrahl) gekennzeichnet (Foto: A. Schwabe, Juli 2001).

Farbtafel 9-5: „Hammer Schleife" (Emsland) mit dem Fluss Hase, den modellierten Neodünen, den angelegten Senken und den geschliffenen Flussdeichen direkt nach der Renaturierungsmaßnahme im Herbst 2001 (siehe auch Abb. 9-10). Die Maßnahme wurde im Rahmen eines Erprobungs- und Entwicklungsvorhabens durchgeführt, finanziert durch BfN/BMU und den Landkreis Emsland (Foto: Fotostudio Mecklenborg/Haren, November 2001).

Farbtafel 9-6: Ansicht der „Hammer Schleife" (Emsland) 15 Monate nach den Renaturierungsmaßnahmen. Erkennbar sind zwei „Neodünen", angelegte Senken und ein nach Rückverlegung der Deiche spontan entstandener fluviatiler Sandfächer (siehe auch Abb. 9-10) (Foto: Fotostudio Mecklenborg/ Haren, Februar 2003).

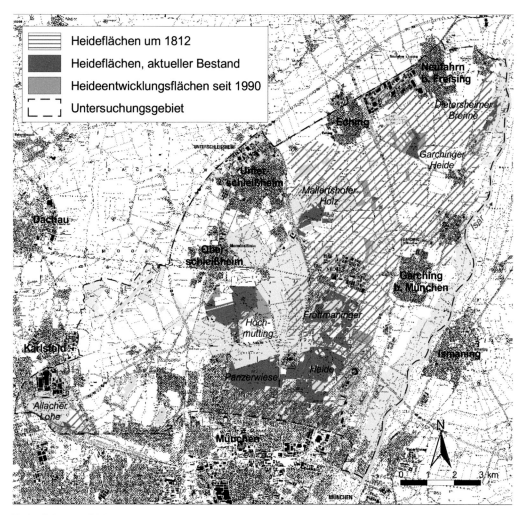

Farbtafel 10-1: Rückgang der Kalkmagerrasen (= Grasheiden) in der nördlichen Münchner Schotterebene seit 1812. Dargestellt sind außerdem die Flächen, auf denen Kalkmagerrasen bereits wieder angelegt wurden oder noch entwickelt werden sollen (Quellen: Topographischer Atlas des Königreichs Bayern 1812–1815, Riedel und Haslach 2007, Joas et al. 2007).

Farbtafel 10-2: Wiedereinführung der Schafbeweidung nach Brachfallen eines Kalkmagerrasens im NSG „Mallertshofer Holz mit Heiden" bei München. Konkurrenzkräftige Gräser wie *Brachypodium rupestre* (Stein-Zwenke) können nur durch Einsatz genügsamer Schafrassen (hier: Moorschnucke) zurückgedrängt werden (Foto: K. Kiehl, Mai 2000).

Farbtafel 10-3: Mehr als 30 000 Individuen der FFH-Art *Pulsatilla patens* (Finger-Küchenschelle) konnten durch Ansaat (ca. 0,7 kg/ ha Saatgut, 28 Samen pro m^2) auf ehemaligen Äckern, angrenzend an das NSG „Garchinger Heide", angesiedelt werden. Direkt nach der Ansaat im Jahr 2003 wurde artenreiches Mähgut aufgebracht, das den Keimlingen Schutzstellen bot (Foto: D. Röder, April 2007).

Farbtafel 10-4: Ausbringung von frisch gewonnenem Mähgut aus dem NSG „Garchinger Heide" auf einem ehemaligen Acker. Der Traktor hat in einem Arbeitsgang die Mahd mit dem vorne angebrachten Mähwerk durchgeführt und das Pflanzenmaterial im Ladewagen aufgeladen (Foto: U. Miller, Juli/ August 1993).

Farbtafel 11-1: Restpopulationen von Grünlandarten entlang von Linearstrukturen wie Rainen, Gehölzsäumen und Gräben bilden oft wichtige Ausgangspunkte für die Wiederbesiedlung von Renaturierungsflächen. Knollen-Kratzdistel (*Cirsium tuberosum*), Arznei-Haarstrang (*Peucedanum officinale*) und Weiden-Alant (*Inula salicina*) an einer Grabenböschung in der nördlichen Oberrheinebene (Foto: N. Hölzel, Juni 2005).

Farbtafel 11-2: Streifenförmiger Mahdgutauftrag zur Renaturierung von artenreichem Stromtalgrünland auf einer ehemaligen Ackerfläche am nördlichen Oberrhein (Foto: N. Hölzel, September 2001).

Farbtafel 11-3: Die extensive, großflächige Beweidung mit „Megaherbivoren" (hier Heckrinder im Fuldatal bei Bad Hersfeld) fördert die Entstehung strukturell vielfältiger Landschaften, in denen das Grünland mit anderen sich daraus entwickelnden Sukzessionsstadien ein räumliches Mosaik bildet. Der Strukturreichtum bietet vielen Arten geeignete Lebensräume, sodass die γ-Diversität (Diversität auf Landschaftsebene) solcher Lebensräume oft besonders hoch ist (Foto: G. Rosenthal, Mai 2008).

Farbtafel 11-4: Überflutete Ackerfläche in der Aue des nördlichen Oberrheins. Die Ausdehnung von Retentionsräumen als Maßnahme des vorbeugenden Hochwasserschutzes bietet gute Voraussetzungen für die Renaturierung von Auengrünland (Foto: N. Hölzel, Januar 2000).

Farbtafel 11-5: Massenaspekt des Weiden-Alants (*Inula salicina*) in Renaturierungsgrünland ca. 15 Jahre nach Rückumwandlung aus einer Ackerfläche. Bei räumlicher Nähe zu vitalen Restpopulationen bestehen für leichtsamige windverbreitete Arten wie den Weiden-Alant besonders günstige Voraussetzungen für die Besiedlung von Renaturierungsflächen (Foto: N. Hölzel, August 2005).

Farbtafel 11-6: Wiederherstellung artenreicher Sumpfdotterblumenwiesen (Calthion) durch Wiederaufnahme der zweischürigen Heumahd nach 30 Jahren Brache im Ostetal (zwischen Hamburg und Bremen). Die ehemaligen Heuwiesen waren bis zur Nutzungsaufgabe ungedüngt und hatten sich danach zu artenarmen Röhrichten (Phalaridetum arundinaceae, Caricetum gracilis) und Hochstaudengesellschaften (Filipendulion) entwickelt (Rosenthal und Müller 1988). Die Reetablierung des Mahdregimes auf kleinen Probeflächen erzeugte eine Artenzunahme von ca. acht auf über 40 Pflanzenarten pro 25 m^2 innerhalb weniger Jahre. Feuchtgrünlandbrachen haben aufgrund der guten Überdauerungsbedingungen für persistente Samenbanken in der Regel sehr günstige Perspektiven bezüglich der Reetablierung von Zielarten (Foto: G. Rosenthal, September 2006).

Farbtafel 12-1: Verbreitung der Heidelandschaften in Nordwesteuropa (aus Keienburg und Prüter 2004).

Farbtafel 12-2: Typische Vertreter verschiedener Tiergruppen in Heide-Ökosystemen.
Links oben: Der stark bedrohte Laufkäfer (*Carabus nitens*) besiedelt Sand- und Feuchtheiden mit niederwüchsiger Vegetation (Foto: J. Gebert).
Rechts oben: Die Kuckucksbiene (*Epeolus cruciger*) parasitiert zwei Wildbienenarten, die ausschließlich an Besenheide Pollen sammeln, und ist deshalb an *Calluna*-Heiden gebunden (Foto: W. H. Liebig).
Links unten: Der Sandlaufkäfer (*Cicindela sylvatica*) ist für *Calluna*-Heiden charakteristisch. In den letzten Jahrzehnten ist die Art im gesamten Verbreitungsgebiet stark zurückgegangen (Foto: J. Gebert).
Rechts unten: Die Schlingnatter (*Coronella austriaca*) ernährt sich vorwiegend von Eidechsen und präferiert gebrannte und geplaggte Heiden, kommt aber auch in anderen Lebensräumen vor (Foto: T. Assmann).

Farbtafel 12-3: Typische Verfahren der Heidepflege/-renaturierung (NSG Lüneburger Heide).
Links oben: Heidemahd mit Balkenmäher (Foto: M. Niemeyer, Oktober 2001).
Rechts oben: kontrollierter Heidebrand im Winter (Foto: T. Niemeyer, Oktober 2001).
Links unten: Beweidung (hier mit der „grau gehörnten Heidschnucke"; Foto: S. Fottner, September 2002).
Rechts unten: Heideschoppern, ein dem Heideplaggen nachempfundenes Verfahren, das aber den oberen Mineralboden nicht oder nur zu geringen Teilen entfernt (Foto: M. Niemeyer, Juli 2002).

Farbtafel 13-1: Biotoptypen in der Bergbaufolgelandschaft. Oben: Niedermoorinitial auf einer Kippenfläche bei Borna (Foto: S. Tischew, Mai 1996). Mitte: Orchideenbestände mit Sumpf-Sitter und Steifblättrigem Knabenkraut (Foto: S. Tischew, Juni 1996). Unten: Sandtrockenrasen im NSG „Paupitzscher See" (Foto: S. Tischew, Juli 1994).

Standortgradient

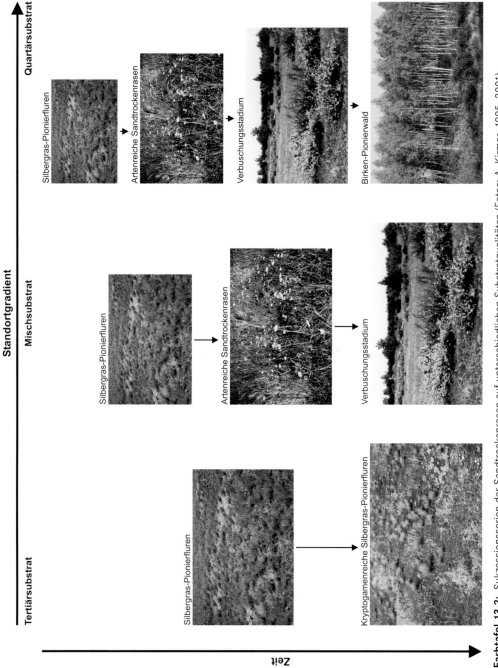

Farbtafel 13-2: Sukzessionsserien der Sandtrockenrasen auf unterschiedlichen Substratqualitäten (Fotos: A. Kirmer, 1995–2001).

Farbtafel 14-1: Birkenwald auf
der Bergehalde Hugo Ost im
Ruhrgebiet (Foto: F. Rebele,
September 1988).

Farbtafel 14-2: Großes Wind-
röschen (*Anemone sylvestris*) auf
dem Gelände des Kalksteintagebaus und Museumsparks Rüdersdorf (Foto: F. Rebele, Mai 2003).

Farbtafel 14-3: Schlacke im ökologischen Versuchsgarten
„Kehler Weg", 16 Monate nach
der Aufschüttung (Foto: F. Rebele,
April 1988).

Farbtafel 14-4: Schlacke im ökologischen Versuchsgarten „Kehler Weg", im siebten Jahr nach der Aufschüttung (Foto: F. Rebele, Juni 1993).

Farbtafel 14-5: Heckrinder im NSG „Falkenberger Rieselfelder" (Foto: F. Rebele, Juli 2005).

Farbtafel 14-6: Echtes Tausendgüldenkraut (*Centaurium erythrea*) in einem lückigen Landreitgras-Bestand im NSG „Falkenberger Rieselfelder" (Foto: F. Rebele, Juli 2005).

Farbtafel 16-1: Traditionelle Kulturlandschaft mit sehr hohem Erholungswert im Biosphärenreservat Südost-Rügen – die „Zickerschen Berge" (Foto: U. Hampicke, Juni 2004). Wird der Erholungsnutzen erhoben, monetarisiert und den Unterhaltskosten der Landschaft gegenübergestellt, so ist nicht mehr sicher, dass diese Landnutzung „unwirtschaftlich" ist.

Farbtafel 16-2: Verrohrte Fließgewässer in der Vorpommerschen Ackerlandschaft (Foto: I. Krämer, Juni 2005). Die großflächige „Abschaffung" der Bäche durch DDR-Großmeliorationen in den 1970er-Jahren hat wertvolle Landschaftsstrukturen zerstört, die landwirtschaftliche Nutzbarkeit nur unwesentlich gefördert und ruft heute mit dem Verschleiß der Anlagen hohe Folgekosten hervor.

Printed in the United States
By Bookmasters